Algebra

Notations	Definition	Examples	Explanation
$\equiv$	$A \equiv B$, indicates that A is defined by B	$f(x) \equiv x^2$	$f(x)$ is defined by x^2.
$:=$	$A := B$, indicates that A is defined by B	$f(x) := x^3$	$f(x)$ is defined by x^3.
∞	infinity	$\lim_{n \to \infty} n^2 = \infty$	When n approaches infinity, n^2 also approaches infinity.
$\lfloor x \rfloor$	$\lfloor x \rfloor$ is the greatest integer that is less than or equal to x	$\lfloor 2.3 \rfloor = 2,$ $\lfloor -2.3 \rfloor = -3$	2 is the greatest integer that is less than 2.3. -3 is the greatest integer that is less than -2.3.
$[x]$	$[x]$ is the greatest integer that is less than or equal to x	$[2.3] = 2,$ $[-2.3] = -3$	2 is the greatest integer that is less than 2.3. -3 is the greatest integer that is less than -2.3.
$\sum$	Summation(Sigma)	$\sum_{n=1}^{10} n = 55$	$1 + 2 + \cdots + 10 = 55$
$\prod$	continued multiplication (Pi)	$\prod_{n=1}^{5} n = 120$	$1 \times 2 \ldots \times 5 = 120$
e	$e := \sum_{n=0}^{\infty} \frac{1}{n!},$ (Euler's number)	$e^2 \cdot e^3 = e^5$	Based on Exponential Law, $e^2 \cdot e^3 = e^5$.
π	$\pi = 3.1415926 \ldots$ (Pi, Ratio of the circumference of a circle to its diameter)	$\sin \frac{\pi}{2} = 1$	When the angle of θ equals $\frac{\pi}{2}$, $\sin \theta$ equals 1

Permutation

Notations	Definition	Examples	Explanation
!	$n! = 1 \times 2 \times .... \times n$	$3!$	$3! = 1 \times 2 \times 3 = 6$
P_k^n	$P_k^n = \dfrac{n!}{(n-k)!}$	$P_2^5 = \dfrac{5!}{3!}$	$P_2^5 = \dfrac{5!}{3!} = 5 \times 4 = 20$
C_k^n	$C_k^n = \dfrac{n!}{k!\,(n-k)!}$	$C_2^5 = \dfrac{5!}{3!\,2!}$	$C_2^5 = \dfrac{5!}{3!\,2!} = 10$

Set

Notations	Definition	Examples	Explanation
{ }	set	$\{1,2,3,5\}$	The set consist of these elements 1,2,3,5.
$\cup$	union	$\{1,3\} \cup \{2,5\} = \{1,2,3,5\}$	Union of $\{1,3\}$ and $\{2,5\}$ is equal to $\{1,2,3,5\}$.
$\cap$	intersect	$\{1,3,5\} \cap \{1,2,5,7\} = \{1,5\}$	Intersection of $\{1,3,5\}$ and $\{1,2,5,7\}$ is equal to $\{1,5\}$.
$\subset$	subset	$\{1,5\} \subset \{1,3,5\}$	$\{1,5\}$ is the subset of $\{1,3,5\}$.
$\not\subset$	not a subset	$\{1,3,5\} \not\subset \{1,5\}$	Because $3 \notin \{1,5\}$, $\{1,3,5\}$ is not the subset of $\{1,5\}$.
$\subseteq$	subset or equal	$\{1,5\} \subseteq \{1,3,5\},$ $\{1,5\} \subseteq \{1,5\},$ $\{1,3,5\} \not\subseteq \{1,5\}$	$\{1,5\}$ is the subset of $\{1,3,5\}$. Because $\{1,5\} = \{1,5\}$, $\{1,5\} \subseteq \{1,5\}$. $\{1,3,5\}$ is not the subset of $\{1,5\}$.
A^c	A's complement set	$\sqrt{3} \in \mathbb{Q}^c$	$\sqrt{3}$ can't be written in a fraction. Hence, it's an irrational number.
$A\backslash B$	A set, excluding $A \cap B$ elements	$\{1,3,5\}\backslash\{5,7\} = \{1,3\}$	The intersection for the two sets is $\{5\}$, so taking away $\{5\}$ from $\{1,3,5\}$ equals $\{1,3\}$.
$\in$	belong to	$a \in \{a,b,c\}$	a belongs to the set $\{a,b,c\}$.
$\notin$	does not	$d \notin \{a,b,c\}$	d doesn't belong to the set

	belong to		$\{a, b, c\}.$
N	positive integers	$N = \{1,2,3, \ldots\},$ $3 \in N$	By definition, the set of positive integers is equal to $\{1,2,3, \ldots\}.$ 3 belong to the set of positive integers.
Z	integers	$Z = \{\ldots, -2, -1, 0, 1, 2, \ldots\},$ $-2 \in Z$	By definition, we have $Z = \{\ldots, -2, -1, 0, 1, 2, \ldots\}. -2$ belongs to the set of integers.
Q	rational numbers	$Q = \left\{\dfrac{m}{n} : m \in Z, n \in Z\backslash\{0\}\right\},$ $-\dfrac{4}{3} \in Q$	Rational numbers set includes all numbers with a fraction format. $-\dfrac{4}{3}$ is a rational number.
Q^c	irrational numbers	$\sqrt{3} \in Q^c$	$\sqrt{3}$ can't be written in a fraction. Hence, it's an irrational number.
R	real numbers	$R = Q \cup Q^c,$ $-\dfrac{4}{3} \in R, \sqrt{3} \in R$	Real numbers are the union of irrational numbers and rational numbers. $-\dfrac{4}{3}$ is a real number, $\sqrt{3}$ is a real number

Logic

Notations	Definition	Examples	Explanation
$\vee$	or	$x \in A \vee x \in B \Rightarrow x \in A \cup B$	If x belongs to A or B then x belongs to $A \cup B$.
$\wedge$	and	$x < 1 \wedge x > 0 \Rightarrow 0 < x < 1$	If $x < 1$ and $x > 0$ then $0 < x < 1$.
$\Rightarrow$	implies	$x < 1 \Rightarrow x < 2$	$x < 1$ implies $x < 2$.
$\Leftrightarrow$	if and only if	$|x| < 1 \Leftrightarrow -1 < x < 1$	If $|x| < 1$ then $-1 < x < 1$. Conversely, if $-1 < x < 1$

			then $|x| < 1$.
$\because$	because	$\because x < 1 \quad \therefore x < 2$	Because $x < 1, x < 2$.
$\therefore$	so	$\because x < 1 \quad \therefore x < 2$	$x < 1$, so $x < 2$.
$\forall$	for each	$\forall x \in Q, \exists m \in Z, n \in Z\backslash\{0\}$ s.t. $x = \dfrac{m}{n}$	By definition of ration numbers, for each rational number x, there extis $m \in Z, n \in Z\backslash\{0\}$ such that $x = \dfrac{m}{n}$.
$\exists$	There exists	$\forall x \in Q, \exists m \in Z, n \in Z\backslash\{0\}$ s.t. $x = \dfrac{m}{n}$	By definition of ration numbers, for each rational number x, there extis $m \in Z, n \in Z\backslash\{0\}$ such that $x = \dfrac{m}{n}$.

Calculus

Notations	Definition	Examples	Explanation
$\displaystyle\lim_{x\to c} f(x) = L$	$\forall \varepsilon > 0, \exists \delta > 0$ such that $0 < |x - c| < \delta$ $\Rightarrow |f(x) - L| < \varepsilon$	$\displaystyle\lim_{x\to 2} x^2 = 4$	When x approaches 2, the limit of x^2 is 4
ε	epsilon	$\forall \varepsilon > 0$	for each $\varepsilon > 0$
δ	delta	$\forall \varepsilon > 0,$ $\exists \delta > 0 \ s.t. \ldots$	for each $\varepsilon > 0,$ there exist $\delta > 0$ such that ….
e	$e := \displaystyle\sum_{n=0}^{\infty} \dfrac{1}{n!},$ (Euler's number)	$\displaystyle\lim_{x\to\infty} \left(1 + \dfrac{1}{x}\right)^x = e$	It can be proven with L'Hôpital's rule.
$f'(x)$	derivative	$(x^2)' = 2x$	x^2 has derivative $(x^2)' = 2x$.
$\dfrac{\partial f(x, y)}{\partial x}$	partial derivative	$\dfrac{\partial}{\partial x}(x^2 y) = 2xy$	$x^2 y$ has the partial derivative

			$\dfrac{\partial}{\partial x}(x^2y) = 2xy.$
$\displaystyle\int$	integral	$\displaystyle\int 2x\,dx = x^2$	$2x$ has indefinite integral x^2.
$\displaystyle\iint$	double integral	Find $\displaystyle\iint_R ye^{xy}\,dA =?$	Find the double integral of ye^{xy} in the range R.
$\displaystyle\iiint$	triple integral	Find $\displaystyle\iiint_V x^2\,dV =?$	Find the triple integral of x^2 in the range V
$\displaystyle\oint$	closed contour / line integral	Find $\displaystyle\oint y^3\,dx + x^3\,dy$ $=?,\ C:x^2 + y^2 = r^2$	Find the closed line integral $\displaystyle\oint y^3\,dx + x^3\,dy$ $=?,$ where $C:x^2 + y^2 = r^2.$
$\displaystyle\oiint$	closed surface integral	Find $\displaystyle\oiint_S \vec{F}\cdot\vec{n}\,dA =?,$ where $\vec{F} = (x,y,z)$	Find the closed surface integral $\displaystyle\oiint_S \vec{F}\cdot\vec{n}\,dA =?,$ $\vec{F} = (x,y,z).$

第七章　　多變數函數的微分與應用

　　首先將介紹多變數函數極限存在的定義, 判斷函數於原點的極限是否存在時, 令 $y = mx$, 接著觀察 $\lim\limits_{(x,y)\to(0,0)} f(x,mx)$ 是否與 m 值有關, 若有關則找確切兩個相異 m 值說明極限不存在; 若 $\lim\limits_{(x,y)\to(0,0)} f(x,mx)$ 與 m 值無關, 有可能藉由曲線的方式逼近 $(0,0)$ 使得極限不存在, 如果藉由曲線逼近 $(0,0)$ 的極限值仍與 m 值無關, 則有很大可能 $f(x,y)$ 於 $(0,0)$ 極限值存在, 此時則使用 ε, δ 說明極限存在; 接著介紹多變數函數連續的定義, 判斷多變數函數是否連續的流程與說明多變數函數極限是否存在的流程是類似的, 觀察 $\lim\limits_{(x,y)\to(0,0)} f(x,mx)$ 是否與 m 值有關, 若有關則找確切兩個相異 m 值說明極限不存在使得 $f(x,y)$ 於 $(0,0)$ 不連續, 若 $\lim\limits_{(x,y)\to(0,0)} f(x,mx)$ 與 m 值無關, 有可能藉由曲線的方式逼近 $(0,0)$ 使得極限不存在, 藉此說明 $f(x,y)$ 於 $(0,0)$ 不連續, 如果藉由曲線逼近 $(0,0)$ 的極限值仍與 m 值無關且等於 $f(0,0)$, 則有很大可能 $f(x,y)$ 於 $(0,0)$ 連續, 此時則使用 ε, δ 說明 $f(x,y)$ 於 $(0,0)$ 連續。

　　接著討論多變數函數的偏導數, 多變數函數的可微分性與多變數函數的 Chain Rule, 判斷多變數函數是否可微分的計算過程會需要計算多變數函數的偏導數, 因此有效率且精確算出多變數函數的偏導數是重要的; 從雙變數函數可微分的定義, 能觀察出如果 $f(x,y)$ 於 $(0,0)$ 可微分, 則藉由 (h,k) 從任意方向逼近 $(0,0)$ 的極限值必須等於 0, 因此, 令 $h = mk$, 當 $f(x,y)$ 於 $(0,0)$ 可微分, 則

$$\lim_{h\to 0, k\to 0} \left| \frac{f(mk,k) - f(0,0) - \dfrac{\partial f}{\partial x}(0,0)mk - \dfrac{\partial f}{\partial y}(0,0)k}{\sqrt{(mk)^2 + k^2}} \right| = 0$$

並且此極限值與 m 值無關, 此外, 偏導數存在也是雙變數函數可微分的必要條件; 與 m 值有關時, 則試著找出 $m \in R$ 使得此極限值不等於零來說明 $f(x,y)$ 於 $(0,0)$ 不可微分; 如果與 m 值無關則令 $\varepsilon > 0$, 取出明確 δ 的值, 使得 $h^2 + k^2 < \delta$

$$\Rightarrow \left| \frac{f(h,k) - f(0,0) - \dfrac{\partial f}{\partial x}(0,0)h - \dfrac{\partial f}{\partial y}(0,0)k}{\sqrt{h^2 + k^2}} \right| < \varepsilon$$

此外, 多變數函數的 Chain Rule 可以看成是多變數合成函數的微分

　　接著討論求多變數函數的極值問題, 從宏觀的角度來看, 最重要的兩個定理分別為雙變數函數求極值的二階導數檢定法與 Lagrange multiplier; 無限制條件的雙變數函數求極值問題使用二階導數檢定法, 其證明過程用到多變數函數的 Taylor's Formula, 此外, 多變數函數 Taylor's Formula 的證明過程用到了單變數函數 Taylor's Formula; 因此, 在無限制條件下, 用來求雙變數函數極值的二階導數檢定法, 用到了單變數函數的 Taylor's Formula; 在有限制條件求極值問題的 Lagrange multiplier, 其證明過程用到多變數函數的隱函數定理(Implicit Function Theorem), 多變數函數的隱函數定理在證明過程中引用了多變數函數的反函數定理而多變數函數的反函數定理證明用到了單變數函數的反函數定理, 換句話說, Lagrange multiplier 的證明最終用到了單變數函數的反函數定理

　　最後說明如何使用上述兩個定理求多變數函數的極值, 這類問題可分為無限制式條件與有限制式條件; 無限制式求雙變數函數極值的問題, 通常使用求極值的二階導數檢定法求解; 有限制式條件通常是等式或不等式, 如果是等式的情況則直接使用 Lagrange multiplier 求解; 如果是不等式的情況(如封閉區域)則將封閉區域拆解為在封閉區域內與封閉區域邊界(有等式)的兩個問題, 在封閉區域內求極值問題時, 則藉由雙變數函數求極值的二階導數檢定法找出極值點, 再判斷極值點是否落在封閉區域內, 另一方面, 在封閉區域邊界求極值問題則用 Lagrange multiplier 求解, 最後比較封閉區域內與封閉區域邊界的極值點, 假設兩者於各自限制式皆為相對最大值, 則取出較大者當作於此不等式的絕對最大值, 絕對最小值也是類似的作法; 此外, 也可能給數個點求這些點所圍區域內的極值點, 這時候需多花一道工將封閉區域的方程式求出

7.1 求多變數函數的極限

【定義】 雙變數函數的極限定義

$f(x, y)$ 於 (x_0, y_0) 的極限值存在且等於 L $\Leftrightarrow$ $\displaystyle\lim_{(x,y)\to(x_0,y_0)} f(x, y) = L$

$\Leftrightarrow \forall \varepsilon > 0, \exists \delta > 0, \ \text{such that} \ \sqrt{(x - x_0)^2 + (y - y_0)^2} < \delta \Rightarrow |f(x, y) - L| < \varepsilon$

【定義】 多變數函數的極限定義

$f(x_1, \ldots, x_n)$ 於 $(c_1, \ldots, c_n)$ 的極限值存在且等於 L $\Leftrightarrow$ $\displaystyle\lim_{(x_1,\ldots,x_n)\to(c_1,\ldots,c_n)} f(x_1, \ldots, x_n) = L$

$\Leftrightarrow \forall \varepsilon > 0, \exists \delta > 0, \ \text{such that} \ \sqrt{(x_1 - c_1)^2 + \cdots + (x_n - c_n)^2} < \delta \Rightarrow |f(x_1, \ldots, x_n) - L| < \varepsilon$

　　判斷雙變數函數$f(x,y)$於(x_0,y_0)的極限是否存在的的解法流程：從雙變數函數的極限定義，能觀察出如果$f(x,y)$於(x_0,y_0)的極限值存在，則從任意方向逼近(x_0,y_0)的極限值必須相等，一般的手法為，令$y-y_0=m(x-x_0)$為過(x_0,y_0)的直線，　當$f(x,y)$於(x_0,y_0)極限值存在,則

$$\lim_{(x,y)\to(x_0,y_0)} f(x,y) = \lim_{(x,y)\to(x_0,y_0)} f(x,m(x-x_0)+y_0)$$

且

$$\lim_{(x,y)\to(x_0,y_0)} f(x,m(x-x_0)+y_0) \quad \text{與 } m \text{值無關}$$

值得注意的是 $\lim_{(x,y)\to(x_0,y_0)} f(x,m(x-x_0)+y_0)$ 與 m值無關是 $f(x,y)$於(x_0,y_0)極限值存在的必要條件並非充分條件,底下展示一雙變數函數$f(x,y)$於$(0,0)$的極限值與m值無關但$f(x,y)$於$(0,0)$的極限值不存在

<u>範例說明:</u>

Determine whether $f(x,y) = \dfrac{xy^2}{x^2+y^4}$ has a limit as $(x,y)\to(0,0)$.

令 $y=mx$ 則 $f(x,y) = \dfrac{xy^2}{x^2+y^4} = \dfrac{m^2x^3}{x^2+m^4x^4}$

$\therefore \lim_{(x,y)\to(0,0)} f(x,mx)$ 與 m值無關　且 $\lim_{(x,y)\to(0,0)} f(x,mx) = 0$

令 $x=y^2$ 則 $f(x,y) = \dfrac{y^4}{y^4+y^4} = \dfrac{1}{2}$　且 $\lim_{(x,y)\to(0,0)} f(y^2,y) = \dfrac{1}{2}$

$\because$ 若$f(x,y)$於$(0,0)$的極限值存在，則從任意方向逼近$(0,0)$的極限值必須相等

$\therefore f(x,y)$於$(0,0)$極限值不存在

　　常見的考試類型為$(x_0,y_0)=(0,0)$,假設$(x_0,y_0)=(0,0)$且$f(x,y)$於$(0,0)$極限值存在,

令$y=mx$, 則 $\lim_{(x,y)\to(0,0)} f(x,y) = \lim_{(x,y)\to(0,0)} f(x,mx)$ 且 $\lim_{(x,y)\to(0,0)} f(x,mx)$ 與m值無關,

因此, $\lim_{(x,y)\to(0,0)} f(x,mx)$ 與 m值無關是 $f(x,y)$於$(0,0)$ 極限值存在的必要條件

　　此外, 假設$\exists\, m_1 \neq m_2 \in R$ 使得 $\lim_{(x,y)\to(0,0)} f(x,m_1x) \neq \lim_{(x,y)\to(0,0)} f(x,m_2x)$

則 $f(x,y)$ 於 $(0,0)$ 極限值不存在, 也就是, 令 $y = mx$, 當 $\lim\limits_{(x,y)\to(0,0)} f(x,mx)$ 與 m 值有關時,

則找出 $m_1 \neq m_2 \in R$ 使得 $\lim\limits_{(x,y)\to(0,0)} f(x,m_1x) \neq \lim\limits_{(x,y)\to(0,0)} f(x,m_2x)$ 來證明 $f(x,y)$ 於 $(0,0)$

極限值不存在, 在求多變數函數極限的考試類型當中, 以求雙變數函數極限的題型最常出現, 讀者若能熟悉雙變數題型, 求三變數函數的題型都能夠掌握; 總結上述幾點, 底下介紹雙變數函數於原點 $(0,0)$ 的極限是否存在的考試類型與解題流程

考試類型:
題型 1.

求雙變數函數 $f(x,y)$ 於 $(0,0)$ 的極限, $\lim\limits_{(x,y)\to(0,0)} f(x,y) = ?$, 其中函數 $f(x,y)$ 滿足:

$$\text{令} \ y = mx, \quad \text{當} \ \lim\limits_{(x,y)\to(0,0)} f(x,mx) = L \ \text{與} \ m \text{值無關}$$

解題流程:
令 $\varepsilon > 0$, 取 δ 或明確找出 δ 的值, 使得 $x^2 + y^2 < \delta \Rightarrow |f(x,y) - L| < \varepsilon$

補充說明:
證明過程常藉由不等式 $x^2 + y^2 \geq 2|xy|$, 推導出 $|f(x,y) - L| < g(x^2 + y^2) < g(\delta) < \varepsilon$, 並且能得知 g 明確的樣貌, 最後一個不等式的 $g(\delta) < \varepsilon$ 能幫助明確定義 δ。值得注意的是推論過程中, 當 $\lim\limits_{(x,y)\to(0,0)} f(x,mx) = L$ 與 m 值無關時, 只能說當下這個函數有可能於 $(0,0)$ 的

極限值存在, 也有可能藉由曲線的方式逼近 $(0,0)$ 使得極限不存在, 如果藉由曲線逼近 $(0,0)$ 的極限值仍為 L, 則有很大機率極限值存在, 此時則走上述的流程令 $\varepsilon > 0$, 明確取出 δ 的值, 使得 $x^2 + y^2 < \delta \Rightarrow |f(x,y) - L| < \varepsilon$

範例說明:

(I) 求 $\lim\limits_{(x,y)\to(0,0)} \dfrac{3x^2y}{x^2 + y^2} = ?$

令 $y = mx$ 則 $\lim\limits_{(x,y)\to(0,0)} \dfrac{3x^2(mx)}{x^2 + (mx)^2} = \lim\limits_{(x,y)\to(0,0)} \dfrac{3mx}{1 + m^2} = 0$ 與 m 值無關

$\because x^2 + y^2 \geq 2|xy| \quad \therefore \dfrac{1}{x^2 + y^2} \leq \dfrac{1}{2|xy|} \Rightarrow \left|\dfrac{3x^2y}{x^2 + y^2}\right| \leq \left|\dfrac{3x^2y}{2xy}\right| = \left|\dfrac{3x}{2}\right|$

Claim: $\displaystyle\lim_{(x,y)\to(0,0)}\frac{3x^2y}{x^2+y^2}=0$

令 $\epsilon>0$ 取 $\delta<(\dfrac{2\varepsilon}{3})^2$

則 $x^2+y^2<\delta\Rightarrow\left|\dfrac{3x^2y}{x^2+y^2}\right|\le\left|\dfrac{3x^2y}{2xy}\right|=\left|\dfrac{3x}{2}\right|<\left|\dfrac{3\sqrt{x^2+y^2}}{2}\right|<\dfrac{3\sqrt{\delta}}{2}<\dfrac{3}{2}\cdot\dfrac{2\varepsilon}{3}=\epsilon$

$\therefore\ \displaystyle\lim_{(x,y)\to(0,0)}\frac{3x^2y}{x^2+y^2}=0$

(II) 求 $\displaystyle\lim_{(x,y)\to(0,0)}\frac{x^4+y^4}{x^2+y^2}=?$

令 $y=mx$ 則 $\displaystyle\lim_{(x,y)\to(0,0)}\frac{x^4+y^4}{x^2+y^2}=\lim_{(x,y)\to(0,0)}\frac{x^2+m^4x^2}{1+m^2}=0$ 與 m 值無關

$\because x^4+y^4=(x^2+y^2)^2-2x^2y^2$

$\therefore\ \displaystyle\lim_{(x,y)\to(0,0)}\frac{x^4+y^4}{x^2+y^2}=\lim_{(x,y)\to(0,0)}\frac{(x^2+y^2)^2-2x^2y^2}{x^2+y^2}$

$=\displaystyle\lim_{(x,y)\to(0,0)}x^2+y^2-\lim_{(x,y)\to(0,0)}\frac{2x^2y^2}{x^2+y^2}=-\lim_{(x,y)\to(0,0)}\frac{2x^2y^2}{x^2+y^2}$

Claim: $\displaystyle\lim_{(x,y)\to(0,0)}\frac{2x^2y^2}{x^2+y^2}=0$

$\because x^2+y^2\ge2|xy|\ \ \therefore\dfrac{1}{x^2+y^2}\le\dfrac{1}{2|xy|}\Rightarrow\left|\dfrac{2x^2y^2}{x^2+y^2}\right|\le\left|\dfrac{2x^2y^2}{2xy}\right|=|xy|$

令 $\epsilon>0$ 取 $\dfrac{\delta}{2}<\varepsilon$

則 $x^2+y^2<\delta\Rightarrow\left|\dfrac{2x^2y^2}{x^2+y^2}\right|\le\left|\dfrac{2x^2y^2}{2xy}\right|=|xy|<\left|\dfrac{x^2+y^2}{2}\right|<\dfrac{\delta}{2}<\epsilon$

$\therefore\ \displaystyle\lim_{(x,y)\to(0,0)}\frac{2x^2y^2}{x^2+y^2}=0\Rightarrow\lim_{(x,y)\to(0,0)}\frac{x^4+y^4}{x^2+y^2}=0$

題型 2.

求雙變數函數 $f(x,y)$ 於 $(0,0)$ 的極限，$\displaystyle\lim_{(x,y)\to(0,0)}f(x,y)=?$，其中函數 $f(x,y)$ 滿足：

$$令 y=mx,\ \ 當\ \lim_{(x,y)\to(0,0)}f(x,mx)\ 與 m 值有關時$$

解題流程:

取兩個相異 m 值，m_1、m_2，計算兩者的極限值，使得

$$\lim_{(x,y)\to(0,0)} f(x,m_1 x) \neq \lim_{(x,y)\to(0,0)} f(x,m_2 x) \quad \therefore \lim_{(x,y)\to(0,0)} f(x,y) \text{ 不存在}$$

<u>範例說明</u>:

(I)求 $\displaystyle\lim_{(x,y)\to(0,0)} \frac{x^2 - 2y^2}{x^2 + y^2} = ?$

令 $y = mx$ 則 $\displaystyle\lim_{(x,y)\to(0,0)} \frac{x^2 - 2y^2}{x^2 + y^2} = \lim_{(x,y)\to(0,0)} \frac{1 - 2m^2}{1 + m^2}$ 與 m 值有關

取 $m = 1$ 則 $\displaystyle\lim_{(x,y)\to(0,0)} \frac{x^2 - 2y^2}{x^2 + y^2} = \lim_{(x,y)\to(0,0)} \frac{1 - 2m^2}{1 + m^2} = -\frac{1}{2}$

取 $m = \sqrt{2}$ 則 $\displaystyle\lim_{(x,y)\to(0,0)} \frac{x^2 - 2y^2}{x^2 + y^2} = \lim_{(x,y)\to(0,0)} \frac{1 - 2m^2}{1 + m^2} = -1$

$\therefore \displaystyle\lim_{(x,y)\to(0,0)} \frac{x^2 - 2y^2}{x^2 + y^2}$ 不存在

(II)求 $\displaystyle\lim_{(x,y)\to(0,0)} \frac{x^3 y}{x^6 + 2y^2} = ?$

令 $y = mx$ 則 $\displaystyle\lim_{(x,y)\to(0,0)} \frac{x^3 y}{x^6 + 2y^2} = \lim_{(x,y)\to(0,0)} \frac{m}{1 + 2m^2}$ 與 m 值有關

取 $m = -1$ 則 $\displaystyle\lim_{(x,y)\to(0,0)} \frac{x^3 y}{x^6 + 2y^2} = \lim_{(x,y)\to(0,0)} \frac{m}{1 + 2m^2} = -\frac{1}{3}$

取 $m = 1$ 則 $\displaystyle\lim_{(x,y)\to(0,0)} \frac{x^3 y}{x^6 + 2y^2} = \lim_{(x,y)\to(0,0)} \frac{m}{1 + 2m^2} = \frac{1}{3}$

$\therefore \displaystyle\lim_{(x,y)\to(0,0)} \frac{x^3 y}{x^6 + 2y^2}$ 不存在

題型 3.

求三變數函數 $f(x,y,z)$ 於 $(0,0,0)$ 的極限，$\displaystyle\lim_{(x,y,z)\to(0,0,0)} f(x,y,z) = ?$，其中函數 $f(x,y,z)$ 滿足:

$$\text{令 } y = z = mx, \quad \text{當 } \lim_{(x,y,z)\to(0,0,0)} f(x,mx,mx) = L \text{ 與 } m \text{ 無關時}$$

解題流程:

令 $\varepsilon > 0$，取 δ 或明確找出 δ 的值，使得 $x^2 + y^2 + z^2 < \delta \Rightarrow |f(x,y,z) - L| < \varepsilon$

範例說明：

(I) 求 $\displaystyle\lim_{(x,y,z)\to(0,0,0)} \frac{x^2 y}{x^2 + y^4 + z^6} = ?$

令 $y = z = mx$ 則 $\dfrac{x^2 y}{x^2 + y^4 + z^6} = \dfrac{mx^3}{x^2 + m^4 x^4 + m^6 x^6} = \dfrac{mx}{1 + m^4 x^2 + m^6 x^4}$

$\therefore \displaystyle\lim_{(x,y,z)\to(0,0,0)} f(x, mx, mx) = 0$ 與 m 無關

$\because x^2 + y^4 + z^6 \geq x^2 \qquad \therefore \left| \dfrac{x^2 y}{x^2 + y^4 + z^6} \right| \leq \left| \dfrac{x^2 y}{x^2} \right| = |y|$

令 $\epsilon > 0$ 取 $\delta^{\frac{1}{2}} < \varepsilon$

則 $x^2 + y^2 + z^2 < \delta \Rightarrow \left| \dfrac{x^2 y}{x^2 + y^4 + z^6} \right| < |y| < (x^2 + y^2 + z^2)^{\frac{1}{2}} < \delta^{\frac{1}{2}} < \epsilon$

$\therefore \displaystyle\lim_{(x,y,z)\to(0,0,0)} \frac{x^2 y}{x^2 + y^4 + z^6} = 0$

值得注意的是 $\displaystyle\lim_{(x,y,z)\to(0,0,0)} f(x, mx, mx) = 0$ 與 m 無關是 $f(x,y,z)$ 於 $(0,0,0)$ 的極限值存在

的必要條件並非充分條件，也就是推論的過程中，如果出現

　　"因為 $\displaystyle\lim_{(x,y,z)\to(0,0,0)} f(x, mx, mx) = 0$ 與 m 無關，所以 $f(x,y,z)$ 於 $(0,0,0)$ 的極限存在"

為錯誤的論述，底下展示一多變數函數做說明

範例說明：

Determine whether $f(x,y,z) = \dfrac{xyz}{x^2 + y^4 + z^4}$ has a limit as $(x,y,z) \to (0,0,0)$

令 $y = z = mx$ 則 $f(x,y,z) = \dfrac{xyz}{x^2 + y^4 + z^4} = \dfrac{m^3 x^3}{x^2 + m^4 x^4 + m^4 x^4} = \dfrac{m^3 x}{1 + m^4 x^2 + m^4 x^2}$

$\therefore \displaystyle\lim_{(x,y,z)\to(0,0,0)} f(x, mx, mx) = 0$ 與 m 無關且 $\displaystyle\lim_{(x,y,z)\to(0,0,0)} f(x, mx, mx) = 0$，然而

令 $x = mt^2$，$y = z = t$ 則 $f(x,y,z) = \dfrac{mt^4}{(m^2 + 2)t^4} = \dfrac{m}{m^2 + 2}$

取 $m = -1$ 則 $\displaystyle\lim_{(x,y,z)\to(0,0,0)} \frac{xyz}{x^2 + y^4 + z^4} = \lim_{(x,y,z)\to(0,0,0)} \frac{m}{m^2 + 2} = -\frac{1}{3}$

取 $m = 1$ 則 $\displaystyle\lim_{(x,y,z)\to(0,0,0)} \frac{xyz}{x^2 + y^4 + z^4} = \lim_{(x,y,z)\to(0,0,0)} \frac{m}{m^2 + 2} = \frac{1}{3}$

$\therefore \displaystyle\lim_{(x,y,z)\to(0,0,0)} \frac{xyz}{x^2 + y^4 + z^4}$ 不存在

題型 4.

求三變數函數 $f(x,y,z)$ 於 $(0,0,0)$ 的極限,$\displaystyle\lim_{(x,y,z)\to(0,0,0)} f(x,y,z) =?$,其中函數 $f(x,y,z)$ 滿足:

$$令 y = z = mx, \quad 當 \lim_{(x,y,z)\to(0,0,0)} f(x,mx,mx) \ 與 m 有關時$$

解題流程:

取兩個相異值 m_1、m_2 使得

$$\lim_{(x,y,z)\to(0,0,0)} f(x,m_1x,m_1x) \neq \lim_{(x,y,z)\to(0,0,0)} f(x,m_2x,m_2x) \quad \therefore \lim_{(x,y,z)\to(0,0,0)} f(x,y,z) \ 不存在$$

<u>範例說明:</u>

(I) 求 $\displaystyle\lim_{(x,y,z)\to(0,0,0)} \frac{3xy}{x^2 + y^2 + z^2} =?$

令 $y = z = mx$ 則 $\dfrac{3xy}{x^2 + y^2 + z^2} = \dfrac{3mx^2}{x^2 + m^2x^2 + m^2x^2} = \dfrac{3m}{2m^2 + 1}$

取 $m = -1$ 則 $\displaystyle\lim_{(x,y,z)\to(0,0,0)} \frac{3xy}{x^2 + y^2 + z^2} = \lim_{(x,y,z)\to(0,0,0)} \frac{3m}{2m^2 + 1} = -1$

取 $m = 1$ 則 $\displaystyle\lim_{(x,y,z)\to(0,0,0)} \frac{3xy}{x^2 + y^2 + z^2} = \lim_{(x,y,z)\to(0,0,0)} \frac{3m}{2m^2 + 1} = 1$

因此 $\displaystyle\lim_{(x,y,z)\to(0,0,0)} \frac{3xy}{x^2 + y^2 + z^2}$ 不存在

範例 1.

求 $\displaystyle\lim_{(x,y)\to(0,0)} \frac{x^2 - 2y^2}{x^2 + y^2} =?$

【解】

令 $y = mx$ 則 $\dfrac{x^2 - 2y^2}{x^2 + y^2} = \dfrac{x^2 - 2m^2x^2}{x^2 + m^2x^2} = \dfrac{x^2(1 - 2m^2)}{x^2(1 + m^2)} = \dfrac{1 - 2m^2}{1 + m^2}$

$$\therefore \lim_{(x,y)\to(0,0)} \frac{x^2 - 2y^2}{x^2 + y^2} = \lim_{(x,y)\to(0,0)} \frac{1 - 2m^2}{1 + m^2}$$

取 $m = 1$ 則 $\displaystyle\lim_{(x,y)\to(0,0)} \frac{x^2 - 2y^2}{x^2 + y^2} = \lim_{(x,y)\to(0,0)} \frac{1 - 2m^2}{1 + m^2} = -\frac{1}{2}$

取 $m = \sqrt{2}$ 則 $\displaystyle\lim_{(x,y)\to(0,0)} \frac{x^2 - 2y^2}{x^2 + y^2} = \lim_{(x,y)\to(0,0)} \frac{1 - 2m^2}{1 + m^2} = -1$

$$\therefore \lim_{(x,y)\to(0,0)} \frac{x^2 - 2y^2}{x^2 + y^2} \ \text{不存在}$$

範例 2.

$$\text{求} \ \lim_{(x,y)\to(0,0)} \left(\frac{x^2 - y^2}{x^2 + 2y^2}\right)^2 = ?$$

【解】

$$\text{令} \ y = mx \ \text{則} \ \left(\frac{x^2 - y^2}{x^2 + 2y^2}\right)^2 = \left(\frac{x^2 - m^2x^2}{x^2 + 2m^2x^2}\right)^2 = \left(\frac{x^2(1 - m^2)}{x^2(1 + 2m^2)}\right)^2 = \frac{(1 - m^2)^2}{(1 + 2m^2)^2}$$

$$\therefore \lim_{(x,y)\to(0,0)} \left(\frac{x^2 - y^2}{x^2 + 2y^2}\right)^2 = \lim_{(x,y)\to(0,0)} \frac{(1 - m^2)^2}{(1 + 2m^2)^2}$$

取 $m = 1$ 則 $\displaystyle\lim_{(x,y)\to(0,0)} \left(\frac{x^2 - y^2}{x^2 + 2y^2}\right)^2 = \lim_{(x,y)\to(0,0)} \frac{(1 - m^2)^2}{(1 + 2m^2)^2} = 0$

取 $m = \sqrt{2}$ 則 $\displaystyle\lim_{(x,y)\to(0,0)} \left(\frac{x^2 - y^2}{x^2 + 2y^2}\right)^2 = \lim_{(x,y)\to(0,0)} \frac{(1 - m^2)^2}{(1 + 2m^2)^2} = \frac{1}{25}$

$$\therefore \lim_{(x,y)\to(0,0)} \left(\frac{x^2 - y^2}{x^2 + 2y^2}\right)^2 \ \text{不存在}$$

範例 3.

$$\text{求} \ \lim_{(x,y)\to(0,0)} \frac{x^2 + y^2}{|x| + |y|} = ?$$

【解】

$\because (|x| + |y|)^2 = |x|^2 + |y|^2 + 2|xy| \geq x^2 + y^2 \quad \therefore |x| + |y| \geq \sqrt{x^2 + y^2}$

$$\therefore \frac{x^2 + y^2}{|x| + |y|} \leq \frac{x^2 + y^2}{\sqrt{x^2 + y^2}} = \sqrt{x^2 + y^2}$$

Claim: $\displaystyle\lim_{(x,y)\to(0,0)} \frac{x^2 + y^2}{|x| + |y|} = 0$

令 $\epsilon > 0$ 取 $\delta^{\frac{1}{2}} < \epsilon$ 則 $x^2 + y^2 < \delta \Rightarrow \dfrac{x^2 + y^2}{|x| + |y|} \leq \dfrac{x^2 + y^2}{\sqrt{x^2 + y^2}} = \sqrt{x^2 + y^2} < \delta^{\frac{1}{2}} < \epsilon$

因此 $\displaystyle\lim_{(x,y)\to(0,0)} \dfrac{x^2 + y^2}{|x| + |y|} = 0$

範例 4.

$\qquad$ 求 $\displaystyle\lim_{(x,y)\to(0,0)} \dfrac{xy\cos(x^2 + y^2)}{\sqrt{x^2 + y^2}} = ?$

【解】

$\because x^2 + y^2 \geq 2|xy| \quad \therefore \dfrac{1}{\sqrt{x^2 + y^2}} \leq \dfrac{1}{\sqrt{2|xy|}} \Rightarrow \left| \dfrac{xy\cos(x^2 + y^2)}{\sqrt{x^2 + y^2}} \right| \leq \left| \dfrac{xy}{\sqrt{2|xy|}} \right| < |xy|^{\frac{1}{2}}$

Claim: $\displaystyle\lim_{(x,y)\to(0,0)} \dfrac{xy\cos x^2 + y^2}{\sqrt{x^2 + y^2}} = 0$

令 $\epsilon > 0$ 取 $\delta^{\frac{1}{2}} < \epsilon$

則 $x^2 + y^2 < \delta \Rightarrow \left| \dfrac{xy\cos(x^2 + y^2)}{\sqrt{x^2 + y^2}} \right| \leq \left| \dfrac{xy}{\sqrt{2|xy|}} \right| < |xy|^{\frac{1}{2}} < (x^2 + y^2)^{\frac{1}{2}} < \delta^{\frac{1}{2}} < \epsilon$

因此 $\displaystyle\lim_{(x,y)\to(0,0)} \dfrac{xy\cos x^2 + y^2}{\sqrt{x^2 + y^2}} = 0$

範例 5.

$\qquad$ 求 $\displaystyle\lim_{(x,y,z)\to(0,0,0)} \dfrac{\sin(x^2 + y^2 + z^2)}{\sqrt{x^2 + y^2 + z^2}} = ?$

【解】

令 $t = x^2 + y^2 + z^2 \quad$ 則 $\dfrac{\sin(x^2 + y^2 + z^2)}{\sqrt{x^2 + y^2 + z^2}} = \dfrac{\sin t}{\sqrt{t}} = \dfrac{\sqrt{t}\sin t}{t}$

$\displaystyle\lim_{(x,y,z)\to(0,0,0)} \dfrac{\sin(x^2 + y^2 + z^2)}{\sqrt{x^2 + y^2 + z^2}} = \lim_{t\to 0} \dfrac{\sqrt{t}\sin t}{t}$

藉由羅比達法則 $\displaystyle\lim_{t\to 0} \dfrac{\sin t}{t} = \lim_{t\to 0} \dfrac{\cos t}{1} = 1 \Rightarrow \lim_{t\to 0} \dfrac{\sqrt{t}\sin t}{t} = 0$

$\therefore \displaystyle\lim_{(x,y,z)\to(0,0,0)} \dfrac{\sin x^2 + y^2 + z^2}{\sqrt{x^2 + y^2 + z^2}} = 0$

範例 6.

求 $\displaystyle\lim_{(x,y)\to(0,0)}\frac{3x^2y}{x^2+y^2}=?$

【解】

$\because x^2+y^2\geq 2|xy| \quad \therefore \dfrac{1}{x^2+y^2}\leq\dfrac{1}{2|xy|} \Rightarrow \left|\dfrac{3x^2y}{x^2+y^2}\right|\leq\left|\dfrac{3x^2y}{2xy}\right|=\left|\dfrac{3x}{2}\right|$

Claim: $\displaystyle\lim_{(x,y)\to(0,0)}\frac{3x^2y}{x^2+y^2}=0$

令 $\epsilon>0$ 取 $\delta<(\dfrac{2\varepsilon}{3})^2$

則 $x^2+y^2<\delta \Rightarrow \left|\dfrac{3x^2y}{x^2+y^2}\right|\leq\left|\dfrac{3x^2y}{2xy}\right|=\left|\dfrac{3x}{2}\right|<\left|\dfrac{3\sqrt{x^2+y^2}}{2}\right|<\dfrac{3\sqrt{\delta}}{2}<\dfrac{3}{2}\cdot\dfrac{2\varepsilon}{3}=\epsilon$

$\therefore \displaystyle\lim_{(x,y)\to(0,0)}\frac{3x^2y}{x^2+y^2}=0$

範例 7.

求 $\displaystyle\lim_{(x,y)\to(0,0)}\frac{2xy^2}{x^2+y^2}=?$

【解】

$\because x^2+y^2\geq 2|xy| \quad \therefore \dfrac{1}{x^2+y^2}\leq\dfrac{1}{2|xy|} \Rightarrow \left|\dfrac{2xy^2}{x^2+y^2}\right|\leq\left|\dfrac{2xy^2}{2xy}\right|=|y|$

Claim: $\displaystyle\lim_{(x,y)\to(0,0)}\frac{2xy^2}{x^2+y^2}=0$

令 $\epsilon>0$ 取 $\delta<\varepsilon$ 則 $x^2+y^2<\delta \Rightarrow \left|\dfrac{2xy^2}{x^2+y^2}\right|\leq\left|\dfrac{2xy^2}{2xy}\right|=|y|<\left|\sqrt{x^2+y^2}\right|<\delta<\epsilon$

$\therefore \displaystyle\lim_{(x,y)\to(0,0)}\frac{2xy^2}{x^2+y^2}=0$

範例 8.

求 $\displaystyle\lim_{(x,y,z)\to(0,0,0)}\frac{xyz}{x^2+y^4+z^4}=?$

【解】

令 $x=mt^2,\ y=z=t$ 則 $\dfrac{mt^4}{(m^2+2)t^4}=\dfrac{m}{m^2+2}$

取 $m = -1$ 則 $\displaystyle\lim_{(x,y,z)\to(0,0,0)} \frac{xyz}{x^2 + y^4 + z^4} = \lim_{(x,y,z)\to(0,0,0)} \frac{m}{m^2 + 2} = -\frac{1}{3}$

取 $m = 1$ 則 $\displaystyle\lim_{(x,y,z)\to(0,0,0)} \frac{xyz}{x^2 + y^4 + z^4} = \lim_{(x,y,z)\to(0,0,0)} \frac{m}{m^2 + 2} = \frac{1}{3}$

因此 $\displaystyle\lim_{(x,y,z)\to(0,0,0)} \frac{xyz}{x^2 + y^4 + z^4}$ 不存在

範例 9.

$$\text{求} \quad \lim_{(x,y,z)\to(0,0,0)} \frac{x^2 y}{x^2 + y^4 + z^6} = ?$$

【解】

$\because x^2 + y^4 + z^6 \geq x^2 \qquad \therefore \left| \dfrac{x^2 y}{x^2 + y^4 + z^6} \right| \leq \left| \dfrac{x^2 y}{x^2} \right| = |y|$

令 $\epsilon > 0$ 取 $\delta^{\frac{1}{2}} < \varepsilon$

則 $x^2 + y^2 + z^2 < \delta \Rightarrow \left| \dfrac{x^2 y}{x^2 + y^4 + z^6} \right| < |y| < (x^2 + y^2 + z^2)^{\frac{1}{2}} < \delta^{\frac{1}{2}} < \epsilon$

因此 $\displaystyle\lim_{(x,y,z)\to(0,0,0)} \frac{x^2 y}{x^2 + y^4 + z^6} = 0$

範例 10.

$$\text{求} \quad \lim_{(x,y)\to(0,0)} \frac{x^4 + y^4}{x^2 + y^2} = ?$$

【解】

$\because x^4 + y^4 = (x^2 + y^2)^2 - 2x^2 y^2$

$\therefore \displaystyle\lim_{(x,y)\to(0,0)} \frac{x^4 + y^4}{x^2 + y^2} = \lim_{(x,y)\to(0,0)} \frac{(x^2 + y^2)^2 - 2x^2 y^2}{x^2 + y^2}$

$= \displaystyle\lim_{(x,y)\to(0,0)} x^2 + y^2 - \lim_{(x,y)\to(0,0)} \frac{2x^2 y^2}{x^2 + y^2} = - \lim_{(x,y)\to(0,0)} \frac{2x^2 y^2}{x^2 + y^2}$

Claim: $\displaystyle\lim_{(x,y)\to(0,0)} \frac{2x^2 y^2}{x^2 + y^2} = 0$

$\because x^2 + y^2 \geq 2|xy| \quad \therefore \dfrac{1}{x^2 + y^2} \leq \dfrac{1}{2|xy|} \Rightarrow \left| \dfrac{2x^2 y^2}{x^2 + y^2} \right| \leq \left| \dfrac{2x^2 y^2}{2xy} \right| = |xy|$

令 $\epsilon > 0$ 取 $\dfrac{\delta}{2} < \varepsilon$

則 $x^2 + y^2 < \delta \Rightarrow \left| \dfrac{2x^2y^2}{x^2 + y^2} \right| \leq \left| \dfrac{2x^2y^2}{2xy} \right| = |xy| < \left| \dfrac{x^2 + y^2}{2} \right| < \dfrac{\delta}{2} < \epsilon$

因此 $\displaystyle\lim_{(x,y)\to(0,0)} \dfrac{2x^2y^2}{x^2 + y^2} = 0 \Rightarrow \lim_{(x,y)\to(0,0)} \dfrac{x^4 + y^4}{x^2 + y^2} = 0$

範例 11.

$$求 \quad \lim_{(x,y)\to(0,0)} \dfrac{x^3y}{x^6 + 2y^2} = ?$$

【解】

令 $y = mx^3$ 則 $\dfrac{x^3y}{x^6 + 2y^2} = \dfrac{x^3(mx^3)}{x^6 + 2m^2x^6} = \dfrac{m}{1 + 2m^2}$

取 $m = -1$ 則 $\displaystyle\lim_{(x,y)\to(0,0)} \dfrac{x^3y}{x^6 + 2y^2} = \lim_{(x,y)\to(0,0)} \dfrac{m}{1 + 2m^2} = -\dfrac{1}{3}$

取 $m = 1$ 則 $\displaystyle\lim_{(x,y)\to(0,0)} \dfrac{x^3y}{x^6 + 2y^2} = \lim_{(x,y)\to(0,0)} \dfrac{m}{1 + 2m^2} = \dfrac{1}{3}$

因此 $\displaystyle\lim_{(x,y)\to(0,0)} \dfrac{x^3y}{x^6 + 2y^2}$ 不存在

範例 12.

$$求 \quad \lim_{(x,y)\to(0,0)} \dfrac{x - y^2}{x + 2y^2} = ?$$

【解】

令 $y = m\sqrt{x}$ 則 $\dfrac{x - y^2}{x + 2y^2} = \dfrac{x - m^2x}{x + 2m^2x} = \dfrac{1 - m^2}{1 + 2m^2}$

取 $m = \sqrt{2}$ 則 $\displaystyle\lim_{(x,y)\to(0,0)} \dfrac{x - y^2}{x + 2y^2} = \lim_{(x,y)\to(0,0)} \dfrac{1 - m^2}{1 + 2m^2} = \dfrac{-1}{5}$

取 $m = 1$ 則 $\displaystyle\lim_{(x,y)\to(0,0)} \dfrac{x - y^2}{x + 2y^2} = \lim_{(x,y)\to(0,0)} \dfrac{1 - m^2}{1 + 2m^2} = 0$

因此 $\displaystyle\lim_{(x,y)\to(0,0)} \dfrac{x - y^2}{x + 2y^2}$ 不存在

範例 13.

求 $\displaystyle\lim_{(x,y)\to(0,0)}\frac{xy^5}{x^2+y^{10}}=?$

【解】

令 $y=(mx)^{\frac{1}{5}}$ 則　$\dfrac{xy^5}{x^2+y^{10}}=\dfrac{mx^2}{(1+m^2)x^2}=\dfrac{m}{1+m^2}$

取 $m=-1$ 則　$\displaystyle\lim_{(x,y)\to(0,0)}\frac{xy^5}{x^2+y^{10}}=\lim_{(x,y)\to(0,0)}\frac{m}{1+m^2}=-\frac{1}{2}$

取 $m=1$ 則　$\displaystyle\lim_{(x,y)\to(0,0)}\frac{xy^5}{x^2+y^{10}}=\lim_{(x,y)\to(0,0)}\frac{m}{1+m^2}=\frac{1}{2}$

因此 $\displaystyle\lim_{(x,y)\to(0,0)}\frac{xy^5}{x^2+y^{10}}$ 不存在

範例 14.

　　求 $\displaystyle\lim_{(x,y)\to(0,0)}\frac{x^2y^2}{\sqrt{x^2+y^2}}=?$

【解】

$\because x^2+y^2\geq 2|xy|$　$\therefore \dfrac{1}{\sqrt{x^2+y^2}}\leq\dfrac{1}{\sqrt{2|xy|}}$　$\Rightarrow \left|\dfrac{x^2y^2}{\sqrt{x^2+y^2}}\right|\leq\left|\dfrac{x^2y^2}{\sqrt{2|xy|}}\right|=|xy|^{\frac{3}{2}}$

Claim: $\displaystyle\lim_{(x,y)\to(0,0)}\frac{x^2y^2}{\sqrt{x^2+y^2}}=0$

令 $\epsilon>0$　取 $\delta^{\frac{3}{2}}<\varepsilon$ 則 $x^2+y^2<\delta$

$\Rightarrow \left|\dfrac{x^2y^2}{\sqrt{x^2+y^2}}\right|\leq\left|\dfrac{x^2y^2}{\sqrt{2|xy|}}\right|=|xy|^{\frac{3}{2}}<(x^2+y^2)^{\frac{3}{2}}<\delta^{\frac{3}{2}}<\epsilon$

因此 $\displaystyle\lim_{(x,y)\to(0,0)}\frac{x^2y^2}{\sqrt{x^2+y^2}}=0$

範例 15.

　　求 $\displaystyle\lim_{(x,y)\to(0,0)}\frac{(xy)^p}{\sqrt{x^2+y^2}}=?,\ \ \forall p>\frac{1}{2}$

【解】

令 $p>\dfrac{1}{2}$

$$\because x^2 + y^2 \geq 2|xy| \quad \therefore \frac{1}{\sqrt{x^2+y^2}} \leq \frac{1}{\sqrt{2|xy|}} \Rightarrow \left| \frac{(xy)^p}{\sqrt{x^2+y^2}} \right| \leq \left| \frac{(xy)^p}{\sqrt{2|xy|}} \right| < |xy|^{p-\frac{1}{2}}$$

Claim: $\displaystyle \lim_{(x,y)\to(0,0)} \frac{(xy)^p}{\sqrt{x^2+y^2}} = 0$

令 $\epsilon > 0$ 取 $\delta^{p-\frac{1}{2}} < \varepsilon$

則 $x^2 + y^2 < \delta \Rightarrow \left| \dfrac{(xy)^p}{\sqrt{x^2+y^2}} \right| \leq \left| \dfrac{(xy)^p}{\sqrt{2|xy|}} \right| < |xy|^{p-\frac{1}{2}} < (x^2+y^2)^{p-\frac{1}{2}} < \delta^{p-\frac{1}{2}} < \epsilon$

因此 $\displaystyle \lim_{(x,y)\to(0,0)} \frac{(xy)^p}{\sqrt{x^2+y^2}} = 0$

範例 16.

假設 $f(x,y) = (x+y)\sin\dfrac{1}{x}\sin\dfrac{1}{y}$ 則 $\displaystyle \lim_{x\to 0}\left(\lim_{y\to 0} f(x,y)\right) = ?$

【解】

Claim: $\displaystyle \lim_{y\to 0} f(x,y)$ 不存在

令 $y_{1,n} = \dfrac{1}{2n\pi + \dfrac{\pi}{2}}$ 且 $y_{2,n} = \dfrac{1}{2n\pi + \dfrac{3\pi}{2}}$ 則 $\displaystyle \lim_{n\to\infty} y_{1,n} = 0$ 且 $\displaystyle \lim_{n\to\infty} y_{2,n} = 0$

則 $\displaystyle \lim_{n\to\infty} f(x, y_{1,n}) = \lim_{n\to\infty}\left(x + \frac{1}{2n\pi + \dfrac{\pi}{2}} \right)\sin\frac{1}{x}\sin\left(2n\pi + \frac{\pi}{2}\right) = \sin\frac{1}{x}$

$\displaystyle \lim_{n\to\infty} f(x, y_{2,n}) = \lim_{n\to\infty}\left(x + \frac{1}{2n\pi + \dfrac{3\pi}{2}} \right) + \sin\frac{1}{x}\sin\left(2n\pi + \frac{3\pi}{2}\right) = -\sin\frac{1}{x}$

令 $x_m = \dfrac{1}{2m\pi + \dfrac{\pi}{2}}$ 則 $\displaystyle \lim_{m\to\infty} x_m = 0$

$\displaystyle \lim_{m\to\infty}\left(\lim_{n\to\infty} f(x_m, y_{1,n})\right) = \lim_{m\to\infty} \sin\left(2m\pi + \frac{\pi}{2}\right) = 1$

$\displaystyle \lim_{m\to\infty}\left(\lim_{n\to\infty} f(x_m, y_{2,n})\right) = -\lim_{m\to\infty} \sin\left(2m\pi + \frac{\pi}{2}\right) = -1$

因此 $\lim\limits_{x \to 0}\left(\lim\limits_{y \to 0} f(x,y)\right)$ 不存在

範例 17.

$$求 \lim_{y \to 0}\left(\lim_{x \to 0}\frac{\cos x \tan y}{x - y}\right) = ?$$

【解】

$$\because \lim_{x \to 0}\frac{\cos x \tan y}{x - y} = \frac{\cos 0 \tan y}{-y} = \frac{\tan y}{-y}$$

$$\therefore \lim_{y \to 0}\left(\lim_{x \to 0}\frac{\cos x \tan y}{x - y}\right) = \lim_{y \to 0}\left(\frac{\tan y}{-y}\right) = -\lim_{y \to 0}\left(\frac{\tan y}{y}\right) = -1$$

範例 18.

$$求 \lim_{(x,y,z) \to (0,0,0)}\frac{4xy + xz + z^2}{x^2 + 2y^2} = ?$$

【解】

令 $z = y = mx$ 則 $\dfrac{4mx^2 + mx^2 + m^2x^2}{(1 + 2m^2)x^2} = \dfrac{5m + m^2}{1 + 2m^2}$

取 $m = -1$ 則 $\lim\limits_{(x,y,z) \to (0,0,0)}\dfrac{4xy + xz + z^2}{x^2 + 2y^2} = \lim\limits_{(x,y,z) \to (0,0,0)}\dfrac{5m + m^2}{1 + 2m^2} = -\dfrac{4}{3}$

取 $m = 1$ 則 $\lim\limits_{(x,y,z) \to (0,0,0)}\dfrac{4xy + xz + z^2}{x^2 + 2y^2} = \lim\limits_{(x,y,z) \to (0,0,0)}\dfrac{5m + m^2}{1 + 2m^2} = \dfrac{6}{3} = 2$

因此 $\lim\limits_{(x,y,z) \to (0,0,0)}\dfrac{4xy + xz + z^2}{x^2 + 2y^2}$ 不存在

範例 19.

$$求 \lim_{(x,y,z) \to (0,0,0)}\frac{3xy}{x^2 + y^2 + z^2} = ?$$

【解】

令 $y = mx$ 且 $z = mx$ 則 $\dfrac{3xy}{x^2 + y^2 + z^2} = \dfrac{3mx^2}{x^2 + m^2x^2 + m^2x^2} = \dfrac{3m}{2m^2 + 1}$

取 $m = -1$ 則 $\lim\limits_{(x,y,z) \to (0,0,0)}\dfrac{3xy}{x^2 + y^2 + z^2} = \lim\limits_{(x,y,z) \to (0,0,0)}\dfrac{3m}{2m^2 + 1} = -1$

取 $m = 1$ 則 $\displaystyle\lim_{(x,y,z)\to(0,0,0)} \frac{3xy}{x^2+y^2+z^2} = \lim_{(x,y,z)\to(0,0,0)} \frac{3m}{2m^2+1} = 1$

因此 $\displaystyle\lim_{(x,y,z)\to(0,0,0)} \frac{3xy}{x^2+y^2+z^2}$ 不存在

範例 20.

$$求 \quad \lim_{(x,y,z)\to(0,0,0)} \frac{x^4+y^4}{x^2+y^2+z^4} = ?$$

【解】

$\because x^2+y^2+z^2 \geq x^2+y^2 \quad \therefore \left|\dfrac{x^4+y^4}{x^2+y^2+z^4}\right| \leq \left|\dfrac{x^4+y^4}{x^2+y^2}\right|$

Claim: $\displaystyle\lim_{(x,y)\to(0,0)} \frac{x^4+y^4}{x^2+y^2} = 0$

$\because x^4+y^4 = (x^2+y^2)^2 - 2x^2y^2$

$\therefore \displaystyle\lim_{(x,y)\to(0,0)} \frac{x^4+y^4}{x^2+y^2} = \lim_{(x,y)\to(0,0)} \frac{(x^2+y^2)^2 - 2x^2y^2}{x^2+y^2}$

$= \displaystyle\lim_{(x,y)\to(0,0)} x^2+y^2 - \lim_{(x,y)\to(0,0)} \frac{2x^2y^2}{x^2+y^2} = -\lim_{(x,y)\to(0,0)} \frac{2x^2y^2}{x^2+y^2}$

Claim: $\displaystyle\lim_{(x,y)\to(0,0)} \frac{2x^2y^2}{x^2+y^2} = 0$

$\because x^2+y^2 \geq 2|xy| \quad \therefore \dfrac{1}{x^2+y^2} \leq \dfrac{1}{2|xy|} \Rightarrow \left|\dfrac{2x^2y^2}{x^2+y^2}\right| \leq \left|\dfrac{2x^2y^2}{2xy}\right| = |xy|$

令 $\epsilon > 0$ 取 $\dfrac{\delta}{2} < \varepsilon$ 則 $x^2+y^2 < \delta \Rightarrow \left|\dfrac{2x^2y^2}{x^2+y^2}\right| \leq \left|\dfrac{2x^2y^2}{2xy}\right| = |xy| < \left|\dfrac{x^2+y^2}{2}\right| < \dfrac{\delta}{2} < \epsilon$

因此 $\displaystyle\lim_{(x,y)\to(0,0)} \frac{2x^2y^2}{x^2+y^2} = 0 \Rightarrow \lim_{(x,y)\to(0,0)} \frac{x^4+y^4}{x^2+y^2} = 0$

$\Rightarrow \displaystyle\lim_{(x,y,z)\to(0,0,0)} \frac{x^4+y^4}{x^2+y^2+z^4} = 0$

7.2　判斷多變數函數是否連續

【定義】雙變數函數連續的定義

$f(x,y)$ 於 (x_0,y_0) 連續 $\Leftrightarrow \lim\limits_{(x,y)\to(x_0,y_0)} f(x,y) = f(x_0,y_0)$

$\Leftrightarrow \forall \varepsilon > 0,\ \exists \delta > 0,\ \text{such that}\ \sqrt{(x-x_0)^2+(y-y_0)^2} < \delta \Rightarrow |f(x,y)-f(x_0,y_0)| < \varepsilon$

【定義】多變數函數連續的定義

$f(x_1,\dots,x_n)$ 於 $(c_1,\dots,c_n)$ 連續 $\Leftrightarrow \lim\limits_{(x_1,\dots,x_n)\to(c_1,\dots,c_n)} f(x_1,\dots,x_n) = f(c_1,\dots,c_n)$

$\Leftrightarrow \forall \varepsilon > 0,\ \exists \delta > 0,\ \text{such that}$
$$\sqrt{(x_1-c_1)^2+\cdots+(x_n-c_n)^2} < \delta \Rightarrow |f(x_1,\dots,x_n)-f(c_1,\dots,c_n)| < \varepsilon$$

　　從雙變數函數的連續定義，能觀察出如果 $f(x,y)$ 於 (x_0,y_0) 連續，則從任意方向逼近 (x_0,y_0) 的極限值必須等於 $f(x_0,y_0)$，因此，令 $y-y_0=m(x-x_0)$ 為過 (x_0,y_0) 的直線，若 $f(x,y)$ 於 (x_0,y_0) 連續，則

$$\lim_{(x,y)\to(x_0,y_0)} f(x,m(x-x_0)+y_0) = f(x_0,y_0)$$

且

$$\lim_{(x,y)\to(x_0,y_0)} f(x,m(x-x_0)+y_0) \ \text{與} \ m \ \text{值無關}$$

　　常見的考試題型為 $(x_0,y_0)=(0,0)$，假設 $f(x,y)$ 於 $(0,0)$ 連續，令 $y=mx$ 則

$\lim\limits_{(x,y)\to(0,0)} f(x,mx) = f(0,0)$ 且 $\lim\limits_{(x,y)\to(0,0)} f(x,mx)$ 與 m 值無關，因此，$\lim\limits_{(x,y)\to(0,0)} f(x,mx)$

與 m 值無關是 $f(x,y)$ 於 $(0,0)$ 連續的必要條件，值得注意的是，$\lim\limits_{(x,y)\to(x_0,y_0)} f(x,mx)$

與 m 值無關是 $f(x,y)$ 於 $(0,0)$ 連續的必要條件並非充分條件，底下展示一雙變數函數 $f(x,y)$ 作說明

範例說明:

假設 $f(x,y) = \begin{cases} \dfrac{xy^2}{x^2+y^4}, & (x,y) \neq 0 \\ 0, & (x,y) = 0 \end{cases}$，判斷 $f(x,y)$ 在 $(0,0)$ 是否連續?

令 $y=mx$ 則 $f(x,y) = \dfrac{xy^2}{x^2+y^4} = \dfrac{m^2x^3}{x^2+m^4x^4}$

$\therefore \lim\limits_{(x,y)\to(0,0)} f(x,mx)$ 與 m 值無關且 $\lim\limits_{(x,y)\to(0,0)} f(x,mx) = 0$,

令 $x = y^2$ 則 $f(x,y) = \dfrac{y^4}{y^4 + y^4} = \dfrac{1}{2}$ 且 $\lim\limits_{(x,y)\to(0,0)} f(y^2,y) = \dfrac{1}{2} \neq f(0,0) = 0$

$\therefore f(x,y)$ 於 $(0,0)$ 不連續

此外, 如果 $\exists\, m \in R$ s.t. $\lim\limits_{(x,y)\to(0,0)} f(x,mx) \neq f(0,0)$ 則 $f(x,y)$ 於 $(0,0)$ 不連續, 因此,

令 $y = mx$, 當 $\lim\limits_{(x,y)\to(0,0)} f(x,mx)$ 與 m 值有關, 則取 $m \in R$ 使得 $\lim\limits_{(x,y)\to(0,0)} f(x,mx) \neq f(0,0)$

以說明 $f(x,y)$ 於 $(0,0)$ 不連續, 判斷多變數函數是否連續的考試類型當中, 以雙變數函數的題型最常出現, 讀者若能熟悉雙變數題型, 其它類型都能夠掌握。總結上述兩點, 底下說明雙變數函數 $f(x,y)$ 於原點 $(0,0)$ 是否連續的考試類型與解題流程

考試類型:

題型 1.

給定雙變數函數 $f(x,y)$, 判斷 $f(x,y)$ 於 $(0,0)$ 是否連續, 其中 $f(x,y)$ 滿足:

$$\text{令} y = mx, \quad \text{當} \lim\limits_{(x,y)\to(0,0)} f(x,mx) = f(0,0) \ \text{與} m \text{值無關時}$$

解題流程:

令 $\varepsilon > 0$, 取 δ 或明確找出 δ 的值, 使得 $x^2 + y^2 < \delta \Rightarrow |f(x,y) - f(0,0)| < \varepsilon$

補充說明:

常藉由 $x^2 + y^2 \geq 2|xy|$, 推導出 $|f(x,y) - f(0,0)| < g(x^2 + y^2) < g(\delta) < \varepsilon$, 並且能得知 g 明確的樣貌, 最後一個不等式的 $g(\delta) < \varepsilon$ 能幫助明確定義 δ

範例說明:

令 $y = mx$

(I) 設 $f(x,y) = \begin{cases} \dfrac{3x^2 y}{x^2 + y^2}, & (x,y) \neq 0 \\ 0, & (x,y) = 0 \end{cases}$, 則 $f(x,y)$ 在 $(0,0)$ 是否連續?

令 $y = mx$ 則 $\lim\limits_{(x,y)\to(0,0)} \dfrac{3x^2(mx)}{x^2 + (mx)^2} = \lim\limits_{(x,y)\to(0,0)} \dfrac{3mx}{1 + m^2} = 0$ 與 m 值無關

Claim: $\left|\dfrac{3x^2 y}{x^2 + y^2}\right| \leq \left|\dfrac{3\sqrt{x^2+y^2}}{2}\right|$

$\because x^2 + y^2 \geq 2|xy| \quad \therefore \dfrac{1}{x^2+y^2} \leq \dfrac{1}{2|xy|} \Rightarrow \left|\dfrac{3x^2 y}{x^2+y^2}\right| \leq \left|\dfrac{3x^2 y}{2xy}\right| = \left|\dfrac{3x}{2}\right| \leq \left|\dfrac{3\sqrt{x^2+y^2}}{2}\right|$

令 $\epsilon > 0$ 取 $\delta < (\dfrac{2\epsilon}{3})^2$ 則 $x^2 + y^2 < \delta \Rightarrow \left|\dfrac{3x^2 y}{x^2+y^2}\right| \leq \left|\dfrac{3\sqrt{x^2+y^2}}{2}\right| < \dfrac{3\sqrt{\delta}}{2} < \dfrac{3}{2} \cdot \dfrac{2\epsilon}{3} = \epsilon$

因此 $f(x,y)$ 在 $(0,0)$ 連續

(II) 若 $f(x,y) = \begin{cases} \dfrac{x^3 - y^3}{x^2 + y^2}, & (x,y) \neq 0 \\ 0, & (x,y) = 0 \end{cases}$, 則 $f(x,y)$ 在 $(0,0)$ 是否連續?

令 $y = mx$ 則 $\displaystyle\lim_{(x,y)\to(0,0)} \dfrac{x^3 - y^3}{x^2 + y^2} = \lim_{(x,y)\to(0,0)} \dfrac{x - m^3 x}{1 + m^2} = 0$ 與 m 值無關

$\because x^3 - y^3 = (x-y)(x^2 + xy + y^2)$ 且 $x^2 + y^2 \geq 2|xy|$

$\therefore |x^3 - y^3| \leq |x-y||x^2 + |xy| + y^2| \leq |x-y|\left|x^2 + \dfrac{x^2+y^2}{2} + y^2\right|$

$\therefore |x^3 - y^3| \leq \dfrac{3}{2}|x-y||x^2 + y^2| \Rightarrow \left|\dfrac{x^3 - y^3}{x^2 + y^2}\right| \leq \dfrac{3}{2}|x-y|$

$\because |x-y| = \sqrt{|x-y|^2} \leq \sqrt{x^2 + y^2 + |2xy|} \leq \sqrt{2(x^2+y^2)}$

令 $\epsilon > 0$ 取 $3\sqrt{\dfrac{\delta}{2}} < \epsilon$ 則 $x^2 + y^2 < \delta \Rightarrow \left|\dfrac{x^3 - y^3}{x^2 + y^2}\right| \leq \dfrac{3}{2}|x-y| \leq \dfrac{3}{2}\sqrt{2(x^2+y^2)} < 3\sqrt{\dfrac{\delta}{2}} < \epsilon$

因此 $f(x,y)$ 在 $(0,0)$ 連續

題型 2.

給定雙變數函數 $f(x,y)$, 判斷 $f(x,y)$ 於 $(0,0)$ 是否連續, 其中 $f(x,y)$ 滿足:

$$令 y = mx, \quad 當 \lim_{(x,y)\to(0,0)} f(x,mx) \ 與 m 值有關時$$

解題流程:

取 m 值且計算極限值使得 $\displaystyle\lim_{(x,y)\to(0,0)} f(x,mx) \neq f(0,0) \quad \therefore f(x,y)$ 於 $(0,0)$ 不連續

範例說明:

令 $y = mx$

(I) 設 $f(x,y) = \begin{cases} \dfrac{x^2 - y^2}{x^2 + y^2}, & (x,y) \neq 0 \\ 0, & (x,y) = 0 \end{cases}$, 則 $f(x,y)$ 在 $(0,0)$ 是否連續?

令 $y = mx$ 則 $\displaystyle\lim_{(x,y)\to(0,0)} \frac{x^2 - y^2}{x^2 + y^2} = \lim_{(x,y)\to(0,0)} \frac{1 - m^2}{1 + m^2}$ 與 m 值有關

取 $m = \sqrt{2}$ 則 $\displaystyle\lim_{(x,y)\to(0,0)} f(x,y) = \lim_{(x,y)\to(0,0)} \frac{1 - m^2}{1 + m^2} = -\frac{1}{3} \neq f(0,0) = 0$

因此 $f(x,y)$ 在 $(0,0)$ 不連續

(II) 設 $f(x,y) = \begin{cases} \dfrac{x^2 y}{x^3 + y^3}, & (x,y) \neq 0 \\ 0, & (x,y) = 0 \end{cases}$, 則 $f(x,y)$ 在 $(0,0)$ 是否連續?

令 $y = mx$ 則 $\displaystyle\lim_{(x,y)\to(0,0)} \frac{x^2 y}{x^3 + y^3} = \lim_{(x,y)\to(0,0)} \frac{m}{1 + m^3}$ 與 m 值有關

取 $m = 1$ 則 $\displaystyle\lim_{(x,y)\to(0,0)} f(x,y) = \lim_{(x,y)\to(0,0)} \frac{m}{1 + m^3} = \frac{1}{2} \neq f(0,0)$

因此 $f(x,y)$ 在 $(0,0)$ 不連續

題型 3.

給定三變數函數 $f(x,y,z)$, 判斷 $f(x,y,z)$ 於 $(0,0,0)$ 是否連續, 其中 $f(x,y,z)$ 滿足:

$$令 y = z = mx, \quad 當 \lim_{(x,y,z)\to(0,0,0)} f(x,mx,mx) = L \text{ 與 } m \text{ 無關時}$$

解題流程:

令 $\varepsilon > 0$, 取 δ 或明確找出 δ 的值, 使得 $x^2 + y^2 + z^2 < \delta \Rightarrow |f(x,y,z) - f(0,0,0)| < \varepsilon$

範例說明:

(I) 設 $f(x,y,z) = \begin{cases} \dfrac{x^2 y}{x^2 + y^4 + z^6}, & (x,y,z) \neq 0 \\ 0, & (x,y,z) = 0 \end{cases}$, 則 $f(x,y,z)$ 在 $(0,0,0)$ 是否連續?

令 $y = z = mx$ 則 $\dfrac{x^2 y}{x^2 + y^4 + z^6} = \dfrac{mx^3}{x^2 + m^4 x^4 + m^6 x^6} = \dfrac{mx}{1 + m^4 x^2 + m^6 x^4}$

$\therefore \displaystyle\lim_{(x,y,z)\to(0,0,0)} f(x,mx,mx) = 0$ 與 m 無關

$$\because x^2 + y^4 + z^6 \geq x^2 \qquad \therefore \left| \frac{x^2 y}{x^2 + y^4 + z^6} \right| \leq \left| \frac{x^2 y}{x^2} \right| = |y|$$

令 $\epsilon > 0$ 取 $\delta^{\frac{1}{2}} < \epsilon$

則 $x^2 + y^2 + z^2 < \delta \Rightarrow \left| \frac{x^2 y}{x^2 + y^4 + z^6} \right| < |y| < (x^2 + y^2 + z^2)^{\frac{1}{2}} < \delta^{\frac{1}{2}} < \epsilon$

$\therefore f(x, y, z)$ 在 $(0,0,0)$ 是否連續

值得注意的是 $\lim\limits_{(x,y,z)\to(0,0,0)} f(x, mx, mx) = 0$ 與 m 無關是 $f(x,y,z)$ 於 $(0,0,0)$ 連續的必要條件

並非充分條件, 也就是推論的過程中, 如果出現

$$\text{"因為} \lim\limits_{(x,y,z)\to(0,0,0)} f(x, mx, mx) = 0 \text{ 與 } m \text{ 無關, 所以} f(x,y,z) \text{ 於} (0,0,0) \text{連續"}$$

為錯誤的論述, 底下展示一多變數函數做說明

範例說明:

假設 $f(x,y,z) = \begin{cases} \dfrac{xyz}{x^2 + y^4 + z^4}, & (x,y,z) \neq 0 \\ 0, & (x,y,z) = 0 \end{cases}$, 判斷 $f(x,y,z)$ 在 $(0,0,0)$ 是否連續

令 $y = z = mx$ 則 $f(x,y,z) = \dfrac{xyz}{x^2 + y^4 + z^4} = \dfrac{m^3 x^3}{x^2 + m^4 x^4 + m^4 x^4} = \dfrac{m^3 x}{1 + m^4 x^2 + m^4 x^2}$

$\therefore \lim\limits_{(x,y,z)\to(0,0,0)} f(x, mx, mx) = 0$ 與 m 無關且 $\lim\limits_{(x,y,z)\to(0,0,0)} f(x, mx, mx) = 0$, 然而

令 $x = mt^2,\ y = z = t$ 則 $f(x,y,z) = \dfrac{mt^4}{(m^2 + 2)t^4} = \dfrac{m}{m^2 + 2}$

取 $m = -1$ 則 $\lim\limits_{(x,y,z)\to(0,0,0)} \dfrac{xyz}{x^2 + y^4 + z^4} = \lim\limits_{(x,y,z)\to(0,0,0)} \dfrac{m}{m^2 + 2} = -\dfrac{1}{3}$

取 $m = 1$ 則 $\lim\limits_{(x,y,z)\to(0,0,0)} \dfrac{xyz}{x^2 + y^4 + z^4} = \lim\limits_{(x,y,z)\to(0,0,0)} \dfrac{m}{m^2 + 2} = \dfrac{1}{3}$

$\therefore \lim\limits_{(x,y,z)\to(0,0,0)} \dfrac{xyz}{x^2 + y^4 + z^4}$ 不存在 $\quad \therefore f(x,y,z)$ 在 $(0,0,0)$ 不連續

題型 4.

給定三變數函數 $f(x,y,z)$, 判斷 $f(x,y,z)$ 於 $(0,0,0)$ 是否連續, 其中 $f(x,y,z)$ 滿足:

$$\text{令} y = z = mx, \quad \text{當} \lim_{(x,y,z)\to(0,0,0)} f(x,mx,mx) \text{ 與} m \text{有關時}$$

解題流程:

取兩個相異m_1、m_2 使得

$$\lim_{(x,y,z)\to(0,0,0)} f(x,m_1 x,m_1 x) \neq \lim_{(x,y,z)\to(0,0,0)} f(x,m_2 x,m_2 x) \quad \therefore \lim_{(x,y,z)\to(0,0,0)} f(x,y,z) \text{ 不連續}$$

範例說明:

(I) 設$f(x,y,z) = \begin{cases} \dfrac{3xy}{x^2+y^2+z^2}, & (x,y,z) \neq 0 \\ 0, & (x,y,z) = 0 \end{cases}$, 則 $f(x,y,z)$ 在$(0,0,0)$ 是否連續?

令 $y = z = mx$ 則 $\dfrac{3xy}{x^2+y^2+z^2} = \dfrac{3mx^2}{x^2+m^2x^2+m^2x^2} = \dfrac{3m}{2m^2+1}$

取 $m = -1$ 則 $\lim_{(x,y,z)\to(0,0,0)} \dfrac{3xy}{x^2+y^2+z^2} = \lim_{(x,y,z)\to(0,0,0)} \dfrac{3m}{2m^2+1} = -1$

取 $m = 1$ 則 $\lim_{(x,y,z)\to(0,0,0)} \dfrac{3xy}{x^2+y^2+z^2} = \lim_{(x,y,z)\to(0,0,0)} \dfrac{3m}{2m^2+1} = 1$

$\therefore \lim_{(x,y,z)\to(0,0,0)} \dfrac{3xy}{x^2+y^2+z^2}$ 不存在 $\quad \therefore f(x,y,z)$ 在$(0,0,0)$不連續

範例 1.

$$\text{設} f(x,y) = \begin{cases} (x+y) \sin\dfrac{1}{x} \sin\dfrac{1}{y}, & (x,y) \neq (0,0) \\ 0, & (x,y) = (0,0) \end{cases} , \text{ 則 } f(x,y) \text{ 在}(0,0)$$

是否連續?

【解】

$\because (x+y)^2 = x^2+y^2+2xy \leq (|x|+|y|)^2 = x^2+y^2+2|xy|$ 且 $x^2+y^2 \geq 2|xy|$

$\therefore (x+y)^2 \leq 2(x^2+y^2)$

令 $\epsilon > 0$ 取 $\sqrt{2\delta} < \epsilon$

則 $x^2+y^2 < \delta \Rightarrow \left| (x+y) \sin\dfrac{1}{x} \sin\dfrac{1}{y} \right| \leq |x+y| < \sqrt{2(x^2+y^2)} < \sqrt{2\delta} < \epsilon$

$\therefore \lim_{(x,y)\to(0,0)} f(x,y) = 0 = f(0,0), \quad$ 因此 $f(x,y)$ 在$(0,0)$連續

範例 2.

$$設 f(x,y) = \begin{cases} \dfrac{x^2 - y^2}{x^2 + y^2}, & (x,y) \neq 0 \\ 0, & (x,y) = 0 \end{cases}，\ 則\ f(x,y)\ 在(0,0)\ 是否連續?$$

【解】

令 $y = mx$ 則 $\dfrac{x^2 - y^2}{x^2 + y^2} = \dfrac{x^2 - m^2 x^2}{x^2 + m^2 x^2} = \dfrac{x^2(1 - m^2)}{x^2(1 + m^2)} = \dfrac{1 - m^2}{1 + m^2}$

$\therefore \lim\limits_{(x,y)\to(0,0)} \dfrac{x^2 - y^2}{x^2 + y^2} = \lim\limits_{(x,y)\to(0,0)} \dfrac{1 - m^2}{1 + m^2}$

取 $m = \sqrt{2}$ 則 $\lim\limits_{(x,y)\to(0,0)} f(x,y) = \lim\limits_{(x,y)\to(0,0)} \dfrac{x^2 - y^2}{x^2 + y^2} = \lim\limits_{(x,y)\to(0,0)} \dfrac{1 - m^2}{1 + m^2} = -\dfrac{1}{3} \neq f(0,0) = 0$

因此 $f(x,y)$ 在$(0,0)$ 不連續

範例 3.

$$設 f(x,y) = \begin{cases} \dfrac{x^2 y}{x^4 + y^2}, & (x,y) \neq 0 \\ 0, & (x,y) = 0 \end{cases}，\ 則\ f(x,y)\ 在(0,0)\ 是否連續?$$

【解】

令 $y = mx^2$ 則 $\dfrac{x^2 y}{x^4 + y^2} = \dfrac{x^2(m^2 x^2)}{x^4 + m^4 x^4} = \dfrac{m^2}{1 + m^4}$ $\therefore \lim\limits_{(x,y)\to(0,0)} \dfrac{x^2 y}{x^4 + y^2} = \lim\limits_{(x,y)\to(0,0)} \dfrac{m^2}{1 + m^4}$

取 $m = 1$ 則 $\lim\limits_{(x,y)\to(0,0)} f(x,y) = \lim\limits_{(x,y)\to(0,0)} \dfrac{x^2 y}{x^4 + y^2} = \lim\limits_{(x,y)\to(0,0)} \dfrac{m^2}{1 + m^4} = \dfrac{1}{2} \neq f(0,0)$

因此 $f(x,y)$ 在$(0,0)$ 不連續

範例 4.

$$設 f(x,y) = \begin{cases} \dfrac{x^2 y}{x^3 + y^3}, & (x,y) \neq 0 \\ 0, & (x,y) = 0 \end{cases}，\ 則\ f(x,y)\ 在(0,0)\ 是否連續?$$

【解】

令 $y = mx$ 則 $\dfrac{x^2 y}{x^3 + y^3} = \dfrac{mx^3}{x^3 + m^3 x^3} = \dfrac{m}{1 + m^3}$

$\therefore \lim\limits_{(x,y)\to(0,0)} \dfrac{x^2 y}{x^3 + y^3} = \lim\limits_{(x,y)\to(0,0)} \dfrac{m}{1 + m^3}$

取 $m = 1$ 則 $\displaystyle\lim_{(x,y)\to(0,0)} f(x,y) = \lim_{(x,y)\to(0,0)} \frac{x^2 y}{x^3 + y^3} = \lim_{(x,y)\to(0,0)} \frac{m}{1 + m^3} = \frac{1}{2} \neq f(0,0)$

因此 $f(x,y)$ 在 $(0,0)$ 不連續

範例 5.

$$\text{設} f(x,y) = \begin{cases} \dfrac{x^3 - y^3}{x^2 + y^2}, & (x,y) \neq 0 \\ 0, & (x,y) = 0 \end{cases}, \quad \text{則 } f(x,y) \text{ 在}(0,0) \text{ 是否連續?}$$

【解】

$\because x^3 - y^3 = (x - y)(x^2 + xy + y^2)$ 且 $x^2 + y^2 \geq 2|xy|$

$\therefore |x^3 - y^3| \leq |x - y||x^2 + |xy| + y^2| \leq |x - y|\left|x^2 + \dfrac{x^2 + y^2}{2} + y^2\right|$

$\therefore |x^3 - y^3| \leq \dfrac{3}{2}|x - y||x^2 + y^2| \Rightarrow \left|\dfrac{x^3 - y^3}{x^2 + y^2}\right| \leq \dfrac{3}{2}|x - y|$

$\because |x - y| = \sqrt{|x - y|^2} \leq \sqrt{x^2 + y^2 + |2xy|} \leq \sqrt{2(x^2 + y^2)}$

令 $\epsilon > 0$ 取 $3\sqrt{\dfrac{\delta}{2}} < \epsilon$ 則 $x^2 + y^2 < \delta \Rightarrow \left|\dfrac{x^3 - y^3}{x^2 + y^2}\right| \leq \dfrac{3}{2}|x - y| \leq \dfrac{3}{2}\sqrt{2(x^2 + y^2)} < 3\sqrt{\dfrac{\delta}{2}} < \epsilon$

因此 $f(x,y)$ 在 $(0,0)$ 連續

範例 6.

$$\text{設} f(x,y) = \begin{cases} \dfrac{3x^2 y}{x^2 + y^2}, & (x,y) \neq 0 \\ 0, & (x,y) = 0 \end{cases}, \quad \text{則 } f(x,y) \text{ 在}(0,0) \text{ 是否連續?}$$

【解】

Claim: $\left|\dfrac{3x^2 y}{x^2 + y^2}\right| \leq \left|\dfrac{3\sqrt{x^2 + y^2}}{2}\right|$

$\because x^2 + y^2 \geq 2|xy| \quad \therefore \dfrac{1}{x^2 + y^2} \leq \dfrac{1}{2|xy|} \Rightarrow \left|\dfrac{3x^2 y}{x^2 + y^2}\right| \leq \left|\dfrac{3x^2 y}{2xy}\right| = \left|\dfrac{3x}{2}\right| \leq \left|\dfrac{3\sqrt{x^2 + y^2}}{2}\right|$

令 $\epsilon > 0$ 取 $\delta < \left(\dfrac{2\epsilon}{3}\right)^2$ 則 $x^2 + y^2 < \delta \Rightarrow \left|\dfrac{3x^2 y}{x^2 + y^2}\right| \leq \left|\dfrac{3\sqrt{x^2 + y^2}}{2}\right| < \dfrac{3\sqrt{\delta}}{2} < \dfrac{3}{2} \cdot \dfrac{2\epsilon}{3} = \epsilon$

因此 $f(x,y)$ 在 $(0,0)$ 連續

範例 7.

$$設 f(x,y) = \begin{cases} \dfrac{2xy^2}{x^2+y^2}, & (x,y) \neq 0 \\ 0, & (x,y) = 0 \end{cases}，\ 則\ f(x,y)\ 在 (0,0)\ 是否連續?$$

【解】

Claim: $\left|\dfrac{2xy^2}{x^2+y^2}\right| \leq \left|\sqrt{x^2+y^2}\right|$

$\because x^2+y^2 \geq 2|xy|$ $\therefore \dfrac{1}{x^2+y^2} \leq \dfrac{1}{2|xy|}$ $\Rightarrow \left|\dfrac{2xy^2}{x^2+y^2}\right| \leq \left|\dfrac{2xy^2}{2xy}\right| = |y| < \left|\sqrt{x^2+y^2}\right|$

令 $\epsilon > 0$ 取 $\sqrt{\delta} < \varepsilon$

則 $x^2+y^2 < \delta \Rightarrow \left|\dfrac{2xy^2}{x^2+y^2}\right| \leq \left|\sqrt{x^2+y^2}\right| < \sqrt{\delta} < \epsilon \Rightarrow f(x,y)$ 在 $(0,0)$ 連續

範例 8.

$$設 f(x,y) = \begin{cases} \dfrac{x^4+y^4}{x^2+y^2}, & (x,y) \neq 0 \\ 0, & (x,y) = 0 \end{cases}，\ 則\ f(x,y)\ 在 (0,0)\ 是否連續?$$

【解】

Claim: $\left|\dfrac{x^4+y^4}{x^2+y^2}\right| \leq \dfrac{3}{2}|x^2+y^2|$

$\because x^4+y^4 = (x^2+y^2)^2 - 2x^2y^2$ $\therefore \dfrac{x^4+y^4}{x^2+y^2} = \dfrac{(x^2+y^2)^2 - 2x^2y^2}{x^2+y^2} = x^2+y^2 - \dfrac{2x^2y^2}{x^2+y^2}$

$\because x^2+y^2 \geq 2|xy|$ $\therefore \dfrac{1}{x^2+y^2} \leq \dfrac{1}{2|xy|}$ $\Rightarrow \left|\dfrac{2x^2y^2}{x^2+y^2}\right| \leq \left|\dfrac{2x^2y^2}{2xy}\right| = |xy| \leq \left|\dfrac{x^2+y^2}{2}\right|$

$\therefore \left|\dfrac{x^4+y^4}{x^2+y^2}\right| = \left|x^2+y^2 - \dfrac{2x^2y^2}{x^2+y^2}\right| \leq |x^2+y^2| + \left|\dfrac{2x^2y^2}{x^2+y^2}\right| \leq \dfrac{3}{2}|x^2+y^2|$

令 $\epsilon > 0$ 取 $\dfrac{3\delta}{2} < \varepsilon$

則 $x^2+y^2 < \delta \Rightarrow \left|\dfrac{x^4+y^4}{x^2+y^2}\right| \leq \dfrac{3}{2}|x^2+y^2| < \dfrac{3\delta}{2} < \epsilon \Rightarrow f(x,y)$ 在 $(0,0)$ 連續

範例 9.

設 $f(x,y) = \begin{cases} \dfrac{xy^4}{x^2+y^8}, & (x,y) \neq 0 \\ 0, & (x,y) = 0 \end{cases}$ ，則 $f(x,y)$ 在 $(0,0)$ 是否連續?

【解】

令 $y = (mx)^{\frac{1}{4}}$ 則 $\dfrac{xy^4}{x^2+y^8} = \dfrac{mx^2}{(1+m^2)x^2} = \dfrac{m}{1+m^2}$

取 $m = -1$ 則 $\displaystyle\lim_{(x,y)\to(0,0)} \dfrac{xy^4}{x^2+y^8} = \lim_{(x,y)\to(0,0)} \dfrac{m}{1+m^2} = -\dfrac{1}{2} \neq 0 = f(0,0)$

因此 $f(x,y)$ 在 $(0,0)$ 不連續

範例 10.

設 $f(x,y) = \begin{cases} \dfrac{x^2y^2}{\sqrt{x^2+y^2}}, & (x,y) \neq 0 \\ 0, & (x,y) = 0 \end{cases}$ ，則 $f(x,y)$ 在 $(0,0)$ 是否連續?

【解】

$\because x^2+y^2 \geq 2|xy| \quad \therefore \dfrac{1}{\sqrt{x^2+y^2}} \leq \dfrac{1}{\sqrt{2|xy|}} \Rightarrow \left|\dfrac{x^2y^2}{\sqrt{x^2+y^2}}\right| \leq \left|\dfrac{x^2y^2}{\sqrt{2|xy|}}\right| < |xy|^{\frac{3}{2}}$

Claim: $\displaystyle\lim_{(x,y)\to(0,0)} \dfrac{x^2y^2}{\sqrt{x^2+y^2}} = 0$

令 $\epsilon > 0$ 取 $\delta^{\frac{3}{2}} < \varepsilon$ 則 $x^2+y^2 < \delta \Rightarrow \left|\dfrac{x^2y^2}{\sqrt{x^2+y^2}}\right| \leq \left|\dfrac{x^2y^2}{\sqrt{2|xy|}}\right| < |xy|^{\frac{3}{2}} < (x^2+y^2)^{\frac{3}{2}} < \delta^{\frac{3}{2}} < \epsilon$

$\therefore \displaystyle\lim_{(x,y)\to(0,0)} \dfrac{x^2y^2}{\sqrt{x^2+y^2}} = 0 \Rightarrow f(x,y)$ 在 $(0,0)$ 連續

範例 11.

設 $f(x,y) = \begin{cases} \dfrac{(xy)^p}{\sqrt{x^2+y^2}}, & (x,y) \neq 0 \\ 0, & (x,y) = 0 \end{cases}$ ，則 $f(x,y)$ 在 $(0,0)$ 是否連續?, $\forall p > \dfrac{1}{2}$

【解】

令 $p > \dfrac{1}{2}$

$\because x^2+y^2 \geq 2|xy| \quad \therefore \dfrac{1}{\sqrt{x^2+y^2}} \leq \dfrac{1}{\sqrt{2|xy|}} \Rightarrow \left|\dfrac{(xy)^p}{\sqrt{x^2+y^2}}\right| \leq \left|\dfrac{(xy)^p}{\sqrt{2|xy|}}\right| < |xy|^{p-\frac{1}{2}}$

Claim: $\displaystyle\lim_{(x,y)\to(0,0)}\frac{(xy)^p}{\sqrt{x^2+y^2}}=0$

令 $\epsilon>0$ 取 $\delta^{p-\frac{1}{2}}<\varepsilon$

則 $x^2+y^2<\delta\Rightarrow\left|\dfrac{(xy)^p}{\sqrt{x^2+y^2}}\right|\le\left|\dfrac{(xy)^p}{\sqrt{2|xy|}}\right|<|xy|^{p-\frac{1}{2}}<(x^2+y^2)^{p-\frac{1}{2}}<\delta^{p-\frac{1}{2}}<\epsilon$

因此 $\displaystyle\lim_{(x,y)\to(0,0)}\frac{(xy)^p}{\sqrt{x^2+y^2}}=0\Rightarrow f(x,y)$ 在 $(0,0)$ 連續

範例 12.

$$設 f(x,y)=\begin{cases}\dfrac{x^2+y^2}{|x|+|y|}, & (x,y)\ne 0\\[2mm] 0, & (x,y)=0\end{cases},\ \text{則}\ f(x,y)\ \text{在}(0,0)\ \text{是否連續?}$$

【解】

$\because (|x|+|y|)^2=|x|^2+|y|^2+2|xy|\ge x^2+y^2\quad\therefore |x|+|y|\ge\sqrt{x^2+y^2}$

$\therefore\dfrac{x^2+y^2}{|x|+|y|}\le\dfrac{x^2+y^2}{\sqrt{x^2+y^2}}=\sqrt{x^2+y^2}$

Claim: $\displaystyle\lim_{(x,y)\to(0,0)}\frac{x^2+y^2}{|x|+|y|}=0$

令 $\epsilon>0$ 取 $\delta^{\frac{1}{2}}<\varepsilon$ 則 $x^2+y^2<\delta\Rightarrow\dfrac{x^2+y^2}{|x|+|y|}\le\dfrac{x^2+y^2}{\sqrt{x^2+y^2}}=\sqrt{x^2+y^2}<\delta^{\frac{1}{2}}<\epsilon$

$\therefore\displaystyle\lim_{(x,y)\to(0,0)}\frac{x^2+y^2}{|x|+|y|}=0\quad\Rightarrow f(x,y)$ 在 $(0,0)$ 連續

範例 13.

$$設 f(x,y)=\begin{cases}\dfrac{xy\cos(x^2+y^2)}{\sqrt{x^2+y^2}}, & (x,y)\ne 0\\[2mm] 0, & (x,y)=0\end{cases},\ \text{則}\ f(x,y)\ \text{在}(0,0)\ \text{是否連續?}$$

【解】

$\because x^2+y^2\ge 2|xy|\quad\therefore\dfrac{1}{\sqrt{x^2+y^2}}\le\dfrac{1}{\sqrt{2|xy|}}\Rightarrow\left|\dfrac{xy\cos x^2+y^2}{\sqrt{x^2+y^2}}\right|\le\left|\dfrac{xy}{\sqrt{2|xy|}}\right|<|xy|^{\frac{1}{2}}$

Claim: $\displaystyle\lim_{(x,y)\to(0,0)}\frac{xy\cos(x^2+y^2)}{\sqrt{x^2+y^2}}=0$

令 $\epsilon > 0$ 取 $\delta^{\frac{1}{2}} < \varepsilon$

則 $x^2 + y^2 < \delta \Rightarrow \left| \dfrac{xy\cos(x^2 + y^2)}{\sqrt{x^2 + y^2}} \right| \leq \left| \dfrac{xy}{\sqrt{2|xy|}} \right| < |xy|^{\frac{1}{2}} < (x^2 + y^2)^{\frac{1}{2}} < \delta^{\frac{1}{2}} < \epsilon$

$\therefore \lim\limits_{(x,y)\to(0,0)} \dfrac{xy\cos(x^2 + y^2)}{\sqrt{x^2 + y^2}} = 0 \Rightarrow f(x,y)$ 在 $(0,0)$ 連續

範例 14.

$$設 f(x,y,z) = \begin{cases} \dfrac{\sin(x^2 + y^2 + z^2)}{\sqrt{x^2 + y^2 + z^2}}, & (x,y,z) \neq 0 \\[3mm] 0, & (x,y,z) = 0 \end{cases},$$

則 $f(x,y,z)$ 在 $(0,0,0)$ 是否連續?

【解】

令 $t = x^2 + y^2 + z^2$ 則 $\dfrac{\sin(x^2 + y^2 + z^2)}{\sqrt{x^2 + y^2 + z^2}} = \dfrac{\sin t}{\sqrt{t}} = \dfrac{\sqrt{t}\sin t}{t}$

$$\lim\limits_{(x,y,z)\to(0,0,0)} \dfrac{\sin(x^2 + y^2 + z^2)}{\sqrt{x^2 + y^2 + z^2}} = \lim\limits_{t\to 0} \dfrac{\sqrt{t}\sin t}{t}$$

藉由羅比達法則 $\lim\limits_{t\to 0} \dfrac{\sin t}{t} = \lim\limits_{t\to 0} \dfrac{\cos t}{1} = 1 \Rightarrow \lim\limits_{t\to 0} \dfrac{\sqrt{t}\sin t}{t} = 0$

$\therefore \lim\limits_{(x,y,z)\to(0,0,0)} \dfrac{\sin(x^2 + y^2 + z^2)}{\sqrt{x^2 + y^2 + z^2}} = 0 \Rightarrow f(x,y,z)$ 在 $(0,0,0)$ 連續

範例 15.

$$設 f(x,y,z) = \begin{cases} \dfrac{xyz}{x^2 + y^4 + z^4} & (x,y,z) \neq 0 \\[3mm] 0, & (x,y,z) = 0 \end{cases}, \quad 則 f(x,y,z) 在 (0,0,0) 是否連續?$$

【解】

令 $x = mt^2,\ y = z = t$ 則 $\dfrac{mt^4}{(m^2 + 2)t^4} = \dfrac{m}{m^2 + 2}$

取 $m = 1$ 則 $\lim\limits_{(x,y,z)\to(0,0,0)} \dfrac{xyz}{x^2 + y^4 + z^4} = \lim\limits_{(x,y,z)\to(0,0,0)} \dfrac{m}{m^2 + 2} = \dfrac{1}{3} \neq 0 = f(0,0,0)$

因此 $f(x,y,z)$ 在 $(0,0,0)$ 不連續

範例 16.

$$\text{設} f(x,y,z) = \begin{cases} \dfrac{x^2 y}{x^2 + y^4 + z^4} & (x,y,z) \neq 0 \\ 0, & (x,y,z) = 0 \end{cases}, \quad \text{則} f(x,y,z) \text{在} (0,0,0) \text{是否連續?}$$

【解】

$$\because x^2 + y^4 + z^4 \geq x^2 \quad \therefore \left| \frac{x^2 y}{x^2 + y^4 + z^4} \right| \leq \left| \frac{x^2 y}{x^2} \right| = |y|$$

令 $\epsilon > 0$ 取 $\delta^{\frac{1}{4}} < \varepsilon$

則 $x^2 + y^4 + z^4 < \delta \Rightarrow \left| \dfrac{x^2 y}{x^2 + y^4 + z^4} \right| < |y| < (x^2 + y^4 + z^4)^{\frac{1}{4}} < \delta^{\frac{1}{4}} < \epsilon$

因此 $\displaystyle \lim_{(x,y,z) \to (0,0,0)} \frac{x^2 y}{x^2 + y^4 + z^4} = 0 \Rightarrow f(x,y,z)$ 在 $(0,0,0)$ 連續

範例 17.

$$\text{設} f(x,y,z) = \begin{cases} \dfrac{3xy + xz + z^2}{x^2 + 2y^2}, & (x,y,z) \neq 0 \\ 0, & (x,y,z) = 0 \end{cases}, \quad \text{則} f(x,y,z) \text{在} (0,0,0) \text{是否連續?}$$

【解】

令 $z = y = mx$ 則 $\dfrac{3mx^2 + mx^2 + m^2 x^2}{(1 + 2m^2)x^2} = \dfrac{4m + m^2}{1 + 2m^2}$

取 $m = 1$ 則 $\displaystyle \lim_{(x,y,z) \to (0,0,0)} \frac{3xy + xz + z^2}{x^2 + 2y^2} = \lim_{(x,y,z) \to (0,0,0)} \frac{4m + m^2}{1 + 2m^2} = \frac{5}{3} \neq f(0,0,0) = 0$

因此 $f(x,y,z)$ 在 $(0,0,0)$ 不連續

7.3 求多變數函數的偏導數

此節介紹如何求多變數函數的偏導數，值得注意的是，在下一節判斷多變數函數是否可微分的過程中需要求得偏導數的值，因此讀者需多加練習偏導數的例題，以利在判斷多變數函數是否可微分時能更加迅速

【定義】雙變數函數偏導數的定義

(i)$f(x,y)$ 對於 x 在 (x_0, y_0) 可偏微分 $\Leftrightarrow \displaystyle \lim_{h \to 0} \frac{f(h + x_0, y_0) - f(x_0, y_0)}{h}$ 存在

如果上述極限存在時則用 $\dfrac{\partial f}{\partial x}(x_0, y_0)$ 表示或用 $f_x(x_0, y_0)$ 表示

(ii)$f(x, y)$ 對於 y 在 (x_0, y_0) 可偏微分 $\Leftrightarrow$ $\displaystyle\lim_{h\to 0}\dfrac{f(x_0, y_0 + h) - f(x_0, y_0)}{h}$ 存在

如果上述極限存在時則用 $\dfrac{\partial f}{\partial y}(x_0, y_0)$ 表示或用 $f_y(x_0, y_0)$ 表示

【定義】多變數函數偏導數的定義

$f(x_1, \ldots, x_n)$ 對於 x_j 在 $(c_1, \ldots, c_n)$ 可偏微分

$$\Leftrightarrow \lim_{h\to 0}\frac{f(c_1, c_2, \ldots, h + c_j, \ldots, c_n) - f(c_1, c_2, \ldots, c_j, \ldots, c_n)}{h} \text{ 存在}, \quad 1 \le j \le n$$

此外，如果上述極限存在時，則用 $\dfrac{\partial f}{\partial x_j}(c_1, \ldots, c_n)$ 表示或用 $f_{x_j}(c_1, \ldots, c_n)$ 表示

多變數函數偏導數的考試類型當中，以雙變數函數的題型最常出現，讀者若能熟悉雙變數題型，其餘類型都能夠掌握。

考試類型：

題型 1.

給定雙變數函數 $f(x, y)$，求 $\dfrac{\partial f}{\partial x}(x_0, y_0) =?$，$\dfrac{\partial f}{\partial y}(x_0, y_0) =?$

解題流程：

Step1.

使用定義求 $\displaystyle\lim_{h\to 0}\dfrac{f(h + x_0, y_0) - f(x_0, y_0)}{h} =?$ 以及 $\displaystyle\lim_{h\to 0}\dfrac{f(x_0, y_0 + h) - f(x_0, y_0)}{h} =?$

Step2.

如果 $\displaystyle\lim_{h\to 0}\dfrac{f(h + x_0, y_0) - f(x_0, y_0)}{h}$ 存在則 $\dfrac{\partial f}{\partial x}(x_0, y_0) = \displaystyle\lim_{h\to 0}\dfrac{f(h + x_0, y_0) - f(x_0, y_0)}{h}$

如果 $\displaystyle\lim_{h\to 0}\dfrac{f(x_0, y_0 + h) - f(x_0, y_0)}{h}$ 存在則 $\dfrac{\partial f}{\partial y}(x_0, y_0) = \displaystyle\lim_{h\to 0}\dfrac{f(x_0, y_0 + h) - f(x_0, y_0)}{h}$

如果 $\displaystyle\lim_{h\to 0}\dfrac{f(h + x_0, y_0) - f(x_0, y_0)}{h}$ 不存在則 $\dfrac{\partial f}{\partial x}(x_0, y_0)$ 不存在(偏導數不存在)

如果 $\displaystyle\lim_{h\to 0}\dfrac{f(x_0, y_0 + h) - f(x_0, y_0)}{h}$ 不存在則 $\dfrac{\partial f}{\partial y}(x_0, y_0)$ 不存在(偏導數不存在)

題型 2.

給定雙變數函數 $f(x, y)$，求 $f_{xx}(x_0, y_0) =?$，$f_{xy}(x_0, y_0) =?$，$f_{yx}(x_0, y_0) =?$，$f_{yy}(x_0, y_0) =?$

底下說明求 $f_{yx}(x_0, y_0)$ 的方法，其它三者方法類似

解題流程：

Step1.

$$f_{yx}(0,0) := \lim_{h \to 0} \frac{f_y(h, 0) - f_y(0,0)}{h}$$

Step2.

求 $f_y(h, 0) =?$ 且 $f_y(0,0) =?$

$$f_y(h, 0) = \lim_{t \to 0} \frac{f(h, 0 + t) - f(h, 0)}{t} \quad \text{且} \quad f_y(0,0) = \lim_{t \to 0} \frac{f(0, 0 + t) - f(0,0)}{t}$$

Step3.

把 $f_y(h, 0)$、$f_y(0,0)$ 帶入 Step1. 求 $\lim_{h \to 0} \dfrac{f_y(h, 0) - f_y(0,0)}{h} =?$

範例 1.

    (1) 設 $f(x, y) = 3x - x^2 y^2 + 2x^3 y + y$，求 $\dfrac{\partial f}{\partial x}(x, y)$, $\dfrac{\partial f}{\partial y}(x, y) =?$

    (2) 設 $f(x, y) = (x^2 y + xy + x)^2$，求 $\dfrac{\partial f}{\partial x}(x, y) =?$

【解】

(1)

$$\frac{\partial f}{\partial x} = 3 - 2xy^2 + 6x^2 y, \quad \frac{\partial f}{\partial y} = -2x^2 y + 2x^3 + 1$$

(2)

$$\frac{\partial f}{\partial x} = 2(x^2 y + xy + x)(2xy + y + 1)$$

範例 2.

    設 $f(x, y) = \tan^{-1} \dfrac{y}{x}$，求 $\dfrac{\partial f}{\partial x}(3,1)$, $\dfrac{\partial f}{\partial y}(2,2) =?$

【解】

$$\frac{\partial f}{\partial x}(3,1) = \lim_{h \to 0} \frac{f(h+3,1) - f(3,1)}{h} = \lim_{h \to 0} \frac{\tan^{-1}\frac{1}{3+h} - \tan^{-1}\frac{1}{3}}{h} = \lim_{h \to 0} \frac{-(3+h)^{-2}}{1 + \left(\frac{1}{3+h}\right)^2} = \frac{-1}{10}$$

$$\frac{\partial f}{\partial y}(2,2) = \lim_{h \to 0} \frac{f(2,2+h) - f(2,2)}{h} = \lim_{h \to 0} \frac{\tan^{-1}\frac{2+h}{2} - \tan^{-1} 1}{h}$$

$$= \lim_{h \to 0} \frac{\frac{1}{2}}{1 + \left(\frac{2+h}{2}\right)^2} = \frac{1}{4}$$

範例 3.

$$\text{設} f(x,y) = \int_{x}^{y^3} \cos t\, dt, \quad \text{求} \ \frac{\partial f}{\partial x}(x,y) - \frac{\partial f}{\partial y}(x,y) = ?$$

【解】

$$\frac{\partial f}{\partial x} - \frac{\partial f}{\partial y} = -\cos x - 3y^2 \cos y^3$$

範例 4.

$$\text{設} f(x,y) = \sin(x^4 + x^2 y^2) + \cos(xy + y^3), \quad \text{求} \ f_x = ?$$

【解】

$$f_x = \cos(x^3 + x^2 y)(4x^3 + 2xy^2) - y\sin(xy + y^3)$$

範例 5.

$$\text{設} \ f(x,y,z) = x^{y^z} (x > 0, y > 0, z > 0), \quad \text{求} f_x = ?, \ f_y = ?, \ f_z = ?$$

【解】

$$\because f(x,y,z) = x^{y^z} = e^{y^z \ln x} \quad \therefore f_x(x,y,z) = x^{y^z - 1} \cdot y^z$$

$$\therefore f_y(x,y,z) = e^{y^z \ln x}(z\, y^{z-1} \ln x) = x^{y^z}(z\, y^{z-1} \ln x)$$

$$\therefore f_z(x,y,z) = e^{y^z \ln x}(y^z \ln x \ln y)$$

範例 6.

$$\text{設} f(x,y) = x^3 y + e^{xy^2}, \quad \text{求} f_x = ?, \ f_y = ?, \ f_{xy} = ?, \ f_{yx} = ?$$

【解】

$$f_x(x,y) = 3x^2 y + y^2 e^{xy^2}, \quad f_y(x,y) = x^3 + 2xy e^{xy^2}$$

$$f_{xy}(x,y) = 3x^2 + 2ye^{xy^2} + 2xy^3 e^{xy^2}, \quad f_{yx}(x,y) = 3x^2 + 2ye^{xy^2} + 2xy^3 e^{xy^2}$$

範例 7.

設 $f(x,y) = x^2 \tan^{-1}\dfrac{y}{x}$，求 $\dfrac{\partial^2 f}{\partial x \partial y}(1,0) =?$

【解】

$$\because \frac{\partial f}{\partial y}(x,y) = \frac{x}{1 + \left(\frac{y}{x}\right)^2} = \frac{x^3}{x^2 + y^2}, \quad \frac{\partial^2 f}{\partial x \partial y}(x,y) = \frac{3x^2(x^2+y^2) - x^3(2x)}{(x^2+y^2)^2} = \frac{x^4 + 3x^2 y^2}{(x^2+y^2)^2}$$

$$\therefore \frac{\partial^2 f}{\partial x \partial y}(1,0) = 1$$

範例 8.

設 $f(x,y) = x^2 - 2x + y^2 + 2y + 3$，求 $\dfrac{\partial f}{\partial x}(x,y) =?$，$\dfrac{\partial f}{\partial y}(x,y) =?$

【解】

$$\frac{\partial f}{\partial x}(x,y) = 2x - 2, \quad \frac{\partial f}{\partial y}(x,y) = 2y + 2$$

範例 9.

設 $f(x,y) = x^2 e^{2y} - \cos\dfrac{x}{y} + x^2 y^3$，求 $f_{xy}(x,y) =?$，$f_{yy}(x,y) =?$

【解】

$$\frac{\partial f}{\partial x}(x,y) = 2xe^{2y} + \frac{1}{y}\sin\frac{x}{y} + 2xy^3, \quad \frac{\partial f}{\partial y}(x,y) = 2x^2 e^{2y} + \left(\frac{-x}{y^2}\right)\sin\frac{x}{y} + 3x^2 y^2$$

$$f_{xy}(x,y) = \frac{\partial}{\partial y}\left(\frac{\partial f(x,y)}{\partial x}\right) = \frac{\partial}{\partial y}\left(2xe^{2y} + \frac{1}{y}\sin\frac{x}{y} + 2xy^3\right)$$

$$= 4xe^{2y} - \frac{1}{y^2}\sin\frac{x}{y} - \frac{x}{y^3}\cos\frac{x}{y} + 6xy^2$$

$$f_{yy}(x,y) = \frac{\partial}{\partial y}\left(\frac{\partial f(x,y)}{\partial y}\right) = \frac{\partial}{\partial y}\left(2x^2 e^{2y} + \left(\frac{-x}{y^2}\right)\sin\frac{x}{y} + 3x^2 y^2\right)$$

$$= 4x^2 e^{2y} + (2xy^3)\sin\frac{x}{y} + \left(\frac{x^2}{y^4}\right)\cos\frac{x}{y} + 6x^2 y$$

範例 10.

設 $f(x, y) = \sin x^2 + y^2$，求 $f_{xx}(x, y) =?$，$f_{yx}(x, y) =?$，$f_{yy}(x, y) =?$

【解】

$f_x(x, y) = 2x \cos(x^2 + y^2)$，$f_y(x, y) = 2y \cos(x^2 + y^2)$

$$f_{xx}(x, y) = \frac{\partial}{\partial x}\left(\frac{\partial f(x, y)}{\partial x}\right) = \frac{\partial}{\partial x}(2x \cos(x^2 + y^2)) = 2 \cos(x^2 + y^2) - 4x^2 \sin(x^2 + y^2)$$

$$f_{yx}(x, y) = \frac{\partial}{\partial x}\left(\frac{\partial f(x, y)}{\partial y}\right) = \frac{\partial}{\partial x}(2y \cos(x^2 + y^2)) = -4xy \sin(x^2 + y^2)$$

$$f_{yy}(x, y) = \frac{\partial}{\partial y}\left(\frac{\partial f(x, y)}{\partial y}\right) = \frac{\partial}{\partial y}(2y \cos(x^2 + y^2)) = 2 \cos(x^2 + y^2) - 4y^2 \sin(x^2 + y^2)$$

範例 11.

設 $f(x, y) = e^{ny} \sin nx$，求 $f_{xx} + f_{yy} =?$ 且 試證 $f_{xy} = f_{yx}$

【解】

Claim: $f_{xx} + f_{yy} = 0$

$\because f_x = ne^{ny} \cos nx$ 且 $f_y = ne^{ny} \sin nx$

$\therefore f_{xx} = \dfrac{\partial f_x}{\partial x} = -n^2 e^{ny} \sin nx$ 且 $f_{yy} = \dfrac{\partial f_y}{\partial y} = n^2 e^{ny} \sin nx \Rightarrow f_{xx} + f_{yy} = 0$

Claim: $f_{xy} = f_{yx}$

$\because f_{xy} = \dfrac{\partial f_x}{\partial y} = n^2 e^{ny} \cos nx$ 且 $f_{yx} = \dfrac{\partial f_y}{\partial x} = n^2 e^{ny} \cos nx \qquad \therefore f_{xy} = f_{yx}$

範例 12.

設 $f(x, y) = \dfrac{x}{x^2 + y^2}$，求 $\dfrac{\partial^2 f}{\partial x^2}(x, y) + \dfrac{\partial^2 f}{\partial y^2}(x, y) =?$

【解】

$$\frac{\partial f}{\partial x}(x, y) = \frac{\partial}{\partial x}(x(x^2 + y^2)^{-1}) = (x^2 + y^2)^{-1} - 2x^2(x^2 + y^2)^{-2}$$

$$\frac{\partial f}{\partial y}(x, y) = \frac{\partial}{\partial y}(x(x^2 + y^2)^{-1}) = -2xy(x^2 + y^2)^{-2}$$

$$\frac{\partial^2 f}{\partial x^2}(x, y) = \frac{\partial}{\partial x}\left(\frac{\partial f}{\partial x}(x, y)\right) = -2x(x^2 + y^2)^{-2} - 4x(x^2 + y^2)^{-2} + 8x^3(x^2 + y^2)^{-3}$$

$$\frac{\partial^2 f}{\partial y^2}(x,y) = \frac{\partial}{\partial y}\left(\frac{\partial f}{\partial y}(x,y)\right) = -2x(x^2+y^2)^{-2} + 8xy^2(x^2+y^2)^{-3}$$

$$\because 8x^3(x^2+y^2)^{-3} + 8xy^2(x^2+y^2)^{-3} = 8x(x^2+y^2)^{-2} \quad \therefore \frac{\partial^2 f(x,y)}{\partial x^2} + \frac{\partial^2 f(x,y)}{\partial y^2} = 0$$

範例 13.

$$設 f(x,y) = \frac{e^{-\sqrt{x^2+y^2}}}{\sqrt{x^2+y^2}}, \quad 求 \frac{\partial f}{\partial x}(x,y) = ?$$

【解】

令 $r = \sqrt{x^2+y^2}$ 則 $f(r) = \dfrac{e^{-r}}{r}$

$$\frac{\partial f}{\partial x}(x,y) = \frac{\partial f(r)}{\partial r}\cdot\frac{\partial r}{\partial x}, \quad \frac{\partial f(r)}{\partial r} = -\frac{e^{-r}}{r} - \frac{e^{-r}}{r^2}, \quad \frac{\partial r}{\partial x} = x(x^2+y^2)^{-\frac{1}{2}} = \frac{x}{r}$$

$$\frac{\partial f}{\partial x}(x,y) = \frac{\partial f(r)}{\partial r}\cdot\frac{\partial r}{\partial x} = -\frac{xe^{-\sqrt{x^2+y^2}}}{x^2+y^2} - \frac{xe^{-\sqrt{x^2+y^2}}}{(x^2+y^2)^{\frac{3}{2}}}$$

範例 14.

$$設 f(x,y,z) = (x^2+y^2+z^2)^{-\frac{1}{2}}, \quad 試證 \frac{\partial^2 f}{\partial x^2} + \frac{\partial^2 f}{\partial y^2} + \frac{\partial^2 f}{\partial z^2} = 0$$

【解】

$$\because \frac{\partial f}{\partial x} = -\frac{2x}{2}(x^2+y^2+z^2)^{-\frac{3}{2}} = -x(x^2+y^2+z^2)^{-\frac{3}{2}}$$

$$\frac{\partial f}{\partial y} = -y(x^2+y^2+z^2)^{-\frac{3}{2}} \text{ 且 } \frac{\partial f}{\partial z} = -z(x^2+y^2+z^2)^{-\frac{3}{2}}$$

$$\therefore \frac{\partial^2 f}{\partial x^2} = -(x^2+y^2+z^2)^{-\frac{3}{2}} + \frac{3x}{2}(x^2+y^2+z^2)^{-\frac{5}{2}}(2x)$$

$$= -(x^2+y^2+z^2)^{-\frac{3}{2}} + 3x^2(x^2+y^2+z^2)^{-\frac{5}{2}}$$

$$\frac{\partial^2 f}{\partial y^2} = -(x^2+y^2+z^2)^{-\frac{3}{2}} + \frac{3y}{2}(x^2+y^2+z^2)^{-\frac{5}{2}}(2y)$$

$$= -(x^2 + y^2 + z^2)^{-\frac{3}{2}} + 3y^2(x^2 + y^2 + z^2)^{-\frac{5}{2}}$$

$$\frac{\partial^2 f}{\partial z^2} = -(x^2 + y^2 + z^2)^{-\frac{3}{2}} + \frac{3z}{2}(x^2 + y^2 + z^2)^{-\frac{5}{2}}(2z)$$

$$= -(x^2 + y^2 + z^2)^{-\frac{3}{2}} + 3z^2(x^2 + y^2 + z^2)^{-\frac{5}{2}}$$

$$\therefore \frac{\partial^2 f}{\partial x^2} + \frac{\partial^2 f}{\partial y^2} + \frac{\partial^2 f}{\partial z^2}$$

$$= -3(x^2 + y^2 + z^2)^{-\frac{3}{2}} + 3x^2(x^2 + y^2 + z^2)^{-\frac{5}{2}} + 3y^2(x^2 + y^2 + z^2)^{-\frac{5}{2}}$$

$$+3z^2(x^2 + y^2 + z^2)^{-\frac{5}{2}}$$

$$= -3(x^2 + y^2 + z^2)^{-\frac{3}{2}} + 3(x^2 + y^2 + z^2)^{-\frac{5}{2}}(x^2 + y^2 + z^2)$$

$$= -3(x^2 + y^2 + z^2)^{-\frac{3}{2}} + 3(x^2 + y^2 + z^2)^{-\frac{3}{2}} = 0$$

範例 15.

(1) 設 $f(x,y) = (x^4 + y^4)^{\frac{1}{4}}$，求 $\dfrac{\partial f}{\partial x}(0,0)$，$\dfrac{\partial f}{\partial y}(0,0) =$?

(2) 設 $f(x,y) = \begin{cases} \dfrac{\tan(2x + y)}{2x + y}, & (x,y) \neq (0,0) \\ 0, & (x,y) = (0,0) \end{cases}$，則 $\dfrac{\partial f}{\partial x}(0,0) =$?, $\dfrac{\partial f}{\partial y}(0,0) =$?

【解】

(1)

$$\because \frac{\partial f}{\partial x}(0,0) = \lim_{h \to 0} \frac{f(h+0,0) - f(0,0)}{h} = \lim_{h \to 0} \frac{(h^4 + 0^4)^{\frac{1}{4}} - 0}{h} = \lim_{h \to 0} \frac{|h|}{h} = \pm 1$$

$$\frac{\partial f}{\partial y}(0,0) = \lim_{h \to 0} \frac{f(0,h+0) - f(0,0)}{h} = \lim_{h \to 0} \frac{(h^4 + 0^4)^{\frac{1}{4}} - 0}{h} = \lim_{h \to 0} \frac{|h|}{h} = \pm 1$$

$$\therefore \frac{\partial f}{\partial x}(0,0), \ \frac{\partial f}{\partial y}(0,0) \ 兩者皆不存在$$

(2)

$$\because \frac{\partial f}{\partial x}(0,0) = \lim_{h \to 0} \frac{f(h+0,0)-f(0,0)}{h} = \lim_{h \to 0} \frac{\dfrac{\tan 2h}{2h}-0}{h} = \lim_{h \to 0} \frac{1-0}{h} = \pm\infty$$

$$\frac{\partial f}{\partial y}(0,0) = \lim_{h \to 0} \frac{f(0,h+0)-f(0,0)}{h} = \lim_{h \to 0} \frac{\dfrac{\tan h}{h}-0}{h} = \lim_{h \to 0} \frac{1-0}{h} = \pm\infty$$

$$\therefore \frac{\partial f}{\partial x}(0,0), \ \frac{\partial f}{\partial y}(0,0) \ 兩者皆不存在$$

範例 16.

$$設\frac{\partial f}{\partial x} = x^2 + y^2, \ \frac{\partial f}{\partial y} = 2xy \ 及 \ f(0,1) = 5, \ 求 \ f(x,y) = ?$$

【解】

$$\because \frac{\partial f}{\partial x} = x^2 + y^2 \quad \therefore f(x,y) = \frac{x^3}{3} + xy^2 + c$$

$$\because \frac{\partial f}{\partial y} = 2xy \quad \therefore f(x,y) = xy^2 + c \quad \therefore f(x,y) = \frac{x^3}{3} + xy^2 + c$$

$$\because f(0,1) = 5 \quad \therefore c = 5 \quad \therefore f(x,y) = \frac{x^3}{3} + xy^2 + 5$$

範例 17.

$$設 f(x,y) = \begin{cases} \sqrt{xy}, & (x,y) \neq 0 \\ 0, & (x,y) = 0 \end{cases}, \ 則 \ \frac{\partial f}{\partial x}(0,0) = ?, \ \frac{\partial f}{\partial y}(0,0) = ?$$

【解】

$$f_x(0,0) = \lim_{h \to 0} \frac{f(h+0,0)-f(0,0)}{h} = \lim_{h \to 0} \frac{\sqrt{h \cdot 0}-0}{h} = 0$$

$$f_y(0,0) = \lim_{h \to 0} \frac{f(0,h+0)-f(0,0)}{h} = \lim_{h \to 0} \frac{\sqrt{h \cdot 0}-0}{h} = 0$$

範例 18.

$$設 f(x,y) = \begin{cases} \dfrac{x^2-y^2}{\sqrt{x^2+y^2}}, & (x,y) \neq 0 \\ 0, & (x,y) = 0 \end{cases}, \ 則 \ \frac{\partial f}{\partial x}(0,0) = ?, \ \frac{\partial f}{\partial y}(0,0) = ?$$

【解】

$$f_x(0,0) = \lim_{h \to 0} \frac{f(h+0,0) - f(0,0)}{h} = \lim_{h \to 0} \frac{\frac{h^2}{h} - 0}{h} = 1$$

$$f_y(0,0) = \lim_{h \to 0} \frac{f(0,h+0) - f(0,0)}{h} = \lim_{h \to 0} \frac{\frac{-h^2}{h} - 0}{h} = -1$$

範例 19.

$$設 f(x,y) = \begin{cases} \dfrac{x^3 - y^3}{x^2 + y^2}, & (x,y) \neq 0 \\ 0, & (x,y) = 0 \end{cases}, \quad 則 \ \frac{\partial f}{\partial x}(0,0) =?, \quad \frac{\partial f}{\partial y}(0,0) =?$$

【解】

$$f_x(0,0) = \lim_{h \to 0} \frac{f(h+0,0) - f(0,0)}{h} = \lim_{h \to 0} \frac{\frac{h^3}{h^2} - 0}{h} = 1$$

$$f_y(0,0) = \lim_{h \to 0} \frac{f(0,h+0) - f(0,0)}{h} = \lim_{h \to 0} \frac{\frac{-h^3}{h^2} - 0}{h} = -1$$

範例 20.

$$(1)\ 設 f(x,y) = \begin{cases} \dfrac{2x^2 y}{x^5 + y^2}, & (x,y) \neq 0 \\ 0, & (x,y) = 0 \end{cases}, \quad 則 \ \frac{\partial f}{\partial x}(0,0) =?, \quad \frac{\partial f}{\partial y}(0,0) =?$$

$$(2)\ 設 f(x,y) = \begin{cases} \dfrac{3x^2 y}{x^4 + y^3}, & (x,y) \neq 0 \\ 0, & (x,y) = 0 \end{cases}, \quad 則 \ \frac{\partial f}{\partial x}(0,0) =?, \quad \frac{\partial f}{\partial y}(0,0) =?$$

【解】

(1)

$$\because \frac{\partial f}{\partial x}(0,0) = \lim_{h \to 0} \frac{f(h+0,0) - f(0,0)}{h} = \lim_{h \to 0} \frac{\frac{2h^2 \cdot 0}{h^5 + 0^2} - 0}{h} = \lim_{h \to 0} \frac{0}{h^6} = 0$$

$$\frac{\partial f}{\partial y}(0,0) = \lim_{h \to 0} \frac{f(0, h+0) - f(0,0)}{h} = \lim_{h \to 0} \frac{\frac{2 \cdot 0^2 \cdot h}{0^5 + h^2} - 0}{h} = \lim_{h \to 0} \frac{0}{h^3} = 0$$

$$\therefore \frac{\partial f}{\partial x}(0,0) = 0, \quad \frac{\partial f}{\partial y}(0,0) = 0$$

(2)

$$\because \frac{\partial f}{\partial x}(0,0) = \lim_{h \to 0} \frac{f(h+0,0) - f(0,0)}{h} = \lim_{h \to 0} \frac{\frac{3 \cdot h^2 \cdot 0}{h^4 + 0^3} - 0}{h} = \lim_{h \to 0} \frac{0}{h^3} = 0$$

$$\frac{\partial f}{\partial y}(0,0) = \lim_{h \to 0} \frac{f(0, h+0) - f(0,0)}{h} = \lim_{h \to 0} \frac{\frac{3 \cdot 0^2 \cdot h}{0^4 + h^3} - 0}{h} = \lim_{h \to 0} \frac{0}{h^4} = 0$$

$$\therefore \frac{\partial f}{\partial x}(0,0) = 0, \quad \frac{\partial f}{\partial y}(0,0) = 0$$

範例 21.

(1) 設 $f(x,y) = \begin{cases} \dfrac{x^5 - y^5}{x^5 + y^5}, & (x,y) \neq 0 \\ 0, & (x,y) = 0 \end{cases}$ ， 則 $\dfrac{\partial f}{\partial x}(0,0) = ?$, $\dfrac{\partial f}{\partial y}(0,0) = ?$

(2) 設 $f(x,y) = \begin{cases} \dfrac{5x^4 - 2y^3}{x^2 + 3y^2}, & (x,y) \neq 0 \\ 0, & (x,y) = 0 \end{cases}$ ， 則 $\dfrac{\partial f}{\partial x}(0,0) = ?$, $\dfrac{\partial f}{\partial y}(0,0) = ?$

【解】

(1)

$$\because \frac{\partial f}{\partial x}(0,0) = \lim_{h \to 0} \frac{f(h+0,0) - f(0,0)}{h} = \lim_{h \to 0} \frac{\frac{h^5 - 0^5}{h^5 + 0^5} - 0}{h} = \lim_{h \to 0} \frac{1}{h} = \pm\infty$$

$$\frac{\partial f}{\partial y}(0,0) = \lim_{h \to 0} \frac{f(0, h+0) - f(0,0)}{h} = \lim_{h \to 0} \frac{\frac{0^5 - h^5}{0^5 + h^5} - 0 - 0}{h} = \lim_{h \to 0} \frac{-1}{h} = \pm\infty$$

$$\therefore \frac{\partial f}{\partial x}(0,0), \quad \frac{\partial f}{\partial y}(0,0) \text{兩者皆不存在}$$

(2)

$$\because \frac{\partial f}{\partial x}(0,0) = \lim_{h\to 0}\frac{f(h+0,0)-f(0,0)}{h} = \lim_{h\to 0}\frac{\dfrac{5h^4-2\cdot 0^3}{h^2+3\cdot 0^2}-0}{h} = \lim_{h\to 0}\frac{5h^2}{h} = 0$$

$$\frac{\partial f}{\partial y}(0,0) = \lim_{h\to 0}\frac{f(0,h+0)-f(0,0)}{h} = \lim_{h\to 0}\frac{\dfrac{5\cdot 0^4-2\cdot h^3}{0^2+3\cdot h^2}-0}{h} = \lim_{h\to 0}\frac{-2h}{3h} = \frac{-2}{3}$$

$$\therefore \frac{\partial f}{\partial x}(0,0) = 0, \quad \frac{\partial f}{\partial y}(0,0) = \frac{-2}{3}$$

範例 22.

$$設 f(x,y) = \begin{cases} xy\left(\dfrac{x^2-y^2}{x^2+y^2}\right), & (x,y) \neq 0 \\ 0, & (x,y) = 0 \end{cases}, \qquad 求$$

(1) $f_x(0,0)$ (2) $f_y(0,0)$ (3) $f_{xx}(0,0)$ (4) $f_{yx}(0,0)$ (5) $f_{xy}(0,0)$ (6) $f_{yy}(0,0)$

【解】

(1) $f_x(0,0) = \lim\limits_{h\to 0}\dfrac{f(h+0,0)-f(0,0)}{h} = \lim\limits_{h\to 0}\dfrac{0-0}{h} = 0$

(2) $f_y(0,0) = \lim\limits_{h\to 0}\dfrac{f(0,h)-f(0,0)}{h} = \lim\limits_{h\to 0}\dfrac{0-0}{h} = 0$

(3) $f_{xx}(0,0) = \lim\limits_{h\to 0}\dfrac{f_x(h,0)-f_x(0,0)}{h}$

$\because f_x(h,0) = \lim\limits_{k\to 0}\dfrac{f(h+k,0)-f(h,0)}{k} = \lim\limits_{h\to 0}\dfrac{0-0}{h} = 0$

$\therefore f_{xx}(0,0) = \lim\limits_{h\to 0}\dfrac{f_x(h,0)-f_x(0,0)}{h} = \lim\limits_{h\to 0}\dfrac{0-0}{h} = 0$

(4) $f_{yx}(0,0) = \lim\limits_{h\to 0}\dfrac{f_y(h,0)-f_y(0,0)}{h}$

$\because f_y(h,0) = \lim\limits_{k\to 0}\dfrac{f(h,k)-f(h,0)}{k} = \lim\limits_{k\to 0}\dfrac{hk\left(\dfrac{h^2-k^2}{h^2+k^2}\right)-0}{k} = h$

$\therefore f_{yx}(0,0) = \lim\limits_{h\to 0}\dfrac{f_y(h,0)-f_y(0,0)}{h} = \lim\limits_{h\to 0}\dfrac{h-0}{h} = 1$

(5) $f_{xy}(0,0) = \lim\limits_{h\to 0}\dfrac{f_x(0,h)-f_x(0,0)}{h}$

$$\because f_x(0,h) = \lim_{k \to 0} \frac{f(k,h) - f(0,h)}{k} = \lim_{k \to 0} \frac{hk\left(\dfrac{k^2 - h^2}{h^2 + k^2}\right)}{k} = -h$$

$$\therefore f_{xy}(0,0) = \lim_{h \to 0} \frac{f_x(0,h) - f_x(0,0)}{h} = \lim_{h \to 0} \frac{-h - 0}{h} = -1$$

$$(6)\ f_{yy}(0,0) = \lim_{h \to 0} \frac{f_y(0,h) - f_y(0,0)}{h}$$

$$\because f_y(0,h) = \lim_{k \to 0} \frac{f(0,h+k) - f(0,h)}{k} = \lim_{h \to 0} \frac{0 - 0}{h} = 0$$

$$\therefore f_{yy}(0,0) = \lim_{h \to 0} \frac{f_y(0,h) - f_y(0,0)}{h} = \lim_{h \to 0} \frac{0 - 0}{h} = 0$$

範例 23.

$$設 f(x,y) = \begin{cases} (x^2 + y^2)\sin\left(\dfrac{1}{x^2 + y^2}\right), & (x,y) \neq 0 \\ 0, & (x,y) = 0 \end{cases},$$

$$則\ \frac{\partial f}{\partial x}(0,0) = ?,\quad \frac{\partial f}{\partial y}(0,0) = ?$$

【解】

$$f_x(0,0) = \lim_{h \to 0} \frac{f(h+0,0) - f(0,0)}{h} = \lim_{h \to 0} \frac{h^2 \sin(\frac{1}{h^2}) - 0}{h} = 0$$

$$f_y(0,0) = \lim_{h \to 0} \frac{f(0,0+h) - f(0,0)}{h} = \lim_{h \to 0} \frac{h^2 \sin(\frac{1}{h^2}) - 0}{h} = 0$$

範例 24.

$$設 f(x,y) = \begin{cases} (x^2 + y^2)^p \sin\left(\dfrac{1}{x^2 + y^2}\right), & (x,y) \neq 0 \\ 0, & (x,y) = 0 \end{cases},\quad \forall p > \frac{1}{2}$$

$$則\ \frac{\partial f}{\partial x}(0,0) = ?,\quad \frac{\partial f}{\partial y}(0,0) = ?$$

【解】

$$\Leftrightarrow p > \frac{1}{2}, \quad f_x(0,0) = \lim_{h \to 0} \frac{f(h+0,0) - f(0,0)}{h} = \lim_{h \to 0} \frac{h^{2p} \sin(\frac{1}{h^2}) - 0}{h} = \lim_{h \to 0} h^{2p-1} \sin(\frac{1}{h^2})$$

$$\because p > \frac{1}{2} \quad \therefore \lim_{h \to 0} h^{2p-1} \sin(\frac{1}{h^2}) = 0 \Rightarrow f_x(0,0) = 0$$

$$f_y(0,0) = \lim_{h \to 0} \frac{f(0,0+h) - f(0,0)}{h} = \lim_{h \to 0} \frac{h^{2p} \sin(\frac{1}{h^2}) - 0}{h} = \lim_{h \to 0} h^{2p-1} \sin(\frac{1}{h^2})$$

$$\because p > \frac{1}{2} \quad \therefore \lim_{h \to 0} h^{2p-1} \sin(\frac{1}{h^2}) = 0 \Rightarrow \frac{\partial f}{\partial y}(0,0) = 0$$

範例 25.

$$設 f(x,y) = \begin{cases} x|y|, & (x,y) \neq 0 \\ 0, & (x,y) = 0 \end{cases}, \quad 則 \ \frac{\partial f}{\partial x}(0,0) =?, \ \frac{\partial f}{\partial y}(0,0) =?$$

【解】

$$f_x(0,0) = \lim_{h \to 0} \frac{f(h+0,0) - f(0,0)}{h} = \lim_{h \to 0} \frac{0-0}{h} = 0$$

$$f_y(0,0) = \lim_{h \to 0} \frac{f(0,0+h) - f(0,0)}{h} = \lim_{h \to 0} \frac{0-0}{h} = 0$$

範例 26.

$$設 f(x,y) = \begin{cases} x^p|y|, & (x,y) \neq 0 \\ 0, & (x,y) = 0 \end{cases}, \quad \forall p > 0, \ 則 \ \frac{\partial f}{\partial x}(0,0) =?, \ \frac{\partial f}{\partial y}(0,0) =?$$

【解】

$$f_x(0,0) = \lim_{h \to 0} \frac{f(h+0,0) - f(0,0)}{h} = \lim_{h \to 0} \frac{0-0}{h} = 0$$

$$f_y(0,0) = \lim_{h \to 0} \frac{f(0,0+h) - f(0,0)}{h} = \lim_{h \to 0} \frac{0-0}{h} = 0$$

範例 27.

$$設 f(x,y) = \begin{cases} (xy)^p \dfrac{x^2 - y^2}{x^2 + y^2}, & (x,y) \neq 0 \\ 0, & (x,y) = 0 \end{cases}, \quad \forall p > 0 \ 則 \ \frac{\partial f}{\partial x}(0,0) =?, \ \frac{\partial f}{\partial y}(0,0) =?$$

【解】

$$\frac{\partial f}{\partial x}(0,0) = \lim_{h \to 0} \frac{f(h+0,0) - f(0,0)}{h} = \lim_{h \to 0} \frac{0-0}{h} = 0$$

$$\frac{\partial f}{\partial y}(0,0) = \lim_{h \to 0} \frac{f(0,h+0) - f(0,0)}{h} = \lim_{h \to 0} \frac{0-0}{h} = 0$$

範例 28.

$$設 f(x,y) = \begin{cases} \dfrac{x^2 y}{x^2 + y^2}, & (x,y) \neq 0 \\ 0, & (x,y) = 0 \end{cases}, \quad 則 \ \frac{\partial f}{\partial x}(0,0) =?, \ \frac{\partial f}{\partial y}(0,0) =?$$

【解】

$$\frac{\partial f}{\partial x}(0,0) = \lim_{h \to 0} \frac{f(h+0,0) - f(0,0)}{h} = \lim_{h \to 0} \frac{0-0}{h} = 0$$

$$\frac{\partial f}{\partial y}(0,0) = \lim_{h \to 0} \frac{f(0,h+0) - f(0,0)}{h} = \lim_{h \to 0} \frac{0-0}{h} = 0$$

範例 29.

$$設 f(x,y) = \sin(x - ay), \quad 試證 \ \frac{\partial^2 f}{\partial y^2}(x,y) - a^2 \frac{\partial^2 f}{\partial x^2}(x,y) = 0$$

【解】

$$\frac{\partial f}{\partial x}(x,y) = \cos(x - ay), \quad \frac{\partial f}{\partial y}(x,y) = -a\cos(x - ay)$$

$$\frac{\partial^2 f}{\partial x^2}(x,y) = \frac{\partial}{\partial x}\left(\frac{\partial f}{\partial x}(x,y)\right) = -\sin(x - ay)$$

$$\frac{\partial^2 f}{\partial y^2}(x,y) = \frac{\partial}{\partial y}\left(\frac{\partial f}{\partial y}(x,y)\right) = -a^2 \sin(x - ay)$$

$$\therefore \frac{\partial^2 f}{\partial y^2}(x,y) - a^2 \frac{\partial^2 f}{\partial x^2}(x,y) = 0$$

7.4 判斷多變數函數是否可微分與 Chain Rule

【定義】雙變數函數的可微分定義

$f(x, y)$ 於 (x_0, y_0) 可微分 $\Leftrightarrow$

(i) $\dfrac{\partial f}{\partial x}(x_0, y_0)$ 且 $\dfrac{\partial f}{\partial y}(x_0, y_0)$ 皆存在

(ii) $\displaystyle\lim_{h\to 0, k\to 0} \left| \dfrac{f(h+x_0, k+y_0) - f(x_0, y_0) - \dfrac{\partial f}{\partial x}(x_0, y_0)h - \dfrac{\partial f}{\partial y}(x_0, y_0)k}{\sqrt{h^2 + k^2}} \right| = 0$

【定義】多變數函數的可微分定義

$f(x_1, \ldots, x_n)$ 於 $(c_1, \ldots, c_n)$ 可微分 $\Leftrightarrow$

(i) $\dfrac{\partial f}{\partial x_j}(c_1, \ldots, c_n)$ 皆存在, $\forall 1 \le j \le n$

(ii) $\displaystyle\lim_{(h_1, \ldots, h_n)\to(0, \ldots, 0)} \left| \dfrac{f(h_1+c_1, \ldots, h_n+c_n) - f(c_1, \ldots, c_n) - \sum_{j=1}^{n} \dfrac{\partial f}{\partial x_j}(c_1, \ldots, c_n)h_j}{\sqrt{h_1^2 + \cdots + h_n^2}} \right| = 0$

從雙變數函數可微分的定義，能觀察出如果 $f(x, y)$ 於 (x_0, y_0) 可微分，則藉由 (h, k) 從任意方向逼近 (x_0, y_0) 的極限值必須等於 0，因此，令 $h = mk$，若 $f(x, y)$ 於 (x_0, y_0) 可微分，則

$$\lim_{h\to 0, k\to 0} \left| \dfrac{f(mk+x_0, k+y_0) - f(x_0, y_0) - \dfrac{\partial f}{\partial x}(x_0, y_0)mk - \dfrac{\partial f}{\partial y}(x_0, y_0)k}{\sqrt{(mk)^2 + k^2}} \right| = 0$$

並且此極限值與 m 值無關。此外，偏導數存在也是雙變數函數可微分的必要條件但不是充分條件，底下展示一雙變數函數 $f(x, y)$ 做說明

範例說明：

(I) 假設 $f(x, y) = \begin{cases} \dfrac{x^2 y}{x^2 + y^2}, & (x, y) \ne (0, 0) \\ 0, & (x, y) = (0, 0) \end{cases}$，判斷 $f(x, y)$ 於 $(0, 0)$ 是否可微分

$\dfrac{\partial f}{\partial x}(0, 0) = \lim_{h\to 0} \dfrac{f(h+0, 0) - f(0, 0)}{h} = \lim_{h\to 0} \dfrac{0 - 0}{h} = 0$

$\dfrac{\partial f}{\partial y}(0, 0) = \lim_{h\to 0} \dfrac{f(0, h+0) - f(0, 0)}{h} = \lim_{h\to 0} \dfrac{0 - 0}{h} = 0$

令 $h = mk$ 則 $\displaystyle\lim_{h\to 0, k\to 0} \left| \frac{f(mk,k) - f(0,0) - \frac{\partial f}{\partial x}(0,0)mk - \frac{\partial f}{\partial y}(0,0)k}{\sqrt{(mk)^2 + k^2}} \right|$

$$= \lim_{h\to 0, k\to 0} \left| \frac{\frac{(mk)^2 k}{(mk)^2 + k^2}}{\sqrt{(mk)^2 + k^2}} \right| = \lim_{h\to 0, k\to 0} \left| \frac{\frac{m^2}{m^2 + 1}}{\sqrt{m^2 + 1}} \right| \quad \text{與} m \text{值有關}$$

取 $h = k$, 即 $m = 1$, 則

$$\lim_{h\to 0, k\to 0} \left| \frac{f(h+0, k+0) - f(0,0) - \frac{\partial f}{\partial x}(0,0)h - \frac{\partial f}{\partial y}(0,0)k}{\sqrt{h^2 + k^2}} \right| = \lim_{h\to 0, k\to 0} \left| \frac{\frac{m^2}{m^2 + 1}}{\sqrt{m^2 + 1}} \right| = \frac{1}{2\sqrt{2}} \neq 0$$

$\therefore f(x,y)$ 在 $(0,0)$ 的偏導數存在且在 $(0,0)$ 不可微分

假設 $f(x,y)$ 於 $(0,0)$ 可微分, 令 $y = mx$, 則

$$\lim_{h\to 0, k\to 0} \left| \frac{f(mk,k) - f(0,0) - \frac{\partial f}{\partial x}(0,0)mk - \frac{\partial f}{\partial y}(0,0)k}{\sqrt{(mk)^2 + k^2}} \right| = 0$$

且此極限值與 m 值無關, 因此, 極限值與 m 值無關是 $f(x,y)$ 於 $(0,0)$ 可微分的必要條件
此外,

$$\text{假設} \exists\, m \in R \text{ 使得 } \lim_{h\to 0, k\to 0} \left| \frac{f(mk,k) - f(0,0) - \frac{\partial f}{\partial x}(0,0)mk - \frac{\partial f}{\partial y}(0,0)k}{\sqrt{(mk)^2 + k^2}} \right| \neq 0$$

則 $f(x,y)$ 於 $(0,0)$ 不可微分, 換句話說, 令 $y = mx$,

$$\text{當} \lim_{h\to 0, k\to 0} \left| \frac{f(mk,k) - f(0,0) - \frac{\partial f}{\partial x}(0,0)mk - \frac{\partial f}{\partial y}(0,0)k}{\sqrt{(mk)^2 + k^2}} \right| \text{與} m \text{值有關時,}$$

則試著找出 $m \in R$ 使得此極限值 $\neq 0$ 來說明 $f(x,y)$ 於 $(0,0)$ 不可微分

接下來介紹 Chain Rule, 可以看成是多變數合成函數的微分

【定理】 Chain Rule

(i) 假設多變數函數 f 於開集合 A 為連續可微

(ii) $\vec{r} = \vec{r}(t)$ 為可微分曲線且曲線包含在開集合 A 之內

$\Rightarrow f(\vec{r}(t))$ 可微分 且 $\dfrac{d}{dt} f(\vec{r}(t)) = \nabla f(\vec{r}(t)) \cdot \vec{r}'(t)$

Proof:

Claim: $\displaystyle\lim_{h\to 0}\frac{f\big(\vec{r}(t+h)\big)-f\big(\vec{r}(t)\big)}{h}=\nabla f(\vec{r}(t))\cdot\vec{r}\,'(t)$

$\because A$ is an open set and $\vec{r}(t)$ is continuous

Choose $h>0$ s. t. the line segment joining $\vec{r}(t)$ to $\vec{r}(t+h)$ lies entirely in A

$\because$ By mean-value theorem, $\exists$ a point $\vec{c}(h)$ between $\vec{r}(t)$ and $\vec{r}(t+h)$ such that

$f\big(\vec{r}(t+h)\big)-f\big(\vec{r}(t)\big)=\nabla f\big(\vec{c}(h)\big)\cdot(\vec{r}(t+h)-\vec{r}(t))$

$\Rightarrow\dfrac{f\big(\vec{r}(t+h)\big)-f\big(\vec{r}(t)\big)}{h}=\nabla f\big(\vec{c}(h)\big)\cdot\left(\dfrac{\vec{r}(t+h)-\vec{r}(t)}{h}\right)$

Let $h\to 0$, $\vec{c}(h)\to\vec{r}(t)$, $\because\nabla f$ is continuous $\quad\therefore\nabla f\big(\vec{c}(h)\big)\to\nabla f(\vec{r}(t))$

$\because\dfrac{\vec{r}(t+h)-\vec{r}(t)}{h}\to\vec{r}\,'(t)$ $\quad\therefore\displaystyle\lim_{h\to 0}\dfrac{f\big(\vec{r}(t+h)\big)-f\big(\vec{r}(t)\big)}{h}=\nabla f(\vec{r}(t))\cdot\vec{r}\,'(t)$

考試類型：

題型 1.

給定雙變數函數 $f(x,y)$，判斷 $f(x,y)$ 於 $(0,0)$ 是否可微分，其中 $f(x,y)$ 滿足此條件：

令 $h=mk$，當 $\displaystyle\lim_{h\to 0,k\to 0}\left|\dfrac{f(mk,k)-f(0,0)-\dfrac{\partial f}{\partial x}(0,0)mk-\dfrac{\partial f}{\partial y}(0,0)k}{\sqrt{(mk)^2+k^2}}\right|$ 與 m 值無關時

解題流程：

令 $\varepsilon>0$，取出明確 δ 的值，使得 $h^2+k^2<\delta$

$\Rightarrow\left|\dfrac{f(h,k)-f(0,0)-\dfrac{\partial f}{\partial x}(0,0)h-\dfrac{\partial f}{\partial y}(0,0)k}{\sqrt{h^2+k^2}}\right|<\varepsilon$

補充說明：

過程中，常藉由此不等式 $x^2+y^2\geq 2|xy|$，推導出

$\left|\dfrac{f(h,k)-f(0,0)-\dfrac{\partial f}{\partial x}(0,0)h-\dfrac{\partial f}{\partial y}(0,0)k}{\sqrt{h^2+k^2}}\right|<g(h^2+k^2)<g(\delta)<\varepsilon$

並且能得知函數 g 明確的樣貌，最後的不等式 $g(\delta)<\varepsilon$ 能幫助明確定義 δ

範例說明：

(I)假設 $f(x,y) = \begin{cases} xy\left(\dfrac{x^2-y^2}{x^2+y^2}\right), & (x,y) \neq (0,0) \\ 0, & (x,y) = (0,0) \end{cases}$

判斷$f(x,y)$於$(0,0)$是否可微分

$$\frac{\partial f}{\partial x}(0,0) = \lim_{h \to 0} \frac{f(h+0,0)-f(0,0)}{h} = \lim_{h \to 0} \frac{0-0}{h} = 0$$

$$\frac{\partial f}{\partial y}(0,0) = \lim_{h \to 0} \frac{f(0,h+0)-f(0,0)}{h} = \lim_{h \to 0} \frac{0-0}{h} = 0$$

令 $h = mk$ 則 $\displaystyle\lim_{h \to 0, k \to 0} \left| \frac{f(mk,k)-f(0,0)-\dfrac{\partial f}{\partial x}(0,0)mk - \dfrac{\partial f}{\partial y}(0,0)k}{\sqrt{(mk)^2+k^2}} \right|$

$$= \lim_{h \to 0, k \to 0} \left| \frac{mk^2\left(\dfrac{(mk)^2-k^2}{(mk)^2+k^2}\right)}{\sqrt{(mk)^2+k^2}} \right| = 0 \text{ 與}m\text{值無關}$$

Claim: $\displaystyle\lim_{h \to 0, k \to 0} \left| \frac{f(h+0,k+0)-f(0,0)-\dfrac{\partial f}{\partial x}(0,0)h - \dfrac{\partial f}{\partial y}(0,0)k}{\sqrt{h^2+k^2}} \right| = 0$

$$\frac{\partial f}{\partial x}(0,0) = \lim_{h \to 0} \frac{f(h+0,0)-f(0,0)}{h} = \lim_{h \to 0} \frac{0-0}{h} = 0$$

$$\frac{\partial f}{\partial y}(0,0) = \lim_{h \to 0} \frac{f(0,h+0)-f(0,0)}{h} = \lim_{h \to 0} \frac{0-0}{h} = 0$$

$$\because \left| \frac{f(h+0,k+0)-f(0,0)-\dfrac{\partial f}{\partial x}(0,0)h - \dfrac{\partial f}{\partial y}(0,0)k}{\sqrt{h^2+k^2}} \right| = \left| \frac{hk\left(\dfrac{h^2-k^2}{h^2+k^2}\right)}{\sqrt{h^2+k^2}} \right|$$

$$\leq \left| \frac{hk\left(\dfrac{h^2+k^2}{h^2+k^2}\right)}{\sqrt{h^2+k^2}} \right| = \left| \frac{hk}{\sqrt{h^2+k^2}} \right| \leq \left| \frac{hk}{\sqrt{2hk}} \right| \leq \left| \frac{\sqrt{hk}}{\sqrt{2}} \right| \leq \sqrt{\frac{h^2+k^2}{4}}$$

且 $\displaystyle\lim_{h \to 0, k \to 0} \sqrt{\frac{h^2+k^2}{4}} = 0$

$$\therefore \lim_{h \to 0, k \to 0} \left| \frac{f(h+0, k+0) - f(0,0) - \frac{\partial f}{\partial x}(0,0)h - \frac{\partial f}{\partial y}(0,0)k}{\sqrt{h^2 + k^2}} \right| = 0$$

$\therefore f(x,y)$ 在 $(0,0)$ 可微分

題型 2.

給定雙變數函數 $f(x,y)$, 判斷 $f(x,y)$ 於 $(0,0)$ 是否可微分, 其中 $f(x,y)$ 滿足此條件:

令 $h = mk$, 當 $\lim_{h \to 0, k \to 0} \left| \dfrac{f(mk, k) - f(0,0) - \frac{\partial f}{\partial x}(0,0)mk - \frac{\partial f}{\partial y}(0,0)k}{\sqrt{(mk)^2 + k^2}} \right|$ 與 m 值有關時

解題流程:

Step1.

取 m 值且使得 $\lim_{h \to 0, k \to 0} \left| \dfrac{f(mk, k) - f(0,0) - \frac{\partial f}{\partial x}(0,0)mk - \frac{\partial f}{\partial y}(0,0)k}{\sqrt{(mk)^2 + k^2}} \right| \neq 0$

說明 $f(x,y)$ 於 $(0,0)$ 不可微分

<u>範例說明:</u>

(I)假設 $f(x,y) = \begin{cases} \dfrac{x^3 - y^3}{x^2 + y^2}, & (x,y) \neq (0,0) \\ 0, & (x,y) = (0,0) \end{cases}$, 判斷 $f(x,y)$ 於 $(0,0)$ 是否可微分

$$f_x(0,0) = \lim_{h \to 0} \frac{f(h+0, 0) - f(0,0)}{h} = \lim_{h \to 0} \frac{\frac{h^3}{h^2} - 0}{h} = 1$$

$$f_y(0,0) = \lim_{h \to 0} \frac{f(0, h+0) - f(0,0)}{h} = \lim_{h \to 0} \frac{\frac{-h^3}{h^2} - 0}{h} = -1$$

令 $h = mk$ 則 $\lim_{h \to 0, k \to 0} \left| \dfrac{f(mk, k) - f(0,0) - \frac{\partial f}{\partial x}(0,0)mk - \frac{\partial f}{\partial y}(0,0)k}{\sqrt{(mk)^2 + k^2}} \right|$

$$= \lim_{h \to 0, k \to 0} \left| \frac{\frac{(mk)^3 - k^3}{(mk)^2 + k^2} - mk + k}{\sqrt{(mk)^2 + k^2}} \right| = \lim_{h \to 0, k \to 0} \left| \frac{\frac{m^3 - 1}{m^2 + 1} - m + 1}{\sqrt{m^2 + 1}} \right| \quad \text{與 } m \text{ 值有關}$$

取 $h = 2k$, 即 $m = 2$,

$$\lim_{h\to 0, k\to 0} \left| \frac{f(h+0, k+0) - f(0,0) - \frac{\partial f}{\partial x}(0,0)h - \frac{\partial f}{\partial y}(0,0)k}{\sqrt{h^2 + k^2}} \right| = \left| \frac{\frac{7}{5} - 1}{\sqrt{5}} \right| \neq 0$$

$\therefore f(x,y)$ 在 $(0,0)$ 不可微分

(II)假設 $f(x,y) = \begin{cases} \dfrac{x^2 y}{x^2 + y^2}, & (x,y) \neq (0,0) \\ 0, & (x,y) = (0,0) \end{cases}$, 判斷 $f(x,y)$ 於 $(0,0)$ 是否可微分

$$\frac{\partial f}{\partial x}(0,0) = \lim_{h\to 0} \frac{f(h+0,0) - f(0,0)}{h} = \lim_{h\to 0} \frac{0-0}{h} = 0$$

$$\frac{\partial f}{\partial y}(0,0) = \lim_{h\to 0} \frac{f(0,h+0) - f(0,0)}{h} = \lim_{h\to 0} \frac{0-0}{h} = 0$$

令 $h = mk$ 則 $\displaystyle\lim_{h\to 0, k\to 0} \left| \frac{f(mk, k) - f(0,0) - \frac{\partial f}{\partial x}(0,0)mk - \frac{\partial f}{\partial y}(0,0)k}{\sqrt{(mk)^2 + k^2}} \right|$

$$= \lim_{h\to 0, k\to 0} \left| \frac{\frac{(mk)^2 k}{(mk)^2 + k^2}}{\sqrt{(mk)^2 + k^2}} \right| = \lim_{h\to 0, k\to 0} \left| \frac{\frac{m^2}{m^2 + 1}}{\sqrt{m^2 + 1}} \right| \quad \text{與} m \text{值有關}$$

取 $h = k$, 即 $m = 1$,

$$\lim_{h\to 0, k\to 0} \left| \frac{f(h+0, k+0) - f(0,0) - \frac{\partial f}{\partial x}(0,0)h - \frac{\partial f}{\partial y}(0,0)k}{\sqrt{h^2 + k^2}} \right| = \lim_{h\to 0, k\to 0} \left| \frac{\frac{m^2}{m^2 + 1}}{\sqrt{m^2 + 1}} \right|$$

$$= \frac{1}{2\sqrt{2}} \neq 0$$

$\therefore f(x,y)$ 在 $(0,0)$ 不可微分

題型 3.

給定多變數函數 $f(x,y,z)$, $\vec{r}(t) = (x(t), y(t), z(t))$, 求 $\dfrac{df}{dt}(\vec{r}(t)) = ?$

解題流程:

Step1.

$$\nabla f = \left(\frac{\partial f}{\partial x}, \frac{\partial f}{\partial y}, \frac{\partial f}{\partial z} \right) \quad \text{且} \quad \vec{r}'(t) = \left(\frac{dx}{dt}, \frac{dy}{dt}, \frac{dz}{dt} \right)$$

Step2.

$$\therefore \frac{df}{dt}(\vec{r}(t)) = \nabla f(\vec{r}(t)) \cdot \vec{r}'(t) = \frac{\partial f}{\partial x}\left(\frac{dx}{dt}\right) + \frac{\partial f}{\partial y}\left(\frac{dy}{dt}\right) + \frac{\partial f}{\partial z}\left(\frac{dz}{dt}\right)$$

<u>範例說明:</u>

(I) $f(x,y) = \dfrac{x^4 + y^4}{4}$, $r(t) = (a\cos t, b\sin t)$, 求 $\dfrac{df}{dt}(\vec{r}(t)) =?$

$\because \nabla f = (x^3, y^3)$ $\quad \therefore \nabla f(\vec{r}(t)) = (a^3\cos^3 t, b^3\sin^3 t)$

$\because \vec{r}'(t) = (-a\sin t, b\cos t)$

$$\therefore \frac{df}{dt}(\vec{r}(t)) = \nabla f(\vec{r}(t)) \cdot \vec{r}'(t) = (a^3\cos^3 t, b^3\sin^3 t) \cdot (-a\sin t, b\cos t)$$

$$= \sin t \cos t (b^4\sin^2 t - a^4\cos^2 t)$$

(II) $f(x,y,z) = x^2 y + z\cos x$, $r(t) = (t, t^2, t^3)$, 求 $\dfrac{df}{dt}(\vec{r}(t)) =?$

$\because \nabla f = (2xy - z\sin x, x^2, \cos x)$ $\quad \therefore \nabla f(\vec{r}(t)) = (2t^3 - t^3\sin t, t^2, \cos t)$

$\because \vec{r}'(t) = (1, 2t, 3t^2)$

$$\therefore \frac{df}{dt}(\vec{r}(t)) = \nabla f(\vec{r}(t)) \cdot \vec{r}'(t) = (2t^3 - t^3\sin t, t^2, \cos t) \cdot (1, 2t, 3t^2)$$

$$= 4t^3 - t^3\sin t + 3t^2\cos t$$

題型 4.

給定多變數函數 $f(x,y,z)$, $x = x(t,s), y = y(t,s), z = z(t,s)$, 求 $\dfrac{\partial f}{\partial t} =?$ 且 $\dfrac{\partial f}{\partial s} =?$

解題流程:

Step1.

$$\because \nabla f = \left(\frac{\partial f}{\partial x}, \frac{\partial f}{\partial y}, \frac{\partial f}{\partial z}\right), \quad \frac{\partial \vec{r}}{\partial t} = \left(\frac{\partial x}{\partial t}, \frac{\partial y}{\partial t}, \frac{\partial z}{\partial t}\right) \quad 且 \quad \frac{\partial \vec{r}}{\partial s} = \left(\frac{\partial x}{\partial s}, \frac{\partial y}{\partial s}, \frac{\partial z}{\partial s}\right)$$

Step2.

$$\therefore \frac{\partial f}{\partial t} = \frac{\partial f}{\partial x}\left(\frac{\partial x}{\partial t}\right) + \frac{\partial f}{\partial y}\left(\frac{\partial y}{\partial t}\right) + \frac{\partial f}{\partial z}\left(\frac{\partial z}{\partial t}\right)$$

$$\therefore \frac{\partial f}{\partial s} = \frac{\partial f}{\partial x}\left(\frac{\partial x}{\partial s}\right) + \frac{\partial f}{\partial y}\left(\frac{\partial y}{\partial s}\right) + \frac{\partial f}{\partial z}\left(\frac{\partial z}{\partial s}\right)$$

<u>範例說明:</u>

(I) $f(x,y) = x^2 - 2xy + y^3$, $x = s^2\ln t$, $y = 2st^3$, 求 $\dfrac{\partial f}{\partial t} =?$ 且 $\dfrac{\partial f}{\partial s} =?$

$$\because \frac{\partial f}{\partial x} = 2x - 2y, \quad \frac{\partial f}{\partial y} = -2x + 6y^2, \quad \frac{\partial x}{\partial t} = \frac{s^2}{t}, \quad \frac{\partial x}{\partial s} = 2s \ln t, \quad \frac{\partial y}{\partial t} = 6st^2, \quad \frac{\partial y}{\partial s} = 2t^3$$

$$\therefore \frac{\partial f}{\partial t} = \frac{\partial f}{\partial x}\left(\frac{\partial x}{\partial t}\right) + \frac{\partial f}{\partial y}\left(\frac{\partial y}{\partial t}\right) = (2x - 2y)\frac{s^2}{t} + (-2x + 6y^2)6st^2$$

$$\therefore \frac{\partial f}{\partial s} = \frac{\partial f}{\partial x}\left(\frac{\partial x}{\partial s}\right) + \frac{\partial f}{\partial y}\left(\frac{\partial y}{\partial s}\right) = (2x - 2y)2s \ln t + (-2x + 6y^2)2t^3$$

(II)$f(x,y,z) = x^2 y^3 e^{xz}, \ x = t^2 + s^2, \ y = 2st, \ z = s \ln t, \ $ 求 $\dfrac{\partial f}{\partial s} = ?$

$$\because \frac{\partial f}{\partial s} = \frac{\partial f}{\partial x}\left(\frac{\partial x}{\partial s}\right) + \frac{\partial f}{\partial y}\left(\frac{\partial y}{\partial s}\right) + \frac{\partial f}{\partial z}\left(\frac{\partial z}{\partial s}\right)$$

$$\because \frac{\partial f}{\partial x} = 2xy^3 e^{xz} + zx^2 y^3 e^{xz}, \quad \frac{\partial f}{\partial y} = 3x^2 y^2 e^{xz}, \quad \frac{\partial f}{\partial z} = x^3 y^3 e^{xz},$$

$$\because \frac{\partial x}{\partial s} = 2s, \quad \frac{\partial y}{\partial s} = 2t, \quad \frac{\partial z}{\partial s} = \ln t$$

$$\therefore \frac{\partial f}{\partial s} = \frac{\partial f}{\partial x}\left(\frac{\partial x}{\partial s}\right) + \frac{\partial f}{\partial y}\left(\frac{\partial y}{\partial s}\right) + \frac{\partial f}{\partial z}\left(\frac{\partial z}{\partial s}\right)$$

$$= (2xy^3 e^{xz} + zx^2 y^3 e^{xz})2s + (3x^2 y^2 e^{xz})2t + (x^3 y^3 e^{xz})\ln t$$

範例 1.

    (1)設$f(x,y) = \sqrt[3]{xy}$, 試證 $f_x(0,0)$ 與 $f_y(0,0)$ 都存在而在$(0,0)$不可微分

    (2)設$f(x,y) = \begin{cases} \dfrac{x^4 - y^4}{x^3 + y^3}, & (x,y) \neq (0,0) \\ 0, & (x,y) = (0,0) \end{cases}$, 試證$f(x,y)$在$(0,0)$不可微分

【解】

(1)

Claim: $f_x(0,0)$ 與 $f_y(0,0)$都存在

$$f_x(0,0) = \lim_{h \to 0} \frac{f(h+0,0) - f(0,0)}{h} = \lim_{h \to 0} \frac{\sqrt[3]{h \cdot 0} - 0}{h} = 0$$

$$f_y(0,0) = \lim_{h \to 0} \frac{f(0,h+0) - f(0,0)}{h} = \lim_{h \to 0} \frac{\sqrt[3]{0 \cdot h} - 0}{h} = 0$$

Claim: $\displaystyle\lim_{h\to 0,k\to 0}\left|\dfrac{f(h+0,k+0)-f(0,0)-\dfrac{\partial f}{\partial x}(0,0)h-\dfrac{\partial f}{\partial y}(0,0)k}{\sqrt{h^2+k^2}}\right|\neq 0$

$\because \left|\dfrac{f(h+0,k+0)-f(0,0)-\dfrac{\partial f}{\partial x}(0,0)h-\dfrac{\partial f}{\partial y}(0,0)k}{\sqrt{h^2+k^2}}\right|=\left|\dfrac{\sqrt[3]{hk}}{\sqrt{h^2+k^2}}\right|$

取 $h=k^2$ 則 $\displaystyle\lim_{h\to 0,k\to 0}\left|\dfrac{f(h+0,k+0)-f(0,0)-\dfrac{\partial f}{\partial x}(0,0)h-\dfrac{\partial f}{\partial y}(0,0)k}{\sqrt{h^2+k^2}}\right|$

$=\displaystyle\lim_{h\to 0,k\to 0}\left|\dfrac{\sqrt[3]{hk}}{\sqrt{h^2+k^2}}\right|=\lim_{h\to 0,k\to 0}\left|\dfrac{\sqrt[3]{k^3}}{\sqrt{k^4+k^2}}\right|=\lim_{k\to 0}\left|\dfrac{1}{\sqrt{k^2+1}}\right|=1\neq 0$

$\therefore f(x,y)$ 在 $(0,0)$ 不可微分

(2)

Claim: $f_x(0,0)$ 與 $f_y(0,0)$ 都存在

$f_x(0,0)=\displaystyle\lim_{h\to 0}\dfrac{f(h+0,0)-f(0,0)}{h}=\lim_{h\to 0}\dfrac{\dfrac{h^4}{h^3}-0}{h}=1$

$f_y(0,0)=\displaystyle\lim_{h\to 0}\dfrac{f(0,h+0)-f(0,0)}{h}=\lim_{h\to 0}\dfrac{\dfrac{-h^4}{h^3}-0}{h}=-1$

Claim: $\displaystyle\lim_{h\to 0,k\to 0}\left|\dfrac{f(h+0,k+0)-f(0,0)-\dfrac{\partial f}{\partial x}(0,0)h-\dfrac{\partial f}{\partial y}(0,0)k}{\sqrt{h^2+k^2}}\right|\neq 0$

$\because \left|\dfrac{f(h+0,k+0)-f(0,0)-\dfrac{\partial f}{\partial x}(0,0)h-\dfrac{\partial f}{\partial y}(0,0)k}{\sqrt{h^2+k^2}}\right|=\left|\dfrac{\dfrac{h^4-k^4}{h^3+k^3}-h+k}{\sqrt{h^2+k^2}}\right|$

取 $h=2k$ 則

$\displaystyle\lim_{h\to 0,k\to 0}\left|\dfrac{f(h+0,k+0)-f(0,0)-\dfrac{\partial f}{\partial x}(0,0)h-\dfrac{\partial f}{\partial y}(0,0)k}{\sqrt{h^2+k^2}}\right|=\lim_{h\to 0,k\to 0}\left|\dfrac{\dfrac{2}{3}k}{\sqrt{5}k}\right|=\dfrac{2}{3\sqrt{5}}\neq 0$

$\therefore f(x,y)$ 在 $(0,0)$ 不可微分

範例 2.

設 $f(x,y) = \begin{cases} (x^2 + y^2)\sin\left(\dfrac{1}{x^2 + y^2}\right), & (x,y) \neq (0,0) \\ 0, & (x,y) = (0,0) \end{cases}$,

(1)試證 $f_x(x,y)$ 與 $f_y(x,y)$ 皆存在但在$(0,0)$不連續　(2) 試證$f(x,y)$ 在$(0,0)$可微分

【解】

(1)

$$f_x(x,y) = 2x\sin\left(\frac{1}{x^2 + y^2}\right) + (x^2 + y^2)\cos\left(\frac{1}{x^2 + y^2}\right)\frac{-2x}{(x^2 + y^2)^{-2}}$$

$$= 2x\sin\left(\frac{1}{x^2 + y^2}\right) + \cos\left(\frac{1}{x^2 + y^2}\right)\frac{-2x}{x^2 + y^2}$$

$$f_y(x,y) = 2y\sin\left(\frac{1}{x^2 + y^2}\right) + (x^2 + y^2)\cos\left(\frac{1}{x^2 + y^2}\right)\frac{-2y}{(x^2 + y^2)^{-2}}$$

$$= 2y\sin\left(\frac{1}{x^2 + y^2}\right) + \cos\left(\frac{1}{x^2 + y^2}\right)\frac{-2y}{x^2 + y^2}$$

Claim: $\lim\limits_{x\to 0, y\to 0} f_x(x,y) \neq f_x(0,0)$　且　$\lim\limits_{x\to 0, y\to 0} f_y(x,y) \neq f_y(0,0)$

$$f_x(0,0) = \lim_{h\to 0}\frac{f(h + 0,0) - f(0,0)}{h} = \lim_{h\to 0}\frac{h^2\sin(\frac{1}{h^2}) - 0}{h} = 0$$

$$f_y(0,0) = \lim_{h\to 0}\frac{f(0,0 + h) - f(0,0)}{h} = \lim_{h\to 0}\frac{h^2\sin(\frac{1}{h^2}) - 0}{h} = 0$$

取 $x_n = y_n = \dfrac{1}{\sqrt{n\pi}}$

$$\lim_{n\to\infty} f_x(x_n, y_n) = \lim_{n\to\infty}\cos\left(\frac{1}{x_n^2 + y_n^2}\right)\frac{-2x_n}{(x_n^2 + y_n^2)} = \lim_{n\to\infty}\cos(2n\pi)\frac{-4n\pi}{\sqrt{n\pi}} = -\infty$$

$$\lim_{n\to\infty} f_y(x_n, y_n) = \lim_{n\to\infty}\cos\left(\frac{1}{x_n^2 + y_n^2}\right)\frac{-2y_n}{(x_n^2 + y_n^2)} = \lim_{n\to\infty}\cos(2n\pi)\frac{-4n\pi}{\sqrt{n\pi}} = -\infty$$

因此 $\lim\limits_{x\to 0, y\to 0} f_x(x,y) \neq f_x(0,0)$　且　$\lim\limits_{x\to 0, y\to 0} f_y(x,y) \neq f_y(0,0)$

$\therefore f_x(x,y)$ 與 $f_y(x,y)$ 在$(0,0)$不連續

(2)

Claim: $\displaystyle\lim_{h\to 0, k\to 0}\left|\dfrac{f(h+0,k+0)-f(0,0)-\frac{\partial f}{\partial x}(0,0)h-\frac{\partial f}{\partial y}(0,0)k}{\sqrt{h^2+k^2}}\right|=0$

$\because \left|\dfrac{f(h+0,k+0)-f(0,0)-\frac{\partial f}{\partial x}(0,0)h-\frac{\partial f}{\partial y}(0,0)k}{\sqrt{h^2+k^2}}\right|=\left|\dfrac{(h^2+k^2)\sin\left(\frac{1}{h^2+k^2}\right)}{\sqrt{h^2+k^2}}\right|$

$=\left|(\sqrt{h^2+k^2})\sin\left(\dfrac{1}{h^2+k^2}\right)\right|\le\sqrt{h^2+k^2}$

$\because \displaystyle\lim_{h\to 0,k\to 0}|\sqrt{h^2+k^2}|=0 \ \therefore \displaystyle\lim_{h\to 0,k\to 0}\left|\dfrac{f(h+0,k+0)-f(0,0)-\frac{\partial f}{\partial x}(0,0)h-\frac{\partial f}{\partial y}(0,0)k}{\sqrt{h^2+k^2}}\right|=0$

$\therefore f(x,y)$ 在 $(0,0)$ 可微分

範例 3.

　　設 $f(x,y)=|x|y$ 試證 (1) $f_x(x,y)$ 與 $f_y(x,y)$ 皆連續　(2) $f(x,y)$ 在 $(0,0)$ 可微分

【解】

(1)

As $x>0$, $f_x(x,y)=y$ 且 $f_y(x,y)=x$

As $x<0$, $f_x(x,y)=-y$ 且 $f_y(x,y)=-x$

Claim: $\displaystyle\lim_{x\to 0,y\to 0} f_x(x,y)=f_x(0,0)$ 且 $\displaystyle\lim_{x\to 0,y\to 0} f_y(x,y)=f_y(0,0)$

$\because f_x(0,0)=\displaystyle\lim_{h\to 0}\dfrac{f(h+0,0)-f(0,0)}{h}=\lim_{h\to 0}\dfrac{0-0}{h}=0$

$f_y(0,0)=\displaystyle\lim_{h\to 0}\dfrac{f(0,0+h)-f(0,0)}{h}=\lim_{h\to 0}\dfrac{0-0}{h}=0$

$\displaystyle\lim_{x\to 0,y\to 0} f_x(x,y)=\lim_{x\to 0,y\to 0} y=\lim_{x\to 0,y\to 0} -y=0$

$\displaystyle\lim_{x\to 0,y\to 0} f_y(x,y)=\lim_{x\to 0,y\to 0} x=\lim_{x\to 0,y\to 0} -x=0$

$\therefore \displaystyle\lim_{x\to 0,y\to 0} f_x(x,y)=f_x(0,0)$ 且 $\displaystyle\lim_{x\to 0,y\to 0} f_y(x,y)=f_y(0,0)$

$\therefore f_x(x,y)$ 與 $f_y(x,y)$ 皆連續

(2)

Claim: $\displaystyle\lim_{h\to0,k\to0}\left|\dfrac{f(h+0,k+0)-f(0,0)-\frac{\partial f}{\partial x}(0,0)h-\frac{\partial f}{\partial y}(0,0)k}{\sqrt{h^2+k^2}}\right|=0$

$\because \left|\dfrac{f(h+0,k+0)-f(0,0)-\frac{\partial f}{\partial x}(0,0)h-\frac{\partial f}{\partial y}(0,0)k}{\sqrt{h^2+k^2}}\right|$

$=\left|\dfrac{|h|k-f(0,0)-\frac{\partial f}{\partial x}(0,0)h-\frac{\partial f}{\partial y}(0,0)k}{\sqrt{h^2+k^2}}\right|=\left|\dfrac{|h|k}{\sqrt{h^2+k^2}}\right|\leq\left|\dfrac{hk}{\sqrt{2hk}}\right|=\left|\dfrac{\sqrt{hk}}{\sqrt{2}}\right|$

$\because \displaystyle\lim_{h\to0,k\to0}\left|\dfrac{\sqrt{hk}}{\sqrt{2}}\right|=0$

$\therefore \displaystyle\lim_{h\to0,k\to0}\left|\dfrac{f(h+0,k+0)-f(0,0)-\frac{\partial f}{\partial x}(0,0)h-\frac{\partial f}{\partial y}(0,0)k}{\sqrt{h^2+k^2}}\right|=0$　$\therefore f(x,y)$ 在 $(0,0)$ 可微分

範例 4.

$$設 f(x,y)=\begin{cases}(xy)^p\left(\dfrac{x^2-y^2}{x^2+y^2}\right), & (x,y)\neq(0,0)\\[2mm] 0, & (x,y)=(0,0)\end{cases},\quad 試證 f(x,y) 在 (0,0) 可微分,\ p>\dfrac{1}{2}$$

【解】

Claim: $\displaystyle\lim_{h\to0,k\to0}\left|\dfrac{f(h+0,k+0)-f(0,0)-\frac{\partial f}{\partial x}(0,0)h-\frac{\partial f}{\partial y}(0,0)k}{\sqrt{h^2+k^2}}\right|=0$

$\dfrac{\partial f}{\partial x}(0,0)=\displaystyle\lim_{h\to0}\dfrac{f(h+0,0)-f(0,0)}{h}=\lim_{h\to0}\dfrac{0-0}{h}=0$

$\dfrac{\partial f}{\partial y}(0,0)=\displaystyle\lim_{h\to0}\dfrac{f(0,h+0)-f(0,0)}{h}=\lim_{h\to0}\dfrac{0-0}{h}=0$

令 $p>\dfrac{1}{2}$

$\because \left|\dfrac{f(h+0,k+0)-f(0,0)-\frac{\partial f}{\partial x}(0,0)h-\frac{\partial f}{\partial y}(0,0)k}{\sqrt{h^2+k^2}}\right|=\left|\dfrac{(hk)^p\left(\frac{h^2-k^2}{h^2+k^2}\right)}{\sqrt{h^2+k^2}}\right|$

$$\leq \left| \frac{(hk)^p \left(\frac{h^2 + k^2}{h^2 + k^2} \right)}{\sqrt{h^2 + k^2}} \right| = \left| \frac{(hk)^p}{\sqrt{h^2 + k^2}} \right| = \left| \frac{(hk)^p}{\sqrt{2hk}} \right| \leq \left| \frac{(hk)^{p - \frac{1}{2}}}{\sqrt{2}} \right|$$

且 $\lim\limits_{h \to 0, k \to 0} (hk)^{p - \frac{1}{2}} = 0, \quad \forall p > \frac{1}{2}$

$$\therefore \lim_{h \to 0, k \to 0} \left| \frac{f(h + 0, k + 0) - f(0,0) - \frac{\partial f}{\partial x}(0,0)h - \frac{\partial f}{\partial y}(0,0)k}{\sqrt{h^2 + k^2}} \right| = 0$$

$\therefore f(x, y)$ 在 $(0,0)$ 可微分, $\forall p > \dfrac{1}{2}$

範例 5.

$$設 f(x, y) = \begin{cases} \dfrac{xy}{\sqrt{x^2 + y^2}}, & (x, y) \neq (0,0) \\ 0, & (x, y) = (0,0) \end{cases}, \quad 試證 f(x, y) 在 (0,0) 不可微分$$

【解】

$$\text{Claim: } \lim_{h \to 0, k \to 0} \left| \frac{f(h + 0, k + 0) - f(0,0) - \frac{\partial f}{\partial x}(0,0)h - \frac{\partial f}{\partial y}(0,0)k}{\sqrt{h^2 + k^2}} \right| \neq 0$$

$$\frac{\partial f}{\partial x}(0,0) = \lim_{h \to 0} \frac{f(h + 0, 0) - f(0,0)}{h} = \lim_{h \to 0} \frac{0 - 0}{h} = 0$$

$$\frac{\partial f}{\partial y}(0,0) = \lim_{h \to 0} \frac{f(0, h + 0) - f(0,0)}{h} = \lim_{h \to 0} \frac{0 - 0}{h} = 0$$

$$\because \left| \frac{f(h + 0, k + 0) - f(0,0) - \frac{\partial f}{\partial x}(0,0)h - \frac{\partial f}{\partial y}(0,0)k}{\sqrt{h^2 + k^2}} \right| = \left| \frac{\frac{hk}{\sqrt{h^2 + k^2}}}{\sqrt{h^2 + k^2}} \right|$$

取 $h = k$

$$\lim_{h \to 0, k \to 0} \left| \frac{f(h + 0, k + 0) - f(0,0) - \frac{\partial f}{\partial x}(0,0)h - \frac{\partial f}{\partial y}(0,0)k}{\sqrt{h^2 + k^2}} \right|$$

$$= \lim_{h\to 0, k\to 0} \left| \frac{\frac{hk}{\sqrt{h^2+k^2}}}{\sqrt{h^2+k^2}} \right| = \lim_{h\to 0, k\to 0} \left| \frac{h^2}{2h^2} \right| = \frac{1}{2} \neq 0$$

$\therefore f(x,y)$ 在 $(0,0)$ 不可微分

範例 6.

$$設 f(x,y) = \begin{cases} \dfrac{2x\sqrt{y}}{\sqrt{x^4+y^2}}, & (x,y) \neq (0,0) \\ 0, & (x,y) = (0,0) \end{cases}, \quad 試證 f(x,y) 於 (0,0) 不可微分$$

【解】

$$\text{Claim:} \quad \lim_{h\to 0, k\to 0} \left| \frac{f(h+0, k+0) - f(0,0) - \frac{\partial f}{\partial x}(0,0)h - \frac{\partial f}{\partial y}(0,0)k}{\sqrt{h^2+k^2}} \right| \neq 0$$

$$\frac{\partial f}{\partial x}(0,0) = \lim_{h\to 0} \frac{f(h+0,0) - f(0,0)}{h} = \lim_{h\to 0} \frac{\frac{2h\cdot 0}{\sqrt{h^4+0^2}} - 0}{h} = \lim_{h\to 0} \frac{0}{h^2} = 0$$

$$\frac{\partial f}{\partial y}(0,0) = \lim_{h\to 0} \frac{f(0,h+0) - f(0,0)}{h} = \lim_{h\to 0} \frac{\frac{2\cdot 0\cdot \sqrt{h}}{\sqrt{0^4+h^2}} - 0}{h} = \lim_{h\to 0} \frac{0}{h^{\frac{3}{2}}} = 0$$

$$\therefore \frac{\partial f}{\partial x}(0,0) = 0, \quad \frac{\partial f}{\partial y}(0,0) = 0$$

$$\because \left| \frac{f(h+0, k+0) - f(0,0) - \frac{\partial f}{\partial x}(0,0)h - \frac{\partial f}{\partial y}(0,0)k}{\sqrt{h^2+k^2}} \right| = \left| \frac{\frac{2h\sqrt{k}}{\sqrt{h^4+k^2}}}{\sqrt{h^2+k^2}} \right|$$

取 $k = h^2$

$$\lim_{h\to 0, k\to 0} \left| \frac{f(h+0, k+0) - f(0,0) - \frac{\partial f}{\partial x}(0,0)h - \frac{\partial f}{\partial y}(0,0)k}{\sqrt{h^2+k^2}} \right|$$

$$= \lim_{h\to 0, k\to 0} \left| \frac{\frac{2h\sqrt{k}}{\sqrt{h^4+k^2}}}{\sqrt{h^2+k^2}} \right| = \lim_{h\to 0, k\to 0} \left| \frac{\frac{2h^2}{\sqrt{2}h^2}}{\sqrt{h^2+h^4}} \right| = \infty \neq 0$$

$\therefore f(x,y)$ 於 $(0,0)$ 不可微分

範例 7.

$$設 f(x,y) = \begin{cases} xy\left(\dfrac{x^2-y^2}{x^2+y^2}\right), & (x,y) \neq (0,0) \\ 0, & (x,y) = (0,0) \end{cases}$$

試證 $(1) f(x,y)$ 在 $(x,y) = (0,0)$ 連續 $(2) f(x,y)$ 在 $(0,0)$ 可微分

【解】

(1)

$\because x^2 + y^2 \geq 2|xy| \qquad \therefore \dfrac{1}{x^2+y^2} \leq \dfrac{1}{2|xy|}$

$\therefore \left| xy\left(\dfrac{x^2-y^2}{x^2+y^2}\right) \right| \leq \left| xy\left(\dfrac{x^2-y^2}{2xy}\right) \right| \leq \dfrac{x^2+y^2}{2}$

Claim: $\displaystyle\lim_{x\to 0, y\to 0} f(x,y) = f(0,0)$

$\because \displaystyle\lim_{x\to 0, y\to 0} \dfrac{x^2+y^2}{2} = 0 \qquad \therefore \displaystyle\lim_{x\to 0, y\to 0} \left| xy\left(\dfrac{x^2-y^2}{x^2+y^2}\right) \right| = 0$

$\therefore f(x,y)$ 在 $(x,y) = (0,0)$ 連續

(2)

$$\text{Claim: } \lim_{h\to 0, k\to 0} \left| \frac{f(h+0,k+0) - f(0,0) - \dfrac{\partial f}{\partial x}(0,0)h - \dfrac{\partial f}{\partial y}(0,0)k}{\sqrt{h^2+k^2}} \right| = 0$$

$$\frac{\partial f}{\partial x}(0,0) = \lim_{h\to 0} \frac{f(h+0,0) - f(0,0)}{h} = \lim_{h\to 0} \frac{0-0}{h} = 0$$

$$\frac{\partial f}{\partial y}(0,0) = \lim_{h\to 0} \frac{f(0,h+0) - f(0,0)}{h} = \lim_{h\to 0} \frac{0-0}{h} = 0$$

$$\because \left| \frac{f(h+0,k+0) - f(0,0) - \dfrac{\partial f}{\partial x}(0,0)h - \dfrac{\partial f}{\partial y}(0,0)k}{\sqrt{h^2+k^2}} \right| = \left| \frac{hk\left(\dfrac{h^2-k^2}{h^2+k^2}\right)}{\sqrt{h^2+k^2}} \right|$$

$$\leq \left| \frac{hk\left(\dfrac{h^2+k^2}{h^2+k^2}\right)}{\sqrt{h^2+k^2}} \right| = \left| \frac{hk}{\sqrt{h^2+k^2}} \right| \leq \left| \frac{hk}{\sqrt{2hk}} \right| \leq \left| \frac{\sqrt{hk}}{\sqrt{2}} \right| \leq \sqrt{\frac{h^2+k^2}{4}}$$

且 $\displaystyle\lim_{h\to 0, k\to 0} \sqrt{\dfrac{h^2 + k^2}{4}} = 0$

$\therefore \displaystyle\lim_{h\to 0, k\to 0} \left| \dfrac{f(h+0, k+0) - f(0,0) - \dfrac{\partial f}{\partial x}(0,0)h - \dfrac{\partial f}{\partial y}(0,0)k}{\sqrt{h^2 + k^2}} \right| = 0$

$\therefore f(x,y)$ 在 $(0,0)$ 可微分

範例 8.

$$設 f(x,y) = \begin{cases} \dfrac{x^2 y}{x^2 + y^2}, & (x,y) \neq (0,0) \\ 0, & (x,y) = (0,0) \end{cases}$$

試證 (1) $f(x,y)$ 在 $(x,y) = (0,0)$ 連續 (2) $f(x,y)$ 在 $(0,0)$ 不可微分

【解】

(1)

$\because x^2 + y^2 \geq 2|xy| \quad \therefore \dfrac{1}{x^2+y^2} \leq \dfrac{1}{2|xy|} \Rightarrow \left|\dfrac{x^2 y}{x^2+y^2}\right| \leq \left|\dfrac{x^2 y}{2xy}\right| \leq \left|\dfrac{x}{2}\right|$

Claim: $\displaystyle\lim_{x\to 0, y\to 0} f(x,y) = f(0,0)$

$\because \displaystyle\lim_{x\to 0, y\to 0}\left|\dfrac{x}{2}\right| = 0 \quad \therefore \displaystyle\lim_{x\to 0, y\to 0}\left|\dfrac{x^2 y}{x^2+y^2}\right| = 0 \quad \therefore f(x,y)$ 在 $(x,y) = (0,0)$ 連續

(2)

Claim: $\displaystyle\lim_{h\to 0, k\to 0} \left| \dfrac{f(h+0, k+0) - f(0,0) - \dfrac{\partial f}{\partial x}(0,0)h - \dfrac{\partial f}{\partial y}(0,0)k}{\sqrt{h^2 + k^2}} \right| \neq 0$

$\dfrac{\partial f}{\partial x}(0,0) = \displaystyle\lim_{h\to 0} \dfrac{f(h+0, 0) - f(0,0)}{h} = \displaystyle\lim_{h\to 0}\dfrac{0-0}{h} = 0$

$\dfrac{\partial f}{\partial y}(0,0) = \displaystyle\lim_{h\to 0} \dfrac{f(0, h+0) - f(0,0)}{h} = \displaystyle\lim_{h\to 0}\dfrac{0-0}{h} = 0$

$\therefore \left| \dfrac{f(h+0, k+0) - f(0,0) - \dfrac{\partial f}{\partial x}(0,0)h - \dfrac{\partial f}{\partial y}(0,0)k}{\sqrt{h^2 + k^2}} \right| = \left| \dfrac{\dfrac{h^2 k}{h^2 + k^2}}{\sqrt{h^2 + k^2}} \right|$

取 $h = k$

$$\lim_{h \to 0, k \to 0} \left| \frac{f(h+0, k+0) - f(0,0) - \frac{\partial f}{\partial x}(0,0)h - \frac{\partial f}{\partial y}(0,0)k}{\sqrt{h^2 + k^2}} \right|$$

$$= \lim_{h \to 0, k \to 0} \left| \frac{\frac{h^2 k}{h^2 + k^2}}{\sqrt{h^2 + k^2}} \right| = \lim_{h \to 0, k \to 0} \left| \frac{\frac{h^3}{2h^2}}{\sqrt{2h^2}} \right| = \frac{1}{2\sqrt{2}} \neq 0$$

$\therefore f(x,y)$在$(0,0)$不可微分

範例 9.

$$設 f(x,y) = \begin{cases} \dfrac{2x^2 y}{x^4 + y^2}, & (x,y) \neq (0,0) \\ 0, & (x,y) = (0,0) \end{cases}, \ 試證 f(x,y) \ 於 \ (0,0) 不可微分$$

【解】

$$\text{Claim:} \quad \lim_{h \to 0, k \to 0} \left| \frac{f(h+0, k+0) - f(0,0) - \frac{\partial f}{\partial x}(0,0)h - \frac{\partial f}{\partial y}(0,0)k}{\sqrt{h^2 + k^2}} \right| \neq 0$$

$$\frac{\partial f}{\partial x}(0,0) = \lim_{h \to 0} \frac{f(h+0,0) - f(0,0)}{h} = \lim_{h \to 0} \frac{\frac{2h^2 \cdot 0}{h^4 + 0^2} - 0}{h} = \lim_{h \to 0} \frac{0}{h^5} = 0$$

$$\frac{\partial f}{\partial y}(0,0) = \lim_{h \to 0} \frac{f(0, h+0) - f(0,0)}{h} = \lim_{h \to 0} \frac{\frac{2 \cdot 0^2 \cdot h}{0^4 + h^2} - 0}{h} = \lim_{h \to 0} \frac{0}{h^3} = 0$$

$$\therefore \ \frac{\partial f}{\partial x}(0,0) = 0, \ \ \frac{\partial f}{\partial y}(0,0) = 0$$

$$\because \left| \frac{f(h+0, k+0) - f(0,0) - \frac{\partial f}{\partial x}(0,0)h - \frac{\partial f}{\partial y}(0,0)k}{\sqrt{h^2 + k^2}} \right| = \left| \frac{\frac{2h^2 k}{h^4 + k^2}}{\sqrt{h^2 + k^2}} \right|$$

取 $k = h^2$

$$\lim_{h \to 0, k \to 0} \left| \frac{f(h+0, k+0) - f(0,0) - \frac{\partial f}{\partial x}(0,0)h - \frac{\partial f}{\partial y}(0,0)k}{\sqrt{h^2 + k^2}} \right|$$

$$= \lim_{h \to 0, k \to 0} \left| \frac{\dfrac{2h^2 k}{h^4 + k^2}}{\sqrt{h^2 + k^2}} \right| = \lim_{h \to 0, k \to 0} \left| \frac{\dfrac{2h^4}{2h^4}}{\sqrt{h^2 + h^4}} \right| = \infty \neq 0$$

$\therefore f(x, y)$ 於 $(0,0)$ 不可微分

範例 10.

$$設 f(x, y) = \begin{cases} \dfrac{3x^2 y}{x^3 + y^3}, & (x, y) \neq (0,0) \\ 0, & (x, y) = (0,0) \end{cases}, \quad 試證 f(x, y) 於 (0,0) 不可微分$$

【解】

$$\text{Claim:} \quad \lim_{h \to 0, k \to 0} \left| \frac{f(h + 0, k + 0) - f(0,0) - \dfrac{\partial f}{\partial x}(0,0)h - \dfrac{\partial f}{\partial y}(0,0)k}{\sqrt{h^2 + k^2}} \right| \neq 0$$

$$\frac{\partial f}{\partial x}(0,0) = \lim_{h \to 0} \frac{f(h + 0, 0) - f(0,0)}{h} = \lim_{h \to 0} \frac{\dfrac{3 \cdot h^2 \cdot 0}{h^3 + 0^3} - 0}{h} = \lim_{h \to 0} \frac{0}{h^4} = 0$$

$$\frac{\partial f}{\partial y}(0,0) = \lim_{h \to 0} \frac{f(0, h + 0) - f(0,0)}{h} = \lim_{h \to 0} \frac{\dfrac{3 \cdot 0^2 \cdot h}{0^3 + h^3} - 0}{h} = \lim_{h \to 0} \frac{0}{h^4} = 0$$

因此 $\dfrac{\partial f}{\partial x}(0,0) = 0, \quad \dfrac{\partial f}{\partial y}(0,0) = 0$

$$\because \left| \frac{f(h + 0, k + 0) - f(0,0) - \dfrac{\partial f}{\partial x}(0,0)h - \dfrac{\partial f}{\partial y}(0,0)k}{\sqrt{h^2 + k^2}} \right| = \left| \frac{\dfrac{3h^2 k}{h^3 + k^3}}{\sqrt{h^2 + k^2}} \right|$$

取 $k = h$

$$\lim_{h \to 0, k \to 0} \left| \frac{f(h + 0, k + 0) - f(0,0) - \dfrac{\partial f}{\partial x}(0,0)h - \dfrac{\partial f}{\partial y}(0,0)k}{\sqrt{h^2 + k^2}} \right|$$

$$= \lim_{h \to 0, k \to 0} \left| \frac{\dfrac{3h^2 k}{h^3 + k^3}}{\sqrt{h^2 + k^2}} \right| = \lim_{h \to 0, k \to 0} \left| \frac{\dfrac{3h^3}{2h^3}}{\sqrt{h^2 + h^2}} \right| = \infty \neq 0$$

$\therefore f(x, y)$ 於 $(0,0)$ 不可微分

範例 11.

$(1) f(x,y) = \dfrac{x^2}{x^2+y^2}$，且 $x = 3\cos t,\ y = 5\sin t$，求 $\dfrac{df}{dt} = ?$

(2) 設 $f(x,y) = \sin^{-1}(5x+2y)$，且 $x = r^2 e^s,\ y = \sin(rs)$，求 $\dfrac{\partial f}{\partial r}\ \dfrac{\partial f}{\partial s} = ?$

【解】

(1)

$\because \dfrac{df}{dt} = \dfrac{\partial f}{\partial x}\dfrac{\partial x}{\partial t} + \dfrac{\partial f}{\partial y}\dfrac{\partial y}{\partial t}$

$\dfrac{\partial f}{\partial x} = \dfrac{2x(x^2+y^2) - x^2(2x)}{(x^2+y^2)^2} = \dfrac{2xy^2}{(x^2+y^2)^2}, \quad \dfrac{\partial f}{\partial y} = \dfrac{-x^2(2y)}{(x^2+y^2)^2} = \dfrac{-2yx^2}{(x^2+y^2)^2}$

$\dfrac{\partial x}{\partial t} = -3\sin t, \quad \dfrac{\partial y}{\partial t} = 5\cos t$

$\therefore \dfrac{df}{dt} = \dfrac{\partial f}{\partial x}\dfrac{\partial x}{\partial t} + \dfrac{\partial f}{\partial y}\dfrac{\partial y}{\partial t} = \dfrac{2xy^2}{(x^2+y^2)^2}(-3\sin t) + \dfrac{-2yx^2}{(x^2+y^2)^2}(5\cos t)$

(2)

$\because \dfrac{\partial f}{\partial r} = \dfrac{\partial f}{\partial x}\dfrac{\partial x}{\partial r} + \dfrac{\partial f}{\partial y}\dfrac{\partial y}{\partial r} \quad 且 \quad \dfrac{\partial f}{\partial s} = \dfrac{\partial f}{\partial x}\dfrac{\partial x}{\partial s} + \dfrac{\partial f}{\partial y}\dfrac{\partial y}{\partial s}$

$\dfrac{\partial f}{\partial x} = \dfrac{5}{\sqrt{1-(5x+2y)^2}}, \quad \dfrac{\partial f}{\partial y} = \dfrac{2}{\sqrt{1-(5x+2y)^2}}$

$\dfrac{\partial x}{\partial r} = 2re^s, \quad \dfrac{\partial y}{\partial r} = s\cos(rs), \quad \dfrac{\partial x}{\partial s} = r^2 e^s, \quad \dfrac{\partial y}{\partial s} = r\cos(rs)$

$\therefore \dfrac{\partial f}{\partial r} = \dfrac{\partial f}{\partial x}\dfrac{\partial x}{\partial r} + \dfrac{\partial f}{\partial y}\dfrac{\partial y}{\partial r} = \dfrac{10re^s + 2s\cos(rs)}{\sqrt{1-(5x+2y)^2}}$

$且\ \dfrac{\partial f}{\partial s} = \dfrac{\partial f}{\partial x}\dfrac{\partial x}{\partial s} + \dfrac{\partial f}{\partial y}\dfrac{\partial y}{\partial s} = \dfrac{5r^2 e^s + 2r\cos(rs)}{\sqrt{1-(5x+2y)^2}}$

範例 12.

設 $F(x,y) = x^2y^2 + x + y + 2,\ x(t) = t^4 - 1, y(t) = t^2 - t^3$

$G(t) = F\big(x(t), y(t)\big),\ $ 求 $G'(t) = ?$

【解】

$\because G'(t) = \dfrac{\partial G}{\partial x}\dfrac{\partial x}{\partial t} + \dfrac{\partial G}{\partial y}\dfrac{\partial y}{\partial t}$

$\dfrac{\partial G}{\partial x} = 2xy^2 + 1, \quad \dfrac{\partial G}{\partial y} = 2yx^2 + 1, \quad \dfrac{\partial x}{\partial t} = 4t^3, \quad \dfrac{\partial y}{\partial t} = 2t - 3t^2$

$$\therefore G'(t) = 4t^3(2xy^2 + 1) + (2t - 3t^2)(2yx^2 + 1)$$

範例 13.

$$設 z = g(x^2 - y^2), \quad 試證 \ y\frac{\partial z}{\partial x} + x\frac{\partial z}{\partial y} = 0$$

【解】

$$\because \frac{\partial z}{\partial x} = g'(x^2 - y^2)(2x), \quad \frac{\partial z}{\partial y} = g'(x^2 - y^2)(-2y)$$

$$\therefore y\frac{\partial z}{\partial x} + x\frac{\partial z}{\partial y} = yg'(x^2 - y^2)(2x) + xg'(x^2 - y^2)(-2y) = 0$$

範例 14.

$$設 z = x^2 + g(xy), \quad 試證 \ x\frac{\partial z}{\partial x} - y\frac{\partial z}{\partial y} = 2x^2$$

【解】

$$\because \frac{\partial z}{\partial x} = 2x + g'(xy)y, \quad \frac{\partial z}{\partial y} = g'(xy)x$$

$$\therefore x\frac{\partial z}{\partial x} - y\frac{\partial z}{\partial y} = x(2x + g'(xy)y) - y(g'(xy)x) = 2x^2$$

範例 15.

$$設 f(x, y, z) = \frac{1}{\sqrt{x^2 + y^2 + z^2}}, \quad 試證 \ f_{xx} + f_{yy} + f_{zz} = 0$$

【解】

$$\because f_x = -\frac{1}{2}(x^2 + y^2 + z^2)^{-\frac{3}{2}}(2x) = -x(x^2 + y^2 + z^2)^{-\frac{3}{2}}$$

$$f_y = -\frac{1}{2}(x^2 + y^2 + z^2)^{-\frac{3}{2}}(2y) = -y(x^2 + y^2 + z^2)^{-\frac{3}{2}}$$

$$f_z = -\frac{1}{2}(x^2 + y^2 + z^2)^{-\frac{3}{2}}(2z) = -z(x^2 + y^2 + z^2)^{-\frac{3}{2}}$$

$$f_{xx} = -(x^2 + y^2 + z^2)^{-\frac{3}{2}} + 3x^2(x^2 + y^2 + z^2)^{-\frac{5}{2}}$$

$$= (x^2 + y^2 + z^2)^{-\frac{5}{2}}\big(3x^2 - (x^2 + y^2 + z^2)\big) = (x^2 + y^2 + z^2)^{-\frac{5}{2}}(2x^2 - y^2 - z^2)$$

$$f_{yy} = (x^2 + y^2 + z^2)^{-\frac{5}{2}}(2y^2 - x^2 - z^2)$$

$$f_{zz} = (x^2 + y^2 + z^2)^{-\frac{5}{2}}(2z^2 - x^2 - y^2)$$

$$\therefore f_{xx} + f_{yy} + f_{zz} = 0$$

範例 16.

$$\text{設} f(x,y,z) = \left(\frac{x-y+z}{x+y-z}\right)^n, \quad \text{試證 } xf_x + yf_y + zf_z = 0$$

【解】

$$f_x(x,y,z) = n\left(\frac{x-y+z}{x+y-z}\right)^{n-1} \frac{(x+y-z)-(x-y+z)}{(x+y-z)^2} = 2n\left(\frac{x-y+z}{x+y-z}\right)^{n-1} \frac{y-z}{(x+y-z)^2}$$

$$f_y(x,y,z) = -2n\left(\frac{x-y+z}{x+y-z}\right)^{n-1} \frac{x-z}{(x+y-z)^2}$$

$$f_z(x,y,z) = 2n\left(\frac{x-y+z}{x+y-z}\right)^{n-1} \frac{x-y}{(x+y-z)^2}$$

$$\therefore xf_x + yf_y + zf_z = 2n\left(\frac{x-y+z}{x+y-z}\right)^{n-1}(x(y-z) - y(x-z) + z(x-y)) = 0$$

範例 17.

$$\text{設 } g(x,y) = f(xy^2), \quad \text{試證 } 4x^2 g_{xx} - y^2 g_{yy} + yg_y = 0$$

【解】

$$\because g_x = f'(xy^2)y^2, \quad g_y = f'(xy^2)2xy$$

$$\therefore g_{xx} = f''(xy^2)y^4, \quad g_{yy} = f''(xy^2)4x^2y^2 + 2xf'(xy^2)$$

$$\therefore 4x^2 g_{xx} - y^2 g_{yy} + yg_y$$

$$= 4x^2 f''(xy^2)y^4 - y^2\big(f''(xy^2)4x^2y^2 + 2xf'(xy^2)\big) + yf'(xy^2)2xy = 0$$

範例 18.

$$\text{設 } w = f(u), u = \frac{xy}{x^2+y^2}, \quad \text{試證 } x\frac{\partial w}{\partial x} + y\frac{\partial w}{\partial y} = 0$$

【解】

$$\frac{\partial w}{\partial x} = f'(u)\frac{y(x^2+y^2) - xy(2x)}{(x^2+y^2)^2} = f'(u)\frac{y^3 - x^2y}{(x^2+y^2)^2}$$

$$\frac{\partial w}{\partial y} = f'(u)\frac{x^3 - y^2 x}{(x^2 + y^2)^2}$$

$$x\frac{\partial w}{\partial x} + y\frac{\partial w}{\partial y} = x\left(f'(u)\frac{y^3 - x^2 y}{(x^2 + y^2)^2}\right) + y\left(f'(u)\frac{x^3 - y^2 x}{(x^2 + y^2)^2}\right) = 0$$

範例 19.

$$設\ w = f(x - y, y - x),\quad 試證\ \frac{\partial w}{\partial x} + \frac{\partial w}{\partial y} = 0$$

【解】

令 $u = x - y,\ v = y - x$

$$\because \frac{\partial w}{\partial x} = f_u(u, v)\frac{\partial u}{\partial x} + f_v(u, v)\frac{\partial v}{\partial x} = f_u(u, v) - f_v(u, v)$$

$$\frac{\partial w}{\partial y} = f_u(u, v)\frac{\partial u}{\partial y} + f_v(u, v)\frac{\partial v}{\partial y} = -f_u(u, v) + f_v(u, v)$$

$$\therefore \frac{\partial w}{\partial x} + \frac{\partial w}{\partial y} = 0$$

範例 20.

$$設\ u = f(x, y), x = r\cos\theta, y = r\sin\theta,\quad 試證\ \frac{\partial^2 u}{\partial x^2} + \frac{\partial^2 u}{\partial y^2} = \frac{\partial^2 u}{\partial r^2} + \frac{1}{r^2}\frac{\partial^2 u}{\partial \theta^2} + \frac{1}{r}\frac{\partial u}{\partial r}$$

【解】

$$\because \frac{\partial u}{\partial r} = \frac{\partial u}{\partial x}\cdot\frac{\partial x}{\partial r} + \frac{\partial u}{\partial y}\cdot\frac{\partial y}{\partial r} = \frac{\partial u}{\partial x}\cdot\cos\theta + \frac{\partial u}{\partial y}\cdot\sin\theta$$

$$\frac{\partial u}{\partial \theta} = \frac{\partial u}{\partial x}\cdot\frac{\partial x}{\partial \theta} + \frac{\partial u}{\partial y}\cdot\frac{\partial y}{\partial \theta} = -\frac{\partial u}{\partial x}\cdot r\sin\theta + \frac{\partial u}{\partial y}\cdot r\cos\theta$$

$$\frac{\partial^2 u}{\partial r^2} = \frac{\partial}{\partial r}\left(\frac{\partial u}{\partial r}\right) = \frac{\partial}{\partial r}\left(\frac{\partial u}{\partial x}\cdot\cos\theta + \frac{\partial u}{\partial y}\cdot\sin\theta\right) = \frac{\partial^2 u}{\partial x^2}\cdot\cos^2\theta + \frac{\partial^2 u}{\partial y^2}\cdot\sin^2\theta$$

$$\frac{\partial^2 u}{\partial \theta^2} = \frac{\partial}{\partial \theta}\left(\frac{\partial u}{\partial \theta}\right) = \frac{\partial}{\partial \theta}\left(-\frac{\partial u}{\partial x}\cdot r\sin\theta + \frac{\partial u}{\partial y}\cdot r\cos\theta\right)$$

$$= \frac{\partial^2 u}{\partial x^2}r^2\sin^2\theta + \frac{\partial^2 u}{\partial y^2}\cdot r^2\cos^2\theta - \frac{\partial u}{\partial x}\cdot r\cos\theta - \frac{\partial u}{\partial y}\cdot r\sin\theta$$

$$\therefore \frac{\partial^2 u}{\partial r^2} + \frac{1}{r^2}\frac{\partial^2 u}{\partial \theta^2} + \frac{1}{r}\frac{\partial u}{\partial r} = \frac{\partial^2 u}{\partial x^2} + \frac{\partial^2 u}{\partial y^2}$$

範例 21.

設 $f(x, y, z) = g(x - y, y - z, z - x)$，試證 $\dfrac{\partial f}{\partial x} + \dfrac{\partial f}{\partial y} + \dfrac{\partial f}{\partial z} = 0$

【解】

令 $t_1 = x - y$，$t_2 = y - z$，$t_3 = z - x$

$\because \dfrac{\partial f}{\partial x} = \dfrac{\partial g}{\partial t_1}\dfrac{\partial t_1}{\partial x} + \dfrac{\partial g}{\partial t_2}\dfrac{\partial t_2}{\partial x} + \dfrac{\partial g}{\partial t_3}\dfrac{\partial t_3}{\partial x}$，$\dfrac{\partial f}{\partial y} = \dfrac{\partial g}{\partial t_1}\dfrac{\partial t_1}{\partial y} + \dfrac{\partial g}{\partial t_2}\dfrac{\partial t_2}{\partial y} + \dfrac{\partial g}{\partial t_3}\dfrac{\partial t_3}{\partial y}$

$\dfrac{\partial f}{\partial z} = \dfrac{\partial g}{\partial t_1}\dfrac{\partial t_1}{\partial z} + \dfrac{\partial g}{\partial t_2}\dfrac{\partial t_2}{\partial z} + \dfrac{\partial g}{\partial t_3}\dfrac{\partial t_3}{\partial z}$ 且 $\left(\dfrac{\partial t_1}{\partial x}, \dfrac{\partial t_2}{\partial x}, \dfrac{\partial t_3}{\partial x}\right) = (1, 0, -1)$，

$\left(\dfrac{\partial t_1}{\partial y}, \dfrac{\partial t_2}{\partial y}, \dfrac{\partial t_3}{\partial y}\right) = (-1, 1, 0)$，$\left(\dfrac{\partial t_1}{\partial z}, \dfrac{\partial t_2}{\partial z}, \dfrac{\partial t_3}{\partial z}\right) = (0, -1, 1)$

$\therefore \dfrac{\partial f}{\partial x} + \dfrac{\partial f}{\partial y} + \dfrac{\partial f}{\partial z} = \dfrac{\partial g}{\partial t_1} - \dfrac{\partial g}{\partial t_3} - \dfrac{\partial g}{\partial t_1} + \dfrac{\partial g}{\partial t_2} - \dfrac{\partial g}{\partial t_2} + \dfrac{\partial g}{\partial t_3} = 0$

範例 22.

設 $f(x, y) = g(x^2 - y^2, y^2 - x^2)$，試證 $y\dfrac{\partial f}{\partial x} + x\dfrac{\partial f}{\partial y} = 0$

【解】

令 $t_1 = x^2 - y^2$，$t_2 = y^2 - x^2$

$\because \dfrac{\partial f}{\partial x} = \dfrac{\partial g}{\partial t_1}\dfrac{\partial t_1}{\partial x} + \dfrac{\partial g}{\partial t_2}\dfrac{\partial t_2}{\partial x}$，$\dfrac{\partial f}{\partial y} = \dfrac{\partial g}{\partial t_1}\dfrac{\partial t_1}{\partial y} + \dfrac{\partial g}{\partial t_2}\dfrac{\partial t_2}{\partial y}$

且 $\left(\dfrac{\partial t_1}{\partial x}, \dfrac{\partial t_2}{\partial x}\right) = (2x, -2x)$，$\left(\dfrac{\partial t_1}{\partial y}, \dfrac{\partial t_2}{\partial y}\right) = (-2y, 2y)$

$\therefore y\dfrac{\partial f}{\partial x} + x\dfrac{\partial f}{\partial y} = y\left(\dfrac{\partial g}{\partial t_1}(2x) + \dfrac{\partial g}{\partial t_2}(-2x)\right) + x\left(\dfrac{\partial g}{\partial t_1}(-2y) + \dfrac{\partial g}{\partial t_2}(2y)\right) = 0$

範例 23.

設 $f(u, v) = g\big(x(u, v), y(u, v)\big)$ 且 $g(x, y) = \dfrac{1}{(x^2 y^2 - 4x + 3y + 1)^p}$ $(p > 0)$

其中 $\begin{cases} x(u, v) = u^2 - 3uv + 2v^2 \\ y(u, v) = u^4 + 3uv^3 - 4v^4 \end{cases}$，求 $\dfrac{\partial f}{\partial u}(1, 1) = ?$

【解】

令 $p > 0$

$$\because \frac{\partial f}{\partial u} = \frac{\partial g}{\partial x}\frac{\partial x}{\partial u} + \frac{\partial g}{\partial y}\frac{\partial y}{\partial u}, \quad \frac{\partial g}{\partial x} = -\frac{p(2xy^2 - 4)}{(x^2y^2 - 4x + 3y + 1)^{2p}}$$

$$\frac{\partial g}{\partial y} = -\frac{p(2yx^2 + 3)}{(x^2y^2 - 4x + 3y + 1)^{2p}}, \quad \frac{\partial x}{\partial u} = 2u - 3v, \quad \frac{\partial y}{\partial u} = 4u^3 + 3v^3$$

$$\because (u, v) = (1,1) \quad \therefore (x, y) = (0,0)$$

$$\therefore \frac{\partial f}{\partial u}(1,1) = \frac{\partial g}{\partial x}(0,0)\frac{\partial x}{\partial u}(1,1) + \frac{\partial g}{\partial y}(0,0)\frac{\partial y}{\partial u}(1,1) = 4p(-1) + (-3p)7 = -25p$$

範例 24.

$$設 f(x, y) = \frac{x^2 y}{1 + x^2 + y^2}, \quad x, y \in R \text{ 且 } g(u, v) = f(uv, u^2 + 2v^3), \quad u, v \in R$$

$$求 \frac{\partial g}{\partial v}(\sqrt{2}, -1) = ?$$

【解】

$$令 x = uv, \quad y = u^2 + 2v^3 \text{ 則 } \frac{\partial g}{\partial v} = \frac{\partial f}{\partial x}\frac{\partial x}{\partial v} + \frac{\partial f}{\partial y}\frac{\partial y}{\partial v}$$

$$\because \frac{\partial f}{\partial x} = \frac{2xy(1 + x^2 + y^2) - x^2 y(2x)}{(1 + x^2 + y^2)^2} = \frac{2xy(1 + y^2)}{(1 + x^2 + y^2)^2}$$

$$\frac{\partial f}{\partial y} = \frac{x^2(1 + x^2 + y^2) - x^2 y(2y)}{(1 + x^2 + y^2)^2} = \frac{x^2 + x^4 - x^2 y^2}{(1 + x^2 + y^2)^2}$$

$$且 \frac{\partial x}{\partial v} = u, \quad \frac{\partial y}{\partial v} = 6v^2$$

$$令 (u, v) = (\sqrt{2}, -1) \text{ 則 } (x, y) = (-\sqrt{2}, 0)$$

$$\therefore \frac{\partial g}{\partial v}(-1, -1) = \frac{\partial f}{\partial x}(-\sqrt{2}, 0)\frac{\partial x}{\partial v}(\sqrt{2}, -1) + \frac{\partial f}{\partial y}(-\sqrt{2}, 0)\frac{\partial y}{\partial v}(\sqrt{2}, -1)$$

$$= (0)(\sqrt{2}) + \frac{6}{9}(6) = 4$$

範例 25.

$$設 f(x, y) = \begin{cases} \dfrac{x^2 - y^2}{\sqrt{x^2 + y^2}}, & (x, y) \neq (0,0) \\ 0, & (x, y) = (0,0) \end{cases}, \quad 試證 f(x, y) 在 (0,0) 不可微分$$

【解】

$$f_x(0,0) = \lim_{h \to 0} \frac{f(h+0,0) - f(0,0)}{h} = \lim_{h \to 0} \frac{\frac{h^2}{h} - 0}{h} = 1$$

$$f_y(0,0) = \lim_{h \to 0} \frac{f(0,h+0) - f(0,0)}{h} = \lim_{h \to 0} \frac{\frac{-h^2}{h} - 0}{h} = -1$$

Claim: $\displaystyle\lim_{h \to 0, k \to 0} \left| \frac{f(h+0, k+0) - f(0,0) - \frac{\partial f}{\partial x}(0,0)h - \frac{\partial f}{\partial y}(0,0)k}{\sqrt{h^2 + k^2}} \right| \neq 0$

$$\because \left| \frac{f(h+0, k+0) - f(0,0) - \frac{\partial f}{\partial x}(0,0)h - \frac{\partial f}{\partial y}(0,0)k}{\sqrt{h^2 + k^2}} \right| = \left| \frac{\frac{h^2 - k^2}{\sqrt{h^2 + k^2}} - h + k}{\sqrt{h^2 + k^2}} \right|$$

$$= \left| \frac{\frac{(h^2 - k^2) - (h - k)(\sqrt{h^2 + k^2})}{\sqrt{h^2 + k^2}}}{\sqrt{h^2 + k^2}} \right|$$

取 $h = 2k$ 則 $\left| \dfrac{\frac{(h^2 - k^2) - (h - k)(\sqrt{h^2 + k^2})}{\sqrt{h^2 + k^2}}}{\sqrt{h^2 + k^2}} \right| = \left| \dfrac{3k^2 - \sqrt{5}k^2}{5k^2} \right|$

$$\therefore \lim_{h \to 0, k \to 0} \left| \frac{f(h+0, k+0) - f(0,0) - \frac{\partial f}{\partial x}(0,0)h - \frac{\partial f}{\partial y}(0,0)k}{\sqrt{h^2 + k^2}} \right|$$

$$= \lim_{h \to 0, k \to 0} \left| \frac{3k^2 - \sqrt{5}k^2}{5k^2} \right| = \frac{3 - \sqrt{5}}{5} \neq 0$$

$\therefore f(x,y)$ 在 $(0,0)$ 不可微分

範例 26.

$$設\ f(x,y) = \begin{cases} (x^2 + y^2)^p \sin\left(\dfrac{1}{x^2 + y^2}\right), & (x,y) \neq (0,0) \\ 0, & (x,y) = (0,0) \end{cases}, \quad p > \frac{1}{2}$$

試證 $f(x,y)$ 在 $(0,0)$ 可微分

【解】

令 $p > \dfrac{1}{2}$

$$f_x(0,0) = \lim_{h\to 0}\frac{f(h+0,0)-f(0,0)}{h} = \lim_{h\to 0}\frac{h^{2p}\sin(\frac{1}{h^2})-0}{h} = \lim_{h\to 0}h^{2p-1}\sin(\frac{1}{h^2})$$

$\because p > \dfrac{1}{2}$ $\therefore \lim_{h\to 0}h^{2p-1}\sin(\frac{1}{h^2}) = 0 \Rightarrow f_x(0,0) = 0$

$$f_y(0,0) = \lim_{h\to 0}\frac{f(0,0+h)-f(0,0)}{h} = \lim_{h\to 0}\frac{h^{2p}\sin(\frac{1}{h^2})-0}{h} = \lim_{h\to 0}h^{2p-1}\sin(\frac{1}{h^2})$$

$\because p > \dfrac{1}{2}$ $\therefore \lim_{h\to 0}h^{2p-1}\sin(\frac{1}{h^2}) = 0 \Rightarrow f_y(0,0) = 0$

$$\text{Claim: } \lim_{h\to 0, k\to 0}\left|\frac{f(h+0,k+0)-f(0,0)-\frac{\partial f}{\partial x}(0,0)h-\frac{\partial f}{\partial y}(0,0)k}{\sqrt{h^2+k^2}}\right| = 0$$

$$\because \left|\frac{f(h+0,k+0)-f(0,0)-\frac{\partial f}{\partial x}(0,0)h-\frac{\partial f}{\partial y}(0,0)k}{\sqrt{h^2+k^2}}\right| = \left|\frac{(h^2+k^2)^p\sin\frac{1}{h^2+k^2}}{\sqrt{h^2+k^2}}\right|$$

$$= \left|(h^2+k^2)^{p-\frac{1}{2}}\sin\frac{1}{h^2+k^2}\right| \le (h^2+k^2)^{p-\frac{1}{2}}$$

$\because \lim_{h\to 0, k\to 0}(h^2+k^2)^{p-\frac{1}{2}} = 0$

$$\therefore \lim_{h\to 0, k\to 0}\left|\frac{f(h+0,k+0)-f(0,0)-\frac{\partial f}{\partial x}(0,0)h-\frac{\partial f}{\partial y}(0,0)k}{\sqrt{h^2+k^2}}\right| = 0$$

$\therefore f(x,y)$ 在 $(0,0)$ 可微分

範例 27.

設 $f(x,y) = (x|y|)^p$, $p > \dfrac{1}{2}$, 試證 $f(x,y)$ 在 $(0,0)$ 可微分

【解】

令 $p > \dfrac{1}{2}$

$$f_x(0,0) = \lim_{h\to 0}\frac{f(h+0,0)-f(0,0)}{h} = \lim_{h\to 0}\frac{0-0}{h} = 0$$

$$f_y(0,0) = \lim_{h\to 0}\frac{f(0,0+h)-f(0,0)}{h} = \lim_{h\to 0}\frac{0-0}{h} = 0$$

Claim: $\displaystyle \lim_{h\to 0,k\to 0}\left|\frac{f(h+0,k+0)-f(0,0)-\frac{\partial f}{\partial x}(0,0)h-\frac{\partial f}{\partial y}(0,0)k}{\sqrt{h^2+k^2}}\right| = 0$

$\because \left|\dfrac{f(h+0,k+0)-f(0,0)-\frac{\partial f}{\partial x}(0,0)h-\frac{\partial f}{\partial y}(0,0)k}{\sqrt{h^2+k^2}}\right|$

$= \left|\dfrac{h|k|-f(0,0)-\frac{\partial f}{\partial x}(0,0)h-\frac{\partial f}{\partial y}(0,0)k}{\sqrt{h^2+k^2}}\right| = \left|\dfrac{(h|k|)^p}{\sqrt{h^2+k^2}}\right| \leq \left|\dfrac{(h|k|)^p}{\sqrt{2|hk|}}\right| < |hk|^{p-\frac{1}{2}}$

$\because \displaystyle \lim_{h\to 0,k\to 0}|hk|^{p-\frac{1}{2}} = 0$

$\therefore \displaystyle \lim_{h\to 0,k\to 0}\left|\frac{f(h+0,k+0)-f(0,0)-\frac{\partial f}{\partial x}(0,0)h-\frac{\partial f}{\partial y}(0,0)k}{\sqrt{h^2+k^2}}\right| = 0$

$\therefore f(x,y)$ 在 $(0,0)$ 可微分

範例 28.

設 $f(x,y) = \begin{cases} \dfrac{3x\sqrt{y}}{\sqrt{x^3+y^3}}, & (x,y)\neq(0,0) \\[2mm] 0, & (x,y)=(0,0)\end{cases}$ ，試證 $f(x,y)$ 於 $(0,0)$ 不可微分

【解】

Claim: $\displaystyle \lim_{h\to 0,k\to 0}\left|\frac{f(h+0,k+0)-f(0,0)-\frac{\partial f}{\partial x}(0,0)h-\frac{\partial f}{\partial y}(0,0)k}{\sqrt{h^2+k^2}}\right| \neq 0$

$$\frac{\partial f}{\partial x}(0,0) = \lim_{h\to 0}\frac{f(h+0,0)-f(0,0)}{h} = \lim_{h\to 0}\frac{\frac{3\cdot h^2\cdot 0}{\sqrt{h^3+0^3}}-0}{h} = \lim_{h\to 0}\frac{0}{h^{\frac{1}{2}}} = 0$$

$$\frac{\partial f}{\partial y}(0,0) = \lim_{h \to 0} \frac{f(0, h+0) - f(0,0)}{h} = \lim_{h \to 0} \frac{\frac{3 \cdot 0^2 \cdot \sqrt{h}}{\sqrt{0^3 + h^3}} - 0}{h} = \lim_{h \to 0} \frac{0}{h^2} = 0$$

因此 $\dfrac{\partial f}{\partial x}(0,0) = 0, \quad \dfrac{\partial f}{\partial y}(0,0) = 0$

$$\because \left| \frac{f(h+0, k+0) - f(0,0) - \frac{\partial f}{\partial x}(0,0)h - \frac{\partial f}{\partial y}(0,0)k}{\sqrt{h^2 + k^2}} \right| = \left| \frac{\frac{3h\sqrt{k}}{\sqrt{h^3 + k^3}}}{\sqrt{h^2 + k^2}} \right|$$

取 $k = h$

$$\lim_{h \to 0, k \to 0} \left| \frac{f(h+0, k+0) - f(0,0) - \frac{\partial f}{\partial x}(0,0)h - \frac{\partial f}{\partial y}(0,0)k}{\sqrt{h^2 + k^2}} \right|$$

$$= \lim_{h \to 0, k \to 0} \left| \frac{\frac{3h\sqrt{k}}{\sqrt{h^3 + k^3}}}{\sqrt{h^2 + k^2}} \right| = \lim_{h \to 0, k \to 0} \left| \frac{\frac{3h^{\frac{3}{2}}}{\sqrt{2}h^{\frac{3}{2}}}}{\sqrt{h^2 + h^2}} \right| = \infty \neq 0$$

$\therefore f(x, y)$ 於 $(0,0)$ 不可微分

範例 29.

　　設 $f: R \to R$ 且為可微函數, $f(0) = 0$, $f'(0) = 2$ 且 $F(x) = \displaystyle\int_0^x t^2 f(x^3 - t^3)\, dt$,

　　求 $\displaystyle\lim_{x \to 0} \frac{F(x)}{x^6} = ?$

【解】

藉由羅比達法則 $\displaystyle\lim_{x \to 0} \frac{F(x)}{x^6} = \lim_{x \to 0} \frac{F'(x)}{6x^5}$

藉由 Leibniz 微分公式 $F'(x) = 3x^2 \displaystyle\int_0^x t^2 f'(x^3 - t^3)\, dt$

$$\therefore \lim_{x \to 0} \frac{F'(x)}{6x^5} = \lim_{x \to 0} \frac{3x^2 \int_0^x t^2 f'(x^3 - t^3)\, dt}{6x^5} = \lim_{x \to 0} \frac{\int_0^x t^2 f'(x^3 - t^3)\, dt}{2x^3}$$

$$= \lim_{x \to 0} \frac{3x^2 \int_0^x t^2 f''(x^3 - t^3)\, dt + x^2 f'(x^3 - x^3)}{6x^2} = \lim_{x \to 0} \frac{x^2 f'(x^3 - x^3)}{6x^2} = \frac{f'(0)}{6} = \frac{1}{3}$$

7.5 求方向導數

【定義】雙變數函數方向導數的定義

(i)給定雙變數函數$f(x,y)$, 假設 $\vec{u} = (u_1, u_2)$為單位向量, $(x_0, y_0) \in R^2$

(ii)若 $\lim\limits_{h \to 0} \dfrac{f(x_0 + hu_1, y_0 + hu_2) - f(x_0, y_0)}{h}$ 存在, 則

稱$f(x,y)$在(x_0, y_0)沿 $\vec{u} = (u_1, u_2)$的方向導數存在且用 $D_{\vec{u}}f(x_0, y_0)$表示

【定義】多變數函數方向導數的定義

(i)給定多變數函數$f(x_1, ..., x_n)$, 假設 $\vec{u} = (u_1, ..., u_n)$為單位向量, $(c_1, ..., c_n) \in R^n$

(ii)若 $\lim\limits_{h \to 0} \dfrac{f(c_1 + hu_1, .., c_n + hu_n) - f(c_1, ..., c_n)}{h}$ 存在, 則

稱$f(x_1, ..., x_n)$在$(c_1, ..., c_n)$沿 $\vec{u} = (u_1, ..., u_n)$的方向導數存在且用 $D_{\vec{u}}f(c_1, ..., c_n)$表示

考試類型:

題型 1.

給定雙變數函數 $f(x,y)$, 求在(x_0, y_0) 沿著向量 $\vec{u} = (u_1, u_2)$的方向導數, $D_{\vec{u}}f(x_0, y_0) = ?$

解題流程:

使用定義求方向導數

如果 $\lim\limits_{h \to 0} \dfrac{f(x_0 + hu_1, y_0 + hu_2) - f(x_0, y_0)}{h}$ 存在

則函數 $f(x,y)$在(x_0, y_0)沿向量(u_1, u_2)的方向導數 $= \lim\limits_{h \to 0} \dfrac{f(x_0 + hu_1, y_0 + hu_2) - f(x_0, y_0)}{h}$,

即

$$D_{\vec{u}}f(x_0, y_0) = \lim\limits_{h \to 0} \frac{f(x_0 + hu_1, y_0 + hu_2) - f(x_0, y_0)}{h}$$

此外, 常見的題型為求在$(0,0)$沿向量(u_1, u_2)的方向導數, 即

$$求 \lim\limits_{h \to 0} \frac{f(hu_1, hu_2) - f(0,0)}{h} = ?$$

題型 2.

給定三變數函數 $f(x, y, z)$ 求在 (x_0, y_0, z_0) 沿著向量 $\vec{u} = (u_1, u_2, u_3)$ 的方向導數

解題流程:

使用定義求方向導數

如果 $\displaystyle\lim_{h \to 0} \frac{f(x_0 + hu_1, y_0 + hu_2, z_0 + hu_3) - f(x_0, y_0, z_0)}{h}$ 存在

則函數 $f(x, y, z)$ 在 (x_0, y_0, z_0) 沿向量 (u_1, u_2, u_3) 的方向導數

$$= \lim_{h \to 0} \frac{f(x_0 + hu_1, y_0 + hu_2, z_0 + hu_3) - f(x_0, y_0, z_0)}{h}$$

即

$$D_{\vec{u}}f(x_0, y_0, z_0) = \lim_{h \to 0} \frac{f(x_0 + hu_1, y_0 + hu_2, z_0 + hu_3) - f(x_0, y_0, z_0)}{h}$$

此外, 常見的題型為求在 $(0,0,0)$ 沿向量 $\vec{u} = (u_1, u_2, u_3)$ 的方向導數, 即

$$求 \lim_{h \to 0} \frac{f(hu_1, hu_2, hu_3) - f(0,0,0)}{h} = ?$$

範例 1.

$$設 f(x, y) = \begin{cases} \dfrac{x^2 y}{x^2 + y^2}, & (x, y) \neq 0 \\ 0, & (x, y) = 0 \end{cases}$$

　　求 $f(x, y)$ 在 $(0,0)$ 沿單位向量 $\vec{u} = (u_1, u_2)$ 的方向導數

【解】

$\because D_{\vec{u}}f(x, y) = \displaystyle\lim_{h \to 0} \frac{f(x + hu_1, y + hu_2) - f(x, y)}{h}, \quad \vec{u} = (u_1, u_2)$

$\therefore D_{\vec{u}}f(0,0) = \displaystyle\lim_{h \to 0} \frac{f(hu_1, hu_2) - f(0,0)}{h} = \lim_{h \to 0} \frac{\frac{(hu_1)^2 hu_2}{(hu_1)^2 + (hu_2)^2}}{h} = \lim_{h \to 0} \frac{u_1{}^2 u_2}{u_1{}^2 + u_2{}^2}$

$$= \frac{u_1{}^2 u_2}{u_1{}^2 + u_2{}^2}$$

範例 2.

$$設 f(x, y) = \begin{cases} \dfrac{xy^3}{x^3 + y^6}, & (x, y) \neq 0 \\ 0, & (x, y) = 0 \end{cases}$$

求 $f(x,y)$ 在 $(0,0)$ 沿單位向量 $\vec{u}=(s,t)$ 的方向導數

【解】

$$\because D_{\vec{u}}f(x,y)=\lim_{h\to0}\frac{f(x+hs,y+ht)-f(x,y)}{h},\quad \vec{u}=(s,t)$$

$$\therefore D_{\vec{u}}f(0,0)=\lim_{h\to0}\frac{f(hs,ht)-f(0,0)}{h}=\lim_{h\to0}\frac{\dfrac{hs(ht)^3}{(hs)^3+(ht)^6}}{h}=\lim_{h\to0}\frac{h^4st^3}{h^4s^3+h^7t^6}$$

$$=\lim_{h\to0}\frac{st^3}{s^3+h^3t^6}=\frac{t^3}{s^2}$$

範例 3.

設 $f(x,y,z)=x^2+3y^2+4z^2$，求 $f(x,y,z)$ 在 $(2,0,1)$ 沿向量 $(2,-1,0)$ 的方向導數

【解】

$$\because D_{\vec{u}}f(x,y,z)=\lim_{h\to0}\frac{f(x+hu_1,y+hu_2,z+hu_3)-f(x,y,z)}{h},$$

$$\vec{u}=(u_1,u_2,u_3)=\left(\frac{2}{\sqrt{5}},\frac{-1}{\sqrt{5}},\frac{0}{\sqrt{5}}\right),\quad \text{藉由羅比達法則}$$

$$D_{\vec{u}}f(2,0,1)=\lim_{h\to0}\frac{f(2+hu_1,hu_2,1+hu_3)-f(2,0,1)}{h}$$

$$=\lim_{h\to0}\frac{(2+hu_1)^2+3(hu_2)^2+4(1+hu_3)^2-8}{h}$$

$$=\lim_{h\to0}2u_1(2+hu_1)+8u_3(1+hu_3)=4u_1+8u_3=\frac{8}{\sqrt{5}}$$

範例 4.

$$設 f(x,y)=\begin{cases}\sqrt{xy}\left(\dfrac{x^2-y^2}{x^2+y^2}\right), & (x,y)\neq0\\[2mm] 0, & (x,y)=0\end{cases}$$

求 $f(x,y)$ 在 $(x,y)=(0,0)$ 沿單位向量 $\vec{u}=(s,t)$ 的方向導數

【解】

$$\because D_{\vec{u}}f(x,y)=\lim_{h\to0}\frac{f(x+hs,y+ht)-f(x,y)}{h},\quad \vec{u}=(s,t)$$

$$\therefore D_{\vec{u}}f(0,0) = \lim_{h \to 0} \frac{f(hs, ht) - f(0,0)}{h} = \lim_{h \to 0} \frac{\sqrt{h^2 st}\left(\frac{(hs)^2 - (ht)^2}{(hs)^2 + (ht)^2}\right)}{h} = \lim_{h \to 0} \frac{\sqrt{st}(s^2 - t^2)}{s^2 + t^2}$$

$$= \frac{\sqrt{st}(s^2 - t^2)}{s^2 + t^2}$$

範例 5.

$$設 f(x,y) = \begin{cases} \dfrac{x^3 - y^3}{x^2 + y^3}, & (x,y) \neq 0 \\ 0, & (x,y) = 0 \end{cases}$$

求 $f(x,y)$ 在 $(x,y) = (0,0)$ 沿單位向量 $\vec{u} = (s,t)$ 的方向導數

【解】

$$\because D_{\vec{u}}f(x,y) = \lim_{h \to 0} \frac{f(x + hs, y + ht) - f(x,y)}{h}, \quad \vec{u} = (s,t)$$

$$\therefore D_{\vec{u}}f(0,0) = \lim_{h \to 0} \frac{f(hs, ht) - f(0,0)}{h} = \lim_{h \to 0} \frac{\frac{(hs)^3 - (ht)^3}{(hs)^2 + (ht)^3}}{h} = \lim_{h \to 0} \frac{s^3 - t^3}{s^2} = \frac{s^3 - t^3}{s^2}$$

範例 6.

$$設 f(x,y) = \begin{cases} \dfrac{x^2 - y^2}{\sqrt{x^2 + y^3}}, & (x,y) \neq 0 \\ 0, & (x,y) = 0 \end{cases}$$

求 $f(x,y)$ 在 $(x,y) = (0,0)$ 沿單位向量 $\vec{u} = (s,t)$ 的方向導數

【解】

$$\because D_{\vec{u}}f(x,y) = \lim_{h \to 0} \frac{f(x + hs, y + ht) - f(x,y)}{h}, \quad \vec{u} = (s,t)$$

$$\therefore D_{\vec{u}}f(0,0) = \lim_{h \to 0} \frac{f(hs, ht) - f(0,0)}{h} = \lim_{h \to 0} \frac{\frac{(hs)^2 - (ht)^2}{\sqrt{(hs)^2 + (ht)^3}}}{h} = \lim_{h \to 0} \frac{s^2 - t^2}{s} = \frac{s^2 - t^2}{s}$$

範例 7.

$$設 f(x,y) = \begin{cases} \dfrac{\sin(x^2 - y^2)}{x + y}, & (x,y) \neq 0 \\ 0, & (x,y) = 0 \end{cases}$$

求 $f(x,y)$ 在 $(x,y)=(0,0)$ 沿單位向量 $\vec{u}=(s,t)$ 的方向導數

【解】

$$\because D_{\vec{u}}f(x,y) = \lim_{h\to 0}\frac{f(x+hs,y+ht)-f(x,y)}{h}, \quad \vec{u}=(s,t)$$

$$\therefore D_{\vec{u}}f(0,0) = \lim_{h\to 0}\frac{f(hs,ht)-f(0,0)}{h} = \lim_{h\to 0}\frac{\dfrac{\sin((hs)^2-(ht)^2)}{hs+ht}}{h}$$

$$= \lim_{h\to 0}\frac{(hs-ht)\cdot\dfrac{\sin((hs)^2-(ht)^2)}{(hs)^2-(ht)^2}}{h}$$

$$\because \lim_{h\to 0}\frac{\sin((hs)^2-(ht)^2)}{(hs)^2-(ht)^2}=1 \quad \therefore D_{\vec{u}}f(0,0)=\lim_{h\to 0}\frac{(hs-ht)\left(\dfrac{\sin(hs)^2-(ht)^2}{(hs)^2-(ht)^2}\right)}{h}=s-t$$

範例 8.

設 $f(x,y)=xe^y-ye^x$, 求 $f(x,y)$ 在 $(1,0)$ 沿單位向量 $\left(\dfrac{3}{5},\dfrac{4}{5}\right)$ 的方向導數

【解】

$$\because D_{\vec{u}}f(x,y)=\lim_{h\to 0}\frac{f(x+hu_1,y+hu_2)-f(x,y)}{h}, \quad \vec{u}=\left(\frac{3}{5},\frac{4}{5}\right)=(u_1,u_2)$$

藉由羅比達法則

$$D_{\vec{u}}f(0,0)=\lim_{h\to 0}\frac{f(1+u_1h,u_2h)-f(1,0)}{h}=\lim_{h\to 0}\frac{(1+u_1h)e^{u_2h}-u_2he^{1+u_1h}-1}{h}$$

$$=\lim_{h\to 0}u_1e^{u_2h}+u_2(1+u_1h)e^{u_2h}-u_2e^{1+u_1h}-u_1u_2he^{1+u_1h}=\frac{7}{5}-\frac{4e}{5}$$

範例 9.

設 $f(x,y,z)=xy^2+yz^3$, 求 $f(x,y,z)$ 在 $(2,-1,1)$ 沿單位向量 (u_1,u_2,u_3) 的方向導數

【解】

$$\because D_{\vec{u}}f(x,y,z)=\lim_{h\to 0}\frac{f(x+hu_1,y+hu_2,z+hu_3)-f(x,y,z)}{h}$$

$\vec{u}=(u_1,u_2,u_3)$, 藉由羅比達法則

$$D_{\vec{u}}f(2,-1,1)=\lim_{h\to 0}\frac{f(2+hu_1,-1+hu_2,1+hu_3)-f(2,-1,1)}{h}$$

$$= \lim_{h \to 0} \frac{(2 + hu_1)(-1 + hu_2)^2 + (-1 + hu_2)(1 + hu_3)^3 - 1}{h}$$

$$= \lim_{h \to 0} u_1(-1 + hu_2)^2 + (2 + hu_1)2u_2(-1 + hu_2) + u_2(1 + hu_3)^3$$

$$+(-1 + hu_2)3u_3(1 + hu_3)^2$$

$$= u_1 - 4u_2 + u_2 - 3u_3 = u_1 - 3u_2 - 3u_3$$

範例 10.

$$設 f(x,y) = \begin{cases} \sqrt{xy}\sin\dfrac{x^2 - y^2}{x^2 + y^2}, & (x,y) \neq 0 \\ 0, & (x,y) = 0 \end{cases}$$

求 $f(x,y)$ 在 $(x,y) = (0,0)$ 沿單位向量 $\vec{u} = (s,t)$ 的方向導數

【解】

$$\because D_{\vec{u}}f(x,y) = \lim_{h \to 0} \frac{f(x + hs, y + ht) - f(x,y)}{h}, \quad \vec{u} = (s,t)$$

$$\therefore D_{\vec{u}}f(0,0) = \lim_{h \to 0} \frac{f(hs, ht) - f(0,0)}{h} = \lim_{h \to 0} \frac{\sqrt{h^2 st}\,\dfrac{\sin((hs)^2 - (ht)^2)}{(hs)^2 + (ht)^2}}{h}$$

$$= \lim_{h \to 0} \frac{\sqrt{h^2 st}((hs)^2 - (ht)^2)\dfrac{\sin((hs)^2 - (ht)^2)}{((hs)^2 + (ht)^2)((hs)^2 - (ht)^2)}}{h}$$

$$\because \lim_{h \to 0} \frac{\sin((hs)^2 - (ht)^2)}{(hs)^2 - (ht)^2} = 1$$

$$\therefore D_{\vec{u}}f(0,0) = \lim_{h \to 0} \frac{\sqrt{h^2 st}((hs)^2 - (ht)^2)\dfrac{\sin(hs)^2 - (ht)^2}{((hs)^2 + (ht)^2)((hs)^2 - (ht)^2)}}{h}$$

$$= \lim_{h \to 0} \frac{\dfrac{\sqrt{h^2 st}((hs)^2 - (ht)^2)}{((hs)^2 + (ht)^2)}}{h} = \frac{\sqrt{st}(s^2 - t^2)}{s^2 + t^2}$$

範例 11.

設 $f(x,y,z) = xyz$

(1) 求在 $(x,y,z) = (1,3,2)$ 沿單位向量 (u_1, u_2, u_3) 的方向導數

(2) 求在 $(x, y, z) = (1,3,2)$ 的最大方向導數為何?

【解】

(1)

$$\because D_{\vec{u}}f(x, y, z) = \lim_{h \to 0} \frac{f(x + hu_1, y + hu_2, z + hu_3) - f(x, y, z)}{h}, \quad \vec{u} = (u_1, u_2, u_3),$$

藉由羅比達法則

$$D_{\vec{u}}f(1,3,2) = \lim_{h \to 0} \frac{f(1 + hu_1, 3 + hu_2, 2 + hu_3) - f(1,3,2)}{h}$$

$$= \lim_{h \to 0} \frac{(1 + hu_1)(3 + hu_2)(2 + hu_3) - 6}{h}$$

$$= \lim_{h \to 0} u_1(3 + hu_2)(2 + hu_3) + u_2(1 + hu_1)(2 + hu_3) + u_3(1 + hu_1)(3 + hu_2)$$

$$= 6u_1 + 2u_2 + 3u_3$$

(2)

已知 $D_{\vec{u}}f(1,3,2) = 6u_1 + 2u_2 + 3u_3$

藉由 Cauchy inequality, $6u_1 + 2u_2 + 3u_3 \leq \sqrt{(6^2 + 2^2 + 3^2)(u_1^2 + u_2^2 + u_3^2)}$

$\because u_1^2 + u_2^2 + u_3^2 = 1$ 且等號成立於 $\dfrac{u_1}{6} = \dfrac{u_2}{2} = \dfrac{u_3}{3}$

因此沿向量 $\left(\dfrac{6}{7}, \dfrac{2}{7}, \dfrac{3}{7}\right)$ 有最大方向導數 7

範例 12.

設 $f(x, y, z) = xy + yz + xz$

(1)在 $(x, y, z) = (1,1,1)$ 沿單位向量 (u_1, u_2, u_3) 的方向導數

(2)在 $(x, y, z) = (1,1,1)$ 的最大方向導數為何?

【解】

(1)

$$\because D_{\vec{u}}f(x, y, z) = \lim_{h \to 0} \frac{f(x + hu_1, y + hu_2, z + hu_3) - f(x, y, z)}{h}, \vec{u} = (u_1, u_2, u_3),$$

藉由羅比達法則

$$D_{\vec{u}}f(1,1,1) = \lim_{h \to 0} \frac{f(1 + hu_1, 1 + hu_2, 1 + hu_3) - f(1,1,1)}{h}$$

$$= \lim_{h \to 0} \frac{(1 + hu_1)(1 + hu_2) + (1 + hu_2)(1 + hu_3) + (1 + hu_1)(1 + hu_3) - 3}{h}$$

$$= \lim_{h \to 0}(u_1 + u_2 + 2hu_1u_2) + (u_2 + u_3 + 2hu_3u_2) + (u_1 + u_3 + 2hu_1u_3) = 2(u_1 + u_2 + u_3)$$

(2)

已知 $D_{\vec{u}}f(1,1,1) = 2(u_1 + u_2 + u_3)$

藉由 Cauchy inequality, $2u_1 + 2u_2 + 2u_3 \le \sqrt{(2^2 + 2^2 + 2^2)(u_1^2 + u_2^2 + u_3^2)}$

$\because u_1^2 + u_2^2 + u_3^2 = 1$ 且等號成立於 $\dfrac{u_1}{2} = \dfrac{u_2}{2} = \dfrac{u_3}{2}$

因此沿向量 $\left(\dfrac{1}{\sqrt{3}}, \dfrac{1}{\sqrt{3}}, \dfrac{1}{\sqrt{3}}\right)$ 有最大方向導數 $\sqrt{12}$

範例 13.

$$設 f(x,y) = \begin{cases} \dfrac{\sin(x^3 - y^3)}{x^2 + xy + y^2}, & (x,y) \neq 0 \\ 0, & (x,y) = 0 \end{cases}$$

求 $f(x,y)$ 在 $(x,y) = (0,0)$ 沿單位向量 $\vec{u} = (s,t)$ 的方向導數

【解】

$$\because D_{\vec{u}}f(x,y) = \lim_{h \to 0}\frac{f(x + hs, y + ht) - f(x,y)}{h}, \quad \vec{u} = (s,t)$$

$$\therefore D_{\vec{u}}f(0,0) = \lim_{h \to 0}\frac{f(hs, ht) - f(0,0)}{h} = \lim_{h \to 0}\frac{\dfrac{\sin((hs)^3 - (ht)^3)}{(hs)^2 + h^2st + (ht)^2}}{h}$$

$$= \lim_{h \to 0}\frac{(hs - ht)\dfrac{\sin((hs)^3 - (ht)^3)}{(hs)^3 - (ht)^3}}{h}$$

$$\because \lim_{h \to 0}\frac{\sin((hs)^3 - (ht)^3)}{(hs)^3 - (ht)^3} = 1 \quad \therefore D_{\vec{u}}f(0,0) = \lim_{h \to 0}\frac{(hs - ht)\dfrac{\sin((hs)^3 - (ht)^3)}{(hs)^3 - (ht)^3}}{h} = s - t$$

7.6 求曲面的法線與切線方程式

考試類型:

題型 1.

給定曲面 $f(x, y, z) = 0$，求曲面於 (x_0, y_0, z_0) 的單位法向量、切平面與法線方程式

解題流程:

Step1.

求 $\nabla f(x, y, z) = ?$，假設 $\nabla f(x, y, z) = (f_x(x, y, z), f_y(x, y, z), f_z(x, y, z))$

Step2.

因此於 (x_0, y_0, z_0) 的法向量 $= \nabla f(x_0, y_0, z_0) = (f_x(x_0, y_0, z_0), f_y(x_0, y_0, z_0), f_z(x_0, y_0, z_0))$

Step3.

因此於 (x_0, y_0, z_0) 的單位法向量 $= \left(\dfrac{f_x(x_0, y_0, z_0)}{\sqrt{f_x^2 + f_y^2 + f_z^2}}, \dfrac{f_y(x_0, y_0, z_0)}{\sqrt{f_x^2 + f_y^2 + f_z^2}}, \dfrac{f_z(x_0, y_0, z_0)}{\sqrt{f_x^2 + f_y^2 + f_z^2}} \right)$

Step4.

於 (x_0, y_0, z_0) 的切平面:

$f_x(x_0, y_0, z_0)(x - x_0) + f_y(x_0, y_0, z_0)(y - y_0) + f_z(x_0, y_0, z_0)(z - z_0) = 0$

Step5.

於 (x_0, y_0, z_0) 的法線方程式: $\dfrac{x - x_0}{f_x(x_0, y_0, z_0)} = \dfrac{y - y_0}{f_y(x_0, y_0, z_0)} = \dfrac{z - z_0}{f_z(x_0, y_0, z_0)}$

題型 2.

給定兩曲面 $f_1(x, y, z) = 0$, $f_2(x, y, z) = 0$，求兩曲面相交曲線上於 (x_0, y_0, z_0) 的單位切向量

解題流程:

Step1.

求 $\nabla f_1(x, y, z) = ?$, $\nabla f_2(x, y, z) = ?$，假設 $\nabla f_1(x_0, y_0, z_0) = (a, b, c)$, $\nabla f_2(x_0, y_0, z_0) = (d, e, f)$

Step2.

$\because$ 相交曲線的單位切向量垂直於兩曲面的單位法向量

$\therefore$ 切向量 $= (a, b, c) \times (d, e, f) = \begin{vmatrix} \vec{i} & \vec{j} & \vec{k} \\ a & b & c \\ d & e & f \end{vmatrix}$

Step3.

單位切向量 $=$ 上述切向量除以它的長度

範例 1.

    求曲面 $2x^2 + 4yz - 5z^2 = -1$ 於 Q(0,1,1)的單位法向量

【解】

令 $f(x,y,z) = 2x^2 + 4yz - 5z^2 + 1$ 則 $\nabla f(x,y,z) = (4x, 4z, 4y - 10z)$

因此於(0,1,1)的法向量$= \nabla f(0,1,1) = (0,4,-6)$

$\therefore$ 過(0,1,1)單位法向量 $= \left(0, \dfrac{2}{\sqrt{13}}, \dfrac{-3}{\sqrt{13}}\right)$

範例 2.

    求曲面 $z = x^3y^3 + x + 3$ 於 Q(1,1,5)的單位法向量

【解】

令 $f(x,y,z) = x^3y^3 + x + 3 - z$ 則 $\nabla f(x,y,z) = (3x^2y^3 + 1, 3y^2x^3, -1)$

因此於(1,1,5)的法向量$= \nabla f(1,1,5) = (4,3,-1)$

$\therefore$ 過(1,1,5)單位法向量 $= \left(\dfrac{4}{\sqrt{26}}, \dfrac{3}{\sqrt{26}}, \dfrac{-1}{\sqrt{26}}\right)$

範例 3.

    求曲面 $2xz^2 - 3yx - 4x = 5$ 於 Q(-1,1,1)的切平面與法線方程式

【解】

令 $f(x,y,z) = 2xz^2 - 3yx - 4x$ 則 $\nabla f(x,y,z) = (2z^2 - 3y - 4, -3x, 4xz)$

因此於(-1,1,1)的法向量$= \nabla f(-1,1,1) = (-5,3,-4)$

$\therefore$ 於(-1,1,1)切平面:$-5(x + 1) + 3(y - 1) - 4(z - 1) = 0$

$\therefore$ 於(-1,1,1)法線方程式:$\dfrac{x+1}{-5} = \dfrac{y-1}{3} = \dfrac{z-1}{-4}$

範例 4.

    求曲面 $x^2 + 2y^2 + z^2 = 4$ 於 Q(1,1,1)的切平面與法線方程式

【解】

令 $f(x,y,z) = x^2 + 2y^2 + z^2$ 則 $\nabla f(x,y,z) = (2x, 4y, 2z)$

因此於(1,1,1)的法向量$= \nabla f(1,1,1) = (2,4,2)$

$\therefore$ 於(1,1,1)切平面:$1(x - 1) + 2(y - 1) + 1(z - 1) = 0$

$\therefore$ 於(1,1,1)法線方程式:$\dfrac{x-1}{1} = \dfrac{y-1}{2} = \dfrac{z-1}{1}$

範例 5.

　　求曲面 $x^3 + 2y^3 + 3z^3 - 2xyz = 3$ 與 $x^2 + y^2 + z^2 = 2$, 相交的曲線上於 $(1,1,0)$ 上的單位切向量 $=?$

【解】

令 $f_1(x,y,z) = x^3 + 2y^3 + 3z^3 - 2xyz$ 則 $\nabla f_1(x,y,z) = (3x^2 - 2yz, 6y^2 - 2xz, 9z^2 - 2xy)$

令 $f_2(x,y,z) = x^2 + y^2 + z^2$ 則 $\nabla f_2(x,y,z) = (2x, 2y, 2z)$

$\therefore \nabla f_1(1,1,0) = (3,6,-2),\ \nabla f_2(1,1,0) = (2,2,0)$

$\because$ 相交曲線的單位切向量垂直於兩曲面的單位法向量

且 $(3,6,-2) \times (2,2,0) = \begin{vmatrix} i & j & k \\ 3 & 6 & -2 \\ 2 & 2 & 0 \end{vmatrix} = (4,-4,-6)$

$\therefore$ 單位法向量 $= \left(\dfrac{2}{\sqrt{17}}, \dfrac{-2}{\sqrt{17}}, \dfrac{-3}{\sqrt{17}} \right)$

範例 6.

　　求曲面 $\dfrac{x^2}{9} + y^2 + \dfrac{z^2}{4} = 1$ 與曲面 $x^3 = 9yz + 4$ 相交的曲線上於點 $\left(2, \dfrac{1}{3}, \dfrac{4}{3} \right)$ 的單位切向量 $=?$

【解】

令 $f_1(x,y,z) = \dfrac{x^2}{9} + y^2 + \dfrac{z^2}{4}$ 則 $\nabla f_1(x,y,z) = \left(\dfrac{2x}{9}, 2y, \dfrac{z}{2} \right)$

令 $f_2(x,y,z) = x^3 - 9yz - 4$ 則 $\nabla f_2(x,y,z) = (3x^2, -9z, -9y)$

$\therefore \nabla f_1\left(2, \dfrac{1}{3}, \dfrac{4}{3} \right) = \left(\dfrac{4}{9}, \dfrac{2}{3}, \dfrac{2}{3} \right),\ \ \nabla f_2\left(2, \dfrac{1}{3}, \dfrac{4}{3} \right) = (12, -12, -3)$

$\because$ 相交曲線的單位切向量垂直於兩曲面的單位法向量

且 $(2,3,3) \times (4,-4,-1) = \begin{vmatrix} i & j & k \\ 2 & 3 & 3 \\ 4 & -4 & -1 \end{vmatrix} = (9,14,-20)$

$\therefore$ 單位法向量 $= \left(\dfrac{9}{\sqrt{677}}, \dfrac{14}{\sqrt{677}}, \dfrac{-20}{\sqrt{677}} \right)$

範例 7.

　　假設曲面 $z^2 + xy - 2x - y^2 = 3$, 試求曲面上哪些點的切平面與 $z = 3$ 平行

【解】

令 $f(x, y, z) = z^2 + xy - 2x - y^2 - 3$ 則 $\nabla f(x, y, z) = (y - 2, x - 2y, 2z)$

令切平面過 (x_0, y_0, z_0) 則其法向量為 $(y_0 - 2, x_0 - 2y_0, 2z_0)$

∵ 切平面與 z = 3 平行　∴ $(y_0 - 2, x_0 - 2y_0) = (0,0) \Rightarrow y_0 = 2, x_0 = 4,$

∵ 曲面 $z^2 + xy - 2x - y^2 = 3$ 過切點 $(4, 2, z_0)$

∴ $z_0^2 + 8 - 8 - 4 = 3 \Rightarrow z_0 = \pm\sqrt{7}$　∴ 過 $\left(4, 2, \pm\sqrt{7}\right)$ 的切平面與 z = 3 平行

範例 8.

　　假設曲面 $x^2 - 4xy - 2y^2 + 12x - 12y - z - 3 = 0$, 試求曲面上哪些點的切平面與 z = 2 平行

【解】

令 $f(x, y, z) = x^2 - 4xy - 2y^2 + 12x - 12y - z - 3$

則 $\nabla f(x, y, z) = (2x - 4y + 12, -4x - 4y - 12, -1)$

令切平面過 (x_0, y_0, z_0) 則其法向量為 $(2x_0 - 4y_0 + 12, -4x_0 - 4y_0 - 12, -1)$

∵ 切平面與 z = 2 平行

∴ $(2x_0 - 4y_0 + 12, -4x_0 - 4y_0 - 12) = (0,0) \Rightarrow y_0 = 1, x_0 = -4,$

∵ 曲面 $x^2 - 4xy - 2y^2 + 12x - 12y - z - 3 = 0$ 過切點 $(-4, 1, z_0)$

∴ $4^2 - 4(-4) - 2 + 12(-4) - 12 - z_0 - 3 = 0 \Rightarrow z_0 = -33$

∴ 過 $(-4, 1, -33)$ 的切平面與 z = 2 平行

範例 9.

　　求曲面 $x^2yz + 3y^2 = 2xz^2 - 8z$ 於 $Q(1, 2, -1)$ 的切平面與法線方程式

【解】

令 $f(x, y, z) = x^2yz + 3y^2 - 2xz^2 + 8z$

則 $\nabla f(x, y, z) = (2xyz - 2z^2, x^2z + 6y, x^2y - 4xz + 8)$

因此於 $(1, 2, -1)$ 的法向量 $= \nabla f(1, 2, -1) = (-6, 11, 14)$

∴ 於 $(1, 2, -1)$ 切平面: $-6(x - 1) + 11(y - 2) + 14(z + 1) = 0$

∴ 於 $(1, 2, -1)$ 法線方程式: $\dfrac{x - 1}{-6} = \dfrac{y - 2}{11} = \dfrac{z + 1}{14}$

7.7 求多變數函數的極值

求多變數函數極值的考試類型包含：使用算術平均大於等於幾何平均求極值、使用 Cauchy Inequality 找極值、無限制條件的多變數函數求極值、限制條件為等式的多變數函數求極值、限制條件為不等式的多變數函數求極值、多變數函數於有界且封閉的定義域求極值。無限制條件的多變數函數求極值的問題主要用到多變數函數求極值的二階導數檢定法，限制條件為等式的多變數函數求極值主要用到 Lagrange multiplier，限制條件為不等式的多變數函數求極值相當於是同時處理前面這兩個問題，因此這兩個方法皆會用到；多變數函數於有界且封閉的定義域求極值相當於要先寫下明確的不等式限制條件，再求極值。

為了方便起見，先介紹底下的符號,如果實數值函數$f: R^n \to R$於$c \in R^n$的所有一階偏導數皆存在則

$$f^{(1)}(c:s) := \sum_{i=1}^{n} D_i f(c) s_i, \quad \forall s \in R^n$$

如果實數值函數$f: R^n \to R$於$c \in R^n$的所有二階偏導數皆存在則

$$f^{(2)}(c:s) := \sum_{i=1}^{n} \sum_{j=1}^{n} D_{i,j} f(c) s_i s_j, \quad \forall s \in R^n$$

如果實數值函數$f: R^n \to R$於$c \in R^n$的所有三階偏導數皆存在則

$$f^{(3)}(c:s) := \sum_{i=1}^{n} \sum_{j=1}^{n} \sum_{k=1}^{n} D_{i,j,k} f(c) s_i s_j s_k, \quad \forall s \in R^n$$

其餘依此類推

為了說明多變數函數求極值的二階導數檢定法，首先介紹多變數函數的 Taylor's Formula，而多變數函數的 Taylor's Formula 推論過程則是用到了單變數函數的 Taylor's Formula

【定理】多變數函數的 Taylor's Formula

(i)給定一實數值函數$f: R^n \to R$,假設小於等於$m-1$階的偏導數於開集合B皆可微分

(ii)若$x, y \in B$且$L(x, y) \subseteq B$則

$$\exists z \in L(x, y) \text{ s.t. } f(y) = f(x) + \sum_{k=1}^{m-1} \frac{f^{(k)}(x: y - x)}{k!} + \frac{f^{(m)}(z: y - x)}{m!}$$

Proof:

Let $x, y \in B$. $\because B$ is open $\therefore \exists \delta > 0$ s.t. $x + s(y - x) \in B$, $\forall s \in (-\delta, 1 + \delta)$

Let $h(t) = f\big(x + s(y - x)\big)$, $\forall s \in (-\delta, 1 + \delta)$, then $f(y) - f(x) = h(1) - h(0)$

By one-dimension Taylor formula, we have

$$h(1) - h(0) = \sum_{k=1}^{m-1} \frac{h^{(k)}(0)}{k!} + \frac{h^{(m)}(s')}{m!}, \quad \text{where } 0 < s' < 1.$$

Let $q(s) = x + s(y - x)$, then $h(s) = f\big(q(s)\big)$ and $q_k'(s) = y_k - x_k$.

By using Chain Rule, we have $h'(s) = \sum_{j=1}^{n} D_j f\big(q(s)\big)\big(y_j - x_j\big) = f'(q(s): y - x)$

Applying Chain Rule to $h'(s)$, we have

$$h''(s) = \sum_{i=1}^{n} \sum_{j=1}^{n} D_{i,j} f\big(q(s)\big)(y_j - x_j)(y_i - x_i) = f''(q(s): y - x)$$

$\therefore h^{(m)}(s) = f^{(m)}(q(s): y - x)$

Let $z = x + s'(y - x) \in L(x, y)$ then

$$f(y) - f(x) = h(1) - h(0) = \sum_{k=0}^{m-1} \frac{h^{(k)}(0)}{k!} + \frac{h^{(m)}(s')}{m!} = \sum_{k=0}^{m-1} \frac{f^{(k)}(x: y - x)}{k!} + \frac{f^{(m)}(z: y - x)}{m!}$$

【定義】平穩點(stationary point)與鞍點(saddle point)

(i)如果函數 f 於 c 可微分且 $\nabla f(c) = 0$ 則點 c 稱為函數 f 的平穩點(stationary point)

(ii)如果以平穩點 c 為中心的任意開球 $B_\delta(c)$, $\exists x_0, x_1 \in B_\delta(c)$ s.t. $f(x_0) > f(c)$

$\quad$ 且 $f(x_1) < f(c)$ 則 c 稱為鞍點(saddle point)

值得討論的是, 上述定理如果考慮 $m = 2$ 以及 c 是平穩點(stationary point)的情形, 則

$$f(c + s) - f(c) = \nabla f(c) \cdot s + \frac{1}{2} f''(z: s) \quad \text{其中 } z \in L(c, c + s)$$

$\because c$ 是 stationary point $\quad \therefore \nabla f(c) = 0$, 上式可改寫為

$$f(c + s) - f(c) = \frac{1}{2} f''(z: s) = \frac{1}{2} f''(c: s) + \left(\frac{1}{2} f''(z: s) - \frac{1}{2} f''(c: s) \right)$$

$$\because \frac{1}{2}\big(f''(z: s) - f''(c: s)\big) \leq \frac{1}{2} \sum_{i=1}^{n} \sum_{j=1}^{n} \big|D_{i,j} f(z) - D_{i,j} f(c)\big| \, \|s\|^2$$

如果函數f的所有二階偏導數在c連續則

$$\lim_{s \to 0} \frac{1}{2}\big(f''(z:s) - f''(c:s)\big) = 0$$

接下來藉由這項觀察推導多變數函數求極值的方法

【**定理**】多變數函數求極值的二階導數檢定法
給定一實數值函數$f: R^n \to R$, 假設$\exists \delta > 0$ 使得函數f的所有二階偏導數於$B_\delta(c)$內皆存在且在平穩點c連續,

$$P(s) := \frac{1}{2}f''(c:s) = \frac{1}{2}\sum_{i=1}^{n}\sum_{j=1}^{n} D_{i,j}f(c)s_i s_j.$$

則

(i)若 $P(s) < 0$, $\forall s \neq \mathbf{0}$, 則 f 於 c 有相對極大值

(ii)若 $P(s) > 0$, $\forall s \neq \mathbf{0}$, 則 f 於 c 有相對極小值

(iii)若$\exists\, s_1, s_2 \neq \mathbf{0}$ 使得 $P(s_1) < 0$ 且 $P(s_2) > 0$, 則 c 為 f 的鞍點

Proof:

(i)Assume $P(s) < 0$, $\forall s \neq \vec{0}$. Let $B = \{s: \|s\| = 1\}$, then $P(s) < 0$, $\forall s \in B$

$\because P(s)$ is continuous on B and B is a compact set.

$\therefore P(s)$ has a maximum M on B and $M < 0$.

$\because P(\alpha s) = \alpha^2 P(s)$, $\forall \alpha \in R$ and choose $\alpha = \dfrac{1}{\|s\|}$, then $\alpha s \in B$

$\therefore \alpha^2 P(s) = P(\alpha s) \leq M \Rightarrow P(s) \leq M\|s\|^2$

$\because f(c+s) - f(c) = P(s) + R(s) \leq M\|s\|^2 + |R(s)|$

where $R(s) = \dfrac{1}{2}f''(z:s) - \dfrac{1}{2}f''(c:s)$

$\because |R(s)| \leq \dfrac{1}{2}\sum_{i=1}^{n}\sum_{j=1}^{n}\big|D_{i,j}f(z) - D_{i,j}f(c)\big|\,\|s\|^2$ and f is continuous at c

Choose $\delta_1 > 0$ s.t. $|R(s)| < \dfrac{-M\|s\|^2}{2}$, $\forall 0 < \|s\| < \delta_1$

Then $f(c+s) - f(c) \leq M\|s\|^2 + |R(s)| \leq \dfrac{M\|s\|^2}{2} < 0$, $\forall 0 < \|s\| < \delta_1$

$\Rightarrow f$ has a relative maximum at c

(ii)To prove (ii), we apply part (i) to $-f$

(iii)$\forall \alpha > 0$, we have $f(\boldsymbol{c} + \alpha \boldsymbol{s}) - f(\boldsymbol{c}) = \alpha^2 P(\boldsymbol{s}) + R(\alpha \boldsymbol{s})$

$\because \lim\limits_{t \to 0} R(\boldsymbol{t}) = 0$, choose $\delta_2 > 0$ s.t. $0 < |R(\alpha \boldsymbol{s})| < \dfrac{\alpha^2 |P(\boldsymbol{s})|}{2}$, $\forall 0 < \alpha < \delta_2$

$\therefore f(\boldsymbol{c} + \alpha \boldsymbol{s}) - f(\boldsymbol{c})$ and $P(\boldsymbol{s})$ has the same sign

$\therefore$ if $\exists \boldsymbol{s_1}, \boldsymbol{s_2} \neq \boldsymbol{0}$ s.t. $P(\boldsymbol{s_1}) < 0$ and $P(\boldsymbol{s_2}) > 0$ then f has a saddle point at $\boldsymbol{c}$.

多變數函數求極值的考試題型當中以雙變數函數求極值最為常見

【定理】雙變數函數求極值的二階導數檢定法

給定實數值函數$f(x, y): R^2 \to R$, 假設$\exists \delta > 0$ 使得函數f的所有二階偏導數於$B_\delta(\boldsymbol{c})$內皆存在且在平穩點c連續,

$$\Delta(\boldsymbol{c}) := \det \begin{bmatrix} f_{xx}(\boldsymbol{c}) & f_{xy}(\boldsymbol{c}) \\ f_{xy}(\boldsymbol{c}) & f_{yy}(\boldsymbol{c}) \end{bmatrix} = f_{xx}(\boldsymbol{c}) f_{yy}(\boldsymbol{c}) - \left(f_{xy}(\boldsymbol{c}) \right)^2$$

Then

(i) 若 $\Delta(\boldsymbol{c}) > 0$ 且 $f_{xx}(\boldsymbol{c}) > 0$, 則 f 於$\boldsymbol{c}$ 有相對極小值.

(ii) 若 $\Delta(\boldsymbol{c}) > 0$ 且 $f_{xx}(\boldsymbol{c}) < 0$, 則 f 於$\boldsymbol{c}$ 有相對極大值

(iii) 若 $\Delta(\boldsymbol{c}) < 0$, 則 $\boldsymbol{c}$ 為f的鞍點

Proof:

$\because n = 2$ $\therefore P(x, y) = \dfrac{\alpha x^2 + 2\beta xy + \gamma y^2}{2}$, where $\alpha = f_{xx}(\boldsymbol{c})$, $\beta = f_{xy}(\boldsymbol{c})$, $\gamma = f_{yy}(\boldsymbol{c})$

Let $\alpha \neq 0$, then

$$P(x, y) = \frac{\alpha x^2 + 2\beta xy + \gamma y^2}{2} = \frac{\alpha^2 x^2 + 2\beta \alpha xy + \alpha \gamma y^2}{2\alpha}$$

$$= \frac{(\alpha x + \beta y)^2 + (2\beta \alpha xy + \alpha \gamma y^2 - 2\alpha x \beta y - \beta^2 y^2)}{2\alpha} = \frac{(\alpha x + \beta y)^2 + \Delta(\boldsymbol{c}) \cdot y^2}{2\alpha}$$

$\therefore$ If $\Delta(\boldsymbol{c}) > 0$ and $\alpha > 0$, then $P(x, y) > 0, \forall (x, y) \neq (0,0) \Rightarrow f$ has a relative minimum at $\boldsymbol{c}$.

$\therefore$ If $\Delta(\boldsymbol{c}) > 0$ and $\alpha < 0$, then $P(x, y) < 0, \forall (x, y) \neq (0,0) \Rightarrow f$ has a relative maximum at $\boldsymbol{c}$.

Assume $\Delta(\boldsymbol{c}) < 0$, then $\exists$ two line s.t. $P(x, y) = 0$

$\because P(x, y)$ is continuous at $\boldsymbol{c}$

$\therefore \forall r > 0, \exists (x_0, y_0), (x_1, y_1) \in B_r(\boldsymbol{c})$ s.t. $P(x_0, y_0) < 0$ and $P(x_1, y_1) > 0$

$\therefore f$ has a saddle point at $\boldsymbol{c}$

上述介紹的方法主要用於無限制條件求多變數函數極值的問題, 底下的 Lagrange multiplier 主要用於有限制條件的情形

【定理】Lagrange multiplier

Assume $f: R^n \to R$, $\boldsymbol{x_0}$ is a local extreme point of f subject to $g_1(\boldsymbol{x}) = \cdots = g_m(\boldsymbol{x}) = 0$ and

$$\begin{vmatrix} \dfrac{\partial g_1(\boldsymbol{x_0})}{\partial x_{r_1}} & \dfrac{\partial g_1(\boldsymbol{x_0})}{\partial x_{r_2}} & \cdots & \dfrac{\partial g_1(\boldsymbol{x_0})}{\partial x_{r_m}} \\[2mm] \dfrac{\partial g_2(\boldsymbol{x_0})}{\partial x_{r_1}} & \dfrac{\partial g_2(\boldsymbol{x_0})}{\partial x_{r_2}} & \cdots & \dfrac{\partial g_2(\boldsymbol{x_0})}{\partial x_{r_m}} \\[2mm] \vdots & \vdots & \ddots & \vdots \\[2mm] \dfrac{\partial g_m(\boldsymbol{x_0})}{\partial x_{r_1}} & \dfrac{\partial g_m(\boldsymbol{x_0})}{\partial x_{r_2}} & \cdots & \dfrac{\partial g_m(\boldsymbol{x_0})}{\partial x_{r_m}} \end{vmatrix} \neq 0, \quad (Eq1)$$

for at leats one choice of $r_1 < r_2 < \cdots < r_m$ in $\{1, 2, \ldots, n\}$ where $m < n$. Then there exist constants $\lambda_1, \lambda_2, \ldots, \lambda_m$ such that

$$\frac{\partial f(\boldsymbol{x_0})}{\partial x_i} - \sum_{j=1}^{m} \lambda_j \frac{\partial g_j(\boldsymbol{x_0})}{\partial x_i} = 0, \quad \forall 1 \leq i \leq n.$$

<u>Proof:</u>

Let $r_p = p, 1 \leq p \leq m$ and $A = \begin{bmatrix} \dfrac{\partial g_1(\boldsymbol{x_0})}{\partial x_1} & \dfrac{\partial g_1(\boldsymbol{x_0})}{\partial x_2} & \cdots & \dfrac{\partial g_1(\boldsymbol{x_0})}{\partial x_m} \\[2mm] \dfrac{\partial g_2(\boldsymbol{x_0})}{\partial x_1} & \dfrac{\partial g_2(\boldsymbol{x_0})}{\partial x_2} & \cdots & \dfrac{\partial g_2(\boldsymbol{x_0})}{\partial x_m} \\[2mm] \vdots & \vdots & \ddots & \vdots \\[2mm] \dfrac{\partial g_m(\boldsymbol{x_0})}{\partial x_1} & \dfrac{\partial g_m(\boldsymbol{x_0})}{\partial x_2} & \cdots & \dfrac{\partial g_m(\boldsymbol{x_0})}{\partial x_m} \end{bmatrix}$

then (Eq1) becomes

$$\det(A) \neq 0 \quad (Eq2).$$

Let $\boldsymbol{x_0} = (\boldsymbol{x_0'}; \boldsymbol{t_0})$, $\boldsymbol{x_0'} = (x_{0,1}, x_{0,2}, \ldots, x_{0,m})$ and $\boldsymbol{t_0} = (x_{0,m+1}, x_{0,m+2}, \ldots, x_{0,n})$. Apply the Implicit Function Theorem to (Eq2) then there exist continuously differentiable functions $h_p = h_p(\boldsymbol{t}), 1 \leq p \leq m$, defined on a neighborhood $B_\delta(\boldsymbol{t_0})$ s. t.

$$(h_1(\boldsymbol{t}), h_2(\boldsymbol{t}), \ldots, h_m(\boldsymbol{t}), \boldsymbol{t}) \in D, \quad \forall \boldsymbol{t} \in B_\delta(\boldsymbol{t_0}), \quad (h_1(\boldsymbol{t_0}), h_2(\boldsymbol{t_0}), \ldots, h_m(\boldsymbol{t_0}), \boldsymbol{t_0}) = \boldsymbol{x_0} \quad (Eq3)$$

and

$$g_p(h_1(\boldsymbol{t}), h_2(\boldsymbol{t}), \ldots, h_m(\boldsymbol{t}), \boldsymbol{t}) = 0, \quad \forall \boldsymbol{t} \in B_\delta(\boldsymbol{t_0}), \quad 1 \leq p \leq m \quad (Eq4).$$

Let $A^T \begin{bmatrix} \lambda_1 \\ \lambda_2 \\ \vdots \\ \lambda_m \end{bmatrix} = \begin{bmatrix} f_{x_1}(\boldsymbol{x_0}) \\ f_{x_2}(\boldsymbol{x_0}) \\ \vdots \\ f_{x_m}(\boldsymbol{x_0}) \end{bmatrix}$ with (Eq1), then $\dfrac{\partial f(\boldsymbol{x_0})}{\partial x_i} - \displaystyle\sum_{j=1}^{m} \lambda_j \frac{\partial g_j(\boldsymbol{x_0})}{\partial x_i} = 0, \quad \forall 1 \leq i \leq m.$

For $m + 1 \leq i \leq n$, differentiating (Eq4) with respect to x_i and using (Eq3) yields

$$\frac{\partial g_p(\boldsymbol{x_0})}{\partial x_i} + \sum_{j=1}^{m} \frac{\partial g_p(\boldsymbol{x_0})}{\partial x_j}\frac{\partial h_j(\boldsymbol{x_0})}{\partial x_j} = 0, \quad \forall 1 \le p \le m.$$

$\because \boldsymbol{x_0}$ is a local extreme point of f subject to $g_1(\boldsymbol{x}) = g_1(\boldsymbol{x}) = \cdots = g_m(\boldsymbol{x}) = 0$

$\therefore \boldsymbol{t_0}$ is an unconstrained local extreme point of $f(h_1(\boldsymbol{t}), h_2(\boldsymbol{t}), \dots, h_m(\boldsymbol{t}), \boldsymbol{t})$

$$\therefore \frac{\partial f(\boldsymbol{x_0})}{\partial x_i} + \sum_{j=1}^{m} \frac{\partial f(\boldsymbol{x_0})}{\partial x_j}\frac{\partial h_j(\boldsymbol{x_0})}{\partial x_i} = 0$$

$\therefore \exists$ nontrivial solution $\left(1, \dfrac{\partial h_1(\boldsymbol{x_0})}{\partial x_1}, \dfrac{\partial h_2(\boldsymbol{x_0})}{\partial x_2}, \dots, \dfrac{\partial h_m(\boldsymbol{x_0})}{\partial x_m}\right)$ such that

$$\text{Let } B = \begin{bmatrix} \dfrac{\partial f(\boldsymbol{x_0})}{\partial x_i} & \dfrac{\partial g_1(\boldsymbol{x_0})}{\partial x_i} & \dfrac{\partial g_2(\boldsymbol{x_0})}{\partial x_i} & \cdots & \dfrac{\partial g_m(\boldsymbol{x_0})}{\partial x_i} \\[2mm] \dfrac{\partial f(\boldsymbol{x_0})}{\partial x_1} & \dfrac{\partial g_1(\boldsymbol{x_0})}{\partial x_1} & \dfrac{\partial g_2(\boldsymbol{x_0})}{\partial x_1} & \cdots & \dfrac{\partial g_m(\boldsymbol{x_0})}{\partial x_1} \\[2mm] \dfrac{\partial f(\boldsymbol{x_0})}{\partial x_2} & \dfrac{\partial g_1(\boldsymbol{x_0})}{\partial x_2} & \dfrac{\partial g_2(\boldsymbol{x_0})}{\partial x_2} & \cdots & \dfrac{\partial g_m(\boldsymbol{x_0})}{\partial x_2} \\ \vdots & \vdots & \vdots & \ddots & \vdots \\ \dfrac{\partial f(\boldsymbol{x_0})}{\partial x_m} & \dfrac{\partial g_1(\boldsymbol{x_0})}{\partial x_m} & \dfrac{\partial g_2(\boldsymbol{x_0})}{\partial x_m} & \cdots & \dfrac{\partial g_m(\boldsymbol{x_0})}{\partial x_m} \end{bmatrix} \text{ then } B^T \begin{bmatrix} 1 \\ \dfrac{\partial h_1(\boldsymbol{x_0})}{\partial x_1} \\[2mm] \dfrac{\partial h_2(\boldsymbol{x_0})}{\partial x_2} \\ \vdots \\ \dfrac{\partial h_m(\boldsymbol{x_0})}{\partial x_m} \end{bmatrix} = 0$$

$\therefore \det(B^T) = 0 \Rightarrow \det(B) = 0$

$\therefore \exists$ not all zero constants $c = (c_0, c_1, c_2, \dots, c_m)$ such that $Bc = 0$

If $c_0 = 0$ then using (Eq2) implies $c_1 = c_2 = \cdots = c_m = 0$, a contradition. $\therefore c_0 \ne 0$

$$\therefore B \begin{bmatrix} c_0 \\ c_1 \\ c_2 \\ \vdots \\ c_m \end{bmatrix} = 0 \Rightarrow B \begin{bmatrix} 1 \\ c_1' \\ c_2' \\ \vdots \\ c_m' \end{bmatrix} = 0 \Rightarrow A^T \begin{bmatrix} -c_1' \\ -c_2' \\ \vdots \\ -c_m' \end{bmatrix} = \begin{bmatrix} \dfrac{\partial f(\boldsymbol{x_0})}{\partial x_1} \\[2mm] \dfrac{\partial f(\boldsymbol{x_0})}{\partial x_2} \\ \vdots \\ \dfrac{\partial f(\boldsymbol{x_0})}{\partial x_m} \end{bmatrix}, \quad \text{where } c_j' = \frac{c_j}{c_0}$$

By (Eq2) and $\dfrac{\partial f(\boldsymbol{x_0})}{\partial x_i} - \sum_{j=1}^{m} \lambda_j \dfrac{\partial g_j(\boldsymbol{x_0})}{\partial x_i} = 0, \quad \forall 1 \le i \le m,$ we have $c_j' = -\lambda_j, \quad \forall 1 \le j \le m$

$$\Rightarrow B \begin{bmatrix} 1 \\ -\lambda_1 \\ -\lambda_2 \\ \vdots \\ -\lambda_m \end{bmatrix} = 0. \quad \text{Computing the top row of vector on the left, we have}$$

$$\frac{\partial f(\boldsymbol{x_0})}{\partial x_i} - \sum_{j=1}^{m} \lambda_j \frac{\partial g_j(\boldsymbol{x_0})}{\partial x_i} = 0, \ \ \forall m + 1 \leq i \leq n$$

7.7.1　使用算術平均大於等於幾何平均求極值

考試類型:

題型 1.

假設 $x + y + z = r$, $x > 0$、$y > 0$、$z > 0$, 求 $x^a y^b z^c$ 的最大值, $\forall a$、b、$c \in N$

解題流程:

Step1.

$$\because x + y + z = \sum_{i=1}^{a} \frac{x}{a} + \sum_{i=1}^{b} \frac{y}{b} + \sum_{i=1}^{c} \frac{z}{c} \quad \text{且} \quad \frac{\sum_{i=1}^{n} x_i}{n} \geq \sqrt[n]{\prod_{i=1}^{n} x_i}$$

Step2.

$$\therefore \frac{\sum_{i=1}^{a} \frac{x}{a} + \sum_{i=1}^{b} \frac{y}{b} + \sum_{i=1}^{c} \frac{z}{c}}{a + b + c} \geq \sqrt[a+b+c]{\left(\frac{x}{a}\right)^a \left(\frac{y}{b}\right)^b \left(\frac{z}{c}\right)^c}$$

Step3.

$$\therefore \left(\frac{r}{a+b+c}\right)^{a+b+c} \geq \left(\frac{x}{a}\right)^a \left(\frac{y}{b}\right)^b \left(\frac{z}{c}\right)^c \Rightarrow \left(\frac{r}{a+b+c}\right)^{a+b+c} a^a b^b c^c \geq x^a y^b z^c$$

Step4.

當 $\frac{x}{a} = \frac{y}{b} = \frac{z}{c}$ 時, 上述不等式的等號成立, $x^a y^b z^c$ 最大值 $= \left(\frac{r}{a+b+c}\right)^{a+b+c} a^a b^b c^c$

範例 1.

　　假設 $x + y + z = 9$, $x > 0$、$y > 0$、$z > 0$ 求 xyz 的最大值 $=?$

【解】

$$\because \frac{\sum_{i=1}^{n} x_i}{n} \geq \sqrt[n]{\prod_{i=1}^{n} x_i}, \ \ \forall n \in N \ \ \therefore \frac{x+y+z}{3} \geq \sqrt[3]{xyz} \Rightarrow \frac{9}{3} \geq \sqrt[3]{xyz} \Rightarrow 3^3 \geq xyz$$

$\because$ 等號成立於 $x = y = z$ 且 $x + y + z = 9$　$\therefore x = y = z = 3$　$\therefore xyz$ 的最大值 $= 27$

範例 2.

假設 $x + y + z = 1$, $x > 0$、$y > 0$、$z > 0$, 求 xy^2z^3 的最大值 $=?$

【解】

$$\because \frac{\sum_{i=1}^{n} x_i}{n} \geq \sqrt[n]{\prod_{i=1}^{n} x_i}, \quad \forall n \in N$$

$$\therefore x + y + z = \frac{6x + 3y + 3y + 2z + 2z + 2z}{6} \geq \sqrt[6]{6x(3y)^2(2z)^3}$$

$\because$ 等號成立於 $6x = 3y = 2z$ 且 $x + y + z = 1$　$\therefore x = \frac{1}{6}, y = \frac{1}{3}, z = \frac{1}{2}$

$$\therefore xy^2z^3 \text{ 的最大值} = \frac{1}{432}$$

範例 3.

假設 $x + y + z = 6$, $x > 0$、$y > 0$、$z > 0$, 求 xy^2z^3 的極值 $=?$

【解】

$$\because \frac{\sum_{i=1}^{n} x_i}{n} \geq \sqrt[n]{\prod_{i=1}^{n} x_i}, \quad \forall n \in N$$

$$\therefore x + y + z = \frac{6x + 3y + 3y + 2z + 2z + 2z}{6} \geq \sqrt[6]{6x(3y)^2(2z)^3}$$

$\because$ 等號成立於 $6x = 3y = 2z$ 且 $x + y + z = 6$　$\therefore x = 1, y = 2, z = 3$

$$\therefore xy^2z^3 \text{ 的最大值} = 108$$

7.7.2　使用 Cauchy Inequality 找極值

考試類型:

題型 1.

假設 $f(x, y, z) = ax + by + cz$ 且 $x^2 + y^2 + z^2 = \alpha^2$, $\alpha > 0$, 求 f 的極值

解題流程:

Step1.

藉由 Cauchy Inequality

$$(ax + by + cz)^2 \leq (a^2 + b^2 + c^2)(x^2 + y^2 + z^2) = \alpha^2(a^2 + b^2 + c^2)$$

Step2.

$$f(x,y,z) \text{ 最大值} = \alpha\sqrt{(a^2 + b^2 + c^2)}, \ f(x,y) \text{ 最小值} = -\alpha\sqrt{(a^2 + b^2 + c^2)}$$

範例 1.

假設 $f(x,y,z) = x + 2y + 3z$ 且 $x^2 + y^2 + z^2 = 1$, 求 f 的極值

【解】

藉由 Cauchy inequality 得　$(x + 2y + 3z)^2 \leq (1^2 + 2^2 + 3^2)(x^2 + y^2 + z^2)$

$\Rightarrow |x + 2y + 3z| \leq \sqrt{14}$　$\therefore f(x,y)$ 最大值 $= \sqrt{14}$, $f(x,y)$ 最小值 $= -\sqrt{14}$

範例 2.

假設 $f(x,y,z) = 3x + 2y + 1z$ 且 $x^2 + y^2 + z^2 = 2$, 求 f 的極值

【解】

藉由 Cauchy inequality 得　$(3x + 2y + 1z)^2 \leq (3^2 + 2^2 + 1^2)(x^2 + y^2 + z^2)$

$\Rightarrow |3x + 2y + z| \leq \sqrt{28}$

$\therefore f(x,y)$ 最大值 $= \sqrt{28}$, $f(x,y)$ 最小值 $= -\sqrt{28}$

範例 3.

假設 $f(x,y,z) = x + 3y + 2z$ 且 $x^2 + y^2 + z^2 = 3$, 求 f 的極值

【解】

藉由 Cauchy inequality 得　$(1x + 3y + 2z)^2 \leq (1^2 + 3^2 + 2^2)(x^2 + y^2 + z^2)$

$\Rightarrow |x + 3y + 2z| \leq \sqrt{42}$　$\therefore f(x,y)$ 最大值 $= \sqrt{42}$, $f(x,y)$ 最小值 $= -\sqrt{42}$

7.7.3　無限制條件的雙變數函數求極值

首先, 回顧之前介紹無限制條件的雙變數函數求極值定理

【定理】雙變數函數求極值的二階導數檢定法

給定實數值函數 $f(x,y): R^2 \to R$, 假設 $\exists \delta > 0$ 使得函數 f 的所有二階偏導數於 $B_\delta(c)$ 內皆

存在且在平穩點c連續,

$$\Delta(c) := \det \begin{bmatrix} f_{xx}(c) & f_{xy}(c) \\ f_{xy}(c) & f_{yy}(c) \end{bmatrix} = f_{xx}(c)f_{yy}(c) - \left(f_{xy}(c)\right)^2$$

Then

(i) 若 $\Delta(c) > 0$ 且 $f_{xx}(c) > 0$, 則 f 於 c 有相對極小值.

(ii)若 $\Delta(c) > 0$ 且 $f_{xx}(c) < 0$, 則 f 於 c 有相對極大值

(iii)若 $\Delta(c) < 0$, 則 c 為 f 的鞍點

考試類型:

題型 1.

給定雙變數函數 $f(x,y)$, 求 $f(x,y)$ 的極小值與極大值

解題流程:

Step1.

令 $\nabla f(x_0, y_0) = (0,0)$, 找 (x_0, y_0) s.t. $\nabla f(x_0, y_0) = (0,0)$

Step2.

求 $\Delta(x_0, y_0) = ?$ 且 $f_{xx}(x_0, y_0) = ?$

Step3.

如果 $\Delta(x_0, y_0) > 0$ 且 $f_{xx}(x_0, y_0) > 0$ 則 f 於 (x_0, y_0) 有相對極小值

如果 $\Delta(x_0, y_0) > 0$ 且 $f_{xx}(x_0, y_0) < 0$ 則 f 於 (x_0, y_0) 有相對極大值

範例 1.

假設 $f(x,y) = 3x^2 - 2xy + y^2 - 8y + 4$, 求 f 的相對極值

【解】

$\because \nabla f(x,y) = \left(\dfrac{\partial f}{\partial x}, \dfrac{\partial f}{\partial y}\right) = (6x - 2y, -2x + 2y - 8)$

令 $\nabla f(x,y) = (0,0)$ 則 $(x,y) = (2,6)$

$\because \Delta(x,y) = \begin{vmatrix} f_{xx} & f_{xy} \\ f_{yx} & f_{yy} \end{vmatrix} = \begin{vmatrix} 6 & -2 \\ -2 & 2 \end{vmatrix} = 8 > 0$ 且 $f_{xx}(2,6) = 6 > 0$

$\therefore f(x,y)$ 在 $(2,6)$ 有相對極小值 $f(2,6) = -20$

範例 2.

假設 $f(x,y) = 4xy - x^4 - y^4 + 1$, 求 f 的相對極值與鞍點

【解】

$$\because \nabla f(x,y) = \left(\frac{\partial f}{\partial x}, \frac{\partial f}{\partial y}\right) = (4y - 4x^3, 4x - 4y^3)$$

令 $\nabla f(x,y) = (0,0)$ 則 $(x,y) = (0,0), (1,1), (-1,-1)$

$$\because \Delta(x,y) = \begin{vmatrix} f_{xx} & f_{xy} \\ f_{yx} & f_{yy} \end{vmatrix} = \begin{vmatrix} -12x^2 & 4 \\ 4 & -12y^2 \end{vmatrix} = 144x^2y^2 - 16$$

$\therefore \Delta(0,0) = -16, \quad \Delta(1,1) = \Delta(-1,-1) = 128 > 0$

且 $f_{xx}(1,1) = f_{xx}(-1,-1) = -12 < 0$

$\therefore f(x,y)$ 在 $(1,1)(-1,-1)$ 有相對極大值 $f(1,1) = f(-1,-1) = 3$

範例 3.

$\quad$ 假設 $f(x,y) = x^2 + y^2 + xy - 3x - 3y + 2$, 求 f 的相對極值與鞍點

【解】

$$\because \nabla f(x,y) = \left(\frac{\partial f}{\partial x}, \frac{\partial f}{\partial y}\right) = (2x + y - 3, 2y + x - 3)$$

令 $\nabla f(x,y) = (0,0)$ 則 $(x,y) = (1,1)$

$$\because \Delta(x,y) = \begin{vmatrix} f_{xx} & f_{xy} \\ f_{yx} & f_{yy} \end{vmatrix} = \begin{vmatrix} 2 & 1 \\ 1 & 2 \end{vmatrix} = 3 > 0 \quad \therefore \Delta(1,1) = 3 > 0 \text{ 且 } f_{xx}(1,1) = 2 > 0$$

$\therefore f(x,y)$ 在 $(1,1)$ 有相對極小值 $f(1,1) = -1$

範例 4.

$\quad$ 假設 $f(x,y) = x^3 + y^3 - 3x - 12y + 22$, 求 f 的相對極值與鞍點

【解】

$$\because \nabla f(x,y) = \left(\frac{\partial f}{\partial x}, \frac{\partial f}{\partial y}\right) = (3x^2 - 3, 3y^2 - 12)$$

令 $\nabla f(x,y) = (0,0)$ 則 $(x,y) = (1,2), (1,-2), (-1,2), (-1,-2)$

$$\because \Delta(x,y) = \begin{vmatrix} f_{xx} & f_{xy} \\ f_{yx} & f_{yy} \end{vmatrix} = \begin{vmatrix} 6x & 0 \\ 0 & 6y \end{vmatrix} = 36xy$$

$\therefore \Delta(1,2) = \Delta(-1,-2) = 72, \quad \Delta(1,-2) = \Delta(-1,2) = -72$

且 $f_{xx}(-1,-2) = -6 < 0, \quad f_{xx}(1,2) = 6 > 0$

$\therefore f(x,y)$ 在 $(-1,-2)$ 有相對極大值 $f(-1,-2) = 40, f(x,y)$ 在 $(1,2)$ 有相對極小值 $f(1,2) = 4$

範例 5.

假設 $f(x,y) = x^3 + y^2 + 2xy - 4x - 3y + 6$，求 f 的相對極值與鞍點

【解】

$\because \nabla f(x,y) = \left(\dfrac{\partial f}{\partial x}, \dfrac{\partial f}{\partial y}\right) = (3x^2 + 2y - 4, 2y + 2x - 3)$

令 $\nabla f(x,y) = (0,0)$ 則 $(x,y) = \left(-\dfrac{1}{3}, \dfrac{11}{6}\right), \left(1, \dfrac{1}{2}\right)$

$\because \Delta(x,y) = \begin{vmatrix} f_{xx} & f_{xy} \\ f_{yx} & f_{yy} \end{vmatrix} = \begin{vmatrix} 6x & 2 \\ 2 & 2 \end{vmatrix} = 12x - 4 > 0$

$\therefore \Delta\left(1, \dfrac{1}{2}\right) = 8 > 0, \quad \Delta\left(-\dfrac{1}{3}, \dfrac{11}{6}\right) = -8 < 0$ 且 $f_{xx}\left(1, \dfrac{1}{2}\right) = 6 > 0$

$\therefore f(x,y)$ 在 $\left(1, \dfrac{1}{2}\right)$ 有相對極小值 $f\left(1, \dfrac{1}{2}\right) = \dfrac{11}{4}$

範例 6.

假設 $f(x,y) = x^3 + y^3 - 3xy - 1$，求 f 的相對極值與鞍點

【解】

$\because \nabla f(x,y) = \left(\dfrac{\partial f}{\partial x}, \dfrac{\partial f}{\partial y}\right) = (3x^2 - 3y, 3y^2 - 3x)$

令 $\nabla f(x,y) = (0,0)$ 則 $(x,y) = (1,1), (0,0)$

$\because \Delta(x,y) = \begin{vmatrix} f_{xx} & f_{xy} \\ f_{yx} & f_{yy} \end{vmatrix} = \begin{vmatrix} 6x & -3 \\ -3 & 6y \end{vmatrix} = 36xy - 9$

$\therefore \Delta(1,1) = 27 > 0, \quad \Delta(0,0) = -9 < 0$ 且 $f_{xx}(1,1) = 6 > 0$

$\therefore f(x,y)$ 在 $(1,1)$ 有相對極小值 $f(1,1) = -2$

範例 7.

假設 $f(x,y) = e^{-(x^2+y^2+2x)}$，求 f 的相對極值與鞍點

【解】

$\because \nabla f(x,y) = \left(\dfrac{\partial f}{\partial x}, \dfrac{\partial f}{\partial y}\right) = (e^{-(x^2+y^2+2x)}(-2x - 2), e^{-(x^2+y^2+2x)}(-2y))$

令 $\nabla f(x,y) = (0,0)$ 則 $(x,y) = (-1,0)$

$\because \Delta(x,y) = \begin{vmatrix} f_{xx} & f_{xy} \\ f_{yx} & f_{yy} \end{vmatrix}$

$$= \begin{vmatrix} e^{-(x^2+y^2+2x)}((-2x-2)^2-2) & (e^{-(x^2+y^2+2x)}(-2x-2)(-2y) \\ e^{-(x^2+y^2+2x)}(-2y)(-2x-2) & e^{-(x^2+y^2+2x)}((-2y)^2-2) \end{vmatrix}$$

$\therefore \Delta(-1,0) = 4e > 0$ 且 $f_{xx}(-1,0) = -2e < 0$

$\therefore f(x,y)$ 在 $(-1,0)$ 有相對極大值 e

範例 8.

假設 $f(x,y) = \sin x + \sin y + e,\ 0 < x,y < \pi,$ 求 f 的相對極值

【解】

$\because \nabla f(x,y) = \left(\dfrac{\partial f}{\partial x},\dfrac{\partial f}{\partial y}\right) = (\cos x,\cos y)$

令 $\nabla f(x,y) = (0,0)$ 則 $(x,y) = \left(\dfrac{\pi}{2},\dfrac{\pi}{2}\right)$

$\because \Delta(x,y) = \begin{vmatrix} f_{xx} & f_{xy} \\ f_{yx} & f_{yy} \end{vmatrix} = \begin{vmatrix} -\sin x & 0 \\ 0 & -\sin y \end{vmatrix} = \sin x \sin y$

$\therefore \Delta\left(\dfrac{\pi}{2},\dfrac{\pi}{2}\right) = 1 > 0$ 且 $f_{xx}\left(\dfrac{\pi}{2},\dfrac{\pi}{2}\right) = -1 < 0$

$\therefore f(x,y)$ 在 $\left(\dfrac{\pi}{2},\dfrac{\pi}{2}\right)$ 有相對極大值 $f\left(\dfrac{\pi}{2},\dfrac{\pi}{2}\right) = 2 + e$

範例 9.

假設 $f(x,y) = \sin x + \sin y + \sin(x+y) + 1, 0 < x,y < \pi,$ 求 f 的相對極值

【解】

$\because \nabla f(x,y) = \left(\dfrac{\partial f}{\partial x},\dfrac{\partial f}{\partial y}\right) = (\cos x + \cos(x+y),\cos y + \cos(x+y))$

$= \left(2\cos\left(x+\dfrac{y}{2}\right)\cos\dfrac{y}{2}, 2\cos\left(y+\dfrac{x}{2}\right)\cos\dfrac{x}{2}\right)$

令 $\nabla f(x,y) = (0,0)$ 則 $(x,y) = \left(\dfrac{\pi}{3},\dfrac{\pi}{3}\right)$

$\because \Delta(x,y) = \begin{vmatrix} -\sin x - \sin(x+y) & -\sin(x+y) \\ -\sin(x+y) & -\sin y - \sin(x+y) \end{vmatrix}$

$= \sin(x+y)(\sin x + \sin y) + \sin x \sin y$

$\therefore \Delta\left(\dfrac{\pi}{3},\dfrac{\pi}{3}\right) = \dfrac{\sqrt{3}}{2}\cdot\sqrt{3} + \dfrac{3}{4} = \dfrac{9}{4} > 0$ 且 $f_{xx}\left(\dfrac{\pi}{3},\dfrac{\pi}{3}\right) = -\sqrt{3} < 0$

$$\therefore f(x,y) \text{ 在 } \left(\frac{\pi}{3}, \frac{\pi}{3}\right) \text{ 有相對極大值} f\left(\frac{\pi}{3}, \frac{\pi}{3}\right) = \frac{3\sqrt{3}}{2} + 1$$

7.7.4　限制條件為等式的多變數函數求極值

回顧之前所介紹限制條件為等式的多變數函數求極值的方法

【定理】Lagrange multiplier

Assume $f: R^n \to R$, $\boldsymbol{x_0}$ is a local extreme point of f subject to $g_1(\boldsymbol{x}) = \cdots = g_m(\boldsymbol{x}) = 0$ and

$$\begin{vmatrix} \dfrac{\partial g_1(\boldsymbol{x_0})}{\partial x_{r_1}} & \dfrac{\partial g_1(\boldsymbol{x_0})}{\partial x_{r_2}} & \cdots & \dfrac{\partial g_1(\boldsymbol{x_0})}{\partial x_{r_m}} \\ \dfrac{\partial g_2(\boldsymbol{x_0})}{\partial x_{r_1}} & \dfrac{\partial g_2(\boldsymbol{x_0})}{\partial x_{r_2}} & \cdots & \dfrac{\partial g_2(\boldsymbol{x_0})}{\partial x_{r_m}} \\ \vdots & \vdots & \ddots & \vdots \\ \dfrac{\partial g_m(\boldsymbol{x_0})}{\partial x_{r_1}} & \dfrac{\partial g_m(\boldsymbol{x_0})}{\partial x_{r_2}} & \cdots & \dfrac{\partial g_m(\boldsymbol{x_0})}{\partial x_{r_m}} \end{vmatrix} \neq 0, \ \ (\text{Eq1})$$

for at leats one choice of $r_1 < r_2 < \cdots < r_m$ in $\{1, 2, \ldots, n\}$ where $m < n$. Then there exist constants $\lambda_1, \lambda_2, \ldots, \lambda_m$ such that

$$\frac{\partial f(\boldsymbol{x_0})}{\partial x_i} - \sum_{j=1}^{m} \lambda_j \frac{\partial g_j(\boldsymbol{x_0})}{\partial x_i} = 0, \ \ \forall 1 \leq i \leq n.$$

考試類型:

題型 1.

給定雙變數函數 $f(x,y)$, 假設 $C_1(x,y) = 0$ 為限制式, 使用 Lagrange multiplier 求函數 f 於此限制式的極值

解題流程:

Step1.

$$\text{令} L(x,y,\lambda) = f(x,y) + \lambda C_1(x,y), \ \text{若} L(x,y,\lambda) \text{極值存在則} \begin{cases} \dfrac{\partial L}{\partial x}(x,y) = 0 \\ \dfrac{\partial L}{\partial y}(x,y) = 0 \\ C_1(x,y) = 0 \end{cases}$$

Step2.

$$\text{找}(x_0, y_0)\text{滿足} \begin{cases} \dfrac{\partial L}{\partial x}(x, y) = 0 \\ \dfrac{\partial L}{\partial y}(x, y) = 0 \\ C_1(x, y) = 0 \end{cases}$$

Step3.

找到的(x_0, y_0)可能不只一個，比較每個$f(x_0, y_0)$的大小求得 $f(x, y)$的相對極大值與相對極小值

題型 2.

給定曲線$C_1(x, y) = 0$, 求曲線上離原點最近與最遠的點座標

解題流程:

Step1.

曲線至點的距離 $= d = \sqrt{x^2 + y^2}$, 令$L(x, y, \lambda) = x^2 + y^2 + \lambda C_1(x, y)$

$$\text{若}L(x, y, \lambda)\text{極值存在 則} \begin{cases} \dfrac{\partial L}{\partial x}(x, y) = 0 \\ \dfrac{\partial L}{\partial y}(x, y) = 0 \\ C_1(x, y) = 0 \end{cases}$$

Step2.

$$\text{找}(x_0, y_0)\text{滿足} \begin{cases} \dfrac{\partial L}{\partial x}(x, y) = 0 \\ \dfrac{\partial L}{\partial y}(x, y) = 0 \\ C_1(x, y) = 0 \end{cases}$$

Step3.

找到的(x_0, y_0)可能不只一個，使用$\sqrt{x_0^2 + y_0^2}$比較大小求得極值

題型 3.

給定曲面$C_1(x, y, z) = 0$, 求曲面距離平面$ax + by + cz = 0$ 最近的座標

解題流程:

Step1.

曲面至平面的距離 $= \dfrac{|ax + by + cz|}{\sqrt{a^2 + b^2 + c^2}}$, 令 $L(x, y, z, \lambda) = ax + by + cz + \lambda C_1(x, y, z)$

若 $L(x, y, z, \lambda)$ 極值存在 則
$$\begin{cases} \dfrac{\partial L}{\partial x}(x, y, z) = 0 \\ \dfrac{\partial L}{\partial y}(x, y, z) = 0 \\ \dfrac{\partial L}{\partial z}(x, y, z) = 0 \\ C_1(x, y, z) = 0 \end{cases}$$

Step2.

找 (x_0, y_0, z_0) 滿足
$$\begin{cases} \dfrac{\partial L}{\partial x}(x, y, z) = 0 \\ \dfrac{\partial L}{\partial y}(x, y, z) = 0 \\ \dfrac{\partial L}{\partial z}(x, y, z) = 0 \\ C_1(x, y, z) = 0 \end{cases}$$

Step3.

找到的 (x_0, y_0, z_0) 可能不只一個, 使用 $|ax_0 + by_0 + cz_0|$ 比較大小求得極值

題型 4.

給定兩曲面 $C_1(x, y, z) = 0$ 與 $C_2(x, y, z) = 0$, 求位於兩曲面 C_1 與 C_2 交線上, 高度最高與最低點分別為何?

解題流程:

Step1.

令 $L(x, y, z, \lambda_1, \lambda_2) = z + \lambda_1 C_1(x, y, z) + \lambda_2 C_2(x, y, z)$

若 $L(x, y, z, \lambda_1, \lambda_2)$ 極值存在 則
$$\begin{cases} \dfrac{\partial L}{\partial x}(x, y, z, \lambda_1, \lambda_2) = 0 \\ \dfrac{\partial L}{\partial y}(x, y, z, \lambda_1, \lambda_2) = 0 \\ \dfrac{\partial L}{\partial z}(x, y, z, \lambda_1, \lambda_2) = 0 \\ C_1(x, y, z) = 0 \\ C_2(x, y, z) = 0 \end{cases}$$

Step2.

$$找(x_0, y_0, z_0)滿足 \begin{cases} \dfrac{\partial L}{\partial x}(x, y, z, \lambda_1, \lambda_2) = 0 \\[2mm] \dfrac{\partial L}{\partial y}(x, y, z, \lambda_1, \lambda_2) = 0 \\[2mm] \dfrac{\partial L}{\partial z}(x, y, z, \lambda_1, \lambda_2) = 0 \\[2mm] C_1(x, y, z) = 0 \\[1mm] C_2(x, y, z) = 0 \end{cases}$$

Step3.

找到的(x_0, y_0, z_0)可能不只一個, 使用z_0比較大小求得極值

題型 5.

給定兩曲面$C_1(x, y, z) = 0$ 與 $C_2(x, y, z) = 0$, 求原點$(0,0,0)$至兩曲面交線的最短距離

解題流程:

Step1.

原點至交線的距離 $= d = \sqrt{x^2 + y^2 + z^2}$

令$L(x, y, z, \lambda_1, \lambda_2) = x^2 + y^2 + z^2 + \lambda_1 C_1(x, y, z) + \lambda_2 C_2(x, y, z)$

$$若L(x, y, z, \lambda_1, \lambda_2)極值存在 則 \begin{cases} \dfrac{\partial L}{\partial x}(x, y, z, \lambda_1, \lambda_2) = 0 \\[2mm] \dfrac{\partial L}{\partial y}(x, y, z, \lambda_1, \lambda_2) = 0 \\[2mm] \dfrac{\partial L}{\partial z}(x, y, z, \lambda_1, \lambda_2) = 0 \\[2mm] C_1(x, y, z) = 0 \\[1mm] C_2(x, y, z) = 0 \end{cases}$$

Step2.

$$找(x_0, y_0, z_0)滿足 \begin{cases} \dfrac{\partial L}{\partial x}(x, y, z, \lambda_1, \lambda_2) = 0 \\[2mm] \dfrac{\partial L}{\partial y}(x, y, z, \lambda_1, \lambda_2) = 0 \\[2mm] \dfrac{\partial L}{\partial z}(x, y, z, \lambda_1, \lambda_2) = 0 \\[2mm] C_1(x, y, z) = 0 \\[1mm] C_2(x, y, z) = 0 \end{cases}$$

Step3.

找到的 (x_0, y_0, z_0) 可能不只一個，使用 $\sqrt{x_0^2 + y_0^2 + z_0^2}$ 比較大小求最短距離

範例 1.

假設 $x^2 + y^2 = 1$，求 xy 的極值

【解】

令 $L(x, y, \lambda) = xy + \lambda(x^2 + y^2 - 1)$

$L(x, y, \lambda)$ 極值存在 $\Rightarrow \begin{cases} \dfrac{\partial L}{\partial x} = y + 2\lambda x = 0 \\ \dfrac{\partial L}{\partial y} = x + 2\lambda y = 0 \\ x^2 + y^2 = 1 \end{cases} \Rightarrow y^2 = x^2 \quad \therefore x^2 + y^2 = 1 \text{ 且 } y^2 = x^2$

$\therefore (x, y) = \left(\dfrac{1}{\sqrt{2}}, \dfrac{1}{\sqrt{2}}\right), \left(\dfrac{-1}{\sqrt{2}}, \dfrac{1}{\sqrt{2}}\right), \left(\dfrac{1}{\sqrt{2}}, \dfrac{-1}{\sqrt{2}}\right), \left(\dfrac{-1}{\sqrt{2}}, \dfrac{-1}{\sqrt{2}}\right) \Rightarrow xy$ 有極大值 $\dfrac{1}{2}$，極小值 $\dfrac{-1}{2}$

範例 2.

假設 $f(x, y, z) = xyz$，其中 $2xz + 2yz + xy = 12$，試求 f 的極大值

【解】

令 $L(x, y, \lambda) = xyz + \lambda(2xz + 2yz + xy - 12)$

$L(x, y, z, \lambda)$ 極值存在 $\Rightarrow \begin{cases} \dfrac{\partial L}{\partial x} = yz + \lambda(2z + y) = 0 \quad (1) \\ \dfrac{\partial L}{\partial y} = xz + \lambda(2z + x) = 0 \quad (2) \\ \dfrac{\partial L}{\partial z} = xy + \lambda(2x + 2y) = 0 \ (3) \\ 2xz + 2yz + xy = 12 \qquad (4) \end{cases}$

By (1)(2) 得 $z(x - y) + \lambda(x - y) = 0$

By (2)(3) 得 $x(y - 2z) + \lambda(2y - 4z) = 0$

By (1)(3) 得 $y(x - 2z) + \lambda(2x - 4z) = 0$

$\therefore \lambda = -\dfrac{x}{2} = -\dfrac{y}{2} = -z \Rightarrow x = y = -2\lambda, z = -\lambda$

$\therefore 2xz + 2yz + xy = 12 \Rightarrow 4\lambda^2 + 4\lambda^2 + 4\lambda^2 = 12 \Rightarrow \lambda = \pm 1$

$\therefore (x, y, z) = (-2, -2, -1), (2, 2, 1) \qquad \therefore f$ 的極大值 $= 4$

範例 3.

假設 $f(x,y) = xy^3$，其中 $x^2 + 3y^2 = 16$，試求 f 的極大值

【解】

令 $L(x,y,\lambda) = xy^3 + \lambda(x^2 + 3y^2 - 16)$

$$L(x,y,\lambda)\text{極值存在} \Rightarrow \begin{cases} \dfrac{\partial L}{\partial x} = y^3 + 2x\lambda = 0 & (1) \\[2mm] \dfrac{\partial L}{\partial y} = 3xy^2 + 6y\lambda = 0 & (2) \\[2mm] x^2 + 3y^2 - 16 = 0 & (3) \end{cases}$$

By (1)(2) 得 $\lambda = -\dfrac{y^3}{2x} = -\dfrac{xy}{2} \Rightarrow x^2 = y^2$

$\because x^2 + 3y^2 = 16 \quad \therefore 4x^2 = 16 \Rightarrow (x,y) = (2,2), (-2,2), (2,-2), (-2,-2)$

$\therefore f\text{極大值} = 16$

範例 4.

假設 $f(x,y) = 4xy$，其中 $\dfrac{x^2}{9} + \dfrac{y^2}{25} = 1$，試求 f 的極值

【解】

令 $L(x,y,\lambda) = 4xy + \lambda\left(\dfrac{x^2}{9} + \dfrac{y^2}{25} - 1\right)$

$$L(x,y,\lambda)\text{極值存在} \Rightarrow \begin{cases} \dfrac{\partial L}{\partial x} = 4y + \dfrac{2x\lambda}{9} = 0 & (1) \\[2mm] \dfrac{\partial L}{\partial y} = 4x + \dfrac{2y\lambda}{25} = 0 & (2) \\[2mm] \dfrac{x^2}{9} + \dfrac{y^2}{25} - 1 = 0 & (3) \end{cases}$$

By (1)(2) 得 $\lambda = \dfrac{-18y}{x} = \dfrac{-50x}{y} \Rightarrow 9y^2 = 25x^2$

$\because \dfrac{x^2}{9} + \dfrac{y^2}{25} - 1 = 0 \quad \therefore \dfrac{25x^2 + 9y^2}{225} = 1$

$\Rightarrow (x,y) = \left(\dfrac{3}{\sqrt{2}}, \dfrac{5}{\sqrt{2}}\right), \left(\dfrac{3}{\sqrt{2}}, -\dfrac{5}{\sqrt{2}}\right), \left(-\dfrac{3}{\sqrt{2}}, \dfrac{5}{\sqrt{2}}\right), \left(-\dfrac{3}{\sqrt{2}}, -\dfrac{5}{\sqrt{2}}\right)$

$\therefore f\text{極大值} = 30,\ \text{極小值} = -30$

範例 5.

　　求點 $(1,2,0)$ 至曲面 $z^2 = x^2 + y^2$ 的最短距離

【解】

曲面至點的距離 $= d = \sqrt{(x-1)^2 + (y-2)^2 + z^2}$

令 $L(x, y, \lambda) = (x-1)^2 + (y-2)^2 + z^2 + \lambda(x^2 + y^2 - z^2)$

$L(x, y, z, \lambda)$ 極值存在 $\Rightarrow$
$$\begin{cases} \dfrac{\partial L}{\partial x} = 2(x-1) + 2\lambda x = 0 & (1) \\[2mm] \dfrac{\partial L}{\partial y} = 2(y-2) + 2\lambda y = 0 & (2) \\[2mm] \dfrac{\partial L}{\partial z} = 2z - 2\lambda z = 0 & (3) \\[2mm] z^2 - x^2 + y^2 = 0 & (4) \end{cases}$$

藉由 (3) 得　$\lambda = 1$ 或　$z = 0$

As $\lambda = 1$,　$2(x-1) + 2\lambda x = 0$,　$2(y-2) + 2\lambda y = 0$ 且 $z^2 = x^2 + y^2$

$\therefore 4x - 2 = 0$ 且 $4y - 4 = 0 \Rightarrow (x, y, z) = \left(\dfrac{1}{2}, 1, \pm \dfrac{\sqrt{5}}{2} \right)$

As $z = 0$,　$2(x-1) + 2\lambda x = 0$,　$2(y-2) + 2\lambda y = 0$ 且 $0 = x^2 + y^2 \Rightarrow (x, y, z) = (0,0,0)$

當 $(x, y, z) = (0,0,0)$, $d = \sqrt{(x-1)^2 + (y-2)^2 + z^2} = \sqrt{5}$

當 $(x, y, z) = \left(\dfrac{1}{2}, 1, \pm \dfrac{\sqrt{5}}{2} \right)$, $d = \sqrt{(x-1)^2 + (y-2)^2 + z^2} = \dfrac{\sqrt{10}}{2}$ 為最短距離

範例 6.

　　求原點 $(0,0,0)$ 至曲面 $z^2 + 2 = (x-y)^2$ 的最短距離

【解】

曲面至原點 $(0,0,0)$ 的距離 $= d = \sqrt{x^2 + y^2 + z^2}$

令 $L(x, y, z, \lambda) = x^2 + y^2 + z^2 + \lambda((x-y)^2 - z^2 - 2)$

$L(x, y, z, \lambda)$ 極值存在 $\Rightarrow$
$$\begin{cases} \dfrac{\partial L}{\partial x} = 2x + 2\lambda(x-y) = 0 & (1) \\[2mm] \dfrac{\partial L}{\partial y} = 2y - 2\lambda(x-y) = 0 & (2) \\[2mm] \dfrac{\partial L}{\partial z} = 2z - 2\lambda z = 0 & (3) \\[2mm] z^2 + 2 - (x-y)^2 = 0 & (4) \end{cases}$$

藉由(3)得 $\lambda = 1$ 或 $z = 0$

As $\lambda = 1$, $4x - 2y = 0$, $4y - 2x = 0$ 且 $z^2 + 2 = (x-y)^2 \Rightarrow (x,y,z)$不存在

As $z = 0$, $x + y = 0$ 且 $2 = (x-y)^2$

$$\Rightarrow (x,y,z) = \left(\frac{1}{\sqrt{2}}, \frac{-1}{\sqrt{2}}, 0\right), \left(\frac{-1}{\sqrt{2}}, \frac{1}{\sqrt{2}}, 0\right)$$

$$d = \sqrt{x^2 + y^2 + z^2} = \sqrt{\frac{1}{2} + \frac{1}{2} + z^2} = 1 \text{ 為最短距離}$$

範例 7.

(i)假設 $f(x,y,z) = xyz$, 其中 $x^2 + \frac{y^2}{4} + \frac{z^2}{9} = r^2, (r > 0)$ 試求 f 的極值

(ii)假設 $f(x,y,z) = xyz$, 其中 $x^3 + y^3 + z^3 = 24$, 試求 f 的極值

【解】

(i)

令 $r > 0$, $L(x,y,z,\lambda) = xyz + \lambda\left(x^2 + \frac{y^2}{4} + \frac{z^2}{9} - r^2\right)$

$L(x,y,z,\lambda)$極值存在 $\Rightarrow$
$$\begin{cases} \dfrac{\partial L}{\partial x} = yz + 2\lambda x = 0 & (1) \\[2mm] \dfrac{\partial L}{\partial y} = xz + \lambda\dfrac{y}{2} = 0 & (2) \\[2mm] \dfrac{\partial L}{\partial z} = xy + \lambda\dfrac{2z}{9} = 0 & (3) \\[2mm] x^2 + \dfrac{y^2}{4} + \dfrac{z^2}{9} - r^2 = 0 & (4) \end{cases}$$

By (1)(2)(3)得 $\lambda = -\dfrac{yz}{2x} = -\dfrac{2xz}{y} = -\dfrac{9xy}{2z}$

帶入(4)得 $x^2 + \dfrac{4x^2}{4} + \dfrac{9x^2}{9} = r^2$ $\quad \therefore (x,y,z) = \left(\pm\dfrac{r}{\sqrt{3}}, \pm\dfrac{2r}{\sqrt{3}}, \pm\dfrac{3r}{\sqrt{3}}\right)$

$\because f\left(\dfrac{r}{\sqrt{3}}, \dfrac{2r}{\sqrt{3}}, \dfrac{3r}{\sqrt{3}}\right) = \dfrac{2r^3}{\sqrt{3}}$

$$f\left(-\dfrac{r}{\sqrt{3}}, \dfrac{2r}{\sqrt{3}}, \dfrac{3r}{\sqrt{3}}\right) = f\left(\dfrac{r}{\sqrt{3}}, -\dfrac{2r}{\sqrt{3}}, \dfrac{3r}{\sqrt{3}}\right) = f\left(\dfrac{r}{\sqrt{3}}, \dfrac{2r}{\sqrt{3}}, -\dfrac{3r}{\sqrt{3}}\right) = -\dfrac{2r^3}{\sqrt{3}}$$

$$f\left(-\dfrac{r}{\sqrt{3}}, -\dfrac{2r}{\sqrt{3}}, \dfrac{3r}{\sqrt{3}}\right) = f\left(\dfrac{r}{\sqrt{3}}, -\dfrac{2r}{\sqrt{3}}, -\dfrac{3r}{\sqrt{3}}\right) = f\left(-\dfrac{r}{\sqrt{3}}, \dfrac{2r}{\sqrt{3}}, -\dfrac{3r}{\sqrt{3}}\right) = \dfrac{2r^3}{\sqrt{3}}$$

$$f\left(-\frac{r}{\sqrt{3}}, -\frac{2r}{\sqrt{3}}, -\frac{3r}{\sqrt{3}}\right) = -\frac{2r^3}{\sqrt{3}}$$

$\therefore f$ 有極大值 $\dfrac{2r^3}{\sqrt{3}}$，極小值 $-\dfrac{2r^3}{\sqrt{3}}$

(ii)

令 $L(x, y, z, \lambda) = xyz + \lambda(x^3 + y^3 + z^3 - 24)$

$L(x, y, z, \lambda)$ 極值存在 $\Rightarrow \begin{cases} \dfrac{\partial L}{\partial x} = yz + 3\lambda x^2 = 0 & (1) \\[2mm] \dfrac{\partial L}{\partial y} = xz + 3\lambda y^2 = 0 & (2) \\[2mm] \dfrac{\partial L}{\partial z} = xy + 3\lambda z^2 = 0 & (3) \\[2mm] x^3 + y^3 + z^3 = 24 & (4) \end{cases}$

By (1)(2)(3) 得 $\lambda = -\dfrac{yz}{3x^2} = -\dfrac{xz}{3y^2} = -\dfrac{xy}{3z^2}$

帶入 (4) 得 $x^3 + x^3 + x^3 = 24$　$\therefore (x, y, z) = (2,2,2)$，因此 f 有極大值 8

範例 8.

　　(i) 求曲線 $17x^2 + 12xy + 8y^2 = 400$ 上離原點最近與最遠的點座標

　　(ii) 求曲線 $7x^2 - 6\sqrt{3}xy + 13y^2 = 64$ 上離遠點最近與最遠的點座標

【解】

(i)

曲線至點的距離 $= d = \sqrt{x^2 + y^2}$

令 $L(x, y, \lambda) = x^2 + y^2 + \lambda(17x^2 + 12xy + 8y^2 - 400)$

$L(x, y, \lambda)$ 極值存在 $\Rightarrow \begin{cases} \dfrac{\partial L}{\partial x} = 2x + \lambda(34x + 12y) = 0 & (1) \\[2mm] \dfrac{\partial L}{\partial y} = 2y + \lambda(12x + 16y) = 0 & (2) \\[2mm] 17x^2 + 12xy + 8y^2 - 400 = 0 & (3) \end{cases}$

By (1)(2) 得 $\lambda = \dfrac{x}{17x + 6y} = \dfrac{y}{6x + 8y} \Rightarrow x(6x + 8y) = y(17x + 6y)$

$\therefore (x - 2y)(2x + y) = 0$

(a) As $x - 2y = 0$

將其帶入(3)得$(x,y) = (4,2),(-4,-2)$ 且 $d = \sqrt{4^2 + 2^2} = 2\sqrt{5}$

(b) As $2x + y = 0$

將其帶入(3)得$(x,y) = (4,-8),(-4,8)$ 且 $d = \sqrt{4^2 + 8^2} = \sqrt{80} = 4\sqrt{5}$

因此在$(4,2),(-4,-2)$有最近距離, 在$(4,-8),(-4,8)$有最遠距離

(ii)

曲線至點的距離 $= d = \sqrt{x^2 + y^2}$

令$L(x,y,\lambda) = x^2 + y^2 + \lambda(7x^2 - 6\sqrt{3}xy + 13y^2 - 64)$

$L(x,y,\lambda)$極值存在 $\Rightarrow \begin{cases} \dfrac{\partial L}{\partial x} = 2x + \lambda(14x - 6\sqrt{3}y) = 0 \quad (1) \\[2mm] \dfrac{\partial L}{\partial y} = 2y + \lambda(-6\sqrt{3}x + 26y) = 0 \quad (2) \\[2mm] 7x^2 - 6\sqrt{3}xy + 13y^2 - 64 = 0 \quad (3) \end{cases}$

By (1)(2)得 $\lambda = \dfrac{-x}{7x - 3\sqrt{3}y} = \dfrac{-y}{-3\sqrt{3}x + 13y}$

$\Rightarrow x(-3\sqrt{3}x + 13y) = y(7x - 3\sqrt{3}y) \quad \therefore (7x - 3\sqrt{3}y)(-3\sqrt{3}x + 13y) = 0$

(a) As $7x - 3\sqrt{3}y = 0$

$\because 7x^2 - 6\sqrt{3}xy + 13y^2 - 64 = 0$

$\therefore 7\left(\dfrac{3\sqrt{3}}{7}y\right)^2 - 6\sqrt{3}\left(\dfrac{3\sqrt{3}}{7}y\right)y + 13y^2 - 64 = 0 \quad \therefore y = \pm\sqrt{7}$

$\therefore (x,y) = \left(\dfrac{3\sqrt{21}}{7}, \sqrt{7}\right), \left(-\dfrac{3\sqrt{21}}{7}, -\sqrt{7}\right)$ 且 $d = \sqrt{\left(\dfrac{3\sqrt{21}}{7}\right)^2 + (\sqrt{7})^2} = 2\sqrt{19}$

(b) As $-3\sqrt{3}x + 13y = 0$

$\because 7x^2 - 6\sqrt{3}xy + 13y^2 - 64 = 0$

$\therefore 7\left(\dfrac{13}{3\sqrt{3}}y\right)^2 - 6\sqrt{3}\left(\dfrac{13}{3\sqrt{3}}y\right)y + 13y^2 - 64 = 0 \quad \therefore y = \pm\sqrt{\dfrac{27}{13}}$

$\therefore (x,y) = \left(\sqrt{13}, \sqrt{\dfrac{27}{13}}\right), \left(-\sqrt{13}, -\sqrt{\dfrac{27}{13}}\right)$ 且 $d = \sqrt{(\sqrt{13})^2 + \left(\sqrt{\dfrac{27}{13}}\right)^2} = 2\sqrt{6}$

因此在 $\left(\sqrt{13}, \sqrt{\dfrac{27}{13}}\right), \left(-\sqrt{13}, -\sqrt{\dfrac{27}{13}}\right)$ 有最近距離

在 $\left(\dfrac{3\sqrt{21}}{7}, \sqrt{7}\right), \left(-\dfrac{3\sqrt{21}}{7}, -\sqrt{7}\right)$ 最遠距離

範例 9.

　　求錐面 $x^2 + y^2 = z^2$ 與平面 $x + 14z = 10$ 交線上的最高點

【解】

令 $L(x, y, z, \lambda_1, \lambda_2) = z + \lambda_1(x^2 + y^2 - z^2) + \lambda_2(x + 14z - 10)$

$L(x, y, z, \lambda_1, \lambda_2)$ 極值存在 $\Rightarrow$
$$\begin{cases} \dfrac{\partial L}{\partial x} = 2x\lambda_1 + \lambda_2 = 0 & (1) \\[2mm] \dfrac{\partial L}{\partial y} = 2y\lambda_1 = 0 & (2) \\[2mm] \dfrac{\partial L}{\partial z} = 1 - 2z\lambda_1 + 14\lambda_2 = 0 & (3) \\[2mm] x^2 + y^2 - z^2 = 0 & (4) \\[2mm] x + 14z - 10 = 0 & (5) \end{cases}$$

By (1)(2)得 $\lambda_1 \neq 0, y = 0$

By (4) $x = \pm z$, 　$\because x + 14z - 10 = 0, (x, z) = \left(\dfrac{2}{3}, \dfrac{2}{3}\right), \left(\dfrac{-10}{13}, \dfrac{10}{13}\right)$

$\Rightarrow (x, y, z) = \left(\dfrac{2}{3}, 0, \dfrac{2}{3}\right), \left(\dfrac{-10}{13}, 0, \dfrac{10}{13}\right)$　$\therefore$ 高度最高點 $= \dfrac{10}{13}$

範例 10.

　　求曲面 $x^2 + y^2 + 5 = z$ 上, 與平面 $x + 2y - z = 0$ 距離最近點座標

【解】

曲面至平面的距離 $= d = \dfrac{|x + 2y - z|}{\sqrt{6}}$

令 $L(x, y, \lambda) = x + 2y - z + \lambda(x^2 + y^2 + 5 - z)$

$$L(x,y,z,\lambda)\text{極值存在} \Rightarrow \begin{cases} \dfrac{\partial L}{\partial x} = 1 + 2x\lambda = 0 & (1) \\[2mm] \dfrac{\partial L}{\partial y} = 2 + 2y\lambda = 0 & (2) \\[2mm] \dfrac{\partial L}{\partial z} = -1 - \lambda = 0 & (3) \\[2mm] x^2 + y^2 + 5 - z = 0 & (4) \end{cases}$$

By (1)(2)(3)得 $\lambda = -1, x = \dfrac{1}{2}, y = 1$ 帶入(4)得 $z = \dfrac{25}{4}$ $\Rightarrow$ 曲面於 $\left(\dfrac{1}{2}, 1, \dfrac{25}{4}\right)$ 離平面最近

範例 11.

　　求曲面 $x^2 + y^2 + z - 5 = 0$ 上，與平面 $x + 2y + 3z = 0$ 距離最近座標

【解】

曲面至平面的距離 $= d = \dfrac{|x + 2y + 3z|}{\sqrt{14}}$

令 $L(x,y,\lambda) = x + 2y + 3z + \lambda(x^2 + y^2 + z - 5)$

$$L(x,y,z,\lambda)\text{極值存在} \Rightarrow \begin{cases} \dfrac{\partial L}{\partial x} = 1 + 2x\lambda = 0 & (1) \\[2mm] \dfrac{\partial L}{\partial y} = 2 + 2y\lambda = 0 & (2) \\[2mm] \dfrac{\partial L}{\partial z} = 3 + \lambda = 0 & (3) \\[2mm] x^2 + y^2 + z - 5 = 0 & (4) \end{cases}$$

By (1)(2)(3)得 $\lambda = -3, x = \dfrac{1}{6}, y = \dfrac{1}{3}$ 帶入(4)得 $z = \dfrac{175}{36}$

$\Rightarrow$ 曲面於 $\left(\dfrac{1}{6}, \dfrac{1}{3}, \dfrac{175}{36}\right)$ 離平面最近

範例 12.

　　求原點$(0,0,0)$至兩平面 $x + y + z = 2$ 與 $x - y - z = 2$ 交線的最短距離

【解】

原點至交線的距離 $= d = \sqrt{x^2 + y^2 + z^2}$

令 $L(x,y,z,\lambda_1,\lambda_2) = x^2 + y^2 + z^2 + \lambda_1(x + y + z - 2) + \lambda_2(x - y - z - 2)$

$$L(x,y,z,\lambda_1,\lambda_2)\text{極值存在} \Rightarrow \begin{cases} \dfrac{\partial L}{\partial x} = 2x + \lambda_1 + \lambda_2 = 0 & (1) \\[2mm] \dfrac{\partial L}{\partial y} = 2y + \lambda_1 - \lambda_2 = 0 & (2) \\[2mm] \dfrac{\partial L}{\partial z} = 2z + \lambda_1 - \lambda_2 = 0 & (3) \\[2mm] x + y + z - 2 = 0 & (4) \\[1mm] x - y - z - 2 = 0 & (5) \end{cases}$$

By $(2)(3)$ 得 $y = z$ 帶入 $(4)(5)$ 得 $(x,y,z) = (2,0,0)$，因此最短距離 $d = \sqrt{2^2 + 0^2 + 0^2} = 2$

範例 13.

    (i) 位於錐面 $x^2 + y^2 = z^2$ 與平面 $x + y + 2z = 2$ 的交線上, 高度最高與最低點分別為?

    (ii) 位於錐面 $x^2 + y^2 = z^2$ 與平面 $4x - 3y - z = 5$ 的交線上, 高度最高與最低點=?

【解】

(i)

令 $L(x,y,z,\lambda_1,\lambda_2) = z + \lambda_1(x^2 + y^2 - z^2) + \lambda_2(x + y + 2z - 2)$

$$L(x,y,z,\lambda_1,\lambda_2)\text{極值存在} \Rightarrow \begin{cases} \dfrac{\partial L}{\partial x} = 2x\lambda_1 + \lambda_2 = 0 & (1) \\[2mm] \dfrac{\partial L}{\partial y} = 2y\lambda_1 + \lambda_2 = 0 & (2) \\[2mm] \dfrac{\partial L}{\partial z} = 1 - 2z\lambda_1 + 2\lambda_2 = 0 & (3) \\[2mm] x^2 + y^2 - z^2 = 0 & (4) \\[1mm] x + y + 2z - 2 = 0 & (5) \end{cases}$$

By $(1)(2)$ 得 $(\lambda_1,\lambda_2) = (0,0)$ 或 $x = y$

As $(\lambda_1,\lambda_2) = (0,0)$ 與 (3) 矛盾 因此解不存在

As $x = y$ 帶入 $(4)(5)$

得 $(x,y,z) = (-1 - \sqrt{2}, -1 - \sqrt{2}, 2 + \sqrt{2}), (\sqrt{2} - 1, \sqrt{2} - 1, 2 - \sqrt{2})$

因此於 $(-1 - \sqrt{2}, -1 - \sqrt{2}, 2 + \sqrt{2})$ 高度最高, 於 $(\sqrt{2} - 1, \sqrt{2} - 1, 2 - \sqrt{2})$ 高度最低

(ii)

令 $L(x,y,z,\lambda_1,\lambda_2) = z + \lambda_1(x^2 + y^2 - z^2) + \lambda_2(4x - 3y - z - 5)$

$$L(x,y,z,\lambda_1,\lambda_2)\text{極值存在} \Rightarrow \begin{cases} \dfrac{\partial L}{\partial x} = 2x\lambda_1 + 4\lambda_2 = 0 & (1) \\[2mm] \dfrac{\partial L}{\partial y} = 2y\lambda_1 - 3\lambda_2 = 0 & (2) \\[2mm] \dfrac{\partial L}{\partial z} = 1 - 2z\lambda_1 - \lambda_2 = 0 & (3) \\[2mm] x^2 + y^2 - z^2 = 0 & (4) \\[1mm] 4x - 3y - z - 5 = 0 & (5) \end{cases}$$

By (1)(2)得 $(\lambda_1,\lambda_2) = (0,0)$ 或 $y = \dfrac{-3x}{4}$

As$(\lambda_1,\lambda_2) = (0,0)$，其與 (3)矛盾 因此解不存在

As $y = \dfrac{-3x}{4}$ 帶入 (4)(5)得$(x,y,z) = \left(1, -\dfrac{3}{4}, \dfrac{5}{4}\right), \left(\dfrac{2}{3}, -\dfrac{1}{2}, -\dfrac{5}{6}\right)$

因此於 $\left(1, -\dfrac{3}{4}, \dfrac{5}{4}\right)$ 高度最高, 於 $\left(\dfrac{2}{3}, -\dfrac{1}{2}, -\dfrac{5}{6}\right)$ 高度最低

範例 14.

　　假設$f(x,y) = x^2 + xy + 2y^2$, 其中$x^2 + y^2 = 1$, 試求f的極大值

【解】

令$L(x,y,\lambda) = x^2 + xy + 2y^2 + \lambda(x^2 + y^2 - 1)$

$$L(x,y,\lambda)\text{極值存在} \Rightarrow \begin{cases} \dfrac{\partial L}{\partial x} = 2x + y + 2x\lambda = 0 & (1) \\[2mm] \dfrac{\partial L}{\partial y} = x + 4y + 2y\lambda = 0 & (2) \\[2mm] x^2 + y^2 - 1 = 0 & (3) \end{cases}$$

By (1)(2)得 $\lambda = -\dfrac{2x+y}{2x} = -\dfrac{x+4y}{2y} \Rightarrow 1 + \dfrac{y}{2x} = \dfrac{x}{2y} + 2$

令 $t = \dfrac{y}{x} \Rightarrow t^2 - 2t - 1 = 0 \Rightarrow t = 1 \pm \sqrt{2}$

(i)當 $\dfrac{y}{x} = 1 + \sqrt{2}$

$\because \dfrac{y}{x} = 1 + \sqrt{2}$　$\therefore y = (1+\sqrt{2})x \Rightarrow xy = (1+\sqrt{2})x^2$ 且 $y^2 = (1+\sqrt{2})xy$

$\because x^2 + y^2 - 1 = 0$　$\therefore x^2 + (3 + 2\sqrt{2})x^2 = 1 \Rightarrow x^2 = \dfrac{2-\sqrt{2}}{4}, y^2 = \dfrac{2+\sqrt{2}}{4}$

$$\because y^2 = (1 + \sqrt{2})xy \quad \therefore xy = \frac{\frac{2 + \sqrt{2}}{4}}{1 + \sqrt{2}} = \frac{\sqrt{2}}{4}$$

$$\therefore f(x,y) = x^2 + xy + 2y^2 = 1 + y^2 + xy = \frac{3 + \sqrt{2}}{2}$$

(ii)當 $\dfrac{y}{x} = 1 - \sqrt{2}$

$$\because \frac{y}{x} = 1 - \sqrt{2} \quad \therefore y = (1 - \sqrt{2})x \Rightarrow xy = (1 - \sqrt{2})x^2 \text{ 且 } y^2 = (1 - \sqrt{2})xy$$

$$\because x^2 + y^2 - 1 = 0 \quad \therefore x^2 + (3 - 2\sqrt{2})x^2 = 1 \Rightarrow x^2 = \frac{2 + \sqrt{2}}{4}, y^2 = \frac{2 - \sqrt{2}}{4}$$

$$\because y^2 = (1 - \sqrt{2})xy \quad \therefore xy = \frac{\frac{2 - \sqrt{2}}{4}}{1 - \sqrt{2}} = -\frac{\sqrt{2}}{4}$$

$$\therefore f(x,y) = x^2 + xy + 2y^2 = 1 + y^2 + xy = 1 + \frac{2 - \sqrt{2}}{4} - \frac{\sqrt{2}}{4} = \frac{3 - \sqrt{2}}{2}$$

By(1)(2) f 的極大值 $= \dfrac{3 + \sqrt{2}}{2}$

7.7.5　　限制條件為不等式的多變數函數求極值

如果求極值的限制條件為不等式的時候(即 $C_1(x,y) \leq 0$), 則將其拆解為 $C_1(x,y) < 0$ 與等式限制式 $C_1(x,y) = 0$ 求極值; 接著使用雙變數函數求極值的二階導數檢定法在 $C_1(x,y) < 0$ 找極值以及使用 Lagrang Multiplier 於等式限制式 $C_1(x,y) = 0$ 求函數的極值

考試類型:
題型 1.
給定雙變數函數 $f(x,y)$, 假設限制條件為不等式 $C_1(x,y) \leq 0$, 求 $f(x,y)$ 於此限制式的極值
解題流程:
Step1.
將其拆解為 $C_1(x,y) < 0$ 與等式限制式 $C_1(x,y) = 0$, 分別於兩個限制式求極值
Step2.

在$C_1(x,y) < 0$ 求極值與無條件限制式求極值類似，只是算出極值點(x_0,y_0)之後得確認其是否落在$C_1(x,y) < 0$範圍內：

令$\nabla f(x_0,y_0) = (0,0)$ 找 (x_0,y_0)，求 $\Delta(x_0,y_0) =?$ 且 $f_{xx}(x_0,y_0) =?$

如果$\Delta(x_0,y_0) > 0$ 且 $f_{xx}(x_0,y_0) > 0$ 則 f於 (x_0,y_0)有相對極小值

如果$\Delta(x_0,y_0) > 0$ 且 $f_{xx}(x_0,y_0) < 0$ 則 f於 (x_0,y_0)有相對極大值

確認是否 $C_1(x_0,y_0) < 0$

Step3.

接著使用 Lagrang Multiplier 於等式限制式$C_1(x,y) = 0$ 找極值(x_0,y_0)：

$$
令 L(x,y,\lambda) = f(x,y) + \lambda C_1(x,y), \quad 若 L(x,y,\lambda) 極值存在 \ 則
\begin{cases}
\dfrac{\partial L}{\partial x}(x,y) = 0 \\
\dfrac{\partial L}{\partial y}(x,y) = 0 \\
C_1(x,y) = 0
\end{cases}
$$

$$
找 (x_0,y_0) 滿足
\begin{cases}
\dfrac{\partial L}{\partial x}(x,y) = 0 \\
\dfrac{\partial L}{\partial y}(x,y) = 0 \\
C_1(x,y) = 0
\end{cases}, \quad 找到的(x_0,y_0) 可能不只一個, 使用 f(x_0,y_0) 比較大小, 求得
$$

$f(x,y)$的相對極大值與相對極小值

Step4.

最後比較 Step2 與 Step3 的極值點，假設兩者於各自限制式皆為相對極大值，則取出較大者當作$C_1(x,y) \leq 0$範圍內的絕對極大值，絕對極小值也是類似的作法

題型 2.

給定雙變數函數$f(x,y)$，假設限制條件為不等式$C_1(x,y) \leq 0$、$C_2(x,y) \leq 0$，求$f(x,y)$於限制條件下的極值

解題流程：

Step1.

將其拆解為在$C_1(x,y) < 0$、$C_2(x,y) < 0$ 與等式限制式$C_1(x,y) = 0$、$C_2(x,y) = 0$，求極值

Step2.

在$C_1(x,y) < 0$、$C_2(x,y) < 0$ 求極值與無條件限制式求極值類似，只是算出極值點 (x_0,y_0)之後得確認其是否落在$C_1(x,y) < 0, C_2(x,y) < 0$範圍內：

令$\nabla f(x_0,y_0) = (0,0)$ 找 (x_0,y_0)，求 $\Delta(x_0,y_0) =?$ 且 $f_{xx}(x_0,y_0) =?$

如果 $\Delta(x_0, y_0) > 0$ 且 $f_{xx}(x_0, y_0) > 0$ 則 f 於 (x_0, y_0) 有相對極小值

如果 $\Delta(x_0, y_0) > 0$ 且 $f_{xx}(x_0, y_0) < 0$ 則 f 於 (x_0, y_0) 有相對極大值

確認是否 $C_1(x_0, y_0) < 0$、$C_2(x_0, y_0) < 0$

Step3.

接著使用 Lagrang Multiplier 於等式限制式 $C_1(x, y) = 0$、$C_2(x, y) = 0$ 找極值 (x_0, y_0)：

令 $L(x, y, \lambda_1, \lambda_2) = f(x, y) + \lambda C_1(x, y) + \lambda C_2(x, y)$

$$\text{若} L(x, y, \lambda_1, \lambda_2) \text{極值存在 則} \begin{cases} \dfrac{\partial L}{\partial x}(x, y, \lambda_1, \lambda_2) = 0 \\ \dfrac{\partial L}{\partial y}(x, y, \lambda_1, \lambda_2) = 0 \\ C_1(x, y) = 0 \\ C_2(x, y) = 0 \end{cases}$$

$$\text{找} (x_0, y_0) \text{滿足} \begin{cases} \dfrac{\partial L}{\partial x}(x, y, \lambda_1, \lambda_2) = 0 \\ \dfrac{\partial L}{\partial y}(x, y, \lambda_1, \lambda_2) = 0 \\ C_1(x, y) = 0 \\ C_2(x, y) = 0 \end{cases}$$

找到的 (x_0, y_0) 可能不只一個，使用 $f(x_0, y_0)$ 比較大小求得 $f(x, y)$ 的相對極大值與相對極小值

Step4.

最後比較 Step2 與 Step3 的極值點，假設兩者於各自限制式皆為相對極大值，則取出較大者當作於 $C_1(x, y) \leq 0$、$C_2(x, y) \leq 0$ 範圍內的絕對極大值,絕對極小值也是類似的作法

範例 1.

假設 $f(x, y) = x^2 + y^2 - 3xy + 1$ 且 $x^2 + y^2 - 6 \leq 0$，試求 f 的極值

【解】

(1)

As $x^2 + y^2 - 6 < 0$

令 $f_x = f_y = 0$ 則 $\begin{cases} f_x = 2x - 3y = 0 \\ f_y = 2y - 3x = 0 \end{cases} \Rightarrow (x, y) = (0,0)$ 為臨界點且 $f(0,0) = 1$

$\because \Delta(0,0) = \begin{vmatrix} f_{xx}(0,0) & f_{xy}(0,0) \\ f_{yx}(0,0) & f_{yy}(0,0) \end{vmatrix} = \begin{vmatrix} 2 & -3 \\ -3 & 2 \end{vmatrix} < 0 \quad \therefore (0,0)$ 非極值點

(2)

As $x^2 + y^2 - 6 = 0$

令 $L(x, y, \lambda) = x^2 + y^2 - 3xy + 1 + \lambda(x^2 + y^2 - 6)$

$L(x, y, \lambda)$極值存在 $\Rightarrow \begin{cases} \dfrac{\partial L}{\partial x} = 2x - 3y + 2\lambda x = 0 \\ \dfrac{\partial L}{\partial y} = 2y - 3x + 2\lambda y = 0 \\ \qquad x^2 + y^2 - 6 = 0 \end{cases} \Rightarrow x^2 - y^2 = 0$

$\because x^2 - y^2 = 0$ 且 $x^2 + y^2 - 6 = 0$

$\therefore (x, y) = (\sqrt{3}, \sqrt{3}), (-\sqrt{3}, \sqrt{3}), (\sqrt{3}, -\sqrt{3}), (-\sqrt{3}, -\sqrt{3})$

$\Rightarrow f(\sqrt{3}, \sqrt{3}) = -2, f(-\sqrt{3}, -\sqrt{3}) = -2, f(-\sqrt{3}, \sqrt{3}) = 16, f(\sqrt{3}, -\sqrt{3}) = 16$

$\therefore f$有最小值-2、有最大值16

範例 2.

假設 $f(x, y) = x^2 + 3y^2 + y + 1$，$x^2 + y^2 \leq 1$，試求$f$的極值

【解】

(1)

As $x^2 + y^2 - 1 < 0$

令$f_x = f_y = 0$ 則 $\begin{cases} f_x = 2x = 0 \\ f_y = 6y + 1 = 0 \end{cases} \Rightarrow (x, y) = \left(0, -\dfrac{1}{6}\right)$ 為臨界點 且 $f\left(0, -\dfrac{1}{6}\right) = \dfrac{11}{12}$

$\because \Delta\left(0, -\dfrac{1}{6}\right) = \begin{vmatrix} f_{xx}\left(0, -\dfrac{1}{6}\right) & f_{xy}\left(0, -\dfrac{1}{6}\right) \\ f_{yx}\left(0, -\dfrac{1}{6}\right) & f_{yy}\left(0, -\dfrac{1}{6}\right) \end{vmatrix} = \begin{vmatrix} 2 & 0 \\ 0 & 6 \end{vmatrix} = 12 > 0$ 且 $f_{xx} = 2 > 0$

$\therefore f$於$\left(0, -\dfrac{1}{6}\right)$有相對極小值$\dfrac{11}{12}$

(2)

As $x^2 + y^2 - 1 = 0$，令 $L(x, y, \lambda) = x^2 + 3y^2 + y + 1 + \lambda(x^2 + y^2 - 1)$

$L(x, y, \lambda)$極值存在 $\Rightarrow \begin{cases} \dfrac{\partial L}{\partial x} = 2x + 2\lambda x = 0 \\ \dfrac{\partial L}{\partial y} = 6y + 1 + 2\lambda y = 0 \\ \qquad x^2 + y^2 - 1 = 0 \end{cases} \Rightarrow 4xy + x = 0$

$\because 4xy + x = 0$ 且 $x^2 + y^2 - 1 = 0$　$\therefore (x,y) = \left(\pm\dfrac{\sqrt{15}}{4}, -\dfrac{1}{4}\right), (0,1), (0,-1)$

$\Rightarrow f\left(\pm\dfrac{\sqrt{15}}{4}, -\dfrac{1}{4}\right) = \dfrac{15}{8},\ f(0,1) = 5,\ f(0,-1) = 3$

因此 f 於 $(0,1)$ 有相對極大值 5

範例 3.

假設 $f(x,y) = x^2 - y^2 + 3,\ x^2 + \dfrac{y^2}{4} \le 1$ 試求 f 的極值

【解】

(1)

As $x^2 + \dfrac{y^2}{4} - 1 < 0$

令 $f_x = f_y = 0$ 則 $\begin{cases} f_x = 2x = 0 \\ f_y = -2y = 0 \end{cases} \Rightarrow (x,y) = (0,0)$ 為臨界點 且 $f(0,0) = 3$

$\because \Delta(0,0) = \begin{vmatrix} f_{xx}(0,0) & f_{xy}(0,0) \\ f_{yx}(0,0) & f_{yy}(0,0) \end{vmatrix} = \begin{vmatrix} 2 & 0 \\ 0 & -2 \end{vmatrix} = -4 < 0$　$\therefore (0,0)$ 非極值點

(2)

As $x^2 + \dfrac{y^2}{4} - 1 = 0$,　令 $L(x,y,\lambda) = x^2 - y^2 + 3 + \lambda(x^2 + \dfrac{y^2}{4} - 1)$

$L(x,y,\lambda)$ 極值存在 $\Rightarrow \begin{cases} \dfrac{\partial L}{\partial x} = 2x + 2\lambda x = 0 \\ \dfrac{\partial L}{\partial y} = -2y + \dfrac{\lambda y}{2} = 0 \Rightarrow xy = 0 \\ x^2 + \dfrac{y^2}{4} - 1 = 0 \end{cases}$

$\because xy = 0$ 且 $x^2 + \dfrac{y^2}{4} - 1 = 0$　$\therefore (x,y) = (0, \pm 2), (\pm 1, 0)$

$\Rightarrow f(0, \pm 2) = -1, f(\pm 1, 0) = 4$

因此 f 於 $(\pm 1, 0)$ 有相對極大值 4,　f 於 $(0, \pm 2)$ 有相對極小值 -1

範例 4.

假設 $f(x,y) = x^2 + 2y^2 - x + 1$ 且 $x^2 + y^2 - 4 \le 0$,　試求 f 的極值

【解】

(1)

As $x^2 + y^2 - 4 < 0$

令 $f_x = f_y = 0$ 則 $\begin{cases} f_x = 2x - 1 = 0 \\ f_y = 4y = 0 \end{cases} \Rightarrow (x, y) = \left(\frac{1}{2}, 0\right)$ 為臨界點且 $f\left(\frac{1}{2}, 0\right) = \frac{3}{4}$

$\because \Delta\left(\frac{1}{2}, 0\right) = \begin{vmatrix} f_{xx}\left(\frac{1}{2}, 0\right) & f_{xy}\left(\frac{1}{2}, 0\right) \\ f_{yx}\left(\frac{1}{2}, 0\right) & f_{yy}\left(\frac{1}{2}, 0\right) \end{vmatrix} = \begin{vmatrix} 2 & 0 \\ 0 & 4 \end{vmatrix} > 0$ 且 $f_{xx}\left(\frac{1}{2}, 0\right) = 2 > 0$

$\therefore$ As $x^2 + y^2 - 4 < 0$, f 於 $\left(\frac{1}{2}, 0\right)$ 有相對極小值 $\frac{3}{4}$

(2)

As $x^2 + y^2 - 4 = 0$, 令 $L(x, y, \lambda) = x^2 + 2y^2 - x + 1 + \lambda(x^2 + y^2 - 4)$

$L(x, y, \lambda)$ 極值存在 $\Rightarrow \begin{cases} \dfrac{\partial L}{\partial x} = 2x - 1 + 2\lambda x = 0 \\ \dfrac{\partial L}{\partial y} = 4y + 2\lambda y = 0 \\ x^2 + y^2 - 4 = 0 \end{cases} \Rightarrow 2xy + y = 0$

$\because 2xy + y = 0$ 且 $x^2 + y^2 - 4 = 0$ $\therefore (x, y) = \left(-\frac{1}{2}, \pm\frac{\sqrt{15}}{2}\right), (\pm 2, 0)$

$\Rightarrow f\left(-\frac{1}{2}, \pm\frac{\sqrt{15}}{2}\right) = \frac{37}{4}$, $f(2, 0) = 3$, $f(-2, 0) = 7$

$\therefore f$ 於 $\left(\frac{1}{2}, 0\right)$ 有相對極小值 $\frac{3}{4}$、於 $\left(-\frac{1}{2}, \pm\frac{\sqrt{15}}{2}\right)$ 有相對極大值 $\frac{37}{4}$

範例 5.

　　假設 $f(x, y) = 4x^2 + 4x - 2y^2 + 6$ 且 $x^2 + y^2 - 3 \leq 0$, 試求 f 的極值

【解】

(1)

As $x^2 + y^2 - 3 < 0$, 令 $f_x = f_y = 0$ 則 $\begin{cases} f_x = 8x + 4 = 0 \\ f_y = -4y = 0 \end{cases}$

$\Rightarrow (x, y) = \left(-\frac{1}{2}, 0\right)$ 為臨界點且 $f\left(-\frac{1}{2}, 0\right) = 5$

$$\because \Delta\left(-\frac{1}{2},0\right) = \begin{vmatrix} f_{xx}\left(-\frac{1}{2},0\right) & f_{xy}\left(-\frac{1}{2},0\right) \\ f_{yx}\left(-\frac{1}{2},0\right) & f_{yy}\left(-\frac{1}{2},0\right) \end{vmatrix} = \begin{vmatrix} 8 & 0 \\ 0 & -4 \end{vmatrix} < 0 \quad \therefore \left(-\frac{1}{2},0\right) \text{非極值點}$$

(2)

As $x^2 + y^2 - 3 = 0$, 令 $L(x,y,\lambda) = 4x^2 + 4x - 2y^2 + 6 + \lambda(x^2 + y^2 - 3)$

$L(x,y,\lambda)$ 極值存在 $\Rightarrow \begin{cases} \dfrac{\partial L}{\partial x} = 8x + 4 + 2\lambda x = 0 \\ \dfrac{\partial L}{\partial y} = -4y + 2\lambda y = 0 \\ \quad x^2 + y^2 - 3 = 0 \end{cases} \Rightarrow 3xy + y = 0$

$\because 3xy + y = 0 \quad$ 且 $\quad x^2 + y^2 - 3 = 0 \quad \therefore (x,y) = \left(-\frac{1}{3}, \pm\frac{\sqrt{26}}{3}\right), (\pm\sqrt{3}, 0)$

$\Rightarrow f\left(-\frac{1}{3}, \pm\frac{\sqrt{26}}{3}\right) = -\frac{2}{3}, \quad f(\sqrt{3}, 0) = 18 + 4\sqrt{3}, \quad f(-\sqrt{3}, 0) = 18 - 4\sqrt{3}$

因此 f 有相對極小值 $-\dfrac{2}{3}$ 、有相對極大值 $18 + 4\sqrt{3}$

範例 6.

假設 $f(x,y) = x^2 + y^2 - 2x - 2y + 2$, 且 $2x + y - 4 \geq 0$, $x + 2y - 4 \geq 0$, 試求 f 的極小值

【解】

(1)

As $2x + y - 4 > 0$ 且 $x + 2y - 4 > 0$

令 $f_x = f_y = 0$ 則 $\begin{cases} f_x = 2x - 2 = 0 \\ f_y = 2y - 2 = 0 \end{cases} \Rightarrow (x,y) = (1,1)$ 為臨界點且 $f(1,1) = 0$

$\therefore (1,1)$ 不屬於 $2x + y - 4 > 0$ 且 $x + 2y - 4 > 0$

(2)

As $2x + y - 4 = 0$ 且 $x + 2y - 4 = 0$

令 $L(x,y,\lambda_1,\lambda_2) = x^2 + y^2 - 2x - 2y + 2 + \lambda_1(2x + y - 4) + \lambda_2(x + 2y - 4)$

$$L(x,y,\lambda_1,\lambda_2)\text{極值存在} \Rightarrow \begin{cases} \dfrac{\partial L}{\partial x} = 2x - 2 + 2\lambda_1 + \lambda_2 = 0 \\[2mm] \dfrac{\partial L}{\partial y} = 2y - 2 + \lambda_1 + 2\lambda_2 = 0 \\[2mm] \quad\quad 2x + y - 4 = 0 \\[1mm] \quad\quad x + 2y - 4 = 0 \end{cases}$$

$\because 2x + y - 4 = 0$ 且 $x + 2y - 4 = 0$ $\quad \therefore (x,y) = \left(\dfrac{4}{3}, \dfrac{4}{3}\right)$

$\Rightarrow 2\lambda_1 + \lambda_2 = \dfrac{2}{3}\ \ \lambda_1 + 2\lambda_2 = \dfrac{2}{3}\quad \therefore (\lambda_1, \lambda_2) = \left(\dfrac{2}{9}, \dfrac{2}{9}\right)\quad \therefore f\left(\dfrac{4}{3}, \dfrac{4}{3}\right) = \dfrac{2}{9}$ 為相對極小值

範例 7.

　　假設 $f(x,y) = 2x^2 + y^2 - 2y + 3$ 且 $x^2 + y^2 \leq 4$, 試求 f 的極值

【解】

(1)

As $x^2 + y^2 - 4 < 0$

令 $f_x = f_y = 0$ 則 $\begin{cases} f_x = 4x = 0 \\ f_y = 2y - 2 = 0 \end{cases} \Rightarrow (x,y) = (0,1)$ 為臨界點 且 $f(0,1) = 0$

$\because \Delta(0,1) = \begin{vmatrix} f_{xx}(0,1) & f_{xy}(0,1) \\ f_{yx}(0,1) & f_{yy}(0,1) \end{vmatrix} = \begin{vmatrix} 4 & 0 \\ 0 & 2 \end{vmatrix} = 8 > 0$ 且 $f_{xx}(0,1) = 4 > 0$

$\therefore f$ 於 $(0,1)$ 有相對極小值 2

(2)

As $x^2 + y^2 - 4 = 0$,　令 $L(x,y,\lambda) = 2x^2 + y^2 - 2y + 3 + \lambda(x^2 + y^2 - 4)$

$$L(x,y,\lambda)\text{極值存在} \Rightarrow \begin{cases} \dfrac{\partial L}{\partial x} = 4x + 2\lambda x = 0 \\[2mm] \dfrac{\partial L}{\partial y} = 2y - 2 + 2\lambda y = 0 \\[2mm] \quad\quad x^2 + y^2 - 4 = 0 \end{cases} \Rightarrow 2xy + 2x = 0$$

$\because 2xy + 2x = 0$ 且 $x^2 + y^2 - 4 = 0$ $\quad \therefore (x,y) = (\pm\sqrt{3}, -1) \Rightarrow f(\pm\sqrt{3}, -1) = 12$

因此 f 於 $(\pm\sqrt{3}, -1)$ 有相對極大值 12

範例 8.

　　假設 $f(x,y) = e^{x^2 y}$,　$x^2 + y^2 \leq 1$, 試求 f 的極值

【解】

(1)

As $x^2 + y^2 - 1 < 0$

令 $f_x = f_y = 0$ 則 $\begin{cases} f_x = e^{x^2 y} 2xy = 0 \\ f_y = e^{x^2 y} x^2 = 0 \end{cases} \Rightarrow (x, y) = (0, y)$ 為臨界點且 $f(0, y) = 1$

$\because \Delta(x, y) = \begin{vmatrix} f_{xx} & f_{xy} \\ f_{yx} & f_{yy} \end{vmatrix} = e^{2x^2 y} \begin{vmatrix} (2xy)^2 + 2y & 2x^3 y + 2x \\ 2x^3 y + 2x & x^4 \end{vmatrix} = 12 > 0$

$\because \Delta(0, y) = 0 \qquad \therefore (0, y)$ 非極值點

(2)

As $x^2 + y^2 - 1 = 0$, 令 $L(x, y, \lambda) = e^{x^2 y} + \lambda(x^2 + y^2 - 1)$

$L(x, y, \lambda)$ 極值存在 $\Rightarrow \begin{cases} \dfrac{\partial L}{\partial x} = e^{x^2 y} 2xy + 2\lambda x = 0 \\ \dfrac{\partial L}{\partial y} = e^{x^2 y} x^2 + 2\lambda y = 0 \\ \qquad x^2 + y^2 - 1 = 0 \end{cases} \Rightarrow x(2y^2 - x^2) = 0$

$\because x(2y^2 - x^2)$ 且 $x^2 + y^2 - 1 = 0 \quad \therefore (x, y) = \left(\pm\sqrt{\dfrac{2}{3}}, \pm\sqrt{\dfrac{1}{3}} \right), (0, \pm 1)$

$\Rightarrow f\left(\pm\sqrt{\dfrac{2}{3}}, \sqrt{\dfrac{1}{3}} \right) = e^{\frac{2}{3\sqrt{3}}}, \ f\left(\pm\sqrt{\dfrac{2}{3}}, -\sqrt{\dfrac{1}{3}} \right) = e^{\frac{-2}{3\sqrt{3}}}, \ f(0, \pm 1) = e^0 = 1$

因此 f 於 $\left(\pm\sqrt{\dfrac{2}{3}}, \sqrt{\dfrac{1}{3}} \right)$ 有相對極大值 $e^{\frac{2}{3\sqrt{3}}}$ $\therefore f$ 於 $\left(\pm\sqrt{\dfrac{2}{3}}, -\sqrt{\dfrac{1}{3}} \right)$ 有相對極小值 $e^{\frac{-2}{3\sqrt{3}}}$

範例 9.

假設 $f(x, y) = 6x^2 - 8x + 2y^2 - 4, \ x^2 + y^2 \le 1$ 試求 f 的極值

【解】

(1)

As $x^2 + y^2 - 1 < 0$, 令 $f_x = f_y = 0$ 則 $\begin{cases} f_x = 12x - 8 = 0 \\ f_y = 4y = 0 \end{cases}$

$\Rightarrow (x, y) = \left(\dfrac{2}{3}, 0 \right)$ 為臨界點且 $f\left(\dfrac{2}{3}, 0 \right) = -\dfrac{20}{3}$

$$\because \Delta\left(\frac{2}{3},0\right) = \begin{vmatrix} f_{xx}\left(\frac{2}{3},0\right) & f_{xy}\left(\frac{2}{3},0\right) \\ f_{yx}\left(\frac{2}{3},0\right) & f_{yy}\left(\frac{2}{3},0\right) \end{vmatrix} = \begin{vmatrix} 12 & 0 \\ 0 & 4 \end{vmatrix} = 48 > 0 \text{ 且 } f_{xx}\left(\frac{2}{3},0\right) = 12$$

$$\therefore f \text{ 於} \left(\frac{2}{3},0\right) \text{有相對極小值} -\frac{20}{3}$$

(2)

As $x^2 + y^2 - 1 = 0$, 令 $L(x,y,\lambda) = 6x^2 - 8x + 2y^2 - 4 + \lambda(x^2 + y^2 - 1)$

$$L(x,y,\lambda) \text{極值存在} \Rightarrow \begin{cases} \dfrac{\partial L}{\partial x} = 12x - 8 + 2\lambda x = 0 \\ \dfrac{\partial L}{\partial y} = 4y + 2\lambda y = 0 \end{cases} \Rightarrow 8xy - 8y = 0$$

$\because xy - y = 0$ 且 $x^2 + y^2 - 1 = 0$ $\quad \therefore (x,y) = (\pm 1, 0)$

$\Rightarrow f(-1,0) = 10, f(1,0) = -6$, 因此 f 於 $(-1,0)$ 有相對極大值 10

7.7.6　多變數函數於有界且封閉的定義域求極值

如果求極值的限制條件為封閉區域時, 需先求出明確的不等式限制條件(即 $C_1(x,y) \le 0$), 接著將其拆解為 $C_1(x,y) < 0$ 與等式限制式 $C_1(x,y) = 0$ 求極值

考試類型:

題型 1.

給定雙變數函數 $f(x,y)$

(1)求 $f(x,y)$ 在三頂點 $(0,0)$、$(a,0)$、$(0,b)$ 所圍封閉區域中的極值

(2)求 $f(x,y)$ 在 $\{(x,y): 0 \le x \le a, 0 \le y \le b\}$ 所圍封閉區域中的極值

(3)求 $f(x,y)$ 在 $\{(x,y): 0 \le x \le a, 0 \le y \le b, y + mx \le c\}$ 所圍封閉區域中的極值

解題流程:

找 $C_1(x,y)$ 使得原先問題轉換成限制條件為不等式 $C_1(x,y) \le 0$ 的多變數函數求極值問題

範例 1.

　　假設 $f(x,y) = 3xy - 6x - 3y + 8$, 在三頂點為 $(0,0),(3,0),(0,5)$ 的封閉區域中, 試求 f 的極值

【解】

三頂點圍成的封閉區域 $= \{(x,y): x \geq 0, y \geq 0, y \leq -\dfrac{5}{3}(x-3)\}$

(1)

As $x > 0, y > 0$ 且 $y < -\dfrac{5}{3}(x-3)$

令 $f_x = f_y = 0$ 則 $\begin{cases} f_x = 3y - 6 = 0 \\ f_y = 3x - 3 = 0 \end{cases} \Rightarrow (x,y) = (1,2)$ 為臨界點

且 $(1,2) \in \left\{(x,y): x > 0, y > 0, y < -\dfrac{5}{3}(x-3)\right\}, \ f(1,2) = 2$

$\because \Delta(1,2) = \begin{vmatrix} f_{xx}(1,2) & f_{xy}(1,2) \\ f_{yx}(1,2) & f_{yy}(1,2) \end{vmatrix} = \begin{vmatrix} 0 & 3 \\ 3 & 0 \end{vmatrix} < 0 \Rightarrow (1,2)$ 非極值點

(2)

As $(x,y) \in \{(x,0): 0 \leq x \leq 3\} \cup \{(0,y): 0 \leq y \leq 5\}$

$$\cup \left\{(x,y): y = -\dfrac{5(x-3)}{3}, 0 \leq y \leq 5, 0 \leq x \leq 3\right\}$$

(a)

若 $(x,y) \in \{(x,0): 0 \leq x \leq 3\}$ 則 $f(x,y) = -6x + 8, \ f(0,0) = 8, \ f(3,0) = -10$

(b)

若 $(x,y) \in \{(0,y): 0 \leq y \leq 5\}$ 則 $f(x,y) = -3y + 8, \ f(0,0) = 8, \ f(0,5) = -7$

(c)

若 $(x,y) \in \left\{(x,y): y = -\dfrac{5}{3}(x-3), 0 \leq y \leq 5, 0 \leq x \leq 3\right\}$

則 $f(x,y) = 3x\left(-\dfrac{5}{3}(x-3)\right) - 6x - 3\left(-\dfrac{5}{3}(x-3)\right) + 8 = -5x^2 + 14x - 7$

$$= -5\left(x - \dfrac{7}{5}\right)^2 + \dfrac{14}{5}$$

$\therefore f(x,y)$ 在 $\left(\dfrac{7}{5}, \dfrac{8}{3}\right)$ 有相對極大值 $\dfrac{14}{5} \Rightarrow f(x,y)$ 在 $(0,0)$ 有最大值 8, 在 $(3,0)$ 有最小值 -10

範例 2.

假設 $f(x,y) = x^2 - 2xy + 2y$, 求在 $\{(x,y): 0 \leq x \leq 3, 0 \leq y \leq 2\}$ 的極值

【解】

(1)

As $0 < x < 3,\ 0 < y < 2$

令 $f_x = f_y = 0$ 則 $\begin{cases} f_x = 2x - 2y = 0 \\ f_y = -2x + 2 = 0 \end{cases} \Rightarrow (x, y) = (1,1)$

$\because \Delta(1,1) = \begin{vmatrix} f_{xx}(1,1) & f_{xy}(1,1) \\ f_{yx}(1,1) & f_{yy}(1,1) \end{vmatrix} = \begin{vmatrix} 2 & -2 \\ -2 & 0 \end{vmatrix} = -4 < 0 \quad \therefore (1,1)$為鞍點

(2)

As $(x, y) \in \{(x, y): 0 \le x \le 3, y = 0 \vee 2\} \cup \{(x, y): x = 0 \vee 3, 0 \le y \le 2\}$

(a)

若 $(x, y) \in \{(x, 0): 0 \le x \le 3\}$ 則 $f(x, 0) = x^2$

$\therefore f(0,0) = 0$ 有相對極小值, $f(3,0) = 9$ 有相對極大值

(b)

若 $(x, y) \in \{(x, 2): 0 \le x \le 3\}$ 則 $f(x, 2) = x^2 - 4x + 4$

令 $\dfrac{\partial f(x, 2)}{\partial x} = 0$ 則 $2x - 4 = 0 \Rightarrow x = 2$

$\therefore f(2,2) = 0$ 有相對極小值, $f(0,2) = 4$ 有相對極大值

(c)

若 $(x, y) \in \{(0, y):, 0 \le y \le 2\}$ 則 $f(0, y) = 2y$

$\therefore f(0,0) = 0$ 有相對極小值, $f(0,2) = 4$ 有相對極大值

(d)

若 $(x, y) \in \{(3, y):, 0 \le y \le 2\}$ 則 $f(3, y) = 9 - 4y$

$\therefore f(3,2) = 1$ 有相對極小值, $f(3,0) = 9$ 有相對極大值

因此 $f(3,0) = 9$ 有絕對極大值

範例 3.

    假設 $f(x, y) = x + y^2 - xy$, 求在 $\{(x, y): 0 \le x \le 1, 0 \le y \le 2, 2x + y \le 2\}$ 的極值

【解】

(1)

As $(x, y) \in \{(x, y): 0 < x < 1, 0 < y < 2, 2x + y < 2\}$

令 $f_x = f_y = 0$ 則 $\begin{cases} f_x = 1 - y = 0 \\ f_y = 2y - x = 0 \end{cases} \Rightarrow (x, y) = (2,1)$

$\because \Delta(2,1) = \begin{vmatrix} f_{xx}(2,1) & f_{xy}(2,1) \\ f_{yx}(2,1) & f_{yy}(2,1) \end{vmatrix} = \begin{vmatrix} 0 & -1 \\ -1 & 2 \end{vmatrix} = -1 < 0 \Rightarrow (2,1)$為鞍點

(2)

As $(x, y) \in \{(x, 0): 0 \leq x \leq 1\} \cup \{(0, y): 0 \leq y \leq 2\} \cup \{(x, y): 2x + y = 2\}$

(a)

若 $(x, y) \in \{(x, 0): 0 \leq x \leq 1\}$ 則 $f(x, 0) = x$

$\therefore f(0,0) = 0$ 有相對極小值, $f(1,0) = 1$ 有相對極大值

(b)

若 $(x, y) \in \{(0, y): 0 \leq y \leq 2\}$ 則 $f(0, y) = y^2$

$\therefore f(0,0) = 0$ 有相對極小值, $f(0,2) = 4$ 有相對極大值

(c)

若 $(x, y) \in \{(x, y): 2x + y = 2, 0 \leq x \leq 1, 0 \leq y \leq 2\}$

則 $f(x, 2 - 2x) = x + (2 - 2x)^2 - x(2 - 2x)$

令 $\dfrac{\partial f(x, y)}{\partial x} = 0$ 則 $1 - 2(4 - 4x) - 2 + 4x = 0 \Rightarrow x = \dfrac{3}{4}, y = \dfrac{1}{2}$

$\therefore f\left(\dfrac{3}{4}, \dfrac{1}{2}\right) = \dfrac{5}{8}$ 有相對極小值, $f(0,2) = 4$ 有相對極大值

因此 $f(0,2) = 4$ 有絕對極大值, $f(0,0) = 0$ 有絕對極小值

範例 4.

假設 $f(x, y) = 4xy^2 - x^2y^2 - xy^3$, 在三頂點為 $(0,0), (0,6), (6,0)$ 的封閉區域中, 試求 f 的極值

【解】

三頂點圍成的封閉區域 $= \{(x, y): x \geq 0, y \geq 0, y \leq -(x - 6)\}$

(1)

As $x > 0, y > 0$ 且 $y < -(x - 6)$

令 $f_x = f_y = 0$ 則 $\begin{cases} f_x = 4y^2 - 2xy^2 - y^3 = 0 \\ f_y = 8xy - 2x^2y - 3xy^2 = 0 \end{cases}$

$\Rightarrow \begin{cases} f_x = y^2(4 - 2x - y) = 0 \\ f_y = xy(8 - 2x - 3y) = 0 \end{cases} \Rightarrow \begin{cases} f_x = 4 - 2x - y = 0 \\ f_y = 8 - 2x - 3y = 0 \end{cases} \Rightarrow (x, y) = (1, 2)$

$\because \Delta(x, y) = \begin{vmatrix} f_{xx} & f_{xy} \\ f_{yx} & f_{yy} \end{vmatrix} = \begin{vmatrix} -2y^2 & 8y - 4xy - 3y^2 \\ 8x - 4xy - 3y^2 & 8x - 2x^2 - 6xy \end{vmatrix}$

且 $\Delta(1,2) > 0$ 且 $f_{xx}(1,2) < 0$

$\therefore f(1,2) = 4$ 有相對極大值

(2)

As $(x, y) \in \{(x, 0): 0 \leq x \leq 6\} \cup \{(0, y): 0 \leq y \leq 6\}$

$$\cup \{(x,y): y = -(x-6), 0 \le y \le 6, 0 \le x \le 6\}$$

(a)

若 $(x,y) \in \{(x,0): 0 \le x \le 6\}$ 則 $f(x,y) = 0$

(b)

若 $(x,y) \in \{(0,y): 0 \le y \le 6\}$ 則 $f(x,y) = 0$

(c)

若 $(x,y) \in \{(x,y): y = -(x-6), 0 \le y \le 6, 0 \le x \le 6\}$

則 $f(x,y) = 4x(6-x)^2 - x^2(6-x)^2 - x(6-x)^3 = -2x^3 + 24x^2 - 72x$

令 $\dfrac{\partial f(x,y)}{\partial x} = 0$ 則 $-6x^2 + 48x - 72 = 0 \Rightarrow x = 2$ 或 $6 \Rightarrow (x,y) = (2,4)(6,0)$

$\because f(2,4) = -64$ 且 $f(6,0) = 0$

因此 $f(1,2) = 4$ 有絕對極大值, $f(2,4) = -64$ 有絕對極小值

範例 5.

假設 $f(x,y) = x^4 + y^4 - 4xy + 3$, 求在 $\{(x,y): 0 \le x \le 3, 0 \le y \le 2\}$ 的極值

【解】

(1)

As $0 < x < 3, 0 < y < 2$, 令 $f_x = f_y = 0$ 則 $\begin{cases} f_x = 4x^3 - 4y = 0 \\ f_y = 4y^3 - 4x = 0 \end{cases}$

$\Rightarrow (x,y) = (1,1), (-1,-1), (0,0)$ 且 $(-1,-1) \notin \{(x,y): 0 < x < 3, 0 < y < 2\}$

$\because \Delta(x,y) = \begin{vmatrix} f_{xx} & f_{xy} \\ f_{yx} & f_{yy} \end{vmatrix} = \begin{vmatrix} 12x^2 & -4 \\ -4 & 12y^2 \end{vmatrix} = 144x^2 y^2 - 16$

且 $\Delta(1,1) = 128 > 0$, $f_{xx}(1,1) = 12 > 0$

$\therefore f(1,1) = 1$ 有相對極小值

(2)

As $(x,y) \in \{(x,y): 0 \le x \le 3, y = 0 \vee 2\} \cup \{(x,y): x = 0 \vee 3, 0 \le y \le 2\}$

(a)

若 $(x,y) \in \{(x,0): 0 \le x \le 3\}$:

則 $f(x,0) = x^4 + 3 \Rightarrow f(0,0) = 3$ 有相對極小值, $f(3,0) = 84$ 有相對極大值

(b)

若 $(x,y) \in \{(x,2): 0 \le x \le 3\}$ 則 $f(x,2) = x^4 - 8x + 19$

令 $\dfrac{\partial f(x,2)}{\partial x} = 0$ 則 $4x^3 - 8 = 0 \Rightarrow x = 2^{\frac{1}{3}}$

$\therefore f\left(2^{\frac{1}{3}},2\right) = 2^{\frac{4}{3}} + 19 - 8 \cdot 2^{\frac{1}{3}}$ 有相對極小值, $f(3,2) = 76$ 有相對極大值

(c)

若 $(x,y) \in \{(0,y): , 0 \leq y \leq 2\}$ 則 $f(0,y) = y^4 + 3$

$\Rightarrow f(0,0) = 3$ 有相對極小值, $f(0,2) = 19$ 有相對極大值

(d)

若 $(x,y) \in \{(3,y): , 0 \leq y \leq 2\}$ 則 $f(3,y) = y^4 - 12y + 84$

令 $\dfrac{\partial f(x,y)}{\partial y} = 0$ 則 $4y^3 - 12 = 0 \Rightarrow y = 3^{\frac{1}{3}}$

$\therefore f\left(3,3^{\frac{1}{3}}\right) = 84 + 3^{\frac{4}{3}} - 12 \cdot 3^{\frac{1}{3}}$ 有相對極小值, $f(3,2) = 76$ 有相對極大值

因此 $f(3,0) = 84$ 有絕對極大值, $f(1,1) = 1$ 有絕對極小值

範例 6.

假設 $f(x,y) = 4xy - y^2 - x^2 - 6x + 1$, 在三頂點為 $(0,0),(2,0),(2,6)$ 的封閉區域中, 試求 f 的極值

【解】

三頂點圍成的封閉區域 $= \{(x,y): 0 \leq x \leq 2, 0 \leq y \leq 6, y \geq 3x\}$

$(1)(x,y) \in \{(x,y): 0 < x < 2, 0 < y < 6, y > 3x\}$

令 $f_x = f_y = 0$ 則 $\begin{cases} f_x = 4y - 2x - 6 = 0 \\ f_y = 4x - 2y = 0 \end{cases} \Rightarrow (x,y) = (1,2)$

$\therefore \Delta(1,2) = \begin{vmatrix} f_{xx}(1,2) & f_{xy}(1,2) \\ f_{yx}(1,2) & f_{yy}(1,2) \end{vmatrix} = \begin{vmatrix} -2 & 4 \\ 4 & -2 \end{vmatrix} = -20 < 0 \Rightarrow (1,2)$ 為鞍點

$(2)\ (x,y) \in \{(x,0): 0 \leq x \leq 2\} \cup \{(2,y): 0 \leq y \leq 6\} \cup \{(x,y): y = 3x, 0 \leq y \leq 6, 0 \leq x \leq 2\}$

(a)

若 $(x,y) \in \{(x,0): 0 \leq x \leq 2\}$ 則 $f(x,0) = -x^2 - 6x + 1$

令 $\dfrac{\partial f(x,0)}{\partial x} = 0$ 則 $-2x - 6 = 0$ $\therefore x = -3 \notin (0,2)$

$\therefore f(0,0) = 1$ 有相對極大值, $f(2,0) = -15$ 有相對極小值

(b)

若 $(x,y) \in \{(2,y): 0 \leq y \leq 6\}$ 則 $f(2,y) = 8y - y^2 - 15$

令 $\dfrac{\partial f(2,y)}{\partial y} = 0$ 則 $8 - 2y = 0$ $\therefore y = 4$

$\therefore f(2,0) = -15$ 有相對極小值，$f(2,4) = 1$ 有相對極大值

(c)

若 $(x,y) \in \{(x,y): y = 3x, 0 \le y \le 6, 0 \le x \le 2\}$

則 $f(x,y) = 4x \cdot 3x - 9x^2 - x^2 - 6x + 1 = 2x^2 - 6x + 1$

令 $\dfrac{\partial f(x,y)}{\partial x} = 0$ 則 $4x - 6 = 0 \Rightarrow x = \dfrac{3}{2}, y = \dfrac{9}{2}$

$\therefore f\left(\dfrac{3}{2}, \dfrac{9}{2}\right) = -\dfrac{7}{2}$ 有相對極小值，$f(0,0) = 1$ 有相對極大值

因此 $f(2,0) = -15$ 有絕對極小值，$f(0,0) = 1$ 有絕對極大值

第八章　　重積分

　　本章依序介紹迭代積分、多重積分定義、Fubini's Theorem 以及多重積分的考試類型；求迭代積分可以看成是求數次的單變數定積分, 在多重積分的部分, 首先說明多變數的實值函數為黎曼可積分的定義, 其定義與單變數實值函數為黎曼可積分類似, 接著說明黎曼可積分的充要條件: $f(x)$於I黎曼可積分 $\Leftrightarrow$ 函數 $f(x)$於I滿足黎曼條件 $\Leftrightarrow f(x)$於I的上黎曼積分 $= f(x)$於下的上黎曼積分, 然而, 這些充要條件在使用上並不太容易, 事實上, 任意定義於緊緻集(compact set)的多變數實值連續函數皆為黎曼可積分函數, 因此, 在第七章所介紹的判斷多變數函數是否連續則變得相當重要, 簡單來說, 於 7.2 節當中的多變數實數值函數只要定義在緊緻集為連續函數則必為黎曼可積分函數; 此外, 求多變數實值函數的重積分時, 主要是藉由 Fubini's Theorem, 將問題轉為計算數次的單變數定積分, 值得注意的是, 使用 Fubini's Theorem 的先決條件是多變數實值函數需為黎曼可積分函數

　　常考的積分類型為二重積分與三重積分, 無論是二重積分或三重積分皆是以 Fubini's Theorem 當作基礎, 將計算重積分的問題轉成計算多次單變量定積分的問題, 因此, 求解過程中可能會運用求定積分的方法, 例如: 變數變換法、分部積分法..等

　　雙重積分的考試題型分為: 不需調換積分順序即可求值、需調換積分順序才能求值、需藉由極座標轉換才能求值、需藉由廣義座標轉換才能求值; 需熟悉各種考試題型, 當推估無法直接求重積分需藉由調換積分順序時, 是否有把握找出調換積分順序後的積分上下界; 此外, 使用極座標轉換或廣義座標轉換之後, 是否也能迅速並精確找出新變數的積分上下界, 如果可以做到這些並且有把握算出各種定積分題型, 則處理雙重積分的各種題型便能游刃有餘。三重積分的考試題型分為: 不需調換順序可直接轉換成雙重積分再轉成迭代積分、轉成雙重積分後出現$x^2 + y^2$, 再使用極座標轉換、使用球座標轉換求三重積分

　　接下來討論重積分與向量微積分的關聯性, 向量微積分重點章節包含: 線積分、曲面積分、Green's Theorem、Stokes' Theorem 與 The Divergence Theorem; 線積分可分為純量函數於曲線 C 的線積分以及向量函數於曲線 C 的線積分, 兩者線積分最終皆是轉換為單變量定積分的類型作計算; 接著介紹 Green's Theorem, 當被積分函數的一階偏導數存在且連續時, Green's Theorem 是計算二維封閉曲線積分與雙重積分的重要工具,此定理將一個沿著簡單封閉平面曲線 C 的線積分與其所包圍平面區域 R 的雙重積分連結起來, 可以幫助將線積分與雙重積分做雙向的轉換, 如果線積分的計算是困難時可藉由此定理轉成雙重積

分，反之，當計算雙重積分是困難時，藉由此定理可轉成線積分做計算

　　曲面積分可分為給空間曲面求封閉區域的表面積，給純量函數求曲面 S 的質量以及給向量函數求曲面的通量，這三者最終皆是轉換為雙重積分的類型作計算，因此，熟悉雙重積分的計算是相當重要; Stokes' Theorem 不僅是微積分基本定理在更高維度的推廣，同時也是 Green's Theorem 的高維推廣，Green's Theorem 是將平面區域的雙重積分與平面上二維封閉曲線之線積分做轉換，Stokes' Theorem 則是將三維空間封閉曲線的線積分與非封閉曲面 S 上之曲面積分作轉換，當藉由 Stokes' Theorem 將三維空間封閉曲線的線積分問題轉換為非封閉曲面 S 的曲面積分的問題時，又得藉由投影的方法轉換為雙重積分做計算，再一次說明求雙重積分的能力是重要的; 此外, The Divergence Theorem 可以將向量場$\vec{F}$穿越封閉曲面 S 的通量(曲面積分)轉換為$\vec{F}$的散度在封閉體積 V 的三重積分，因此求三重積分的能力也是重要的

　　整體來說，未來會藉由上述這些定理將線積分與曲面積分的問題分別轉為二重積分與三重積分的問題，因此需培養扎實求解重積分的能力

8.1 迭代積分

考試類型:
題型 1.

給定 $f(x,y), g_1(x), g_2(x)$,　求 $\int_a^b \int_{g_1(x)}^{g_2(x)} f(x,y)dydx =?$

解題流程:
Step1.

把 $f(x,y)$ 當中的 x 當成常數，求 $\int_{g_1(x)}^{g_2(x)} f(x,y)dy =?$

Step2.

求 $\int_a^b h(x)dx =?$,　其中 $h(x) = \int_{g_1(x)}^{g_2(x)} f(x,y)dy$

題型 2.

給定 $f(x,y), g_1(y), g_2(y)$,　求 $\int_a^b \int_{g_1(y)}^{g_2(y)} f(x,y)dxdy =?$

解題流程:

Step1.

把 $f(x, y)$ 當中的 y 當成常數, 求 $\displaystyle\int_{g_1(y)}^{g_2(y)} f(x, y)dx =?$

Step2.

求 $\displaystyle\int_a^b h(y)dy =?$, 其中 $h(y) = \displaystyle\int_{g_1(y)}^{g_2(y)} f(x, y)dx$

範例 1.

$$求 \int_0^1 \int_0^x e^{x^2}\, dy\, dx =?$$

【解】

$$\int_0^1 \int_0^x e^{x^2}\, dy\, dx = \int_0^1 x e^{x^2}\, dx = \frac{1}{2} e^{x^2}\Big|_0^1 = \frac{e-1}{2}$$

範例 2.

$$(1)求 \int_0^{\frac{\pi}{2}} \int_0^x \frac{\sin x}{x}\, dy\, dx =? \quad (2)求 \int_0^{\frac{\pi}{4}} \int_0^x \frac{\sec^2 x}{x}\, dy\, dx =?$$

【解】

(1)

$$\int_0^{\frac{\pi}{2}} \int_0^x \frac{\sin x}{x}\, dy\, dx = \int_0^{\frac{\pi}{2}} \left(\frac{\sin x}{x}\right) y\Big|_{y=0}^{y=x}\, dx = \int_0^{\frac{\pi}{2}} \left(\frac{\sin x}{x}\right) x\, dx = \int_0^{\frac{\pi}{2}} \sin x\, dx = -\cos x\Big|_{x=0}^{x=\frac{\pi}{2}} = 1$$

(2)

$$\int_0^{\frac{\pi}{4}} \int_0^x \frac{\sec^2 x}{x}\, dy\, dx = \int_0^{\frac{\pi}{4}} \left(\frac{\sec^2 x}{x}\right) y\Big|_{y=0}^{y=x}\, dx = \int_0^{\frac{\pi}{4}} \left(\frac{\sec^2 x}{x}\right) x\, dx = \int_0^{\frac{\pi}{4}} \sec^2 x\, dx = \tan x\Big|_{x=0}^{x=\frac{\pi}{4}}$$

$$= 1$$

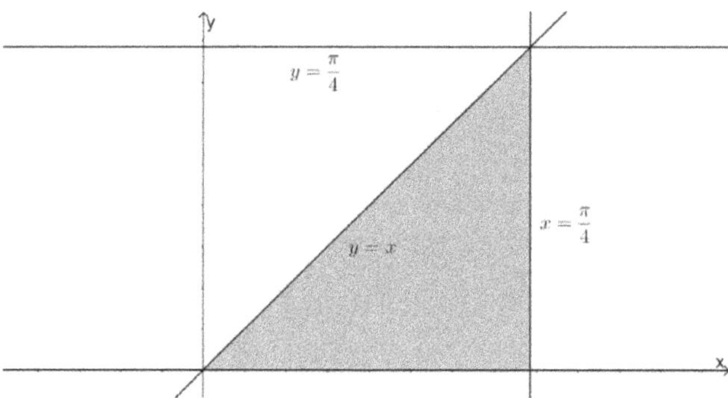

範例 3.

$$求 \int_0^1 \int_0^x \frac{1}{1+x^4} \, dy \, dx = ?$$

【解】

$$\int_0^1 \int_0^x \frac{1}{1+x^4} \, dy \, dx = \int_0^1 \frac{x}{1+x^4} \, dx = \left.\frac{\tan^{-1} x^2}{2}\right|_0^1 = \frac{\pi}{8}$$

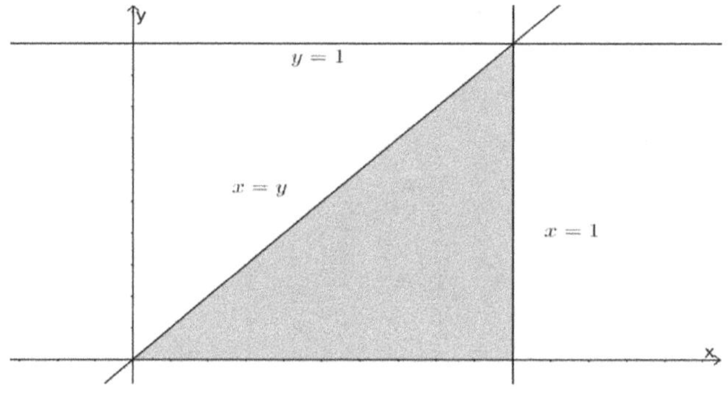

範例 4.

$$求 \int_0^2 \int_0^{2y} e^{y^2} \, dx \, dy = ?$$

【解】

$$\int_0^2 \int_0^{2y} e^{y^2} \, dx \, dy = \int_0^2 2y e^{y^2} \, dy = \left. e^{y^2} \right|_0^2 = e^4 - 1$$

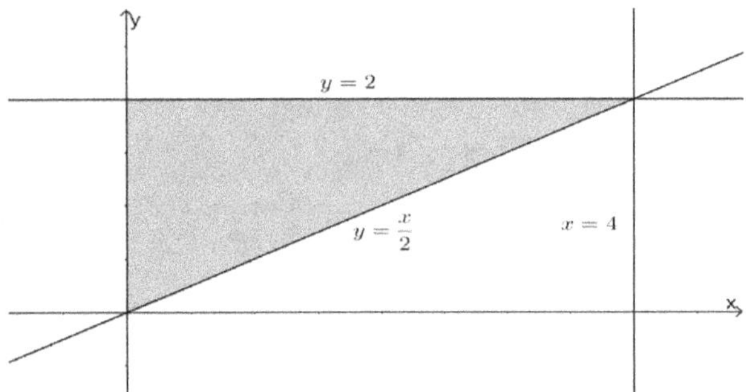

範例 5.

$$求 \int_0^1 \int_0^x e^{\frac{y}{x}} dy dx =?$$

【解】

$$\int_0^1 \int_0^x e^{\frac{y}{x}} dy dx = \int_0^1 x e^{\frac{y}{x}} \Big|_{y=0}^{y=x} dx = (e-1)\int_0^1 x\, dx = \frac{e-1}{2}$$

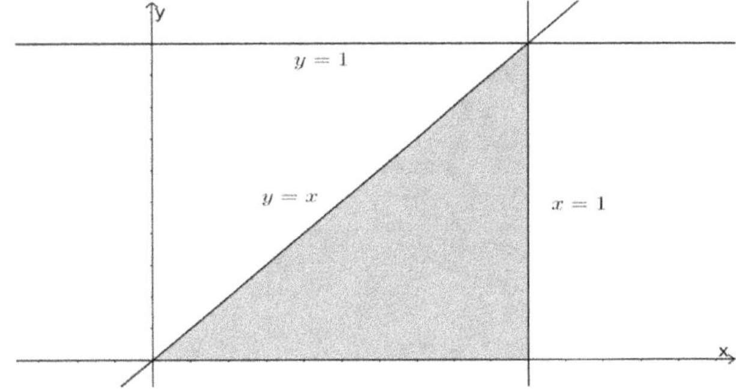

範例 6.

$$求 \int_0^2 \int_0^x x\sqrt{x^3+1}\, dy dx =?$$

【解】

$$\int_0^2 \int_0^x x\sqrt{x^3+1}\, dy dx = \int_0^2 x^2\sqrt{x^3+1}\, dx = \frac{2(x^3+1)^{\frac{3}{2}}}{9}\Big|_{x=0}^{x=2} = \frac{2(9)^{\frac{3}{2}}}{9} - \frac{2}{9} = \frac{52}{9}$$

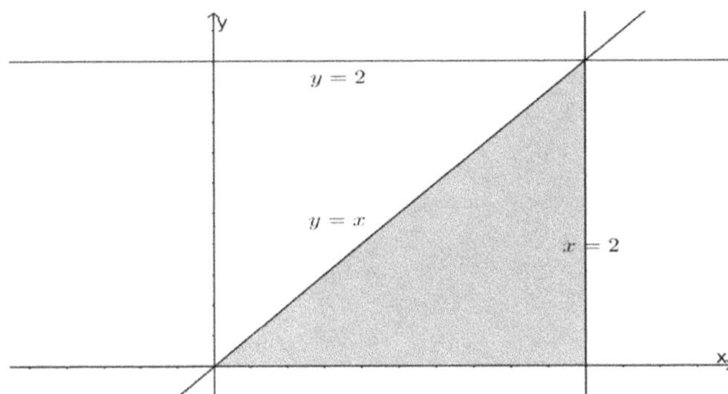

範例 7.

$$求\ \int_0^\pi \int_0^y \frac{\sin y}{y} \cos\frac{x}{y}\ dxdy =?$$

【解】

$$\int_0^\pi \int_0^y \frac{\sin y}{y} \cos\frac{x}{y}\ dxdy = \int_0^\pi \left(\sin y \sin\frac{x}{y}\right)\Big|_{x=0}^{x=y} dy = \int_0^\pi \sin y\,(\sin 1)\,dy = \sin 1\,(-\cos y)|_0^\pi$$

$$= 2\sin 1$$

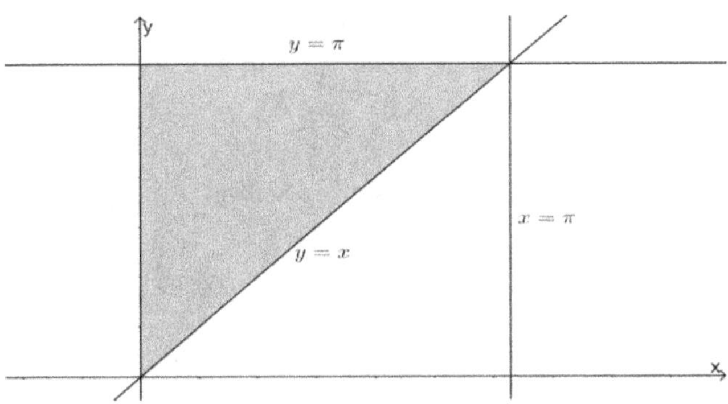

範例 8.

$$求\ \int_0^{\frac{\pi}{2}} \int_0^y \frac{\cos y}{y} \sin\frac{x}{y}\ dxdy =?$$

【解】

$$\int_0^{\frac{\pi}{2}} \int_0^y \frac{\cos y}{y} \sin\frac{x}{y}\ dxdy = \int_0^{\frac{\pi}{2}} \left(-\cos y \cos\frac{x}{y}\right)\Big|_{x=0}^{x=y} dy = \int_0^{\frac{\pi}{2}} \cos y\,(1-\cos 1)\,dy$$

$$= (1-\cos 1)\sin y|_0^{\frac{\pi}{2}} = 1-\cos 1$$

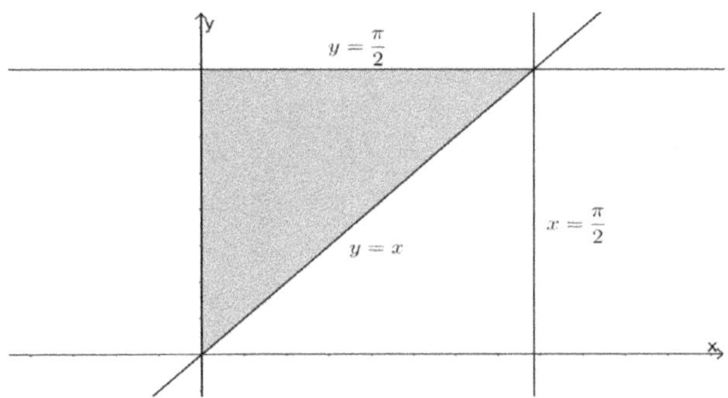

範例 9.

求 $\displaystyle\int_0^2 \int_0^y \sin y^2 \, dx \, dy =?$

【解】

$$\int_0^2 \int_0^y \sin y^2 \, dx \, dy = \int_0^2 y \sin y^2 \, dy = -\left.\frac{\cos y^2}{2}\right|_0^2 = \frac{1}{2}(1 - \cos 4)$$

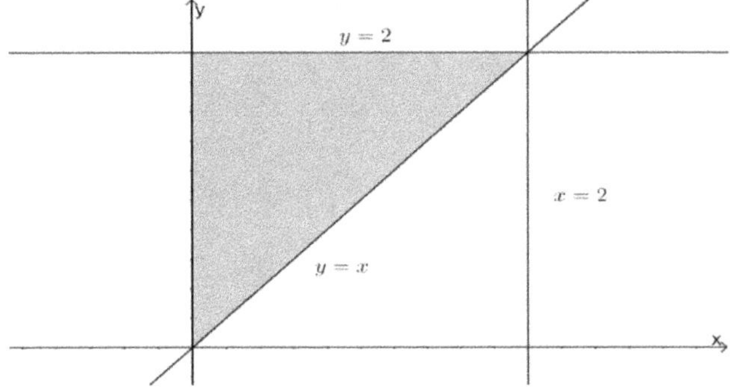

範例 10.

求 $\displaystyle\int_0^{\sqrt{3}} \int_0^x \cos \frac{\pi x^2}{2} \, dy \, dx = ?$

【解】

$$\int_0^{\sqrt{3}} \int_0^x \cos \frac{\pi x^2}{2} \, dy \, dx = \int_0^{\sqrt{3}} x \cos \frac{\pi x^2}{2} \, dx = \frac{1}{\pi} \sin \left.\frac{\pi x^2}{2}\right|_0^{\sqrt{3}} = -\frac{1}{\pi}$$

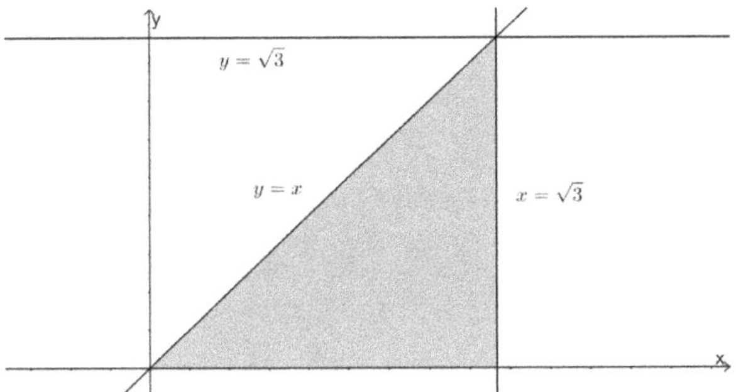

範例 11.

$$\text{求} \int_0^{\sqrt{3}} \int_0^x \sin\frac{\pi x^2}{2}\, dy\, dx = ?$$

【解】

$$\int_0^{\sqrt{3}} \int_0^x \sin\frac{\pi x^2}{2}\, dy\, dx = \int_0^{\sqrt{3}} x\sin\frac{\pi x^2}{2}\, dx = \frac{-1}{\pi}\cos\frac{\pi x^2}{2}\Big|_0^{\sqrt{3}} = \frac{1}{\pi}$$

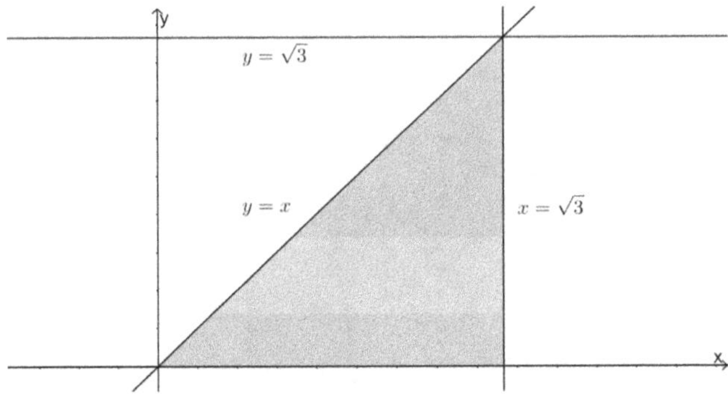

範例 12.

$$\text{求} \int_0^2 \int_0^y \cos y^2\, dx\, dy = ?$$

【解】

$$\int_0^2 \int_0^y \cos y^2\, dx\, dy = \int_0^2 y\cos y^2\, dy = \frac{\sin y^2}{2}\Big|_0^2 = \frac{\sin 4}{2}$$

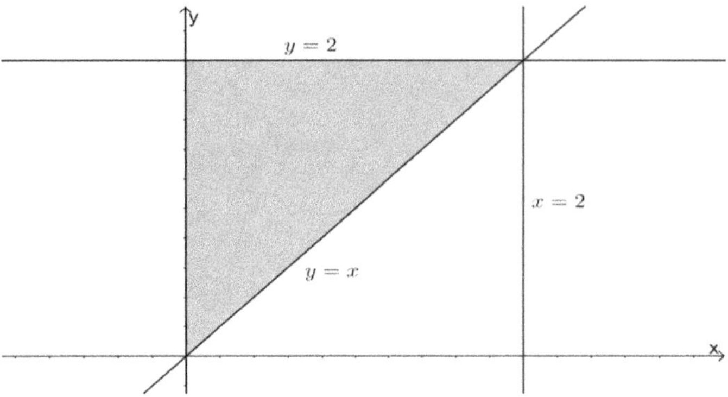

範例 13.

$$\int_0^1 \int_0^x e^{-x^2} dy\, dx =?$$

【解】

$$\int_0^1 \int_0^x e^{-x^2} dy\, dx = \int_0^1 x e^{-x^2}\, dx = -\frac{e^{-x^2}}{2}\bigg|_0^1 = \frac{1}{2}(1 - e^{-1})$$

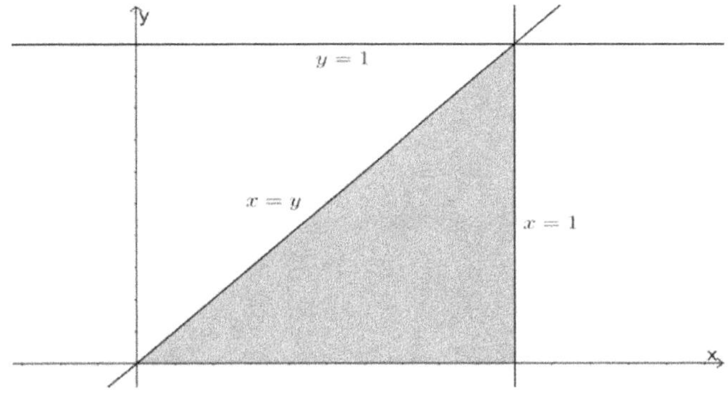

8.2 多重積分與 Fubini's Theorem

【定義】n維區間

假設 I_j 為一維空間的 interval, $\forall j = 1,..,n$ 則

$$I = I_1 \times \cdots \times I_n = \left\{(x_1, \ldots, x_n): x_j \in I_j, \forall j = 1,..,n\right\} \text{ 稱為} n \text{維區間,}$$

其中I_j 並沒有限定是否為開集合或閉集合或是否有界

【定義】n維 measure

假設 $I = I_1 \times \cdots \times I_n$ 且 I_j 有界，$\forall j = 1,..,n$ 則
$$\mu(I) \coloneqq \mu(I_1) \cdot \mu(I_2) \cdots \mu(I_n) 稱為區間 I 的 n 維\ \text{measure}$$
其中 $\mu(I_j)$ 為一維區間 I_j 的長度，$\forall j = 1,..,n$

【定義】緊緻集的分割R^n

(i)假設 $I = I_1 \times \cdots \times I_n$ 為 R^n 的 compact set，如果 P_k 是 I_k 的分割，則 cartesian product
 $P = P_1 \times \cdots \times P_n$ 則是 I 的分割，其中如果 P_k 將 I_k 分割為 n_k 個一維的子區間則 P 將 I 分
 割為 $n_1 \cdots n_k$ 個 n 維區間的聯集

(ii)如果 $P \subseteq P'$ 則稱 I 集合的分割 P' 比分割 P 更精細

【定義】黎曼和

假設 f 定義在緊緻區間(compact interval)$I \subseteq \mathrm{R}^n$，分割 P 將 I 分割為 k 個子區間 $I_1, \ldots, I_k$，則
$$R(P,f) = \sum_{j=1}^{k} f(s_j)\mu(I_j)\ \text{稱為黎曼和}(\text{Riemann sum})$$

其中 $s_j \in I_j$

【定義】黎曼可積分

(i)函數 $f(x)$ 於 $I \subseteq \mathrm{R}^n$ 黎曼可積分(Riemann Integrable)

$\Leftrightarrow \exists A \in R$ 滿足下列條件：$\forall \varepsilon > 0, \exists$ Partition P_ε of I s. t. $\forall$ Partition P finer than P_ε,
 we have $|R(P,f) - A| < \varepsilon$, for all Riemann sums $R(P,f)$.

(ii)此外，當 A 存在時，則用 $\displaystyle\int_I f(\boldsymbol{x})d\boldsymbol{x}$ 表示黎曼積分的值，即 $\displaystyle\int_I f(\boldsymbol{x})d\boldsymbol{x} = \mathrm{A}$

【定義】上黎曼和

假設 P 為集合 $I \subseteq \mathrm{R}^n$ 的分割，函數 $f(\boldsymbol{x})$ 的上黎曼和定義為 $\displaystyle U(P,f) = \sum_{i=1}^{n} \mu(I_k) \sup_{\boldsymbol{x} \in I_k} f(\boldsymbol{x})$

【定義】下黎曼和

假設 P 為集合 $I \subseteq \mathrm{R}^n$ 的分割, 函數 $f(\boldsymbol{x})$ 的下黎曼和定義為 $L(P,f) = \displaystyle\sum_{i=1}^{n} \mu(I_k) \inf_{\boldsymbol{x} \in I_k} f(\boldsymbol{x})$

為了說明黎曼可積分的充要條件, 先介紹黎曼條件、上黎曼積分以及下黎曼積分

【定義】黎曼條件

函數 $f(\boldsymbol{x})$ 於 I 滿足黎曼條件

$\Leftrightarrow \forall \varepsilon > 0, \exists$ partition P_ε of I such that if P is finer than P_ε then $0 \le U(P,f) - L(P,f) < \varepsilon$

【定義】上黎曼積分

$$(U) \int_I f(\boldsymbol{x})d\boldsymbol{x} = \inf\{U(P,f): \forall \text{ partition } P \in P(I)\}$$

【定義】下黎曼積分

$$(L) \int_I f(\boldsymbol{x})d\boldsymbol{x} = \sup\{L(P,f): \forall \text{ partition } P \in P(I)\}$$

函數於 R^n 空間黎曼可積分之充要條件的證明與 R^1 空間類似, 讀者請自行練習

【定理】黎曼可積分的充要條件

假設 $f: I \subseteq R^n \to R$ 則

$$f(\boldsymbol{x}) \text{ 於} I \text{黎曼可積分} \Leftrightarrow \text{函數 } f(\boldsymbol{x}) \text{ 於} I \text{滿足黎曼條件} \Leftrightarrow (U) \int_I f(\boldsymbol{x})d\boldsymbol{x} = (L) \int_I f(\boldsymbol{x})d\boldsymbol{x}$$

目前為止, 主要說明函數 $f: R^n \to R$ 滿足什麼條件時為黎曼可積分函數, 接下來把目光聚焦在如何計算二維空間的重積分

【定理】Fubini 定理

假設 f 為定義在 $K = [a,b] \times [c,d]$ 上的黎曼可積分函數, $\displaystyle\int_a^b f(x,y)dx$ 存在, $\forall y \in [c,d]$ 且

$\displaystyle\int_c^d f(x,y)dy$ 存在, $\forall x \in [a,b]$ 則

(i) $\displaystyle\int_a^b \int_c^d f(x,y)dydx$ 且 $\displaystyle\int_c^d \int_a^b f(x,y)dxdy$ 兩者皆存在

(ii) $\displaystyle\iint_K f(x,y)dxdy = \int_a^b \int_c^d f(x,y)dydx = \int_c^d \int_a^b f(x,y)dxdy$

<u>Proof:</u>

Let $\varphi(x) = \int_c^d f(x,y)dy$,

Claim: $\varphi(x)$ is integrable on $[a,b]$ and $\iint_K f(x,y)dxdy = \int_a^b \int_c^d f(x,y)dydx$

Let P_x, P_y be the two partition of $[a,b]$ and $[c,d]$ where $P_x = \{a = x_0 < x_1 < \cdots x_n = b\}$, $P_y = \{c = y_0 < y_1 < \cdots y_n = d\}$. Then $P = P_x \times P_y$ is a partition of K.

Let $m_{ij} = \inf_{K_{ij}} f(x,y)$ and $M_{ij} = \sup_{K_{ij}} f(x,y)$.

Let $m_j(x) = \inf_{y_{j-1}<y<y_j} f(x,y)$ and $M_j(x) = \sup_{y_{j-1}<y<y_j} f(x,y), \quad \forall x \in [x_{i-1}, x_i]$.

Then $m_{ij} \leq m_j(x) \leq M_j(x) \leq M_{ij}$.

$$\therefore \sum_j^n m_{ij}\Delta y_j \leq \sum_j^n m_j(x)\Delta y_j \leq \sum_j^n M_j(x)\Delta y_j \leq \sum_j^n M_{ij}\Delta y_j$$

$$\because \sum_j^n m_j(x)\Delta y_j \leq \varphi(x) = \int_c^d f(x,y)dy \leq \sum_j^n M_j(x)\Delta y_j$$

$$\therefore \sum_j^n m_{ij}(x)\Delta y_j \leq \varphi(x) \leq \sum_j^n M_{ij}(x)\Delta y_j, \quad \forall\, x \in [a,b]$$

$$\therefore \sum_j^n m_{ij}(x)\Delta y_j \leq \inf_{x\in[x_{i-1},x_i]} \varphi(x) \leq \sup_{x\in[x_{i-1},x_i]} \varphi(x) \leq \sum_j^n M_{ij}(x)\Delta y_j, \forall x \in [x_{i-1}, x_i],$$

$i = 1,2..,n$

$$\therefore \sum_i^n \left(\sum_j^n m_{ij}(x)\Delta y_j \right)\Delta x_i \leq \sum_i^n \left(\inf_{x\in[x_{i-1},x_i]} \varphi(x) \right)\Delta x_i \leq \sum_i^n \left(\sup_{x\in[x_{i-1},x_i]} \varphi(x) \right)\Delta x_i$$

$$\leq \sum_i^n \left(\sum_j^n M_{ij}(x)\Delta y_j \right)\Delta x_i$$

$$\therefore L(P,f) \leq L(P_x,f) \leq U(P_x,f) \leq U(P,f)$$

$$\because L(P_x,f) \leq (L)\int_a^b \varphi(x)dx \leq (U)\int_a^b \varphi(x)dx \leq U(P_x,f)$$

$$\therefore L(P,f) \le (L)\int_a^b \varphi(x)dx \le (U)\int_a^b \varphi(x)dx \le U(P,f), \quad \forall \text{ partition } P$$

$$\therefore (L)\iint_K f(x,y)dxdy \le (L)\int_a^b \varphi(x)dx \le (U)\int_a^b \varphi(x)dx \le (U)\iint_K f(x,y)dxdy$$

$\because f$ 為在 $K = [a,b] \times [c,d]$ 上的黎曼可積分函數

$$\therefore (L)\iint_K f(x,y)dxdy = (U)\iint_K f(x,y)dxdy = \iint_K f(x,y)dxdy$$

$$\therefore (L)\int_a^b \varphi(x)dx = (U)\int_a^b \varphi(x)dx = \iint_K f(x,y)dxdy \Rightarrow \int_a^b \varphi(x)dx = \iint_K f(x,y)dxdy$$

By the same way, $\quad \displaystyle\iint_K f(x,y)dxdy = \int_c^d \int_a^b f(x,y)dxdy$

對於 Fubini 定理而言，f 在 $K = [a,b] \times [c,d]$ 上為黎曼可積分函數是重要不可缺少的條件，接下來展示一個雙變數函數 $f(x,y)$ 滿足條件：

$$\int_a^b f(x,y)dx \text{ 存在}, \quad \forall y \in [c,d] \text{ 且} \int_c^d f(x,y)dy \text{ 存在}, \quad \forall x \in [a,b],$$

然而

$$\iint_K f(x,y)dxdy \ne \int_a^b \int_c^d f(x,y)dydx \ne \int_c^d \int_a^b f(x,y)dxdy$$

範例說明:

$$f(x,y) = \begin{cases} -\dfrac{1}{x^2}, 0 < y \le x \le 1 \\ \dfrac{1}{y^2}, 0 < x \le y \le 1 \end{cases} \quad \text{則 } f \text{ 在 } K = [0,1] \times [0,1] \text{ 上為黎曼不可積分函數}$$

$$\because \int_0^1 f(x,y)dx = \int_0^y \frac{1}{y^2}dx + \int_y^1 -\frac{1}{x^2}dx = 1 \text{ 且}$$

$$\int_0^1 f(x,y)dx = \int_0^x -\frac{1}{x^2}dy + \int_x^1 \frac{1}{y^2}dy = -1$$

如果 f 為在 $K = [0,1] \times [0,1]$ 上的黎曼可積分函數 則

$$\iint_K f(x,y)dxdy = \int_a^b \int_c^d f(x,y)dydx = \int_c^d \int_a^b f(x,y)dxdy, \quad \text{a contradiction}$$

$\therefore f$ 為定義在 $K = [0,1] \times [0,1]$ 上的黎曼不可積分函數

目前為止, Fubini's Theorem 可以幫助將計算雙重積分的問題轉為迭代積分的問題, 其中 f 為在 $K = [a,b] \times [c,d]$ 上的黎曼可積分函數為重要不可缺少的條件, 緊接著證明如果 $f(x,y)$ 於 $K = [a,b] \times [c,d]$ 為連續函數則 f 在 $K = [a,b] \times [c,d]$ 上為黎曼可積分函數且

$$\iint_K f(x,y)dA = \int_a^b \int_c^d f(x,y)dydx = \int_c^d \int_a^b f(x,y)dxdy$$

【定理】

假設雙變數函數 $f(x,y)$ 於 $R = [a,b] \times [c,d]$ 為連續函數

則 $\iint_R f(x,y)dA = \int_a^b \int_c^d f(x,y)dydx = \int_c^d \int_a^b f(x,y)dxdy$

Proof:

Let P be the partition of $[a,b] \times [c,d]$

Let $R_{ij} = [x_{i-1}, x_i] \times [y_{j-1}, y_j], \quad \forall\, 0 \le i \le m, 0 \le j \le n$

Then $[a,b] \times [c,d] = \bigcup_{i=0}^{m} \bigcup_{j=0}^{n} [x_{i-1}, x_i] \times [y_{j-1}, y_j] = \bigcup_{i=0}^{m} \bigcup_{j=0}^{n} R_{ij}$

Let $m_{ij} = \inf_{R_{ij}} f(x,y)$ and $M_{ij} = \sup_{R_{ij}} f(x,y)$

$\because m_{ij} \le f(x,y) \le M_{ij}, \forall (x,y) \in R_{ij}, \quad \forall\, 0 \le i \le m, 0 \le j \le n$

$\therefore m_{ij}\Delta y_j \le \int_{y_{j-1}}^{y_j} f(x,y)dy \le M_{ij}\Delta y_j, \quad \forall x \in [x_{i-1}, x_i], \forall\, 0 \le i \le m, 0 \le j \le n$

$\therefore \sum_{j=0}^{n} m_{ij}\Delta y_j \le \int_c^d f(x,y)dy \le \sum_{j=0}^{n} M_{ij}\Delta y_j, \forall x \in [x_{i-1}, x_i], \forall\, 0 \le i \le m, 0 \le j \le n$

$\therefore \sum_{j=0}^{n} m_{ij}\Delta x_i \Delta y_j \le \int_{x_{i-1}}^{x_i} \int_c^d f(x,y)dydx \le \sum_{j=0}^{n} M_{ij}\Delta x_i \Delta y_j$

$\therefore \sum_{i=0}^{m} \sum_{j=0}^{n} m_{ij}\Delta x_i \Delta y_j \le \int_a^b \int_c^d f(x,y)dydx \le \sum_{i=0}^{m} \sum_{j=0}^{n} M_{ij}\Delta x_i \Delta y_j$

$\Rightarrow L(f,P) \le \int_a^b \int_c^d f(x,y)dydx \le U(f,P), \quad \forall \text{ partition } P$

$\because L(f,P) \le \iint_R f(x,y)dA \le U(f,P), \quad \forall \text{ partition } P$

$$\therefore \iint_R f(x,y)dA = \int_a^b \int_c^d f(x,y)dydx = \int_c^d \int_a^b f(x,y)dxdy$$

【性質】 重積分的性質

假設 $f, g: I \subseteq R^n \to R$ 且兩者為黎曼可積分

(i) $\int_I \alpha f(\boldsymbol{x}) \pm \beta f(\boldsymbol{x})dx = \alpha \int_I f(\boldsymbol{x})\,dx \pm \beta \int_I f(\boldsymbol{x})\,dx,\ \forall\, \alpha, \beta \in R$

(ii) $\int_I f(\boldsymbol{x})\,dx \geq 0$ if $f(\boldsymbol{x}) \geq 0, \forall \boldsymbol{x} \in R^n$

(iii) $\int_I f(\boldsymbol{x})\,dx \geq \int_I g(\boldsymbol{x})\,dx$ if $f(\boldsymbol{x}) \geq g(\boldsymbol{x}),\ \forall \boldsymbol{x} \in R^n$

8.3 雙重積分的考試類型

雙重積分的考試類型包含把雙重積分轉成迭代積分再計算迭代積分的值、無法直接轉定積分，需藉由調換積分順序、使用極座標轉換求雙重積分的值、使用廣義座標轉換求雙重積分的值

8.3.1　把雙重積分轉成迭代積分再計算迭代積分的值

考試類型:

題型 1.

藉由 Fubinis Theorem 把雙重積分 $\iint_R f(x,y)dA$ 轉成迭代積分之後可以直接求值, 其中 $R = \{(x,y): a \leq x \leq b, c \leq y \leq d\}$

解題流程:

Step1.

藉由 Fubinis Theorem, $\iint_R f(x,y)dA = \int_a^b \int_c^d f(x,y)dydx = \int_c^d \int_a^b f(x,y)dxdy$

Step2.

求 $\int_a^b \int_c^d f(x,y)dydx =?$ 或 $\int_c^d \int_a^b f(x,y)dxdy =?$

題型 2.

藉由 Fubinis Theorem 把雙重積分轉成迭代積分之後,再搭配分部積分求積分值，其中
$R = \{(x, y): a \leq x \leq b, g_1(x) \leq y \leq g_2(x)\}$

解題流程:

Step1.

藉由 Fubinis Theorem,　$\displaystyle\iint_R f(x, y)dA = \int_a^b \int_{g_1(x)}^{g_2(x)} f(x, y)dydx$

Step2.

假設 $\displaystyle\int_a^b \int_{g_1(x)}^{g_2(x)} f(x, y)dydx = \int_a^b u(x)\,v'(x)dx,$　藉由 integration by parts,

$$\int_a^b u(x)v'(x)dx = u(x)v(x)|_{x=a}^{x=b} - \int_a^b u'(x)v(x)dx.$$

Step3.

求　$\displaystyle u(x)v(x)|_{x=a}^{x=b} - \int_a^b u'(x)v(x)dx = ?$

<u>範例說明</u>:

(I) 求 $\displaystyle\int_0^2 \int_0^{x^2} e^{\frac{y}{x}}\, dydx = ?$

$$\int_0^2 \int_0^{x^2} e^{\frac{y}{x}}\, dydx = \int_0^2 xe^{\frac{y}{x}}\Big|_{y=0}^{y=x^2}\, dx = \int_0^2 x(e^x - 1)dx = \int_0^2 xe^x dx - \int_0^2 xdx$$

令 $u = x,\ dv = e^x dx$ 則 $du = dx,\ v = e^x,$　藉由 integration by parts,

$$\int_0^2 xe^x dx = e^2 + 1 \text{ 且 } \int_0^2 xdx = 2$$

(II) 求 $\displaystyle\int_0^1 \int_x^1 \frac{1}{1 + y^2}\, dydx = ?$

$$\int_0^1 \int_x^1 \frac{1}{1 + y^2}\, dydx = \int_0^1 \tan^{-1} y|_x^1\, dx = \int_0^1 \frac{\pi}{4} - \tan^{-1} x\, dx$$

令 $u = \tan^{-1} x,\ dv = dx$ 則 $du = \dfrac{dx}{1 + x^2},\ v = x,$　藉由 integration by parts,

$$\int_0^1 \tan^{-1} x\, dx = \frac{\pi}{4} - \frac{\ln 2}{2}$$

範例 1.

$$\text{求} \iint_R 4 - x - y\, dA =?,\quad R = \{(x,y): 0 \le x \le 2, 0 \le y \le 2\}$$

【解】

$\because f(x,y) = 4 - x - y$ 在 R 區域為連續函數，藉由 Fubinis Theorem

$$\iint_R 4 - x - y\, dA = \int_0^2 \int_0^2 4 - x - y\, dy\, dx = \int_0^2 4y - xy - \frac{y^2}{2}\Big|_{y=0}^{y=2} dx = \int_0^2 8 - 2x - 2\, dx$$

$$= (6x - x^2)\big|_{x=0}^{x=2} = 12 - 4 = 8$$

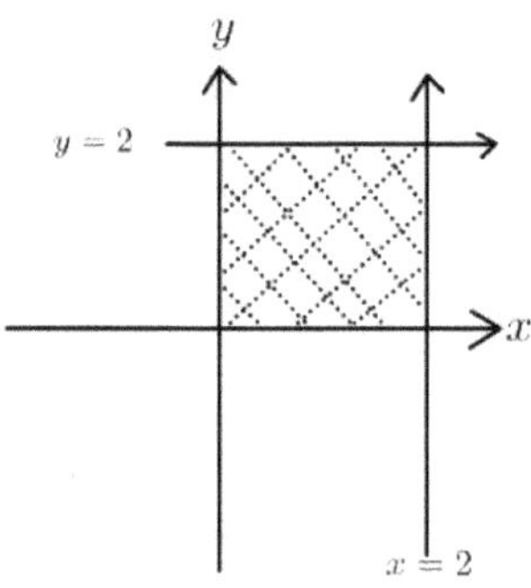

範例 2.

$$\text{求} \iint_R (1 + 8xy)\, dA =?,\quad R = \{(x,y): 1 \le x \le 2, 0 \le y \le 2\}$$

【解】

$\because f(x,y) = 1 + 8xy$ 在 R 區域為連續函數，藉由 Fubinis Theorem

$$\iint_R (1 + 8xy)\, dA = \int_0^2 \int_1^2 (1 + 8xy)\, dx\, dy = \int_0^2 (x + 4x^2 y)\big|_{x=1}^{x=2}\, dy = \int_0^2 1 + 12y\, dy$$

$$= (y + 6y^2)\big|_{y=0}^{y=2} = 2 + 6 \cdot 4 = 26$$

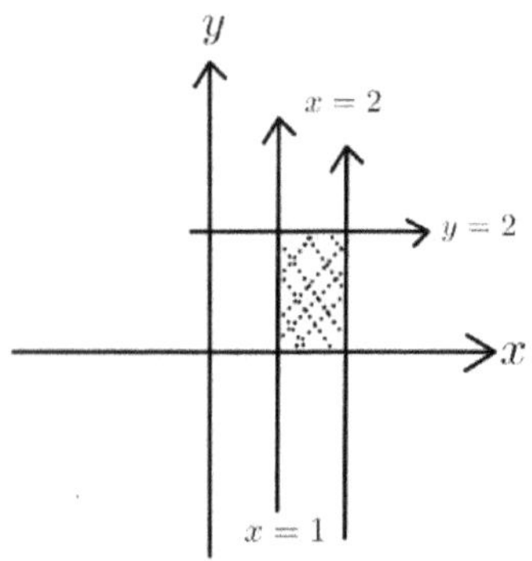

範例 3.

$$求 \iint_R \frac{1}{(x+y)^2}\,dxdy =?,\quad R = \{(x,y): 1 \le x \le 3, 0 \le y \le 2\}$$

【解】

$$\because f(x,y) = \frac{1}{(x+y)^2}\ \text{在 } R \text{ 區域為連續函數,藉由 Fubinis Theorem}$$

$$則 \iint_R \frac{1}{(x+y)^2}\,dxdy = \int_1^3 \int_0^2 \frac{1}{(x+y)^2}\,dydx = \int_1^3 \frac{-1}{(x+y)}\Big|_{y=0}^{y=2}\,dx = -\int_1^3 \frac{1}{x+2} - \frac{1}{x}\,dx$$

$$= -(\ln(x+2) - \ln x)\big|_{x=1}^{x=3} = -(\ln 5 - \ln 3 - \ln 3) = 2\ln 3 - \ln 5$$

範例 4.

$$求 \iint_R xy\,dA =?,\quad R = \{(x,y): 0 \le x \le 2, 2x-4 \le y \le 0\}$$

【解】

$$\because f(x,y) = xy\ \text{在 } R \text{ 區域為連續函數,藉由 Fubinis Theorem}$$

$$\iint_R xy\,dA = \int_0^2 \int_{2x-4}^0 xy\,dydx = \int_0^2 \frac{xy^2}{2}\Big|_{y=2x-4}^{y=0}\,dx = -\int_0^2 \frac{x(2x-4)^2}{2}\,dx$$

$$= -2\int_0^2 x(x-2)^2\,dx = -2\int_0^2 x^3 - 4x^2 + 4x\,dx = -2\left(\frac{x^4}{4} - \frac{4x^3}{3} + 2x^2\right)\Big|_{x=0}^{x=2}$$

$$= -2\left(4 - \frac{32}{3} + 8\right) = \frac{-8}{3}$$

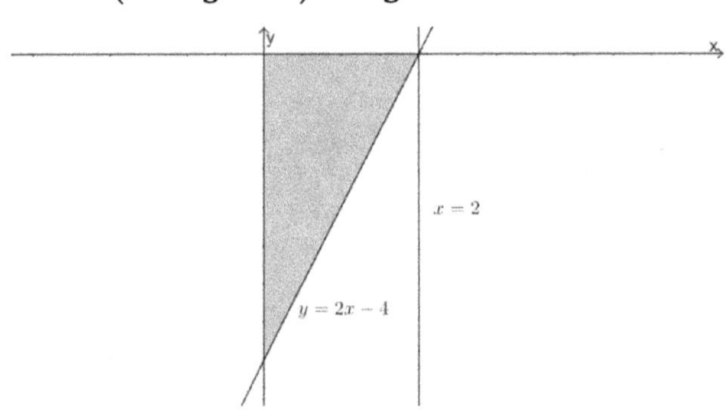

範例 5.

$$\text{求} \iint_R e^{\frac{y}{x}} dA =?, \quad R = \{(x,y): 0 \le x \le 2, 0 \le y \le x^2\}$$

【解】

$\because f(x,y) = e^{\frac{y}{x}}$ 在 R 區域為連續函數, 藉由 Fubinis Theorem

$$\iint_R e^{\frac{y}{x}} dA =? \int_0^2 \int_0^{x^2} e^{\frac{y}{x}}\, dydx = \int_0^2 xe^{\frac{y}{x}}\Big|_{y=0}^{y=x^2}\, dx = \int_0^2 x(e^x-1)dx = \int_0^2 xe^x dx - \int_0^2 xdx$$

令 $u = x, \ dv = e^x dx$ 則 $du = dx, \ v = e^x$, 藉由 Integration By Parts

則 $\displaystyle \int_0^2 xe^x dx = xe^x\big|_{x=0}^{x=2} - \int_0^2 e^x dx = 2e^2 - (e^2-1) = e^2 + 1$

$\because \displaystyle \int_0^2 xdx = 2 \quad \therefore \int_0^2 \int_0^{x^2} e^{\frac{y}{x}}\, dydx = \int_0^2 xe^x dx - \int_0^2 xdx = e^2 + 1 - 2 = e^2 - 1$

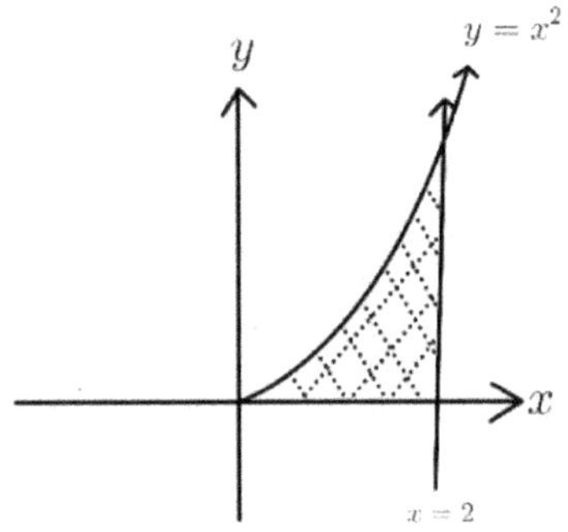

範例 6.

$$\text{求} \iint_R e^{y^2} dA =?, \quad R = \{(x,y): x - y \le 0, y \le 3, x + 3y \ge 0\}$$

【解】

$\because f(x,y) = e^{y^2}$ 在 R 區域為連續函數, 藉由 Fubinis Theorem

$$\iint_R e^{y^2} dA = \int_0^3 \int_{-3y}^{y} e^{y^2}\, dxdy = \int_0^3 4ye^{y^2}\, dy = 2e^{y^2}\big|_{y=0}^{y=3} = 2(e^9 - 1)$$

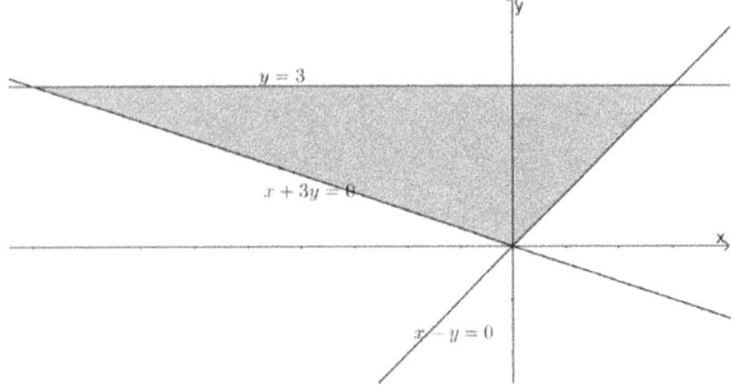

範例 7.

$$\text{求} \iint_R ye^{xy}dA =?, \quad R = \{(x,y): 0 \le x \le 1, 0 \le y \le 3\}$$

【解】

$\because f(x,y) = ye^{xy}$ 在 R 區域為連續函數，藉由 Fubinis Theorem

則 $\displaystyle\iint_R ye^{xy}dA = \int_0^3 \int_0^1 ye^{xy}\,dxdy = \int_0^3 e^{xy}|_{x=0}^{x=1}dy = \int_0^3 e^y - 1\,dy = (e^3 - 1) - 3$

$= e^3 - 4$

範例 8.

$$\text{求} \iint_R \frac{1}{1+y^2}dA =?, \quad R = \{(x,y): 0 \le x \le 1, x \le y \le 1\}$$

【解】

$\because f(x,y) = \dfrac{1}{1+y^2}$ 在 R 區域為連續函數，藉由 Fubinis Theorem

$\displaystyle\iint_R \frac{1}{1+y^2}dA = \int_0^1 \int_x^1 \frac{1}{1+y^2}\,dydx = \int_0^1 \tan^{-1}y|_x^1\,dx = \int_0^1 \frac{\pi}{4} - \tan^{-1}x\,dx$

令 $u = \tan^{-1}x$, $dv = dx$ 則 $du = \dfrac{dx}{1+x^2}$, $v = x$, 藉由 integration by parts

$\displaystyle\int_0^1 \tan^{-1}x\,dx = x\tan^{-1}x|_0^1 - \int_0^1 \frac{xdx}{1+x^2} = \frac{\pi}{4} - \frac{1}{2}\ln(1+x^2)\Big|_0^1 = \frac{\pi}{4} - \frac{\ln 2}{2}$

$\therefore \displaystyle\int_0^1 \frac{\pi}{4} - \tan^{-1}x\,dx = \frac{\pi}{4} - \left(\frac{\pi}{4} - \frac{\ln 2}{2}\right) = \frac{\ln 2}{2}$

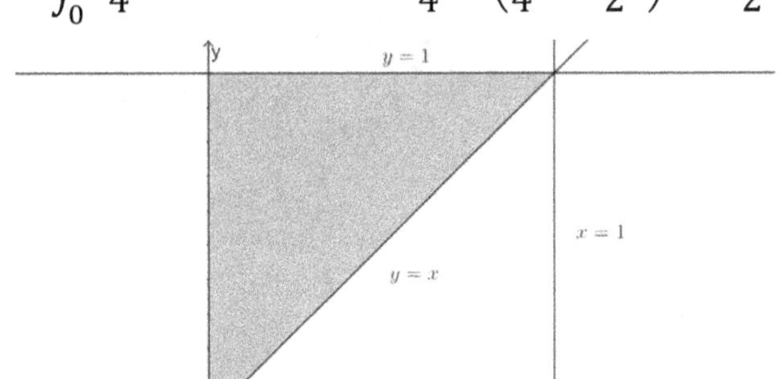

範例 9.

$$\text{求} \iint_R 2x - y^2 \, dA = ?, \quad R = \{(x,y): x - y + 1 \le 0, y \le 2, x + y - 1 \ge 0\}$$

【解】

$\because f(x,y) = 2x - y^2$ 在 R 區域為連續函數，藉由 Fubinis Theorem

則 $\displaystyle \iint_R 2x - y^2 \, dA = \int_1^2 \int_{1-y}^{y-1} 2x - y^2 \, dx \, dy = \int_1^2 x^2 - y^2 x \Big|_{x=1-y}^{x=y-1} \, dy$

$\displaystyle = \int_1^2 (y-1)^2 - y^2(y-1) - ((1-y)^2 - y^2(1-y)) \, dy = \int_1^2 -2y^3 + 2y^2 \, dy$

$\displaystyle = \frac{-y^4}{2}\Big|_{y=1}^{y=2} + \frac{2y^3}{3}\Big|_{y=1}^{y=2} = \frac{-17}{6}$

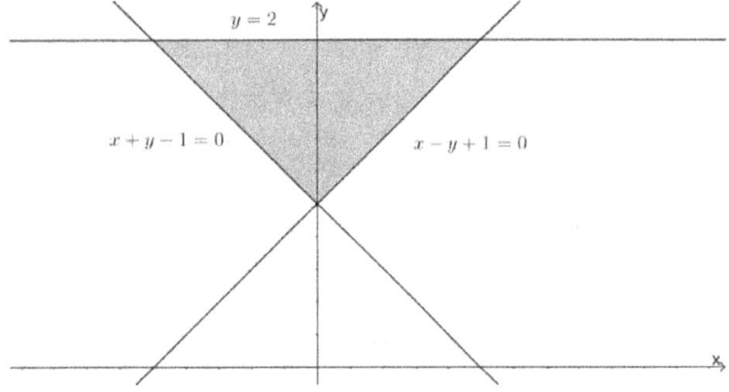

8.3.2 　無法直接求迭代積分，需先調換迭代積分順序

考試類型：

題型 1.

假設 $R = \{(x,y): a \le x \le b, f_1(x) \le y \le f_2(x)\}$，無法直接計算 $\displaystyle \int_a^b \int_{f_1(x)}^{f_2(x)} f(x,y) \, dy \, dx = ?$

解題流程：

Step1.

找 c, d, f_3, f_4 使得 $R = \{(x,y): f_3(y) \le x \le f_4(y), c \le y \le d\}$

Step2.

因此 $\displaystyle \int_a^b \int_{f_1(x)}^{f_2(x)} f(x,y) \, dy \, dx = \int_c^d \int_{f_3(y)}^{f_4(y)} f(x,y) \, dx \, dy$

Step3.

計算此積分 $\displaystyle\int_c^d \int_{f_3(y)}^{f_4(y)} f(x,y)dxdy =?$

Step4.

如果無法計算 $\displaystyle\int_c^d \int_{f_3(y)}^{f_4(y)} f(x,y)dxdy =?$, 通常會搭配使用變數變換、分部積分求積分值

題型 2.

假設 $R = \{(x,y): f_1(y) \leq x \leq f_2(y), c \leq y \leq d\}$, 無法直接計算 $\displaystyle\int_c^d \int_{f_1(y)}^{f_2(y)} f(x,y)dxdy$ 時

解題流程:

Step1.

找 a, b, f_3, f_4 使得 $R = \{(x,y): a \leq x \leq b, f_3(x) \leq y \leq f_4(x)\}$

因此 $\displaystyle\int_c^d \int_{f_1(y)}^{f_2(y)} f(x,y)dxdy = \int_a^b \int_{f_3(x)}^{f_4(x)} f(x,y)dydx$

Step2.

計算此積分 $\displaystyle\int_a^b \int_{f_3(x)}^{f_4(x)} f(x,y)dydx =?$

Step3.

如果無法計算 $\displaystyle\int_a^b \int_{f_3(x)}^{f_4(x)} f(x,y)dydx =?$, 通常會搭配使用變數變換 、分部積分求積分值

範例 1.

求 $\displaystyle\int_0^1 \int_y^1 e^{x^2}\, dxdy =?$

【解】

$\because \{(x,y): y \leq x \leq 1, 0 \leq y \leq 1\} = \{(x,y): 0 \leq x \leq 1, 0 \leq y \leq x\}$

$\therefore \displaystyle\int_0^1 \int_y^1 e^{x^2}\, dxdy = \int_0^1 \int_0^x e^{x^2}dydx = \int_0^1 xe^{x^2}\, dx = \frac{1}{2}e^{x^2}\Big|_0^1 = \frac{e-1}{2}$

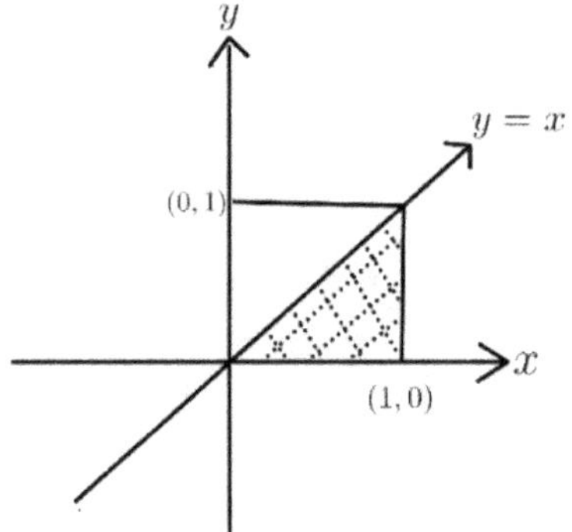

範例 2.

$$\text{求} \int_0^2 \int_{\sqrt{x}}^2 e^{y^3} \, dy \, dx = ?$$

【解】

$$\because \{(x,y): 0 \le x \le 2, \sqrt{x} \le y \le 2 \} = \{(x,y): 0 \le x \le y^2, 0 \le y \le 2 \}$$

$$\therefore \int_0^2 \int_{\sqrt{x}}^2 e^{y^3} \, dy \, dx = \int_0^2 \int_0^{y^2} e^{y^3} \, dx \, dy = \int_0^2 y^2 e^{y^3} \, dy = \left. \frac{e^{y^3}}{3} \right|_{y=0}^{y=2} = \frac{1}{3}(e^8 - 1)$$

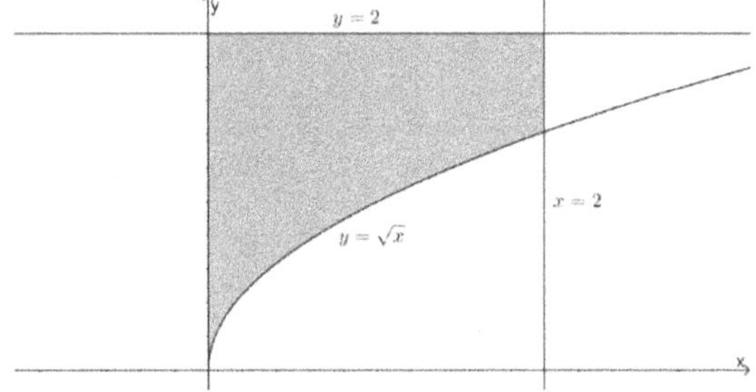

範例 3.

$$\text{求} \int_0^4 \int_{\sqrt{y}}^2 \sqrt{x^3 + 1} \, dx \, dy = ?$$

【解】

$$\because \{(x,y): \sqrt{y} \le x \le 2, 0 \le y \le 4 \} = \{(x,y): 0 \le x \le 2, 0 \le y \le x^2 \}$$

$$\therefore \int_0^4 \int_{\sqrt{y}}^2 \sqrt{x^3 + 1} \, dx \, dy = \int_0^2 \int_0^{x^2} \sqrt{x^3 + 1} \, dy \, dx = \int_0^2 x^2 \sqrt{x^3 + 1} \, dx = \left. \frac{2(x^3 + 1)^{\frac{3}{2}}}{9} \right|_0^2 = \frac{54 - 2}{9}$$

$$= \frac{52}{9}$$

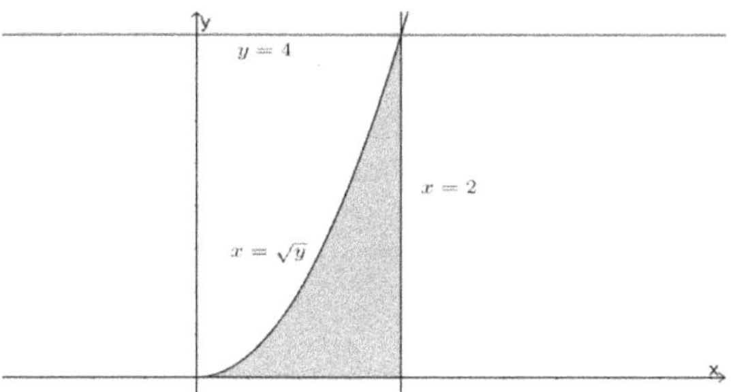

範例 4.

$$求 \int_0^4 \int_{\sqrt{y}}^2 \frac{y\sqrt{x^2+1}}{x^3}\,dxdy =?$$

【解】

$\because \{(x,y): \sqrt{y} \leq x \leq 2, 0 \leq y \leq 4\} = \{(x,y): 0 \leq x \leq 2, 0 \leq y \leq x^2\}$

$$\therefore \int_0^4 \int_{\sqrt{y}}^2 \frac{y\sqrt{x^2+1}}{x^3}\,dxdy = \int_0^2 \int_0^{x^2} \frac{y\sqrt{x^2+1}}{x^3}\,dydx = \int_0^2 \frac{x^4\sqrt{x^2+1}}{2x^3}\,dx = \int_0^2 \frac{x\sqrt{x^2+1}}{2}\,dx$$

$$= \left.\frac{(x^2+1)^{\frac{3}{2}}}{6}\right|_0^2 = \frac{5\sqrt{5}-1}{6}$$

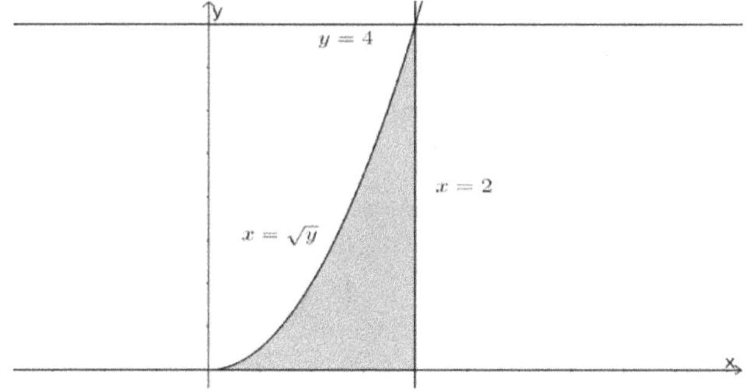

範例 5.

$$(1)求 \int_0^{\frac{\pi}{2}} \int_y^{\frac{\pi}{2}} \frac{\sin x}{x}\,dxdy =? \quad (2)求 \int_0^{\frac{\pi}{4}} \int_y^{\frac{\pi}{4}} \frac{\sec^2 x}{x}\,dxdy =?$$

【解】

(1)

$\because \{(x,y): y \leq x \leq \frac{\pi}{2}, 0 \leq y \leq \frac{\pi}{2}\} = \{(x,y): 0 \leq x \leq \frac{\pi}{2}, 0 \leq y \leq x\}$

$$\therefore \int_0^{\frac{\pi}{2}} \int_y^{\frac{\pi}{2}} \frac{\sin x}{x} \, dx dy = \int_0^{\frac{\pi}{2}} \int_0^x \frac{\sin x}{x} \, dy dx = \int_0^{\frac{\pi}{2}} \left(\frac{\sin x}{x} \right) y \big|_{y=0}^{y=x} dx = \int_0^{\frac{\pi}{2}} \left(\frac{\sin x}{x} \right) x dx$$

$$= \int_0^{\frac{\pi}{2}} \sin x \, dx = -\cos x \big|_{x=0}^{x=\frac{\pi}{2}} = 1$$

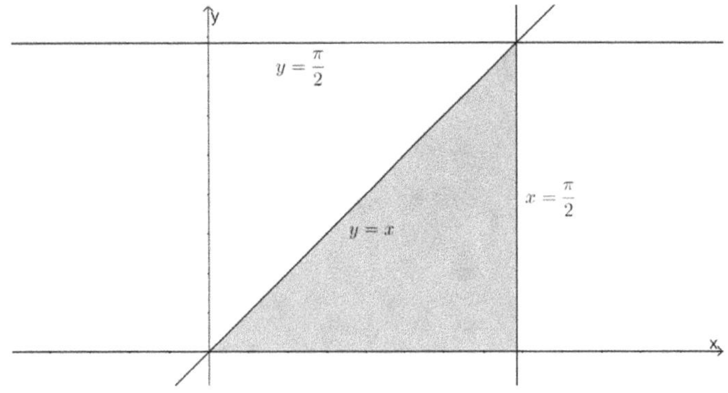

(2)

$$\because \{(x,y): y \le x \le \frac{\pi}{4}, 0 \le y \le \frac{\pi}{4}\} = \{(x,y): 0 \le x \le \frac{\pi}{4}, 0 \le y \le x\}$$

$$\therefore \int_0^{\frac{\pi}{4}} \int_y^{\frac{\pi}{4}} \frac{\sec^2 x}{x} \, dx dy = \int_0^{\frac{\pi}{4}} \int_0^x \frac{\sec^2 x}{x} \, dy dx = \int_0^{\frac{\pi}{4}} \left(\frac{\sec^2 x}{x} \right) y \big|_{y=0}^{y=x} dx = \int_0^{\frac{\pi}{4}} \left(\frac{\sec^2 x}{x} \right) x dx$$

$$= \int_0^{\frac{\pi}{4}} \sec^2 x \, dx = \tan x \big|_{x=0}^{x=\frac{\pi}{4}} = 1$$

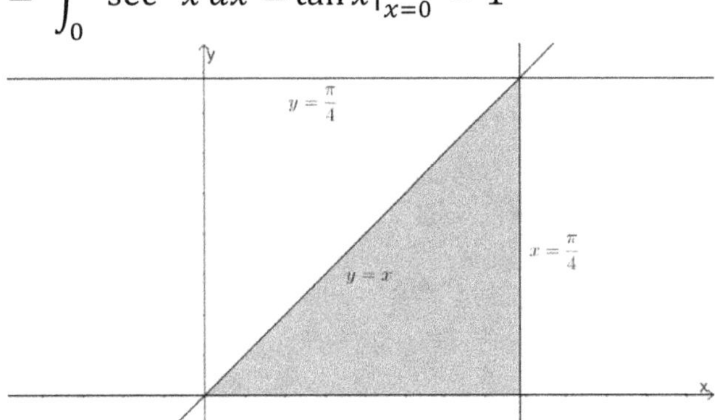

範例 6.

$$求 \int_0^9 \int_{\sqrt{y}}^3 y \cos x^5 \, dx dy = ?$$

【解】

$\because \{(x,y): \sqrt{y} \le x \le 3, 0 \le y \le 9\} = \{(x,y): 0 \le x \le 3, 0 \le y \le x^2\}$

$\therefore \int_0^9 \int_{\sqrt{y}}^3 y \cos x^5 \, dx dy = \int_0^3 \int_0^{x^2} y \cos x^5 \, dy dx = \int_0^3 (\cos x^5) \left. \frac{y^2}{2} \right|_0^{x^2} dx = \frac{1}{2} \int_0^3 (\cos x^5) x^4 \, dx$

$= \frac{1}{10} \sin x^5 \big|_0^3 = \frac{\sin 243}{10}$

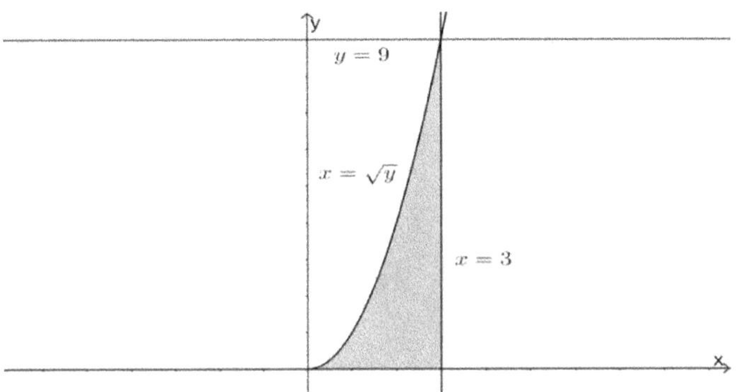

範例 7.

$$求 \int_0^1 \int_y^1 \frac{1}{1+x^4} \, dx dy = ?$$

【解】

$\because \{(x,y): y \le x \le 1, 0 \le y \le 1\} = \{(x,y): 0 \le x \le 1, 0 \le y \le x\}$

$\therefore \int_0^1 \int_y^1 \frac{1}{1+x^4} \, dx dy = \int_0^1 \int_0^x \frac{1}{1+x^4} \, dy dx = \int_0^1 \frac{x}{1+x^4} \, dx = \left. \frac{\tan^{-1} x^2}{2} \right|_0^1 = \frac{\pi}{8}$

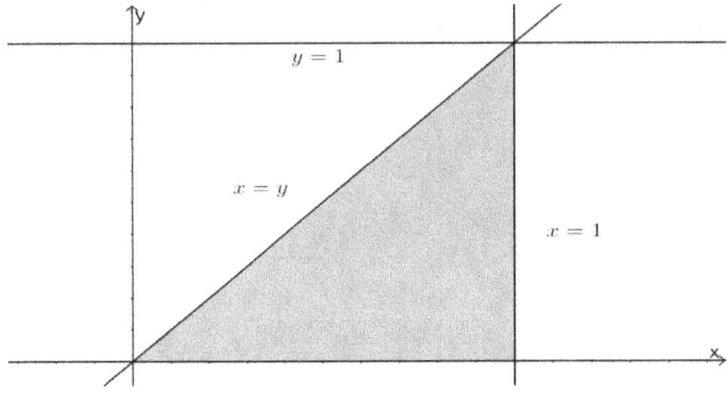

範例 8.

求 $\displaystyle\int_0^4 \int_{\frac{x}{2}}^2 e^{y^2}\, dy\, dx =?$

【解】

$\because \{(x,y): 0 \le x \le 4, \frac{x}{2} \le y \le 2\} = \{(x,y): 0 \le x \le 2y, 0 \le y \le 2\}$

$\displaystyle\therefore \int_0^4 \int_{\frac{x}{2}}^2 e^{y^2}\, dy\, dx = \int_0^2 \int_0^{2y} e^{y^2}\, dx\, dy = \int_0^2 2y e^{y^2}\, dy = e^{y^2}\Big|_0^2 = e^4 - 1$

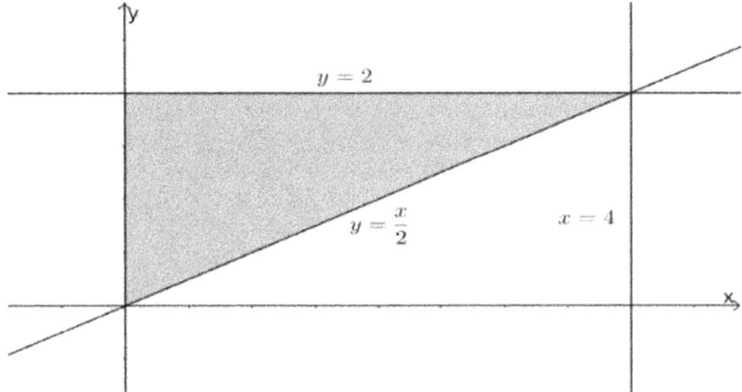

範例 9.

求 $\displaystyle\int_0^1 \int_y^1 e^{\frac{y}{x}}\, dx\, dy =?$

【解】

$\because \{(x,y): y \le x \le 1, 0 \le y \le 1\} = \{(x,y): 0 \le x \le 1, 0 \le y \le x\}$

$\displaystyle\therefore \int_0^1 \int_y^1 e^{\frac{y}{x}}\, dx\, dy = \int_0^1 \int_0^x e^{\frac{y}{x}}\, dy\, dx = \int_0^1 x e^{\frac{y}{x}}\Big|_{y=0}^{y=x}\, dx = (e-1)\int_0^1 x\, dx = \frac{e-1}{2}$

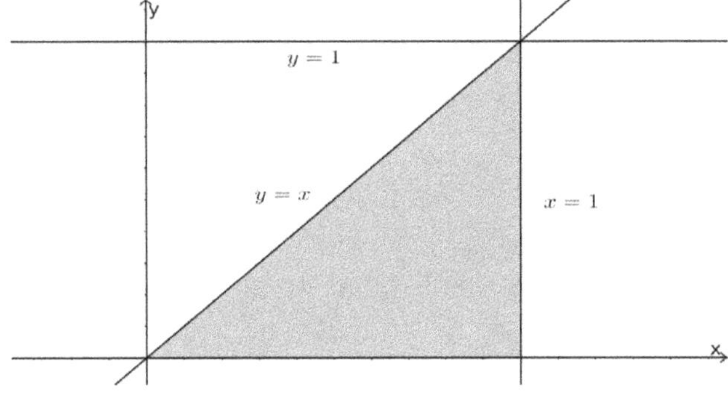

範例 10.

求 $\displaystyle\int_0^{\ln 10}\int_{e^x}^{10}\frac{1}{\ln y}\,dydx =?$

【解】

$\because \{(x,y): 0 \le x \le \ln 10, e^x \le y \le 10\} = \{(x,y): 0 \le x \le \ln y, 1 \le y \le 10\}$

$\therefore \displaystyle\int_0^{\ln 10}\int_{e^x}^{10}\frac{1}{\ln y}\,dydx = \int_1^{10}\int_0^{\ln y}\frac{1}{\ln y}\,dxdy = \int_1^{10} dy = 9$

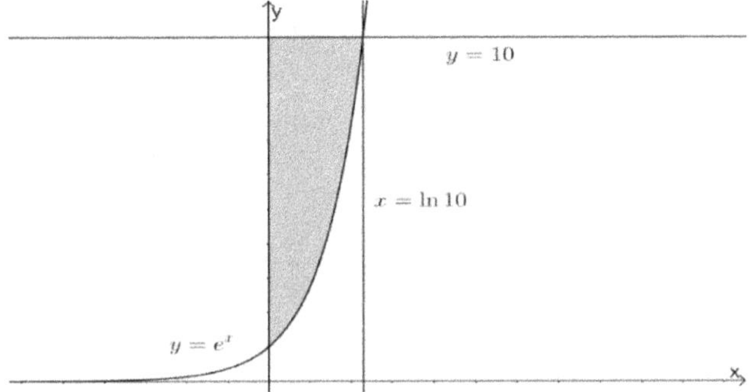

範例 11.

求 $\displaystyle\int_0^2\int_y^2 x\sqrt{x^3+1}\,dxdy =?$

【解】

$\because \{(x,y): y \le x \le 2, 0 \le y \le 2\} = \{(x,y): 0 \le x \le 2, 0 \le y \le x\}$

$\therefore \displaystyle\int_0^2\int_y^2 x\sqrt{x^3+1}\,dxdy = \int_0^2\int_0^x x\sqrt{x^3+1}\,dydx = \int_0^2 x^2\sqrt{x^3+1}\,dx = \left.\frac{2(x^3+1)^{\frac{3}{2}}}{9}\right|_{x=0}^{x=2}$

$= \dfrac{2(9)^{\frac{3}{2}}}{9} - \dfrac{2}{9} = \dfrac{52}{9}$

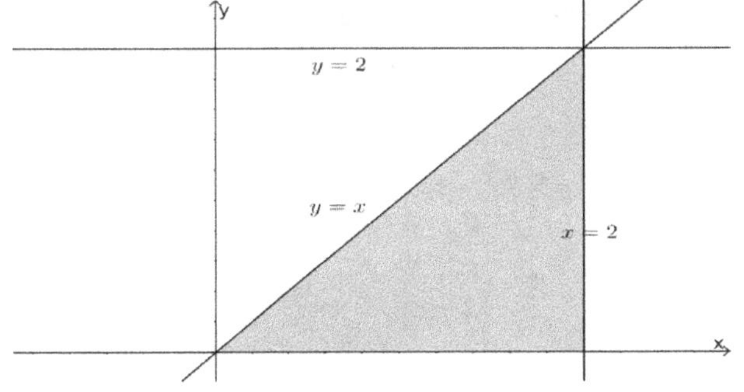

範例 12.

$(1)\ \text{求}\ \displaystyle\int_0^2\int_y^2 e^{\max(x^2,y^2)}\,dxdy =?$ $(2)\ \text{求}\ \displaystyle\int_0^2\int_0^2 e^{\max(x^2,y^2)}\,dxdy =?$

【解】

(1)

$\because \{(x,y): y \le x \le 2, 0 \le y \le 2\} = \{(x,y): 0 \le x \le 2, 0 \le y \le x\}$

$\therefore \displaystyle\int_0^2\int_y^2 e^{\max(x^2,y^2)}\,dxdy = \int_0^2\int_0^x e^{\max(x^2,y^2)}\,dydx = \int_0^2\int_0^x e^{x^2}\,dydx = \int_0^2 e^{x^2} x\,dx$

$= \left.\dfrac{e^{x^2}}{2}\right|_{x=0}^{x=2} = \dfrac{e^4-1}{2}$

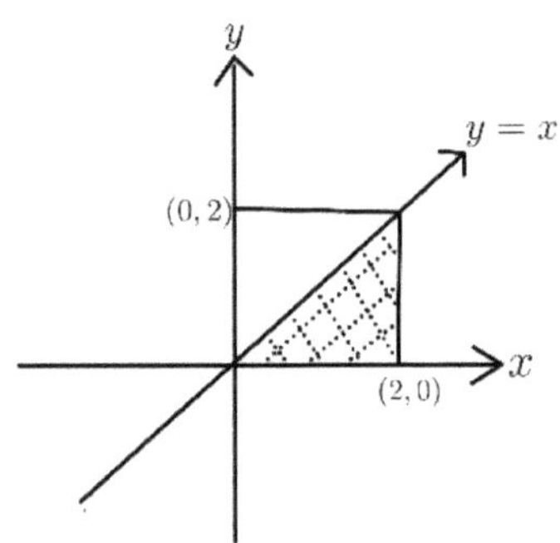

(2)

$\because \displaystyle\int_0^2 e^{\max(x^2,y^2)}\,dx = \int_0^y e^{\max(x^2,y^2)}\,dx + \int_y^2 e^{\max(x^2,y^2)}\,dx,\ \forall 0 < y < 2$

$\therefore \displaystyle\int_0^2\int_0^2 e^{\max(x^2,y^2)}\,dxdy = \int_0^2\left(\int_0^y e^{\max(x^2,y^2)}\,dx + \int_y^2 e^{\max(x^2,y^2)}\,dx\right)dy$

$\because \displaystyle\int_0^2\int_0^y e^{\max(x^2,y^2)}\,dx\,dy = \int_0^2\left(\int_0^y e^{y^2}\,dx\right)dy = \int_0^2 ye^{y^2}\,dy = \left.\dfrac{e^{y^2}}{2}\right|_0^2 = \dfrac{e^4-1}{2}$

$\because \{(x,y): y \le x \le 2, 0 \le y \le 2\} = \{(x,y): 0 \le x \le 2, 0 \le y \le x\}$

$\therefore \displaystyle\int_0^2\left(\int_y^2 e^{\max(x^2,y^2)}\,dx\right)dy = \int_0^2\int_0^x e^{\max(x^2,y^2)}\,dydx = \int_0^2\int_0^x e^{x^2}\,dydx = \int_0^2 e^{x^2} x\,dx$

$= \left.\dfrac{e^{x^2}}{2}\right|_{x=0}^{x=2} = \dfrac{e^4-1}{2}$

$\therefore \displaystyle\int_0^1\int_0^1 e^{\max(x^2,y^2)}\,dxdy = e^4 - 1$

範例 13.

$$(1)求 \int_0^1 \int_0^1 |x-y| \, dxdy =? \quad (2)求 \int_0^2 \int_0^1 \sqrt{|y-x^2|} \, dxdy =?$$

【解】

(1)

$$\because \int_0^1 |x-y|dx = \int_0^y |x-y|dx + \int_y^1 |x-y|dx = \int_0^y y-x \, dx + \int_y^1 x-ydx \, , \, \forall 0 < y < 1$$

$$\therefore \int_0^1 \int_0^1 |x-y|dxdy = \int_0^1 \int_0^y y-x \, dxdy + \int_0^1 \int_y^1 x-ydxdy$$

$$\because \int_0^1 \int_0^y y-x \, dxdy = \int_0^1 \left(yx - \frac{x^2}{2} \right)\Big|_{x=0}^{x=y} dy = \int_0^1 \frac{y^2}{2}dy = \frac{y^3}{6}\Big|_{y=0}^{y=1} = \frac{1}{6}$$

$$\because \{(x,y): y \le x \le 1, 0 \le y \le 1\} = \{(x,y): 0 \le x \le 1, 0 \le y \le x\}$$

$$\therefore \int_0^1 \int_y^1 x-ydxdy = \int_0^1 \int_0^x x-ydydx = \int_0^1 \left(yx - \frac{y^2}{2} \right)\Big|_{y=0}^{y=x} dx = \int_0^1 \frac{x^2}{2}dx = \frac{x^3}{6}\Big|_{x=0}^{x=1} = \frac{1}{6}$$

$$因此 \int_0^1 \int_0^1 |x-y|dxdy = \frac{1}{3}$$

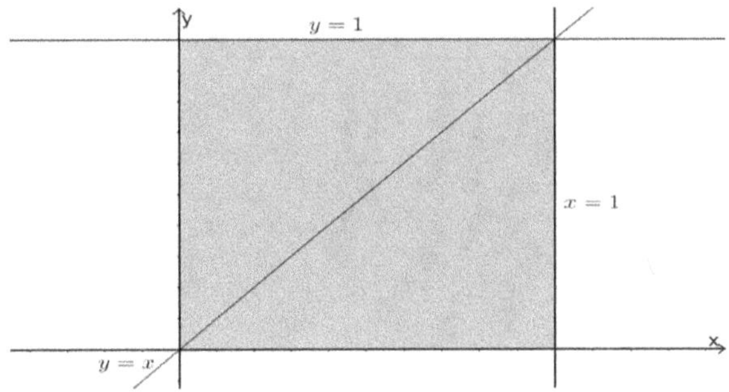

(2)

$$\because f(x,y) = \sqrt{|y-x^2|} \ 在 [0,1] \times [0,2]為連續函數, \ 藉由 \text{ Fubinis Theorem}$$

$$則 \int_0^2 \int_0^1 \sqrt{|y-x^2|} \, dxdy = \int_0^1 \int_0^2 \sqrt{|y-x^2|} \, dydx$$

$$\because \int_0^1 \int_0^2 \sqrt{|y-x^2|} \, dydx = \int_0^1 \int_0^{x^2} \sqrt{|y-x^2|} \, dydx + \int_0^1 \int_{x^2}^2 \sqrt{|y-x^2|} \, dydx$$

$$\because \int_0^1 \int_0^{x^2} \sqrt{|y - x^2|}\, dydx = \int_0^1 \int_0^{x^2} \sqrt{x^2 - y}\, dydx = \int_0^1 \frac{(-2)(x^2 - y)^{\frac{3}{2}}}{3}\bigg|_{y=0}^{y=x^2} dx = \int_0^1 \frac{2x^3}{3}\, dx$$

$$= \frac{2x^4}{12}\bigg|_{x=0}^{x=1} = \frac{1}{6}$$

$$\because \int_0^1 \int_{x^2}^2 \sqrt{|y - x^2|}\, dydx = \int_0^1 \int_{x^2}^2 \sqrt{y - x^2}\, dydx = \int_0^1 \frac{2(y - x^2)^{\frac{3}{2}}}{3}\bigg|_{y=x^2}^{y=2} dx$$

$$= \int_0^1 \frac{2(2 - x^2)^{\frac{3}{2}}}{3}\, dx$$

令 $x = \sqrt{2}\sin\theta$ 則 $dx = \sqrt{2}\cos\theta d\theta$

$$\therefore \int_0^1 \frac{2(2 - x^2)^{\frac{3}{2}}}{3}\, dx = \int_0^{\frac{\pi}{4}} \frac{2(2 - 2\sin^2\theta)^{\frac{3}{2}}\sqrt{2}\cos\theta}{3}\, d\theta = \int_0^{\frac{\pi}{4}} \frac{2 \cdot 2\sqrt{2}(1 - \sin^2\theta)^{\frac{3}{2}}\sqrt{2}\cos\theta}{3}\, d\theta$$

$$= \int_0^{\frac{\pi}{4}} \frac{2 \cdot 2\sqrt{2}(\cos^2\theta)^{\frac{3}{2}}\sqrt{2}\cos\theta}{3}\, d\theta = \int_0^{\frac{\pi}{4}} \frac{8\cos^4\theta}{3}\, d\theta = \frac{8}{3}\int_0^{\frac{\pi}{4}} \left(\frac{1 + \cos 2\theta}{2}\right)^2 d\theta$$

$$= \frac{8}{3}\int_0^{\frac{\pi}{4}} \frac{1 + 2\cos 2\theta + \cos^2 2\theta}{4}\, d\theta = \frac{8}{3}\int_0^{\frac{\pi}{4}} \frac{1 + 2\cos 2\theta}{4} + \frac{1 + \cos 4\theta}{8}\, d\theta = \frac{\pi}{4} + \frac{2}{3}$$

$$\therefore \int_0^1 \int_0^2 \sqrt{|y - x^2|}\, dydx = \frac{1}{6} + \frac{\pi}{4} + \frac{2}{3} = \frac{\pi}{4} + \frac{5}{6}$$

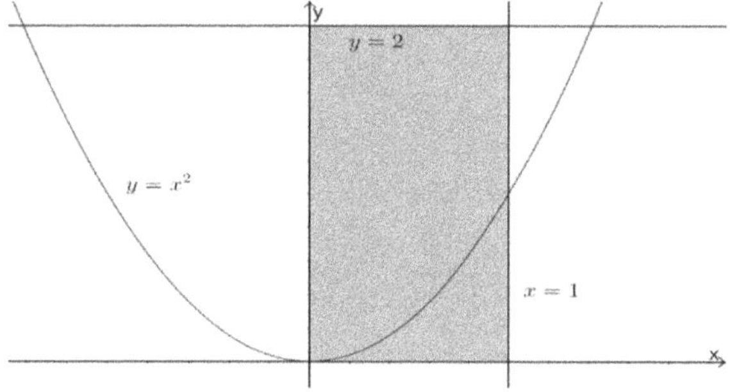

範例 14.

$$求 \int_0^\pi \int_x^\pi \frac{\sin y}{y}\cos\frac{x}{y}\, dydx =?$$

【解】

$\because \{(x,y): 0 \le x \le \pi, x \le y \le \pi\} = \{(x,y): 0 \le x \le y, 0 \le y \le \pi\}$

$\therefore \int_0^\pi \int_x^\pi \frac{\sin y}{y} \cos \frac{x}{y} \, dydx = \int_0^\pi \int_0^y \frac{\sin y}{y} \cos \frac{x}{y} \, dxdy = \int_0^\pi \left(\sin y \sin \frac{x}{y}\right)\Big|_{x=0}^{x=y} \, dy$

$= \int_0^\pi \sin y \, (\sin 1) \, dy = \sin 1 \, (-\cos y)\big|_0^\pi = 2\sin 1$

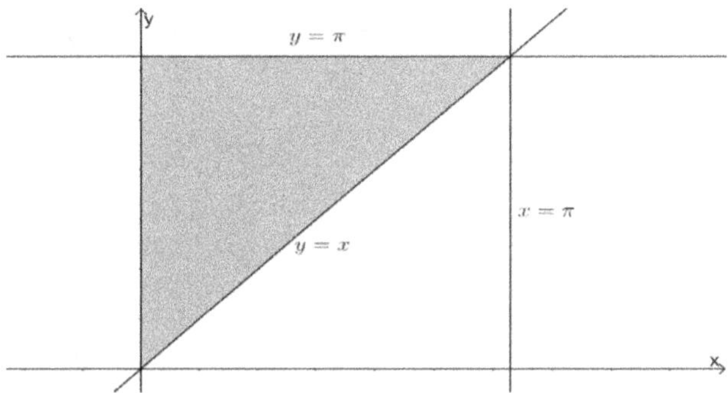

範例 15.

$$\text{求} \int_0^{\frac{\pi}{2}} \int_x^{\frac{\pi}{2}} \frac{\cos y}{y} \sin \frac{x}{y} \, dydx =?$$

【解】

$\because \{(x,y): 0 \le x \le \frac{\pi}{2}, x \le y \le \frac{\pi}{2}\} = \{(x,y): 0 \le x \le y, 0 \le y \le \frac{\pi}{2}\}$

$\therefore \int_0^{\frac{\pi}{2}} \int_x^{\frac{\pi}{2}} \frac{\cos y}{y} \sin \frac{x}{y} \, dydx = \int_0^{\frac{\pi}{2}} \int_0^y \frac{\cos y}{y} \sin \frac{x}{y} \, dxdy = \int_0^{\frac{\pi}{2}} \left(-\cos y \cos \frac{x}{y}\right)\Big|_{x=0}^{x=y} \, dy$

$= \int_0^{\frac{\pi}{2}} \cos y \, (1 - \cos 1) \, dy = (1 - \cos 1)\sin y\big|_0^{\frac{\pi}{2}} = 1 - \cos 1$

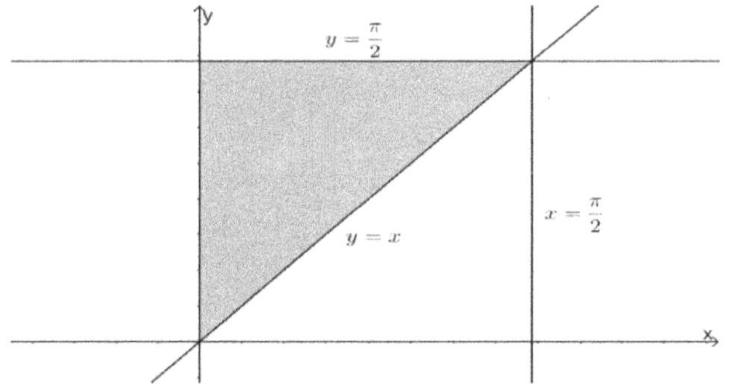

範例 16.

$$\displaystyle 求 \int_0^2 \int_x^2 \sin y^2 \, dy dx =?$$

【解】

$$\because \{(x,y): 0 \le x \le 2, x \le y \le 2\} = \{(x,y): 0 \le x \le y, 0 \le y \le 2\}$$

$$\therefore \int_0^2 \int_x^2 \sin y^2 \, dy dx = \int_0^2 \int_0^y \sin y^2 \, dx dy = \int_0^2 y \sin y^2 \, dy = -\left.\frac{\cos y^2}{2}\right|_0^2 = \frac{1}{2}(1 - \cos 4)$$

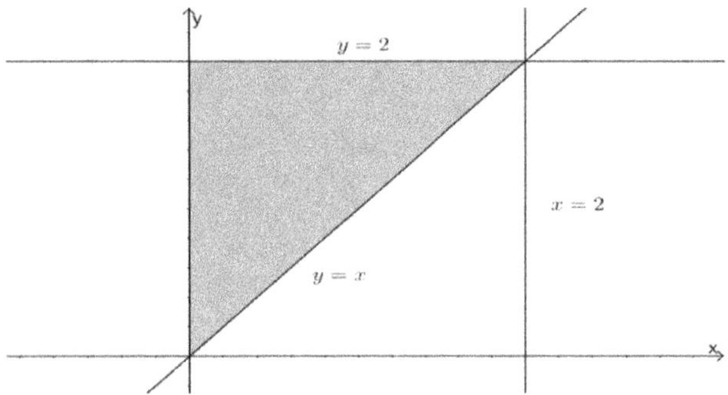

範例 17.

$$\displaystyle 求 \iint_R 1 dA =?, \quad R = \{(x,y): -3x - y + 6 \le 0, 4x - x^2 - y \ge 0, y \ge 0\}$$

【解】

$$\iint_R 1 dA = \int_1^2 4x - x^2 - (6 - 3x) \, dx + \int_2^4 4x - x^2 \, dx$$

$$= \left.\left(\frac{7x^2}{2} - \frac{x^3}{3} - 6x\right)\right|_1^2 + \left.\left(2x^2 - \frac{x^3}{3}\right)\right|_2^4 = \frac{21}{2} - \frac{7}{3} - 6 + 2 \cdot 12 - \frac{56}{3} = \frac{15}{2}$$

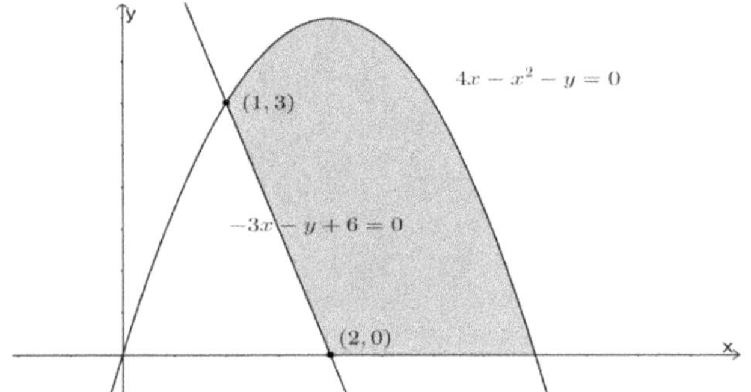

範例 18.

$$\text{求} \iint_R \sqrt{x} - y^2 \, dxdy = ?, \quad R = \{(x,y): y \geq x^2, y \leq x^{\frac{1}{4}}\}$$

【解】

令 $y = x^2 = x^{\frac{1}{4}}$ 則 $x = 0$ 或 $1 \Rightarrow 0 \leq x \leq 1 \Rightarrow R = \{(x,y): 0 \leq x \leq 1, y \geq x^2, y \leq x^{\frac{1}{4}}\}$

$\because f(x,y) = \sqrt{x} - y^2$ 在 R 區域為連續函數，藉由 Fubinis Theorem

則 $\displaystyle\iint_R \sqrt{x} - y^2 \, dxdy = \int_0^1 \int_{x^2}^{x^{\frac{1}{4}}} \sqrt{x} - y^2 \, dydx = \int_0^1 \sqrt{x}\,y - \frac{y^3}{3}\Big|_{y=x^2}^{y=x^{\frac{1}{4}}} dx$

$\displaystyle = \int_0^1 \sqrt{x}(x^{\frac{1}{4}}) - \frac{x^{\frac{3}{4}}}{3} - \left(\sqrt{x}(x^2) - \frac{x^6}{3}\right) dx = \int_0^1 x^{\frac{3}{4}} - \frac{x^{\frac{3}{4}}}{3} - x^{\frac{5}{2}} + \frac{x^6}{3} \, dx$

$\displaystyle = \left(\frac{4x^{\frac{7}{4}}}{7} - \frac{4x^{\frac{7}{4}}}{21} - \frac{2x^{\frac{7}{2}}}{7} + \frac{x^7}{21}\right)\Bigg|_{x=0}^{x=1} = \frac{2}{7} - \frac{3}{21} = \frac{1}{7}$

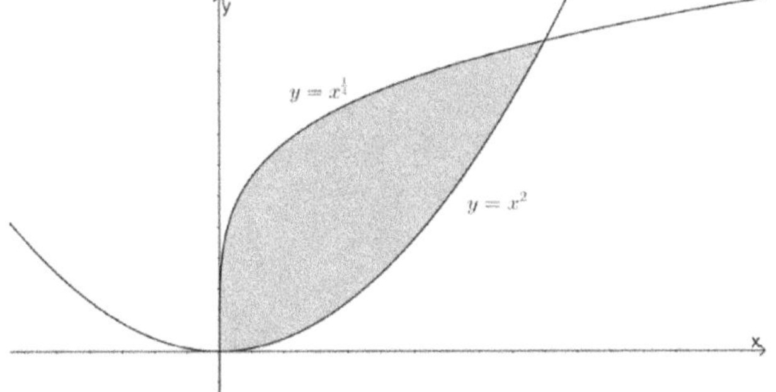

範例 19.

$$\text{求} \int_0^{\sqrt{3}} \int_y^{\sqrt{3}} \cos\frac{\pi x^2}{2} \, dxdy = ?$$

【解】

$\because \{(x,y): y \leq x \leq \sqrt{3}, 0 \leq y \leq \sqrt{3}\} = \{(x,y): 0 \leq x \leq \sqrt{3}, 0 \leq y \leq x\}$

$\displaystyle \therefore \int_0^{\sqrt{3}} \int_y^{\sqrt{3}} \cos\frac{\pi x^2}{2} \, dxdy = \int_0^{\sqrt{3}} \int_0^x \cos\frac{\pi x^2}{2} \, dydx = \int_0^{\sqrt{3}} x\cos\frac{\pi x^2}{2} \, dx = \frac{1}{\pi}\sin\frac{\pi x^2}{2}\Big|_0^{\sqrt{3}} = -\frac{1}{\pi}$

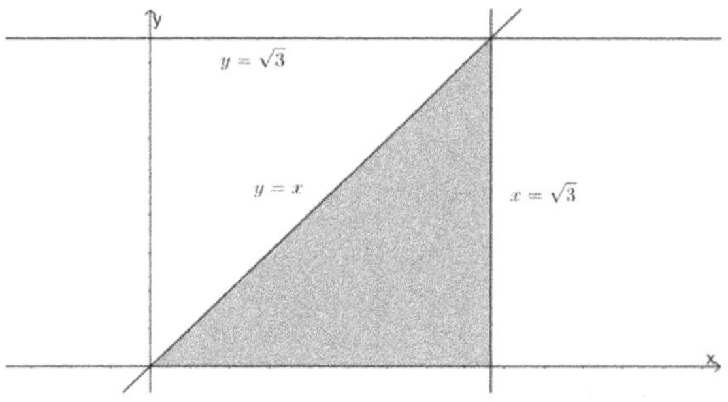

範例 20.

$$求 \int_0^{\sqrt{3}} \int_y^{\sqrt{3}} \sin\frac{\pi x^2}{2} \, dx \, dy = ?$$

【解】

$$\because \{(x,y): y \le x \le \sqrt{3}, 0 \le y \le \sqrt{3}\} = \{(x,y): 0 \le x \le \sqrt{3}, 0 \le y \le x\}$$

$$\therefore \int_0^{\sqrt{3}} \int_y^{\sqrt{3}} \sin\frac{\pi x^2}{2} \, dx \, dy = \int_0^{\sqrt{3}} \int_0^x \sin\frac{\pi x^2}{2} \, dy \, dx = \int_0^{\sqrt{3}} x\sin\frac{\pi x^2}{2} \, dx = \frac{-1}{\pi}\cos\frac{\pi x^2}{2}\bigg|_0^{\sqrt{3}} = \frac{1}{\pi}$$

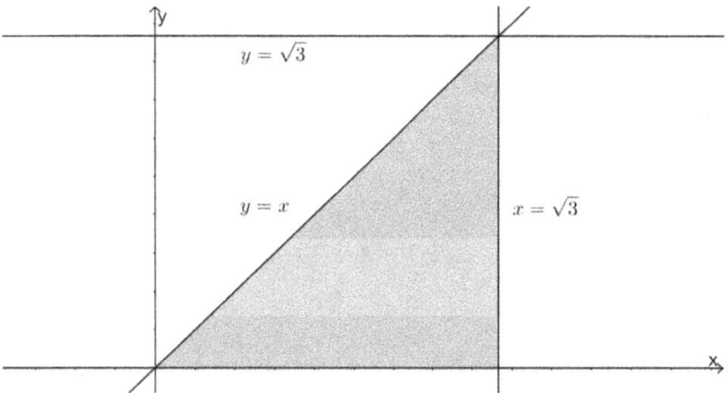

範例 21.

$$求 \int_0^2 \int_x^2 \cos y^2 \, dy \, dx = ?$$

【解】

$$\because \{(x,y): 0 \le x \le 2, x \le y \le 2\} = \{(x,y): 0 \le x \le y, 0 \le y \le 2\}$$

$$\therefore \int_0^2 \int_x^2 \cos y^2 \, dy \, dx = \int_0^2 \int_0^y \cos y^2 \, dx \, dy = \int_0^2 y\cos y^2 \, dy = \frac{\sin y^2}{2}\bigg|_0^2 = \frac{\sin 4}{2}$$

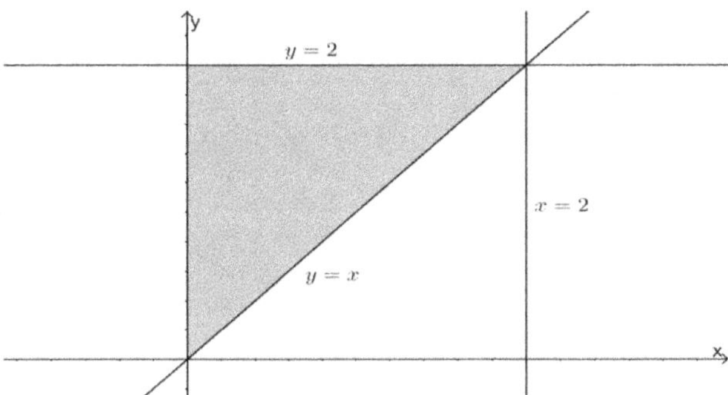

範例 22.

$$求 \int_0^1 \int_{\sqrt{x}}^1 \sqrt{1+y^3}\,dy\,dx =?$$

【解】

$$\because \{(x,y): 0 \le x \le 1, \sqrt{x} \le y \le 1\} = \{(x,y): 0 \le x \le y^2, 0 \le y \le 1\}$$

$$\therefore \int_0^1 \int_{\sqrt{x}}^1 \sqrt{1+y^3}\,dy\,dx = \int_0^1 \int_0^{y^2} \sqrt{1+y^3}\,dx\,dy = \int_0^1 y^2 \sqrt{1+y^3}\,dy = \frac{2}{9}(1+y^3)^{\frac{3}{2}}\Big|_0^1$$

$$= \frac{2}{9}\left(2\sqrt{2}-1\right)$$

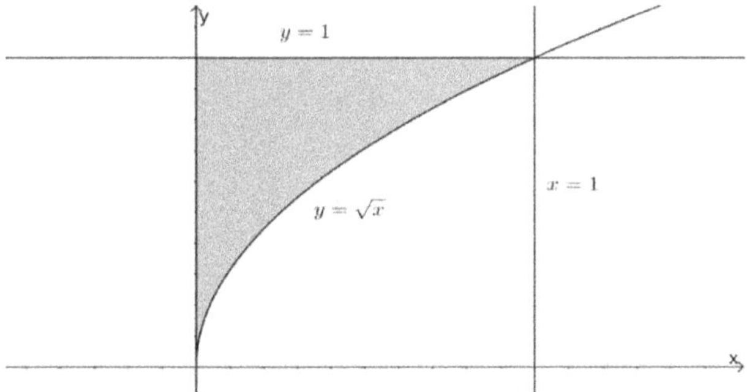

範例 23.

$$求 \int_0^1 \int_{2y}^2 \cos x^2 \,dx\,dy =?$$

【解】

$$\because \{(x,y): 2y \le x \le 2, 0 \le y \le 1\} = \{(x,y): 0 \le x \le 2, 0 \le y \le \frac{x}{2}\}$$

$$\therefore \int_0^1 \int_{2y}^2 \cos x^2 \,dx\,dy = \int_0^2 \int_0^{\frac{x}{2}} \cos x^2 \,dy\,dx = \int_0^2 \frac{x}{2} \cos x^2 \,dx = \frac{\sin x^2}{4}\Big|_0^2 = \frac{\sin 4}{4}$$

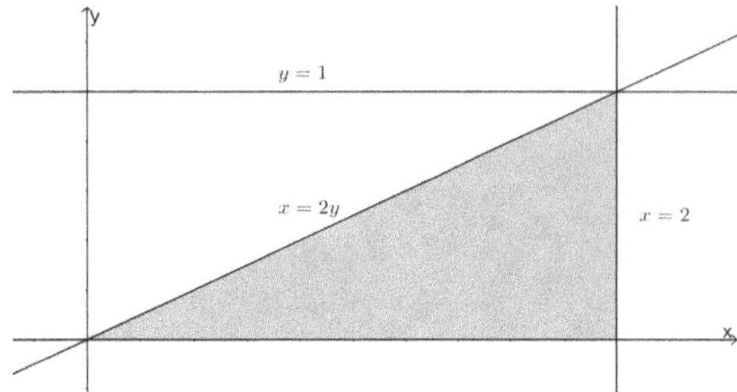

範例 24.

$$求 \int_0^1 \int_{2y}^1 \sec^2 x^2 \, dxdy =?$$

【解】

$$\because \{(x,y): 2y \le x \le 1, 0 \le y \le 1\} = \{(x,y): 0 \le x \le 1, 0 \le y \le \frac{x}{2}\}$$

$$\therefore \int_0^1 \int_{2y}^1 \sec^2 x^2 \, dxdy = \int_0^1 \int_0^{\frac{x}{2}} \sec^2 x^2 \, dydx = \int_0^1 \frac{x}{2} \sec^2 x^2 \, dx = \frac{\tan x^2}{4}\bigg|_0^1 = \frac{\tan 1}{4}$$

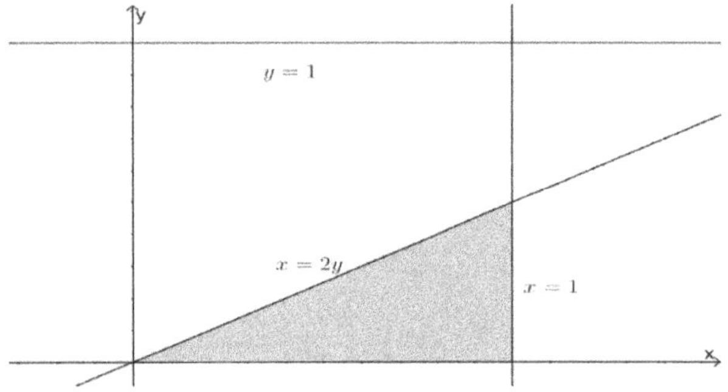

範例 25.

$$求 \int_0^1 \int_y^1 e^{-x^2} dxdy =?$$

【解】

$$\because \{(x,y): y \le x \le 1, 0 \le y \le 1\} = \{(x,y): 0 \le x \le 1, 0 \le y \le x\}$$

$$\therefore \int_0^1 \int_y^1 e^{-x^2} dxdy = \int_0^1 \int_0^x e^{-x^2} dydx = \int_0^1 x e^{-x^2} \, dx = -\frac{e^{-x^2}}{2}\bigg|_0^1 = \frac{1}{2}(1 - e^{-1})$$

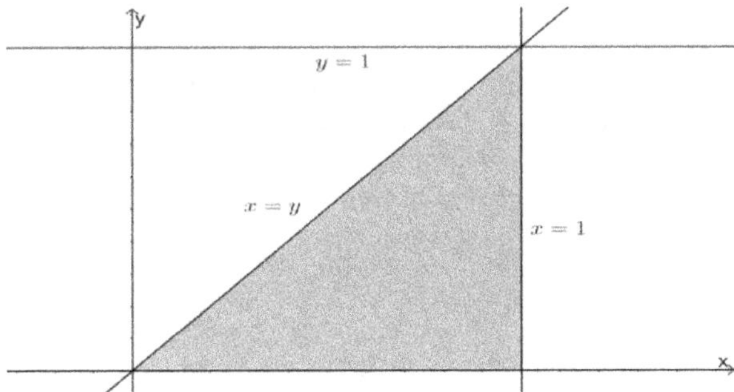

範例 26.

$$\求 \int_0^1 \int_{x^2}^1 x^3 \sin y^3 \, dydx =?$$

【解】

$$\because \{(x,y): 0 \le x \le 1, x^2 \le y \le 1\} = \{(x,y): 0 \le x \le \sqrt{y}, 0 \le y \le 1\}$$

$$\therefore \int_0^1 \int_{x^2}^1 x^3 \sin y^3 \, dydx = \int_0^1 \int_0^{\sqrt{y}} x^3 \sin y^3 \, dxdy = \int_0^1 \frac{y^2 \sin y^3}{4} \, dy = -\frac{\cos y^3}{12}\Big|_0^1 = \frac{1-\cos 1}{12}$$

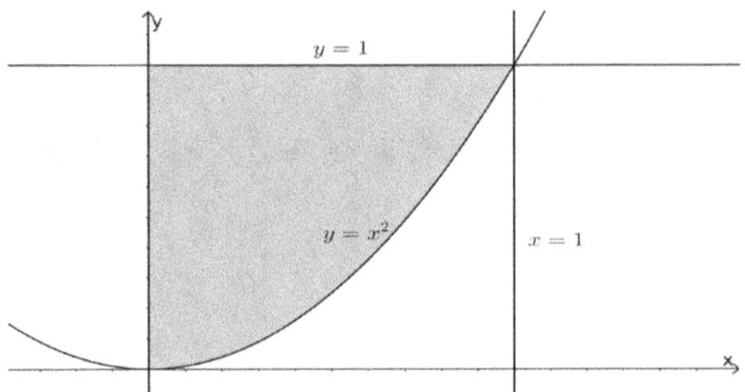

範例 27.

$$\求 \int_0^1 \int_{\sin^{-1} y}^{\frac{\pi}{2}} \cos x \sqrt{\cos^2 x + 1}\, dxdy =?$$

【解】

$$\because \left\{(x,y): \sin^{-1} y \le x \le \frac{\pi}{2}, 0 \le y \le 1\right\} = \left\{(x,y): 0 \le x \le \frac{\pi}{2}, 0 \le y \le \sin x\right\}$$

$$\therefore \int_0^1 \int_{\sin^{-1} y}^{\frac{\pi}{2}} \cos x \sqrt{\cos^2 x + 1}\, dxdy = \int_0^{\frac{\pi}{2}} \int_0^{\sin x} \cos x \sqrt{\cos^2 x + 1}\, dydx$$

$$= \int_0^{\frac{\pi}{2}} \sin x \cos x \sqrt{\cos^2 x + 1}\, dx = \int_0^{\frac{\pi}{2}} \frac{\sin 2x \sqrt{\dfrac{\cos 2x + 3}{2}}}{2}\, dx = -\left.\frac{\left(\dfrac{\cos 2x + 3}{2}\right)^{\frac{3}{2}}}{3}\right|_0^{\frac{\pi}{2}}$$

$$= \frac{2\sqrt{2} - 1}{3}$$

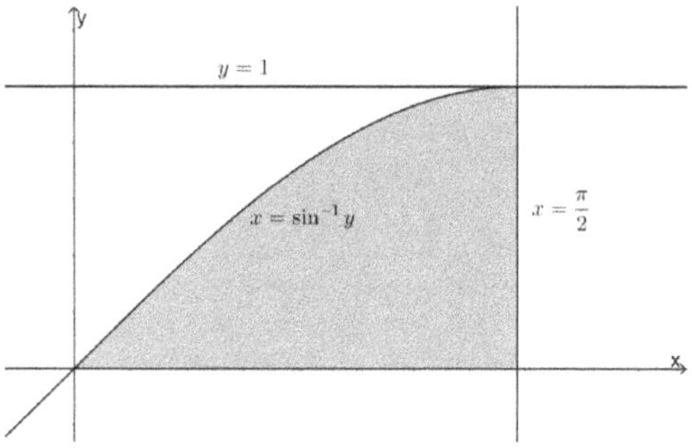

8.3.3　使用極座標轉換求雙重積分的值

當雙重積分的積分區域出現 $x^2 + y^2$ 或者被積分函數出現 $x^2 + y^2$，可視為使用極座標轉換的時機

考試類型：

題型 1.

假設 $R = \{(x, y): 0 \le x^2 + y^2 \le a^2\}$，$a > 0$，求 $\iint_R f(x, y)\, dA = ?$

解題流程：

Step1.

令 $x = r \cos\theta, y = r \sin\theta$

則 $R = \{(x, y): 0 \le x^2 + y^2 \le a^2\} = \{(r, \theta): 0 \le r \le a, 0 \le \theta \le 2\pi\}$

$$dxdy = \left\| \begin{vmatrix} \dfrac{\partial x}{\partial r} & \dfrac{\partial x}{\partial \theta} \\ \dfrac{\partial y}{\partial r} & \dfrac{\partial y}{\partial \theta} \end{vmatrix} \right\| dr d\theta = \left\| \begin{vmatrix} \cos\theta & -r\sin\theta \\ \sin\theta & r\cos\theta \end{vmatrix} \right\| dr d\theta = r\, dr d\theta$$

Step2.

$$\therefore \iint_R f(x,y)dA = \int_0^{2\pi} \int_0^a f(r\cos\theta, r\sin\theta)rdrd\theta$$

Step3.

計算此積分 $\int_0^{2\pi} \int_0^a f(r\cos\theta, r\sin\theta)rdrd\theta =?$

Step4.

如果無法計算 $\int_0^{2\pi} \int_0^a f(r\cos\theta, r\sin\theta)rdrd\theta =?$，通常會再搭配使用變數變換、分部積分

範例說明：

假設 $R = \{(x,y): 0 \le x^2 + y^2 \le a^2\}$, $a > 0$, 求 $\iint_R f(x,y)dA =?$

(I)若 $f(x,y) = e^{x^2+y^2}$ 則 $\iint_R f(x,y)dA = \int_0^{2\pi} \int_0^a e^{r^2} rdrd\theta$

(II)若 $f(x,y) = \ln(x^2 + y^2)$ 則 $\iint_R f(x,y)dA = \int_0^{2\pi} \int_0^a \ln(r^2)\, rdrd\theta$

(III)若 $f(x,y) = \sin(x^2 + y^2)$ 則 $\iint_R f(x,y)dA = \int_0^{2\pi} \int_0^a \sin(r^2)\, rdrd\theta$

(IV)若 $f(x,y) = \dfrac{1}{\sqrt{x^2 + y^2}}$ 則 $\iint_R f(x,y)dA = \int_0^{2\pi} \int_0^a drd\theta$

(V)若 $f(x,y) = \dfrac{1}{\sqrt{1 + x^2 + y^2}}$ 則 $\iint_R f(x,y)dA = \int_0^{2\pi} \int_0^a \dfrac{r}{\sqrt{1 + r^2}} drd\theta$

(VI)若 $f(x,y) = e^{-(x^2+y^2)}\cos(x^2 + y^2)$ 則 $\iint_R f(x,y)dA = \int_0^{2\pi} \int_0^a e^{-r^2}\cos(r^2)\, rdrd\theta$

(VII)若 $f(x,y) = \sin^{-1}\dfrac{y}{\sqrt{x^2 + y^2}}$ 則 $\iint_R f(x,y)dA = \int_0^{2\pi} \int_0^a \sin^{-1}\left(\dfrac{r\sin\theta}{r}\right) rdrd\theta$

(VIII)若 $f(x,y) = \sec^2(x^2 + y^2)$ 則 $\iint_R f(x,y)dA = \int_0^{2\pi} \int_0^a \sec^2(r^2)\, rdrd\theta$

範例 1.

$$\text{求} \int_0^2 \int_0^{\sqrt{4-y^2}} e^{x^2+y^2}\, dxdy =?$$

【解】

令 $x = r\cos\theta,\ y = r\sin\theta$

則 $\left\{(x,y): 0 \le x \le \sqrt{4-y^2}, 0 \le y \le 2\right\} = \left\{(r,\theta): 0 \le r \le 2, 0 \le \theta \le \dfrac{\pi}{2}\right\}$

且 $dxdy = \left\|\begin{array}{cc} \dfrac{\partial x}{\partial r} & \dfrac{\partial x}{\partial \theta} \\[2mm] \dfrac{\partial y}{\partial r} & \dfrac{\partial y}{\partial \theta} \end{array}\right\| drd\theta = \left\|\begin{array}{cc} \cos\theta & -r\sin\theta \\ \sin\theta & r\cos\theta \end{array}\right\| drd\theta = rdrd\theta$

$$\therefore \int_0^2 \int_0^{\sqrt{4-y^2}} e^{x^2+y^2}\, dxdy = \int_0^{\frac{\pi}{2}} \int_0^2 e^{r^2}\, rdrd\theta = \int_0^{\frac{\pi}{2}} \dfrac{e^{r^2}}{2}\Big|_{r=0}^{r=2} d\theta = \int_0^{\frac{\pi}{2}} \dfrac{e^4 - 1}{2}\, d\theta$$

$$= \left(\dfrac{e^4 - 1}{4}\right)\pi$$

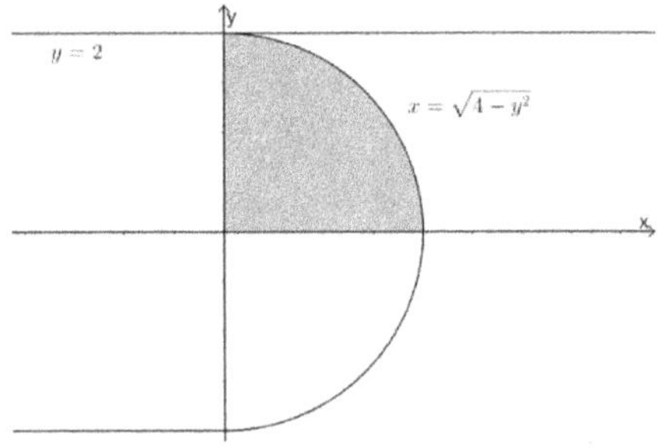

範例 2.

$$\text{求} \iint_R \ln(x^2 + y^2)\, dA =?,\ R = \{(x,y): x \ge 0, y \ge 0, 0 \le x^2 + y^2 \le 16\}$$

【解】

令 $x = r\cos\theta,\ y = r\sin\theta$

則 $\{(x,y): x \ge 0, y \ge 0, 0 \le x^2 + y^2 \le 16\} = \left\{(r,\theta): 0 \le r \le 4, 0 \le \theta \le \dfrac{\pi}{2}\right\}$

且 $dxdy = \left\|\begin{vmatrix} \dfrac{\partial x}{\partial r} & \dfrac{\partial x}{\partial \theta} \\ \dfrac{\partial y}{\partial r} & \dfrac{\partial y}{\partial \theta} \end{vmatrix}\right\| drd\theta = \left\|\begin{vmatrix} \cos\theta & -r\sin\theta \\ \sin\theta & r\cos\theta \end{vmatrix}\right\| drd\theta = rdrd\theta$

$\therefore \iint_R \ln(x^2 + y^2)\, dA = \int_0^{\frac{\pi}{2}} \int_0^4 (\ln r^2) r\, dr d\theta = 2\int_0^{\frac{\pi}{2}} \int_0^4 (\ln r) r\, dr d\theta$

藉由 integration by parts

則 $\int_0^4 (\ln r) r\, dr = \ln r \left(\dfrac{r^2}{2}\right)\Big|_{r=0}^{r=4} - \int_0^4 \dfrac{r}{2}\, dr = \ln r \left(\dfrac{r^2}{2}\right)\Big|_{r=0}^{r=4} - \dfrac{r^2}{4}\Big|_{r=0}^{r=4} = 16\ln 2 - 4$

$\because 2\int_0^{\frac{\pi}{2}} d\theta = \pi \quad \therefore \iint_R \ln(x^2 + y^2)\, dA = \pi(16\ln 2 - 4)$

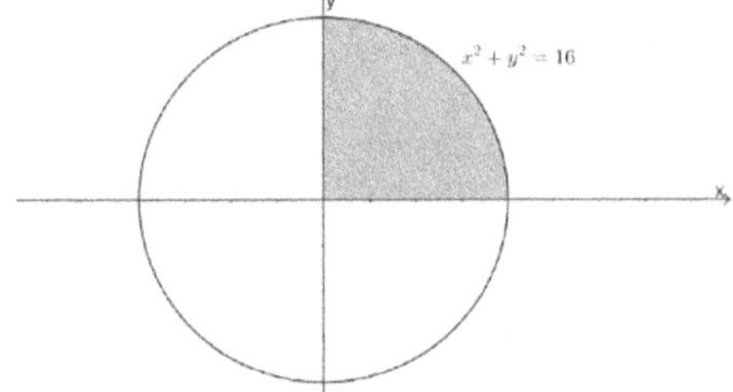

範例 3.

$\qquad$ 求 $\displaystyle\iint_R x^2 y\, dxdy = ?,\ R = \{(x, y): y \geq 0,\ x^2 + y^2 \leq 4\}$

【解】

令 $x = r\cos\theta,\ y = r\sin\theta$

則 $\{(x, y): y \geq 0, x^2 + y^2 \leq 4\} = \{(r, \theta): 0 \leq r \leq 2, 0 \leq \theta \leq \pi\}$

且 $dxdy = \left\|\begin{vmatrix} \dfrac{\partial x}{\partial r} & \dfrac{\partial x}{\partial \theta} \\ \dfrac{\partial y}{\partial r} & \dfrac{\partial y}{\partial \theta} \end{vmatrix}\right\| drd\theta = \left\|\begin{vmatrix} \cos\theta & -r\sin\theta \\ \sin\theta & r\cos\theta \end{vmatrix}\right\| drd\theta = rdrd\theta$

$\therefore \iint_R x^2 y\, dxdy = \int_0^{\pi} \int_0^2 (r\cos\theta)^2 (r\sin\theta) r\, dr d\theta = \int_0^{\pi} \sin\theta \cos^2\theta\, d\theta \int_0^2 r^4 dr$

$= \dfrac{(-1)\cos^3\theta}{3}\Big|_0^{\pi} \cdot \dfrac{r^5}{5}\Big|_0^2 = \dfrac{2}{3} \cdot \dfrac{32}{5} = \dfrac{64}{15}$

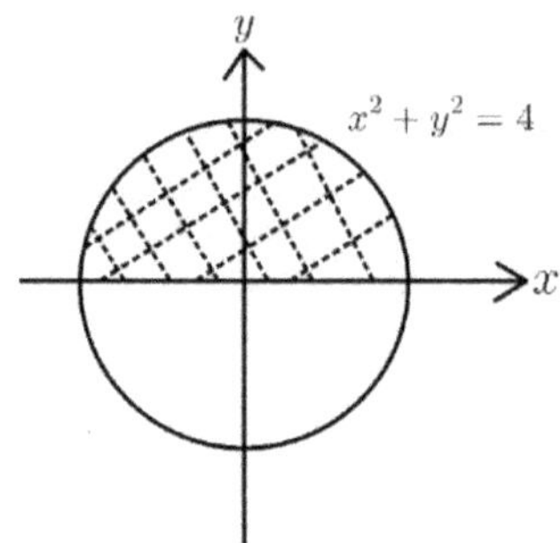

範例 4.

$$求 \iint_R \sqrt{x^2 + y^2}\, dA = ?,\ R = \{(x,y): x^2 + y^2 \le 3x\}$$

【解】

令 $x = r\cos\theta,\ y = r\sin\theta$

則 $\{(x,y): x^2 + y^2 \le 3x\} = \{(r,\theta): 0 \le r \le 3\cos\theta,\ -\dfrac{\pi}{2} \le \theta \le \dfrac{\pi}{2}\}$

且 $dxdy = \left\|\begin{vmatrix} \dfrac{\partial x}{\partial r} & \dfrac{\partial x}{\partial \theta} \\ \dfrac{\partial y}{\partial r} & \dfrac{\partial y}{\partial \theta} \end{vmatrix}\right\| drd\theta = \left\|\begin{vmatrix} \cos\theta & -r\sin\theta \\ \sin\theta & r\cos\theta \end{vmatrix}\right\| drd\theta = r\,drd\theta$

$$\therefore \iint_R \sqrt{x^2 + y^2}\, dA = \int_{-\frac{\pi}{2}}^{\frac{\pi}{2}} \int_0^{3\cos\theta} r^2\, drd\theta = \int_{-\frac{\pi}{2}}^{\frac{\pi}{2}} \left.\frac{r^3}{3}\right|_0^{3\cos\theta} d\theta = \int_{-\frac{\pi}{2}}^{\frac{\pi}{2}} 9\cos^3\theta\, d\theta$$

$$= 9\int_{-\frac{\pi}{2}}^{\frac{\pi}{2}} \cos\theta(1 - \sin^2\theta)\, d\theta = 9\left(\sin\theta - \frac{\sin^3\theta}{3}\right)\Bigg|_{-\frac{\pi}{2}}^{\frac{\pi}{2}} = 12$$

範例 5.

$$求 \iint_R \frac{1}{\sqrt{x^2 + y^2}}\, dA = ?,\ R = \{(x,y): y \ge 0, 0 \le x^2 + y^2 \le 1\}$$

【解】

令 $x = r\cos\theta,\ y = r\sin\theta$

則 $\{(x,y): y \ge 0, 0 \le x^2 + y^2 \le 1\} = \{(r,\theta): 0 \le r \le 1, 0 \le \theta \le \pi\}$

$$\text{且 } dxdy = \left\| \begin{vmatrix} \dfrac{\partial x}{\partial r} & \dfrac{\partial x}{\partial \theta} \\ \dfrac{\partial y}{\partial r} & \dfrac{\partial y}{\partial \theta} \end{vmatrix} \right\| drd\theta = \left\| \begin{vmatrix} \cos\theta & -r\sin\theta \\ \sin\theta & r\cos\theta \end{vmatrix} \right\| drd\theta = rdrd\theta$$

$$\therefore \iint_R \frac{1}{\sqrt{x^2+y^2}}dA = \int_0^\pi \int_0^1 \frac{r}{\sqrt{r^2}}drd\theta = \pi$$

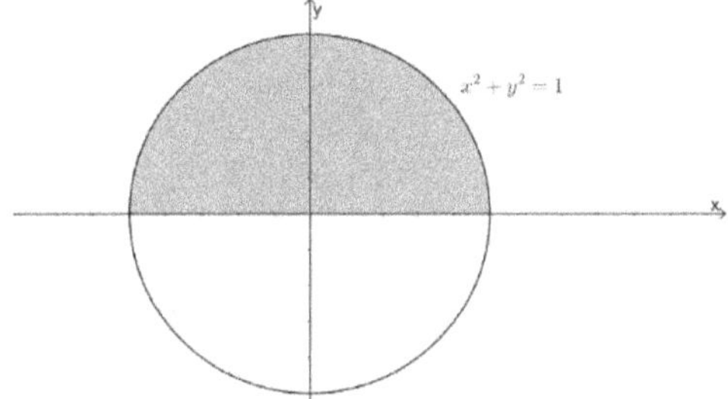

範例 6.

$$\text{求 } \int_0^\infty e^{-x^2}dx =?$$

【解】

$$\therefore \int_0^\infty e^{-x^2}dx \int_0^\infty e^{-y^2}dy = \int_0^\infty \int_0^\infty e^{-(x^2+y^2)}dy\,dx$$

令 $x = r\cos\theta, \ y = r\sin\theta$

則 $\{(x,y): y \geq 0, 0 \leq x^2 + y^2 \leq \infty\} = \{(r,\theta): 0 \leq r \leq \infty, 0 \leq \theta \leq \dfrac{\pi}{2}\}$

$$\text{且 } dxdy = \left\| \begin{vmatrix} \dfrac{\partial x}{\partial r} & \dfrac{\partial x}{\partial \theta} \\ \dfrac{\partial y}{\partial r} & \dfrac{\partial y}{\partial \theta} \end{vmatrix} \right\| drd\theta = \left\| \begin{vmatrix} \cos\theta & -r\sin\theta \\ \sin\theta & r\cos\theta \end{vmatrix} \right\| drd\theta = rdrd\theta$$

$$\therefore \int_0^\infty \int_0^\infty e^{-(x^2+y^2)}dy\,dx = \int_0^{\frac{\pi}{2}} \int_0^\infty e^{-r^2}rdrd\theta = \int_0^{\frac{\pi}{2}}d\theta \int_0^\infty e^{-r^2}rdr$$

$$= \frac{\pi}{2} \cdot \frac{-e^{-r^2}}{2}\Bigg|_{r=0}^{r=\infty} = \frac{\pi}{4} \Rightarrow \int_0^\infty e^{-x^2}dx = \sqrt{\frac{\pi}{4}}$$

範例 7.

$$求 \int_0^\infty \int_0^\infty e^{-(x^2+y^2)} \cos(x^2 + y^2)dxdy =?$$

【解】

令 $x = r\cos\theta, \; y = r\sin\theta$

則 $\{(x,y): y \geq 0, 0 \leq x^2 + y^2 \leq \infty\} = \{(r,\theta): 0 \leq r \leq \infty, 0 \leq \theta \leq \dfrac{\pi}{2}\}$

$$且 \; dxdy = \left\| \begin{vmatrix} \dfrac{\partial x}{\partial r} & \dfrac{\partial x}{\partial \theta} \\ \dfrac{\partial y}{\partial r} & \dfrac{\partial y}{\partial \theta} \end{vmatrix} \right\| drd\theta = \left\| \begin{vmatrix} \cos\theta & -r\sin\theta \\ \sin\theta & r\cos\theta \end{vmatrix} \right\| drd\theta = rdrd\theta$$

$$\therefore \int_0^\infty \int_0^\infty e^{-(x^2+y^2)} \cos(x^2 + y^2)dxdy = \int_0^{\frac{\pi}{2}} \int_0^\infty e^{-r^2} \cos(r^2)rdrd\theta$$

$$= \int_0^{\frac{\pi}{2}} d\theta \int_0^\infty e^{-r^2} \cos(r^2)rdr = \frac{\pi}{2} \int_0^\infty e^{-r^2} \cos(r^2)rdr$$

令 $u = r^2$ 則 $du = 2rdr \qquad \therefore \int_0^\infty e^{-r^2} \cos(r^2)rdr = \dfrac{1}{2}\int_0^\infty e^{-u} \cos u \, du$

藉由 integration by parts

$$則 \int_0^\infty e^{-u} \cos u \, du = e^{-u} \sin u \big|_{u=0}^{u=\infty} + \int_0^\infty e^{-u} \sin u \, du = \int_0^\infty e^{-u} \sin u \, du$$

$$= -e^{-u} \cos u \big|_{u=0}^{u=\infty} - \int_0^\infty e^{-u} \cos u \, du$$

$$\therefore \int_0^\infty e^{-u} \cos u \, du = \frac{1}{2} \Rightarrow \int_0^\infty e^{-r^2} \cos(r^2)rdr = \frac{1}{4}$$

$$\Rightarrow \int_0^\infty \int_0^\infty e^{-(x^2+y^2)} \cos(x^2 + y^2)dxdy = \frac{\pi}{8}$$

範例 8.

$$求 \iint_R \tan^{-1}\frac{y}{x}dA =?, \; R = \{(x,y): x \geq 0, y \geq 0, 0 \leq x^2 + y^2 \leq a^2\}$$

【解】

令 $x = r\cos\theta, \; y = r\sin\theta$

則 $\{(x,y): x \geq 0, y \geq 0, 0 \leq x^2 + y^2 \leq a^2\} = \{(r,\theta): 0 \leq r \leq a, 0 \leq \theta \leq \dfrac{\pi}{2}\}$

$$且\ dxdy = \left\| \begin{vmatrix} \dfrac{\partial x}{\partial r} & \dfrac{\partial x}{\partial \theta} \\ \dfrac{\partial y}{\partial r} & \dfrac{\partial y}{\partial \theta} \end{vmatrix} \right\| drd\theta = \left\| \begin{vmatrix} \cos\theta & -r\sin\theta \\ \sin\theta & r\cos\theta \end{vmatrix} \right\| drd\theta = rdrd\theta$$

$$\therefore \iint_R \tan^{-1}\frac{y}{x}\,dA = \int_0^{\frac{\pi}{2}} \int_0^a \tan^{-1}\left(\frac{r\sin\theta}{r\cos\theta}\right) rdrd\theta = \int_0^{\frac{\pi}{2}} \int_0^a \tan^{-1}(\tan\theta)\,rdrd\theta$$

$$= \frac{\theta^2}{2}\bigg|_0^{\frac{\pi}{2}} \cdot \frac{r^2}{2}\bigg|_0^a = \frac{(\pi a)^2}{16}$$

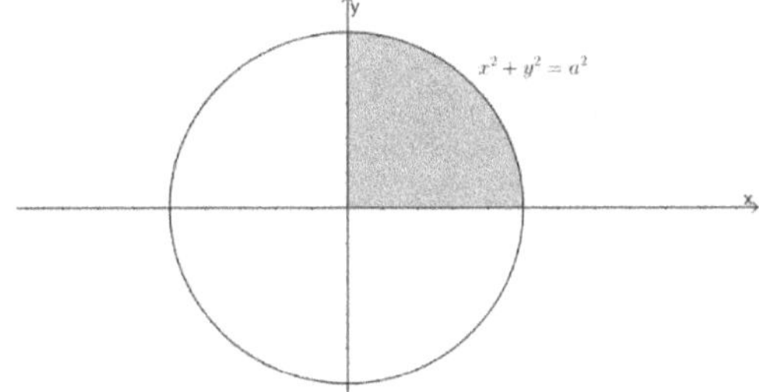

範例 9.

$$求\ \iint_R \sin^{-1}\frac{y}{\sqrt{x^2+y^2}}\,dA = ?,\ R = \{(x,y): x \geq 0, y \geq 0, 0 \leq x^2 + y^2 \leq a^2\}$$

【解】

令 $x = r\cos\theta,\ y = r\sin\theta$

則 $\{(x,y): x \geq 0, y \geq 0, 0 \leq x^2 + y^2 \leq a^2\} = \{(r,\theta): 0 \leq r \leq a, 0 \leq \theta \leq \frac{\pi}{2}\}$

$$且\ dxdy = \left\| \begin{vmatrix} \dfrac{\partial x}{\partial r} & \dfrac{\partial x}{\partial \theta} \\ \dfrac{\partial y}{\partial r} & \dfrac{\partial y}{\partial \theta} \end{vmatrix} \right\| drd\theta = \left\| \begin{vmatrix} \cos\theta & -r\sin\theta \\ \sin\theta & r\cos\theta \end{vmatrix} \right\| drd\theta = rdrd\theta$$

$$\therefore \iint_R \sin^{-1}\left(\frac{y}{\sqrt{x^2+y^2}}\right) dA = \int_0^{\frac{\pi}{2}} \int_0^a \sin^{-1}\left(\frac{r\sin\theta}{r}\right) rdrd\theta = \int_0^{\frac{\pi}{2}} \int_0^a \sin^{-1}(\sin\theta)\,rdrd\theta$$

$$= \frac{\theta^2}{2}\bigg|_0^{\frac{\pi}{2}} \cdot \frac{r^2}{2}\bigg|_0^a = \frac{(\pi a)^2}{16}$$

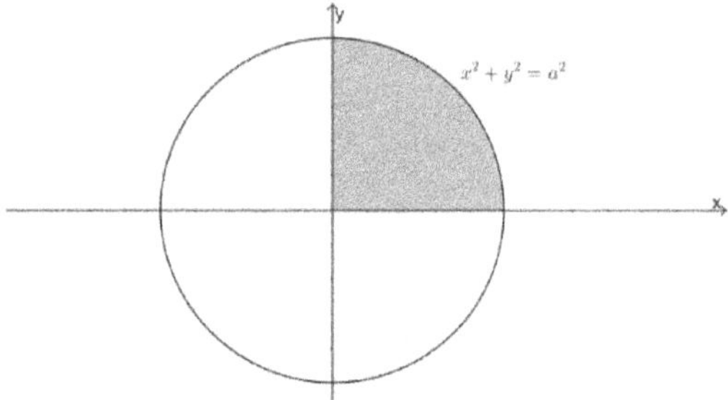

範例 10.

$$求 \iint_R \cos^{-1}\frac{x}{\sqrt{x^2+y^2}}\, dA =?,\ R=\{(x,y): x\geq 0, y\geq 0, 0\leq x^2+y^2\leq a^2\}$$

【解】

令 $x=r\cos\theta,\ y=r\sin\theta$

則 $\{(x,y): x\geq 0, y\geq 0, 0\leq x^2+y^2\leq a^2\}=\{(r,\theta): 0\leq r\leq a, 0\leq\theta\leq\dfrac{\pi}{2}\}$

且 $dxdy=\left\|\begin{vmatrix}\dfrac{\partial x}{\partial r} & \dfrac{\partial x}{\partial\theta}\\[2mm]\dfrac{\partial y}{\partial r} & \dfrac{\partial y}{\partial\theta}\end{vmatrix}\right\|drd\theta=\left\|\begin{vmatrix}\cos\theta & -r\sin\theta\\ \sin\theta & r\cos\theta\end{vmatrix}\right\|drd\theta=rdrd\theta$

$$\therefore \iint_R \cos^{-1}\frac{x}{\sqrt{x^2+y^2}}\, dA=\int_0^{\frac{\pi}{2}}\int_0^a \cos^{-1}\left(\frac{r\cos\theta}{r}\right)rdrd\theta=\int_0^{\frac{\pi}{2}}\int_0^a \cos^{-1}(\cos\theta)\,rdrd\theta$$

$$=\left.\frac{\theta^2}{2}\right|_0^{\frac{\pi}{2}}\cdot\left.\frac{r^2}{2}\right|_0^a=\frac{(\pi a)^2}{16}$$

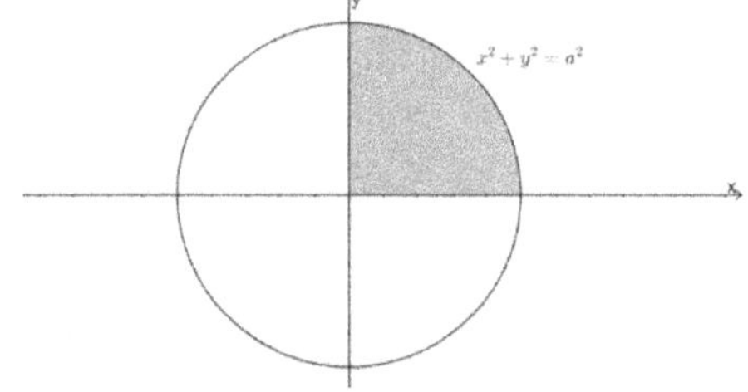

範例 11.

求 $\displaystyle\int_0^{\frac{1}{2}}\int_{\sqrt{3}x}^{\sqrt{1-x^2}} e^{-x^2-y^2}\,dydx =?$

【解】

令 $x = r\cos\theta,\ y = r\sin\theta$ 則

$$\{(x,y): 0 \le x \le \frac{1}{2}, \sqrt{3}x \le y \le \sqrt{1-x^2}\} = \{(r,\theta): 0 \le r \le 1, \frac{\pi}{3} \le \theta \le \frac{\pi}{2}\}$$

且 $dxdy = \left\|\begin{vmatrix} \dfrac{\partial x}{\partial r} & \dfrac{\partial x}{\partial \theta} \\ \dfrac{\partial y}{\partial r} & \dfrac{\partial y}{\partial \theta} \end{vmatrix}\right\| drd\theta = \left\|\begin{vmatrix} \cos\theta & -r\sin\theta \\ \sin\theta & r\cos\theta \end{vmatrix}\right\| drd\theta = rdrd\theta$

$\therefore \displaystyle\int_0^{\frac{1}{2}}\int_{\sqrt{3}x}^{\sqrt{1-x^2}} e^{-x^2-y^2}\,dydx = \int_{\frac{\pi}{3}}^{\frac{\pi}{2}}\int_0^1 e^{-r^2}rdrd\theta = \int_0^1 e^{-r^2}rdr \int_{\frac{\pi}{3}}^{\frac{\pi}{2}}d\theta = -\left.\frac{e^{-r^2}}{2}\right|_0^1 \cdot \frac{\pi}{6}$

$$= \frac{\pi}{12}(1 - e^{-1})$$

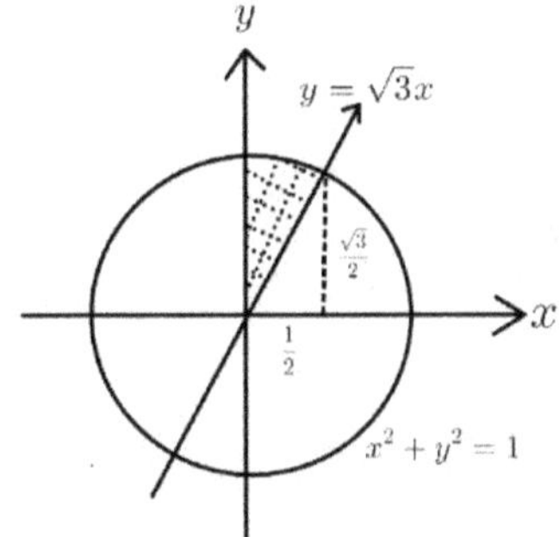

範例 12.

求 $\displaystyle\int_1^2\int_0^{\sqrt{2x-x^2}} (x^2 + y^2)^{-\frac{1}{2}}\,dydx =?$

【解】

令 $x = r\cos\theta,\ y = r\sin\theta$ 則

$$\{(x,y): 1 \le x \le 2, 0 \le y \le \sqrt{2x - x^2}\} = \{(r,\theta): \sec\theta \le r \le 2\cos\theta, 0 \le \theta \le \frac{\pi}{4}\}$$

且 $dxdy = \left\| \begin{vmatrix} \dfrac{\partial x}{\partial r} & \dfrac{\partial x}{\partial \theta} \\ \dfrac{\partial y}{\partial r} & \dfrac{\partial y}{\partial \theta} \end{vmatrix} \right\| drd\theta = \left\| \begin{vmatrix} \cos\theta & -r\sin\theta \\ \sin\theta & r\cos\theta \end{vmatrix} \right\| drd\theta = rdrd\theta$

$\therefore \displaystyle\int_1^2 \int_0^{\sqrt{2x-x^2}} (x^2+y^2)^{-\frac{1}{2}}\,dydx = \int_0^{\frac{\pi}{4}} \int_{\sec\theta}^{2\cos\theta} (r^2)^{-\frac{1}{2}} r\,drd\theta = \int_0^{\frac{\pi}{4}} \int_{\sec\theta}^{2\cos\theta} drd\theta$

$= \displaystyle\int_0^{\frac{\pi}{4}} 2\cos\theta - \sec\theta\,d\theta = (2\sin\theta - \ln|\sec\theta + \tan\theta|)\Big|_0^{\frac{\pi}{4}} = \sqrt{2} - \ln(1+\sqrt{2})$

範例 13.

$$\text{求} \iint_R \frac{x^2}{(x^2+y^2)^2}\,dxdy =?, \quad R = \{(x,y): a^2 \le x^2+y^2 \le b^2, 0 < a < b\}$$

【解】

令 $x = r\cos\theta,\ y = r\sin\theta$ 則

$R = \{(x,y): a^2 \le x^2+y^2 \le b^2, 0 < a < b\} = \{(r,\theta): a \le r \le b, 0 \le \theta \le 2\pi\}$

且 $dxdy = \left\| \begin{vmatrix} \dfrac{\partial x}{\partial r} & \dfrac{\partial x}{\partial \theta} \\ \dfrac{\partial y}{\partial r} & \dfrac{\partial y}{\partial \theta} \end{vmatrix} \right\| drd\theta = \left\| \begin{vmatrix} \cos\theta & -r\sin\theta \\ \sin\theta & r\cos\theta \end{vmatrix} \right\| drd\theta = rdrd\theta$

$\therefore \displaystyle\iint_R \frac{x^2}{(x^2+y^2)^2}\,dxdy = \int_0^{2\pi} \int_a^b \left(\frac{r^2\cos^2\theta}{r^4} \right) rdrd\theta = \int_0^{2\pi} \int_a^b \frac{\cos^2\theta}{r}\,drd\theta$

$= \displaystyle\int_0^{2\pi} \cos^2\theta\,d\theta \int_a^b \frac{1}{r}\,dr = \int_0^{2\pi} \frac{1+\cos 2\theta}{2}\,d\theta \int_a^b \frac{1}{r}\,dr = \pi \ln\frac{b}{a}$

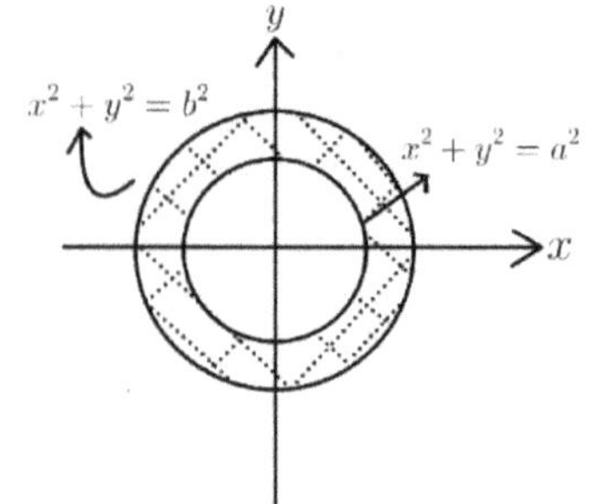

範例 14.

$$\text{求} \int_0^1 \int_{x^2}^x (x^2+y^2)^{-\frac{1}{2}}\,dydx =?$$

【解】

令 $x = r\cos\theta,\ y = r\sin\theta$ 則

$$R = \{(x,y): 0 \le x \le 1, x^2 < y < x\} = \left\{(r,\theta): 0 \le r \le \frac{\sin\theta}{\cos^2\theta}, 0 \le \theta \le \frac{\pi}{4}\right\}$$

且 $dxdy = \left\|\begin{matrix} \dfrac{\partial x}{\partial r} & \dfrac{\partial x}{\partial \theta} \\ \dfrac{\partial y}{\partial r} & \dfrac{\partial y}{\partial \theta} \end{matrix}\right\| drd\theta = \left\|\begin{matrix} \cos\theta & -r\sin\theta \\ \sin\theta & r\cos\theta \end{matrix}\right\| drd\theta = rdrd\theta$

$$\therefore \int_0^1 \int_{x^2}^{x} (x^2+y^2)^{-\frac{1}{2}}\, dydx = \int_0^{\frac{\pi}{4}} \int_0^{\frac{\sin\theta}{\cos^2\theta}} \frac{1}{r} \cdot rdrd\theta = \int_0^{\frac{\pi}{4}} \frac{\sin\theta}{\cos^2\theta}\, d\theta = \left.\frac{1}{\cos\theta}\right|_0^{\frac{\pi}{4}} = \sqrt{2} - 1$$

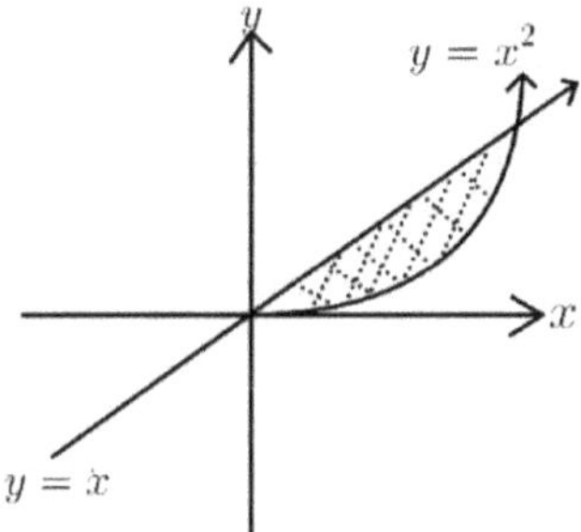

範例 15.

$$求 \int_{-3}^{3} \int_{-\sqrt{9-x^2}}^{\sqrt{9-x^2}} (9 - x^2 - y^2)^{\frac{1}{2}}\, dydx = ?$$

【解】

令 $x = r\cos\theta,\ y = r\sin\theta$ 則

$$\left\{(x,y): -3 \le x \le 3, -\sqrt{9-x^2} < y < \sqrt{9-x^2}\right\} = \{(r,\theta): 0 \le r \le 3, 0 \le \theta \le 2\pi\}$$

且 $dxdy = \left\|\begin{matrix} \dfrac{\partial x}{\partial r} & \dfrac{\partial x}{\partial \theta} \\ \dfrac{\partial y}{\partial r} & \dfrac{\partial y}{\partial \theta} \end{matrix}\right\| drd\theta = \left\|\begin{matrix} \cos\theta & -r\sin\theta \\ \sin\theta & r\cos\theta \end{matrix}\right\| drd\theta = rdrd\theta$

$$\therefore \int_{-3}^{3} \int_{-\sqrt{9-x^2}}^{\sqrt{9-x^2}} (9 - x^2 - y^2)^{\frac{1}{2}}\, dydx = \int_0^{2\pi} \int_0^3 (9 - r^2)^{\frac{1}{2}} \cdot rdrd\theta = 2\pi \cdot \left.\frac{-(9-r^2)^{\frac{3}{2}}}{3}\right|_0^3 = 18\pi$$

範例 16.

$$\text{求} \iint_R \frac{1}{\sqrt{1+x^2+y^2}}\,dA =?,\ R = \{(x,y): x^2 + y^2 \le 4\}$$

【解】

令 $x = r\cos\theta,\ y = r\sin\theta$ 則 $\{(x,y): x^2 + y^2 \le 4\} = \{(r,\theta): 0 \le r \le 2, 0 \le \theta \le 2\pi\}$

$$\text{且}\ dxdy = \left\|\begin{vmatrix} \dfrac{\partial x}{\partial r} & \dfrac{\partial x}{\partial \theta} \\ \dfrac{\partial y}{\partial r} & \dfrac{\partial y}{\partial \theta} \end{vmatrix}\right\| drd\theta = \left\|\begin{vmatrix} \cos\theta & -r\sin\theta \\ \sin\theta & r\cos\theta \end{vmatrix}\right\| drd\theta = r\,drd\theta$$

$$\therefore \iint_R \frac{1}{\sqrt{1+x^2+y^2}}\,dA = \int_0^{2\pi}\int_0^2 \frac{1}{\sqrt{1+r^2}}\,r\,drd\theta = \int_0^{2\pi} d\theta \int_0^2 \frac{r\,dr}{\sqrt{1+r^2}} = 2\pi \cdot (1+r^2)^{\frac{1}{2}}\Big|_{r=0}^{r=2}$$

$$= 2\pi(\sqrt{5}-1)$$

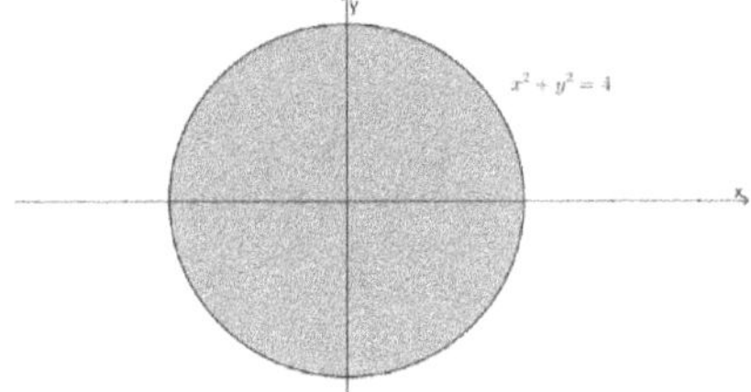

範例 17.

$$\text{求} \iint_R \frac{x^2}{\sqrt{1+(x^2+y^2)^2}}\,dA =?,\ R = \{(x,y): x^2 + y^2 \le 1, y > 0\}$$

【解】

令 $x = r\cos\theta,\ y = r\sin\theta$ 則 $\{(x,y): x^2 + y^2 \le 1\} = \{(r,\theta): 0 \le r \le 1, 0 \le \theta \le \pi\}$

$$\text{且}\ dxdy = \left\|\begin{vmatrix} \dfrac{\partial x}{\partial r} & \dfrac{\partial x}{\partial \theta} \\ \dfrac{\partial y}{\partial r} & \dfrac{\partial y}{\partial \theta} \end{vmatrix}\right\| drd\theta = \left\|\begin{vmatrix} \cos\theta & -r\sin\theta \\ \sin\theta & r\cos\theta \end{vmatrix}\right\| drd\theta = r\,drd\theta$$

$$\therefore \iint_R \frac{x^2}{\sqrt{1+(x^2+y^2)^2}}\,dA = \int_0^{\pi}\int_0^1 \frac{r^2\sin^2\theta}{\sqrt{1+r^4}}\,r\,drd\theta = \int_0^{\pi} \sin^2\theta\,d\theta \int_0^1 \frac{r^3\,dr}{\sqrt{1+r^4}}$$

$$= \int_0^{\pi} \frac{1 - \cos 2\theta}{2} \, d\theta \int_0^1 \frac{r^3 \, dr}{\sqrt{1 + r^4}} = \frac{\pi}{2} \cdot \frac{1}{2} (1 + r^4)^{\frac{1}{2}} \Big|_{r=0}^{r=1} = \frac{\pi}{4} \left(\sqrt{2} - 1 \right)$$

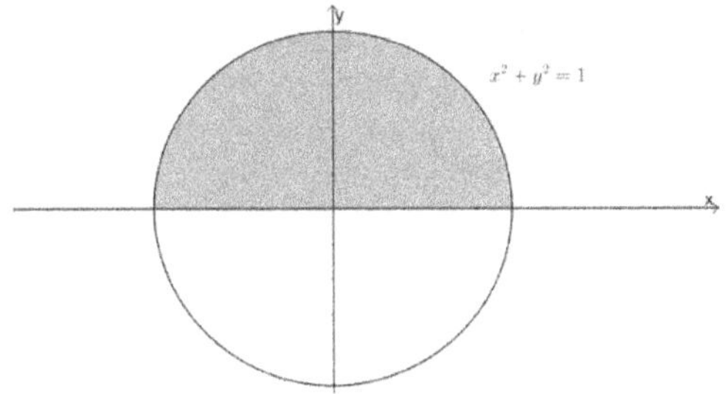

範例 18.

$$求 \iint_R e^{x^2 + y^2} dxdy = ?, \ R = \{(x, y): 0 \le y \le x, x^2 + y^2 \le 4\}$$

【解】

令 $x = r \cos \theta, \ y = r \sin \theta$

則 $\{(x, y): 0 \le y \le x, x^2 + y^2 \le 4\} = \{(r, \theta): 0 \le r \le 2, 0 \le \theta \le \dfrac{\pi}{4}\}$

且 $dxdy = \left\| \begin{vmatrix} \dfrac{\partial x}{\partial r} & \dfrac{\partial x}{\partial \theta} \\ \dfrac{\partial y}{\partial r} & \dfrac{\partial y}{\partial \theta} \end{vmatrix} \right\| drd\theta = \left\| \begin{matrix} \cos \theta & -r \sin \theta \\ \sin \theta & r \cos \theta \end{matrix} \right\| drd\theta = rdrd\theta$

$$\therefore \iint_R e^{x^2 + y^2} dxdy = \int_0^{\frac{\pi}{4}} \int_0^2 e^{r^2} r \, drd\theta = \int_0^{\frac{\pi}{4}} \frac{e^{r^2}}{2} \Big|_{r=0}^{r=2} d\theta = \int_0^{\frac{\pi}{4}} \frac{e^4 - 1}{2} d\theta = \left(\frac{e^4 - 1}{8} \right) \pi$$

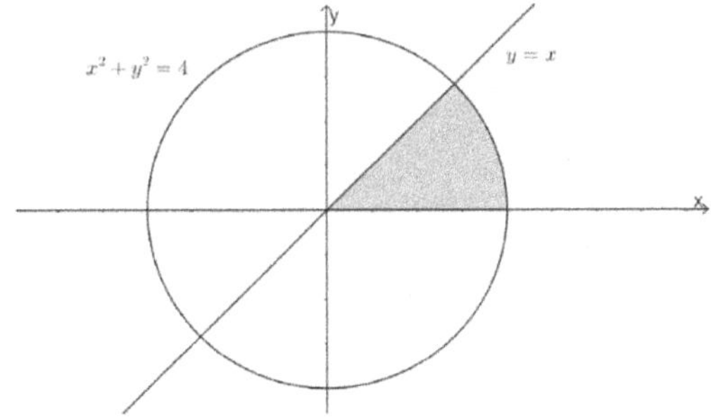

範例 19.

$$求 \iint_R (x^2 + y^2) e^{(x^2 + y^2)^2} dxdy = ?, \ R = \{(x, y): 0 \le y \le x, x^2 + y^2 \le 4\}$$

【解】

令 $x = r\cos\theta,\ y = r\sin\theta$

則 $\{(x,y): 0 \le y \le x, x^2 + y^2 \le 4\} = \{(r,\theta): 0 \le r \le 2, 0 \le \theta \le \dfrac{\pi}{4}\}$

且 $dxdy = \left\|\begin{vmatrix} \dfrac{\partial x}{\partial r} & \dfrac{\partial x}{\partial \theta} \\ \dfrac{\partial y}{\partial r} & \dfrac{\partial y}{\partial \theta} \end{vmatrix}\right\| drd\theta = \left\|\begin{vmatrix} \cos\theta & -r\sin\theta \\ \sin\theta & r\cos\theta \end{vmatrix}\right\| drd\theta = rdrd\theta$

$$\therefore \iint_R (x^2 + y^2)e^{(x^2+y^2)^2} dxdy = \int_0^{\frac{\pi}{4}} \int_0^2 e^{r^4} r^3 drd\theta = \int_0^{\frac{\pi}{4}} \left.\frac{e^{r^4}}{4}\right|_{r=0}^{r=2} d\theta = \int_0^{\frac{\pi}{4}} \frac{e^{16}-1}{4} d\theta$$

$$= \left(\frac{e^{16}-1}{16}\right)\pi$$

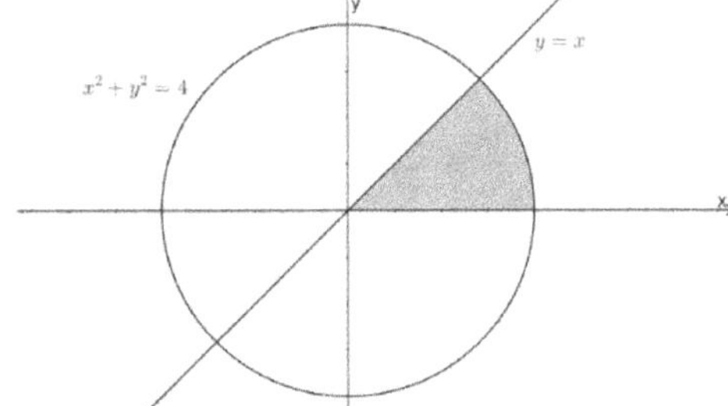

範例 20.

$$求 \iint_R \sqrt{a^2 - x^2 - y^2}\, dA =?, R = \{(x,y): x^2 + y^2 \le a^2\}$$

【解】

令 $x = r\cos\theta,\ y = r\sin\theta$ 則 $\{(x,y): x^2 + y^2 \le a^2\} = \{(r,\theta): 0 \le r \le a, 0 \le \theta \le 2\pi\}$

且 $dxdy = \left\|\begin{vmatrix} \dfrac{\partial x}{\partial r} & \dfrac{\partial x}{\partial \theta} \\ \dfrac{\partial y}{\partial r} & \dfrac{\partial y}{\partial \theta} \end{vmatrix}\right\| drd\theta = \left\|\begin{vmatrix} \cos\theta & -r\sin\theta \\ \sin\theta & r\cos\theta \end{vmatrix}\right\| drd\theta = rdrd\theta$

$$\therefore \iint_R \sqrt{a^2 - x^2 - y^2}\, dA = \int_0^{2\pi} \int_0^a \sqrt{a^2 - r^2}\, r drd\theta = \int_0^{2\pi} d\theta \int_0^a r\sqrt{a^2 - r^2}\, dr$$

$$= 2\pi \cdot \left.\frac{(-1)(a^2 - r^2)^{\frac{3}{2}}}{3}\right|_{r=0}^{r=a} = \frac{2\pi a^3}{3}$$

範例 21.

$$\iint_R e^{\sqrt{x^2+y^2}}\,dxdy =?,\quad R = \{(x,y): x^2 + y^2 \le 4, 0 \le y \le x\}$$

【解】

令 $x = r\cos\theta,\ y = r\sin\theta$ 則 $\{(x,y): x^2 + y^2 \le 4\} = \{(r,\theta): 0 \le r \le 2, 0 \le \theta \le \dfrac{\pi}{4}\}$

且 $dxdy = \left\| \begin{vmatrix} \dfrac{\partial x}{\partial r} & \dfrac{\partial x}{\partial \theta} \\ \dfrac{\partial y}{\partial r} & \dfrac{\partial y}{\partial \theta} \end{vmatrix} \right\| drd\theta = \left\| \begin{vmatrix} \cos\theta & -r\sin\theta \\ \sin\theta & r\cos\theta \end{vmatrix} \right\| drd\theta = rdrd\theta$

$$\therefore \iint_R e^{\sqrt{x^2+y^2}}\,dxdy = \int_0^{\frac{\pi}{4}} \int_0^2 e^r r\,drd\theta = \int_0^{\frac{\pi}{4}} d\theta \int_0^2 e^r r\,dr$$

藉由 integration by parts 則 $\displaystyle\int_0^2 e^r r\,dr = 2e^2 - (e^2 - 1) = e^2 + 1$

$$\therefore \iint_R e^{\sqrt{x^2+y^2}}\,dxdy = \frac{\pi}{4}(e^2 + 1)$$

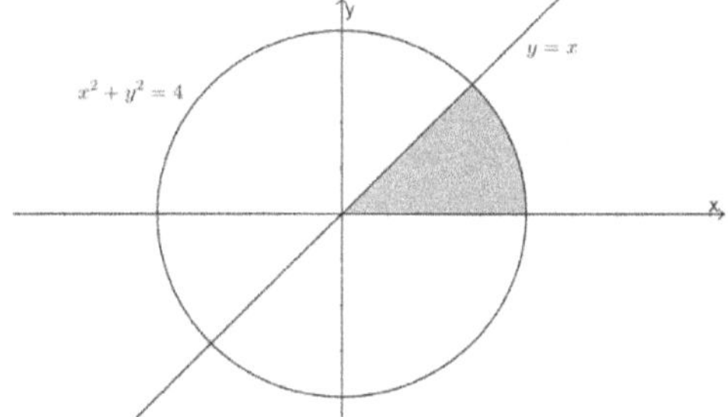

範例 22.

(1) 求 $\displaystyle\iint_R \sin(x^2 + y^2)\,dA =?, R = \{(x,y): \pi^2 \le x^2 + y^2 \le 9\pi^2\}$

(2) 求 $\displaystyle\iint_R \sec^2(x^2 + y^2)\,dA =?, R = \{(x,y): 0 \le x^2 + y^2 \le \dfrac{\pi}{4}\}$

【解】

(1)

令 $x = r\cos\theta,\ y = r\sin\theta$

則 $\{(x,y): \pi^2 \le x^2 + y^2 \le 9\pi^2\} = \{(r,\theta): \pi \le r \le 3\pi, 0 \le \theta \le 2\pi\}$

且 $dxdy = \left\| \begin{vmatrix} \dfrac{\partial x}{\partial r} & \dfrac{\partial x}{\partial \theta} \\[2mm] \dfrac{\partial y}{\partial r} & \dfrac{\partial y}{\partial \theta} \end{vmatrix} \right\| drd\theta = \left\| \begin{vmatrix} \cos\theta & -r\sin\theta \\ \sin\theta & r\cos\theta \end{vmatrix} \right\| drd\theta = rdrd\theta$

$\therefore \iint_R \sin(x^2+y^2)\, dA = \int_0^{2\pi} \int_\pi^{3\pi} \sin(r^2)\, rdrd\theta = \int_0^{2\pi} d\theta \int_\pi^{3\pi} \sin(r^2)\, rdr$

$= 2\pi \cdot \left. \dfrac{(-1)\cos r^2}{2} \right|_\pi^{3\pi} = (-\pi)(\cos 9\pi^2 - \cos \pi^2)$

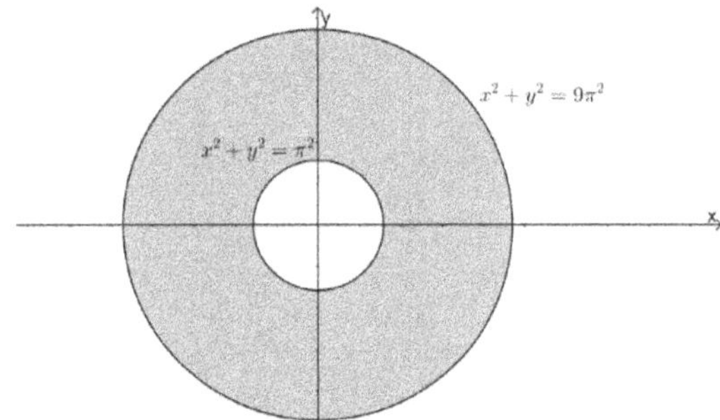

(2)

令 $x = r\cos\theta,\ \ y = r\sin\theta$

則 $\left\{ (x,y): 0 \le x^2+y^2 \le \dfrac{\pi}{4} \right\} = \left\{ (r,\theta): 0 \le r \le \dfrac{\sqrt{\pi}}{2}, 0 \le \theta \le 2\pi \right\}$

且 $dxdy = \left\| \begin{vmatrix} \dfrac{\partial x}{\partial r} & \dfrac{\partial x}{\partial \theta} \\[2mm] \dfrac{\partial y}{\partial r} & \dfrac{\partial y}{\partial \theta} \end{vmatrix} \right\| drd\theta = \left\| \begin{vmatrix} \cos\theta & -r\sin\theta \\ \sin\theta & r\cos\theta \end{vmatrix} \right\| drd\theta = rdrd\theta$

$\therefore \iint_R \sec^2(x^2+y^2)\, dA = \int_0^{2\pi} \int_0^{\frac{\sqrt{\pi}}{2}} \sec^2(r^2)\, rdrd\theta = \int_0^{2\pi} d\theta \int_0^{\frac{\sqrt{\pi}}{2}} \sec^2(r^2)\, rdr$

$= 2\pi \cdot \left. \dfrac{\tan r^2}{2} \right|_0^{\frac{\sqrt{\pi}}{2}} = \pi$

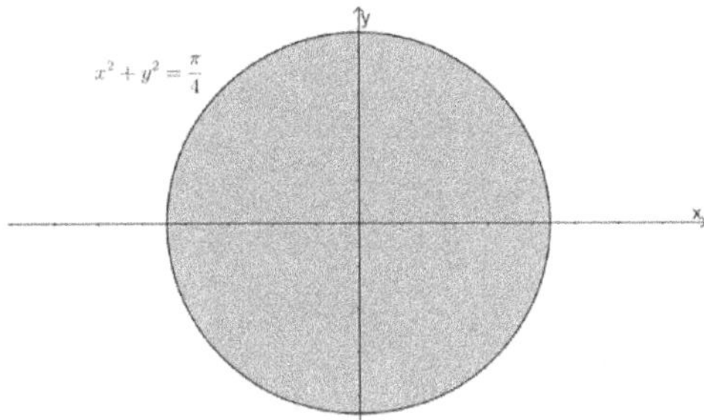

範例 23.

$$求 \int_0^a \int_0^{\sqrt{a^2-x^2}} \frac{1}{(1+x^2+y^2)^{\frac{3}{2}}} \, dydx = ?$$

【解】

令 $x = r\cos\theta, \; y = r\sin\theta$ 則

$$\left\{(x,y): 0 \le x \le a, 0 < y < \sqrt{a^2 - x^2}\right\} = \left\{(r,\theta): 0 \le r \le a, 0 \le \theta \le \frac{\pi}{2}\right\}$$

且 $dxdy = \left\| \begin{vmatrix} \dfrac{\partial x}{\partial r} & \dfrac{\partial x}{\partial \theta} \\ \dfrac{\partial y}{\partial r} & \dfrac{\partial y}{\partial \theta} \end{vmatrix} \right\| drd\theta = \left\| \begin{vmatrix} \cos\theta & -r\sin\theta \\ \sin\theta & r\cos\theta \end{vmatrix} \right\| drd\theta = rdrd\theta$

$$\therefore \int_0^a \int_0^{\sqrt{a^2-x^2}} \frac{1}{(1+x^2+y^2)^{\frac{3}{2}}} \, dydx = \int_0^{\frac{\pi}{2}} \int_0^a \frac{1}{(1+r^2)^{\frac{3}{2}}} \cdot rdrd\theta = -(1+r^2)^{-\frac{1}{2}}\Big|_0^a \cdot \frac{\pi}{2}$$

$$= \frac{\pi}{2}\left(1 - (1+a^2)^{-\frac{1}{2}}\right)$$

範例 24.

$$(1)求 \int_0^{4a} \int_0^{\sqrt{4ax-x^2}} x^2 + y^2 \, dydx = ? \qquad (2)求 \int_0^{2a} \int_{-\sqrt{2ay-y^2}}^{\sqrt{2ay-y^2}} \sqrt{x^2+y^2} \, dxdy = ?$$

【解】

(1)

令 $x = r\cos\theta, \; y = r\sin\theta$

則 $\{(x,y): 0 \le x \le 4a, 0 \le y \le \sqrt{4ax - x^2}\} = \{(r,\theta): 0 \le r \le 4a\cos\theta, 0 \le \theta \le \frac{\pi}{2}\}$

$$\text{且 } dxdy = \left\| \begin{vmatrix} \dfrac{\partial x}{\partial r} & \dfrac{\partial x}{\partial \theta} \\ \dfrac{\partial y}{\partial r} & \dfrac{\partial y}{\partial \theta} \end{vmatrix} \right\| drd\theta = \left\| \begin{vmatrix} \cos\theta & -r\sin\theta \\ \sin\theta & r\cos\theta \end{vmatrix} \right\| drd\theta = rdrd\theta$$

$$\therefore \int_0^{4a} \int_0^{\sqrt{4ax-x^2}} x^2 + y^2 \, dydx = \int_0^{\frac{\pi}{2}} \int_0^{4a\cos\theta} r^3 drd\theta = \int_0^{\frac{\pi}{2}} \frac{r^4}{4}\bigg|_0^{4a\cos\theta} d\theta = 64a^4 \int_0^{\frac{\pi}{2}} \cos^4\theta \, d\theta$$

$$\because \cos^4\theta = \left(\frac{1+\cos 2\theta}{2}\right)^2 = \frac{1 + 2\cos 2\theta + \cos^2 2\theta}{4} = \frac{1 + 2\cos 2\theta}{4} + \frac{1 + \cos 4\theta}{8}$$

$$\therefore \int_0^{\frac{\pi}{2}} \cos^4\theta \, d\theta = \int_0^{\frac{\pi}{2}} \frac{3}{8} + \frac{\cos 2\theta}{2} + \frac{\cos 4\theta}{8} d\theta = \frac{3\pi}{16}$$

$$\therefore \int_0^{4a} \int_0^{\sqrt{4ax-x^2}} x^2 + y^2 \, dydx = 12\pi a^4$$

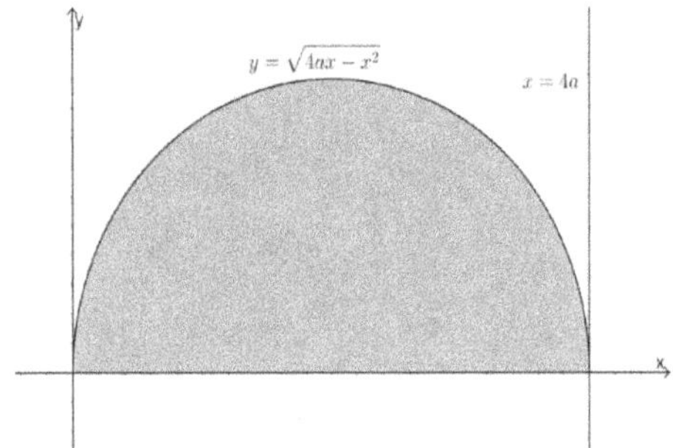

(2)

令$x = r\cos\theta, \ y = r\sin\theta$

則 $\{(x, y): -\sqrt{2ay - y^2} \le x \le \sqrt{2ay - y^2}, 0 \le y \le 2a\}$

$= \{(r, \theta): 0 \le r \le 2a\sin\theta, 0 \le \theta \le \pi\}$

$$\text{且 } dxdy = \left\| \begin{vmatrix} \dfrac{\partial x}{\partial r} & \dfrac{\partial x}{\partial \theta} \\ \dfrac{\partial y}{\partial r} & \dfrac{\partial y}{\partial \theta} \end{vmatrix} \right\| drd\theta = \left\| \begin{vmatrix} \cos\theta & -r\sin\theta \\ \sin\theta & r\cos\theta \end{vmatrix} \right\| drd\theta = rdrd\theta$$

$$\therefore \int_0^{2a} \int_{-\sqrt{2ay-y^2}}^{\sqrt{2ay-y^2}} \sqrt{x^2 + y^2} \, dxdy = \int_0^{\pi} \int_0^{2a\sin\theta} r^2 drd\theta = \int_0^{\pi} \frac{r^3}{3}\bigg|_0^{2a\sin\theta} d\theta$$

$$= \frac{8a^3}{3} \int_0^\pi \sin^3 \theta \, d\theta = \frac{8a^3}{3} \int_0^\pi \sin \theta (1 - \cos^2 \theta) \, d\theta = \frac{8a^3}{3} \left(-\cos \theta + \frac{\cos^3 \theta}{3} \right) \Big|_0^\pi = \frac{32a^3}{9}$$

8.3.4　使用廣義座標轉換求雙重積分的值

當積分區域R為下列這幾種情形時, 可視為使用廣義座標轉換的時機

(i)積分區域R出現 $ax + by, \ cx + dy$ 且 $ad - bc \neq 0$

(ii)積分區域R或被積分函數出現 $ax^2 + bxy + cy^2, \ $ 其中 $4ac - b^2 > 0, a > 0, b > 0$

(iii)積分區域R為 $y = ax, \ y = bx, \ xy = c, \ xy = d$ 所圍區域, 其中 $abcd \neq 0$

考試類型:

題型 1.

假設$R = \{(x, y) : 0 \leq ax + by \leq s, 0 \leq cx + dy \leq t\}, \ a, b, c, d \in R, s, t > 0$

其中 $ad - bc \neq 0$

求 $\iint_R f(ax + by, cx + dy) dA = ?$

解題流程:

Step1.

令 $u = ax + by, \ v = cx + dy$ 則 $x = \dfrac{du - bv}{ad - bc}$ 且 $y = \dfrac{av - cu}{ad - bc}$

$$\because dxdy = \left\| \begin{matrix} \dfrac{\partial x}{\partial u} & \dfrac{\partial x}{\partial v} \\ \dfrac{\partial y}{\partial u} & \dfrac{\partial y}{\partial v} \end{matrix} \right\| dudv = \frac{1}{|ad - bc|^2} \left\| \begin{matrix} d & -b \\ -c & a \end{matrix} \right\| dudv = \frac{1}{|ad - bc|} dudv$$

Step2.

$$\therefore \iint_R f(ax + by, cx + dy) dA = \frac{1}{|ad - bc|} \int_0^t \int_0^s f(u, v) dudv$$

Step3.

計算此積分 $\dfrac{1}{|ad-bc|}\displaystyle\int_0^t\int_0^s f(u,v)\,dudv=?$

<u>範例說明:</u>

求 $\displaystyle\iint_R f(ax+by,cx+dy)\,dA=?$，$R=\{(x,y):0\le ax+by\le s, 0\le cx+dy\le t\}$，
$a,b,c,d\in R,\ s,t>0$

令 $u=ax+by,\ \ v=cx+dy$ 則 $x=\dfrac{du-bv}{ad-bc}$ 且 $y=\dfrac{av-cu}{ad-bc}$

$\because dxdy=\left\|\begin{vmatrix}\dfrac{\partial x}{\partial u}&\dfrac{\partial x}{\partial v}\\[2mm]\dfrac{\partial y}{\partial u}&\dfrac{\partial y}{\partial v}\end{vmatrix}\right\|dudv=\dfrac{1}{|ad-bc|^2}\left\|\begin{matrix}d&-b\\-c&a\end{matrix}\right\|dudv=\dfrac{1}{|ad-bc|}dudv$

$\therefore \displaystyle\iint_R f(ax+by,cx+dy)\,dA=\dfrac{1}{|ad-bc|}\int_0^t\int_0^s f(u,v)\,dudv$

(I) 若 $f(ax+by,cx+dy)=(ax+by)(cx+dy)$

則 $\displaystyle\iint_R f(ax+by,cx+dy)\,dA=\dfrac{1}{|ad-bc|}\int_0^t\int_0^s uv\,dudv=?$

(II) 若 $f(ax+by,cx+dy)=e^{\frac{cx+dy}{ax+by}}$

則 $\displaystyle\iint_R f(ax+by,cx+dy)\,dA=\dfrac{1}{|ad-bc|}\int_0^t\int_0^s e^{\frac{v}{u}}\,dudv=?$

(III) 若 $f(ax+by,cx+dy)=(ax+by)^2+(cx+dy)^2$

則 $\displaystyle\iint_R f(ax+by,cx+dy)\,dA=\dfrac{1}{|ad-bc|}\int_0^t\int_0^s u^2+v^2\,dudv=?$

題型 2.

假設 $R=\{(x,y):ax^2+bxy+cy^2\le d^2\},\ 4ac-b^2>0, a>0, b>0$

求 $\displaystyle\iint_R f(ax^2+bxy+cy^2)\,dA=?$

解題流程:

Step1.

$$\because ax^2 + bxy + cy^2 = a(x + \frac{by}{2a})^2 + \frac{4ac - b^2}{4a}y^2$$

$$令 \sqrt{a}\left(x + \frac{by}{2a}\right) = u, \quad \sqrt{\frac{4ac - b^2}{4a}}\,y = v$$

$$\because dxdy = \left\|\begin{vmatrix} \dfrac{\partial x}{\partial u} & \dfrac{\partial x}{\partial v} \\ \dfrac{\partial y}{\partial u} & \dfrac{\partial y}{\partial v} \end{vmatrix}\right\| dudv = \left\|\begin{vmatrix} \dfrac{1}{\sqrt{a}} & 0 \\ \dfrac{2\sqrt{a}}{b} & \sqrt{\dfrac{4a}{4ac - b^2}} \end{vmatrix}\right\| dudv = \frac{2}{\sqrt{4ac - b^2}}\,dudv$$

Step2.

$$\therefore \iint_R f(ax^2 + bxy + cy^2)dA = \iint_{u^2 + v^2 \leq d^2} f(u^2 + v^2)\frac{2}{\sqrt{4ac - b^2}}\,dudv$$

Step3.

$$令 u = r\cos\theta, v = r\sin\theta \; 則\{(u,v): u^2 + v^2 \leq d^2\} = \{(r,\theta): 0 \leq r \leq d, 0 \leq \theta \leq 2\pi\}$$

Step4.

$$\because dudv = \left\|\begin{vmatrix} \dfrac{\partial u}{\partial r} & \dfrac{\partial u}{\partial \theta} \\ \dfrac{\partial v}{\partial r} & \dfrac{\partial v}{\partial \theta} \end{vmatrix}\right\| drd\theta = \left\|\begin{vmatrix} \cos\theta & -r\sin\theta \\ \sin\theta & r\cos\theta \end{vmatrix}\right\| drd\theta = rdrd\theta$$

$$\therefore \iint_{u^2 + v^2 \leq d^2} f(u^2 + v^2)\frac{2}{\sqrt{4ac - b^2}}\,dudv = \int_0^{2\pi}\int_0^d \frac{2f(r^2)}{\sqrt{4ac - b^2}}\,rdrd\theta$$

$$= \frac{2}{\sqrt{4ac - b^2}}\int_0^{2\pi} d\theta \int_0^d f(r^2)rdr$$

Step5.

$$求 \; \frac{2}{\sqrt{4ac - b^2}}\int_0^{2\pi} d\theta \int_0^d f(r^2)rdr = ?$$

<u>範例說明:</u>

$$求 \iint_R f(ax^2 + bxy + cy^2)dA = ?, R = \{(x,y): ax^2 + bxy + cy^2 \leq d^2\}, 其中$$

$$4ac - b^2 > 0, a > 0, b > 0$$

$$\iint_R f(ax^2 + bxy + cy^2)dA = \iint_{u^2+v^2 \le d^2} f(u^2 + v^2)\frac{2}{\sqrt{4ac - b^2}}\,dudv$$

$$= \frac{2}{\sqrt{4ac - b^2}}\int_0^{2\pi} d\theta \int_0^d f(r^2)r\,dr$$

(I)若 $f(t) = t$ 則 $\displaystyle\iint_R f(ax^2 + bxy + cy^2)dA = \frac{2}{\sqrt{4ac - b^2}}\int_0^{2\pi} d\theta \int_0^d r^3\,dr$

(II)若 $f(t) = e^{-t}$ 則 $\displaystyle\iint_R f(ax^2 + bxy + cy^2)dA = \frac{2}{\sqrt{4ac - b^2}}\int_0^{2\pi} d\theta \int_0^d e^{-r^2}r\,dr$

(III)若 $f(t) = e^{t}$ 則 $\displaystyle\iint_R f(ax^2 + bxy + cy^2)dA = \frac{2}{\sqrt{4ac - b^2}}\int_0^{2\pi} d\theta \int_0^d e^{r^2}r\,dr$

(IV)若 $f(t) = \ln(t)$ 則 $\displaystyle\iint_R f(ax^2 + bxy + cy^2)dA = \frac{2}{\sqrt{4ac - b^2}}\int_0^{2\pi} d\theta \int_0^d \ln(r^2)\,r\,dr$

(V)若 $f(t) = \sin(t)$ 則 $\displaystyle\iint_R f(ax^2 + bxy + cy^2)dA = \frac{2}{\sqrt{4ac - b^2}}\int_0^{2\pi} d\theta \int_0^d \sin(r^2)\,r\,dr$

題型 3.

假設 R 為 $y = x^\alpha$, $y = \beta x^\alpha$, $x = y^\alpha$, $x = \gamma y^\alpha$ 所圍面積, 其中 $\alpha > 1, \beta > 1, \gamma > 1$

求 $\displaystyle\iint_R f\left(\frac{y}{x^\alpha}, \frac{x}{y^\alpha}\right)dA = ?$

解題流程:

Step1.

令 $u = \dfrac{y}{x^\alpha}$, $v = \dfrac{x}{y^\alpha}$ 則 $x = u^{\frac{\alpha}{1-\alpha^2}}v^{\frac{1}{1-\alpha^2}}$, $y = u^{\frac{1}{1-\alpha^2}}v^{\frac{\alpha}{1-\alpha^2}}$

$$\text{且 } dxdy = \left\|\begin{vmatrix} \dfrac{\partial x}{\partial u} & \dfrac{\partial x}{\partial v} \\[2mm] \dfrac{\partial y}{\partial u} & \dfrac{\partial y}{\partial v} \end{vmatrix}\right\| dudv = \left\|\begin{vmatrix} \dfrac{\alpha u^{\left(\frac{\alpha}{1-\alpha^2}-1\right)}v^{\frac{1}{1-\alpha^2}}}{1-\alpha^2} & \dfrac{u^{\frac{\alpha}{1-\alpha^2}}v^{\left(\frac{1}{1-\alpha^2}-1\right)}}{1-\alpha^2} \\[4mm] \dfrac{u^{\left(\frac{1}{1-\alpha^2}-1\right)}v^{\frac{\alpha}{1-\alpha^2}}}{1-\alpha^2} & \dfrac{\alpha u^{\frac{1}{1-\alpha^2}}v^{\left(\frac{\alpha}{1-\alpha^2}-1\right)}}{1-\alpha^2} \end{vmatrix}\right\| dudv$$

$$= \frac{\alpha^2 u^{\frac{\alpha-1+\alpha^2+1}{1-\alpha^2}}v^{\frac{1+\alpha-1+\alpha^2}{1-\alpha^2}} - u^{\frac{\alpha-1+\alpha^2+1}{1-\alpha^2}}v^{\frac{1+\alpha-1+\alpha^2}{1-\alpha^2}}}{(1-\alpha^2)^2}\,dudv = \frac{\alpha^2 u^{\frac{\alpha}{1-\alpha}}v^{\frac{\alpha}{1-\alpha}} - u^{\frac{\alpha}{1-\alpha}}v^{\frac{\alpha}{1-\alpha}}}{(1-\alpha^2)^2}\,dudv$$

$$= \frac{u^{\frac{\alpha}{1-\alpha}}v^{\frac{\alpha}{1-\alpha}}}{\alpha^2 - 1}\,dudv$$

Step2.

令 $R = \left\{ (x,y) : 1 \leq \dfrac{y}{x^\alpha} \leq \beta, 1 \leq \dfrac{x}{y^\alpha} \leq \gamma \right\}$ 則 $R = \{(u,v) : 1 \leq u \leq \beta, 1 \leq v \leq \gamma\}$

Step3.

$$\therefore \iint_R f\left(\frac{y}{x^\alpha}, \frac{x}{y^\alpha}\right) dA = \int_1^\beta \int_1^\gamma f(u,v) \frac{u^{\frac{\alpha}{1-\alpha}} v^{\frac{\alpha}{1-\alpha}}}{\alpha^2 - 1} \, dv \, du$$

題型 4.

求 $\displaystyle\iint_R f\left(\frac{y}{x}, xy\right) dx\,dy = ?$，其中 R 為 $y = ax, \ y = bx, \ xy = c, \ xy = d$ 所圍區域，
$a < b, c < d$

解題流程：

Step1.

令 $\dfrac{y}{x} = u, \ xy = v$ 則 $x = \sqrt{\dfrac{v}{u}}, \ y = \sqrt{uv}$

$$\text{且 } dx\,dy = \left\|\begin{array}{cc} \dfrac{\partial x}{\partial u} & \dfrac{\partial x}{\partial v} \\ \dfrac{\partial y}{\partial u} & \dfrac{\partial y}{\partial v} \end{array}\right\| du\,dv = \left\|\begin{array}{cc} \dfrac{1}{2}\left(\dfrac{v}{u}\right)^{-\frac{1}{2}}\left(-\dfrac{v}{u^2}\right) & \dfrac{1}{2}\left(\dfrac{v}{u}\right)^{-\frac{1}{2}}\left(\dfrac{1}{u}\right) \\ \dfrac{1}{2}(uv)^{-\frac{1}{2}}v & \dfrac{1}{2}(uv)^{-\frac{1}{2}}u \end{array}\right\| du\,dv = \frac{1}{2u} du\,dv$$

Step2.

令 $R = \left\{ (x,y) : a \leq \dfrac{y}{x} \leq b, c \leq xy \leq d \right\}$ 則 $R = \{(u,v) : a \leq u \leq b, c \leq v \leq d\}$

Step3.

求 $\displaystyle\iint_R f\left(\frac{y}{x}, xy\right) dx\,dy = \int_a^b \int_c^d \frac{f(u,v)}{2u} \, dv\,du$

範例說明：

求 $\displaystyle\iint_R f\left(\frac{y}{x}, xy\right) dx\,dy = ?$，其中 R 為 $y = ax, \ y = bx, \ xy = c, \ xy = d$ 所圍區域，$a < b$,
$c < d$

(I) 如果 $f\left(\dfrac{y}{x}, xy\right) = e^{-\frac{y}{x}\cdot xy}$

則 $\displaystyle\iint_R f\left(\frac{y}{x}, xy\right) dxdy = \int_a^b \int_c^d \frac{f(u,v)}{2u} dvdu = \int_a^b \int_c^d \frac{e^{-uv}}{2u} dvdu$

(II) 如果 $f\left(\frac{y}{x}, xy\right) = \left(\frac{y}{x}\right)^2 + (xy)^2$

則 $\displaystyle\iint_R f\left(\frac{y}{x}, xy\right) dxdy = \int_a^b \int_c^d \frac{f(u,v)}{2u} dvdu = \int_a^b \int_c^d \frac{u^2 + v^2}{2u} dvdu$

範例 1.

$$求 \iint_R x^2 + y^2 dA =?, \ R = \left\{(x,y): \frac{x^2}{a^2} + \frac{y^2}{b^2} \le 4\right\}$$

【解】

令 $x = ar\cos\theta, \ y = br\sin\theta$ 則 $\left\{(x,y): \dfrac{x^2}{a^2} + \dfrac{y^2}{b^2} \le 4\right\} = \{(r,\theta): 0 \le r \le 2, 0 \le \theta \le 2\pi\}$

且 $dxdy = \left\|\begin{vmatrix} \dfrac{\partial x}{\partial r} & \dfrac{\partial x}{\partial \theta} \\ \dfrac{\partial y}{\partial r} & \dfrac{\partial y}{\partial \theta} \end{vmatrix}\right\| drd\theta = \left\|\begin{vmatrix} a\cos\theta & -ra\sin\theta \\ b\sin\theta & rb\cos\theta \end{vmatrix}\right\| drd\theta = abr\,drd\theta$

$\therefore \displaystyle\iint_R x^2 + y^2 dA = \int_0^{2\pi} \int_0^2 ((ar)^2 \cos^2\theta + (br)^2 \sin^2\theta)abr\,drd\theta$

$= a^3 b \displaystyle\int_0^{2\pi} \cos^2\theta\, d\theta \int_0^2 r^3 dr + ab^3 \int_0^{2\pi} \sin^2\theta\, d\theta \int_0^2 r^3 dr$

$\because \displaystyle\int_0^{2\pi} \cos^2\theta\, d\theta = \int_0^{2\pi} \frac{1 + \cos 2\theta}{2} d\theta = \pi,$

$\displaystyle\int_0^{2\pi} \sin^2\theta\, d\theta = \int_0^{2\pi} \frac{1 - \cos 2\theta}{2} d\theta = \pi$ 且 $\displaystyle\int_0^2 r^3 dr = \frac{16}{4} = 4$

$\therefore \displaystyle\iint_R x^2 + y^2 dA = a^3 b(4\pi) + ab^3(4\pi) = 4ab\pi(a^2 + b^2)$

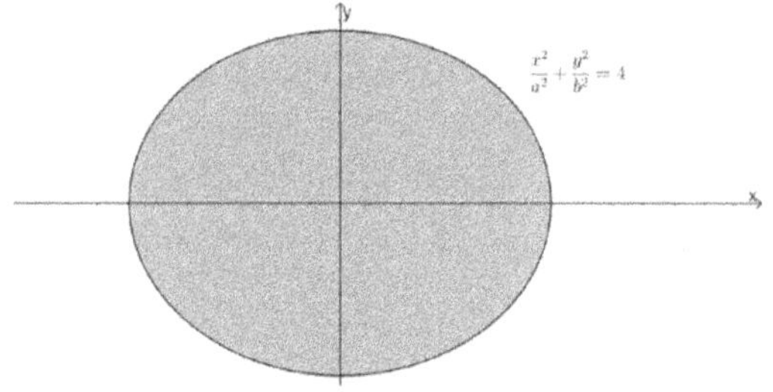

範例 2.

$$求 \iint_R e^{x+y}\,dA =?,\ R = \{(x,y): |x| + |y| \le 2\}$$

【解】

令 $x + y = u,\ x - y = v$ 則 $\{(x,y): |x| + |y| \le 2\} = \{(u,v): -2 \le u \le 2, -2 \le v \le 2\}$

且 $x = \dfrac{u+v}{2},\ y = \dfrac{u-v}{2},\ dxdy = \left\|\begin{array}{cc} \dfrac{\partial x}{\partial u} & \dfrac{\partial x}{\partial v} \\ \dfrac{\partial y}{\partial u} & \dfrac{\partial y}{\partial v} \end{array}\right\| dudv = \left\|\begin{array}{cc} \dfrac{1}{2} & \dfrac{1}{2} \\ \dfrac{1}{2} & \dfrac{-1}{2} \end{array}\right\| dudv = \left|\dfrac{-1}{2}\right| dudv$

$$\therefore \iint_R e^{x+y}\,dA = \int_{-2}^{2}\int_{-2}^{2} \frac{e^u}{2}\,dudv = \frac{1}{2}\int_{-2}^{2} dv \int_{-2}^{2} e^u\,du = 2(e^2 - e^{-2})$$

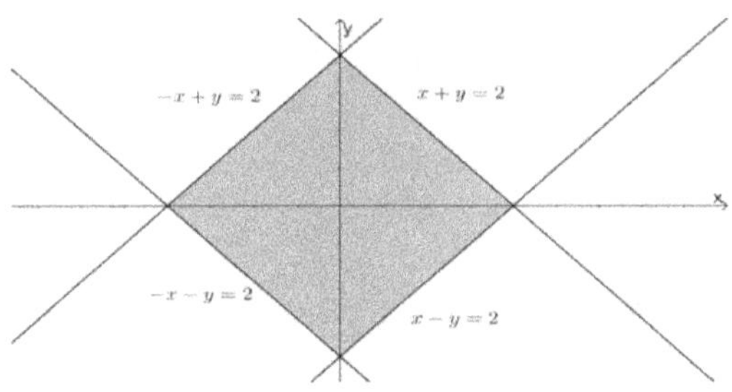

範例 3.

$$求 \iint_R x^2 y\,dA =?,\ R = \{(x,y): y \ge 0,\ (x-1)^2 + y^2 \le 1\}$$

【解】

令 $x = r\cos\theta + 1,\ y = r\sin\theta$

則 $\{(x,y): (x-1)^2 + y^2 \le 1, y \ge 0\} = \{(r,\theta): 0 \le r \le 1, 0 \le \theta \le \pi\}$

且 $dxdy = \left\|\begin{array}{cc} \dfrac{\partial x}{\partial r} & \dfrac{\partial x}{\partial \theta} \\ \dfrac{\partial y}{\partial r} & \dfrac{\partial y}{\partial \theta} \end{array}\right\| drd\theta = \left\|\begin{array}{cc} \cos\theta & -r\sin\theta \\ \sin\theta & r\cos\theta \end{array}\right\| drd\theta = rdrd\theta$

$$\therefore \iint_R x^2 y\,dA = \int_0^{\pi}\int_0^1 (r\cos\theta + 1)^2 r\sin\theta\, rdrd\theta$$

$$= \int_0^{\pi}\int_0^1 (r^2\cos^2\theta + 2r\cos\theta + 1)r\sin\theta\, rdrd\theta$$

$$= \int_0^\pi \cos^2\theta \sin\theta\, d\theta \int_0^1 r^4 dr + \int_0^\pi 2\cos\theta\sin\theta\, d\theta \int_0^1 r^3 dr + \int_0^\pi \sin\theta\, d\theta \int_0^1 r^2 dr$$

$$= (-1)\frac{\cos^3\theta}{3}\Big|_0^\pi \cdot \frac{r^5}{5}\Big|_0^1 - \frac{\cos 2\theta}{2}\Big|_0^\pi \cdot \frac{r^4}{4}\Big|_0^1 - \cos\theta\big|_0^\pi \cdot \frac{r^3}{3}\Big|_0^1 = \frac{4}{5}$$

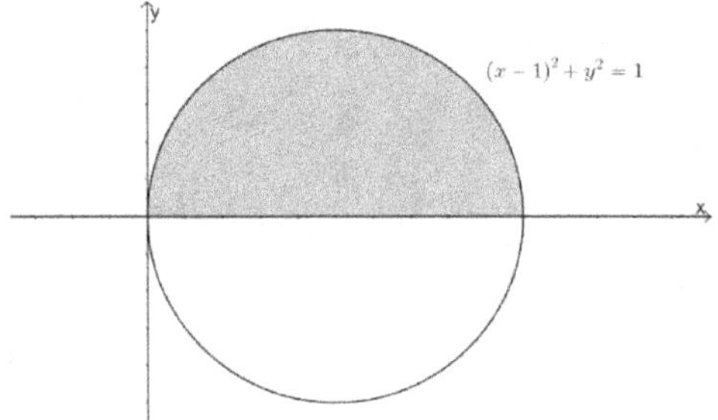

範例 4.

$$求 \iint_R e^{\frac{y-x}{x+y}} dxdy = ?, \ R = \{(x,y): x \geq 0, y \geq 0, x+y \leq 3\}$$

【解】

令 $x + y = u, \ y - x = v$

則 $\{(x,y): x \geq 0, y \geq 0, x+y \leq 3\} = \{(u,v): 0 \leq u \leq 3, -u \leq v \leq u\}$

且 $x = \dfrac{u-v}{2}, \ y = \dfrac{u+v}{2}, \ dxdy = \left\|\begin{array}{cc}\dfrac{\partial x}{\partial u} & \dfrac{\partial x}{\partial v} \\ \dfrac{\partial y}{\partial u} & \dfrac{\partial y}{\partial v}\end{array}\right\| dudv = \left\|\begin{array}{cc}\dfrac{1}{2} & \dfrac{-1}{2} \\ \dfrac{1}{2} & \dfrac{1}{2}\end{array}\right\| dudv = |\dfrac{-1}{2}| dudv$

$$\therefore \iint_R e^{\frac{y-x}{x+y}} dxdy = \int_0^3 \int_{-u}^u e^{\frac{v}{u}} \cdot \frac{1}{2} dvdu = \frac{1}{2}\int_0^3 u\, e^{\frac{v}{u}}\Big|_{v=-u}^{v=u} du = \frac{1}{2}\int_0^3 u(e - e^{-1})du$$

$$= \frac{1}{4}(e - e^{-1})u^2\big|_{u=0}^{u=3} = \frac{9}{4}(e - e^{-1})$$

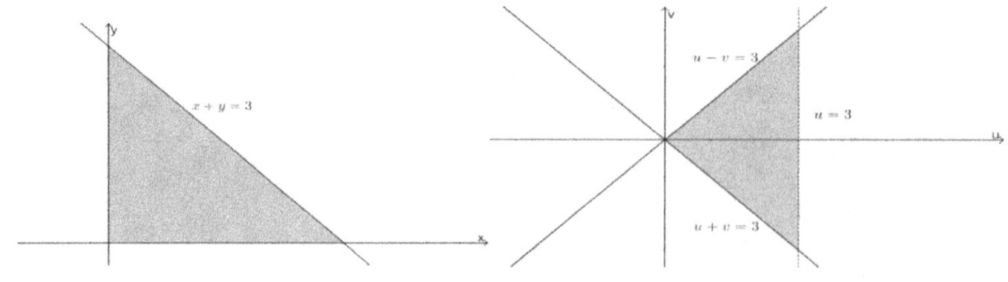

範例 5.

$$\text{試證} \int_{-\infty}^{\infty} \int_{-\infty}^{\infty} e^{-(x^2+2xy+10y^2)} dx dy = \frac{\pi}{3}$$

【解】

$\because x^2 + 2xy + 10y^2 = (x+y)^2 + 9y^2, \quad \diamondsuit (x+y) = u, \quad 3y = v$

$$\text{則} \, dx dy = \left\| \begin{matrix} \dfrac{\partial x}{\partial u} & \dfrac{\partial x}{\partial v} \\ \dfrac{\partial y}{\partial u} & \dfrac{\partial y}{\partial v} \end{matrix} \right\| du dv = \left\| \begin{matrix} 1 & 0 \\ 1 & \dfrac{1}{3} \end{matrix} \right\| du dv = \frac{1}{3} du dv$$

$$\therefore \int_{-\infty}^{\infty} \int_{-\infty}^{\infty} e^{-(x^2+2xy+10y^2)} dx dy = \int_{-\infty}^{\infty} \int_{-\infty}^{\infty} e^{-(u^2+v^2)} \frac{1}{3} du dv$$

$\diamondsuit u = r \cos\theta, \quad v = r \sin\theta$

$\text{則} \{(u,v): -\infty \le u \le \infty, -\infty \le v \le \infty\} = \{(r,\theta): 0 \le r \le \infty, 0 \le \theta \le 2\pi\}$

$$\text{且} \, du dv = \left\| \begin{matrix} \dfrac{\partial u}{\partial r} & \dfrac{\partial u}{\partial \theta} \\ \dfrac{\partial v}{\partial r} & \dfrac{\partial v}{\partial \theta} \end{matrix} \right\| dr d\theta = \left\| \begin{matrix} \cos\theta & -r\sin\theta \\ \sin\theta & r\cos\theta \end{matrix} \right\| dr d\theta = r \, dr d\theta$$

$$\therefore \int_{-\infty}^{\infty} \int_{-\infty}^{\infty} e^{-(u^2+v^2)} du \, dv = \int_{0}^{2\pi} \int_{0}^{\infty} e^{-r^2} r \, dr d\theta = \int_{0}^{2\pi} d\theta \int_{0}^{\infty} e^{-r^2} r \, dr = 2\pi \cdot \left. \frac{-e^{-r^2}}{2} \right|_{r=0}^{r=\infty} = \pi$$

$$\therefore \int_{-\infty}^{\infty} \int_{-\infty}^{\infty} e^{-(x^2+2xy+10y^2)} dx dy = \frac{\pi}{3}$$

範例 6.

(1) 假設 $a > 0, \ b > 0$ 且 $b^2 < 4ac$, 試證 $\displaystyle \int_{-\infty}^{\infty} \int_{-\infty}^{\infty} e^{-(ax^2+bxy+cy^2)} dx dy = \frac{2\pi}{\sqrt{4ac-b^2}}$

(2) 假設 $R = \{(x,y): x^2 + 2xy + 3y^2 \le t^2\}, \ I(t) = \displaystyle\iint_R e^{-(x^2+2xy+3y^2)} dA,$

    (a) 求 $I(1) = ?$ (b) $\displaystyle\lim_{t \to \infty} I(t) = ?$

【解】

(1)

$\because ax^2 + bxy + cy^2 = a(x + \dfrac{by}{2a})^2 + \left(\dfrac{4ac-b^2}{4a} \right) y^2$

$$\diamondsuit \sqrt{a}\left(x + \frac{by}{2a}\right) = u, \quad \sqrt{\frac{4ac - b^2}{4a}}\, y = v$$

$$\text{則 } dxdy = \left\| \begin{matrix} \dfrac{\partial x}{\partial u} & \dfrac{\partial x}{\partial v} \\ \dfrac{\partial y}{\partial u} & \dfrac{\partial y}{\partial v} \end{matrix} \right\| dudv = \left\| \begin{matrix} \dfrac{1}{\sqrt{a}} & 0 \\ \dfrac{2\sqrt{a}}{b} & \sqrt{\dfrac{4a}{4ac - b^2}} \end{matrix} \right\| dudv = \frac{2}{\sqrt{4ac - b^2}}\, dudv$$

$$\therefore \int_{-\infty}^{\infty} \int_{-\infty}^{\infty} e^{-(ax^2 + bxy + cy^2)}\, dxdy = \int_{-\infty}^{\infty} \int_{-\infty}^{\infty} e^{-(u^2 + v^2)} \frac{2}{\sqrt{4ac - b^2}}\, dudv$$

$$\diamondsuit u = r\cos\theta, \quad v = r\sin\theta$$

$$\text{則 } \{(u, v): -\infty \le u \le \infty, -\infty \le v \le \infty\} = \{(r, \theta): 0 \le r \le \infty, 0 \le \theta \le 2\pi\}$$

$$\text{且 } dudv = \left\| \begin{matrix} \dfrac{\partial u}{\partial r} & \dfrac{\partial u}{\partial \theta} \\ \dfrac{\partial v}{\partial r} & \dfrac{\partial v}{\partial \theta} \end{matrix} \right\| drd\theta = \left\| \begin{matrix} \cos\theta & -r\sin\theta \\ \sin\theta & r\cos\theta \end{matrix} \right\| drd\theta = rdrd\theta$$

$$\therefore \int_{-\infty}^{\infty} \int_{-\infty}^{\infty} e^{-(u^2 + v^2)}\, du\, dv = \int_0^{2\pi} \int_0^{\infty} e^{-r^2} r\, drd\theta = \int_0^{2\pi} d\theta \int_0^{\infty} e^{-r^2} r\, dr = 2\pi \cdot \left. \frac{-e^{-r^2}}{2} \right|_{r=0}^{r=\infty} = \pi$$

$$\therefore \int_{-\infty}^{\infty} \int_{-\infty}^{\infty} e^{-(u^2 + v^2)} \frac{2}{\sqrt{4ac - b^2}}\, dudv = \frac{2\pi}{\sqrt{4ac - b^2}}$$

(2)

$$(a) \because x^2 + 2xy + 3y^2 = (x + y)^2 + 2y^2$$

$$\diamondsuit (x + y) = u, \quad \sqrt{2}y = v \text{ 則 } x = u - \frac{v}{\sqrt{2}}, \quad y = \frac{v}{\sqrt{2}}$$

$$\text{且 } dxdy = \left\| \begin{matrix} \dfrac{\partial x}{\partial u} & \dfrac{\partial x}{\partial v} \\ \dfrac{\partial y}{\partial u} & \dfrac{\partial y}{\partial v} \end{matrix} \right\| dudv = \left\| \begin{matrix} 1 & \dfrac{-1}{\sqrt{2}} \\ 0 & \sqrt{\dfrac{1}{2}} \end{matrix} \right\| dudv = \sqrt{\frac{1}{2}}\, dudv$$

$$\therefore \iint_R e^{-(x^2 + 2xy + 3y^2)}\, dxdy = \iint_{u^2 + v^2 \le 1} e^{-(u^2 + v^2)} \sqrt{\frac{1}{2}}\, dudv$$

令 $u = r\cos\theta,\ \ v = r\sin\theta$ 則 $\{(u,v): u^2 + v^2 \le 1\} = \{(r,\theta): 0 \le r \le 1, 0 \le \theta \le 2\pi\}$

且 $dudv = \left\|\begin{vmatrix} \dfrac{\partial u}{\partial r} & \dfrac{\partial u}{\partial \theta} \\[2mm] \dfrac{\partial v}{\partial r} & \dfrac{\partial v}{\partial \theta} \end{vmatrix}\right\| drd\theta = \left\|\begin{vmatrix} \cos\theta & -r\sin\theta \\ \sin\theta & r\cos\theta \end{vmatrix}\right\| drd\theta = rdrd\theta$

$$\therefore \iint_{u^2+v^2 \le 1} e^{-(u^2+v^2)} \sqrt{\frac{1}{2}}\, dudv = \sqrt{\frac{1}{2}} \int_0^{2\pi} \int_0^1 e^{-r^2} rdrd\theta = \sqrt{\frac{1}{2}} \int_0^{2\pi} d\theta \int_0^1 e^{-r^2} rdr$$

$$= \sqrt{\frac{1}{2}} \cdot 2\pi \cdot \left.\frac{-e^{-r^2}}{2}\right|_{r=0}^{r=1} = \frac{\pi}{\sqrt{2}}(1 - e^{-1})$$

(b)

$$\because I(t) = \sqrt{\frac{1}{2}} \int_0^{2\pi} d\theta \int_0^t e^{-r^2} rdr = \sqrt{\frac{1}{2}} \cdot 2\pi \cdot \left.\frac{-e^{-r^2}}{2}\right|_{r=0}^{r=t} = \frac{\pi}{\sqrt{2}}(1 - e^{-t})$$

$$\therefore \lim_{t\to\infty} I(t) = \lim_{t\to\infty} \frac{\pi}{\sqrt{2}}(1 - e^{-t}) = \frac{\pi}{\sqrt{2}}$$

範例 7.

$$求 \iint_R e^{-(x^2+xy+y^2)} dxdy =?,\ R = \{(x,y): x^2 + xy + y^2 \le 4\}$$

【解】

$$\because x^2 + xy + y^2 = \left(x + \frac{y}{2}\right)^2 + \frac{3}{4}y^2,\ \ 令 x + \frac{y}{2} = u,\ \sqrt{\frac{3}{4}}y = v$$

$$則\ dxdy = \left\|\begin{vmatrix} \dfrac{\partial x}{\partial u} & \dfrac{\partial x}{\partial v} \\[2mm] \dfrac{\partial y}{\partial u} & \dfrac{\partial y}{\partial v} \end{vmatrix}\right\| dudv = \left\|\begin{vmatrix} 1 & 0 \\ 2 & \sqrt{\dfrac{4}{3}} \end{vmatrix}\right\| dudv = \frac{2}{\sqrt{3}} dudv$$

$$\therefore \iint_R e^{-(x^2+xy+y^2)} dxdy = \iint_{u^2+v^2 \le 4} e^{-(u^2+v^2)} \frac{2}{\sqrt{3}} dudv$$

令 $u = r\cos\theta,\ \ v = r\sin\theta$

則 $\{(u,v): u^2 + v^2 \le 4\} = \{(r,\theta): 0 \le r \le 2, 0 \le \theta \le 2\pi\}$

$$\text{且 } dudv = \left\|\begin{vmatrix} \dfrac{\partial u}{\partial r} & \dfrac{\partial u}{\partial \theta} \\ \dfrac{\partial v}{\partial r} & \dfrac{\partial v}{\partial \theta} \end{vmatrix}\right\| drd\theta = \left\|\begin{vmatrix} \cos\theta & -r\sin\theta \\ \sin\theta & r\cos\theta \end{vmatrix}\right\| drd\theta = rdrd\theta$$

$$\therefore \iint_{u^2+v^2\le4} e^{-(u^2+v^2)}dudv = \int_0^{2\pi}\int_0^2 e^{-r^2}rdrd\theta = \int_0^{2\pi} d\theta \int_0^2 e^{-r^2}rdr = 2\pi \cdot \left.\frac{-e^{-r^2}}{2}\right|_{r=0}^{r=2}$$

$$= \pi(1-e^{-4})$$

$$\therefore \iint_R e^{-(x^2+xy+y^2)}dxdy = \frac{2\pi(1-e^{-4})}{\sqrt{3}}$$

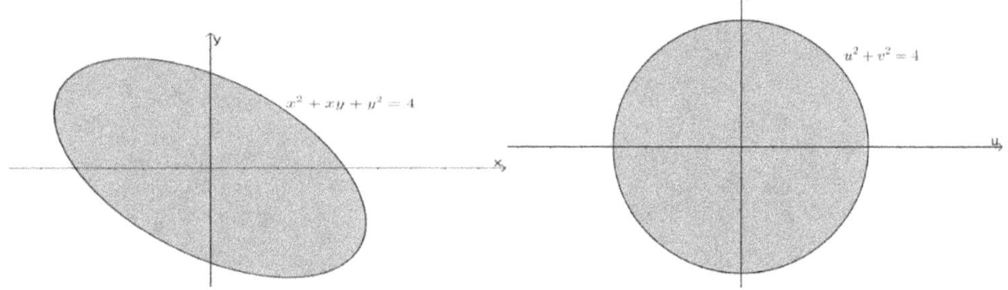

範例 8.

$$\text{求 } \iint_R dA =?,\ R = \{(x,y): ax^2+bxy+cy^2 \le \alpha^2\}$$

【解】

$$\because ax^2+bxy+cy^2 = a\left(x+\frac{by}{2a}\right)^2 + \frac{4ac-b^2}{4a}y^2$$

$$\text{令 } \sqrt{a}\left(x+\frac{by}{2a}\right) = u,\ \sqrt{\frac{4ac-b^2}{4a}}\,y = v$$

$$\text{則 } dxdy = \left\|\begin{vmatrix} \dfrac{\partial x}{\partial u} & \dfrac{\partial x}{\partial v} \\ \dfrac{\partial y}{\partial u} & \dfrac{\partial y}{\partial v} \end{vmatrix}\right\| dudv = \left\|\begin{vmatrix} \dfrac{1}{\sqrt{a}} & 0 \\ \dfrac{2\sqrt{a}}{b} & \sqrt{\dfrac{4a}{4ac-b^2}} \end{vmatrix}\right\| dudv = \frac{2}{\sqrt{4ac-b^2}}dudv$$

$$\therefore \iint_R dA = \iint_{u^2+v^2\le\alpha^2} \frac{2}{\sqrt{4ac-b^2}}dudv$$

令 $u = r\cos\theta, v = r\sin\theta$ 則 $\{(u,v): u^2 + v^2 \le \alpha^2\} = \{(r,\theta): 0 \le r \le \alpha, 0 \le \theta \le 2\pi\}$

且 $dudv = \left\|\begin{vmatrix} \dfrac{\partial u}{\partial r} & \dfrac{\partial u}{\partial \theta} \\[2mm] \dfrac{\partial v}{\partial r} & \dfrac{\partial v}{\partial \theta} \end{vmatrix}\right\| drd\theta = \left\|\begin{vmatrix} \cos\theta & -r\sin\theta \\ \sin\theta & r\cos\theta \end{vmatrix}\right\| drd\theta = rdrd\theta$

$$\therefore \iint_{u^2+v^2 \le \alpha^2} \frac{2}{\sqrt{4ac-b^2}} dudv = \int_0^{2\pi}\int_0^{\alpha} \frac{2}{\sqrt{4ac-b^2}} rdrd\theta = \frac{2}{\sqrt{4ac-b^2}} \int_0^{2\pi} d\theta \int_0^{\alpha} rdr$$

$$= \frac{2\pi\alpha^2}{\sqrt{4ac-b^2}}$$

範例 9.

$$求 \iint_R \frac{x^2 - xy + y^2}{2} dA = ?, \quad R = \{(x,y): x^2 - xy + y^2 \le 2\}$$

【解】

$$\because \frac{x^2 - xy + y^2}{2} = \frac{1}{2}\left(x - \frac{y}{2}\right)^2 + \frac{3}{8}y^2, \quad 令 \sqrt{\frac{1}{2}}\left(x - \frac{y}{2}\right) = u, \quad \sqrt{\frac{3}{8}}y = v$$

則 $dxdy = \left\|\begin{vmatrix} \dfrac{\partial x}{\partial u} & \dfrac{\partial x}{\partial v} \\[2mm] \dfrac{\partial y}{\partial u} & \dfrac{\partial y}{\partial v} \end{vmatrix}\right\| dudv = \left\|\begin{vmatrix} \sqrt{2} & 0 \\ -2\sqrt{2} & \sqrt{\dfrac{8}{3}} \end{vmatrix}\right\| dudv = \dfrac{4}{\sqrt{3}} dudv$

$$\therefore \iint_R \frac{x^2 - xy + y^2}{2} dA = \iint_{u^2+v^2 \le 1} (u^2 + v^2) \frac{4}{\sqrt{3}} dudv$$

令 $u = r\cos\theta, \ v = r\sin\theta$ 則 $\{(u,v): u^2 + v^2 \le 1\} = \{(r,\theta): 0 \le r \le 1, 0 \le \theta \le 2\pi\}$

且 $dudv = \left\|\begin{vmatrix} \dfrac{\partial u}{\partial r} & \dfrac{\partial u}{\partial \theta} \\[2mm] \dfrac{\partial v}{\partial r} & \dfrac{\partial v}{\partial \theta} \end{vmatrix}\right\| drd\theta = \left\|\begin{vmatrix} \cos\theta & -r\sin\theta \\ \sin\theta & r\cos\theta \end{vmatrix}\right\| drd\theta = rdrd\theta$

$$\therefore \iint_{u^2+v^2 \le 1} (u^2 + v^2) \frac{4}{\sqrt{3}} dudv = \frac{4}{\sqrt{3}} \int_0^{2\pi}\int_0^1 r^2 \cdot rdrd\theta = \frac{4}{\sqrt{3}} \int_0^{2\pi} d\theta \int_0^1 r^3 dr$$

$$= \frac{4}{\sqrt{3}} \cdot 2\pi \cdot \left.\frac{r^4}{4}\right|_{r=0}^{r=1} = \frac{2\pi}{\sqrt{3}}$$

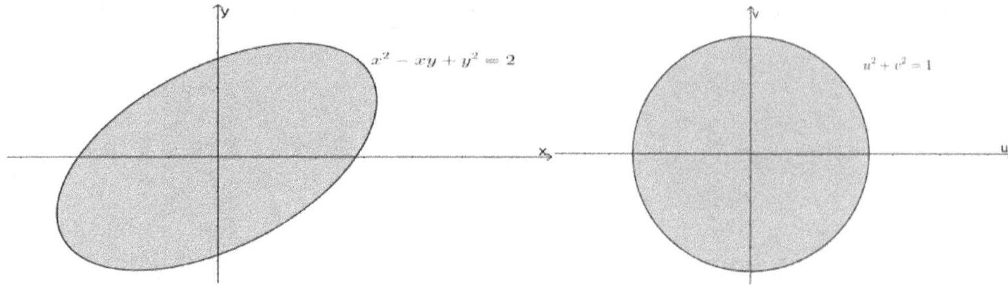

範例 10.

 (1)求由 $x - 2y = -4,\ x - 2y = 1,\ 2x - y = 0, 2x - y = 3$ 所圍面積

 (2)求由 $x - my = 0,\ x - my = 1,\ nx - y = 0,\ nx - y = 1$ 所圍面積, $(m > n > 1)$

 (3)求 $\displaystyle\iint_R \frac{x - 2y}{3x - y}\,dxdy =?$, R為四條直線包圍區域: $x - 2y = 0, x - 2y = 4,$

  $3x - y = 1, 3x - y = 7$

【解】

(1)

令$x - 2y = u,\ 2x - y = v$ 則 $x = -\dfrac{u}{3} + \dfrac{2v}{3},\ y = -\dfrac{2u}{3} + \dfrac{v}{3}$

且 $dxdy = \left\|\begin{vmatrix} \dfrac{\partial x}{\partial u} & \dfrac{\partial x}{\partial v} \\[2mm] \dfrac{\partial y}{\partial u} & \dfrac{\partial y}{\partial v} \end{vmatrix}\right\| dudv = \left\|\begin{vmatrix} \dfrac{-1}{3} & \dfrac{2}{3} \\[2mm] \dfrac{-2}{3} & \dfrac{1}{3} \end{vmatrix}\right\| dudv = \dfrac{1}{3}\,dudv$

令$R = \{(x,y): -4 \le x - 2y \le 1, 0 \le 2x - y \le 3\}$ 則 $R = \{(u,v): -4 \le u \le 1, 0 \le v \le 3\}$

$\therefore$ 面積 $= \displaystyle\iint_R 1\,dA = \int_{-4}^{1}\int_{0}^{3} \frac{1}{3}\,dvdu = 5$

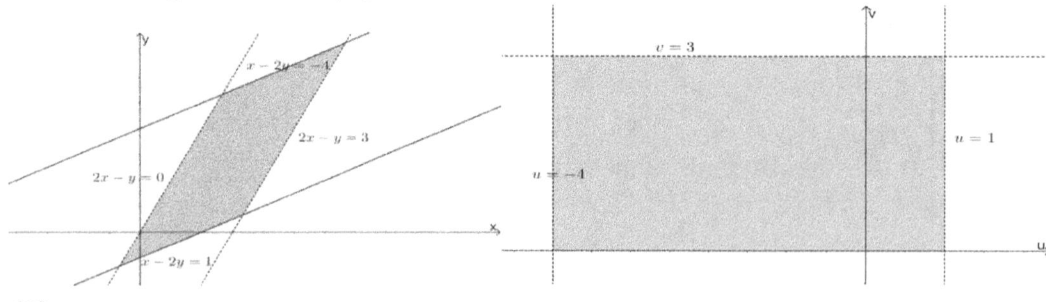

(2)

令$x - my = u,\ nx - y = v$ 則 $x = \dfrac{mv - u}{mn - 1},\ y = \dfrac{v - nu}{mn - 1}$

且 $dxdy = \left\| \begin{vmatrix} \dfrac{\partial x}{\partial u} & \dfrac{\partial x}{\partial v} \\ \dfrac{\partial y}{\partial u} & \dfrac{\partial y}{\partial v} \end{vmatrix} \right\| dudv = \left\| \begin{vmatrix} \dfrac{-1}{mn-1} & \dfrac{m}{mn-1} \\ \dfrac{-n}{mn-1} & \dfrac{1}{mn-1} \end{vmatrix} \right\| dudv = \dfrac{1}{mn-1} dudv$

令 $R = \{(x,y): 0 \le x - my \le 1, 0 \le nx - y \le 1\}$ 則 $R = \{(u,v): 0 \le u \le 1, 0 \le v \le 1\}$

$\therefore$ 面積 $= \iint_R 1 dA = \int_0^1 \int_0^1 \dfrac{1}{mn-1} dudv = \dfrac{1}{mn-1}$

(3)

令 $x - 2y = u$, $3x - y = v$ 則 $x = \dfrac{-u+2v}{5}$, $y = \dfrac{-3u+v}{5}$

且 $dxdy = \left\| \begin{vmatrix} \dfrac{\partial x}{\partial u} & \dfrac{\partial x}{\partial v} \\ \dfrac{\partial y}{\partial u} & \dfrac{\partial y}{\partial v} \end{vmatrix} \right\| dudv = \left\| \begin{vmatrix} \dfrac{-1}{5} & \dfrac{2}{5} \\ \dfrac{-3}{5} & \dfrac{1}{5} \end{vmatrix} \right\| dudv = \dfrac{1}{5} dudv$

令 $R = \{(x,y): 0 \le x - 2y \le 4, 1 \le 3x - y \le 7\}$ 則 $R = \{(u,v): 0 \le u \le 4, 1 \le v \le 7\}$

$\therefore \iint_R \dfrac{x-2y}{3x-y} dxdy = \dfrac{1}{5} \int_1^7 \int_0^4 \dfrac{u}{v} dudv = \dfrac{8}{5} \int_1^7 \dfrac{1}{v} dv = \dfrac{8\ln 7}{5}$

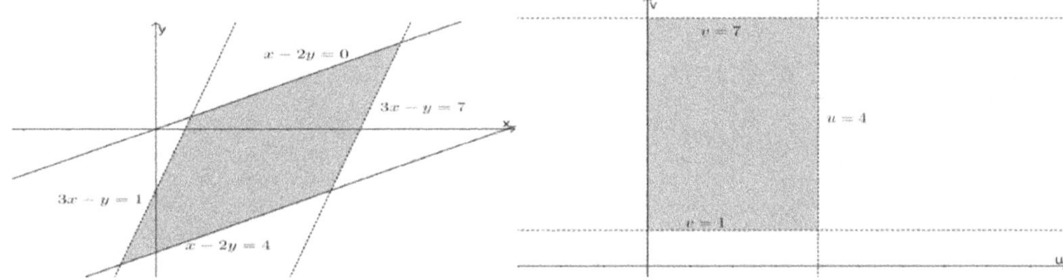

範例 11.

　　求由 $y = x^2$, $y = 3x^2$, $x = y^2$, $x = 4y^2$ 所圍面積

【解】

令 $u = \dfrac{y}{x^2}$, $v = \dfrac{x}{y^2}$ 則 $x = u^{-\frac{2}{3}} v^{-\frac{1}{3}}$, $y = u^{-\frac{1}{3}} v^{-\frac{2}{3}}$

且 $dxdy = \left\| \begin{vmatrix} \dfrac{\partial x}{\partial u} & \dfrac{\partial x}{\partial v} \\ \dfrac{\partial y}{\partial u} & \dfrac{\partial y}{\partial v} \end{vmatrix} \right\| dudv = \left\| \begin{vmatrix} \dfrac{-2u^{-\frac{5}{3}}v^{-\frac{1}{3}}}{3} & \dfrac{-u^{-\frac{2}{3}}v^{-\frac{4}{3}}}{3} \\ \dfrac{-u^{-\frac{4}{3}}v^{-\frac{2}{3}}}{3} & \dfrac{-2u^{-\frac{1}{3}}v^{-\frac{5}{3}}}{3} \end{vmatrix} \right\| dudv = \dfrac{u^{-2}v^{-2}}{3} dudv$

令 $R = \left\{(x,y): 1 \leq \dfrac{y}{x^2} \leq 3, 1 \leq \dfrac{x}{y^2} \leq 4\right\}$ 則 $R = \{(u,v): 1 \leq u \leq 3, 1 \leq v \leq 4\}$

$\therefore$ 面積 $= \displaystyle\iint_R 1\, dA = \int_1^3 \int_1^4 \dfrac{u^{-2}v^{-2}}{3}\, dv\, du = \dfrac{1}{6}$

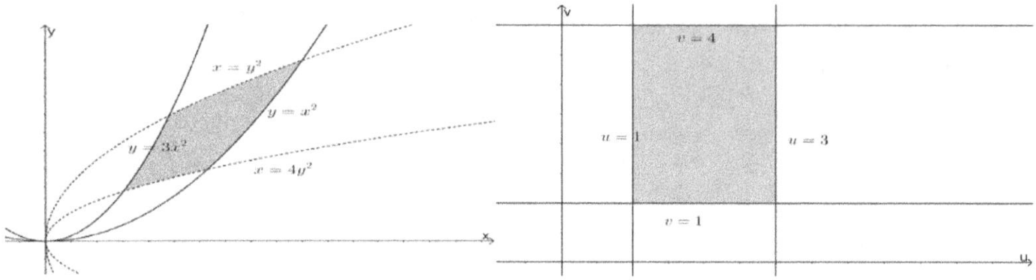

範例 12.

求由 $x^2 - 4xy + 4y^2 - 2x - y - 1 = 0$ 與 $y = \dfrac{2}{5}$ 所圍面積

【解】

$\because x^2 - 4xy + 4y^2 - 2x - y - 1 = (x-2y)^2 - (2x+y) - 1 = 0$

令 $u = x - 2y$ 且 $v = 2x + y$ 則 $x = \dfrac{u}{5} + \dfrac{2v}{5}$, $y = -\dfrac{2u}{5} + \dfrac{v}{5}$

且 $dxdy = \left\|\begin{matrix} \dfrac{\partial x}{\partial u} & \dfrac{\partial x}{\partial v} \\ \dfrac{\partial y}{\partial u} & \dfrac{\partial y}{\partial v} \end{matrix}\right\| dudv = \left\|\begin{matrix} \dfrac{1}{5} & \dfrac{2}{5} \\ \dfrac{-2}{5} & \dfrac{1}{5} \end{matrix}\right\| dudv = \dfrac{1}{5} dudv$

令 $R = \{(u,v): -1 \leq u \leq 3, u^2 - 1 \leq v \leq 2u + 2\}$

$\therefore$ 面積 $= \displaystyle\iint_R 1\, dA = \int_{-1}^3 \int_{u^2-1}^{2u+2} \dfrac{1}{5}\, dv\, du = \dfrac{32}{15}$

範例 13.

求 $\displaystyle\iint_R (x-y)^2 \sin^2(x+y)\, dxdy = ?$, R 為 $(\pi, 0)$, $(2\pi, \pi)$, $(\pi, 2\pi)$, $(0, \pi)$ 所圍區域

【解】

令 $x + y = u$, $x - y = v$ 則 $x = \dfrac{u+v}{2}$, $y = \dfrac{u-v}{2}$

且 $dxdy = \left\| \begin{matrix} \dfrac{\partial x}{\partial u} & \dfrac{\partial x}{\partial v} \\ \dfrac{\partial y}{\partial u} & \dfrac{\partial y}{\partial v} \end{matrix} \right\| dudv = \left\| \begin{matrix} \dfrac{1}{2} & \dfrac{1}{2} \\ \dfrac{1}{2} & \dfrac{-1}{2} \end{matrix} \right\| dudv = \dfrac{1}{2} dudv$

$\because R = \{(x,y): \pi \le x+y \le 3\pi, -\pi \le x-y \le \pi\}$ $\therefore R = \{(u,v): \pi \le u \le 3\pi, -\pi \le v \le \pi\}$

$\therefore \iint_R (x-y)^2 \sin^2(x+y)\, dxdy = \dfrac{1}{2} \int_{-\pi}^{\pi} \int_{\pi}^{3\pi} v^2 \sin^2 u\, dudv = \dfrac{1}{2} \int_{\pi}^{3\pi} \sin^2 u\, du \int_{-\pi}^{\pi} v^2\, dv$

$= \dfrac{1}{2} \int_{\pi}^{3\pi} \dfrac{1-\cos 2u}{2}\, du \int_{-\pi}^{\pi} v^2\, dv = \dfrac{1}{2} \left(\dfrac{u}{2} - \dfrac{\sin 2u}{4} \right)\Big|_{\pi}^{3\pi} \cdot \dfrac{v^3}{3}\Big|_{-\pi}^{\pi} = \dfrac{\pi^4}{3}$

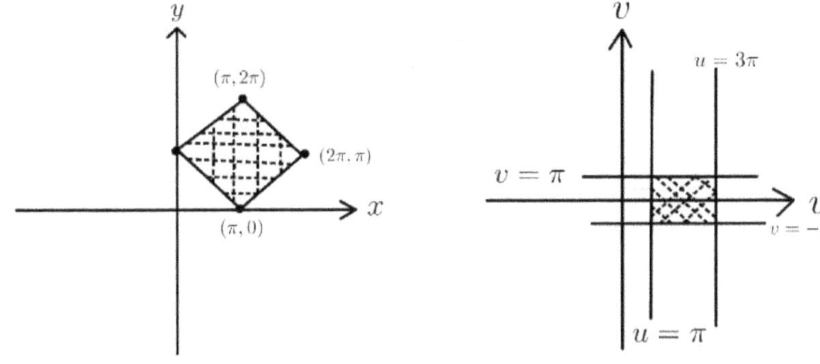

範例 14.

$$\text{求} \iint_R \sqrt{\dfrac{y-x}{x+y}}\, dxdy = ?, \quad \text{其中} R \text{為} x=0,\ y=x,\ x+y=1,\ x+y=2 \text{ 所圍區域}$$

【解】

令 $y-x=u,\ x+y=v$ 則 $x = \dfrac{v-u}{2},\ y = \dfrac{u+v}{2}$

且 $dxdy = \left\| \begin{matrix} \dfrac{\partial x}{\partial u} & \dfrac{\partial x}{\partial v} \\ \dfrac{\partial y}{\partial u} & \dfrac{\partial y}{\partial v} \end{matrix} \right\| dudv = \left\| \begin{matrix} \dfrac{-1}{2} & \dfrac{1}{2} \\ \dfrac{1}{2} & \dfrac{1}{2} \end{matrix} \right\| dudv = \dfrac{1}{2} dudv$

$\because R = \{(x,y): y \ge x, x \ge 0, 1 \le x+y \le 2\}$ $\therefore R = \{(x,y): 0 \le u \le v, 1 \le v \le 2\}$

$\therefore \iint_R \sqrt{\dfrac{y-x}{x+y}}\, dxdy = \dfrac{1}{2} \int_1^2 \int_0^v \sqrt{\dfrac{u}{v}}\, dudv = \dfrac{1}{2} \int_1^2 \sqrt{\dfrac{1}{v}} \cdot \dfrac{2u^{\frac{3}{2}}}{3}\Big|_0^v\, dv = \dfrac{1}{3} \int_1^2 v\, dv = \dfrac{1}{2}$

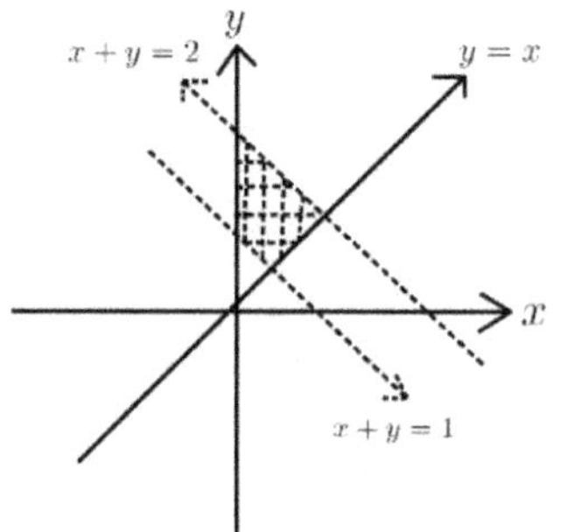

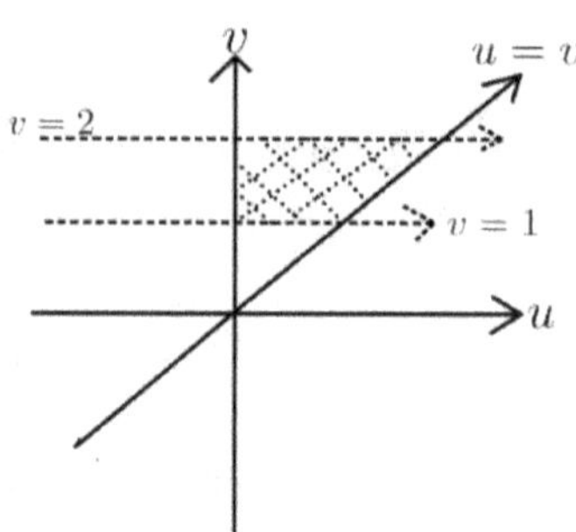

範例 15.

$$\text{求} \iint_R (x+y)^4\, dxdy =?,\quad R\text{為}(1,0),(1,3),(2,2),(0,1)\text{所圍區域}$$

【解】

令 $x+y=u,\ 2x-y=v$ 則 $x=\dfrac{u+v}{3},\ y=\dfrac{2u-v}{3}$

且 $dxdy = \left\|\begin{vmatrix}\dfrac{\partial x}{\partial u} & \dfrac{\partial x}{\partial v}\\[2mm] \dfrac{\partial y}{\partial u} & \dfrac{\partial y}{\partial v}\end{vmatrix}\right\| dudv = \left\|\begin{vmatrix}\dfrac{1}{3} & \dfrac{1}{3}\\[2mm] \dfrac{2}{3} & \dfrac{-1}{3}\end{vmatrix}\right\| dudv = \dfrac{1}{3}\,dudv$

$\because R=\{(x,y): 1\le x+y\le 4, -1\le 2x-y\le 2\}\quad \therefore R=\{(u,v): 1\le u\le 4, -1\le v\le 2\}$

$\therefore \iint_R (x+y)^4\, dxdy = \dfrac{1}{3}\int_{-1}^{2}\int_{1}^{4} u^4\, dudv = \left.\dfrac{u^5}{5}\right|_{1}^{4} = \dfrac{1023}{5}$

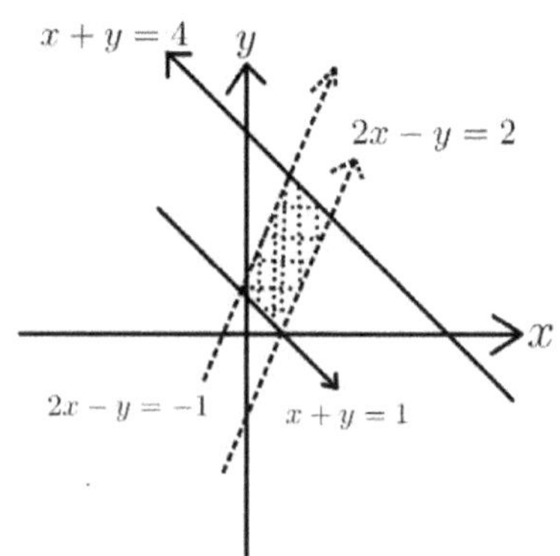

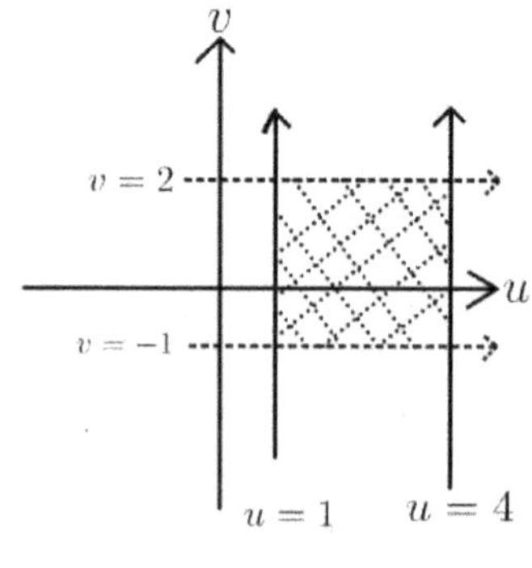

範例 16.

求 $\iint_R (\sqrt{x} + \sqrt{y})\, dxdy =?$，$R$ 為 $\sqrt{x} + \sqrt{y} = 1$，$x = 0$，$y = 0$ 所圍區域

【解】

令 $x = r\cos^4\theta$，$y = r\sin^4\theta$

則 $dxdy = \left\|\begin{vmatrix} \dfrac{\partial x}{\partial r} & \dfrac{\partial x}{\partial \theta} \\ \dfrac{\partial y}{\partial r} & \dfrac{\partial y}{\partial \theta} \end{vmatrix}\right\| drd\theta = \left\|\begin{vmatrix} \cos^4\theta & -4r\cos^3\theta\sin\theta \\ \sin^4\theta & 4r\sin^3\theta\cos\theta \end{vmatrix}\right\| drd\theta = 4r\sin^3\theta\cos^3\theta\, drd\theta$

$\because R = \{(x,y): x \geq 0,\ y \geq 0, \sqrt{x} + \sqrt{y} \leq 1\} = \{(r,\theta): 0 \leq r \leq 1, 0 \leq \theta \leq \dfrac{\pi}{2}\}$

$\therefore \iint_R (\sqrt{x} + \sqrt{y})\, dxdy = \int_0^{\frac{\pi}{2}} \int_0^1 \sqrt{r}(4r\sin^3\theta\cos^3\theta)\, drd\theta = \int_0^1 4r^{\frac{3}{2}}\, dr \int_0^{\frac{\pi}{2}} \sin^3\theta\cos^3\theta\, d\theta$

$= \int_0^1 4r^{\frac{3}{2}}\, dr \int_0^{\frac{\pi}{2}} \left(\dfrac{\sin 2\theta}{2}\right)^3 d\theta = \dfrac{2}{15}$

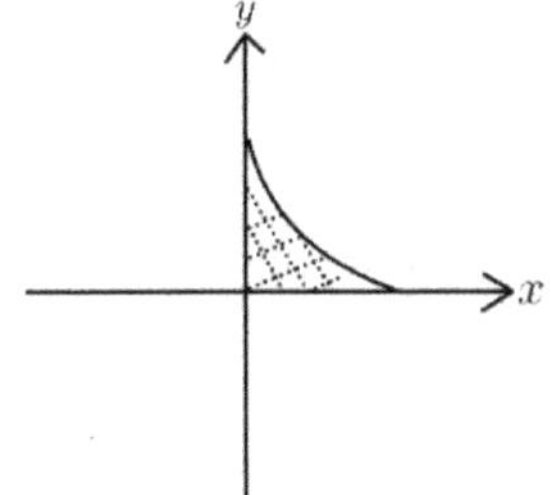

範例 17.

求 $\iint_R x^2 + y^2\, dxdy =?$，其中 R 為 $x^2 - y^2 = 1$，$x^2 - y^2 = 9$，$xy = 2$，$xy = 4$

所圍區域

【解】

令 $x^2 - y^2 = u$，$2xy = v$

則 $dudv = \left\|\begin{vmatrix} \dfrac{\partial u}{\partial x} & \dfrac{\partial u}{\partial y} \\ \dfrac{\partial v}{\partial x} & \dfrac{\partial v}{\partial y} \end{vmatrix}\right\| dxdy = \left\|\begin{vmatrix} 2x & -2y \\ 2y & 2x \end{vmatrix}\right\| dxdy = 4(x^2 + y^2)dxdy$

$\because (x^2 + y^2)^2 = (x^2 - y^2)^2 + (2xy)^2 = u^2 + v^2 \quad \therefore x^2 + y^2 = (u^2 + v^2)^{\frac{1}{2}}$

$$\therefore dxdy = \frac{dudv}{4(u^2 + v^2)^{\frac{1}{2}}}$$

$$\because R = \{(x, y): 1 \le x^2 - y^2 \le 9, 4 \le 2xy \le 8\} \quad \therefore R = \{(u, v): 1 \le u \le 9, 4 \le v \le 8\}$$

$$\therefore \iint_R x^2 + y^2 \, dxdy = \int_4^8 \int_1^9 \frac{(u^2 + v^2)^{\frac{1}{2}}}{4(u^2 + v^2)^{\frac{1}{2}}} \, dudv = 8$$

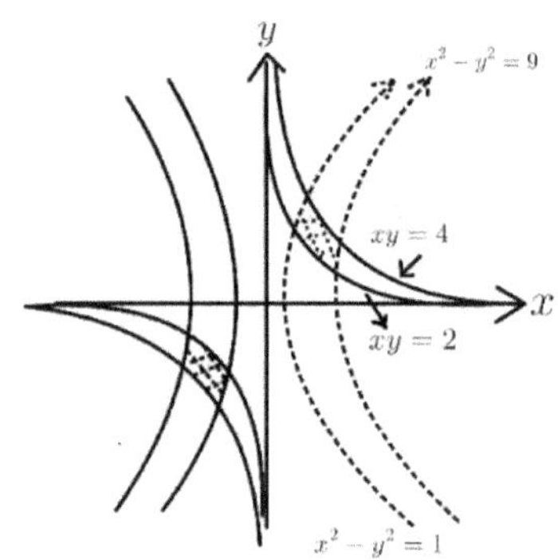

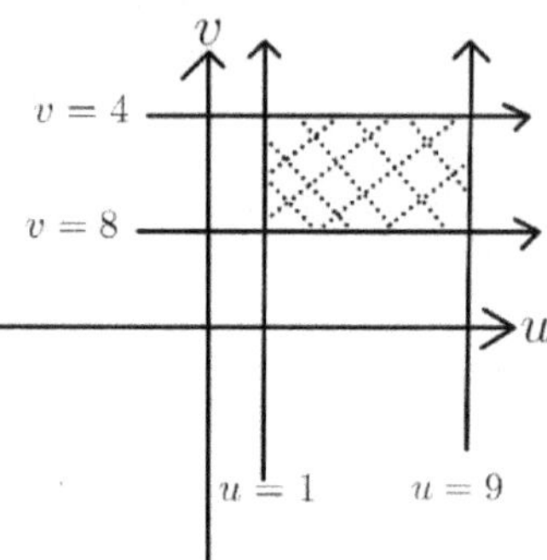

範例 18.

(1) 求 $\displaystyle\iint_R x^2 + y^2 dA =?$, R 為四條直線包圍區域: $-x = y$, $y = -x + 3$, $x - 3 = y$, $y = x$

(2) 求 $\displaystyle\iint_R xy dA =?$, R 為四條曲線包圍於第一象限區域: $x^2 + y^2 = a$, $x^2 + y^2 = b$, $x^2 - y^2 = c$, $x^2 - y^2 = d$, $(b > a > 0, d > c > 0)$

【解】

(1)

令 $x + y = u$, $x - y = v$ 則 $x = \dfrac{u + v}{2}$, $y = \dfrac{u - v}{2}$

且 $dxdy = \left\| \begin{matrix} \dfrac{\partial x}{\partial u} & \dfrac{\partial x}{\partial v} \\ \dfrac{\partial y}{\partial u} & \dfrac{\partial y}{\partial v} \end{matrix} \right\| dudv = \left\| \begin{matrix} \dfrac{1}{2} & \dfrac{1}{2} \\ \dfrac{1}{2} & \dfrac{-1}{2} \end{matrix} \right\| dudv = \dfrac{1}{2} dudv$

$\because R = \{(x, y): 0 \le x + y \le 3, 0 \le x - y \le 3\} \quad \therefore R = \{(u, v): 0 \le u \le 3, 0 \le v \le 3\}$

$\therefore \displaystyle\iint_R x^2 + y^2 dA = \int_0^3 \int_0^3 \left(\left(\frac{u + v}{2}\right)^2 + \left(\frac{u - v}{2}\right)^2 \right) \frac{1}{2} dudv = \frac{1}{4} \int_0^3 \int_0^3 u^2 + v^2 dudv = \frac{27}{2}$

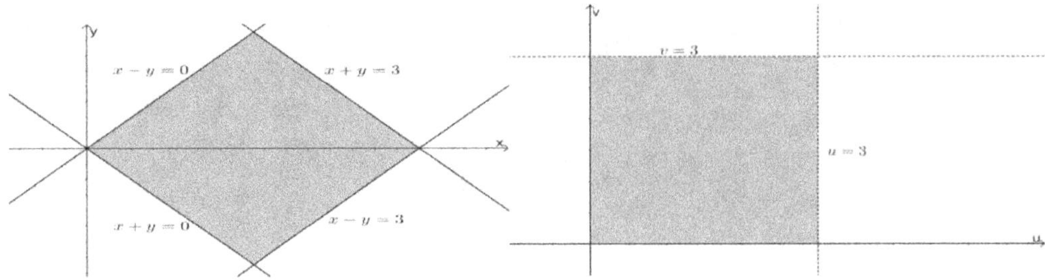

(2)

令 $x^2 + y^2 = u$, $x^2 - y^2 = v$ 則 $x = \dfrac{(u+v)^{\frac{1}{2}}}{\sqrt{2}}$, $y = \dfrac{(u-v)^{\frac{1}{2}}}{\sqrt{2}}$

且 $dxdy = \left\| \begin{vmatrix} \dfrac{\partial x}{\partial u} & \dfrac{\partial x}{\partial v} \\ \dfrac{\partial y}{\partial u} & \dfrac{\partial y}{\partial v} \end{vmatrix} \right\| dudv = \left\| \begin{vmatrix} \dfrac{(u+v)^{-\frac{1}{2}}}{2\sqrt{2}} & \dfrac{(u+v)^{-\frac{1}{2}}}{2\sqrt{2}} \\ \dfrac{(u-v)^{-\frac{1}{2}}}{2\sqrt{2}} & \dfrac{(u-v)^{-\frac{1}{2}}}{2\sqrt{2}} \end{vmatrix} \right\| dudv = \dfrac{(u^2-v^2)^{-\frac{1}{2}}}{4} dudv$

$\because R = \{(x,y): a \le x^2 + y^2 \le b, c \le x^2 - y^2 \le d\}$ $\therefore R = \{(u,v): a \le u \le b, c \le v \le d\}$

$\therefore \iint_R xy\,dA = \int_c^d \int_a^b \dfrac{(u^2-v^2)^{\frac{1}{2}}}{2} \cdot \dfrac{(u^2-v^2)^{-\frac{1}{2}}}{4} dudv = \dfrac{(b-a)(c-d)}{8}$

範例 19.

$$求 \int_0^{\frac{1}{2}} \int_0^{1-2y} e^{\frac{x}{x+2y}} \, dxdy = ?$$

【解】

令 $x = u$, $x + 2y = v$ 則 $x = u$, $y = \dfrac{-u+v}{2}$

$dxdy = \left\| \begin{vmatrix} \dfrac{\partial x}{\partial u} & \dfrac{\partial x}{\partial v} \\ \dfrac{\partial y}{\partial u} & \dfrac{\partial y}{\partial v} \end{vmatrix} \right\| dudv = \left\| \begin{vmatrix} 1 & 0 \\ \dfrac{-1}{2} & \dfrac{1}{2} \end{vmatrix} \right\| dudv = \dfrac{1}{2} dudv$

令 $R = \left\{(x,y): 0 \le x \le 1 - 2y, 0 \le y \le \dfrac{1}{2}\right\}$ 則 $R = \{(u,v): 0 \le u \le v, 0 \le v \le 1\}$

$$\therefore \int_0^{\frac{1}{2}} \int_0^{1-2y} e^{\frac{x}{x+2y}} \, dxdy = \frac{1}{2} \int_0^1 \int_0^v e^{\frac{u}{v}} \, dudv = \frac{1}{2} \int_0^1 ve^{\frac{u}{v}} \Big|_{u=0}^{u=v} \, dv = \frac{1}{2} \int_0^1 v(e-1) \, dv = \frac{e-1}{4}$$

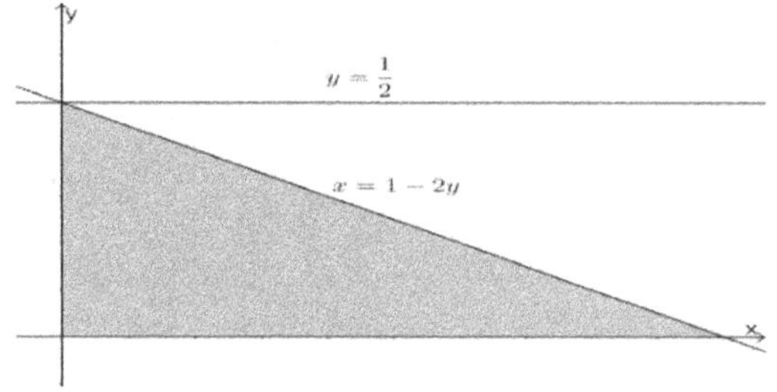
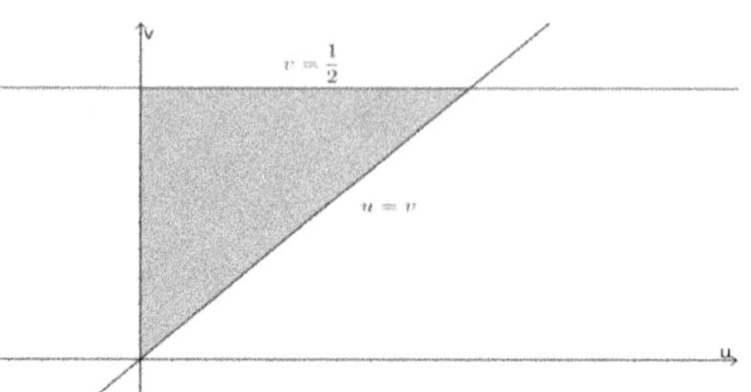

範例 20.

$$\text{求} \iint_R 3xy \, dA = ?, \ R\text{為四條直線包圍區域：} x - 2y = 0, \ x - 2y = -4, x + y = 4,$$
$$x + y = 1$$

【解】

令 $x - 2y = u, \ x + y = v$ 則 $x = \dfrac{u + 2v}{3}, \ y = \dfrac{-u + v}{3}$

且 $dxdy = \left\| \begin{vmatrix} \dfrac{\partial x}{\partial u} & \dfrac{\partial x}{\partial v} \\ \dfrac{\partial y}{\partial u} & \dfrac{\partial y}{\partial v} \end{vmatrix} \right\| dudv = \left\| \begin{vmatrix} \dfrac{1}{3} & \dfrac{2}{3} \\ \dfrac{-1}{3} & \dfrac{1}{3} \end{vmatrix} \right\| dudv = \dfrac{1}{3} dudv$

$\because R = \{(x, y): -4 \leq x - 2y \leq 0, 1 \leq x + y \leq 4\}$ $\therefore R = \{(u, v): -4 \leq u \leq 0, 1 \leq v \leq 4\}$

$$\therefore \iint_R 3xy \, dxdy = \int_1^4 \int_{-4}^0 \left(\frac{u + 2v}{3}\right)\left(\frac{-u + v}{3}\right) dudv = \frac{164}{9}$$

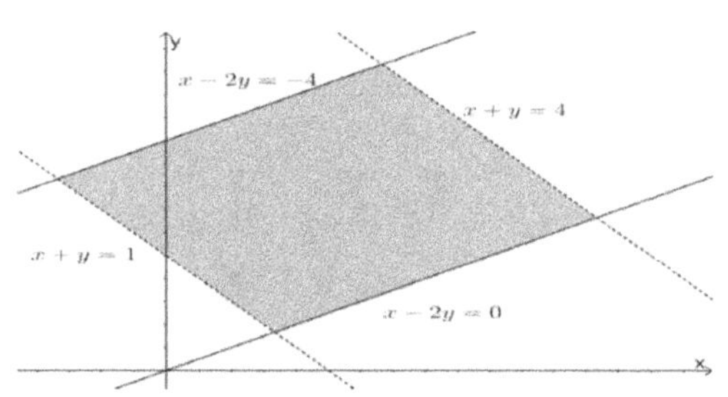
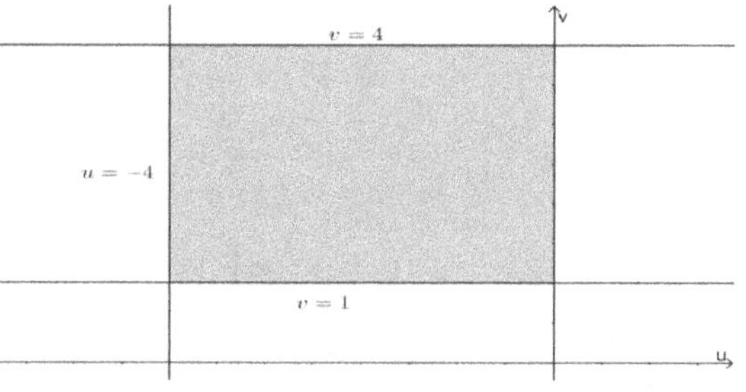

範例 21.

求 $\displaystyle\iint_R (2x+y)dxdy =?$, R為曲線: $x^2 - 2xy + y^2 + x + y = 0$ 與 $x + y + 4 = 0$
包圍區域

【解】

$\because x^2 - 2xy + y^2 + x + y = 0 \Leftrightarrow (x-y)^2 = -(x+y)$

令 $x + y = u$, $x - y = v$ 則 $x = \dfrac{u+v}{2}$, $y = \dfrac{u-v}{2}$

且 $dxdy = \left\| \begin{vmatrix} \dfrac{\partial x}{\partial u} & \dfrac{\partial x}{\partial v} \\ \dfrac{\partial y}{\partial u} & \dfrac{\partial y}{\partial v} \end{vmatrix} \right\| dudv = \left\| \begin{vmatrix} \dfrac{1}{2} & \dfrac{1}{2} \\ \dfrac{1}{2} & \dfrac{1}{2} \end{vmatrix} \right\| dudv = \dfrac{1}{2} dudv$

$\because R = \{(u,v): -v^2 \le u \le 0, -2 \le v \le 2\}$

$\therefore \displaystyle\iint_R (2x+y)dxdy = \int_{-2}^{2} \int_{-v^2}^{0} 3u + v\, dudv = -\dfrac{96}{5}$

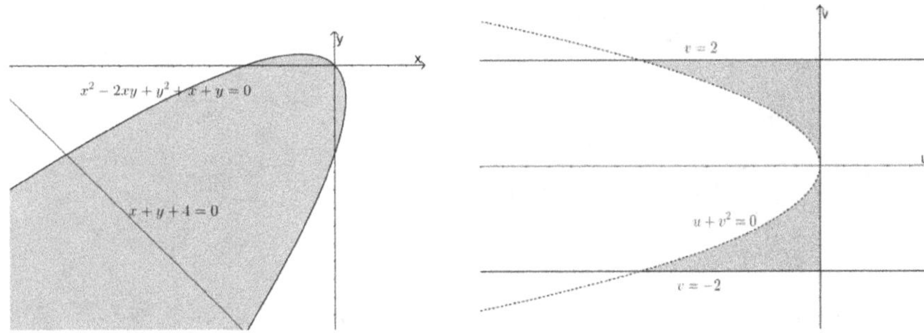

範例 22.

(1)求 $\displaystyle\iint_R \cos\dfrac{y-x}{x+y}dxdy =?$, R為$(1,0),(3,0),(0,1),(0,3)$所圍區域:

(2)求 $\displaystyle\iint_R \sec^2\dfrac{y-x}{x+y}dxdy =?$, R為$(1,0),(3,0),(0,1),(0,3)$所圍區域

【解】

(1)

令 $y - x = u$, $x + y = v$ 則 $x = \dfrac{-u+v}{2}$, $y = \dfrac{u+v}{2}$

$$\text{且 } dxdy = \left\|\begin{vmatrix} \dfrac{\partial x}{\partial u} & \dfrac{\partial x}{\partial v} \\ \dfrac{\partial y}{\partial u} & \dfrac{\partial y}{\partial v} \end{vmatrix}\right\| dudv = \left\|\begin{vmatrix} \dfrac{-1}{2} & \dfrac{1}{2} \\ \dfrac{1}{2} & \dfrac{1}{2} \end{vmatrix}\right\| dudv = \frac{1}{2} dudv$$

$$\because R = \{(x,y): x \geq 0, y \geq 0, 1 \leq x+y \leq 3\} \quad \therefore R = \{(u,v): -v \leq u \leq v, 1 \leq v \leq 3\}$$

$$\therefore \iint_R \cos\frac{y-x}{x+y}\, dxdy = \frac{1}{2}\int_1^3 \int_{-v}^{v} \cos\frac{u}{v}\, dudv = \frac{1}{2}\int_1^3 v\sin\frac{u}{v}\bigg|_{u=-v}^{u=v} dv = \sin 1 \int_1^3 v\, dv$$

$$= 4\sin 1$$

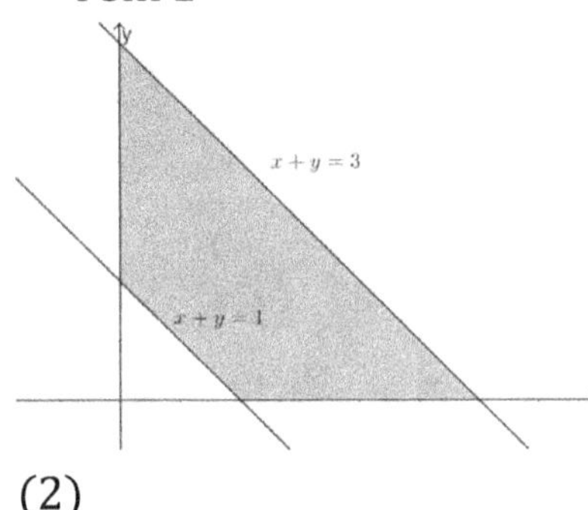

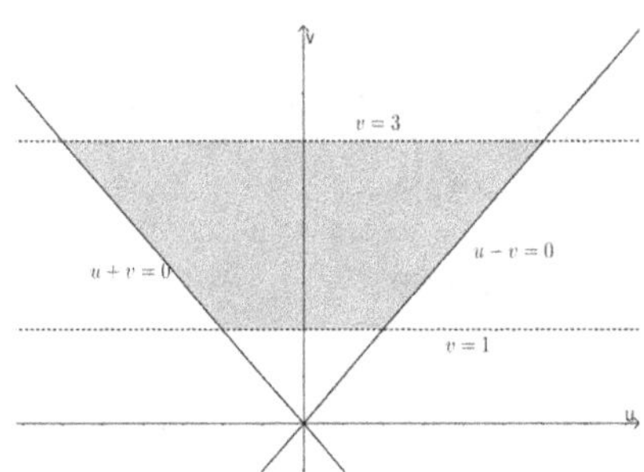

(2)

$$\text{令 } y - x = u, \quad x + y = v \ \text{ 則 } x = \frac{-u+v}{2}, \quad y = \frac{u+v}{2}$$

$$\text{且 } dxdy = \left\|\begin{vmatrix} \dfrac{\partial x}{\partial u} & \dfrac{\partial x}{\partial v} \\ \dfrac{\partial y}{\partial u} & \dfrac{\partial y}{\partial v} \end{vmatrix}\right\| dudv = \left\|\begin{vmatrix} \dfrac{-1}{2} & \dfrac{1}{2} \\ \dfrac{1}{2} & \dfrac{1}{2} \end{vmatrix}\right\| dudv = \frac{1}{2} dudv$$

$$\because R = \{(x,y): x \geq 0, y \geq 0, 1 \leq x+y \leq 3\} \quad \therefore R = \{(u,v): -v \leq u \leq v, 1 \leq v \leq 3\}$$

$$\therefore \iint_R \sec^2\frac{y-x}{x+y}\, dxdy = \frac{1}{2}\int_1^3 \int_{-v}^{v} \sec^2\frac{u}{v}\, dudv = \frac{1}{2}\int_1^3 v\tan\frac{u}{v}\bigg|_{u=-v}^{u=v} dv = \tan 1 \int_1^3 v\, dv$$

$$= 4\tan 1$$

範例 23.

$$(1) \text{求 } \iint_R \left(1 - \frac{x^2}{25} - \frac{y^2}{4}\right)^{\frac{3}{2}} dxdy = ?, \ R = \left\{(x,y): \frac{x^2}{25} + \frac{y^2}{4} \leq 1, y \geq 0\right\}$$

$$(2) \text{求 } \iint_R \cos(25x^2 + 4y^2)\, dxdy = ?, \ R = \left\{(x,y): \frac{x^2}{4} + \frac{y^2}{25} \leq 1\right\}$$

【解】

(1)

令 $x = 5r\cos\theta$，$y = 2r\sin\theta$ 則 $R = \{(r,\theta): 0 \le r \le 1, 0 \le \theta \le \pi\}$

且 $dxdy = \left\| \begin{vmatrix} \dfrac{\partial x}{\partial r} & \dfrac{\partial x}{\partial \theta} \\ \dfrac{\partial y}{\partial r} & \dfrac{\partial y}{\partial \theta} \end{vmatrix} \right\| drd\theta = \left\| \begin{vmatrix} 5\cos\theta & -5r\sin\theta \\ 2\sin\theta & 2r\cos\theta \end{vmatrix} \right\| drd\theta = 10rdrd\theta$

$$\therefore \iint_R \left(1 - \frac{x^2}{25} - \frac{y^2}{4}\right)^{\frac{3}{2}} dxdy = \int_0^\pi \int_0^1 (1-r^2)^{\frac{3}{2}} 10rdrd\theta = 10\int_0^\pi d\theta \int_0^1 (1-r^2)^{\frac{3}{2}} rdr$$

$$= 10\pi \cdot \left.\frac{-(1-r^2)^{\frac{5}{2}}}{5}\right|_0^1 = 2\pi$$

(2)

令 $x = 2r\cos\theta$，$y = 5r\sin\theta$ 則 $R = \{(r,\theta): 0 \le r \le 1, 0 \le \theta \le 2\pi\}$

且 $dxdy = \left\| \begin{vmatrix} \dfrac{\partial x}{\partial r} & \dfrac{\partial x}{\partial \theta} \\ \dfrac{\partial y}{\partial r} & \dfrac{\partial y}{\partial \theta} \end{vmatrix} \right\| drd\theta = \left\| \begin{vmatrix} 2\cos\theta & -2r\sin\theta \\ 5\sin\theta & 5r\cos\theta \end{vmatrix} \right\| drd\theta = 10rdrd\theta$

$$\therefore \iint_R \cos(25x^2 + 4y^2)\, dxdy = 10\int_0^{2\pi} \int_0^1 \cos(100r^2)\, rdrd\theta$$

$$= 10\int_0^{2\pi} d\theta \int_0^1 \cos(100r^2)\, rdr = 10(2\pi) \cdot \left.\frac{\sin(100r^2)}{200}\right|_0^1 = \frac{\pi\sin 100}{10}$$

範例 24.

$$求 \int_1^2 \int_0^x \frac{1}{\sqrt{x^2 + y^2}}\, dydx = ?$$

【解】

令 $x = r\cos\theta$，$y = r\sin\theta$

則 $\{(x,y): 1 \le x \le 2, 0 \le y \le x\} = \{(r,\theta): \dfrac{1}{\cos\theta} \le r \le \dfrac{2}{\cos\theta}, 0 \le \theta \le \dfrac{\pi}{4}\}$

且 $dxdy = \left\| \begin{vmatrix} \dfrac{\partial x}{\partial r} & \dfrac{\partial x}{\partial \theta} \\ \dfrac{\partial y}{\partial r} & \dfrac{\partial y}{\partial \theta} \end{vmatrix} \right\| drd\theta = \left\| \begin{vmatrix} \cos\theta & -r\sin\theta \\ \sin\theta & r\cos\theta \end{vmatrix} \right\| drd\theta = rdrd\theta$

$$\therefore \int_1^2 \int_0^x \frac{1}{\sqrt{x^2+y^2}}\,dydx = \int_0^{\frac{\pi}{4}} \int_{\frac{1}{\cos\theta}}^{\frac{2}{\cos\theta}} \frac{r}{\sqrt{r^2}}\,drd\theta = \int_0^{\frac{\pi}{4}} \frac{1}{\cos\theta}\,d\theta = \ln(\sec\theta + \tan\theta)\big|_0^{\frac{\pi}{4}}$$

$$= \ln(\sqrt{2}+1)$$

範例 25.

$$\text{求} \iint_R e^{-xy}\,dxdy = ?,\ R\text{為}: y = x,\ y = 2x,\ xy = 1,\ xy = 4 \text{ 所圍區域}$$

【解】

令 $\dfrac{y}{x} = u,\ xy = v$ 則 $x = \sqrt{\dfrac{v}{u}},\ y = \sqrt{uv}$

且 $dxdy = \left\| \begin{vmatrix} \dfrac{\partial x}{\partial u} & \dfrac{\partial x}{\partial v} \\ \dfrac{\partial y}{\partial u} & \dfrac{\partial y}{\partial v} \end{vmatrix} \right\| dudv = \left\| \begin{vmatrix} \dfrac{1}{2}\left(\dfrac{v}{u}\right)^{-\frac{1}{2}}\left(-\dfrac{v}{u^2}\right) & \dfrac{1}{2}\left(\dfrac{v}{u}\right)^{-\frac{1}{2}}\left(\dfrac{1}{u}\right) \\ \dfrac{1}{2}(uv)^{-\frac{1}{2}}v & \dfrac{1}{2}(uv)^{-\frac{1}{2}}u \end{vmatrix} \right\| dudv = \dfrac{1}{2u}\,dudv$

$\because R = \left\{(x,y): 1 \le \dfrac{y}{x} \le 2, 1 \le xy \le 4\right\}$　$\therefore R = \{(u,v): 1 \le u \le 2, 1 \le v \le 4\}$

$$\therefore \iint_R e^{-xy}\,dxdy = 2\int_1^4 \int_1^2 \frac{e^{-v}}{2u}\,dudv = \int_1^4 e^{-v}\,dv \int_1^2 \frac{1}{u}\,du = \left(\frac{1}{e} - \frac{1}{e^4}\right)\ln 2$$

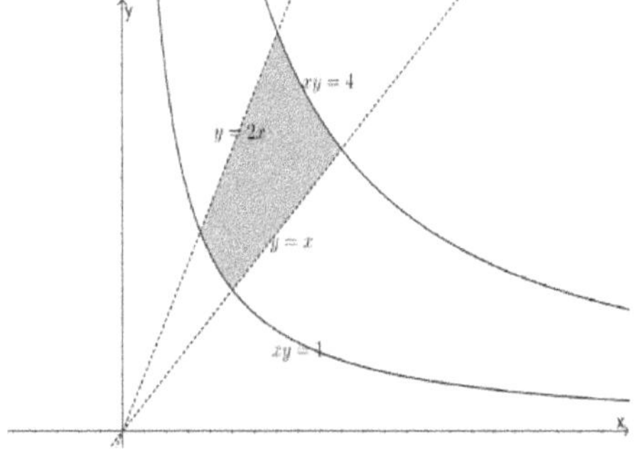

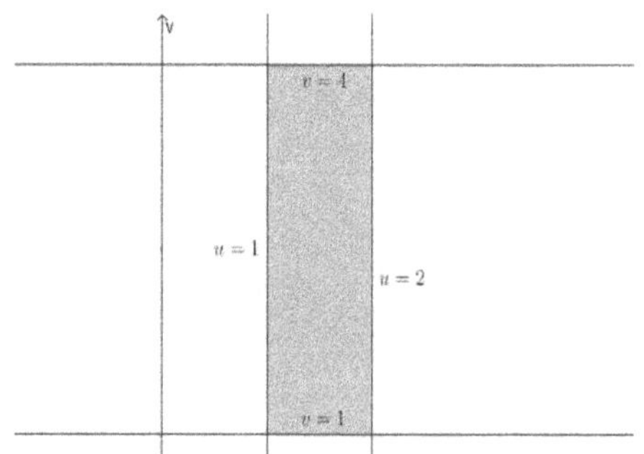

範例 26.

$$\text{求} \iint_R x^2 + y^2\,dxdy = ?,\ R = \{(x,y), 1 \le xy \le 4, 1 \le \frac{y}{x} \le 4\}$$

【解】

令 $\dfrac{y}{x} = u,\ xy = v$ 則 $x = \sqrt{\dfrac{v}{u}},\ y = \sqrt{uv}$

且 $dxdy = \left\|\begin{matrix} \dfrac{\partial x}{\partial u} & \dfrac{\partial x}{\partial v} \\ \dfrac{\partial y}{\partial u} & \dfrac{\partial y}{\partial v} \end{matrix}\right\| dudv = \left\|\begin{matrix} \dfrac{1}{2}\left(\dfrac{v}{u}\right)^{-\frac{1}{2}}\left(-\dfrac{v}{u^2}\right) & \dfrac{1}{2}\left(\dfrac{v}{u}\right)^{-\frac{1}{2}}\left(\dfrac{1}{u}\right) \\ \dfrac{1}{2}(uv)^{-\frac{1}{2}}v & \dfrac{1}{2}(uv)^{-\frac{1}{2}}u \end{matrix}\right\| dudv = \dfrac{1}{2u}dudv$

$\because R = \left\{(x,y): 1 \le \dfrac{y}{x} \le 4, 1 \le xy \le 4\right\} \qquad \therefore R = \{(u,v): 1 \le u \le 4, 1 \le v \le 4\}$

$\displaystyle\iint_R x^2 + y^2 \, dxdy = 2\int_1^4\int_1^4 \left(\dfrac{v}{u^2}+v\right)\dfrac{1}{2}dudv = \int_1^4\int_1^4\left(\dfrac{v}{u^2}+v\right)dudv = \int_1^4 \dfrac{15v}{4}dv = \dfrac{225}{8}$

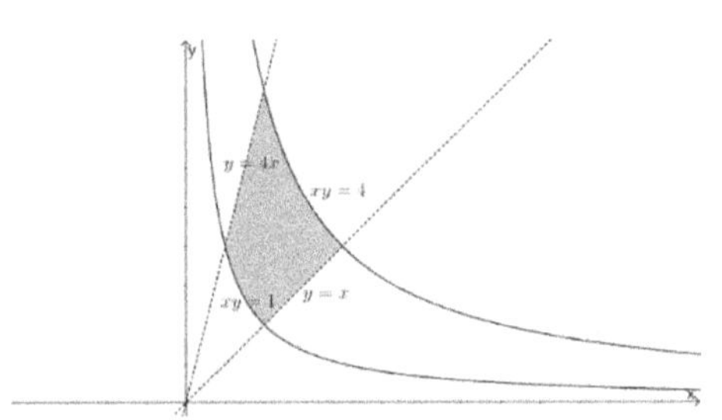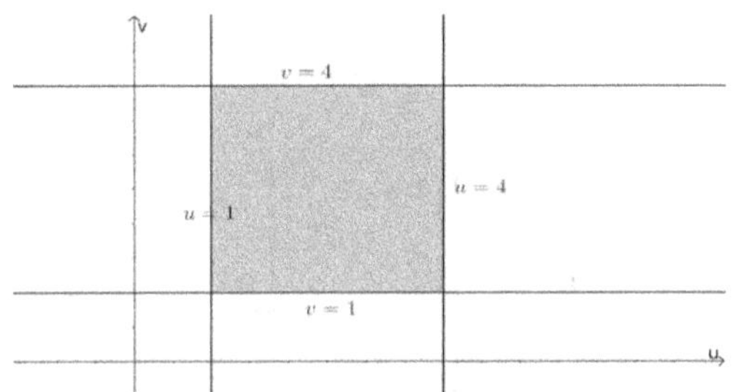

範例 27.

$$求 \int_{\frac{1}{2}}^{1}\int_{1-x}^{x} \dfrac{1}{\sqrt{x^2+y^2}}\,dydx = ?$$

【解】

令 $x = r\cos\theta, \; y = r\sin\theta$

則 $\left\{(x,y): 1-x \le y \le x, \dfrac{1}{2} \le x \le 1\right\} = \left\{(r,\theta): \dfrac{1}{\cos\theta+\sin\theta} \le r \le \dfrac{1}{\cos\theta}, 0 \le \theta \le \dfrac{\pi}{4}\right\}$

且 $dxdy = \left\|\begin{matrix} \dfrac{\partial x}{\partial r} & \dfrac{\partial x}{\partial \theta} \\ \dfrac{\partial y}{\partial r} & \dfrac{\partial y}{\partial \theta} \end{matrix}\right\| drd\theta = \left\|\begin{matrix} \cos\theta & -r\sin\theta \\ \sin\theta & r\cos\theta \end{matrix}\right\| drd\theta = rdrd\theta$

$\therefore \displaystyle\int_{\frac{1}{2}}^{1}\int_{1-x}^{x}\dfrac{1}{\sqrt{x^2+y^2}}dydx = \int_0^{\frac{\pi}{4}}\int_{\frac{1}{\cos\theta+\sin\theta}}^{\frac{1}{\cos\theta}}\dfrac{r}{\sqrt{r^2}}drd\theta = \int_0^{\frac{\pi}{4}}\dfrac{1}{\cos\theta}-\dfrac{1}{\cos\theta+\sin\theta}d\theta$

$= \displaystyle\int_0^{\frac{\pi}{4}}\dfrac{1}{\cos\theta}-\dfrac{1}{\sqrt{2}\sin\left(\theta+\frac{\pi}{4}\right)}d\theta$

$$= \ln(\sec\theta + \tan\theta)\big|_0^{\frac{\pi}{4}} + \frac{1}{\sqrt{2}}\ln\left(\left|\csc\left(\theta + \frac{\pi}{4}\right) + \cot\left(\theta + \frac{\pi}{4}\right)\right|\right)\Big|_0^{\frac{\pi}{4}} = \left(1 - \frac{1}{\sqrt{2}}\right)\ln(1 + \sqrt{2})$$

範例 28.

$$\text{求} \iint_R (x + y)^2 \, dxdy = ?,$$

其中 R 為 $x + y = 0,\ x + y = 1,\ 2x - y = 0,\ 2x - y = 3$ 所圍區域

【解】

令 $x + y = u,\ 2x - y = v$ 則 $x = \dfrac{u + v}{3},\ y = \dfrac{2u - v}{3}$

且 $dxdy = \left\|\begin{vmatrix} \dfrac{\partial x}{\partial u} & \dfrac{\partial x}{\partial v} \\ \dfrac{\partial y}{\partial u} & \dfrac{\partial y}{\partial v} \end{vmatrix}\right\| dudv = \left\|\begin{vmatrix} \dfrac{1}{3} & \dfrac{1}{3} \\ \dfrac{2}{3} & \dfrac{-1}{3} \end{vmatrix}\right\| dudv = \dfrac{1}{3} dudv$

$\because R = \{(x,y): 0 \le x + y \le 1, 0 \le 2x - y \le 3\}\ \therefore R = \{(u,v): 0 \le u \le 1, 0 \le v \le 3\}$

$$\therefore \iint_R (x + y)^2 \, dxdy = \frac{1}{3}\int_0^3 \int_0^1 u^2 \, dudv = \frac{u^3}{3}\Big|_0^1 = \frac{1}{3}$$

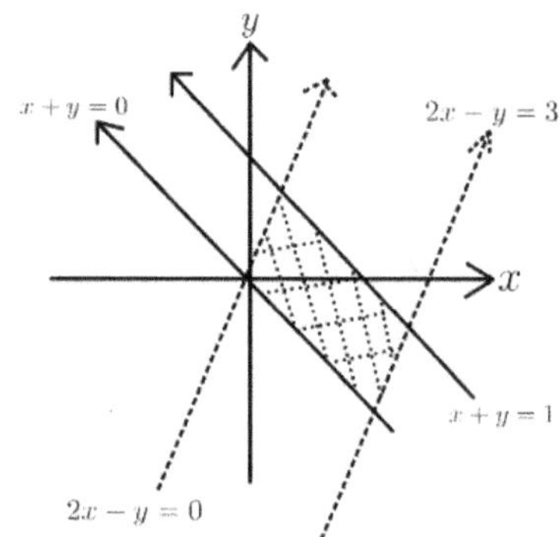

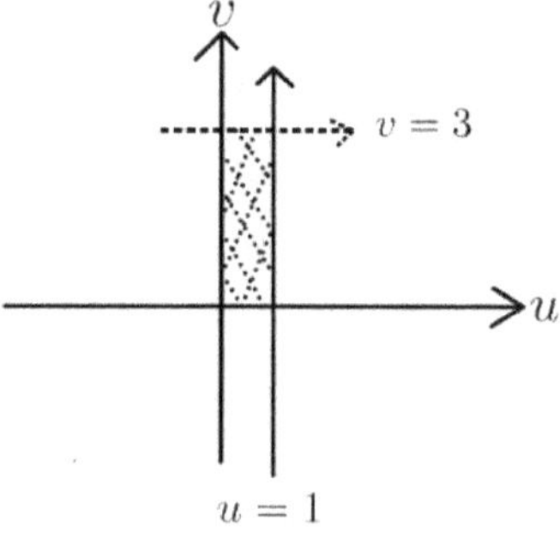

8.4 三重積分的考試類型

三重積分的考試類型包含不需調換順序可直接轉換成雙重積分再轉成定積分、轉成雙重積分後出現 $x^2 + y^2$,再使用極座標轉換、使用球座標轉換求三重積分

8.4.1　不需調換順序可直接求迭代積分

考試類型：
題型 1.

給定 $f_1(x), f_2(x)$ 以及 $g_1(x,y), g_2(x,y)$，假設 $R = \{(x,y): a \le x \le b, f_1(x) \le y \le f_2(x)\}$

且 $g_1(x,y) \le z \le g_2(x,y)$，求 $\displaystyle\iint_R \int_{g_1(x,y)}^{g_2(x,y)} f(x,y)\,dz\,dA = ?$

解題流程：
Step1.

將三重積分換成雙重積分，$\displaystyle\iint_R \int_{g_1(x,y)}^{g_2(x,y)} f(x,y)\,dz\,dA = \iint_R f(x,y)\big(g_2(x,y) - g_1(x,y)\big)\,dA$

Step2.

使用 Fubini's Theorem 則

$$\iint_R f(x,y)\big(g_2(x,y) - g_1(x,y)\big)\,dA = \int_a^b \int_{f_1(x)}^{f_2(x)} f(x,y)\big(g_2(x,y) - g_1(x,y)\big)\,dy\,dx$$

Step3.

求 $\displaystyle\int_{f_1(x)}^{f_2(x)} f(x,y)\big(g_2(x,y) - g_1(x,y)\big)\,dy = ?$

假設計算後 $h(x) = \displaystyle\int_{f_1(x)}^{f_2(x)} f(x,y)\big(g_2(x,y) - g_1(x,y)\big)\,dy$

則 $\displaystyle\int_a^b \int_{f_1(x)}^{f_2(x)} f(x,y)\big(g_2(x,y) - g_1(x,y)\big)\,dy\,dx = \int_a^b h(x)\,dx$，　求 $\displaystyle\int_a^b h(x)\,dx = ?$

題型 2.

給定 $f_1(x), f_2(x)$，以及 $g_1(x,y), g_2(x,y)$，假設 $R = \{(x,y): c \le y \le d, f_1(y) \le x \le f_2(y)\}$

且 $g_1(x,y) \le z \le g_2(x,y)$，　求 $\displaystyle\iint_R \int_{g_1(x,y)}^{g_2(x,y)} f(x,y,z)\,dz\,dA = ?$

解題流程：
Step1.

將三重積分換成雙重積分

則 $\displaystyle\iint_R \int_{g_1(x,y)}^{g_2(x,y)} f(x,y,z)\,dz\,dA = \iint_R f(x,y)\big(g_2(x,y) - g_1(x,y)\big)\,dA$

Step2.

使用 Fubini's Theorem 則

$$\iint_R f(x,y)\big(g_2(x,y) - g_1(x,y)\big)dA = \int_c^d \int_{f_1(y)}^{f_2(y)} f(x,y)\big(g_2(x,y) - g_1(x,y)\big)dxdy$$

Step3.

求 $\displaystyle\int_{f_1(y)}^{f_2(y)} f(x,y)\big(g_2(x,y) - g_1(x,y)\big)dx =?$

假設計算後 $h(y) = \displaystyle\int_{f_1(y)}^{f_2(y)} f(x,y)\big(g_2(x,y) - g_1(x,y)\big)dx$

則 $\displaystyle\int_c^d \int_{f_1(y)}^{f_2(y)} f(x,y)\big(g_2(x,y) - g_1(x,y)\big)dxdy = \int_c^d h(y)\,dy,\ \ $ 求 $\displaystyle\int_c^d h(y)\,dy =?$

範例 1.

　　(1)求在 xy 平面上至曲面 $z = x^3 + 2y$ 之間且位於 $y = 2x,\ \ y = x^2$ 內的區域體積

　　(2)假設 V 為 $z > 0,\ \ z = x^3 + 2y,\ \ y = 2x,\ \ y = x^2$ 所圍區域, 求 $\displaystyle\iiint_V x\,dV =?$

【解】

(1)

令 $R = \{(x,y): 0 \le x \le 2, x^2 \le y \le 2x\}$

則 體積 $= \displaystyle\iint_R \int_0^{x^3+2y} dzdA = \int_0^2 \int_{x^2}^{2x} x^3 + 2y\,dydx = \int_0^2 x^3 y + y^2\big|_{y=x^2}^{y=2x} dx$

$= \displaystyle\int_0^2 2x^4 - x^5 + 4x^2 - x^4 dx = \frac{32}{5}$

(2)

令 $R = \{(x,y): 0 \le x \le 2, x^2 \le y \le 2x\}$

則 $\displaystyle\iiint_V x\,dV = \iint_R \int_0^{x^3+2y} x\,dzdA = \int_0^2 \int_{x^2}^{2x} x(x^3 + 2y)\,dydx = \int_0^2 x\left(x^3 y + y^2\big|_{y=x^2}^{y=2x}\right) dx$

$= \displaystyle\int_0^2 2x^5 - x^6 + 4x^3 - x^5 dx = \frac{x^6}{6} - \frac{x^7}{7} + x^4\bigg|_0^2 = \frac{224 - 384 + 336}{21} = \frac{176}{21}$

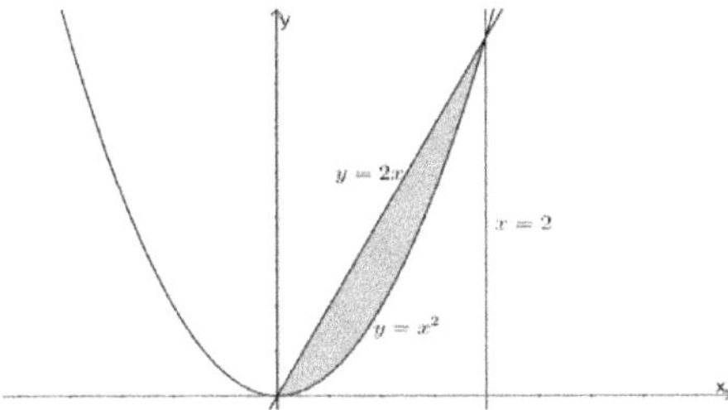

範例 2.

$$求 \int_0^{\frac{\pi}{2}} \int_{\sin 2z}^0 \int_0^{2yz} \sin\frac{x}{y} \, dxdydz =?$$

【解】

$$\int_0^{\frac{\pi}{2}} \int_{\sin 2z}^0 \int_0^{2yz} \sin\frac{x}{y} \, dxdydz = \int_0^{\frac{\pi}{2}} \int_{\sin 2z}^0 -y \cos\frac{x}{y}\Big|_{x=0}^{x=2yz} \, dydz = \int_0^{\frac{\pi}{2}} \int_{\sin 2z}^0 y - y\cos 2z \, dydz$$

$$= \int_0^{\frac{\pi}{2}} \left(\frac{y^2}{2} - \frac{y^2\cos 2z}{2}\right)\Big|_{y=\sin 2z}^{y=0} \, dz = \int_0^{\frac{\pi}{2}} -\frac{\sin^2 2z}{2} + \frac{\sin^2 2z \cos 2z}{2} \, dz$$

$$= \int_0^{\frac{\pi}{2}} -\frac{1-\cos 4z}{4} + \frac{\sin^2 2z \cos 2z}{2} \, dz = -\frac{\pi}{8}$$

範例 3.

$$求 \int_0^1 \int_0^{\sqrt{\ln 2}} \int_0^1 \frac{xyze^{x^2}}{1+y^2} \, dydxdz =?$$

【解】

$$\int_0^1 \int_0^{\sqrt{\ln 2}} \int_0^1 \frac{xyze^{x^2}}{1+y^2} \, dydxdz = \int_0^1 \frac{y}{1+y^2} \, dy \int_0^{\sqrt{\ln 2}} xe^{x^2} \, dx \int_0^1 z \, dz$$

$$= \frac{\ln(1+y^2)}{2}\Big|_0^1 \cdot \frac{e^{x^2}}{2}\Big|_0^{\sqrt{\ln 2}} \cdot \frac{z^2}{2}\Big|_0^1 = \frac{\ln 2}{8}$$

範例 4.

(1)求在xy平面上至平面$x+2y+z=2$之間且位於$2y=x$, $x=0$ 內的區域體積

(2)假設 V 為 $z > 0$, $x + 2y + z = 2$, $2y = x$, $x = 0$ 所圍區域，求 $\iiint_V x\,dV =?$

【解】

(1)

令 $R = \left\{(x, y): 0 \le x \le 1, \dfrac{x}{2} \le y \le 1 - \dfrac{x}{2}\right\}$

則體積 $= \iint_R \int_0^{2-x-2y} dz\,dA = \int_0^1 \int_{\frac{x}{2}}^{1-\frac{x}{2}} 2 - x - 2y\,dy\,dx = \int_0^1 2y - xy - y^2 \Big|_{y=\frac{x}{2}}^{y=1-\frac{x}{2}} dx$

$= \int_0^1 1 - 2x + x^2\,dx = \dfrac{1}{3}$

(2)

令 $R = \left\{(x, y): 0 \le x \le 1, \dfrac{x}{2} \le y \le 1 - \dfrac{x}{2}\right\}$

則 $\iiint_V x\,dV = \iint_R \int_0^{2-x-2y} x\,dz\,dA = \int_0^1 \int_{\frac{x}{2}}^{1-\frac{x}{2}} x(2 - x - 2y)\,dy\,dx$

$= \int_0^1 x\left(2y - xy - y^2 \Big|_{y=\frac{x}{2}}^{y=1-\frac{x}{2}}\right) dx = \int_0^1 x - 2x^2 + x^3\,dx = \dfrac{x^2}{2} - \dfrac{2x^3}{3} + \dfrac{x^4}{4} \Big|_0^1 = \dfrac{1}{12}$

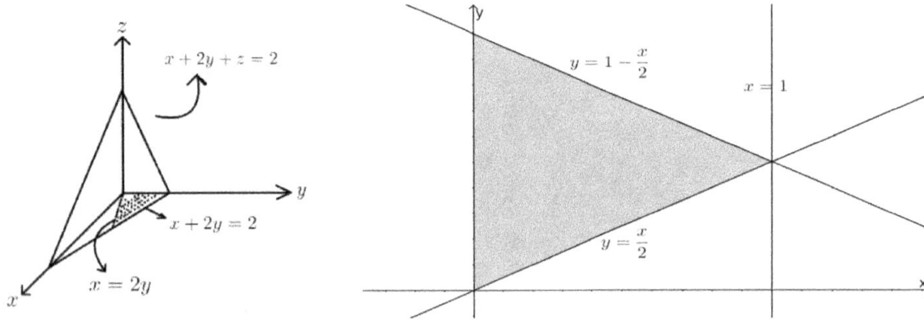

範例 5.

求 $y = x, y = 0, z = 0, 6x + 2y + 3z = 6$ 所圍的體積

【解】

令 $R = \{(x, y): 0 \le x \le 1, 0 \le y \le x\}$

則 $V = \iint_R \dfrac{6-6x-2y}{3}\,dydx = \int_0^1 \int_0^x 2-2x-\dfrac{2y}{3}\,dydx = \int_0^1 (2-2x)y - \dfrac{y^2}{3}\Big|_{y=0}^{y=x}\,dx$

$= \int_0^1 2x - \dfrac{7x^2}{3}\,dx = x^2 - \dfrac{7x^3}{9}\Big|_0^1 = \dfrac{2}{9}$

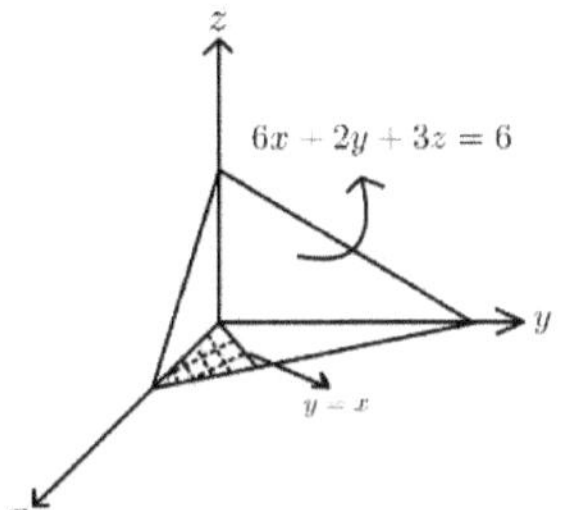

範例 6.

求 $\displaystyle\int_0^{\frac{\pi}{2}} \int_0^z \int_0^y \sin(x+y+z)\,dxdydz =?$

【解】

$\displaystyle\int_0^{\frac{\pi}{2}} \int_0^z \int_0^y \sin(x+y+z)\,dxdydz = \int_0^{\frac{\pi}{2}} \int_0^z -\cos(x+y+z)\big|_0^y\,dydz$

$\displaystyle = \int_0^{\frac{\pi}{2}} \int_0^z \cos(y+z) - \cos(2y+z)\,dydz = \int_0^{\frac{\pi}{2}} \left(\sin(y+z) - \dfrac{\sin(2y+z)}{2}\right)\Big|_{y=0}^{y=z}\,dz$

$\displaystyle = \int_0^{\frac{\pi}{2}} \sin(2z) - \dfrac{\sin z}{2} - \dfrac{\sin(3z)}{2}\,dz = -\dfrac{\cos 2z}{2} + \dfrac{\cos z}{2} + \dfrac{\cos(3z)}{6}\Big|_0^{\frac{\pi}{2}} = \dfrac{1}{3}$

範例 7.

求 $\displaystyle\int_0^5 \int_{-2}^4 \int_1^2 6xy^2z^3\,dxdydz =?$

【解】

$\displaystyle\int_0^5 \int_{-2}^4 \int_1^2 6xy^2z^3\,dxdydz = \int_0^5 \int_{-2}^4 3x^2y^2z^3\big|_{x=1}^{x=2}\,dydz = \int_0^5 \int_{-2}^4 9y^2z^3\,dydz$

$\displaystyle = \int_0^5 3y^3z^3\big|_{y=-2}^{y=4}\,dz = 216\int_0^5 z^3\,dz = 33750$

範例 8.

    (1)求由 $x = 0, z = 0, y = x^2$ 與 $y + z = 9$ 所圍的體積

    (2)假設 V 為 $x = 0, z = 0,\ y = x^2$ 與 $y + z = 9$ 所圍的區域, 求 $\iiint_V x\,dV =?$

【解】

(1)

令 $R = \{(x, y): 0 \le x \le 3, x^2 \le y \le 9\}$

則 體積 $= \iint_R \int_0^{9-y} dz\,dA = \int_0^3 \int_{x^2}^9 9 - y\,dy\,dx = \int_0^3 9y - \dfrac{y^2}{2}\Big|_{y=x^2}^{y=9}\,dx$

$= \int_0^3 9(9 - x^2) - \dfrac{81 - x^4}{2}\,dx = \int_0^3 \dfrac{81}{2} - 9x^2 + \dfrac{x^4}{2}\,dx = \left(\dfrac{81x}{2} - 3x^3 + \dfrac{x^5}{10}\right)\Big|_0^3 = \dfrac{324}{5}$

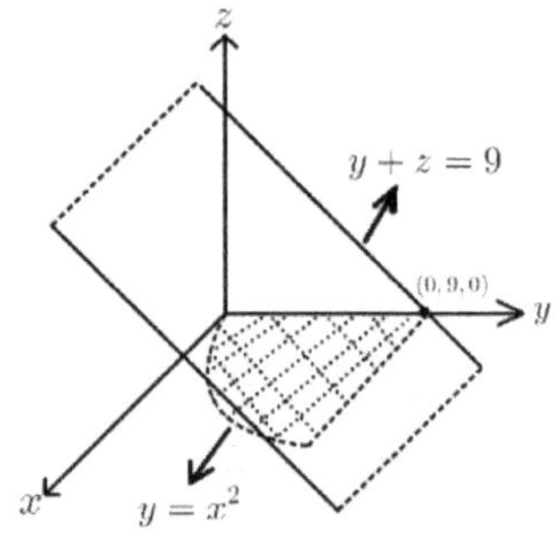

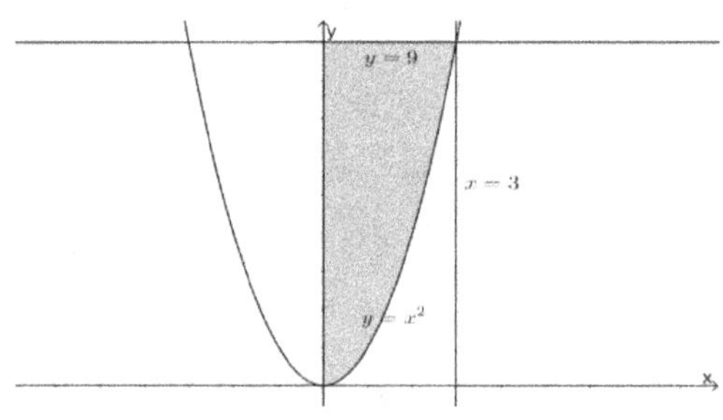

(2)

令 $R = \{(x, y): 0 \le x \le 3, x^2 \le y \le 9\}$

則 $\iiint_V x\,dV = \iint_R \int_0^{9-y} x\,dz\,dA = \int_0^3 \int_{x^2}^9 x(9 - y)\,dy\,dx = \int_0^3 x\left(9y - \dfrac{y^2}{2}\Big|_{y=x^2}^{y=9}\right)dx$

$= \int_0^3 x\left(9(9 - x^2) - \dfrac{81 - x^4}{2}\right)dx = \int_0^3 \dfrac{81x}{2} - 9x^3 + \dfrac{x^5}{2}\,dx = \left(\dfrac{81x^2}{4} - \dfrac{9x^4}{4} + \dfrac{x^6}{12}\right)\Big|_0^3$

$= \dfrac{81}{4} \cdot 9 - \dfrac{9}{4} \cdot 81 + \dfrac{9^3}{12} = \dfrac{243}{4}$

範例 9.

(1)求由 $3x + 2y + z = 6$, $x = 0$, $y = 0$ 與 $z = 0$ 所圍的體積

(2)假設 V 為 $3x + 2y + z = 6$, $x = 0$, $y = 0$ 與 $z = 0$ 所圍的區域, 求 $\iiint_V x\,dV =?$

【解】

(1)

令 $R = \{(x, y) : 0 \le x \le 2, 0 \le y \le 3 - \dfrac{3x}{2}\}$

所圍體積 $= \iint_R \int_0^{6-3x-2y} dz\,dA = \int_0^2 \int_0^{3-\frac{3x}{2}} 6 - 3x - 2y\,dy\,dx$

$= \int_0^2 (6y - 3xy - y^2)\big|_{y=0}^{y=3-\frac{3x}{2}}\,dx = \int_0^2 9 - 9x + \dfrac{9x^2}{4}\,dx = \left(9x - \dfrac{9}{2}x^2 + \dfrac{3x^3}{4}\right)\Big|_0^2 = 6$

(2)

令 $R = \{(x, y) : 0 \le x \le 2, 0 \le y \le 3 - \dfrac{3x}{2}\}$

則 $\iiint_V x\,dV = \iint_R \int_0^{6-3x-2y} x\,dz\,dA = \int_0^2 \int_0^{3-\frac{3x}{2}} x(6 - 3x - 2y)\,dy\,dx$

$= \int_0^2 x\left((6y - 3xy - y^2)\big|_{y=0}^{y=3-\frac{3x}{2}}\right) dx = \int_0^2 9x - 9x^2 + \dfrac{9x^3}{4}\,dx = \left(\dfrac{9x^2}{2} - 3x^3 + \dfrac{9x^4}{16}\right)\Big|_0^2 = 3$

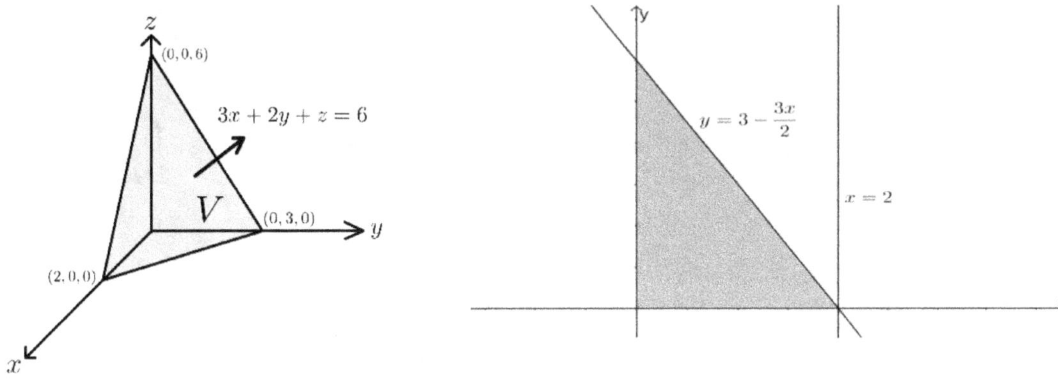

範例 10.

假設 V 為 $x + y + z = 1$, $x = 0$, $y = 0$ 與 $z = 0$ 所圍的四面體, 求

$$\iiint_V \frac{24}{(1+x+y+z)^4}\,dV = ?$$

【解】

令 $R = \{(x,y): 0 \le x \le 1, 0 \le y \le 1-x\}$

則 $\displaystyle\iiint_V \frac{24}{(1+x+y+z)^4}\,dV = \iint_R \int_0^{1-x-y} \frac{24}{(1+x+y+z)^4}\,dz\,dA$

$$= \int_0^1 \int_0^{1-x} -8(1+x+y+z)^{-3}\Big|_{z=0}^{z=1-x-y}\,dy\,dx = \int_0^1 \int_0^{1-x} -1 + 8(1+x+y)^{-3}\,dy\,dx$$

$$= \int_0^1 (-y - 4(1+x+y)^{-2})\Big|_{y=0}^{y=1-x}\,dx = \int_0^1 4(1+x)^{-2} + x - 2\,dx$$

$$= (-4)(1+x)^{-1} + \frac{x^2}{2} - 2x\,\Big|_0^1 = \frac{1}{2}$$

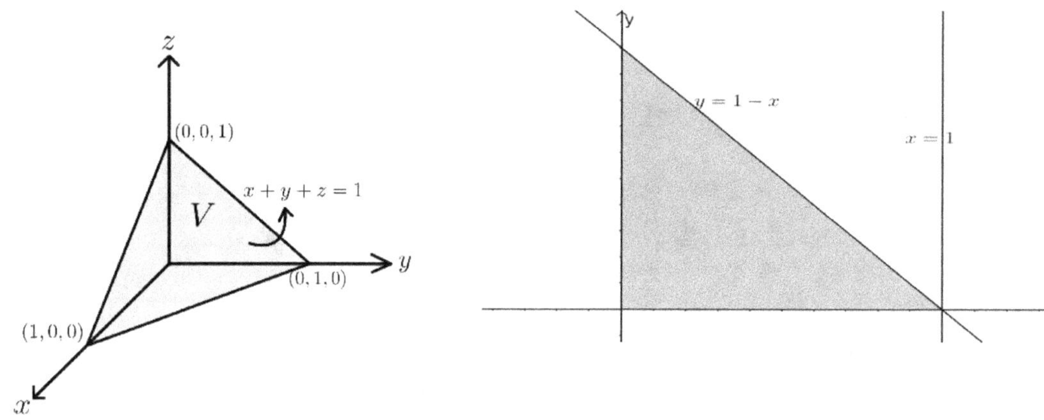

範例 11.

　　假設 V 為 $4x + 4y + z = 4$, $x = 0$, $y = 0$ 與 $z = 0$ 所圍的四面體, 求 $\displaystyle\iiint_V 2x\,dV = ?$

【解】

令 $R = \{(x,y): 0 \le x \le 1, 0 \le y \le 1-x\}$

則 $\displaystyle\iiint_V 2x\,dV = \iint_R \int_0^{4-4x-4y} 2x\,dz\,dA = \int_0^1 \int_0^{1-x} 2xz\Big|_{z=0}^{z=4-4x-4y}\,dy\,dx$

$$= \int_0^1 \int_0^{1-x} 8x - 8x^2 - 8xy\,dy\,dx = \int_0^1 (8xy - 8x^2y - 4xy^2)\Big|_{y=0}^{y=1-x}\,dx$$

$$= \int_0^1 8x(1-x) - 8x^2(1-x) - 4x(1-x)^2\, dx = 2\left(x^2 - \frac{4x^3}{3} + \frac{x^4}{2}\right)\Big|_0^1 = \frac{1}{3}$$

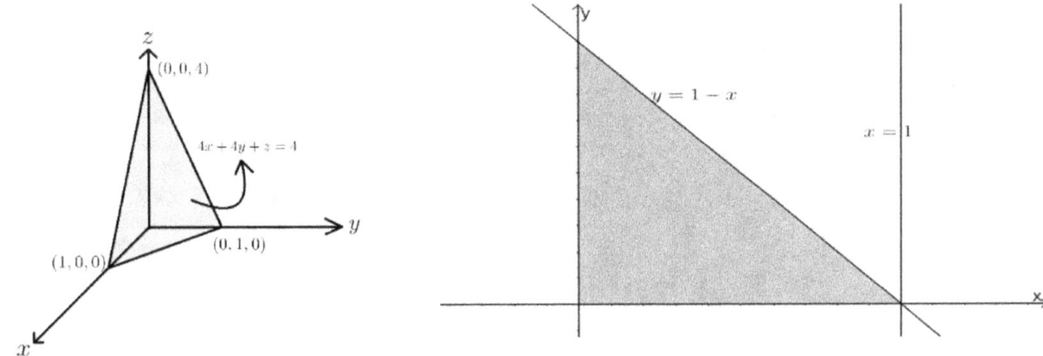

範例 12.

 (1)求由$z = 0$, $z = 1 - x - y$, $x = 0$ 與 $y = 0$ 所圍的體積

 (2)假設 V 為$z = 0$, $z = 1 - x - y$, $x = 0$ 與 $y = 0$ 所圍的體積, 求 $\iiint_V xdV = ?$

【解】

(1)

令$R = \{(x, y): 0 \le x \le \frac{1}{2}, 0 \le y \le \frac{1}{2} - x\}$

則體積 $= \iint_R \int_0^{1-x-y} dzdA = \int_0^{\frac{1}{2}} \int_0^{\frac{1}{2}-x} 1 - x - y\,dydx = \int_0^{\frac{1}{2}} \left(y - xy - \frac{y^2}{2}\right)\Big|_0^{\frac{1}{2}-x} dx$

$$= \int_0^{\frac{1}{2}} \left(\frac{1}{2} - x\right) - x\left(\frac{1}{2} - x\right) - \frac{(\frac{1}{2} - x)^2}{2}\,dx = \int_0^{\frac{1}{2}} \frac{x^2}{2} - x + \frac{3}{8}\,dx = \left(\frac{3x}{8} - \frac{x^2}{2} + \frac{x^3}{6}\right)\Big|_0^{\frac{1}{2}} = \frac{1}{12}$$

(2)

令$R = \{(x, y): 0 \le x \le \frac{1}{2}, 0 \le y \le \frac{1}{2} - x\}$

則 $\iiint_V xdV = \iint_R \int_0^{1-x-y} xdzdA = \int_0^{\frac{1}{2}} \int_0^{\frac{1}{2}-x} x(1 - x - y)dydx$

$$= \int_0^{\frac{1}{2}} x \left((y - xy - \frac{y^2}{2}) \Big|_0^{\frac{1}{2}-x} \right) dx = \int_0^{\frac{1}{2}} x \left((\frac{1}{2} - x) - x(\frac{1}{2} - x) - \frac{(\frac{1}{2} - x)^2}{2} \right) dx$$

$$= \int_0^{\frac{1}{2}} \frac{x^3}{2} - x^2 + \frac{3x}{8} \, dx = \left(\frac{x^4}{8} - \frac{x^3}{3} + \frac{3x^2}{16} \right) \Big|_0^{\frac{1}{2}} = \frac{1}{8} \left(\frac{1}{16} - \frac{1}{3} + \frac{3}{8} \right) = \frac{5}{384}$$

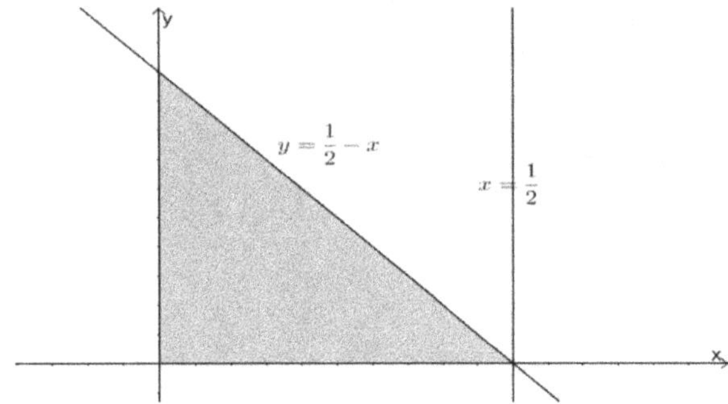

範例 13.

(1) 求由 $y + 2z = 2$, $z = x^2$ 與 $y = 0$ 所圍的體積

(2) 假設 V 為 $y + 2z = 2$, $z = x^2$ 與 $y = 0$ 所圍的區域, 求 $\iiint_V x^2 dV =$?

【解】

(1)

令 $R = \{(x, z): -1 \leq x \leq 1, x^2 \leq z \leq 1\}$

則 體積 $= \iint_R \int_0^{2-2z} dy dA = 2 \int_{-1}^1 \int_{x^2}^1 1 - z \, dz dx = 2 \int_{-1}^1 (z - \frac{z^2}{2}) \Big|_{x^2}^1 dx$

$$= 2 \int_{-1}^1 \left(\frac{1}{2} - x^2 + \frac{x^4}{2} \right) dx = \frac{16}{15}$$

(2)

令 $R = \{(x, z): -1 \leq x \leq 1, x^2 \leq z \leq 1\}$

則 $\iiint_V x^2 dV = \iint_R \int_0^{2-2z} x^2 dy dA = 2 \int_{-1}^1 \int_{x^2}^1 x^2(1-z) \, dz dx = 2 \int_{-1}^1 x^2 \left((z - \frac{z^2}{2}) \Big|_{x^2}^1 \right) dx$

$$= 2 \int_{-1}^1 \left(\frac{x^2}{2} - x^4 + \frac{x^6}{2} \right) dx = 2 \left(\frac{x^3}{6} - \frac{x^5}{5} + \frac{x^7}{14} \right) \Big|_{-1}^1 = \frac{16}{105}$$

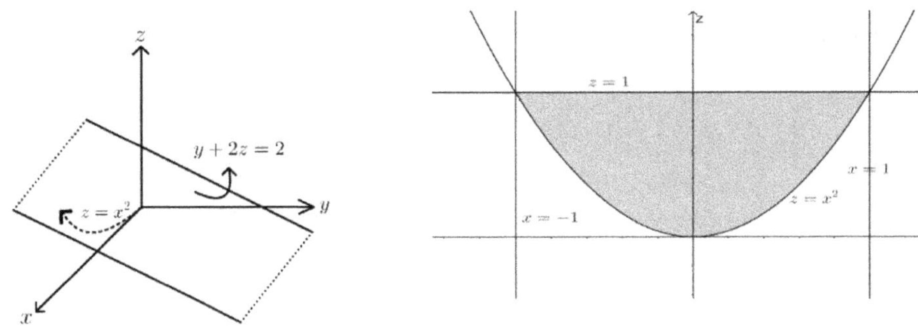

範例 14.

假設 V 為 $x + y + z = d(d > 0)$, $x = 0$, $y = 0$ 與 $z = 0$ 所圍的四面體,

求 $\displaystyle\iiint_V \frac{24}{(d + x + y + z)^4}\, dV = ?$

【解】

令 $R = \{(x, y) : 0 \le x \le d,\ 0 \le y \le d - x\}$

則 $\displaystyle\iiint_V \frac{24}{(d + x + y + z)^4}\, dV = \iint_R \int_0^{d-x-y} \frac{24}{(d + x + y + z)^4}\, dz\, dA$

$\displaystyle = \int_0^d \int_0^{d-x} -8(d + x + y + z)^{-3}\Big|_{z=0}^{z=d-x-y}\, dy\, dx = \int_0^d \int_0^{d-x} -d^{-3} + 8(d + x + y)^{-3}\, dy\, dx$

$\displaystyle = \int_0^d (-d^{-3}y - 4(d + x + y)^{-2})\Big|_{y=0}^{y=d-x}\, dx = \int_0^d 4(d + x)^{-2} + d^{-3}x - 2d^{-2}\, dx$

$\displaystyle = -4(d + x)^{-1} + d^{-3} \cdot \frac{x^2}{2} - 2d^{-2}x\,\Big|_0^d = \frac{1}{2d}$

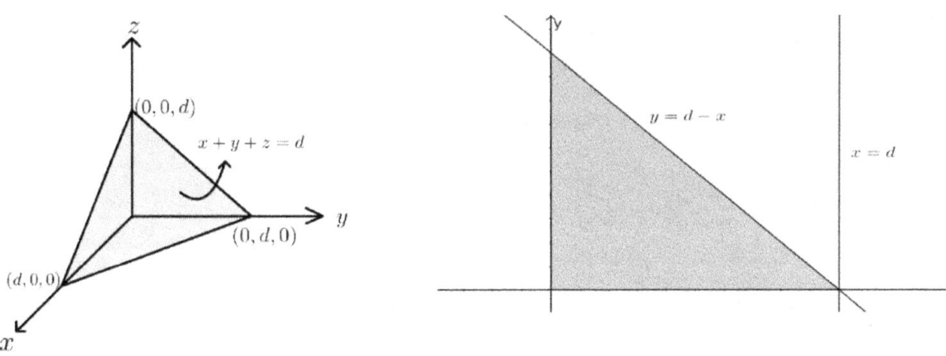

範例 15.

假設 V 為 $dx + dy + z = d(d > 0)$, $x = 0$, $y = 0$ 與 $z = 0$ 所圍的四面體,

求 $\iiint_V 2x dV =?$

【解】

令 $R = \{(x, y): 0 \le x \le 1, 0 \le y \le 1 - x\}$

則 $\iiint_V 2x dV = \iint_R \int_0^{d-dx-dy} 2x dz dA = \int_0^1 \int_0^{1-x} 2xz|_{z=0}^{z=d-dx-dy} dy dx$

$= \int_0^1 \int_0^{1-x} 2d(x - x^2 - xy) dy dx = 2d \int_0^1 (xy - x^2 y - \frac{xy^2}{2})\Big|_{y=0}^{y=1-x} dx$

$= 2d \int_0^1 x(1-x) - x^2(1-x) - \frac{x(1-x)^2}{2} dx = d\left(\frac{x^2}{2} - \frac{2x^3}{3} + \frac{x^4}{4}\right)\Big|_0^1 = \frac{d}{12}$

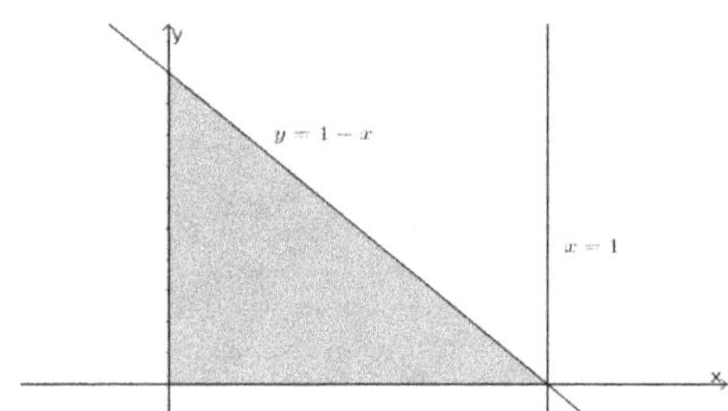

範例 16.

 (1)求由 $z = 3x^2$, $z = 4 - x^2$, $y + 2z = 12$ 與 $y = 0$ 所圍的體積

 (2)假設 V 為 $z = 3x^2$, $z = 4 - x^2$, $y + 2z = 12$ 與 $y = 0$ 所圍的區域, 求 $\iiint_V x^2 dV =?$

【解】

(1)

令 $R = \{(x, z): -1 \le x \le 1, 3x^2 \le z \le 4 - x^2\}$

則體積 $= \iint_R \int_0^{12-2z} dy dA = 2 \int_{-1}^1 \int_{3x^2}^{4-x^2} 6 - z dz dx = 2 \int_{-1}^1 (6z - \frac{z^2}{2})\Big|_{3x^2}^{4-x^2} dx$

$= 8 \int_{-1}^1 x^4 - 5x^2 + 4 dx = \frac{608}{15}$

(2)

令 $R = \{(x, z): -1 \le x \le 1, 3x^2 \le z \le 4 - x^2\}$

則 $\iiint_V x^2 dV = \iint_R \int_0^{12-2z} x^2 dy dA = 2\int_{-1}^1 \int_{3x^2}^{4-x^2} x^2(6-z)dzdx$

$$= 2\int_{-1}^1 x^2 \left((6z - \frac{z^2}{2})\Big|_{3x^2}^{4-x^2}\right)dx = 8\int_{-1}^1 x^6 - 5x^4 + 4x^2 dx = 8\left(\frac{x^7}{7} - x^5 + \frac{4x^3}{3}\right)\Big|_{-1}^1$$

$$= 8\left(\frac{2}{7} - 2 + \frac{8}{3}\right) = \frac{160}{21}$$

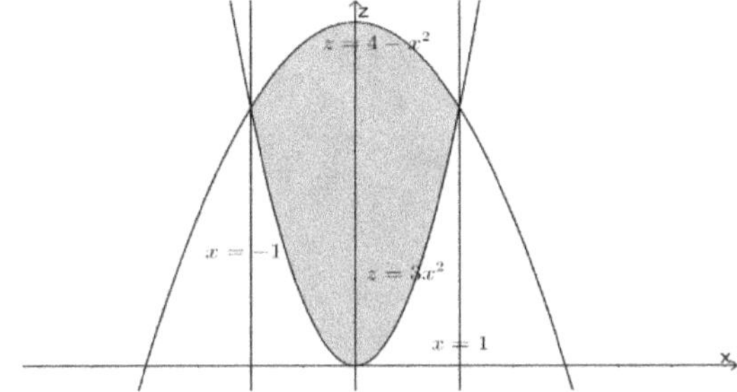

範例 17.

    (1)求由 $z = x^2$, $z = 1 - y$, $x = 0$ 與 $y = 0$ 所圍的體積

    (2)假設 V 為 $z = x^2$, $z = 1 - y$, $x = 0$ 與 $y = 0$ 所圍的區域，求 $\iiint_V xdV =$?

【解】

(1)

令 $R = \{(x, y): 0 \le x \le 1, 0 \le y \le 1 - x^2\}$

則 體積 $= \iint_R \int_{x^2}^{1-y} dz dA = \int_0^1 \int_0^{1-x^2} 1 - y - x^2 dy dx = \int_0^1 \left(y - \frac{y^2}{2} - x^2 y\right)\Big|_0^{1-x^2} dx$

$$= \int_0^1 \frac{x^4}{2} - x^2 + \frac{1}{2} dx = \frac{4}{15}$$

(2)

令 $R = \{(x, y): 0 \le x \le 1, 0 \le y \le 1 - x^2\}$

則 $\iiint_V xdV = \iint_R \int_{x^2}^{1-y} x dz dA = \int_0^1 \int_0^{1-x^2} x(1 - y - x^2)dy dx$

$$= \int_0^1 x\left((y - \frac{y^2}{2} - x^2 y)\Big|_0^{1-x^2}\right)dx = \int_0^1 \frac{x^5}{2} - x^3 + \frac{x}{2} dx = \frac{x^6}{12} - \frac{x^4}{4} + \frac{x^2}{4}\Big|_0^1 = \frac{1}{12}$$

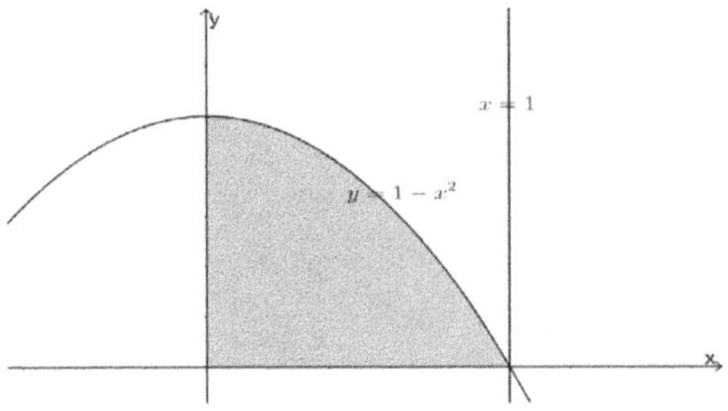

範例 18.

假設 V 為 $2x + 3y + z = 6, x = 0, y = 0$ 與 $z = 0$ 所圍四面體，求 $\iiint_V y^2 dxdydz =?$

【解】

令 $R = \{(x, y): 0 \le x \le 3, 0 \le y \le 2 - \frac{2x}{3}\}$

則 $\displaystyle\iiint_V y^2 dxdydz = \iint_R \int_0^{6-2x-3y} y^2 dzdA = \int_0^3 \int_0^{2-\frac{2x}{3}} y^2 z \Big|_{z=0}^{z=6-2x-3y} dydx$

$\displaystyle = \int_0^3 \int_0^{2-\frac{2x}{3}} y^2(6 - 2x - 3y) dydx = \int_0^3 \left(\frac{y^3(6-2x)}{3} - \frac{3y^4}{4}\right)\Bigg|_{y=0}^{y=2-\frac{2x}{3}} dx$

$\displaystyle = \frac{1}{4}\int_0^3 (2 - \frac{2x}{3})^4 \, dx = \frac{1}{20}\left(-\frac{3}{2}\right)(2 - \frac{2x}{3})^5\Big|_0^3 = \frac{12}{5}$

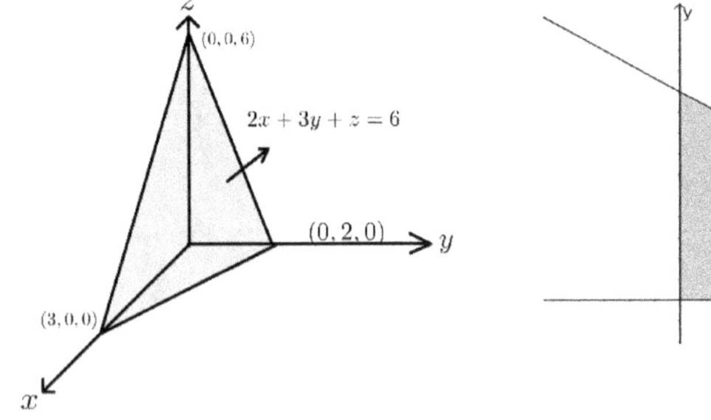

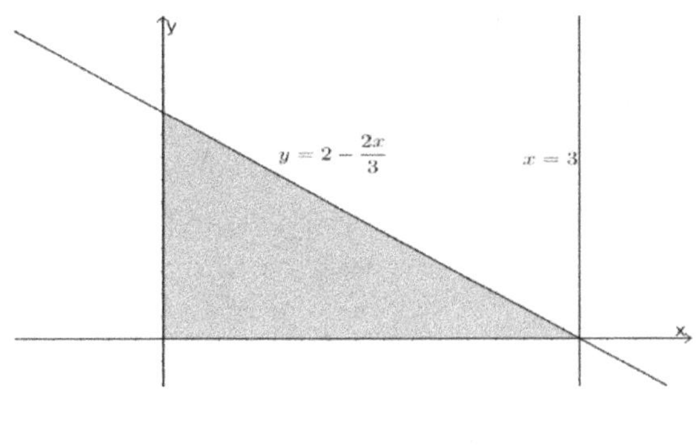

範例 19.

假設 V 為 $x + y + z = 1$, $x = 0$, $y = 0$ 與 $z = 0$ 所圍的四面體, 求 $\iiint_V zdV =?$

【解】

令 $R = \{(x, y): 0 \le x \le 1, 0 \le y \le 1 - x\}$

則 $\iiint_V zdV = \iint_R \int_0^{1-x-y} zdzdA = \int_0^1 \int_0^{1-x} \left. \frac{z^2}{2} \right|_{z=0}^{z=1-x-y} dydx$

$= \int_0^1 \int_0^{1-x} \frac{(1-x-y)^2}{2} dydx = \frac{-1}{2} \int_0^1 \left. \frac{(1-x-y)^3}{3} \right|_{y=0}^{y=1-x} dx = \frac{1}{6} \int_0^1 (1-x)^3 \, dx$

$= \frac{-1}{6} \left. \left(\frac{(1-x)^4}{4} \right) \right|_0^1 = \frac{1}{24}$

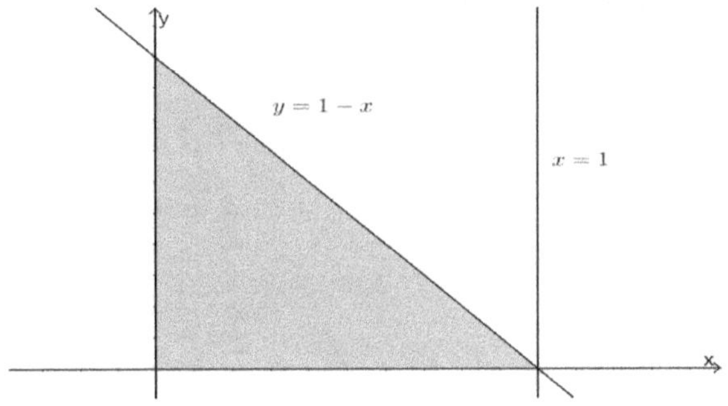

範例 20.

假設 V 為 $x + y + z = d(d > 0)$, $x = 0$, $y = 0$ 與 $z = 0$ 所圍四面體, 求 $\iiint_V zdV =?$

【解】

令 $R = \{(x, y): 0 \le x \le d, 0 \le y \le d - x\}$

則 $\iiint_V zdV = \iint_R \int_0^{d-x-y} zdzdA = \int_0^d \int_0^{d-x} \left. \frac{z^2}{2} \right|_{z=0}^{z=d-x-y} dydx$

$= \int_0^d \int_0^{d-x} \frac{(d-x-y)^2}{2} dydx = \frac{-1}{2} \int_0^d \left. \frac{(d-x-y)^3}{3} \right|_{y=0}^{y=d-x} dx = \frac{1}{6} \int_0^d (d-x)^3 \, dx$

$$= \frac{-1}{6}\left(\frac{(d-x)^4}{4}\right)\Big|_0^d = \frac{d^4}{24}$$

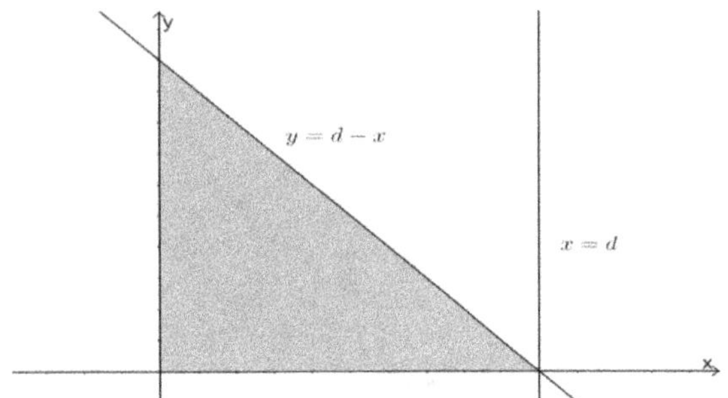

8.4.2　轉成雙重積分後出現 $x^{\wedge}2 + y^{\wedge}2$，再使用極座標轉換

考試類型:

題型 1.

給定 $f_1(x,y)$, $f_2(x,y)$, 假設 $R = \{(x,y): x^2 + y^2 \le a\}$, $a > 0$ 且 $f_1(x,y) \le z \le f_2(x,y)$

求 $V = \iint_R \int_{f_2(x,y)}^{f_1(x,y)} f(x,y)dzdA =?$

解題流程:

Step1.

$$V = \iint_R \int_{f_2(x,y)}^{f_1(x,y)} f(x,y)dzdA = \iint_R f(x,y)\big(f_1(x,y) - f_2(x,y)\big)dxdy$$

Step2.

令 $x = r\cos\theta$, $y = r\sin\theta$ 則 $R = \{(x,y): x^2 + y^2 \le a\} = \{(r,\theta): 0 \le r \le a, 0 \le \theta \le 2\pi\}$

且 $dxdy = \left\|\begin{matrix} \frac{\partial x}{\partial r} & \frac{\partial x}{\partial \theta} \\ \frac{\partial y}{\partial r} & \frac{\partial y}{\partial \theta} \end{matrix}\right\| drd\theta = \left\|\begin{matrix} \cos\theta & -r\sin\theta \\ \sin\theta & r\cos\theta \end{matrix}\right\| drd\theta = rdrd\theta$

Step3.

$$V = \iint_R f(x,y)\big(f_1(x,y) - f_2(x,y)\big)dxdy$$
$$= \int_0^{2\pi}\int_0^a f(r\cos\theta, r\sin\theta)\big(f_1(r\cos\theta, r\sin\theta) - f_2(r\cos\theta, r\sin\theta)\big)rdrd\theta$$

Step4.

$$求 \int_0^{2\pi} \int_0^a f(r\cos\theta, r\sin\theta)\big(f_1(r\cos\theta, r\sin\theta) - f_2(r\cos\theta, r\sin\theta)\big)r\,dr\,d\theta$$

可能會再搭配使用變數變換、分部積分求積分值

題型 2.

空間中許多的二次曲面，兩兩交集所圍封閉區域於xy平面的投影常出現$\dfrac{x^2}{a^2} + \dfrac{y^2}{b^2} \leq 1$,

得藉由上述方法求值，底下整理有哪些曲面能圍出$\dfrac{x^2}{a^2} + \dfrac{y^2}{b^2} \leq 1$,

首先,複習常見的二次曲面:

圓柱: $x^2 + y^2 = a^2$, $f_1(x,y) \leq z \leq f_2(x,y)$

橢球面: $\dfrac{x^2}{a^2} + \dfrac{y^2}{b^2} + \dfrac{z^2}{c^2} = 1$

橢圓拋物面: $\dfrac{x^2}{a^2} + \dfrac{y^2}{b^2} = \dfrac{z}{c}$

橢圓椎: $\dfrac{x^2}{a^2} + \dfrac{y^2}{b^2} = \dfrac{z^2}{c^2}$

雙曲面: $\dfrac{x^2}{a^2} + \dfrac{y^2}{b^2} - \dfrac{z^2}{c^2} = 1$

考試類型:

求圓柱: $x^2 + y^2 = a^2$, $f_1(x,y) \leq z \leq f_2(x,y)$所圍封閉區域

求橢圓拋物面: $\dfrac{x^2}{a^2} + \dfrac{y^2}{b^2} = \dfrac{z}{c}$ 與 $z = f_1(x,y)$所圍封閉區域

求兩個橢圓拋物面所圍封閉區域

求橢圓拋物面與橢圓椎所圍封閉區域

求橢球面: $\dfrac{x^2}{a^2} + \dfrac{y^2}{b^2} + \dfrac{z^2}{c^2} = 1$ 與平面 $z = f_1(x,y)$所圍封閉區域

求橢球面: $\dfrac{x^2}{a^2} + \dfrac{y^2}{b^2} + \dfrac{z^2}{c^2} = 1$ 與橢圓拋物面所圍封閉區域

求橢球面: $\dfrac{x^2}{a^2} + \dfrac{y^2}{b^2} + \dfrac{z^2}{c^2} = 1$ 與圓柱$x^2 + y^2 = r^2$所圍封閉區域

解題流程:

Step1.

找 α, $f_1(x,y)$, $f_2(x,y)$ 使得 $V = \iint_R \int_{f_2(x,y)}^{f_1(x,y)} dzdA = \iint_R f_1(x,y) - f_2(x,y)dxdy$

其中 $R = \{(x,y): x^2 + y^2 \leq \alpha^2\}$, $\alpha > 0$

Step2.

使用上述極座標轉換的解法求 $\iint_R f_1(x,y) - f_2(x,y)dxdy =?$

令 $x = r\cos\theta$, $y = r\sin\theta$ 則 $R = \{(x,y): x^2 + y^2 \leq \alpha\} = \{(r,\theta): 0 \leq r \leq \alpha, 0 \leq \theta \leq 2\pi\}$

且 $dxdy = \left\| \begin{vmatrix} \dfrac{\partial x}{\partial r} & \dfrac{\partial x}{\partial \theta} \\ \dfrac{\partial y}{\partial r} & \dfrac{\partial y}{\partial \theta} \end{vmatrix} \right\| drd\theta = \left\| \begin{vmatrix} \cos\theta & -r\sin\theta \\ \sin\theta & r\cos\theta \end{vmatrix} \right\| drd\theta = rdrd\theta$

$$\iint_R f_1(x,y) - f_2(x,y)dxdy = \int_0^{2\pi} \int_0^{\alpha} \left(f_1(r\cos\theta, r\sin\theta) - f_2(r\cos\theta, r\sin\theta)\right)rdrd\theta$$

範例 1.

    (1)求在 xy 平面上至拋物面 $z = x^2 + y^2$ 之間且位於圓柱 $x^2 + y^2 = a^2$ 區域內的體積

    (2)求圓柱 $x^2 + y^2 = 9$ 在平面 $2x + z = 8$ 與 $z = 0$ 的區域內體積

【解】

(1)

令 $R = \{(x,y): x^2 + y^2 \leq a^2\}$ 則 $V = \iint_R \int_0^{x^2+y^2} dzdA = \iint_{x^2+y^2 \leq a^2} x^2 + y^2 dxdy$

令 $x = r\cos\theta$, $y = r\sin\theta$ 則 $\{(x,y): x^2 + y^2 \leq a^2\} = \{(r,\theta): 0 \leq r \leq a, 0 \leq \theta \leq 2\pi\}$

且 $dxdy = \left\| \begin{vmatrix} \dfrac{\partial x}{\partial r} & \dfrac{\partial x}{\partial \theta} \\ \dfrac{\partial y}{\partial r} & \dfrac{\partial y}{\partial \theta} \end{vmatrix} \right\| drd\theta = \left\| \begin{vmatrix} \cos\theta & -r\sin\theta \\ \sin\theta & r\cos\theta \end{vmatrix} \right\| drd\theta = rdrd\theta$

$\therefore \iint_{x^2+y^2 \leq a^2} x^2 + y^2 dxdy = \int_0^{2\pi} \int_0^a r^3 drd\theta = \int_0^{2\pi} d\theta \int_0^a r^3 dr = \dfrac{\pi a^4}{2}$

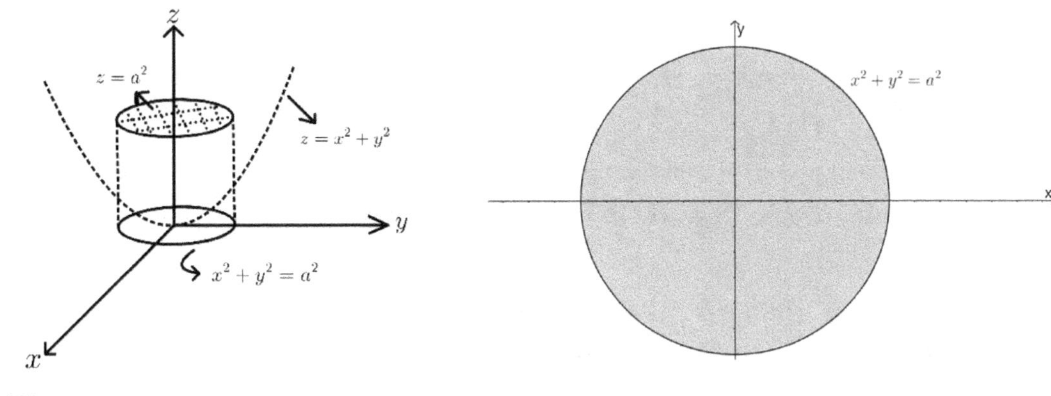

(2)

$$令 R = \{(x,y): x^2 + y^2 \le 9\} 則\ V = \iint_R \int_0^{8-2x} dz\,dA = 2\iint_{x^2+y^2\le 9} 4 - x\,dx\,dy$$

$$令 x = r\cos\theta,\ y = r\sin\theta\ 則\ \{(x,y): x^2 + y^2 \le 9\} = \{(r,\theta): 0 \le r \le 3, 0 \le \theta \le 2\pi\}$$

$$且\ dx\,dy = \left\|\begin{vmatrix} \dfrac{\partial x}{\partial r} & \dfrac{\partial x}{\partial \theta} \\ \dfrac{\partial y}{\partial r} & \dfrac{\partial y}{\partial \theta} \end{vmatrix}\right\| dr\,d\theta = \left\|\begin{vmatrix} \cos\theta & -r\sin\theta \\ \sin\theta & r\cos\theta \end{vmatrix}\right\| dr\,d\theta = r\,dr\,d\theta$$

$$\therefore 2\iint_{x^2+y^2\le 9} 4 - x\,dx\,dy = 2\int_0^{2\pi}\int_0^3 (4 - r\cos\theta)r\,dr\,d\theta = 2\int_0^{2\pi} 2r^2\big|_0^3 - \frac{r^3\cos\theta}{3}\bigg|_0^3 d\theta$$

$$= 72\pi$$

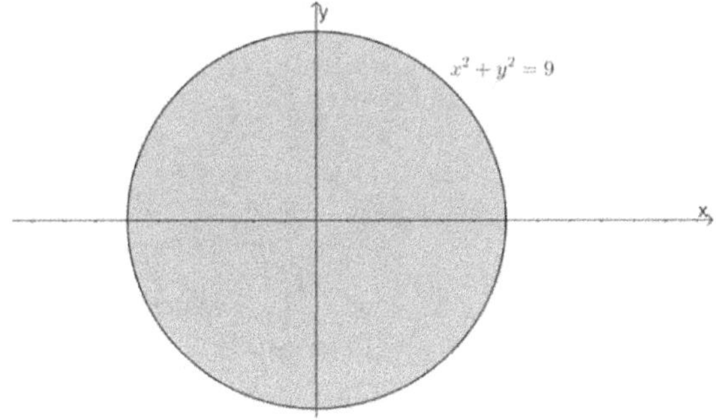

範例 2.

$$假設\ V\ 為曲面\ x^2 + y^2 = 4z,\ x^2 + y^2 = 8y,\ z = 0\ 所圍區域, 求\ \iiint_V dx\,dy\,dz =?$$

【解】

$$令 R = \{(x,y): x^2 + (y-4)^2 \le 16\}$$

則 $\iiint_V dxdydz = \iint_R \int_0^{\frac{x^2+y^2}{4}} dzdA = \iint_{x^2+(y-4)^2 \leq 16} \frac{x^2+y^2}{4} dxdy$

令 $x = 4r\cos\theta$, $y = 4r\sin\theta$

則 $\{(x,y): x^2+(y-4)^2 \leq 16, y \geq 0\} = \{(r,\theta): 0 \leq r \leq 2\sin\theta, 0 \leq \theta \leq \pi\}$

且 $dxdy = \left\| \begin{vmatrix} \dfrac{\partial x}{\partial r} & \dfrac{\partial x}{\partial \theta} \\ \dfrac{\partial y}{\partial r} & \dfrac{\partial y}{\partial \theta} \end{vmatrix} \right\| drd\theta = \left\| \begin{vmatrix} 4\cos\theta & -4r\sin\theta \\ 4\sin\theta & 4r\cos\theta \end{vmatrix} \right\| drd\theta = 16rdrd\theta$

$\therefore \iint_{x^2+(y-4)^2 \leq 16} \frac{x^2+y^2}{4} dxdy = \int_0^\pi \int_0^{2\sin\theta} 4r^2 \cdot 16rdrd\theta = 64 \int_0^\pi \left. \frac{r^4}{4} \right|_0^{2\sin\theta} d\theta$

$= 256 \int_0^\pi \sin^4\theta \, d\theta = 256 \cdot \frac{3}{4} \int_0^\pi \sin^2\theta \, d\theta = 256 \cdot \frac{3}{4} \cdot \frac{\pi}{2} = 96\pi$

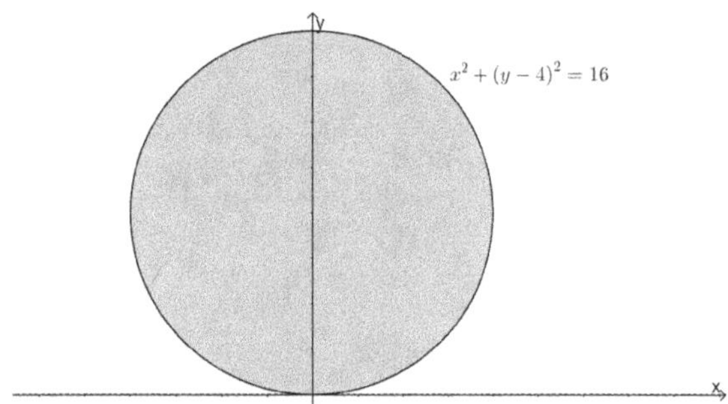

範例 3.

假設 V 為曲面 $x^2 + y^2 = 4$, $2(x^2+y^2) = z$, xy 平面所圍區域, 求 $\iiint_V dxdydz =$?

【解】

令 $R = \{(x,y): x^2+y^2 \leq 4\}$

則 $\iiint_V dxdydz = \iint_R \int_0^{2(x^2+y^2)} dzdA = \iint_{x^2+y^2 \leq 4} 2(x^2+y^2)dxdy$

令 $x = r\cos\theta$, $y = r\sin\theta$ 則 $\{(x,y): x^2+y^2 \leq 4\} = \{(r,\theta): 0 \leq r \leq 2, 0 \leq \theta \leq 2\pi\}$

且 $dxdy = \begin{Vmatrix} \dfrac{\partial x}{\partial r} & \dfrac{\partial x}{\partial \theta} \\ \dfrac{\partial y}{\partial r} & \dfrac{\partial y}{\partial \theta} \end{Vmatrix} drd\theta = \begin{Vmatrix} \cos\theta & -r\sin\theta \\ \sin\theta & r\cos\theta \end{Vmatrix} drd\theta = rdrd\theta$

$\therefore \iint_{x^2+y^2\leq 4} 2(x^2+y^2)dxdy = \int_0^{2\pi}\int_0^2 2r^3 drd\theta = 16\pi$

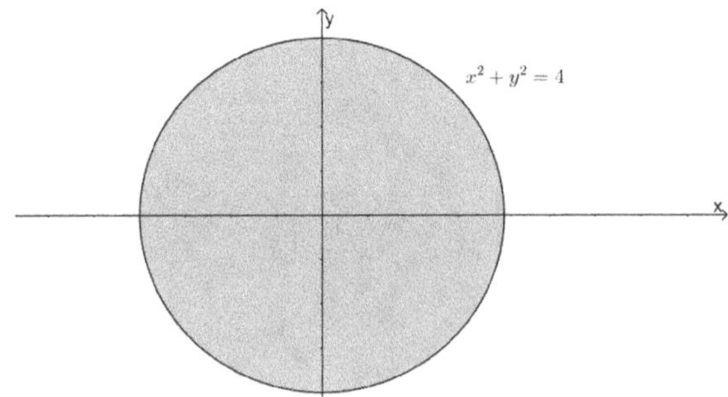

範例 4.

    (1)求拋物體 $z = 2x^2 + 2y^2$ 在 $0 \leq z \leq 8$ 的區域內體積

    (2)假設 V 為 $z = 2x^2 + 2y^2, x > 0, y > 0, z = 8$ 所圍區域, 求 $\iiint_V xdxdydz =?$

【解】

(1)

令 $R = \{(x,y): x^2+y^2 \leq 4\}$ 則 $V = \iint_R \int_{2x^2+2y^2}^8 dzdA = 2\iint_{x^2+y^2\leq 4} 4-(x^2+y^2)dxdy$

令 $x = r\cos\theta,\ y = r\sin\theta$ 則 $\{(x,y): x^2+y^2 \leq 4\} = \{(r,\theta): 0 \leq r \leq 2, 0 \leq \theta \leq 2\pi\}$

且 $dxdy = \begin{Vmatrix} \dfrac{\partial x}{\partial r} & \dfrac{\partial x}{\partial \theta} \\ \dfrac{\partial y}{\partial r} & \dfrac{\partial y}{\partial \theta} \end{Vmatrix} drd\theta = \begin{Vmatrix} \cos\theta & -r\sin\theta \\ \sin\theta & r\cos\theta \end{Vmatrix} drd\theta = rdrd\theta$

$\therefore 2\iint_{x^2+y^2\leq 4} 4-(x^2+y^2)dxdy = 2\int_0^{2\pi}\int_0^2 4r - r^3 drd\theta = 2\int_0^{2\pi} d\theta \int_0^2 4r - r^3 dr$

$= 4\pi\left(2r^2 - \dfrac{r^4}{4}\right)\Big|_0^2 = 16\pi$

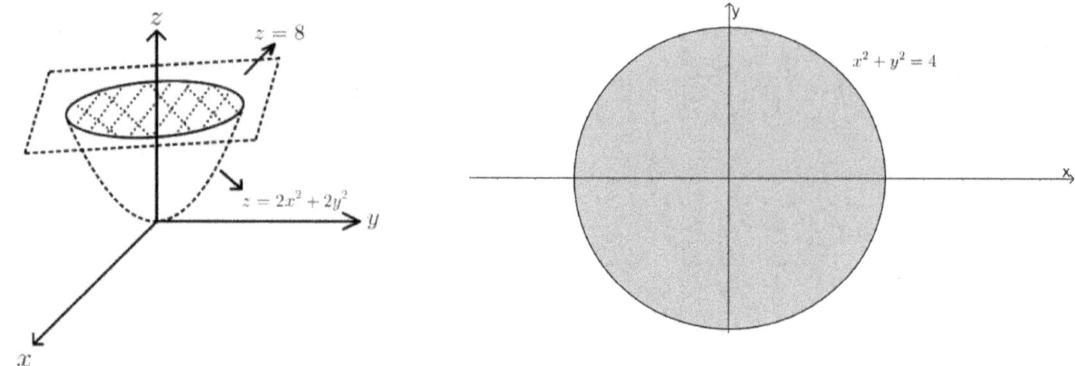

(2)

令 $R = \{(x,y): x^2 + y^2 \le 4, x > 0, y > 0\}$

則 $\iiint_V x\,dx\,dy\,dz = \iint_R \int_{2x^2+2y^2}^{8} x\,dz\,dA = 2\iint_{x^2+y^2 \le 4} x(4 - (x^2 + y^2))\,dx\,dy$

令 $x = r\cos\theta,\ y = r\sin\theta$

則 $\{(x,y): x^2 + y^2 \le 4, x > 0, y > 0\} = \{(r,\theta): 0 \le r \le 2, 0 \le \theta \le \dfrac{\pi}{2}\}$

且 $dx\,dy = \left\|\begin{matrix}\dfrac{\partial x}{\partial r} & \dfrac{\partial x}{\partial \theta} \\ \dfrac{\partial y}{\partial r} & \dfrac{\partial y}{\partial \theta}\end{matrix}\right\| dr\,d\theta = \left\|\begin{matrix}\cos\theta & -r\sin\theta \\ \sin\theta & r\cos\theta\end{matrix}\right\| dr\,d\theta = r\,dr\,d\theta$

$\therefore 2\iint_{x^2+y^2 \le 4} x(4 - (x^2 + y^2))\,dx\,dy = 2\int_0^{\frac{\pi}{2}} \cos\theta\, d\theta \int_0^2 4r^2 - r^4\,dr = 2\left(\dfrac{4r^3}{3} - \dfrac{r^5}{5}\right)\Big|_0^2 = \dfrac{128}{15}$

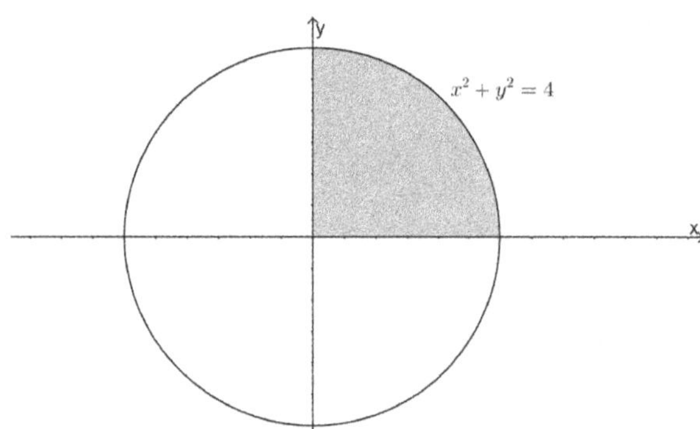

範例 5.

求由曲面 $z = 1 - x^2 - y^2$ 下方與 $z = 1 - y$ 上方所圍區域的體積

【解】

令 $R = \{(x, y): x^2 + \left(y - \frac{1}{2}\right)^2 \leq \frac{1}{4}\}$

則 $V = \iint_R \int_{1-y}^{1-x^2-y^2} dz\,dA = \iint_{x^2+\left(y-\frac{1}{2}\right)^2 \leq \frac{1}{4}} \frac{1}{4} - x^2 - \left(y - \frac{1}{2}\right)^2 dx\,dy$

令 $x = \frac{1}{2}r\cos\theta, \ y = \frac{1}{2} + \frac{1}{2}r\sin\theta$

則 $\{(x, y): x^2 + \left(y - \frac{1}{2}\right)^2 \leq \frac{1}{4}\} = \{(r, \theta): 0 \leq r \leq 1, 0 \leq \theta \leq 2\pi\}$

且 $dx\,dy = \left\|\begin{matrix} \dfrac{\partial x}{\partial r} & \dfrac{\partial x}{\partial \theta} \\ \dfrac{\partial y}{\partial r} & \dfrac{\partial y}{\partial \theta} \end{matrix}\right\| dr\,d\theta = \left\|\begin{matrix} \dfrac{1}{2}\cos\theta & \dfrac{1}{2}r\sin\theta \\ \dfrac{1}{2}\sin\theta & \dfrac{1}{2}r\cos\theta \end{matrix}\right\| dr\,d\theta = \frac{1}{4}r\,dr\,d\theta$

$\therefore \iint_{x^2+(y-\frac{1}{2})^2 \leq \frac{1}{4}} \frac{1}{4} - x^2 - \left(y - \frac{1}{2}\right)^2 dx\,dy = \int_0^{2\pi} \int_0^1 \left(\frac{1}{4} - \frac{1}{4}r^2\right)\frac{1}{4}r\,dr\,d\theta$

$= \frac{1}{16}\int_0^{2\pi} d\theta \int_0^1 r - r^3 dr = \frac{\pi}{32}$

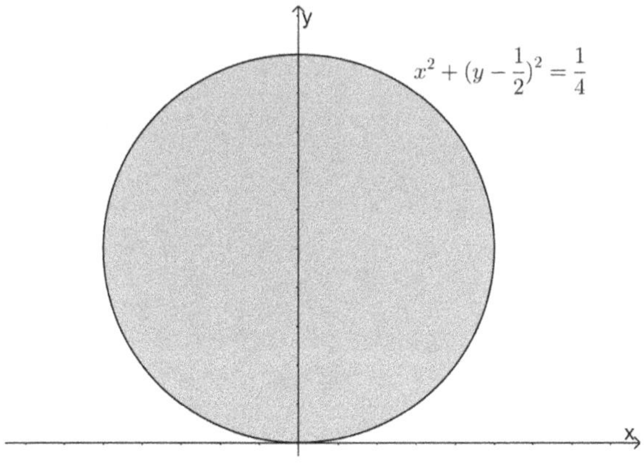

範例 6.

假設 V 為曲面 $z \leq 1 - x^2 - y^2, \ z \geq 1 - y, \ x > 0, y > 0, z > 0$ 所圍區域

求 $\displaystyle\iiint_V xdxdydz =?$

【解】

令 $R = \{(x,y): x^2 + \left(y-\dfrac{1}{2}\right)^2 \le \dfrac{1}{4}, x > 0, y > 0\}$

則 $\displaystyle\iiint_V xdxdydz = \iint_R \int_{1-y}^{1-x^2-y^2} dzdA = \iint_R x\left(\dfrac{1}{4} - x^2 - \left(y-\dfrac{1}{2}\right)^2\right)dxdy$

令 $x = \dfrac{1}{2}r\cos\theta$, $y = \dfrac{1}{2} + \dfrac{1}{2}r\sin\theta$

則 $\{(x,y): x^2 + \left(y-\dfrac{1}{2}\right)^2 \le \dfrac{1}{4}, x > 0, y > 0\} = \{(r,\theta): 0 \le r \le 1, 0 \le \theta \le \dfrac{\pi}{2}\}$

且 $dxdy = \left\| \begin{matrix} \dfrac{\partial x}{\partial r} & \dfrac{\partial x}{\partial \theta} \\ \dfrac{\partial y}{\partial r} & \dfrac{\partial y}{\partial \theta} \end{matrix} \right\| drd\theta = \left\| \begin{matrix} \dfrac{1}{2}\cos\theta & \dfrac{1}{2}r\sin\theta \\ \dfrac{1}{2}\sin\theta & \dfrac{1}{2}r\cos\theta \end{matrix} \right\| drd\theta = \dfrac{1}{4}rdrd\theta$

$\therefore \displaystyle\iint_R x\left(\dfrac{1}{4} - x^2 - \left(y-\dfrac{1}{2}\right)^2\right)dxdy = \int_0^{\frac{\pi}{2}} \dfrac{1}{2}r\cos\theta \int_0^1 \left(\dfrac{1}{4} - \dfrac{1}{4}r^2\right)\dfrac{1}{4}rdrd\theta$

$= \dfrac{1}{32}\displaystyle\int_0^{\frac{\pi}{2}}\cos\theta\, d\theta \int_0^1 r^2 - r^4 dr = \dfrac{1}{240}$

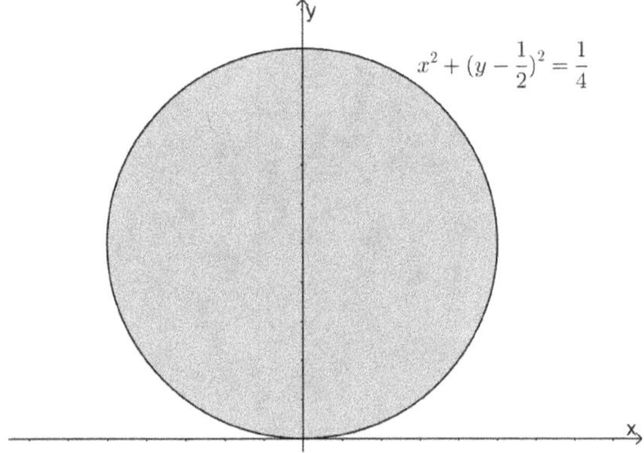

範例 7.

 (1)求拋物體 $6x^2 + 6y^2 + z = 20$ 與 $z = 8$ 所圍區域的體積

 (2)假設 V 為 $6x^2 + 6y^2 + z = 20$, $x > 0$, $y > 0$, $z > 0$, $z = 8$ 所圍區域

求 $\iiint_V xdxdydz =?$

【解】

(1)

令 $R = \{(x,y): x^2 + y^2 \le 2 \}$ 則 $V = \iint_R \int_8^{20-6x^2-6y^2} dzdA = 2\iint_{x^2+y^2 \le 2} 6 - 3x^2 - 3y^2 dxdy$

令 $x = r\cos\theta,\ y = r\sin\theta$ 則 $\{(x,y): x^2+y^2 \le 2\} = \{(r,\theta): 0 \le r \le \sqrt{2}, 0 \le \theta \le 2\pi\}$

且 $dxdy = \left\|\begin{vmatrix} \dfrac{\partial x}{\partial r} & \dfrac{\partial x}{\partial \theta} \\ \dfrac{\partial y}{\partial r} & \dfrac{\partial y}{\partial \theta} \end{vmatrix}\right\| drd\theta = \left\|\begin{vmatrix} \cos\theta & -r\sin\theta \\ \sin\theta & r\cos\theta \end{vmatrix}\right\| drd\theta = rdrd\theta$

$\therefore 2\iint_{x^2+y^2 \le 2} 6 - 3x^2 - 3y^2 dxdy = 2\int_0^{2\pi}\int_0^{\sqrt{2}} 6r - 3r^3 drd\theta = 2\int_0^{2\pi} d\theta \int_0^{\sqrt{2}} 6r - 3r^3 dr$

$= 4\pi\left(3r^2 - \dfrac{3r^4}{4}\right)\Big|_0^{\sqrt{2}} = 12\pi$

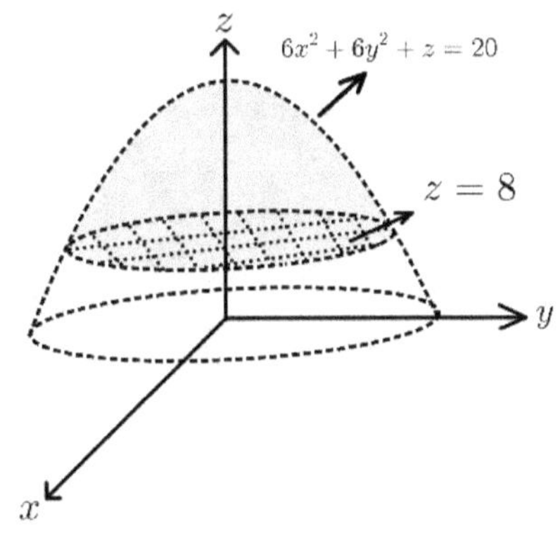

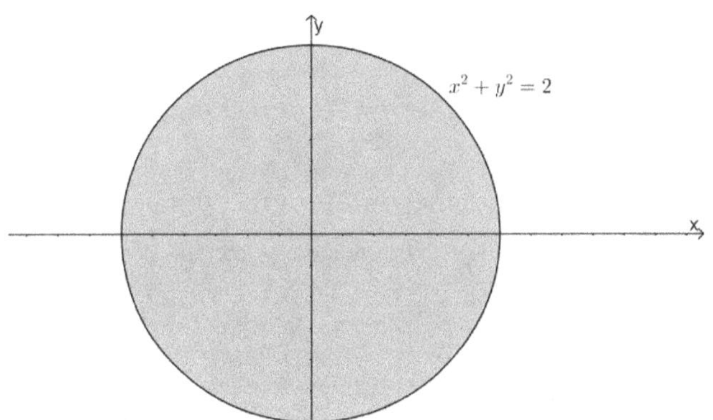

(2)

令 $R = \{(x,y): x^2 + y^2 \le 2, x > 0, y > 0 \}$

則 $V = \iint_R \int_8^{20-6x^2-6y^2} xdzdA = 2\iint_{x^2+y^2 \le 2, x>0, y>0} x(6 - 3x^2 - 3y^2)dxdy$

令 $x = r\cos\theta,\ y = r\sin\theta$

則 $\{(x,y): x^2 + y^2 \le 2, x > 0, y > 0\} = \{(r,\theta): 0 \le r \le \sqrt{2}, 0 \le \theta \le \dfrac{\pi}{2}\}$

$$且\ dxdy = \begin{Vmatrix} \dfrac{\partial x}{\partial r} & \dfrac{\partial x}{\partial \theta} \\ \dfrac{\partial y}{\partial r} & \dfrac{\partial y}{\partial \theta} \end{Vmatrix} drd\theta = \begin{Vmatrix} \cos\theta & -r\sin\theta \\ \sin\theta & r\cos\theta \end{Vmatrix} drd\theta = rdrd\theta$$

$$\therefore \iiint_V xdxdydz = 2\iint_{x^2+y^2\leq 2, x>0, y>0} x(6-3x^2-3y^2)dxdy$$

$$= 2\int_0^{\frac{\pi}{2}} \cos\theta \int_0^{\sqrt{2}} 6r^2 - 3r^4 drd\theta = 2\int_0^{\frac{\pi}{2}} \cos\theta\, d\theta \int_0^{\sqrt{2}} 6r^2 - 3r^4 dr = 2\left(2r^3 - \frac{3r^5}{5}\right)\Big|_0^{\sqrt{2}}$$

$$= \frac{16\sqrt{2}}{5}$$

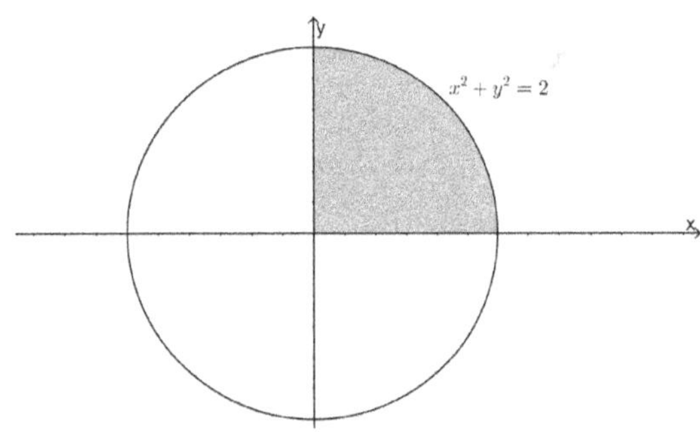

範例 8.

　　　求兩拋物面 $z = 5x^2 + 5y^2$ 與 $z = 6 - 7x^2 - y^2$ 所圍體積

【解】

令 $R = \{(x,y): 2x^2 + y^2 \leq 1\}$

則 $V = \iint_R \int_{5x^2+5y^2}^{6-7x^2-y^2} dzdA = \iint_R z\Big|_{5x^2+5y^2}^{6-7x^2-y^2} dA = \iint_R 6 - 12x^2 - 6y^2 dA$

令 $x = \dfrac{u}{\sqrt{2}},\ \ y = v$ 則 $dxdy = \begin{Vmatrix} \dfrac{\partial x}{\partial u} & \dfrac{\partial x}{\partial v} \\ \dfrac{\partial y}{\partial u} & \dfrac{\partial y}{\partial v} \end{Vmatrix} dudv = \begin{Vmatrix} \dfrac{1}{\sqrt{2}} & -0 \\ 0 & 1 \end{Vmatrix} dudv = \dfrac{1}{\sqrt{2}} dudv$

且 $R = \{(u,v): u^2 + v^2 \leq 1\}$

$\therefore \iint_R 6 - 12x^2 - 6y^2 dA = \dfrac{6}{\sqrt{2}} \iint_{u^2+v^2\leq 1} 1 - u^2 - v^2 dudv$

令 $u = r\cos\theta$, $v = r\sin\theta$ 則 $\{(u,v): u^2 + v^2 \le 1\} = \{(r,\theta): 0 \le r \le 1, 0 \le \theta \le 2\pi\}$

且 $dudv = \left\|\begin{vmatrix} \dfrac{\partial u}{\partial r} & \dfrac{\partial u}{\partial \theta} \\ \dfrac{\partial v}{\partial r} & \dfrac{\partial v}{\partial \theta} \end{vmatrix}\right\| drd\theta = \left\|\begin{vmatrix} \cos\theta & -r\sin\theta \\ \sin\theta & r\cos\theta \end{vmatrix}\right\| drd\theta = rdrd\theta$

$\therefore V = \dfrac{6}{\sqrt{2}} \iint_{u^2+v^2\le1} 1 - u^2 - v^2 \, dudv = \dfrac{6}{\sqrt{2}} \int_0^1 \int_0^{2\pi} (1-r^2) r\, d\theta dr = \dfrac{3\sqrt{2}}{2}$

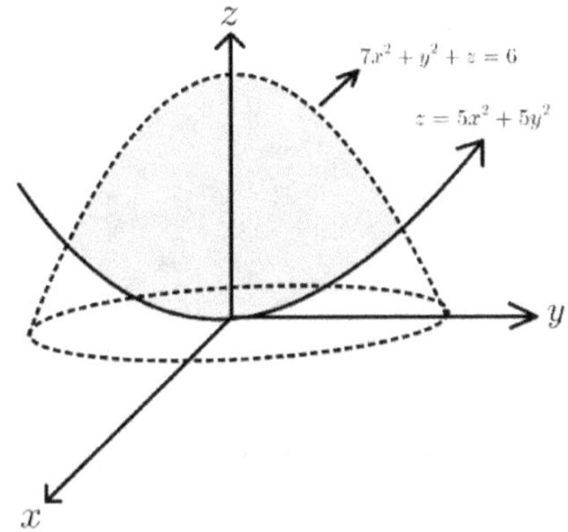

範例 9.

　　計算球體 $x^2 + y^2 + z^2 \le 6$ 與 $z \ge x^2 + y^2$ 交集區域體積

【解】

令 $R = \{(x,y): x^2 + y^2 \le 2\}$

則 $V = \iint_R \int_{x^2+y^2}^{\sqrt{6-x^2-y^2}} dzdA = \iint_{x^2+y^2\le2} \sqrt{6-x^2-y^2} - x^2 - y^2 \, dxdy$

令 $x = r\cos\theta$, $y = r\sin\theta$ 則 $\{(x,y): x^2 + y^2 \le 2\} = \{(r,\theta): 0 \le r \le \sqrt{2}, 0 \le \theta \le 2\pi\}$

且 $dxdy = \left\|\begin{vmatrix} \dfrac{\partial x}{\partial r} & \dfrac{\partial x}{\partial \theta} \\ \dfrac{\partial y}{\partial r} & \dfrac{\partial y}{\partial \theta} \end{vmatrix}\right\| drd\theta = \left\|\begin{vmatrix} \cos\theta & -r\sin\theta \\ \sin\theta & r\cos\theta \end{vmatrix}\right\| drd\theta = rdrd\theta$

$\therefore \iint_{x^2+y^2\le2} \sqrt{6-x^2-y^2} - x^2 - y^2 \, dxdy = \int_0^{2\pi} \int_0^{\sqrt{2}} (\sqrt{6-r^2} - r^2) r\, drd\theta$

$$= (2\pi) \cdot \left(\frac{(-1)(6-r^2)^{\frac{3}{2}}}{3} - \frac{r^4}{4} \right)\Bigg|_{r=0}^{r=\sqrt{2}} = (2\pi) \cdot \left(\frac{-8+6\sqrt{6}}{3} - 1 \right) = \frac{2\pi}{3}(6\sqrt{6}-11)$$

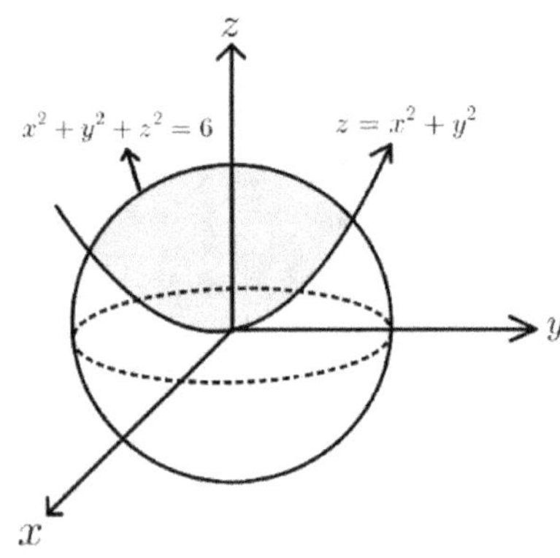

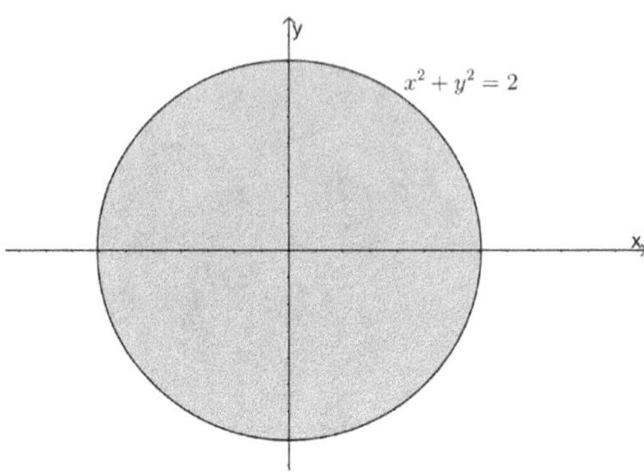

範例 10.

　　計算球體$x^2 + y^2 + z^2 = 4a^2$ 與圓柱:$x^2 + (y-a)^2 = a^2$所圍區域的體積

【解】

令$R = \{(x,y): x^2 + (y-a)^2 \le a^2\}$

則 $V = \iint_R \int_{-\sqrt{4a^2-x^2-y^2}}^{\sqrt{4a^2-x^2-y^2}} dz\, dA = \iint_{x^2+(y-a)^2 \le a^2} 2\sqrt{4a^2 - x^2 - y^2}\, dx\, dy$

令$x = ar\cos\theta , y = ar\sin\theta$

則 $\{(x,y): x^2 + (y-a)^2 \le a^2\} = \{(r,\theta): 0 \le r \le 2\sin\theta , 0 \le \theta \le \pi\}$

且 $dx\, dy = \left\| \begin{vmatrix} \dfrac{\partial x}{\partial r} & \dfrac{\partial x}{\partial \theta} \\ \dfrac{\partial y}{\partial r} & \dfrac{\partial y}{\partial \theta} \end{vmatrix} \right\| dr\, d\theta = \left\| \begin{vmatrix} a\cos\theta & ar\sin\theta \\ a\sin\theta & ar\cos\theta \end{vmatrix} \right\| dr\, d\theta = a^2 r\, dr\, d\theta$

$\therefore \iint_{x^2+(y-a)^2 \le a^2} 2\sqrt{4a^2 - x^2 - y^2}\, dx\, dy = 2\int_0^{\pi} \int_0^{2\sin\theta} (\sqrt{4a^2 - a^2 r^2})a^2 r\, dr\, d\theta$

$= 4a^3 \int_0^{\frac{\pi}{2}} \int_0^{2\sin\theta} (\sqrt{4-r^2})r\, dr\, d\theta = 4a^3 \int_0^{\frac{\pi}{2}} \left(\frac{(-1)(4-r^2)^{\frac{3}{2}}}{3} \right)\Bigg|_0^{2\sin\theta} d\theta$

$= 32a^3 \int_0^{\frac{\pi}{2}} \frac{1 - \cos^3\theta}{3} d\theta = 32a^3 \left(\frac{\pi}{6} - \frac{2}{9} \right)$

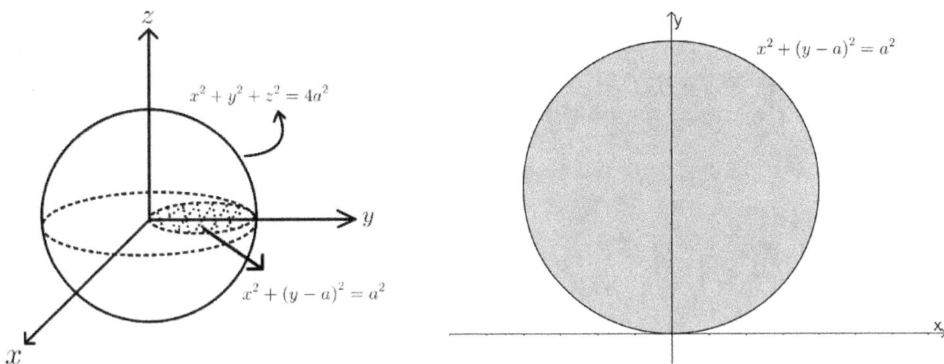

範例 11.

　　求由 $z^2 = x^2 + y^2$ 與 $nz = x^2 + y^2$ 所圍區域的體積, $n \in N$

【解】

令 $R = \{(x, y): x^2 + y^2 \leq n^2 \}$

則 $V = \iint_R \int_{\frac{x^2+y^2}{n}}^{\sqrt{x^2+y^2}} dz dA = \iint_{x^2+y^2 \leq n^2} \sqrt{x^2 + y^2} - \left(\frac{x^2 + y^2}{n}\right) dx dy$

令 $x = r\cos\theta, y = r\sin\theta$ 則 $\{(x, y): x^2 + y^2 \leq n^2\} = \{(r, \theta): 0 \leq r \leq n, 0 \leq \theta \leq 2\pi\}$

且 $dxdy = \left\| \begin{matrix} \dfrac{\partial x}{\partial r} & \dfrac{\partial x}{\partial \theta} \\ \dfrac{\partial y}{\partial r} & \dfrac{\partial y}{\partial \theta} \end{matrix} \right\| dr d\theta = \left\| \begin{matrix} \cos\theta & -r\sin\theta \\ \sin\theta & r\cos\theta \end{matrix} \right\| dr d\theta = r dr d\theta$

$\therefore \iint_{x^2+y^2 \leq n^2} \sqrt{x^2 + y^2} - \left(\frac{x^2 + y^2}{n}\right) dx dy = \int_0^{2\pi} \int_0^n r^2 - \frac{r^3}{n} dr d\theta = 2\pi \left(\frac{n^3}{3} - \frac{n^3}{4}\right) = \frac{\pi n^3}{6}$

範例 12.

　　求 $\int_0^3 \int_0^{\sqrt{9-x^2}} \int_0^2 \sqrt{x^2 + y^2}\, dz dy dx =?$

【解】

令 $x = r\cos\theta, y = r\sin\theta$

則 $\{(x, y): 0 \leq x \leq 3, 0 \leq y \leq \sqrt{9 - x^2} \} = \{(r, \theta): 0 \leq r \leq 3, 0 \leq \theta \leq \frac{\pi}{2}\}$

且 $dxdy = \left\| \begin{vmatrix} \dfrac{\partial x}{\partial r} & \dfrac{\partial x}{\partial \theta} \\ \dfrac{\partial y}{\partial r} & \dfrac{\partial y}{\partial \theta} \end{vmatrix} \right\| drd\theta = \left\| \begin{vmatrix} \cos\theta & -r\sin\theta \\ \sin\theta & r\cos\theta \end{vmatrix} \right\| drd\theta = rdrd\theta$

$\therefore \displaystyle\int_0^3 \int_0^{\sqrt{9-x^2}} \int_0^2 \sqrt{x^2+y^2}\, dzdydx = \int_0^3 \int_0^{\frac{\pi}{2}} 2r^2\, d\theta dr = \frac{2r^3}{3}\Big|_0^3 \frac{\pi}{2} = 9\pi$

範例 13.

    (1) 求由 $z = x^2 + 3y^2 + 1$ 與 $z - 9 + x^2 + y^2 = 0$ 所圍區域的體積

    (2) 假設 V 為 $z = x^2 + 3y^2 + 1, z - 9 + x^2 + y^2 = 0,\ x > 0,\ y > 0, z > 0,$

      所圍區域 求 $\displaystyle\iiint_V xdxdydz =?$

【解】

(1)

令 $R = \{(x,y): x^2 + 2y^2 \le 4\}$ 則 $V = \displaystyle\iint_R \int_{x^2+3y^2+1}^{9-x^2-y^2} dzdA = \iint_{x^2+2y^2\le4} 8 - 2x^2 - 4y^2\, dxdy$

令 $x = 2r\cos\theta,\ y = \sqrt{2}r\sin\theta$ 則 $\{(x,y): x^2 + 2y^2 \le 4\} = \{(r,\theta): 0 \le r \le 1, 0 \le \theta \le 2\pi\}$

且 $dxdy = \left\| \begin{vmatrix} \dfrac{\partial x}{\partial r} & \dfrac{\partial x}{\partial \theta} \\ \dfrac{\partial y}{\partial r} & \dfrac{\partial y}{\partial \theta} \end{vmatrix} \right\| drd\theta = \left\| \begin{vmatrix} 2\cos\theta & -2r\sin\theta \\ \sqrt{2}\sin\theta & \sqrt{2}r\cos\theta \end{vmatrix} \right\| drd\theta = 2\sqrt{2}rdrd\theta$

$\therefore \displaystyle\iint_{x^2+2y^2\le4} 8 - 2x^2 - 4y^2 dxdy = 2\sqrt{2}\int_0^{2\pi}\int_0^1 8r - 8r^3 drd\theta = 16\sqrt{2}\int_0^{2\pi} d\theta \int_0^1 r - r^3 dr$

$= 8\sqrt{2}\pi$

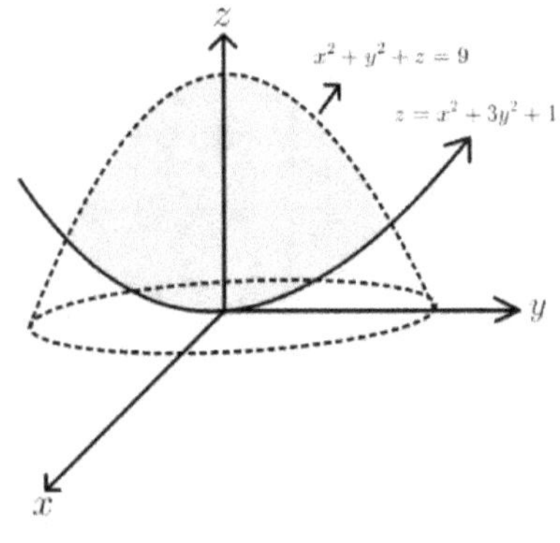

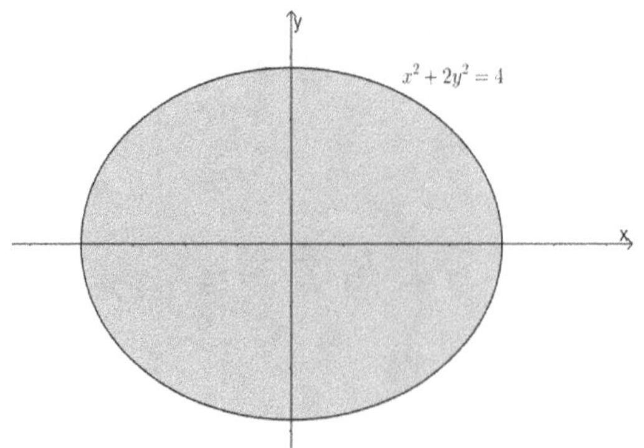

(2)

令 $R = \{(x, y): x^2 + 2y^2 \leq 4, x > 0, y > 0\}$

則 $\iiint_V x\,dxdydz = \iint_R \int_{x^2+3y^2+1}^{9-x^2-y^2} x\,dz\,dA = \iint_{x^2+2y^2\leq4, x>0, y>0} x(8 - 2x^2 - 4y^2)\,dxdy$

令 $x = 2r\cos\theta$, $y = \sqrt{2}\,r\sin\theta$

則 $\{(x, y): x^2 + 2y^2 \leq 4\} = \{(r, \theta): 0 \leq r \leq 1, 0 \leq \theta \leq \dfrac{\pi}{2}\}$

且 $dxdy = \left\| \begin{vmatrix} \dfrac{\partial x}{\partial r} & \dfrac{\partial x}{\partial \theta} \\ \dfrac{\partial y}{\partial r} & \dfrac{\partial y}{\partial \theta} \end{vmatrix} \right\| drd\theta = \left\| \begin{vmatrix} 2\cos\theta & -2r\sin\theta \\ \sqrt{2}\sin\theta & \sqrt{2}r\cos\theta \end{vmatrix} \right\| drd\theta = 2\sqrt{2}\,rdrd\theta$

$\therefore \iint_{x^2+2y^2\leq4, x>0, y>0} x(8 - 2x^2 - 4y^2)\,dxdy = 2\sqrt{2}\int_0^{\frac{\pi}{2}} 2r\cos\theta \int_0^1 8r^2 - 8r^4\,drd\theta$

$= 32\sqrt{2}\int_0^{\frac{\pi}{2}} \cos\theta\,d\theta \int_0^1 r^2 - r^4\,dr = \dfrac{64\sqrt{2}}{15}$

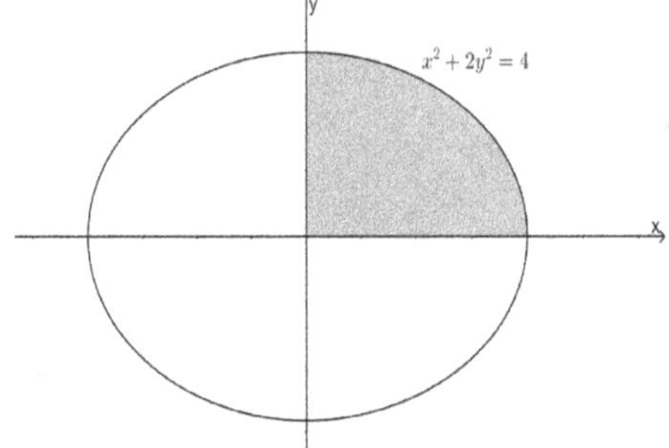

範例 14.

假設 V 為 $z = x^2 + y^2$, $x = 0$, $y = 0$ 與 $z = 4$ 所圍的區域，求 $\iiint_V 3x\,dxdydz = ?$

【解】

令 $R = \{(x, y): x \geq 0, y \geq 0, x^2 + y^2 \leq 4\}$

則 $V = \iint_R \int_{x^2+y^2}^{4} 3x\,dz\,dA = \iint_{x^2+y^2\leq4} 3x(4 - x^2 - y^2)\,dxdy$

令 $x = r\cos\theta, y = r\sin\theta$ 則 $\{(x, y): x^2 + y^2 \leq 4\} = \{(r, \theta): 0 \leq r \leq 2, 0 \leq \theta \leq \dfrac{\pi}{2}\}$

且 $dxdy = \left\| \begin{vmatrix} \dfrac{\partial x}{\partial r} & \dfrac{\partial x}{\partial \theta} \\ \dfrac{\partial y}{\partial r} & \dfrac{\partial y}{\partial \theta} \end{vmatrix} \right\| drd\theta = \left\| \begin{vmatrix} \cos\theta & -r\sin\theta \\ \sin\theta & r\cos\theta \end{vmatrix} \right\| drd\theta = rdrd\theta$

$\therefore \iint_{x^2+y^2 \le 4} 3x(4 - x^2 - y^2)dxdy = \int_0^{\frac{\pi}{2}} \int_0^2 3r\cos\theta\,(4 - r^2)rdrd\theta$

$= \int_0^{\frac{\pi}{2}} \cos\theta\, d\theta \int_0^2 (12r^2 - 3r^4)dr = \dfrac{64}{5}$

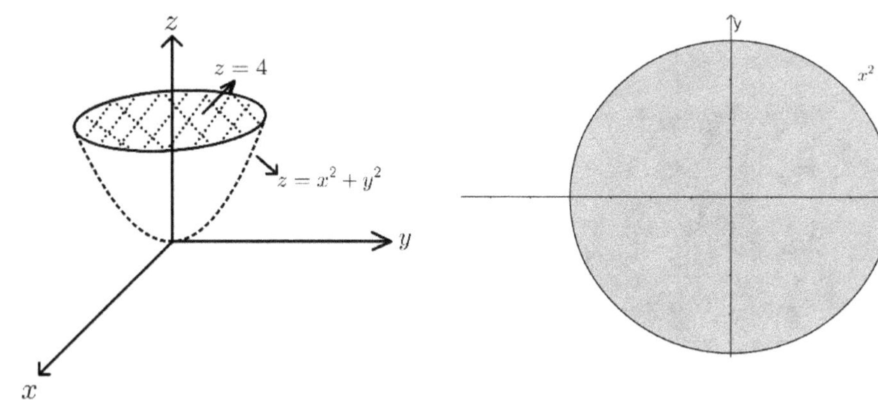

範例 15.

$\qquad$ 求 $\displaystyle\int_0^4 \int_0^{\sqrt{16-x^2}} \int_0^1 \ln\sqrt{x^2 + y^2}\, dzdydx = ?$

【解】

令 $x = r\cos\theta\,, y = r\sin\theta$

則 $\{(x,y): 0 \le x \le 4, 0 \le y \le \sqrt{16 - x^2}\} = \{(r,\theta): 0 \le r \le 4, 0 \le \theta \le \dfrac{\pi}{2}\}$

且 $dxdy = \left\| \begin{vmatrix} \dfrac{\partial x}{\partial r} & \dfrac{\partial x}{\partial \theta} \\ \dfrac{\partial y}{\partial r} & \dfrac{\partial y}{\partial \theta} \end{vmatrix} \right\| drd\theta = \left\| \begin{vmatrix} \cos\theta & -r\sin\theta \\ \sin\theta & r\cos\theta \end{vmatrix} \right\| drd\theta = rdrd\theta$

$\therefore \int_0^4 \int_0^{\sqrt{16-x^2}} \int_0^1 \ln\sqrt{x^2 + y^2}\, dzdydx = \int_0^4 \int_0^{\frac{\pi}{2}} r\ln r\, d\theta dr = \int_0^{\frac{\pi}{2}} d\theta \int_0^4 r\ln r\, dr$

$$= \frac{\pi}{2} \cdot \left(\frac{r^2 \ln r}{2} - \frac{r^2}{4} \right) \Bigg|_0^4 = \pi(8 \ln 2 - 2)$$

範例 16.

    (1)求由xy平面,$z = x^2 - 2$ 與 $x^2 + y^2 = 1$ 所圍區域的體積

    (2)求由 $z = 1 - 2x^2 - 2y^2$ 與 $z = (x^2 + y^2)^2 - 2$ 所圍區域的體積

【解】

(1)

令$R = \{(x, y): x^2 + y^2 \leq 1 \}$則 $V = \iint_R \int_{x^2-2}^{0} dz dA = \iint_{x^2+y^2 \leq 1} 2 - x^2 dx dy$

令$x = r \cos \theta, y = r \sin \theta$ 則 $\{(x, y): x^2 + y^2 \leq 1\} = \{(r, \theta): 0 \leq r \leq 1, 0 \leq \theta \leq 2\pi\}$

且 $dxdy = \left\| \begin{vmatrix} \dfrac{\partial x}{\partial r} & \dfrac{\partial x}{\partial \theta} \\ \dfrac{\partial y}{\partial r} & \dfrac{\partial y}{\partial \theta} \end{vmatrix} \right\| dr d\theta = \left\| \begin{vmatrix} \cos \theta & -r \sin \theta \\ \sin \theta & r \cos \theta \end{vmatrix} \right\| dr d\theta = r dr d\theta$

$\therefore \iint_{x^2+y^2 \leq 1} 2 - x^2 dx dy = \int_0^{2\pi} \int_0^1 (2 - r^2 \cos^2 \theta) r dr d\theta = \int_0^{2\pi} 1 - \frac{\cos^2 \theta}{4} d\theta$

$= \int_0^{2\pi} 1 - \frac{1}{4} \left(\frac{1 + \cos 2\theta}{2} \right) d\theta = \frac{7\pi}{4}$

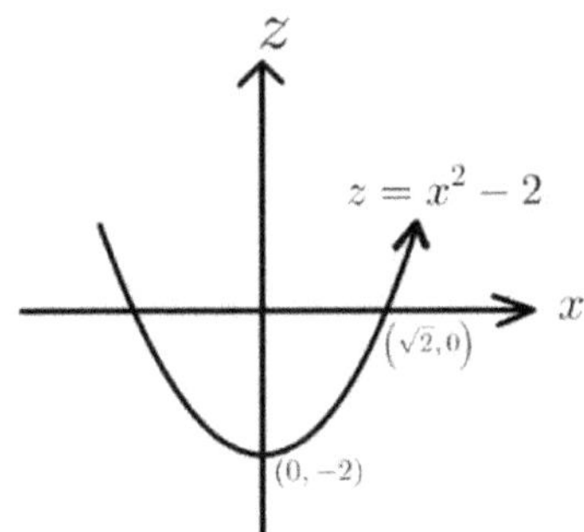

(2)

令$R = \{(x, y): x^2 + y^2 \leq 1 \}$

則 $V = \iint_R \int_{(x^2+y^2)^2-2}^{1-2x^2-2y^2} dz dA = \iint_{x^2+y^2 \leq 1} 1 - 2x^2 - 2y^2 - ((x^2 + y^2)^2 - 2) dx dy$

令$x = r \cos \theta, y = r \sin \theta$ 則 $\{(x, y): x^2 + y^2 \leq 1\} = \{(r, \theta): 0 \leq r \leq 1, 0 \leq \theta \leq 2\pi\}$

且 $dxdy = \left\|\begin{vmatrix} \dfrac{\partial x}{\partial r} & \dfrac{\partial x}{\partial \theta} \\ \dfrac{\partial y}{\partial r} & \dfrac{\partial y}{\partial \theta} \end{vmatrix}\right\| drd\theta = \left\|\begin{vmatrix} \cos\theta & -r\sin\theta \\ \sin\theta & r\cos\theta \end{vmatrix}\right\| drd\theta = rdrd\theta$

$\therefore \iint_{x^2+y^2\leq 1} 1 - 2x^2 - 2y^2 - ((x^2+y^2)^2 - 2)dxdy = \int_0^{2\pi}\int_0^1 (-r^4 - 2r^2 + 3)rdrd\theta$

$= \int_0^{2\pi} d\theta \int_0^1 (-r^5 - 2r^3 + 3r)dr = 2\pi\left(-\dfrac{1}{6} - \dfrac{2}{4} + \dfrac{3}{2}\right) = \dfrac{5\pi}{3}$

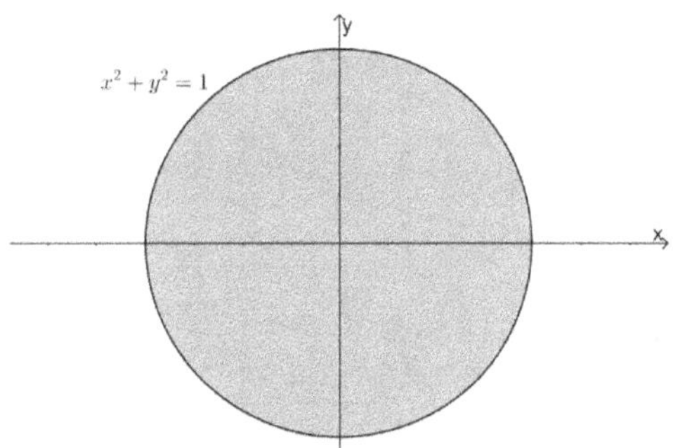

範例 17.

$$求 \int_0^1 \int_0^{\sqrt{1-x^2}} \int_0^1 e^{\sqrt{x^2+y^2}}\, dzdydx = ?$$

【解】

令 $x = r\cos\theta$, $y = r\sin\theta$

則 $\{(x,y): 0 \leq x \leq 1, 0 \leq y \leq \sqrt{1-x^2}\} = \{(r,\theta): 0 \leq r \leq 1, 0 \leq \theta \leq \dfrac{\pi}{2}\}$

且 $dxdy = \left\|\begin{vmatrix} \dfrac{\partial x}{\partial r} & \dfrac{\partial x}{\partial \theta} \\ \dfrac{\partial y}{\partial r} & \dfrac{\partial y}{\partial \theta} \end{vmatrix}\right\| drd\theta = \left\|\begin{vmatrix} \cos\theta & -r\sin\theta \\ \sin\theta & r\cos\theta \end{vmatrix}\right\| drd\theta = rdrd\theta$

$\therefore \int_0^1 \int_0^{\sqrt{1-x^2}} \int_0^1 e^{\sqrt{x^2+y^2}}\, dzdydx = \int_0^1 \int_0^{\frac{\pi}{2}} re^r\, d\theta dr = \int_0^{\frac{\pi}{2}} d\theta \int_0^1 e^r r\, dr = \dfrac{\pi}{2}\cdot (re^r - e^r)|_0^1 = \dfrac{\pi}{2}$

範例 18.

    (1)計算球體 $x^2 + y^2 + z^2 = 25$ 被圓柱 $x^2 + y^2 = 16$ 所切除體積

(2)計算球體$x^2 + y^2 + z^2 = 25$ 被圓柱$x^2 + y^2 = 16$ 切除後剩餘體積

【解】

(1)

令$R = \{(x, y): x^2 + y^2 \leq 16 \}$

則 $V = \iint_R \int_{-\sqrt{25-x^2-y^2}}^{\sqrt{25-x^2-y^2}} dzdA = \iint_{x^2+y^2\leq 16} 2\sqrt{25 - x^2 - y^2}dxdy$

令$x = r\cos\theta, y = r\sin\theta$ 則 $\{(x,y): x^2 + y^2 \leq 16\} = \{(r,\theta): 0 \leq r \leq 4, 0 \leq \theta \leq 2\pi\}$

且 $dxdy = \left\| \begin{vmatrix} \dfrac{\partial x}{\partial r} & \dfrac{\partial x}{\partial \theta} \\ \dfrac{\partial y}{\partial r} & \dfrac{\partial y}{\partial \theta} \end{vmatrix} \right\| drd\theta = \begin{vmatrix} \cos\theta & -r\sin\theta \\ \sin\theta & r\cos\theta \end{vmatrix} drd\theta = rdrd\theta$

$\therefore \iint_{x^2+y^2\leq 16} 2\sqrt{25 - x^2 - y^2}dxdy = 2\int_0^{2\pi} d\theta \int_0^4 \sqrt{25 - r^2}rdr$

$= 2(2\pi) \cdot \dfrac{(-1)(25 - r^2)^{\frac{3}{2}}}{3}\bigg|_0^4 = \dfrac{392\pi}{3}$

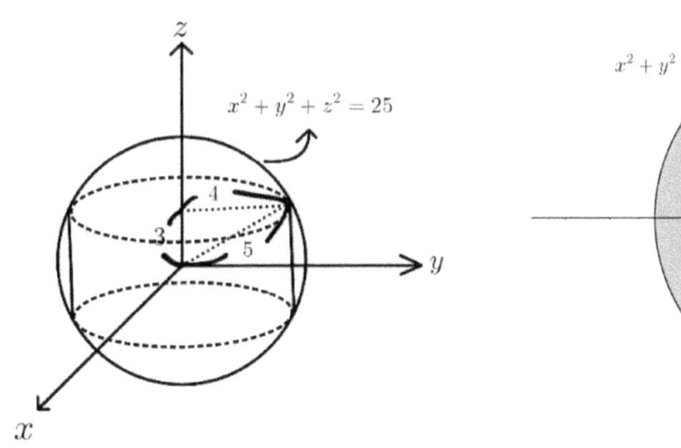

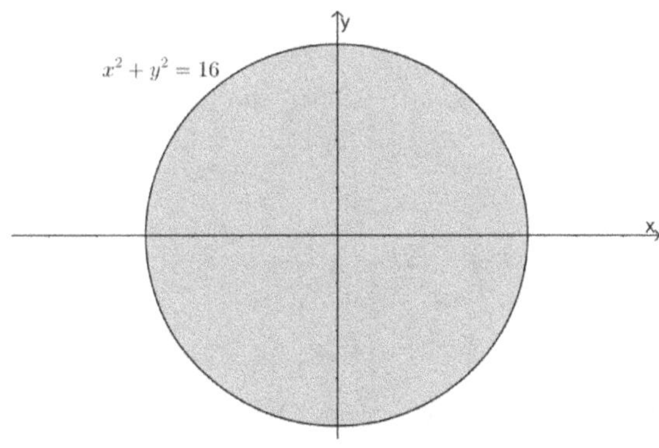

(2)

令$R = \{(x, y): 16 \leq x^2 + y^2 \leq 25 \}$

則 $V = \iint_R \int_{-\sqrt{25-x^2-y^2}}^{\sqrt{25-x^2-y^2}} dzdA = \iint_{16\leq x^2+y^2\leq 25} 2\sqrt{25 - x^2 - y^2}dxdy$

令$x = r\cos\theta, y = r\sin\theta$ 則 $\{(x,y): x^2 + y^2 \leq 1\} = \{(r,\theta): 4 \leq r \leq 5, 0 \leq \theta \leq 2\pi\}$

且 $dxdy = \left\| \begin{vmatrix} \dfrac{\partial x}{\partial r} & \dfrac{\partial x}{\partial \theta} \\ \dfrac{\partial y}{\partial r} & \dfrac{\partial y}{\partial \theta} \end{vmatrix} \right\| drd\theta = \left\| \begin{vmatrix} \cos\theta & -r\sin\theta \\ \sin\theta & r\cos\theta \end{vmatrix} \right\| drd\theta = rdrd\theta$

$\therefore \iint_{16 \leq x^2+y^2 \leq 25} 2\sqrt{25-x^2-y^2}dxdy = 2\int_0^{2\pi} d\theta \int_4^5 \sqrt{25-r^2}rdr$

$= 2(2\pi) \cdot \dfrac{(-1)(25-r^2)^{\frac{3}{2}}}{3}\Bigg|_4^5 = 36\pi$

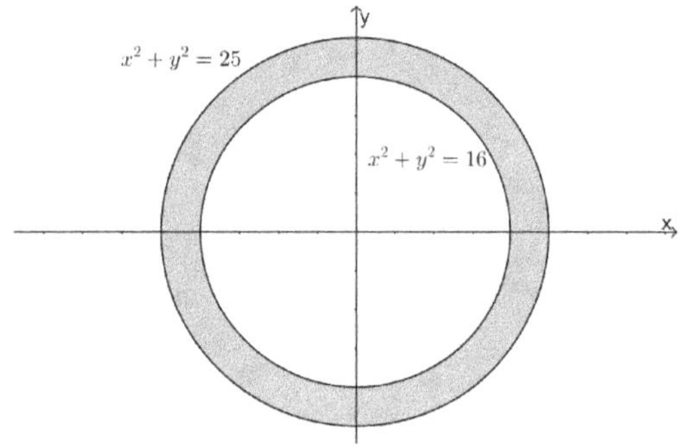

範例 19.

　　計算球體 $x^2 + y^2 + z^2 = 4$ 被圓柱 $x^2 + y^2 = 2x$ 所切除體積

【解】

令 $R = \{(x,y): (x-1)^2 + y^2 \leq 1\}$

則 $V = \iint_R \int_{-\sqrt{4-x^2-y^2}}^{\sqrt{4-x^2-y^2}} dzdA = \iint_{(x-1)^2+y^2 \leq 1} 2\sqrt{4-x^2-y^2}dxdy$

令 $x = r\cos\theta$, $y = r\sin\theta$

則 $\{(x,y): (x-1)^2 + y^2 \leq 1\} = \{(r,\theta): 0 \leq r \leq 2\cos\theta, 0 \leq \theta \leq \pi\}$

且 $dxdy = \left\| \begin{vmatrix} \dfrac{\partial x}{\partial r} & \dfrac{\partial x}{\partial \theta} \\ \dfrac{\partial y}{\partial r} & \dfrac{\partial y}{\partial \theta} \end{vmatrix} \right\| drd\theta = \left\| \begin{vmatrix} a\cos\theta & ar\sin\theta \\ a\sin\theta & ar\cos\theta \end{vmatrix} \right\| drd\theta = rdrd\theta$

$\therefore \iint_{(x-1)^2+y^2 \leq 1} 2\sqrt{4-x^2-y^2}dxdy = 2\int_0^\pi \int_0^{2\cos\theta} (\sqrt{4-r^2})rdrd\theta$

$$= 4 \int_0^{\frac{\pi}{2}} \int_0^{2\cos\theta} (\sqrt{4-r^2})\, r\, dr\, d\theta = 4 \int_0^{\frac{\pi}{2}} \left(\frac{(-1)(4-r^2)^{\frac{3}{2}}}{3} \right) \Bigg|_0^{2\cos\theta} d\theta = 32 \int_0^{\frac{\pi}{2}} \frac{1-\sin^3\theta}{3}\, d\theta$$

$$= 32 \left(\frac{\pi}{6} - \frac{2}{9} \right)$$

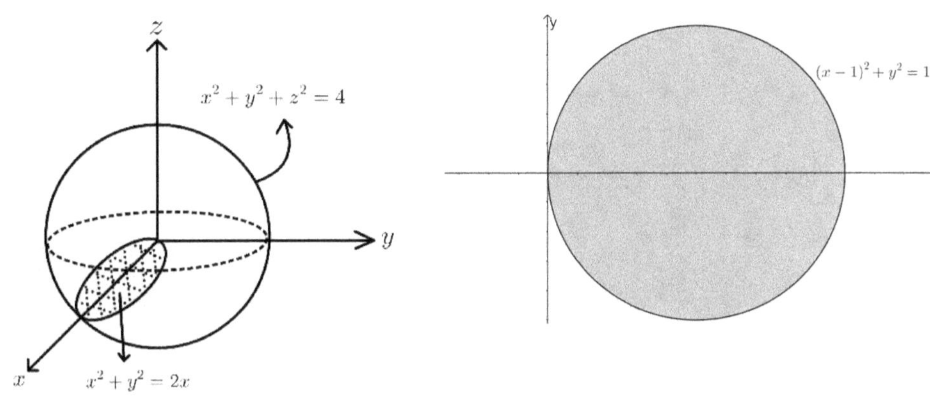

範例 20.

    (1)計算球體 $x^2 + y^2 + z^2 = 16$ 被圓柱 $r = 4\cos\theta$ 所切除的體積

    (2)計算球體 $x^2 + y^2 + z^2 = 4$ 被圓柱 $r = 2\sin\theta$ 所切除的體積

【解】

(1)

令 $R = \{(x,y): (x-2)^2 + y^2 \le 4, x \ge 0\}$

則 $V = \iint_R \int_{-\sqrt{16-x^2-y^2}}^{\sqrt{16-x^2-y^2}} dz\, dA = \iint_{(x-2)^2+y^2 \le 4} 2\sqrt{16-x^2-y^2}\, dx\, dy$

令 $x = r\cos\theta, y = r\sin\theta$

則 $\{(x,y): (x-2)^2 + y^2 \le 4, x \ge 0\} = \{(r,\theta): 0 \le r \le 4\cos\theta, \frac{-\pi}{2} \le \theta \le \frac{\pi}{2}\}$

且 $dx\, dy = \left\| \begin{vmatrix} \dfrac{\partial x}{\partial r} & \dfrac{\partial x}{\partial \theta} \\ \dfrac{\partial y}{\partial r} & \dfrac{\partial y}{\partial \theta} \end{vmatrix} \right\| dr\, d\theta = \left\| \begin{vmatrix} \cos\theta & -r\sin\theta \\ \sin\theta & r\cos\theta \end{vmatrix} \right\| dr\, d\theta = r\, dr\, d\theta$

$\therefore \iint_{(x-2)^2+y^2 \le 4} 2\sqrt{16-x^2-y^2}\, dx\, dy = 2 \int_{\frac{-\pi}{2}}^{\frac{\pi}{2}} \int_0^{4\cos\theta} \sqrt{16-r^2}\, r\, dr\, d\theta$

$$= 2 \int_{\frac{-\pi}{2}}^{\frac{\pi}{2}} \frac{(-1)(16-r^2)^{\frac{3}{2}}}{3} \Bigg|_{r=0}^{r=4\cos\theta} d\theta = \frac{256}{3} \int_0^{\frac{\pi}{2}} 1-(1-\cos^2\theta)^{\frac{3}{2}} d\theta = \frac{256}{3} \int_0^{\frac{\pi}{2}} 1-\sin^3\theta \, d\theta$$

$$= \left(\frac{\pi}{2}-\frac{2}{3}\right)\frac{256}{3}$$

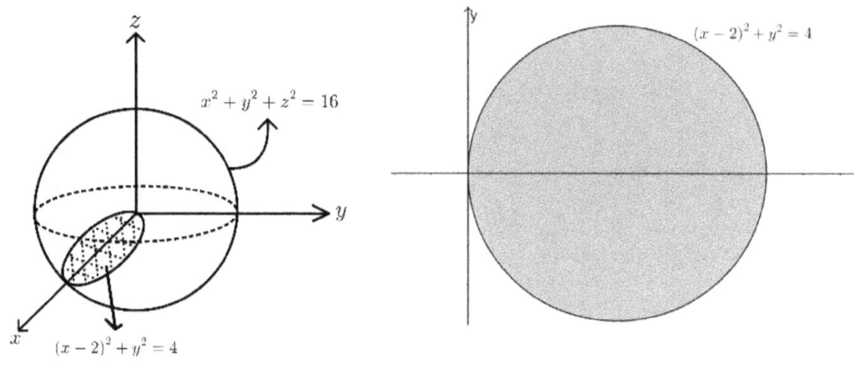

(2)

令 $R = \{(x,y): x^2+(y-1)^2 \le 1, y \ge 0\}$

則 $V = \iint_R \int_{-\sqrt{4-x^2-y^2}}^{\sqrt{4-x^2-y^2}} dz\,dA = \iint_{x^2+(y-1)^2\le1} 2\sqrt{4-x^2-y^2}\,dx\,dy$

令 $x = r\cos\theta, y = r\sin\theta$

則 $\{(x,y): x^2+(y-1)^2 \le 1, y \ge 0\} = \{(r,\theta): 0 \le r \le 2\sin\theta, 0 \le \theta \le \pi\}$

且 $dx\,dy = \left\|\begin{matrix} \dfrac{\partial x}{\partial r} & \dfrac{\partial x}{\partial \theta} \\ \dfrac{\partial y}{\partial r} & \dfrac{\partial y}{\partial \theta} \end{matrix}\right\| dr\,d\theta = \left\|\begin{matrix} \cos\theta & -r\sin\theta \\ \sin\theta & r\cos\theta \end{matrix}\right\| dr\,d\theta = r\,dr\,d\theta$

$\therefore \iint_{x^2+(y-1)^2\le1} 2\sqrt{4-x^2-y^2}\,dx\,dy = 2\int_0^{\pi}\int_0^{2\sin\theta}\sqrt{4-r^2}\,r\,dr\,d\theta$

$$= 2\int_0^{\pi} \frac{(-1)(4-r^2)^{\frac{3}{2}}}{3}\Bigg|_{r=0}^{r=2\sin\theta} d\theta = \frac{32}{3}\int_0^{\frac{\pi}{2}} 1-(1-\sin^2\theta)^{\frac{3}{2}} d\theta = \frac{32}{3}\int_0^{\frac{\pi}{2}} 1-\cos^3\theta \, d\theta$$

$$= \left(\frac{\pi}{2}-\frac{2}{3}\right)\frac{32}{3}$$

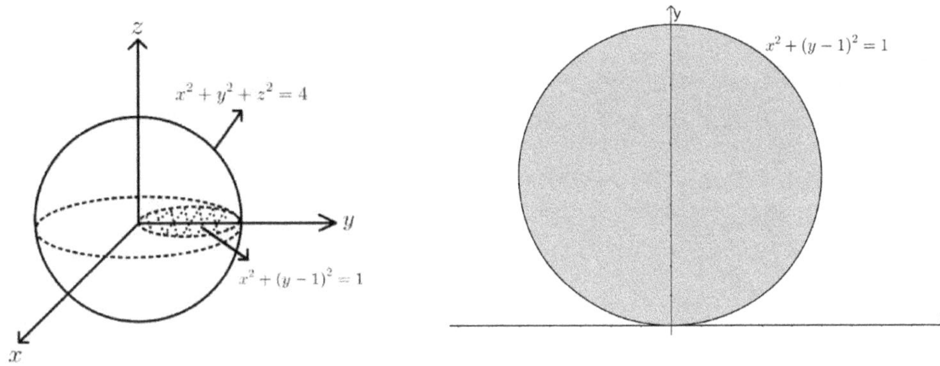

範例 21.

求由曲面 $z = x^2 + y^2$ 上方與 $z = y$ 下方所圍區域的體積

【解】

令 $R = \{(x,y): x^2 + \left(y - \dfrac{1}{2}\right)^2 \leq \dfrac{1}{4}\}$

則 $V = \displaystyle\iint_R \int_{x^2+y^2}^{y} dz\,dA = \iint_R \dfrac{1}{4} - x^2 - \left(y - \dfrac{1}{2}\right)^2 dx\,dy$

令 $x = \dfrac{1}{2} r \cos\theta$, $y = \dfrac{1}{2} + \dfrac{1}{2} r \sin\theta$

則 $\{(x,y): x^2 + \left(y - \dfrac{1}{2}\right)^2 \leq \dfrac{1}{4}\} = \{(r,\theta): 0 \leq r \leq 1, 0 \leq \theta \leq 2\pi\}$

且 $dx\,dy = \left\| \begin{vmatrix} \dfrac{\partial x}{\partial r} & \dfrac{\partial x}{\partial \theta} \\ \dfrac{\partial y}{\partial r} & \dfrac{\partial y}{\partial \theta} \end{vmatrix} \right\| dr\,d\theta = \left\| \begin{vmatrix} \dfrac{1}{2}\cos\theta & \dfrac{1}{2} r \sin\theta \\ \dfrac{1}{2}\sin\theta & \dfrac{1}{2} r \cos\theta \end{vmatrix} \right\| dr\,d\theta = \dfrac{1}{4} r\,dr\,d\theta$

$\therefore \displaystyle\iint_R \dfrac{1}{4} - x^2 - \left(y - \dfrac{1}{2}\right)^2 dx\,dy = \int_0^{2\pi} \int_0^1 (\dfrac{1}{4} - \dfrac{1}{4} r^2) \dfrac{1}{4} r\,dr\,d\theta = \dfrac{1}{16} \int_0^{2\pi} d\theta \int_0^1 r - r^3 dr$

$= \dfrac{\pi}{32}$

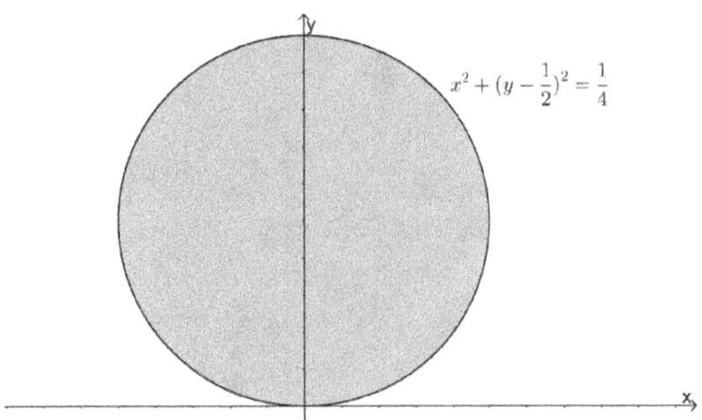

範例 22.

假設 V 為曲面 $z \geq x^2 + y^2,\ z \leq y,\ x > 0,\ y > 0,\ z > 0$ 所圍區域，

求 $\iiint_V xdxdydz = ?$

【解】

令 $R = \{(x,y): x^2 + (y - \frac{1}{2})^2 \leq \frac{1}{4}, x > 0, y > 0\}$

則 $\iiint_V xdxdydz = \iint_R \int_{x^2+y^2}^{y} xdzdA = \iint_R x\left(\frac{1}{4} - x^2 - \left(y - \frac{1}{2}\right)^2\right)dxdy$

令 $x = \frac{1}{2}r\cos\theta,\ y = \frac{1}{2} + \frac{1}{2}r\sin\theta$

則 $\{(x,y): x^2 + \left(y - \frac{1}{2}\right)^2 \leq \frac{1}{4}, x > 0, y > 0\} = \{(r,\theta): 0 \leq r \leq 1, 0 \leq \theta \leq \frac{\pi}{2}\}$

且 $dxdy = \left\|\begin{matrix} \dfrac{\partial x}{\partial r} & \dfrac{\partial x}{\partial \theta} \\ \dfrac{\partial y}{\partial r} & \dfrac{\partial y}{\partial \theta} \end{matrix}\right\| drd\theta = \left\|\begin{matrix} \dfrac{1}{2}\cos\theta & \dfrac{1}{2}r\sin\theta \\ \dfrac{1}{2}\sin\theta & \dfrac{1}{2}r\cos\theta \end{matrix}\right\| drd\theta = \dfrac{1}{4}rdrd\theta$

$\therefore \iint_R x\left(\frac{1}{4} - x^2 - \left(y - \frac{1}{2}\right)^2\right)dxdy$

$= \int_0^{\frac{\pi}{2}} \frac{1}{2}r\cos\theta \int_0^1 \left(\frac{1}{4} - \frac{1}{4}r^2\right)\frac{1}{4}rdrd\theta = \frac{1}{32}\int_0^{\frac{\pi}{2}}\cos\theta\, d\theta \int_0^1 r^2 - r^4 dr = \frac{1}{240}$

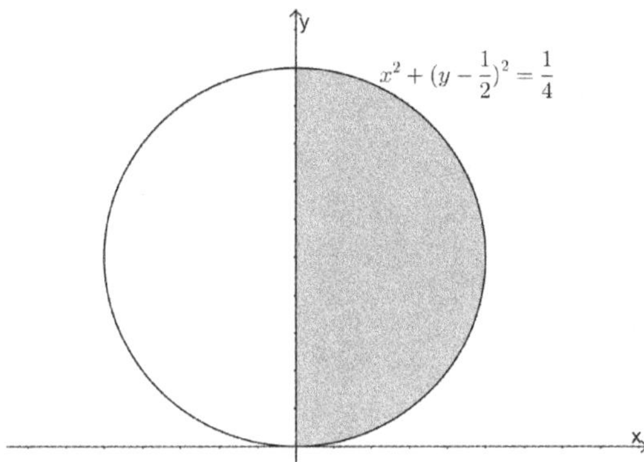

範例 23.

 (1)計算 $x^2 + y^2 = 1$ 與 $4x^2 + 4y^2 + z^2 = 64$ 交集區域的體積

 (2)求由曲面 $z = \sqrt{4 - 3x^2 - 3y^2}$ 下方與 $z = \sqrt{x^2 + y^2}$ 上方所圍區域的體積

【解】

(1)

令 $R = \{(x, y): x^2 + y^2 \leq 1\}$

則 $V = \iint_R \int_{-\sqrt{64-4x^2-4y^2}}^{\sqrt{64-4x^2-4y^2}} dz\,dA = \iint_{x^2+y^2 \leq 1} 2\sqrt{64 - 4x^2 - 4y^2}\,dx\,dy$

令 $x = r\cos\theta, y = r\sin\theta$ 則 $\{(x,y): x^2 + y^2 \leq 1\} = \{(r,\theta): 0 \leq r \leq 1, 0 \leq \theta \leq 2\pi\}$

且 $dx\,dy = \left\| \begin{vmatrix} \dfrac{\partial x}{\partial r} & \dfrac{\partial x}{\partial \theta} \\ \dfrac{\partial y}{\partial r} & \dfrac{\partial y}{\partial \theta} \end{vmatrix} \right\| dr\,d\theta = \left\| \begin{vmatrix} \cos\theta & -r\sin\theta \\ \sin\theta & r\cos\theta \end{vmatrix} \right\| dr\,d\theta = r\,dr\,d\theta$

$\therefore \iint_{x^2+y^2 \leq 1} 2\sqrt{64 - 4x^2 - 4y^2}\,dx\,dy = 2\int_0^{2\pi}\int_0^1 \sqrt{64 - 4r^2}\, r\,dr\,d\theta$

$= 4 \cdot (2\pi) \cdot \left. \dfrac{(-1)(16 - r^2)^{\frac{3}{2}}}{3} \right|_{r=0}^{r=1} = \dfrac{8\pi}{3}(64 - 15\sqrt{15})$

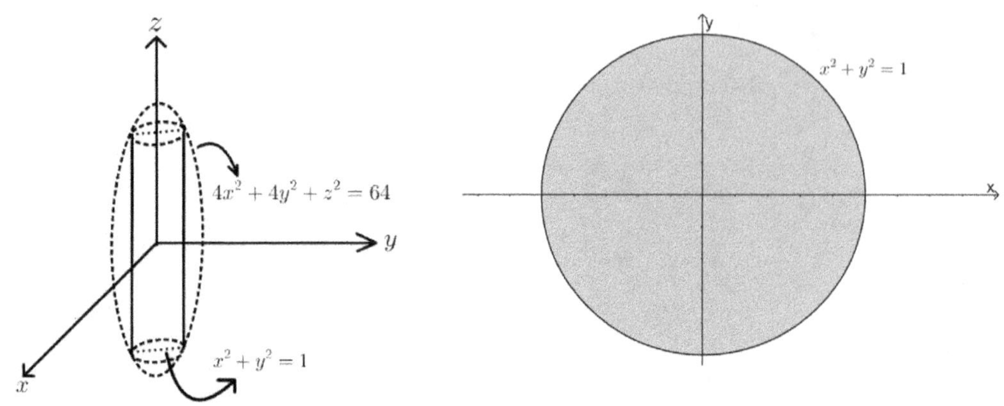

(2)

令$R = \{(x, y): x^2 + y^2 \leq 1\}$

則 $V = \iint_R \int_{\sqrt{x^2+y^2}}^{\sqrt{4-3x^2-3y^2}} dz dA = \iint_{x^2+y^2\leq 1} \sqrt{4 - 3x^2 - 3y^2} - \sqrt{x^2 + y^2}\, dxdy$

令$x = r\cos\theta, y = r\sin\theta$ 則 $\{(x,y): x^2 + y^2 \leq 1\} = \{(r, \theta): 0 \leq r \leq 1, 0 \leq \theta \leq 2\pi\}$

且 $dxdy = \left\| \begin{vmatrix} \dfrac{\partial x}{\partial r} & \dfrac{\partial x}{\partial \theta} \\ \dfrac{\partial y}{\partial r} & \dfrac{\partial y}{\partial \theta} \end{vmatrix} \right\| drd\theta = \left\| \begin{vmatrix} \cos\theta & -r\sin\theta \\ \sin\theta & r\cos\theta \end{vmatrix} \right\| drd\theta = rdrd\theta$

$\therefore \iint_{x^2+y^2\leq 1} \sqrt{4 - 3x^2 - 3y^2} - \sqrt{x^2 + y^2}\, dxdy = \int_0^{2\pi} \int_0^1 (\sqrt{4 - 3r^2} - r) r dr d\theta$

$= (2\pi) \cdot \left(\frac{(-1)(4 - 3r^2)^{\frac{3}{2}}}{9} - \frac{r^3}{3} \right)\Bigg|_{r=0}^{r=1} = \frac{8\pi}{9}$

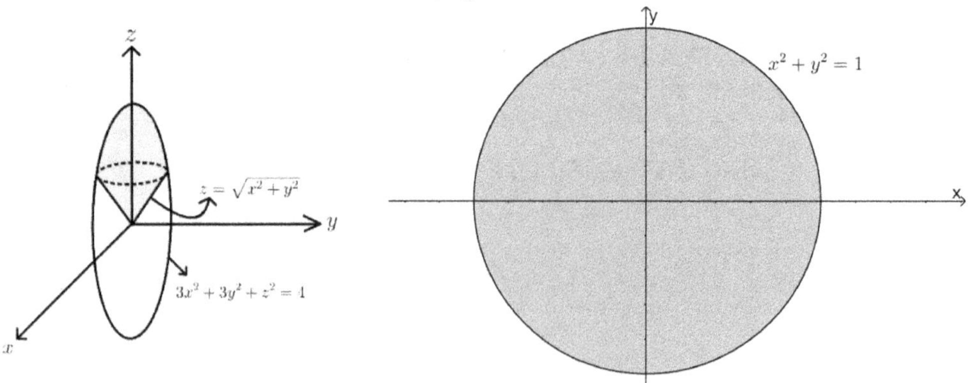

範例 24.

(1)計算球體$x^2 + y^2 + z^2 \leq 100$ 被平面 $z = 6$ 切除後剩的較小塊體積

(2)計算球體$x^2 + y^2 + z^2 \leq 100$ 被平面 $z = 8$ 切除後剩的較小塊體積

【解】

(1)

令$R = \{(x, y): x^2 + y^2 \leq 64\}$

則 $V = \iint_R \int_6^{\sqrt{100-x^2-y^2}} dz dA = \iint_{x^2+y^2 \leq 64} \sqrt{100 - x^2 - y^2} - 6 dxdy$

令$x = r\cos\theta, y = r\sin\theta$ 則 $\{(x,y): x^2 + y^2 \leq 64\} = \{(r,\theta): 0 \leq r \leq 8, 0 \leq \theta \leq 2\pi$

且 $dxdy = \left\|\begin{vmatrix} \dfrac{\partial x}{\partial r} & \dfrac{\partial x}{\partial \theta} \\ \dfrac{\partial y}{\partial r} & \dfrac{\partial y}{\partial \theta} \end{vmatrix}\right\| drd\theta = \left\|\begin{vmatrix} \cos\theta & -r\sin\theta \\ \sin\theta & r\cos\theta \end{vmatrix}\right\| drd\theta = rdrd\theta$

$\therefore \iint_{x^2+y^2 \leq 64} \sqrt{100 - x^2 - y^2} - 6 dxdy = \int_0^{2\pi} \int_0^8 (\sqrt{100 - r^2} - 6) r dr d\theta$

$= (2\pi) \cdot \left(\dfrac{(-1)(100 - r^2)^{\frac{3}{2}}}{3} - \dfrac{6r^2}{2}\right)\Bigg|_{r=0}^{r=8} = \dfrac{356\pi}{3}$

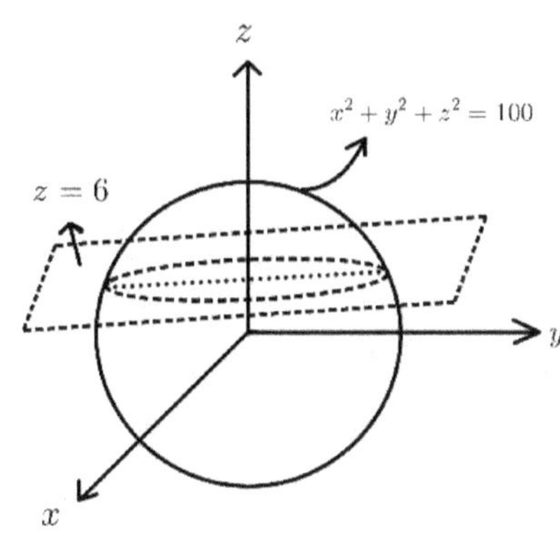

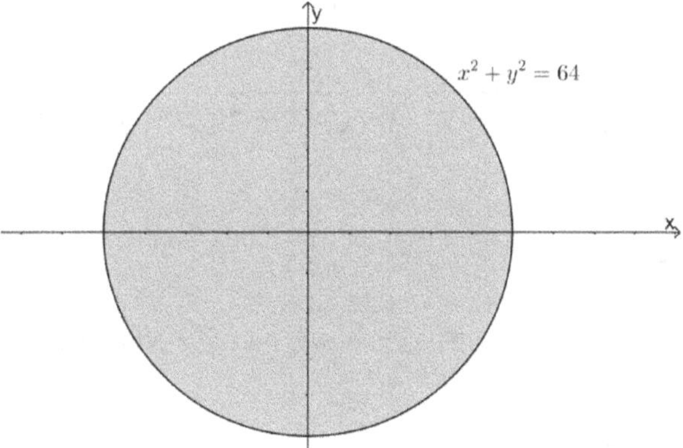

(2)

令$R = \{(x, y): x^2 + y^2 \leq 36\}$

則 $V = \iint_R \int_8^{\sqrt{100-x^2-y^2}} dz dA = \iint_{x^2+y^2 \leq 36} \sqrt{100 - x^2 - y^2} - 8 dxdy$

令$x = r\cos\theta, y = r\sin\theta$ 則 $\{(x,y): x^2 + y^2 \leq 36\} = \{(r,\theta): 0 \leq r \leq 6, 0 \leq \theta \leq 2\pi\}$

且 $dxdy = \left\| \begin{vmatrix} \dfrac{\partial x}{\partial r} & \dfrac{\partial x}{\partial \theta} \\ \dfrac{\partial y}{\partial r} & \dfrac{\partial y}{\partial \theta} \end{vmatrix} \right\| drd\theta = \left\| \begin{vmatrix} \cos\theta & -r\sin\theta \\ \sin\theta & r\cos\theta \end{vmatrix} \right\| drd\theta = rdrd\theta$

$\therefore \iint_{x^2+y^2 \leq 36} \sqrt{100 - x^2 - y^2} - 8 \, dxdy = \int_0^{2\pi} \int_0^6 (\sqrt{100 - r^2} - 8) r \, drd\theta$

$= (2\pi) \cdot \left(\dfrac{(-1)(100 - r^2)^{\frac{3}{2}}}{3} - \dfrac{8r^2}{2} \right) \Bigg|_{r=0}^{r=6} = \dfrac{112\pi}{3}$

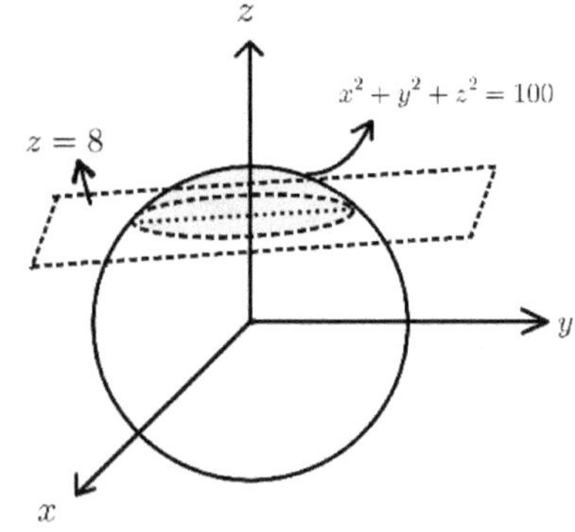

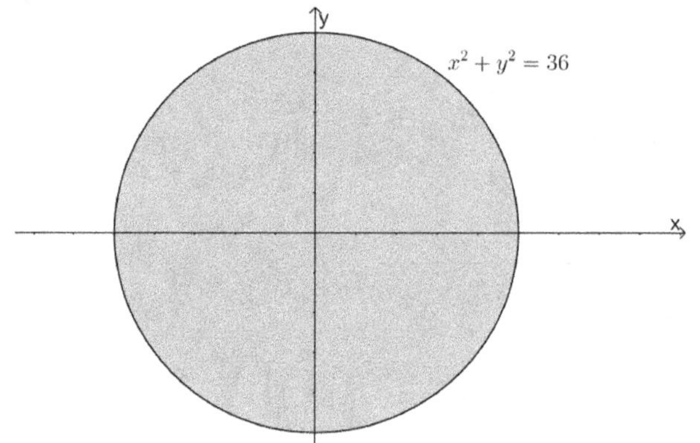

範例 25.

$\displaystyle 求 \int_0^3 \int_0^{\sqrt{9-x^2}} \int_0^2 \sqrt{x^2 + y^2} \cos\sqrt{x^2 + y^2} \, dzdydx = ?$

【解】

令 $x = r\cos\theta$, $y = r\sin\theta$

則 $\{(x, y): 0 \leq x \leq 3, 0 \leq y \leq \sqrt{9 - x^2}\} = \{(r, \theta): 0 \leq r \leq 3, 0 \leq \theta \leq \dfrac{\pi}{2}\}$

且 $dxdy = \left\| \begin{vmatrix} \dfrac{\partial x}{\partial r} & \dfrac{\partial x}{\partial \theta} \\ \dfrac{\partial y}{\partial r} & \dfrac{\partial y}{\partial \theta} \end{vmatrix} \right\| drd\theta = \left\| \begin{vmatrix} \cos\theta & -r\sin\theta \\ \sin\theta & r\cos\theta \end{vmatrix} \right\| drd\theta = rdrd\theta$

$\therefore \int_0^3 \int_0^{\sqrt{9-x^2}} \int_0^2 \sqrt{x^2 + y^2} \cos\sqrt{x^2 + y^2} \, dzdydx = 2 \int_0^3 \int_0^{\frac{\pi}{2}} r^2 \cos r \, d\theta dr$

$= 2 \int_0^{\frac{\pi}{2}} d\theta \int_0^3 r^2 \cos r \, dr$

令 $u = r^2, \ dv = \cos r \ dr$ 則 $du = 2rdr, \ v = \sin r$，藉由分部積分法

則 $\int r^2 \cos r \ dr = r^2 \sin r - 2 \int r \sin r \ dr + c$

令 $s = r, \ dt = \sin r \ dr$ 則 $ds = dr, \ t = -\cos r$，藉由分部積分法

則 $\int r \sin r \ dr = -r \cos r + \int \cos r dr = -r \cos r + \sin r$

$\therefore \int r^2 \cos r \ dr = r^2 \sin r - 2 \int r \sin r \ dr + c = r^2 \sin r + 2r \cos r - 2 \sin r + c$

令 $a, b \in R$

則 $\int_a^b r^2 \cos r \ dx = b^2 \sin b + 2b \cos b - 2 \sin b - (a^2 \sin a + 2a \cos a - 2 \sin a)$

$\therefore \int_0^3 \int_0^{\sqrt{9-x^2}} \int_0^2 \sqrt{x^2 + y^2} \cos \sqrt{x^2 + y^2} \ dzdydx = 2 \int_0^{\frac{\pi}{2}} d\theta \int_0^3 r^2 \cos r \ dr$

$= \pi(7 \sin 3 + 6 \cos 3)$

範例 26.

    (1)計算球體 $x^2 + y^2 + z^2 \le 1$ 與 $z \ge \sqrt{3x^2 + 3y^2}$ 交集區域體積

    (2)計算球體 $x^2 + y^2 + z^2 \le 1$ 與 $\sqrt{3}z \ge \sqrt{x^2 + y^2}$ 交集區域體積

【解】

(1)

令 $R = \{(x, y): x^2 + y^2 \le \frac{1}{4}\}$

則 $V = \iint_R \int_{\sqrt{3x^2+3y^2}}^{\sqrt{1-x^2-y^2}} dzdA = \iint_{x^2+y^2\le\frac{1}{4}} \sqrt{1 - x^2 - y^2} - \sqrt{3x^2 + 3y^2} dxdy$

令 $x = r \cos \theta, y = r \sin \theta$ 則 $\{(x, y): x^2 + y^2 \le \frac{1}{4}\} = \{(r, \theta): 0 \le r \le \frac{1}{2}, 0 \le \theta \le 2\pi\}$

且 $dxdy = \left\| \begin{vmatrix} \dfrac{\partial x}{\partial r} & \dfrac{\partial x}{\partial \theta} \\ \dfrac{\partial y}{\partial r} & \dfrac{\partial y}{\partial \theta} \end{vmatrix} \right\| drd\theta = \left\| \begin{vmatrix} \cos \theta & -r \sin \theta \\ \sin \theta & r \cos \theta \end{vmatrix} \right\| drd\theta = rdrd\theta$

$$\therefore \iint_{x^2+y^2\leq\frac{1}{4}} \sqrt{1-x^2-y^2} - \sqrt{3x^2+3y^2}\,dxdy = \int_0^{2\pi}\int_0^{\frac{1}{2}} (\sqrt{1-r^2}-\sqrt{3r^2})r\,drd\theta$$

$$= (2\pi)\cdot\left(\frac{(-1)(1-r^2)^{\frac{3}{2}}}{3} - \frac{\sqrt{3}r^3}{3}\right)\Bigg|_{r=0}^{r=\frac{1}{2}} = 2\pi\left(\frac{2-\sqrt{3}}{6}\right) = \pi\left(\frac{2-\sqrt{3}}{3}\right)$$

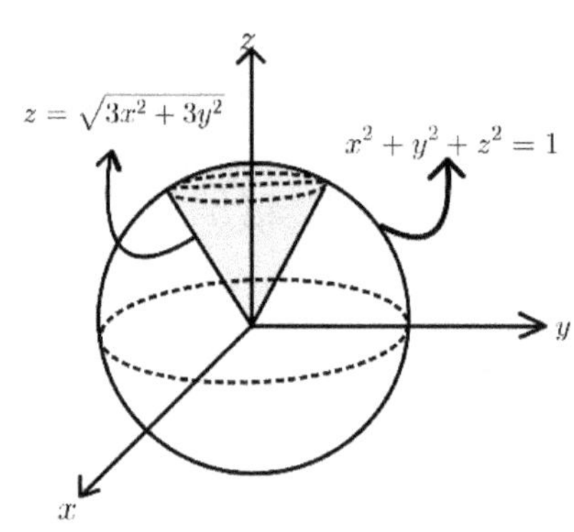

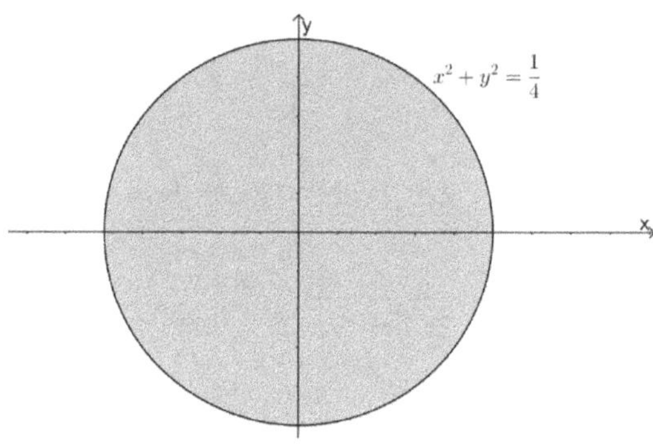

(2)

$$令 R = \{(x,y): x^2+y^2 \leq \frac{3}{4}\}$$

$$則\ V = \iint_R \int_{\sqrt{\frac{x^2+y^2}{3}}}^{\sqrt{1-x^2-y^2}} dzdA = \iint_{x^2+y^2\leq\frac{3}{4}} \sqrt{1-x^2-y^2} - \sqrt{\frac{x^2+y^2}{3}}\,dxdy$$

$$令 x = r\cos\theta, y = r\sin\theta\ 則\ \{(x,y): x^2+y^2\leq\frac{3}{4}\} = \{(r,\theta): 0\leq r\leq\sqrt{\frac{3}{4}}, 0\leq\theta\leq 2\pi\}$$

$$且\ dxdy = \left\|\begin{matrix}\dfrac{\partial x}{\partial r} & \dfrac{\partial x}{\partial\theta} \\ \dfrac{\partial y}{\partial r} & \dfrac{\partial y}{\partial\theta}\end{matrix}\right\| drd\theta = \left\|\begin{matrix}\cos\theta & -r\sin\theta \\ \sin\theta & r\cos\theta\end{matrix}\right\| drd\theta = rdrd\theta$$

$$\therefore \iint_{x^2+y^2\leq\frac{3}{4}} \sqrt{1-x^2-y^2} - \sqrt{\frac{x^2+y^2}{3}}\,dxdy = \int_0^{2\pi}\int_0^{\sqrt{\frac{3}{4}}}\left(\sqrt{1-r^2}-\sqrt{\frac{r^2}{3}}\right)rdrd\theta$$

$$= (2\pi) \cdot \left(\frac{(-1)(1-r^2)^{\frac{3}{2}}}{3} - \frac{r^3}{3\sqrt{3}} \right)\Bigg|_{r=0}^{r=\sqrt{\frac{3}{4}}} = 2\pi \left(\frac{1}{6} \right) = \frac{\pi}{3}$$

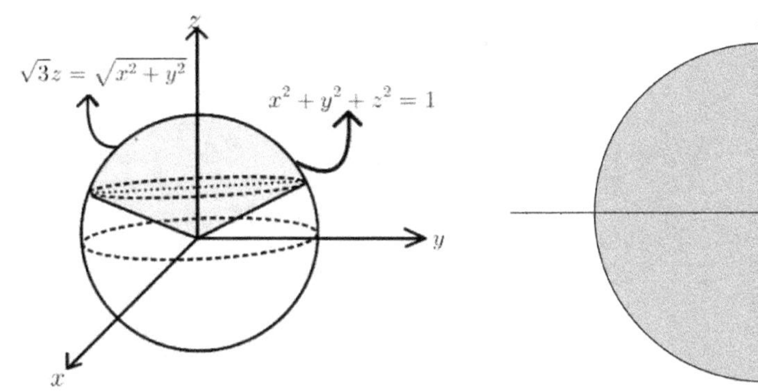

範例 27.

    (1)計算球體$x^2 + y^2+(z-2)^2 \leq 4$ 與 $z \geq \sqrt{x^2 + y^2}$交集區域體積

    (2)計算球體$x^2 + y^2+z^2 \leq z$ 與 $z \geq \sqrt{x^2 + y^2}$交集區域體積

【解】

(1)

令$R = \{(x,y): x^2 + y^2 \leq 4\}$

則 $V = \iint_R \int_{\sqrt{x^2+y^2}}^{2+\sqrt{4-x^2-y^2}} dzdA = \iint_{x^2+y^2\leq 4} 2 + \sqrt{4 - x^2 - y^2} - \sqrt{x^2 + y^2}\,dxdy$

令$x = r\cos\theta, y = r\sin\theta$ 則 $\{(x,y): x^2 + y^2 \leq 4\} = \{(r,\theta): 0 \leq r \leq 2, 0 \leq \theta \leq 2\pi\}$

且 $dxdy = \left\| \begin{matrix} \dfrac{\partial x}{\partial r} & \dfrac{\partial x}{\partial \theta} \\ \dfrac{\partial y}{\partial r} & \dfrac{\partial y}{\partial \theta} \end{matrix} \right\| drd\theta = \left| \begin{matrix} \cos\theta & -r\sin\theta \\ \sin\theta & r\cos\theta \end{matrix} \right| drd\theta = rdrd\theta$

$\therefore \iint_{x^2+y^2\leq 4} 2 + \sqrt{4 - x^2 - y^2} - \sqrt{x^2 + y^2}\,dxdy = \int_0^{2\pi} \int_0^2 (2 + \sqrt{4 - r^2} - \sqrt{r^2})rdrd\theta$

$$= (2\pi) \cdot \left(r^2 + \frac{(-1)(4-r^2)^{\frac{3}{2}}}{3} - \frac{r^3}{3} \right) \Bigg|_{r=0}^{r=2} = 8\pi$$

(2)

$$令 R = \left\{ (x,y): x^2 + y^2 \le \frac{1}{4} \right\}$$

$$則\ V = \iint_R \int_{\sqrt{x^2+y^2}}^{\frac{1}{2}+\sqrt{\frac{1}{4}-x^2-y^2}} dz\,dA = \iint_{x^2+y^2 \le \frac{1}{4}} \frac{1}{2} + \sqrt{\frac{1}{4} - x^2 - y^2} - \sqrt{x^2 + y^2}\,dx\,dy$$

$$令 x = r\cos\theta, y = r\sin\theta\ \ 則\ \left\{ (x,y): x^2 + y^2 \le \frac{1}{4} \right\} = \left\{ (r,\theta): 0 \le r \le \frac{1}{2}, 0 \le \theta \le 2\pi \right\}$$

$$且\ dx\,dy = \left\| \begin{matrix} \dfrac{\partial x}{\partial r} & \dfrac{\partial x}{\partial \theta} \\ \dfrac{\partial y}{\partial r} & \dfrac{\partial y}{\partial \theta} \end{matrix} \right\| dr\,d\theta = \left\| \begin{matrix} \cos\theta & -r\sin\theta \\ \sin\theta & r\cos\theta \end{matrix} \right\| dr\,d\theta = r\,dr\,d\theta$$

$$\therefore \iint_{x^2+y^2 \le \frac{1}{4}} \frac{1}{2} + \sqrt{\frac{1}{4} - x^2 - y^2} - \sqrt{x^2 + y^2}\,dx\,dy = \int_0^{2\pi} \int_0^{\frac{1}{2}} \left(\frac{1}{2} + \sqrt{\frac{1}{4} - r^2} - r \right) r\,dr\,d\theta$$

$$= 2\pi \left(\frac{r^2}{4} + \frac{(-1)\left(\frac{1}{4} - r^2\right)^{\frac{3}{2}}}{3} - \frac{r^3}{3} \right) \Bigg|_{r=0}^{r=\frac{1}{2}} = \frac{\pi}{8}$$

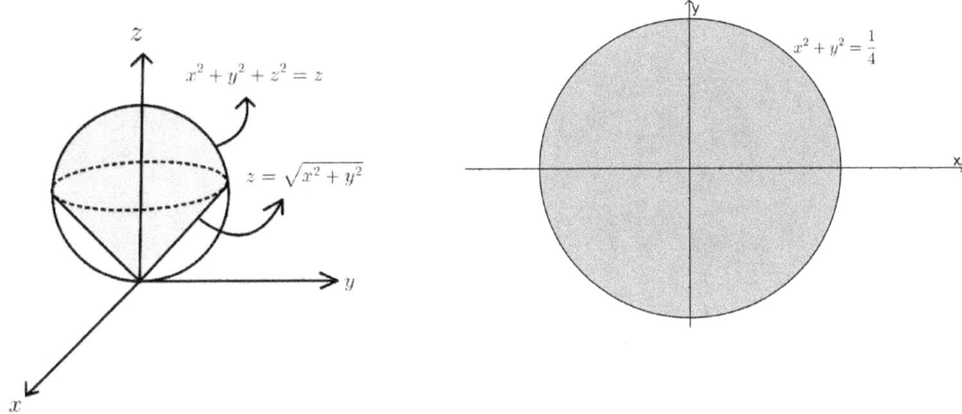

範例 28.

　　求由曲面 $z = x^2 + 8y^2$ 上方與 $z = 9 - y^2$ 下方所圍區域的體積

【解】

令 $R = \{(x, y): x^2 + 9y^2 \le 9\}$ 則 $V = \iint_R \int_{x^2+8y^2}^{9-y^2} dzdA = \iint_R 9 - x^2 - 9y^2 \, dxdy$

令 $x = 3r\cos\theta, y = r\sin\theta$ 則 $\{(x, y): x^2 + 9y^2 \le 9\} = \{(r, \theta): 0 \le r \le 1, 0 \le \theta \le 2\pi\}$

且 $dxdy = \left\|\begin{vmatrix} \dfrac{\partial x}{\partial r} & \dfrac{\partial x}{\partial \theta} \\ \dfrac{\partial y}{\partial r} & \dfrac{\partial y}{\partial \theta} \end{vmatrix}\right\| drd\theta = \left\|\begin{vmatrix} 2\cos\theta & -2r\sin\theta \\ \sin\theta & r\cos\theta \end{vmatrix}\right\| drd\theta = 2r \, drd\theta$

$\therefore \iint_R 9 - x^2 - 9y^2 \, dxdy = \int_0^{2\pi} \int_0^1 (9 - 9r^2) 2r \, drd\theta = 18 \int_0^{2\pi} d\theta \int_0^1 r - r^3 \, dr = 9\pi$

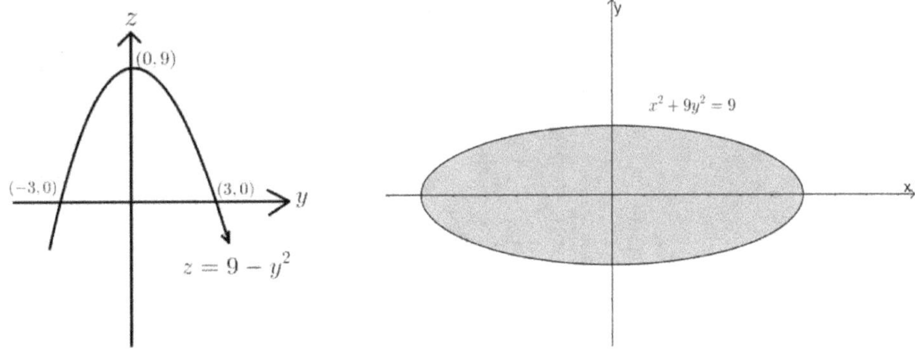

範例 29.

　　假設 V 為曲面 $z \ge x^2 + 8y^2, z \le 9 - y^2, x > 0, y > 0, z > 0$ 所圍區域

則 $\iiint_V xdxdydz = ?$

【解】

令 $R = \{(x,y): x^2 + 9y^2 \le 9, x > 0, y > 0\}$

則 $\iiint_V xdxdydz = \iint_R \int_{x^2+8y^2}^{9-y^2} xdzdA = \iint_R x(9 - x^2 - 9y^2)dxdy$

令 $x = 3r\cos\theta, y = r\sin\theta$

則 $\{(x,y): x^2 + 9y^2 \le 9, x > 0, y > 0\} = \{(r,\theta): 0 \le r \le 1, 0 \le \theta \le \frac{\pi}{2}\}$

且 $dxdy = \left\|\begin{vmatrix} \dfrac{\partial x}{\partial r} & \dfrac{\partial x}{\partial \theta} \\ \dfrac{\partial y}{\partial r} & \dfrac{\partial y}{\partial \theta} \end{vmatrix}\right\| drd\theta = \left\|\begin{vmatrix} 2\cos\theta & -2r\sin\theta \\ \sin\theta & r\cos\theta \end{vmatrix}\right\| drd\theta = 2rdrd\theta$

$\therefore \iint_R x(9 - x^2 - 9y^2)dxdy = \int_0^{\frac{\pi}{2}} 3r\cos\theta \int_0^1 (9 - 9r^2)2rdrd\theta$

$= 54 \int_0^{\frac{\pi}{2}} \cos\theta \, d\theta \int_0^1 r^2 - r^4 dr = \dfrac{36}{5}$

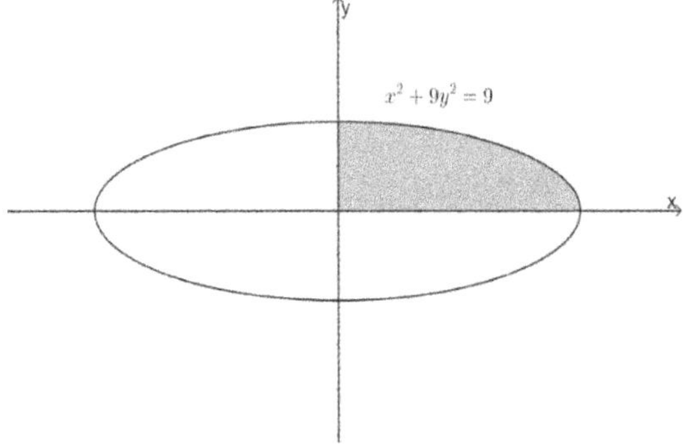

範例 30.

　　求由曲面 $z = 8 - 2y$ 下方與 $z = x^2 + y^2$ 上方所圍區域的體積

【解】

令 $R = \{(x,y): x^2 + (y+1)^2 \le 9\}$

則 $V = \iint_R \int_{x^2+y^2}^{8-2y} dzdA = \iint_{x^2+(y+1)^2 \le 9} 9 - x^2 - (y+1)^2 dxdy$

令 $x = 3r\cos\theta, y = -1 + 3r\sin\theta$

則 $\{(x,y): x^2 + (y+1)^2 \leq 9\} = \{(r,\theta): 0 \leq r \leq 1, 0 \leq \theta \leq 2\pi\}$

且 $dxdy = \left\|\begin{vmatrix} \dfrac{\partial x}{\partial r} & \dfrac{\partial x}{\partial \theta} \\ \dfrac{\partial y}{\partial r} & \dfrac{\partial y}{\partial \theta} \end{vmatrix}\right\| drd\theta = \left\|\begin{vmatrix} 3\cos\theta & 3r\sin\theta \\ 3\sin\theta & 3r\cos\theta \end{vmatrix}\right\| drd\theta = 9rdrd\theta$

$\therefore \iint_{x^2+(y+1)^2 \leq 9} 9 - x^2 - (y+1)^2 dxdy = \int_0^{2\pi} \int_0^1 (9 - 9r^2)9rdrd\theta = 81\int_0^{2\pi} d\theta \int_0^1 r - r^3 dr$

$= \dfrac{81\pi}{2}$

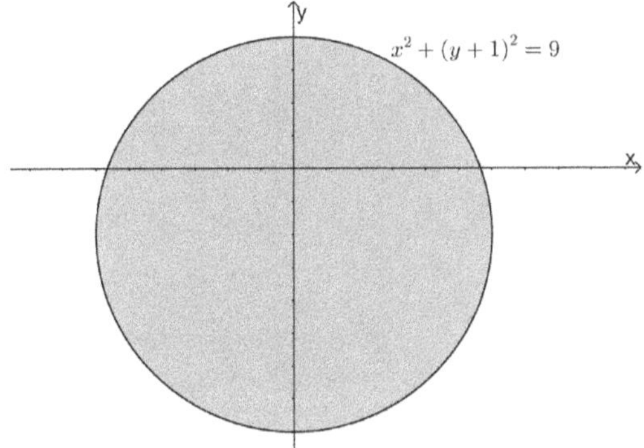

範例 31.

　　假設 V 為曲面 $z \leq 8 - 2y, \ z \geq x^2 + y^2, \ x > 0, \ y > 0, \ z > 0$ 所圍區域

　　求 $\iiint_V xdxdydz = ?$

【解】

令 $R = \{(x,y): x^2 + (y+1)^2 \leq 9, x > 0, y > 0\}$

則 $\iiint_V xdxdydz = \iint_R \int_{x^2+y^2}^{8-2y} dzdA = \iint_R x(9 - x^2 - (y+1)^2)dxdy$

令 $x = 3r\cos\theta, y = -1 + 3r\sin\theta$

則 $\{(x,y): x^2 + (y+1)^2 \leq 9\} = \{(r,\theta): 0 \leq r \leq 1, 0 \leq \theta \leq \dfrac{\pi}{2}\}$

且 $dxdy = \left\|\begin{vmatrix} \dfrac{\partial x}{\partial r} & \dfrac{\partial x}{\partial \theta} \\ \dfrac{\partial y}{\partial r} & \dfrac{\partial y}{\partial \theta} \end{vmatrix}\right\| drd\theta = \left\|\begin{vmatrix} 3\cos\theta & 3r\sin\theta \\ 3\sin\theta & 3r\cos\theta \end{vmatrix}\right\| drd\theta = 9rdrd\theta$

$$\therefore \iint_{x^2+(y+1)^2\leq 9,\,x>0,\,y>0} x(9-x^2-(y+1)^2)dxdy = \int_0^{\frac{\pi}{2}} 3r\cos\theta \int_0^1 (9-9r^2)9r\,dr\,d\theta$$

$$= 243 \int_0^{\frac{\pi}{2}} \cos\theta\, d\theta \int_0^1 r^2 - r^4 dr = \frac{162}{5}$$

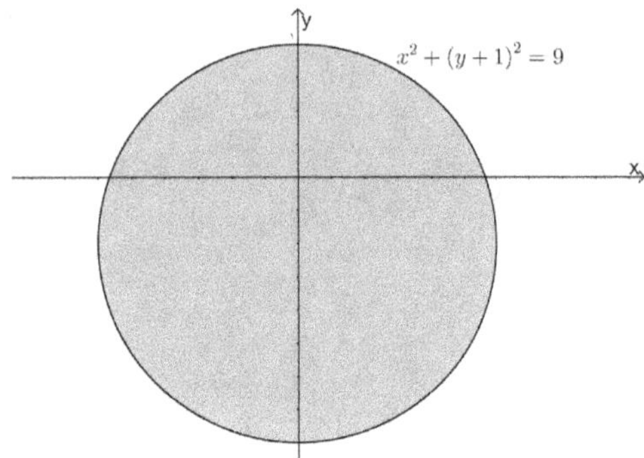

範例 32.

$$求 \int_0^1 \int_0^{\sqrt{1-x^2}} \int_0^1 \tan^{-1}\sqrt{x^2+y^2}\, dz\,dy\,dx = ?$$

【解】

令 $x = r\cos\theta$, $y = r\sin\theta$

則 $\{(x,y): 0 \leq x \leq 1, 0 \leq y \leq \sqrt{1-x^2}\} = \{(r,\theta): 0 \leq r \leq 1, 0 \leq \theta \leq \frac{\pi}{2}\}$

$$且\ dxdy = \left\| \begin{vmatrix} \dfrac{\partial x}{\partial r} & \dfrac{\partial x}{\partial \theta} \\ \dfrac{\partial y}{\partial r} & \dfrac{\partial y}{\partial \theta} \end{vmatrix} \right\| drd\theta = \left\| \begin{vmatrix} \cos\theta & -r\sin\theta \\ \sin\theta & r\cos\theta \end{vmatrix} \right\| drd\theta = rdrd\theta$$

$$\therefore \int_0^1 \int_0^{\sqrt{1-x^2}} \int_0^1 \tan^{-1}\sqrt{x^2+y^2}\, dz\,dy\,dx = \int_0^1 \int_0^{\frac{\pi}{2}} r\tan^{-1} r\, d\theta\,dr = \int_0^{\frac{\pi}{2}} d\theta \int_0^1 r\tan^{-1} r\, dr$$

令 $u = \tan^{-1} r$, $dv = rdr$ 則 $du = \dfrac{dr}{1+r^2}$, $v = \dfrac{r^2}{2}$, 藉由分部積分法

$$則 \int r\tan^{-1} r\, dr = \frac{r^2}{2}\tan^{-1} r - \frac{1}{2}\int \frac{r^2 dr}{1+r^2} = \frac{r^2}{2}\tan^{-1} r - \frac{1}{2}\int \frac{1+r^2-1 dr}{1+r^2}$$

$$= \frac{r^2}{2}\tan^{-1} r - \frac{r}{2} + \frac{1}{2}\tan^{-1} r + c$$

$$\therefore \int_0^1 \int_0^{\sqrt{1-x^2}} \int_0^1 \tan^{-1}\sqrt{x^2+y^2}\, dzdydx = \int_0^{\frac{\pi}{2}} d\theta \int_0^1 r\tan^{-1} r\, dr = \frac{\pi}{2}\left(\frac{\pi}{4}-\frac{1}{2}\right)$$

8.4.3　使用球座標轉換求三重積分

使用球座標轉換的時機為三維空間的積分區域 V 出現 $x^2+y^2+z^2$

考試類型:

題型 1.

假設 $V = \{(x,y,z): x^2+y^2+z^2 \le a\},\ a > 0,\ \ 求 \iiint_V f(x,y,z)dV =?$

解題流程:

Step1.

令 $x = \rho\sin\varphi\cos\theta\,,\, y = \rho\sin\varphi\sin\theta\,,\, z = \rho\cos\varphi$

$$則\, dxdydz = \begin{Vmatrix} \dfrac{\partial x}{\partial\rho} & \dfrac{\partial x}{\partial\varphi} & \dfrac{\partial x}{\partial\theta} \\[2mm] \dfrac{\partial y}{\partial\rho} & \dfrac{\partial y}{\partial\varphi} & \dfrac{\partial y}{\partial\theta} \\[2mm] \dfrac{\partial z}{\partial\rho} & \dfrac{\partial z}{\partial\varphi} & \dfrac{\partial z}{\partial\theta} \end{Vmatrix} d\rho d\varphi d\theta$$

$$= \begin{Vmatrix} \sin\varphi\cos\theta & \rho\cos\varphi\cos\theta & -\rho\sin\varphi\sin\theta \\ \sin\varphi\sin\theta & \rho\cos\varphi\sin\theta & -\rho\sin\varphi\cos\theta \\ \cos\varphi & -\rho\sin\varphi & 0 \end{Vmatrix} d\rho d\varphi d\theta = \rho^2\sin\varphi\, d\rho d\varphi d\theta$$

其中 $\{(\rho,\varphi,\theta): 0 \le \rho \le a, 0 \le \varphi \le \pi, 0 \le \theta \le 2\pi\}$

Step2.

$$\iiint_V f(x,y,z)dV = \int_0^\pi \int_0^{2\pi} \int_0^a f(\rho\sin\varphi\cos\theta\,,\,\rho\sin\varphi\sin\theta\,,\,\rho\cos\varphi)\rho^2\sin\varphi\, d\rho d\theta d\varphi$$

Step3.

$$求\ \int_0^\pi \int_0^{2\pi} \int_0^a f(\rho\sin\varphi\cos\theta\,,\,\rho\sin\varphi\sin\theta\,,\,\rho\cos\varphi)\rho^2\sin\varphi\, d\rho d\theta d\varphi =?$$

<u>範例說明:</u>

求 $\iiint_V f(x,y,z)dV = ?$, $V = \{(x,y,z): x^2 + y^2 + z^2 \le a\}$, $a > 0$

令 $x = \rho\sin\varphi\cos\theta$, $y = \rho\sin\varphi\sin\theta$, $z = \rho\cos\varphi$ 則 $dxdydz = \rho^2\sin\varphi\,d\rho d\varphi d\theta$

其中 $0 \le \rho \le a$, $0 \le \varphi \le \pi$, $0 \le \theta \le 2\pi$

$$\iiint_V f(x,y,z)dV = \int_0^\pi \int_0^{2\pi} \int_0^a f(\rho\sin\varphi\cos\theta,\rho\sin\varphi\sin\theta,\rho\cos\varphi)\rho^2\sin\varphi\,d\rho d\theta d\varphi$$

(I) 當 $f(x,y,z) = \dfrac{1}{\sqrt{x^2 + y^2 + z^2}}$,

$$\iiint_V \frac{1}{\sqrt{x^2 + y^2 + z^2}}dV = \int_0^\pi \int_0^{2\pi} \int_0^a \rho\sin\varphi\,d\rho d\theta d\varphi$$

(II) 當 $f(x,y,z) = \dfrac{z^2}{\sqrt{x^2 + y^2 + z^2}}$,

$$\iiint_V \frac{z^2}{\sqrt{x^2 + y^2 + z^2}}dV = \int_0^\pi \int_0^{2\pi} \int_0^a \frac{\rho^2\cos^2\varphi\,\rho^2\sin\varphi}{\rho}d\rho d\theta d\varphi$$

(III) 當 $f(x,y,z) = \sqrt{1 - (x^2 + y^2 + z^2)}$,

$$\iiint_V \sqrt{1 - (x^2 + y^2 + z^2)}dV = \int_0^\pi \int_0^{2\pi} \int_0^a \sqrt{1 - \rho^2}\rho^2\sin\varphi\,d\rho d\theta d\varphi$$

(IV) 當 $f(x,y,z) = \dfrac{1}{\sqrt{1 - (x^2 + y^2 + z^2)}}$,

$$\iiint_V \frac{1}{\sqrt{1 - (x^2 + y^2 + z^2)}}dV = \int_0^\pi \int_0^{2\pi} \int_0^a \frac{\rho^2}{\sqrt{1 - \rho^2}}\sin\varphi\,d\rho d\theta d\varphi$$

(V) 當 $f(x,y,z) = xyz$,

$$\iiint_V xyz\,dV = \int_0^\pi \sin^3\varphi\cos\varphi\,d\varphi \int_0^{2\pi} \cos\theta\sin\theta\,d\theta \int_0^a \rho^5 d\rho$$

(VI) 當 $f(x,y,z) = (x^2 + y^2 + z^2)^{\frac{3}{2}}$,

$$\iiint_V (x^2 + y^2 + z^2)^{\frac{3}{2}}dV = \int_0^\pi \int_0^{2\pi} \int_0^a (\rho^2)^{\frac{3}{2}}\rho^2\sin\varphi\,d\rho d\theta d\varphi$$

(VII) 當 $f(x, y, z) = \dfrac{\cos\sqrt{x^2 + y^2 + z^2}}{x^2 + y^2 + z^2}$,

$$\iiint_V \frac{\cos\sqrt{x^2 + y^2 + z^2}}{x^2 + y^2 + z^2}\, dV = \int_0^\pi \int_0^{2\pi} \int_0^a \frac{\cos\rho}{\rho^2}\, \rho^2 \sin\varphi\, d\rho d\theta d\varphi$$

範例 1.

    (1) 求由曲面 $x^{\frac{2}{3}} + y^{\frac{2}{3}} + z^{\frac{2}{3}} = r^2$ 圍成區域的體積

    (2) 求由曲面 $x^2 + 2y^2 + 3z^2 = 4$ 圍成區域的體積

【解】

(1)

令 $x = u^3,\ y = v^3,\ z = s^3$

則 $dxdydz = \begin{Vmatrix} \dfrac{\partial x}{\partial u} & \dfrac{\partial x}{\partial v} & \dfrac{\partial x}{\partial s} \\ \dfrac{\partial y}{\partial u} & \dfrac{\partial y}{\partial v} & \dfrac{\partial y}{\partial s} \\ \dfrac{\partial z}{\partial u} & \dfrac{\partial z}{\partial v} & \dfrac{\partial z}{\partial s} \end{Vmatrix} dudvds = \begin{Vmatrix} 3u^2 & 0 & 0 \\ 0 & 3v^2 & 0 \\ 0 & 0 & 3s^2 \end{Vmatrix} = 27u^2v^2s^2\, dudvds$

$\therefore\ V = \iiint_{x^{\frac{2}{3}}+y^{\frac{2}{3}}+z^{\frac{2}{3}} \leq r^2} dxdydz = \iiint_{u^2+v^2+s^2 \leq r^2} 27u^2v^2s^2\, dudvds$

令 $u = \rho\sin\varphi\cos\theta,\, v = \rho\sin\varphi\sin\theta,\, s = \rho\cos\varphi$ 則

$$dudvds = \begin{Vmatrix} \dfrac{\partial u}{\partial \rho} & \dfrac{\partial u}{\partial \varphi} & \dfrac{\partial u}{\partial \theta} \\ \dfrac{\partial v}{\partial \rho} & \dfrac{\partial v}{\partial \varphi} & \dfrac{\partial v}{\partial \theta} \\ \dfrac{\partial s}{\partial \rho} & \dfrac{\partial s}{\partial \varphi} & \dfrac{\partial s}{\partial \theta} \end{Vmatrix} d\rho d\varphi d\theta$$

$$= \begin{Vmatrix} \sin\varphi\cos\theta & \rho\cos\varphi\cos\theta & -\rho\sin\varphi\sin\theta \\ \sin\varphi\sin\theta & \rho\cos\varphi\sin\theta & -\rho\sin\varphi\cos\theta \\ \cos\varphi & -\rho\sin\varphi & 0 \end{Vmatrix} d\rho d\varphi d\theta = \rho^2 \sin\varphi\, d\rho d\varphi d\theta$$

且 $\{(u, v, s): u^2 + v^2 + s^2 \leq r^2\} = \{(\rho, \varphi, \theta): 0 \leq \rho \leq r, 0 \leq \varphi \leq \pi, 0 \leq \theta \leq 2\pi\}$

$$\therefore \iiint_{u^2+v^2+s^2\leq r^2} 27u^2v^2s^2\,dudvds$$

$$= \int_0^\pi \int_0^{2\pi} \int_0^r 27(\rho \sin\varphi \cos\theta)^2(\rho\sin\varphi\sin\theta)^2(\rho\cos\varphi)^2\rho^2\sin\varphi\,d\rho d\theta d\varphi$$

$$= 27\int_0^\pi \sin^5\varphi \cos^2\varphi\,d\varphi \int_0^{2\pi}\cos^2\theta\sin^2\theta d\theta \int_0^r \rho^8 d\rho$$

$$\because \int_0^\pi \sin^5\varphi\cos^2\varphi\,d\varphi = \int_0^\pi \sin\varphi\,(1-\cos^2\varphi)^2\cos^2\varphi\,d\varphi$$

$$= \left(\frac{(-1)\cos^3\varphi}{3} + \frac{2\cos^5\varphi}{5} + \frac{(-1)\cos^7\varphi}{7}\right)\Bigg|_0^\pi = \frac{16}{105}$$

$$\text{且} \int_0^{2\pi}\cos^2\theta\sin^2\theta d\theta = \int_0^{2\pi}\left(\frac{\sin 2\theta}{2}\right)^2 d\theta = \frac{1}{4}\int_0^{2\pi}\frac{1-\cos 4\theta}{2}d\theta = \frac{1}{4}\left(\frac{\theta}{2}-\frac{\sin 4\theta}{8}\right)\Bigg|_0^{2\pi} = \frac{\pi}{4}$$

$$\therefore V = 27\int_0^\pi \sin^5\varphi\cos^2\varphi\,d\varphi \int_0^{2\pi}\cos^2\theta\sin^2\theta d\theta \int_0^r \rho^8 d\rho = 27\cdot\frac{16}{105}\cdot\frac{\pi}{4}\cdot\frac{r^9}{9} = \frac{4\pi r^9}{35}$$

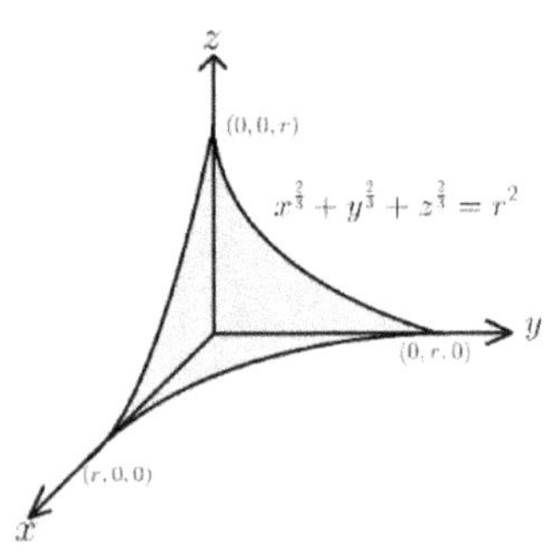

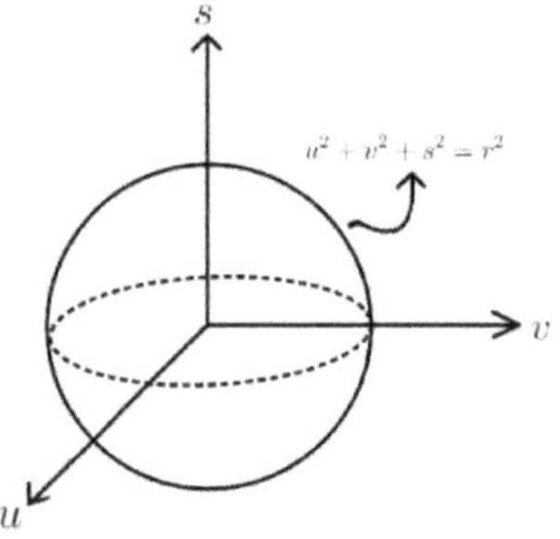

(2)

$$令 x = u, \quad y = \frac{v}{\sqrt{2}}, \quad z = \frac{s}{\sqrt{3}}$$

$$則\, dxdydz = \begin{Vmatrix} \dfrac{\partial x}{\partial u} & \dfrac{\partial x}{\partial v} & \dfrac{\partial x}{\partial s} \\[2mm] \dfrac{\partial y}{\partial u} & \dfrac{\partial y}{\partial v} & \dfrac{\partial y}{\partial s} \\[2mm] \dfrac{\partial z}{\partial u} & \dfrac{\partial z}{\partial v} & \dfrac{\partial z}{\partial s} \end{Vmatrix} dudvds = \begin{Vmatrix} 1 & 0 & 0 \\[1mm] 0 & \dfrac{1}{\sqrt{2}} & 0 \\[1mm] 0 & 0 & \dfrac{1}{\sqrt{3}} \end{Vmatrix} = \frac{1}{\sqrt{6}}dudvds$$

$$\therefore \iiint_{x^2+2y^2+3z^2\leq 4} dxdydz = \iiint_{u^2+v^2+s^2\leq 4} \frac{1}{\sqrt{6}}dudvds$$

令 $u = \rho \sin\varphi \cos\theta$, $v = \rho \sin\varphi \sin\theta$, $s = \rho \cos\varphi$ 則

$$dudvds = \begin{Vmatrix} \dfrac{\partial u}{\partial \rho} & \dfrac{\partial u}{\partial \varphi} & \dfrac{\partial u}{\partial \theta} \\[6pt] \dfrac{\partial v}{\partial \rho} & \dfrac{\partial v}{\partial \varphi} & \dfrac{\partial v}{\partial \theta} \\[6pt] \dfrac{\partial s}{\partial \rho} & \dfrac{\partial s}{\partial \varphi} & \dfrac{\partial s}{\partial \theta} \end{Vmatrix} d\rho d\varphi d\theta$$

$$= \begin{Vmatrix} \sin\varphi \cos\theta & \rho\cos\varphi \cos\theta & -\rho\sin\varphi \sin\theta \\ \sin\varphi \sin\theta & \rho\cos\varphi \sin\theta & -\rho\sin\varphi \cos\theta \\ \cos\varphi & -\rho\sin\varphi & 0 \end{Vmatrix} d\rho d\varphi d\theta = \rho^2 \sin\varphi \, d\rho d\varphi d\theta$$

且 $\{(u,v,s): u^2 + v^2 + s^2 \le 4\} = \{(\rho,\varphi,\theta): 0 \le \rho \le 2, 0 \le \varphi \le \pi, 0 \le \theta \le 2\pi\}$

$$\therefore \iiint_{u^2+v^2+s^2\le 4} \frac{1}{\sqrt{6}} dudvds = \frac{1}{\sqrt{6}} \int_0^{\pi} \sin\varphi \, d\varphi \int_0^{2\pi} d\theta \int_0^2 \rho^2 d\rho = \frac{32\pi}{3\sqrt{6}}$$

範例 2.

$$求 \quad \int_0^1 \int_0^{\sqrt{1-x^2}} \int_0^{\sqrt{1-(x^2+y^2)}} x^2 + y^2 + z^2 dzdydx = ?$$

【解】

令 $x = \rho \sin\varphi \cos\theta$, $y = \rho \sin\varphi \sin\theta$, $z = \rho \cos\varphi$

$$則 \quad dxdydz = \begin{Vmatrix} \dfrac{\partial x}{\partial \rho} & \dfrac{\partial x}{\partial \varphi} & \dfrac{\partial x}{\partial \theta} \\[6pt] \dfrac{\partial y}{\partial \rho} & \dfrac{\partial y}{\partial \varphi} & \dfrac{\partial y}{\partial \theta} \\[6pt] \dfrac{\partial z}{\partial \rho} & \dfrac{\partial z}{\partial \varphi} & \dfrac{\partial z}{\partial \theta} \end{Vmatrix} d\rho d\varphi d\theta$$

$$= \begin{Vmatrix} \sin\varphi \cos\theta & \rho\cos\varphi \cos\theta & -\rho\sin\varphi \sin\theta \\ \sin\varphi \sin\theta & \rho\cos\varphi \sin\theta & -\rho\sin\varphi \cos\theta \\ \cos\varphi & -\rho\sin\varphi & 0 \end{Vmatrix} d\rho d\varphi d\theta = \rho^2 \sin\varphi \, d\rho d\varphi d\theta$$

令 $R = \{(\rho,\varphi,\theta): 0 \le \rho \le 1, 0 \le \varphi \le \dfrac{\pi}{2}, 0 \le \theta \le \dfrac{\pi}{2}\}$

$$則 \quad \int_0^1 \int_0^{\sqrt{1-x^2}} \int_0^{\sqrt{1-(x^2+y^2)}} x^2 + y^2 + z^2 dzdydx = \iiint_R \rho^4 \sin\varphi \, dV$$

$$= \left(\left. \frac{\rho^5}{5} \right|_0^1 \right) \int_0^{\frac{\pi}{2}} \sin \varphi \, d\varphi \int_0^{\frac{\pi}{2}} d\theta = \frac{\pi}{10}$$

範例 3.

$$求 \int_{-2}^{2} \int_{-\sqrt{4-x^2}}^{\sqrt{4-x^2}} \int_0^{\sqrt{4-(x^2+y^2)}} z^2 \sqrt{x^2 + y^2 + z^2} \, dzdydx = ?$$

【解】

令 $x = \rho \sin \varphi \cos \theta$, $y = \rho \sin \varphi \sin \theta$, $z = \rho \cos \varphi$

$$則 \ dxdydz = \begin{Vmatrix} \dfrac{\partial x}{\partial \rho} & \dfrac{\partial x}{\partial \varphi} & \dfrac{\partial x}{\partial \theta} \\[2mm] \dfrac{\partial y}{\partial \rho} & \dfrac{\partial y}{\partial \varphi} & \dfrac{\partial y}{\partial \theta} \\[2mm] \dfrac{\partial z}{\partial \rho} & \dfrac{\partial z}{\partial \varphi} & \dfrac{\partial z}{\partial \theta} \end{Vmatrix} d\rho d\varphi d\theta$$

$$= \begin{Vmatrix} \sin \varphi \cos \theta & \rho \cos \varphi \cos \theta & -\rho \sin \varphi \sin \theta \\ \sin \varphi \sin \theta & \rho \cos \varphi \sin \theta & -\rho \sin \varphi \cos \theta \\ \cos \varphi & -\rho \sin \varphi & 0 \end{Vmatrix} d\rho d\varphi d\theta = \rho^2 \sin \varphi \, d\rho d\varphi d\theta$$

令 $R = \left\{ (\rho, \varphi, \theta) : 0 \le \rho \le 2, 0 \le \varphi \le \frac{\pi}{2}, 0 \le \theta \le 2\pi \right\}$

$$則 \int_{-2}^{2} \int_{-\sqrt{4-x^2}}^{\sqrt{4-x^2}} \int_0^{\sqrt{4-(x^2+y^2)}} z^2 \sqrt{x^2 + y^2 + z^2} \, dzdydx = \iiint_R \rho^3 \cos^2 \varphi \, \rho^2 \sin \varphi \, dV$$

$$= \left(\left. \frac{\rho^6}{6} \right|_0^2 \right) \int_0^{\frac{\pi}{2}} \cos^2 \varphi \sin \varphi \, d\varphi \int_0^{2\pi} d\theta = \frac{64}{6} \cdot \frac{1}{3} \cdot 2\pi = \frac{64\pi}{9}$$

範例 4.

$$假設 \ V = \left\{ (x,y,z) : \frac{x^2}{a^2} + \frac{y^2}{b^2} + \frac{z^2}{c^2} \le 1 \right\}, \quad 求 \iiint_V x^2 y^2 \, dxdydz = ?$$

【解】

令 $x = a\rho \sin \varphi \cos \theta$, $y = b\rho \sin \varphi \sin \theta$, $z = c\rho \cos \varphi$

$$\text{則 } dxdydz = \begin{Vmatrix} \dfrac{\partial x}{\partial \rho} & \dfrac{\partial x}{\partial \varphi} & \dfrac{\partial x}{\partial \theta} \\[2mm] \dfrac{\partial y}{\partial \rho} & \dfrac{\partial y}{\partial \varphi} & \dfrac{\partial y}{\partial \theta} \\[2mm] \dfrac{\partial z}{\partial \rho} & \dfrac{\partial z}{\partial \varphi} & \dfrac{\partial z}{\partial \theta} \end{Vmatrix} d\rho d\varphi d\theta$$

$$= abc \begin{Vmatrix} \sin\varphi\cos\theta & \rho\cos\varphi\cos\theta & -\rho\sin\varphi\sin\theta \\ \sin\varphi\sin\theta & \rho\cos\varphi\sin\theta & -\rho\sin\varphi\cos\theta \\ \cos\varphi & -\rho\sin\varphi & 0 \end{Vmatrix} d\rho d\varphi d\theta = abc\rho^2\sin\varphi\, d\rho d\varphi d\theta$$

令 $R = \{(\rho,\varphi,\theta): 0 \le \rho \le 1, 0 \le \varphi \le \pi, 0 \le \theta \le 2\pi\}$

則 $\displaystyle\iiint_V x^2 y^2\, dxdydz = a^3 b^3 c \iiint_R \rho^6 \sin^5\varphi \sin^2\theta \cos^2\theta\, dV$

$$= a^3 b^3 c \int_0^\pi \int_0^{2\pi} \int_0^1 \rho^6 \sin^5\varphi \sin^2\theta \cos^2\theta\, d\rho d\theta d\varphi$$

$$= a^3 b^3 c \left(\left.\frac{\rho^7}{7}\right|_0^1\right) \int_0^\pi \sin^5\varphi\, d\varphi \int_0^{2\pi} \sin^2\theta \cos^2\theta\, d\theta$$

$$\because \int_0^\pi \sin^5\varphi\, d\varphi = \frac{4}{5}\cdot\frac{2}{3}\cdot \int_0^\pi \sin\varphi\, d\varphi = \frac{16}{15}$$

$$\int_0^{2\pi} \sin^2\theta \cos^2\theta\, d\theta = \int_0^{2\pi} \left(\frac{\sin 2\theta}{2}\right)^2 d\theta = \int_0^{2\pi} \frac{1-\cos 4\theta}{8}\, d\theta = \frac{\pi}{4}$$

$$\therefore \iiint_V x^2 y^2\, dxdydz = \frac{4\pi a^3 b^3 c}{105}$$

範例 5.

假設 R 為曲面 $x^2 + 2y^2 + 3z^2 = 4$ 與 $z > 0$ 圍成的區域，求 $\displaystyle\iiint_R z\,dV = ?$

【解】

令 $x = u, y = \dfrac{v}{\sqrt{2}}, z = \dfrac{s}{\sqrt{3}}$

$$\text{則}\, dxdydz = \left\| \begin{matrix} \dfrac{\partial x}{\partial u} & \dfrac{\partial x}{\partial v} & \dfrac{\partial x}{\partial s} \\ \dfrac{\partial y}{\partial u} & \dfrac{\partial y}{\partial v} & \dfrac{\partial y}{\partial s} \\ \dfrac{\partial z}{\partial u} & \dfrac{\partial z}{\partial v} & \dfrac{\partial z}{\partial s} \end{matrix} \right\| dudvds = \left\| \begin{matrix} 1 & 0 & 0 \\ 0 & \dfrac{1}{\sqrt{2}} & 0 \\ 0 & 0 & \dfrac{1}{\sqrt{3}} \end{matrix} \right\| = \frac{1}{\sqrt{6}}\, dudvds$$

$$\therefore \iiint_{x^2+2y^2+3z^2\leq 4} zdxdydz = \frac{1}{3\sqrt{2}} \iiint_{u^2+v^2+s^2\leq 4} sdudvds$$

$\text{令}\, u = \rho \sin\varphi \cos\theta,\, v = \rho \sin\varphi \sin\theta,\, s = \rho\cos\varphi\ \ \text{則}$

$$dudvds = \left\| \begin{matrix} \dfrac{\partial u}{\partial \rho} & \dfrac{\partial u}{\partial \varphi} & \dfrac{\partial u}{\partial \theta} \\ \dfrac{\partial v}{\partial \rho} & \dfrac{\partial v}{\partial \varphi} & \dfrac{\partial v}{\partial \theta} \\ \dfrac{\partial s}{\partial \rho} & \dfrac{\partial s}{\partial \varphi} & \dfrac{\partial s}{\partial \theta} \end{matrix} \right\| d\rho d\varphi d\theta$$

$$= \left\| \begin{matrix} \sin\varphi\cos\theta & \rho\cos\varphi\cos\theta & -\rho\sin\varphi\sin\theta \\ \sin\varphi\sin\theta & \rho\cos\varphi\sin\theta & -\rho\sin\varphi\cos\theta \\ \cos\varphi & -\rho\sin\varphi & 0 \end{matrix} \right\| d\rho d\varphi d\theta = \rho^2 \sin\varphi\, d\rho d\varphi d\theta$$

$$\text{且}\{(u,v,s): u^2+v^2+s^2\leq 4, s>0\} = \{(\rho,\varphi,\theta): 0\leq\rho\leq 2, 0\leq\varphi\leq\frac{\pi}{2}, 0\leq\theta\leq 2\pi\}$$

$$\therefore \frac{1}{3\sqrt{2}} \iiint_{u^2+v^2+s^2\leq 4} sdudvds = \frac{1}{\sqrt{6}} \int_0^{\frac{\pi}{2}} \sin\varphi\cos\varphi\, d\varphi \int_0^{2\pi} d\theta \int_0^2 \rho^3 d\rho$$

$$= \frac{\pi}{\sqrt{6}} \int_0^{\frac{\pi}{2}} \sin 2\varphi\, d\varphi \cdot \left.\frac{\rho^4}{4}\right|_0^2 = \frac{\pi}{2\sqrt{6}} \cdot (-\cos 2\varphi)\Big|_0^{\frac{\pi}{2}} \cdot 4 = \frac{4\pi}{\sqrt{6}}$$

範例 6.

$$\text{試求}\int_{-\infty}^{\infty} \int_{-\infty}^{\infty} \int_{-\infty}^{\infty} e^{-(x^2+y^2+z^2)} dxdydz = ?$$

【解】

$\text{令}\, x = \rho\sin\varphi\cos\theta,\, y = \rho\sin\varphi\sin\theta,\, z = \rho\cos\varphi$

$$\text{則 } dxdydz = \begin{Vmatrix} \dfrac{\partial x}{\partial \rho} & \dfrac{\partial x}{\partial \varphi} & \dfrac{\partial x}{\partial \theta} \\[2mm] \dfrac{\partial y}{\partial \rho} & \dfrac{\partial y}{\partial \varphi} & \dfrac{\partial y}{\partial \theta} \\[2mm] \dfrac{\partial z}{\partial \rho} & \dfrac{\partial z}{\partial \varphi} & \dfrac{\partial z}{\partial \theta} \end{Vmatrix} d\rho d\varphi d\theta$$

$$= \begin{Vmatrix} \sin\varphi\cos\theta & \rho\cos\varphi\cos\theta & -\rho\sin\varphi\sin\theta \\ \sin\varphi\sin\theta & \rho\cos\varphi\sin\theta & -\rho\sin\varphi\cos\theta \\ \cos\varphi & -\rho\sin\varphi & 0 \end{Vmatrix} d\rho d\varphi d\theta = \rho^2 \sin\varphi \, d\rho d\varphi d\theta$$

令 $R = \{(\rho, \varphi, \theta): 0 \le \rho \le 1, 0 \le \varphi \le \pi, 0 \le \theta \le 2\pi\}$

$$\text{則 } \int_{-\infty}^{\infty}\int_{-\infty}^{\infty}\int_{-\infty}^{\infty} e^{-(x^2+y^2+z^2)} dxdydz = \iiint_R e^{-\rho^2} \rho^2 \sin\varphi \, d\rho d\theta d\varphi$$

$$= \int_0^{\pi}\int_0^{2\pi}\int_0^{\infty} e^{-\rho^2}\rho^2 \sin\varphi \, d\rho d\theta d\varphi = \int_0^{\pi} \sin\varphi \int_0^{2\pi} d\theta \int_0^{\infty} e^{-\rho^2}\rho^2 d\rho$$

藉由 integration by parts

$$\int_0^{\infty} e^{-\rho^2}\rho^2 d\rho = \frac{-\rho}{2} e^{-\rho^2}\Big|_0^{\infty} + \frac{1}{2}\int_0^{\infty} e^{-\rho^2} d\rho = \frac{\sqrt{\pi}}{4}$$

$$\therefore \int_{-\infty}^{\infty}\int_{-\infty}^{\infty}\int_{-\infty}^{\infty} e^{-(x^2+y^2+z^2)} dxdydz = \int_0^{\pi} \sin\varphi \int_0^{2\pi} d\theta \int_0^{\infty} e^{-\rho^2}\rho^2 d\rho = 2(2\pi)\frac{\sqrt{\pi}}{4} = \pi\sqrt{\pi}$$

範例 7.

$$\text{試求 } \int_{-\infty}^{\infty}\int_{-\infty}^{\infty}\int_{-\infty}^{\infty} e^{-(x^2+2y^2+3z^2)} dxdydz =?$$

【解】

令 $x = \rho\sin\varphi\cos\theta$, $y = \dfrac{\rho\sin\varphi\sin\theta}{\sqrt{2}}$, $z = \dfrac{\rho\cos\varphi}{\sqrt{3}}$

$$\text{則 } dxdydz = \begin{Vmatrix} \dfrac{\partial x}{\partial \rho} & \dfrac{\partial x}{\partial \varphi} & \dfrac{\partial x}{\partial \theta} \\[2mm] \dfrac{\partial y}{\partial \rho} & \dfrac{\partial y}{\partial \varphi} & \dfrac{\partial y}{\partial \theta} \\[2mm] \dfrac{\partial z}{\partial \rho} & \dfrac{\partial z}{\partial \varphi} & \dfrac{\partial z}{\partial \theta} \end{Vmatrix} d\rho d\varphi d\theta$$

$$= \frac{1}{\sqrt{6}} \begin{Vmatrix} \sin\varphi\cos\theta & \rho\cos\varphi\cos\theta & -\rho\sin\varphi\sin\theta \\ \sin\varphi\sin\theta & \rho\cos\varphi\sin\theta & -\rho\sin\varphi\cos\theta \\ \cos\varphi & -\rho\sin\varphi & 0 \end{Vmatrix} d\rho d\varphi d\theta = \frac{\rho^2\sin\varphi\, d\rho d\varphi d\theta}{\sqrt{6}}$$

令 $R = \{(\rho,\varphi,\theta): 0 \le \rho \le 1, 0 \le \varphi \le \pi, 0 \le \theta \le 2\pi\}$

則 $\displaystyle\int_{-\infty}^{\infty}\int_{-\infty}^{\infty}\int_{-\infty}^{\infty} e^{-(x^2+2y^2+3z^2)}dxdydz = \frac{1}{\sqrt{6}}\iiint_R e^{-\rho^2}\rho^2\sin\varphi\, d\rho d\theta d\varphi$

$\displaystyle = \frac{1}{\sqrt{6}}\int_0^{\pi}\int_0^{2\pi}\int_0^{\infty} e^{-\rho^2}\rho^2\sin\varphi\, d\rho d\theta d\varphi = \frac{1}{\sqrt{6}}\int_0^{\pi}\sin\varphi\int_0^{2\pi}d\theta\int_0^{\infty}e^{-\rho^2}\rho^2 d\rho$

藉由 integration by parts

$$\int_0^{\infty} e^{-\rho^2}\rho^2 d\rho = \frac{-\rho}{2}e^{-\rho^2}\Big|_0^{\infty} + \frac{1}{2}\int_0^{\infty}e^{-\rho^2}d\rho = \frac{\sqrt{\pi}}{4}$$

$$\therefore \frac{1}{\sqrt{6}}\int_0^{\pi}\sin\varphi\int_0^{2\pi}d\theta\int_0^{\infty}e^{-\rho^2}\rho^2 d\rho = \frac{1}{\sqrt{6}}\cdot 2(2\pi)\frac{\sqrt{\pi}}{4} = \pi\sqrt{\frac{\pi}{6}}$$

範例 8.

(1) 假設 $V = \{(x,y,z): x^2+y^2+z^2 \le 1\}$, 求 $\displaystyle\iiint_V \frac{dV}{9-(x^2+y^2+z^2)} = ?$

(2) 假設 $V = \{(x,y,z): 1 \le x^2+y^2+z^2 \le 4, x \ge 0, y \ge 0\}$, 求 $\displaystyle\iiint_V (3x+2z)dV = ?$

【解】

(1)

令 $x = \rho\sin\varphi\cos\theta$, $y = \rho\sin\varphi\sin\theta$, $z = \rho\cos\varphi$

則 $dxdydz = \begin{Vmatrix} \dfrac{\partial x}{\partial \rho} & \dfrac{\partial x}{\partial \varphi} & \dfrac{\partial x}{\partial \theta} \\[2mm] \dfrac{\partial y}{\partial \rho} & \dfrac{\partial y}{\partial \varphi} & \dfrac{\partial y}{\partial \theta} \\[2mm] \dfrac{\partial z}{\partial \rho} & \dfrac{\partial z}{\partial \varphi} & \dfrac{\partial z}{\partial \theta} \end{Vmatrix} d\rho d\varphi d\theta$

$$= \begin{Vmatrix} \sin\varphi\cos\theta & \rho\cos\varphi\cos\theta & -\rho\sin\varphi\sin\theta \\ \sin\varphi\sin\theta & \rho\cos\varphi\sin\theta & -\rho\sin\varphi\cos\theta \\ \cos\varphi & -\rho\sin\varphi & 0 \end{Vmatrix} d\rho d\varphi d\theta = \rho^2\sin\varphi\, d\rho d\varphi d\theta$$

令 $R = \{(\rho,\varphi,\theta): 0 \le \rho \le 1, 0 \le \varphi \le \pi, 0 \le \theta \le 2\pi\}$

則 $\displaystyle\iiint_V \frac{dV}{9-(x^2+y^2+z^2)} = \iiint_R \frac{\rho^2 \sin\varphi}{9-\rho^2}\, d\rho d\theta d\varphi = \int_0^\pi \int_0^{2\pi} \int_0^1 \frac{\rho^2 \sin\varphi}{9-\rho^2}\, d\rho d\theta d\varphi$

$\displaystyle = \int_0^\pi \sin\varphi\, d\varphi \int_0^{2\pi} d\theta \int_0^1 \frac{\rho^2}{9-\rho^2}\, d\rho = 2(2\pi)\left(\frac{3}{2}\ln\left|\frac{3+\rho}{3-\rho}\right| - \rho\right)\Bigg|_0^1 = 4\pi\left(\frac{3\ln 2}{2} - 1\right)$

(2)

令 $x = \rho\sin\varphi\cos\theta\,,\,y = \rho\sin\varphi\sin\theta\,,\,z = \rho\cos\varphi$

則 $\displaystyle dxdydz = \begin{Vmatrix} \dfrac{\partial x}{\partial\rho} & \dfrac{\partial x}{\partial\varphi} & \dfrac{\partial x}{\partial\theta} \\[2mm] \dfrac{\partial y}{\partial\rho} & \dfrac{\partial y}{\partial\varphi} & \dfrac{\partial y}{\partial\theta} \\[2mm] \dfrac{\partial z}{\partial\rho} & \dfrac{\partial z}{\partial\varphi} & \dfrac{\partial z}{\partial\theta} \end{Vmatrix}\, d\rho d\varphi d\theta$

$\displaystyle = \begin{Vmatrix} \sin\varphi\cos\theta & \rho\cos\varphi\cos\theta & -\rho\sin\varphi\sin\theta \\ \sin\varphi\sin\theta & \rho\cos\varphi\sin\theta & -\rho\sin\varphi\cos\theta \\ \cos\varphi & -\rho\sin\varphi & 0 \end{Vmatrix}\, d\rho d\varphi d\theta = \rho^2 \sin\varphi\, d\rho d\varphi d\theta$

令 $R = \{(\rho,\varphi,\theta): 1 \le \rho \le 2, 0 \le \varphi \le \pi, 0 \le \theta \le \dfrac{\pi}{2}\}$

則 $\displaystyle\iiint_V (3x+2z)dV = \iiint_R (3\rho\sin\varphi\cos\theta + 2\rho\cos\varphi)\rho^2 \sin\varphi\, d\rho d\theta d\varphi$

$\displaystyle = \int_0^\pi \int_0^{\frac{\pi}{2}} \int_1^2 (3\rho\sin\varphi\cos\theta + 2\rho\cos\varphi)\rho^2 \sin\varphi\, d\rho d\theta d\varphi$

$\displaystyle = \int_0^\pi \int_0^{\frac{\pi}{2}} \int_1^2 (3\rho^3 \sin^2\varphi\cos\theta + 2\rho^3 \cos\varphi\sin\varphi)\, d\rho d\theta d\varphi$

$\displaystyle = \int_0^\pi \int_0^{\frac{\pi}{2}} \sin^2\varphi\cos\theta\,\frac{3\rho^4}{4}\Bigg|_1^2 + \cos\varphi\sin\varphi\,\frac{\rho^4}{2}\Bigg|_1^2\, d\rho d\theta d\varphi$

$\displaystyle = \int_0^\pi \int_0^{\frac{\pi}{2}} \sin^2\varphi\cos\theta\left(\frac{45}{4}\right) + \cos\varphi\sin\varphi\left(\frac{15}{2}\right)\, d\theta d\varphi$

$\displaystyle = \int_0^\pi \sin^2\varphi\sin\theta\big|_{\theta=0}^{\theta=\frac{\pi}{2}}\left(\frac{45}{4}\right) + \left(\frac{\pi}{2}\right)\cos\varphi\sin\varphi\left(\frac{15}{2}\right)\, d\varphi$

$\displaystyle = \int_0^\pi \sin^2\varphi\left(\frac{45}{4}\right) + \left(\frac{\pi}{2}\right)\cos\varphi\sin\varphi\left(\frac{15}{2}\right)d\varphi = \frac{45}{4}\int_0^\pi \frac{1-\cos 2\varphi}{2}\, d\varphi + \frac{15\pi}{4}\int_0^\pi \cos\varphi\sin\varphi\, d\varphi$

$\displaystyle = \frac{45\pi}{8}$

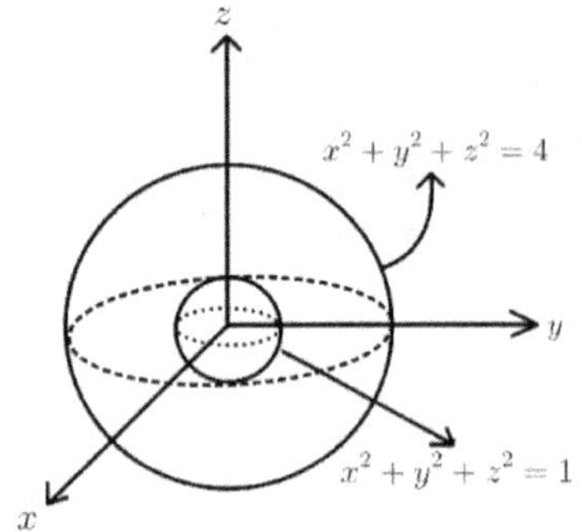

範例 9.

    (1)假設 $V = \{(x, y, z): 1 \leq x^2 + y^2 + z^2 \leq 9, x \geq 0, y \geq 0, z \geq 0\}$, 求 $\iiint_V zdV =$?

    (2)假設 $V = \{(x, y, z): 1 \leq x^2 + y^2 + z^2 \leq 3\}$, 求 $\iiint_V \dfrac{\cos \sqrt{x^2 + y^2 + z^2} \, dxdydz}{x^2 + y^2 + z^2} =$?

【解】

(1)

令 $x = \rho \sin \varphi \cos \theta \,, y = \rho \sin \varphi \sin \theta \,, z = \rho \cos \varphi$

則 $dxdydz = \begin{Vmatrix} \dfrac{\partial x}{\partial \rho} & \dfrac{\partial x}{\partial \varphi} & \dfrac{\partial x}{\partial \theta} \\ \dfrac{\partial y}{\partial \rho} & \dfrac{\partial y}{\partial \varphi} & \dfrac{\partial y}{\partial \theta} \\ \dfrac{\partial z}{\partial \rho} & \dfrac{\partial z}{\partial \varphi} & \dfrac{\partial z}{\partial \theta} \end{Vmatrix} d\rho d\varphi d\theta$

$$= \begin{Vmatrix} \sin \varphi \cos \theta & \rho\cos \varphi \cos \theta & -\rho\sin \varphi \sin \theta \\ \sin \varphi \sin \theta & \rho\cos \varphi \sin \theta & -\rho\sin \varphi \cos \theta \\ \cos \varphi & -\rho\sin \varphi & 0 \end{Vmatrix} d\rho d\varphi d\theta = \rho^2 \sin \varphi \, d\rho d\varphi d\theta$$

令 $R = \{(\rho, \varphi, \theta): 1 \leq \rho \leq 3, 0 \leq \varphi \leq \dfrac{\pi}{2}, 0 \leq \theta \leq \dfrac{\pi}{2}\}$

則 $\iiint_V zdV = \iiint_R \rho \cos \varphi \, \rho^2 \sin \varphi \, d\rho d\theta d\varphi = \int_0^{\frac{\pi}{2}} \int_0^{\frac{\pi}{2}} \int_1^3 \rho \cos \varphi \, \rho^2 \sin \varphi \, d\rho d\theta d\varphi$

$= \int_0^{\frac{\pi}{2}} \int_0^{\frac{\pi}{2}} \int_1^3 \rho^3 \cos \varphi \sin \varphi \, d\rho d\theta d\varphi = \int_0^{\frac{\pi}{2}} \cos \varphi \sin \varphi \, d\varphi \int_0^{\frac{\pi}{2}} d\theta \int_1^3 \rho^3 d\rho$

$= \left(-\dfrac{\cos 2\varphi}{4} \Big|_0^{\frac{\pi}{2}} \right) \left(\dfrac{\pi}{2} \right) 20 = 5\pi$

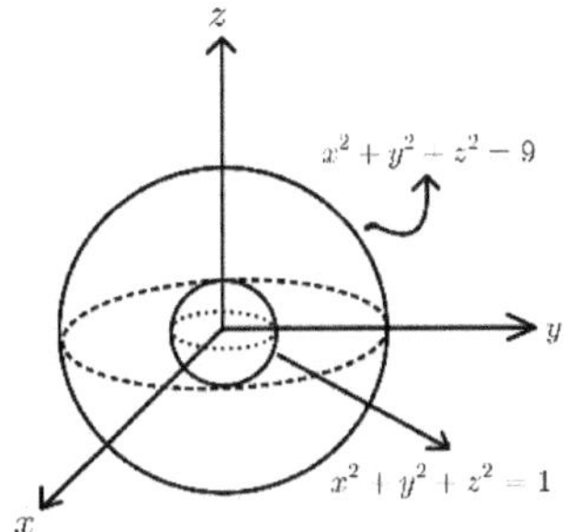

(2)

令 $x = \rho \sin\varphi \cos\theta$, $y = \rho \sin\varphi \sin\theta$, $z = \rho \cos\varphi$

則 $dxdydz = \begin{Vmatrix} \dfrac{\partial x}{\partial \rho} & \dfrac{\partial x}{\partial \varphi} & \dfrac{\partial x}{\partial \theta} \\[2mm] \dfrac{\partial y}{\partial \rho} & \dfrac{\partial y}{\partial \varphi} & \dfrac{\partial y}{\partial \theta} \\[2mm] \dfrac{\partial z}{\partial \rho} & \dfrac{\partial z}{\partial \varphi} & \dfrac{\partial z}{\partial \theta} \end{Vmatrix} d\rho d\varphi d\theta$

$= \begin{Vmatrix} \sin\varphi\cos\theta & \rho\cos\varphi\cos\theta & -\rho\sin\varphi\sin\theta \\ \sin\varphi\sin\theta & \rho\cos\varphi\sin\theta & -\rho\sin\varphi\cos\theta \\ \cos\varphi & -\rho\sin\varphi & 0 \end{Vmatrix} d\rho d\varphi d\theta = \rho^2 \sin\varphi \, d\rho d\varphi d\theta$

令 $R = \{(\rho,\varphi,\theta): 1 \le \rho \le \sqrt{3}, 0 \le \varphi \le \pi, 0 \le \theta \le 2\pi\}$

則 $\displaystyle\iiint_{1 \le x^2+y^2+z^2 \le 3} \frac{\cos\sqrt{x^2+y^2+z^2}\, dxdydz}{x^2+y^2+z^2} dV = \iiint_R \frac{\cos\rho}{\rho^2} \rho^2 \sin\varphi \, d\rho d\theta d\varphi$

$= \displaystyle\int_0^\pi \int_0^{2\pi} \int_1^{\sqrt{3}} \frac{\cos\rho}{\rho^2} \rho^2 \sin\varphi \, d\rho d\theta d\varphi = \int_0^\pi \sin\varphi \, d\varphi \int_0^{2\pi} d\theta \int_1^{\sqrt{3}} \cos\rho \, d\rho$

$= (-\cos\varphi|_0^\pi)(2\pi)\left(\sin\rho|_1^{\sqrt{3}}\right) = 4\pi(\sin\sqrt{3} - \sin 1)$

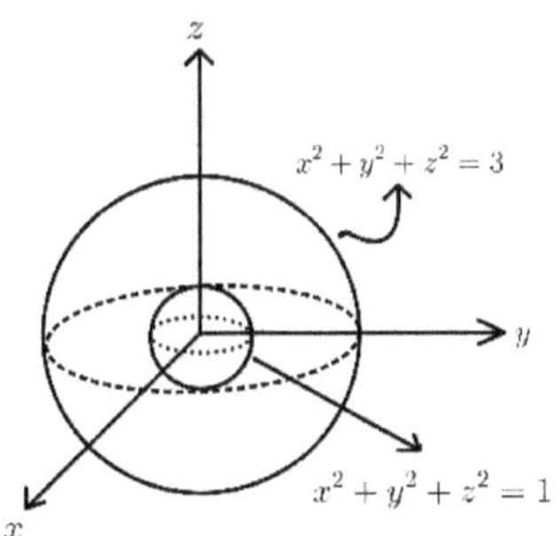

範例 10.

假設 $V = \{(x, y, z): x^2 + y^2 + z^2 \leq 1\}$, 求 $\displaystyle\iiint_V \frac{z^2\,dxdydz}{\sqrt{1 - x^2 - y^2 - z^2}} = ?$

【解】

令 $x = \rho \sin\varphi \cos\theta$, $y = \rho \sin\varphi \sin\theta$, $z = \rho \cos\varphi$

$$則\, dxdydz = \begin{Vmatrix} \dfrac{\partial x}{\partial \rho} & \dfrac{\partial x}{\partial \varphi} & \dfrac{\partial x}{\partial \theta} \\[2mm] \dfrac{\partial y}{\partial \rho} & \dfrac{\partial y}{\partial \varphi} & \dfrac{\partial y}{\partial \theta} \\[2mm] \dfrac{\partial z}{\partial \rho} & \dfrac{\partial z}{\partial \varphi} & \dfrac{\partial z}{\partial \theta} \end{Vmatrix} d\rho d\varphi d\theta$$

$$= \begin{Vmatrix} \sin\varphi \cos\theta & \rho\cos\varphi \cos\theta & -\rho\sin\varphi \sin\theta \\ \sin\varphi \sin\theta & \rho\cos\varphi \sin\theta & -\rho\sin\varphi \cos\theta \\ \cos\varphi & -\rho\sin\varphi & 0 \end{Vmatrix} d\rho d\varphi d\theta = \rho^2 \sin\varphi\, d\rho d\varphi d\theta$$

令 $R = \{(\rho, \varphi, \theta): 0 \leq \rho \leq 1, 0 \leq \varphi \leq \pi, 0 \leq \theta \leq 2\pi\}$

$$則 \iiint_V \frac{z^2\,dxdydz}{\sqrt{1 - x^2 - y^2 - z^2}} = \iiint_R \frac{\rho^4 \sin\varphi \cos^2\varphi}{\sqrt{1 - \rho^2}}\, d\rho d\theta d\varphi$$

$$= \int_0^\pi \int_0^{2\pi} \int_0^1 \frac{\rho^4 \sin\varphi \cos^2\varphi}{\sqrt{1 - \rho^2}}\, d\rho d\theta d\varphi = \int_0^\pi \cos^2\varphi \sin\varphi d\varphi \int_0^{2\pi} d\theta \int_0^1 \frac{\rho^4}{\sqrt{1 - \rho^2}}\, d\rho$$

$$= -\frac{\cos^3\varphi}{3}\Bigg|_0^\pi (2\pi)\left(\int_0^1 \frac{\rho^4}{\sqrt{1 - \rho^2}}\, d\rho\right) = \frac{4\pi}{3}\left(\int_0^1 \frac{\rho^4}{\sqrt{1 - \rho^2}}\, d\rho\right)$$

令 $\rho = \sin\theta$ 則 $d\rho = \cos\theta\, d\theta$

$$\therefore \int_0^1 \frac{\rho^4}{\sqrt{1 - \rho^2}}\, d\rho = \int_0^{\frac{\pi}{2}} \frac{\sin^4\theta \cos\theta}{\sqrt{1 - \sin^2\theta}}\, d\theta = \int_0^{\frac{\pi}{2}} \sin^4\theta\, d\theta = \frac{1}{4}\left(\frac{3\theta}{2} - \sin 2\theta + \frac{\sin 4\theta}{8}\Bigg|_0^{\frac{\pi}{2}}\right) = \frac{3\pi}{16}$$

$$\therefore \iiint_V \frac{z^2\,dxdydz}{\sqrt{1 - x^2 - y^2 - z^2}} = \frac{4\pi}{3}\left(\int_0^1 \frac{\rho^4}{\sqrt{1 - \rho^2}}\, d\rho\right) = \frac{\pi^2}{4}$$

範例 11.

假設 $V = \{(x, y, z): x^2 + y^2 + z^2 \leq 1, z > 0\}$，求 $\iiint_V \dfrac{zdxdydz}{\sqrt{1 - x^2 - y^2 - z^2}} = ?$

【解】

令 $x = \rho \sin \varphi \cos \theta$ ，$y = \rho \sin \varphi \sin \theta$ ，$z = \rho \cos \varphi$

則 $dxdydz = \begin{Vmatrix} \dfrac{\partial x}{\partial \rho} & \dfrac{\partial x}{\partial \varphi} & \dfrac{\partial x}{\partial \theta} \\[2mm] \dfrac{\partial y}{\partial \rho} & \dfrac{\partial y}{\partial \varphi} & \dfrac{\partial y}{\partial \theta} \\[2mm] \dfrac{\partial z}{\partial \rho} & \dfrac{\partial z}{\partial \varphi} & \dfrac{\partial z}{\partial \theta} \end{Vmatrix} d\rho d\varphi d\theta$

$= \begin{Vmatrix} \sin \varphi \cos \theta & \rho\cos \varphi \cos \theta & -\rho\sin \varphi \sin \theta \\ \sin \varphi \sin \theta & \rho\cos \varphi \sin \theta & -\rho\sin \varphi \cos \theta \\ \cos \varphi & -\rho\sin \varphi & 0 \end{Vmatrix} d\rho d\varphi d\theta = \rho^2 \sin \varphi \, d\rho d\varphi d\theta$

令 $R = \{(\rho, \varphi, \theta): 0 \leq \rho \leq 1, 0 \leq \varphi \leq \dfrac{\pi}{2}, 0 \leq \theta \leq 2\pi\}$

則 $\iiint_V \dfrac{zdxdydz}{\sqrt{1 - x^2 - y^2 - z^2}} = \iiint_R \dfrac{\rho^3 \sin \varphi \cos \varphi}{\sqrt{1 - \rho^2}} d\rho d\theta d\varphi$

$= \int_0^{\frac{\pi}{2}} \int_0^{2\pi} \int_0^1 \dfrac{\rho^3 \sin \varphi \cos \varphi}{\sqrt{1 - \rho^2}} d\rho d\theta d\varphi = \int_0^{\frac{\pi}{2}} \cos \varphi \sin \varphi d\varphi \int_0^{2\pi} d\theta \int_0^1 \dfrac{\rho^3}{\sqrt{1 - \rho^2}} d\rho$

$= -\dfrac{\cos 2\varphi}{4} \Big|_0^{\frac{\pi}{2}} (2\pi) \left(\int_0^1 \dfrac{\rho^3}{\sqrt{1 - \rho^2}} d\rho \right) = \pi \left(\int_0^1 \dfrac{\rho^3}{\sqrt{1 - \rho^2}} d\rho \right)$

令 $\rho = \sin \theta$ 則 $d\rho = \cos \theta \, d\theta$

$\therefore \int_0^1 \dfrac{\rho^3}{\sqrt{1 - \rho^2}} d\rho = \int_0^{\frac{\pi}{2}} \dfrac{\sin^3 \theta \cos \theta}{\sqrt{1 - \sin^2 \theta}} d\theta = \int_0^{\frac{\pi}{2}} \sin^3 \theta \, d\theta = -\cos \theta + \dfrac{\cos^3 \theta}{3} \Big|_0^{\frac{\pi}{2}} = \dfrac{2}{3}$

$\therefore \iiint_V \dfrac{zdxdydz}{\sqrt{1 - x^2 - y^2 - z^2}} = \dfrac{2\pi}{3}$

範例 12.

假設 $V = \{(x, y, z): x^2 + y^2 + z^2 \leq r^2\}$，求 $\iiint_V (x^2 + y^2 + z^2)^{\frac{3}{2}} dxdydz =?$

【解】

令 $x = \rho \sin\varphi \cos\theta\,, y = \rho \sin\varphi \sin\theta\,, z = \rho \cos\varphi$

則 $dxdydz = \begin{Vmatrix} \dfrac{\partial x}{\partial \rho} & \dfrac{\partial x}{\partial \varphi} & \dfrac{\partial x}{\partial \theta} \\[2mm] \dfrac{\partial y}{\partial \rho} & \dfrac{\partial y}{\partial \varphi} & \dfrac{\partial y}{\partial \theta} \\[2mm] \dfrac{\partial z}{\partial \rho} & \dfrac{\partial z}{\partial \varphi} & \dfrac{\partial z}{\partial \theta} \end{Vmatrix} d\rho d\varphi d\theta$

$= \begin{Vmatrix} \sin\varphi\cos\theta & \rho\cos\varphi\cos\theta & -\rho\sin\varphi\sin\theta \\ \sin\varphi\sin\theta & \rho\cos\varphi\sin\theta & -\rho\sin\varphi\cos\theta \\ \cos\varphi & -\rho\sin\varphi & 0 \end{Vmatrix} d\rho d\varphi d\theta = \rho^2 \sin\varphi\, d\rho d\varphi d\theta$

令 $R = \{(\rho, \varphi, \theta): 0 \leq \rho \leq r, 0 \leq \varphi \leq \pi, 0 \leq \theta \leq 2\pi\}$

則 $\iiint_V (x^2 + y^2 + z^2)^{\frac{3}{2}} dxdydz = \iiint_R (\rho^2)^{\frac{3}{2}}\rho^2 \sin\varphi\, d\rho d\theta d\varphi$

$= \int_0^\pi \int_0^{2\pi} \int_0^r (\rho^2)^{\frac{3}{2}}\rho^2 \sin\varphi\, d\rho d\theta d\varphi = \int_0^\pi \sin\varphi d\varphi \int_0^{2\pi} d\theta \int_0^r \rho^5 d\rho = 2(2\pi)\left(\frac{r^6}{6}\right) = \frac{2\pi r^6}{3}$

範例 13.

試求 $\int_{-3}^{3} \int_{0}^{\sqrt{9-y^2}} \int_{-\sqrt{9-x^2-y^2}}^{\sqrt{9-x^2-y^2}} y^2\sqrt{x^2 + y^2 + z^2}\,dzdxdy =?$

【解】

令 $x = \rho \sin\varphi \cos\theta\,, y = \rho \sin\varphi \sin\theta\,, z = \rho \cos\varphi$

則 $dxdydz = \begin{Vmatrix} \dfrac{\partial x}{\partial \rho} & \dfrac{\partial x}{\partial \varphi} & \dfrac{\partial x}{\partial \theta} \\[2mm] \dfrac{\partial y}{\partial \rho} & \dfrac{\partial y}{\partial \varphi} & \dfrac{\partial y}{\partial \theta} \\[2mm] \dfrac{\partial z}{\partial \rho} & \dfrac{\partial z}{\partial \varphi} & \dfrac{\partial z}{\partial \theta} \end{Vmatrix} d\rho d\varphi d\theta$

$= \begin{Vmatrix} \sin\varphi\cos\theta & \rho\cos\varphi\cos\theta & -\rho\sin\varphi\sin\theta \\ \sin\varphi\sin\theta & \rho\cos\varphi\sin\theta & -\rho\sin\varphi\cos\theta \\ \cos\varphi & -\rho\sin\varphi & 0 \end{Vmatrix} d\rho d\varphi d\theta = \rho^2 \sin\varphi\, d\rho d\varphi d\theta$

令 $R = \{(\rho, \varphi, \theta): 0 \leq \rho \leq 3, 0 \leq \varphi \leq \pi, -\frac{\pi}{2} \leq \theta \leq \frac{\pi}{2}\}$

則 $\displaystyle\int_{-3}^{3}\int_{0}^{\sqrt{9-y^2}}\int_{-\sqrt{9-x^2-y^2}}^{\sqrt{9-x^2-y^2}} y^2\sqrt{x^2+y^2+z^2}\,dzdxdy = \iiint_{R}(\rho\sin\varphi\sin\theta)^2\rho^3\sin\varphi\,d\rho d\theta d\varphi$

$= \displaystyle\int_{0}^{\pi}\int_{-\frac{\pi}{2}}^{\frac{\pi}{2}}\int_{0}^{3}(\rho\sin\varphi\sin\theta)^2\rho^3\sin\varphi\,d\rho d\theta d\varphi = \int_{0}^{\pi}\sin^3\varphi\,d\varphi\int_{-\frac{\pi}{2}}^{\frac{\pi}{2}}\sin^2\theta\,d\theta\int_{0}^{3}\rho^5 d\rho$

$= \dfrac{4}{3}\cdot\dfrac{\pi}{2}\cdot\dfrac{243}{2} = 81\pi$

範例 14.

$\quad$ 試求 $\displaystyle\int_{0}^{r}\int_{0}^{\sqrt{r^2-x^2}}\int_{0}^{\sqrt{r^2-x^2-y^2}}\dfrac{1}{x^2+y^2+z^2}\,dzdydx = ?,\ \ r > 0$

【解】

令 $x = \rho\sin\varphi\cos\theta$, $y = \rho\sin\varphi\sin\theta$, $z = \rho\cos\varphi$

則 $dxdydz = \begin{Vmatrix} \dfrac{\partial x}{\partial\rho} & \dfrac{\partial x}{\partial\varphi} & \dfrac{\partial x}{\partial\theta} \\[2mm] \dfrac{\partial y}{\partial\rho} & \dfrac{\partial y}{\partial\varphi} & \dfrac{\partial y}{\partial\theta} \\[2mm] \dfrac{\partial z}{\partial\rho} & \dfrac{\partial z}{\partial\varphi} & \dfrac{\partial z}{\partial\theta} \end{Vmatrix} d\rho d\varphi d\theta$

$= \begin{Vmatrix} \sin\varphi\cos\theta & \rho\cos\varphi\cos\theta & -\rho\sin\varphi\sin\theta \\ \sin\varphi\sin\theta & \rho\cos\varphi\sin\theta & -\rho\sin\varphi\cos\theta \\ \cos\varphi & -\rho\sin\varphi & 0 \end{Vmatrix} d\rho d\varphi d\theta = \rho^2\sin\varphi\,d\rho d\varphi d\theta$

令 $R = \{(\rho, \varphi, \theta): 0 \leq \rho \leq r, 0 \leq \varphi \leq \frac{\pi}{2}, 0 \leq \theta \leq \frac{\pi}{2}\}$

則 $\displaystyle\int_{0}^{r}\int_{0}^{\sqrt{r^2-x^2}}\int_{0}^{\sqrt{r^2-x^2-y^2}}\dfrac{1}{x^2+y^2+z^2}\,dzdydx = \iiint_{R}\dfrac{1}{\rho^2}\rho^2\sin\varphi\,d\rho d\theta d\varphi$

$= \displaystyle\int_{0}^{\frac{\pi}{2}}\int_{0}^{\frac{\pi}{2}}\int_{0}^{r}\dfrac{1}{\rho^2}\rho^2\sin\varphi\,d\rho d\theta d\varphi = \int_{0}^{\frac{\pi}{2}}\sin\varphi\,d\varphi\int_{0}^{\frac{\pi}{2}}d\theta\int_{0}^{r}1d\rho = \dfrac{\pi r}{2}$

範例 15.

假設 $V = \{(x, y, z): x^2 + y^2 + z^2 \leq 1, x \geq 0, y \geq 0, z \geq 0\}$，求 $\iiint_V xyz\, dxdydz =?$

【解】

令 $x = \rho \sin\varphi \cos\theta\,, y = \rho \sin\varphi \sin\theta\,, \mathrm{z} = \rho \cos\varphi$

則 $dxdydz = \begin{Vmatrix} \dfrac{\partial x}{\partial \rho} & \dfrac{\partial x}{\partial \varphi} & \dfrac{\partial x}{\partial \theta} \\[6pt] \dfrac{\partial y}{\partial \rho} & \dfrac{\partial y}{\partial \varphi} & \dfrac{\partial y}{\partial \theta} \\[6pt] \dfrac{\partial z}{\partial \rho} & \dfrac{\partial z}{\partial \varphi} & \dfrac{\partial z}{\partial \theta} \end{Vmatrix} d\rho d\varphi d\theta$

$= \begin{Vmatrix} \sin\varphi \cos\theta & \rho\cos\varphi \cos\theta & -\rho\sin\varphi \sin\theta \\ \sin\varphi \sin\theta & \rho\cos\varphi \sin\theta & -\rho\sin\varphi \cos\theta \\ \cos\varphi & -\rho\sin\varphi & 0 \end{Vmatrix} d\rho d\varphi d\theta = \rho^2 \sin\varphi\, d\rho d\varphi d\theta$

令 $\mathrm{R} = \{(\rho, \varphi, \theta): 0 \leq \rho \leq 1, 0 \leq \varphi \leq \dfrac{\pi}{2}, 0 \leq \theta \leq \dfrac{\pi}{2}\}$

則 $\iiint_V xyz\, dxdydz = \iiint_R (\rho \sin\varphi \cos\theta \cdot \rho \sin\varphi \sin\theta \cdot \rho \cos\varphi)\rho^2 \sin\varphi\, d\rho d\theta d\varphi$

$= \int_0^{\frac{\pi}{2}} \int_0^{\frac{\pi}{2}} \int_0^1 (\rho \sin\varphi \cos\theta \cdot \rho \sin\varphi \sin\theta \cdot \rho \cos\varphi)\rho^2 \sin\varphi\, d\rho d\theta d\varphi$

$= \left(\dfrac{\rho^6}{6}\Big|_0^1\right) \int_0^{\frac{\pi}{2}} \sin^3\varphi \cos\varphi\, d\varphi \int_0^{\frac{\pi}{2}} \cos\theta \sin\theta\, d\theta$

$\because \int_0^{\frac{\pi}{2}} \cos\theta \sin\theta\, d\theta = \dfrac{1}{2}\int_0^{\frac{\pi}{2}} \sin 2\theta\, d\theta = \dfrac{-1}{4}(\cos 2\theta)\Big|_0^{\frac{\pi}{2}} = \dfrac{1}{2}$

$\int_0^{\frac{\pi}{2}} \sin^3\varphi \cos\varphi\, d\varphi = \dfrac{\sin^4\varphi}{4}\Big|_0^{\frac{\pi}{2}} = \dfrac{1}{4}$

$\therefore \iiint_V xyz\, dxdydz = \dfrac{1}{6} \cdot \dfrac{1}{4} \cdot \dfrac{1}{2} = \dfrac{1}{48}$

範例 16.

假設 $V = \{(x, y, z): x^2 + y^2 + z^2 \leq 1\}$，求 $\iiint_V y^2\, dV =?$

【解】

令 $x = \rho\sin\varphi\cos\theta$, $y = \rho\sin\varphi\sin\theta$, $z = \rho\cos\varphi$

$$\text{則 } dxdydz = \begin{Vmatrix} \dfrac{\partial x}{\partial \rho} & \dfrac{\partial x}{\partial \varphi} & \dfrac{\partial x}{\partial \theta} \\[6pt] \dfrac{\partial y}{\partial \rho} & \dfrac{\partial y}{\partial \varphi} & \dfrac{\partial y}{\partial \theta} \\[6pt] \dfrac{\partial z}{\partial \rho} & \dfrac{\partial z}{\partial \varphi} & \dfrac{\partial z}{\partial \theta} \end{Vmatrix} d\rho d\varphi d\theta$$

$$= \begin{Vmatrix} \sin\varphi\cos\theta & \rho\cos\varphi\cos\theta & -\rho\sin\varphi\sin\theta \\ \sin\varphi\sin\theta & \rho\cos\varphi\sin\theta & -\rho\sin\varphi\cos\theta \\ \cos\varphi & -\rho\sin\varphi & 0 \end{Vmatrix} d\rho d\varphi d\theta = \rho^2\sin\varphi\, d\rho d\varphi d\theta$$

令 $R = \{(\rho,\varphi,\theta): 0 \le \rho \le 1, 0 \le \varphi \le \pi, 0 \le \theta \le 2\pi\}$

$$\text{則 } \iiint_V y^2\, dV = \iiint_R \rho^4\sin^3\varphi\sin^2\theta\, d\rho d\theta d\varphi = \int_0^\pi \int_0^{2\pi} \int_0^1 \rho^4\sin^3\varphi\sin^2\theta\, d\rho d\theta d\varphi$$

$$= \left(\left.\frac{\rho^5}{5}\right|_0^1\right) \int_0^\pi \sin^3\varphi\, d\varphi \int_0^{2\pi} \sin^2\theta\, d\theta = \frac{1}{5}\cdot\frac{4}{3}\cdot\pi = \frac{4\pi}{15}$$

範例 17.

求封閉曲面 $(x^2 + y^2 + z^2)^2 = 2z(x^2 + y^2)$ 所圍區域體積

【解】

令 $x = \rho\sin\varphi\cos\theta$, $y = \rho\sin\varphi\sin\theta$, $z = \rho\cos\varphi$

$$\text{則 } dxdydz = \begin{Vmatrix} \dfrac{\partial x}{\partial \rho} & \dfrac{\partial x}{\partial \varphi} & \dfrac{\partial x}{\partial \theta} \\[6pt] \dfrac{\partial y}{\partial \rho} & \dfrac{\partial y}{\partial \varphi} & \dfrac{\partial y}{\partial \theta} \\[6pt] \dfrac{\partial z}{\partial \rho} & \dfrac{\partial z}{\partial \varphi} & \dfrac{\partial z}{\partial \theta} \end{Vmatrix} d\rho d\varphi d\theta$$

$$= \begin{Vmatrix} \sin\varphi\cos\theta & \rho\cos\varphi\cos\theta & -\rho\sin\varphi\sin\theta \\ \sin\varphi\sin\theta & \rho\cos\varphi\sin\theta & -\rho\sin\varphi\cos\theta \\ \cos\varphi & -\rho\sin\varphi & 0 \end{Vmatrix} d\rho d\varphi d\theta = \rho^2\sin\varphi\, d\rho d\varphi d\theta$$

令 $R = \{(\rho,\varphi,\theta): 0 \le \rho \le 2\cos\varphi\sin^2\varphi, 0 \le \varphi \le \dfrac{\pi}{2}, 0 \le \theta \le 2\pi\}$

$$\text{則 } V = \iiint_R dpd\theta d\varphi = \int_0^{2\pi} \int_0^{\frac{\pi}{2}} \int_0^{2\cos\varphi\sin^2\varphi} \rho^2 \sin\varphi \, d\rho d\varphi d\theta$$

$$= 2\pi \int_0^{\frac{\pi}{2}} \frac{\rho^3}{3}\Big|_0^{2\cos\varphi\sin^2\varphi} \sin\varphi \, d\varphi = \frac{16\pi}{3} \int_0^{\frac{\pi}{2}} \cos^3\varphi \sin^7\varphi \, d\varphi$$

$$= \frac{16\pi}{3} \int_0^{\frac{\pi}{2}} \cos\varphi (1 - \sin^2\varphi) \sin^7\varphi \, d\varphi = \frac{16\pi}{3} \left(\frac{\sin^8\varphi}{8} - \frac{\sin^{10}\varphi}{10} \right)\Big|_0^{\frac{\pi}{2}} = \frac{2\pi}{15}$$

範例 18.

    (1)計算球體 $x^2 + y^2 + z^2 \leq 100$ 被平面 $z = 4$ 切除後剩的較小塊體積

    (2)計算球體 $x^2 + y^2 + z^2 \leq 100$ 被平面 $z = 2$ 切除後剩的較小塊體積

【解】

(1)

令 $x = \rho \sin\varphi \cos\theta \,, y = \rho \sin\varphi \sin\theta \,, z = \rho \cos\varphi$

$$\text{則 } dxdydz = \begin{vmatrix} \dfrac{\partial x}{\partial \rho} & \dfrac{\partial x}{\partial \varphi} & \dfrac{\partial x}{\partial \theta} \\[2mm] \dfrac{\partial y}{\partial \rho} & \dfrac{\partial y}{\partial \varphi} & \dfrac{\partial y}{\partial \theta} \\[2mm] \dfrac{\partial z}{\partial \rho} & \dfrac{\partial z}{\partial \varphi} & \dfrac{\partial z}{\partial \theta} \end{vmatrix} d\rho d\varphi d\theta$$

$$= \begin{vmatrix} \sin\varphi\cos\theta & \rho\cos\varphi\cos\theta & -\rho\sin\varphi\sin\theta \\ \sin\varphi\sin\theta & \rho\cos\varphi\sin\theta & -\rho\sin\varphi\cos\theta \\ \cos\varphi & -\rho\sin\varphi & 0 \end{vmatrix} d\rho d\varphi d\theta = \rho^2 \sin\varphi \, d\rho d\varphi d\theta$$

令 $R = \{(\rho, \varphi, \theta): \dfrac{4}{\cos\varphi} \leq \rho \leq 10, 0 \leq \varphi \leq \cos^{-1}\dfrac{2}{5}, 0 \leq \theta \leq 2\pi\}$

$$\text{則 } V = \iiint_R \rho^2 \sin\varphi \, d\rho d\theta d\varphi = \int_0^{\cos^{-1}\frac{2}{5}} \int_0^{2\pi} \int_{\frac{4}{\cos\varphi}}^{10} \rho^2 \sin\varphi \, d\rho d\theta d\varphi$$

$$= \int_0^{\cos^{-1}\frac{2}{5}} \int_0^{2\pi} \frac{\rho^3}{3}\Big|_{\frac{4}{\cos\varphi}}^{10} \sin\varphi \, d\theta d\varphi = \int_0^{\cos^{-1}\frac{2}{5}} \frac{1}{3} \left(1000 - \left(\frac{4}{\cos\varphi}\right)^3 \right) \sin\varphi \, d\varphi \int_0^{2\pi} d\theta$$

$$= \frac{2\pi}{3} \left(-1000 \cdot \cos\varphi\Big|_0^{\cos^{-1}\frac{2}{5}} - \frac{4^3}{2} \cdot \cos^{-2}\varphi\Big|_0^{\cos^{-1}\frac{2}{5}} \right)$$

$$= \frac{2\pi}{3}\left(-1000 \cdot \left(\frac{2}{5} - 1\right) - \frac{4^3}{2} \cdot \left(\frac{25}{4} - 1\right)\right) = \frac{2\pi}{3}\left(1000 \cdot \left(\frac{3}{5}\right) - \frac{16}{2} \cdot 21\right) = 288\pi$$

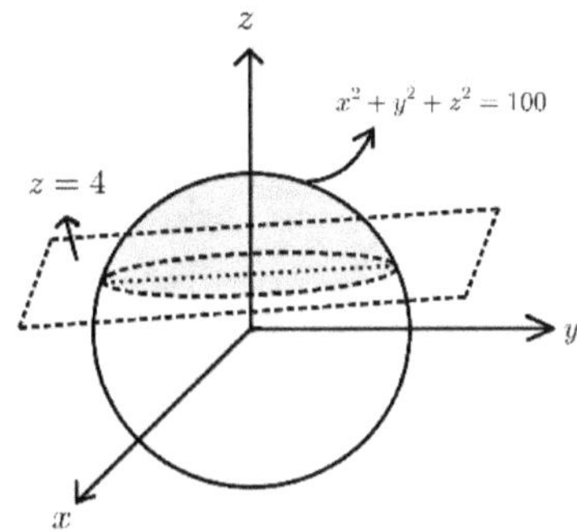

(2)

令 $x = \rho \sin\varphi \cos\theta$, $y = \rho \sin\varphi \sin\theta$, $z = \rho \cos\varphi$

$$則\ dxdydz = \begin{Vmatrix} \dfrac{\partial x}{\partial \rho} & \dfrac{\partial x}{\partial \varphi} & \dfrac{\partial x}{\partial \theta} \\[2mm] \dfrac{\partial y}{\partial \rho} & \dfrac{\partial y}{\partial \varphi} & \dfrac{\partial y}{\partial \theta} \\[2mm] \dfrac{\partial z}{\partial \rho} & \dfrac{\partial z}{\partial \varphi} & \dfrac{\partial z}{\partial \theta} \end{Vmatrix} d\rho d\varphi d\theta$$

$$= \begin{Vmatrix} \sin\varphi\cos\theta & \rho\cos\varphi\cos\theta & -\rho\sin\varphi\sin\theta \\ \sin\varphi\sin\theta & \rho\cos\varphi\sin\theta & -\rho\sin\varphi\cos\theta \\ \cos\varphi & -\rho\sin\varphi & 0 \end{Vmatrix} d\rho d\varphi d\theta = \rho^2 \sin\varphi\, d\rho d\varphi d\theta$$

令 $R = \left\{(\rho,\varphi,\theta): \dfrac{2}{\cos\varphi} \le \rho \le 10, 0 \le \varphi \le \cos^{-1}\dfrac{1}{5}, 0 \le \theta \le 2\pi\right\}$

$$則 V = \iiint_R \rho^2 \sin\varphi\, d\rho d\theta d\varphi = \int_0^{\cos^{-1}\frac{1}{5}} \int_0^{2\pi} \int_{\frac{2}{\cos\varphi}}^{10} \rho^2 \sin\varphi\, d\rho d\theta d\varphi$$

$$= \int_0^{\cos^{-1}\frac{1}{5}} \int_0^{2\pi} \frac{\rho^3}{3}\bigg|_{\frac{2}{\cos\varphi}}^{10} \sin\varphi\, d\theta d\varphi = \int_0^{\cos^{-1}\frac{1}{5}} \frac{1}{3}\left(1000 - \left(\frac{2}{\cos\varphi}\right)^3\right) \sin\varphi\, d\varphi \int_0^{2\pi} d\theta$$

$$= \frac{2\pi}{3}\left(-1000 \cdot \cos\varphi\big|_0^{\cos^{-1}\frac{1}{5}} - \frac{2^3}{2} \cdot \cos^{-2}\varphi\big|_0^{\cos^{-1}\frac{1}{5}}\right)$$

$$= \frac{2\pi}{3}\left(-1000 \cdot \left(\frac{1}{5}-1\right) - \frac{2^3}{2} \cdot (25-1)\right) = \frac{2\pi}{3}\left(1000 \cdot \left(\frac{4}{5}\right)-96\right) = \frac{1408\pi}{3}$$

範例 19.

    (1)計算球體$x^2+y^2+z^2 \leq r^2$ 與 $z \geq \sqrt{3x^2+3y^2}$ 交集區域體積

    (2)計算球體$x^2+y^2+z^2 \leq 1$ 與 $\sqrt{3}z \geq \sqrt{x^2+y^2}$ 交集區域體積

【解】

(1)

令$x = \rho \sin\varphi \cos\theta$, $y = \rho \sin\varphi \sin\theta$, $z = \rho \cos\varphi$

$$則\ dxdydz = \begin{Vmatrix} \dfrac{\partial x}{\partial \rho} & \dfrac{\partial x}{\partial \varphi} & \dfrac{\partial x}{\partial \theta} \\[2mm] \dfrac{\partial y}{\partial \rho} & \dfrac{\partial y}{\partial \varphi} & \dfrac{\partial y}{\partial \theta} \\[2mm] \dfrac{\partial z}{\partial \rho} & \dfrac{\partial z}{\partial \varphi} & \dfrac{\partial z}{\partial \theta} \end{Vmatrix} d\rho d\varphi d\theta$$

$$= \begin{Vmatrix} \sin\varphi\cos\theta & \rho\cos\varphi\cos\theta & -\rho\sin\varphi\sin\theta \\ \sin\varphi\sin\theta & \rho\cos\varphi\sin\theta & -\rho\sin\varphi\cos\theta \\ \cos\varphi & -\rho\sin\varphi & 0 \end{Vmatrix} d\rho d\varphi d\theta = \rho^2 \sin\varphi\, d\rho d\varphi d\theta$$

令 $R = \{(\rho,\varphi,\theta) : 0 \leq \rho \leq r, 0 \leq \varphi \leq \frac{\pi}{6}, 0 \leq \theta \leq 2\pi\}$

則 $V = \iiint_R \rho^2 \sin\varphi\, d\rho d\theta d\varphi = \int_0^{\frac{\pi}{6}} \int_0^{2\pi} \int_0^r \rho^2 \sin\varphi\, d\rho d\theta d\varphi = \int_0^{\frac{\pi}{6}} \sin\varphi\, d\varphi \int_0^{2\pi} d\theta \int_0^r \rho^2 d\rho$

$$= \left(\frac{1}{3} - \frac{\sqrt{3}}{6}\right) 2\pi r^3$$

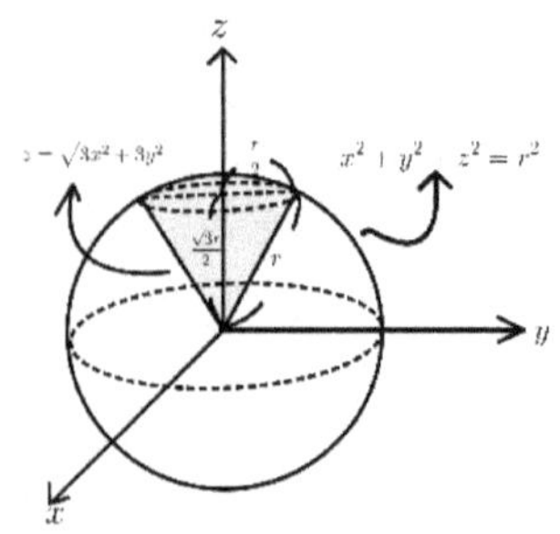

(2)

令 $x = \rho \sin\varphi \cos\theta$, $y = \rho \sin\varphi \sin\theta$, $z = \rho \cos\varphi$

則 $dxdydz = \begin{Vmatrix} \dfrac{\partial x}{\partial \rho} & \dfrac{\partial x}{\partial \varphi} & \dfrac{\partial x}{\partial \theta} \\ \dfrac{\partial y}{\partial \rho} & \dfrac{\partial y}{\partial \varphi} & \dfrac{\partial y}{\partial \theta} \\ \dfrac{\partial z}{\partial \rho} & \dfrac{\partial z}{\partial \varphi} & \dfrac{\partial z}{\partial \theta} \end{Vmatrix} d\rho d\varphi d\theta$

$= \begin{Vmatrix} \sin\varphi \cos\theta & \rho\cos\varphi \cos\theta & -\rho\sin\varphi \sin\theta \\ \sin\varphi \sin\theta & \rho\cos\varphi \sin\theta & -\rho\sin\varphi \cos\theta \\ \cos\varphi & -\rho\sin\varphi & 0 \end{Vmatrix} d\rho d\varphi d\theta = \rho^2 \sin\varphi \, d\rho d\varphi d\theta$

令 $R = \{(\rho,\varphi,\theta): 0 \le \rho \le 1, 0 \le \varphi \le \dfrac{\pi}{3}, 0 \le \theta \le 2\pi\}$

則 $V = \iiint_R \rho^2 \sin\varphi \, d\rho d\theta d\varphi = \int_0^{\frac{\pi}{3}} \int_0^{2\pi} \int_0^1 \rho^2 \sin\varphi \, d\rho d\theta d\varphi = \int_0^{\frac{\pi}{3}} \sin\varphi \, d\varphi \int_0^{2\pi} d\theta \int_0^1 \rho^2 d\rho$

$= \dfrac{\pi}{3}$

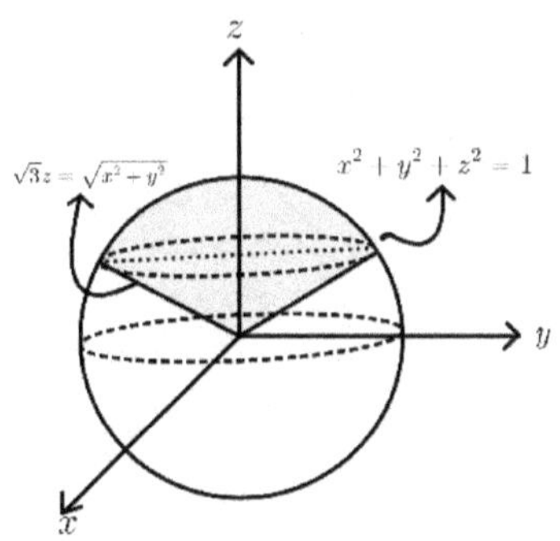

範例 20.

　　(1)計算球體 $x^2 + y^2 + (z-1)^2 \le 1$ 與 $\sqrt{3}\,z \ge \sqrt{x^2+y^2}$ 交集區域體積

　　(2)計算球體 $x^2 + y^2 + z^2 \le z$ 與 $\sqrt{3}\,z \ge \sqrt{x^2+y^2}$ 交集區域體積

【解】

(1)

令 $x = \rho \sin\varphi \cos\theta$, $y = \rho \sin\varphi \sin\theta$, $z = \rho \cos\varphi$

$$則\, dxdydz = \begin{Vmatrix} \dfrac{\partial x}{\partial \rho} & \dfrac{\partial x}{\partial \varphi} & \dfrac{\partial x}{\partial \theta} \\[2mm] \dfrac{\partial y}{\partial \rho} & \dfrac{\partial y}{\partial \varphi} & \dfrac{\partial y}{\partial \theta} \\[2mm] \dfrac{\partial z}{\partial \rho} & \dfrac{\partial z}{\partial \varphi} & \dfrac{\partial z}{\partial \theta} \end{Vmatrix} d\rho d\varphi d\theta$$

$$= \begin{Vmatrix} \sin\varphi\cos\theta & \rho\cos\varphi\cos\theta & -\rho\sin\varphi\sin\theta \\ \sin\varphi\sin\theta & \rho\cos\varphi\sin\theta & -\rho\sin\varphi\cos\theta \\ \cos\varphi & -\rho\sin\varphi & 0 \end{Vmatrix} d\rho d\varphi d\theta = \rho^2 \sin\varphi\, d\rho d\varphi d\theta$$

$$令\, R = \{(\rho,\varphi,\theta): 0 \le \rho \le 2\cos\varphi,\, 0 \le \varphi \le \frac{\pi}{3},\, 0 \le \theta \le 2\pi\}$$

$$則\, V = \iiint_R \rho^2 \sin\varphi\, d\rho d\theta d\varphi = \int_0^{\frac{\pi}{3}} \int_0^{2\pi} \int_0^{2\cos\varphi} \rho^2 \sin\varphi\, d\rho d\theta d\varphi$$

$$= 2\pi \int_0^{\frac{\pi}{3}} \int_0^{2\cos\varphi} \rho^2 \sin\varphi\, d\rho d\varphi = 2\pi \int_0^{\frac{\pi}{3}} \sin\varphi \int_0^{2\cos\varphi} \rho^2\, d\rho d\varphi$$

$$\because \int_0^{2\cos\varphi} \rho^2\, d\rho = \frac{\rho^3}{3}\Big|_0^{2\cos\varphi} = \frac{8\cos^3\varphi}{3}$$

$$\therefore 2\pi \int_0^{\frac{\pi}{3}} \sin\varphi \int_0^{2\cos\varphi} \rho^2\, d\rho d\varphi = \frac{16\pi}{3} \int_0^{\frac{\pi}{3}} \sin\varphi \cos^3\varphi\, d\varphi = \frac{-16\pi}{3} \cdot \frac{\cos^4\varphi}{4}\Big|_0^{\frac{\pi}{3}}$$

$$= \frac{-4\pi}{3}\left(\frac{1}{16} - 1\right) = \frac{5\pi}{4}$$

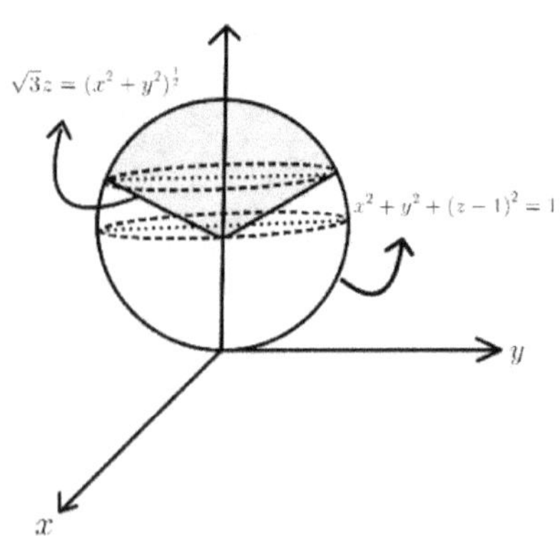

(2)

令 $x = \rho \sin\varphi \cos\theta$, $y = \rho \sin\varphi \sin\theta$, $z = \rho \cos\varphi$

則 $dxdydz = \begin{Vmatrix} \dfrac{\partial x}{\partial \rho} & \dfrac{\partial x}{\partial \varphi} & \dfrac{\partial x}{\partial \theta} \\[2mm] \dfrac{\partial y}{\partial \rho} & \dfrac{\partial y}{\partial \varphi} & \dfrac{\partial y}{\partial \theta} \\[2mm] \dfrac{\partial z}{\partial \rho} & \dfrac{\partial z}{\partial \varphi} & \dfrac{\partial z}{\partial \theta} \end{Vmatrix} d\rho d\varphi d\theta$

$= \begin{Vmatrix} \sin\varphi\cos\theta & \rho\cos\varphi\cos\theta & -\rho\sin\varphi\sin\theta \\ \sin\varphi\sin\theta & \rho\cos\varphi\sin\theta & -\rho\sin\varphi\cos\theta \\ \cos\varphi & -\rho\sin\varphi & 0 \end{Vmatrix} d\rho d\varphi d\theta = \rho^2 \sin\varphi\, d\rho d\varphi d\theta$

令 $R = \{(\rho,\varphi,\theta): 0 \le \rho \le \cos\varphi\, , 0 \le \varphi \le \dfrac{\pi}{3}, 0 \le \theta \le 2\pi\}$

則 $V = \iiint_R \rho^2 \sin\varphi\, d\rho d\theta d\varphi = \int_0^{\frac{\pi}{3}} \int_0^{2\pi} \int_0^{\cos\varphi} \rho^2 \sin\varphi\, d\rho d\theta d\varphi$

$= 2\pi \int_0^{\frac{\pi}{3}} \int_0^{\cos\varphi} \rho^2 \sin\varphi\, d\rho d\varphi = 2\pi \int_0^{\frac{\pi}{3}} \sin\varphi \int_0^{\cos\varphi} \rho^2\, d\rho d\varphi$

$\because \int_0^{\cos\varphi} \rho^2\, d\rho = \dfrac{\rho^3}{3}\Big|_0^{\cos\varphi} = \dfrac{\cos^3\varphi}{3}$

$\therefore 2\pi \int_0^{\frac{\pi}{3}} \sin\varphi \int_0^{\cos\varphi} \rho^2\, d\rho d\varphi = \dfrac{2\pi}{3} \int_0^{\frac{\pi}{3}} \sin\varphi \cos^3\varphi\, d\varphi = -\dfrac{2\pi}{3} \cdot \dfrac{\cos^4\varphi}{4}\Big|_0^{\frac{\pi}{3}} = -\dfrac{\pi}{6}\left(\dfrac{1}{16}-1\right)$

$= \dfrac{5\pi}{32}$

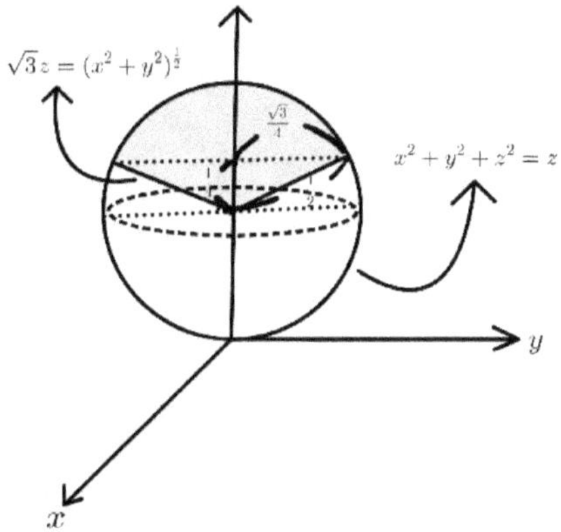

範例 21.

(1)試利用變數變換求 $\left(\dfrac{x^2}{a^2}+\dfrac{y^2}{b^2}+\dfrac{z^2}{c^2}\right)^{\frac{3}{2}}=\dfrac{x^2}{a^2}+\dfrac{y^2}{b^2}$ 所圍成區域的體積

(2)假設 V 為 $\left(\dfrac{x^2}{a^2}+\dfrac{y^2}{b^2}+\dfrac{z^2}{c^2}\right)^{\frac{3}{2}}=\dfrac{x^2}{a^2}+\dfrac{y^2}{b^2}$ 與 $z>0$ 所圍區域，試求 $\iiint_V zdxdydz =?$

【解】

(1)

令 $x = a\rho\sin\varphi\cos\theta$, $y = b\rho\sin\varphi\sin\theta$, $z = c\rho\cos\varphi$

則 $dxdydz = \left\| \begin{vmatrix} \dfrac{\partial x}{\partial \rho} & \dfrac{\partial x}{\partial \varphi} & \dfrac{\partial x}{\partial \theta} \\[2mm] \dfrac{\partial y}{\partial \rho} & \dfrac{\partial y}{\partial \varphi} & \dfrac{\partial y}{\partial \theta} \\[2mm] \dfrac{\partial z}{\partial \rho} & \dfrac{\partial z}{\partial \varphi} & \dfrac{\partial z}{\partial \theta} \end{vmatrix} \right\| d\rho d\varphi d\theta$

$= abc \left\| \begin{vmatrix} \sin\varphi\cos\theta & \rho\cos\varphi\cos\theta & -\rho\sin\varphi\sin\theta \\ \sin\varphi\sin\theta & \rho\cos\varphi\sin\theta & -\rho\sin\varphi\cos\theta \\ \cos\varphi & -\rho\sin\varphi & 0 \end{vmatrix} \right\| d\rho d\varphi d\theta = abc\rho^2\sin\varphi\, d\rho d\varphi d\theta$

令 $R = \{(\rho,\varphi,\theta): 0 \le \rho \le \sin^2\varphi, 0 \le \varphi \le \pi, 0 \le \theta \le 2\pi\}$

則 $V = abc \iiint_R \rho^2\sin\varphi\, d\rho d\theta d\varphi = abc \int_0^\pi \int_0^{2\pi} \int_0^{\sin^2\varphi} \rho^2\sin\varphi\, d\rho d\theta d\varphi$

$= abc \int_0^\pi \int_0^{2\pi} \dfrac{\rho^3}{3}\Big|_0^{\sin^2\varphi} \sin\varphi\, d\theta d\varphi = \dfrac{abc}{3}\cdot 2\pi \cdot \int_0^\pi \sin^7\varphi\, d\varphi = \dfrac{64abc\pi}{105}$

(2)

令 $x = a\rho\sin\varphi\cos\theta$, $y = b\rho\sin\varphi\sin\theta$, $z = c\rho\cos\varphi$

則 $dxdydz = \left\| \begin{vmatrix} \dfrac{\partial x}{\partial \rho} & \dfrac{\partial x}{\partial \varphi} & \dfrac{\partial x}{\partial \theta} \\[2mm] \dfrac{\partial y}{\partial \rho} & \dfrac{\partial y}{\partial \varphi} & \dfrac{\partial y}{\partial \theta} \\[2mm] \dfrac{\partial z}{\partial \rho} & \dfrac{\partial z}{\partial \varphi} & \dfrac{\partial z}{\partial \theta} \end{vmatrix} \right\| d\rho d\varphi d\theta$

$$= abc \begin{vmatrix} \sin\varphi\cos\theta & \rho\cos\varphi\cos\theta & -\rho\sin\varphi\sin\theta \\ \sin\varphi\sin\theta & \rho\cos\varphi\sin\theta & -\rho\sin\varphi\cos\theta \\ \cos\varphi & -\rho\sin\varphi & 0 \end{vmatrix} d\rho d\varphi d\theta$$

$$= abc\rho^2 \sin\varphi \, d\rho d\varphi d\theta$$

令 $R = \{(\rho,\varphi,\theta): 0 \le \rho \le \sin^2\varphi, 0 \le \varphi \le \dfrac{\pi}{2}, 0 \le \theta \le 2\pi\}$

則 $\iiint_V z\,dxdydz = abc^2 \iiint_R \rho^3 \sin\varphi\cos\varphi \, d\rho d\theta d\varphi$

$$= abc^2 \int_0^{\frac{\pi}{2}} \int_0^{2\pi} \int_0^{\sin^2\varphi} \rho^3 \sin\varphi\cos\varphi \, d\rho d\theta d\varphi = abc^2 \int_0^{\frac{\pi}{2}} \int_0^{2\pi} \frac{\rho^4}{4}\Big|_0^{\sin^2\varphi} \sin\varphi\cos\varphi \, d\theta d\varphi$$

$$= \frac{abc^2}{4} \cdot 2\pi \cdot \int_0^{\frac{\pi}{2}} \sin^9\varphi\cos\varphi \, d\varphi = \frac{abc^2\pi}{20}$$

範例 22.

假設 $V = \{(x,y,z): x^2 + y^2 + z^2 \le 1\}$, 求 $\iiint_V \dfrac{dxdydz}{\sqrt{1-x^2-y^2-z^2}} = ?$

【解】

令 $x = \rho\sin\varphi\cos\theta$, $y = \rho\sin\varphi\sin\theta$, $z = \rho\cos\varphi$

則 $dxdydz = \begin{vmatrix} \dfrac{\partial x}{\partial \rho} & \dfrac{\partial x}{\partial \varphi} & \dfrac{\partial x}{\partial \theta} \\ \dfrac{\partial y}{\partial \rho} & \dfrac{\partial y}{\partial \varphi} & \dfrac{\partial y}{\partial \theta} \\ \dfrac{\partial z}{\partial \rho} & \dfrac{\partial z}{\partial \varphi} & \dfrac{\partial z}{\partial \theta} \end{vmatrix} d\rho d\varphi d\theta$

$$= \begin{vmatrix} \sin\varphi\cos\theta & \rho\cos\varphi\cos\theta & -\rho\sin\varphi\sin\theta \\ \sin\varphi\sin\theta & \rho\cos\varphi\sin\theta & -\rho\sin\varphi\cos\theta \\ \cos\varphi & -\rho\sin\varphi & 0 \end{vmatrix} d\rho d\varphi d\theta = \rho^2 \sin\varphi \, d\rho d\varphi d\theta$$

令 $R = \{(\rho,\varphi,\theta): 0 \le \rho \le 1, 0 \le \varphi \le \pi, 0 \le \theta \le 2\pi\}$

則 $\iiint_V \dfrac{dxdydz}{\sqrt{1-x^2-y^2-z^2}} = \iiint_R \dfrac{\rho^2 \sin\varphi}{\sqrt{1-\rho^2}} d\rho d\theta d\varphi = \int_0^\pi \int_0^{2\pi} \int_0^1 \dfrac{\rho^2 \sin\varphi}{\sqrt{1-\rho^2}} d\rho d\theta d\varphi$

$$= \int_0^\pi \sin\varphi \, d\varphi \int_0^{2\pi} d\theta \int_0^1 \frac{\rho^2}{\sqrt{1-\rho^2}} d\rho = 2(2\pi)\left(\int_0^1 \frac{\rho^2}{\sqrt{1-\rho^2}} d\rho\right)$$

令 $\rho = \sin\theta$ 則 $d\rho = \cos\theta \, d\theta$

$$\therefore \int_0^1 \frac{\rho^2}{\sqrt{1-\rho^2}} d\rho = \int_0^{\frac{\pi}{2}} \frac{\sin^2\theta\cos\theta}{\sqrt{1-\sin^2\theta}} d\theta = \int_0^{\frac{\pi}{2}} \sin^2\theta \, d\theta = \int_0^{\frac{\pi}{2}} \frac{1-\cos 2\theta}{2} d\theta$$

$$= \frac{1}{2}\left(\frac{\pi}{2} - \frac{\sin 2\theta}{2}\Big|_0^{\frac{\pi}{2}}\right) = \frac{\pi}{4}$$

$$\therefore \iiint_V \frac{dxdydz}{\sqrt{1-x^2-y^2-z^2}} = 2(2\pi)\left(\int_0^1 \frac{\rho^2}{\sqrt{1-\rho^2}} d\rho\right) = \pi^2$$

範例 23.

假設 $V = \{(x,y,z): x^2 + y^2 + z^2 \le r^2\}$, 求 $\iiint_V z^2(x^2+y^2+z^2)^{\frac{3}{2}} dxdydz =?$

【解】

令 $x = \rho\sin\varphi\cos\theta$, $y = \rho\sin\varphi\sin\theta$, $z = \rho\cos\varphi$

$$則 \; dxdydz = \begin{Vmatrix} \dfrac{\partial x}{\partial \rho} & \dfrac{\partial x}{\partial \varphi} & \dfrac{\partial x}{\partial \theta} \\[2mm] \dfrac{\partial y}{\partial \rho} & \dfrac{\partial y}{\partial \varphi} & \dfrac{\partial y}{\partial \theta} \\[2mm] \dfrac{\partial z}{\partial \rho} & \dfrac{\partial z}{\partial \varphi} & \dfrac{\partial z}{\partial \theta} \end{Vmatrix} d\rho d\varphi d\theta$$

$$= \begin{Vmatrix} \sin\varphi\cos\theta & \rho\cos\varphi\cos\theta & -\rho\sin\varphi\sin\theta \\ \sin\varphi\sin\theta & \rho\cos\varphi\sin\theta & -\rho\sin\varphi\cos\theta \\ \cos\varphi & -\rho\sin\varphi & 0 \end{Vmatrix} d\rho d\varphi d\theta = \rho^2\sin\varphi \, d\rho d\varphi d\theta$$

令 $R = \{(\rho,\varphi,\theta): 0 \le \rho \le r, 0 \le \varphi \le \pi, 0 \le \theta \le 2\pi\}$

$$則 \iiint_V z^2(x^2+y^2+z^2)^{\frac{3}{2}} dxdydz = \iiint_R \rho^2\cos^2\varphi \, (\rho^2)^{\frac{3}{2}}\rho^2 \sin\varphi \, d\rho d\theta d\varphi$$

$$= \int_0^\pi \int_0^{2\pi} \int_0^r \rho^2\cos^2\varphi \, (\rho^2)^{\frac{3}{2}}\rho^2 \sin\varphi \, d\rho d\theta d\varphi = \int_0^\pi \cos^2\varphi \sin\varphi \, d\varphi \int_0^{2\pi} d\theta \int_0^r \rho^7 d\rho$$

$$= -\frac{\cos^3 \varphi}{3}\Big|_0^\pi (2\pi)\left(\frac{r^8}{8}\right) = \frac{\pi r^8}{6}$$

範例 24.

假設 $V = \{(x, y, z): x^2 + y^2 + z^2 \leq r^2, z > 0\}$, 求 $\iiint_V z(x^2 + y^2 + z^2)^{\frac{3}{2}} \, dxdydz = ?$

【解】

令 $x = \rho \sin \varphi \cos \theta$, $y = \rho \sin \varphi \sin \theta$, $z = \rho \cos \varphi$

則 $dxdydz = \begin{Vmatrix} \dfrac{\partial x}{\partial \rho} & \dfrac{\partial x}{\partial \varphi} & \dfrac{\partial x}{\partial \theta} \\[2mm] \dfrac{\partial y}{\partial \rho} & \dfrac{\partial y}{\partial \varphi} & \dfrac{\partial y}{\partial \theta} \\[2mm] \dfrac{\partial z}{\partial \rho} & \dfrac{\partial z}{\partial \varphi} & \dfrac{\partial z}{\partial \theta} \end{Vmatrix} d\rho d\varphi d\theta$

$$= \begin{Vmatrix} \sin \varphi \cos \theta & \rho\cos \varphi \cos \theta & -\rho\sin \varphi \sin \theta \\ \sin \varphi \sin \theta & \rho\cos \varphi \sin \theta & -\rho\sin \varphi \cos \theta \\ \cos \varphi & -\rho\sin \varphi & 0 \end{Vmatrix} d\rho d\varphi d\theta = \rho^2 \sin \varphi \, d\rho d\varphi d\theta$$

令 $R = \{(\rho, \varphi, \theta): 0 \leq \rho \leq r, 0 \leq \varphi \leq \frac{\pi}{2}, 0 \leq \theta \leq 2\pi\}$

則 $\iiint_V z(x^2 + y^2 + z^2)^{\frac{3}{2}} \, dxdydz = \iiint_R \rho \cos \varphi \, (\rho^2)^{\frac{3}{2}} \rho^2 \sin \varphi \, d\rho d\theta d\varphi$

$$= \int_0^{\frac{\pi}{2}} \int_0^{2\pi} \int_0^r \rho \cos \varphi \, (\rho^2)^{\frac{3}{2}} \rho^2 \sin \varphi \, d\rho d\theta d\varphi = \int_0^{\frac{\pi}{2}} \cos \varphi \sin \varphi d\varphi \int_0^{2\pi} d\theta \int_0^r \rho^6 d\rho$$

$$= -\frac{\cos 2\varphi}{4}\Big|_0^{\frac{\pi}{2}} (2\pi)\left(\frac{r^7}{7}\right) = \frac{\pi r^7}{7}$$

範例 25.

假設 $V = \left\{(x, y, z): \frac{x^2}{a^2} + \frac{y^2}{b^2} + \frac{z^2}{c^2} \leq r^2\right\}$, 求 $\iiint_V xyz \, dV = ?$

【解】

令 $x = a\rho \sin \varphi \cos \theta$, $y = b\rho \sin \varphi \sin \theta$, $z = c\rho \cos \varphi$

$$\text{則 } dxdydz = \begin{Vmatrix} \dfrac{\partial x}{\partial \rho} & \dfrac{\partial x}{\partial \varphi} & \dfrac{\partial x}{\partial \theta} \\[2mm] \dfrac{\partial y}{\partial \rho} & \dfrac{\partial y}{\partial \varphi} & \dfrac{\partial y}{\partial \theta} \\[2mm] \dfrac{\partial z}{\partial \rho} & \dfrac{\partial z}{\partial \varphi} & \dfrac{\partial z}{\partial \theta} \end{Vmatrix} d\rho d\varphi d\theta$$

$$= abc \begin{Vmatrix} \sin\varphi\cos\theta & \rho\cos\varphi\cos\theta & -\rho\sin\varphi\sin\theta \\ \sin\varphi\sin\theta & \rho\cos\varphi\sin\theta & -\rho\sin\varphi\cos\theta \\ \cos\varphi & -\rho\sin\varphi & 0 \end{Vmatrix} d\rho d\varphi d\theta = abc\rho^2 \sin\varphi \, d\rho d\varphi d\theta$$

$$\text{令 } R = \{(\rho,\varphi,\theta): 0 \le \rho \le r, 0 \le \varphi \le \pi, 0 \le \theta \le 2\pi\}$$

$$\text{則 } \iiint_V xyz \, dV = a^2 b^2 c^2 \iiint_R (\rho\sin\varphi\cos\theta \cdot \rho\sin\varphi\sin\theta \cdot \rho\cos\varphi)\rho^2\sin\varphi \, d\rho d\theta d\varphi$$

$$= a^2 b^2 c^2 \int_0^\pi \int_0^{2\pi} \int_0^r (\rho\sin\varphi\cos\theta \cdot \rho\sin\varphi\sin\theta \cdot \rho\cos\varphi)\rho^2\sin\varphi \, d\rho d\theta d\varphi$$

$$= a^2 b^2 c^2 \left(\left.\frac{\rho^6}{6}\right|_0^r\right) \int_0^\pi \sin^3\varphi\cos\varphi \, d\varphi \int_0^{2\pi} \cos\theta\sin\theta \, d\theta$$

$$\because \int_0^{2\pi} \cos\theta\sin\theta \, d\theta = \frac{1}{2}\int_0^{2\pi} \sin 2\theta \, d\theta = \frac{-1}{2}(\cos 2\theta)\big|_0^{2\pi} = 0 \quad \therefore \iiint_V xyz \, dV = 0$$

範例 26.

$$\text{假設 } V = \left\{(x,y,z): \frac{x^2}{a^2} + \frac{y^2}{b^2} + \frac{z^2}{c^2} \le r^2\right\}, \quad \text{求 } \iiint_V \sqrt{r^2 - \left(\frac{x^2}{a^2} + \frac{y^2}{b^2} + \frac{z^2}{c^2}\right)} \, dxdydz = ?$$

【解】

$$\text{令 } x = a\rho\sin\varphi\cos\theta \, , \, y = b\rho\sin\varphi\sin\theta \, , \, z = c\rho\cos\varphi$$

$$\text{則 } dxdydz = \begin{Vmatrix} \dfrac{\partial x}{\partial \rho} & \dfrac{\partial x}{\partial \varphi} & \dfrac{\partial x}{\partial \theta} \\[2mm] \dfrac{\partial y}{\partial \rho} & \dfrac{\partial y}{\partial \varphi} & \dfrac{\partial y}{\partial \theta} \\[2mm] \dfrac{\partial z}{\partial \rho} & \dfrac{\partial z}{\partial \varphi} & \dfrac{\partial z}{\partial \theta} \end{Vmatrix} d\rho d\varphi d\theta$$

$$= abc \begin{Vmatrix} \sin\varphi\cos\theta & \rho\cos\varphi\cos\theta & -\rho\sin\varphi\sin\theta \\ \sin\varphi\sin\theta & \rho\cos\varphi\sin\theta & -\rho\sin\varphi\cos\theta \\ \cos\varphi & -\rho\sin\varphi & 0 \end{Vmatrix} d\rho d\varphi d\theta = abc\rho^2 \sin\varphi \, d\rho d\varphi d\theta$$

令 $R = \{(\rho, \varphi, \theta): 0 \le \rho \le r, 0 \le \varphi \le \pi, 0 \le \theta \le 2\pi\}$

則 $\displaystyle\iiint_V \sqrt{r^2 - \left(\frac{x^2}{a^2} + \frac{y^2}{b^2} + \frac{z^2}{c^2}\right)}\, dxdydz = abc \iiint_R \sqrt{r^2 - \rho^2}\, \rho^2 \sin\varphi\, d\rho d\theta d\varphi$

$\displaystyle = abc \int_0^\pi \int_0^{2\pi} \int_0^r \sqrt{r^2 - \rho^2}\, \rho^2 \sin\varphi\, d\rho d\theta d\varphi = abc \int_0^\pi \sin\varphi d\varphi \int_0^{2\pi} d\theta \int_0^r \sqrt{r^2 - \rho^2}\, \rho^2 d\rho$

$\displaystyle = abc(2)(2\pi) \int_0^r \sqrt{r^2 - \rho^2}\, \rho^2 d\rho$

令 $\rho = r\sin\theta$ 則 $d\rho = r\cos\theta\, d\theta$

$\displaystyle \therefore \int_0^r \sqrt{r^2 - \rho^2}\, \rho^2 d\rho = r^4 \int_0^{\frac{\pi}{2}} \sin^2\theta \cos^2\theta\, d\theta = r^4 \int_0^{\frac{\pi}{2}} \left(\frac{\sin 2\theta}{2}\right)^2 d\theta = \frac{r^4}{4} \int_0^{\frac{\pi}{2}} \frac{1 - \cos 4\theta}{2}\, d\theta$

$\displaystyle = \frac{r^4}{8}\left(\frac{\pi}{2} - \left.\frac{\sin 4\theta}{4}\right|_0^{\frac{\pi}{2}}\right) = \frac{\pi r^4}{16}$

$\displaystyle \therefore \iiint_V \sqrt{r^2 - \left(\frac{x^2}{a^2} + \frac{y^2}{b^2} + \frac{z^2}{c^2}\right)}\, dxdydz = \frac{abc\pi^2 r^4}{4}$

範例 27.

求封閉曲面 $(x^2 + y^2 + z^2)^3 = 27a^3 xyz (a > 0)$ 於第一象限內所圍區域體積

【解】

令 $x = \rho\sin\varphi\cos\theta$, $y = \rho\sin\varphi\sin\theta$, $z = \rho\cos\varphi$

則 $dxdydz = \begin{Vmatrix} \dfrac{\partial x}{\partial \rho} & \dfrac{\partial x}{\partial \varphi} & \dfrac{\partial x}{\partial \theta} \\[2mm] \dfrac{\partial y}{\partial \rho} & \dfrac{\partial y}{\partial \varphi} & \dfrac{\partial y}{\partial \theta} \\[2mm] \dfrac{\partial z}{\partial \rho} & \dfrac{\partial z}{\partial \varphi} & \dfrac{\partial z}{\partial \theta} \end{Vmatrix} d\rho d\varphi d\theta$

$= \begin{Vmatrix} \sin\varphi\cos\theta & \rho\cos\varphi\cos\theta & -\rho\sin\varphi\sin\theta \\ \sin\varphi\sin\theta & \rho\cos\varphi\sin\theta & -\rho\sin\varphi\cos\theta \\ \cos\varphi & -\rho\sin\varphi & 0 \end{Vmatrix} d\rho d\varphi d\theta = \rho^2 \sin\varphi\, d\rho d\varphi d\theta$

令 $R = \{(\rho, \varphi, \theta): 0 \le \rho \le 3a\sqrt[3]{\sin^2\varphi \cos\varphi \cos\theta \sin\theta}, 0 \le \varphi \le \dfrac{\pi}{2}, 0 \le \theta \le \dfrac{\pi}{2}\}$

$$則 V = \iiint_R \rho^2 \sin\varphi \, d\rho d\theta d\varphi = \int_0^{\frac{\pi}{2}} \int_0^{\frac{\pi}{2}} \int_0^{3a\sqrt[3]{\sin^2\varphi\cos\varphi\cos\theta\sin\theta}} \rho^2 \sin\varphi \, d\rho d\theta d\varphi$$

$$= \int_0^{\frac{\pi}{2}} \int_0^{\frac{\pi}{2}} 9a^3 \sin^3\varphi\cos\varphi\cos\theta\sin\theta \, d\theta d\varphi = 9a^3 \left(\frac{\sin^4\varphi}{4}\right)\Big|_0^{\frac{\pi}{2}} \left(\frac{-\cos 2\theta}{4}\right)\Big|_0^{\frac{\pi}{2}}$$

$$= 9a^3 \cdot \frac{1}{4} \cdot \frac{1}{2} = \frac{9a^3}{8}$$

範例 28.

$$假設 \ V = \{(x,y,z): 1 \le x^2+y^2+z^2 \le 9, z>0\}, \quad 求 \iiint_V \frac{z^2 dV}{\sqrt{x^2+y^2+z^2}} = ?$$

【解】

令 $x = \rho\sin\varphi\cos\theta$, $y = \rho\sin\varphi\sin\theta$, $z = \rho\cos\varphi$

$$則 \ dxdydz = \begin{Vmatrix} \dfrac{\partial x}{\partial\rho} & \dfrac{\partial x}{\partial\varphi} & \dfrac{\partial x}{\partial\theta} \\ \dfrac{\partial y}{\partial\rho} & \dfrac{\partial y}{\partial\varphi} & \dfrac{\partial y}{\partial\theta} \\ \dfrac{\partial z}{\partial\rho} & \dfrac{\partial z}{\partial\varphi} & \dfrac{\partial z}{\partial\theta} \end{Vmatrix} d\rho d\varphi d\theta$$

$$= \begin{Vmatrix} \sin\varphi\cos\theta & \rho\cos\varphi\cos\theta & -\rho\sin\varphi\sin\theta \\ \sin\varphi\sin\theta & \rho\cos\varphi\sin\theta & -\rho\sin\varphi\cos\theta \\ \cos\varphi & -\rho\sin\varphi & 0 \end{Vmatrix} d\rho d\varphi d\theta = \rho^2 \sin\varphi \, d\rho d\varphi d\theta$$

令 $R = \{(\rho,\varphi,\theta): 1 \le \rho \le 3, 0 \le \varphi \le \frac{\pi}{2}, 0 \le \theta \le 2\pi\}$

$$則 \iiint_V \frac{z^2 dV}{\sqrt{x^2+y^2+z^2}} = \iiint_R \frac{\rho^2\cos^2\varphi \, \rho^2\sin\varphi}{\rho} d\rho d\theta d\varphi$$

$$= \int_0^{\frac{\pi}{2}} \int_0^{2\pi} \int_1^3 \frac{\rho^2\cos^2\varphi \, \rho^2\sin\varphi}{\rho} d\rho d\theta d\varphi = \int_0^{\frac{\pi}{2}} \sin\varphi\cos^2\varphi \, d\varphi \int_0^{2\pi} d\theta \int_1^3 \rho^3 d\rho$$

$$= \frac{-\cos^3\varphi}{3}\Big|_0^{\frac{\pi}{2}} (2\pi)(20) = \frac{40\pi}{3}$$

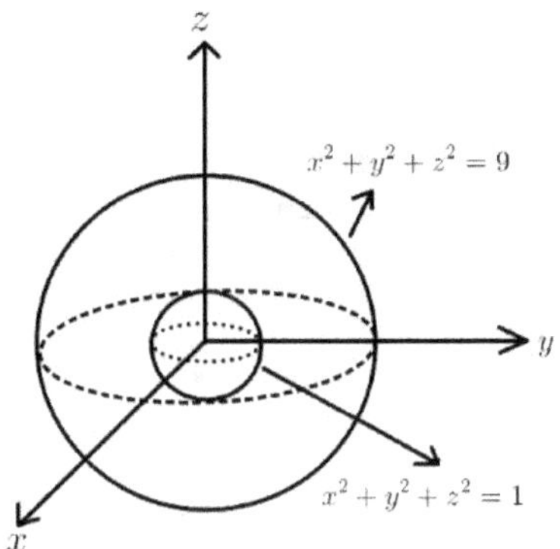

範例 29.

假設 $V = \{(x, y, z): 1 \le x^2 + y^2 + z^2 \le 9, z > 0\}$，求 $\iiint_V \dfrac{zdV}{\sqrt{x^2 + y^2 + z^2}} = ?$

【解】

令 $x = \rho \sin\varphi \cos\theta$，$y = \rho \sin\varphi \sin\theta$，$z = \rho \cos\varphi$

則 $dxdydz = \begin{Vmatrix} \dfrac{\partial x}{\partial \rho} & \dfrac{\partial x}{\partial \varphi} & \dfrac{\partial x}{\partial \theta} \\[2mm] \dfrac{\partial y}{\partial \rho} & \dfrac{\partial y}{\partial \varphi} & \dfrac{\partial y}{\partial \theta} \\[2mm] \dfrac{\partial z}{\partial \rho} & \dfrac{\partial z}{\partial \varphi} & \dfrac{\partial z}{\partial \theta} \end{Vmatrix} d\rho d\varphi d\theta$

$= \begin{Vmatrix} \sin\varphi\cos\theta & \rho\cos\varphi\cos\theta & -\rho\sin\varphi\sin\theta \\ \sin\varphi\sin\theta & \rho\cos\varphi\sin\theta & -\rho\sin\varphi\cos\theta \\ \cos\varphi & -\rho\sin\varphi & 0 \end{Vmatrix} d\rho d\varphi d\theta = \rho^2 \sin\varphi\, d\rho d\varphi d\theta$

令 $R = \{(\rho, \varphi, \theta): 1 \le \rho \le 3, 0 \le \varphi \le \dfrac{\pi}{2}, 0 \le \theta \le 2\pi\}$

則 $\iiint_V \dfrac{zdV}{\sqrt{x^2 + y^2 + z^2}} = \iiint_R \dfrac{\rho\cos\varphi\, \rho^2\sin\varphi}{\rho} d\rho d\theta d\varphi$

$= \int_0^{\frac{\pi}{2}} \int_0^{2\pi} \int_1^3 \dfrac{\rho\cos\varphi\, \rho^2\sin\varphi}{\rho} d\rho d\theta d\varphi = \int_0^{\frac{\pi}{2}} \sin\varphi\cos\varphi\, d\varphi \int_0^{2\pi} d\theta \int_1^3 \rho^2 d\rho$

$= \dfrac{1}{2} \int_0^{\frac{\pi}{2}} \sin 2\varphi\, d\varphi \int_0^{2\pi} d\theta \int_1^3 \rho^2 d\rho = \dfrac{-\cos 2\varphi}{4}\Big|_0^{\frac{\pi}{2}} (2\pi) \dfrac{26}{3} = \dfrac{26\pi}{3}$

範例 30.

假設 $V = \{(x, y, z): x^2 + y^2 + z^2 \leq 1\}$, 求 $\displaystyle\iiint_V \frac{z^2 dV}{9 - (x^2 + y^2 + z^2)} = ?$

【解】

令 $x = \rho \sin\varphi \cos\theta$, $y = \rho \sin\varphi \sin\theta$, $z = \rho \cos\varphi$

則 $dxdydz = \begin{Vmatrix} \dfrac{\partial x}{\partial \rho} & \dfrac{\partial x}{\partial \varphi} & \dfrac{\partial x}{\partial \theta} \\ \dfrac{\partial y}{\partial \rho} & \dfrac{\partial y}{\partial \varphi} & \dfrac{\partial y}{\partial \theta} \\ \dfrac{\partial z}{\partial \rho} & \dfrac{\partial z}{\partial \varphi} & \dfrac{\partial z}{\partial \theta} \end{Vmatrix} d\rho d\varphi d\theta$

令 $R = \{(\rho, \varphi, \theta): 0 \leq \rho \leq 1, 0 \leq \varphi \leq \pi, 0 \leq \theta \leq 2\pi\}$

則 $\displaystyle\iiint_V \frac{z^2 dV}{9 - (x^2 + y^2 + z^2)} = \iiint_R \frac{\rho^4 \sin\varphi \cos^2\varphi}{9 - \rho^2} d\rho d\theta d\varphi$

$\displaystyle = \int_0^\pi \int_0^{2\pi} \int_0^1 \frac{\rho^4 \sin\varphi \cos^2\varphi}{9 - \rho^2} d\rho d\theta d\varphi$

$\displaystyle = \int_0^\pi \cos^2\varphi \sin\varphi d\varphi \int_0^{2\pi} d\theta \int_0^1 \frac{\rho^2(\rho^2 - 9) + 9(\rho^2 - 9) + 81}{9 - \rho^2} d\rho$

$\displaystyle = \frac{-\cos^3\varphi}{3}\bigg|_0^\pi \cdot \int_0^{2\pi} d\theta \int_0^1 -\rho^2 - 9 + \frac{81}{9 - \rho^2} d\rho = \frac{4\pi}{3} \cdot \left(-\frac{\rho^3}{3} - 9\rho + \frac{81}{6} \ln\frac{3 + \rho}{3 - \rho}\right)\bigg|_0^1$

$\displaystyle = \frac{4\pi}{3} \cdot \left(\frac{28}{3} + \frac{81}{6} \ln 2\right)$

範例 31.

假設 $V = \{(x, y, z): x^2 + y^2 + z^2 \leq 1, z > 0\}$, 求 $\displaystyle\iiint_V \frac{zdV}{9 - (x^2 + y^2 + z^2)}$

【解】

令 $x = \rho \sin\varphi \cos\theta$, $y = \rho \sin\varphi \sin\theta$, $z = \rho \cos\varphi$

$$\text{則 } dxdydz = \begin{Vmatrix} \dfrac{\partial x}{\partial \rho} & \dfrac{\partial x}{\partial \varphi} & \dfrac{\partial x}{\partial \theta} \\[2mm] \dfrac{\partial y}{\partial \rho} & \dfrac{\partial y}{\partial \varphi} & \dfrac{\partial y}{\partial \theta} \\[2mm] \dfrac{\partial z}{\partial \rho} & \dfrac{\partial z}{\partial \varphi} & \dfrac{\partial z}{\partial \theta} \end{Vmatrix} d\rho d\varphi d\theta$$

令 $R = \{(\rho, \varphi, \theta): 0 \le \rho \le 1, 0 \le \varphi \le \dfrac{\pi}{2}, 0 \le \theta \le 2\pi\}$

$$\text{則 } \iiint_V \frac{zdV}{9 - (x^2 + y^2 + z^2)} = \iiint_R \frac{\rho^3 \sin\varphi \cos\varphi}{9 - \rho^2} d\rho d\theta d\varphi$$

$$= \int_0^{\frac{\pi}{2}} \int_0^{2\pi} \int_0^1 \frac{\rho^3 \sin\varphi \cos\varphi}{9 - \rho^2} d\rho d\theta d\varphi = \int_0^{\frac{\pi}{2}} \cos\varphi \sin\varphi d\varphi \int_0^{2\pi} d\theta \int_0^1 \frac{\rho(\rho^2 - 9) + 9\rho}{9 - \rho^2} d\rho$$

$$= \frac{1}{2} \int_0^{\frac{\pi}{2}} \sin 2\varphi d\varphi \int_0^{2\pi} d\theta \int_0^1 -\rho + \frac{9\rho}{9 - \rho^2} d\rho = -\frac{\cos 2\varphi}{4} \Big|_0^{\frac{\pi}{2}} \cdot 2\pi \cdot \left(-\frac{\rho^2}{2} - \frac{9}{2} \ln(9 - \rho^2) \right) \Big|_0^1$$

$$= \left(\frac{1}{2} \right) (2\pi) \left(-\frac{1}{2} - \frac{9}{2} \ln \frac{8}{9} \right) = \pi \left(-\frac{1}{2} + \frac{9}{2} (2\ln 3 - 3\ln 2) \right)$$

範例 32.

假設 $V = \{(x, y, z): 1 \le x^2 + y^2 + z^2 \le 3\}$

求 $\displaystyle\iiint_V \frac{z^2 \cos\sqrt{x^2 + y^2 + z^2}\, dxdydz}{(x^2 + y^2 + z^2)^2} = ?$

【解】

令 $x = \rho \sin\varphi \cos\theta$, $y = \rho \sin\varphi \sin\theta$, $z = \rho \cos\varphi$

$$\text{則 } dxdydz = \begin{Vmatrix} \dfrac{\partial x}{\partial \rho} & \dfrac{\partial x}{\partial \varphi} & \dfrac{\partial x}{\partial \theta} \\[2mm] \dfrac{\partial y}{\partial \rho} & \dfrac{\partial y}{\partial \varphi} & \dfrac{\partial y}{\partial \theta} \\[2mm] \dfrac{\partial z}{\partial \rho} & \dfrac{\partial z}{\partial \varphi} & \dfrac{\partial z}{\partial \theta} \end{Vmatrix} d\rho d\varphi d\theta$$

$$= \begin{Vmatrix} \sin\varphi \cos\theta & \rho\cos\varphi \cos\theta & -\rho\sin\varphi \sin\theta \\ \sin\varphi \sin\theta & \rho\cos\varphi \sin\theta & -\rho\sin\varphi \cos\theta \\ \cos\varphi & -\rho\sin\varphi & 0 \end{Vmatrix} d\rho d\varphi d\theta = \rho^2 \sin\varphi \, d\rho d\varphi d\theta$$

令 $R = \{(\rho, \varphi, \theta): 1 \le \rho \le \sqrt{3}, 0 \le \varphi \le \pi, 0 \le \theta \le 2\pi\}$

則 $\displaystyle\iiint_V \frac{z^2 \cos\sqrt{x^2 + y^2 + z^2}\, dxdydz}{(x^2 + y^2 + z^2)^2}\, dV = \iiint_R \frac{\cos\rho}{\rho^4} \rho^4 \sin\varphi \cos^2\varphi\, d\rho d\theta d\varphi$

$\displaystyle = \int_0^\pi \int_0^{2\pi} \int_1^{\sqrt{3}} \frac{\cos\rho}{\rho^4} \rho^4 \sin\varphi \cos^2\varphi\, d\rho d\theta d\varphi = \left.\frac{-\cos^3\varphi}{3}\right|_0^\pi \cdot 2\pi \cdot \int_1^{\sqrt{3}} \cos\rho\, d\rho$

$\displaystyle = \frac{4\pi}{3}\left(\sin\rho\big|_1^{\sqrt{3}}\right) = \frac{4\pi}{3}(\sin\sqrt{3} - \sin 1)$

範例 33.

假設 $V = \{(x, y, z): 1 \le x^2 + y^2 + z^2 \le 3, z > 0\}$

求 $\displaystyle\iiint_V \frac{z \cos\sqrt{x^2 + y^2 + z^2}\, dxdydz}{(x^2 + y^2 + z^2)^{\frac{3}{2}}} = ?$

【解】

令 $x = \rho \sin\varphi \cos\theta\,,\, y = \rho \sin\varphi \sin\theta\,,\, z = \rho \cos\varphi$

則 $dxdydz = \begin{Vmatrix} \dfrac{\partial x}{\partial \rho} & \dfrac{\partial x}{\partial \varphi} & \dfrac{\partial x}{\partial \theta} \\[2mm] \dfrac{\partial y}{\partial \rho} & \dfrac{\partial y}{\partial \varphi} & \dfrac{\partial y}{\partial \theta} \\[2mm] \dfrac{\partial z}{\partial \rho} & \dfrac{\partial z}{\partial \varphi} & \dfrac{\partial z}{\partial \theta} \end{Vmatrix} d\rho d\varphi d\theta$

$= \begin{Vmatrix} \sin\varphi \cos\theta & \rho\cos\varphi \cos\theta & -\rho\sin\varphi \sin\theta \\ \sin\varphi \sin\theta & \rho\cos\varphi \sin\theta & -\rho\sin\varphi \cos\theta \\ \cos\varphi & -\rho\sin\varphi & 0 \end{Vmatrix} d\rho d\varphi d\theta = \rho^2 \sin\varphi\, d\rho d\varphi d\theta$

令 $R = \{(\rho, \varphi, \theta): 1 \le \rho \le \sqrt{3}, 0 \le \varphi \le \dfrac{\pi}{2}, 0 \le \theta \le 2\pi\}$

則 $\displaystyle\iiint_V \frac{z \cos\sqrt{x^2 + y^2 + z^2}\, dxdydz}{(x^2 + y^2 + z^2)^{\frac{3}{2}}} = \iiint_R \frac{\cos\rho}{\rho^3} \rho^3 \sin\varphi \cos\varphi\, d\rho d\theta d\varphi$

$\displaystyle = \int_0^{\frac{\pi}{2}} \int_0^{2\pi} \int_1^{\sqrt{3}} \frac{\cos\rho}{\rho^3} \rho^3 \sin\varphi \cos\varphi\, d\rho d\theta d\varphi = \left.\frac{-\cos 2\varphi}{4}\right|_0^{\frac{\pi}{2}} \cdot 2\pi \cdot \int_1^{\sqrt{3}} \cos\rho\, d\rho = \pi\left(\sin\rho\big|_1^{\sqrt{3}}\right)$

$$= \pi(\sin\sqrt{3} - \sin 1)$$

範例 34.

$$\text{試求} \int_0^1 \int_0^{\sqrt{1-x^2}} \int_{\sqrt{x^2+y^2}}^{\sqrt{2-x^2-y^2}} dzdydx =?$$

【解】

令 $x = \rho\sin\varphi\cos\theta$, $y = \rho\sin\varphi\sin\theta$, $z = \rho\cos\varphi$

$$\text{則}\, dxdydz = \begin{Vmatrix} \dfrac{\partial x}{\partial \rho} & \dfrac{\partial x}{\partial \varphi} & \dfrac{\partial x}{\partial \theta} \\[2mm] \dfrac{\partial y}{\partial \rho} & \dfrac{\partial y}{\partial \varphi} & \dfrac{\partial y}{\partial \theta} \\[2mm] \dfrac{\partial z}{\partial \rho} & \dfrac{\partial z}{\partial \varphi} & \dfrac{\partial z}{\partial \theta} \end{Vmatrix} d\rho d\varphi d\theta$$

$$= \begin{Vmatrix} \sin\varphi\cos\theta & \rho\cos\varphi\cos\theta & -\rho\sin\varphi\sin\theta \\ \sin\varphi\sin\theta & \rho\cos\varphi\sin\theta & -\rho\sin\varphi\cos\theta \\ \cos\varphi & -\rho\sin\varphi & 0 \end{Vmatrix} d\rho d\varphi d\theta = \rho^2\sin\varphi\, d\rho d\varphi d\theta$$

令 $R = \{(\rho,\varphi,\theta): 0 \le \rho \le \sqrt{2}, 0 \le \varphi \le \dfrac{\pi}{4}, 0 \le \theta \le \dfrac{\pi}{2}\}$

$$\text{則} \int_0^1 \int_0^{\sqrt{1-x^2}} \int_{\sqrt{x^2+y^2}}^{\sqrt{2-x^2-y^2}} dzdydx = \iiint_R \rho^2\sin\varphi\, d\rho d\theta d\varphi = \int_0^{\frac{\pi}{4}} \int_0^{\frac{\pi}{2}} \int_0^{\sqrt{2}} \rho^2\sin\varphi\, d\rho d\theta d\varphi$$

$$= \frac{(\sqrt{2}-1)\pi}{3}$$

範例 35.

$$\text{假設}\, V = \left\{(x,y,z): \frac{x^2}{a^2} + \frac{y^2}{b^2} + \frac{z^2}{c^2} \le 1\right\}, \quad \text{求} \iiint_V dxdydz =?$$

【解】

令 $x = a\rho\sin\varphi\cos\theta$, $y = b\rho\sin\varphi\sin\theta$, $z = c\rho\cos\varphi$

$$\text{則 } dxdydz = \begin{Vmatrix} \dfrac{\partial x}{\partial \rho} & \dfrac{\partial x}{\partial \varphi} & \dfrac{\partial x}{\partial \theta} \\[2mm] \dfrac{\partial y}{\partial \rho} & \dfrac{\partial y}{\partial \varphi} & \dfrac{\partial y}{\partial \theta} \\[2mm] \dfrac{\partial z}{\partial \rho} & \dfrac{\partial z}{\partial \varphi} & \dfrac{\partial z}{\partial \theta} \end{Vmatrix} d\rho d\varphi d\theta$$

$$= abc \begin{Vmatrix} \sin\varphi\cos\theta & \rho\cos\varphi\cos\theta & -\rho\sin\varphi\sin\theta \\ \sin\varphi\sin\theta & \rho\cos\varphi\sin\theta & -\rho\sin\varphi\cos\theta \\ \cos\varphi & -\rho\sin\varphi & 0 \end{Vmatrix} d\rho d\varphi d\theta = abc\rho^2 \sin\varphi\, d\rho d\varphi d\theta$$

令 $R = \{(\rho, \varphi, \theta): 0 \le \rho \le 1, 0 \le \varphi \le \pi, 0 \le \theta \le 2\pi\}$

$$\text{則 } \iiint_V dxdydz = abc \iiint_R \rho^2 \sin\varphi\, d\rho d\theta d\varphi = abc \int_0^\pi \int_0^{2\pi} \int_0^1 \rho^2 \sin\varphi\, d\rho d\theta d\varphi$$

$$= \frac{4\pi abc}{3}$$

範例 36.

$$\text{求 } \iiint_V \left(3x + \frac{1}{1+x^2+y^2+z^2}\right) dV = ?, \quad \text{其中 } V = \{(x,y,z): x^2+y^2+z^2 \le 4\}$$

【解】

令 $x = \rho\sin\varphi\cos\theta\,, y = \rho\sin\varphi\sin\theta\,, z = \rho\cos\varphi$

$$\text{則 } dxdydz = \begin{Vmatrix} \dfrac{\partial x}{\partial \rho} & \dfrac{\partial x}{\partial \varphi} & \dfrac{\partial x}{\partial \theta} \\[2mm] \dfrac{\partial y}{\partial \rho} & \dfrac{\partial y}{\partial \varphi} & \dfrac{\partial y}{\partial \theta} \\[2mm] \dfrac{\partial z}{\partial \rho} & \dfrac{\partial z}{\partial \varphi} & \dfrac{\partial z}{\partial \theta} \end{Vmatrix} d\rho d\varphi d\theta = \rho^2 \sin\varphi\, d\rho d\varphi d\theta$$

令 $R = \{(\rho, \varphi, \theta): 0 \le \rho \le 2, 0 \le \varphi \le \pi, 0 \le \theta \le 2\pi\}$

$$\text{則 } \iiint_V \left(3x + \frac{1}{1+x^2+y^2+z^2}\right) dV = \iiint_R \left(3\rho\sin\varphi\cos\theta + \frac{1}{1+\rho^2}\right)\rho^2 \sin\varphi\, d\rho d\theta d\varphi$$

$$= \int_0^\pi \int_0^{2\pi} \int_0^2 \left(3\rho\sin\varphi\cos\theta + \frac{1}{1+\rho^2}\right)\rho^2 \sin\varphi\, d\rho d\theta d\varphi$$

$$= \int_0^\pi \int_0^{2\pi} \int_0^2 3\rho^3 \sin^2\varphi\cos\theta\, d\rho d\theta d\varphi + \int_0^\pi \int_0^{2\pi} \int_0^2 \frac{\rho^2 \sin\varphi}{1+\rho^2} d\rho d\theta d\varphi$$

$$= \int_0^\pi \sin^2 \varphi \, d\varphi \int_0^{2\pi} \cos \theta \, d\theta \int_0^2 3\rho^3 d\rho + 2\pi \int_0^\pi \sin \varphi \, d\varphi \int_0^2 \frac{\rho^2}{1+\rho^2} d\rho$$

$$= 2\pi \int_0^\pi \sin \varphi \, d\varphi \int_0^2 \frac{\rho^2}{1+\rho^2} d\rho = 4\pi \int_0^2 1 - \frac{1}{1+\rho^2} d\rho = 4\pi(2 - \tan^{-1} 2)$$

範例 37.

Find the mass of the solid bounded below by the half-cone $z = \sqrt{x^2 + y^2}$ and above by the spherical surface $x^2 + y^2 + z^2 = 1$ given that the density function

$$f(x, y, z) = e^{(x^2+y^2+z^2)^{\frac{3}{2}}}$$

【解】

$$\because \text{mass} = \iiint_V f(x, y, z) \, dxdydz$$

令 $x = \rho \sin \varphi \cos \theta$, $y = \rho \sin \varphi \sin \theta$, $z = \rho \cos \varphi$

$$\text{則 } dxdydz = \begin{Vmatrix} \dfrac{\partial x}{\partial \rho} & \dfrac{\partial x}{\partial \varphi} & \dfrac{\partial x}{\partial \theta} \\[2mm] \dfrac{\partial y}{\partial \rho} & \dfrac{\partial y}{\partial \varphi} & \dfrac{\partial y}{\partial \theta} \\[2mm] \dfrac{\partial z}{\partial \rho} & \dfrac{\partial z}{\partial \varphi} & \dfrac{\partial z}{\partial \theta} \end{Vmatrix} d\rho d\varphi d\theta = \rho^2 \sin \varphi \, d\rho d\varphi d\theta$$

令 $R = \{(\rho, \varphi, \theta) : 0 \le \rho \le 1, \dfrac{\pi}{4} \le \varphi \le \pi, 0 \le \theta \le 2\pi\}$

$$\text{則 } \iiint_V f(x, y, z) \, dxdydz = \iiint_V e^{(x^2+y^2+z^2)^{\frac{3}{2}}} dxdydz = \iiint_R e^{\rho^3} \rho^2 \sin \varphi \, d\rho d\theta d\varphi$$

$$= \int_{\frac{\pi}{4}}^\pi \int_0^{2\pi} \int_0^1 e^{\rho^3} \rho^2 \sin \varphi \, d\rho d\theta d\varphi = 2\pi \int_0^1 e^{\rho^3} \rho^2 d\rho \int_{\frac{\pi}{4}}^\pi \sin \varphi \, d\varphi = 2\pi \cdot \left. \frac{e^{\rho^3}}{3} \right|_0^1 \cdot (-\cos \varphi) |_{\frac{\pi}{4}}^\pi$$

$$= \frac{2\pi(e - 1)(1 + \dfrac{1}{\sqrt{2}})}{3}$$

第九章　　向量微積分

　　接下來依序介紹線積分、Green's Theorem、曲面積分、Stokes' Theorem、Gauss's Theorem (The Divergence Theorem)；線積分的被積分函數分為純量函數與向量函數, 曲線可能為二維平面曲線或三維空間曲線, 無論是哪種情形皆是轉成求單變數函數的定積分

　　當被積分函數的一階偏導數存在且連續時, Green's Theorem 為計算二維平面封閉曲線積分與雙重積分的重要工具；此外, Green's Theorem 是將微積分基本定理擴展到二維平面的一種形式, 此定理將一個沿著簡單封閉平面曲線的線積分與其所包圍平面區域的雙重積分連結起來,可以幫助將線積分與雙重積分做雙向的轉換, 如果線積分的計算是困難時, 可藉由此定理轉成雙重積分, 反之, 當計算此雙重積分是困難時, 藉由此定理轉成線積分做計算; Green's Theorem 要求雙重積分中的區域 D 是簡單連通, 重要的是數個 disjoint 的簡單連通集的聯集為非簡單連通集,因此, Green's Theorem 有時可以擴展應用在非簡單連通集; 讀者應熟悉各種 Green's Theorem 的應用情境, 當線積分的路徑複雜或有複雜的被積分函數時, 嘗試使用 Green's Theorem 將問題轉為求雙重積分, 轉換後通常會搭配 Fubini's Theorem 求值; 此外, 也可能搭配極座標轉換或廣義座標轉換求值, 無論是哪種情形, 精確找出積分邊界是重要的, 當被積分函數於所圍區域並不滿足一階偏導數存在且連續的條件時, 需另外繞出一個能逼近原先區域的封閉區域且在這新的封閉區域當中, 原被積分函數滿足一階偏導數存在且連續的條件, 在此情況下才能使用 Green's Theorem 求值, 最後再逼近原先的封閉區域求解; 反之, 給封閉區域求面積時也可藉由 Green's Theorem 將問題轉為求線積分, 因此, 求線積分的能力是重要的

　　曲面積分分為給空間曲面求封閉區域的表面積, 給純量函數求曲面S的積分以及給向量函數求通過曲面的通量, 這三者最終皆是轉換為雙重積分的類型作計算, 假設曲面S的參數式為$\vec{r}(s,t)$,上述這三者的計算皆與兩偏導數的外積$\vec{r}_s \times \vec{r}_t$及其長度$|\vec{r}_s \times \vec{r}_t|$有關, 因此, 有效率且精確地求出這兩者是重要的, 曲面通常為圓柱、橢圓柱、圓錐體、拋物面..等, 無論是哪種組合均透過投影的方法將求曲面積分的問題轉成求雙重積分的問題, 並且也必須能精確且迅速求得投影後的積分邊界; 此外, 投影後可能也須搭配極座標轉換或廣義座標轉換

　　Stokes' Theorem 不僅是微積分基本定理在更高維度的推廣, 同時也是 Green's Theorem 的高維推廣; Green's Theorem 是將平面區域的雙重積分與平面上二維封閉曲線之線積分做

轉換, Stokes' Theorem 則是將三維空間封閉曲線的線積分與非封閉曲面S的曲面積分做轉換; Stokes' Theorem 說明可以將$\vec{F}$沿著非封閉曲面S其邊界曲線 C 的線積分轉換為$\vec{F}$旋度在非封閉曲面S上的通量, 相反地, 也可藉由求$\vec{F}$沿著非封閉曲面S其邊界曲線 C 的線積分得到$\vec{F}$旋度在非封閉曲面S上的通量; Stokes' Theorem 有數種考試類型, 其中重要成立條件是曲面是非封閉曲面且其邊界是空間封閉曲線; 再者, 曲面S的定向與邊界曲線 C 是否為逆時針繞行有重要的關聯; 此外, 當線積分的被積分函數是複雜的, 可藉由 Stokes' Theorem 將問題轉為求曲面積分, 接著再透過投影方式轉為求雙重積分的問題, 因此培養求雙重積分的能力是重要的

整體而言, Gauss's Theorem (The Divergence Theorem)、Stokes' Theorem 與 Green's Theorem 都是微積分基本定理的擴展, 此外, Gauss's Theorem 可以將向量場$\vec{F}$穿越封閉曲面S的通量(曲面積分)轉換為$\vec{F}$的散度在封閉體積 V 的三重積分, 例如, 假設一個封閉曲面由S_1, S_2 組成, 原本求通過兩曲面的方法是求各自的通量再相加,而藉由 Gauss's Theorem 則將問題轉成純量函數的體積分, 相反地, 也可藉由$\vec{F}$在封閉曲面S的通量(曲面積分)求得$\vec{F}$的散度在封閉體積 V 的三重積分; 當向量函數於某封閉光滑曲面所圍區域內的一階偏導數存在且連續時, 如果被積分的向量函數是複雜的, 可藉由 Gauss's Theorem 將向量函數在曲面積分的問題轉為求三重積分, 因此, 求三重積分的能力是重要的, 此時有可能仍須搭配極座標轉換或廣義座標轉換求值

9.1 參數化方程式(Parametric Equations)

【定義】
假設 x 和 y 是 t 的連續函數, $t \in I$, 則方程式$x = x(t)$ 且 $y = y(t)$ 稱為參數方程式; 隨著 t 在區間I變化, 得到的點集合(x, y)稱為參數曲線, 用符號C表示

為了熟悉並理解以參數表示的曲線的圖形, 需練習如何將這兩個方程式重新寫成一個涉及變數x 和 y的單一方程式; 另一方面, 當給定變數 x 和 y 的單一方程式時, 則對應的參數方程式並不唯一。

範例 1.
試將下列參數方程式用單一方程式表示
(1) $x(t) = t^2 - 5$, $y(t) = 2t + 1$, $-2 \leq t \leq 3$.
(2) $x(t) = \sqrt{2t + 3}$, $y(t) = 2t + 1, -2 \leq t \leq 6$.

(3) $x(t) = 2\cos t$, $y(t) = \sqrt{3}\sin t$, $-2 \le t \le 7$.

【解】

(1)

$$\because t = \frac{y-1}{2} \quad \therefore x = \left(\frac{y-1}{2}\right)^2 - 5 = \frac{y^2 - 2y + 1}{4} - 5 = \frac{y^2 - 2y - 19}{4}$$

$$\therefore x = \frac{y^2 - 2y - 19}{4}, \quad \forall -1 \le x \le 4$$

(2)

$$\because x = \sqrt{2t+3} \quad \therefore x^2 = 2t + 3 \Rightarrow t = \frac{x^2 - 3}{2}$$

$$\because y = 2t + 5 \quad \therefore y = 2\left(\frac{x^2 - 3}{2}\right) + 5 = x^2 + 2, \quad \forall 0 \le x \le \sqrt{15}$$

(3)

$$\because x(t) = 2\cos t \quad \therefore \cos t = \frac{x}{2}, \quad \because y(t) = \sqrt{3}\sin t \quad \therefore \sin t = \frac{y}{\sqrt{3}}$$

$$\because \cos^2 t + \sin^2 t = 1 \quad \therefore \left(\frac{x}{2}\right)^2 + \left(\frac{y}{\sqrt{3}}\right)^2 = 1 \Rightarrow \frac{x^2}{4} + \frac{y^2}{3} = 1$$

範例 2.

試將下列單一方程式找出所對應的兩組不同參數方程式

(1)$y = 3x^2 - 1$ (2)$y = \ln x$ (3) $x = y^2 - 6y + 8$

【解】

(1)

Let $x(t) = t$ then $y(t) = 3t^2 - 1$

Let $x(t) = 2t - 1$ then $y(t) = 3x^2 - 1 = 3(2t - 1)^2 - 1 = 12t^2 - 12t + 2$

(2)

Let $x(t) = t$ then $y(t) = \ln t$

Let $x(t) = t^2$ then $y(t) = \ln t^2 = 2\ln t$

(3)

Let $y(t) = t$ then $x(t) = t^2 - 6t + 8$

Let $y(t) = t + 2$ then $x(t) = y^2 - 6y + 8 = (t + 2)^2 - 6(t + 2) + 8 = t^2 - 2t$

範例 3.

試將下列參數方程式用單一方程式表示

(1)$x(t) = t^5, \ y(t) = 5\ln t$

(2)$x = e^{3t}, y = t + 3$

(3)$x(t) = 2t - 5, \ y(t) = 4t - 7$

(4)$x = \sqrt{t}, \ y = 2 - t$

(5)$x(t) = t^2 - 2, \ y(t) = \dfrac{t}{3}, -2 \le t \le 6.$

(6)$x = t^2 - 2t, \ y = t + 2, 0 \le t \le 5$

(7)$x(t) = 2\cos t, \ y(t) = 3\sin t, 0 \le t \le 2\pi$

(8)$x(t) = 2 + \cos t, \ y(t) = 4 - \sin t$

(9)$x = a\cos t, y = a\sin t, \ 0 \le t \le 2\pi$

(10)$x(t) = \sin t, \ y(t) = \cos 2t$

(11)$x(t) = \csc t, \ y(t) = \cot t, \ 0 < t < \dfrac{\pi}{2}$

(12)$x = \cos t, \ y = \sec t, \ 0 < t < \dfrac{\pi}{2}$

(13)$x = \sinh t, y = \cosh t$

(14)$x(t) = 3\cos 7t, \ y(t) = 3\sin 7t$

(15)$x(t) = 3\cosh 4t, \ y(t) = 4\sinh 4t$

(16)$x = \cos t, \ y = \cos^2 t$

【解】

(1)

$\because x(t) = t^5 \ \therefore 5\ln t = \ln x \Rightarrow y = \ln x, \ \forall x \in [0, \infty)$

(2)

$\because x = e^{3t}$ and $y = t + 3 \ \therefore t = \dfrac{\ln x}{3} = y - 3 \Rightarrow y = \dfrac{\ln x}{3} + 3$

$\therefore$ the curve given parametric equations is $y = \dfrac{\ln x}{3} + 3$

(3)

$\because t = \dfrac{x + 5}{2} \ \therefore y = 4t - 7 = 4\left(\dfrac{x + 5}{2}\right) - 7 = 2x + 3 \Rightarrow y = 2x + 3, \ \forall x \in R$

(4)

$\because x^2 = t$ and $t = 2 - y$

$\therefore$ the curve given parametric equations is the parabola $y = 2 - x^2, \ \forall x \ge 0$

(5)

$\because t = 3y \quad \therefore x = t^2 - 2 = (3y)^2 - 2 = 9y^2 - 2 \Rightarrow x = 9y^2 - 2 \text{ where } -2 \leq x < \infty$

(6)

$\because t = y - 2, \quad \therefore x = t^2 - 2t = (y-2)^2 - 2(y-2) = y^2 - 6y + 8$

$\therefore$ the curve given parametric equations is the parabola $x = y^2 - 6y + 8, \quad -2 \leq y \leq 3$

(7)

$\because x(t) = 2\cos t \quad \therefore \cos t = \dfrac{x}{2}, \quad \because y(t) = 3\sin t \therefore \sin t = \dfrac{y}{3}$

$\because \cos^2 t + \sin^2 t = 1 \quad \therefore \left(\dfrac{x}{2}\right)^2 + \left(\dfrac{y}{3}\right)^2 = 1 \Rightarrow \dfrac{x^2}{4} + \dfrac{y^2}{9} = 1 \text{ where } -2 \leq x \leq 2$

(8)

$\because x(t) = 2 + \cos t \therefore \cos t = x - 2, \quad \because y(t) = 4 - \sin t \quad \therefore \sin t = 4 - y$

$\because \cos^2 t + \sin^2 t = 1 \quad \therefore (x-2)^2 + (y-4)^2 = 1, \text{ where } 1 \leq x \leq 3$

(9)

$\because x^2 + y^2 = a^2\cos^2 t + a^2\sin^2 t = a^2$

$\therefore$ the curve given parametric equations is the circle with radius $a, \quad x^2 + y^2 = a^2$

(10)

$\because x(t) = \sin t, \quad y(t) = \cos 2t$

$\because \sin^2 t = \dfrac{1 - \cos 2t}{2} \quad \therefore x^2 = \dfrac{1 - y}{2} \Rightarrow y = 1 - x^2, \text{ where } -1 \leq x \leq 1$

(11)

$\because x(t) = \csc t, \quad y(t) = \cot t$

$\because \csc^2 t = \cot^2 t + 1 \quad \therefore x^2 = y^2 + 1 \Rightarrow y = \sqrt{x^2 - 1}, \text{ where } x > 1$

(12)

$\because x = \cos t, \quad y = \sec t \quad \therefore y = \dfrac{1}{x}, \quad \forall y > 1$

$\therefore$ the curve given parametric equations is $y = \dfrac{1}{x}, \quad \forall y > 1$

(13)

$\because \cosh^2 t - \sinh^2 t = 1, \quad x = \sinh t \text{ and } y = \cosh t$

$\therefore$ the curve given parametric equations is $y^2 - x^2 = 1$

(14)

$\because x(t) = 3\cos 7t, \quad y(t) = 3\sin 7t,$

$\because \cos^2 7t + \sin^2 7t = 1 \quad \therefore \left(\dfrac{x}{3}\right)^2 + \left(\dfrac{y}{3}\right)^2 = 1 \quad \therefore x^2 + y^2 = 9, \ \text{where} -3 \leq x \leq 3$

(15)

$\because x(t) = 3\cosh 4t, \ y(t) = 4\sinh 4t,$

$\because \cosh^2 4t - \sinh^2 4t = 1 \quad \therefore \left(\dfrac{x}{3}\right)^2 - \left(\dfrac{y}{4}\right)^2 = 1, \ \text{where} -3 \leq x \leq 3$

$\therefore$ the curve is hyperbola

(16)

$\because x = \cos t, \ y = \cos^2 t, \ \therefore y = \cos^2 t = x^2, \ \forall -1 \leq x \leq 1$

$\therefore$ the curve given parametric equations is the parabola $y = x^2, \ \forall -1 \leq x \leq 1$

9.2 給定曲線的向量值表示式，求微分

【定義】

向量值函數為以下形式的函數
$$\vec{r}(t) = \big(f(t), g(t)\big) \ \text{或} \ \vec{r}(t) = \big(f(t), g(t), h(t)\big)$$
其中，分量函數 f, g 以及 h 是參數 t 的實數值函數

上述定義當中，前者是二維向量值函數，後者是三維向量值函數

【定義】

給定向量值函數 $\vec{r}(t)$，如果

$$\lim_{\Delta t \to 0} \frac{\vec{r}(t + \Delta t) - \vec{r}(t)}{\Delta t} \ \text{存在}$$

則稱 $\vec{r}(t)$ 於 t 可微分，用 $\vec{r}'(t)$ 表示 $\displaystyle\lim_{\Delta t \to 0} \frac{\vec{r}(t + \Delta t) - \vec{r}(t)}{\Delta t}$，即

$$\vec{r}'(t) = \lim_{\Delta t \to 0} \frac{\vec{r}(t + \Delta t) - \vec{r}(t)}{\Delta t}$$

再者，如果 $\vec{r}'(t)$ 存在 $\forall t \in (a, b)$ 則稱 $\vec{r}(t)$ 於區間 (a, b) 可微分

【定理】

假設 $\vec{r}(t) = (f(t), g(t), h(t))$ 其中 $f(t), g(t), h(t)$ 為可微分函數，則
$$\vec{r}'(t) = (f'(t), g'(t), h'(t))$$

<u>Proof:</u>

∵ $f(t), g(t), h(t)$ 為可微分函數

$$\therefore \vec{r}'(t) = \lim_{\Delta t \to 0} \frac{\vec{r}(t + \Delta t) - \vec{r}(t)}{\Delta t} = \lim_{\Delta t \to 0} \frac{\big(f(t + \Delta t), g(t + \Delta t), h(t + \Delta t)\big) - \big(f(t), g(t), h(t)\big)}{\Delta t}$$

$$= \lim_{\Delta t \to 0} \left(\frac{f(t + \Delta t) - f(t)}{\Delta t}, \frac{g(t + \Delta t) - g(t)}{\Delta t}, \frac{h(t + \Delta t) - h(t)}{\Delta t} \right)$$

$$= \left(\lim_{\Delta t \to 0} \frac{f(t + \Delta t) - f(t)}{\Delta t}, \lim_{\Delta t \to 0} \frac{g(t + \Delta t) - g(t)}{\Delta t}, \lim_{\Delta t \to 0} \frac{h(t + \Delta t) - h(t)}{\Delta t} \right)$$

$$= (f'(t), g'(t), h'(t))$$

【定義】

給定向量值函數 $\vec{r}(t)$, 如果 $\vec{r}'(t)$ 連續且 $\vec{r}'(t) \neq 0, \forall t \in I$ 則稱 $\vec{r}(t)$ 於 I 為平滑向量值函數, 如果曲線用平滑向量值函數所描述, 則稱該曲線為平滑曲線

底下先列出關於純量函數線積分以及向量函數線積分的重要公式,細部推導請詳見各節說明, 第一個計算重點是給定定曲線 C, 求純量函數 f 的曲線積分, 計算公式為

$$\int_C f(x, y, z)ds = \int_a^b f\big(\vec{r}(t)\big)|\vec{r}'(t)|dt$$

第二個計算重點是給定曲線 C, 求向量函數 $\vec{F}$ 的曲線積分, 計算公式為

$$\int_C \vec{F} \cdot d\vec{r} = \int_a^b \vec{F}(\vec{r}(t)) \cdot \vec{r}'(t)dt$$

其中 $C: \vec{r}(t) = (x(t), y(t), z(t)), \ \forall a \leq t \leq b$.

從上述觀察得知,給定曲線 $C: \vec{r}(t) = (x(t), y(t), z(t))$,如何有效率且快速地求得 $\vec{r}'(t)$ 及 $|\vec{r}'(t)|$ 是重要的

範例 1.

Assume $\vec{r}(t) = (\sqrt{t}, 2 - t)$. Find $\vec{r}'(t)$ and $\vec{r}'(1)$.

【解】

$$\vec{r}'(t) = \left(\frac{1}{2\sqrt{t}}, -1 \right) \text{ and } \vec{r}'(1) = \left(\frac{1}{2\sqrt{2}}, -1 \right)$$

範例 2.

試求下列各向量值函數的微分, $\vec{r}'(t) =$?

(1) $\vec{r}(t) = (7t + 10, 5t^2 + 2t - 3)$ (2) $\vec{r}(t) = (5\cos t, 7\sin t)$

(3) $\vec{r}(t) = (e^t \sin t, e^{-t} \cos t, -e^{3t})$ (4) $\vec{r}(t) = (t \ln t, 7e^t \sin t, \cos t + \sin t)$

(5) $\vec{r}(t) = (5 + t^4, te^{-t}, \cos 2t)$

【解】

(1)

$\vec{r}'(t) = (7, 10t + 2)$

(2)

$\vec{r}'(t) = (-5 \sin t, 7 \cos t)$

(3)

$\vec{r}'(t) = (e^t(\sin t + \cos t), -e^{-t}(\cos t + \sin t), -3e^{3t})$

(4)

$\vec{r}'(t) = (1 + \ln t, 7e^t(\sin t + \cos t), -\sin t + \cos t)$

(5)

$\vec{r}'(t) = (4t^3, (1 - t)e^{-t}, -2 \sin 2t)$

範例 3.

試求下列各向量值函數的 $\vec{r}'(t)$ 以及 $|\vec{r}'(t)| = ?$

(1) $\vec{r}(t) = (t, at), \ a > 0$ (2) $\vec{r}(t) = (t, 4t, 3t)$ (3) $\vec{r}(t) = (\cos t, \sin t, t)$

(4) $\vec{r}(t) = (e^t, e^{at}, e^{-t})$ (5) $\vec{r}(t) = (0, 3 \sin t, \sin^2 t)$ (6) $\vec{r}(t) = (e^t \sin t, e^t \cos t)$

(7) $\vec{r}(t) = (r \cos t, r \sin t), \ r > 0$

【解】

(1)

$\vec{r}'(t) = (1, a), \ |\vec{r}'(t)| = \sqrt{1 + a^2}$

(2)

$\vec{r}'(t) = (1, 4, 3), \ |\vec{r}'(t)| = \sqrt{26}$

(3)

$\vec{r}'(t) = (-\sin t, \cos t, 1), \ |\vec{r}'(t)| = \sqrt{\cos^2 t + \sin^2 t + 1} = \sqrt{2}$

(4)

$\vec{r}'(t) = (e^t, ae^t, -e^{-t}), \ |\vec{r}'(t)| = \sqrt{e^{2t}(1 + a^2) + e^{-2t}}$

(5)

$\vec{r}'(t) = (0, 3 \cos t, 2 \sin t \cos t), \ |\vec{r}'(t)| = \sqrt{9 \cos^2 t + 4 \sin^2 t \cos^2 t}$

(6)

$\vec{r}'(t) = \left(e^t(\sin t + \cos t), e^t(\cos t - \sin t)\right), \ |\vec{r}'(t)| = \sqrt{2e^{2t}}$

(7)

$$\vec{r}'(t) = (-r\sin t, r\cos t), \quad |\vec{r}'(t)| = r\sqrt{\cos^2 t + \sin^2 t} = r$$

範例 4.

The curve C is given by the vector- valued function $\vec{r}(t) = (t, t^2), \forall t \in R$. Is C smooth ?

【解】

$\because \vec{r}'(t) = (1, 2t) \quad \therefore \vec{r}'(t) \neq \vec{0}, \forall t \in R$ 且 $\vec{r}'(t)$ 連續, $\forall t \quad \therefore C$ is a smooth curve

範例 5.

The curve C is given by the vector- valued function $\vec{r}(t) = (t^4, t^5), \forall t \in R$. Is C smooth ?

【解】

$\because \vec{r}'(t) = (4t^3, 5t^4), \quad \therefore \vec{r}'(0) = (0,0) \quad \therefore C$ is not a smooth curve

範例 6.

The curve C is given by parametric equations $\vec{r}(t) = (t, |t|), \forall t \in R$. Is C smooth ?

【解】

$\because \vec{r}'(0)$ doesn't exist $\therefore C$ is not a smooth curve

範例 7.

試判斷下列曲線是否為平滑曲線

(1) $\vec{r}(t) = (1 + t^3, te^{-t}, \sin 2t), \forall t \in R$

(2) $\vec{r}(t) = (3\cos t, 4\sin t), \forall t \in R$

(3) $\vec{r}(t) = (e^t \sin t, e^t \cos t, -e^{2t}), \forall t \in R$

(4) $\vec{r}(t) = (t \ln t, 5e^t \cos t, \cos t - \sin t), \forall t \in R$

(5) $\vec{r}(t) = (0, 3\sin t, \sin^2 t), \forall t \in R$

(6) $\vec{r}(t) = (e^t \sin t, e^{-t} \cos t)$

(7) $\vec{r}(t) = (t^3 - 12t + 17, \ t^2 - 4t + 8), \forall t \in R$

(8) $\vec{r}(t) = \left(t, \ t^2 \sin\frac{1}{t}\right), \ \forall t \neq 0$ and $\vec{r}(0) = \vec{0}$.

【解】

(1)

$\because \vec{r}'(t) = (3t^2, (1-t)e^{-t}, 2\cos 2t) \neq \vec{0}$ 且 $\vec{r}'(t)$ 連續, $\forall t \in R \quad \therefore C$ is smooth

(2)

$\because \vec{r}'(t) = (-3\sin t, 4\cos t) \neq \vec{0}$ 且 $\vec{r}'(t)$ 連續, $\forall t \in R \quad \therefore C$ is smooth

(3)

$\because \vec{r}'(t) = (e^t(\sin t + \cos t), e^t(\cos t - \sin t), -2e^{2t}) \neq \vec{0}$ 且 $\vec{r}'(t)$ 連續, $\forall t \in R$

$\therefore C$ is smooth

(4)

$\because \vec{r}'(t) = (1 + \ln t, 5e^t(\cos t - \sin t), -\sin t - \cos t) \neq \vec{0}$ 且 $\vec{r}'(t)$ 連續, $\forall t \in R$

$\therefore C$ is smooth

(5)

$\because \vec{r}'(t) = (0, 3\cos t, 2\sin t\cos t) \quad \therefore \vec{r}'\left(\dfrac{\pi}{2}\right) = \vec{0} \quad \therefore C$ is not smooth

(6)

$\because \vec{r}'(t) = \left(e^t(\sin t + \cos t), -e^t(\sin t + \cos t)\right) = \left(e^t\sin\left(t + \dfrac{\pi}{4}\right), -e^t\sin\left(t + \dfrac{\pi}{4}\right)\right)$

$\therefore \vec{r}'\left(-\dfrac{\pi}{4}\right) = \vec{0} \quad \therefore C$ is not smooth

(7)

$\because x(t) = t^3 - 12t + 17, \quad y(t) = t^2 - 4t + 8$

$\therefore x'(t) = 3t^2 - 12, \quad y'(t) = 2t - 4 \Rightarrow x'(2) = y'(2) = 0$

$\therefore C$ is not a smooth curve

(8)

$\because y(t) = t^2\sin\dfrac{1}{t} \quad \therefore y'(t) = -\cos\dfrac{1}{t} + 2t\sin\dfrac{1}{t}, \quad \forall t \neq 0$

$\because y'(0) = 0 \ \text{ and } \ \lim_{t \to 0} y'(t) = \lim_{t \to 0} -\cos\dfrac{1}{t} + 2t\sin\dfrac{1}{t} \neq 0$

$\therefore y'(t)$ isn't continuous at $t = 0 \quad \therefore \vec{r}'(t)$ isn't continuous at $t = 0$

$\therefore C$ is not smooth

9.3 線積分

線積分的被積分函數可能為純量函數或向量函數, 曲線 C 可能為二維平面或三維空間的曲線, 類型通常包含: 參數式、圓、圓弧、橢圓..等; 無論是哪種情形, 關鍵步驟皆是將其轉換為單變數的積分, 因此, 要清楚轉換後被積分函數的樣貌; 曲線 C 從樣貌上做區分又可分為封閉或非封閉, 當曲線為二維平面的封閉曲線時, 有時可藉由 Green's Theorem 將線積分轉為雙重積分, 當曲線是三維空間的封閉曲線時, 有時可藉由 Stokes' Theorem 將線積分轉

為曲面積分

9.3.1　f為純量函數, 給曲線C求線積分

考慮一條空間曲線C, 由參數方程式描述：

$$x = x(t), \ y = y(t), \ z = z(t), \ \forall a \leq t \leq b$$

或者, 藉由向量值函數表示：

$$\vec{r}(t) = \big(x(t), y(t), z(t)\big), \ \forall a \leq t \leq b$$

假設C是一條光滑的空間曲線$\big(\vec{r}'(t)$連續且$\vec{r}'(t) \neq 0\big)$, 將定義域$[a,b]$切成n個等寬的子區間, 其中$x_i = x(t_i), \ y_i = y(t_i), \ z_i = z(t_i), \ \forall 0 \leq i \leq n$; 這些對應點$(x_i, y_i, z_i)$將$C$分成$n$個子弧$C_i$且長度分別為$\Delta s_1, \Delta s_1 \dots \Delta s_n \big(\Delta s_1, \Delta s_2, \dots, \Delta s_n$不必然相等$\big)$; 在每個子弧中選任意點$(x_i^*, y_i^*, z_i^*)$, 如果函數$f$的定義域包含空間曲線 C, 則函數f在點(x_i^*, y_i^*, z_i^*)取值並乘以子弧的長度Δs_i, 加總後則得到黎曼和的形式

$$\sum_{i=1}^{n} f(x_i^*, y_i^*, z_i^*)\Delta s_i,$$

藉由此黎曼和的極限可以定義純量函數的線積分

【定義】

假設函數f定義在平滑空間曲線C上, 其中$C: x = x(t), \ y = y(t), \ z = z(t), \ \forall a \leq t \leq b$, 如果極限

$$\lim_{n \to \infty} \sum_{i=1}^{n} f(x_i^*, y_i^*, z_i^*)\Delta s_i \ \text{存在},$$

則用$\displaystyle\int_C f(x, y, z)\,ds$ 表示並稱其為函數f沿著空間曲線C的線積分

平滑平面曲線的線積分也是類似, 考慮一條二維平面曲線C, 由參數方程式描述：

$$x = x(t), \ y = y(t), \ \forall a \leq t \leq b$$

或者, 藉由向量值函數表示：

$$\vec{r}(t) = \big(x(t), y(t)\big), \ \forall a \leq t \leq b$$

切割平面曲線C的方式與三維空間類似(如下圖), 函數f在點(x_i^*, y_i^*)取值並乘以子弧的長度Δs_i, 加總後則得到黎曼和的形式

$$\sum_{i=1}^{n} f(x_i^*, y_i^*)\Delta s_i,$$

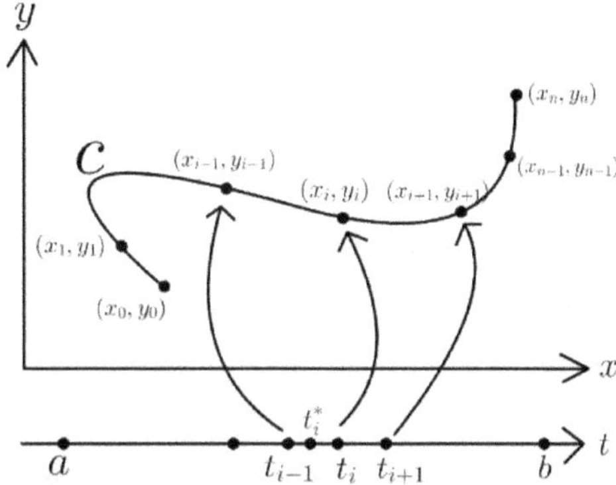

藉由此黎曼和的極限可定義純量函數的線積分

【定義】

假設函數 f 定義在平滑平面曲線 C 上, 其中 $C: x = x(t),\ y = y(t),\ \forall a \le t \le b,$ 如果極限

$$\lim_{n \to \infty} \sum_{i=1}^{n} f(x_i^*, y_i^*)\Delta s_i \ \text{存在},$$

則用 $\displaystyle\int_C f(x,y)\,ds$ 表示並稱其為函數 f 沿著平面曲線 C 的線積分

值得注意的是, 因為任意定義域為閉區間的連續函數必為黎曼可積分函數, 因此, 如果上述定義的函數 f 是一個連續函數, 則其上述黎曼和的極限值必定存在; 此外, 若曲線 $C(t)$ 為平滑曲線, $\forall t \in [a,b]$, 則 $\vec{r}'(t)$ 連續, $\forall a \le t \le b,$ 藉由弧長公式,

$$\Delta s_i = \int_{t_{i-1}}^{t_i} |\vec{r}'(t)|\,dt.$$

令 $\Delta t_i = t_i - t_{i-1}$ 逼近零, 則

$$\Delta s_i = \int_{t_{i-1}}^{t_i} |\vec{r}'(t)|\,dt \ \approx\ |\vec{r}'(t_i^*)|\Delta t_i, \ \text{其中} t_i^* \in [t_i, t_{i-1}]$$

因此

$$\sum_{i=1}^{n} f(x_i^*, y_i^*)\Delta s_i = \sum_{i=1}^{n} f(\vec{r}(t_i^*))\Delta s_i \approx \sum_{i=1}^{n} f(\vec{r}(t_i^*))|\vec{r}'(t_i^*)|\Delta t_i$$

所以

$$\int_C f(x,y)ds = \lim_{n\to\infty}\sum_{i=1}^{n} f(x_i^*,y_i^*)\Delta s_i = \lim_{n\to\infty}\sum_{i=1}^{n} f\big(\vec{r}(t_i^*)\big)|\vec{r}'(t_i^*)|\Delta t_i = \int_a^b f\big(\vec{r}(t)\big)|\vec{r}'(t)|dt$$

上述的公式在說明計算函數 f 沿著曲線 C 的線積分相當於求單變數函數的黎曼積分, 特別的是單變數黎曼積分的被積分函數為

$$f\big(\vec{r}(t)\big)|\vec{r}'(t)|$$

因此, 求曲線的線積分相當於先求得被積分函數之後, 再計算單變數黎曼積分; 底下針對曲線的線積分轉換成單變數黎曼積分後, 有哪些不同類型作初步的說明; 掌握題型的重要關鍵需要熟悉曲線的樣貌, 大方向可以區分為兩類, 一者為二維平面的曲線, 另一者為三維空間的曲線; 再者又可細分為圓與非圓, 以及曲線是否用參數方程式表示, 在這些不同情境之下對於 $\int_a^b f\big(\vec{r}(t)\big)|\vec{r}'(t)|dt$ 都會有一個明確對應的計算公式

假設 $\vec{r}(t) = (x(t),y(t))$ 則 $\vec{r}'(t) = (x'(t),y'(t)) \Rightarrow |\vec{r}'(t)| = \sqrt{(x'(t))^2 + (y'(t))^2}$

因此, 函數 f 沿著曲線 C 的線積分能改寫為底下的公式並且用此公式求線積分

$$\int_C f(x,y)ds = \int_a^b f\big(\vec{r}(t)\big)|\vec{r}'(t)|dt = \int_a^b f(x(t),y(t))\sqrt{(x'(t))^2 + (y'(t))^2}\,dt$$

再者, 當給定二維曲線 $C: y = g(x), \forall x \in [a,b]$, 即 $\vec{r}(x) = (x,g(x)) \Rightarrow \vec{r}'(x) = (1,g'(x))$

$$且 \quad |\vec{r}'(x)| = \sqrt{1 + (g'(x))^2}$$

因此, 純量函數 f 於曲線 C 的線積分能改寫為底下的公式, 並且用此公式求線積分

$$\int_C f(x,y)ds = \int_a^b f\big(\vec{r}(x)\big)|\vec{r}'(x)|dx = \int_a^b f(x,g(x))\sqrt{1 + (g'(x))^2}\,dx$$

當給定圓 $C: x^2 + y^2 = r^2, r > 0$, 藉由極座標參數化

$$x = r\cos\theta, y = r\sin\theta \text{ 則 } \vec{r}(\theta) = (r\cos\theta, r\sin\theta), \text{ 其中 } 0 \le \theta \le 2\pi,$$

因為

$$\vec{r}'(\theta) = (-r\sin\theta, r\cos\theta) \text{ 且 } |\vec{r}'(\theta)| = r\sqrt{\cos^2\theta + \sin^2\theta} = r$$

因此, 線積分則能改寫為底下的公式, 並且用此公式求線積分

$$\int_C f(x,y)\,ds = \int_0^{2\pi} f(\vec{r}(\theta))|\vec{r}'(\theta)|\,d\theta = \int_0^{2\pi} f(r\cos\theta, r\sin\theta)r\,d\theta$$

上述為二維曲線在不同情況下,計算線積分的方式, 接下來說明三維曲線的情形, 考慮一條參數化的平滑空間曲線 C: $\vec{r}(t) = (x(t), y(t), z(t))$, $\forall a \leq t \leq b$,如果 f 是一個定義於曲線 C 的三變數連續函數,使用與平面曲線相似的方法定義沿著空間曲線 C 的 f 的線積分

$$\int_C f(x,y,z)\,ds = \lim_{n\to\infty} \sum_{i=1}^{n} f(x_i^*, y_i^*, z_i^*)\Delta s_i$$

使用一個類似於對平面曲線應用的公式計算空間曲線 C 的線積分,

$$\int_C f(x,y,z)\,ds = \int_a^b f(\vec{r}(t))|\vec{r}'(t)|\,dt$$

因為

$$\vec{r}'(t) = (x'(t), y'(t), z'(t)) \ \text{且} \ |\vec{r}'(t)| = \sqrt{(x'(t))^2 + (y'(t))^2 + (z'(t))^2}$$

因此,線積分能改寫為底下的公式並且用此公式求線積分

$$\int_C f(x,y,z)\,ds = \int_a^b f(\vec{r}(t))|\vec{r}'(t)|\,dt$$
$$= \int_a^b f(x(t), y(t), z(t))\sqrt{(x'(t))^2 + (y'(t))^2 + (z'(t))^2}\,dt.$$

上述是針對單一光滑曲線推導明確的計算方式, 以考試類型而言, 曲線 C 可能是一條分段光滑曲線(如下圖), 接下來說明當線積分的曲線 C 為分段光滑曲線時, 如何進行定義; 假設 C 是一條分段光滑曲線, 即它由有限個光滑曲線 $C_1, \ldots, C_n$ 組成, 其中 C_i 的終點與 C_{i+1} 的起點重合, 則 f 沿著 C 的線積分 $= f$ 沿著每個光滑片段 C_j 線積分之和, $\forall 1 \leq j \leq n$:

$$\int_C f(x,y,z)\,ds = \int_{C_1} f(x,y,z)\,ds + \cdots + \int_{C_n} f(x,y,z)\,ds$$

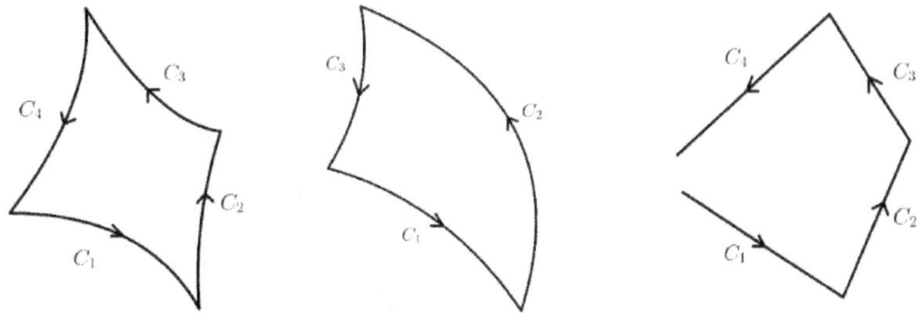

考試類型：

題型 1.

求 $\displaystyle\int_C f(x,y)ds =?$，其中曲線 $C: y = g(x), \ \forall x \in [a,b]$

解題流程：

Step1.

令 $\vec{r}(x) = (x, g(x))$ 則 $\vec{r}'(x) = (1, g'(x))$ 且 $|\vec{r}'(x)| = \sqrt{1 + (g'(x))^2}$

Step2.

$$\int_C f(x,y)ds = \int_a^b f(\vec{r}(x))|\vec{r}'(x)|dx = \int_a^b f(x, g(x))\sqrt{1 + (g'(x))^2}\,dx$$

題型 2.

求 $\displaystyle\int_C f(x,y)ds =?$，其中曲線 $C:(x(t),y(t)), \ \forall a \leq t \leq b$ 為二維空間中的線段

求 $\displaystyle\int_C f(x,y,z)ds =?$，其中曲線 $C:(x(t),y(t),z(t)), \ \forall a \leq t \leq b$ 為三維空間中的線段

解題流程：

Step1.

若曲線 C 為二維空間中的線段，

令 $C: \vec{r}(t) = (x(t),y(t)), \ \forall a \leq t \leq b$ 則

$$\vec{r}'(t) = (x'(t), y'(t)) \ \text{且} \ |\vec{r}'(t)| = \sqrt{(x'(t))^2 + (y'(t))^2}$$

$$\therefore \int_C f(x,y)ds = \int_a^b f(\vec{r}(t))|\vec{r}'(t)|dt = \int_a^b f(x(t),y(t))\sqrt{(x'(t))^2 + (y'(t))^2}\,dt$$

若曲線 C 為三維空間中的線段，

令 $C: \vec{r}(t) = (x(t),y(t),z(t)), \ \forall a \leq t \leq b$ 則

$$\vec{r}'(t) = (x'(t), y'(t), z'(t)) \ \text{且} \ |\vec{r}'(t)| = \sqrt{(x'(t))^2 + (y'(t))^2 + (z'(t))^2}$$

$$\therefore \int_C f(x,y,z)ds = \int_a^b f(\vec{r}(t))|\vec{r}'(t)|dt$$

$$= \int_a^b f(x(t),y(t),z(t))\sqrt{(x'(t))^2 + (y'(t))^2 + (z'(t))^2}\,dt$$

Step2.

若曲線 C 為二維空間中的線段, 求 $\displaystyle\int_a^b f(x(t),y(t))\sqrt{(x'(t))^2 + (y'(t))^2}\,dt$

若曲線 C 為三維空間中的線段, 求 $\displaystyle\int_a^b f(x(t),y(t),z(t))\sqrt{(x'(t))^2 + (y'(t))^2 + (z'(t))^2}\,dt$

<u>範例說明:</u>

(I) 求 $\displaystyle\int_C f(x,y)ds =?$, 其中 $f(x,y) = xy^3$, $C: \vec{r}(t) = (t,at)$, $-1 \le t \le 1$

$\because \vec{r}(t) = (t,at)$ $\therefore \vec{r}'(t) = (1,a)$ 且 $|\vec{r}'(t)| = \sqrt{1+a^2}$

$$\int_C f(x,y)ds = \int_{-1}^1 f(\vec{r}(t))|\vec{r}'(t)|dt = \int_{-1}^1 t\,(at)^3 \cdot \sqrt{1+a^2}\,dt = \frac{2a^3\sqrt{1+a^2}}{5}$$

<u>題型</u> **3.**

求 $\displaystyle\int_C f(x,y)ds =?$, 其中曲線 C 為圓 $C: x^2 + y^2 = r^2$, $r > 0$

解題流程:

Step1.

令 $x = r\cos\theta$, $y = r\sin\theta$, $0 \le \theta \le 2\pi$ 則 $\vec{r}'(\theta) = (-r\sin\theta, r\cos\theta)$

$\therefore |\vec{r}'(\theta)| = r\sqrt{\cos^2\theta + \sin^2\theta} = r$

$\therefore \displaystyle\int_C f(x,y)ds = \int_0^{2\pi} f(\vec{r}(\theta))|\vec{r}'(\theta)|d\theta = \int_0^{2\pi} f(r\cos\theta, r\sin\theta)r\,d\theta$

Step2.

求 $\displaystyle\int_0^{2\pi} f(r\cos\theta, r\sin\theta)r\,d\theta =?$

<u>範例說明:</u>

求 $\displaystyle\int_C f(x,y)ds =?$, 其中曲線 C 為圓 $C: x^2 + y^2 = r^2$, $r > 0$

(I) 若 $f(x,y) = e^{x^2+y^2}$ 則 $\displaystyle\int_C e^{x^2+y^2}ds = \int_0^{2\pi} e^{r^2}r\,d\theta$

(II) 若 $f(x,y) = \ln(x^2+y^2)$ 則 $\displaystyle\int_C \ln(x^2+y^2)\,ds = \int_0^{2\pi} \ln(r^2)\,r\,d\theta$

(III) 若 $f(x, y) = \sin(x^2 + y^2)$ 則 $\displaystyle\int_C \sin(x^2 + y^2)\,ds = \int_0^{2\pi} \sin(r^2)\,r\,d\theta$

(IV) 若 $f(x, y) = \sin^{-1}(x^2 + y^2)$ 則 $\displaystyle\int_C \sin^{-1}(x^2 + y^2)\,ds = \int_0^{2\pi} \sin^{-1}(r^2)\,r\,d\theta$

(V) 若 $f(x, y) = \tan^{-1}(x^2 + y^2)$ 則 $\displaystyle\int_C \tan^{-1}(x^2 + y^2)\,ds = \int_0^{2\pi} \tan^{-1}(r^2)\,r\,d\theta$

(VI) 若 $f(x, y) = \dfrac{1}{\sqrt{x^2 + y^2}}$ 則 $\displaystyle\int_C \dfrac{1}{\sqrt{x^2 + y^2}}\,ds = \int_0^{2\pi} \int_0^a dr\,d\theta$

(VII) 若 $f(x, y) = \dfrac{1}{\sqrt{1 + x^2 + y^2}}$ 則 $\displaystyle\int_C \dfrac{1}{\sqrt{1 + x^2 + y^2}}\,ds = \int_0^{2\pi} \dfrac{r}{\sqrt{1 + r^2}}\,d\theta$

範例 1.

$$\text{求} \int_C xy^2\,dt = ?, \quad C: x = 4t, \ y = e^t, \ 0 \le t \le 2$$

【解】

$$\int_C xy^2\,dt = \int_0^2 4t \cdot e^{2t}\,dt = 4\left(\left.\frac{e^{2t}t}{2}\right|_0^2 - \frac{1}{2}\int_0^2 e^{2t}\,dt\right) = 4\left(e^4 - \frac{e^4 - 1}{4}\right) = 3e^4 + 1$$

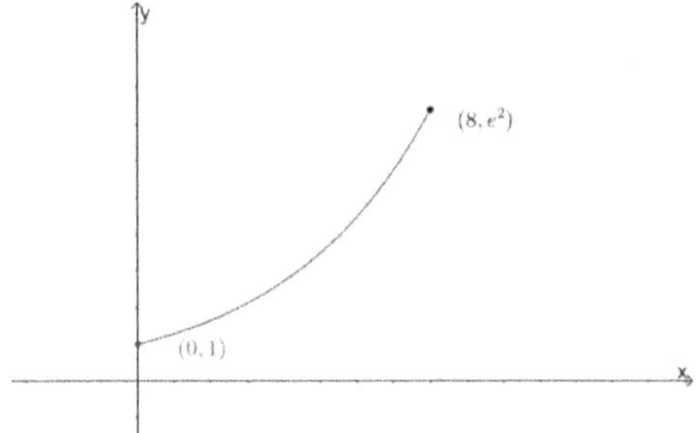

範例 2.

假設 $C: y = ax$ 且 $f(x, y) = xy^3$,求 f 沿著 C 由點 $(-1, -a)$ 至點 $(1, a)$, $(a > 0)$ 的線積分

$$\int_C f(x, y)\,ds = ?$$

【解】

令 $\vec{r}(t) = (t, at), -1 \leq t \leq 1$ 則 $\vec{r}'(t) = (1, a)$ 且 $|\vec{r}'(t)| = \sqrt{1 + a^2}$

$$\therefore \int_C f(x,y)ds = \int_{-1}^{1} f(\vec{r}(t))|\vec{r}'(t)|dt = \int_{-1}^{1} t\,(at)^3 \cdot \sqrt{1 + a^2}\,dt = \frac{2a^3\sqrt{1 + a^2}}{5}$$

範例 3.

$$求 \int_C 2 + x^2 y\,ds =?, \quad C: x^2 + y^2 = r^2, \quad y \geq 0$$

【解】

令 $\vec{r}(\theta) = (r\cos\theta, r\sin\theta), \ 0 \leq \theta \leq \pi$ 則 $\vec{r}'(\theta) = (-r\sin\theta, r\cos\theta)$ 且 $|\vec{r}'(\theta)| = r$

$$\int_C 2 + x^2 y\,ds = \int_0^{\pi} (2 + r^3 \cos^2\theta \sin\theta)r\,d\theta = 2\pi r - r^4 \cdot \left.\frac{\cos^3\theta}{3}\right|_0^{\pi} = 2\pi r + \frac{2r^4}{3}$$

範例 4.

$$求 \int_C x - 3y^2 + z\,ds =?, \quad C 為 (0,0,0) 至 (1,4,3) 的直線線段$$

【解】

令 $\vec{r}(t) = (t, 4t, 3t), \ 0 \leq t \leq 1$ 則 $\vec{r}'(t) = (1,4,3)$ 且 $|\vec{r}'(t)| = \sqrt{26}$

$$\therefore \int_C x - 3y^2 + z\,ds = \int_0^{1} (t - 3(4t)^2 + 3t) \cdot \sqrt{26}\,dt = -14\sqrt{26}$$

範例 5.

$$求 \int_C 2x + y\,ds =?, \quad C 為圓: x^2 + y^2 = 25 \ 從 (4,3) 至 (3,4) 的圓弧$$

【解】

令 $\vec{r}(\theta) = (5\cos\theta, 5\sin\theta)$ 則 $\cos^{-1}\frac{4}{5} \leq \theta \leq \cos^{-1}\frac{3}{5}$ 且 $\sin^{-1}\frac{3}{5} \leq \theta \leq \sin^{-1}\frac{4}{5}$

則 $\vec{r}'(\theta) = (-5\sin\theta, 5\cos\theta)$ 且 $|\vec{r}'(\theta)| = 5\sqrt{\cos^2\theta + \sin^2\theta}\,d\theta = 5$

$$\int_C 2x + y\,ds = \int_{\sin^{-1}\frac{3}{5}}^{\sin^{-1}\frac{4}{5}} 2 \cdot 5\cos\theta \cdot |\vec{r}'(\theta)|d\theta + \int_{\cos^{-1}\frac{4}{5}}^{\cos^{-1}\frac{3}{5}} 5\sin\theta \cdot |\vec{r}'(\theta)|d\theta$$

$$= 5 \int_{\sin^{-1}\frac{3}{5}}^{\sin^{-1}\frac{4}{5}} 10 \cos\theta \, d\theta + 5 \int_{\cos^{-1}\frac{4}{5}}^{\cos^{-1}\frac{3}{5}} 5 \sin\theta \, d\theta = -25\cos\theta \Big|_{\cos^{-1}\frac{4}{5}}^{\cos^{-1}\frac{3}{5}} + 50 \sin\theta \Big|_{\sin^{-1}\frac{3}{5}}^{\sin^{-1}\frac{4}{5}} = 15$$

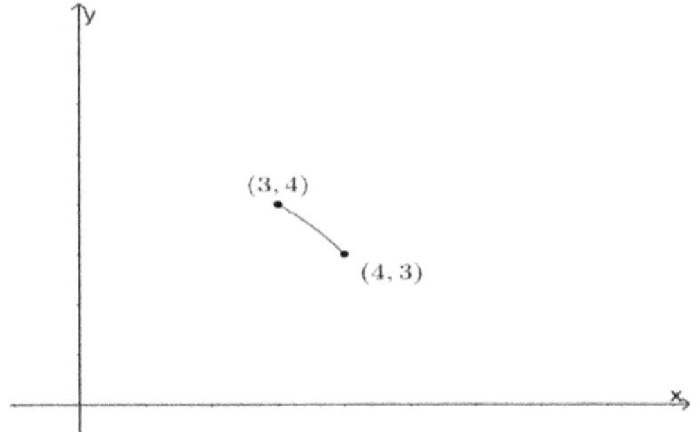

範例 6.

求 $\displaystyle\int_C 3 + x^2 y \, ds = ?$, 其中曲線 C 是單位圓 $x^2 + y^2 = 1$ 於第一象限的圓弧

【解】

令 $\vec{r}(t) = (\cos t, \sin t)$ 則 $\vec{r}'(t) = (-\sin t, \cos t)$ 且 $|\vec{r}'(t)| = \sqrt{\sin^2 t + \cos^2 t} = 1$, $0 \le t \le \dfrac{\pi}{2}$

$$\therefore \int_C 3 + x^2 y \, ds = \int_0^{\frac{\pi}{2}} (3 + \cos^2 t \sin t)|\vec{r}'(t)| \, dt = \int_0^{\frac{\pi}{2}} (3 + \cos^2 t \sin t) \, dt = \left(3t - \frac{\cos^3 t}{3}\right)\Big|_0^{\frac{\pi}{2}}$$

$$= \frac{3\pi}{2} + \frac{1}{3}$$

範例 7.

求 $\displaystyle\int_C 2x \, ds = ?$, 其中 C 包含拋物線 C_1 沿著 $y = x^2$ 從 $(0,0)$ 至 $(2,4)$ 以及垂直線 C_2 從 $(2,4)$ 至 $(2,5)$

【解】

$\because C_1: y = x^2,\ 0 \le x \le 2$

$$\therefore \int_{C_1} 2x \, ds = \int_0^2 2x \sqrt{\left(\frac{dx}{dx}\right)^2 + \left(\frac{dy}{dx}\right)^2} \, dx = \int_0^2 2x\sqrt{1 + 4x^2} \, dx = \frac{17\sqrt{17} - 1}{6}$$

$$\because C_2: x = 2, \ 4 \leq y \leq 5 \quad \therefore \int_{C_2} 2x ds = \int_4^5 2\sqrt{\left(\frac{dx}{dy}\right)^2 + \left(\frac{dy}{dy}\right)^2}\, dy = 2$$

$$\therefore \int_C 2x ds = \int_{C_1} 2x ds + \int_{C_2} 2x ds = \frac{17\sqrt{17} - 1}{6} + 2$$

範例 8.

求 $\displaystyle\int_C y^2 dx + x dy$, (a) $C = C_1$: 從 $(-5, -3)$ 至 $(0,2)$ 的直線線段 (b) $C = C_2$: 沿著拋物線 $x = 4 - y^2$ 從 $(-5, -3)$ 至 $(0,2)$

【解】

(a)

$$\because C_1: x(t) = 5t - 5, \ y(t) = 5t - 3, \ \forall 0 \leq t \leq 1$$

$$\therefore \int_{C_1} y^2 dx + x dy = \int_0^1 (5t - 3)^2 5dt + (5t - 5)5dt = -\frac{5}{6}$$

(b)

$$\because C_2: x = 4 - y^2, \ \forall -3 \leq y \leq 2$$

$$\therefore \int_{C_2} y^2 dx + x dy = \int_{-3}^2 y^2(-2y)dy + (4 - y^2)dy = \frac{245}{6}$$

範例 9.

求 $\displaystyle\int_C xy dx + y dy$, 其中 $C: x = 2t, y = 10t, \ 0 \leq t \leq 2$

【解】

令 $C: \vec{r}(t) = (2t, 10t), \ \forall 0 \leq t \leq 2$

則 $\displaystyle\int_C xy dx + y dy = \int_0^2 20t^2 \cdot 2dt + 10t \cdot 10dt = \left(\frac{40t^3}{3} + 50t^2\right)\Big|_0^2 = \frac{320}{3} + 200 = \frac{920}{3}$

範例 10.

求 $\displaystyle\int_C \frac{y}{2x^2 - y^2} ds$, 其中 $C(t) = (t, t), \ 1 \leq t \leq 3$

【解】

令 $C: \vec{r}(t) = (t, t), \ \forall \, 0 \le t \le 3$ 則 $\vec{r}'(t) = (1,1)$ 且 $|\vec{r}'(t)| = \sqrt{2}$

$$\therefore \int_C \frac{y}{2x^2 - y^2}\, ds = \int_1^3 \frac{y(t)|\vec{r}'(t)|}{2x^2(t) - y^2(t)}\, dt = \sqrt{2}\int_1^3 \frac{t}{t^2}\, dt = \sqrt{2}\int_1^3 \frac{1}{t}\, dt = \sqrt{2}\ln t\big|_1^3 = \sqrt{2}\ln 3$$

範例 11.

$$求 \int_C xyz\, ds =?,\ 其中\ C: x = 2\sin t, y = t, z = -2\cos t, \ \forall 0 \le t \le \pi$$

【解】

令 $C: \vec{r}(t) = (2\sin t, t, -2\cos t), \ \forall 0 \le t \le \pi$

則 $\vec{r}'(t) = (2\cos t, 1, 2\sin t)$ 且 $|\vec{r}'(t)| = \sqrt{(2\cos t)^2 + (1)^2 + (2\sin t)^2} = \sqrt{5}$

$$\therefore \int_C xyz\, ds = -4\int_0^\pi t\sin t\cos t \cdot |\vec{r}'(t)|\, dt = -4\sqrt{5}\int_0^\pi t\sin t\cos t\, dt = -2\sqrt{5}\int_0^\pi t\sin 2t\, dt$$

$$= 2\sqrt{5}\cdot \frac{t\cos 2t}{2}\bigg|_0^\pi = \sqrt{5}\pi$$

範例 12.

Evaluate $\int_C x\cos z\ ds =?,\ $ where

(1) C is the circular helix given by the equation $x = \cos t, y = \sin t, z = t, 0 \le t \le 2\pi$

(2) C is the circular helix given by the equation $x = \cos t, y = \sin t, z = 0, 0 \le t \le 2\pi$

【解】

(1)

$$\int_C x\cos z\ ds = \int_0^{2\pi} \cos t\cos t \sqrt{(x'(t))^2 + (y'(t))^2 + (z'(t))^2}\, dt$$

$$= \int_0^{2\pi} \cos^2 t \sqrt{\sin^2 t + \cos^2 t + 1}\, dt = \sqrt{2}\int_0^{2\pi} \frac{1 + \cos 2t}{2}\, dt = \sqrt{2}\pi$$

(2)

$$\int_C x\cos z\ ds = \int_0^{2\pi} \cos t \sqrt{(x'(t))^2 + (y'(t))^2 + (z'(t))^2}\, dt = \int_0^{2\pi} \cos t \sqrt{\sin^2 t + \cos^2 t}\, dt$$

$$= 0$$

範例 13.

求 $\displaystyle\int_C ydx + zdy + xdz$, 其中 C 包含 C_1 從 $(3,0,0)$ 至 $(4,4,5)$ 的直線線段, 以及從 $(4,4,5)$ 至 $(4,4,0)$ 的垂直線段.

【解】

$\because C_1 : \vec{r}(t) = (1-t)(3,0,0) + t(4,4,5) = (3+t, 4t, 5t), 0 \le t \le 1$

$\therefore \displaystyle\int_{C_1} ydx + zdy + xdz = \int_0^1 4tdt + 5t(4)dt + (3+t)5dt = \frac{59}{2}$

$\because C_2 : \vec{r}(t) = (1-t)(4,4,5) + t(4,4,0) = (4,4,5-5t), 0 \le t \le 1$

$\therefore \displaystyle\int_{C_2} ydx + zdy + xdz = \int_0^1 -20dt = -20$

$\therefore \displaystyle\int_C ydx + zdy + xdz = \frac{59}{2} - 20 = \frac{19}{2}$

範例 14.

$\qquad$ 求 $\displaystyle\int_C x - yds = ?$, 其中 $\vec{r}(t) = (4t, 3t), \ \forall\, 0 \le t \le 4$

【解】

$\because C : \vec{r}(t) = (4t, 3t), \ \forall\, 0 \le t \le 4 \quad \therefore \vec{r}'(t) = (4,3)$ 且 $|\vec{r}'(t)| = 5, \ \forall\, 0 \le t \le 4$

$\therefore \displaystyle\int_C x - yds = \int_0^4 (x(t) - y(t))|\vec{r}'(t)|dt = \int_0^4 t \cdot 5dt = \left.\frac{5t^2}{2}\right|_0^4 = 40$

範例 15.

$\qquad$ 求 $\displaystyle\int_C xy^4 ds = ?$, 其中 C 為沿著 $x^2 + y^2 = 16$ 逆時針繞行的右半圓

【解】

令 $\vec{r}(t) = (4\cos t, 4\sin t)$ 則 $\vec{r}'(t) = (-4\sin t, 4\cos t)$ 且 $|\vec{r}'(t)| = 4, -\dfrac{\pi}{2} \le t \le \dfrac{\pi}{2}$

$\therefore \displaystyle\int_C xy^4 ds = \int_{-\frac{\pi}{2}}^{\frac{\pi}{2}} x(t)y^4(t)|\vec{r}'(t)|dt = 4^5 \int_{-\frac{\pi}{2}}^{\frac{\pi}{2}} (\cos t \sin^4 t) \cdot 4dt = 4^6 \int_{-\frac{\pi}{2}}^{\frac{\pi}{2}} \cos t \sin^4 t\, dt$

$= 4^6 \left(\left.\frac{\sin^5 t}{5}\right)\right|_{-\frac{\pi}{2}}^{\frac{\pi}{2}} = \frac{8192}{5}$

範例 16.

$$求 \int_C yzdx + xzdy + xydz =?, \quad C為從 (1,1,1) 至 (3,2,0)的直線線段$$

【解】

令 $C: \vec{r}(t) = (1-t)(1,1,1) + t(3,2,0) = (1+2t, t+1, 1-t), \quad 0 \le t \le 1$

$$\therefore \int_C yzdx + xzdy + xydz = \int_0^1 (t+1)(1-t)2 + (1+2t)(1-t) - (1+2t)(t+1)dt$$

$$= \int_0^1 2 - 2t - 6t^2 dt = 2t - t^2 - 2t^3|_0^1 = -1$$

範例 17.

$$\text{Evaluate } \int_C x + y + z \, ds =?, \quad \text{where } C \text{ is parameterized by } (\cos t, \sin t, t), t \in [0, 2\pi]$$

【解】

令 $\vec{r}(t) = (x(t), y(t), z(t)) = (\cos t, \sin t, t), \quad \forall 0 \le t \le 2\pi$

則 $\vec{r}'(t) = (-\sin t, \cos t, 1)$ 且 $|\vec{r}'(t)| = \sqrt{2}, \quad \forall 0 \le t \le 2\pi$

$$\therefore \int_C x + y + z \, ds = \int_0^{2\pi} (x(t) + y(t) + z(t))|\vec{r}'(t)| \, dt = \int_0^{2\pi} (\cos t + \sin t + t)\sqrt{2} \, dt$$

$$= 2\sqrt{2}\pi^2$$

範例 18.

$$求 \int_C (x^2 + y^2 + z^2)^2 ds =?, 其中曲線 C 為沿著空間螺旋線 = (\cos t, \sin t, 3t) 從$$

$(1,0,0)$ 至 $(1,0,6\pi)$ 的線段

【解】

令 $\vec{r}(t) = (x(t), y(t), z(t)) = (\cos t, \sin t, 3t), \quad \forall 0 \le t \le 2\pi$

則 $\vec{r}'(t) = (-\sin t, \cos t, 3)$ 且 $|\vec{r}'(t)| = \sqrt{10}, \quad \forall 0 \le t \le 2\pi$

$$\therefore \int_C (x^2 + y^2 + z^2)^2 ds = \int_0^{2\pi} (x^2(t) + y^2(t) + z^2(t))^2 |\vec{r}'(t)| \, dt$$

$$= \int_0^{2\pi} ((\cos t)^2 + (\sin t)^2 + (3t)^2)^2 \sqrt{10} \, dt = \sqrt{10} \int_0^{2\pi} (1 + 9t^2)^2 \, dt$$

$$= \sqrt{10}\left(2\pi + 48\pi^3 + \frac{2592\pi^5}{5}\right)$$

範例 19.

$$\text{求} \int_C xe^{yz}ds = ?, \text{其中} C \text{ 是從 } (0,0,0) \text{ 至 } (1,2,3) \text{的直線線段}$$

【解】

令 $C: \vec{r}(t) = (1-t)(0,0,0) + t(1,2,3) = (t, 2t, 3t), \ 0 \le t \le 1$

則 $\vec{r}'(t) = (1,2,3)$ 且 $|\vec{r}'(t)| = \sqrt{14}$

$$\therefore \int_C xe^{yz}ds = \int_0^1 x(t)e^{y(t)z(t)} |\vec{r}'(t)|dt = \int_0^1 te^{6t^2}\sqrt{14}dt = \frac{\sqrt{14}e^{6t^2}}{12}\Big|_0^1 = \frac{\sqrt{14}(e^6-1)}{12}$$

範例 20.

$$\text{求} \int_C z^2 dx + x^2 dy + y^2 dz = ?, \text{其中} C \text{ 是從}(1,0,0)\text{至}(4,1,2)\text{的直線線段}$$

【解】

令 $C: \vec{r}(t) = (1-t)(1,0,0) + t(4,1,2) = (1+3t, t, 2t), \ 0 \le t \le 1$

則 $\int_C z^2 dx + x^2 dy + y^2 dz = \int_0^1 4t^2 \cdot 3 + (1+3t)^2 + t^2 \cdot 2 dt$

$$= 4t^3 + (t + 3t^2 + 3t^3) + \frac{2t^3}{3}\Big|_0^1 = \frac{35}{3}$$

9.3.2 　$\vec{F}$為向量函數, 給曲線 C 求線積分

假設 $\vec{F}(x,y,z) = \big(f_1(x,y,z), f_2(x,y,z), f_3(x,y,z)\big)$ 是一個三維空間的連續向量場, 其定義域包含一條平滑的空間曲線 $C: \vec{r}(t) = \big(x(t), y(t), z(t)\big)$, $\forall t \in [a,b]$, 將參數區間 $[a,b]$ 切成 n 個等寬的子區間, 其中 $x_i = x(t_i), \ y_i = y(t_i), \ z_i = z(t_i), \forall 0 \le i \le n$; 這些對應點 (x_i, y_i, z_i) 將 C 分成 n 個子弧 C_i 且長度分別為 $\Delta s_1, \Delta s_1 \dots \Delta s_n (\Delta s_1, \Delta s_2, \dots, \Delta s_n$ 不必然相等); 在第 i 個子弧段上取一點 (x_i^*, y_i^*, z_i^*), 對應參數值為 t_i^*, 以物理的角度來看, 當粒子沿著曲線 C_i 經過時, 如果 Δs_i 很小, 將非常接近單位切向量 $\vec{u}(t_i^*)$ 的方向(如下圖), 因此, 力 $\vec{F}$ 在沿著曲線 C_i 將粒子從起點移動到終點的過程中所做的功, 近似為:

$$\vec{F}(x_i^*, y_i^*, z_i^*) \cdot \Delta s_i \vec{u}(t_i^*) = \vec{F}\big(\vec{r}(t_i^*)\big) \cdot \Delta s_i \vec{u}(t_i^*)$$

因為曲線的切線向量為 $\vec{r}'(t) = \dfrac{d\vec{r}(t)}{dt}$, 所以單位切向量 $\vec{u}(t) = \dfrac{\vec{r}'(t)}{|\vec{r}'(t)|}$, 因此

$$\vec{\mathbf{F}}\big(\vec{r}(t_i^*)\big) \cdot \Delta s_i \vec{u}(t_i^*) = \vec{\mathbf{F}}\big(\vec{r}(t_i^*)\big) \cdot \Delta s_i \left(\frac{\vec{r}'(t_i^*)}{|\vec{r}'(t_i^*)|}\right)$$

所以沿著曲線移動粒子所做的總功近似等於

$$\sum_{i=1}^{n} \vec{\mathbf{F}}\big(\vec{r}(t_i^*)\big) \cdot \Delta s_i \left(\frac{\vec{r}'(t_i^*)}{|\vec{r}'(t_i^*)|}\right).$$

因為 $\Delta s_i = \displaystyle\int_{t_{i-1}}^{t_i} |\vec{r}'(t)|dt$, 當 $\Delta t_i = t_i - t_{i-1}$ 逼近零, 則 $\Delta s_i = \displaystyle\int_{t_{i-1}}^{t_i} |\vec{r}'(t)|dt \approx |\vec{r}'(t_i^*)|\Delta t_i$

沿著曲線移動粒子所做的總功近似等於

$$\sum_{i=1}^{n} \vec{\mathbf{F}}\big(\vec{r}(t_i^*)\big) \cdot |\vec{r}'(t_i^*)|\Delta t_i \left(\frac{\vec{r}'(t_i^*)}{|\vec{r}'(t_i^*)|}\right) = \sum_{i=1}^{n} \Big(\vec{\mathbf{F}}\big(\vec{r}(t_i^*)\big) \cdot \vec{r}'(t_i^*)\Big)\Delta t_i.$$

所以, 藉由力場 $\vec{\mathbf{F}}$ 所作的功 W 定義為上述黎曼和的極限:

$$W = \lim_{n \to \infty} \sum_{i=1}^{n} \Big(\vec{\mathbf{F}}\big(\vec{r}(t_i^*)\big) \cdot \vec{r}'(t_i^*)\Big)\Delta t_i = \int_{a}^{b} \vec{\mathbf{F}}\big(\vec{r}(t)\big) \cdot \vec{r}'(t)dt$$

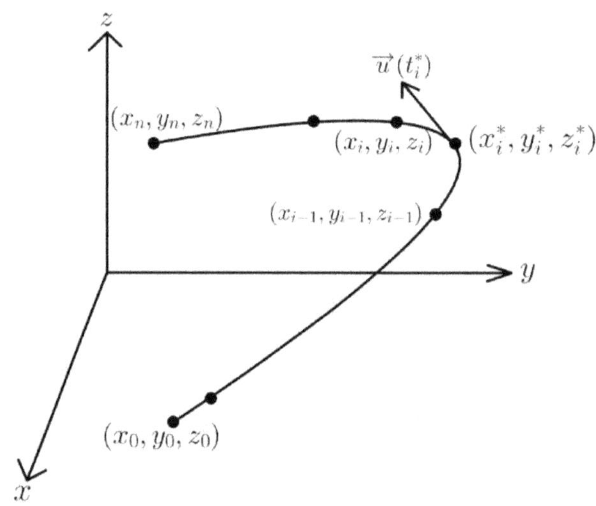

藉由上述的觀察, 底下說明向量函數線積分的定義

【定義】

假設 $\vec{\mathbf{F}}$ 是一個連續向量場且定義於光滑曲線 $C: \vec{r}(t), \forall t \in [a, b]$ 則 $\vec{\mathbf{F}}$ 沿著曲線 C 的線積分表示為

$$\int_C \vec{\mathbf{F}} \cdot d\vec{r} = \int_a^b \vec{\mathbf{F}}(\vec{r}(t)) \cdot \vec{r}'(t)dt$$

上述的公式說明計算向量函數的線積分相當於求單變數函數的黎曼積分, 特別的是單變數黎曼積分的被積分函數為

$$\vec{\mathbf{F}}(\vec{r}(t)) \cdot \vec{r}'(t)$$

因此, 求向量函數的線積分相當於要先求得被積分函數之後, 再計算單變數黎曼積分; 底下針對曲線的向量函數線積分轉換成單變數黎曼積分後, 有哪些不同類型作初步說明; 值得注意的是向量函數的線積分以及純量函數線積分的關聯性, 假設 $\vec{F} = (f_1, f_2, f_3)$ 且曲線$C: \vec{r}(t) = (x, y, z)$則 $d\vec{r} = (dx, dy, dz)$, 因此,

$$\int_C \vec{\mathbf{F}} \cdot d\vec{r} = \int_C (f_1, f_2, f_3) \cdot (dx, dy, dz) = \int_C f_1 dx + f_2 dy + f_3 dz.$$

掌握題型的重要關鍵與上一節相同,需要熟悉曲線的樣貌, 大方向可以區分為兩類, 一者為二維平面的曲線, 另一者為三維空間的曲線; 再者又可細分為圓與非圓, 以及是否用參數方程式表示, 在這些不同情境下對於 $\int_a^b \vec{\mathbf{F}}(\vec{r}(t)) \cdot \vec{r}'(t)dt$ 需要有一個明確對應的計算公式

給定向量函數 $\vec{F} = (f_1(x, y), f_2(x, y))$, 且曲線$C$ 為二維曲線: $y = g(x)$, $\forall a \leq x \leq b$, 目標求線積分 $\int_C \vec{\mathbf{F}} \cdot d\vec{r}$, 首先對曲線做參數化,

$$\text{令}\ \vec{r}(x) = (x, g(x)), \ \text{則}\ \vec{r}'(x) = (1, g'(x)),$$

因此線積分可表示為

$$\int_C \vec{\mathbf{F}} \cdot d\vec{r} = \int_a^b \vec{\mathbf{F}}(\vec{r}(x)) \cdot \vec{r}'(x)dx = \int_a^b \vec{\mathbf{F}}(\vec{r}(x)) \cdot (1, g'(x))dx$$

$$= \int_a^b f_1(x, g(x))dx + \int_a^b f_2(x, g(x))g'(x)dx$$

特別的是如果曲線C為一個圓: $x^2 + y^2 = r^2$,藉由極座標轉換

$$\text{令}\ x = r\cos\theta, \ y = r\sin\theta\ \text{則}\ \vec{r}(\theta) = (r\cos\theta, r\sin\theta), \ \forall\, 0 \leq \theta \leq 2\pi$$

因為

$$\vec{r}'(\theta) = (-r\sin\theta, r\cos\theta)$$

所以, 線積分 $\int_C \vec{\mathbf{F}} \cdot d\vec{r}$ 可以表示為兩個積分的和,

$$\int_C \vec{F} \cdot d\vec{r} = \int_0^{2\pi} \vec{F}(\vec{r}(\theta)) \cdot \vec{r}'(\theta)d\theta = \int_0^{2\pi} \left(f_1(\vec{r}(\theta)), f_2(\vec{r}(\theta))\right) \cdot (-r\sin\theta, r\cos\theta)d\theta$$

$$= \int_0^{2\pi} f_1(r\cos\theta, r\sin\theta)(-r\sin\theta)d\theta + \int_0^{2\pi} f_2(r\cos\theta, r\sin\theta)(r\cos\theta)d\theta$$

給定三維空間的向量函數 $\vec{F} = \left(f_1(x,y,z), f_2(x,y,z), f_3(x,y,z)\right)$, 目標求 $\int_C \vec{F} \cdot d\vec{r}$

其中曲線 C 的向量函數為 $\vec{r}(t) = \left(x(t), y(t), z(t)\right)$, $\forall a \le t \le b$, 因為
$$\vec{r}'(t) = \left(x'(t), y'(t), z'(t)\right),$$

所以

$$\int_C \vec{F} \cdot d\vec{r} = \int_a^b \vec{F}(\vec{r}(t)) \cdot \vec{r}'(t)dt$$

$$= \int_a^b f_1(\vec{r}(t))x'(t)dt + \int_a^b f_2(\vec{r}(t))y'(t)dt + \int_a^b f_3(\vec{r}(t))z'(t)dt$$

給定向量值函數 $\vec{F} = \left(f_1(x,y,z), f_2(x,y,z), f_3(x,y,z)\right)$ 以及三維空間中的封閉橢圓曲

線 $C: \dfrac{x^2}{a^2} + \dfrac{y^2}{b^2} = 1$ 且 $z = c$, 因為曲線 $C = \left\{(x,y,z): \dfrac{x^2}{a^2} + \dfrac{y^2}{b^2} = 1, z = c\right\}$, 藉由極座標轉換

$x = a\cos\theta$, $y = b\sin\theta$ 則 $\vec{r}(\theta) = (a\cos\theta, b\sin\theta, c)$ 且 $\vec{r}'(\theta) = (-a\sin\theta, b\cos\theta, 0)$,
因此線積分可表示為

$$\oint_C \vec{F} \cdot d\vec{r} = \int_0^{2\pi} \vec{F}(\vec{r}(\theta)) \cdot \vec{r}'(\theta)d\theta$$

$$= \int_0^{2\pi} f_1(a\cos\theta, b\sin\theta)(-a\sin\theta)d\theta + \int_0^{2\pi} f_2(a\cos\theta, b\sin\theta)\, b\cos\theta\, d\theta$$

上述給出了當 $\vec{F}$ 為向量值函數時, 曲線 C 在不同的情境之下的計算公式, 然而, 針對不同考試類型而言, 必須給出詳細的解題流程

考試類型:

題型 1.

給定向量值函數 $\vec{F} = \left(f_1(x,y), f_2(x,y)\right)$, 假設曲線 C 為沿著 $y = g(x)$ 的二維平面線段, 其中

$a \le x \le b$, 求 $\int_C \vec{F} \cdot d\vec{r} = ?$

解題流程:

Step1.

令 $\vec{r}(x) = (x, g(x))$　則 $\vec{r}'(x) = (1, g'(x))$

$$\therefore \int_C \vec{F} \cdot d\vec{r} = \int_a^b \vec{F}(\vec{r}(x)) \cdot \vec{r}'(x)dx = \int_a^b f_1(x, g(x))dx + \int_a^b f_2(x, g(x))g'(x)dx$$

Step2.

$$求 \int_a^b f_1(x, g(x))dx + \int_a^b f_2(x, g(x))g'(x)dx = ?$$

範例說明:

(I) 求 $\int_C \vec{F} \cdot d\vec{r} = ?$，其中 $\vec{F} = (y\cos x, x\sin y)$ 且曲線 $C = \{(x, y) : 0 \le x \le a, y = x\}$

$$\int_C \vec{F} \cdot d\vec{r} = \int_C y\cos x \, dx + x\sin y \, dy = \int_a^0 x\cos x \, dx + x\sin x \, dx$$

$$= -(a + 1)\sin a + (a - 1)\cos a + 1$$

題型 2.

給定向量函數 $\vec{F} = (f_1(x, y, z), f_2(x, y, z), f_3(x, y, z))$，求 $\int_C \vec{F} \cdot d\vec{r} = ?$，其中曲線 C 為:

$$\vec{r}(t) = (x(t), y(t), z(t)), \quad \forall \, a \le t \le b$$

解題流程:

Step1.

$$\int_C \vec{F} \cdot d\vec{r} = \int_a^b f_1(\vec{r}(t))x'(t)dt + \int_a^b f_2(\vec{r}(t))y'(t)dt + \int_a^b f_3(\vec{r}(t))z'(t)dt$$

Step2.

$$求 \int_a^b f_1(\vec{r}(t))x'(t)dt + \int_a^b f_2(\vec{r}(t))y'(t)dt + \int_a^b f_3(\vec{r}(t))z'(t)dt = ?$$

範例說明:

求 $\int_C \vec{F} \cdot d\vec{r} = ?$

(I) 若 $\vec{F} = (x^2 y, x - z, xyz)$ 且 $\vec{r}(t) = (t, t^2, 2), \ 0 \le t \le 2$

則 $\int_C \vec{F} \cdot d\vec{r} = \int_0^2 \vec{F}(\vec{r}(t)) \cdot \vec{r}'(t)dt = \int_0^2 (t^2 \cdot t^2 + (t - 2) \cdot 2t + 2t^3 \cdot 0) \, dt = \dfrac{56}{15}$

(II) 若 $\vec{F} = (x^3, 3zy^2, x^2 y)$ 且 $\vec{r}(t) = (3t, 2t, t), \ -1 \le t \le 0$

則 $\displaystyle\int_C \vec{F} \cdot d\vec{r} = \int_{-1}^{0} \vec{F}(\vec{r}(t)) \cdot \vec{r}'(t)dt = \int_{-1}^{0} (27t^3 \cdot 3 + 3t(2t)^2 \cdot 2 + 9t^2 \cdot 2t)\, dt = \dfrac{-123}{4}$

(III)若 $\vec{F} = (xy, yz, xz)$ 且 $\vec{r}(t) = (t, t^2, t^3),\ \ 0 \le t \le 1$

則 $\displaystyle\int_C \vec{F} \cdot d\vec{r} = \int_{0}^{1} \vec{F}(\vec{r}(t)) \cdot \vec{r}'(t)dt = \int_{-1}^{0} t^3 + 5t^6\, dt = \dfrac{27}{28}$

(IV)若 $\vec{F} = (x^2, -xy)$ 且 $\vec{r}(t) = (\cos t, \sin t), 0 \le t \le \dfrac{\pi}{2}$

$$\int_C \vec{F} \cdot d\vec{r} = \int_{0}^{\frac{\pi}{2}} \vec{F}(\vec{r}(t)) \cdot \vec{r}'(t)dt = \int_{0}^{\frac{\pi}{2}} (\cos^2 t, -\cos t \sin t) \cdot (-\sin t, \cos t)dt$$

$$= -2\int_{0}^{\frac{\pi}{2}} \sin t \cos^2 t\, dt = -\dfrac{2}{3}$$

題型 3.

求 $\displaystyle\oint_C \vec{F} \cdot d\vec{r} =?$,　其中 $\vec{F} = \big(f_1(x, y), f_2(x, y)\big)$,　曲線 C 為半徑 r 的圓: $x^2 + y^2 = r^2$

解題流程:

Step1.

令 $x = r\cos\theta$,　$y = r\sin\theta, 0 \le \theta \le 2\pi$ 則 $\displaystyle\oint_C \vec{F} \cdot d\vec{r} = \int_C f_1(x, y)dx + f_2(x, y)dy$

Step2.

$$\int_C f_1(x, y)dx = \int_{0}^{2\pi} f_1(r\cos\theta, r\sin\theta)(-r\sin\theta)d\theta$$

$$\int_C f_2(x, y)dy = \int_{0}^{2\pi} f_2(r\cos\theta, r\sin\theta)(r\cos\theta)d\theta$$

Step3.

求 $\displaystyle\int_{0}^{2\pi} f_1(r\cos\theta, r\sin\theta)(-r\sin\theta)d\theta + \int_{0}^{2\pi} f_2(r\cos\theta, r\sin\theta)(r\cos\theta)d\theta =?$

範例說明:

求 $\displaystyle\oint_C \vec{F} \cdot d\vec{r} =?$,　其中 $\vec{F} = \big(f_1(x, y), f_2(x, y)\big)$ 且曲線 $C: x^2 + y^2 = r^2$

(I)若 $f_1(x, y) = \dfrac{-y}{x^2 + y^2}$,　$f_2(x, y) = \dfrac{x}{x^2 + y^2}$

則 $\oint_C \vec{F} \cdot d\vec{r} = \int_0^{2\pi} \cos^2\theta + \sin^2\theta \, d\theta = 2\pi$

(II)若 $f_1(x,y) = \dfrac{x^2}{x^2+y^2}$, $f_2(x,y) = \dfrac{y^2}{x^2+y^2}$

則 $\oint_C \vec{F} \cdot d\vec{r} = r\int_0^{2\pi} -\cos^2\theta\sin\theta + \sin^2\theta\cos\theta \, d\theta = 0$

(III)若 $f_1(x,y) = y^3$, $f_2(x,y) = -x^3$

則 $\oint_C \vec{F} \cdot d\vec{r} = \int_0^{2\pi} r^3\sin^3\theta \cdot (-r\sin\theta) - r^3\cos^3\theta \cdot (r\cos\theta)d\theta = -\dfrac{3r^4\pi}{2}$

題型 4.

求 $\oint_C \vec{F} \cdot d\vec{r} =?$, 其中 $\vec{F} = \left(f_1(x,y,z), f_2(x,y,z), f_3(x,y,z)\right)$ 且曲線C為三維空間中的

封閉圓: $x^2 + y^2 = r^2$, $z = c$

解題流程:

Step1.

令 $C = \{(x,y,z): x^2 + y^2 = r^2, z = c\}$

令 $x = r\cos\theta$, $y = r\sin\theta$ 則 $\vec{r}(\theta) = (r\cos\theta, r\sin\theta, c)$ $\therefore \vec{r}'(\theta) = (-a\sin\theta, b\cos\theta, 0)$

Step2.

$$\oint_C \vec{F} \cdot d\vec{r} = \int_0^{2\pi} \vec{F}(\vec{r}(\theta)) \cdot \vec{r}'(\theta)d\theta = \int_C (f_1, f_2, f_3) \cdot (-a\sin\theta, b\cos\theta, 0)d\theta$$

$$= \int_0^{2\pi} f_1(r\cos\theta, r\sin\theta)(-r\sin\theta)d\theta + \int_0^{2\pi} f_2(r\cos\theta, r\sin\theta)\, r\cos\theta \, d\theta$$

Step3.

求 $\displaystyle\int_0^{2\pi} f_1(r\cos\theta, r\sin\theta)(-r\sin\theta)d\theta + \int_0^{2\pi} f_2(r\cos\theta, r\sin\theta)\, r\cos\theta \, d\theta =?$

範例說明:

求 $\oint_C \vec{F} \cdot d\vec{r} =?$, 其中 $\vec{F} = \left(f_1(x,y,z), f_2(x,y,z), f_3(x,y,z)\right)$ 且曲線C為三維空間中的封閉

圓, $x^2 + y^2 = r^2$, $z = c$

(I)若 $\vec{F} = (-y^3\cos z, x^3 e^z, -e^z)$

則 $\oint_C \vec{\mathbf{F}} \cdot d\vec{r} = \int_0^{2\pi} \vec{\mathbf{F}}(\vec{r}(\theta)) \cdot \vec{r}'(\theta) d\theta$

$$= \int_0^{2\pi} (-(a\sin\theta)^3, (a\cos\theta)^3, 1) \cdot (-a\sin\theta, a\cos\theta, 0) d\theta = \frac{3a^4\pi}{2}$$

題型 5.

求 $\oint_C \vec{\mathbf{F}} \cdot d\vec{r} =?$, 其中 $\vec{\mathbf{F}} = \left(f_1(x,y,z), f_2(x,y,z), f_3(x,y,z)\right)$ 且曲線 C 為三維空間中的封閉

橢圓, $\dfrac{x^2}{a^2} + \dfrac{y^2}{b^2} = 1,\ z = c$

解題流程:

Step1.

令 $C = \{(x,y,z) : \dfrac{x^2}{a^2} + \dfrac{y^2}{b^2} = 1, z = c\}$

令 $x = a\cos\theta,\ y = b\sin\theta$ 則 $\vec{r}(\theta) = (a\cos\theta, b\sin\theta, c)$ $\therefore \vec{r}'(\theta) = (-a\sin\theta, b\cos\theta, 0)$

Step2.

$$\oint_C \vec{\mathbf{F}} \cdot d\vec{r} = \int_0^{2\pi} \vec{\mathbf{F}}(\vec{r}(\theta)) \cdot \vec{r}'(\theta) d\theta = \int_C (f_1, f_2, f_3) \cdot (-a\sin\theta, b\cos\theta, 0)\, d\theta$$

$$= \int_0^{2\pi} f_1(a\cos\theta, b\sin\theta)(-a\sin\theta)d\theta + \int_0^{2\pi} f_2(a\cos\theta, b\sin\theta)\, b\cos\theta\, d\theta$$

Step3.

求 $\displaystyle\int_0^{2\pi} f_1(a\cos\theta, b\sin\theta)(-a\sin\theta)d\theta + \int_0^{2\pi} f_2(a\cos\theta, b\sin\theta)\, b\cos\theta\, d\theta =?$

<u>範例說明:</u>

求 $\oint_C \vec{\mathbf{F}} \cdot d\vec{r} =?$, 其中 $\vec{\mathbf{F}} = \left(f_1(x,y,z), f_2(x,y,z), f_3(x,y,z)\right)$ 且曲線 C 為三維空間中的封閉

橢圓, $\dfrac{x^2}{a^2} + \dfrac{y^2}{b^2} = 1,\ z = c$

(I)若 $\vec{\mathbf{F}} = (2x - y, 2y + z, xyz)$

則 $\oint_C \vec{\mathbf{F}} \cdot d\vec{r} = \int_0^{2\pi} \vec{\mathbf{F}}(\vec{r}(\theta)) \cdot \vec{r}'(\theta) d\theta$

$$= \int_0^{2\pi} (2a\cos\theta - b\sin\theta, 2b\sin\theta, abc\cos\theta\sin\theta) \cdot (-a\sin\theta, b\cos\theta, 0)d\theta = ab\pi$$

題型 6.

空間中二次曲面與平面$z = c$的交集常為橢圓或圓, 底下整理數種交集為圓或橢圓的情形

(i)C為橢球面 $\dfrac{x^2}{a^2} + \dfrac{y^2}{b^2} + \dfrac{z^2}{c^2} = 1$ 與 $z = 0$ 交線 $\Rightarrow C: \dfrac{x^2}{a^2} + \dfrac{y^2}{b^2} = 1, z = 0$

(ii)C為橢球面 $\dfrac{x^2}{a^2} + \dfrac{y^2}{b^2} + \dfrac{z^2}{c^2} = c_1$ 與 $\dfrac{x^2}{a^2} + \dfrac{y^2}{b^2} = c_2$ 交線$(c_1 > c_2 > 0)$

$\Rightarrow C: \dfrac{x^2}{a^2} + \dfrac{y^2}{b^2} = c_2, \;\; z = c\sqrt{c_1 - c_2}$

(iii)C為橢圓拋物面 $\dfrac{x^2}{a^2} + \dfrac{y^2}{b^2} = \dfrac{z}{c}$ 與 $z = c$ 交線 $\Rightarrow C: \dfrac{x^2}{a^2} + \dfrac{y^2}{b^2} = 1, \;\; z = c$

(iv)C為橢圓椎 $\dfrac{x^2}{a^2} + \dfrac{y^2}{b^2} = \dfrac{z^2}{c^2}$ 與 $z = c$ 交線 $\Rightarrow C: \dfrac{x^2}{a^2} + \dfrac{y^2}{b^2} = 1, \;\; z = c$

(v)C為雙曲面 $\dfrac{x^2}{a^2} + \dfrac{y^2}{b^2} - \dfrac{z^2}{c^2} = 1$ 與 $z = 0$ 交線 $\Rightarrow C: \dfrac{x^2}{a^2} + \dfrac{y^2}{b^2} = 1, \;\; z = 0$

求 $\displaystyle\oint_C \vec{\mathbf{F}} \cdot d\vec{r} = ?$, 其中 $\vec{\mathbf{F}} = \big(f_1(x,y,z), f_2(x,y,z), f_3(x,y,z)\big)$ 且曲線C為上述三維空間

當中的封閉橢圓

範例 1.

$$\text{求} \oint (6y + x)dx + (y + 2x)dy = ?, \;\; C: (x-2)^2 + (y-3)^2 = r^2$$

【解】

令$x = 2 + r\cos\theta, y = 3 + r\sin\theta, \; 0 \le \theta \le 2\pi$

則 $\displaystyle\oint (6y + x)dx + (y + 2x)dy$

$$= \int_0^{2\pi} \big(6(3 + r\sin\theta) + 2 + r\cos\theta\big)(-r\sin\theta) + \big(3 + r\sin\theta + 2(2 + r\cos\theta)\big)r\cos\theta \, d\theta$$

$$= \int_0^{2\pi} -6r^2 \sin^2\theta + 2r^2 \cos^2\theta \, d\theta = \int_0^{2\pi} -6r^2 \sin^2\theta + 2r^2(1 - \sin^2\theta)d\theta$$

$$= \int_0^{2\pi} -8r^2 \sin^2\theta + 2r^2 d\theta = 4\pi r^2 - 8r^2 \int_0^{2\pi} \frac{1 - \cos 2\theta}{2} d\theta = -4\pi r^2$$

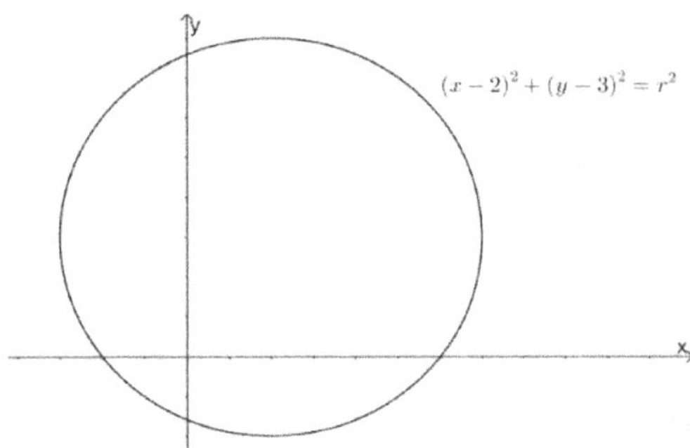

範例 2.

求 $\displaystyle\int_C x^2 y\,dx + (x-z)\,dy + xyz\,dz =?$，$C$ 為沿 $y = x^2$, $z = 2$, 從點 $(0,0,2)$ 至點 $(2,4,2)$ 的線段

【解】

令 $\vec{r}(t) = (t, t^2, 2), 0 \le t \le 2$ 則 $\vec{r}'(t) = (1, 2t, 0)$

$$\therefore \int_C x^2 y\,dx + (x-z)\,dy + xyz\,dz = \int_0^2 (t^2 \cdot t^2, t-2, 2t^3) \cdot (1, 2t, 0)\,dt = \int_0^2 t^4 + 2t^2 - 4t\,dt$$

$$= \frac{t^5}{5} + \frac{2t^3}{3} - 2t^2 \Big|_0^2 = \frac{56}{15}$$

範例 3.

求 $\displaystyle\int_C x^3\,dx + 3zy^2\,dy + x^2 y\,dz =?$，$C$ 為 $(-3, -2, -1)$ 至 $(0,0,0)$ 的線段

【解】

令 $\vec{r}(t) = (3t, 2t, t)$, $-1 \le t \le 0$ 則 $\vec{r}'(t) = (3, 2, 1)$

$$\therefore \int_C x^3\,dx + 3zy^2\,dy + x^2 y\,dz = \int_{-1}^0 27t^3 \cdot 3\,dt + 3t(2t)^2 \cdot 2\,dt + 9t^2 \cdot 2t\,dt = \frac{-123}{4}$$

範例 4.

求 $\displaystyle\oint y^3\,dx - x^3\,dy =?$，$C: x^2 + y^2 = r^2$

【解】

令 $x = r\cos\theta, y = r\sin\theta, 0 \le \theta \le 2\pi$

則 $\oint y^3 dx - x^3 \, dy = \int_0^{2\pi} r^3 \sin^3 \theta \cdot (-r \sin \theta) - r^3 \cos^3 \theta \cdot (r \cos \theta) d\theta$

$= -r^4 \int_0^{2\pi} \sin^4 \theta + \cos^4 \theta \, d\theta = -r^4 \int_0^{2\pi} (\sin^2 \theta + \cos^2 \theta)^2 - 2 \sin^2 \theta \cos^2 \theta \, d\theta$

$= -r^4 \int_0^{2\pi} 1 - 2 \left(\frac{\sin 2\theta}{2} \right)^2 d\theta = -r^4 \int_0^{2\pi} 1 - \frac{\sin^2 2\theta}{2} d\theta = -r^4 \int_0^{2\pi} 1 - \frac{1 - \cos 4\theta}{4} d\theta$

$= -r^4 \cdot \frac{3}{4} \cdot 2\pi = -\frac{3r^4 \pi}{2}$

範例 5.

假設曲線 $C : \vec{r}(t) = (\cos t, \sin t), \ 0 \le t \le \frac{\pi}{2}, \ $ 求力場 $\vec{F}(x, y) = (x, -y^2)$ 沿 C 所作的功

【解】

$\because \vec{r}(t) = (\cos t, \sin t) \quad \therefore \vec{r}'(t) = (-\sin t, \cos t), \ 0 \le t \le \frac{\pi}{2}$

$\therefore \int_C \vec{F} \cdot d\vec{r} = \int_0^{\frac{\pi}{2}} (\cos t, -\sin^2 t) \cdot \vec{r}'(t) \, dt = \int_0^{\frac{\pi}{2}} \cos t (-\sin t) - \sin^2 t \cdot \cos t \, dt = -\frac{1}{2} - \frac{1}{3}$

$= -\frac{5}{6}$

範例 6.

求 $\int_C \frac{-y}{x^2 + y^2} dx + \frac{x}{x^2 + y^2} dy = ?, \ C : \text{圓} \, x^2 + y^2 = r^2$

【解】

令 $x = r\cos \theta, \ y = r \sin \theta, \ 0 \le \theta \le 2\pi$

則 $\int_C \frac{-y}{x^2 + y^2} dx + \frac{x}{x^2 + y^2} dy = \int_0^{2\pi} (-\sin \theta)(-\sin \theta) + \cos \theta \cdot \cos \theta \, d\theta$

$= \int_0^{2\pi} \sin^2 \theta + \cos^2 \theta \, d\theta = \int_0^{2\pi} d\theta = 2\pi$

範例 7.

求 $\oint 2y dx + (x^2 + y^2) \, dy = ?, \ C : x^2 + (y - 3)^2 = r^2$

【解】

令$x = r\cos\theta$, $y = 3 + r\sin\theta$, $0 \le \theta \le 2\pi$

則 $\displaystyle\oint 2y\,dx + (x^2 + y^2)\,dy = \int_0^{2\pi} 2(3 + r\sin\theta)(-r\sin\theta) + ((9 + r^2) + 6r\sin\theta)r\cos\theta\,d\theta$

$\displaystyle = \int_0^{2\pi} -6r\sin\theta - 2r^2\sin^2\theta + (9 + r^2)r\cos\theta + 6r^2\sin\theta\cos\theta\,d\theta$

$\displaystyle = \int_0^{2\pi} -2r^2\sin^2\theta + 6r^2\sin\theta\cos\theta\,d\theta = \int_0^{2\pi} -2r^2\left(\frac{1 - \cos 2\theta}{2}\right) + 3r^2\sin 2\theta\,d\theta = -2r^2\pi$

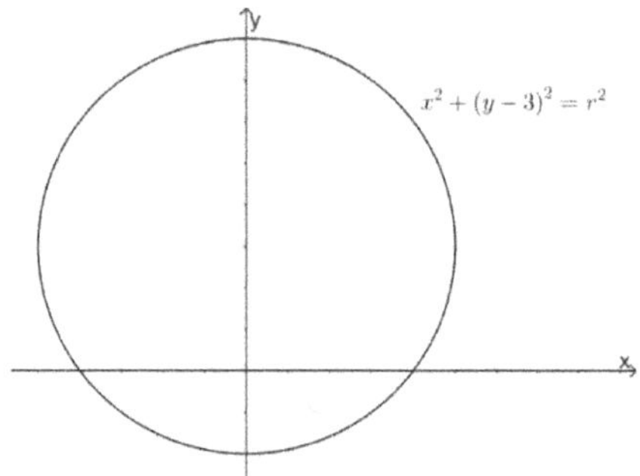

範例 8.

$$\vec{F} = \left(-z, x, \frac{y^2 z}{2}\right), \quad 曲線 C: z = a, \, x^2 + y^2 = a^2, \quad 求 \oint_C \vec{F} \cdot d\vec{r} = ?$$

【解】

令$\vec{r}(t) = (a\cos t, a\sin t, a)$, $0 \le t \le 2\pi$ 則 $\vec{r}'(t) = (-a\sin t, a\cos t, 0)$

$\displaystyle \oint_C \vec{F} \cdot d\vec{r} = \int_0^{2\pi} \vec{F}(\vec{r}(t)) \cdot \vec{r}'(t)\,dt = \int_0^{2\pi} \left(-a, a\cos t, \frac{a^3\sin^2 t}{2}\right) \cdot (-a\sin t, a\cos t, 0)\,dt$

$\displaystyle = \int_0^{2\pi} a^2\sin t + a^2\cos^2 t\,dt = 2\pi \cdot \frac{a^2}{2} = \pi a^2$

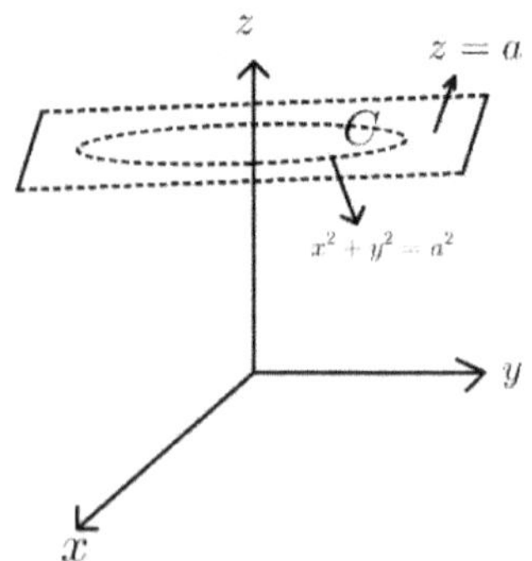

範例 9.

$$\vec{\mathrm{F}} = (0, -xz, -xy), \quad 曲線 C : x^2 + z^2 \le 1, \ y = 1, \quad 求 \ \oint_C \vec{\mathrm{F}} \cdot d\vec{r} = ?$$

【解】

令 $\vec{r}(t) = (\cos t, 1, \sin t), \ 0 \le t \le 2\pi$ 則 $\vec{r}'(t) = (-\sin t, 0, \cos t)$

$$\therefore \oint_C \vec{\mathrm{F}} \cdot d\vec{r} = \int_0^{2\pi} \vec{\mathrm{F}}\big(\vec{r}(t)\big) \cdot \vec{r}'(t) \, dt = \int_0^{2\pi} (0, -\cos t \sin t, -\cos t) \cdot (-\sin t, 0, \cos t) \, dt$$

$$= -\int_0^{2\pi} \cos^2 t \, dt = -\pi$$

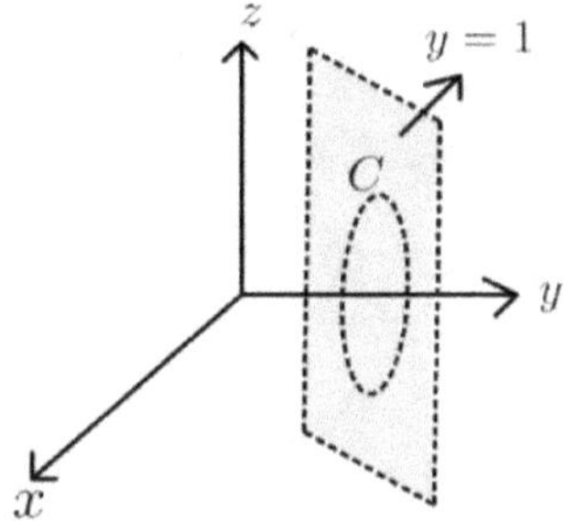

範例 10.

$$求 \int_C \frac{-y}{x^2 + y^2} \, dx + \frac{x}{x^2 + y^2} \, dy = ?, \quad C 為沿著圓 x^2 + y^2 = 4 從 (0,2) 至 \left(-\sqrt{2}, -\sqrt{2}\right)$$
的圓弧

【解】

令 $x = 2\cos\theta, \ y = 2\sin\theta, \ \dfrac{\pi}{2} \le \theta \le \dfrac{5\pi}{4}$

則 $\displaystyle \int_C \frac{-y}{x^2 + y^2} \, dx + \frac{x}{x^2 + y^2} \, dy = \int_{\frac{\pi}{2}}^{\frac{5\pi}{4}} \frac{-2\sin\theta}{4} \cdot (-2\sin\theta) + \frac{2\cos\theta}{4} \cdot 2\cos\theta \, d\theta$

$$= \int_{\frac{\pi}{2}}^{\frac{5\pi}{4}} \cos^2\theta + \sin^2\theta \, d\theta = \frac{3\pi}{4}$$

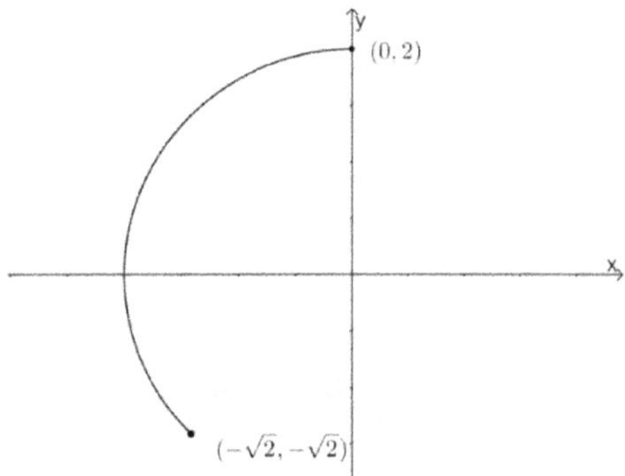

範例 11.

$$求\int_C \frac{x^2}{x^2+y^2}dx + \frac{y^2}{x^2+y^2}dy =?,\quad C為沿著圓\, x^2+y^2=r^2\, 從(r,0)至\left(-\frac{r}{\sqrt{2}}, \frac{r}{\sqrt{2}}\right)$$

的圓弧, $r>0$

【解】

令 $x = r\cos\theta$, $y = r\sin\theta$, $0 \le \theta \le \frac{3\pi}{4}$

則 $\displaystyle\int_C \frac{x^2}{x^2+y^2}dx + \frac{y^2}{x^2+y^2}dy = \int_0^{\frac{3\pi}{4}} \frac{r^2\cos^2\theta}{r^2}\cdot(-r\sin\theta) + \frac{r^2\sin^2\theta}{r^2}\cdot r\cos\theta\, d\theta$

$$= r\int_0^{\frac{3\pi}{4}} -\cos^2\theta\sin\theta + \sin^2\theta\cos\theta\, d\theta = \frac{r}{3}(\cos^3\theta + \sin^3\theta)\Big|_0^{\frac{3\pi}{4}} = -\frac{r}{3}$$

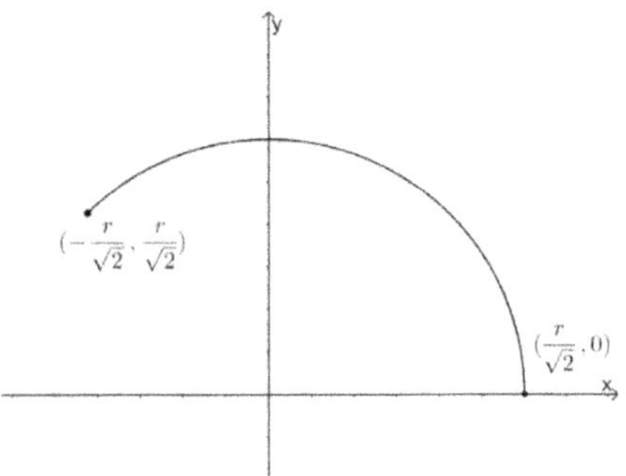

範例 12.

$$求\int_C yzdx - xzdy + xydz =?,\quad C:\vec{r}(t)=(e^t, e^{at}, e^{-t}),\ 0\le t\le 1$$

【解】

$\because \vec{r}(t) = (e^t, e^{at}, e^{-t}) \quad \therefore \vec{r}'(t) = (e^t, ae^{at}, -e^{-t})$

$$\therefore \int_C yzdx - xzdy + xydz = \int_0^1 e^{(a-1)t} \cdot e^t - ae^{at} - e^{at}dt = 1 - e^a$$

範例 13.

$$求 \int_C \vec{F} \cdot d\vec{r} = ?, \quad \vec{F} = (z, x, y), \quad C: \vec{r}(t) = (0, 3\sin t, \sin^2 t), \quad 0 \leq t \leq \frac{\pi}{2}$$

【解】

$$\because \vec{r}(t) = (0, 3\sin t, \sin^2 t) \quad \therefore \vec{r}'(t) = (0, 3\cos t, 2\sin t \cos t)$$

$$\therefore \int_C \vec{F} \cdot d\vec{r} = \int_0^{\frac{\pi}{2}} (\sin^2 t, 0, 3\sin t) \cdot (0, 3\cos t, 2\sin t \cos t)dt = \int_0^{\frac{\pi}{2}} 6\sin^2 t \cos t \, dt$$

$$= 2\sin^3 t \Big|_0^{\frac{\pi}{2}} = 2$$

範例 14.

$$\vec{F} = (3x - 4y + 2z, 4x + 2y - 3z^2, 2xz - 4y^2 + z^3), 橢圓曲線 C: \frac{x^2}{16} + \frac{y^2}{9} = 1, \quad z = 0,$$

$$求沿著橢圓 C 上半部繞一圈所作的功 \int_C \vec{F} \cdot d\vec{r} = ?$$

【解】

$$令 \vec{r}(t) = (4\cos t, 3\sin t, 0), \quad 0 \leq t \leq \pi \ 則 \ \vec{r}'(t) = (-4\sin t, 3\cos t, 0)$$

$$\therefore \int_C \vec{F} \cdot d\vec{r} = \int_0^{\pi} \vec{F}(t) \cdot \vec{r}'(t)dt$$

$$= \int_0^{\pi} (12\cos t - 12\sin t, 16\cos t + 6\sin t)(-4\sin t, 3\cos t)dt$$

$$= \int_0^{\pi} (12\cos t - 12\sin t)(-4\sin t) + (16\cos t + 6\sin t)(3\cos t)dt$$

$$= 48\int_0^{\pi} \sin^2 t + \cos^2 t \, dt = 48\pi$$

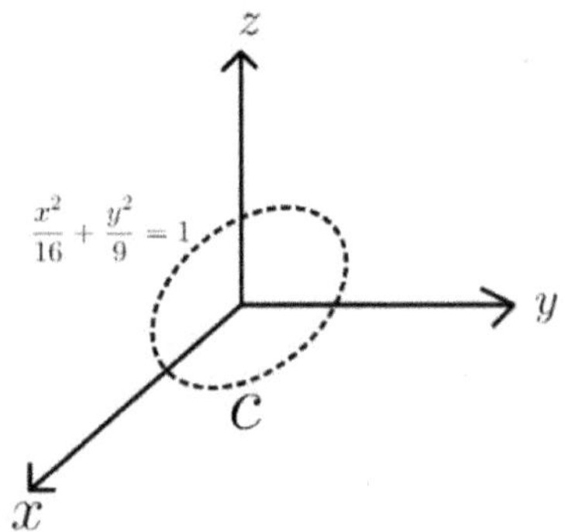

範例 15.

$$\vec{\mathbf{F}} = \left(0, \frac{2x^3}{3}, 2y^3\right), \ S是 x + y + z = 1 \ 在第一卦限所圍成的平面, \ C為S的逆時針邊$$

界, 求 $\displaystyle\oint_C \vec{\mathbf{F}} \cdot d\vec{r} = ?$

【解】

令 $C_1: \vec{r}_1(t) = (1-t, t, 0), \ C_2: \vec{r}_2(t) = (0, 1-t, t), \ C_3: \vec{r}_3(t) = (t, 0, 1-t), \ 0 \le t \le 1$

則 $\vec{r}_1'(t) = (-1, 1, 0), \ \vec{r}_2'(t) = (0, -1, 1), \ \vec{r}_3'(t) = (1, 0, -1)$

$$\therefore \oint_C \vec{\mathbf{F}} \cdot d\vec{r} = \int_{C_1} \vec{\mathbf{F}}(\vec{r}_1(t)) \cdot \vec{r}_1'(t)\,dt + \int_{C_2} \vec{\mathbf{F}}(\vec{r}_2(t)) \cdot \vec{r}_2'(t)\,dt + \int_{C_3} \vec{\mathbf{F}}(\vec{r}_3(t)) \cdot \vec{r}_3'(t)\,dt$$

$$= \frac{2}{3}\int_0^1 (1-t)^3\,dt + 2\int_0^1 (1-t)^3\,dt = \frac{2}{3}$$

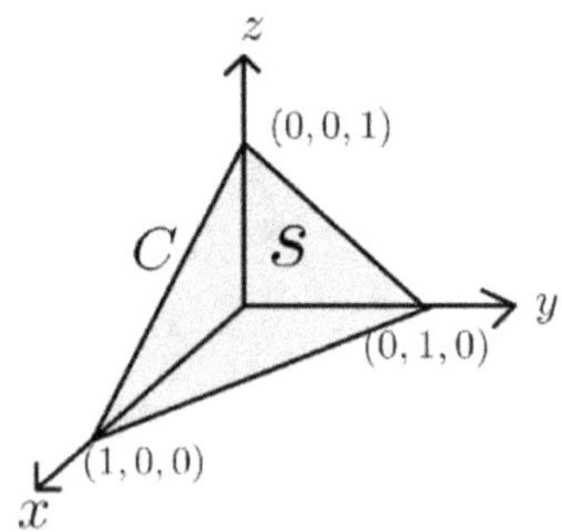

範例 16.

$\vec{F} = \left(\dfrac{z^2}{2}, \dfrac{x^2}{2}, \dfrac{y^2}{2}\right)$，$S$為$(a,0,0), (0,a,0), (0,0,a)$於第一象限所圍的平面,$C$為$S$的逆時針邊界, 求 $\displaystyle\oint_C \vec{F}\cdot d\vec{r} =$?

【解】

令 $C_1 : \vec{r}_1(t) = (a - at, at, 0), C_2 : \vec{r}_2(t) = (0, a - at, at), C_3 : \vec{r}_3(t) = (at, 0, a - at), 0 \le t \le 1$

則 $\vec{r}_1'(t) = (-a, a, 0), \ \vec{r}_2'(t) = (0, -a, a), \ \vec{r}_3'(t) = (a, 0, -a)$

$\therefore \displaystyle\oint_C \vec{F}\cdot d\vec{r} = \int_{C_1} \vec{F}\big(\vec{r}_1(t)\big)\cdot \vec{r}_1'(t)dt + \int_{C_2} \vec{F}\big(\vec{r}_2(t)\big)\cdot \vec{r}_2'(t)dt + \int_{C_3} \vec{F}\big(\vec{r}_3(t)\big)\cdot \vec{r}_3'(t)dt$

$= \dfrac{a}{2}\displaystyle\int_0^1 (a - at)^3\, dt \cdot 3 = \dfrac{a^3}{2}$

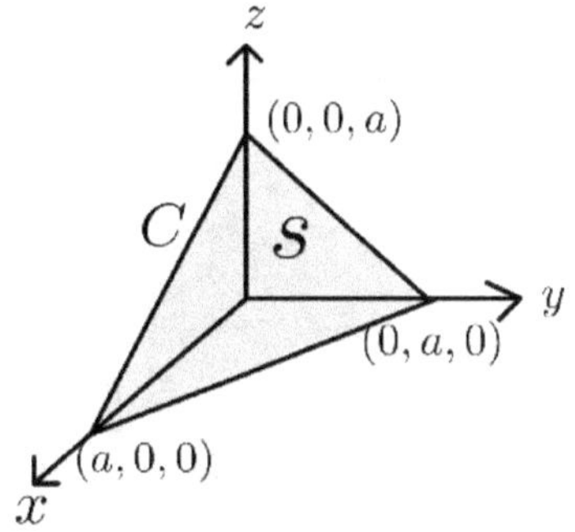

範例 17.

假設$\vec{F} = (0, e^x + 16xy, e^y + 6y^2)$，$S$是$x + y + z = 6$在第一卦限的部分,$C$為$S$的逆時針邊界, 求 $\displaystyle\oint_C \vec{F}\cdot d\vec{r} =$?

【解】

令 $C_1 : \vec{r}_1(t) = (6 - 6t, 6t, 0), \ C_2 : \vec{r}_2(t) = (0, 6 - 6t, 6t), \ C_3 : \vec{r}_3(t) = (6t, 0, 6 - 6t)$

則 $\vec{r}_1'(t) = (-6, 6, 0), \ \vec{r}_2'(t) = (0, -6, 6), \ \vec{r}_3'(t) = (6, 0, -6), 0 \le t \le 1$

$\because \displaystyle\oint_C \vec{F}\cdot d\vec{r} = \int_{C_1} \vec{F}\big(\vec{r}_1(t)\big)\cdot \vec{r}_1'(t)dt + \int_{C_2} \vec{F}\big(\vec{r}_2(t)\big)\cdot \vec{r}_2'(t)dt + \int_{C_3} \vec{F}\big(\vec{r}_3(t)\big)\cdot \vec{r}_3'(t)dt$

$$\because \int_{C_1} \vec{F}\left(\vec{r}_1(t)\right) \cdot \vec{r}_1'(t)\,dt = 6\int_0^1 e^{6-6t} + 96t(6-6t)\,dt = e^6 - 1 + 576$$

$$\int_{C_2} \vec{F}\left(\vec{r}_2(t)\right) \cdot \vec{r}_2'(t)\,dt = -6\int_0^1 dt + 6\int_0^1 e^{6-6t} + 6(6-6t)^2\,dt = -6 + e^6 - 1 + 72$$

$$= e^6 + 65$$

$$\text{且} \int_{C_3} \vec{F}\left(\vec{r}_3(t)\right) \cdot \vec{r}_3'(t)\,dt = -6\int_0^1 dt = -6$$

$$\therefore \oint_C \vec{F} \cdot d\vec{r} = 634 + 2e^6$$

範例 18.

$$\text{求} \int_C y\cos x\,dx + x\sin y\,dy = ?, \quad C\text{為}(0,0),(a,0),(a,a)\text{所圍成逆時針方向的三角形}$$

路徑$(a > 0)$

【解】

令 $C_1 = \{(x,y): 0 \le x \le a, y = 0\}$, $C_2 = \{(x,y): 0 \le y \le a, x = a\}$

且 $C_3 = \{(x,y): 0 \le x \le a, y = x\}$

$$\text{則} \int_C y\cos x\,dx + x\sin y\,dy$$

$$= \int_{C_1} y\cos x\,dx + x\sin y\,dy + \int_{C_2} y\cos x\,dx + x\sin y\,dy + \int_{C_3} y\cos x\,dx + x\sin y\,dy$$

$$\because \int_{C_1} y\cos x\,dx + x\sin y\,dy = 0,$$

$$\int_{C_2} y\cos x\,dx + x\sin y\,dy = a\int_0^a \sin y\,dy = a(-\cos a + 1),$$

$$\int_{C_3} y\cos x\,dx + x\sin y\,dy = \int_a^0 x\cos x\,dx + x\sin x\,dx = -(a+1)\sin a + (a-1)\cos a + 1$$

$$\therefore \oint y\cos x\,dx + x\sin y\,dy = -(a+1)\sin a - \cos a + a + 1$$

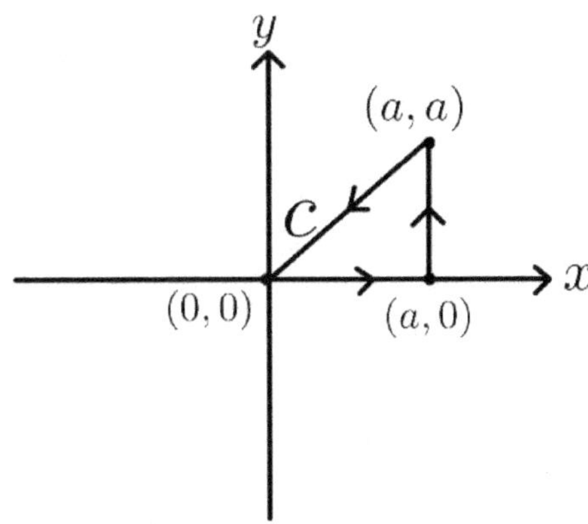

範例 19.

求 $\displaystyle\int_C -y^4dx + xy^2dy = ?$，$C$ 為 $(0,0), (1,0), (1,1)$ 所圍成逆時針方向的三角形路徑

【解】

令 $C_1 = \{(x,y): 0 \le x \le 1, y = 0\}$，$C_2 = \{(x,y): 0 \le y \le 1, x = 1\}$

且 $C_3 = \{(x,y): 0 \le x \le 1, y = x\}$

則 $\displaystyle\int_C -y^4dx + xy^2dy = \int_{C_1} -y^4dx + xy^2dy + \int_{C_2} -y^4dx + xy^2dy + \int_{C_3} -y^4dx + xy^2dy$

$\because \displaystyle\int_{C_1} -y^4dx + xy^2dy = 0$，$\displaystyle\int_{C_2} -y^4dx + xy^2dy = \int_0^1 y^2dy = \frac{1}{3}$

且 $\displaystyle\int_{C_3} -y^4dx + xy^2dy = \int_1^0 -x^4dx + x^3dy = \frac{-1}{20}$

$\therefore \displaystyle\oint -y^4dx + xy^2\,dy = \frac{1}{3} - \frac{1}{20} = \frac{17}{60}$

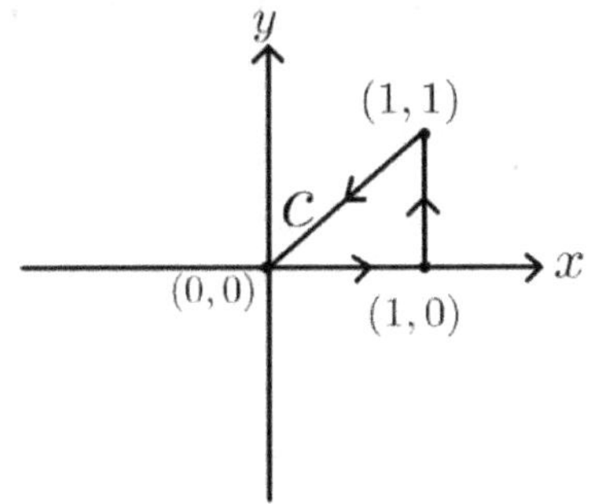

範例 20.

假設 $\vec{F} = \left(x(x^2 + y^2)^{-\frac{3}{2}}, y(x^2 + y^2)^{-\frac{3}{2}} \right),\ C : \vec{r}(t) = (e^t \sin t, e^t \cos t),\ 0 \le t \le 2,$

求 $\displaystyle\int_C \vec{F} \cdot d\vec{r} =?$

【解】

$\because \vec{r}(t) = (e^t \sin t, e^t \cos t) \quad \therefore \vec{r}'(t) = (e^t(\sin t + \cos t), e^t(\cos t - \sin t))$

$\because \vec{F} = \left(x(x^2 + y^2)^{-\frac{3}{2}}, y(x^2 + y^2)^{-\frac{3}{2}} \right)$ 且 $\displaystyle\int_C \vec{F} \cdot d\vec{r} = \int_0^2 \vec{F}(\vec{r}(t)) \cdot \vec{r}'(t)dt$

$\because \vec{F}(\vec{r}(t)) \cdot \vec{r}'(t) = e^t \sin t \cdot e^{-3t} \cdot e^t(\sin t + \cos t) + e^t \cos t \cdot e^{-3t} \cdot e^t(\cos t - \sin t) = e^{-t}$

$\therefore \displaystyle\int_0^2 \vec{F}(\vec{r}(t)) \cdot \vec{r}'(t)dt = \int_0^2 e^{-t}dt = 1 - e^{-2}$

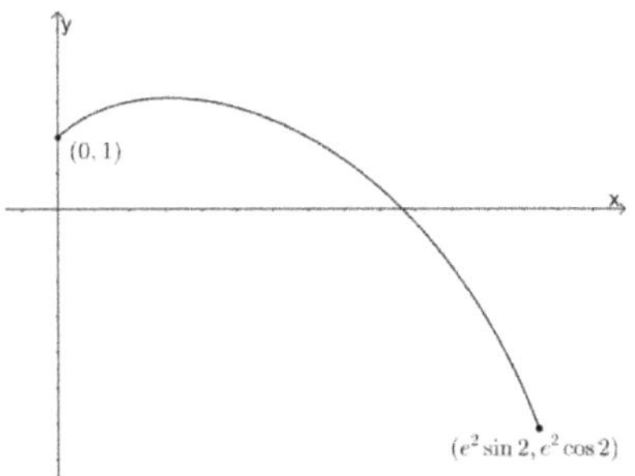

範例 21.

假設曲線 $C : \vec{r}(t) = (t, t^2),\ 0 \le t \le 1,$ 求力場 $\vec{F}(x, y) = (x^2, -y)$ 沿著 C 所作的功

【解】

$\because \vec{r}(t) = (t, t^2) \quad \therefore \vec{r}'(t) = (1, 2t)$

$\therefore \displaystyle\int_C \vec{F} \cdot d\vec{r} = \int_0^2 \vec{F}(\vec{r}(t)) \cdot \vec{r}'(t)dt = \int_0^2 (t^2, -t^2) \cdot (1, 2t)dt = \int_0^1 t^2 - 2t^3\, dt = \left(\frac{t^3}{3} - \frac{t^4}{2} \right)\Big|_0^1$

$= -\dfrac{1}{6}$

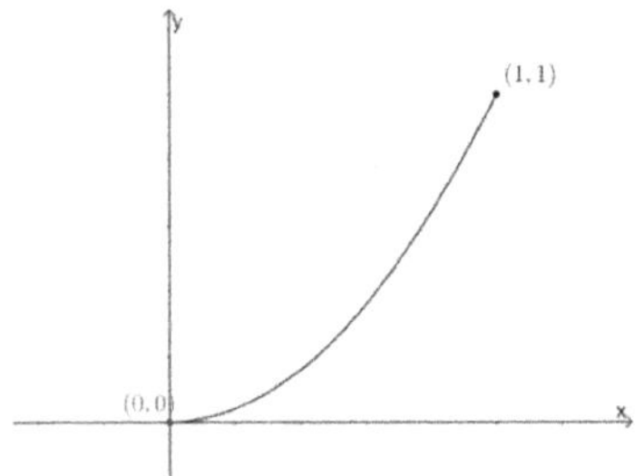

範例 22.

假設 $\vec{F}(x,y,z) = (3x^2 + 6y, -14yz, 20xz^2)$, 求從 $(0,0,0)$ 至 $(1,1,1)$ 沿下列路徑的

線積分 $(1)C: x = t, y = t^2, z = t^3$ $(2)C:$ 由 $(0,0,0)$ 至 $(1,1,1)$ 的直線

【解】

(1)

令 $\vec{r}(t) = (t, t^2, t^3)$ 則 $\vec{r}'(t) = (1, 2t, 3t^2)$

$$\therefore \int_C \vec{F} \cdot d\vec{r} = \int_0^1 \vec{F}(\vec{r}(t)) \cdot \vec{r}'(t)dt = \int_C \vec{F}(t, t^2, t^3) \cdot (1, 2t, 3t^2)dt$$

$$= \int_0^1 (3t^2 + 6t^2) - 14t^5 \cdot 2t + 20t^7 \cdot 3t^2 dt = \int_0^1 9t^2 - 28t^6 + 60t^9 dt = 5$$

(2)

令 $\vec{r}(t) = (t, t, t)$ 則 $\vec{r}'(t) = (1,1,1)$

$$\int_C \vec{F} \cdot d\vec{r} = \int_0^1 \vec{F}(\vec{r}(t)) \cdot \vec{r}'(t)dt = \int_C \vec{F}(t, t, t) \cdot (1,1,1)dt = \int_0^1 (3t^2 + 6t) - 14t^2 + 20t^3 dt$$

$$= \int_0^1 20t^3 - 11t^2 + 6t\, dt = \frac{13}{3}$$

範例 23.

求 $\int_C (x^2 + y^2)dx - xdy =?$, 其中 C 為圓 $x^2 + y^2 = r^2$ 從 $(r, 0)$ 至 $(0, r)$ 的圓弧

【解】

令 $x = r\cos\theta$, $y = r\sin\theta, 0 \le \theta \le \dfrac{\pi}{2}$ 則 $x'(\theta) = -r\sin\theta$, $y'(\theta) = r\cos\theta$

$$\therefore \int_C (x^2 + y^2)dx - xdy = \int_0^{\frac{\pi}{2}} r^2(\cos^2\theta + \sin^2\theta)(-r\sin\theta) - r^2\cos^2\theta\, d\theta$$

$$= \int_0^{\frac{\pi}{2}} -r^3\sin\theta - r^2\cos^2\theta\, d\theta = -r^3 - \frac{\pi r^2}{4}$$

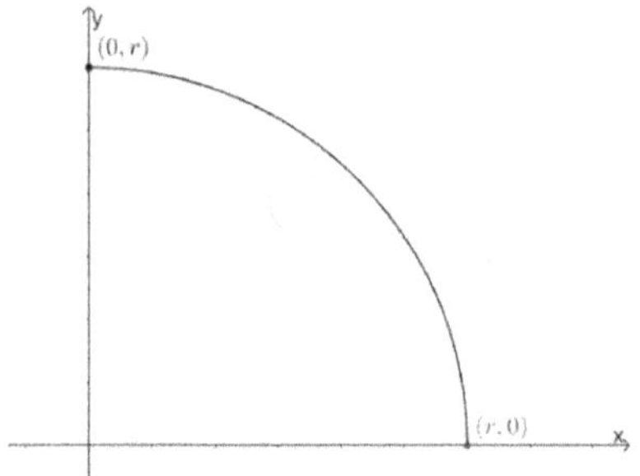

範例 24.

$\quad$ 求 $\displaystyle\int_C xdx - zdy + ydz =?$, 其中 $C: \vec{r}(t) = (t^2, -t, t^2),\ \forall 1 \leq t \leq 3$

【解】

令 $\vec{r}(t) = (t^2, -t, t^2)$ 則 $\vec{r}'(t) = (2t, -1, 2t)$

$$\therefore \int_C xdx - zdy + ydz = \int_1^3 t^2 \cdot 2tdt - t^2 \cdot (-1)dt - t \cdot 2t\, dt = \left(\frac{t^4}{2} - \frac{t^3}{3}\right)\Bigg|_1^3 = \frac{81}{2} - 9 - \frac{1}{6}$$

$$= \frac{94}{3}$$

範例 25.

$\quad$ 求 $\displaystyle\int_C yz^2 dx + (xz^2 + ze^{yz})dy + \left(2xyz + ye^{yz} + \frac{1}{1+z}\right) dz =?$, 其中曲線 C:

$\vec{r}(t) = (t, t^2, t^3), 0 \leq t \leq 2$

【解】

令 $\vec{r}(t) = (t, t^2, t^3)$ 則 $\vec{r}'(t) = (1, 2t, 3t^2)$

$$\therefore \int_C yz^2 dx + (xz^2 + ze^{yz})dy + \left(2xyz + ye^{yz} + \frac{1}{1+z}\right) dz$$

$$= \int_0^2 t^8 + (t^7 + t^3 e^{t^5}) 2t + \left(2t^6 + t^2 e^{t^5} + \frac{1}{1+t^3}\right) 3t^2 dt$$

$$= \int_0^2 9t^8\, dt + 5\int_0^2 t^4 e^{t^5}\, dt + \int_0^2 \frac{3t^2}{1+t^3} dt = \left(t^9 + e^{t^5} + \ln(1+t^3)\right)\Big|_0^2 = 511 + e^{32} + 2\ln 3$$

範例 26.

求 $\displaystyle\int_C x^2y\,dx + xy\,dy =?$，其中曲線$C$為沿著 $x = \sqrt{1-y^2}$ 從$(1,0)$至$(0,1)$ 的線段

【解】

$\because x = \sqrt{1-y^2}$　$\therefore dx = \dfrac{1}{2}(1-y^2)^{-\frac{1}{2}}(-2y)\,dy$

$\therefore \displaystyle\int_C x^2y\,dx + xy\,dy = \int_0^1 (1-y^2)y \cdot \dfrac{1}{2}(1-y^2)^{-\frac{1}{2}}(-2y) + y\sqrt{1-y^2}\,dy$

$= \displaystyle\int_0^1 -y^2 \cdot (1-y^2)^{\frac{1}{2}} + y\sqrt{1-y^2}\,dy$

$\because \displaystyle\int_0^1 y\sqrt{1-y^2}\,dy = \left.\dfrac{-(1-y^2)^{\frac{3}{2}}}{3}\right|_0^1 = \dfrac{1}{3}$

令 $y = \sin\theta$ 則 $dy = \cos\theta\,d\theta$

$\therefore \displaystyle\int_0^1 -y^2 \cdot (1-y^2)^{\frac{1}{2}}\,dy = -\int_0^{\frac{\pi}{2}} \sin^2\theta \cdot \cos^2\theta\,d\theta = -\int_0^{\frac{\pi}{2}} \left(\dfrac{\sin 2\theta}{2}\right)^2 d\theta = -\dfrac{1}{4}\int_0^{\frac{\pi}{2}} \sin^2 2\theta\,d\theta$

$= -\dfrac{1}{4}\displaystyle\int_0^{\frac{\pi}{2}} \dfrac{1-\cos 4\theta}{2}\,d\theta = -\dfrac{\pi}{16}$

$\therefore \displaystyle\int_C x^2y\,dx + xy\,dy = -\dfrac{\pi}{16} + \dfrac{1}{3}$

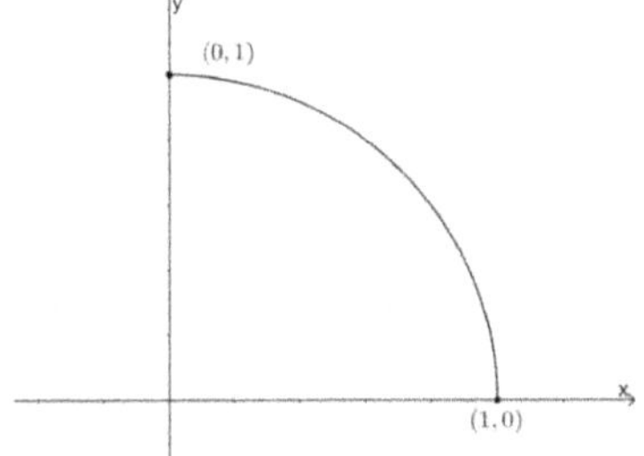

範例 27.

$\vec{\mathbf{F}} = (-y^3\cos z, x^3 e^z, -e^z)$，$C$為曲面 $S: x^2 + y^2 + (z-a)^2 = 2a^2$ 與 $z = 0$ 交集的

逆時針封閉曲線，求 $\displaystyle\oint_C \vec{\mathbf{F}} \cdot d\vec{r} =?$

【解】

令C為曲面 S 與 $z = 0$ 交集的逆時針封閉曲線則 $C = \{(x,y,z): x^2 + y^2 = a^2, z = 0\}$

令 $\vec{r}(\theta) = (a\cos\theta, a\sin\theta, 0)$ 則 $\vec{r}'(\theta) = (-a\sin\theta, a\cos\theta, 0)$

$$\therefore \oint_C \vec{F} \cdot d\vec{r} = \int_0^{2\pi} \vec{F}(\vec{r}(\theta)) \cdot \vec{r}'(\theta)\, d\theta$$

$$= \int_0^{2\pi} (-(a\sin\theta)^3, (a\cos\theta)^3, -1) \cdot (-a\sin\theta, a\cos\theta, 0)\, d\theta = a^4 \int_0^{2\pi} \sin^4\theta + \cos^4\theta\, d\theta$$

$$\because \sin^4\theta + \cos^4\theta = (\sin^2\theta + \cos^2\theta)^2 - 2\sin^2\theta\cos^2\theta = 1 - 2(\sin\theta\cos\theta)^2$$

$$= 1 - 2\left(\frac{\sin 2\theta}{2}\right)^2 = 1 - \frac{\sin^2 2\theta}{2} = 1 - \frac{1 - \cos 4\theta}{4} = \frac{3 + \cos 4\theta}{4}$$

$$\therefore \int_0^{2\pi} \sin^4\theta + \cos^4\theta\, d\theta = \int_0^{2\pi} \frac{3 + \cos 4\theta}{4}\, d\theta = \frac{3\pi}{2}$$

$$\therefore \oint_C \vec{F} \cdot d\vec{r} = \frac{3a^4\pi}{2}$$

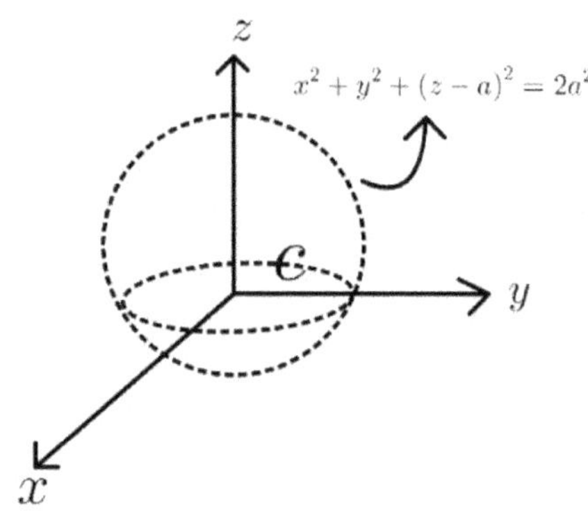

範例 28.

$$\vec{F} = (2x - y, 2y + z, xyz), \quad C\text{為曲面 } S: \frac{x^2}{a^2} + \frac{y^2}{b^2} + \frac{z^2}{c^2} = 1 \text{ 與 } z = 0 \text{ 交集的逆時針封閉}$$

$$\text{曲線, } \quad 求\oint_C \vec{F} \cdot d\vec{r} = ?$$

【解】

令C為曲面 S 與 $z = 0$ 交集的逆時針封閉曲線則 $C = \{(x, y, z): \frac{x^2}{a^2} + \frac{y^2}{b^2} = 1, z = 0\}$

令 $\vec{r}(\theta) = (a\cos\theta, b\sin\theta, 0)$ 則 $\vec{r}'(\theta) = (-a\sin\theta, b\cos\theta, 0)$

$$\oint_C \vec{F} \cdot d\vec{r} = \int_0^{2\pi} \vec{F}(\vec{r}(\theta)) \cdot \vec{r}'(\theta)\, d\theta$$

$$= \int_0^{2\pi} (2a\cos\theta - b\sin\theta, 2b\sin\theta, 0) \cdot (-a\sin\theta, b\cos\theta, 0)\, d\theta$$

$$= \int_0^{2\pi} -2a^2 \sin\theta\cos\theta + ab\sin^2\theta + 2b^2\sin\theta\cos\theta \, d\theta$$

$$= \int_0^{2\pi} 2(b^2 - a^2)\sin\theta\cos\theta + ab\sin^2\theta \, d\theta = \int_0^{2\pi} (b^2 - a^2)\sin 2\theta + ab\left(\frac{1 - \cos 2\theta}{2}\right) d\theta$$

$$= ab\pi$$

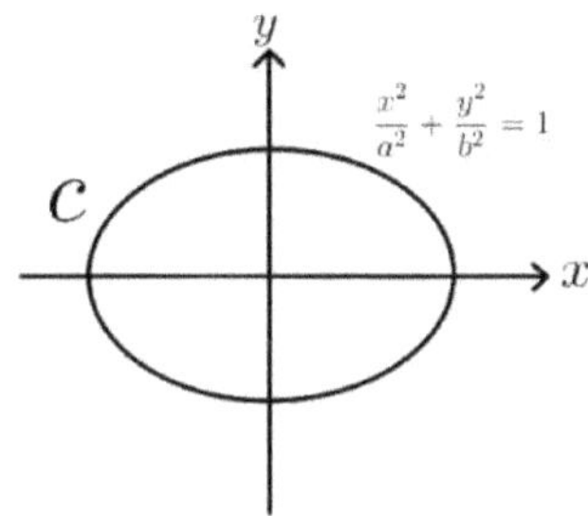

範例 29.

$\vec{\mathbf{F}} = (xz, yz, xy)$, C為曲面$S: x^2 + y^2 + z^2 = 4 \ (z > 0)$與 $x^2 + y^2 = 1$ 交集的逆時針封閉曲線, 求 $\oint_C \vec{\mathbf{F}} \cdot d\vec{r} =?$

【解】

令C為 S 與 $x^2 + y^2 = 1$ 交集的封閉曲線則$C = \{(x, y, z): x^2 + y^2 = 1, z = \sqrt{3}\}$

令 $\vec{r}(\theta) = (\cos\theta, \sin\theta, \sqrt{3})$則 $\vec{r}'(\theta) = (-\sin\theta, \cos\theta, 0)$

$$\therefore \oint_C \vec{\mathbf{F}} \cdot d\vec{r} = \int_0^{2\pi} \vec{\mathbf{F}}(\vec{r}(\theta)) \cdot \vec{r}'(\theta) \, d\theta$$

$$= \int_0^{2\pi} (\sqrt{3}\cos\theta, \sqrt{3}\sin\theta, \sin\theta\cos\theta) \cdot (-\sin\theta, \cos\theta, 0) \, d\theta = \sqrt{3}\int_0^{2\pi} 0 \, d\theta = 0$$

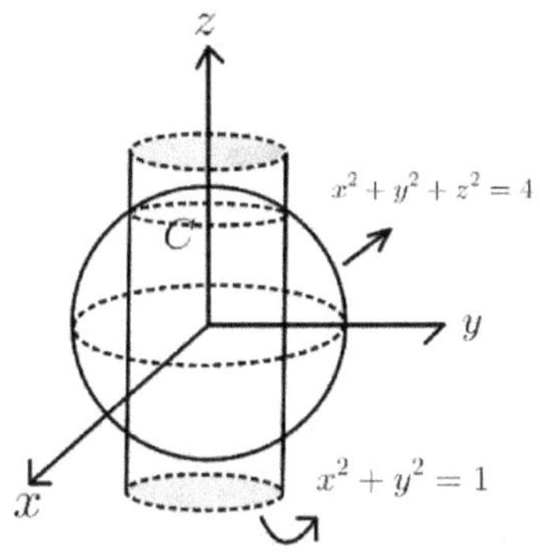

範例 30.

$$\vec{F} = (2x - y, -yz^2, -zy^2), \quad C\text{為球面}x^2 + y^2 + z^2 = 1 \text{ 與 } z = 0 \text{ 交集的逆時針封閉}$$

$$\text{曲線, \quad 求} \oint_C \vec{F} \cdot d\vec{r} = ?$$

【解】

令C為球面與 $z = 0$ 交集的封閉曲線則$C = \{(x, y, z): x^2 + y^2 = 1, z = 0\}$

令$\vec{r}(\theta) = (\cos\theta, \sin\theta, 0)$則 $\vec{r}'(\theta) = (-\sin\theta, \cos\theta, 0)$

$$\therefore \oint_C \vec{F} \cdot d\vec{r} = \int_0^{2\pi} \vec{F}(\vec{r}(\theta)) \cdot \vec{r}'(\theta)\, d\theta = \int_0^{2\pi} (2\cos\theta - \sin\theta, 0, 0) \cdot (-\sin\theta, \cos\theta, 0)\, d\theta$$

$$= \int_0^{2\pi} -2\sin\theta\cos\theta + \sin^2\theta\, d\theta = \int_0^{2\pi} -2\sin\theta\cos\theta + \frac{1 - \cos 2\theta}{2}\, d\theta = \pi$$

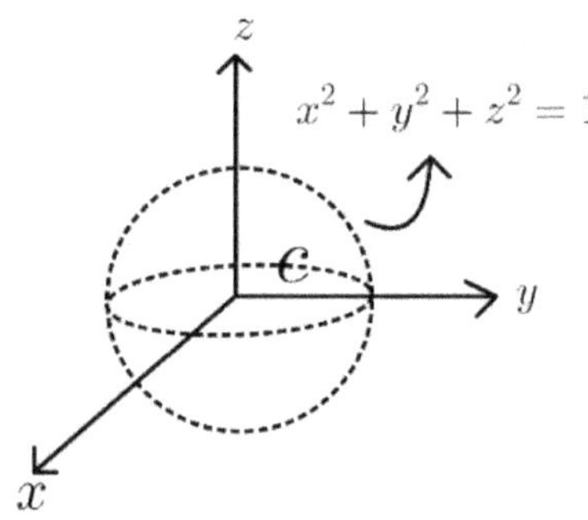

範例 31.

$$\vec{F} = (y^2, x^2, 0), \quad C\text{為曲面}S: x^2 + y^2 \leq 1 \text{ 與 } z = 0 \text{ 交集的逆時針封閉曲線, 求}$$

$$\oint_C \vec{F} \cdot d\vec{r} = ?$$

【解】

令C為曲面 S 與 $z = 0$ 交集的逆時封閉曲線則$C = \{(x, y, z): x^2 + y^2 = 1, z = 0\}$

令$\vec{r}(\theta) = (\cos\theta, \sin\theta, 0)$則 $\vec{r}'(\theta) = (-\sin\theta, \cos\theta, 0)$

$$\oint_C \vec{F} \cdot d\vec{r} = \int_0^{2\pi} \vec{F}(\vec{r}(\theta)) \cdot \vec{r}'(\theta)\, d\theta = \int_0^{2\pi} (\sin^2, \cos^2, 0) \cdot (-\sin\theta, \cos\theta, 0)$$

$$= \int_0^{2\pi} -\sin^3\theta + \cos^3\theta\, d\theta$$

$$\because -\sin^3\theta + \cos^3\theta = (\cos\theta - \sin\theta)(\cos^2\theta + \sin\theta\cos\theta + \sin^2\theta)$$

$$= (\cos\theta - \sin\theta)(1 + \sin\theta\cos\theta) = (\cos\theta - \sin\theta) - \sin^2\theta\cos\theta + \sin\theta\cos^2\theta$$

$$\therefore \int_0^{2\pi} -\sin^3\theta + \cos^3\theta\, d\theta = \int_0^{2\pi} (\cos\theta - \sin\theta) - \sin^2\theta\cos\theta + \sin\theta\cos^2\theta\, d\theta$$

$$= -\frac{\sin^3\theta}{3} + \frac{\cos^3\theta}{3}\bigg|_0^{2\pi} = 0$$

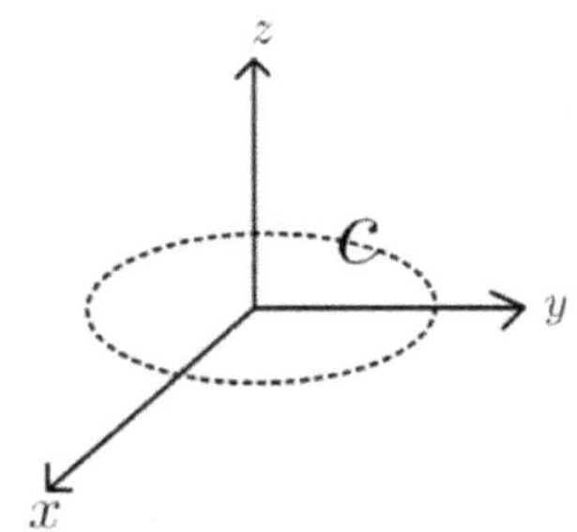

9.4 Green's Theorem $\Delta := \partial g/\partial x(x,y) - \partial f/\partial y(x,y)$

Green's Theorem 的條件成立與簡單連通集有關, 底下先介紹簡單連通集的定義

【定義】

(i)若曲線$\vec{r}(t)$, $\forall a \leq t \leq b$滿足$\vec{r}(t_1) \neq \vec{r}(t_2), \forall a < t_1 < t_2 < b$ 則稱作 simple curve

(ii)再者,若 simple curve 滿足$\vec{r}(a) = \vec{r}(b)$,則稱作 simple closed curve

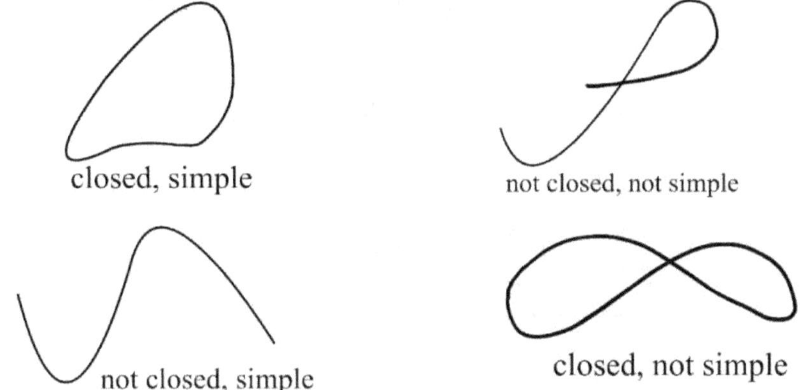

【定義】

如果一個連通集 D 內的任意簡單封閉曲線所圍成的區域都包含在 D 之內則 D 是簡單連通

　　藉由上述定義可以推論兩個 disjoint 的開集合的聯集為非簡單連通, 或者當一個集合 D 裡存在一個開集合不屬於集合 D 則為非簡單連通, 如下圖

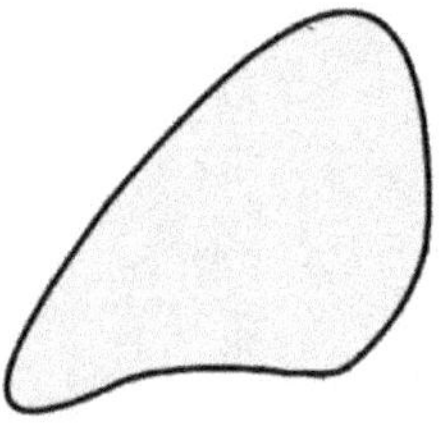
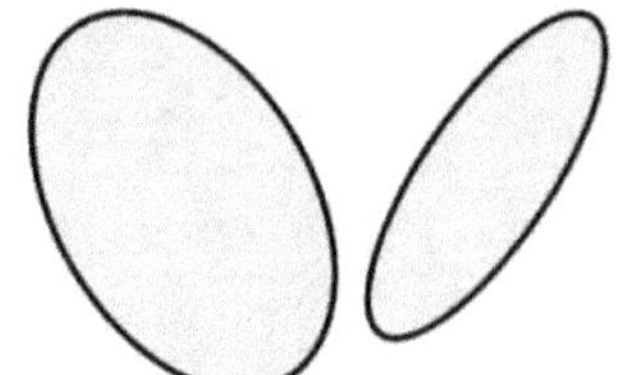
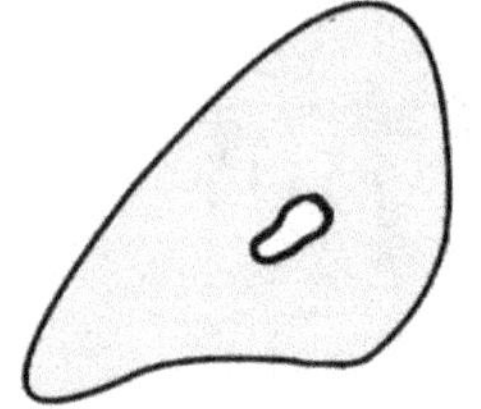
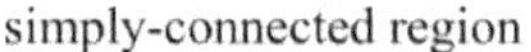

simply-connected region   not simply-connected region   not simply-connected region

  接下來介紹 Green's Theorem, 當被積分函數的一階偏導數存在且連續時, Green's Theorem 是計算二維封閉曲線積分與雙重積分的重要工具, 此外, Green's Theorem 是將微積分基本定理擴展到二維平面的一種形式, 此定理將一個沿著簡單封閉平面曲線 C 的線積分與其所包圍平面區域 R(如下圖)的雙重積分連結起來, 可以幫助將線積分與雙重積分做雙向的轉換, 如果線積分的計算是困難時, 可藉由此定理轉成雙重積分, 反之, 當計算雙重積分是困難時, 藉由此定理可轉成線積分做計算; Green's Theorem 要求雙重積分中的區域 D 是簡單連通, 重要的是數個 disjoint 的簡單連通集的聯集為非簡單連通集, 因此, Green's Theorem 可以擴展應用在非簡單連通集, 實作上可以先拆成數個在簡單連通集的積分,個別使用 Green's Theorem 之後再相加即可。Green's Theorem 有兩種形式：旋度形式和通量形式, 兩者改寫後的表示式對於 Stokes' Theorem 以及 The Divergence Theorem 提供了直觀的說明, 此外, Green's Theorem 當中封閉曲線的正方向是指逆時針方向

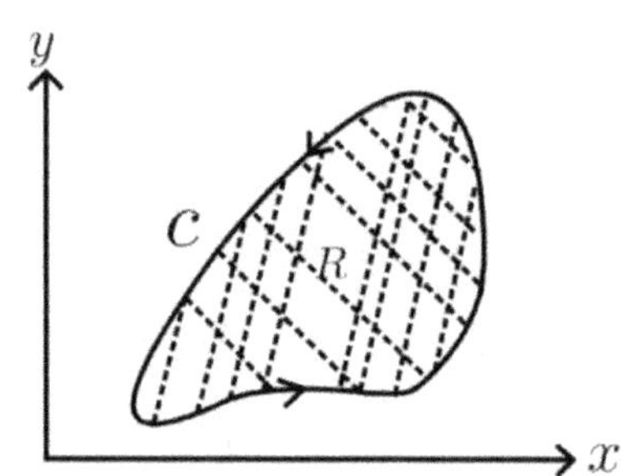

  Green's Theorem 的考試類型包含: 說明線積分與積分路徑無關、給定封閉區域 R 求面積、將封閉線積轉成面積分、將封閉線積分轉成面積分再搭配座標轉換、將面積分轉成封閉線積分、造出不含奇異點的封閉區域再用 Green's Theorem, 值得注意的是除了第一種情況, 其餘的類型皆為

$$\frac{\partial g}{\partial x}(x,y) - \frac{\partial f}{\partial y}(x,y) \neq 0,$$

整體而言, 若題目出現二維封閉曲線時,可能就是 Green's Theorem 的應用時機, Green's

Theorem 的成立條件之一是當中的兩函數f, g在所圍封閉區域R上需要是一階偏導數存在且連續, 如果條件不滿足時, 例如: f, g在原點的一階偏導數不存在, 則通常先造出R'使得f, g在R'上是一階偏導數存在且連續, 接著讓R'逼近R, 如下圖所示

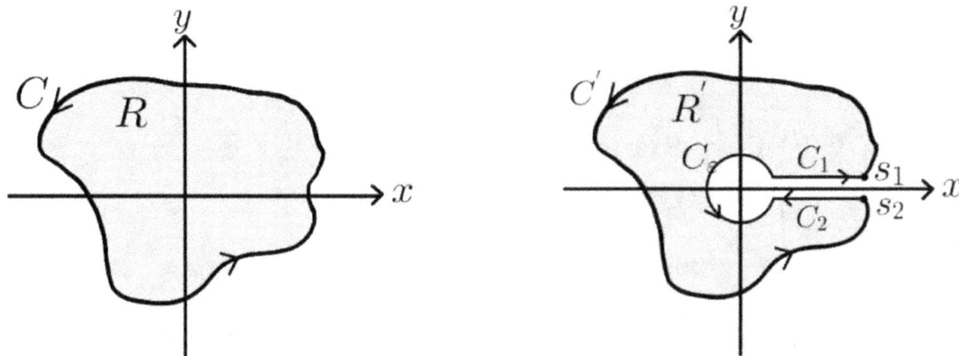

【定理】Green's Theorem

假設

1. C為二維空間中逆時針的封閉曲線且所圍區域為R, R 簡單連通

2. $f(x,y), g(x,y)$定義於 open set B, $R \subseteq B$且f, g於B的一階偏導數存在且連續

則 $\displaystyle\iint_R \frac{\partial g}{\partial x}(x,y) - \frac{\partial f}{\partial y}(x,y)dxdy = \oint_C f(x,y)\,dx + g(x,y)dy$

Proof:

Let C be made up of C_1 and C_2, $C_1: y = f_1(x), a \le x \le b$ and $C_2: y = f_2(x),\ a \le x \le b$

then $\displaystyle\oint_C f(x,y)\,dx = \oint_{C_1} f(x,y)\,dx - \oint_{C_2} f(x,y)\,dx$

Claim: $\displaystyle\iint_R \frac{\partial f}{\partial y}(x,y)dxdy = -\oint_C f(x,y)\,dx$

$\because \displaystyle\iint_R \frac{\partial f}{\partial y}(x,y)dxdy = \int_a^b \int_{f_1(x)}^{f_2(x)} \frac{\partial f}{\partial y}(x,y)dydx$

藉由微積分基本定理, $\displaystyle\int_{f_1(x)}^{f_2(x)} \frac{\partial f}{\partial y}(x,y)dy = f(x, f_2(x)) - f(x, f_1(x))$

$\therefore \displaystyle\iint_R \frac{\partial f}{\partial y}(x,y)dxdy = \int_a^b \int_{f_1(x)}^{f_2(x)} \frac{\partial f}{\partial y}(x,y)dydx = \int_a^b f(x, f_2(x)) - f(x, f_1(x))\,dx$

$\displaystyle = \int_a^b f(x, f_2(x))\,dx - \int_a^b f(x, f_1(x))\,dx = -\left(\oint_{C_1} f(x,y)\,dx - \oint_{C_2} f(x,y)\,dx \right)$

$$= -\oint_C f(x,y)\,dx$$

Let C be made up of C_3 and C_4, $C_3: y = g_1(y)$, $c \leq y \leq d$ and $C_4: y = g_2(y)$, $c \leq y \leq d$

then $\oint_C g(x,y)\,dx = \oint_{C_3} g(x,y)\,dx - \oint_{C_4} g(x,y)\,dx$

Claim: $\displaystyle\iint_R \frac{\partial g}{\partial x}(x,y)\,dxdy = \oint_C g(x,y)\,dy$

$\because \displaystyle\iint_R \frac{\partial g}{\partial x}(x,y)\,dxdy = \int_c^d \int_{g_2(y)}^{g_1(y)} \frac{\partial g}{\partial x}(x,y)\,dxdy$

藉由微積分基本定理, $\displaystyle\int_{g_2(y)}^{g_1(y)} \frac{\partial g}{\partial x}(x,y)\,dx = g(g_1(y),y) - g(g_2(y),y)$

$\therefore \displaystyle\iint_R \frac{\partial g}{\partial x}(x,y)\,dxdy = \int_c^d \int_{g_2(y)}^{g_1(y)} \frac{\partial g}{\partial x}(x,y)\,dxdy = \int_c^d g(g_1(y),y) - g(g_2(y),y)\,dy$

$= \displaystyle\int_c^d g(g_1(y),y)\,dy - \int_c^d g(g_2(y),y)\,dy = \oint_{C_3} g(x,y)\,dy - \oint_{C_4} g(x,y)\,dy = \oint_C g(x,y)\,dy$

因此

$$\iint_R \frac{\partial g}{\partial x}(x,y) - \frac{\partial f}{\partial y}(x,y)\,dxdy = \oint_C f(x,y)\,dx + g(x,y)\,dy$$

Green's Theorem 可以藉由旋度$(\nabla \times \vec{F})$以及散度$(\text{div}\,\vec{F})$重新改寫, 改寫後的表示式對於 Stokes' Theorem 以及 The Divergence Theorem 提供了直觀的說明, 假設平面封閉曲線為 C, 所圍區域為 R, 函數f及g兩者的偏導數存在且連續, 考慮向量場$\vec{F} = (f,g)$

$$\because \text{curl}\,\vec{F} = \nabla \times \vec{F} = \begin{Vmatrix} \boldsymbol{i} & \boldsymbol{j} & \boldsymbol{k} \\ \frac{\partial}{\partial x} & \frac{\partial}{\partial y} & \frac{\partial}{\partial z} \\ f & g & 0 \end{Vmatrix} = \left(\frac{\partial g}{\partial x} - \frac{\partial f}{\partial y}\right)\boldsymbol{k} \qquad \therefore \frac{\partial g}{\partial x} - \frac{\partial f}{\partial y} = \left(\text{curl}\,\vec{F}\right)\cdot\boldsymbol{k}$$

另一方面, 線積分表示為

$$\oint_C f\,dx + g\,dy = \oint_C \vec{F}\cdot d\vec{r}, \ \text{其中}\ \vec{F} = (f(x,y), g(x,y), 0).$$

By Green's Theorem

$$\oint_C \vec{F}\cdot d\vec{r} = \oint_C f\,dx + g\,dy = \iint_R \frac{\partial g}{\partial x}(x,y) - \frac{\partial f}{\partial y}(x,y)\,dxdy = \iint_R \left(\nabla \times \vec{F}\right)\cdot\boldsymbol{k}\,dA$$

因此, Green's Theorem 的向量形式的表示為

$$\oint_C \vec{F} \cdot d\vec{r} = \iint_R (\nabla \times \vec{F}) \cdot \boldsymbol{k}\, dA$$

如果是三維空間時, 直觀的推論為

$$\oint_C \vec{F} \cdot d\vec{r} = \iint_S (\nabla \times \vec{F}) \cdot \vec{n}\, dA$$

其中 S 為空間中非封閉的曲面且 C 為 S 的邊界(空間中的封閉曲線)

接下來說明 Green's Theorem 的散度形式, 假設曲線 C 由向量方程式表示

$$\vec{r}(t) = (x(t), y(t)), \quad a \le t \le b$$

$\because$ 單位切向量 $= \left(\dfrac{x'(t)}{|\vec{r}'(t)|}, \dfrac{y'(t)}{|\vec{r}'(t)|} \right)$ $\quad \therefore$ 向外的單位法向量 $\vec{n} = \left(\dfrac{y'(t)}{|\vec{r}'(t)|}, -\dfrac{x'(t)}{|\vec{r}'(t)|} \right)$

因此

$$\oint_C \vec{F} \cdot \vec{n}\, ds = \int_a^b (\vec{F} \cdot \vec{n})(t)|\vec{r}'(t)|\, dt = \int_a^b \left(\frac{f(x(t), y(t))y'(t)}{|\vec{r}'(t)|} - \frac{g(x(t), y(t))x'(t)}{|\vec{r}'(t)|} \right) |\vec{r}'(t)|\, dt$$

$$= \int_a^b f(x(t), y(t))y'(t) - g(x(t), y(t))x'(t)\, dt = \int_C f\, dy - g\, dx$$

根據 Green's Theorem

$$\int_C f\, dy - g\, dx = \iint_R \frac{\partial f}{\partial x} + \frac{\partial g}{\partial y}\, dA = \iint_R \operatorname{div} \vec{F}\, dA$$

因此

$$\oint_C \vec{F} \cdot \vec{n}\, ds = \iint_R \operatorname{div} \vec{F}\, dA$$

如果是三維空間時, 直觀的推論為

$$\oiint_S \vec{F} \cdot \vec{n}\, dA = \iiint_V \nabla \cdot \vec{F}\, dV$$

其中 S 為空間中封閉的曲面且 V 為 S 所圍體積

後續 Stokes' Theorem 以及 The Divergence Theorem 的說明, 皆是以上述 Green's Theorem 改寫後的形式做說明

9.4.1 $\quad \Delta = 0$, 線積分與積分路徑無關

Green's Theorem 當中的兩函數 f, g 滿足一階偏導數存在且連續的條件, 藉由

$$\frac{\partial g}{\partial x}(x, y) - \frac{\partial f}{\partial y}(x, y) = 0,$$

試證線積分與積分路徑無關

考試類型:

題型 1.

給定函數$f(x,y), g(x,y)$與兩點$(x_0,y_0),(x_1,y_1)$, 試證$\int_{(x_0,y_0)}^{(x_1,y_1)} f(x,y)dx + g(x,y)dy$與路徑

無關並求此積分

解題流程:

Step1.

令C_1、C_2為從(x_0,y_0)至(x_1,y_1)的任意兩條曲線

令C為C_1、C_2所圍成的逆時針封閉曲線且 R 為所圍封閉區域

Step2.

Claim: $\dfrac{\partial g}{\partial x}(x,y) - \dfrac{\partial f}{\partial y}(x,y) = 0$

Step3.

藉由 Green's Theorem, $\displaystyle\oint_C fdx + gdy = \iint_R \dfrac{\partial g}{\partial x}(x,y) - \dfrac{\partial f}{\partial y}(x,y)dxdy = 0$

$\therefore \displaystyle\int_{C_1} fdx + gdy - \int_{C_2} fdx + gdy = 0 \Rightarrow \int_{C_1} fdx + gdy = \int_{C_2} fdx + gdy$

$\therefore \displaystyle\int_{(x_0,y_0)}^{(x_1,y_1)} f(x,y)dx + g(x,y)dy$ 與路徑無關

Step4.

$\because \displaystyle\int_{(x_0,y_0)}^{(x_1,y_1)} f(x,y)dx + g(x,y)dy$ 與路徑無關

$\therefore \exists G(x,y)$使得 $\nabla G(x,y,z) = (f(x,y), g(x,y))$

且 $\displaystyle\int_{(x_0,y_0)}^{(x_1,y_1)} fdx + gdy = \int_{(x_0,y_0)}^{(x_1,y_1)} \nabla G \cdot (dx,dy) = \int_{(x_0,y_0)}^{(x_1,y_1)} dG = G(x_1,y_1) - G(x_0,y_0)$

Step5.

找$G(x,y) = ?$ 且求$G(x_1,y_1) - G(x_0,y_0) = ?$

<u>範例說明:</u>

給定平面上兩點$(x_0,y_0),(x_1,y_1)$, 試證$\displaystyle\int_{(x_0,y_0)}^{(x_1,y_1)} f(x,y)dx + g(x,y)dy$與路徑無關

令C_1、C_2為從(x_0,y_0)至(x_1,y_1)的任意兩條曲線

令 C 為 C_1、C_2 所圍成的逆時針封閉曲線且 R 為所圍封閉區域

(I)若 $f(x,y) = 6xy^2 - y^3$, $g(x,y) = 6x^2y - 3xy^2$

則 $\dfrac{\partial g}{\partial x}(x,y) - \dfrac{\partial f}{\partial y}(x,y) = 12xy - 3y^2 - (12xy - 3y^2) = 0$

(II)若 $f(x,y) = 2xy - y^4 + 3$, $g(x,y) = x^2 - 4xy^3$

則 $\dfrac{\partial g}{\partial x}(x,y) - \dfrac{\partial f}{\partial y}(x,y) = 2x - 4y^3 - (2x - 4y^3) = 0$

(III)若 $f(x,y) = 4x^3y$, $g(x,y) = x^4$ 則 $\dfrac{\partial g}{\partial x}(x,y) - \dfrac{\partial f}{\partial y}(x,y) = 4x^3 - (4x^3) = 0$

藉由 Green's Theorem, $\displaystyle\oint_C f\,dx + g\,dy = \iint_R \dfrac{\partial g}{\partial x}(x,y) - \dfrac{\partial f}{\partial y}(x,y)\,dxdy = 0$

$\therefore \displaystyle\int_{C_1} f\,dx + g\,dy - \int_{C_2} f\,dx + g\,dy = 0 \Rightarrow \int_{C_1} f\,dx + g\,dy = \int_{C_2} f\,dx + g\,dy$

$\therefore \displaystyle\int_{(x_0,y_0)}^{(x_1,y_1)} f(x,y)\,dx + g(x,y)\,dy$ 與路徑無關

範例 1.

　　試證 $\displaystyle\int_{(1,1)}^{(2,2)} (6xy^2 - y^3)\,dx + (6x^2y - 3xy^2)\,dy$ 與路徑無關並求此積分

【解】

令 C_1、C_2 為從 $(1,1)$ 至 $(2,2)$ 的任意兩條曲線

令 C 為 C_1、C_2 所圍成的逆時針封閉曲線且 R 為所圍封閉區域

令 $f(x,y) = 6xy^2 - y^3$, $g(x,y) = 6x^2y - 3xy^2$

則 $\dfrac{\partial g}{\partial x}(x,y) - \dfrac{\partial f}{\partial y}(x,y) = 12xy - 3y^2 - (12xy - 3y^2) = 0$

$\because f(x,y), g(x,y)$ 的一階偏導數存在且連續

藉由 Green's Theorem, $\displaystyle\oint_C f\,dx + g\,dy = \iint_R \dfrac{\partial g}{\partial x}(x,y) - \dfrac{\partial f}{\partial y}(x,y)\,dxdy = 0$

$\therefore \displaystyle\int_{C_1} f\,dx + g\,dy - \int_{C_2} f\,dx + g\,dy = 0 \Rightarrow \int_{C_1} f\,dx + g\,dy = \int_{C_2} f\,dx + g\,dy$

$\therefore \displaystyle\int_{(1,1)}^{(2,2)} (6xy^2 - y^3)\,dx + (6x^2y - 3xy^2)\,dy$ 與積分路徑無關

$\therefore \exists G(x,y)$ 使得 $\nabla G(x,y) = (f(x,y), g(x,y))$

且 $\displaystyle\int_{(1,1)}^{(2,2)} f\,dx + g\,dy = \int_{(1,1)}^{(2,2)} \nabla G \cdot (dx, dy) = \int_{(1,1)}^{(2,2)} dG = G(3,4) - G(1,2)$

$\therefore \begin{cases} \dfrac{\partial G}{\partial x} = 6xy^2 - y^3 \\[2mm] \dfrac{\partial G}{\partial y} = 6x^2y - 3xy^2 \end{cases} \qquad \therefore \begin{cases} G(x,y,z) = 3x^2y^2 - xy^3 + c \\ G(x,y,z) = 3x^2y^2 - xy^3 + c \end{cases}$

$\therefore G(x,y,z) = 3x^2y^2 - xy^3 + c$

$\therefore \displaystyle\int_{(1,1)}^{(2,2)} (6xy^2 - y^3)\,dx + (6x^2y - 3xy^2)\,dy = 3x^2y^2 - xy^3 \big|_{(1,1)}^{(2,2)} = 30$

範例 2.

$$\text{求} \oint_C (x^2 y \cos x + 2xy \sin x - y^2 e^x)\,dx + (x^2 \sin x - 2ye^x)\,dy = ?,$$

$$C: x^{\frac{2}{3}} + y^{\frac{2}{3}} = a^{\frac{2}{3}} \text{為逆時針封閉曲線}$$

【解】

令 $f(x,y) = x^2 y \cos x + 2xy \sin x - y^2 e^x, \; g(x,y) = x^2 \sin x - 2ye^x$

則 $\dfrac{\partial g}{\partial x}(x,y) - \dfrac{\partial f}{\partial y}(x,y) = 2x \sin x + x^2 \cos x - 2ye^x - (x^2 \cos x + 2x \sin x - 2ye^x) = 0$

$\because f(x,y), g(x,y)$ 的一階偏導數存在且連續

藉由 Green's Theorem, $\displaystyle\oint_C f\,dx + g\,dy = \iint_R \dfrac{\partial g}{\partial x}(x,y) - \dfrac{\partial f}{\partial y}(x,y)\,dx\,dy = 0$

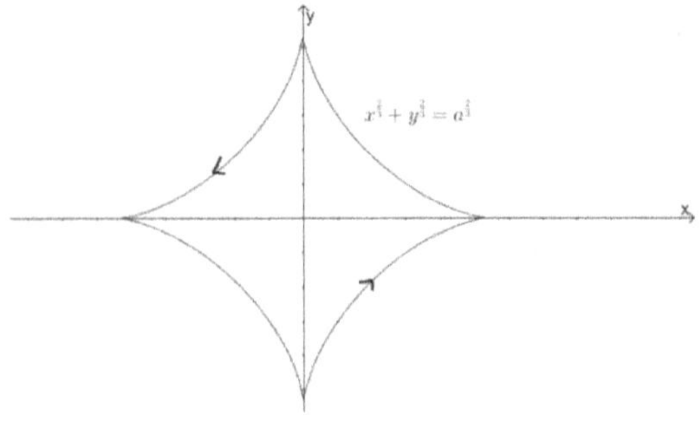

範例 3.

試證 $\displaystyle\int_{(0,0)}^{(3,1)} (2xy - y^4 + 3)dx + (x^2 - 4xy^3)dy$ 與 $(0,0),(3,1)$ 的路徑無關並求此積分

【解】

令 C_1、C_2 為從 $(0,0)$ 至 $(3,1)$ 的任意兩條曲線

令 C 為 C_1、C_2 所圍成的逆時針封閉曲線且 R 為所圍封閉區域

令 $f(x,y) = 2xy - y^4 + 3, \; g(x,y) = x^2 - 4xy^3$

則 $\dfrac{\partial g}{\partial x}(x,y) - \dfrac{\partial f}{\partial y}(x,y) = 2x - 4y^3 - (2x - 4y^3) = 0$

$\because f(x,y), g(x,y)$ 的一階偏導數存在且連續

藉由 Green's Theorem, $\displaystyle\oint_C f dx + g dy = \iint_R \dfrac{\partial g}{\partial x}(x,y) - \dfrac{\partial f}{\partial y}(x,y) dxdy = 0$

$\therefore \displaystyle\int_{C_1} f dx + g dy - \int_{C_2} f dx + g dy = 0 \Rightarrow \int_{C_1} f dx + g dy = \int_{C_2} f dx + g dy$

$\therefore \displaystyle\int_{(0,0)}^{(3,1)} (2xy - y^4 + 3)dx + (x^2 - 4xy^3)dy$ 與積分路徑無關

$\therefore \exists G(x,y)$ 使得 $\nabla G(x,y) = (f(x,y), g(x,y))$

且 $\displaystyle\int_{(0,0)}^{(3,1)} f dx + g dy = \int_{(0,0)}^{(3,1)} \nabla G \cdot (dx, dy) = \int_{(0,0)}^{(3,1)} dG = G(3,1) - G(0,0)$

$\therefore \begin{cases} \dfrac{\partial G}{\partial x} = 2xy - y^4 + 3 \\[2mm] \dfrac{\partial G}{\partial y} = x^2 - 4xy^3 \end{cases} \quad \therefore \begin{cases} G(x,y,z) = x^2 y - xy^4 + 3x + c \\ G(x,y,z) = x^2 y - xy^4 + c \end{cases}$

$\therefore G(x,y,z) = x^2 y - xy^4 + 3x + c$

$\therefore \displaystyle\int_{(0,0)}^{(3,1)} (2xy - y^4 + 3)dx + (x^2 - 4xy^3)dy = x^2 y - xy^4 + 3x \Big|_{(0,0)}^{(3,1)} = 15$

範例 4.

試證 $\displaystyle\int_{(0,0)}^{(a,b)} 4x^3 y dx + x^4 dy$ 與 $(0,0),(a,b)$ 的路徑無關並求此積分

【解】

令 C_1、C_2 為從 $(0,0)$ 至 (a,b) 的任意兩條曲線

令 C 為 C_1、C_2 所圍成的逆時針封閉曲線且 R 為所圍封閉區域

令 $f(x,y) = 4x^3 y, \; g(x,y) = x^4$ 則 $\dfrac{\partial g}{\partial x}(x,y) - \dfrac{\partial f}{\partial y}(x,y) = 4x^3 - (4x^3) = 0$

$\because f(x,y), g(x,y)$ 的一階偏導數存在且連續

藉由 Green's Theorem,　$\oint_C fdx + gdy = \iint_R \frac{\partial g}{\partial x}(x,y) - \frac{\partial f}{\partial y}(x,y)dxdy = 0$

$\therefore \int_{C_1} fdx + gdy - \int_{C_2} fdx + gdy = 0 \Rightarrow \int_{C_1} fdx + gdy = \int_{C_2} fdx + gdy$

$\therefore \int_{(0,0)}^{(a,b)} 4x^3ydx + x^4dy$ 與積分路徑無關

$\therefore \exists G(x,y)$ 使得 $\nabla G(x,y) = (f(x,y), g(x,y))$

且 $\int_{(0,0)}^{(a,b)} fdx + gdy = \int_{(0,0)}^{(a,b)} \nabla G \cdot (dx, dy) = \int_{(0,0)}^{(a,b)} dG = G(a,b) - G(0,0)$

$\therefore \begin{cases} \dfrac{\partial G}{\partial x} = 4x^3y \\ \dfrac{\partial G}{\partial y} = x^4 \end{cases} \qquad \therefore \begin{cases} G(x,y,z) = x^4y + c \\ G(x,y,z) = x^4y + c \end{cases}$

$\therefore G(x,y,z) = x^4y + c \qquad \therefore \int_{(0,0)}^{(a,b)} 4x^3ydx + x^4dy = x^4y\big|_{(0,0)}^{(a,b)} = a^4b$

範例 5.

$\quad$ 求 $\int_{(0,0)}^{(-2,-1)} (10x^4 - 2xy^3)dx - 3x^2y^2dy =?$,　其中積分路徑為 $x^4 - 6xy^3 = 4y^2$

【解】

令 C_1、C_2 為從 $(0,0)$ 至 $(-2,-1)$ 的任意兩條曲線

令 C 為 C_1、C_2 所圍成的逆時針封閉曲線且 R 為所圍封閉區域

令 $f(x,y) = 10x^4 - 2xy^3, g(x,y) = -3x^2y^2$

則 $\frac{\partial g}{\partial x}(x,y) - \frac{\partial f}{\partial y}(x,y) = -6xy^2 - (-6xy^2) = 0$

$\because f(x,y),\ g(x,y)$ 的一階偏導數存在且連續

藉由 Green's Theorem,　$\oint_C fdx + gdy = \iint_R \frac{\partial g}{\partial x}(x,y) - \frac{\partial f}{\partial y}(x,y)dxdy = 0$

$\therefore \int_{C_1} fdx + gdy - \int_{C_2} fdx + gdy = 0 \Rightarrow \int_{C_1} fdx + gdy = \int_{C_2} fdx + gdy$

$\therefore \int_{(0,0)}^{(-2,-1)} (10x^4 - 2xy^3)dx - 3x^2y^2dy$ 與積分路徑無關

$\therefore \exists G(x,y)$ 使得 $\nabla G(x,y) = (f(x,y), g(x,y))$ 且

$$\int_{(0,0)}^{(-2,-1)} f\,dx + g\,dy = \int_{(0,0)}^{(-2,-1)} \nabla G \cdot (dx,dy) = \int_{(0,0)}^{(-2,-1)} dG = G(-2,-1) - G(0,0)$$

$$\therefore \begin{cases} \dfrac{\partial G}{\partial x} = 10x^4 - 2xy^3 \\[2mm] \dfrac{\partial G}{\partial y} = -3x^2 y^2 \end{cases} \therefore \begin{cases} G(x,y,z) = 2x^5 - x^2 y^3 + c \\ G(x,y,z) = -x^2 y^3 + c \end{cases} \therefore G(x,y,z) = 2x^5 - x^2 y^3 + c$$

$$\therefore \int_{(0,0)}^{(-2,-1)} (10x^4 - 2xy^3)dx - (3x^2 y^2)dy = 2x^5 - x^2 y^3 \big|_{(0,0)}^{(-2,-1)} = -60$$

範例 6.

$$求 \int_{(0,0)}^{\left(\frac{\pi}{2},1\right)} (x^2 + 6xy - 2y^2)dx + (3x^2 - 4xy + 2y)dy = ?, \quad 其中路徑為 y = \sin x$$

【解】

令 C_1、C_2 為從 $(0,0)$ 至 $\left(\dfrac{\pi}{2}, 1\right)$ 的任意兩條曲線

令 C 為 C_1、C_2 所圍成的逆時針封閉曲線且 R 為所圍封閉區域

令 $f(x,y) = x^2 + 6xy - 2y^2, \ g(x,y) = 3x^2 - 4xy + 2y$

則 $\dfrac{\partial g}{\partial x}(x,y) - \dfrac{\partial f}{\partial y}(x,y) = 6x - 4y - (6x - 4y) = 0$

$\because f(x,y), g(x,y)$ 的一階偏導數存在且連續

藉由 Green's Theorem, $\displaystyle\oint_C f\,dx + g\,dy = \iint_R \dfrac{\partial g}{\partial x}(x,y) - \dfrac{\partial f}{\partial y}(x,y)\,dxdy = 0$

$\therefore \displaystyle\int_{C_1} f\,dx + g\,dy - \int_{C_2} f\,dx + g\,dy = 0 \Rightarrow \int_{C_1} f\,dx + g\,dy = \int_{C_2} f\,dx + g\,dy$

$\therefore \displaystyle\int_{(0,0)}^{\left(\frac{\pi}{2},1\right)} (x^2 + 6xy - 2y^2)dx + (3x^2 - 4xy + 2y)dy$ 與積分路徑無關

$\therefore \exists G(x,y)$ 使得 $\nabla G(x,y) = (f(x,y), g(x,y))$

且 $\displaystyle\int_{(0,0)}^{\left(\frac{\pi}{2},1\right)} f\,dx + g\,dy = \int_{(0,0)}^{\left(\frac{\pi}{2},1\right)} \nabla G \cdot (dx,dy) = \int_{(0,0)}^{\left(\frac{\pi}{2},1\right)} dG = G\left(\dfrac{\pi}{2}, 1\right) - G(0,0)$

$$\because \begin{cases} \dfrac{\partial G}{\partial x} = x^2 + 6xy - 2y^2 \\ \dfrac{\partial G}{\partial y} = 3x^2 - 4xy + 2y \end{cases} \qquad \therefore \begin{cases} G(x,y,z) = \dfrac{x^3}{3} + 3x^2 y - 2xy^2 + c \\ G(x,y,z) = 3x^2 y - 2xy^2 + y^2 + c \end{cases}$$

$$\therefore G(x,y,z) = 3x^2 y - 2xy^2 + y^2 + \frac{x^3}{3} + c$$

$$\therefore \int_{(0,0)}^{(\frac{\pi}{2},1)} (x^2 + 6xy - 2y^2)dx + (3x^2 - 4xy + 2y)dy = 3x^2 y - 2xy^2 + y^2 + \frac{x^3}{3}\Bigg|_{(0,0)}^{(\frac{\pi}{2},1)}$$

$$= 3\left(\frac{\pi}{2}\right)^2 - 2\left(\frac{\pi}{2}\right) + 1 + \frac{\left(\frac{\pi}{2}\right)^3}{3}$$

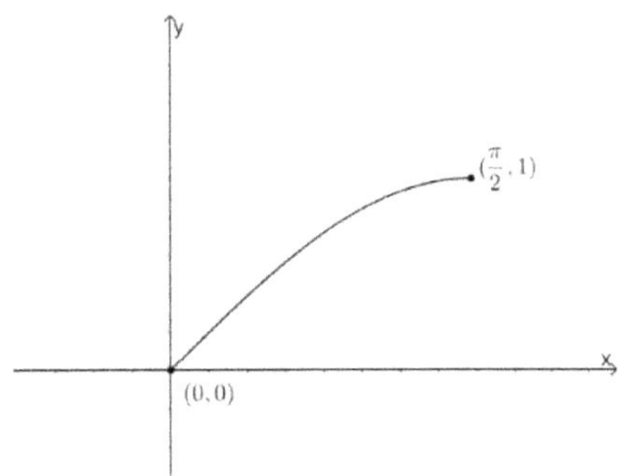

9.4.2　Δ ≠ 0, 給封閉區域R求面積

考試類型:

題型 1.

假設C為封閉區域R的邊界, 求R所圍面積

解題流程:

令 $f(x,y) = -y$,　$g(x,y) = x$,　藉由 Green's Theorem 則

$$\text{R 所圍面積} = \iint_R dxdy = \frac{1}{2}\iint_R \frac{\partial x}{\partial x} - \frac{\partial(-y)}{\partial y}\,dxdy = \frac{1}{2}\oint_C -y\,dx + xdy$$

求 $\dfrac{1}{2}\oint_C -y\,dx + xdy = ?$

<u>補充說明:</u>

將求封閉區域R面積的問題轉成求 $\dfrac{1}{2}\oint_{C} -y\,dx + x\,dy =?$，其中$C$為$R$的邊界

<u>範例說明:</u>

假設R為封閉區域且C為R的邊界, 求R所圍面積 $\displaystyle\iint_{R} dxdy =?$

令 $f(x,y) = -y, \ g(x,y) = x,$ 藉由 Green's Theorem,

$$\iint_{R} dxdy = \frac{1}{2}\iint_{R} \frac{\partial x}{\partial x} - \frac{\partial(-y)}{\partial y}\,dxdy = \frac{1}{2}\oint_{C} -y\,dx + xdy$$

(I)若$C:\ \dfrac{x^2}{a^2} + \dfrac{y^2}{b^2} = 1$

則 $\dfrac{1}{2}\oint_{C} -y\,dx + xdy = \dfrac{1}{2}\displaystyle\int_{0}^{2\pi} (-b\sin\theta)(-a\sin\theta) + (a\cos\theta)(b\cos\theta)d\theta = ab\pi$

(II)若$C:\ r(\theta) = a(1 \pm \cos\theta)$

則 $\dfrac{1}{2}\oint_{C} -y\,dx + xdy = \dfrac{1}{2}\oint_{C} r^2(\theta)\,d\theta = \dfrac{1}{2}\left(\displaystyle\int_{0}^{2\pi} a^2(1+\cos\theta)^2 d\theta\right) = \dfrac{3a^2\pi}{2}$

(III)若$C:\ r(\theta) = a(1 \pm \sin\theta)$

則 $\dfrac{1}{2}\oint_{C} -y\,dx + xdy = \dfrac{1}{2}\oint_{C} r^2(\theta)\,d\theta = \dfrac{1}{2}\left(\displaystyle\int_{0}^{2\pi} a^2(1\pm\sin\theta)^2 d\theta\right) = \dfrac{3a^2\pi}{2}$

範例 1.

假設R為封閉區域且C為R逆時針方向的邊界, 使用 Green's Theorem 求R所圍面積

【解】

令 $f(x,y) = -y, \ g(x,y) = x, \ \because f(x,y), g(x,y)$的一階偏導數存在且連續

藉由 Green's Theorem

則 R 所圍面積 $= \displaystyle\iint_{R} dxdy = \frac{1}{2}\iint_{R} \frac{\partial x}{\partial x} - \frac{\partial(-y)}{\partial y}\,dxdy = \frac{1}{2}\oint_{C} -y\,dx + xdy$

範例 2.

使用 Green's Theorem, 求$\dfrac{x^2}{a^2} + \dfrac{y^2}{b^2} = 1$ 所圍面積

【解】

令 R: $\dfrac{x^2}{a^2} + \dfrac{y^2}{b^2} \leq 1$ 且 C 為 R 的逆時針邊界則 R 所圍面積 $= \dfrac{1}{2}\oint_C -y\,dx + x\,dy$

令 $x = a\cos\theta,\ y = b\sin\theta$ 且 $0 \leq \theta \leq 2\pi$

則 $\dfrac{1}{2}\oint_C -y\,dx + x\,dy = \dfrac{1}{2}\int_0^{2\pi} (-b\sin\theta)(-a\sin\theta) + a\cos\theta\,b\cos\theta\,d\theta = ab\pi$

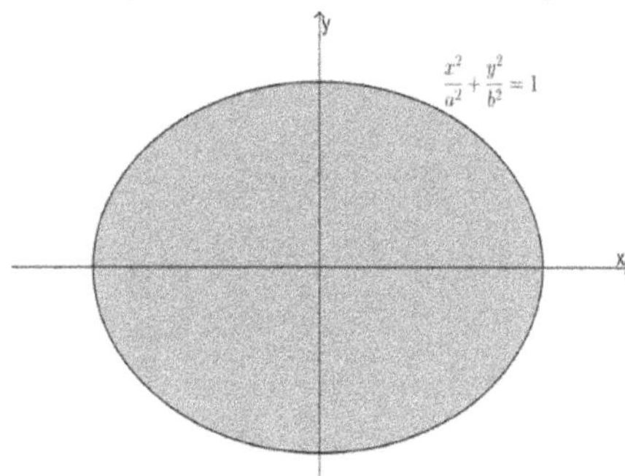

範例 3.

　　使用 Green's Theorem,　求 $y = x^r$、$x = y^r\,(r > 1)$　所圍面積

【解】

令 $C_1: y = x^r$、$C_2: x = y^r$ 且 $0 \leq x, y \leq 1$

令 C 為 C_1、C_2 所圍逆時針封閉曲線且 R 為 C 所圍面積, 藉由 Green's Theorem

則 R 所圍面積 $= \dfrac{1}{2}\oint_C -y\,dx + x\,dy = \dfrac{1}{2}\int_{C_1} -y\,dx + x\,dy + \dfrac{1}{2}\int_{C_2} -y\,dx + x\,dy$

$= \dfrac{1}{2}\int_0^1 -x^r dx + x(rx^{r-1})dx + \dfrac{1}{2}\int_1^0 -y(ry^{r-1})dy + y^r dy$

$= \dfrac{1}{2}\int_0^1 (r-1)x^r dx + \dfrac{1}{2}\int_1^0 (1-r)y^r dy = \dfrac{1}{2}\left(\dfrac{r-1}{r+1}\cdot x^{r+1}|_0^1 + \dfrac{1-r}{r+1}\cdot y^{r+1}|_1^0\right)$

$= \dfrac{1}{2}\cdot\dfrac{r-1-(1-r)}{r+1} = \dfrac{r-1}{r+1}$

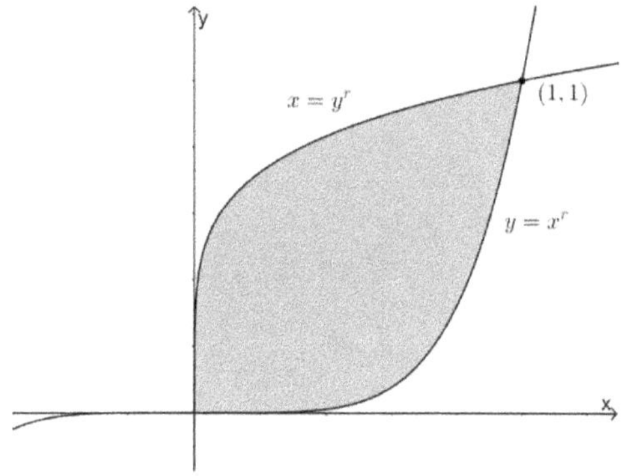

範例 4.

　　使用 Green's Theorem，求 $r(\theta) = a(1 + \cos\theta)$ 的封閉面積

【解】

$$所圍面積 = \frac{1}{2}\oint_C -y\,dx + x\,dy = \frac{1}{2}\oint_C r^2(\theta)\,d\theta = \frac{1}{2}\int_0^{2\pi} a^2(1+\cos\theta)^2\,d\theta$$

$$= \frac{a^2}{2}\int_0^{2\pi} 1 + \frac{1+\cos 2\theta}{2} + 2\cos\theta\,d\theta = \frac{a^2}{2}\left(\theta + 2\sin\theta + \frac{\theta}{2} + \frac{\sin 2\theta}{4}\right)\Big|_0^{2\pi} = \frac{3a^2\pi}{2}$$

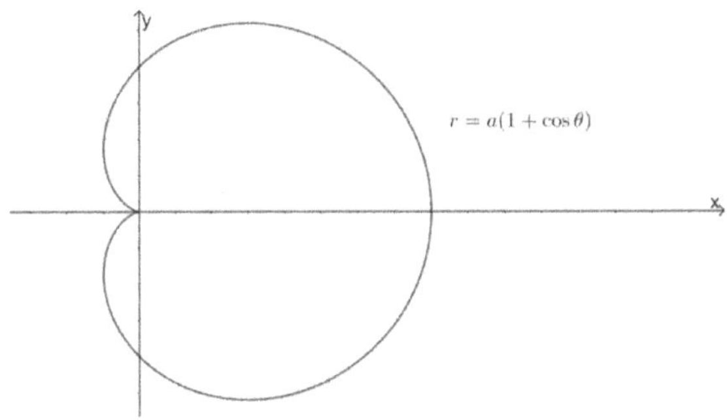

範例 5.

　　使用 Green's Theorem，求 $\vec{r}(t) = (\cos^3 t, \sin^3 t)$ 所圍面積，$0 \leq t \leq 2\pi$

【解】

藉由 Green's Theorem

令 C 為 $x = \cos^3 t, y = \sin^3 t$ 逆時針封閉邊界且 $0 \leq \theta \leq 2\pi$，所圍區域為 R

則 $dx = 3\cos^2 t\,(-\sin t)dt$ 且 $dy = 3\sin^2 t\cos t\,dt$ 且 $\iint_R dxdy = \frac{1}{2}\oint_C -y\,dx + x\,dy$

$$\frac{1}{2}\oint_C -y\,dx + x\,dy = \frac{1}{2}\int_0^{2\pi} (-\sin^3 t)\,3\cos^2 t\,(-\sin t) + (\cos^3 t)(3\sin^2 t\cos t)dt$$

$$= \frac{3}{2}\int_0^{2\pi} (\sin^2 t + \cos^2 t)\cos^2 t\sin^2 t\,dt = \frac{3}{2}\int_0^{2\pi} \cos^2 t\sin^2 t\,dt = \frac{3}{2}\int_0^{2\pi} \left(\frac{\sin 2t}{2}\right)^2\,dt$$

$$= \frac{3}{2}\int_0^{2\pi} \frac{1-\cos 4t}{8}\,dt = \frac{3\pi}{8}$$

9.4.3　　$\Delta \neq 0$, 將封閉線積轉成面積分

應用時機為線積分的被積分函數較為複雜, 使用 Green's Theorem 將封閉線積分轉成面積分後, 被積分函數變得較為乾淨; 藉由 Green's Theorem,

$$\oint_C f(x,y)\,dx + g(x,y)dy = \iint_R \frac{\partial g}{\partial x}(x,y) - \frac{\partial f}{\partial y}(x,y)dxdy$$

考試類型:

題型 1.

求 $\oint_C f(x,y)\,dx + g(x,y)dy =?$, 其中 $\frac{\partial g}{\partial x}(x,y) - \frac{\partial f}{\partial y}(x,y) = c\,(c為常數)$, 曲線$C$為逆時針的封閉圓: $x^2 + y^2 = r^2$ 且 f, g 的一階偏導數存在且連續

解題流程:

令 $R = \{(x,y): x^2 + y^2 \leq r^2\}$ 藉由 Green's Theorem 則

$$\oint_C f(x,y)\,dx + g(x,y)dy = \iint_R \frac{\partial g}{\partial x}(x,y) - \frac{\partial f}{\partial y}(x,y)dxdy = \iint_{x^2+y^2\leq r^2} c\,dxdy = c\pi r^2$$

<u>範例說明:</u>

求 $\oint_C f(x,y)\,dx + g(x,y)dy =?$, C為圓: $x^2 + y^2 = r^2, r > 0$

(I)若 $f(x,y) = 3x^2y + \cos x + e^y$, $g(x,y) = x^3 + xe^y + x$ 則 $\frac{\partial g}{\partial x}(x,y) - \frac{\partial f}{\partial y}(x,y) = 1$

$$\therefore \oint_C f(x,y)\,dx + g(x,y)dy = \iint_R \frac{\partial g}{\partial x}(x,y) - \frac{\partial f}{\partial y}(x,y)dxdy = \iint_{x^2+y^2\leq r^2} dxdy = \pi r^2$$

(II)若 $f(x,y) = x + 6y$, $g(x,y) = 2x + y$ 則 $\frac{\partial g}{\partial x}(x,y) - \frac{\partial f}{\partial y}(x,y) = 2 - 6 = -4$

$$\therefore \oint_C f(x,y)\,dx + g(x,y)dy = \iint_R \frac{\partial g}{\partial x}(x,y) - \frac{\partial f}{\partial y}(x,y)dxdy = \iint_{x^2+y^2\leq r^2} -4dxdy$$
$$= -4\pi r^2$$

<u>補充說明</u>

有時候積分區域不一定剛好是個圓可能是橢圓, 方法也是類似

題型 2.

藉由 Green's Theorem 和 Fubini's Theorem, 求 $\oint_C f(x,y)\,dx + g(x,y)dy =?$,

其中 C 為 $R = [a, b] \times [c, d]$ 的逆時針封閉邊界 且 f, g 的一階偏導數存在且連續

解題流程:

Step1.

藉由 Green's Theorem

$$\oint_C f(x, y)\, dx + g(x, y)dy = \iint_R \frac{\partial g}{\partial x}(x, y) - \frac{\partial f}{\partial y}(x, y)dxdy = \iint_R h(x, y)dxdy$$

其中 $\dfrac{\partial g}{\partial x}(x, y) - \dfrac{\partial f}{\partial y}(x, y) = h(x, y)$

Step2.

藉由 Fubini'sTheorem, $\quad \iint_R h(x, y)dxdy = \int_a^b \int_c^d h(x, y)dydx$

Step3.

求 $\displaystyle\int_a^b \int_c^d h(x, y)dydx = ?$

範例說明:

求 $\displaystyle\oint_C f(x, y)\, dx + g(x, y)dy = ?$

(I)若 $f(x, y) = x^2$, $\ g(x, y) = 2xy$, $\ C$ 為 $(0,0)$、$(0,5)$、$(12,5)$、$(12,0)$ 所圍的順時針長方形邊界

藉由 Green's Theorem

$$-\oint_C x^2\, dx + 2xydy = -\int_0^5 \int_0^{12} 2y\, dxdy = -\int_0^5 24y\, dy = -12y^2|_0^5 = -300$$

補充說明

有時候積分區域不一定是個長方形, 但方法也是類似

範例 1.

藉由 Green's Theorem 求 $\displaystyle\oint_C (3x^2y + \cos x + e^y)\, dx + (x^3 + xe^y + x)dy = ?$, 其中 C 為 $x^2 + y^2 = 1$ 的逆時針封閉圓

【解】

藉由 Green's Theorem

則 $\displaystyle\oint_C (3x^2y + \cos x + e^y)\,dx + (x^3 + xe^y + x)\,dy = \iint_{x^2+y^2\leq 1} dxdy = \pi$

範例 2.

藉由 Green's Theorem 求 $\displaystyle\oint_C (6y + x)dx + (y + 2x)dy =?$，$C$ 為逆時針封閉圓：
$(x-2)^2 + (y-3)^2 = r^2$

【解】

令 $R = \{(x,y): (x-2)^2 + (y-3)^2 \leq r^2\}$

藉由 Green's Theorem 則 $\displaystyle\oint_C (6y + x)dx + (y + 2x)dy = \iint_R 2 - 6\,dxdy = -4\pi r^2$

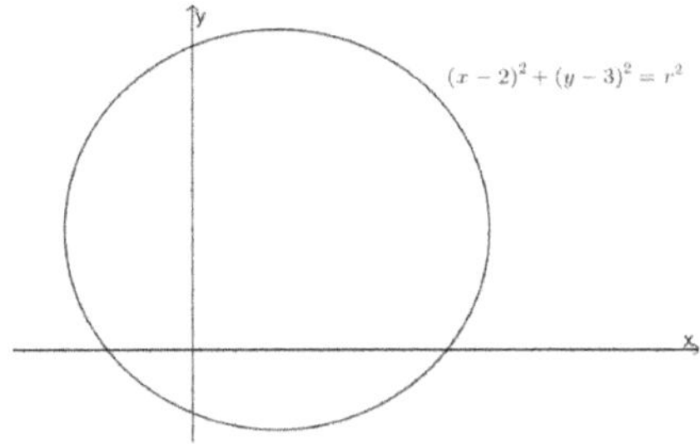

範例 3.

藉由 Green's Theorem 求 $\displaystyle\oint_C 3x - 4ydx + (4x + 2y)dy =?$，$C$ 為上半橢圓的逆時針封
閉邊界：$\dfrac{x^2}{16} + \dfrac{y^2}{9} = 1, y \geq 0$

【解】

令 $R = \{(x,y): \dfrac{x^2}{16} + \dfrac{x^2}{9} \leq 1, y \geq 0\}$

藉由 Green's Theorem 則 $\displaystyle\oint_C 3x - 4ydx + (4x + 2y)dy = \iint_R 8\,dxdy = \dfrac{8 \cdot 4 \cdot 3 \cdot \pi}{2} = 48\pi$

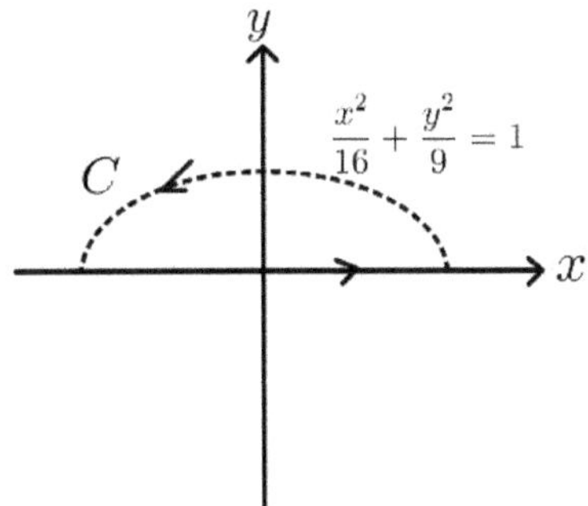

範例 4.

藉由 Green's Theorem 求 $\oint_C x^4\,dx + xy\,dy = ?$，$C$ 為 $(0,0)$、$(2,0)$、$(0,2)$ 所圍的逆時針三角形邊界

【解】

令 $R = \{(x,y): 0 \le x \le 2, 0 \le y \le x\}$

藉由 Green's Theorem 則 $\oint_C x^4\,dx + xy\,dy = \iint_R y\,dx\,dy$

藉由 Fubini's Theorem 則 $\iint_R y\,dx\,dy = \int_0^2 \int_0^x y\,dy\,dx = \int_0^2 \frac{y^2}{2}\Big|_0^x dx = \int_0^2 \frac{x^2}{2}\,dx = \frac{x^3}{6}\Big|_0^2 = \frac{4}{3}$

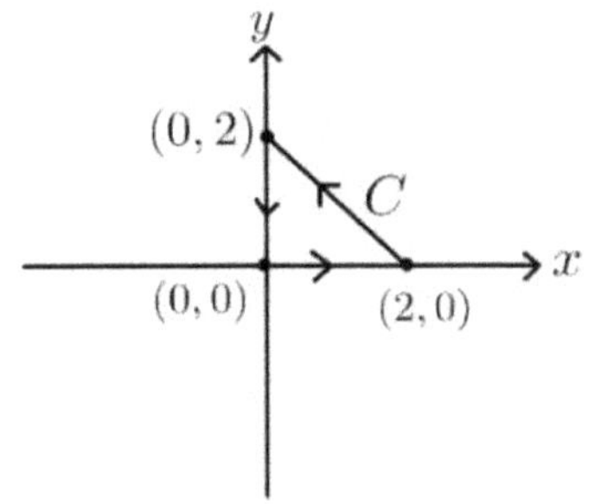

範例 5.

藉由 Green's Theorem 求 $\oint_C (x + 6y)\,dx + (2x + y)\,dy = ?$，其中 C 為逆時針封閉圓：$(x-2)^2 + (y-3)^2 = 9$

【解】

藉由 Green's Theorem

則 $\oint_C (x + 6y)\,dx + (2x + y)dy = \iint_{(x-2)^2+(y-3)^2\leq 9} 2 - 6dxdy = -36\pi$

範例 6.

藉由 Green's Theorem 求 $\oint_C x^2\,dx + 2xydy =?$, C為 $(0,0)$、$(0,5)$、$(12,5)$、$(12,0)$ 所圍的順時針長方形邊界

【解】

藉由 Green's Theorem 則

$$-\oint_C x^2\,dx + 2xydy = -\int_0^5 \int_0^{12} 2y\,dxdy = -\int_0^5 24ydy = -12y^2|_0^5 = -300$$

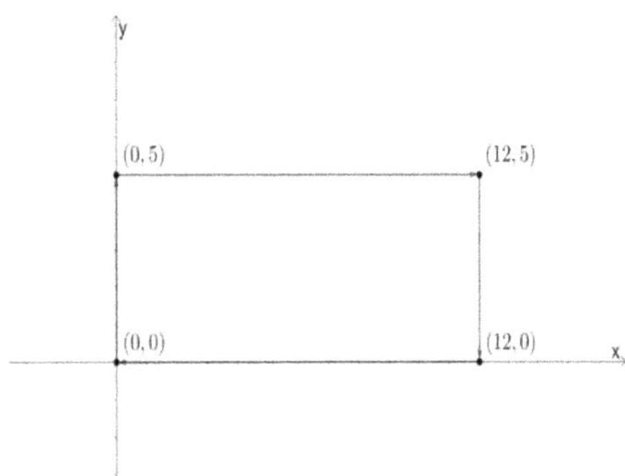

範例 7.

藉由 Green's Theorem 求 $\oint_C (x^2 - xy^3)\,dx + (y^2 - 2xy)dy =?$, C為繞 $(0,0), (r,0),$ $(r,r), (0,r)$ 的逆時針封閉曲線, $r > 0$

【解】

令 $R = \{(x,y): 0 \leq x \leq r, 0 \leq y \leq r\}$

藉由 Green's Theorem 則 $\oint_C (x^2 - xy^3)\,dx + (y^2 - 2xy)dy = \iint_R -2y + 3xy^2 dxdy$

藉由 Fubini's Theorem

則 $\iint_R -2y + 3xy^2 dxdy = \int_0^r \int_0^r -2y + 3xy^2\,dydx = \int_0^r -y^2 + xy^3|_0^r dx$

$= \int_0^r -r^2 + xr^3 dx = -r^3 + \dfrac{r^5}{2}$

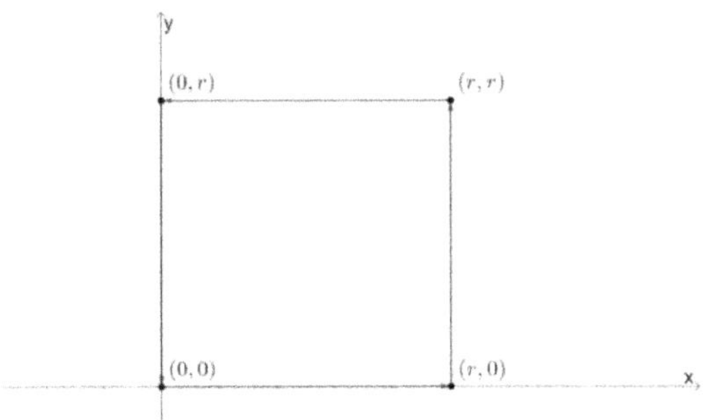

範例 8.

藉由 Green's Theorem 求 $\oint_C \left(\dfrac{y^2}{2} - 4y\right) dx + \left(-\dfrac{x^2}{2}\right) dy =?$，其中 C 為

$R = \{(x,y): 0 \le x \le 2, 0 \le y \le 2\}$ 的逆時針封閉邊界

【解】

藉由 Green's Theorem, $\oint_C \left(\dfrac{y^2}{2} - 4y\right) dx + \left(-\dfrac{x^2}{2}\right) dy = \iint_R 4 - x - y \, dA$

$\because f(x,y) = 4 - x - y$ 在 R 區域為連續函數，藉由 Fubinis Theorem

$$\iint_R 4 - x - y \, dA = \int_0^2 \int_0^2 4 - x - y \, dy \, dx = \int_0^2 4y - xy - \frac{y^2}{2}\Big|_{y=0}^{y=2} dx = \int_0^2 8 - 2x - 2 \, dx$$

$= (6x - x^2)\big|_{x=0}^{x=2} = 12 - 4 = 8$

範例 9.

藉由 Green's Theorem 求 $\oint_C xy^2 \, dx + (5x^2y + x) dy =?$，其中 C 為

$R = \{(x,y): 1 \le x \le 2, 0 \le y \le 2\}$ 的逆時針封閉邊界

【解】

藉由 Green's Theorem, $\oint_C xy^2 \, dx + (5x^2y + x) dy = \iint_R 1 + 8xy \, dA$

$\because f(x,y) = 1 + 8xy$ 在 R 區域為連續函數，藉由 Fubinis Theorem

$$\iint_R 1 + 8xy \, dA = \int_0^2 \int_1^2 1 + 8xy \, dx \, dy = \int_0^2 (x + 4x^2y)\big|_{x=1}^{x=2} \, dy = \int_0^2 1 + 12y \, dy$$

$= (y + 6y^2)\big|_{y=0}^{y=2} = 2 + 6 \cdot 4 = 26$

範例 10.

$$\oint_C (y - \sin x)\, dx + (\cos x + \sqrt{2})dy = ?, \quad C\text{為}(0,0) \cdot \left(\frac{\pi}{2}, 0\right) \cdot \left(\frac{\pi}{2}, 1\right) \text{ 所圍的逆}$$

時針三角形邊界 (1)直接計算 (2)使用 Green's Theorem

【解】

(1)

令 $C_1 = \left\{(x,y): 0 \leq x \leq \frac{\pi}{2}, y = 0\right\}, \quad C_2 = \left\{(x,y): 0 \leq y \leq 1, x = \frac{\pi}{2}\right\}$

$C_3 = \left\{(x,y): y = \frac{2x}{\pi}, 0 \leq x \leq \frac{\pi}{2}\right\}$ 則 $C = C_1 \cup C_2 \cup C_3$

$$\because \int_{C_1} (y - \sin x)\, dx + (\cos x + \sqrt{2})dy = \int_0^{\frac{\pi}{2}} -\sin x\, dx = -1$$

$$\int_{C_2} (y - \sin x)\, dx + (\cos x + \sqrt{2})dy = \int_0^1 \cos\frac{\pi}{2} + \sqrt{2}dy = \sqrt{2}$$

$$\int_{C_3} (y - \sin x)\, dx + (\cos x + \sqrt{2})dy = \int_{\frac{\pi}{2}}^0 \left(\frac{2x}{\pi} - \sin x\right) + \frac{2}{\pi}(\cos x + \sqrt{2})dx$$

$$= \left(\frac{x^2}{\pi} + \cos x + \frac{2}{\pi}\sin x + \frac{2\sqrt{2}}{\pi}x\right)\Bigg|_{\frac{\pi}{2}}^0 = 1 - \frac{\pi}{4} - \frac{2}{\pi} - \sqrt{2}$$

$$\therefore \oint_C (y - \sin x)\, dx + \cos x\, dy = -\frac{\pi}{4} - \frac{2}{\pi}$$

(2)

令 $R = \left\{(x,y): 0 \leq x \leq \frac{\pi}{2}, 0 \leq y \leq \frac{2x}{\pi}\right\}$

藉由 Green's Theorem 則 $\oint_C (y - \sin x)\, dx + (\cos x + \sqrt{2})dy = \iint_R -\sin x - 1\, dxdy$

藉由 Fubini's Theorem

則 $\displaystyle\iint_R -\sin x - 1\, dxdy = \int_0^{\frac{\pi}{2}} \int_0^{\frac{2x}{\pi}} -\sin x - 1\, dydx = \int_0^{\frac{\pi}{2}} (-y\sin x - y)\big|_{y=0}^{y=\frac{2x}{\pi}}\, dx$

$$= -\frac{2}{\pi}\left(\int_0^{\frac{\pi}{2}} x\sin x + x\,dx\right)$$

藉由 integration by parts 則 $\int_0^{\frac{\pi}{2}} x\sin x + x\,dx = \left(-x\cos x + \sin x + \frac{x^2}{2}\right)\Big|_0^{\frac{\pi}{2}} = 1 + \frac{\pi^2}{8}$

$\therefore \oint_C (y - \sin x)\,dx + (\cos x + \sqrt{2})\,dy = -\frac{2}{\pi}\left(1 + \frac{\pi^2}{8}\right) = -\frac{2}{\pi} - \frac{\pi}{4}$

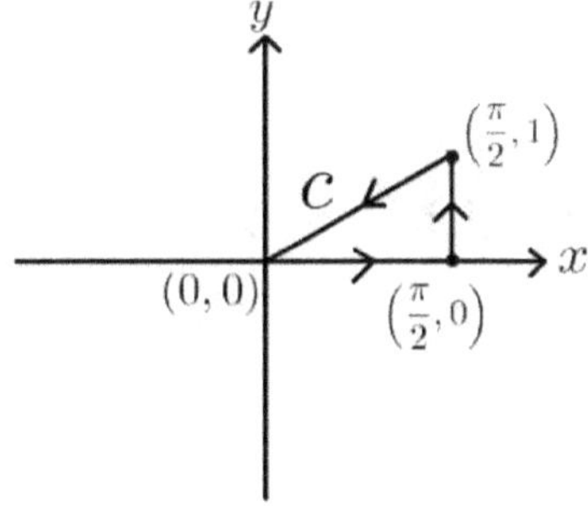

範例 11.

藉由 Green's Theorem 求 $\oint_C y\cos x\,dx + x\sin y\,dy =?$, C 為 $(0,0), (a,0), (a,a)$

為頂點的三角形逆時針封閉路徑 $(a > 0)$

【解】

令 $R = \{(x, y): 0 \leq x \leq a, 0 \leq y \leq x\}$

藉由 Green's Theorem 則 $\oint_C y\cos x\,dx + x\sin y\,dy = \iint_R \sin y - \cos x\,dxdy$

藉由 Fubini's Theorem 則

$$\iint_R \sin y - \cos x\,dxdy = \int_0^a \int_0^x \sin y - \cos x\,dydx = \int_0^a (-\cos y)\big|_0^x - x\cos x\,dx$$

$$= \int_0^a 1 - \cos x - x\cos x\,dx = a - \sin a - a\sin a - \cos a + 1$$

$$= -(a + 1)\sin a - \cos a + a + 1$$

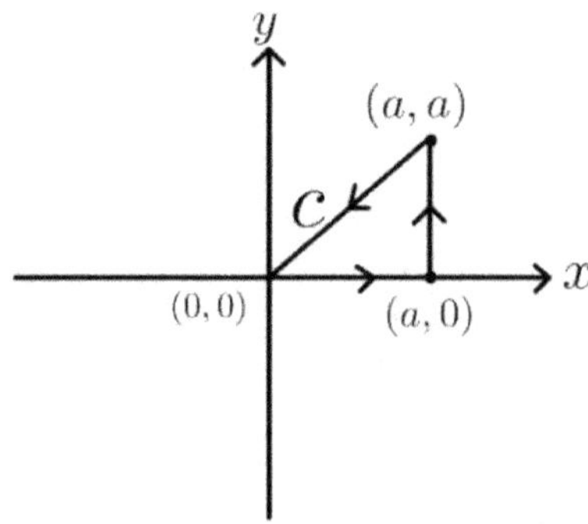

範例 12.

　　藉由 Green's Theorem 求 $\displaystyle\oint_C -y^4 dx + xy^2 dy =?$，$C$ 為 $(0,0), (1,0), (1,1)$ 為頂點的三角形逆時針封閉路徑

【解】

令 $R = \{(x,y): 0 \leq x \leq 1, 0 \leq y \leq x\}$

藉由 Green's Theorem 則 $\displaystyle\oint_C -y^4 dx + xy^2 dy = \iint_R y^2 + 4y^3 dxdy$

藉由 Fubini's Theorem 則

$$\iint_R y^2 + 4y^3 dxdy = \int_0^1 \int_0^x y^2 + 4y^3 \, dydx = \int_0^1 \frac{x^3}{3} + x^4 dx = \frac{x^4}{12} + \frac{x^5}{5} = \frac{17}{60}$$

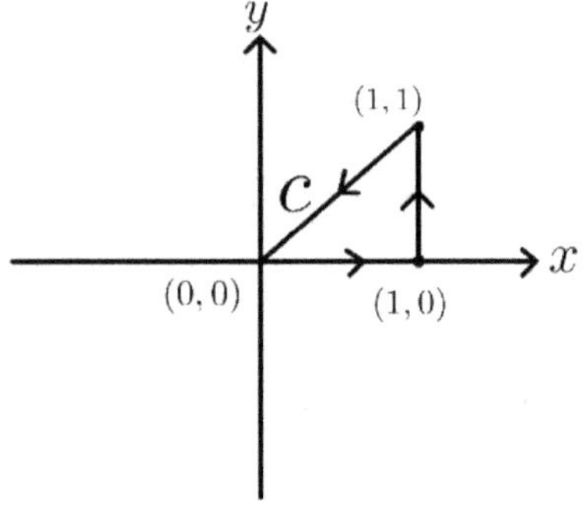

範例 13.

　　藉由 Green's Theorem 求 $\displaystyle\oint_C (2xy - x^2)\, dx + (x + y^2)dy =?$，$C$ 為從 $(0,0)$ 沿著 $y = x^2$ 至 $(1,1)$ 再沿著 $x = y^2$ 繞回 $(0,0)$ 的封閉曲線

【解】

令 $R = \{(x, y): 0 \le x \le 1, x^2 \le y \le \sqrt{x}\}$

藉由 Green's Theorem 則 $\oint_C (2xy - x^2)\, dx + (x + y^2)dy = \iint_R 1 - 2x\, dxdy$

藉由 Fubini's Theorem

則 $\iint_R 1 - 2x\, dxdy = \int_0^1 \int_{x^2}^{\sqrt{x}} 1 - 2x\, dydx = \int_0^1 x^{\frac{1}{2}} - 2x^{\frac{3}{2}} - x^2 + 2x^3\, dx = \dfrac{1}{30}$

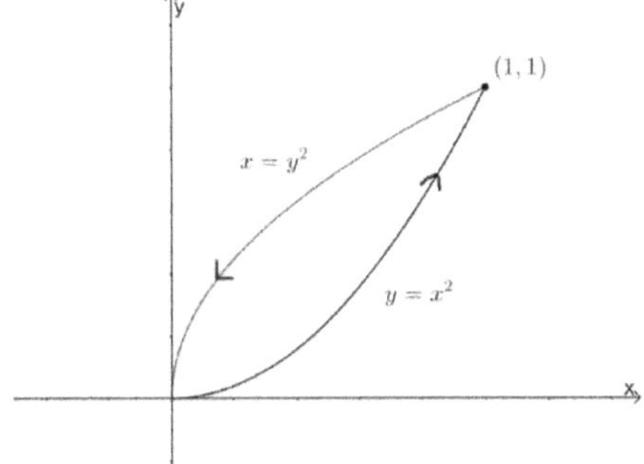

範例 14.

　　　C 為從 $(0,0)$ 沿著 $y^2 = 2x$ 至 $(2,2)$，再沿著 $y^3 = 4x$ 繞回 $(0,0)$ 的逆時針封閉路徑, 求

　　　$\oint_C y\, dx + x^2 y\, dy =?$　(1)直接計算　(2) 使用 Green's Theorem

【解】

(1)

令 $C_1 = \{(x, y): 0 \le x \le 2, y^2 = 2x\}, C_2 = \{(x, y): 0 \le x \le 2, y^3 = 4x\}$ 則 $C = C_1 \cup C_2$

$\because \displaystyle\int_{C_1} ydx + x^2 ydy = \int_0^2 \sqrt{2x}\, dx + x^2 dx = \dfrac{16}{3}$

$\displaystyle\int_{C_2} ydx + x^2 ydy = \int_2^0 (4x)^{\frac{1}{3}}dx + \dfrac{4}{3}(4x)^{\frac{-1}{3}}\, dx = -3 - 2 = -5$

$\therefore \oint_C y\, dx + x^2 ydy = \dfrac{16}{3} - 5 = \dfrac{1}{3}$

(2)

令 $R = \{(x, y): \dfrac{y^3}{4} \le x \le \dfrac{y^2}{2}, 0 \le y \le 2\}$

藉由 Green's Theorem 則 $\oint_C y\, dx + x^2 ydy = \iint_R 2xy - 1\, dxdy$

藉由 Fubini's Theorem 則

$$\iint_R 2xy - 1\, dxdy = \int_0^2 \int_{\frac{y^3}{4}}^{\frac{y^2}{2}} 2xy - 1\, dxdy = \int_0^2 (x^2 y - x)\Big|_{\frac{y^3}{4}}^{\frac{y^2}{2}} dy$$

$$= \int_0^2 \frac{y^5}{4} - \frac{y^2}{2} - \left(\frac{y^7}{16} - \frac{y^3}{4}\right) dy = \frac{1}{3}$$

範例 15.

藉由 Green's Theorem 求 $\oint_C \frac{xy^2}{2} dx + (x^2 y) dy = ?$，其中 C 為

$R = \{(x, y): 0 \le x \le 2, 2x - 4 \le y \le 0\}$ 的逆時針封閉邊界

【解】

藉由 Green's Theorem, $\oint_C \frac{xy^2}{2} dx + (x^2 y) dy = \iint_R xy\, dA$

$\because f(x, y) = xy$ 在 R 區域為連續函數，藉由 Fubinis Theorem

$$\iint_R xy\, dA = \int_0^2 \int_{2x-4}^0 xy\, dydx = \int_0^2 \frac{xy^2}{2}\Big|_{y=2x-4}^{y=0} dx = -\int_0^2 \frac{x(2x-4)^2}{2} dx$$

$$= -2\int_0^2 x(x-2)^2 dx = -2\int_0^2 x^3 - 4x^2 + 4x\, dx = -2\left(\frac{x^4}{4} - \frac{4x^3}{3} + 2x^2\right)\Big|_{x=0}^{x=2}$$

$$= -2\left(4 - \frac{32}{3} + 8\right) = \frac{-8}{3}$$

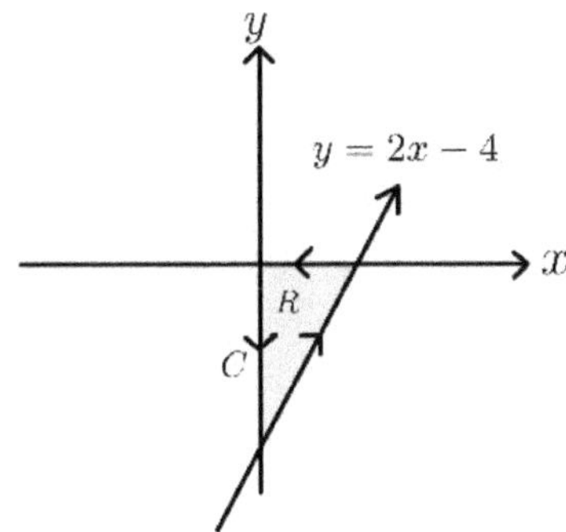

範例 16.

藉由 Green's Theorem 求 $\displaystyle\oint_C \frac{y^3}{3}dx + x^2 dy = ?$，其中 C 為

$R = \{(x, y): x - y + 1 \leq 0, y \leq 2, x + y - 1 \geq 0\}$ 的逆時針封閉邊界

【解】

藉由 Green's Theorem, $\displaystyle\oint_C \frac{y^3}{3}dx + x^2 dy = \iint_R 2x - y^2 dA$

$\because f(x, y) = 2x - y^2$ 在 R 區域為連續函數, 藉由 Fubinis Theorem

則 $\displaystyle\iint_R 2x - y^2 dA = \int_1^2 \int_{1-y}^{y-1} 2x - y^2 dx dy = \int_1^2 x^2 - y^2 x \big|_{x=1-y}^{x=y-1} dy$

$\displaystyle = \int_1^2 (y-1)^2 - y^2(y-1) - ((1-y)^2 - y^2(1-y)) \, dy = \int_1^2 -2y^3 + 2y^2 \, dy$

$\displaystyle = \frac{-y^4}{2}\bigg|_{y=1}^{y=2} + \frac{2y^3}{3}\bigg|_{y=1}^{y=2} = \frac{-17}{6}$

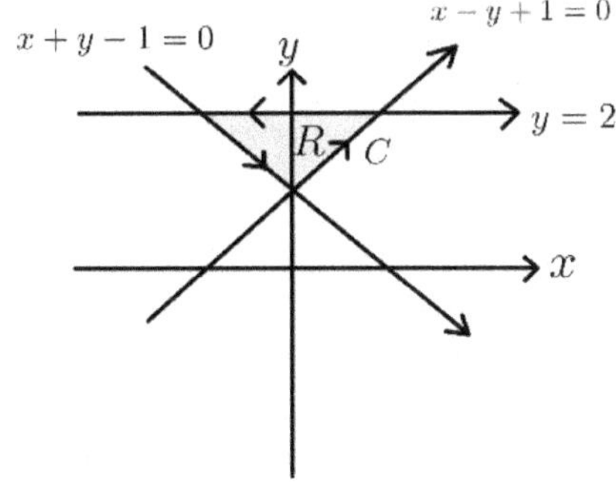

範例 17.

藉由 Green's Theorem 求 $\oint_C y\,dx + 2x\,dy = ?$，其中 C 為

$R = \{(x,y): -3x - y + 6 \leq 0, 4x - x^2 - y \geq 0, y \geq 0\}$ 的逆時針封閉邊界

【解】

藉由 Green's Theorem,

$$\oint_C y\,dx + 2x\,dy = \iint_R 1\,dA = \int_1^2 4x - x^2 - (6 - 3x)\,dx + \int_2^4 4x - x^2\,dx$$

$$= \left(\frac{7x^2}{2} - \frac{x^3}{3} - 6x\right)\Bigg|_1^2 + \left(2x^2 - \frac{x^3}{3}\right)\Bigg|_2^4 = \frac{21}{2} - \frac{7}{3} - 6 + 2 \cdot 12 - \frac{56}{3} = \frac{15}{2}$$

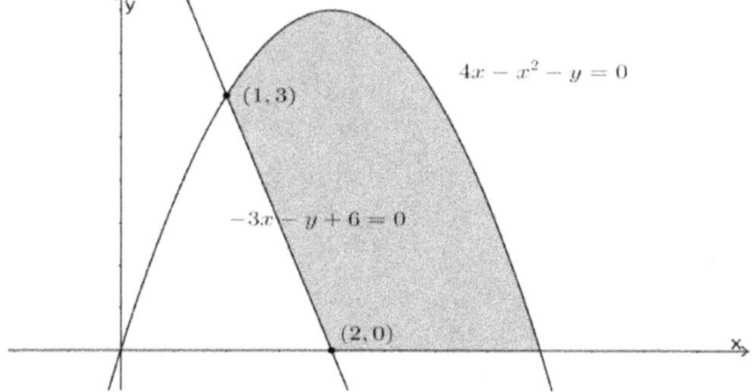

範例 18.

藉由 Green's Theorem 求 $\oint_C \dfrac{y^3}{3}\,dx + \dfrac{2x^{\frac{3}{2}}}{3}\,dy = ?$，$C$ 為 $R = \left\{(x,y): y \geq x^2, y \leq x^{\frac{1}{4}}\right\}$

的逆時針封閉邊界

【解】

藉由 Green's Theorem, $\quad \oint_C \dfrac{y^3}{3}\,dx + \dfrac{2x^{\frac{3}{2}}}{3}\,dy = \iint_R \sqrt{x} - y^2\,dxdy$

令 $x^2 = x^{\frac{1}{4}}$ 則 $x = 0$ 或 $1 \Rightarrow 0 \leq x \leq 1 \Rightarrow R = \{(x,y): 0 \leq x \leq 1, y \geq x^2, y \leq x^{\frac{1}{4}}\}$

$\because f(x,y) = \sqrt{x} - y^2$ 在 R 區域為連續函數，藉由 Fubinis Theorem

則 $\displaystyle\iint_R \sqrt{x} - y^2\,dxdy = \int_0^1 \int_{x^2}^{x^{\frac{1}{4}}} \sqrt{x} - y^2\,dydx = \int_0^1 \sqrt{x}\,y - \frac{y^3}{3}\Bigg|_{y=x^2}^{y=x^{\frac{1}{4}}}\,dx$

$$= \int_0^1 \sqrt{x}(x^{\frac{1}{4}}) - \frac{x^{\frac{3}{4}}}{3} - \left(\sqrt{x}(x^2) - \frac{x^6}{3}\right) dx = \int_0^1 x^{\frac{3}{4}} - \frac{x^{\frac{3}{4}}}{3} - x^{\frac{5}{2}} + \frac{x^6}{3} dx$$

$$= \left(\frac{4x^{\frac{7}{4}}}{7} - \frac{4x^{\frac{7}{4}}}{21} - \frac{2x^{\frac{7}{2}}}{7} + \frac{x^7}{21}\right)\Bigg|_{x=0}^{x=1} = \frac{2}{7} - \frac{3}{21} = \frac{1}{7}$$

9.4.4　$\Delta \neq 0$, 將封閉線積分轉成面積分再搭配座標轉換

如果封閉線積分的被積分函數較為複雜且使用 Green's Theorem 將封閉線積分轉成面積分之後無法直接求值，得再搭配極座標轉換或廣義座標轉換

考試類型:

題型 1.

求 $\displaystyle\oint_C f(x,y)\, dx + g(x,y)dy = ?$，其中$C$為逆時針封閉圓: $x^2 + y^2 = a^2$且f, g的一階偏導數存在且連續

解題流程:

Step1.

令 R $= \{(x,y): x^2 + y^2 \leq a^2\}$，藉由 Green's Theoremm

$$\oint_C f(x,y)\, dx + g(x,y)dy = \iint_R \frac{\partial g}{\partial x}(x,y) - \frac{\partial f}{\partial y}(x,y)dxdy = \iint_R h(x,y)dxdy$$

其中 $\dfrac{\partial g}{\partial x}(x,y) - \dfrac{\partial f}{\partial y}(x,y) = h(x,y)$

Step2.

令$x = r\cos\theta$, $y = r\sin\theta$ 則 $\{(x,y): x^2 + y^2 \leq a^2\} = \{(r,\theta): 0 \leq r \leq a, 0 \leq \theta \leq 2\pi\}$

且 $dxdy = \left\| \begin{vmatrix} \dfrac{\partial x}{\partial r} & \dfrac{\partial x}{\partial \theta} \\ \dfrac{\partial y}{\partial r} & \dfrac{\partial y}{\partial \theta} \end{vmatrix} \right\| drd\theta = \left\| \begin{vmatrix} \cos\theta & -r\sin\theta \\ \sin\theta & r\cos\theta \end{vmatrix} \right\| drd\theta = rdrd\theta$

Step3.

$$\iint_R h(x,y)dxdy = \int_0^{2\pi} \int_0^a h(r\cos\theta , r\sin\theta)\, rdrd\theta$$

Step4.

求 $\displaystyle\int_0^{2\pi} \int_0^a h(r\cos\theta , r\sin\theta)\, rdrd\theta =?$

範例說明:

(I)假設 $f(x,y) = -\dfrac{y^3}{3}$ 且 $g(x,y) = \dfrac{x^3}{3}$, C為逆時針封閉圓: $x^2 + y^2 = a^2$

求 $\displaystyle\oint_C f(x,y)\,dx + g(x,y)dy =?$

令$R = \{(x,y): x^2 + y^2 \leq a^2\}$, 藉由 Green's Theorem

$$\oint_C f(x,y)\,dx + g(x,y)dy = \iint_R \frac{\partial g}{\partial x}(x,y) - \frac{\partial f}{\partial y}(x,y)dxdy = \iint_R x^2 + y^2 dxdy$$

令$x = r\cos\theta$, $y = r\sin\theta$ 則 $\{(x,y): x^2 + y^2 \leq a^2\} = \{(r,\theta): 0 \leq r \leq a, 0 \leq \theta \leq 2\pi\}$

且 $dxdy = \left\| \begin{vmatrix} \dfrac{\partial x}{\partial r} & \dfrac{\partial x}{\partial \theta} \\ \dfrac{\partial y}{\partial r} & \dfrac{\partial y}{\partial \theta} \end{vmatrix} \right\| drd\theta = \left\| \begin{vmatrix} \cos\theta & -r\sin\theta \\ \sin\theta & r\cos\theta \end{vmatrix} \right\| drd\theta = rdrd\theta$

$$\iint_R x^2 + y^2 dxdy = \int_0^{2\pi} \int_0^a r^3\, drd\theta = \frac{a^4 \pi}{2}$$

補充說明:

有時候積分區域是個橢圓, 方法也是類似

範例 1.

藉由 Green's Theorem 求 $\displaystyle\oint_C y^3\, dx - x^3 dy =?$, C為逆時針封閉圓: $x^2 + y^2 = 25$

【解】

令 $R = \{(x, y): x^2 + y^2 \leq 25\}$

藉由 Green's Theorem 則 $\oint_C y^3\,dx - x^3 dy = -\iint_R 3x^2 + 3y^2 dxdy$

令 $x = r\cos\theta$, $y = r\sin\theta$ 則 $\{(x, y): x^2 + y^2 \leq 25\} = \{(r, \theta): 0 \leq r \leq 5, 0 \leq \theta \leq 2\pi\}$

且 $dxdy = \left\| \begin{vmatrix} \dfrac{\partial x}{\partial r} & \dfrac{\partial x}{\partial \theta} \\ \dfrac{\partial y}{\partial r} & \dfrac{\partial y}{\partial \theta} \end{vmatrix} \right\| drd\theta = \left\| \begin{vmatrix} \cos\theta & -r\sin\theta \\ \sin\theta & r\cos\theta \end{vmatrix} \right\| drd\theta = rdrd\theta$

$$\therefore -3\iint_R x^2 + y^2 dxdy = -3\int_0^{2\pi}\int_0^5 r^3\,drd\theta = -6\pi \cdot \left.\frac{r^4}{4}\right|_0^5 = -\frac{3\pi}{2}\cdot 625 = -\frac{1875\pi}{2}$$

範例 2.

　　藉由 Green's Theorem 求 $\oint_C (6y + x)\,dx + (y + 2x)dy$, C 為逆時針封閉圓:

　　$(x - 2)^2 + (y - 3)^2 = 9$

【解】

令 $R = \{(x, y): (x - 2)^2 + (y - 3)^2 \leq 9\}$

藉由 Green's Theorem 則 $\oint_C (6y + x)\,dx + (y + 2x)dy = \iint_R 2 - 6dxdy$

令 $x = 2 + r\cos\theta$, $y = 3 + r\sin\theta$

則 $\{(x, y): (x - 2)^2 + (y - 3)^2 \leq 9\} = \{(r, \theta): 0 \leq r \leq 3, 0 \leq \theta \leq 2\pi\}$

且 $dxdy = \left\| \begin{vmatrix} \dfrac{\partial x}{\partial r} & \dfrac{\partial x}{\partial \theta} \\ \dfrac{\partial y}{\partial r} & \dfrac{\partial y}{\partial \theta} \end{vmatrix} \right\| drd\theta = \left\| \begin{vmatrix} \cos\theta & -r\sin\theta \\ \sin\theta & r\cos\theta \end{vmatrix} \right\| drd\theta = rdrd\theta$

$$\therefore -4\iint_R dxdy = -4\int_0^{2\pi}\int_0^3 r\,drd\theta = -8\pi \cdot \left.\frac{r^2}{2}\right|_0^3 = -36\pi$$

範例 3.

藉由 Green's Theorem 求 $\oint_C 2y\,dx + (x^2 + y^2)dy = ?$，$C$ 為逆時針封閉圓：

$$x^2 + (y - 3)^2 = 16$$

【解】

令 $R = \{(x, y): x^2 + (y - 3)^2 \leq 16\}$

藉由 Green's Theorem 則 $\oint_C 2y\,dx + (x^2 + y^2)dy = \iint_R 2x - 2\,dxdy$

令 $x = r\cos\theta$，$y = 3 + r\sin\theta$

則 $\{(x, y): x^2 + (y - 3)^2 \leq 16\} = \{(r, \theta): 0 \leq r \leq 4, 0 \leq \theta \leq 2\pi\}$

且 $dxdy = \left\| \begin{vmatrix} \dfrac{\partial x}{\partial r} & \dfrac{\partial x}{\partial \theta} \\ \dfrac{\partial y}{\partial r} & \dfrac{\partial y}{\partial \theta} \end{vmatrix} \right\| drd\theta = \left\| \begin{vmatrix} \cos\theta & -r\sin\theta \\ \sin\theta & r\cos\theta \end{vmatrix} \right\| drd\theta = r\,drd\theta$

$\therefore \iint_R 2x - 2\,dxdy = 2\int_0^{2\pi} \int_0^4 r(r\cos\theta - 1)\,drd\theta = 2\int_0^{2\pi} \left(\dfrac{r^3}{3}\cos\theta - \dfrac{r^2}{2}\right)\bigg|_0^4 d\theta = -32\pi$

範例 4.

藉由 Green's Theorem 求 $\oint_C 2ydx + (x^2 + y^2)dy = ?$，$C$ 為逆時針封閉圓：

$$x^2 + (y - 3)^2 = a^2, (a > 3)$$

【解】

令 $R = \{(x, y): x^2 + (y - 3)^2 \leq a^2\}$

藉由 Green's Theorem 則 $\oint_C 2ydx + (x^2 + y^2)dy = \iint_R 2x - 2\,dxdy$

令 $x = r\cos\theta$，$y = r\sin\theta$，$0 \leq \theta \leq 2\pi$

則 $\iint_R 2x - 2\,dxdy = \int_0^{2\pi} \int_0^a 2\,r^2\cos\theta - 2r\,drd\theta = \int_0^{2\pi} \int_0^a -2r\,drd\theta = -2a^2\pi$

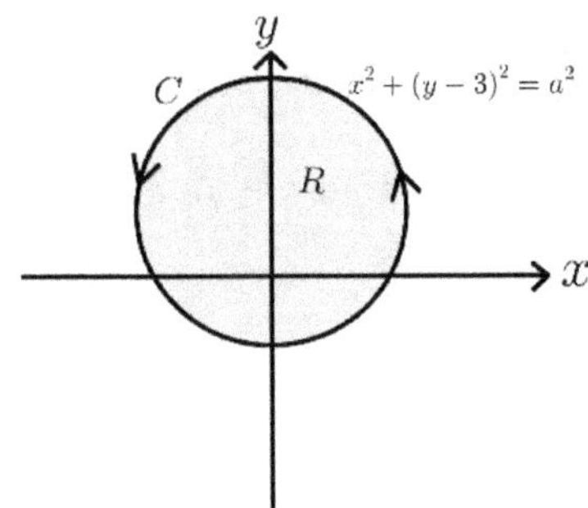

範例 5.

C為 $R = \{(x,y): y \geq 0,\ x^2 + y^2 \leq 4\}$的逆時針封閉邊界, 藉由 Green's Theorem

求 $\displaystyle\oint_C x^2 y^2\, dx + x^3 y\, dy = ?$

【解】

藉由 Green's Theorem, $\displaystyle\oint_C x^2 y^2\, dx + x^3 y\, dy = \iint_R x^2 y\, dxdy$

令 $x = r\cos\theta,\ y = r\sin\theta$ 則 $\{(x,y): y \geq 0, x^2 + y^2 \leq 4\} = \{(r,\theta): 0 \leq r \leq 2, 0 \leq \theta \leq \pi\}$

且 $dxdy = \left\| \begin{matrix} \dfrac{\partial x}{\partial r} & \dfrac{\partial x}{\partial \theta} \\ \dfrac{\partial y}{\partial r} & \dfrac{\partial y}{\partial \theta} \end{matrix} \right\| drd\theta = \left\| \begin{matrix} \cos\theta & -r\sin\theta \\ \sin\theta & r\cos\theta \end{matrix} \right\| drd\theta = r\, drd\theta$

$\therefore \displaystyle\iint_R x^2 y\, dxdy = \int_0^\pi \int_0^2 (r\cos\theta)^2 (r\sin\theta) r\, drd\theta = \int_0^\pi \sin\theta\cos^2\theta\, d\theta \int_0^2 r^4 dr$

$= \dfrac{(-1)\cos^3\theta}{3}\Big|_0^\pi \cdot \dfrac{r^5}{5}\Big|_0^2 = \dfrac{2}{3}\cdot\dfrac{32}{5} = \dfrac{64}{15}$

範例 6.

藉由 Green's Theorem 求 $\displaystyle\oint_C -\dfrac{y^3}{3}\, dx + \dfrac{x^3}{3}\, dy = ?,\ C$為 $R = \left\{(x,y): \dfrac{x^2}{a^2} + \dfrac{y^2}{b^2} \leq 4\right\}$

的逆時針封閉邊界

【解】

藉由 Green's Theorem,　$\displaystyle\oint_C -\frac{y^3}{3}\,dx + \frac{x^3}{3}\,dy = \iint_R x^2 + y^2\,dA$

令 $x = ar\cos\theta,\ y = br\sin\theta$ 則 $\left\{(x,y): \dfrac{x^2}{a^2} + \dfrac{y^2}{b^2} \le 4\right\} = \{(r,\theta): 0 \le r \le 2, 0 \le \theta \le 2\pi\}$

且 $dxdy = \left\|\begin{vmatrix} \dfrac{\partial x}{\partial r} & \dfrac{\partial x}{\partial \theta} \\[2mm] \dfrac{\partial y}{\partial r} & \dfrac{\partial y}{\partial \theta} \end{vmatrix}\right\| drd\theta = \left\|\begin{matrix} a\cos\theta & -ra\sin\theta \\ b\sin\theta & rb\cos\theta \end{matrix}\right\| drd\theta = abr\,drd\theta$

$\therefore \displaystyle\iint_R x^2 + y^2\,dA = \int_0^{2\pi}\int_0^2 ((ar)^2\cos^2\theta + (br)^2\sin^2\theta)abr\,drd\theta$

$= \displaystyle a^3b\int_0^{2\pi}\cos^2\theta\,d\theta\int_0^2 r^3dr + ab^3\int_0^{2\pi}\sin^2\theta\,d\theta\int_0^2 r^3dr$

$\because \displaystyle\int_0^{2\pi}\cos^2\theta\,d\theta = \int_0^{2\pi}\frac{1+\cos 2\theta}{2}\,d\theta = \pi$

$\because \displaystyle\int_0^{2\pi}\sin^2\theta\,d\theta = \int_0^{2\pi}\frac{1-\cos 2\theta}{2}\,d\theta = \pi$　且　$\displaystyle\int_0^2 r^3dr = \frac{16}{4} = 4$

$\therefore \displaystyle\iint_R x^2 + y^2\,dA = a^3b(4\pi) + ab^3(4\pi) = 4ab\pi(a^2 + b^2)$

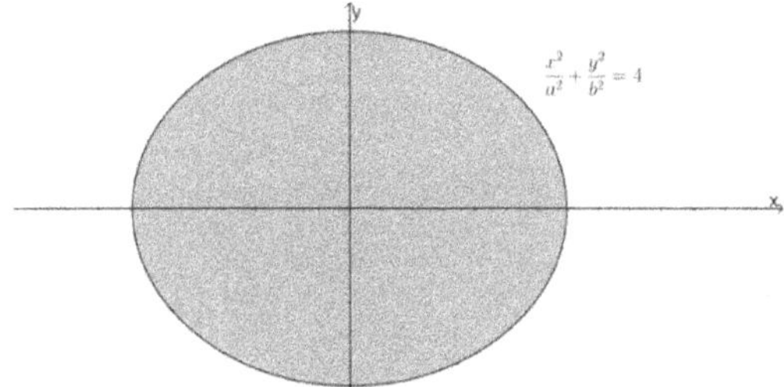

範例 7.

藉由 Green's Theorem 求 $\displaystyle\oint_C (y^3 - 2y)\,dx - (2x^3 + x)\,dy =?$,　C 為逆時針封閉圓:

$6x^2 + 3y^2 = 1$

【解】

令 $R = \{(x,y): 6x^2 + 3y^2 \le 1\}$

藉由 Green's Theorem 則 $\displaystyle\oint_C (y^3 - 2y)\,dx - (2x^3 + x)\,dy = \iint_R 1 - 6x^2 - 3y^2\,dxdy$

令 $x = \dfrac{r\cos\theta}{\sqrt{6}}$, $y = \dfrac{r\sin\theta}{\sqrt{3}}$ 則 $\{(x,y): 6x^2 + 3x^2 \leq 1\} = \{(r,\theta): 0 \leq r \leq 1, 0 \leq \theta \leq 2\pi\}$

且 $dxdy = \left\|\begin{array}{cc} \dfrac{\partial x}{\partial r} & \dfrac{\partial x}{\partial \theta} \\ \dfrac{\partial y}{\partial r} & \dfrac{\partial y}{\partial \theta} \end{array}\right\| drd\theta = \left\|\begin{array}{cc} \dfrac{\cos\theta}{\sqrt{6}} & \dfrac{-r\sin\theta}{\sqrt{6}} \\ \dfrac{\sin\theta}{\sqrt{3}} & \dfrac{r\cos\theta}{\sqrt{3}} \end{array}\right\| drd\theta = \dfrac{1}{3\sqrt{2}} r drd\theta$

$\therefore \iint_R 1 - 6x^2 - 3y^2 dxdy = \int_0^{2\pi} \int_0^1 (1-r^2)\dfrac{1}{3\sqrt{2}} r \, drd\theta = \dfrac{\pi}{6\sqrt{2}}$

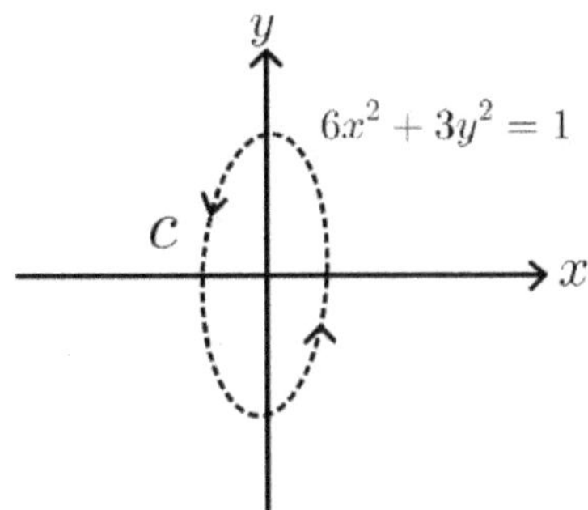

範例 8.

藉由 Green's Theorem 求 $\oint_C (y^3 + e^{-x^2} + e^x)\,dx + (e^{-y^2} - x^3 + y^2 + 6xy)dy = ?$,

C 為逆時針封閉圓：$x^2 + (y-1)^2 = 1$

【解】

令 $R = \{(x,y): x^2 + (y-1)^2 \leq 1\}$，藉由 Green's Theorem

則 $\oint_C (y^3 + e^{-x^2} + e^x)\,dx + (e^{-y^2} - x^3 + y^2 + 6xy)dy = \iint_R -3x^2 + 6y - 3y^2 dxdy$

$= 3\iint_R 1 - x^2 - (y-1)^2 dxdy$

令 $x = r\cos\theta$, $y = r\sin\theta + 1$

則 $\{(x,y): x^2 + (y-1)^2 \leq 1\} = \{(r,\theta): 0 \leq r \leq 1, 0 \leq \theta \leq 2\pi\}$

且 $dxdy = \left\|\begin{array}{cc} \dfrac{\partial x}{\partial r} & \dfrac{\partial x}{\partial \theta} \\ \dfrac{\partial y}{\partial r} & \dfrac{\partial y}{\partial \theta} \end{array}\right\| drd\theta = \left\|\begin{array}{cc} \cos\theta & -r\sin\theta \\ \sin\theta & r\cos\theta \end{array}\right\| drd\theta = rdrd\theta$

$$\therefore 3 \iint_R 1 - x^2 - (y-1)^2 \, dxdy = 3 \int_0^{2\pi} \int_0^1 (1-r^2)r \, drd\theta = \frac{3\pi}{2}$$

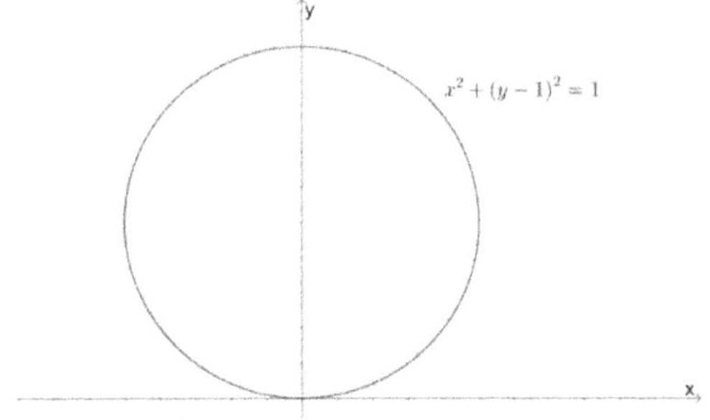

範例 9.

藉由 Green's Theorem 求 $\oint_C x^2 y^2 \, dx + x^3 y dy =?$，其中 C 為

$R = \{(x,y): y \geq 0, \ (x-1)^2 + y^2 \leq 1\}$ 的逆時針封閉邊界

【解】

藉由 Green's Theorem, $\oint_C x^2 y^2 \, dx + x^3 y dy = \iint_R x^2 y \, dA$

令 $x = r \cos\theta + 1, \ y = r \sin\theta$

則 $\{(x,y): (x-1)^2 + y^2 \leq 1, y \geq 0\} = \{(r,\theta): 0 \leq r \leq 1, 0 \leq \theta \leq \pi\}$

且 $dxdy = \left\| \begin{vmatrix} \dfrac{\partial x}{\partial r} & \dfrac{\partial x}{\partial \theta} \\ \dfrac{\partial y}{\partial r} & \dfrac{\partial y}{\partial \theta} \end{vmatrix} \right\| drd\theta = \left\| \begin{vmatrix} \cos\theta & -r\sin\theta \\ \sin\theta & r\cos\theta \end{vmatrix} \right\| drd\theta = rdrd\theta$

$$\therefore \iint_R x^2 y \, dA = \int_0^\pi \int_0^1 (r\cos\theta + 1)^2 r \sin\theta \, rdrd\theta$$

$$= \int_0^\pi \int_0^1 (r^2 \cos^2\theta + 2r\cos\theta + 1)r\sin\theta \, rdrd\theta$$

$$= \int_0^\pi \cos^2\theta \sin\theta \, d\theta \int_0^1 r^4 dr + \int_0^\pi 2\cos\theta \sin\theta \, d\theta \int_0^1 r^3 dr + \int_0^\pi \sin\theta \, d\theta \int_0^1 r^2 dr$$

$$= (-1) \left. \frac{\cos^3\theta}{3} \right|_0^\pi \cdot \left. \frac{r^5}{5} \right|_0^1 - \left. \frac{\cos 2\theta}{2} \right|_0^\pi \cdot \left. \frac{r^4}{4} \right|_0^1 - \cos\theta \Big|_0^\pi \cdot \left. \frac{r^3}{3} \right|_0^1 = \frac{4}{5}$$

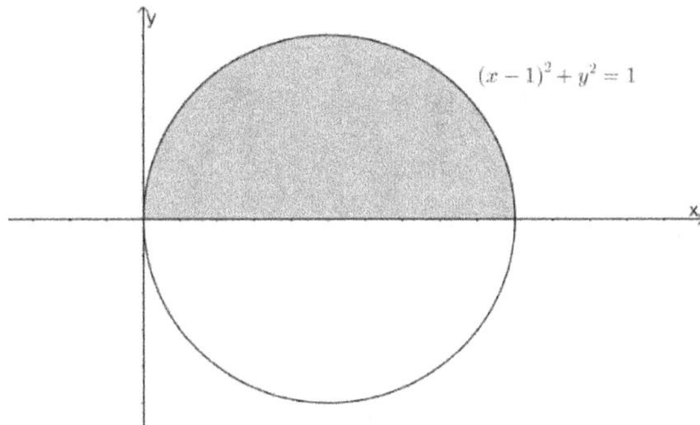

範例 10.

假設 $C = \{(x,y): x = 2\cos t, y = 2\sin t\}$, $0 \le t \le 2\pi$, 藉由 Green's Theorem

求 $\displaystyle\oint_C e^x y - y^3 dx + (e^x + x^3)dy = ?$

【解】

令 $R = \{(x,y): x^2 + y^2 \le 4\}$

藉由 Green's Theorem 則 $\displaystyle\oint_C e^x y - y^3 dx + (e^x + x^3)dy = \iint_R 3x^2 + 3y^2 dxdy$

令 $x = r\cos\theta, y = r\sin\theta$ 則 $\{(x,y): x^2 + y^2 \le 4\} = \{(r,\theta): 0 \le r \le 2, 0 \le \theta \le 2\pi\}$

且 $dxdy = \left\|\begin{matrix} \dfrac{\partial x}{\partial r} & \dfrac{\partial x}{\partial \theta} \\ \dfrac{\partial y}{\partial r} & \dfrac{\partial y}{\partial \theta} \end{matrix}\right\| drd\theta = \left\|\begin{matrix} \cos\theta & -r\sin\theta \\ \sin\theta & r\cos\theta \end{matrix}\right\| drd\theta = r\,drd\theta$

$\therefore 3\iint_R x^2 + y^2 dxdy = 3\int_0^{2\pi}\int_0^2 r^3\,drd\theta = 24\pi$

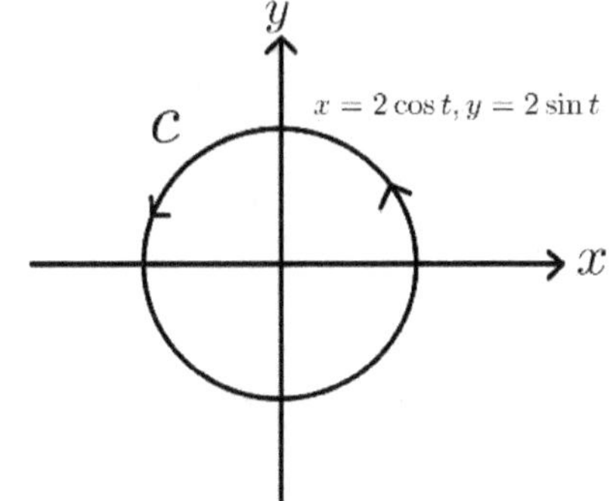

範例 11.

藉由 Green's Theorem 求 $\displaystyle\oint_C -\frac{2y^{\frac{3}{2}}}{3}dx + \frac{2x^{\frac{3}{2}}}{3}dy =?$，其中 R 為 $\sqrt{x}+\sqrt{y}=1$,

$x=0,\ y=0$ 所圍封閉區域, C 為 R 的逆時針邊界

【解】

藉由 Green's Theorem, $\displaystyle\oint_C -\frac{2y^{\frac{3}{2}}}{3}dx + \frac{2x^{\frac{3}{2}}}{3}dy = \iint_R \sqrt{x}+\sqrt{y}\,dxdy$

令 $x=r\cos^4\theta,\ y=r\sin^4\theta$

則 $dxdy = \left\|\begin{vmatrix}\dfrac{\partial x}{\partial r} & \dfrac{\partial x}{\partial\theta}\\[2mm]\dfrac{\partial y}{\partial r} & \dfrac{\partial y}{\partial\theta}\end{vmatrix}\right\| drd\theta = \left\|\begin{vmatrix}\cos^4\theta & -4r\cos^3\theta\sin\theta\\ \sin^4\theta & 4r\sin^3\theta\cos\theta\end{vmatrix}\right\| drd\theta = 4r\sin^3\theta\cos^3\theta\,drd\theta$

$\because R = \{(x,y): x\geq 0,\ y\geq 0, \sqrt{x}+\sqrt{y}\leq 1\} = \{(r,\theta): 0\leq r\leq 1, 0\leq\theta\leq\dfrac{\pi}{2}\}$

$\therefore \iint_R \sqrt{x}+\sqrt{y}\,dxdy = \int_0^{\frac{\pi}{2}}\int_0^1 \sqrt{r}(4r\sin^3\theta\cos^3\theta)\,drd\theta = \int_0^1 4r^{\frac{3}{2}}dr\int_0^{\frac{\pi}{2}}\sin^3\theta\cos^3\theta\,d\theta$

$= \int_0^1 4r^{\frac{3}{2}}dr\int_0^{\frac{\pi}{2}}\left(\frac{\sin 2\theta}{2}\right)^3 d\theta = \frac{2}{15}$

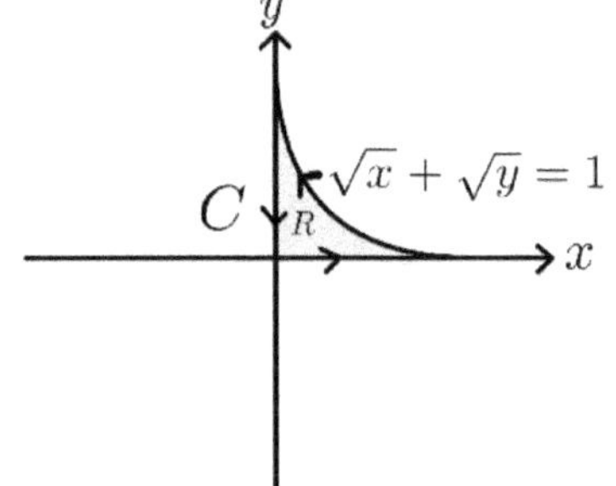

範例 12.

藉由 Green's Theorem 求 $\displaystyle\oint_C (6y+x)\,dx + (y+2x)dy$, C 為逆時針封閉圓:

$(x-x_0)^2 + (y-y_0)^2 = a^2$

【解】

令 $R = \{(x,y): (x-x_0)^2 + (y-y_0)^2 \leq a^2\}$

藉由 Green's Theorem 則 $\displaystyle\oint_C (6y + x)\, dx + (y + 2x)dy = \iint_R 2 - 6dxdy$

令 $x = x_0 + r \cos\theta, \ y = y_0 + r \sin\theta$

則 $\{(x, y): (x - x_0)^2 + (y - y_0)^2 \leq a^2\} = \{(r, \theta): 0 \leq r \leq a, 0 \leq \theta \leq 2\pi\}$

且 $dxdy = \left\| \begin{vmatrix} \dfrac{\partial x}{\partial r} & \dfrac{\partial x}{\partial \theta} \\ \dfrac{\partial y}{\partial r} & \dfrac{\partial y}{\partial \theta} \end{vmatrix} \right\| drd\theta = \left\| \begin{matrix} \cos\theta & -r\sin\theta \\ \sin\theta & r\cos\theta \end{matrix} \right\| drd\theta = rdrd\theta$

$\therefore -4 \iint_R dxdy = -4 \displaystyle\int_0^{2\pi} \int_0^a r\, drd\theta = -4a^2\pi$

範例 13.

$\quad C$ 為逆時針封閉橢圓 $: \dfrac{x^2}{a^2} + \dfrac{y^2}{b^2} = 1$ 且 f, g 滿足 $\dfrac{\partial g}{\partial x}(x, y) - \dfrac{\partial f}{\partial y}(x, y) = 1 - \left(\dfrac{x^2}{a^2} + \dfrac{y^2}{b^2}\right),$

$\quad$ 藉由 Green's Theorem 求 $\displaystyle\oint_C f(x, y)\, dx + g(x, y)dy = ?$

【解】

令 $R = \left\{(x, y): \dfrac{x^2}{a^2} + \dfrac{y^2}{b^2} \leq 1\right\},$ 藉由 Green's Theorem 則

$\displaystyle\oint_C f(x, y)\, dx + g(x, y)dy = \iint_R \dfrac{\partial g}{\partial x}(x, y) - \dfrac{\partial f}{\partial y}(x, y)dxdy = \iint_R 1 - \left(\dfrac{x^2}{a^2} + \dfrac{y^2}{b^2}\right)dxdy$

令 $x = ra\cos\theta, y = rb\sin\theta$ 則 $\{(x, y): \dfrac{x^2}{a^2} + \dfrac{y^2}{b^2} \leq 1\} = \{(r, \theta): 0 \leq r \leq 1, 0 \leq \theta \leq 2\pi\}$

且 $dxdy = \left\| \begin{vmatrix} \dfrac{\partial x}{\partial r} & \dfrac{\partial x}{\partial \theta} \\ \dfrac{\partial y}{\partial r} & \dfrac{\partial y}{\partial \theta} \end{vmatrix} \right\| drd\theta = \left\| \begin{matrix} a\cos\theta & -ra\sin\theta \\ b\sin\theta & rb\cos\theta \end{matrix} \right\| drd\theta = abrdrd\theta$

$\therefore \iint_R 1 - \left(\dfrac{x^2}{a^2} + \dfrac{y^2}{b^2}\right)dxdy = \displaystyle\int_0^{2\pi} \int_0^1 (1 - r^2)abr\, drd\theta = \dfrac{ab\pi}{2}$

範例 14.

$\quad$ 藉由 Green's Theorem 求 $\displaystyle\oint_C \dfrac{e^{x+y}}{3}dx + \dfrac{4e^{x+y}}{3}dy = ?, C$ 為 $R = \{(x, y): |x| + |y| \leq 2\}$

的逆時針封閉邊界

【解】

藉由 Green's Theorem,　$\displaystyle\oint_C \frac{e^{x+y}}{3}dx + \frac{4e^{x+y}}{3}dy = \iint_R e^{x+y}\,dA$

令 $x + y = u$,　$x - y = v$ 則 $\{(x,y): |x| + |y| \leq 2\} = \{(u,v): -2 \leq u \leq 2, -2 \leq v \leq 2\}$

且 $x = \dfrac{u+v}{2}$,　$y = \dfrac{u-v}{2}$,　$dxdy = \left\|\begin{vmatrix} \dfrac{\partial x}{\partial u} & \dfrac{\partial x}{\partial v} \\ \dfrac{\partial y}{\partial u} & \dfrac{\partial y}{\partial v} \end{vmatrix}\right\| dudv = \left\|\begin{vmatrix} \dfrac{1}{2} & \dfrac{1}{2} \\ \dfrac{1}{2} & \dfrac{-1}{2} \end{vmatrix}\right\| dudv = \left|\dfrac{-1}{2}\right| dudv$

$\therefore \displaystyle\iint_R e^{x+y}\,dA = \int_{-2}^{2}\int_{-2}^{2} \frac{e^u}{2}\,dudv = \frac{1}{2}\int_{-2}^{2} dv \int_{-2}^{2} e^u\,du = 2(e^2 - e^{-2})$

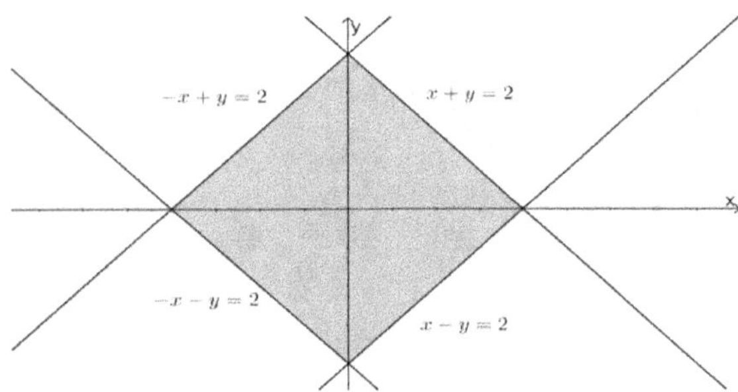

範例 15.

藉由 Green's Theorem 求 $\displaystyle\oint_C \frac{y}{2}dx + \frac{3x}{2}dy = ?$, C 為 $R = \{(x,y): ax^2 + bxy + cy^2 \leq \alpha^2\}$

的逆時針封閉邊界

【解】

藉由 Green's Theorem $\displaystyle\oint_C \frac{y}{2}dx + \frac{3x}{2}dy = \iint_R dA$

$\because ax^2 + bxy + cy^2 = a\left(x + \dfrac{by}{2a}\right)^2 + \dfrac{4ac - b^2}{4a}y^2$

令 $\sqrt{a}\left(x + \dfrac{by}{2a}\right) = u$,　$\sqrt{\dfrac{4ac - b^2}{4a}}\,y = v$

$$\text{則}\, dxdy = \left\| \begin{matrix} \dfrac{\partial x}{\partial u} & \dfrac{\partial x}{\partial v} \\ \dfrac{\partial y}{\partial u} & \dfrac{\partial y}{\partial v} \end{matrix} \right\| dudv = \left\| \begin{matrix} \dfrac{1}{\sqrt{a}} & 0 \\ \dfrac{2\sqrt{a}}{b} & \sqrt{\dfrac{4a}{4ac-b^2}} \end{matrix} \right\| dudv = \dfrac{2}{\sqrt{4ac-b^2}}\, dudv$$

$$\therefore \iint_R dA = \iint_{u^2+v^2 \leq \alpha^2} \dfrac{2}{\sqrt{4ac-b^2}}\, dudv$$

$$\text{令}\, u = r\cos\theta,\, v = r\sin\theta \ \text{則}\, \{(u,v): u^2+v^2 \leq \alpha^2\} = \{(r,\theta): 0 \leq r \leq \alpha, 0 \leq \theta \leq 2\pi\}$$

$$\text{且}\, dudv = \left\| \begin{matrix} \dfrac{\partial u}{\partial r} & \dfrac{\partial u}{\partial \theta} \\ \dfrac{\partial v}{\partial r} & \dfrac{\partial v}{\partial \theta} \end{matrix} \right\| drd\theta = \left| \begin{matrix} \cos\theta & -r\sin\theta \\ \sin\theta & r\cos\theta \end{matrix} \right| drd\theta = r\,drd\theta$$

$$\therefore \iint_{u^2+v^2 \leq \alpha^2} \dfrac{2}{\sqrt{4ac-b^2}}\, dudv = \int_0^{2\pi}\int_0^{\alpha} \dfrac{2}{\sqrt{4ac-b^2}}\, r\,drd\theta = \dfrac{2}{\sqrt{4ac-b^2}}\int_0^{2\pi} d\theta \int_0^{\alpha} r\,dr$$

$$= \dfrac{2\pi\alpha^2}{\sqrt{4ac-b^2}}$$

範例 16.

藉由 Green's Theorem 求 $\displaystyle\oint_C \left(\dfrac{xy^2}{4} - \dfrac{y^3}{6}\right) dx + \left(\dfrac{x^3}{6}\right) dy = ?$,其中

C 為 $R = \{(x,y): x^2 - xy + y^2 \leq 2\}$ 的逆時針封閉邊界

【解】

藉由 Green's Theorem 則 $\displaystyle\oint_C \left(\dfrac{xy^2}{4} - \dfrac{y^3}{6}\right) dx + \left(\dfrac{x^3}{6}\right) dy = \iint_R \dfrac{x^2 - xy + y^2}{2}\, dA$

$$\because \dfrac{x^2 - xy + y^2}{2} = \dfrac{1}{2}\left(x - \dfrac{y}{2}\right)^2 + \dfrac{3}{8}y^2, \quad \text{令}\, \sqrt{\dfrac{1}{2}}\left(x - \dfrac{y}{2}\right) = u,\ \sqrt{\dfrac{3}{8}}\, y = v$$

$$\text{則}\, dxdy = \left\| \begin{matrix} \dfrac{\partial x}{\partial u} & \dfrac{\partial x}{\partial v} \\ \dfrac{\partial y}{\partial u} & \dfrac{\partial y}{\partial v} \end{matrix} \right\| dudv = \left\| \begin{matrix} \sqrt{2} & 0 \\ -2\sqrt{2} & \sqrt{\dfrac{8}{3}} \end{matrix} \right\| dudv = \dfrac{4}{\sqrt{3}}\, dudv$$

$$\therefore \iint_R \dfrac{x^2 - xy + y^2}{2}\, dA = \iint_{u^2+v^2 \leq 1} (u^2+v^2)\dfrac{4}{\sqrt{3}}\, dudv$$

令 $u = r\cos\theta,\ v = r\sin\theta$ 則 $\{(u,v): u^2 + v^2 \le 1\} = \{(r,\theta): 0 \le r \le 1, 0 \le \theta \le 2\pi\}$

且 $dudv = \left\|\begin{matrix}\dfrac{\partial u}{\partial r} & \dfrac{\partial u}{\partial \theta}\\[2mm] \dfrac{\partial v}{\partial r} & \dfrac{\partial v}{\partial \theta}\end{matrix}\right\| drd\theta = \left\|\begin{matrix}\cos\theta & -r\sin\theta\\ \sin\theta & r\cos\theta\end{matrix}\right\| drd\theta = rdrd\theta$

$\therefore \iint_{u^2+v^2 \le 1} (u^2 + v^2)\dfrac{4}{\sqrt{3}}\,dudv = \dfrac{4}{\sqrt{3}}\int_0^{2\pi}\int_0^1 r^2 \cdot rdrd\theta = \dfrac{4}{\sqrt{3}}\int_0^{2\pi}d\theta\int_0^1 r^3dr$

$= \dfrac{4}{\sqrt{3}} \cdot 2\pi \cdot \dfrac{r^4}{4}\bigg|_{r=0}^{r=1} = \dfrac{2\pi}{\sqrt{3}}$

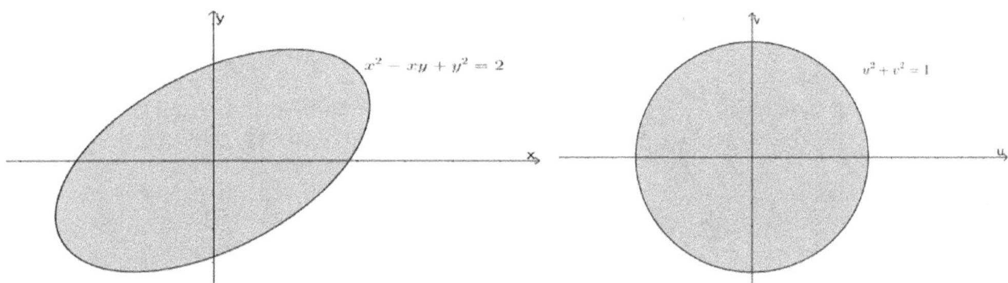

範例 17.

　　藉由 Green's Theorem 求 $\oint_C \dfrac{y}{2}dx + \dfrac{3x}{2}dy = ?$, R 為 $y = x^2, y = 3x^2, x = y^2, x = 4y^2$

所圍封閉區域, C 為 R 的逆時針邊界

【解】

藉由 Green's Theorem, $\oint_C \dfrac{y}{2}dx + \dfrac{3x}{2}dy = \iint_R\ dA$

令 $u = \dfrac{y}{x^2},\ v = \dfrac{x}{y^2}$ 則 $x = u^{-\frac{2}{3}}v^{-\frac{1}{3}},\ y = u^{-\frac{1}{3}}v^{-\frac{2}{3}}$

且 $dxdy = \left\|\begin{matrix}\dfrac{\partial x}{\partial u} & \dfrac{\partial x}{\partial v}\\[2mm] \dfrac{\partial y}{\partial u} & \dfrac{\partial y}{\partial v}\end{matrix}\right\| dudv = \left\|\begin{matrix}\dfrac{-2u^{-\frac{5}{3}}v^{-\frac{1}{3}}}{3} & \dfrac{-u^{-\frac{2}{3}}v^{-\frac{4}{3}}}{3}\\[3mm] \dfrac{-u^{-\frac{4}{3}}v^{-\frac{2}{3}}}{3} & \dfrac{-2u^{-\frac{1}{3}}v^{-\frac{5}{3}}}{3}\end{matrix}\right\| dudv = \dfrac{u^{-2}v^{-2}}{3}\,dudv$

令 $R = \left\{(x,y): 1 \le \dfrac{y}{x^2} \le 3, 1 \le \dfrac{x}{y^2} \le 4\right\}$ 則 $R = \{(u,v): 1 \le u \le 3, 1 \le v \le 4\}$

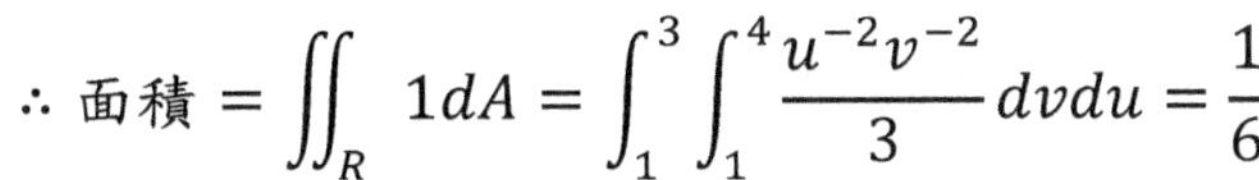

$$\therefore \text{面積} = \iint_R 1\,dA = \int_1^3 \int_1^4 \frac{u^{-2}v^{-2}}{3}\,dv\,du = \frac{1}{6}$$

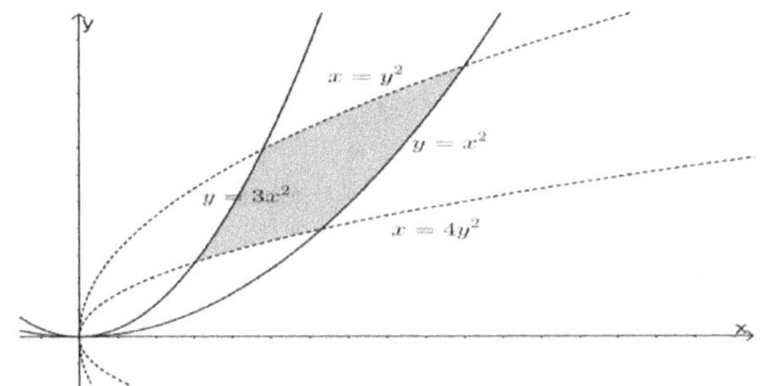

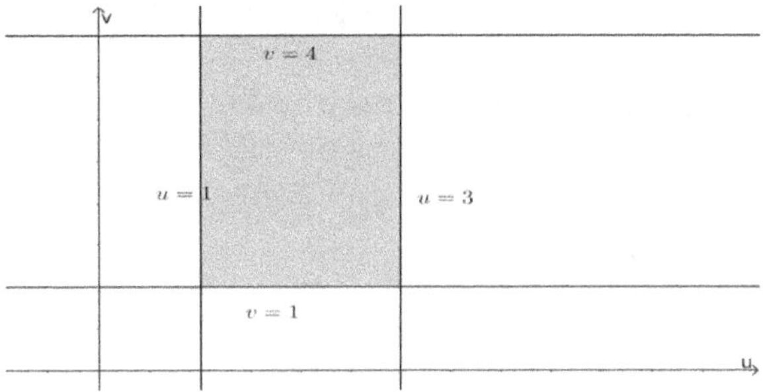

範例 18.

　　藉由 Green's Theorem 求 $\oint_C -\frac{y^3}{3}dx + \frac{x^3}{3}dy = ?$，其中 R 為 $x^2 - y^2 = 1$,

$x^2 - y^2 = 9,\ xy = 2,\ xy = 4$ 所圍封閉區域,C 為 R 的逆時針邊界

【解】

藉由 Green's Theorem,　$\oint_C -\frac{y^3}{3}dx + \frac{x^3}{3}dy = \iint_R x^2 + y^2\,dxdy$

令 $x^2 - y^2 = u,\ 2xy = v$

則 $dudv = \left\| \begin{vmatrix} \dfrac{\partial u}{\partial x} & \dfrac{\partial u}{\partial y} \\ \dfrac{\partial v}{\partial x} & \dfrac{\partial v}{\partial y} \end{vmatrix} \right\| dxdy = \left\| \begin{vmatrix} 2x & -2y \\ 2y & 2x \end{vmatrix} \right\| dxdy = 4(x^2 + y^2)dxdy$

$\because (x^2 + y^2)^2 = (x^2 - y^2)^2 + (2xy)^2 = u^2 + v^2 \quad \therefore x^2 + y^2 = (u^2 + v^2)^{\frac{1}{2}}$

$\therefore dxdy = \dfrac{dudv}{4(u^2 + v^2)^{\frac{1}{2}}}$

$\because R = \{(x,y) : 1 \le x^2 - y^2 \le 9, 4 \le 2xy \le 8\} \quad \therefore R = \{(u,v) : 1 \le u \le 9, 4 \le v \le 8\}$

$\therefore \iint_R x^2 + y^2\,dxdy = \int_4^8 \int_1^9 \frac{(u^2 + v^2)^{\frac{1}{2}}}{4(u^2 + v^2)^{\frac{1}{2}}}\,dudv = 8$

範例 19.

(1)藉由 Green's Theorem 求 $\oint_C -\dfrac{y^3}{3}dx + \dfrac{x^3}{3}dy =?$，其中 R 為 $-x=y,\ y=-x+3,$

$x-3=y,\ y=x$ 包圍區域, C 為 R 的逆時針邊界

(2)藉由 Green's Theorem 求 $\oint_C \dfrac{xy^2}{2}dx + x^2y\,dy =?$，其中 R 為 $x^2+y^2=a,$

$x^2+y^2=b,\ x^2-y^2=c,\ x^2-y^2=d,(b>a>0,d>c>0)$ 包圍於第一象限區域,

C 為 R 的逆時針邊界

【解】

(1)

藉由 Green's Theorem, $\oint_C -\dfrac{y^3}{3}dx + \dfrac{x^3}{3}dy = \iint_R x^2+y^2\,dxdy$

令 $x+y=u,\ x-y=v$ 則 $x=\dfrac{u+v}{2},\ y=\dfrac{u-v}{2}$

且 $dxdy = \left\| \begin{vmatrix} \dfrac{\partial x}{\partial u} & \dfrac{\partial x}{\partial v} \\ \dfrac{\partial y}{\partial u} & \dfrac{\partial y}{\partial v} \end{vmatrix} \right\| dudv = \left\| \begin{vmatrix} \dfrac{1}{2} & \dfrac{1}{2} \\ \dfrac{1}{2} & \dfrac{-1}{2} \end{vmatrix} \right\| dudv = \dfrac{1}{2}dudv$

$\because R = \{(x,y): 0\le x+y \le 3, 0 \le x-y \le 3\}$　$\therefore R = \{(u,v): 0\le u \le 3, 0 \le v \le 3\}$

$\therefore \iint_R x^2+y^2 dA = \int_0^3 \int_0^3 \left(\left(\dfrac{u+v}{2}\right)^2 + \left(\dfrac{u-v}{2}\right)^2 \right)\dfrac{1}{2}dudv = \dfrac{1}{4}\int_0^3 \int_0^3 u^2+v^2 dudv = \dfrac{27}{2}$

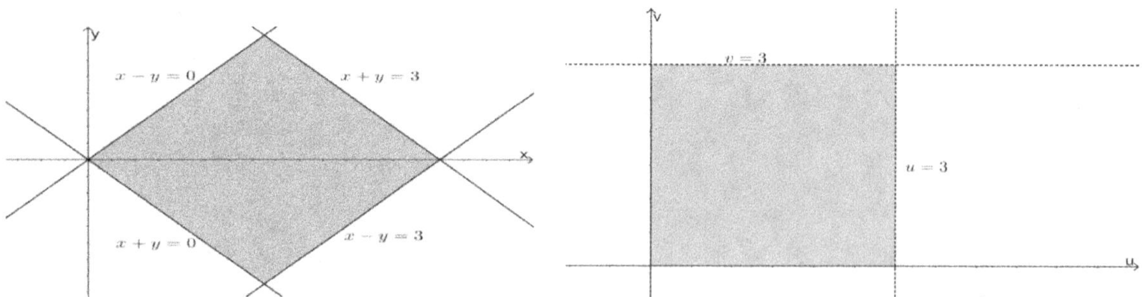

(2)

藉由 Green's Theorem, $\oint_C \dfrac{xy^2}{2}dx + x^2y\,dy = \iint_R xy\,dxdy$

令 $x^2+y^2=u,\ x^2-y^2=v$ 則 $x=\dfrac{(u+v)^{\frac{1}{2}}}{\sqrt{2}},\ y=\dfrac{(u-v)^{\frac{1}{2}}}{\sqrt{2}}$

且 $dxdy = \left\| \begin{vmatrix} \dfrac{\partial x}{\partial u} & \dfrac{\partial x}{\partial v} \\ \dfrac{\partial y}{\partial u} & \dfrac{\partial y}{\partial v} \end{vmatrix} \right\| dudv = \left\| \begin{vmatrix} \dfrac{(u+v)^{-\frac{1}{2}}}{2\sqrt{2}} & \dfrac{(u+v)^{-\frac{1}{2}}}{2\sqrt{2}} \\ \dfrac{(u-v)^{-\frac{1}{2}}}{2\sqrt{2}} & \dfrac{(u-v)^{-\frac{1}{2}}}{2\sqrt{2}} \end{vmatrix} \right\| dudv = \dfrac{(u^2-v^2)^{-\frac{1}{2}}}{4} dudv$

$\because R = \{(x,y): a \leq x^2+y^2 \leq b, c \leq x^2-y^2 \leq d\}$ $\quad \therefore R = \{(u,v): a \leq u \leq b, c \leq v \leq d\}$

$\therefore \iint_R xy\,dA = \int_c^d \int_a^b \dfrac{(u^2-v^2)^{\frac{1}{2}}}{2} \cdot \dfrac{(u^2-v^2)^{-\frac{1}{2}}}{4} dudv = \dfrac{(b-a)(c-d)}{8}$

範例 20.

藉由 Green's Theorem 求 $\oint_C -\dfrac{y^2}{2}dx + x^2 dy =?$, R 為 $x^2 - 2xy + y^2 + x + y = 0$

與 $x + y + 4 = 0$ 包圍區域, C 為 R 的逆時針邊界

【解】

藉由 Green's Theorem, $\oint_C -\dfrac{y^2}{2}dx + x^2 dy = \iint_R 2x + y\,dxdy$

$\because x^2 - 2xy + y^2 + x + y = 0 \Leftrightarrow (x-y)^2 = -(x+y)$

令 $x + y = u$, $x - y = v$ 則 $x = \dfrac{u+v}{2}$, $y = \dfrac{u-v}{2}$

且 $dxdy = \left\| \begin{vmatrix} \dfrac{\partial x}{\partial u} & \dfrac{\partial x}{\partial v} \\ \dfrac{\partial y}{\partial u} & \dfrac{\partial y}{\partial v} \end{vmatrix} \right\| dudv = \left\| \begin{vmatrix} \dfrac{1}{2} & \dfrac{1}{2} \\ \dfrac{1}{2} & \dfrac{1}{2} \end{vmatrix} \right\| dudv = \dfrac{1}{2} dudv$

$\because R = \{(u,v): -v^2 \leq u \leq 0, -2 \leq v \leq 2\}$

$\therefore \iint_R 2x + y\,dxdy = \int_{-2}^2 \int_{-v^2}^0 3u + v\,dudv = -\dfrac{96}{5}$

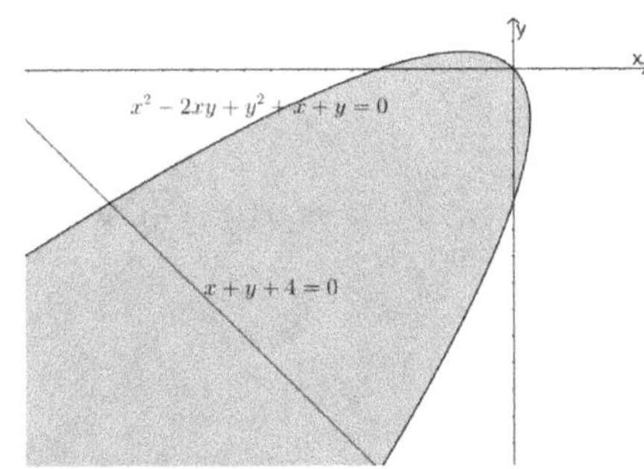

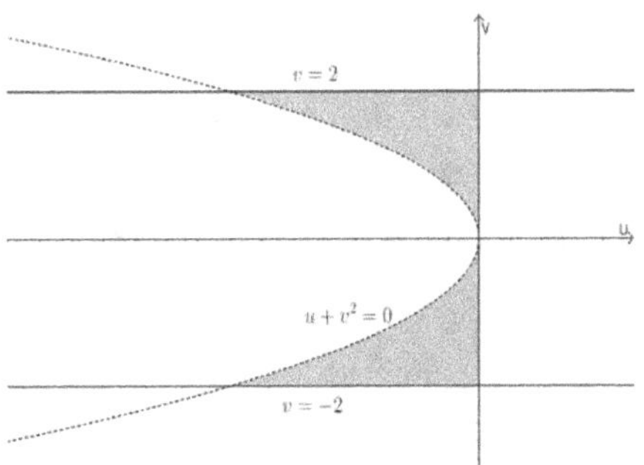

9.4.5　$\Delta \neq 0$, 將面積分轉成封閉線積分

如果面積分的被積分函數較為複雜, 則使用 Green's Theorem 將面積分轉成封閉線積分

題型 1.

藉由 Green's Theorem 求 $\displaystyle\iint_R \frac{\partial g}{\partial x}(x,y) - \frac{\partial f}{\partial y}(x,y)\,dxdy =?$, $R = \left\{(x,y):\ \dfrac{x^2}{a^2} + \dfrac{y^2}{b^2} \leq r^2\right\}$,

C為R的逆時針封閉邊界且 f, g的一階偏導數存在且連續

解題流程:

Step1.

藉由 Green's Theorem, $\displaystyle\iint_R \frac{\partial g}{\partial x}(x,y) - \frac{\partial f}{\partial y}(x,y)dxdy = \oint_C f(x,y)\,dx + g(x,y)dy$

Step2.

令$x = ra\cos\theta$, $y = rb\sin\theta$ 則

$$\oint_C f(x,y)\,dx + g(x,y)dy$$
$$= \int_0^{2\pi} f(ra\cos\theta, rb\sin\theta)(-ra\sin\theta)\,d\theta + \int_0^{2\pi} g(ra\cos\theta, rb\sin\theta)(rb\cos\theta)\,d\theta$$

題型 2.

藉由 Green's Theorem 求 $\displaystyle\iint_R \frac{\partial g}{\partial x}(x,y) - \frac{\partial f}{\partial y}(x,y)\,dxdy =?$, C為R的逆時針封閉邊界且

$$C = \bigcup_{i=1}^{k} C_i, k \in N,\ C_i 為平滑線段且 f, g 的一階偏導數存在且連續$$

解題流程:

Step1.

藉由 Green's Theorem, $\displaystyle\iint_R \frac{\partial g}{\partial x}(x,y) - \frac{\partial f}{\partial y}(x,y)dxdy = \oint_C f(x,y)\,dx + g(x,y)dy$

Step2.

$$\oint_C f(x,y)\,dx + g(x,y)\,dy = \sum_{i=1}^{k} \int_{C_i} f(x,y)\,dx + g(x,y)\,dy$$

範例 1.

　　藉由 Green's Theorem 求 $\displaystyle\iint_R \frac{\partial g}{\partial x}(x,y) - \frac{\partial f}{\partial y}(x,y)\,dxdy$ =?, 其中

$$f(x,y) = \frac{x^2 y^2}{2}, \quad g(x,y) = \frac{2x^3 y}{3} \text{ 且 } R = \{(x,y) : y \geq 0,\ x^2 + y^2 \leq 4\}$$

【解】

令 $C_1 : \{(x,y) : x^2 + y^2 = 4, y > 0\}$,　$C_2 : \{(x,y) : -2 \leq x \leq 2, y = 0\}$ 且 $C = C_1 \cup C_2$

藉由 Green's Theorem, $\displaystyle\iint_R \frac{\partial g}{\partial x}(x,y) - \frac{\partial f}{\partial y}(x,y)\,dxdy = \oint_C \frac{x^2 y^2}{2}\,dx + \frac{2x^3 y}{3}\,dy$

令 $x = 2\cos\theta,\ y = 2\sin\theta,\ 0 \leq \theta \leq \pi$

則 $\displaystyle\int_{C_1} f(x,y)dx + g(x,y)dy = \int_{C_1} \frac{x^2 y^2}{2}\,dx + \frac{2x^3 y}{3}\,dy$

$$= \int_0^\pi \frac{16 \cdot \cos^2\theta \cdot \sin^2\theta}{2}(-2\sin\theta)d\theta + \frac{2}{3}\int_0^\pi 16 \cdot \cos^3\theta \cdot \sin\theta\,(2\cos\theta)\,d\theta$$

$$= -16\int_0^\pi (1 - \sin^2\theta)\cdot \sin^3\theta\,d\theta + \frac{64}{3}\int_0^\pi \cos^4\theta \cdot \sin\theta\,d\theta$$

$$= -16\left(-\cos\theta + \frac{\cos^3\theta}{3} + \frac{\cos^5\theta}{5} - \frac{2\cos^3\theta}{3} + \cos\theta\right)\Big|_0^\pi - \frac{64}{3}\cdot\frac{\cos^5\theta}{5}\Big|_0^\pi$$

$$= -16\left(2 - \frac{2}{3} - \frac{2}{5} + \frac{4}{3} - 2\right) - \frac{64}{3}\cdot\left(\frac{-2}{5}\right) = \frac{64}{15}$$

$\because \displaystyle\int_{C_2} \frac{x^2 y^2}{2}\,dx + \frac{2x^3 y}{3}\,dy = 0$　$\therefore \displaystyle\oint_C \frac{x^2 y^2}{2}\,dx + \frac{2x^3 y}{3}\,dy = \frac{64}{15}$

範例 2.

　　藉由 Green's Theorem 求 $\displaystyle\iint_R \frac{\partial g}{\partial x}(x,y) - \frac{\partial f}{\partial y}(x,y)\,dxdy$ =?, 其中

$$f(x,y) = -\frac{y^3}{3}, \quad g(x,y) = \frac{x^3}{3}, \quad R = \left\{(x,y) : \frac{x^2}{a^2} + \frac{y^2}{b^2} \leq 4\right\}$$

【解】

令C為R的逆時針封閉邊界

藉由 Green's Theorem, $\displaystyle\iint_R \frac{\partial g}{\partial x}(x,y) - \frac{\partial f}{\partial y}(x,y)\, dxdy = \oint_C -\frac{y^3}{3}\, dx + \frac{x^3}{3}\, dy$

令$x = 2a\cos\theta,\ y = 2b\sin\theta$ 則

$$\oint_C -\frac{y^3}{3}\, dx + \frac{x^3}{3}\, dy = \frac{-1}{3}\int_0^{2\pi} 8b^3 \cdot \sin^3\theta \cdot (-2a\sin\theta)\, d\theta + \frac{1}{3}\int_0^{2\pi} 8a^3 \cdot \cos^3\theta \cdot 2b\cos\theta\, d\theta$$

$$= \frac{16b^3 a}{3}\int_0^{2\pi}\sin^4\theta\, d\theta + \frac{16a^3 b}{3}\int_0^{2\pi}\cos^4\theta\, d\theta = \frac{16b^3 a}{3}\cdot\frac{3\pi}{4} + \frac{16a^3 b}{3}\cdot\frac{3\pi}{4} = 4ab\pi(a^2 + b^2)$$

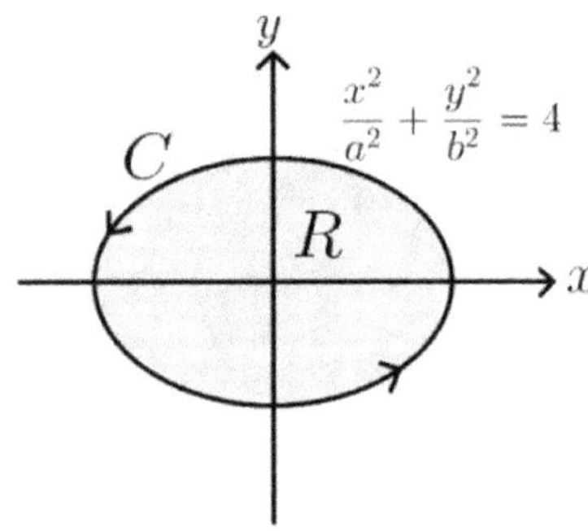

範例 3.

　　藉由 Green's Theorem 求 $\displaystyle\iint_R \frac{\partial g}{\partial x}(x,y) - \frac{\partial f}{\partial y}(x,y)\, dxdy =?$ 　其中$f(x,y) = e^{x+y}$,
$g(x,y) = 2e^{x+y},\ R = \{(x,y): |x| + |y| \leq 2\}$

【解】

令$C_1: \{(x,y): x - y = 2\}, C_2: \{(x,y): x + y = 2\}, C_3: \{(x,y): -x + y = 2\}$,
$C_4: \{(x,y): -x - y = 2\}$ 且 $C = C_1 \cup C_2 \cup C_3 \cup C_4$

藉由 Green's Theorem, $\displaystyle\iint_R \frac{\partial g}{\partial x}(x,y) - \frac{\partial f}{\partial y}(x,y)\, dxdy = \oint_C e^{x+y}\, dx + 2e^{x+y}dy$

$\because \displaystyle\int_{C_1} f(x,y)dx + g(x,y)dy = \int_{C_1} e^{x+y}dx + 2e^{x+y}dy = \int_0^2 e^{x+y}\, dx + 2e^{x+y}dx$

$= 3\displaystyle\int_0^2 e^{2x-2}\, dx = \frac{3}{2}(e^2 - e^{-2})$

$\displaystyle\int_{C_2} f(x,y)dx + g(x,y)dy = \int_2^0 e^2 - 2e^2\, dx = 2e^2$

$$\int_{C_4} f(x,y)dx + g(x,y)dy = \int_{-2}^{0} e^{x+y} - 2e^{x+y}\,dx = -\int_{-2}^{0} e^{-2}\,dx = -2e^2$$

$$\int_{C_3} f(x,y)dx + g(x,y)dy = \int_{C_3} e^{x+y}dx + 2e^{x+y}dy = \int_{0}^{-2} e^{x+y}\,dx + 2e^{x+y}\,dx$$

$$= 3\int_{0}^{-2} e^{2x+2}\,dx = \frac{3}{2}(e^{-2} - e^2)$$

$$\therefore \oint_{C} f\,dx + g\,dy = \frac{3}{2}(e^2 - e^{-2}) + 2e^2 + \frac{3}{2}(e^{-2} - e^2) - 2e^2 = 2(e^2 - e^{-2})$$

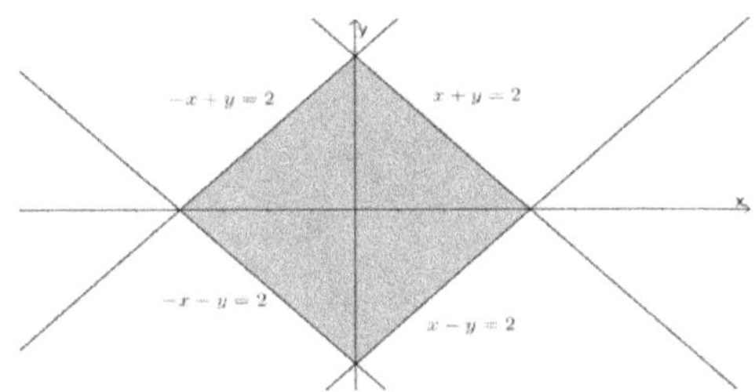

範例 4.

藉由 Green's Theorem 求 $\displaystyle\iint_{R} \frac{\partial g}{\partial x}(x,y) - \frac{\partial f}{\partial y}(x,y)\,dxdy =?$ 其中

$$f(x,y) = -\frac{2y^{\frac{3}{2}}}{3}, \quad g(x,y) = \frac{2x^{\frac{3}{2}}}{3}, \quad R \text{ 為 } \sqrt{x} + \sqrt{y} = 1, \ x = 0, \ y = 0 \text{ 所圍區域}$$

【解】

令 $C_1: \{(x,y): \sqrt{x} + \sqrt{y} = 1, 0 \leq x \leq 1\}$, $C_2: \{(x,y): x = 0, 0 \leq y \leq 2\}$,

$C_3: \{(x,y): y = 0, 0 \leq x \leq 1\}$ 且 $C = C_1 \cup C_2 \cup C_3$

藉由 Green's Theorem

$$\iint_{R} \frac{\partial g}{\partial x}(x,y) - \frac{\partial f}{\partial y}(x,y)\,dxdy = \iint_{R} (\sqrt{x} + \sqrt{y})\,dxdy = \oint_{C} -\frac{2y^{\frac{3}{2}}}{3}\,dx + \frac{2x^{\frac{3}{2}}}{3}\,dy$$

$$\because \int_{C_1} -\frac{2y^{\frac{3}{2}}}{3}\,dx + \frac{2x^{\frac{3}{2}}}{3}\,dy = \int_{1}^{0} -\frac{2}{3}\left(1 - t^{\frac{1}{2}}\right)^3\,dt + \frac{2}{3}\int_{1}^{0} t^{\frac{3}{2}}\left(1 - t^{-\frac{1}{2}}\right)\,dt$$

令 $u = 1 - t^{\frac{1}{2}}$ 則

$$\int_{1}^{0} -\frac{2}{3}\left(1 - t^{\frac{1}{2}}\right)^3\,dt = \frac{4}{3}\int_{0}^{1} u^3(1 - u)\,du = \frac{1}{15} \quad \text{且} \quad \frac{2}{3}\int_{1}^{0} t^{\frac{3}{2}}\left(1 - t^{-\frac{1}{2}}\right)\,dt = \frac{1}{15}$$

$$\because \int_{C_2} -\frac{2y^{\frac{3}{2}}}{3}dx + \frac{2x^{\frac{3}{2}}}{3}dy = 0 \ \text{且} \ \int_{C_3} -\frac{2y^{\frac{3}{2}}}{3}dx + \frac{2x^{\frac{3}{2}}}{3}dy = 0$$

$$\therefore \oint_{C} -\frac{2y^{\frac{3}{2}}}{3}dx + \frac{2x^{\frac{3}{2}}}{3}dy = \frac{2}{15}$$

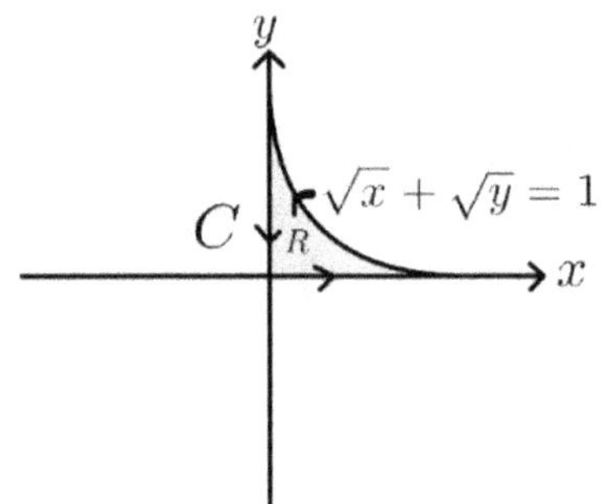

範例 5.

$$f(x,y) = \left(\frac{y^2}{2} - 4y\right), \ g(x,y) = -\frac{x^2}{2}, \ R = \{(x,y): 0 \le x \le 2, 0 \le y \le 2\},$$

藉由 Green's Theorem 求 $\iint_R \frac{\partial g}{\partial x}(x,y) - \frac{\partial f}{\partial y}(x,y)\, dxdy =?$

【解】

令 $C_1: \{(x,y): 0 \le x \le 2, y = 0\}, C_2: \{(x,y): x = 2, 0 \le y \le 2\},$

$C_3: \{(x,y): 0 \le x \le 2, y = 2\}, C_4: \{(x,y): x = 0, 0 \le y \le 2\}$ 且 $C = C_1 \cup C_2 \cup C_3 \cup C_4$

藉由 Green's Theorem

$$\iint_R \frac{\partial g}{\partial x}(x,y) - \frac{\partial f}{\partial y}(x,y)\, dxdy = \iint_R 4 - x - y\, dA = \oint_C \left(\frac{y^2}{2} - 4y\right)dx + \left(-\frac{x^2}{2}\right)dy$$

$$\because \int_{C_1} \left(\frac{y^2}{2} - 4y\right)dx + \left(-\frac{x^2}{2}\right)dy = 0, \ \int_{C_2}\left(\frac{y^2}{2} - 4y\right)dx + \left(-\frac{x^2}{2}\right)dy = \int_0^2 -2\, dx = -4$$

$$\int_{C_3}\left(\frac{y^2}{2} - 4y\right)dx + \left(-\frac{x^2}{2}\right)dy = \int_2^0 2 - 8\, dx = 12 \ \text{且} \ \int_{C_4}\left(\frac{y^2}{2} - 4y\right)dx + \left(-\frac{x^2}{2}\right)dy = 0$$

$$\therefore \oint_C \left(\frac{y^2}{2} - 4y\right)dx + \left(-\frac{x^2}{2}\right)dy = 8$$

範例 6.

藉由 Green's Theorem 求 $\iint_R \dfrac{\partial g}{\partial x}(x,y) - \dfrac{\partial f}{\partial y}(x,y)\,dxdy =?$ 其中

$$f(x,y) = \frac{xy^2}{2},\ \ g(x,y) = x^2 y,\ \ R = \{(x,y): 0 \le x \le 2, 2x-4 \le y \le 0\},$$

【解】

令 $C_1: \{(x,y): 0 \le x \le 2, y = 2x - 4\}, C_2: \{(x,y): 0 \le x \le 2, y = 0\},$

$C_3: \{(x,y): x = 0, -4 \le y \le 0\}$ 且 $C = C_1 \cup C_2 \cup C_3$

藉由 Green's Theorem

$$\iint_R \frac{\partial g}{\partial x}(x,y) - \frac{\partial f}{\partial y}(x,y)\,dxdy = \iint_R xy\,dA = \oint_C \frac{xy^2}{2}\,dx + (x^2 y)\,dy$$

$$\because \int_{C_1} \frac{xy^2}{2}\,dx + (x^2 y)\,dy = \int_0^2 \frac{x(2x-4)^2}{2}\,dx + 2x^2(2x-4)\,dx = \int_0^2 (2x^2 - 4x)(3x-2)\,dx$$

$$= \int_0^2 6x^3 - 16x^2 + 8x\,dx = \frac{-8}{3},$$

$$\int_{C_2} \frac{xy^2}{2}\,dx + (x^2 y)\,dy = 0 \quad \text{且} \quad \int_{C_3} \frac{xy^2}{2}\,dx + (x^2 y)\,dy = 0$$

$$\therefore \oint_C \frac{xy^2}{2}\,dx + (x^2 y)\,dy = \frac{-8}{3}$$

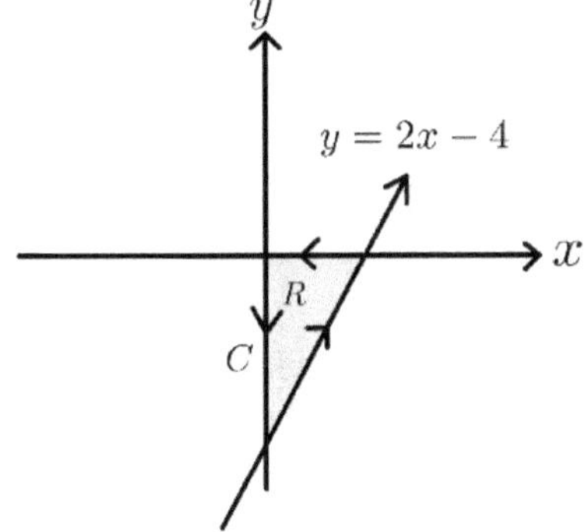

範例 7.

$$f(x,y) = \frac{y^3}{3},\ \ g(x,y) = x^2,\ \ R = \{(x,y): x - y + 1 \le 0, y \le 2, x + y - 1 \ge 0\},$$

藉由 Green's Theorem 求 $\iint_R \dfrac{\partial g}{\partial x}(x,y) - \dfrac{\partial f}{\partial y}(x,y)\,dxdy =?$

【解】

令 $C_1: \{(x,y): 0 \le x \le 1, x - y + 1 = 0\}, C_2: \{(x,y): -1 \le x \le 1, y = 2\},$

$C_3: \{(x,y): x + y - 1 = 0, -1 \le x \le 0\}$ 且 $C = C_1 \cup C_2 \cup C_3$

藉由 Green's Theorem

$$\iint_R \frac{\partial g}{\partial x}(x,y) - \frac{\partial f}{\partial y}(x,y)\, dxdy = \iint_R 2x - y^2\, dA = \oint_C \frac{y^3}{3} dx + x^2 dy$$

$$\because \int_{C_1} \frac{y^3}{3} dx + x^2 dy = \int_0^1 \frac{(x+1)^3}{3} dx + x^2 dx = \int_0^1 \frac{x^3 + 6x^2 + 3x + 1}{3} dx = \frac{19}{12},$$

$$\int_{C_2} \frac{y^3}{3} dx + x^2 dy = \int_1^{-1} \frac{8}{3} dx = -\frac{16}{3},$$

$$\int_{C_3} \frac{y^3}{3} dx + x^2 dy = \int_{-1}^0 \frac{(1-x)^3}{3} dx - x^2 dx = \int_{-1}^0 \frac{1 - 3x - x^3}{3} dx = \frac{11}{12}$$

$$\therefore \oint_C \frac{y^3}{3} dx + x^2 dy = \frac{19}{12} - \frac{16}{3} + \frac{11}{12} = \frac{-17}{6}$$

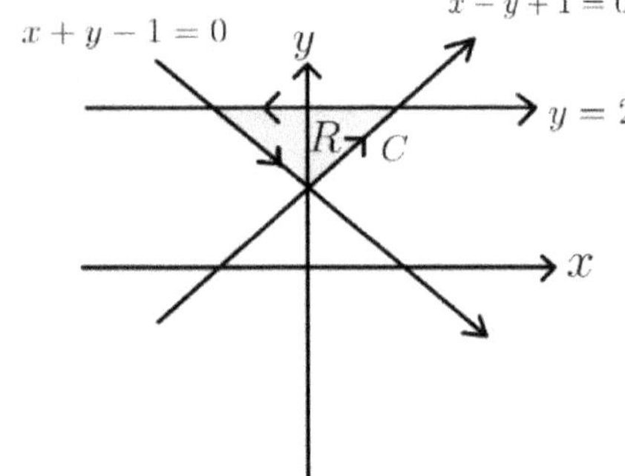

範例 8.

$$f(x,y) = y, g(x,y) = 2x, \quad R = \{(x,y): -3x - y + 6 \le 0, 4x - x^2 - y \ge 0, y \ge 0\},$$

藉由 Green's Theorem 求 $\iint_R \frac{\partial g}{\partial x}(x,y) - \frac{\partial f}{\partial y}(x,y)\, dxdy =?$

【解】

令 $C_1: \{(x,y): 1 \le x \le 4, 4x - x^2 - y = 0\}, C_2: \{(x,y): 1 \le x \le 2, -3x - y + 6 = 0\},$

$C_3: \{(x,y): 2 \le x \le 4, y = 0\}$ 且 $C = C_1 \cup C_2 \cup C_3$

藉由 Green's Theorem, $\iint_R \frac{\partial g}{\partial x}(x,y) - \frac{\partial f}{\partial y}(x,y)\, dxdy = \iint_R dA = \oint_C y\, dx + 2x dy$

$$\because \int_{C_1} y\,dx + 2x\,dy = \int_4^1 4x - x^2\,dx + 2x(4-2x)\,dx = \int_4^1 -5x^2 + 12x\,dx = \frac{-5x^3}{3} + 6x^2 \Big|_4^1$$

$$= 15,$$

$$\int_{C_2} y\,dx + 2x\,dy = \int_1^2 6 - 3x\,dx + 2x(-3)\,dx = \int_1^2 -9x + 6\,dx = \frac{-9x^2}{2} + 6x \Big|_1^2 = -\frac{15}{2}$$

$$\text{且} \int_{C_3} y\,dx + 2x\,dy = 0$$

$$\therefore \oint_C y\,dx + 2x\,dy = \frac{15}{2}$$

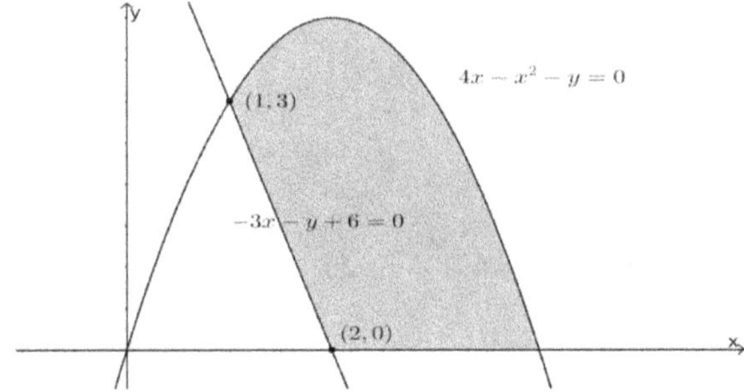

範例 9.

藉由 Green's Theorem 求 $\iint_R \frac{\partial g}{\partial x}(x,y) - \frac{\partial f}{\partial y}(x,y)\,dxdy =?$　其中 $f(x,y) = \frac{y^3}{3}$,

$g(x,y) = \frac{2x^{\frac{3}{2}}}{3}$,　$R = \left\{(x,y): y \geq x^2, y \leq x^{\frac{1}{4}}\right\}$,

【解】

令 $C_1:\{(x,y): 0 \leq x \leq 1, y = x^2\}$,　$C_2:\left\{(x,y): 0 \leq x \leq 1, y = x^{\frac{1}{4}}\right\}$ 且 $C = C_1 \cup C_2$

藉由 Green's Theorem

$$\iint_R \frac{\partial g}{\partial x}(x,y) - \frac{\partial f}{\partial y}(x,y)\,dxdy = \iint_R \sqrt{x} - y^2\,dxdy = \oint_C \frac{y^3}{3}\,dx + \frac{2x^{\frac{3}{2}}}{3}\,dy$$

$$\because \int_{C_1} \frac{y^3}{3}\,dx + \frac{2x^{\frac{3}{2}}}{3}\,dy = \int_0^1 \frac{x^6}{3}\,dx + \frac{2x^{\frac{3}{2}}}{3} \cdot 2x\,dx = \frac{3}{7},$$

$$\int_{C_2} \frac{y^3}{3}\,dx + \frac{2x^{\frac{3}{2}}}{3}\,dy = \int_1^0 \frac{x^{\frac{3}{4}}}{3}\,dx + \frac{x^{\frac{3}{4}}}{6}\,dx = -\frac{2}{7}$$

$$\therefore \oint_C \frac{y^3}{3}\,dx + \frac{2x^{\frac{3}{2}}}{3}\,dy = \frac{1}{7}$$

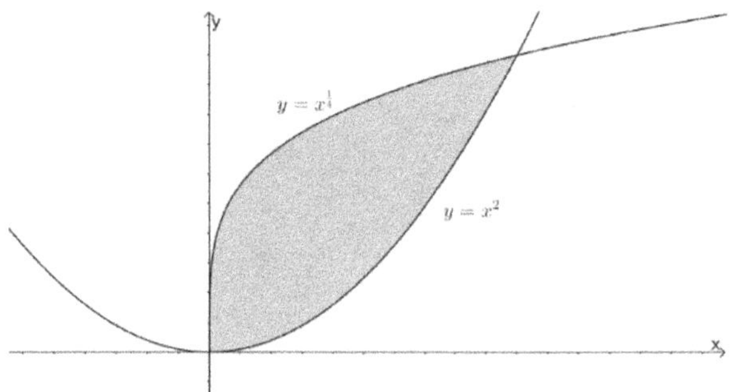

範例 10.

$$f(x,y) = 6y + x, \quad g(x,y) = y + 2x, \quad R = \{(x,y): (x-2)^2 + (y-3)^2 \leq 9\},$$

藉由 Green's Theorem 求 $\displaystyle\iint_R \frac{\partial g}{\partial x}(x,y) - \frac{\partial f}{\partial y}(x,y)\,dxdy = ?$

【解】

令 C 為逆時針封閉圓：$\{(x,y): (x-2)^2 + (y-3)^2 = 9\}$，藉由 Green's Theorem

$$\iint_R \frac{\partial g}{\partial x}(x,y) - \frac{\partial f}{\partial y}(x,y)\,dxdy = \iint_R 2 - 6\,dxdy = \oint_C (6y + x)\,dx + (y + 2x)\,dy$$

令 $x = 2 + 3\cos\theta$, $y = 3 + 3\sin\theta$ 則

$$\oint_C (6y + x)\,dx + (y + 2x)\,dy$$

$$= \int_0^{2\pi} \big(6(3 + 3\sin\theta) + (2 + 3\cos\theta)\big)(-3\sin\theta)\,d\theta$$

$$+ \int_0^{2\pi} \big(3 + 3\sin\theta + (4 + 6\cos\theta)\big)3\cos\theta\,d\theta$$

$$= \int_0^{2\pi} -\frac{54}{2} + 18 \cdot \frac{1}{2}\,d\theta = 2\pi \cdot (-18) = -36\pi$$

範例 11.

$$f(x,y) = y^3 - 2y, \quad g(x,y) = -(2x^3 + x), \quad R = \{(x,y): 6x^2 + 3y^2 \leq 1\},$$

藉由 Green's Theorem 求 $\displaystyle\iint_R \frac{\partial g}{\partial x}(x,y) - \frac{\partial f}{\partial y}(x,y)\,dxdy =?$

【解】

令 C 為逆時針封閉圓：$\{(x,y):6x^2 + 3y^2 = 1\}$，藉由 Green's Theorem

$$\iint_R \frac{\partial g}{\partial x}(x,y) - \frac{\partial f}{\partial y}(x,y)\,dxdy = \iint_R 1 - 6x^2 - 3y^2\,dxdy = \oint_C y^3 - 2y\,dx - (2x^3 + x)dy$$

令 $x = \dfrac{\cos\theta}{\sqrt{6}},\ \ y = \dfrac{\sin\theta}{\sqrt{3}}$ 則

$$\oint_C (y^3 - 2y)\,dx - (2x^3 + x)dy$$

$$= \int_0^{2\pi} \left(\frac{\sin^3\theta}{3\sqrt{3}} - \frac{2\sin\theta}{\sqrt{3}}\right)\left(-\frac{\sin\theta}{\sqrt{6}}\right)d\theta - \int_0^{2\pi}\left(\frac{\cos^3\theta}{3\sqrt{6}} + \frac{\cos\theta}{\sqrt{6}}\right)\left(\frac{\cos\theta}{\sqrt{3}}\right)d\theta$$

$$= -\frac{1}{9\sqrt{2}}\int_0^{2\pi}\sin^4\theta\,d\theta + \frac{\sqrt{2}}{3}\int_0^{2\pi}\sin^2\theta\,d\theta - \frac{1}{9\sqrt{2}}\int_0^{2\pi}\cos^4\theta\,d\theta - \frac{1}{3\sqrt{2}}\int_0^{2\pi}\cos^2\theta\,d\theta$$

$$= -\frac{1}{9\sqrt{2}}\cdot\frac{3}{8}\cdot 2\pi + \frac{\sqrt{2}}{3}\cdot\frac{1}{\sqrt{2}}\cdot 2\pi - \frac{1}{9\sqrt{2}}\cdot\frac{3}{8}\cdot 2\pi - \frac{1}{3\sqrt{2}}\cdot\frac{1}{2}\cdot 2\pi = \frac{\pi}{6\sqrt{2}}$$

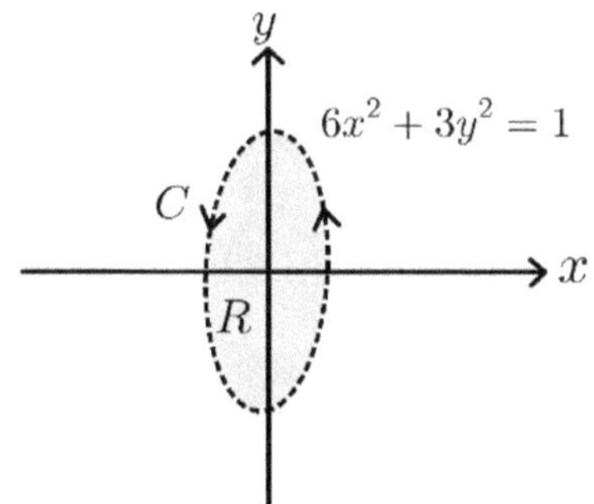

範例 12.

$\quad f(x,y) = y^3,\ \ g(x,y) = -x^3,\ \ R:\{(x,y):x^2 + y^2 \leq r^2\}$，藉由 Green's Theorem

$\quad$求 $\displaystyle\iint_R \frac{\partial g}{\partial x}(x,y) - \frac{\partial f}{\partial y}(x,y)\,dxdy =?$

【解】

令 C 為逆時針封閉圓：$\{(x,y):x^2 + y^2 = r^2\}$，藉由 Green's Theorem

$$\iint_R \frac{\partial g}{\partial x}(x,y) - \frac{\partial f}{\partial y}(x,y)\,dxdy = \iint_R -3x^2 - 3y^2\,dxdy = \oint_C y^3\,dx - x^3\,dy$$

令$x = r\cos\theta$, $y = r\sin\theta$, $0 \le \theta \le 2\pi$

則 $\oint_C y^3 dx - x^3\, dy = \int_0^{2\pi} r^3 \sin^3\theta \cdot (-r\sin\theta) - r^3\cos^3\theta \cdot (r\cos\theta)d\theta$

$= -r^4 \int_0^{2\pi} \sin^4\theta + \cos^4\theta\, d\theta = -r^4 \int_0^{2\pi} (\sin^2\theta + \cos^2\theta)^2 - 2\sin^2\theta\cos^2\theta\, d\theta$

$= -r^4 \int_0^{2\pi} 1 - 2\left(\frac{\sin 2\theta}{2}\right)^2 d\theta = -r^4 \int_0^{2\pi} 1 - \frac{\sin^2 2\theta}{2}\, d\theta = -r^4 \int_0^{2\pi} 1 - \frac{1 - \cos 4\theta}{4}\, d\theta$

$= -r^4 \cdot \frac{3}{4} \cdot 2\pi = -\frac{3r^4\pi}{2}$

範例 13.

$\qquad f(x,y) = 2y$, $g(x,y) = x^2 + y^2$, $R:\{(x,y): x^2 + (y-3)^2 \le r^2\}$, $r > 3$, 藉由

$\qquad$ Green's Theorem 求 $\iint_R \frac{\partial g}{\partial x}(x,y) - \frac{\partial f}{\partial y}(x,y)\, dxdy =?$

【解】

令C為逆時針封閉圓$:\{(x,y): x^2 + (y-3)^2 = r^2\}$, 藉由 Green's Theorem

$\iint_R \frac{\partial g}{\partial x}(x,y) - \frac{\partial f}{\partial y}(x,y)\, dxdy = \iint_R 2x - 2dxdy = \int_C 2ydx + (x^2 + y^2)\, dy$

令$x = r\cos\theta$, $y = 3 + r\sin\theta$, $0 \le \theta \le 2\pi$ 則

$\int_C 2ydx + (x^2 + y^2)\, dy = \int_0^{2\pi} 2(3 + r\sin\theta)(-r\sin\theta) + ((9 + r^2) + 6r\sin\theta)r\cos\theta\, d\theta$

$= \int_0^{2\pi} -6r\sin\theta - 2r^2\sin^2\theta + (9 + r^2)r\cos\theta + 6r^2\sin\theta\cos\theta\, d\theta$

$= \int_0^{2\pi} -2r^2\sin^2\theta + 6r^2\sin\theta\cos\theta\, d\theta = \int_0^{2\pi} -2r^2\left(\frac{1 - \cos 2\theta}{2}\right) + 3r^2\sin 2\theta\, d\theta = -2r^2\pi$

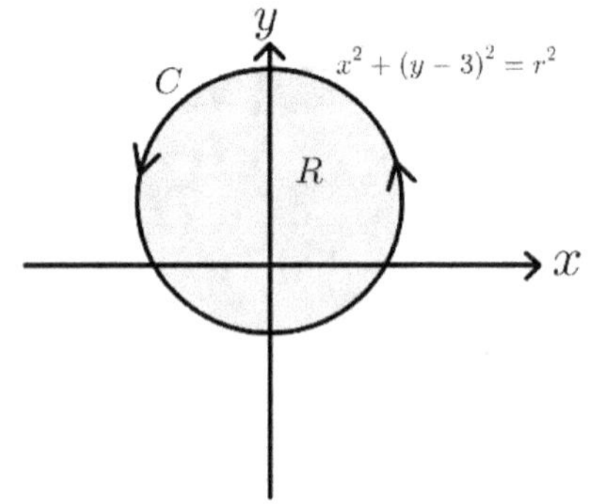

範例 14.

$\qquad f(x,y) = y \cos x$, $\ g(x,y) = x \sin y$, $\ R$為$(0,0),(a,0),(a,a)$所圍逆時針封閉三角形

$\qquad$ 區域$(a > 0)$, 藉由 Green's Theorem 求 $\displaystyle\iint_R \frac{\partial g}{\partial x}(x,y) - \frac{\partial f}{\partial y}(x,y)\, dxdy =?$

【解】

令 $C_1 = \{(x,y) : 0 \le x \le a, y = 0\}$, $\ C_2 = \{(x,y) : 0 \le y \le a, x = a\}$,

$C_3 = \{(x,y) : 0 \le x \le a, y = x\}$ 且 $C = C_1 \cup C_2 \cup C_3$

藉由 Green's Theorem

$$\iint_R \frac{\partial g}{\partial x}(x,y) - \frac{\partial f}{\partial y}(x,y)\, dxdy = \iint_R \sin y - \cos x \, dxdy = \oint_C y \cos x\, dx + x \sin y\, dy$$

則 $\displaystyle\oint_C y \cos x\, dx + x \sin y\, dy$

$$= \int_{C_1} y \cos x\, dx + x \sin y\, dy + \int_{C_2} y \cos x\, dx + x \sin y\, dy + \int_{C_3} y \cos x\, dx + x \sin y\, dy$$

$$\because \int_{C_1} y \cos x\, dx + x \sin y\, dy = 0$$

$$\int_{C_2} y \cos x\, dx + x \sin y\, dy = a \int_0^a \sin y\, dy = a(-\cos a + 1)$$

$$\int_{C_3} y \cos x\, dx + x \sin y\, dy = \int_a^0 x \cos x\, dx + x \sin x\, dx = -(a+1) \sin a + (a-1) \cos a + 1$$

$$\therefore \oint_C y \cos x\, dx + x \sin y\, dy = -(a+1) \sin a - \cos a + a + 1$$

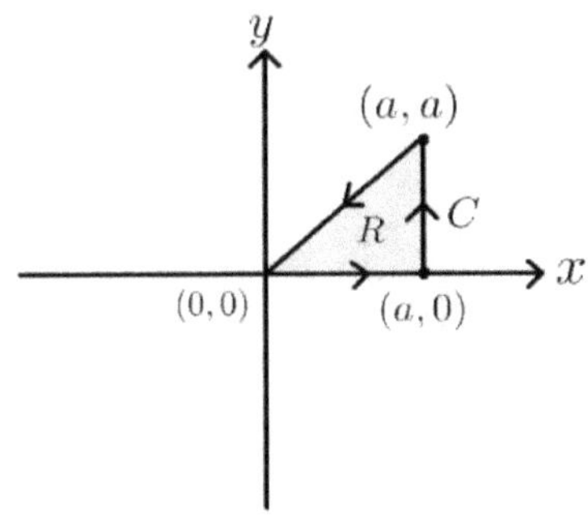

範例 15.

$$f(x,y) = -y^4, \quad g(x,y) = xy^2, \quad R為(0,0),(1,0),(1,1)所圍逆時針封閉三角形區域,$$

藉由 Green's Theorem 求 $\iint_R \dfrac{\partial g}{\partial x}(x,y) - \dfrac{\partial f}{\partial y}(x,y)\, dxdy =?$

【解】

令 $C_1 = \{(x,y): 0 \leq x \leq 1, y = 0\}, \quad C_2 = \{(x,y): 0 \leq y \leq 1, x = 1\}$

$C_3 = \{(x,y): 0 \leq x \leq 1, y = x\}$ 且 $C = C_1 \cup C_2 \cup C_3$

藉由 Green's Theorem

$$\iint_R \frac{\partial g}{\partial x}(x,y) - \frac{\partial f}{\partial y}(x,y)\, dxdy = \iint_R 2xy + 4y^3 dxdy = \oint_C -y^4 dx + xy^2 dy$$

則 $\displaystyle \oint_C -y^4 dx + xy^2 dy = \sum_{j=1}^{3} \int_{C_j} -y^4 dx + xy^2 dy$

$\displaystyle \because \int_{C_1} -y^4 dx + xy^2 dy = 0, \quad \int_{C_2} -y^4 dx + xy^2 dy = \int_0^1 y^2 dy = \frac{1}{3}$

$\displaystyle \int_{C_3} -y^4 dx + xy^2 dy = \int_1^0 -x^4 dx + x^3 dy = \frac{-1}{20}$

$\displaystyle \therefore \oint_C -y^4 dx + xy^2 dy = \frac{1}{3} - \frac{1}{20} = \frac{17}{60}$

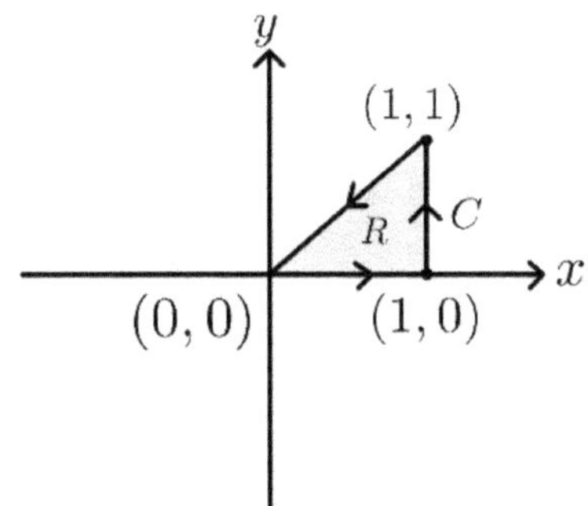

9.4.6 $\Delta \neq 0$, 造出不含奇異點的封閉區域再用 Green's Theorem

如果 Green's Theorem 當中兩函數 f, g 無法滿足在封閉區域內一階偏導數存在且連續的條件,則無法直接使用 Green's Theorem,得先造出不包含奇異點(奇異點為使得函數 f, g 不連續的點或不可微分的點)的封閉區域再使用 Green's Theorem

考試類型:

題型 1.

求 $\oint_C f(x,y)\,dx + g(x,y)\,dy = ?$，其中 C 為任意包含原點的封閉曲線(如下圖), f, g 在原點一階偏導數不存在或者不連續

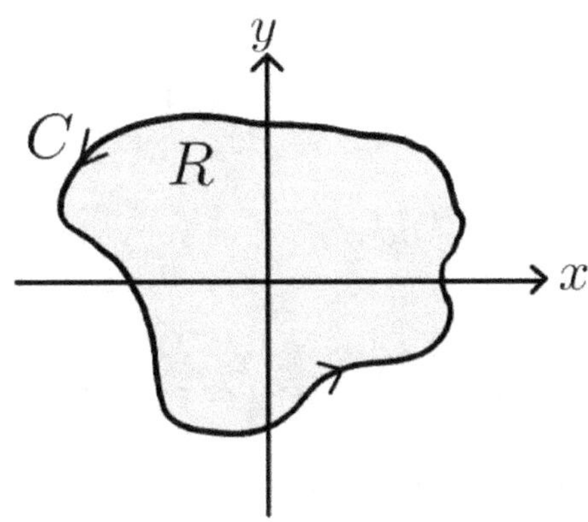

補充說明:

常考封閉曲線為長方形、正方形、橢圓、圓、不規則形, 無論是哪種曲線證明敘述皆類似

解題流程:

Step1.

令 O_ε 為包含原點半徑為 ε 的圓

且取圓上兩點 $(\varepsilon\cos\theta, \varepsilon\sin\theta)(\varepsilon\cos(-\theta), \varepsilon\sin(-\theta)), \theta > 0$

假設過 $(\varepsilon\cos\theta, \varepsilon\sin\theta)$ 的水平直線與 C 交於 s_1

過 $(\varepsilon\cos(-\theta), \varepsilon\sin(-\theta))$ 的水平直線與 C 交於 s_2

令 C_ε 為 O_ε 圓上從 $(\varepsilon\cos\theta, \varepsilon\sin\theta)$ 至 $(\varepsilon\cos(-\theta), \varepsilon\sin(-\theta))$ 的逆時針弧線

令 C_1 為 $(\varepsilon\cos\theta, \varepsilon\sin\theta)$ 至 s_1 的直線

令 C_2 為 s_2 至 $(\varepsilon\cos(-\theta), \varepsilon\sin(-\theta))$ 的直線

令 C' 為曲線 C 上從 s_1 至 s_2 的逆時針弧線

令 R' 為 C_ε、C_1、C_2、C' 所圍不包含原點的封閉區域

Step2.

藉由 Green's Theorem

$$\int_{C'} f\,dx + g\,dy + \int_{C_1} f\,dx + g\,dy - \int_{C_\varepsilon} f\,dx + g\,dy + \int_{C_2} f\,dx + g\,dy$$

$$= \iint_{R'} \frac{\partial g}{\partial x}(x,y) - \frac{\partial f}{\partial y}(x,y)\,dxdy$$

Step3.

Claim: $\displaystyle\lim_{\theta \to 0}\int_{C'} f\,dx + g\,dy = \lim_{\theta \to 0}\int_{C_\varepsilon} f\,dx + g\,dy$

$\because \dfrac{\partial g}{\partial x}(x,y) - \dfrac{\partial f}{\partial y}(x,y) = 0 \quad \therefore \displaystyle\iint_{R'} \dfrac{\partial g}{\partial x}(x,y) - \dfrac{\partial f}{\partial y}(x,y)\,dxdy = 0$

$\Rightarrow \displaystyle\int_{C'} f\,dx + g\,dy + \int_{C_1} f\,dx + g\,dy - \int_{C_\varepsilon} f\,dx + g\,dy + \int_{C_2} f\,dx + g\,dy = 0$

$\because \displaystyle\lim_{\theta \to 0}\int_{C_1} f\,dx + g\,dy + \int_{C_2} f\,dx + g\,dy = 0 \quad \therefore \lim_{\theta \to 0}\int_{C'} f\,dx + g\,dy - \int_{C_\varepsilon} f\,dx + g\,dy = 0$

$\therefore \displaystyle\lim_{\theta \to 0}\int_{C'} f\,dx + g\,dy = \lim_{\theta \to 0}\int_{C_\varepsilon} f\,dx + g\,dy$

Step4.

令 $x = \varepsilon \cos t,\ y = \varepsilon \sin t$ 則 $dx = -\varepsilon \sin t,\ dy = \varepsilon \cos t$

$\because \displaystyle\lim_{\theta \to 0}\int_{C_\varepsilon} f\,dx + g\,dy = \int_0^{2\pi} f(\varepsilon \cos t, \varepsilon \sin t)(-\varepsilon \sin t) + g(\varepsilon \cos t, \varepsilon \sin t)\varepsilon \cos t\,dt$

$\because \displaystyle\lim_{\theta \to 0}\int_{C'} f\,dx + g\,dy = \oint_C f\,dx + g\,dy$

$\therefore \displaystyle\oint_C f\,dx + g\,dy = \int_0^{2\pi} f(\varepsilon \cos t, \varepsilon \sin t)(-\varepsilon \sin t) + g(\varepsilon \cos t, \varepsilon \sin t)\varepsilon \cos t\,dt$

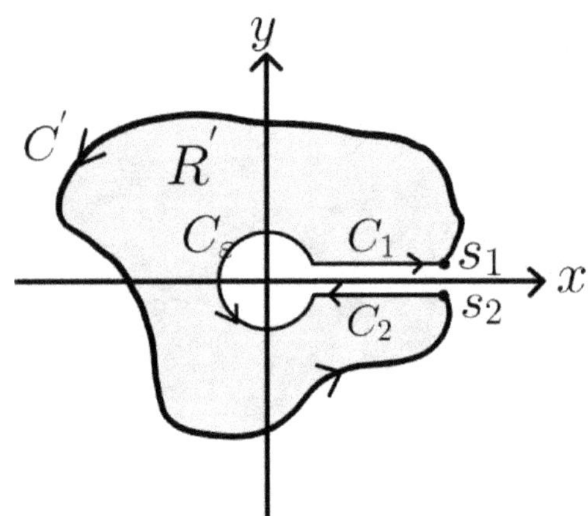

<u>範例說明:</u>

求 $\displaystyle\oint_C f(x,y)\,dx + g(x,y)\,dy = ?,$

(I)若 $f(x,y) = \dfrac{-y}{x^2 + y^2},\ g(x,y) = \dfrac{x}{x^2 + y^2}$ 且 C 為任意包含原點的封閉曲線

則 f, g 在原點並非一階偏導數存在且連續

令 $(x, y) \neq (0,0)$

則 $\dfrac{\partial g}{\partial x}(x, y) = \dfrac{x^2 + y^2 - 2x^2}{(x^2 + y^2)^2} = \dfrac{-x^2 + y^2}{(x^2 + y^2)^2}$, $\quad \dfrac{\partial f}{\partial y}(x, y) = \dfrac{-(x^2 + y^2) + 2y^2}{(x^2 + y^2)^2} = \dfrac{-x^2 + y^2}{(x^2 + y^2)^2}$

$\therefore \dfrac{\partial g}{\partial x}(x, y) - \dfrac{\partial f}{\partial y}(x, y) = 0, \quad \forall (x, y) \neq (0,0)$

(II)若 $f(x, y) = \dfrac{x - y}{x^2 + y^2}$, $\quad g(x, y) = \dfrac{x + y}{x^2 + y^2}$ 且 C 為任意包含原點的封閉曲線

則 f, g 在原點並非一階偏導數存在且連續

令 $(x, y) \neq (0,0)$

則 $\dfrac{\partial g}{\partial x}(x, y) = \dfrac{x^2 + y^2 - 2x^2 - 2xy}{(x^2 + y^2)^2} = \dfrac{-x^2 + y^2 - 2xy}{(x^2 + y^2)^2}$

且 $\dfrac{\partial f}{\partial y}(x, y) = \dfrac{-(x^2 + y^2) + 2y^2 - 2xy}{(x^2 + y^2)^2} = \dfrac{-x^2 + y^2 - 2xy}{(x^2 + y^2)^2}$

$\therefore \dfrac{\partial g}{\partial x}(x, y) - \dfrac{\partial f}{\partial y}(x, y) = 0, \quad \forall (x, y) \neq (0,0)$

(III)若 $f(x, y) = \dfrac{-y^3}{(x^2 + y^2)^2}$, $\quad g(x, y) = \dfrac{xy^2}{(x^2 + y^2)^2}$, C: 任意包含原點的封閉曲線

則 f, g 在原點並非一階偏導數存在且連續

令 $(x, y) \neq (0,0)$

則 $\dfrac{\partial g}{\partial x}(x, y) = \dfrac{y^2(x^2 + y^2)^2 - xy^2 \cdot 2(x^2 + y^2)2x}{(x^2 + y^2)^4} = \dfrac{y^2(x^2 + y^2) - 4x^2 y^2}{(x^2 + y^2)^3}$

且 $\dfrac{\partial f}{\partial y}(x, y) = \dfrac{-3y^2(x^2 + y^2)^2 + y^3 \cdot 2(x^2 + y^2)2y}{(x^2 + y^2)^4} = \dfrac{-3y^2(x^2 + y^2) + 4y^4}{(x^2 + y^2)^3}$

$\therefore \dfrac{\partial g}{\partial x}(x, y) - \dfrac{\partial f}{\partial y}(x, y) = 0, \quad \forall (x, y) \neq (0,0)$

令 O_ε 為包含原點半徑為 ε 的圓

且取圓上兩點 $(\varepsilon \cos \theta, \varepsilon \sin \theta)(\varepsilon \cos(-\theta), \varepsilon \sin(-\theta)), \theta > 0$

假設過 $(\varepsilon \cos \theta, \varepsilon \sin \theta)$ 的水平直線與 C 交於 s_1

過 $(\varepsilon \cos(-\theta), \varepsilon \sin(-\theta))$ 的水平直線與 C 交於 s_2

令 C_ε 為 O_ε 圓上從 $(\varepsilon \cos \theta, \varepsilon \sin \theta)$ 至 $(\varepsilon \cos(-\theta), \varepsilon \sin(-\theta))$ 的逆時針弧線

令 C_1 為 $(\varepsilon \cos \theta, \varepsilon \sin \theta)$ 至 s_1 的直線

令 C_2 為 s_2 至 $(\varepsilon \cos(-\theta), \varepsilon \sin(-\theta))$ 的直線

令 C' 為曲線 C 上從 s_1 至 s_2 的逆時針弧線

藉由 Green's Theorem

$$\int_{C'} fdx + gdy + \int_{C_1} fdx + gdy - \int_{C_\varepsilon} fdx + gdy + \int_{C_2} fdx + gdy$$

$$= \iint_{R'} \frac{\partial g}{\partial x}(x,y) - \frac{\partial f}{\partial y}(x,y)dxdy$$

Claim: $\lim\limits_{\theta \to 0} \int_{C'} fdx + gdy = \lim\limits_{\theta \to 0} \int_{C_\varepsilon} fdx + gdy$

$\because \dfrac{\partial g}{\partial x}(x,y) - \dfrac{\partial f}{\partial y}(x,y) = 0 \quad \therefore \iint_{R'} \dfrac{\partial g}{\partial x}(x,y) - \dfrac{\partial f}{\partial y}(x,y)dxdy = 0$

$$\Rightarrow \int_{C'} fdx + gdy + \int_{C_1} fdx + gdy - \int_{C_\varepsilon} fdx + gdy + \int_{C_2} fdx + gdy = 0$$

$\because \lim\limits_{\theta \to 0} \int_{C_1} fdx + gdy + \int_{C_2} fdx + gdy = 0 \quad \therefore \lim\limits_{\theta \to 0} \int_{C'} fdx + gdy - \int_{C_\varepsilon} fdx + gdy = 0$

$\therefore \lim\limits_{\theta \to 0} \int_{C'} fdx + gdy = \lim\limits_{\theta \to 0} \int_{C_\varepsilon} fdx + gdy$

(I)

Claim: $\oint_C fdx + gdy = 2\pi$

令 $x = \varepsilon\cos t, \ y = \varepsilon\sin t$ 則 $dx = -\varepsilon\sin t, \ dy = \varepsilon\cos t$

$\because \lim\limits_{\theta \to 0} \int_{C_\varepsilon} fdx + gdy = \int_0^{2\pi} \dfrac{-\varepsilon\sin t(-\varepsilon\sin t) + \varepsilon^2\cos^2 t}{\varepsilon^2} dt = 2\pi$

$\therefore \lim\limits_{\theta \to 0} \int_{C'} fdx + gdy = \lim\limits_{\theta \to 0} \int_{C_\varepsilon} fdx + gdy = 2\pi$

$\because \lim\limits_{\theta \to 0} \int_{C'} fdx + gdy = \oint_C fdx + gdy \quad \therefore \oint_C fdx + gdy = 2\pi$

(II)

Claim: $\oint_C fdx + gdy = 2\pi$

令 $x = \varepsilon\cos t, \ y = \varepsilon\sin t$ 則 $dx = -\varepsilon\sin t, \ dy = \varepsilon\cos t$

$\because \lim\limits_{\theta \to 0} \int_{C_\varepsilon} fdx + gdy = \int_0^{2\pi} \dfrac{(\varepsilon\cos t - \varepsilon\sin t)(-\varepsilon\sin t) + (\varepsilon\cos t + \varepsilon\sin t)\varepsilon\cos t}{\varepsilon^2} dt = 2\pi$

$$\therefore \lim_{\theta \to 0} \int_{C'} f\,dx + g\,dy = \lim_{\theta \to 0} \int_{C_\varepsilon} f\,dx + g\,dy = 2\pi$$

$$\because \lim_{\theta \to 0} \int_{C'} f\,dx + g\,dy = \oint_C f\,dx + g\,dy \quad \therefore \oint_C f\,dx + g\,dy = 2\pi$$

(III)

Claim: $\displaystyle\oint_C f\,dx + g\,dy = \pi$

令 $x = \varepsilon \cos t, \ y = \varepsilon \sin t$ 則 $dx = -\varepsilon \sin t, \ dy = \varepsilon \cos t$

$$\because \lim_{\theta \to 0} \int_{C_\varepsilon} f\,dx + g\,dy = \int_0^{2\pi} \frac{-(\varepsilon \sin t)^3(-\varepsilon \sin t) + (\varepsilon \cos t \cdot \varepsilon^2 \sin^2 t)\varepsilon \cos t}{\varepsilon^4}\,dt$$

$$= \int_0^{2\pi} \sin^2 t \, dt = \pi$$

$$\therefore \lim_{\theta \to 0} \int_{C'} f\,dx + g\,dy = \lim_{\theta \to 0} \int_{C_\varepsilon} f\,dx + g\,dy = \pi$$

$$\because \lim_{\theta \to 0} \int_{C'} f\,dx + g\,dy = \oint_C f\,dx + g\,dy \quad \therefore \oint_C f\,dx + g\,dy = \pi$$

範例 1.

假設 $f(x,y) = \dfrac{-y}{x^2 + y^2}$ 、$g(x,y) = \dfrac{x}{x^2 + y^2}$，$C$ 為任意包含原點的封閉曲線，

求 $\displaystyle\oint_C f(x,y)\,dx + g(x,y)\,dy = ?$

【解】

令 O_ε 為包含原點半徑為 ε 的圓且取圓上兩點 $(\varepsilon \cos \theta, \varepsilon \sin \theta)(\varepsilon \cos(-\theta), \varepsilon \sin(-\theta)), \theta > 0$

假設過 $(\varepsilon \cos \theta, \varepsilon \sin \theta)$ 的水平直線與 C 交於 s_1

過 $(\varepsilon \cos(-\theta), \varepsilon \sin(-\theta))$ 的水平直線與 C 交於 s_2

令 C_ε 為 O_ε 圓上從 $(\varepsilon \cos \theta, \varepsilon \sin \theta)$ 至 $(\varepsilon \cos(-\theta), \varepsilon \sin(-\theta))$ 的逆時針弧線

令 C_1 為 $(\varepsilon \cos \theta, \varepsilon \sin \theta)$ 至 s_1 的直線

令 C_2 為 s_2 至 $(\varepsilon \cos(-\theta), \varepsilon \sin(-\theta))$ 的直線

令 C' 為曲線 C 上從 s_1 至 s_2 的逆時針弧線

令 R' 為 C_ε 、C_1 、C_2 、C' 所圍的不包含原點的封閉區域

藉由 Green's Theorem

$$\int_{C'} f\,dx + g\,dy + \int_{C_1} f\,dx + g\,dy - \int_{C_\varepsilon} f\,dx + g\,dy + \int_{C_2} f\,dx + g\,dy$$

$$= \iint_{R'} \frac{\partial g}{\partial x}(x,y) - \frac{\partial f}{\partial y}(x,y)\,dxdy$$

令 $(x,y) \neq (0,0)$

則 $\dfrac{\partial g}{\partial x}(x,y) = \dfrac{x^2 + y^2 - 2x^2}{(x^2+y^2)^2} = \dfrac{-x^2+y^2}{(x^2+y^2)^2},\quad \dfrac{\partial f}{\partial y}(x,y) = \dfrac{-(x^2+y^2)+2y^2}{(x^2+y^2)^2} = \dfrac{-x^2+y^2}{(x^2+y^2)^2}$

$\therefore \dfrac{\partial g}{\partial x}(x,y) - \dfrac{\partial f}{\partial y}(x,y) = 0 \Rightarrow \iint_{R'} \dfrac{\partial g}{\partial x}(x,y) - \dfrac{\partial f}{\partial y}(x,y)\,dxdy = 0$

$$\Rightarrow \int_{C'} f\,dx + g\,dy + \int_{C_1} f\,dx + g\,dy - \int_{C_\varepsilon} f\,dx + g\,dy + \int_{C_2} f\,dx + g\,dy = 0$$

$\because \lim\limits_{\theta \to 0}\int_{C_1} f\,dx + g\,dy + \int_{C_2} f\,dx + g\,dy = 0 \quad \therefore \lim\limits_{\theta \to 0}\int_{C'} f\,dx + g\,dy - \int_{C_\varepsilon} f\,dx + g\,dy = 0$

$\therefore \lim\limits_{\theta \to 0}\int_{C'} f\,dx + g\,dy = \lim\limits_{\theta \to 0}\int_{C_\varepsilon} f\,dx + g\,dy$

令 $x = \varepsilon\cos t, y = \varepsilon\sin t$ 則 $dx = -\varepsilon\sin t, dy = \varepsilon\cos t$

$\therefore \lim\limits_{\theta \to 0}\int_{C_\varepsilon} f\,dx + g\,dy = \int_0^{2\pi} \dfrac{-\varepsilon\sin t(-\varepsilon\sin t) + \varepsilon^2\cos^2 t}{\varepsilon^2}\,dt = 2\pi$

$\therefore \lim\limits_{\theta \to 0}\int_{C'} f\,dx + g\,dy = \lim\limits_{\theta \to 0}\int_{C_\varepsilon} f\,dx + g\,dy = 2\pi$

$\because \lim\limits_{\theta \to 0}\int_{C'} f\,dx + g\,dy = \oint_C f\,dx + g\,dy \quad \therefore \oint_C f\,dx + g\,dy = 2\pi$

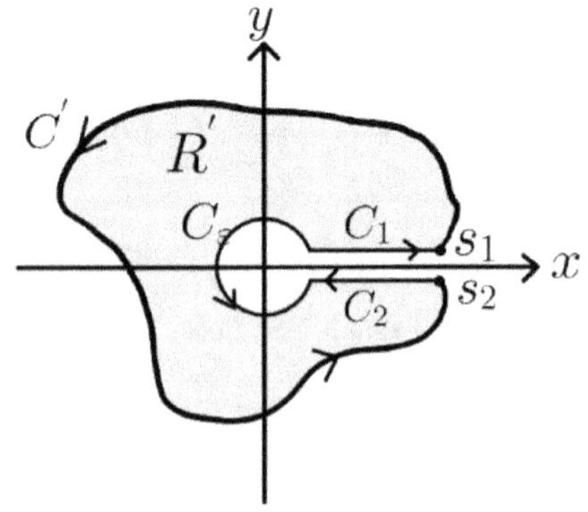

範例 2.

假設 $f(x,y) = \dfrac{x-y}{x^2+y^2}$ 、$g(x,y) = \dfrac{x+y}{x^2+y^2}$，$C$ 為 $(1,0)$、$(1,1)$、$(-1,1)$、$(-1,0)$

所圍的逆時針長方形邊界，求 $\displaystyle\oint_C f(x,y)\,dx + g(x,y)\,dy = ?$

【解】

令 $s_1 = (-\varepsilon,0)$，$s_2 = (\varepsilon,0) \in C$ 且 $\varepsilon > 0$

令 O_ε 為包含原點半徑為 ε 的圓

令 C_ε 為 O_ε 圓上從 $(\varepsilon,0)$ 至 $(-\varepsilon,0)$ 的逆時針上半圓弧線

令 C' 為曲線 C 上 s_2 至 s_1 的逆時針路徑

令 R' 為 C_ε、C' 所圍的封閉區域

藉由 Green's Theorem $\displaystyle\int_{C'} f\,dx + g\,dy - \int_{C_\varepsilon} f\,dx + g\,dy = \iint_{R'} \frac{\partial g}{\partial x}(x,y) - \frac{\partial f}{\partial y}(x,y)\,dxdy$

令 $(x,y) \neq (0,0)$

則 $\dfrac{\partial g}{\partial x}(x,y) = \dfrac{x^2+y^2 - 2x^2 - 2xy}{(x^2+y^2)^2} = \dfrac{-x^2+y^2-2xy}{(x^2+y^2)^2}$

$\dfrac{\partial f}{\partial y}(x,y) = \dfrac{-(x^2+y^2)+2y^2-2xy}{(x^2+y^2)^2} = \dfrac{-x^2+y^2-2xy}{(x^2+y^2)^2}$

$\therefore \dfrac{\partial g}{\partial x}(x,y) - \dfrac{\partial f}{\partial y}(x,y) = 0 \Rightarrow \iint_{R'} \dfrac{\partial g}{\partial x}(x,y) - \dfrac{\partial f}{\partial y}(x,y)\,dxdy = 0$

$\Rightarrow \displaystyle\int_{C'} f\,dx + g\,dy - \int_{C_\varepsilon} f\,dx + g\,dy = 0 \Rightarrow \int_{C'} f\,dx + g\,dy = \int_{C_\varepsilon} f\,dx + g\,dy$

令 $x = \varepsilon\cos\theta$，$y = \varepsilon\sin\theta$ 則 $dx = -\varepsilon\sin\theta$，$dy = \varepsilon\cos\theta$

$\displaystyle\lim_{\varepsilon\to 0}\int_{C_\varepsilon} f\,dx + g\,dy = \lim_{\varepsilon\to 0}\int_0^\pi \frac{\varepsilon(\cos\theta - \sin\theta)(-\varepsilon\sin\theta) + \varepsilon(\cos\theta + \sin\theta)(\varepsilon\cos\theta)}{\varepsilon^2}\,d\theta = \pi$

$\therefore \displaystyle\lim_{\varepsilon\to 0}\int_{C'} f\,dx + g\,dy = \lim_{\varepsilon\to 0}\int_{C_\varepsilon} f\,dx + g\,dy = \pi$

$\because \displaystyle\lim_{\varepsilon\to 0}\int_{C'} f\,dx + g\,dy = \oint_C f\,dx + g\,dy \qquad \therefore \oint_C f\,dx + g\,dy = \pi$

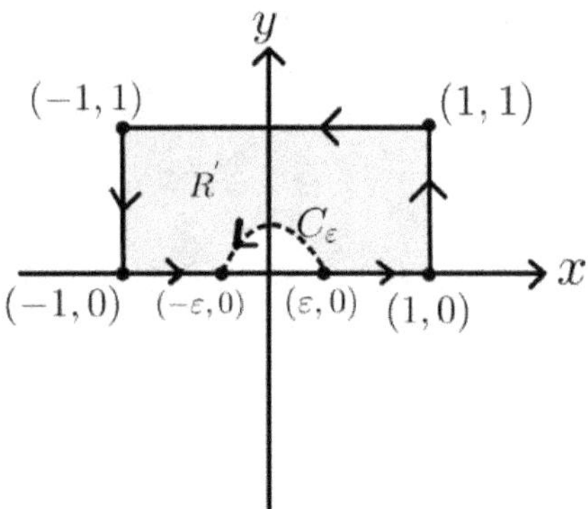

範例 3.

假設 $f(x,y) = \dfrac{x-y}{x^2+y^2}$ 、$g(x,y) = \dfrac{x+y}{x^2+y^2}$，$C$ 為 $(1,1)$、$(-1,1)$、$(-1,-1)$、$(1,-1)$

所圍逆時針正方形，求 $\displaystyle\oint_C f(x,y)\,dx + g(x,y)\,dy =?$

【解】

令 O_ε 為包含原點半徑為 ε 的圓且取圓上兩點 $(\varepsilon\cos\theta, \varepsilon\sin\theta)(\varepsilon\cos(-\theta), \varepsilon\sin(-\theta))$，$\theta > 0$

假設過 $(\varepsilon\cos\theta, \varepsilon\sin\theta)$ 的水平直線與 C 交於 s_1

過 $(\varepsilon\cos(-\theta), \varepsilon\sin(-\theta))$ 的水平直線與 C 交於 s_2

令 C_ε 為 O_ε 圓上從 $(\varepsilon\cos\theta, \varepsilon\sin\theta)$ 至 $(\varepsilon\cos(-\theta), \varepsilon\sin(-\theta))$ 的逆時針弧線

令 C_1 為 $(\varepsilon\cos\theta, \varepsilon\sin\theta)$ 至 s_1 的直線

令 C_2 為 s_2 至 $(\varepsilon\cos(-\theta), \varepsilon\sin(-\theta))$ 的直線

令 C' 為曲線 C 上從 s_1 至 s_2 的逆時針線

令 R' 為 C_ε、C_1、C_2、C' 所圍的不包含原點的封閉區域

藉由 Green's Theorem

$$\int_{C'} f\,dx + g\,dy + \int_{C_1} f\,dx + g\,dy - \int_{C_\varepsilon} f\,dx + g\,dy + \int_{C_2} f\,dx + g\,dy$$

$$= \iint_{R'} \frac{\partial g}{\partial x}(x,y) - \frac{\partial f}{\partial y}(x,y)\,dxdy$$

令 $(x,y) \neq (0,0)$

則 $\dfrac{\partial g}{\partial x}(x,y) = \dfrac{x^2+y^2-2x^2-2xy}{(x^2+y^2)^2} = \dfrac{-x^2+y^2-2xy}{(x^2+y^2)^2}$

$\dfrac{\partial f}{\partial y}(x,y) = \dfrac{-(x^2+y^2)+2y^2-2xy}{(x^2+y^2)^2} = \dfrac{-x^2+y^2-2xy}{(x^2+y^2)^2}$

$$\therefore \frac{\partial g}{\partial x}(x,y) - \frac{\partial f}{\partial y}(x,y) = 0 \Rightarrow \iint_{R'} \frac{\partial g}{\partial x}(x,y) - \frac{\partial f}{\partial y}(x,y)dxdy = 0$$

$$\Rightarrow \int_{C'} fdx + gdy + \int_{C_1} fdx + gdy - \int_{C_\varepsilon} fdx + gdy + \int_{C_2} fdx + gdy = 0$$

$$\because \lim_{\theta \to 0} \int_{C_1} fdx + gdy + \int_{C_2} fdx + gdy = 0 \quad \therefore \lim_{\theta \to 0} \int_{C'} fdx + gdy - \int_{C_\varepsilon} fdx + gdy = 0$$

$$\therefore \lim_{\theta \to 0} \int_{C'} fdx + gdy = \lim_{\theta \to 0} \int_{C_\varepsilon} fdx + gdy$$

令 $x = \varepsilon \cos t, y = \varepsilon \sin t$ 則 $dx = -\varepsilon \sin t, dy = \varepsilon \cos t$

$$\therefore \lim_{\theta \to 0} \int_{C_\varepsilon} fdx + gdy = \int_0^{2\pi} \frac{\varepsilon(\cos t - \sin t)(-\varepsilon \sin t) + \varepsilon(\cos t + \sin t)(\varepsilon \cos t)}{\varepsilon^2} dt = 2\pi$$

$$\therefore \lim_{\theta \to 0} \int_{C'} fdx + gdy = \lim_{\theta \to 0} \int_{C_\varepsilon} fdx + gdy = 2\pi$$

$$\therefore \lim_{\theta \to 0} \int_{C'} fdx + gdy = \oint_C fdx + gdy \quad \therefore \oint_C fdx + gdy = 2\pi$$

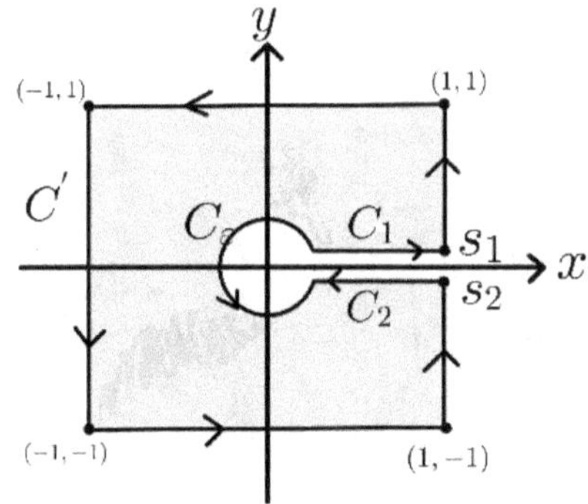

範例 4.

假設 $f(x,y) = \dfrac{x-y}{x^2+y^2}$、$g(x,y) = \dfrac{x+y}{x^2+y^2}$，$C$ 為橢圓 $\dfrac{x^2}{a^2} + \dfrac{y^2}{b^2} = $ 的逆時針邊界，

求 $\displaystyle\oint_C f(x,y)\,dx + g(x,y)dy = ?$

【解】

令 O_ε 為包含原點半徑為 ε 的圓且取圓上兩點 $(\varepsilon \cos \theta, \varepsilon \sin \theta)(\varepsilon \cos(-\theta), \varepsilon \sin(-\theta)), \theta > 0$

假設過 $(\varepsilon \cos \theta, \varepsilon \sin \theta)$ 的水平直線與 C 交於 s_1

過 $(\varepsilon \cos(-\theta), \varepsilon \sin(-\theta))$ 的水平直線與 C 交於 s_2

令 C_ε 為 O_ε 圓上從 $(\varepsilon\cos\theta, \varepsilon\sin\theta)$ 至 $(\varepsilon\cos(-\theta), \varepsilon\sin(-\theta))$ 的逆時針弧線

令 C_1 為 $(\varepsilon\cos\theta, \varepsilon\sin\theta)$ 至 s_1 的直線

令 C_2 為 s_2 至 $(\varepsilon\cos(-\theta), \varepsilon\sin(-\theta))$ 的直線

令 C' 為曲線 C 上從 s_1 至 s_2 的逆時針弧線

令 R' 為 C_ε、C_1、C_2、C' 所圍的不包含原點的封閉區域

藉由 Green's Theorem

$$\int_{C'} fdx + gdy + \int_{C_1} fdx + gdy - \int_{C_\varepsilon} fdx + gdy + \int_{C_2} fdx + gdy$$

$$= \iint_{R'} \frac{\partial g}{\partial x}(x,y) - \frac{\partial f}{\partial y}(x,y)\,dxdy$$

令 $(x,y) \neq (0,0)$

則 $\dfrac{\partial g}{\partial x}(x,y) = \dfrac{x^2 + y^2 - 2x^2 - 2xy}{(x^2+y^2)^2} = \dfrac{-x^2 + y^2 - 2xy}{(x^2+y^2)^2}$

$\dfrac{\partial f}{\partial y}(x,y) = \dfrac{-(x^2+y^2) + 2y^2 - 2xy}{(x^2+y^2)^2} = \dfrac{-x^2 + y^2 - 2xy}{(x^2+y^2)^2}$

$\therefore \dfrac{\partial g}{\partial x}(x,y) - \dfrac{\partial f}{\partial y}(x,y) = 0 \Rightarrow \iint_{R'} \dfrac{\partial g}{\partial x}(x,y) - \dfrac{\partial f}{\partial y}(x,y)\,dxdy = 0$

$\Rightarrow \int_{C'} fdx + gdy + \int_{C_1} fdx + gdy - \int_{C_\varepsilon} fdx + gdy + \int_{C_2} fdx + gdy = 0$

$\because \lim\limits_{\theta\to 0} \int_{C_1} fdx + gdy + \int_{C_2} fdx + gdy = 0 \quad \therefore \lim\limits_{\theta\to 0} \int_{C'} fdx + gdy - \int_{C_\varepsilon} fdx + gdy = 0$

$\therefore \lim\limits_{\theta\to 0} \int_{C'} fdx + gdy = \lim\limits_{\theta\to 0} \int_{C_\varepsilon} fdx + gdy$

令 $x = \varepsilon\cos t, y = \varepsilon\sin t$ 則 $dx = -\varepsilon\sin t, dy = \varepsilon\cos t$

$\therefore \lim\limits_{\theta\to 0} \int_{C_\varepsilon} fdx + gdy = \int_0^{2\pi} \dfrac{\varepsilon(\cos t - \sin t)(-\varepsilon\sin t) + \varepsilon(\cos t + \sin t)(\varepsilon\cos t)}{\varepsilon^2}\,dt = 2\pi$

$\therefore \lim\limits_{\theta\to 0} \int_{C'} fdx + gdy = \lim\limits_{\theta\to 0} \int_{C_\varepsilon} fdx + gdy = 2\pi$

$\because \lim\limits_{\theta\to 0} \int_{C'} fdx + gdy = \oint_C fdx + gdy \quad \therefore \oint_C fdx + gdy = 2\pi$

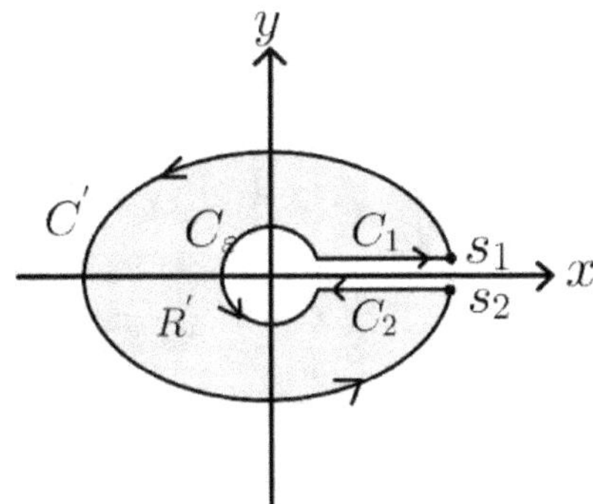

範例 5.

假設 $f(x,y) = \dfrac{-y}{x^2+y^2}$、$g(x,y) = \dfrac{x}{x^2+y^2}$，$C$為圓 $x^2+y^2=4$ 的逆時針邊界,

求 $\displaystyle\oint_C f(x,y)\,dx + g(x,y)dy = ?$

【解】

令 O_ε 為包含原點半徑為 ε 的圓且取圓上兩點 $(\varepsilon\cos\theta, \varepsilon\sin\theta)(\varepsilon\cos(-\theta), \varepsilon\sin(-\theta)), \theta > 0$

假設過 $(\varepsilon\cos\theta, \varepsilon\sin\theta)$ 的水平直線與 C 交於 s_1

過 $(\varepsilon\cos(-\theta), \varepsilon\sin(-\theta))$ 的水平直線與 C 交於 s_2

令 C_ε 為 O_ε 圓上從 $(\varepsilon\cos\theta, \varepsilon\sin\theta)$ 至 $(\varepsilon\cos(-\theta), \varepsilon\sin(-\theta))$ 的逆時針弧線

令 C_1 為 $(\varepsilon\cos\theta, \varepsilon\sin\theta)$ 至 s_1 的直線

令 C_2 為 s_2 至 $(\varepsilon\cos(-\theta), \varepsilon\sin(-\theta))$ 的直線

令 C' 為曲線 C 上從 s_1 至 s_2 的逆時針弧線

令 R' 為 C_ε、C_1、C_2、C' 所圍的不包含原點的封閉區域

藉由 Green's Theorem

$$\int_{C'} f\,dx + g\,dy + \int_{C_1} f\,dx + g\,dy - \int_{C_\varepsilon} f\,dx + g\,dy + \int_{C_2} f\,dx + g\,dy$$

$$= \iint_{R'} \frac{\partial g}{\partial x}(x,y) - \frac{\partial f}{\partial y}(x,y)\,dxdy$$

令 $(x,y) \neq (0,0)$

則 $\dfrac{\partial g}{\partial x}(x,y) = \dfrac{x^2+y^2-2x^2}{(x^2+y^2)^2} = \dfrac{-x^2+y^2}{(x^2+y^2)^2}$, $\dfrac{\partial f}{\partial y}(x,y) = \dfrac{-(x^2+y^2)+2y^2}{(x^2+y^2)^2} = \dfrac{-x^2+y^2}{(x^2+y^2)^2}$

$\therefore \dfrac{\partial g}{\partial x}(x,y) - \dfrac{\partial f}{\partial y}(x,y) = 0 \Rightarrow \displaystyle\iint_{R'} \frac{\partial g}{\partial x}(x,y) - \frac{\partial f}{\partial y}(x,y)\,dxdy = 0$

$$\Rightarrow \int_{C'} fdx + gdy + \int_{C_1} fdx + gdy - \int_{C_\varepsilon} fdx + gdy + \int_{C_2} fdx + gdy = 0$$

$$\because \lim_{\theta \to 0} \int_{C_1} fdx + gdy + \int_{C_2} fdx + gdy = 0 \quad \therefore \lim_{\theta \to 0} \int_{C'} fdx + gdy - \int_{C_\varepsilon} fdx + gdy = 0$$

$$\therefore \lim_{\theta \to 0} \int_{C'} fdx + gdy = \lim_{\theta \to 0} \int_{C_\varepsilon} fdx + gdy$$

令 $x = \varepsilon \cos t, y = \varepsilon \sin t$ 則 $dx = -\varepsilon \sin t, dy = \varepsilon \cos t$

$$\therefore \lim_{\theta \to 0} \int_{C_\varepsilon} fdx + gdy = \int_0^{2\pi} \frac{-\varepsilon \sin t(-\varepsilon \sin t) + \varepsilon^2 \cos^2 t}{\varepsilon^2} dt = 2\pi$$

$$\therefore \lim_{\theta \to 0} \int_{C'} fdx + gdy = \lim_{\theta \to 0} \int_{C_\varepsilon} fdx + gdy = 2\pi$$

$$\because \lim_{\theta \to 0} \int_{C'} fdx + gdy = \oint_C fdx + gdy \quad \therefore \oint_C fdx + gdy = 2\pi$$

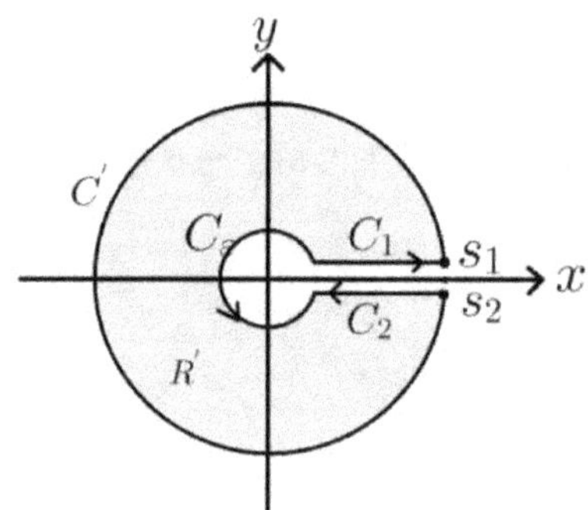

範例 6.

$$求 \oint_C \frac{-y}{x^2 + y^2} dx + \frac{x}{x^2 + y^2} dy = ? \text{ 沿下列路徑的值}$$

(1) C 為沿 $x^2 + y^2 = 1$ 的逆時針封閉路徑

(2) C 為沿 $x^2 + y^2 = r \, (r > 1)$ 的逆時針封閉路徑

(3) C 為沿 $\left(\dfrac{x}{4}\right)^2 + \left(\dfrac{y}{3}\right)^2 = 1$ 的逆時針封閉路徑

(4) C 為沿 $(1,1), (-1,1), (-1,-1), (1,-1), (1,1)$ 的逆時針封閉路徑

(5) C 為沿 $(x - 5)^2 + (y - 5)^2 = 16$ 的逆時針封閉路徑

(6) C 為沿 $(x - 1)^2 + y^2 = 1$ 的逆時針封閉路徑

(7) C 為沿 $(x - 1)^2 + y^2 = a^2, a \in \mathbb{R}$ 的逆時針封閉路徑

【解】

(1)(2)(3)(4)

令O_ε為包含原點半徑為 ε 的圓且取圓上兩點$(\varepsilon\cos\theta , \varepsilon\sin\theta)(\varepsilon\cos(-\theta) , \varepsilon\sin(-\theta)), \theta > 0$

假設過$(\varepsilon\cos\theta , \varepsilon\sin\theta)$的水平直線與$C$交於$s_1$

過$(\varepsilon\cos(-\theta) , \varepsilon\sin(-\theta))$的水平直線與$C$交於$s_2$

令C_ε為O_ε圓上從$(\varepsilon\cos\theta , \varepsilon\sin\theta)$至$(\varepsilon\cos(-\theta) , \varepsilon\sin(-\theta))$的逆時針弧線

令C_1為$(\varepsilon\cos\theta , \varepsilon\sin\theta)$至$s_1$的直線

令C_2為s_2至$(\varepsilon\cos(-\theta) , \varepsilon\sin(-\theta))$的直線

令C'為曲線C上從s_1至s_2的逆時針弧線

令R'為C_ε、C_1、C_2、C'所圍的不包含原點的封閉區域

藉由Green's Theorem

$$\int_{C'} fdx + gdy + \int_{C_1} fdx + gdy - \int_{C_\varepsilon} fdx + gdy + \int_{C_2} fdx + gdy$$

$$= \iint_{R'} \frac{\partial g}{\partial x}(x,y) - \frac{\partial f}{\partial y}(x,y)dxdy$$

令 $(x,y) \neq (0,0)$

則 $\dfrac{\partial g}{\partial x}(x,y) = \dfrac{x^2 + y^2 - 2x^2}{(x^2 + y^2)^2} = \dfrac{-x^2 + y^2}{(x^2 + y^2)^2}, \quad \dfrac{\partial f}{\partial y}(x,y) = \dfrac{-(x^2 + y^2) + 2y^2}{(x^2 + y^2)^2} = \dfrac{-x^2 + y^2}{(x^2 + y^2)^2}$

$\therefore \dfrac{\partial g}{\partial x}(x,y) - \dfrac{\partial f}{\partial y}(x,y) = 0 \Rightarrow \iint_{R'} \dfrac{\partial g}{\partial x}(x,y) - \dfrac{\partial f}{\partial y}(x,y)dxdy = 0$

$$\Rightarrow \int_{C'} fdx + gdy + \int_{C_1} fdx + gdy - \int_{C_\varepsilon} fdx + gdy + \int_{C_2} fdx + gdy = 0$$

$\because \lim_{\theta \to 0} \int_{C_1} fdx + gdy + \int_{C_2} fdx + gdy = 0 \quad \because \lim_{\theta \to 0} \int_{C'} fdx + gdy - \int_{C_\varepsilon} fdx + gdy = 0$

$\therefore \lim_{\theta \to 0} \int_{C'} fdx + gdy = \lim_{\theta \to 0} \int_{C_\varepsilon} fdx + gdy$

令$x = \varepsilon\cos t , y = \varepsilon\sin t$ 則$dx = -\varepsilon\sin t, dy = \varepsilon\cos t$

$\therefore \lim_{\theta \to 0} \int_{C_\varepsilon} fdx + gdy = \int_0^{2\pi} \dfrac{-\varepsilon\sin t(-\varepsilon\sin t) + \varepsilon^2\cos^2 t}{\varepsilon^2} dt = 2\pi$

$\therefore \lim_{\theta \to 0} \int_{C'} fdx + gdy = \lim_{\theta \to 0} \int_{C_\varepsilon} fdx + gdy = 2\pi$

$\because \lim_{\theta \to 0} \int_{C'} fdx + gdy = \oint_C fdx + gdy \quad \therefore \oint_C fdx + gdy = 2\pi$

(5)

令R'為C所圍封閉區域則f,g於R'的一階偏導數存在且連續

藉由 Green's Theorem,　$\oint_C fdx + gdy = \iint_{R'} \frac{\partial g}{\partial x}(x,y) - \frac{\partial f}{\partial y}(x,y)dxdy$

$\because \frac{\partial g}{\partial x}(x,y) = \frac{x^2 + y^2 - 2x^2}{(x^2+y^2)^2} = \frac{-x^2+y^2}{(x^2+y^2)^2}, \quad \frac{\partial f}{\partial y}(x,y) = \frac{-(x^2+y^2)+2y^2}{(x^2+y^2)^2} = \frac{-x^2+y^2}{(x^2+y^2)^2}$

$\therefore \frac{\partial g}{\partial x}(x,y) - \frac{\partial f}{\partial y}(x,y) = 0 \Rightarrow \iint_{R'} \frac{\partial g}{\partial x}(x,y) - \frac{\partial f}{\partial y}(x,y)dxdy = 0 \quad \therefore \oint_C fdx + gdy = 0$

(6)

令O_ε為包含原點半徑為 ε 的圓

且與C交於$s_1 = (\varepsilon\cos\theta_1, \varepsilon\sin\theta_1)$、$s_2 = (\varepsilon\cos\theta_2, \varepsilon\sin\theta_2), \theta_2 > \theta_1$

令C_ε為O_ε圓上從$(\varepsilon\cos\theta_1, \varepsilon\sin\theta_1)$至$(\varepsilon\cos\theta_2, \varepsilon\sin\theta_2)$的順時針弧線

令C'為曲線C上從s_2至s_1的逆時針弧線

令R'為C_ε、C'所圍的封閉區域

藉由 Green's Theorem,　$\int_{C'} fdx + gdy + \int_{C_\varepsilon} fdx + gdy = \iint_{R'} \frac{\partial g}{\partial x}(x,y) - \frac{\partial f}{\partial y}(x,y)dxdy$

令 $(x,y) \neq (0,0)$

則 $\frac{\partial g}{\partial x}(x,y) = \frac{x^2 + y^2 - 2x^2}{(x^2+y^2)^2} = \frac{-x^2+y^2}{(x^2+y^2)^2}, \quad \frac{\partial f}{\partial y}(x,y) = \frac{-(x^2+y^2)+2y^2}{(x^2+y^2)^2} = \frac{-x^2+y^2}{(x^2+y^2)^2}$

$\therefore \frac{\partial g}{\partial x}(x,y) - \frac{\partial f}{\partial y}(x,y) = 0 \Rightarrow \iint_{R'} \frac{\partial g}{\partial x}(x,y) - \frac{\partial f}{\partial y}(x,y)dxdy = 0$

$\Rightarrow \int_{C'} fdx + gdy + \int_{C_\varepsilon} fdx + gdy = 0 \Rightarrow \int_{C'} fdx + gdy = -\int_{C_\varepsilon} fdx + gdy$

令$x = \varepsilon\cos\theta, y = \varepsilon\sin\theta$ 則$dx = -\varepsilon\sin\theta, dy = \varepsilon\cos\theta$

$\lim_{\varepsilon\to 0} \int_{C_\varepsilon} fdx + gdy = \lim_{\varepsilon\to 0} \int_{\frac{\pi}{2}}^{-\frac{\pi}{2}} \frac{\varepsilon\sin\theta(\varepsilon\sin\theta) + \varepsilon^2\cos^2\theta}{\varepsilon^2} d\theta = -\pi$

$\lim_{\varepsilon\to 0} \int_{C'} fdx + gdy = -\lim_{\varepsilon\to 0} \int_{C_\varepsilon} fdx + gdy = \pi$

$\because \lim_{\varepsilon\to 0} \int_{C'} fdx + gdy = \oint_C fdx + gdy \quad \therefore \oint_C fdx + gdy = \pi$

(7)

$a < 1 \Rightarrow \oint_C fdx + gdy = 0$

$$a = 1 \Rightarrow \oint_C f\,dx + g\,dy = \pi$$

$$a > 1 \Rightarrow \oint_C f\,dx + g\,dy = 2\pi$$

9.5 曲面積分

9.5.1　空間曲面S的表示式與光滑曲面

曲面積分的考試類型包含給曲面S求封閉區域的表面積、給定純量函數f與曲面S求質量、給定向量函數$\vec{F}$與曲面S求通量。三維空間的曲面可用兩個參數來表示(如下圖)：

$$\vec{r}(s,t) = \big(x(s,t), y(s,t), z(s,t)\big)$$

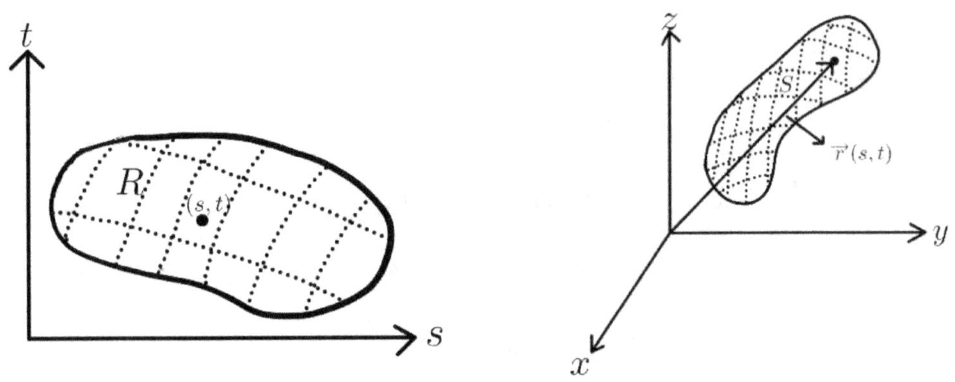

假設函數f為一個雙變數函數，曲面S的方程式為$z = f(x,y)$，則曲面參數化的表示式為 $\vec{r}(x,y) = \big(x, y, f(x,y)\big)$，其中 $\forall\,(x,y) \in D_f$，D_f為f的定義域；同理，如果曲面S的方程式為

$$x = g(y,z),\ \forall\,(y,z) \in D_g \quad 或 \quad y = h(x,z),\ \forall\,(x,z) \in D_h$$

則參數化表示式分別為

$$\vec{r}(y,z) = (g(y,z), y, z),\ \forall\,(y,z) \in D_g \quad 或 \quad \vec{r}(x,z) = (x, h(x,z), z),\ \forall\,(x,z) \in D_h$$

【定義】

假設曲面的參數式為 $\vec{r}(s,t) = \big(x(s,t), y(s,t), z(s,t)\big)$，則

$$\vec{r}_s = \frac{\partial \vec{r}}{\partial s} := \left(\frac{\partial x}{\partial s}, \frac{\partial y}{\partial s}, \frac{\partial z}{\partial s}\right) \ 且 \ \vec{r}_t = \frac{\partial \vec{r}}{\partial t} := \left(\frac{\partial x}{\partial t}, \frac{\partial y}{\partial t}, \frac{\partial z}{\partial t}\right)$$

【定義】

假設曲面的參數式為$\vec{r}(s,t) = \big(x(s,t), y(s,t), z(s,t)\big)$, 如果存在定義域的某點$(s,t)$使得 $\vec{r}_s \times \vec{r}_t \neq 0$ 則稱 $\vec{r}(s,t)$為正則參數化(regular parameterization)

　　接下來皆只考慮正則參數化的曲面, 參數化曲面是否平滑與曲線是否平滑的定義類似, 如果曲線沒有尖銳的轉角, 則參數化曲線是平滑的。如果曲面沒有尖銳的轉角, 則稱參數化曲面是平滑的。

【定義】

假設曲面的參數化為$\vec{r}(s,t) = \big(x(s,t), y(s,t), z(s,t)\big)$, 如果$\vec{r}_s \times \vec{r}_t \neq 0,\ \forall\,(s,t) \in D$ 則稱曲面為平滑曲面

底下列出計算曲面面積、純量函數曲面積分以及向量函數曲面積分的重要公式,細部推導請見各節說明, 假設曲面S的參數式為$\vec{r}(s,t)$, 第一個計算重點是給定曲面S求封閉區域的表面積, 公式為

$$\iint_S dA = \iint_D |\vec{r}_s \times \vec{r}_t|\,dA$$

第二個計算重點是給定曲面S, 求純量函數f的曲面積分, 公式為

$$\iint_S f(x,y,z)\,dS = \iint_D f(\vec{r}(s,t))|\vec{r}_s \times \vec{r}_t|\,dA$$

第三個計算重點是給定曲面S, 求向量函數$\vec{F}$的曲面積分, 公式為

$$\iint_S \vec{F} \cdot d\vec{S} \iint_D \vec{F}(\vec{r}(s,t)) \cdot (\vec{r}_s \times \vec{r}_t)\,ds\,dt$$

其中　$\vec{r}_s = \left(\dfrac{\partial x}{\partial s}, \dfrac{\partial y}{\partial s}, \dfrac{\partial z}{\partial s}\right)$　且　$\vec{r}_t = \left(\dfrac{\partial x}{\partial t}, \dfrac{\partial y}{\partial t}, \dfrac{\partial z}{\partial t}\right)$

從上述觀察得知,給定參數化曲面$\vec{r}(s,t) = \big(x(s,t), y(s,t), z(s,t)\big)$,如何有效率且精確地求得兩偏導數的外積$\vec{r}_s \times \vec{r}_t$及其長度$|\vec{r}_s \times \vec{r}_t|$ 是重要的

範例 1.

假設曲面的參數表示式為$\vec{r}(s,t) = (3\cos s, t, 3\sin s)$,求曲面的單一方程式表示式

【解】

$\because$ 曲面的參數式為　$x = 3\cos s, y = t, z = 3\sin s$

$\therefore x^2 + z^2 = 9\cos^2 s + 9\sin^2 s = 9.$

範例 2.

找出一個向量函數,通過具有位置向量 $\vec{r}_0$ 的點 P_0, 並包含兩個非平行向量 $\vec{u}$ 和 $\vec{v}$ 的平面

【解】

令 P 點為平面上的任意點則存在純量 s , t 使得 $\overrightarrow{P_0P} = s\vec{u} + t\vec{v}$

令 $\vec{r}$ 為 P 點的位置向量 則 $\vec{r} = \overrightarrow{OP_0} + \overrightarrow{P_0P} = \vec{r}_0 + s\vec{u} + t\vec{v}$

$\therefore \vec{r}(s,t) = r_0 + s\vec{u} + t\vec{v}$

範例 3.

求下列各個曲面方程式的參數表示式

(1)球體方程式表示 $x^2 + y^2 + z^2 = r^2,\ r > 0$

(2)圓柱體方程式表示 $x^2 + y^2 = a^2,\ $ 其中 $0 \le z \le 1, a > 0$

(3)錐體方程式表示 $z = 5\sqrt{x^2 + y^2}$

(4)橢圓拋物面方程式 $z = x^2 + 2y^2$

(5)錐體 $x^2 + y^2 = z^2$ 在平面 $z = -3$ 的上方曲面

(6)橢球面方程式 $\dfrac{x^2}{a^2} + \dfrac{y^2}{b^2} + \dfrac{z^2}{c^2} = 1$

【解】

(1)

$\vec{r}(\theta,\varphi) = r\cos\theta\sin\varphi, y = r\sin\theta\sin\varphi, z = r\cos\varphi$

(2)

$\vec{r}(\theta,z) = (a\cos\theta, a\sin\theta, z),\ 0 \le \theta \le 2\pi$ 且 $0 \le z \le 1$

(3)

參數表示方式為 $\vec{r}(x,y) = (x, y, 5\sqrt{x^2 + y^2})$

另一個參數表示方式可用極座標表示

令 $x = r\cos\theta, y = r\sin\theta$ 則 $z = 5\sqrt{x^2 + y^2} = 5r$

$\therefore$ 極座標參數表示方式為 $\vec{r}(r,\theta) = (r\cos\theta, r\sin\theta, 5r)$

(4)

參數表示方式為 $\vec{r}(x,y) = (x, y, x^2 + 2y^2)$

(5)

參數表示方式為 $\vec{r}(s,t) = (s\cos t, s\sin t, s)$ 其中 $-3 \le s < \infty, 0 \le t < 2\pi$

(6)

$\vec{r}(\theta, \varphi) = (a\cos\theta\sin\varphi, b\sin\theta\sin\varphi, c\cos\varphi)$ 其中 $0 \leq \theta \leq 2\pi,\ 0 \leq \varphi \leq \pi$

範例 4.

假設曲面的參數表示為 $\vec{r}(s,t) = (s\cos t, s\sin t, s^2), 0 \leq s < \infty, 0 \leq t < 2\pi$, 求其單一方程式表示式

【解】

$\because x^2 + y^2 = (s\cos t)^2 + (s\sin t)^2 = s^2 = z$

$\therefore$ 單一方程式表示式為橢圓拋物面 $x^2 + y^2 = z$

範例 5.

假設曲面S的參數式為 $\vec{r}(s,t) = \big((3+\cos t)\cos s, (3+\cos t)\sin s, \sin t\big)$, 其中 $0 \leq s < 2\pi$, $0 \leq t < 2\pi$, 判斷曲面是否為平滑曲面

【解】

$\vec{r}_s = (-(3+\cos t)\sin s, (3+\cos t)\cos s, 0),\ \text{and}\ \vec{r}_t = (-\sin t\cos s, -\sin t\sin s, \cos t)$

$\because \vec{r}_s \times \vec{r}_t = \big((3+\cos t)\cos s\cos t, (3+\cos t)\sin s\cos t, (3+\cos t)\sin t\big)$

Let $\vec{r}_s \times \vec{r}_t = \vec{0}$ then $(3+\cos t)\sin t = 0 \Rightarrow t = 0$ or π

$\because t = 0$ 或 π 且 $(3+\cos t)\sin s\cos t = 0$ $\therefore s = 0$ or π

$\because (3+\cos t)\cos s\cos t \neq 0, \text{for } s = 0$ or π and $t = 0$ or π

$\therefore$ 曲面為平滑曲面

範例 6.

求 $\dfrac{\partial \vec{r}}{\partial s} \times \dfrac{\partial \vec{r}}{\partial t} =?$ 以及 $\left|\dfrac{\partial \vec{r}}{\partial s} \times \dfrac{\partial \vec{r}}{\partial t}\right| =?$, 並判斷是否為平滑曲面

(1)假設曲面的參數化方程式為$\vec{r}(s,t) = (kt\cos s, kt\sin s, t)$,

(2)假設曲面的參數化方程式為$\vec{r}(s,t) = (a\cos s\cos t, a\sin s\cos t, a\sin t)$

【解】

(1)

$\because \dfrac{\partial \vec{r}}{\partial s} = (-kt\sin s, kt\cos s, 0),\ \dfrac{\partial \vec{r}}{\partial t} = (k\cos s, k\sin s, 1)$

$\therefore \dfrac{\partial \vec{r}}{\partial s} \times \dfrac{\partial \vec{r}}{\partial t} = (kt\cos s, kt\sin s, -k^2 t)$ 且 $\left|\dfrac{\partial \vec{r}}{\partial s} \times \dfrac{\partial \vec{r}}{\partial t}\right| = kt\sqrt{1+k^2}$

$\because \dfrac{\partial \vec{r}}{\partial s} \times \dfrac{\partial \vec{r}}{\partial t} = (0,0,0),\ \text{as } t = 0$ $\therefore$ 曲面不是平滑曲面

(2)

$$\because \frac{\partial \vec{r}}{\partial s} \times \frac{\partial \vec{r}}{\partial t} = a\cos t\,(a\cos s\cos t, a\sin s\cos t, a\sin t) = a\cos t\,\vec{r}(s,t) \ \text{ and}$$

$$\left|\frac{\partial \vec{r}}{\partial s} \times \frac{\partial \vec{r}}{\partial t}\right| = a\cos^2 t$$

$$\therefore \frac{\partial \vec{r}}{\partial s} \times \frac{\partial \vec{r}}{\partial t} = (0,0,0), \ \text{ as } t = \frac{\pi}{2} \quad \therefore 曲面不是平滑曲面$$

範例 7.

曲面的參數化方程式為$\vec{r}(x,\theta) = (x, x^2\cos\theta, x^2\sin\theta)$，求$(1)\dfrac{\partial \vec{r}}{\partial x} \times \dfrac{\partial \vec{r}}{\partial \theta} =?$ 以及 $\left|\dfrac{\partial \vec{r}}{\partial x} \times \dfrac{\partial \vec{r}}{\partial \theta}\right| =?$

(2)判斷是否為平滑曲面

【解】

(1)

$$\because \frac{\partial \vec{r}}{\partial x} = (1, 2x\cos\theta, 2x\sin\theta), \quad \frac{\partial \vec{r}}{\partial \theta} = (0, -x^2\sin\theta, x^2\cos\theta)$$

$$\therefore \frac{\partial \vec{r}}{\partial x} \times \frac{\partial \vec{r}}{\partial \theta} = (2x^3, -x^2\sin\theta, -x^2\sin\theta) \ 且 \ \left|\frac{\partial \vec{r}}{\partial x} \times \frac{\partial \vec{r}}{\partial \theta}\right| = x^2\sqrt{4x^2 + 1}$$

(2)

$$\because \frac{\partial \vec{r}}{\partial x} \times \frac{\partial \vec{r}}{\partial \theta} = (0,0,0), \ \text{ as } x = 0 \quad \therefore 曲面不是平滑曲面$$

範例 8.

求$\dfrac{\partial \vec{r}}{\partial x} \times \dfrac{\partial \vec{r}}{\partial y} =?$ 以及 $\left|\dfrac{\partial \vec{r}}{\partial x} \times \dfrac{\partial \vec{r}}{\partial y}\right| =?$ 並判斷是否為平滑曲面

(1)假設曲面為空間平面$Ax + By + Cz = D$

(2)假設空間曲面為$z = \dfrac{2}{3}y^{\frac{3}{2}},$

(3)空間曲面為$z = x + ay + b$

(4)假設空間曲面為$z = xy$

(5)假設空間曲面為$z = y^2 + bx + c$

(6)假設空間曲面為$z = x^2 + y^2$

(7)假設曲面為 $z = 3 - y^2$

(8)假設曲面為 $z = x^3$

【解】

(1)

令 $\vec{r}(x,y) = \left(x, y, \dfrac{D - (Ax + By)}{C}\right)$

$\because \dfrac{\partial \vec{r}}{\partial x} = \left(1, 0, -\dfrac{A}{C}\right), \quad \dfrac{\partial \vec{r}}{\partial y} = \left(0, 1, -\dfrac{B}{C}\right)$

$\therefore \dfrac{\partial \vec{r}}{\partial x} \times \dfrac{\partial \vec{r}}{\partial y} = \left(\dfrac{A}{C}, \dfrac{B}{C}, 1\right) \Rightarrow \left|\dfrac{\partial \vec{r}}{\partial x} \times \dfrac{\partial \vec{r}}{\partial y}\right| = \sqrt{1 + \dfrac{A^2 + B^2}{C^2}} = \sqrt{\dfrac{A^2 + B^2 + C^2}{C^2}}$

$\because \dfrac{\partial \vec{r}}{\partial x} \times \dfrac{\partial \vec{r}}{\partial y} \neq (0,0,0), \ \forall x, y \in R \quad \therefore$ 曲面是平滑曲面

(2)

令 $\vec{r}(x,y) = \left(x, y, \dfrac{2}{3} y^{\frac{3}{2}}\right)$

$\because \dfrac{\partial \vec{r}}{\partial x} = (1, 0, 0), \quad \dfrac{\partial \vec{r}}{\partial y} = \left(0, 1, y^{\frac{1}{2}}\right) \quad \therefore \dfrac{\partial \vec{r}}{\partial x} \times \dfrac{\partial \vec{r}}{\partial y} = \left(0, -y^{\frac{1}{2}}, 1\right) \Rightarrow \left|\dfrac{\partial \vec{r}}{\partial x} \times \dfrac{\partial \vec{r}}{\partial y}\right| = (y + 1)^{\frac{1}{2}}$

$\because \dfrac{\partial \vec{r}}{\partial x} \times \dfrac{\partial \vec{r}}{\partial y} \neq (0,0,0), \ \forall x, y \in R \quad \therefore$ 曲面是平滑曲面

(3)

令 $\vec{r}(x,y) = (x, y, x + ay + b)$

$\because \dfrac{\partial \vec{r}}{\partial x} = (1, 0, 1), \quad \dfrac{\partial \vec{r}}{\partial y} = (0, 1, a) \quad \therefore \dfrac{\partial \vec{r}}{\partial x} \times \dfrac{\partial \vec{r}}{\partial y} = (-1, -a, 1) \Rightarrow \left|\dfrac{\partial \vec{r}}{\partial x} \times \dfrac{\partial \vec{r}}{\partial y}\right| = \sqrt{a^2 + 2}$

$\because \dfrac{\partial \vec{r}}{\partial x} \times \dfrac{\partial \vec{r}}{\partial y} \neq (0,0,0), \ \forall x, y \in R \quad \therefore$ 曲面是平滑曲面

(4)

令 $\vec{r}(x,y) = (x, y, xy)$

$\because \dfrac{\partial \vec{r}}{\partial x} = (1,0,y), \quad \dfrac{\partial \vec{r}}{\partial y} = (0,1,x) \quad \therefore \dfrac{\partial \vec{r}}{\partial x} \times \dfrac{\partial \vec{r}}{\partial y} = (-y,-x,1) \Rightarrow \left| \dfrac{\partial \vec{r}}{\partial x} \times \dfrac{\partial \vec{r}}{\partial y} \right| = (x^2 + y^2 + 1)^{\frac{1}{2}}$

$\because \dfrac{\partial \vec{r}}{\partial x} \times \dfrac{\partial \vec{r}}{\partial y} \neq (0,0,0), \quad \forall x,y \in R \quad \therefore$ 曲面是平滑曲面

(5)

令 $\vec{r}(x,y) = (x, y, y^2 + bx + c)$

$\because \dfrac{\partial \vec{r}}{\partial x} = (1,0,b), \quad \dfrac{\partial \vec{r}}{\partial y} = (0,1,2y) \quad \therefore \dfrac{\partial \vec{r}}{\partial x} \times \dfrac{\partial \vec{r}}{\partial y} = (-b,-2y,1) \Rightarrow \left| \dfrac{\partial \vec{r}}{\partial x} \times \dfrac{\partial \vec{r}}{\partial y} \right| = (b^2 + 1 + 4y^2)^{\frac{1}{2}}$

$\because \dfrac{\partial \vec{r}}{\partial x} \times \dfrac{\partial \vec{r}}{\partial y} \neq (0,0,0), \quad \forall x,y \in R \quad \therefore$ 曲面是平滑曲面

(6)

令 $\vec{r}(x,y) = (x, y, x^2 + y^2) \quad \because \dfrac{\partial \vec{r}}{\partial x} = (1,0,2x), \quad \dfrac{\partial \vec{r}}{\partial y} = (0,1,2y)$

$\therefore \dfrac{\partial \vec{r}}{\partial x} \times \dfrac{\partial \vec{r}}{\partial y} = (-2x,-2y,1) \Rightarrow \left| \dfrac{\partial \vec{r}}{\partial x} \times \dfrac{\partial \vec{r}}{\partial y} \right| = (4x^2 + 4y^2 + 1)^{\frac{1}{2}}$

$\because \dfrac{\partial \vec{r}}{\partial x} \times \dfrac{\partial \vec{r}}{\partial y} \neq (0,0,0), \quad \forall x,y \in R \quad \therefore$ 曲面是平滑曲面

(7)

令 $\vec{r}(x,y) = (x, y, 3 - y^2)$

$\because \dfrac{\partial \vec{r}}{\partial x} = (1,0,0), \quad \dfrac{\partial \vec{r}}{\partial y} = (0,1,-2y) \quad \therefore \dfrac{\partial \vec{r}}{\partial x} \times \dfrac{\partial \vec{r}}{\partial y} = (0,2y,1) \Rightarrow \left| \dfrac{\partial \vec{r}}{\partial x} \times \dfrac{\partial \vec{r}}{\partial y} \right| = \sqrt{1 + 4y^2}$

$\because \dfrac{\partial \vec{r}}{\partial x} \times \dfrac{\partial \vec{r}}{\partial y} \neq (0,0,0), \quad \forall x,y \in R \quad \therefore$ 曲面是平滑曲面

(8)

令 $\vec{r}(x,y) = (x, y, x^3)$

$$\because \frac{\partial \vec{r}}{\partial x} = (1,0,3x^2), \quad \frac{\partial \vec{r}}{\partial y} = (0,1,0) \quad \therefore \frac{\partial \vec{r}}{\partial x} \times \frac{\partial \vec{r}}{\partial y} = (-3x^2, 0, -1)$$

$$\left| \frac{\partial \vec{r}}{\partial x} \times \frac{\partial \vec{r}}{\partial y} \right| = \sqrt{1 + 9x^4}$$

$$\because \frac{\partial \vec{r}}{\partial x} \times \frac{\partial \vec{r}}{\partial y} \neq (0,0,0), \quad \forall x, z \in R \quad \therefore 曲面是平滑曲面$$

範例 9.

假設球面$S = \{(x,y,z): x^2 + y^2 + z^2 = r^2, z \geq 0\}$，$\vec{r}(\theta, \varphi)$為曲面參數化方程式，

求$(1) \dfrac{\partial \vec{r}}{\partial \varphi} \times \dfrac{\partial \vec{r}}{\partial \theta} =?$ 以及 $\left| \dfrac{\partial \vec{r}}{\partial \varphi} \times \dfrac{\partial \vec{r}}{\partial \theta} \right| =?$

【解】

令$\vec{r}(\theta, \varphi) = (r \cos \theta \sin \varphi, r \sin \theta \sin \varphi, r\cos \varphi)$

$$\because \frac{\partial \vec{r}}{\partial \theta} = (-r \sin \theta \sin \varphi, r \cos \theta \sin \varphi, 0) \text{ 且 } \frac{\partial \vec{r}}{\partial \varphi} = (r \cos \theta \cos \varphi, r \sin \theta \cos \varphi, -r\sin \varphi)$$

$$\therefore \frac{\partial \vec{r}}{\partial \varphi} \times \frac{\partial \vec{r}}{\partial \theta} = (r^2 \cos \theta \sin^2 \varphi, r^2 \sin \theta \sin^2 \varphi, r^2 \sin \varphi \cos \varphi) \Rightarrow \left| \frac{\partial \vec{r}}{\partial \varphi} \times \frac{\partial \vec{r}}{\partial \theta} \right| = r^2 \sin \varphi$$

範例 10.

求$\dfrac{\partial \vec{r}}{\partial y} \times \dfrac{\partial \vec{r}}{\partial z} =?$ 以及 $\left| \dfrac{\partial \vec{r}}{\partial y} \times \dfrac{\partial \vec{r}}{\partial z} \right| =?$ 並判斷是否為平滑曲面

(1)曲面為 $x = \sqrt{z^2 - y^2}$ $\quad (2)$曲面為$x - y^2 - z = 2$

【解】

(1)

令$\vec{r}(x,y) = \left(\sqrt{z^2 - y^2}, y, z \right)$

$$\because \frac{\partial \vec{r}}{\partial y} = \left(-y(z^2 - y^2)^{-\frac{1}{2}}, 1, 0\right), \quad \frac{\partial \vec{r}}{\partial z} = \left(z(z^2 - y^2)^{-\frac{1}{2}}, 0, 1\right),$$

$$\therefore \frac{\partial \vec{r}}{\partial y} \times \frac{\partial \vec{r}}{\partial z} = \left(1, y(z^2 - y^2)^{-\frac{1}{2}}, -z(z^2 - y^2)^{-\frac{1}{2}}\right) \text{ 且}$$

$$\left|\frac{\partial \vec{r}}{\partial y} \times \frac{\partial \vec{r}}{\partial z}\right| = \sqrt{1 + (z^2 + y^2)(z^2 - y^2)^{-1}}$$

$$\because \frac{\partial \vec{r}}{\partial y} \times \frac{\partial \vec{r}}{\partial z} \neq (0,0,0), \quad \forall x, y \in R \quad \therefore \text{曲面是平滑曲面}$$

(2)

$$令 \vec{r}(y, z) = (y^2 + z + 2, y, z)$$

$$\because \frac{\partial \vec{r}}{\partial y} = (2y, 1, 0), \quad \frac{\partial \vec{r}}{\partial z} = (1, 0, 1) \quad \therefore \frac{\partial \vec{r}}{\partial y} \times \frac{\partial \vec{r}}{\partial z} = (1, -2y, -1) \Rightarrow \left|\frac{\partial \vec{r}}{\partial y} \times \frac{\partial \vec{r}}{\partial z}\right| = \sqrt{2 + 4y^2}$$

$$\because \frac{\partial \vec{r}}{\partial y} \times \frac{\partial \vec{r}}{\partial z} \neq (0,0,0), \quad \forall x, y \in R \quad \therefore \text{曲面是平滑曲面}$$

範例 11.

假設曲面為$y = x^2$，求 (1) $\dfrac{\partial \vec{r}}{\partial x} \times \dfrac{\partial \vec{r}}{\partial z} =?$ 以及 $\left|\dfrac{\partial \vec{r}}{\partial x} \times \dfrac{\partial \vec{r}}{\partial z}\right| =?$ (2) 判斷是否為平滑曲面

【解】

$$令 \vec{r}(x, z) = (x, x^2, z)$$

$$\because \frac{\partial \vec{r}}{\partial x} = (1, 2x, 0), \quad \frac{\partial \vec{r}}{\partial z} = (0, 0, 1) \quad \therefore \frac{\partial \vec{r}}{\partial x} \times \frac{\partial \vec{r}}{\partial z} = (2x, -1, 0) \text{ 且} \left|\frac{\partial \vec{r}}{\partial x} \times \frac{\partial \vec{r}}{\partial z}\right| = \sqrt{4x^2 + 1}$$

(2)

$$\because \frac{\partial \vec{r}}{\partial x} \times \frac{\partial \vec{r}}{\partial z} \neq (0,0,0), \quad \forall x, z \in R \quad \therefore \text{曲面是平滑曲面}$$

9.5.2　　給曲面**S**求封閉區域的表面積

給定一個參數曲面 S: $\vec{r}(s,t) = \big(x(s,t), y(s,t), z(s,t)\big)$，定義域為一個矩形參數區域$D$，
將定義域D分割為數個小矩形 D_{ij}，D_{ij} 的中心點表示為 $\big(s_i^*, t_j^*\big)$，假設D_{ij}對應曲面 S 上的區
域為S_{ij}且$\big(s_i^*, t_j^*\big)$對應曲面S_{ij} 上的點為 E_{ij}(如下圖)，其位置向量為$\vec{r}\big(s_i^*, t_j^*\big)$；由於向量

$$\vec{r}_s\big(s_i^*, t_j^*\big) \times \vec{r}_t\big(s_i^*, t_j^*\big)$$

是垂直於曲面在點 $\vec{r}\big(s_i^*, t_j^*\big)$的向量，可以藉由線性函數對此$S_{ij}$的切平面進行參數化

$$令\ f(s,t) = s\,\vec{r}_s\big(s_i^*, t_j^*\big) + t\vec{r}_t\big(s_i^*, t_j^*\big) + \Big(\vec{r}\big(s_i^*, t_j^*\big) - s_i^*\vec{r}_s\big(s_i^*, t_j^*\big) - t_j^*\vec{r}_t\big(s_i^*, t_j^*\big)\Big)$$

因為 S_{ij}可以藉由兩向量$f(s_1 + \Delta s, t_1) - f(s_1, t_1)$ 且 $f(s_1, t_1 + \Delta t) - f(s_1, t_1)$所圍的平行
四邊形作逼近並且

$$f(s_1 + \Delta s, t_1) - f(s_1, t_1) = \Delta s\vec{r}_s\big(s_i^*, t_j^*\big)\ 且\ f(s_1, t_1 + \Delta t) - f(s_1, t_1) = \Delta t\vec{r}_t\big(s_i^*, t_j^*\big)$$

因此，這個平行四邊形的面積為

$$\Big|\Delta s\,\vec{r}_s\big(s_i^*, t_j^*\big) \times \Delta t\vec{r}_t\big(s_i^*, t_j^*\big)\Big| = \Big|\vec{r}_s\big(s_i^*, t_j^*\big) \times \vec{r}_t\big(s_i^*, t_j^*\big)\Big|\Delta s\Delta t$$

所以

$$\Delta S_{ij} \approx \Big|\vec{r}_s\big(s_i^*, t_j^*\big) \times \vec{r}_t\big(s_i^*, t_j^*\big)\Big|\Delta s\Delta t$$

令 $\vec{r}_s^* = \vec{r}_s\big(s_i^*, t_j^*\big)$ 且 $\vec{r}_t^* = \vec{r}_t\big(s_i^*, t_j^*\big)$ 則

$$曲面S\ 的近似面積 \approx \sum_{i=1}^{m}\sum_{j=1}^{n}|\vec{r}_s^* \times \vec{r}_t^*|\Delta s\Delta t$$

將此雙重和當作黎曼積分 $\iint_D |\vec{r}_s \times \vec{r}_t|\,dsdt$ 的黎曼和，視為定義曲面面積的背後動機

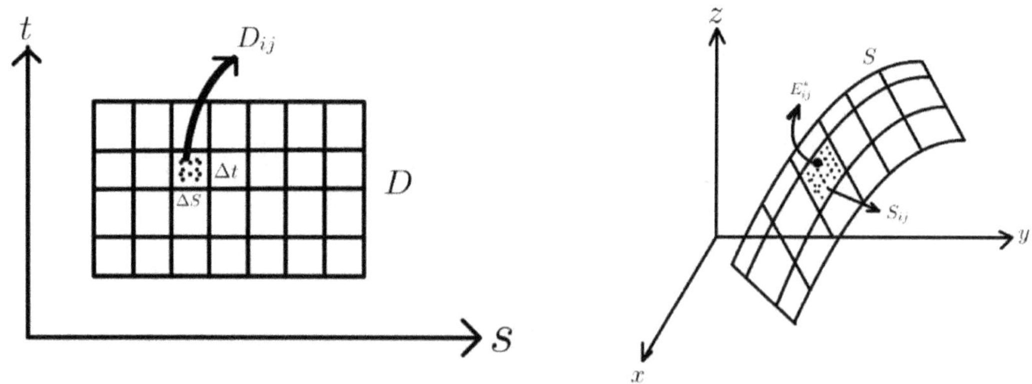

【定義】

考慮一個光滑參數曲面S: $\vec{r}(s,t) = \big(x(s,t), y(s,t), z(s,t)\big), (s,t) \in D$並且 S 在整個參數域

D當中被正好覆蓋一次，則

$$S\text{的曲面積} = \iint_S dA = \iint_D |\vec{r}_s \times \vec{r}_t|\,dsdt \quad \text{其中} \quad \vec{r}_s = \left(\frac{\partial x}{\partial s}, \frac{\partial y}{\partial s}, \frac{\partial z}{\partial s}\right) \text{ 且 } \vec{r}_t = \left(\frac{\partial x}{\partial t}, \frac{\partial y}{\partial t}, \frac{\partial z}{\partial t}\right)$$

由上述觀察可知，計算曲面的面積相當於求雙重積分，特別的是雙重積分的被積分函數為

$$|\vec{r}_s(s,t) \times \vec{r}_t(s,t)|$$

因此，求曲面的面積相當於先求得被積分函數之後，再求雙重積分;底下針對曲面面積轉換成雙重積分後，有哪些不同類型作初步的說明;

假定曲面$S: z = f(x,y)$，其中$a \leq x \leq b$，$c \leq y \leq d$，目標是計算表面積 $\iint_S dA$，將曲面S參數化，$S: \vec{r}(x,y) = (x,y,f(x,y))$，令$R = \{(x,y): a \leq x \leq b, c \leq y \leq d\}$ 則曲面表面積為

$$\iint_S dA = \iint_R \left|\frac{\partial \vec{r}}{\partial x} \times \frac{\partial \vec{r}}{\partial y}\right| dxdy$$

因為 $\dfrac{\partial \vec{r}}{\partial x} = (1,0,f_x(x,y))$ 且 $\dfrac{\partial \vec{r}}{\partial y} = \left(0,1,f_y(x,y)\right)$，兩者向量外積為

$$\frac{\partial \vec{r}}{\partial x} \times \frac{\partial \vec{r}}{\partial y} = \left(-f_x(x,y), -f_y(x,y), 1\right)$$

且

$$\left|\frac{\partial \vec{r}}{\partial x} \times \frac{\partial \vec{r}}{\partial y}\right| = \sqrt{1 + \left(f_x(x,y)\right)^2 + \left(f_y(x,y)\right)^2}$$

表面積公式可改寫為

$$\iint_S dA = \iint_R \left|\frac{\partial \vec{r}}{\partial x} \times \frac{\partial \vec{r}}{\partial y}\right| dxdy = \int_a^b \int_c^d \sqrt{1 + \left(f_x(x,y)\right)^2 + \left(f_y(x,y)\right)^2}\,dydx$$

如果曲面為 $z = f(x,y)$且投影至xy平面$= \{(x,y): x^2 + y^2 \leq a\}$，藉由極座標轉換

$$x = r\cos\theta, \quad y = r\sin\theta \quad \text{則}$$

$$\iint_S dA = \iint_R \left|\frac{\partial \vec{r}}{\partial x} \times \frac{\partial \vec{r}}{\partial y}\right| dxdy$$

$$= \int_0^{2\pi} \int_0^a \sqrt{1 + \left(f_x(r\cos\theta, r\sin\theta)\right)^2 + \left(f_y(r\cos\theta, r\sin\theta)\right)^2}\,rdrd\theta$$

假設曲面S為一球體，$S = \{(x,y,z): x^2 + y^2 + z^2 = r^2, r > 0\}$，目標是計算$S$的表面積

$$\iint_S dA; \text{曲面}S\text{的參數方程式為}$$

$$\vec{r}(\theta, \varphi) = (r\cos\theta\sin\varphi, r\sin\theta\sin\varphi, r\cos\varphi)$$

令 $R = \{(\theta, \varphi): 0 \le \theta \le 2\pi, 0 \le \varphi \le \pi\}$ 則 $\iint_S dA = \iint_R \left|\dfrac{\partial\vec{r}}{\partial\varphi} \times \dfrac{\partial\vec{r}}{\partial\theta}\right| d\theta d\varphi.$

因為 $\dfrac{\partial\vec{r}}{\partial\theta} = (-r\sin\theta\sin\varphi, r\cos\theta\sin\varphi, 0)$ 且 $\dfrac{\partial\vec{r}}{\partial\varphi} = (r\cos\theta\cos\varphi, r\sin\theta\cos\varphi, -r\sin\varphi),$

兩向量外積為

$$\frac{\partial\vec{r}}{\partial\varphi} \times \frac{\partial\vec{r}}{\partial\theta} = (r^2\cos\theta\sin^2\varphi, r^2\sin\theta\sin^2\varphi, r^2\sin\varphi\cos\varphi)$$

且

$$\left|\frac{\partial\vec{r}}{\partial\varphi} \times \frac{\partial\vec{r}}{\partial\theta}\right| = r^2\sin\varphi$$

因此,

$$\iint_S dA = \iint_R \left|\frac{\partial\vec{r}}{\partial\varphi} \times \frac{\partial\vec{r}}{\partial\theta}\right| d\theta d\varphi = r^2 \int_0^{2\pi} \int_0^{\pi} \sin\varphi\, d\varphi d\theta = -r^2 \int_0^{2\pi} \cos\varphi|_0^{\pi}\, d\theta = 4r^2\pi$$

考試類型:

題型 1.

給定一參數化曲面 $S: \vec{r}(s,t), \ \forall a \le s \le b, \ c \le t \le d, \ $ 求表面積 $\iint_S dA =?$

解題流程:

Step1.

$\because \displaystyle\iint_S dA = \iint_D \left|\frac{\partial\vec{r}}{\partial s} \times \frac{\partial\vec{r}}{\partial t}\right| dsdt$

Step2.

求 $\dfrac{\partial\vec{r}}{\partial s}, \dfrac{\partial\vec{r}}{\partial t}, \dfrac{\partial\vec{r}}{\partial s} \times \dfrac{\partial\vec{r}}{\partial t}$ 以及 $\left|\dfrac{\partial\vec{r}}{\partial s} \times \dfrac{\partial\vec{r}}{\partial t}\right|$

Step3.

$\because \displaystyle\iint_S dA = \iint_R \left|\frac{\partial\vec{r}}{\partial s} \times \frac{\partial\vec{r}}{\partial t}\right| dsdt = \int_a^b \int_c^d \left|\frac{\partial\vec{r}}{\partial s} \times \frac{\partial\vec{r}}{\partial t}\right| dtds, \ $ 求 $\displaystyle\int_a^b \int_c^d \left|\frac{\partial\vec{r}}{\partial s} \times \frac{\partial\vec{r}}{\partial t}\right| dtds =?$

題型 2.

給定一參數化曲面 $S: z = f(x, y)$, $\forall a \leq x \leq b$, $c \leq y \leq d$, 求表面積 $\iint_S dA = ?$

解題流程:

Step1.

令 $\vec{r}(x, y) = (x, y, f(x, y))$ 且 $R = \{(x, y): a \leq x \leq b, c \leq y \leq d\}$

則 $\iint_S dA = \iint_R \left| \dfrac{\partial \vec{r}}{\partial x} \times \dfrac{\partial \vec{r}}{\partial y} \right| dxdy$

Step2.

$\because \dfrac{\partial \vec{r}}{\partial x} = (1, 0, f_x(x, y)), \quad \dfrac{\partial \vec{r}}{\partial y} = \left(0, 1, f_y(x, y)\right) \quad \therefore \dfrac{\partial \vec{r}}{\partial x} \times \dfrac{\partial \vec{r}}{\partial y} = (-f_x(x, y), -f_y(x, y), 1)$

$\Rightarrow \left| \dfrac{\partial \vec{r}}{\partial x} \times \dfrac{\partial \vec{r}}{\partial y} \right| = \sqrt{1 + \left(f_x(x, y)\right)^2 + \left(f_y(x, y)\right)^2}$

Step3.

$$\iint_S dA = \iint_R \left| \dfrac{\partial \vec{r}}{\partial x} \times \dfrac{\partial \vec{r}}{\partial y} \right| dxdy = \int_a^b \int_c^d \sqrt{1 + \left(f_x(x, y)\right)^2 + \left(f_y(x, y)\right)^2} \, dydx$$

題型 3.

給定一參數化曲面 $S: z = f(x, y)$, 假設曲面S於xy平面投影 $= \{(x, y): x^2 + y^2 \leq a^2\}$,

求 $\iint_S dA = ?$

解題流程:

Step1.

令 $\vec{r}(x, y) = (x, y, f(x, y))$ 且 R為曲面S投影至xy平面的封閉區域

則 $R = \{(x, y): x^2 + y^2 \leq a^2\}$ 且 $\iint_S dA = \iint_R \left| \dfrac{\partial \vec{r}}{\partial x} \times \dfrac{\partial \vec{r}}{\partial y} \right| dxdy$

Step2.

$\because \dfrac{\partial \vec{r}}{\partial x} = (1, 0, f_x(x, y)), \quad \dfrac{\partial \vec{r}}{\partial y} = \left(0, 1, f_y(x, y)\right) \quad \therefore \dfrac{\partial \vec{r}}{\partial x} \times \dfrac{\partial \vec{r}}{\partial y} = \left(-f_x(x, y), -f_y(x, y), 1\right)$

$\Rightarrow \left| \dfrac{\partial \vec{r}}{\partial x} \times \dfrac{\partial \vec{r}}{\partial y} \right| = \sqrt{1 + \left(f_x(x, y)\right)^2 + \left(f_y(x, y)\right)^2}$

Step3.

$$\therefore \iint_S dA = \iint_R \left|\frac{\partial \vec{r}}{\partial x} \times \frac{\partial \vec{r}}{\partial y}\right| dxdy = \iint_R \sqrt{1 + \left(f_x(x,y)\right)^2 + \left(f_y(x,y)\right)^2}\, dxdy$$

Step4.

令$x = r\cos\theta$, $y = r\sin\theta$ 則 $R = \{(x,y): x^2 + y^2 \le a^2\} = \{(r,\theta): 0 \le r \le a, 0 \le \theta \le 2\pi\}$

$$\iint_R \sqrt{1 + \left(f_x(x,y)\right)^2 + \left(f_y(x,y)\right)^2}\, dxdy$$

$$= \int_0^{2\pi} \int_0^a \sqrt{1 + \left(f_x(r\cos\theta, r\sin\theta)\right)^2 + \left(f_y(r\cos\theta, r\sin\theta)\right)^2}\, r\,dr\,d\theta$$

題型 4.

假設曲面 $S: \{(x,y,z): x^2 + y^2 + z^2 = r^2, r > 0\}$,　求$S$的表面積 $\iint_S dA = ?$

解題流程:

Step1.

令 $\vec{r}(\theta, \varphi) = (r\cos\theta\sin\varphi, r\sin\theta\sin\varphi, r\cos\varphi)$ 且 $R = \{(\theta, \varphi): 0 \le \theta \le 2\pi, 0 \le \varphi \le \pi\}$

則 $\displaystyle\iint_S dA = \iint_R \left|\frac{\partial \vec{r}}{\partial \varphi} \times \frac{\partial \vec{r}}{\partial \theta}\right| d\theta d\varphi$

Step2.

$$\because \frac{\partial \vec{r}}{\partial \theta} = (-r\sin\theta\sin\varphi, r\cos\theta\sin\varphi, 0) \ \text{且}\ \frac{\partial \vec{r}}{\partial \varphi} = (r\cos\theta\cos\varphi, r\sin\theta\cos\varphi, -r\sin\varphi)$$

$$\therefore \frac{\partial \vec{r}}{\partial \varphi} \times \frac{\partial \vec{r}}{\partial \theta} = (r^2\cos\theta\sin^2\varphi, r^2\sin\theta\sin^2\varphi, r^2\sin\varphi\cos\varphi) \Rightarrow \left|\frac{\partial \vec{r}}{\partial \varphi} \times \frac{\partial \vec{r}}{\partial \theta}\right| = r^2\sin\varphi$$

$$\text{則}\ \iint_S dA = \iint_R \left|\frac{\partial \vec{r}}{\partial \varphi} \times \frac{\partial \vec{r}}{\partial \theta}\right| d\theta d\varphi = r^2 \int_0^{2\pi} \int_0^{\pi} \sin\varphi\, d\varphi d\theta = -r^2 \int_0^{2\pi} \cos\varphi|_0^{\pi}\, d\theta = 4r^2\pi$$

題型 5.

給定空間中的平面$S: Ax + By + Cz = D$

(1)求在 $0 \le ax + by \le s$, $0 \le cx + dy \le t$, $\forall t, s > 0$ 所圍區域的表面積

(2)求在$y = x^\alpha$, $y = \beta x^\alpha$, $x = y^\alpha$, $x = \gamma y^\alpha$, 所圍區域的表面積, 其中 $\alpha \neq 1, \beta, \gamma > 1$

(3)求在 $ax^2 + bxy + cy^2 = \alpha^2$, 所圍區域的表面積($\alpha > 0$, $b^2 - 4ac < 0$)

(4) 求在 $y = ax, y = bx, xy = c, xy = d,$ 所圍區域的表面積，其中 $a < b, c < d$

解題流程：

令 $\vec{r}(x,y) = \left(x, y, \dfrac{D - (Ax + By)}{C}\right)$ 且 R 為投影至 xy 平面區域

則 $\displaystyle\iint_S dA = \iint_R \left|\dfrac{\partial \vec{r}}{\partial x} \times \dfrac{\partial \vec{r}}{\partial y}\right| dxdy$

$\because \dfrac{\partial \vec{r}}{\partial x} = \left(1, 0, -\dfrac{A}{C}\right)$ 且 $\dfrac{\partial \vec{r}}{\partial y} = \left(0, 1, -\dfrac{B}{C}\right)$ $\quad \therefore \dfrac{\partial \vec{r}}{\partial x} \times \dfrac{\partial \vec{r}}{\partial y} = \left(\dfrac{A}{C}, \dfrac{B}{C}, 1\right)$

$\Rightarrow \left|\dfrac{\partial \vec{r}}{\partial x} \times \dfrac{\partial \vec{r}}{\partial y}\right| = \sqrt{1 + \dfrac{A^2 + B^2}{C^2}} = \sqrt{\dfrac{A^2 + B^2 + C^2}{C^2}}$

$\therefore \displaystyle\iint_S dA = \iint_R \left|\dfrac{\partial \vec{r}}{\partial x} \times \dfrac{\partial \vec{r}}{\partial y}\right| dxdy = \sqrt{\dfrac{A^2 + B^2 + C^2}{C^2}} \iint_R dxdy$

(1)

Step1.

令 $u = ax + by, \quad v = cx + dy$ 則 $x = \dfrac{du - bv}{ad - bc}$ 且 $y = \dfrac{av - cu}{ad - bc}$

$\because dxdy = \left\|\begin{matrix} \dfrac{\partial x}{\partial u} & \dfrac{\partial x}{\partial v} \\ \dfrac{\partial y}{\partial u} & \dfrac{\partial y}{\partial v} \end{matrix}\right\| dudv = \dfrac{\left|\begin{matrix} d & -b \\ -c & a \end{matrix}\right|}{|ad - bc|^2} dudv = \dfrac{1}{|ad - bc|} dudv$

$\therefore \displaystyle\iint_R dxdy = \int_0^t \int_0^s \dfrac{1}{|ad - bc|} dudv$

Step2.

計算此積分 $\displaystyle\int_0^t \int_0^s \dfrac{1}{|ad - bc|} dudv =?$

$\therefore \displaystyle\iint_R dxdy = \int_0^t \int_0^s \dfrac{1}{|ad - bc|} dudv = \dfrac{ts}{|ad - bc|}$

$$\therefore \iint_S dA = \sqrt{\frac{A^2+B^2+C^2}{C^2}} \iint_R dxdy = \frac{ts}{|ad-bc|}\sqrt{\frac{A^2+B^2+C^2}{C^2}}$$

(2)

Step1.

令 $u = \dfrac{y}{x^\alpha}$, $v = \dfrac{x}{y^\alpha}$ 則 $x = u^{\frac{\alpha}{1-\alpha^2}}v^{\frac{1}{1-\alpha^2}}$, $y = u^{\frac{1}{1-\alpha^2}}v^{\frac{\alpha}{1-\alpha^2}}$

$$\because dxdy = \left\| \begin{matrix} \dfrac{\partial x}{\partial u} & \dfrac{\partial x}{\partial v} \\ \dfrac{\partial y}{\partial u} & \dfrac{\partial y}{\partial v} \end{matrix} \right\| dudv = \left\| \begin{matrix} \dfrac{\alpha u^{\left(\frac{\alpha}{1-\alpha^2}-1\right)}v^{\frac{1}{1-\alpha^2}}}{1-\alpha^2} & \dfrac{u^{\frac{\alpha}{1-\alpha^2}}v^{\left(\frac{1}{1-\alpha^2}-1\right)}}{1-\alpha^2} \\ \dfrac{u^{\left(\frac{1}{1-\alpha^2}-1\right)}v^{\frac{\alpha}{1-\alpha^2}}}{1-\alpha^2} & \dfrac{\alpha u^{\frac{1}{1-\alpha^2}}v^{\left(\frac{\alpha}{1-\alpha^2}-1\right)}}{1-\alpha^2} \end{matrix} \right\| dudv$$

$$= \frac{\alpha^2 u^{\frac{\alpha-1+\alpha^2+1}{1-\alpha^2}}v^{\frac{1+\alpha-1+\alpha^2}{1-\alpha^2}} - u^{\frac{\alpha-1+\alpha^2+1}{1-\alpha^2}}v^{\frac{1+\alpha-1+\alpha^2}{1-\alpha^2}}}{(1-\alpha^2)^2} dudv$$

$$= \frac{\alpha^2 u^{\frac{\alpha}{1-\alpha}}v^{\frac{\alpha}{1-\alpha}} - u^{\frac{\alpha}{1-\alpha}}v^{\frac{\alpha}{1-\alpha}}}{(1-\alpha^2)^2} dudv = \frac{u^{\frac{\alpha}{1-\alpha}}v^{\frac{\alpha}{1-\alpha}}}{\alpha^2-1} dudv$$

Step2.

令 $R = \left\{ (x,y): 1 \le \dfrac{y}{x^\alpha} \le \beta, 1 \le \dfrac{x}{y^\alpha} \le \gamma \right\}$ 則 $R = \{(u,v): 1 \le u \le \beta, 1 \le v \le \gamma\}$

Step3.

$$面積 = \iint_R dxdy = \int_1^\beta \int_1^\gamma \frac{u^{\frac{\alpha}{1-\alpha}}v^{\frac{\alpha}{1-\alpha}}}{\alpha^2-1} dvdu$$

$$\therefore \iint_S dA = \sqrt{\frac{A^2+B^2+C^2}{C^2}} \iint_R dxdy = \sqrt{\frac{A^2+B^2+C^2}{C^2}} \int_1^\beta \int_1^\gamma \frac{u^{\frac{\alpha}{1-\alpha}}v^{\frac{\alpha}{1-\alpha}}}{\alpha^2-1} dvdu$$

$$求 \int_1^\beta \int_1^\gamma \frac{u^{\frac{\alpha}{1-\alpha}}v^{\frac{\alpha}{1-\alpha}}}{\alpha^2-1} dvdu$$

(3)

Step1.

$$\because ax^2 + bxy + cy^2 = a\left(x+\frac{by}{2a}\right)^2 + \frac{4ac-b^2}{4a}y^2$$

令 $\sqrt{a}\left(x + \dfrac{by}{2a}\right) = u,\ \sqrt{\dfrac{4ac - b^2}{4a}}\,y = v$

則 $dxdy = \left\|\begin{matrix} \dfrac{\partial x}{\partial u} & \dfrac{\partial x}{\partial v} \\[2mm] \dfrac{\partial y}{\partial u} & \dfrac{\partial y}{\partial v} \end{matrix}\right\| dudv = \left\|\begin{matrix} \dfrac{1}{\sqrt{a}} & 0 \\[3mm] \dfrac{2\sqrt{a}}{b} & \sqrt{\dfrac{4a}{4ac - b^2}} \end{matrix}\right\| dudv = \dfrac{2}{\sqrt{4ac - b^2}}\,dudv$

$\therefore \iint_R dxdy = \iint_{u^2 + v^2 \le \alpha^2} \dfrac{2}{\sqrt{4ac - b^2}}\,dudv$

Step2.

令 $u = r\cos\theta, v = r\sin\theta$ 則 $\{(u,v): u^2 + v^2 \le \alpha^2\} = \{(r,\theta): 0 \le r \le \alpha, 0 \le \theta \le 2\pi\}$

且 $dudv = \left\|\begin{matrix} \dfrac{\partial u}{\partial r} & \dfrac{\partial u}{\partial \theta} \\[2mm] \dfrac{\partial v}{\partial r} & \dfrac{\partial v}{\partial \theta} \end{matrix}\right\| drd\theta = \left\|\begin{matrix} \cos\theta & -r\sin\theta \\ \sin\theta & r\cos\theta \end{matrix}\right\| drd\theta = rdrd\theta$

Step3.

$\therefore \iint_{u^2 + v^2 \le \alpha^2} \dfrac{2}{\sqrt{4ac - b^2}}\,dudv = \int_0^{2\pi} \int_0^{\alpha} \dfrac{2}{\sqrt{4ac - b^2}}\,rdrd\theta = \dfrac{2}{\sqrt{4ac - b^2}} \int_0^{2\pi} d\theta \int_0^{\alpha} rdr$

$= \dfrac{2\pi\alpha^2}{\sqrt{4ac - b^2}}$

$\therefore \iint_S dA = \dfrac{2\pi\alpha^2}{\sqrt{4ac - b^2}} \sqrt{\dfrac{A^2 + B^2 + C^2}{C^2}}$

(4)

Step1.

令 $\dfrac{y}{x} = u,\ xy = v,$ 則 $x = \sqrt{\dfrac{v}{u}},\ y = \sqrt{uv}$

$\therefore dxdy = \left\|\begin{matrix} \dfrac{\partial x}{\partial u} & \dfrac{\partial x}{\partial v} \\[2mm] \dfrac{\partial y}{\partial u} & \dfrac{\partial y}{\partial v} \end{matrix}\right\| dudv = \left\|\begin{matrix} \dfrac{1}{2}\left(\dfrac{v}{u}\right)^{-\frac{1}{2}}\left(-\dfrac{v}{u^2}\right) & \dfrac{1}{2}\left(\dfrac{v}{u}\right)^{-\frac{1}{2}}\left(\dfrac{1}{u}\right) \\[3mm] \dfrac{1}{2}(uv)^{-\frac{1}{2}}v & \dfrac{1}{2}(uv)^{-\frac{1}{2}}u \end{matrix}\right\| dudv = \dfrac{1}{2u}\,dudv$

Step2.

令 $R = \left\{(x,y): a \leq \dfrac{y}{x} \leq b, c \leq xy \leq d\right\}$ 則 $R = \{(u,v): a \leq u \leq b, c \leq v \leq d\}$

Step3.

$$\because \iint_R dxdy = \int_a^b \int_c^d \frac{1}{2u} dvdu = \frac{(d-c)\ln\dfrac{b}{a}}{2}$$

$$\therefore \iint_S dA = \sqrt{\frac{A^2 + B^2 + C^2}{C^2}} \iint_R dxdy = \sqrt{\frac{A^2 + B^2 + C^2}{C^2}} \int_a^b \int_c^d \frac{1}{2u} dvdu$$

$$= \frac{(d-c)\ln\dfrac{b}{a}\sqrt{\dfrac{A^2 + B^2 + C^2}{C^2}}}{2}$$

範例 1.

假設曲面S的參數式為$\vec{r}(s,t) = (kt\cos s, kt\sin s, t), 0 \leq s \leq 2\pi,\ 0 \leq t \leq h$, 求曲面$S$的表面積

【解】

$$\because \frac{\partial \vec{r}}{\partial s} = (-kt\sin s, kt\cos s, 0)\ \text{且}\ \frac{\partial \vec{r}}{\partial t} = (k\cos s, k\sin s, 1)$$

$$\therefore \frac{\partial \vec{r}}{\partial s} \times \frac{\partial \vec{r}}{\partial t} = (kt\cos s, kt\sin s, -k^2 t)\ \text{且}\ \left|\frac{\partial \vec{r}}{\partial s} \times \frac{\partial \vec{r}}{\partial t}\right| = kt\sqrt{1+k^2}$$

$$\therefore \text{表面積} = \iint_S dA = \int_0^h \int_0^{2\pi} kt\sqrt{1+k^2}\,dsdt = \pi k h^2 \sqrt{1+k^2}$$

範例 2.

假設曲面S的參數式為$\vec{r}(s,t) = (s^2, s^3, 2t), \forall 0 \leq s \leq 1, 0 \leq t \leq 2$, 求曲面表面積

【解】

$$\because \frac{\partial \vec{r}}{\partial s} = (2s, 3s^2, 0)\ \text{且}\ \frac{\partial \vec{r}}{\partial t} = (0,0,2)$$

$$\therefore \frac{\partial \vec{r}}{\partial s} \times \frac{\partial \vec{r}}{\partial t} = (6s^2, -4s, 0)\ \text{且}\ \left|\frac{\partial \vec{r}}{\partial s} \times \frac{\partial \vec{r}}{\partial t}\right| = \sqrt{16s^2 + 36s^4} = 4s\sqrt{1 + \frac{9s^2}{4}}$$

$$\therefore 表面積 = \iint_S dA = \int_0^2 \int_0^1 4s\sqrt{1+\frac{9s^2}{4}}\, dsdt = 8\int_0^1 s\sqrt{1+\frac{9s^2}{4}}\, ds = \frac{32}{27}\left(1+\frac{9s^2}{4}\right)^{\frac{3}{2}}\Bigg|_0^1$$

$$= \frac{32}{27}\left(\frac{13\sqrt{13}}{8}-1\right)$$

範例 3.

求平面 $acx+bcy+abz=abc$ 於第一卦限所圍面積

【解】

令 $\vec{r}(x,y) = \left(x,y,\frac{abc-(acx+bcy)}{ab}\right)$ 且 R 為平面投影至xy平面的封閉區域

則 $R = \{(x,y): acx+bcy \leq abc, x\geq 0, y\geq 0\}$ 且表面積 $= \iint_S dA = \iint_R \left|\frac{\partial \vec{r}}{\partial x}\times\frac{\partial \vec{r}}{\partial y}\right| dxdy$

$\because \dfrac{\partial \vec{r}}{\partial x} = \left(1,0,-\dfrac{c}{b}\right)$ 且 $\dfrac{\partial \vec{r}}{\partial y} = \left(0,1,-\dfrac{b}{a}\right)$ $\therefore \dfrac{\partial \vec{r}}{\partial x}\times\dfrac{\partial \vec{r}}{\partial y} = \left(\dfrac{c}{b},\dfrac{c}{a},1\right)$

$$\Rightarrow \left|\frac{\partial \vec{r}}{\partial x}\times\frac{\partial \vec{r}}{\partial y}\right| = \sqrt{1+\frac{a^2c^2+b^2c^2}{a^2b^2}} = \sqrt{\frac{a^2c^2+b^2c^2+a^2b^2}{a^2b^2}}$$

$$\therefore 表面積 = \iint_S dA = \iint_R \left|\frac{\partial \vec{r}}{\partial x}\times\frac{\partial \vec{r}}{\partial y}\right| dxdy = \sqrt{\frac{a^2c^2+b^2c^2+a^2b^2}{a^2b^2}}\iint_R dxdy$$

$$= \sqrt{\frac{a^2c^2+b^2c^2+a^2b^2}{a^2b^2}}\times\frac{ab}{2} = \frac{\sqrt{a^2c^2+b^2c^2+a^2b^2}}{2}$$

範例 4.

假設曲面的參數式為 $\vec{r}(s,t) = (a\cos s\cos t, a\sin s\cos t, a\sin t), 0\leq s\leq 2\pi,$

$-\dfrac{\pi}{2}\leq t\leq\dfrac{\pi}{2}$，求曲面表面積

【解】

$$\because \frac{\partial \vec{r}}{\partial s} = (-a\sin s\cos t, a\cos s\cos t, 0) \text{ 且 } \frac{\partial \vec{r}}{\partial t} = (-a\cos s\sin t, -a\sin s\sin t, a\cos t)$$

$$\because \frac{\partial \vec{r}}{\partial s} \times \frac{\partial \vec{r}}{\partial t} = a\cos t\,(a\cos s\cos t, a\sin s\cos t, a\sin t) = a\cos t\,\vec{r}(s,t) \text{ 且}$$

$$\left| \frac{\partial \vec{r}}{\partial s} \times \frac{\partial \vec{r}}{\partial t} \right| = a\cos^2 t$$

$$\therefore \iint_S dA = \int_0^{2\pi} \int_{-\frac{\pi}{2}}^{\frac{\pi}{2}} \left| \frac{\partial \vec{r}}{\partial s} \times \frac{\partial \vec{r}}{\partial t} \right| dt\,ds = \int_0^{2\pi} \int_{-\frac{\pi}{2}}^{\frac{\pi}{2}} a\cos^2 t\, dt\,ds = 2\pi a^2 \int_{-\frac{\pi}{2}}^{\frac{\pi}{2}} a\cos^2 t\, dt = 4\pi a^2$$

範例 5.

Find the area of the surface, $z = a^2 - (x^2 + y^2)$ with $\dfrac{a^2}{4} \le x^2 + y^2 \le a^2$

【解】

令 $S\colon z = a^2 - (x^2 + y^2),\ \dfrac{a^2}{4} \le x^2 + y^2 \le a^2$

令 $\vec{r}(x,y) = (x, y, a^2 - (x^2 + y^2))$ 且 R 為曲面S投影至xy平面的封閉區域

則 $R = \left\{ (x,y)\colon \dfrac{a^2}{4} \le x^2 + y^2 \le a^2 \right\}$ 且 表面積 $= \iint_S dA = \iint_R \left| \dfrac{\partial \vec{r}}{\partial x} \times \dfrac{\partial \vec{r}}{\partial y} \right| dx\,dy$

$$\because \frac{\partial \vec{r}}{\partial x} = (1, 0, -2x) \text{ 且 } \frac{\partial \vec{r}}{\partial y} = (0, 1, -2y) \quad \therefore \frac{\partial \vec{r}}{\partial x} \times \frac{\partial \vec{r}}{\partial y} = (2x, 2y, 1)$$

$$\Rightarrow \left| \frac{\partial \vec{r}}{\partial x} \times \frac{\partial \vec{r}}{\partial y} \right| = (4x^2 + 4y^2 + 1)^{\frac{1}{2}}$$

$$\therefore \iint_S dA = \iint_R \left| \frac{\partial \vec{r}}{\partial x} \times \frac{\partial \vec{r}}{\partial y} \right| dx\,dy = \iint_{\frac{a^2}{4} \le x^2 + y^2 \le a^2} (4x^2 + 4y^2 + 1)^{\frac{1}{2}} dx\,dy$$

令 $x = r\cos\theta,\ y = r\sin\theta$ 則 $\left\{ (x,y)\colon \dfrac{a^2}{4} \le x^2 + y^2 \le a^2 \right\} = \left\{ (r,\theta)\colon \dfrac{a}{2} \le r \le a, 0 \le \theta \le 2\pi \right\}$

$$\therefore \iint_S dA = \iint_{\frac{a^2}{4}\leq x^2+y^2\leq a^2} (4x^2+4y^2+1)^{\frac{1}{2}}dxdy = \int_0^{2\pi}\int_{\frac{a}{2}}^{a} (4r^2+1)^{\frac{1}{2}}\,rdrd\theta$$

$$= \frac{\pi}{6}(4r^2+1)^{\frac{3}{2}}\Big|_{\frac{a}{2}}^{a} = \frac{\pi}{6}\left((4a^2+1)^{\frac{3}{2}} - (a^2+1)^{\frac{3}{2}}\right)$$

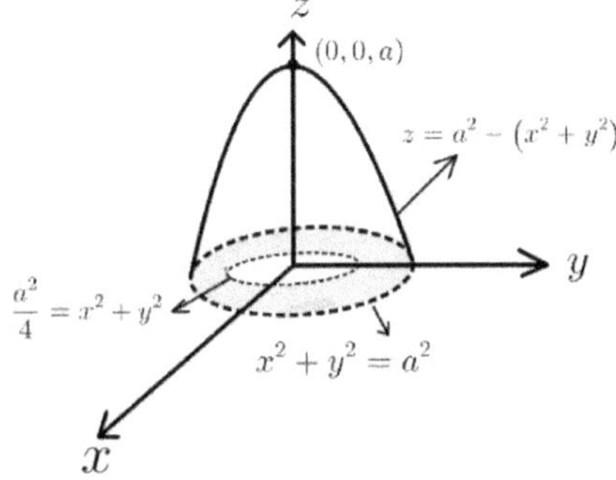

範例 6.

Find the area of the surface $z = \frac{2}{3}\left(x^{\frac{3}{2}} + y^{\frac{3}{2}}\right)$ with $0\leq x\leq 1, 0\leq y\leq 1$

【解】

令 S: $z = \frac{2}{3}\left(x^{\frac{3}{2}} + y^{\frac{3}{2}}\right)$, $0\leq x\leq 1, 0\leq y\leq 1$

令 $\vec{r}(x,y) = \left(x, y, \frac{2}{3}\left(x^{\frac{3}{2}} + y^{\frac{3}{2}}\right)\right)$ 且 R 為曲面S投影至xy平面的封閉區域

則 $R = \{(x,y): 0\leq x\leq 1, 0\leq y\leq 1\}$ 且 $\displaystyle\iint_S dA = \iint_R \left|\frac{\partial\vec{r}}{\partial x}\times\frac{\partial\vec{r}}{\partial y}\right|dxdy$

$\because \dfrac{\partial\vec{r}}{\partial x} = \left(1,0,x^{\frac{1}{2}}\right)$ 且 $\dfrac{\partial\vec{r}}{\partial y} = \left(0,1,y^{\frac{1}{2}}\right)$ $\quad\therefore \dfrac{\partial\vec{r}}{\partial x}\times\dfrac{\partial\vec{r}}{\partial y} = \left(x^{\frac{1}{2}}, y^{\frac{1}{2}}, 1\right) \Rightarrow \left|\dfrac{\partial\vec{r}}{\partial x}\times\dfrac{\partial\vec{r}}{\partial y}\right| = (x+y+1)^{\frac{1}{2}}$

$$\iint_S dA = \iint_R \left|\frac{\partial\vec{r}}{\partial x}\times\frac{\partial\vec{r}}{\partial y}\right|dxdy = \int_0^1\int_0^1 (x+y+1)^{\frac{1}{2}}dydx = \frac{2}{3}\int_0^1 (2+y)^{\frac{3}{2}} - (1+y)^{\frac{3}{2}}\,dx$$

$$= \frac{2}{3}\left(\frac{2}{5}\left((2+y)^{\frac{5}{2}} - (1+y)^{\frac{5}{2}}\right)\right)\Big|_{y=0}^{y=1} = \frac{4}{15}\left(3^{\frac{5}{2}} - 2^{\frac{7}{2}} + 1\right)$$

範例 7.

Find the area of the surface $x^2 + y^2 + z^2 - 4z = 0$ with $0 \leq 3(x^2 + y^2) \leq z^2, z \geq 2$

【解】

令 $S: x^2 + y^2 + z^2 = 4z,\ 0 \leq 3(x^2 + y^2) \leq z^2,\ z \geq 2$ 則表面積 $= \displaystyle\iint_S dA$

令 $\vec{r}(x,y) = \left(x, y, 2 + \sqrt{4 - (x^2 + y^2)}\right)$ 且 R 為球面S投影至xy平面的封閉區域

則 $R = \{(x,y): 0 \leq x^2 + y^2 \leq 3\}$ 且 $\displaystyle\iint_S dA = \iint_R \left|\frac{\partial \vec{r}}{\partial x} \times \frac{\partial \vec{r}}{\partial y}\right| dxdy$

$\because \dfrac{\partial \vec{r}}{\partial x} = \left(1, 0, -x(4 - (x^2 + y^2))^{-\frac{1}{2}}\right)$ 且 $\dfrac{\partial \vec{r}}{\partial y} = \left(0, 1, -y(4 - (x^2 + y^2))^{-\frac{1}{2}}\right)$,

$\therefore \dfrac{\partial \vec{r}}{\partial x} \times \dfrac{\partial \vec{r}}{\partial y} = \left(x(4 - (x^2 + y^2))^{-\frac{1}{2}}, y(4 - (x^2 + y^2))^{-\frac{1}{2}}, 1\right)$

$\Rightarrow \left|\dfrac{\partial \vec{r}}{\partial x} \times \dfrac{\partial \vec{r}}{\partial y}\right| = (x^2(4 - (x^2 + y^2))^{-1} + y^2(4 - (x^2 + y^2))^{-1} + 1)^{\frac{1}{2}} = 2(4 - (x^2 + y^2))^{-\frac{1}{2}}$

$\therefore \displaystyle\iint_S dA = \iint_R \left|\frac{\partial \vec{r}}{\partial x} \times \frac{\partial \vec{r}}{\partial y}\right| dxdy = \iint_{x^2+y^2 \leq 3} 2(4 - (x^2 + y^2))^{-\frac{1}{2}} dxdy$

令 $x = r\cos\theta,\ y = r\sin\theta$ 則 $\{(x,y): x^2 + y^2 \leq 3\} = \{(r,\theta): 0 \leq r \leq \sqrt{3}, 0 \leq \theta \leq 2\pi\}$

$$\iint_{x^2+y^2 \leq 3} 2(4 - (x^2 + y^2))^{-\frac{1}{2}} dxdy = \int_0^{2\pi} \int_0^{\sqrt{3}} 2(4 - r^2)^{-\frac{1}{2}} r\, dr\, d\theta = 4\pi(4 - r^2)^{\frac{1}{2}}\Big|_{\sqrt{3}}^{0} = 4\pi$$

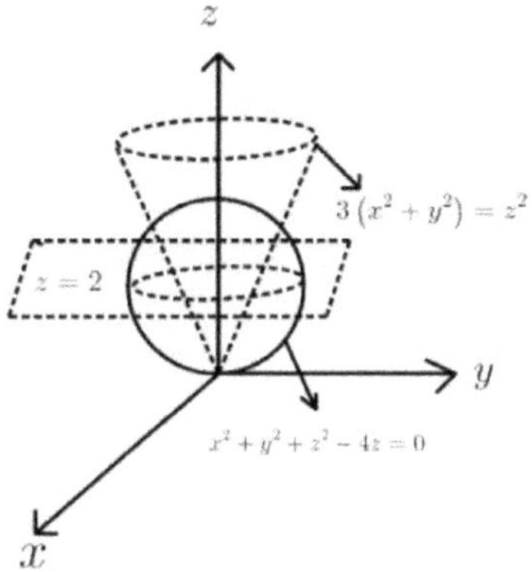

範例 8.

Find the area of the part of the plane $x + 2y + 3z = 1$ that lies within the cylinder $x^2 + y^2 = 3$.

【解】

令 $\vec{r}(x,y) = \left(x, y, \dfrac{1 - (x + 2y)}{3}\right)$ 且 R 為平面投影至 xy 平面的封閉區域

則 $R = \{(x,y): x^2 + y^2 \leq 3\}$ 且 表面積 $= \displaystyle\iint_S dA = \iint_R \left|\dfrac{\partial \vec{r}}{\partial x} \times \dfrac{\partial \vec{r}}{\partial y}\right| dxdy$

$\because \dfrac{\partial \vec{r}}{\partial x} = \left(1, 0, -\dfrac{1}{3}\right)$ 且 $\dfrac{\partial \vec{r}}{\partial y} = \left(0, 1, -\dfrac{2}{3}\right)$ $\therefore \dfrac{\partial \vec{r}}{\partial x} \times \dfrac{\partial \vec{r}}{\partial y} = \left(\dfrac{1}{3}, \dfrac{2}{3}, 1\right) \Rightarrow \left|\dfrac{\partial \vec{r}}{\partial x} \times \dfrac{\partial \vec{r}}{\partial y}\right| = \sqrt{1 + \dfrac{5}{9}} = \sqrt{\dfrac{14}{9}}$

$\therefore \displaystyle\iint_S dA = \iint_R \left|\dfrac{\partial \vec{r}}{\partial x} \times \dfrac{\partial \vec{r}}{\partial y}\right| dxdy = \sqrt{\dfrac{14}{9}} \iint_{x^2+y^2\leq 3} dxdy = \sqrt{\dfrac{14}{9}} \times 3\pi = \sqrt{14}\pi$

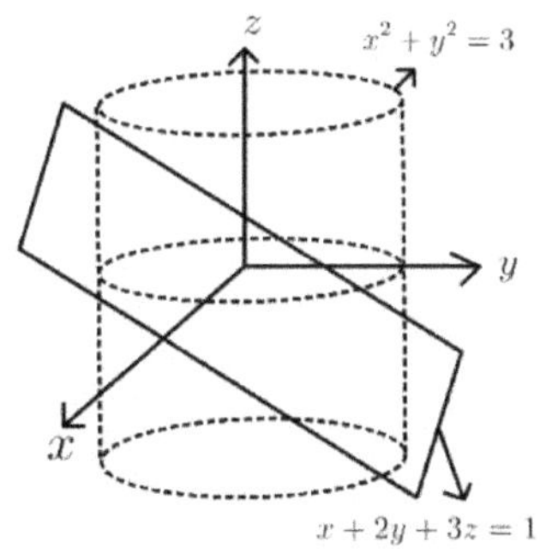

範例 9.

Find the surface area of that part of the parabolic cylinder $z = y^2$ that lies over the triangle with vertices $(0,0), (0,1), (1,1)$ in the $xy-$ plane.

【解】

令 S: $z = y^2$, $0 \le x \le 1, 0 \le y \le 1$ 則表面積 $= \iint_S dA$

令 $\vec{r}(x,y) = (x, y, y^2)$ 且 R 為曲面S投影至xy平面的封閉區域

則 $R = \{(x,y): 0 \le x \le y, 0 \le y \le 1\}$ 且表面積 $= \iint_S dA = \iint_R \left| \dfrac{\partial \vec{r}}{\partial x} \times \dfrac{\partial \vec{r}}{\partial y} \right| dxdy$

$\because \dfrac{\partial \vec{r}}{\partial x} = (1,0,0)$ 且 $\dfrac{\partial \vec{r}}{\partial y} = (0,1,2y)$ $\therefore \dfrac{\partial \vec{r}}{\partial x} \times \dfrac{\partial \vec{r}}{\partial y} = (0, 2y, 1) \Rightarrow \left| \dfrac{\partial \vec{r}}{\partial x} \times \dfrac{\partial \vec{r}}{\partial y} \right| = (1 + 4y^2)^{\frac{1}{2}}$

$$\iint_R \left| \dfrac{\partial \vec{r}}{\partial x} \times \dfrac{\partial \vec{r}}{\partial y} \right| dxdy = \int_0^1 \int_0^y (1 + 4y^2)^{\frac{1}{2}} dxdy = \int_0^1 y(1 + 4y^2)^{\frac{1}{2}} \, dy = \left. \dfrac{(1 + 4y^2)^{\frac{3}{2}}}{12} \right|_0^1$$

$$= \dfrac{5\sqrt{5} - 1}{12}$$

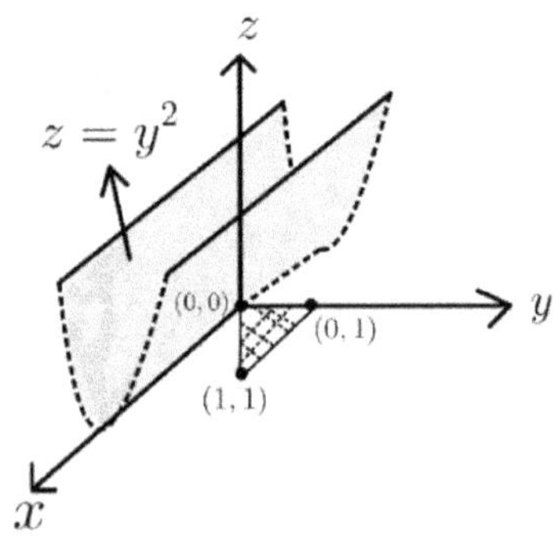

範例 10.

Find the area of the surface with parametric equation $x = s^2$, $y = st$, $z = \dfrac{t^2}{2}$, $0 \le s \le 1, 0 \le t \le 2$.

【解】

令 $\vec{r}(s,t) = \left(s^2, st, \dfrac{t^2}{2}\right)$, $\forall\, 0 \le s \le 1, 0 \le t \le 2$ 則 $\dfrac{\partial \vec{r}}{\partial s} = (2s, t, 0)$ 且 $\dfrac{\partial \vec{r}}{\partial t} = (0, s, t)$

$\therefore \dfrac{\partial \vec{r}}{\partial s} \times \dfrac{\partial \vec{r}}{\partial t} = (t^2, 2st, 2s^2)$ 且 $\left|\dfrac{\partial \vec{r}}{\partial s} \times \dfrac{\partial \vec{r}}{\partial t}\right| = \sqrt{t^4 + 4s^2t^2 + 4s^4} = t^2 + 2s^2$

$\therefore \displaystyle\iint_S dA = \iint_{[0,1]\times[0,2]} \left|\dfrac{\partial \vec{r}}{\partial s} \times \dfrac{\partial \vec{r}}{\partial t}\right| dsdt = \int_0^2 \int_0^1 t^2 + 2s^2\, dsdt = \int_0^2 t^2 + \dfrac{1}{3}\, dt = 4$

範例 11.

Find the area of the surface $y = 4x + z^2$ that lies between the planes $x = 0, x = 1$, $z = 0,$ and $z = 1$.

【解】

令 $S: y = 4x + z^2$, $0 \le x \le 1$, $0 \le z \le 1$ 則 表面積 $= \displaystyle\iint_S dA$

令 $\vec{r}(x, y) = (x, 4x + z^2, z)$ 則 R 為曲面S投影至xz平面的封閉區域

則 $R = \{(x, z): 0 \le x \le 1, 0 \le z \le 1\}$ 且 $\displaystyle\iint_S dA = \iint_R \left|\dfrac{\partial \vec{r}}{\partial x} \times \dfrac{\partial \vec{r}}{\partial z}\right| dxdz$

$\because \dfrac{\partial \vec{r}}{\partial x} = (1, 4, 0)$ 且 $\dfrac{\partial \vec{r}}{\partial z} = (0, 2z, 1)$ $\therefore \dfrac{\partial \vec{r}}{\partial x} \times \dfrac{\partial \vec{r}}{\partial z} = (4, -1, 2z) \Rightarrow \left|\dfrac{\partial \vec{r}}{\partial x} \times \dfrac{\partial \vec{r}}{\partial z}\right| = (17 + 4z^2)^{\frac{1}{2}}$

$\therefore \displaystyle\iint_S dA = \iint_R \left|\dfrac{\partial \vec{r}}{\partial x} \times \dfrac{\partial \vec{r}}{\partial z}\right| dxdz = \int_0^1 \int_0^1 (17 + 4z^2)^{\frac{1}{2}}\, dxdz = \int_0^1 (17 + 4z^2)^{\frac{1}{2}}\, dz$

令 $t = 2z$ 則 $\displaystyle\int_0^1 (17 + 4z^2)^{\frac{1}{2}}\, dz = \dfrac{1}{2}\int_0^2 (17 + t^2)^{\frac{1}{2}}\, dt$

令 $t = \sqrt{17}\tan\theta$ 則 $dt = \sqrt{17}\sec^2\theta\, d\theta$

$\therefore \dfrac{1}{2}\displaystyle\int_0^2 (17 + t^2)^{\frac{1}{2}}\, dt = \dfrac{17}{2}\int_0^{\tan^{-1}2} \sec^3\theta\, d\theta = \dfrac{1}{2}\left(\dfrac{t\sqrt{17 + t^2}}{2} + \dfrac{17}{2}\ln\left(\dfrac{t}{\sqrt{17}} + \dfrac{\sqrt{17 + t^2}}{\sqrt{17}}\right)\right)\Bigg|_{t=0}^{t=2}$

$= \dfrac{\sqrt{21}}{2} + \dfrac{17}{4}\left(\ln(2 + \sqrt{21}) - \ln\sqrt{17}\right)$

範例 12.

$$求平面 Ax + By + Cz = D 在橢圓柱 \frac{x^2}{a^2} + \frac{y^2}{b^2} = 1 \text{ 內的表面積}$$

【解】

令 $\vec{r}(x,y) = \left(x, y, \frac{D - (Ax + By)}{C}\right)$ 且 R 為所圍平面投影至 xy 平面的封閉區域

則 $R = \left\{(x,y): \frac{x^2}{a^2} + \frac{y^2}{b^2} \le 1\right\}$ 且 表面積 $= \iint_S dA = \iint_R \left|\frac{\partial \vec{r}}{\partial x} \times \frac{\partial \vec{r}}{\partial y}\right| dxdy$

$\because \frac{\partial \vec{r}}{\partial x} = \left(1, 0, -\frac{A}{C}\right)$ 且 $\frac{\partial \vec{r}}{\partial y} = \left(0, 1, -\frac{B}{C}\right)$ $\quad \therefore \frac{\partial \vec{r}}{\partial x} \times \frac{\partial \vec{r}}{\partial y} = \left(\frac{A}{C}, \frac{B}{C}, 1\right)$

$$\Rightarrow \left|\frac{\partial \vec{r}}{\partial x} \times \frac{\partial \vec{r}}{\partial y}\right| = \sqrt{1 + \frac{A^2 + B^2}{C^2}} = \sqrt{\frac{A^2 + B^2 + C^2}{C^2}}$$

$$\therefore 表面積 = \iint_S dA = \iint_R \left|\frac{\partial \vec{r}}{\partial x} \times \frac{\partial \vec{r}}{\partial y}\right| dxdy = \sqrt{\frac{A^2 + B^2 + C^2}{C^2}} \iint_{\frac{x^2}{a^2} + \frac{y^2}{b^2} \le 1} dxdy$$

令 $x = ra\cos\theta$, $y = rb\sin\theta$ 則 $\left\{(x,y): \frac{x^2}{a^2} + \frac{y^2}{b^2} \le 1\right\} = \{(r,\theta): 0 \le r \le 1, 0 \le \theta \le 2\pi\}$

$$\therefore \iint_{\frac{x^2}{a^2} + \frac{y^2}{b^2} \le 1} dxdy = \int_0^{2\pi} \int_0^1 abr\,dr\,d\theta = ab\pi \quad \therefore 表面積 = ab\pi \sqrt{\frac{A^2 + B^2 + C^2}{C^2}}$$

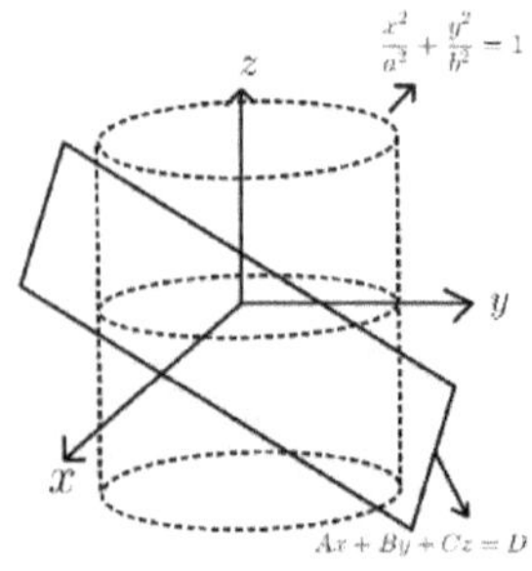

範例 13.

求平面$Ax + By + Cz = D$ 在 $y = x^2,\ y = 3x^2,\ x = y^2,\ x = 4y^2$ 所圍區域的表面積

【解】

令 $\vec{r}(x,y) = \left(x, y, \dfrac{D - (Ax + By)}{C}\right)$ 且 $R = \{(x,y): x^2 \le y \le 3x^2, 4y^2 \le x \le y^2\}$

表面積 $= \displaystyle\iint_S dA = \iint_R \left|\dfrac{\partial \vec{r}}{\partial x} \times \dfrac{\partial \vec{r}}{\partial y}\right| dxdy$

$\because \dfrac{\partial \vec{r}}{\partial x} = \left(1, 0, -\dfrac{A}{C}\right)$ 且 $\dfrac{\partial \vec{r}}{\partial y} = \left(0, 1, -\dfrac{B}{C}\right)$ $\therefore \dfrac{\partial \vec{r}}{\partial x} \times \dfrac{\partial \vec{r}}{\partial y} = \left(\dfrac{A}{C}, \dfrac{B}{C}, 1\right)$

$\Rightarrow \left|\dfrac{\partial \vec{r}}{\partial x} \times \dfrac{\partial \vec{r}}{\partial y}\right| = \sqrt{1 + \dfrac{A^2 + B^2}{C^2}} = \sqrt{\dfrac{A^2 + B^2 + C^2}{C^2}}$

$\therefore$ 表面積 $= \displaystyle\iint_S dA = \iint_R \left|\dfrac{\partial \vec{r}}{\partial x} \times \dfrac{\partial \vec{r}}{\partial y}\right| dxdy = \sqrt{\dfrac{A^2 + B^2 + C^2}{C^2}} \iint_R dxdy$

令 $u = \dfrac{y}{x^2},\ v = \dfrac{x}{y^2}$ 則 $x = u^{-\frac{2}{3}} v^{-\frac{1}{3}},\ y = u^{-\frac{1}{3}} v^{-\frac{2}{3}}$

且 $dxdy = \left\|\begin{matrix} \dfrac{\partial x}{\partial u} & \dfrac{\partial x}{\partial v} \\ \dfrac{\partial y}{\partial u} & \dfrac{\partial y}{\partial v} \end{matrix}\right\| dudv = \left\|\begin{matrix} \dfrac{-2u^{-\frac{5}{3}} v^{-\frac{1}{3}}}{3} & \dfrac{-u^{-\frac{2}{3}} v^{-\frac{4}{3}}}{3} \\ \dfrac{-u^{-\frac{4}{3}} v^{-\frac{2}{3}}}{3} & \dfrac{-2u^{-\frac{1}{3}} v^{-\frac{5}{3}}}{3} \end{matrix}\right\| dudv = \dfrac{u^{-2} v^{-2}}{3} dudv$

$\because R = \left\{(x,y): 1 \le \dfrac{y}{x^2} \le 3, 1 \le \dfrac{x}{y^2} \le 4\right\}$ $\therefore R = \{(u,v): 1 \le u \le 3, 1 \le v \le 4\}$

$\therefore \displaystyle\iint_R 1\, dA = \int_1^3 \int_1^4 \dfrac{u^{-2} v^{-2}}{3} dvdu = \dfrac{1}{6}$ $\therefore \iint_S dA = \dfrac{1}{6}\sqrt{\dfrac{A^2 + B^2 + C^2}{C^2}}$

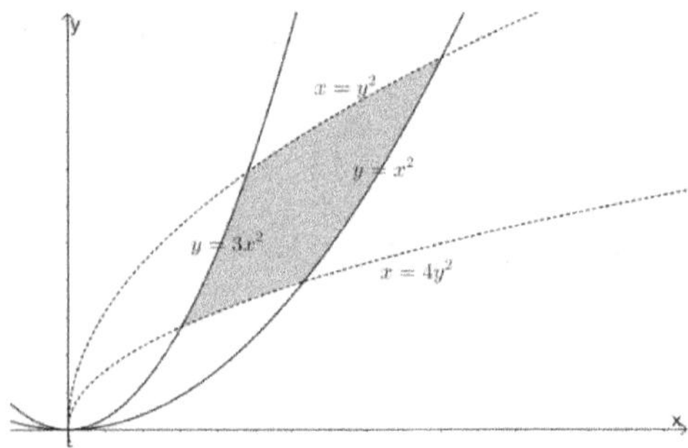

範例 14.

　　求平面$Ax + By + Cz = D$ 在 $x - 2y = -4,\ x - 2y = 1,\ 2x - y = 0,\ 2x - y = 3$

　　所圍區域內的表面積

【解】

令 $\vec{r}(x, y) = \left(x, y, \dfrac{D - (Ax + By)}{C}\right)$ 且 $R = \{(x, y): -4 \le x - 2y \le 1, 0 \le 2x - y \le 3\}$

則表面積 $= \iint_S dA = \iint_R \left|\dfrac{\partial \vec{r}}{\partial x} \times \dfrac{\partial \vec{r}}{\partial y}\right| dxdy$

$\because \dfrac{\partial \vec{r}}{\partial x} = \left(1, 0, -\dfrac{A}{C}\right)$ 且 $\dfrac{\partial \vec{r}}{\partial y} = \left(0, 1, -\dfrac{B}{C}\right)$　$\therefore \dfrac{\partial \vec{r}}{\partial x} \times \dfrac{\partial \vec{r}}{\partial y} = \left(\dfrac{A}{C}, \dfrac{B}{C}, 1\right)$

$\Rightarrow \left|\dfrac{\partial \vec{r}}{\partial x} \times \dfrac{\partial \vec{r}}{\partial y}\right| = \sqrt{1 + \dfrac{A^2 + B^2}{C^2}} = \sqrt{\dfrac{A^2 + B^2 + C^2}{C^2}}$

$\therefore \iint_R \left|\dfrac{\partial \vec{r}}{\partial x} \times \dfrac{\partial \vec{r}}{\partial y}\right| dxdy = \sqrt{\dfrac{A^2 + B^2 + C^2}{C^2}} \iint_R dxdy$

令 $x - 2y = u,\ 2x - y = v$ 則 $x = -\dfrac{u}{3} + \dfrac{2v}{3},\ y = -\dfrac{2u}{3} + \dfrac{v}{3}$

且 $dxdy = \left\|\begin{matrix} \dfrac{\partial x}{\partial u} & \dfrac{\partial x}{\partial v} \\ \dfrac{\partial y}{\partial u} & \dfrac{\partial y}{\partial v} \end{matrix}\right\| dudv = \left\|\begin{matrix} \dfrac{-1}{3} & \dfrac{2}{3} \\ \dfrac{-2}{3} & \dfrac{1}{3} \end{matrix}\right\| dudv = \dfrac{1}{3} dudv$

$\because R = \{(x, y): -4 \le x - 2y \le 1, 0 \le 2x - y \le 3\}$　$\therefore R = \{(u, v): -4 \le u \le 1, 0 \le v \le 3\}$

$$\therefore \iint_R 1\,dA = \int_{-4}^{1}\int_0^3 \frac{1}{3}\,du\,dv = 5 \quad \therefore \text{表面積} = \iint_S dA = 5\sqrt{\frac{A^2+B^2+C^2}{C^2}}$$

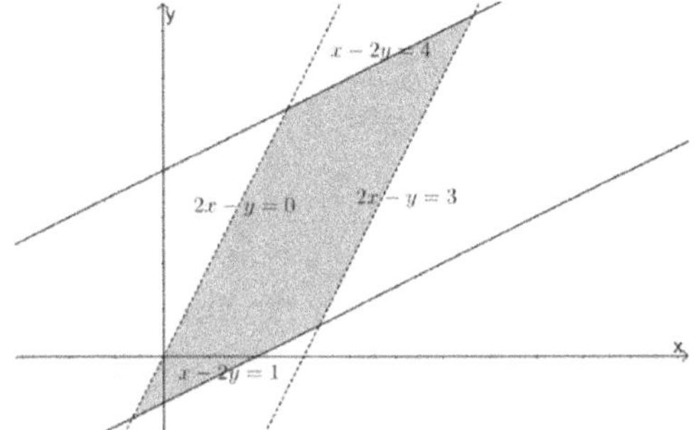

範例 15.

　　求平面$Ax + By + Cz = D$ 在 $y = x,\ y = 2x,\ xy = 1,\ xy = 4$ 所圍區域內的表面積

【解】

令 $\vec{r}(x,y) = \left(x, y, \dfrac{D-(Ax+By)}{C}\right)$ 且 R為 $y = x,\ y = 2x,\ xy = 1,\ xy = 4$ 所圍區域

則 表面積 $= \displaystyle\iint_S dA = \iint_R \left|\dfrac{\partial \vec{r}}{\partial x} \times \dfrac{\partial \vec{r}}{\partial y}\right| dxdy$

$\because \dfrac{\partial \vec{r}}{\partial x} = \left(1, 0, -\dfrac{A}{C}\right)$ 且 $\dfrac{\partial \vec{r}}{\partial y} = \left(0, 1, -\dfrac{B}{C}\right) \quad \therefore \dfrac{\partial \vec{r}}{\partial x} \times \dfrac{\partial \vec{r}}{\partial y} = \left(\dfrac{A}{C}, \dfrac{B}{C}, 1\right)$

$\Rightarrow \left|\dfrac{\partial \vec{r}}{\partial x} \times \dfrac{\partial \vec{r}}{\partial y}\right| = \sqrt{1 + \dfrac{A^2+B^2}{C^2}} = \sqrt{\dfrac{A^2+B^2+C^2}{C^2}}$

$\therefore \displaystyle\iint_R \left|\dfrac{\partial \vec{r}}{\partial x} \times \dfrac{\partial \vec{r}}{\partial y}\right| dxdy = \sqrt{\dfrac{A^2+B^2+C^2}{C^2}} \iint_R dxdy$

令 $\dfrac{y}{x} = u,\ xy = v$ 則 $x = \sqrt{\dfrac{v}{u}},\ y = \sqrt{uv}$

且 $dxdy = \left\| \begin{vmatrix} \dfrac{\partial x}{\partial u} & \dfrac{\partial x}{\partial v} \\ \dfrac{\partial y}{\partial u} & \dfrac{\partial y}{\partial v} \end{vmatrix} \right\| dudv = \left\| \begin{vmatrix} \dfrac{1}{2}\left(\dfrac{v}{u}\right)^{-\frac{1}{2}}\left(-\dfrac{v}{u^2}\right) & \dfrac{1}{2}\left(\dfrac{v}{u}\right)^{-\frac{1}{2}}\left(\dfrac{1}{u}\right) \\ \dfrac{1}{2}(uv)^{-\frac{1}{2}}v & \dfrac{1}{2}(uv)^{-\frac{1}{2}}u \end{vmatrix} \right\| dudv = \dfrac{1}{2u}dudv$

$\because R = \left\{(x,y): 1 \le \dfrac{y}{x} \le 2, 1 \le xy \le 4\right\}$　$\therefore R = \{(u,v): 1 \le u \le 2, 1 \le v \le 4\}$

$\therefore \iint_R dxdy = 2\int_1^4 \int_1^2 \dfrac{1}{2u}dudv = 3\ln 2$　$\therefore 表面積 = \iint_S dA = 3\ln 2 \sqrt{\dfrac{A^2 + B^2 + C^2}{C^2}}$

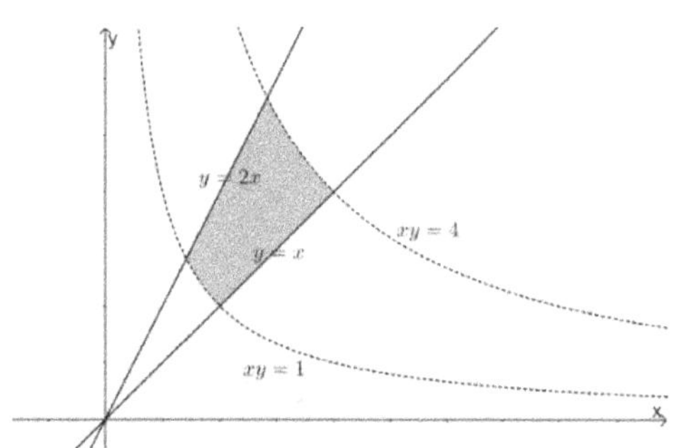

範例 16.

　　求平面$Ax + By + Cz = D$ 在 $ax^2 + bxy + cy^2 = \alpha^2$所圍區域內的表面積

【解】

令 $\vec{r}(x,y) = \left(x, y, \dfrac{D - (Ax + By)}{C}\right)$ 且 $R = \{(x,y): ax^2 + bxy + cy^2 \le \alpha^2\}$

則 $\iint_S dA = \iint_R \left|\dfrac{\partial \vec{r}}{\partial x} \times \dfrac{\partial \vec{r}}{\partial y}\right| dxdy$

$\because \dfrac{\partial \vec{r}}{\partial x} = \left(1, 0, -\dfrac{A}{C}\right)$ 且 $\dfrac{\partial \vec{r}}{\partial y} = \left(0, 1, -\dfrac{B}{C}\right)$　$\therefore \dfrac{\partial \vec{r}}{\partial x} \times \dfrac{\partial \vec{r}}{\partial y} = \left(\dfrac{A}{C}, \dfrac{B}{C}, 1\right)$

$\Rightarrow \left|\dfrac{\partial \vec{r}}{\partial x} \times \dfrac{\partial \vec{r}}{\partial y}\right| = \sqrt{1 + \dfrac{A^2 + B^2}{C^2}} = \sqrt{\dfrac{A^2 + B^2 + C^2}{C^2}}$

$$\therefore \iint_R \left|\frac{\partial \vec{r}}{\partial x} \times \frac{\partial \vec{r}}{\partial y}\right| dxdy = \sqrt{\frac{A^2 + B^2 + C^2}{C^2}} \iint_R dxdy$$

$$\because ax^2 + bxy + cy^2 = a\left(x + \frac{by}{2a}\right)^2 + \left(\frac{4ac - b^2}{4a}\right)y^2$$

$$令 \sqrt{a}\left(x + \frac{by}{2a}\right) = u, \quad \sqrt{\frac{4ac - b^2}{4a}}\, y = v$$

$$則\, dxdy = \left\|\begin{matrix} \dfrac{\partial x}{\partial u} & \dfrac{\partial x}{\partial v} \\ \dfrac{\partial y}{\partial u} & \dfrac{\partial y}{\partial v} \end{matrix}\right\| dudv = \left\|\begin{matrix} \dfrac{1}{\sqrt{a}} & 0 \\ 0 & \sqrt{\dfrac{4a}{4ac - b^2}} \end{matrix}\right\| dudv = \frac{2}{\sqrt{4ac - b^2}} dudv$$

$$\therefore \iint_R dA = \iint_{u^2 + v^2 \leq \alpha^2} \frac{2}{\sqrt{4ac - b^2}} dudv$$

$$令 u = r\cos\theta, v = r\sin\theta \;\; 則\; \{(u,v): u^2 + v^2 \leq \alpha^2\} = \{(r,\theta): 0 \leq r \leq \alpha, 0 \leq \theta \leq 2\pi\}$$

$$且\; dudv = \left\|\begin{matrix} \dfrac{\partial u}{\partial r} & \dfrac{\partial u}{\partial \theta} \\ \dfrac{\partial v}{\partial r} & \dfrac{\partial v}{\partial \theta} \end{matrix}\right\| drd\theta = \left|\begin{matrix} \cos\theta & -r\sin\theta \\ \sin\theta & r\cos\theta \end{matrix}\right| drd\theta = r\,drd\theta$$

$$\therefore \iint_{u^2 + v^2 \leq \alpha^2} \frac{2}{\sqrt{4ac - b^2}} dudv = \int_0^{2\pi} \int_0^{\alpha} \frac{2}{\sqrt{4ac - b^2}} r\,drd\theta = \frac{2}{\sqrt{4ac - b^2}} \int_0^{2\pi} d\theta \int_0^{\alpha} r\,dr$$

$$= \frac{2\pi\alpha^2}{\sqrt{4ac - b^2}}$$

$$\therefore 表面積 = \iint_S dA = \iint_R \left|\frac{\partial \vec{r}}{\partial x} \times \frac{\partial \vec{r}}{\partial y}\right| dxdy = \frac{2\pi\alpha^2}{\sqrt{4ac - b^2}} \sqrt{\frac{A^2 + B^2 + C^2}{C^2}}$$

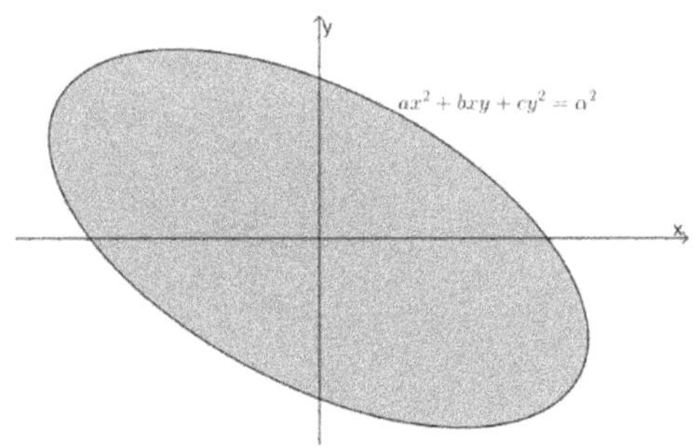

範例 17.

  求曲面$z = \dfrac{2}{3}y^{\frac{3}{2}}$ 在 $0 < x < 2, 0 < y < 2$ 內的表面積

【解】

令 $S: z = \dfrac{2}{3}y^{\frac{3}{2}}, \ 0 < x < 2, \ 0 < y < 2$ 則表面積 $= \displaystyle\iint_S dA$

令 $\vec{r}(x,y) = \left(x, y, \dfrac{2}{3}y^{\frac{3}{2}}\right)$ 且 R 為曲面S 投影至xy平面的封閉區域

則$R = \{(x,y): 0 < x < 2, 0 < y < 2\}$ 且 $\displaystyle\iint_S dA = \iint_R \left|\dfrac{\partial \vec{r}}{\partial x} \times \dfrac{\partial \vec{r}}{\partial y}\right| dxdy$

$\because \dfrac{\partial \vec{r}}{\partial x} = (1,0,0)$ 且 $\dfrac{\partial \vec{r}}{\partial y} = \left(0,1,y^{\frac{1}{2}}\right)$ $\therefore \dfrac{\partial \vec{r}}{\partial x} \times \dfrac{\partial \vec{r}}{\partial y} = \left(0, -y^{\frac{1}{2}}, 1\right) \Rightarrow \left|\dfrac{\partial \vec{r}}{\partial x} \times \dfrac{\partial \vec{r}}{\partial y}\right| = (y+1)^{\frac{1}{2}}$

$\therefore \displaystyle\iint_S dA = \iint_R \left|\dfrac{\partial \vec{r}}{\partial x} \times \dfrac{\partial \vec{r}}{\partial y}\right| dxdy = \int_0^2 \int_0^2 (y+1)^{\frac{1}{2}} dxdy = 2 \cdot \left. \dfrac{2(y+1)^{\frac{3}{2}}}{3}\right|_0^2 = \dfrac{4}{3}\left(3\sqrt{3} - 1\right)$

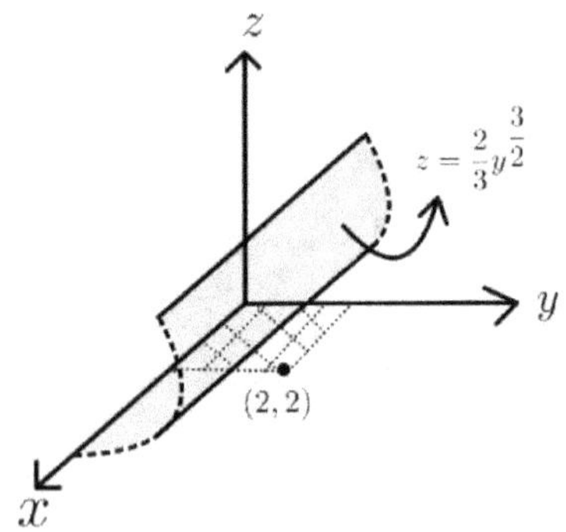

範例 18.

  求曲面$z = x + ay + b$ 在 $y > x^2, \ y < 1, x > 0$ 內的表面積

【解】

令 $S: z = x + ay + b,\ y > x^2,\ y < 1,\ x > 0$ 則表面積 $= \displaystyle\iint_S dA$

令 $\vec{r}(x,y) = (x, y, x + ay + b)$ 且 R 為曲面 S 投影至 xy 平面的封閉區域

則 $R = \{(x,y): y > x^2, y < 1, x > 0\}$ 且 $\displaystyle\iint_S dA = \iint_R \left|\frac{\partial \vec{r}}{\partial x} \times \frac{\partial \vec{r}}{\partial y}\right| dxdy$

$\because \dfrac{\partial \vec{r}}{\partial x} = (1,0,1)$ 且 $\dfrac{\partial \vec{r}}{\partial y} = (0,1,a)$ $\quad \therefore \dfrac{\partial \vec{r}}{\partial x} \times \dfrac{\partial \vec{r}}{\partial y} = (-1, -a, 1) \Rightarrow \left|\dfrac{\partial \vec{r}}{\partial x} \times \dfrac{\partial \vec{r}}{\partial y}\right| = \sqrt{a^2 + 2}$

$\therefore \displaystyle\iint_S dA = \iint_R \left|\frac{\partial \vec{r}}{\partial x} \times \frac{\partial \vec{r}}{\partial y}\right| dxdy = \int_0^1 \int_{x^2}^1 \sqrt{a^2 + 2}\, dydx = \frac{2\sqrt{a^2 + 2}}{3}$

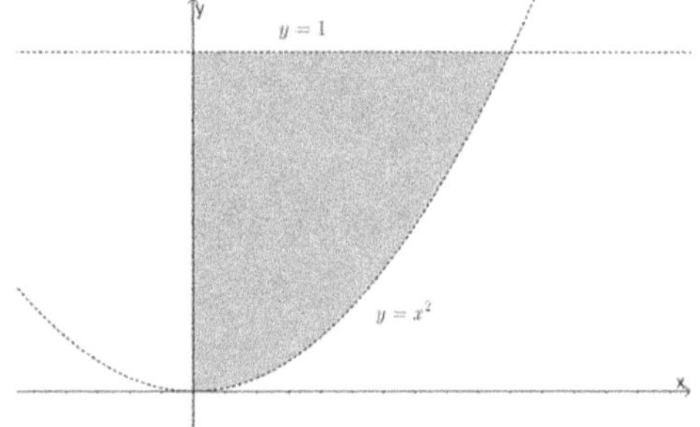

範例 19.

　　求曲面 $z = xy$ 在柱面 $x^2 + y^2 = a^2,\ x \geq 0,\ y \geq 0$ 之內的曲面面積

【解】

令 $S:\ z = xy,\ x^2 + y^2 \leq a^2$ 則 表面積 $= \displaystyle\iint_S dA$

令 $\vec{r}(x,y) = (x, y, xy)$ 且 R 為曲面 S 投影至 xy 平面的封閉區域

則 $R = \{(x,y): x^2 + y^2 \leq a^2\}$ 且 $\displaystyle\iint_S dA = \iint_R \left|\frac{\partial \vec{r}}{\partial x} \times \frac{\partial \vec{r}}{\partial y}\right| dxdy$

$\because \dfrac{\partial \vec{r}}{\partial x} = (1,0,y)$ 且 $\dfrac{\partial \vec{r}}{\partial y} = (0,1,x)$ $\quad \therefore \dfrac{\partial \vec{r}}{\partial x} \times \dfrac{\partial \vec{r}}{\partial y} = (-y, -x, 1) \Rightarrow \left|\dfrac{\partial \vec{r}}{\partial x} \times \dfrac{\partial \vec{r}}{\partial y}\right| = (x^2 + y^2 + 1)^{\frac{1}{2}}$

$$\therefore \iint_S dA = \iint_R \left| \frac{\partial \vec{r}}{\partial x} \times \frac{\partial \vec{r}}{\partial y} \right| dxdy = \iint_{x^2+y^2 \leq a^2} (x^2 + y^2 + 1)^{\frac{1}{2}} dxdy$$

令 $x = r\cos\theta$, $y = r\sin\theta$

則 $\{(x,y): x^2 + y^2 \leq a^2, x \geq 0, y \geq 0\} = \{(r,\theta): 0 \leq r \leq a, 0 \leq \theta \leq \frac{\pi}{2}\}$

$$\therefore \iint_{x^2+y^2 \leq a^2} (x^2 + y^2 + 1)^{\frac{1}{2}} dxdy = \int_0^{\frac{\pi}{2}} \int_0^a (r^2 + 1)^{\frac{1}{2}} r\,dr d\theta = \frac{\pi}{6}(r^2 + 1)^{\frac{3}{2}} \Big|_0^a$$

$$= \frac{\pi}{6}((a^2 + 1)^{\frac{3}{2}} - 1)$$

範例 20.

　　求曲面 $z = y^2 + bx + c$ 在 xy 平面 $(0,0)$、$(0,a)$、(a,a) 所圍三角形內的區域面積

【解】

令 $S: z = y^2 + bx + c$, $0 \leq x \leq y$, $0 \leq y \leq a$ 則表面積 $= \iint_S dA$

令 $\vec{r}(x,y) = (x, y, y^2 + bx + c)$ 且 R 為曲面 S 投影至 xy 平面的封閉區域

則 $R = \{(x,y): 0 \leq x \leq y, 0 \leq y \leq a\}$ 且 $\iint_S dA = \iint_R \left| \frac{\partial \vec{r}}{\partial x} \times \frac{\partial \vec{r}}{\partial y} \right| dxdy$

$$\because \frac{\partial \vec{r}}{\partial x} = (1,0,b), \quad \frac{\partial \vec{r}}{\partial y} = (0,1,2y) \quad \therefore \frac{\partial \vec{r}}{\partial x} \times \frac{\partial \vec{r}}{\partial y} = (-b, -2y, 1) \Rightarrow \left| \frac{\partial \vec{r}}{\partial x} \times \frac{\partial \vec{r}}{\partial y} \right| = (b^2 + 1 + 4y^2)^{\frac{1}{2}}$$

$$\therefore \iint_S dA = \iint_R \left| \frac{\partial \vec{r}}{\partial x} \times \frac{\partial \vec{r}}{\partial y} \right| dxdy = \int_0^a \int_0^y (b^2 + 1 + 4y^2)^{\frac{1}{2}} dxdy = \int_0^a (b^2 + 1 + 4y^2)^{\frac{1}{2}} y\,dy$$

$$= \frac{(b^2 + 1 + 4y^2)^{\frac{3}{2}}}{12} \Big|_0^a = \frac{1}{12}\left((1 + 4a^2 + b^2)\sqrt{1 + 4a^2 + b^2} - (b^2 + 1)\sqrt{b^2 + 1}\right)$$

範例 21.

　　求拋物體 $z = x^2 + y^2$ 在 $0 \le z \le 3$ 內的表面積

【解】

令 $S: z = x^2 + y^2,\ 0 \le z \le 3$ 則表面積 $= \displaystyle\iint_S dA$

令 $\vec{r}(x,y) = (x, y, x^2 + y^2)$ 且 R 為曲面投影至 xy 平面的封閉區域

則 $R = \{(x,y): x^2 + y^2 \le 3\}$ 且 $\displaystyle\iint_S dA = \iint_R \left| \frac{\partial \vec{r}}{\partial x} \times \frac{\partial \vec{r}}{\partial y} \right| dxdy$

$\because \dfrac{\partial \vec{r}}{\partial x} = (1,0,2x)$ 且 $\dfrac{\partial \vec{r}}{\partial y} = (0,1,2y)$ $\therefore \dfrac{\partial \vec{r}}{\partial x} \times \dfrac{\partial \vec{r}}{\partial y} = (-2x, -2y, 1)$

$\Rightarrow \left| \dfrac{\partial \vec{r}}{\partial x} \times \dfrac{\partial \vec{r}}{\partial y} \right| = (4x^2 + 4y^2 + 1)^{\frac{1}{2}}$

$\therefore \displaystyle\iint_R \left| \frac{\partial \vec{r}}{\partial x} \times \frac{\partial \vec{r}}{\partial y} \right| dxdy = \iint_{x^2+y^2 \le 3} (4x^2 + 4y^2 + 1)^{\frac{1}{2}} dxdy$

令 $x = r\cos\theta,\ y = r\sin\theta$ 則 $\{(x,y): x^2 + y^2 \le 3\} = \{(r,\theta): 0 \le r \le \sqrt{3}, 0 \le \theta \le 2\pi\}$

$\therefore \displaystyle\iint_{x^2+y^2 \le 3} (4x^2 + 4y^2 + 1)^{\frac{1}{2}} dxdy = \int_0^{2\pi} \int_0^{\sqrt{3}} (4r^2 + 1)^{\frac{1}{2}} r\, dr\, d\theta = 2\pi \cdot \frac{1}{12} \cdot (4r^2 + 1)^{\frac{3}{2}} \Big|_0^{\sqrt{3}}$

$= \dfrac{\pi}{6}\left(13\sqrt{13} - 1\right)$

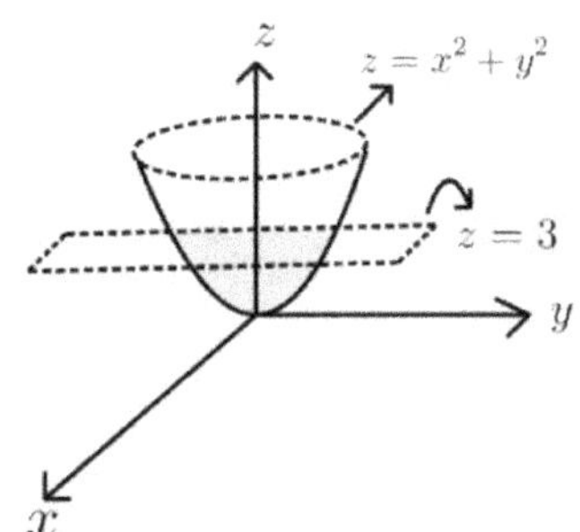

範例 22.

　　求平面 $ax + by + cz = 1$ 在第一卦限被 $x = 0$、$y = 0$、$x^2 + y^2 = r^2$ 所截的表面積

【解】

令 $S:\ ax + by + cz = 1,\ x \geq 0,\ y \geq 0,\ x^2 + y^2 \leq r^2$　則表面積 $= \dfrac{1}{4} \iint_S dA$

令 $\vec{r}(x, y) = \left(x, y, \dfrac{1}{c} - \dfrac{ax}{c} - \dfrac{by}{c} \right)$ 且 R 為平面 S 投影至 xy 平面的封閉區域

則 $R = \{(x, y) : x \geq 0、y \geq 0、x^2 + y^2 \leq r^2\}$ 且 $\displaystyle\iint_S dA = \iint_R \left| \dfrac{\partial \vec{r}}{\partial x} \times \dfrac{\partial \vec{r}}{\partial y} \right| dxdy$

$\because \dfrac{\partial \vec{r}}{\partial x} = \left(1, 0, -\dfrac{a}{c} \right)$ 且 $\dfrac{\partial \vec{r}}{\partial y} = \left(0, 1, -\dfrac{b}{c} \right)$ $\therefore \dfrac{\partial \vec{r}}{\partial x} \times \dfrac{\partial \vec{r}}{\partial y} = \left(\dfrac{a}{c}, \dfrac{b}{c}, 1 \right) \Rightarrow \left| \dfrac{\partial \vec{r}}{\partial x} \times \dfrac{\partial \vec{r}}{\partial y} \right| = \dfrac{\sqrt{a^2 + b^2 + c^2}}{c}$

$\therefore \dfrac{1}{4} \iint_S dA = \dfrac{1}{4} \iint_R \left| \dfrac{\partial \vec{r}}{\partial x} \times \dfrac{\partial \vec{r}}{\partial y} \right| dxdy = \dfrac{1}{4} \iint_{x^2+y^2 \leq r^2} \dfrac{\sqrt{a^2 + b^2 + c^2}}{c} dxdy$

$= \dfrac{r^2 \pi \sqrt{a^2 + b^2 + c^2}}{4c}$

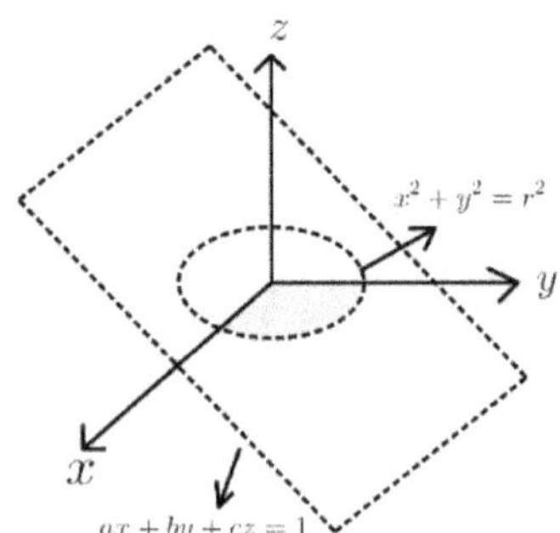

範例 23.

　　(1) 求球面 $x^2 + y^2 + z^2 = 8$ 位於圓錐面 $z = \sqrt{x^2 + y^2}$ 內的表面積

　　(2) 求球面 $x^2 + y^2 + z^2 = 2a (a > 0)$ 位於圓錐面 $z = \sqrt{x^2 + y^2}$ 內的表面積

【解】

(1)

令 $S: x^2 + y^2 + z^2 = 8, \ z \leq \sqrt{x^2 + y^2}$ 則表面積 $= \iint_S dA$

令 $\vec{r}(x,y) = \left(x, y, \sqrt{8 - (x^2 + y^2)}\right)$ 且 R為球面S投影至xy平面的封閉區域

則$R = \{(x,y): x^2 + y^2 \leq 4\}$ 且 $\iint_S dA = \iint_R \left|\dfrac{\partial \vec{r}}{\partial x} \times \dfrac{\partial \vec{r}}{\partial y}\right| dxdy$

$\because \dfrac{\partial \vec{r}}{\partial x} = \left(1, 0, -x(8 - (x^2 + y^2))^{-\frac{1}{2}}\right)$ 且 $\dfrac{\partial \vec{r}}{\partial y} = \left(0, 1, -y(8 - (x^2 + y^2))^{-\frac{1}{2}}\right)$

$\therefore \dfrac{\partial \vec{r}}{\partial x} \times \dfrac{\partial \vec{r}}{\partial y} = \left(x(8 - (x^2 + y^2))^{-\frac{1}{2}}, y(8 - (x^2 + y^2))^{-\frac{1}{2}}, 1\right)$

$\Rightarrow \left|\dfrac{\partial \vec{r}}{\partial x} \times \dfrac{\partial \vec{r}}{\partial y}\right| = (x^2(8 - (x^2 + y^2))^{-1} + y^2(8 - (x^2 + y^2))^{-1} + 1)^{\frac{1}{2}} = \sqrt{8}(8 - (x^2 + y^2))^{-\frac{1}{2}}$

$\therefore \iint_S dA = \iint_R \left|\dfrac{\partial \vec{r}}{\partial x} \times \dfrac{\partial \vec{r}}{\partial y}\right| dxdy = \iint_{x^2+y^2 \leq 4} \sqrt{8}(8 - (x^2 + y^2))^{-\frac{1}{2}} dxdy$

令$x = r\cos\theta, \ y = r\sin\theta$ 則 $\{(x,y): x^2 + y^2 \leq 4\} = \{(r,\theta): 0 \leq r \leq 2, 0 \leq \theta \leq 2\pi\}$

$\therefore \iint_{x^2+y^2 \leq 4} \sqrt{8}(8 - (x^2 + y^2))^{-\frac{1}{2}} dxdy = \int_0^{2\pi} \int_0^2 \sqrt{8}(8 - r^2)^{-\frac{1}{2}} r\,drd\theta = 4\sqrt{2}\pi(8 - r^2)^{\frac{1}{2}} \Big|_2^0$

$= \pi(16 - 8\sqrt{2})$

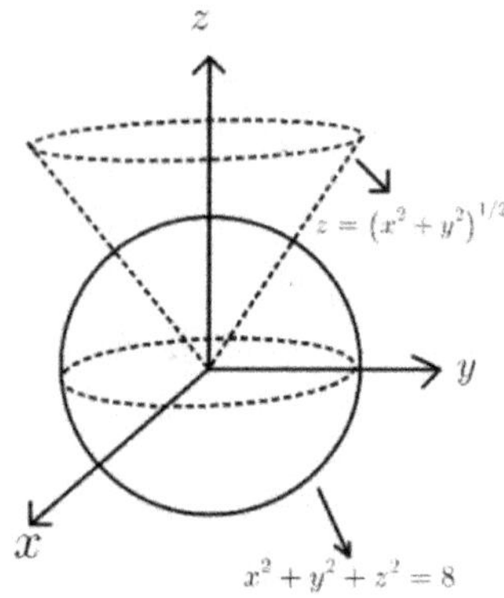

(2)

令 $S: x^2 + y^2 + z^2 = 2a,\ z \le \sqrt{x^2 + y^2}$ 則表面積 $= \iint_S dA$

令 $\vec{r}(x,y) = \left(x, y, \sqrt{2a - (x^2 + y^2)}\right)$ 且 R 為球面S投影至xy平面的封閉區域

則 $R = \{(x,y): x^2 + y^2 \le a\}$ 且 $\displaystyle\iint_S dA = \iint_R \left|\frac{\partial \vec{r}}{\partial x} \times \frac{\partial \vec{r}}{\partial y}\right| dxdy$

$\because \dfrac{\partial \vec{r}}{\partial x} = \left(1, 0, -x(2a - (x^2 + y^2))^{-\frac{1}{2}}\right)$ 且 $\dfrac{\partial \vec{r}}{\partial y} = \left(0, 1, -y(2a - (x^2 + y^2))^{-\frac{1}{2}}\right)$

$\therefore \dfrac{\partial \vec{r}}{\partial x} \times \dfrac{\partial \vec{r}}{\partial y} = \left(x(2a - (x^2 + y^2))^{-\frac{1}{2}}, y(2a - (x^2 + y^2))^{-\frac{1}{2}}, 1\right)$

$\Rightarrow \left|\dfrac{\partial \vec{r}}{\partial x} \times \dfrac{\partial \vec{r}}{\partial y}\right| = (x^2(2a - (x^2 + y^2))^{-1} + y^2(2a - (x^2 + y^2))^{-1} + 1)^{\frac{1}{2}}$

$= \sqrt{2a}(2a - (x^2 + y^2))^{-\frac{1}{2}}$

$\therefore \displaystyle\iint_R \left|\frac{\partial \vec{r}}{\partial x} \times \frac{\partial \vec{r}}{\partial y}\right| dxdy = \iint_{x^2+y^2\le a} \sqrt{2a}(2a - (x^2 + y^2))^{-\frac{1}{2}} dxdy$

令 $x = r\cos\theta,\ y = r\sin\theta$ 則 $\{(x,y): x^2 + y^2 \le a\} = \{(r,\theta): 0 \le r \le \sqrt{a}, 0 \le \theta \le 2\pi\}$

$$\therefore \iint_{x^2+y^2\leq a} \sqrt{2a}(2a-(x^2+y^2))^{-\frac{1}{2}}dxdy = \int_0^{2\pi}\int_0^{\sqrt{a}} \sqrt{2a}(2a-r^2)^{-\frac{1}{2}}rdrd\theta$$

$$= 2\sqrt{2a}\pi(2a-r^2)^{\frac{1}{2}}\Big|_{\sqrt{a}}^{0} = 4a\pi - 2a\sqrt{2}\pi$$

範例 24.

(1) 求球面 $x^2+y^2+z^2=6z$ 在拋物面 $z=x^2+y^2$ 內的表面積

(2) 求球面 $x^2+y^2+z^2=2az, (a>\dfrac{1}{2})$ 在拋物面 $z=x^2+y^2$ 內的表面積

【解】

(1)

令 $S: x^2+y^2+z^2=6z$, $z\leq x^2+y^2$ 則表面積 $= \iint_S dA$

令 $\vec{r}(x,y) = \left(x,y,3+\sqrt{9-(x^2+y^2)}\right)$ 且 R 為球面S投影至xy平面的封閉區域

則$R = \{(x,y): x^2+y^2\leq 5\}$ 且 $\iint_S dA = \iint_R \left|\dfrac{\partial\vec{r}}{\partial x}\times\dfrac{\partial\vec{r}}{\partial y}\right|dxdy$

$\therefore \dfrac{\partial\vec{r}}{\partial x} = \left(1,0,-x(9-(x^2+y^2))^{-\frac{1}{2}}\right)$ 且 $\dfrac{\partial\vec{r}}{\partial y} = \left(0,1,-y(9-(x^2+y^2))^{-\frac{1}{2}}\right)$

$\therefore \dfrac{\partial\vec{r}}{\partial x}\times\dfrac{\partial\vec{r}}{\partial y} = \left(x(9-(x^2+y^2))^{-\frac{1}{2}},y(9-(x^2+y^2))^{-\frac{1}{2}},1\right)$

$\Rightarrow \left|\dfrac{\partial\vec{r}}{\partial x}\times\dfrac{\partial\vec{r}}{\partial y}\right| = (x^2(9-(x^2+y^2))^{-1}+y^2(9-(x^2+y^2))^{-1}+1)^{\frac{1}{2}} = 3(9-(x^2+y^2))^{-\frac{1}{2}}$

$\therefore \iint_R \left|\dfrac{\partial\vec{r}}{\partial x}\times\dfrac{\partial\vec{r}}{\partial y}\right|dxdy = \iint_{x^2+y^2\leq 5} 3(9-(x^2+y^2))^{-\frac{1}{2}}dxdy$

令$x = r\cos\theta$, $y = r\sin\theta$ 則 $\{(x,y): x^2+y^2\leq 5\} = \{(r,\theta): 0\leq r\leq\sqrt{5}, 0\leq\theta\leq 2\pi\}$

$$\therefore \iint_{x^2+y^2\leq 5} 3(9-(x^2+y^2))^{-\frac{1}{2}}dxdy = \int_0^{2\pi}\int_0^{\sqrt{5}} 3(9-r^2)^{-\frac{1}{2}}rdrd\theta = 6\pi(9-r^2)^{\frac{1}{2}}\Big|_{\sqrt{5}}^{0} = 6\pi$$

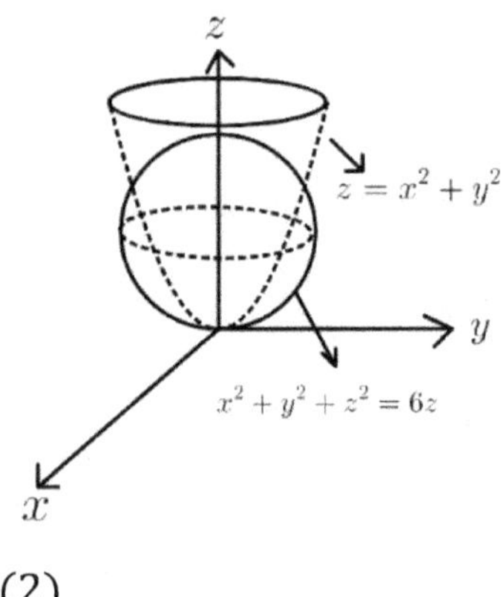

(2)

令 $S: x^2 + y^2 + z^2 = 2az,\ z \leq x^2 + y^2$ 則 表面積 $= \iint_S dA$

令 $\vec{r}(x,y) = \left(x, y, a+\sqrt{a^2-(x^2+y^2)}\right)$ 且 R為球面S投影至xy平面的封閉區域

則 $R = \{(x,y): x^2+y^2 \leq 2a-1\}$ 且 $\iint_S dA = \iint_R \left|\dfrac{\partial\vec{r}}{\partial x}\times\dfrac{\partial\vec{r}}{\partial y}\right|dxdy$

$\because \dfrac{\partial\vec{r}}{\partial x} = \left(1,0,-x(a^2-(x^2+y^2))^{-\frac{1}{2}}\right)$ 且 $\dfrac{\partial\vec{r}}{\partial y} = \left(0,1,-y(a^2-(x^2+y^2))^{-\frac{1}{2}}\right)$

$\therefore \dfrac{\partial\vec{r}}{\partial x}\times\dfrac{\partial\vec{r}}{\partial y} = \left(x(a^2-(x^2+y^2))^{-\frac{1}{2}}, y(a^2-(x^2+y^2))^{-\frac{1}{2}}, 1\right)$

$\Rightarrow \left|\dfrac{\partial\vec{r}}{\partial x}\times\dfrac{\partial\vec{r}}{\partial y}\right| = (x^2(a^2-(x^2+y^2))^{-1} + y^2(a^2-(x^2+y^2))^{-1} + 1)^{\frac{1}{2}}$

$= a(a^2-(x^2+y^2))^{-\frac{1}{2}}$

$$\therefore \iint_R \left|\frac{\partial \vec{r}}{\partial x} \times \frac{\partial \vec{r}}{\partial y}\right| dxdy = \iint_{x^2+y^2 \leq 2a-1} a(a^2 - (x^2+y^2))^{-\frac{1}{2}} dxdy$$

令 $x = r\cos\theta, y = r\sin\theta$

則 $\{(x,y): x^2 + y^2 \leq 2a-1\} = \{(r,\theta): 0 \leq r \leq \sqrt{2a-1}, 0 \leq \theta \leq 2\pi\}$

$$\therefore \iint_{x^2+y^2 \leq 2a-1} a(a^2 - (x^2+y^2))^{-\frac{1}{2}} dxdy = \int_0^{2\pi} \int_0^{\sqrt{2a-1}} a(a^2 - r^2)^{-\frac{1}{2}} r\, dr\, d\theta$$

$$= 2a\pi (a^2 - r^2)^{\frac{1}{2}} \Big|_{\sqrt{2a-1}}^{0} = 2a\pi(a - (a-1)) = 2a\pi$$

範例 25.

(1) 半徑為 r 的球面被兩個相距為 h 的平行平面所截, 試證: 所截球的表面積僅與 h 有關, 與所截位置無關

(2) 假設 $-r < a < b < r$, 求單位球面 $x^2 + y^2 + z^2 = r^2$ 在 $z = a$ 與 $z = b$ 之間的表面積 $(r > 0)$

【解】

(1)

設球心離較近的平面距離 $= b$

令 $S: \vec{r}(\theta, \varphi) = (r\cos\theta\sin\varphi, r\sin\theta\sin\varphi, r\cos\varphi), \cos^{-1}\frac{b+h}{r} \leq \varphi \leq \cos^{-1}\frac{b}{r}, 0 \leq \theta \leq 2\pi$

則 表面積 $= \iint_S dA$

$$\because \frac{\partial \vec{r}}{\partial \theta} = (-r\sin\theta\sin\varphi, r\cos\theta\sin\varphi, 0) \text{ 且 } \frac{\partial \vec{r}}{\partial \varphi} = (r\cos\theta\cos\varphi, r\sin\theta\cos\varphi, -r\sin\varphi)$$

$$\therefore \frac{\partial \vec{r}}{\partial \varphi} \times \frac{\partial \vec{r}}{\partial \theta} = (r^2\cos\theta\sin^2\varphi, r^2\sin\theta\sin^2\varphi, r^2\sin\varphi\cos\varphi) \Rightarrow \left|\frac{\partial \vec{r}}{\partial \varphi} \times \frac{\partial \vec{r}}{\partial \theta}\right| = r^2\sin\varphi$$

$$\therefore \iint_S dA = \iint_R \left|\frac{\partial \vec{r}}{\partial \varphi} \times \frac{\partial \vec{r}}{\partial \theta}\right| d\theta d\varphi = \int_0^{2\pi} \int_{\cos^{-1}\frac{b+h}{r}}^{\cos^{-1}\frac{b}{r}} r^2 \sin\varphi \, d\varphi d\theta$$

$$= -r^2 \int_0^{2\pi} \cos\varphi \Big|_{\cos^{-1}\frac{b+h}{r}}^{\cos^{-1}\frac{b}{r}} d\theta = 2\pi r h$$

$\therefore$ 所截球的表面積僅與 h 有關

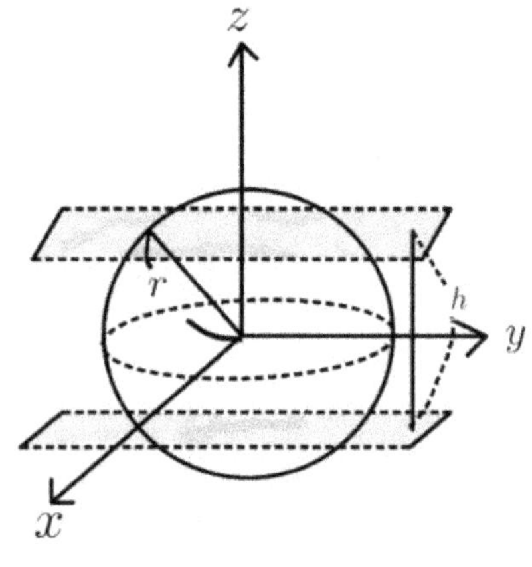

(2)

令 $S: x^2 + y^2 + z^2 = r^2, \ a \le z \le b$ 則表面積 $= \iint_S dA$

令 $\vec{r}(\theta, \varphi) = (r\cos\theta \sin\varphi, r\sin\theta \sin\varphi, r\cos\varphi)$

令 $R = \left\{(\theta, \varphi): 0 \le \theta \le 2\pi, \cos^{-1}\frac{b}{r} \le \varphi \le \cos^{-1}\frac{a}{r}\right\}$ 則 $\iint_S dA = \iint_R \left|\frac{\partial \vec{r}}{\partial \varphi} \times \frac{\partial \vec{r}}{\partial \theta}\right| d\theta d\varphi$

$\because \dfrac{\partial \vec{r}}{\partial \theta} = (-r\sin\theta \sin\varphi, r\cos\theta \sin\varphi, 0)$ 且 $\dfrac{\partial \vec{r}}{\partial \varphi} = (r\cos\theta \cos\varphi, r\sin\theta \cos\varphi, -r\sin\varphi)$

$\therefore \dfrac{\partial \vec{r}}{\partial \varphi} \times \dfrac{\partial \vec{r}}{\partial \theta} = (r^2 \cos\theta \sin^2\varphi, r^2 \sin\theta \sin^2\varphi, r^2 \sin\varphi \cos\varphi) \Rightarrow \left|\dfrac{\partial \vec{r}}{\partial \varphi} \times \dfrac{\partial \vec{r}}{\partial \theta}\right| = r^2 \sin\varphi$

$\therefore \iint_S dA = \iint_R \left|\dfrac{\partial \vec{r}}{\partial \varphi} \times \dfrac{\partial \vec{r}}{\partial \theta}\right| d\theta d\varphi = r^2 \int_0^{2\pi} \int_{\cos^{-1}\frac{b}{r}}^{\cos^{-1}\frac{a}{r}} \sin\varphi \, d\varphi d\theta = -r^2 \int_0^{2\pi} \cos\varphi \Big|_{\cos^{-1}\frac{b}{r}}^{\cos^{-1}\frac{a}{r}} d\theta$

$$= 2\pi r(b - a)$$

範例 26.

  假設 $S_1 = \left\{(x,y,z): x^2 + y^2 + z^2 = 1, z \geq \dfrac{\sqrt{2}}{2}\right\}, S_2 = \left\{(x,y,z): x^2 + y^2 \leq 1, z = \dfrac{\sqrt{2}}{2}\right\}$

  求 $S_1 \cup S_2$ 的表面積

【解】

令 $S_1 = \left\{(x,y,z): x^2 + y^2 + z^2 = 1, z \geq \dfrac{\sqrt{2}}{2}\right\}$ 且 $S_2 = \left\{(x,y,z): x^2 + y^2 \leq 1, z = \dfrac{\sqrt{2}}{2}\right\}$

則表面積 $= \displaystyle\iint_{S_1} dA + \iint_{S_2} dA$

令 $\vec{r}(\theta, \varphi) = (\cos\theta\sin\varphi, \sin\theta\sin\varphi, \cos\varphi)$ 且 $R = \left\{(\theta,\varphi): 0 \leq \theta \leq 2\pi, 0 \leq \varphi \leq \dfrac{\pi}{4}\right\}$

則 $\displaystyle\iint_{S_1} dA = \iint_R \left|\dfrac{\partial\vec{r}}{\partial\varphi} \times \dfrac{\partial\vec{r}}{\partial\theta}\right| d\theta d\varphi$

$\because \dfrac{\partial\vec{r}}{\partial\theta} = (-\sin\theta\sin\varphi, \cos\theta\sin\varphi, 0)$ 且 $\dfrac{\partial\vec{r}}{\partial\varphi} = (\cos\theta\cos\varphi, \sin\theta\cos\varphi, -\sin\varphi)$

$\therefore \dfrac{\partial\vec{r}}{\partial\varphi} \times \dfrac{\partial\vec{r}}{\partial\theta} = (\cos\theta\sin^2\varphi, \sin\theta\sin^2\varphi, \sin\varphi\cos\varphi) \Rightarrow \left|\dfrac{\partial\vec{r}}{\partial\varphi} \times \dfrac{\partial\vec{r}}{\partial\theta}\right| = \sin\varphi$

$\therefore \displaystyle\iint_{S_1} dA = \iint_R \left|\dfrac{\partial\vec{r}}{\partial\varphi} \times \dfrac{\partial\vec{r}}{\partial\theta}\right| d\theta d\varphi = \int_0^{2\pi}\int_0^{\frac{\pi}{4}} \sin\varphi \, d\varphi d\theta = 2\pi\left(1 - \dfrac{1}{\sqrt{2}}\right)$

$\because S_2 = \left\{(x,y,z): x^2 + y^2 \leq \dfrac{1}{2}, z = \dfrac{\sqrt{2}}{2}\right\}$ $\therefore \displaystyle\iint_{S_2} dA = \dfrac{\pi}{2} \Rightarrow$ 表面積 $= \dfrac{\pi}{2} + 2\pi\left(1 - \dfrac{1}{\sqrt{2}}\right)$

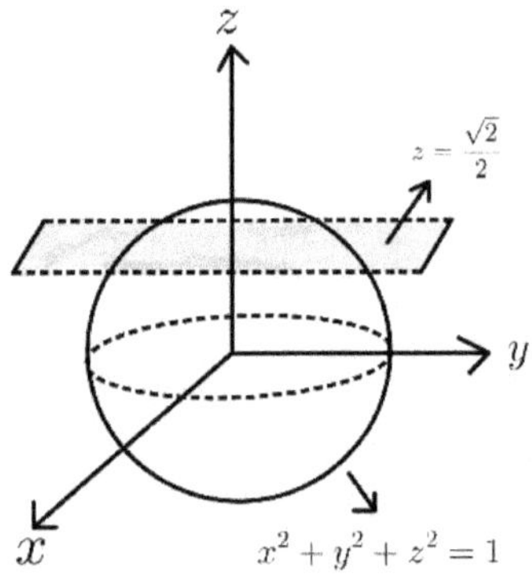

範例 27.

$\quad S = \{(x, y, z): x^2 + y^2 + z^2 = r^2, z \geq 0\}$ 求S的表面積

【解】

令$\vec{r}(\theta, \varphi) = (r \cos\theta \sin\varphi, r \sin\theta \sin\varphi, r\cos\varphi)$ 且 $R = \left\{(\theta, \varphi): 0 \leq \theta \leq 2\pi, 0 \leq \varphi \leq \frac{\pi}{2}\right\}$

則 $\iint_S dA = \iint_R \left|\dfrac{\partial \vec{r}}{\partial \varphi} \times \dfrac{\partial \vec{r}}{\partial \theta}\right| d\theta d\varphi$

$\because \dfrac{\partial \vec{r}}{\partial \theta} = (-r \sin\theta \sin\varphi, r \cos\theta \sin\varphi, 0)$ 且 $\dfrac{\partial \vec{r}}{\partial \varphi} = (r \cos\theta \cos\varphi, r \sin\theta \cos\varphi, -r\sin\varphi)$

$\therefore \dfrac{\partial \vec{r}}{\partial \varphi} \times \dfrac{\partial \vec{r}}{\partial \theta} = (r^2 \cos\theta \sin^2\varphi, r^2 \sin\theta \sin^2\varphi, r^2 \sin\varphi \cos\varphi) \Rightarrow \left|\dfrac{\partial \vec{r}}{\partial \varphi} \times \dfrac{\partial \vec{r}}{\partial \theta}\right| = r^2 \sin\varphi$

$\therefore$ 表面積 $= \iint_S dA = \iint_R \left|\dfrac{\partial \vec{r}}{\partial \varphi} \times \dfrac{\partial \vec{r}}{\partial \theta}\right| d\theta d\varphi = \int_0^{2\pi} \int_0^{\frac{\pi}{2}} r^2 \sin\varphi \, d\varphi d\theta = 2\pi r^2$

範例 28.

$\quad S = \left\{(x, y, z): x^2 + y^2 + z^2 = r^2, \dfrac{r^2}{4} \leq x^2 + y^2 \leq \dfrac{3r^2}{4}, z > 0\right\}$，求$S$的表面積

【解】

令 $\vec{r}(\theta, \varphi) = (r\cos\theta\sin\varphi, r\sin\theta\sin\varphi, r\cos\varphi)$

令 $R = \left\{(\theta, \varphi): 0 \le \theta \le 2\pi, \cos^{-1}\dfrac{\sqrt{3}}{2} \le \varphi \le \cos^{-1}\dfrac{1}{2}\right\}$ 則 $\displaystyle\iint_S dA = \iint_R \left|\dfrac{\partial\vec{r}}{\partial\varphi} \times \dfrac{\partial\vec{r}}{\partial\theta}\right| d\theta d\varphi$

$\because \dfrac{\partial\vec{r}}{\partial\theta} = (-r\sin\theta\sin\varphi, r\cos\theta\sin\varphi, 0)$ 且 $\dfrac{\partial\vec{r}}{\partial\varphi} = (r\cos\theta\cos\varphi, r\sin\theta\cos\varphi, -r\sin\varphi)$

$\therefore \dfrac{\partial\vec{r}}{\partial\varphi} \times \dfrac{\partial\vec{r}}{\partial\theta} = (r^2\cos\theta\sin^2\varphi, r^2\sin\theta\sin^2\varphi, r^2\sin\varphi\cos\varphi) \Rightarrow \left|\dfrac{\partial\vec{r}}{\partial\varphi} \times \dfrac{\partial\vec{r}}{\partial\theta}\right| = r^2\sin\varphi$

則 $\displaystyle\iint_S dA = \iint_R \left|\dfrac{\partial\vec{r}}{\partial\varphi} \times \dfrac{\partial\vec{r}}{\partial\theta}\right| d\theta d\varphi = r^2 \int_0^{2\pi} \int_{\cos^{-1}\frac{\sqrt{3}}{2}}^{\cos^{-1}\frac{1}{2}} \sin\varphi \, d\varphi d\theta = -r^2 \int_0^{2\pi} \cos\varphi\Big|_{\cos^{-1}\frac{\sqrt{3}}{2}}^{\cos^{-1}\frac{1}{2}} d\theta$

$= r^2\pi(\sqrt{3} - 1)$

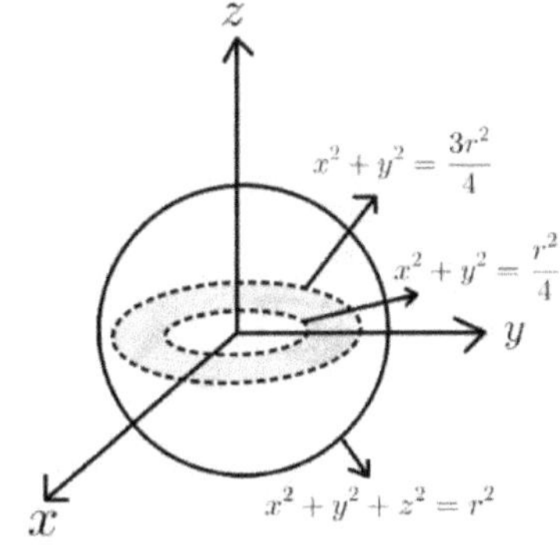

範例 29.

    (1) 求球面 $x^2 + y^2 + z^2 = a^2$ 在圓柱 $x^2 + y^2 = b^2$ 內且位於 xy 平面上方的表面積，$a > b > 0$

    (2) 求球面 $x^2 + y^2 + z^2 = 16$ 在圓柱 $(x-2)^2 + y^2 = 4$ 內的表面積

    (3) 求球面 $x^2 + y^2 + z^2 = 4a^2$ 在圓柱 $x^2 + y^2 = 2ay$ 內的表面積

【解】

(1)

令 $S: x^2 + y^2 + z^2 = a^2$, $x^2 + y^2 \le b^2$, $z \ge 0$ 則表面積 $= \displaystyle\iint_S dA$

令$\vec{r}(x,y) = \left(x, y, \sqrt{a^2 - (x^2 + y^2)}\right)$ 且 R 為球面投影至xy平面的封閉區域

則 $R = \{(x,y): x^2 + y^2 \le b^2\}$ 且 $\iint_S dA = \iint_R \left|\dfrac{\partial \vec{r}}{\partial x} \times \dfrac{\partial \vec{r}}{\partial y}\right| dxdy$

$\because \dfrac{\partial \vec{r}}{\partial x} = \left(1, 0, -x(a^2 - (x^2 + y^2))^{-\frac{1}{2}}\right)$ 且 $\dfrac{\partial \vec{r}}{\partial y} = \left(0, 1, -y(a^2 - (x^2 + y^2))^{-\frac{1}{2}}\right)$

$\therefore \dfrac{\partial \vec{r}}{\partial x} \times \dfrac{\partial \vec{r}}{\partial y} = \left(x(a^2 - (x^2 + y^2))^{-\frac{1}{2}}, y(a^2 - (x^2 + y^2))^{-\frac{1}{2}}, 1\right)$

$\Rightarrow \left|\dfrac{\partial \vec{r}}{\partial x} \times \dfrac{\partial \vec{r}}{\partial y}\right| = (x^2(a^2 - (x^2 + y^2))^{-1} + y^2(a^2 - (x^2 + y^2))^{-1} + 1)^{\frac{1}{2}}$

$= a(a^2 - (x^2 + y^2))^{-\frac{1}{2}}$

$\therefore \iint_S dA = \iint_R \left|\dfrac{\partial \vec{r}}{\partial x} \times \dfrac{\partial \vec{r}}{\partial y}\right| dxdy = \iint_{x^2+y^2 \le b^2} a(a^2 - (x^2 + y^2))^{-\frac{1}{2}} dxdy$

令$x = r\cos\theta$, $y = r\sin\theta$ 則 $\{(x,y): x^2 + y^2 \le b^2\} = \{(r,\theta): 0 \le r \le b, 0 \le \theta \le 2\pi\}$

$\therefore \iint_{x^2+y^2 \le b^2} a(a^2 - (x^2 + y^2))^{-\frac{1}{2}} dxdy = \int_0^{2\pi} \int_0^b a(a^2 - r^2)^{-\frac{1}{2}} r\, dr d\theta = 2\pi a(a - \sqrt{a^2 - b^2})$

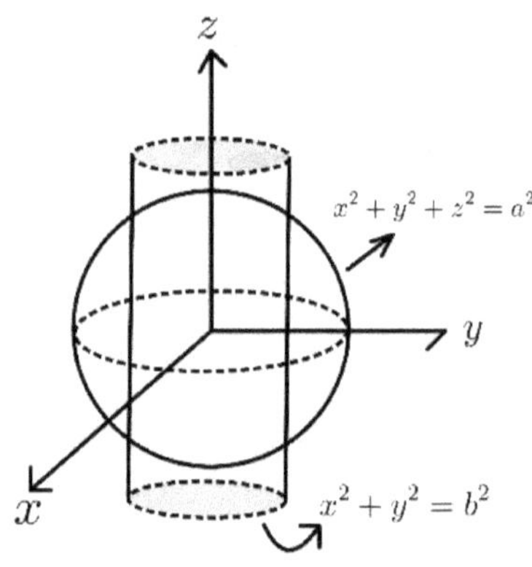

(2)

令$S: x^2 + y^2 + z^2 = 16, \ (x-2)^2 + y^2 \leq 4, \ z \geq 0$ 則表面積 $= 2\iint_S dA$

令$\vec{r}(x,y) = \left(x, y, \sqrt{16 - (x^2 + y^2)}\right)$ 且 R為球面投影至xy平面的封閉區域

則 $R = \{(x,y): (x-2)^2 + y^2 \leq 4\}$ 且 $\displaystyle\iint_S dA = \iint_R \left|\frac{\partial \vec{r}}{\partial x} \times \frac{\partial \vec{r}}{\partial y}\right| dxdy$

$\because \dfrac{\partial \vec{r}}{\partial x} = \left(1, 0, -x(16 - (x^2 + y^2))^{-\frac{1}{2}}\right)$ 且 $\dfrac{\partial \vec{r}}{\partial y} = \left(0, 1, -y(16 - (x^2 + y^2))^{-\frac{1}{2}}\right)$

$\therefore \dfrac{\partial \vec{r}}{\partial x} \times \dfrac{\partial \vec{r}}{\partial y} = \left(x(16 - (x^2 + y^2))^{-\frac{1}{2}}, y(16 - (x^2 + y^2))^{-\frac{1}{2}}, 1\right)$

$\Rightarrow \left|\dfrac{\partial \vec{r}}{\partial x} \times \dfrac{\partial \vec{r}}{\partial y}\right| = (x^2(16 - (x^2 + y^2))^{-1} + y^2(16 - (x^2 + y^2))^{-1} + 1)^{\frac{1}{2}}$

$= \left(\dfrac{x^2 + y^2}{16 - (x^2 + y^2)} + 1\right)^{\frac{1}{2}} = \left(\dfrac{x^2 + y^2 + 16 - (x^2 + y^2)}{16 - (x^2 + y^2)}\right)^{\frac{1}{2}} = 4(16 - (x^2 + y^2))^{-\frac{1}{2}}$

$\therefore 2\iint_S dA = 2\iint_R \left|\dfrac{\partial \vec{r}}{\partial x} \times \dfrac{\partial \vec{r}}{\partial y}\right| dxdy = 2\iint_R 4(16 - (x^2 + y^2))^{-\frac{1}{2}} dxdy$

令$x = r\cos\theta, y = r\sin\theta$

則 $\{(x,y): (x-2)^2 + y^2 \leq 4\} = \left\{(r,\theta): 0 \leq r \leq 4\cos\theta, -\dfrac{\pi}{2} \leq \theta \leq \dfrac{\pi}{2}\right\}$

$\therefore 2\iint_R 4(16 - (x^2 + y^2))^{-\frac{1}{2}} dxdy = 8\displaystyle\int_{\frac{-\pi}{2}}^{\frac{\pi}{2}} \int_0^{4\cos\theta} (16 - r^2)^{-\frac{1}{2}} r\,dr\,d\theta$

$= 16\displaystyle\int_0^{\frac{\pi}{2}} (-1)(16 - r^2)^{\frac{1}{2}}\Big|_0^{4\cos\theta} d\theta = 16\int_0^{\frac{\pi}{2}} 4 - 4\sin\theta \, d\theta = 32(\pi - 2)$

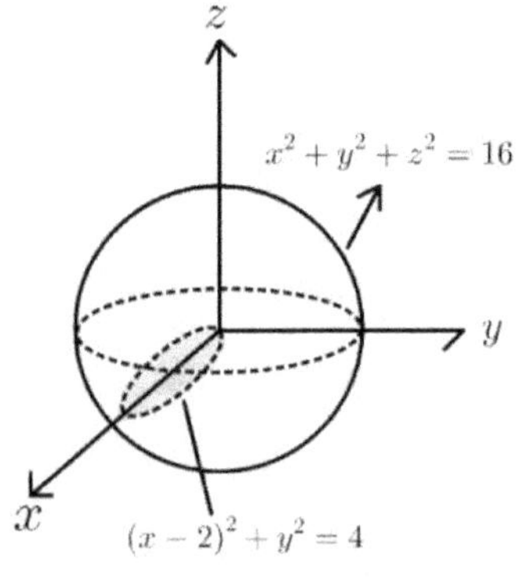

(3)

令 $S: x^2 + y^2 + z^2 = 4a^2,\ x^2 + y^2 \le 2ay,\ z \ge 0$ 則 表面積 $= 2\displaystyle\iint_S dA$

令 $\vec{r}(x,y) = \left(x, y, \sqrt{4a^2 - (x^2 + y^2)}\right)$ 且 R 為球面投影至 xy 平面的封閉區域

則 $R = \{(x,y): x^2 + y^2 \le 2ay\}$ 且 $\displaystyle\iint_S dA = \iint_R \left|\frac{\partial \vec{r}}{\partial x} \times \frac{\partial \vec{r}}{\partial y}\right| dxdy$

$\because \dfrac{\partial \vec{r}}{\partial x} = \left(1, 0, -x(4a^2 - (x^2 + y^2))^{-\frac{1}{2}}\right)$ 且 $\dfrac{\partial \vec{r}}{\partial y} = \left(0, 1, -y(4a^2 - (x^2 + y^2))^{-\frac{1}{2}}\right)$

$\therefore \dfrac{\partial \vec{r}}{\partial x} \times \dfrac{\partial \vec{r}}{\partial y} = \left(x(4a^2 - (x^2 + y^2))^{-\frac{1}{2}}, y(4a^2 - (x^2 + y^2))^{-\frac{1}{2}}, 1\right)$

$\Rightarrow \left|\dfrac{\partial \vec{r}}{\partial x} \times \dfrac{\partial \vec{r}}{\partial y}\right| = (x^2(4a^2 - (x^2 + y^2))^{-1} + y^2(4a^2 - (x^2 + y^2))^{-1} + 1)^{\frac{1}{2}}$

$= 2a(4a^2 - (x^2 + y^2))^{-\frac{1}{2}}$

$\therefore 2\displaystyle\iint_S dA = 2\iint_R \left|\frac{\partial \vec{r}}{\partial x} \times \frac{\partial \vec{r}}{\partial y}\right| dxdy = 2\iint_R 2a(4a^2 - (x^2 + y^2))^{-\frac{1}{2}} dxdy$

令 $x = r\cos\theta,\ y = r\sin\theta$ 則 $\{(x,y): x^2 + y^2 \le 2ay\} = \{(r,\theta): 0 \le r \le 2a\sin\theta,\ 0 \le \theta \le \pi\}$

$$\therefore 2 \iint_R 2a(4a^2 - (x^2 + y^2))^{-\frac{1}{2}}dxdy = 2 \int_0^\pi \int_0^{2a\sin\theta} 2a(4a^2 - r^2)^{-\frac{1}{2}} rdrd\theta$$

$$= 8a \int_0^{\frac{\pi}{2}} \int_0^{2a\sin\theta} (4a^2 - r^2)^{-\frac{1}{2}} rdrd\theta = -8a \int_0^{\frac{\pi}{2}} (4a^2 - r^2)^{\frac{1}{2}}\Big|_0^{2a\sin\theta} d\theta$$

$$= 16a^2 \int_0^{\frac{\pi}{2}} 1 - \cos\theta \, d\theta = 8a^2(\pi - 2)$$

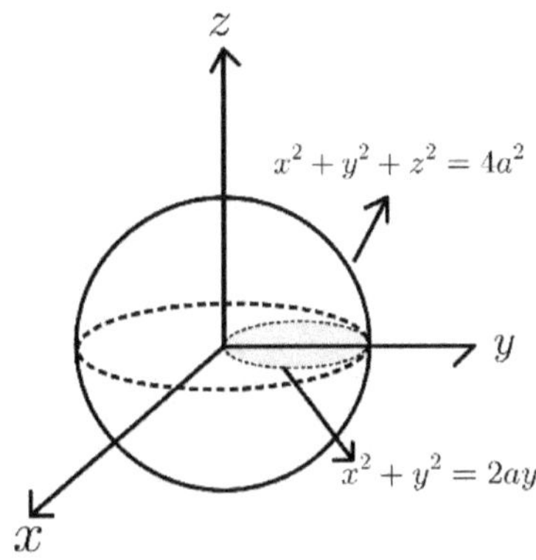

範例 30.

　　求曲面 $z^2 = x^2 + y^2$, $z \geq 0$ 在 $y^2 + z^2 \leq 2$ 內的表面積

【解】

令 $S: z^2 = x^2 + y^2$, $z \geq 0$, $y^2 + z^2 \leq 2$ 則表面積 $= \iint_S dA$

令 $\vec{r}(x,y) = \left(\sqrt{z^2 - y^2}, y, z\right)$ 且 R 為曲面投影至 yz 平面的封閉區域

則 $R = \left\{(y,z): 0 \leq y \leq 1, y \leq z \leq \sqrt{2 - y^2}\right\}$ 且 $\iint_S dA = \iint_R \left|\frac{\partial \vec{r}}{\partial y} \times \frac{\partial \vec{r}}{\partial z}\right| dydz$

$\therefore \dfrac{\partial \vec{r}}{\partial y} = \left(-y(z^2 - y^2)^{-\frac{1}{2}}, 1, 0\right)$ 且 $\dfrac{\partial \vec{r}}{\partial z} = \left(z(z^2 - y^2)^{-\frac{1}{2}}, 0, 1\right)$

$$\therefore \frac{\partial \vec{r}}{\partial y} \times \frac{\partial \vec{r}}{\partial z} = \left(1, y(z^2 - y^2)^{-\frac{1}{2}}, -z(z^2 - y^2)^{-\frac{1}{2}}\right)$$

$$\Rightarrow \left|\frac{\partial \vec{r}}{\partial y} \times \frac{\partial \vec{r}}{\partial z}\right| = (1 + y^2(z^2 - y^2)^{-1} + z^2(z^2 - y^2)^{-1})^{\frac{1}{2}} = \sqrt{2}z(z^2 - y^2)^{-\frac{1}{2}}$$

$$\therefore \iint_S dA = \iint_R \left|\frac{\partial \vec{r}}{\partial y} \times \frac{\partial \vec{r}}{\partial z}\right| dydz = 4\int_0^1 \int_y^{\sqrt{2-y^2}} \sqrt{2}z(z^2 - y^2)^{-\frac{1}{2}} dzdy$$

$$= 4\sqrt{2}\int_0^1 (z^2 - y^2)^{\frac{1}{2}}\Big|_y^{\sqrt{2-y^2}} dy = 4\sqrt{2}\int_0^1 (2 - 2y^2)^{\frac{1}{2}} dy = 8\int_0^1 (1 - y^2)^{\frac{1}{2}} dy$$

$$令\ y = \sin\theta\ 則\ 8\int_0^1 (1 - y^2)^{\frac{1}{2}} dy = 8\int_0^{\frac{\pi}{2}} \cos^2\theta\, d\theta = 8\int_0^{\frac{\pi}{2}} \frac{1 + \cos 2\theta}{2} d\theta = 2\pi$$

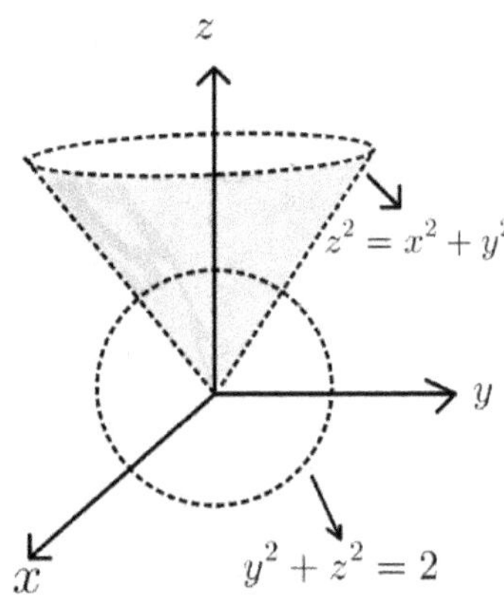

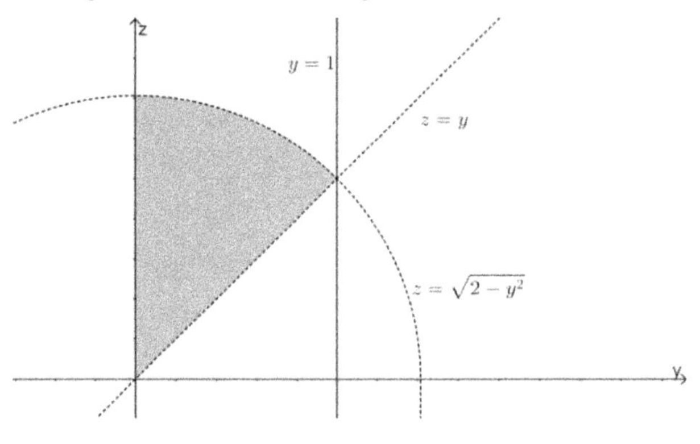

範例 31.

　　求曲面 $z^2 = x^2 + y^2$ 在圓柱 $x^2 + y^2 = 2ay$ 內的表面積

【解】

令 $S: z^2 = x^2 + y^2,\ x^2 + y^2 \leq 2ay,\ z \geq 0$ 則表面積 $= 2\iint_S dA$

令 $\vec{r}(x, y) = \left(x, y, \sqrt{x^2 + y^2}\right)$ 且 R為曲面S投影至xy平面的封閉區域

則 $R = \{(x,y): x^2 + (y-a)^2 \leq a^2\}$ 且 $\iint_S dA = \iint_R \left|\dfrac{\partial \vec{r}}{\partial x} \times \dfrac{\partial \vec{r}}{\partial y}\right| dxdy$

$\because \dfrac{\partial \vec{r}}{\partial x} = \left(1, 0, x(x^2+y^2)^{-\frac{1}{2}}\right)$ 且 $\dfrac{\partial \vec{r}}{\partial y} = \left(0, 1, y(x^2+y^2)^{-\frac{1}{2}}\right)$

$\therefore \dfrac{\partial \vec{r}}{\partial x} \times \dfrac{\partial \vec{r}}{\partial y} = \left(x(x^2+y^2)^{-\frac{1}{2}}, y(x^2+y^2)^{-\frac{1}{2}}, 1\right)$

$\Rightarrow \left|\dfrac{\partial \vec{r}}{\partial x} \times \dfrac{\partial \vec{r}}{\partial y}\right| = \left((x^2+y^2)(x^2+y^2)^{-1} + 1\right)^{\frac{1}{2}} = \sqrt{2}$

$\therefore 2\iint_S dA = 2\iint_R \left|\dfrac{\partial \vec{r}}{\partial x} \times \dfrac{\partial \vec{r}}{\partial y}\right| dxdy = 2\sqrt{2} \iint_{x^2+(y-a)^2 \leq a^2} dxdy = 2\sqrt{2}\pi a^2$

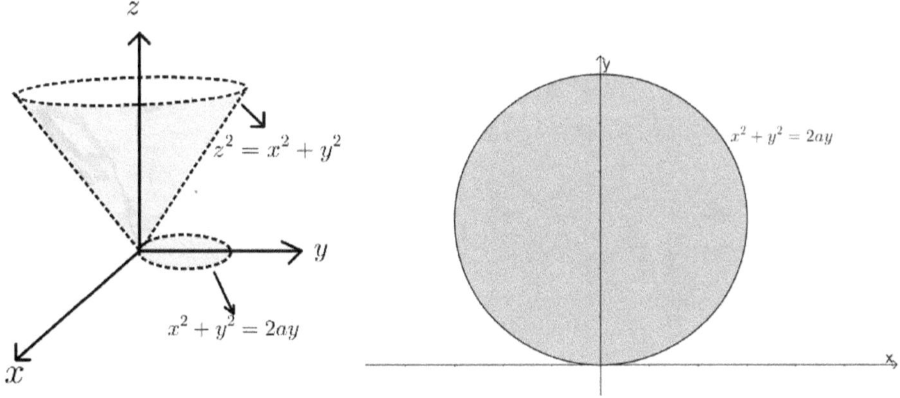

範例 32.

求曲面 $z^2 = x^2 + y^2$ 在橢圓柱 $\dfrac{x^2}{a^2} + \dfrac{y^2}{b^2} = 1$ 內的表面積

【解】

令 $S: z^2 = x^2 + y^2$, $\dfrac{x^2}{a^2} + \dfrac{y^2}{b^2} \leq 1$, $z \geq 0$ 則 表面積 $= 2\iint_S dA$

令 $\vec{r}(x,y) = \left(x, y, \sqrt{x^2+y^2}\right)$ 且 R 為曲面 S 投影至 xy 平面的封閉區域

則 $R = \left\{ (x,y) : \dfrac{x^2}{a^2} + \dfrac{y^2}{b^2} \le 1 \right\}$ 且 $\displaystyle\iint_S dA = \iint_R \left| \dfrac{\partial \vec{r}}{\partial x} \times \dfrac{\partial \vec{r}}{\partial y} \right| dxdy$

$\because \dfrac{\partial \vec{r}}{\partial x} = \left(1, 0, x(x^2 + y^2)^{-\frac{1}{2}} \right)$ 且 $\dfrac{\partial \vec{r}}{\partial y} = \left(0, 1, y(x^2 + y^2)^{-\frac{1}{2}} \right)$

$\therefore \dfrac{\partial \vec{r}}{\partial x} \times \dfrac{\partial \vec{r}}{\partial y} = \left(x(x^2 + y^2)^{-\frac{1}{2}}, y(x^2 + y^2)^{-\frac{1}{2}}, 1 \right)$

$\Rightarrow \left| \dfrac{\partial \vec{r}}{\partial x} \times \dfrac{\partial \vec{r}}{\partial y} \right| = \left((x^2 + y^2)(x^2 + y^2)^{-1} + 1 \right)^{\frac{1}{2}} = \sqrt{2}$

$\therefore 2 \displaystyle\iint_S dA = 2 \iint_R \left| \dfrac{\partial \vec{r}}{\partial x} \times \dfrac{\partial \vec{r}}{\partial y} \right| dxdy = 2\sqrt{2} \iint_{\frac{x^2}{a^2} + \frac{y^2}{b^2} \le 1} dxdy = 2\sqrt{2}\,ab\pi$

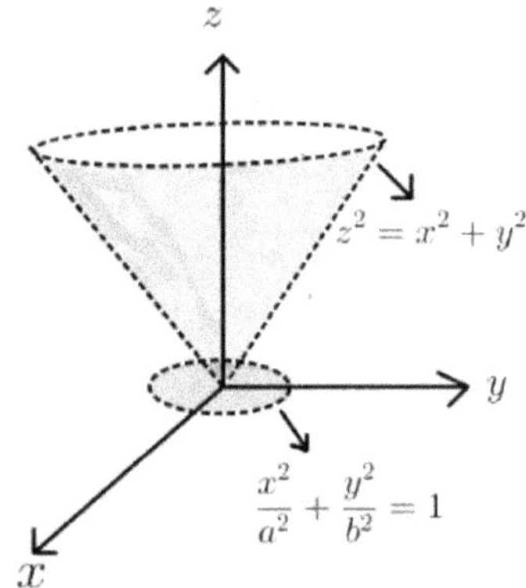

範例 33.

　　求曲面 $z^2 = x^2 + y^2$ 在 $y = x^2$, $y = 3x^2$, $x = y^2$, $x = 4y^2$ 所圍區域內的表面積

【解】

令 $S: z^2 = x^2 + y^2, y \ge x^2$, $y \le 3x^2$, $x \ge y^2$, $x \le 4y^2$ 則表面積 $= 2 \displaystyle\iint_S dA$

令 $\vec{r}(x,y) = \left(x, y, \sqrt{x^2 + y^2} \right)$ 且 $R = \left\{ (x,y) : 1 \le \dfrac{y}{x^2} \le 3, 1 \le \dfrac{x}{y^2} \le 4 \right\}$

則 $\displaystyle\iint_S dA = \iint_R \left|\dfrac{\partial\vec{r}}{\partial x}\times\dfrac{\partial\vec{r}}{\partial y}\right| dxdy$

$\because \dfrac{\partial\vec{r}}{\partial x} = \left(1,0,x(x^2+y^2)^{-\frac{1}{2}}\right)$ 且 $\dfrac{\partial\vec{r}}{\partial y} = \left(0,1,y(x^2+y^2)^{-\frac{1}{2}}\right)$

$\therefore \dfrac{\partial\vec{r}}{\partial x}\times\dfrac{\partial\vec{r}}{\partial y} = \left(x(x^2+y^2)^{-\frac{1}{2}}, y(x^2+y^2)^{-\frac{1}{2}}, 1\right)$

$\Rightarrow \left|\dfrac{\partial\vec{r}}{\partial x}\times\dfrac{\partial\vec{r}}{\partial y}\right| = \left((x^2+y^2)(x^2+y^2)^{-1}+1\right)^{\frac{1}{2}} = \sqrt{2}$

$\therefore 2\displaystyle\iint_S dA = 2\iint_R \left|\dfrac{\partial\vec{r}}{\partial x}\times\dfrac{\partial\vec{r}}{\partial y}\right| dxdy = 2\sqrt{2}\iint_R dxdy$

令 $u = \dfrac{y}{x^2}$, $v = \dfrac{x}{y^2}$ 則 $x = u^{-\frac{2}{3}}v^{-\frac{1}{3}}$, $y = u^{-\frac{1}{3}}v^{-\frac{2}{3}}$

且 $dxdy = \left\|\begin{matrix}\dfrac{\partial x}{\partial u} & \dfrac{\partial x}{\partial v}\\ \dfrac{\partial y}{\partial u} & \dfrac{\partial y}{\partial v}\end{matrix}\right\| dudv = \left\|\begin{matrix}\dfrac{-2u^{-\frac{5}{3}}v^{-\frac{1}{3}}}{3} & \dfrac{-u^{-\frac{2}{3}}v^{-\frac{4}{3}}}{3}\\ \dfrac{-u^{-\frac{4}{3}}v^{-\frac{2}{3}}}{3} & \dfrac{-2u^{-\frac{1}{3}}v^{-\frac{5}{3}}}{3}\end{matrix}\right\| dudv = \dfrac{u^{-2}v^{-2}}{3} dudv$

$\because R = \left\{(x,y): 1\le \dfrac{y}{x^2}\le 3, 1\le \dfrac{x}{y^2}\le 4\right\}$ $\therefore R = \{(u,v): 1\le u\le 3, 1\le v\le 4\}$

$\therefore \displaystyle\iint_R 1dA = \int_1^3\int_1^4 \dfrac{u^{-2}v^{-2}}{3} dvdu = \dfrac{1}{6}$ $\therefore$ 表面積 $= 2\iint_S dA = 2\sqrt{2}\iint_R dxdy = \dfrac{\sqrt{2}}{3}$

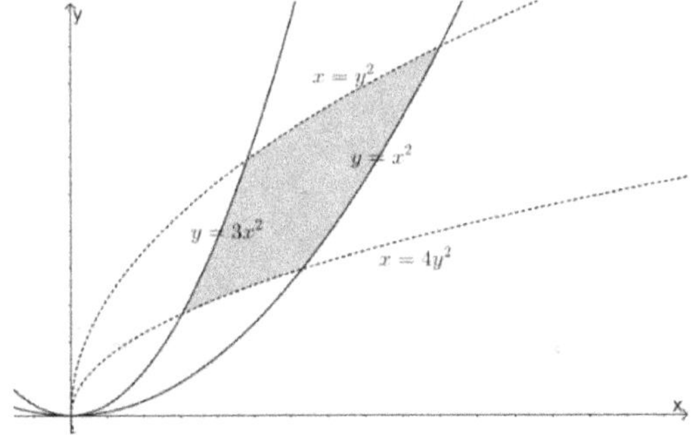

範例 34.

求曲面$z^2 = x^2 + y^2$ 在 $y = x$, $y = 2x$, $xy = 1, xy = 4$ 所圍區域內的表面積

【解】

令$S: z^2 = x^2 + y^2$, $y \geq x, y \leq 2x$, $xy \geq 1$, $xy \leq 4$ 則表面積 $= 2\iint_S dA$

令 $\vec{r}(x,y) = \left(x, y, \sqrt{x^2 + y^2}\right)$ 且 $R = \left\{(x,y): 1 \leq \dfrac{y}{x} \leq 2, 1 \leq xy \leq 4\right\}$

則 $\iint_S dA = \iint_R \left|\dfrac{\partial \vec{r}}{\partial x} \times \dfrac{\partial \vec{r}}{\partial y}\right| dxdy$

$\because \dfrac{\partial \vec{r}}{\partial x} = \left(1, 0, x(x^2 + y^2)^{-\frac{1}{2}}\right)$ 且 $\dfrac{\partial \vec{r}}{\partial y} = \left(0, 1, y(x^2 + y^2)^{-\frac{1}{2}}\right)$

$\therefore \dfrac{\partial \vec{r}}{\partial x} \times \dfrac{\partial \vec{r}}{\partial y} = \left(x(x^2 + y^2)^{-\frac{1}{2}}, y(x^2 + y^2)^{-\frac{1}{2}}, 1\right)$

$\Rightarrow \left|\dfrac{\partial \vec{r}}{\partial x} \times \dfrac{\partial \vec{r}}{\partial y}\right| = \left((x^2 + y^2)(x^2 + y^2)^{-1} + 1\right)^{\frac{1}{2}} = \sqrt{2}$

$\therefore 2\iint_S dA = 2\iint_R \left|\dfrac{\partial \vec{r}}{\partial x} \times \dfrac{\partial \vec{r}}{\partial y}\right| dxdy = 2\sqrt{2} \iint_R dxdy$

令 $\dfrac{y}{x} = u$, $xy = v$ 則 $x = \sqrt{\dfrac{v}{u}}$, $y = \sqrt{uv}$

且 $dxdy = \left\|\begin{matrix} \dfrac{\partial x}{\partial u} & \dfrac{\partial x}{\partial v} \\ \dfrac{\partial y}{\partial u} & \dfrac{\partial y}{\partial v} \end{matrix}\right\| dudv = \left\|\begin{matrix} \dfrac{1}{2}\left(\dfrac{v}{u}\right)^{-\frac{1}{2}}\left(-\dfrac{v}{u^2}\right) & \dfrac{1}{2}\left(\dfrac{v}{u}\right)^{-\frac{1}{2}}\left(\dfrac{1}{u}\right) \\ \dfrac{1}{2}(uv)^{-\frac{1}{2}}v & \dfrac{1}{2}(uv)^{-\frac{1}{2}}u \end{matrix}\right\| dudv = \dfrac{1}{2u} dudv$

$\because R = \left\{(x,y): 1 \leq \dfrac{y}{x} \leq 2, 1 \leq xy \leq 4\right\}$ $\therefore R = \{(u,v): 1 \leq u \leq 2, 1 \leq v \leq 4\}$

$\therefore \iint_R dxdy = 2\displaystyle\int_1^4 \int_1^2 \dfrac{1}{2u} dudv = 3\ln 2$ $\therefore$ 表面積 $= 2\iint_S dA = 2\sqrt{2} \iint_R dxdy = 6\sqrt{2}\ln 2$

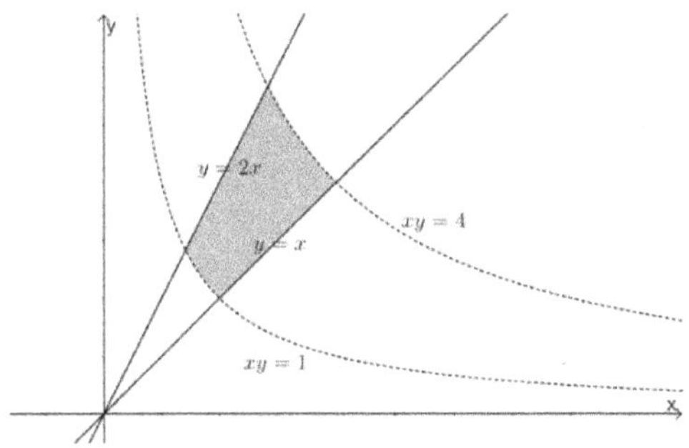

9.5.3　　f 為純量函數, 給曲面 S 求質量

表面積分和表面積的關聯如同線積分和弧長的關聯, 考慮一個參數化曲面 S:

$$\vec{r}(s,t) = \big(x(s,t), y(s,t), z(s,t)\big), \quad \forall (s,t) \in D$$

假設參數定義域 D 為矩形, 將其分割為數個小矩形 D_{ij}, 長為 Δs, 寬為 Δt, D_{ij} 的中心點為 $\big(s_i^*, t_j^*\big)$, D_{ij} 對應曲面 S 上的區域為 S_{ij} 並且 $\big(s_i^*, t_j^*\big)$ 對應曲面 S_{ij} 上的點為 E_{ij}^*, 其位置向量為 $\vec{r}\big(s_i^*, t_j^*\big)$; 因此, 曲面 S 被分割成數個片段 S_{ij}, 對於每個片段, f 在點 E_{ij}^* 取值, 乘以片段的面積 ΔS_{ij} 產生了黎曼和

$$\sum_{i=1}^{m} \sum_{j=1}^{n} f\big(E_{ij}^*\big) \Delta S_{ij}$$

隨著分割數量的增加則可以藉由上述黎曼和的極限定義純量函數 f 在曲面 S 上的表面積

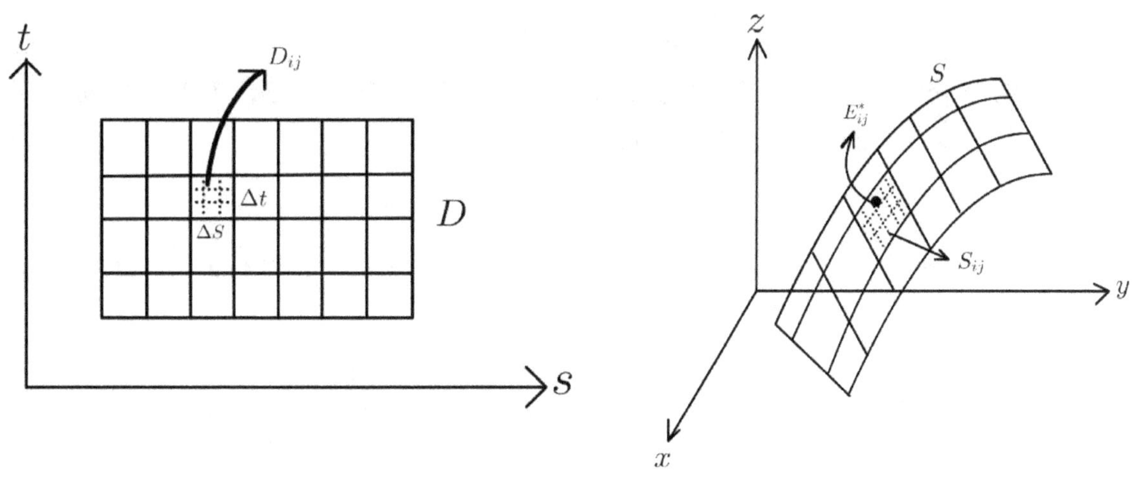

【定義】

純量函數 f 於片段光滑曲面 S 的曲面積分定義如下

$$\iint_S f(x,y,z)dS = \lim_{m\to\infty,n\to\infty}\sum_{i=1}^{m}\sum_{j=1}^{n}f(E_{ij}^*)\Delta S_{ij},$$

其中 E_{ij}^*, ΔS_{ij} 如上述

值得注意的是, 因為任意定義域為閉區間的連續函數皆為黎曼可積分函數, 因此, 如果上述定義的函數 f 是一個連續函數, 則上述黎曼和的極限值必定存在; 為了計算上述定義中的表面積分, 考慮位於切平面內的一個近似平行四邊形的面積來逼近區域 ΔS_{ij}, 之前在表面積的討論中, ΔS_{ij} 有一個近似估計

$$\Delta S_{ij} \approx \left|\vec{r}_s(s_i^*, t_j^*) \times \vec{r}_t(s_i^*, t_j^*)\right|\Delta s\Delta t$$

所以

$$\iint_S f(x,y,z)dS = \lim_{m\to\infty,n\to\infty}\sum_{i=1}^{m}\sum_{j=1}^{n}f(E_{ij}^*)\Delta S_{ij}$$

$$= \lim_{m\to\infty,n\to\infty}\sum_{i=1}^{m}\sum_{j=1}^{n}f(E_{ij}^*)\left|\vec{r}_s(s_i^*, t_j^*) \times \vec{r}_t(s_i^*, t_j^*)\right|\Delta s\Delta t = \iint_D f(\vec{r}(s,t))|\vec{r}_s \times \vec{r}_t|dsdt$$

藉由上述觀察可知, 計算曲面積分相當於求雙重積分, 特別的是雙重積分的被積分函數為

$$f(\vec{r}(s,t))|\vec{r}_s(s,t) \times \vec{r}_t(s,t)|$$

因此求曲面的積分相當於先求得被積分函數之後, 再計算雙重積分; 底下針對曲面的積分轉換成雙重積分後, 有哪些不同類型作初步的說明

給定曲面 $S: z = g(x,y)$, $\forall\, a \le x \le b, c \le y \le d$, 目標是求表面積分 $\iint_S f(x,y,z)dA$, 令 $\vec{r}(x,y) = (x,y,g(x,y))$ 且 $R = \{(x,y): a \le x \le b, c \le y \le d\}$ 則表面積分為

$$\iint_S f(x,y,z)dS = \iint_R f(x,y,g(x,y))\left|\frac{\partial\vec{r}}{\partial x} \times \frac{\partial\vec{r}}{\partial y}\right|dxdy$$

因為 $\dfrac{\partial\vec{r}}{\partial x} = (1,0,g_x(x,y))$ 且 $\dfrac{\partial\vec{r}}{\partial y} = (0,1,g_y(x,y))$ 則兩者的外積

$$\frac{\partial \vec{r}}{\partial x} \times \frac{\partial \vec{r}}{\partial y} = (-g_x(x,y), -g_y(x,y), 1)$$

且

$$\left|\frac{\partial \vec{r}}{\partial x} \times \frac{\partial \vec{r}}{\partial y}\right| = \sqrt{1 + \left(g_x(x,y)\right)^2 + \left(g_y(x,y)\right)^2}$$

因此, 表面積分可改寫為

$$\iint_S f(x,y,z)dA = \int_a^b \int_c^d f(x,y,g(x,y))\sqrt{1 + \left(g_x(x,y)\right)^2 + \left(g_y(x,y)\right)^2}\, dydx$$

特別的是如果曲面為 $z = g(x,y)$, 投影至xy平面 $= \{(x,y): x^2 + y^2 \leq a\}$, 藉由極座標轉換, 令$x = r\cos\theta, y = r\sin\theta$ 則

$$\iint_S f(x,y,z)dA$$

$$= \int_0^{2\pi} \int_0^a f(x,y,g(x,y))\sqrt{1 + \left(g_x(x,y)\right)^2 + \left(g_y(x,y)\right)^2}\Bigg|_{x=r\cos\theta, y=r\sin\theta} r\, drd\theta$$

假設曲面S為球面$x^2 + y^2 + z^2 = r^2$, 其中 $r > 0$, 將曲面S作參數化:
$$\vec{r}(\theta, \varphi) = (r\cos\theta \sin\varphi, r\sin\theta \sin\varphi, r\cos\varphi),$$
其中定義域為$R = \{(\theta, \varphi): 0 \leq \theta \leq 2\pi, 0 \leq \varphi \leq \pi\}$, 則表面積分轉換為

$$\iint_S f(x,y,z)dA = \iint_D f(\vec{r}(\theta, \varphi))|\vec{r}_\theta \times \vec{r}_\varphi|d\theta d\varphi = \iint_R f(\vec{r}(\theta, \varphi))\left|\frac{\partial \vec{r}}{\partial \varphi} \times \frac{\partial \vec{r}}{\partial \theta}\right| d\theta d\varphi$$

因為

$$\frac{\partial \vec{r}}{\partial \theta} = (-r\sin\theta \sin\varphi, r\cos\theta \sin\varphi, 0) \text{ 且 } \frac{\partial \vec{r}}{\partial \varphi} = (r\cos\theta \cos\varphi, r\sin\theta \cos\varphi, -r\sin\varphi)$$

所以

$$\frac{\partial \vec{r}}{\partial \varphi} \times \frac{\partial \vec{r}}{\partial \theta} = (r^2\cos\theta \sin^2\varphi, r^2\sin\theta \sin^2\varphi, r^2\sin\varphi \cos\varphi) \text{ 且 } \left|\frac{\partial \vec{r}}{\partial \varphi} \times \frac{\partial \vec{r}}{\partial \theta}\right| = r^2\sin\varphi$$

因此, 球體曲面積分的公式可改寫為

$$\iint_S f(x,y,z)dS = \iint_R f(r\cos\theta \sin\varphi, r\sin\theta \sin\varphi, r\cos\varphi) r^2\sin\varphi\, d\theta d\varphi$$

考試類型:

題型 1.

給定曲面 S: $\vec{r}(s,t)$, $\forall a \le s \le b, c \le t \le d$, 求 $\iint_S f(x,y,z)dA =$?

解題流程:

Step1.

令 $R = \{(x,y): a \le s \le b, c \le t \le d\}$ 則

$$\iint_S f(x,y,z)dA = \iint_R f(\vec{r}(s,t))|\vec{r}_s \times \vec{r}_t|dsdt = \int_a^b \int_c^d f(\vec{r}(s,t))|\vec{r}_s \times \vec{r}_t|\,dtds$$

Step2.

求 $\vec{r}_s$, $\vec{r}_s$, $\vec{r}_s \times \vec{r}_t$, 以及 $|\vec{r}_s \times \vec{r}_t|$

求 $\displaystyle\int_a^b \int_c^d f(\vec{r}(s,t)))|\vec{r}_s \times \vec{r}_t|\,dtds =$?

題型 2.

給定曲面 S: $z = g(x,y)$, $\forall a \le x \le b, c \le y \le d$, 求 $\iint_S f(x,y,z)dA =$?

解題流程:

Step1.

令 $\vec{r}(x,y) = (x,y,g(x,y))$ 且 $R = \{(x,y): a \le x \le b, c \le y \le d\}$

則 $\displaystyle\iint_S f(x,y,z)dA = \iint_R f(x,y,g(x,y))\left|\frac{\partial \vec{r}}{\partial x} \times \frac{\partial \vec{r}}{\partial y}\right|dxdy$

Step2.

$\because \dfrac{\partial \vec{r}}{\partial x} = (1,0,g_x(x,y))$, $\dfrac{\partial \vec{r}}{\partial y} = (0,1,g_y(x,y))$ $\therefore \dfrac{\partial \vec{r}}{\partial x} \times \dfrac{\partial \vec{r}}{\partial y} = (-g_x(x,y), -g_y(x,y), 1)$

$\Rightarrow \left|\dfrac{\partial \vec{r}}{\partial x} \times \dfrac{\partial \vec{r}}{\partial y}\right| = \sqrt{1 + (g_x(x,y))^2 + (g_y(x,y))^2}$

Step3.

$$\iint_S f(x,y,z)dA = \int_a^b \int_c^d f(x,y,g(x,y))\sqrt{1 + (g_x(x,y))^2 + (g_y(x,y))^2}\,dydx$$

同理, 如果給定曲面 S: $y = g(x,z)$, $\forall a \le x \le b, c \le z \le d$ 則

$$\iint_S f(x,y,z)dA = \int_a^b \int_c^d f(x,g(x,z),z)\sqrt{1 + (g_x(x,z))^2 + (g_z(x,z))^2}\,dzdx$$

如果給定曲面 S: $x = g(y,z)$, $\forall a \le y \le b, c \le z \le d$

$$\iint_S f(x,y,z)dA = \int_a^b \int_c^d f(g(y,z),y,z)\sqrt{1 + \left(g_y(y,z)\right)^2 + \left(g_z(y,z)\right)^2}\, dzdy$$

<u>範例說明:</u>

求 $\displaystyle\iint_S f(x,y,z)dA =?$

(I)若 $f(x,y,z) = x + y + z - 1,\ \ S:\{(x,y,z): z = x + y + 1,\ \ 0 \le y \le x,\ \ 0 \le x \le 2\}$

令 $\vec{r}(x,y) = (x,y,x + y + z - 1)$

$\because \dfrac{\partial \vec{r}}{\partial x} = (1,0,1)$ 且 $\dfrac{\partial \vec{r}}{\partial y} = (0,1,1)$ $\quad \therefore \dfrac{\partial \vec{r}}{\partial x} \times \dfrac{\partial \vec{r}}{\partial y} = (-1,-1,1) \Rightarrow \left|\dfrac{\partial \vec{r}}{\partial x} \times \dfrac{\partial \vec{r}}{\partial y}\right| = \sqrt{3}$

$\therefore \displaystyle\iint_S f(x,y,z)\, dA = \int_0^2 \int_0^x (2x + 2y)\sqrt{3}\, dydx = 8\sqrt{3}$

(II)若 $f(x,y,z) = (1 - x^2)y,\ \ S:\{(x,y,z): z = 3 - y^2,\ \ 0 \le x \le 1,\ \ 0 \le y \le 1\}$

令 $\vec{r}(x,y) = (x,y,(1 - x^2)y)$

$\because \dfrac{\partial \vec{r}}{\partial x} = (1,0,0)$ 且 $\dfrac{\partial \vec{r}}{\partial y} = (0,1,-2y)$ $\quad \therefore \dfrac{\partial \vec{r}}{\partial x} \times \dfrac{\partial \vec{r}}{\partial y} = (0,2y,1) \Rightarrow \left|\dfrac{\partial \vec{r}}{\partial x} \times \dfrac{\partial \vec{r}}{\partial y}\right| = \sqrt{1 + 4y^2}$

則 $\displaystyle\iint_S f(x,y,z)\, dA = \int_0^1 \int_0^1 y(1 - x^2)\sqrt{1 + 4y^2}\, dydx = \dfrac{5\sqrt{5} - 1}{18}$

<u>題型</u> 3.

給定曲面$S: z = g(x,y)$,若S投影至xy平面 $= \{(x,y): x^2 + y^2 \le a^2\}$, 求 $\displaystyle\iint_S f(x,y,z)dA =?$

<u>補充說明:</u>

如: 圓柱、橢圓柱、圓錐體、拋物面

<u>解題流程:</u>

Step1.

令 $\vec{r}(x,y) = (x,y,g(x,y))$ 且 $R = \{(x,y): x^2 + y^2 \le a^2\}$ 則 $\displaystyle\iint_S dA = \iint_R \left|\dfrac{\partial \vec{r}}{\partial x} \times \dfrac{\partial \vec{r}}{\partial y}\right| dxdy$

Step2.

$\because \dfrac{\partial \vec{r}}{\partial x} = (1,0,g_x(x,y))$ 且 $\dfrac{\partial \vec{r}}{\partial y} = (0,1,g_y(x,y))$ $\quad \therefore \dfrac{\partial \vec{r}}{\partial x} \times \dfrac{\partial \vec{r}}{\partial y} = (-g_x(x,y),-g_y(x,y),1)$

$$\Rightarrow \left|\frac{\partial \vec{r}}{\partial x} \times \frac{\partial \vec{r}}{\partial y}\right| = \sqrt{1 + \left(g_x(x,y)\right)^2 + \left(g_y(x,y)\right)^2}$$

Step3.

$$\therefore \iint_S f(x,y,z)\,dA = \iint_R f(x,y,g(x,y))\left|\frac{\partial \vec{r}}{\partial x} \times \frac{\partial \vec{r}}{\partial y}\right|dxdy$$

$$= \iint_R f(x,y,g(x,y))\sqrt{1 + \left(g_x(x,y)\right)^2 + \left(g_y(x,y)\right)^2}\,dxdy$$

Step4.

令 $x = r\cos\theta, y = r\sin\theta$ 則 $\{(x,y): x^2 + y^2 \le a^2\} = \{(r,\theta): 0 \le r \le a, 0 \le \theta \le 2\pi\}$

$$\iint_R f(x,y,g(x,y))\sqrt{1 + \left(g_x(x,y)\right)^2 + \left(g_y(x,y)\right)^2}\,dxdy$$

$$= \int_0^{2\pi}\int_0^a f(x,y,g(x,y))\sqrt{1 + \left(g_x(x,y)\right)^2 + \left(g_y(x,y)\right)^2}\,\bigg|_{x=r\cos\theta,\,y=r\sin\theta} \quad rdrd\theta$$

題型 4.

給定球面 $S: x^2 + y^2 + z^2 = r^2,\ r > 0,\ $ 求 $\displaystyle\iint_S f(x,y,z)\,dA = ?$

解題流程:

Step1.

令 $\vec{r}(\theta,\varphi) = (r\cos\theta\sin\varphi, r\sin\theta\sin\varphi, r\cos\varphi)$ 且 $R = \{(\theta,\varphi): 0 \le \theta \le 2\pi, 0 \le \varphi \le \pi\}$

則 $\displaystyle\iint_S f(x,y,z)\,dA = \iint_R f(r\cos\theta\sin\varphi, r\sin\theta\sin\varphi, r\cos\varphi)\left|\frac{\partial \vec{r}}{\partial \varphi} \times \frac{\partial \vec{r}}{\partial \theta}\right|d\theta d\varphi$

Step2.

$$\because \frac{\partial \vec{r}}{\partial \theta} = (-r\sin\theta\sin\varphi, r\cos\theta\sin\varphi, 0) \quad 且 \quad \frac{\partial \vec{r}}{\partial \varphi} = (r\cos\theta\cos\varphi, r\sin\theta\cos\varphi, -r\sin\varphi)$$

$$\therefore \frac{\partial \vec{r}}{\partial \varphi} \times \frac{\partial \vec{r}}{\partial \theta} = (r^2\cos\theta\sin^2\varphi, r^2\sin\theta\sin^2\varphi, r^2\sin\varphi\cos\varphi) \Rightarrow \left|\frac{\partial \vec{r}}{\partial \varphi} \times \frac{\partial \vec{r}}{\partial \theta}\right| = r^2\sin\varphi$$

Step3.

$$\iint_S f(x,y,z)\,dA = \iint_R f(r\cos\theta\sin\varphi, r\sin\theta\sin\varphi, r\cos\varphi)\,r^2\sin\varphi\,d\theta d\varphi$$

求 $\displaystyle\iint_R f(r\cos\theta\sin\varphi, r\sin\theta\sin\varphi, r\cos\varphi)\,r^2\sin\varphi\,d\theta d\varphi = ?$

<u>範例說明:</u>

求 $\displaystyle\iint_S f(x,y,z)dA = ?$，其中 $S: x^2 + y^2 + z^2 = r^2, \ r > 0$

(I)若 $f(x,y,z) = x^2$ 則 $\displaystyle\iint_S f(x,y,z)dA = \iint_R r^2\cos^2\theta\sin^2\varphi \, r^2\sin\varphi \, d\theta d\varphi = \dfrac{4\pi r^4}{3}$

(II)若 $f(x,y,z) = z^2$ 則 $\displaystyle\iint_S f(x,y,z)dA = \iint_R r^2\cos^2\varphi \, r^2\sin\varphi \, d\theta d\varphi = \dfrac{4\pi r^4}{3}$

範例 1.

$\displaystyle 求 \iint_S 3xy \, dA = ?, \quad S: z = xy + \sqrt{7}, \ 0 \le x \le 1, \ 0 \le y \le 1$

【解】

令 $\vec{r}(x,y) = \left(x, y, xy + \sqrt{7}\right)$ 且 R 為曲面 S 投影至 xy 平面的封閉區域

則 $R = \{(x,y): 0 \le x \le 1, 0 \le y \le 1\}$ 且 $\displaystyle\iint_S 3xy \, dA = \iint_R 3xy \left|\dfrac{\partial\vec{r}}{\partial x} \times \dfrac{\partial\vec{r}}{\partial y}\right| dxdy$

$\because \dfrac{\partial\vec{r}}{\partial x} = (1,0,y)$ 且 $\dfrac{\partial\vec{r}}{\partial y} = (0,1,x)$ $\quad \therefore \dfrac{\partial\vec{r}}{\partial x} \times \dfrac{\partial\vec{r}}{\partial y} = (-y,-x,1) \Rightarrow \left|\dfrac{\partial\vec{r}}{\partial x} \times \dfrac{\partial\vec{r}}{\partial y}\right| = (x^2 + y^2 + 1)^{\frac{1}{2}}$

$\therefore 3\displaystyle\iint_S xy \, dA = \iint_R 3xy \left|\dfrac{\partial\vec{r}}{\partial x} \times \dfrac{\partial\vec{r}}{\partial y}\right| dxdy = 3\iint_R xy(x^2 + y^2 + 1)^{\frac{1}{2}} dxdy$

令 $u = x^2, \ v = y^2$ 則 $R = \{(x,y): 0 \le x \le 1, 0 \le y \le 1\} = \{(u,v): 0 \le u \le 1, 0 \le v \le 1\}$

$\therefore 3\displaystyle\iint_R xy(x^2 + y^2 + 1)^{\frac{1}{2}} dxdy = \dfrac{3}{4}\int_0^1 \int_0^1 (u + v + 1)^{\frac{1}{2}} \, dudv = \dfrac{9\sqrt{3} - 8\sqrt{2} + 1}{5}$

範例 2.

假設 $f(x,y,z) = x + y + z - 1, \ S: z = x + y + 1, \ 0 \le y \le x, \ 0 \le x \le 2,$

求 $\displaystyle\iint_S f(x,y,z) \, dA = ?$

【解】

令 $\vec{r}(x, y) = (x, y, x + y + 1)$ 且 R 為曲面 S 投影至 xy 平面的封閉區域

則 $R = \{(x, y): 0 \le y \le x, 0 \le x \le 2\}$

且 $\displaystyle\iint_S f(x, y, z)\, dA = \iint_S f(x, y, x + y + 1)\, dA = \iint_R f(x, y, x + y + 1)\left|\frac{\partial \vec{r}}{\partial x} \times \frac{\partial \vec{r}}{\partial y}\right| dxdy$

$\because \dfrac{\partial \vec{r}}{\partial x} = (1, 0, 1)$ 且 $\dfrac{\partial \vec{r}}{\partial y} = (0, 1, 1)$ $\quad \therefore \dfrac{\partial \vec{r}}{\partial x} \times \dfrac{\partial \vec{r}}{\partial y} = (-1, -1, 1) \Rightarrow \left|\dfrac{\partial \vec{r}}{\partial x} \times \dfrac{\partial \vec{r}}{\partial y}\right| = \sqrt{3}$

$\therefore \displaystyle\iint_S f(x, y, z)\, dA = \iint_R f(x, y, x + y + 1)\left|\frac{\partial \vec{r}}{\partial x} \times \frac{\partial \vec{r}}{\partial y}\right| dxdy = \int_0^2 \int_0^x (2x + 2y)\sqrt{3}\, dydx$

$\displaystyle = \sqrt{3}\int_0^2 2xy + y^2 \big|_0^x \, dx = \sqrt{3}\int_0^2 3x^2\, dx = 8\sqrt{3}$

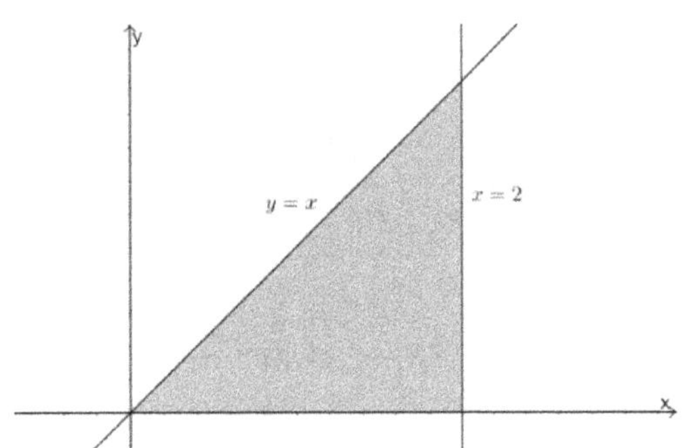

範例 3.

　　Evaluate $\displaystyle\iint_S \sqrt{x^2 + y^2}\, dA = ?$, over the surface $S: z = xy,\ 0 \le x^2 + y^2 \le 1$.

【解】

令 $\vec{r}(x, y) = (x, y, xy)$ 且 R 為曲面 S 投影至 xy 平面的封閉區域

則 $R = \{(x, y): 0 \le x^2 + y^2 \le 1\}$ 且 $\displaystyle\iint_S \sqrt{x^2 + y^2}\, dA = \iint_R \sqrt{x^2 + y^2}\left|\frac{\partial \vec{r}}{\partial x} \times \frac{\partial \vec{r}}{\partial y}\right| dxdy$

$\because \dfrac{\partial \vec{r}}{\partial x} = (1, 0, y)$ 且 $\dfrac{\partial \vec{r}}{\partial y} = (0, 1, x)$ $\quad \therefore \dfrac{\partial \vec{r}}{\partial x} \times \dfrac{\partial \vec{r}}{\partial y} = (-y, -x, 1) \Rightarrow \left|\dfrac{\partial \vec{r}}{\partial x} \times \dfrac{\partial \vec{r}}{\partial y}\right| = \sqrt{1 + x^2 + y^2}$

$$\therefore \iint_R \sqrt{x^2+y^2}\left|\frac{\partial \vec{r}}{\partial x} \times \frac{\partial \vec{r}}{\partial y}\right| dxdy = \iint_{0 \le \sqrt{x^2+y^2} \le 1} \sqrt{x^2+y^2}\sqrt{1+x^2+y^2}dxdy$$

令 $x = r\cos\theta$, $y = r\sin\theta$ 且 $R = \{(r,\theta): 0 \le r \le 1, 0 \le \theta \le 2\pi\}$

$$\iint_{0 \le \sqrt{x^2+y^2} \le 1} \sqrt{x^2+y^2}\sqrt{1+x^2+y^2}dxdy = \int_0^{2\pi}\int_0^1 r^2\sqrt{1+r^2}drd\theta = 2\pi\int_0^1 r^2\sqrt{1+r^2}dr$$

令 $r = \tan\alpha$ 則 $2\pi\int_0^1 r^2\sqrt{1+r^2}dr = 2\pi\int_0^{\frac{\pi}{4}} \tan^2\alpha\sec^3\alpha\, d\alpha = 2\pi\int_0^{\frac{\pi}{4}} \sec^5\alpha - \sec^3\alpha\, d\alpha$

$$= \frac{\pi}{4}\left(3\sqrt{2} - \ln(1+\sqrt{2})\right)$$

範例 4.

Evaluate $\displaystyle\iint_S xy\, dA =?$, over the surface $\vec{r}(s,t) = s\vec{a} + t\vec{b}$, where $0 \le s \le 1$,

$0 \le t \le 1$, $\vec{a} = (a_1, a_2, a_3)$, $\vec{b} = (b_1, b_2, b_3)$

【解】

令 $\vec{r}(s,t) = s\vec{a} + t\vec{b} = (sa_1 + tb_1, sa_2 + tb_2, sa_3 + tb_3)$ 且 $R = \{(s,t): 0 \le s \le 1, 0 \le t \le 1\}$

$$\because \frac{\partial \vec{r}}{\partial s} = (a_1, a_2, a_3) \quad 且 \quad \frac{\partial \vec{r}}{\partial t} = (b_1, b_2, b_3) \quad \therefore \frac{\partial \vec{r}}{\partial s} \times \frac{\partial \vec{r}}{\partial t} = \vec{a} \times \vec{b} \quad 且 \quad \left|\frac{\partial \vec{r}}{\partial s} \times \frac{\partial \vec{r}}{\partial t}\right| = |\vec{a} \times \vec{b}|$$

$$\iint_S xy\, dA = \iint_R (sa_1 + tb_1)(sa_2 + tb_2)\left|\frac{\partial \vec{r}}{\partial s} \times \frac{\partial \vec{r}}{\partial t}\right| dsdt$$

$$= |\vec{a} \times \vec{b}| \int_0^1 \int_0^1 (sa_1 + tb_1)(sa_2 + tb_2)dsdt$$

$$= |\vec{a} \times \vec{b}| \int_0^1 \int_0^1 s^2 a_1 a_2 + st(a_1 b_2 + a_2 b_1) + t^2 b_1 b_2\, dsdt$$

$$= |\vec{a} \times \vec{b}|\left(\frac{a_1 a_2}{3} + \frac{a_1 b_2 + a_2 b_1}{4} + \frac{b_1 b_2}{3}\right)$$

範例 5.

$$\text{求} \iint_S x^2 \, dA = ?, \quad S: x^2 + y^2 + z^2 = r^2$$

【解】

令 $\vec{r}(\theta, \varphi) = (r\cos\theta\sin\varphi, r\sin\theta\sin\varphi, r\cos\varphi)$ 且 $R = \{(\theta,\varphi): 0 \le \theta \le 2\pi, 0 \le \varphi \le \pi\}$

則 $\iint_S x^2 \, dA = \iint_R r^2\cos^2\theta\sin^2\varphi \left| \dfrac{\partial\vec{r}}{\partial\varphi} \times \dfrac{\partial\vec{r}}{\partial\theta} \right| d\theta d\varphi$

$\because \dfrac{\partial\vec{r}}{\partial\theta} = (-r\sin\theta\sin\varphi, r\cos\theta\sin\varphi, 0)$ 且 $\dfrac{\partial\vec{r}}{\partial\varphi} = (r\cos\theta\cos\varphi, r\sin\theta\cos\varphi, -r\sin\varphi)$

$\therefore \dfrac{\partial\vec{r}}{\partial\varphi} \times \dfrac{\partial\vec{r}}{\partial\theta} = (r^2\cos\theta\sin^2\varphi, r^2\sin\theta\sin^2\varphi, r^2\sin\varphi\cos\varphi) \Rightarrow \left| \dfrac{\partial\vec{r}}{\partial\varphi} \times \dfrac{\partial\vec{r}}{\partial\theta} \right| = r^2\sin\varphi$

$\therefore \iint_S x^2 \, dA = \iint_R r^2\cos^2\theta\sin^2\varphi \left| \dfrac{\partial\vec{r}}{\partial\varphi} \times \dfrac{\partial\vec{r}}{\partial\theta} \right| d\theta d\varphi = r^4 \int_0^{2\pi} \int_0^{\pi} \cos^2\theta\sin^2\varphi\sin\varphi \, d\varphi d\theta$

$= r^4 \int_0^{2\pi} \cos^2\theta \, d\theta \int_0^{\pi} \sin^3\varphi \, d\varphi = r^4 \cdot \pi \cdot \dfrac{4}{3} = \dfrac{4\pi r^4}{3}$

範例 6.

$$\text{求} \iint_S y \, dA = ?, \quad S: x - y^2 - z = 2, \ 0 \le y \le 1, \ 0 \le z \le 1$$

【解】

令 $\vec{r}(x, y) = (y^2 + z + 2, y, z)$ 且 R為曲面S投影至yz平面的封閉區域

則 $R = \{(y,z): 0 \le y \le 1, 0 \le z \le 1\}$ 且 $\iint_S y \, dA = \iint_R y \left| \dfrac{\partial\vec{r}}{\partial y} \times \dfrac{\partial\vec{r}}{\partial z} \right| dydz$

$\because \dfrac{\partial\vec{r}}{\partial y} = (2y, 1, 0)$ 且 $\dfrac{\partial\vec{r}}{\partial z} = (1, 0, 1)$ $\quad \therefore \dfrac{\partial\vec{r}}{\partial y} \times \dfrac{\partial\vec{r}}{\partial z} = (1, -2y, -1) \Rightarrow \left| \dfrac{\partial\vec{r}}{\partial y} \times \dfrac{\partial\vec{r}}{\partial z} \right| = \sqrt{2 + 4y^2}$

$\therefore \iint_S y \, dA = \iint_R y \left| \dfrac{\partial\vec{r}}{\partial y} \times \dfrac{\partial\vec{r}}{\partial z} \right| dxdy = \int_0^1 \int_0^1 y\sqrt{2 + 4y^2} \, dydz = \dfrac{3\sqrt{6} - \sqrt{2}}{6}$

範例 7.

Evaluate $\displaystyle\iint_S \sqrt{x^2+y^2}\,dA =?$, over the surface $\vec{r}(s,t)=(s\cos wt, s\sin wt, bt)$,

where $0\le s\le k, 0\le t\le \dfrac{2\pi}{w}$

【解】

$\because \dfrac{\partial \vec{r}}{\partial s}=(\cos wt, \sin wt, 0)$ 且 $\dfrac{\partial \vec{r}}{\partial t}=(-ws\sin wt, ws\cos wt, b)$

$\therefore \dfrac{\partial \vec{r}}{\partial s}\times\dfrac{\partial \vec{r}}{\partial t}=(b\sin wt, -b\cos wt, ws)$ 且 $\left|\dfrac{\partial \vec{r}}{\partial s}\times\dfrac{\partial \vec{r}}{\partial t}\right|=\sqrt{b^2+w^2s^2}$

令 $R=\left\{(s,t): 0\le s\le k, 0\le t\le \dfrac{2\pi}{w}\right\}$ 則

$\therefore \displaystyle\iint_S \sqrt{x^2+y^2}\,dA = \iint_R \sqrt{(s\cos wt)^2+(s\sin wt)^2}\left|\dfrac{\partial \vec{r}}{\partial s}\times\dfrac{\partial \vec{r}}{\partial t}\right|dsdt$

$= \displaystyle\iint_R \sqrt{(s\cos wt)^2+(s\sin wt)^2}\sqrt{b^2+w^2s^2}\,dA = \iint_R s\sqrt{b^2+w^2s^2}\,dA$

$= \displaystyle\int_0^{\frac{2\pi}{w}}\int_0^k s\sqrt{b^2+w^2s^2}\,dsdt = \dfrac{2\pi}{w}\int_0^k s\sqrt{b^2+w^2s^2}\,ds = \dfrac{2\pi}{3w^3}\left((b^2+w^2k^2)^{\frac{3}{2}}-b^3\right)$

範例 8.

Evaluate $\displaystyle\iint_S 3y\,dA =?$, over the surface S: $z=\dfrac{y^2}{2}$, $0\le x\le 1$, $0\le y\le 1$

【解】

令 $\vec{r}(x,y)=\left(x,y,\dfrac{y^2}{2}\right)$ 且 R為S曲面投影至xy平面的封閉區域

則 $R=\{(x,y): 0\le x\le 1, 0\le y\le 1\}$ 且 $\displaystyle\iint_S 3y\,dA = \iint_R 3y\left|\dfrac{\partial \vec{r}}{\partial x}\times\dfrac{\partial \vec{r}}{\partial y}\right|dxdy$

$$\because \frac{\partial \vec{r}}{\partial x} = (1,0,0) \quad \text{且} \quad \frac{\partial \vec{r}}{\partial y} = (0,1,y) \quad \therefore \frac{\partial \vec{r}}{\partial x} \times \frac{\partial \vec{r}}{\partial y} = (0,-y,1) \Rightarrow \left| \frac{\partial \vec{r}}{\partial x} \times \frac{\partial \vec{r}}{\partial y} \right| = (y^2+1)^{\frac{1}{2}}$$

$$\iint_R 3y \left| \frac{\partial \vec{r}}{\partial x} \times \frac{\partial \vec{r}}{\partial y} \right| dxdy = 3 \iint_R y(y^2+1)^{\frac{1}{2}} dxdy = (y^2+1)^{\frac{3}{2}} \Big|_0^1 = 2\sqrt{2} - 1$$

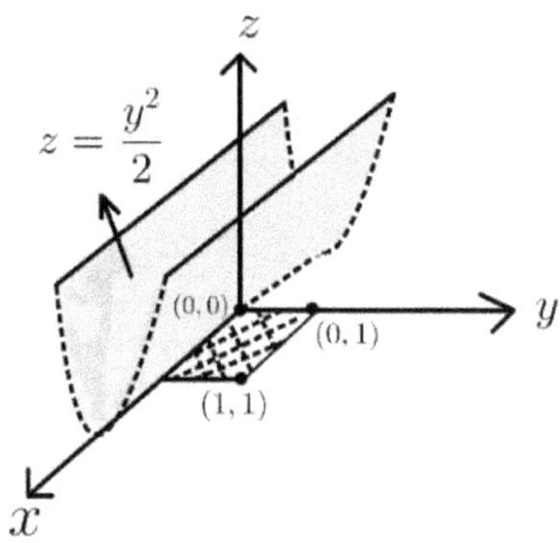

範例 9.

假設 $f(x,y,z) = (1-x^2)y, \quad S: z = 3 - y^2, \quad 0 \leq x \leq 1, \quad 0 \leq y \leq 1$

求 $\displaystyle \iint_S f(x,y,z)\, dA = ?$

【解】

令 $\vec{r}(x,y) = (x,y,3-y^2)$ 且 R 為曲面 S 投影至 xy 平面的封閉區域

則 $R = \{(x,y): 0 \leq x \leq 1, 0 \leq y \leq 1\}$ 且 $\displaystyle \iint_S f(x,y,z)\, dA = \iint_R f(x,y,z) \left| \frac{\partial \vec{r}}{\partial x} \times \frac{\partial \vec{r}}{\partial y} \right| dxdy$

$\because \dfrac{\partial \vec{r}}{\partial x} = (1,0,0)$ 且 $\dfrac{\partial \vec{r}}{\partial y} = (0,1,-2y) \quad \therefore \dfrac{\partial \vec{r}}{\partial x} \times \dfrac{\partial \vec{r}}{\partial y} = (0,2y,1) \Rightarrow \left| \dfrac{\partial \vec{r}}{\partial x} \times \dfrac{\partial \vec{r}}{\partial y} \right| = \sqrt{1+4y^2}$

$\therefore \displaystyle \iint_S f(x,y,z)\, dA = \iint_R f(x,y,z) \left| \frac{\partial \vec{r}}{\partial x} \times \frac{\partial \vec{r}}{\partial y} \right| dxdy = \int_0^1 \int_0^1 y(1-x^2)\sqrt{1+4y^2}\, dydx$

$= \displaystyle \int_0^1 y\sqrt{1+4y^2}\, dy \int_0^1 (1-x^2)\, dx$

$\because \displaystyle \int_0^1 y\sqrt{1+4y^2}\, dy = \frac{1}{12}(1+4y^2)^{\frac{3}{2}} \Big|_0^1 = \frac{5\sqrt{5}-1}{12}$

令 $x = \sin\theta$ 則 $dx = \cos\theta\, d\theta$

$$\therefore \int_0^1 (1 - x^2)dx = \int_0^{\frac{\pi}{2}} \cos^3\theta\, dx = \int_0^{\frac{\pi}{2}} (1 - \sin^2\theta)\cos\theta\, dx = \left(\sin\theta - \frac{\sin^3\theta}{3}\right)\Big|_0^{\frac{\pi}{2}} = \frac{2}{3}$$

$$\therefore \iint_S f(x,y,z)\, dA = \int_0^1 y\sqrt{1 + 4y^2}\, dy \int_0^1 (1 - x^2)dx = \frac{5\sqrt{5} - 1}{12} \cdot \frac{2}{3} = \frac{5\sqrt{5} - 1}{18}$$

範例 10.

$\qquad$ 求 $\displaystyle\iint_S y^2 + 2yz\, dA =?$, S 為平面 $2x + y + 2z = 4$ 在第一卦限的所圍平面

【解】

令 $\vec{r}(x,y) = \left(x, y, 2 - x - \dfrac{y}{2}\right)$ 且 R 為所圍平面投影至 xy 平面的封閉區域

則 $R = \{(x,y): 2x + y \le 4, x \ge 0, y \ge 0\}$

且 $\displaystyle\iint_S y^2 + 2yz\, dA = \iint_R \left(y^2 + 2y(2 - x - \dfrac{y}{2})\right)\left|\dfrac{\partial\vec{r}}{\partial x} \times \dfrac{\partial\vec{r}}{\partial y}\right| dxdy$

$\because \dfrac{\partial\vec{r}}{\partial x} = (1,0,-1)$ 且 $\dfrac{\partial\vec{r}}{\partial y} = \left(0,1,-\dfrac{1}{2}\right)$ $\quad \therefore \dfrac{\partial\vec{r}}{\partial x} \times \dfrac{\partial\vec{r}}{\partial y} = \left(1,\dfrac{1}{2},1\right) \Rightarrow \left|\dfrac{\partial\vec{r}}{\partial x} \times \dfrac{\partial\vec{r}}{\partial y}\right| = \dfrac{3}{2}$

$\therefore \displaystyle\iint_S y^2 + 2yz\, dA = \iint_R \left(y^2 + 2y(2 - x - \dfrac{y}{2})\right)\left|\dfrac{\partial\vec{r}}{\partial x} \times \dfrac{\partial\vec{r}}{\partial y}\right| dxdy$

$= \dfrac{3}{2}\displaystyle\int_0^2 \int_0^{4-2x} y^2 + 2y \cdot \left(2 - x - \dfrac{y}{2}\right) dydx$

$\therefore \displaystyle\int_0^{4-2x} y^2 + 2y \cdot \left(2 - x - \dfrac{y}{2}\right) dy = \int_0^{4-2x} 4y - 2xy\, dy = 2y^2 - xy^2\big|_0^{4-2x} = 4(2-x)^3$

$\therefore \displaystyle\int_0^2 \int_0^{4-2x} y^2 + 2y \cdot \dfrac{1}{2} \cdot (4 - 2x - y)\, dydx = \int_0^2 4(2-x)^3\, dx = -(2-x)^4\big|_0^2 = 16$

$\therefore \displaystyle\iint_S y^2 + 2yz\, dA = 24$

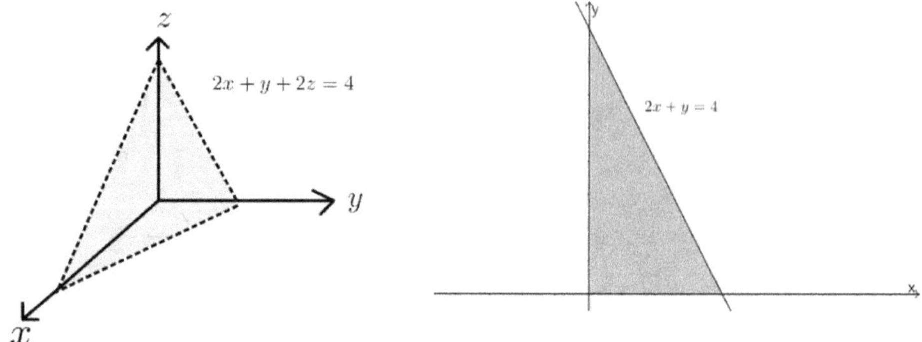

範例 11.

$$求 \iint_S z^2 \, dA = ?, \quad S: z = \sqrt{r^2 - x^2 - y^2}$$

【解】

令 $\vec{r}(\theta, \varphi) = (r\cos\theta\sin\varphi, r\sin\theta\sin\varphi, r\cos\varphi)$ 且 $R = \left\{(\theta, \varphi): 0 \le \theta \le 2\pi, 0 \le \varphi \le \dfrac{\pi}{2}\right\}$

則 $\displaystyle\iint_S z^2 \, dA = \iint_R r^2\cos^2\varphi \left|\frac{\partial\vec{r}}{\partial\varphi} \times \frac{\partial\vec{r}}{\partial\theta}\right| d\theta d\varphi$

$\because \dfrac{\partial\vec{r}}{\partial\theta} = (-r\sin\theta\sin\varphi, r\cos\theta\sin\varphi, 0)$ 且 $\dfrac{\partial\vec{r}}{\partial\varphi} = (r\cos\theta\cos\varphi, r\sin\theta\cos\varphi, -r\sin\varphi)$

$\therefore \dfrac{\partial\vec{r}}{\partial\varphi} \times \dfrac{\partial\vec{r}}{\partial\theta} = (r^2\cos\theta\sin^2\varphi, r^2\sin\theta\sin^2\varphi, r^2\sin\varphi\cos\varphi) \Rightarrow \left|\dfrac{\partial\vec{r}}{\partial\varphi} \times \dfrac{\partial\vec{r}}{\partial\theta}\right| = r^2\sin\varphi$

$\therefore \displaystyle\iint_S z^2 \, dA = \iint_R r^2\cos^2\varphi \left|\frac{\partial\vec{r}}{\partial\varphi} \times \frac{\partial\vec{r}}{\partial\theta}\right| d\theta d\varphi = r^4 \int_0^{2\pi} \int_0^{\frac{\pi}{2}} \cos^2\varphi \sin\varphi \, d\varphi d\theta = \frac{2\pi r^4}{3}$

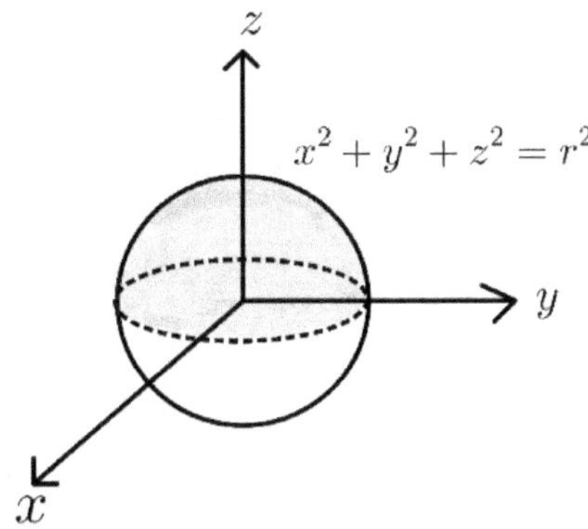

範例 12.

Evaluate $\displaystyle\iint_S \sqrt{2z}\, dA =?$, over the surface S: $z = \dfrac{y^2}{2}$, $0 \le x \le 1$, $0 \le y \le 1$

【解】

令 $\vec{r}(x,y) = \left(x, y, \dfrac{y^2}{2}\right)$ 且 R 為 S 曲面投影至 xy 平面的封閉區域

則 $R = \{(x,y): 0 \le x \le 1, 0 \le y \le 1\}$ 且 $\displaystyle\iint_S \sqrt{2z}\, dA = \iint_R y \left|\dfrac{\partial \vec{r}}{\partial x} \times \dfrac{\partial \vec{r}}{\partial y}\right| dxdy$

$\because \dfrac{\partial \vec{r}}{\partial x} = (1,0,0)$ 且 $\dfrac{\partial \vec{r}}{\partial y} = (0,1,y)$ $\therefore \dfrac{\partial \vec{r}}{\partial x} \times \dfrac{\partial \vec{r}}{\partial y} = (0, -y, 1) \Rightarrow \left|\dfrac{\partial \vec{r}}{\partial x} \times \dfrac{\partial \vec{r}}{\partial y}\right| = (y^2 + 1)^{\frac{1}{2}}$

$$\iint_R y \left|\dfrac{\partial \vec{r}}{\partial x} \times \dfrac{\partial \vec{r}}{\partial y}\right| dxdy = \iint_R y(y^2 + 1)^{\frac{1}{2}} dxdy = \left.\dfrac{(y^2 + 1)^{\frac{3}{2}}}{3}\right|_0^1 = \dfrac{2\sqrt{2} - 1}{3}$$

範例 13.

求 $\displaystyle\iint_S xy\, dA =?$, S 為平面 $x + 2y + 3z = 6$ 在第一卦限的所圍區域

【解】

令 $\vec{r}(x,y) = \left(x, y, 2 - \dfrac{x + 2y}{3}\right)$ 且 R 為所圍平面投影至 xy 平面的封閉區域

則 $R = \{(x, y): x + 2y \leq 6, x \geq 0, y \geq 0\}$ 且 $\iint_S xy\, dA = \iint_R xy \left| \dfrac{\partial \vec{r}}{\partial x} \times \dfrac{\partial \vec{r}}{\partial y} \right| dxdy$

$\because \dfrac{\partial \vec{r}}{\partial x} = \left(1, 0, -\dfrac{1}{3}\right)$ 且 $\dfrac{\partial \vec{r}}{\partial y} = \left(0, 1, -\dfrac{2}{3}\right)$ $\therefore \dfrac{\partial \vec{r}}{\partial x} \times \dfrac{\partial \vec{r}}{\partial y} = \left(\dfrac{1}{3}, \dfrac{2}{3}, 1\right) \Rightarrow \left| \dfrac{\partial \vec{r}}{\partial x} \times \dfrac{\partial \vec{r}}{\partial y} \right| = \dfrac{\sqrt{14}}{3}$

$\therefore \iint_S xy\, dA = \iint_R xy \left| \dfrac{\partial \vec{r}}{\partial x} \times \dfrac{\partial \vec{r}}{\partial y} \right| dxdy = \dfrac{\sqrt{14}}{3} \int_0^3 \int_0^{6-2y} xy\, dx\, dy = \dfrac{\sqrt{14}}{3} \int_0^3 y \cdot \dfrac{x^2}{2} \Big|_0^{6-2y} dxdy$

$= \dfrac{\sqrt{14}}{3} \int_0^3 18y - 12y^2 + 2y^3\, dy = \dfrac{\sqrt{14}}{3} \left(9y^2 - 4y^3 + \dfrac{y^4}{2}\right) \Big|_0^3 = \dfrac{\sqrt{14}}{3} \cdot \dfrac{27}{2} = \dfrac{9\sqrt{14}}{2}$

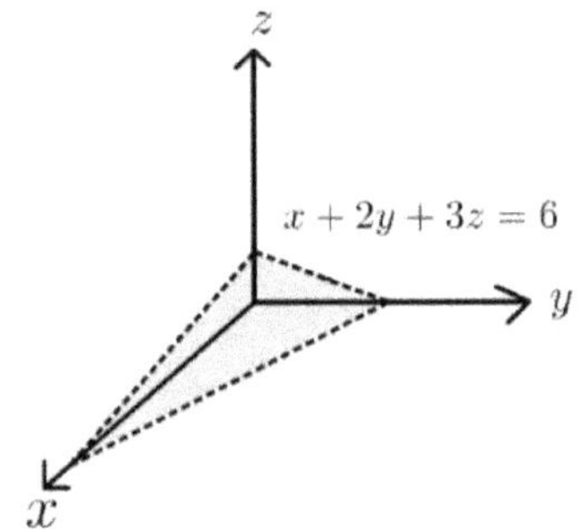

範例 14.

$\qquad$ 求 $\displaystyle\iint_S x^2 + y^2\, dA =?,\quad S: z = \sqrt{r^2 - x^2 - y^2}$

【解】

令 $\vec{r}(\theta, \varphi) = (r\cos\theta\sin\varphi, r\sin\theta\sin\varphi, r\cos\varphi)$ 且 $R = \left\{(\theta, \varphi): 0 \leq \theta \leq 2\pi, 0 \leq \varphi \leq \dfrac{\pi}{2}\right\}$

則 $\displaystyle\iint_S x^2 + y^2\, dA = \iint_R r^2 \sin^2\varphi \left| \dfrac{\partial \vec{r}}{\partial \varphi} \times \dfrac{\partial \vec{r}}{\partial \theta} \right| d\theta\, d\varphi$

$\because \dfrac{\partial \vec{r}}{\partial \theta} = (-r\sin\theta\sin\varphi, r\cos\theta\sin\varphi, 0)$ 且 $\dfrac{\partial \vec{r}}{\partial \varphi} = (r\cos\theta\cos\varphi, r\sin\theta\cos\varphi, -r\sin\varphi)$

$\therefore \dfrac{\partial \vec{r}}{\partial \varphi} \times \dfrac{\partial \vec{r}}{\partial \theta} = (r^2\cos\theta\sin^2\varphi, r^2\sin\theta\sin^2\varphi, r^2\sin\varphi\cos\varphi) \Rightarrow \left| \dfrac{\partial \vec{r}}{\partial \varphi} \times \dfrac{\partial \vec{r}}{\partial \theta} \right| = r^2\sin\varphi$

$$\therefore \iint_S x^2 + y^2 \, dA = \iint_R r^2 \sin^2 \varphi \left| \frac{\partial \vec{r}}{\partial \varphi} \times \frac{\partial \vec{r}}{\partial \theta} \right| d\theta d\varphi = r^4 \int_0^{2\pi} \int_0^{\frac{\pi}{2}} \sin^3 \varphi \, d\varphi d\theta$$

$$= r^4 \, 2\pi \left(-\cos \varphi + \frac{\cos \varphi}{3} \right) \Big|_0^{\frac{\pi}{2}} = \frac{4\pi r^4}{3}$$

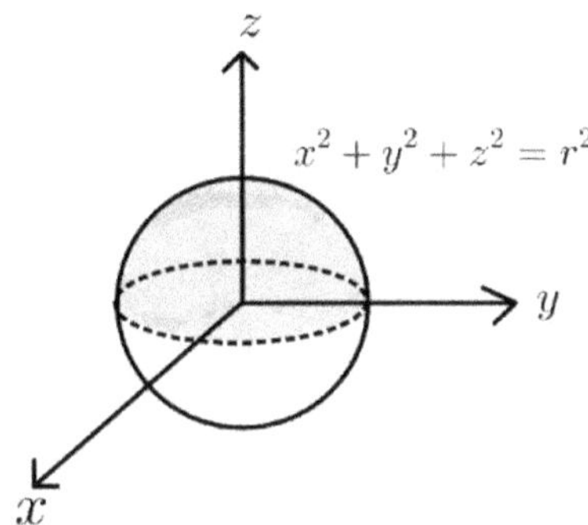

範例 15.

Evaluate $\displaystyle\iint_S z \, dA =?$, over the conical surface $z = \sqrt{x^2 + y^2}$ between $z = 0$ and $z = 1$

【解】

令 $\vec{r}(x,y) = \left(x, y, \sqrt{x^2 + y^2} \right)$ 且 R 為曲面 S 投影至 xy 平面的封閉區域

則 $R = \{(x,y): 0 \leq x^2 + y^2 \leq 1\}$ 且 $\displaystyle\iint_S z \, dA = \iint_R \sqrt{x^2 + y^2} \left| \frac{\partial \vec{r}}{\partial x} \times \frac{\partial \vec{r}}{\partial y} \right| dxdy$

$\because \dfrac{\partial \vec{r}}{\partial x} = \left(1, 0, \dfrac{x}{\sqrt{x^2 + y^2}} \right)$ 且 $\dfrac{\partial \vec{r}}{\partial y} = \left(0, 1, \dfrac{y}{\sqrt{x^2 + y^2}} \right)$

$\therefore \dfrac{\partial \vec{r}}{\partial x} \times \dfrac{\partial \vec{r}}{\partial y} = \left(\dfrac{x}{\sqrt{x^2 + y^2}}, -\dfrac{y}{\sqrt{x^2 + y^2}}, 1 \right) \Rightarrow \left| \dfrac{\partial \vec{r}}{\partial x} \times \dfrac{\partial \vec{r}}{\partial y} \right| = \sqrt{1 + \dfrac{x^2}{x^2 + y^2} + \dfrac{y^2}{x^2 + y^2}} = \sqrt{2}$

$$\therefore \iint_S z\,dA = \iint_{\sqrt{x^2+y^2}\le 1} \sqrt{x^2+y^2}\left|\frac{\partial \vec{r}}{\partial x}\times\frac{\partial \vec{r}}{\partial y}\right|dxdy = \iint_{\sqrt{x^2+y^2}\le 1} \sqrt{x^2+y^2}\,\sqrt{2}\,dxdy$$

令 $x = r\cos\theta\,,\, y = r\sin\theta$ 且 $R = \{(r,\theta): 0\le r\le 1, 0\le\theta\le 2\pi\}$

$$\therefore \iint_{\sqrt{x^2+y^2}\le 1} \sqrt{x^2+y^2}\,\sqrt{2}\,dxdy = \sqrt{2}\int_0^{2\pi}\int_0^1 r\,\sqrt{2}\,r\,dr\,d\theta = \frac{2\sqrt{2}\pi}{3}$$

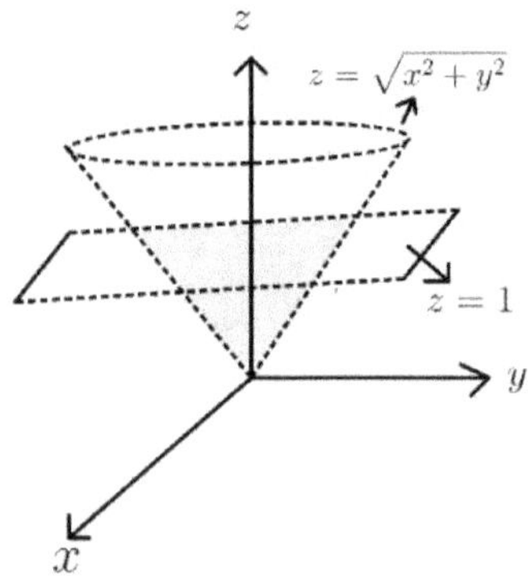

範例 16.

Evaluate $\displaystyle\iint_S z\,dA = ?$, where S is the hyperbolic $z^2 = 1 + x^2 + y^2$ between $z = 0$ and $z = \sqrt{5}$.

【解】

令 $\vec{r}(x,y) = \left(x,y,\sqrt{1+x^2+y^2}\right)$ 且 R 為曲面 S 投影至 xy 平面的封閉區域

則 $R = \{(x,y): 0\le x^2+y^2\le 4\}$ 且 $\displaystyle\iint_S z\,dA = \iint_R \sqrt{x^2+y^2}\left|\frac{\partial \vec{r}}{\partial x}\times\frac{\partial \vec{r}}{\partial y}\right|dxdy$

$$\because \frac{\partial \vec{r}}{\partial x} = \left(1,0,\frac{x}{\sqrt{1+x^2+y^2}}\right) \text{ 且 } \frac{\partial \vec{r}}{\partial y} = \left(0,1,\frac{y}{\sqrt{1+x^2+y^2}}\right)$$

$$\therefore \frac{\partial \vec{r}}{\partial x}\times\frac{\partial \vec{r}}{\partial y} = \left(\frac{x}{\sqrt{1+x^2+y^2}},\frac{y}{\sqrt{1+x^2+y^2}},1\right) \Rightarrow \left|\frac{\partial \vec{r}}{\partial x}\times\frac{\partial \vec{r}}{\partial y}\right| = \sqrt{1+\frac{x^2+y^2}{1+x^2+y^2}}$$

$$\therefore \iint_S z\, dA = \iint_{\sqrt{x^2+y^2}\le 2} \sqrt{1+x^2+y^2}\left|\frac{\partial \vec{r}}{\partial x}\times\frac{\partial \vec{r}}{\partial y}\right| dxdy$$

$$= \iint_{\sqrt{x^2+y^2}\le 2} \sqrt{1+x^2+y^2}\,\sqrt{1+\frac{x^2+y^2}{1+x^2+y^2}}\, dxdy$$

令 $x=r\cos\theta$, $y=r\sin\theta$ 且 $R=\{(r,\theta): 0\le r\le 2, 0\le \theta\le 2\pi\}$

$$\iint_{\sqrt{x^2+y^2}\le 2} \sqrt{1+x^2+y^2}\,\sqrt{1+\frac{x^2+y^2}{1+x^2+y^2}}\, dxdy = \int_0^{2\pi}\int_0^2 r\sqrt{1+2r^2}\, drd\theta$$

$$= 2\pi \times \left.\frac{(1+2r^2)^{\frac{3}{2}}}{6}\right|_0^2 = \frac{26\pi}{3}$$

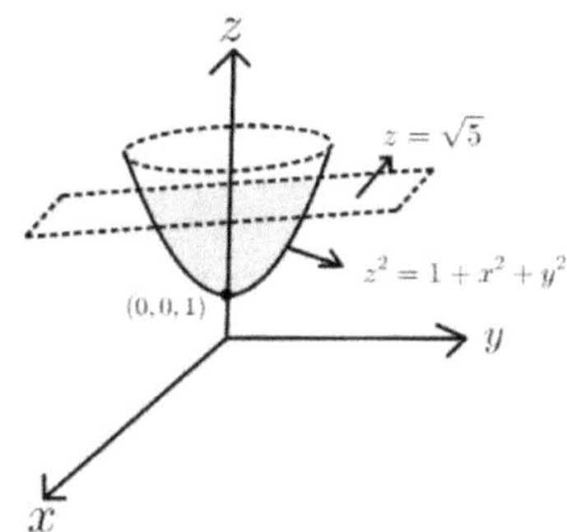

範例 17.

$$求 \iint_S x^2+y^2\, dA =?, \quad S: z=1-(x^2+y^2),\ z>0$$

【解】

令 $\vec{r}(x,y)=(x,y,1-(x^2+y^2))$ 且 R 為曲面S投影至xy平面的封閉區域

則 $R=\{(x,y): 0\le x^2+y^2\le 1\}$ 且 $\displaystyle\iint_S x^2+y^2\, dA = \iint_R (x^2+y^2)\left|\frac{\partial \vec{r}}{\partial x}\times\frac{\partial \vec{r}}{\partial y}\right| dxdy$

$\because \dfrac{\partial \vec{r}}{\partial x} = (1,0,-2x)$ 且 $\dfrac{\partial \vec{r}}{\partial y} = (0,1,-2y)$ $\quad \therefore \dfrac{\partial \vec{r}}{\partial x} \times \dfrac{\partial \vec{r}}{\partial y} = (2x, 2y, 1)$

$\Rightarrow \left| \dfrac{\partial \vec{r}}{\partial x} \times \dfrac{\partial \vec{r}}{\partial y} \right| = \sqrt{1 + 4x^2 + 4y^2}$

令 $x = r\cos\theta$, $y = r\sin\theta$ 且 $R = \{(r,\theta): 0 \le r \le 1, 0 \le \theta \le 2\pi\}$

$\therefore \displaystyle\iint_S x^2 + y^2 \, dA = \iint_R (x^2 + y^2) \left| \dfrac{\partial \vec{r}}{\partial x} \times \dfrac{\partial \vec{r}}{\partial y} \right| dxdy$

$= \displaystyle\iint_{0 \le x^2 + y^2 \le 1} (x^2 + y^2)\sqrt{1 + 4x^2 + 4y^2} \, dxdy = \int_0^{2\pi} \int_0^1 r^2 \sqrt{1 + 4r^2} \, r \, dr \, d\theta$

$= 2\pi \displaystyle\int_0^1 r^3 \sqrt{1 + 4r^2} \, dr$

令 $t = \sqrt{1 + 4r^2}$ 則 $\displaystyle\int_0^1 r^3 \sqrt{1 + 4r^2} \, dr = \int_0^{\sqrt{5}} \dfrac{t^2 - 1}{4} \cdot t \cdot \dfrac{t}{4} \, dt = \dfrac{1}{16} \left(\dfrac{10\sqrt{5}}{3} + \dfrac{2}{15} \right)$

$\therefore \displaystyle\iint_S x^2 + y^2 \, dA = \dfrac{\pi}{8} \left(\dfrac{10\sqrt{5}}{3} + \dfrac{2}{15} \right)$

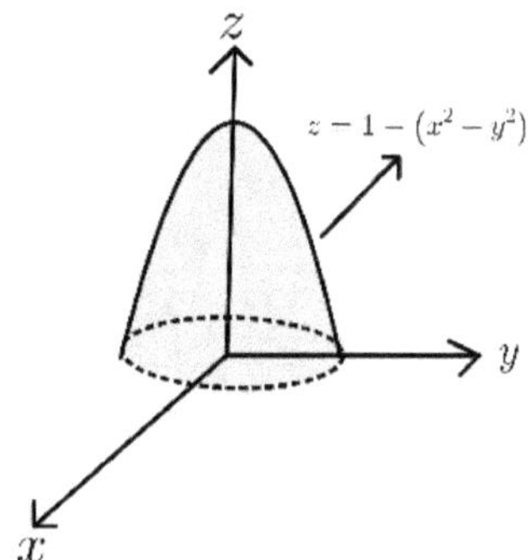

範例 18.

$\quad$ 求 $\displaystyle\iint_S x^3 \sin y \, dA =?$, $\quad S: z = x^3, 0 \le x \le 1, 0 \le y \le \dfrac{\pi}{2}$

【解】

令 $\vec{r}(x,y) = (x, y, x^3)$ 且 R 為曲面 S 投影至 xy 平面的封閉區域

則 $R = \left\{ (x,y): 0 \le x \le 1, 0 \le y \le \dfrac{\pi}{2} \right\}$ 且 $\displaystyle\iint_S x^3 \sin y \, dA = \iint_R x^3 \sin y \left| \dfrac{\partial \vec{r}}{\partial x} \times \dfrac{\partial \vec{r}}{\partial y} \right| dxdy$

$$\because \frac{\partial \vec{r}}{\partial x} = (1,0,3x^2) \text{ 且 } \frac{\partial \vec{r}}{\partial y} = (0,1,0) \therefore \frac{\partial \vec{r}}{\partial x} \times \frac{\partial \vec{r}}{\partial y} = (-3x^2,0,1) \Rightarrow \left| \frac{\partial \vec{r}}{\partial x} \times \frac{\partial \vec{r}}{\partial y} \right| = \sqrt{1 + 9x^4}$$

$$\iint_S x^3 \sin y \, dA = \iint_R x^3 \sin y \left| \frac{\partial \vec{r}}{\partial x} \times \frac{\partial \vec{r}}{\partial y} \right| dxdy = \int_0^{\frac{\pi}{2}} \int_0^1 x^3 \sin y \sqrt{1 + 9x^4} \, dxdy$$

$$= \int_0^{\frac{\pi}{2}} \frac{1}{54} (1 + 9x^4)^{\frac{3}{2}} \Big|_0^1 \sin y \, dy = \frac{1}{54} (10\sqrt{10} - 1)$$

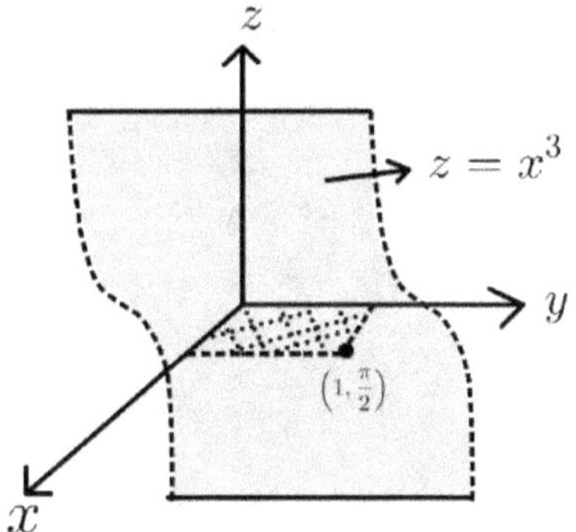

範例 19.

$$\text{求} \iint_S \frac{xy}{z} \, dA = ?, \quad S: z = x^2 + y^2, \quad 4 \le x^2 + y^2 \le 16, \quad x, y \ge 0$$

【解】

令 $\vec{r}(x,y) = (x, y, x^2 + y^2)$ 且 $R = \{(x,y): 4 \le x^2 + y^2 \le 16, x, y \ge 0\}$

則
$$\iint_S \frac{xy}{z} \, dA = \iint_R \frac{xy}{x^2 + y^2} \left| \frac{\partial \vec{r}}{\partial x} \times \frac{\partial \vec{r}}{\partial y} \right| dxdy$$

$$\because \frac{\partial \vec{r}}{\partial x} = (1,0,2x) \text{ 且 } \frac{\partial \vec{r}}{\partial y} = (0,1,2y) \therefore \frac{\partial \vec{r}}{\partial x} \times \frac{\partial \vec{r}}{\partial y} = (-2x, -2y, 1)$$

$$\therefore \left| \frac{\partial \vec{r}}{\partial x} \times \frac{\partial \vec{r}}{\partial y} \right| = \sqrt{1 + 4x^2 + 4y^2}$$

$$\therefore \iint_S \frac{xy}{z}\,dA = \iint_R \frac{xy}{x^2+y^2}\left|\frac{\partial \vec{r}}{\partial x}\times\frac{\partial \vec{r}}{\partial y}\right|dxdy = \iint_{4\le x^2+y^2\le 16}\frac{xy\sqrt{1+4x^2+4y^2}}{x^2+y^2}\,dxdy$$

令 $x = r\cos\theta$, $y = r\sin\theta$ 且 $R = \left\{(r,\theta): 2\le r\le 4, 0\le\theta\le\frac{\pi}{2}\right\}$ 則

$$\iint_{4\le x^2+y^2\le 16}\frac{xy\sqrt{1+4x^2+4y^2}}{x^2+y^2}\,dxdy = \int_0^{\frac{\pi}{2}}\int_2^4\frac{r\cos\theta\,r\sin\theta\,\sqrt{1+4r^2}}{r^2}\,rdrd\theta$$

$$= \int_0^{\frac{\pi}{2}}\int_2^4 r\cos\theta\sin\theta\,\sqrt{1+4r^2}\,drd\theta = \int_2^4 r\sqrt{1+4r^2}\,dr\int_0^{\frac{\pi}{2}}\cos\theta\sin\theta\,d\theta$$

$$= \frac{(1+4r^2)^{\frac{3}{2}}}{12}\Bigg|_2^4\cdot\left(\frac{-\cos 2\theta}{4}\right)\Bigg|_0^{\frac{\pi}{2}} = \frac{65\sqrt{65}-17\sqrt{17}}{24}$$

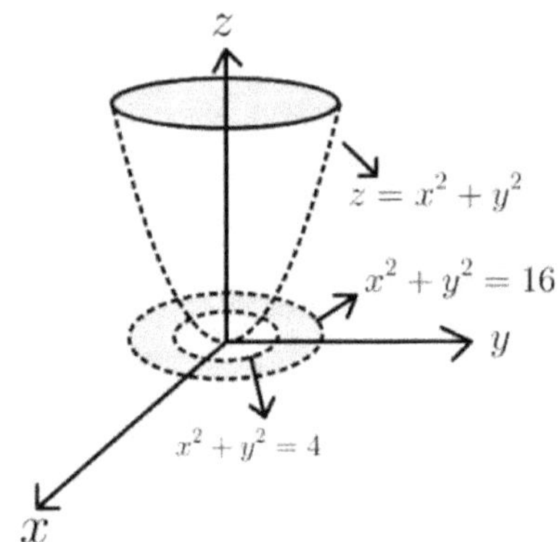

9.5.4　　$\vec{F}$為向量函數, 給曲面S求通量

求曲面的通量主要都是考慮可定向曲面, 底下先介紹可定向曲面的定義

【定義】

如果曲面S上的任意點都存在一個連續的單位法向量$\vec{n}$則稱曲面S為可定向曲面

假設S為一可定向的曲面

$$\vec{r}(s,t) = \big(x(s,t),y(s,t),z(s,t)\big),\ \ \forall(s,t)\in D$$

具有單位法向量$\vec{n}$, 假設參數定義域D為一個矩形, 將其分割為數個小矩形 D_{ij}, 長為Δs, 寬為 Δt, D_{ij}的中心點為$\big(s_i^*,t_j^*\big)$, D_{ij}對應曲面 S 上的區域為 S_{ij}並且$\big(s_i^*,t_j^*\big)$對應曲面S_{ij} 上的點為

E_{ij}^*, 其位置向量為$\vec{r}(s_i^*, t_j^*)$; 因此, 曲面S被分割成數個片段S_{ij}, 如下圖

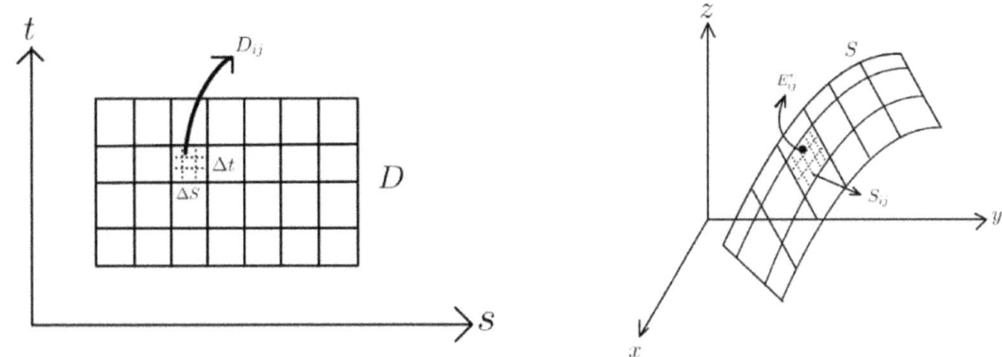

考慮一具有密度$\rho(x, y, z)$且速度場$v(x, y, z)$的流體通過曲面S, 則每單位面積的流量以ρv表示; 將D分割成無數個小矩形使得曲面S分割成無數個小曲面S_{ij}且S_{ij}幾乎是個平面, 則在法向量$\vec{n}$的方向上每單位時間通過S_{ij}的流體質量, 近似估計相當於

$$\rho v \cdot \vec{n} \Delta S_{ij}$$

其中ρ, v以及$\vec{n}$在S_{ij}的某點取值; 將所有通過S_{ij}的流體質量相加, 得到了曲面S的流體質量的近似估計

$$\sum_{i=1}^{m} \sum_{j=1}^{n} \rho v \cdot \vec{n} \Delta S_{ij}$$

當S_{ij}切割至任意小則$\displaystyle\sum_{i=1}^{m} \sum_{j=1}^{n} \rho v \cdot \vec{n} \Delta S_{ij}$將逼近曲面$S$的流體質量, 取極限之後可得到函數

$\rho v \cdot \vec{n}$ 在 S 上的表面積分, 即

$$\iint_S \rho v \cdot \vec{n} dS = \iint_S \rho(x, y, z) v(x, y, z) \cdot \vec{n}(x, y, z) dS = \lim_{m \to \infty, n \to \infty} \sum_{i=1}^{m} \sum_{j=1}^{n} \rho v \cdot \vec{n} \Delta S_{ij}$$

這在物理上代表流經 S 的流速, 定義$\vec{F} = \rho v$, 其中$\vec{F}$是R^3中的向量場。因此

$$\iint_S \rho(x, y, z) v(x, y, z) \cdot \vec{n}(x, y, z) dS = \iint_S \vec{F} \cdot \vec{n} dS$$

藉由上述黎曼和的極限定義向量函數$\vec{F}$在曲面S上的表面積

【定義】

假設連續向量場$\vec{F}$定義在可定向曲面S上, 並具有單位法向量$\vec{n}$, 則$\vec{F}$在S上的表面積分為

$$\iint_S \vec{F} \cdot d\vec{S} = \iint_S \vec{F} \cdot \vec{n} dS$$

此積分稱為 $\vec{F}$ 在 S 上的通量

接下來的重點是給定可定向參數曲面 $\vec{r}(s,t)$, 如何找到單位法向量, 假設參數化曲面為
$$\vec{r}(s,t) = \big(x(s,t), y(s,t), z(s,t)\big), \quad \forall (s,t) \in D$$
則可以找到兩個連續且方向相反的單位向量場, 分別是
$$\frac{\vec{r}_s(s,t) \times \vec{r}_t(s,t)}{|\vec{r}_s(s,t) \times \vec{r}_t(s,t)|} \quad 且 \quad -\frac{\vec{r}_s(s,t) \times \vec{r}_t(s,t)}{|\vec{r}_s(s,t) \times \vec{r}_t(s,t)|}$$

【定義】

假設 S 為可定向曲面

(i) 若 $\dfrac{\vec{r}_s(s,t) \times \vec{r}_t(s,t)}{|\vec{r}_s(s,t) \times \vec{r}_t(s,t)|}$ 的 z 座標為正, $\forall (s,t) \in D$ 則 S 為朝上定向(oriented upward)

(ii)若 $\dfrac{\vec{r}_s(s,t) \times \vec{r}_t(s,t)}{|\vec{r}_s(s,t) \times \vec{r}_t(s,t)|}$ 的 z 座標為負, $\forall (s,t) \in D$ 則 S 為朝下定向(oriented downward)

一般而言, 題目會告訴我們 S 為朝上定向或者是朝下定向

同理, 如果 $\dfrac{\vec{r}_s(s,t) \times \vec{r}_t(s,t)}{|\vec{r}_s(s,t) \times \vec{r}_t(s,t)|}$ 的 y 座標為正則是朝著 y 軸正向的方向定向, 依此類推

【定義】

假設 S 為封閉曲面

(i)如果單位法向量朝外指向非封閉的區域則 S 為朝外定向(oriented outward)或正定向(oriented positive)

(ii)如果單位法向量朝內指向封閉的區域則 S 為朝內定向(oriented inward)或負定向(oriented negative)

一般而言, 如果給定封閉曲面 S 計算通量, 且沒有特別指明 S 為朝外定向或朝內定向, 慣例上指的是朝外定向

為了計算上述定義中的表面積分, 考慮位於切平面內的一個近似平行四邊形的面積用以逼近區域 ΔS_{ij}, 之前在表面積的討論中, 有一個 ΔS_{ij} 的近似估計
$$\Delta S_{ij} \approx |\vec{r}_s(s_i^*, t_j^*) \times \vec{r}_t(s_i^*, t_j^*)| \Delta s \Delta t$$

所以

$$\iint_S \vec{F} \cdot \vec{n}\, dS = \lim_{m\to\infty, n\to\infty} \sum_{i=1}^{m}\sum_{j=1}^{n} \vec{F} \cdot \vec{n}\, \Delta S_{ij} = \lim_{m\to\infty, n\to\infty} \sum_{i=1}^{m}\sum_{j=1}^{n} \vec{F} \cdot \vec{n}\, |\vec{r}_s(s_i^*, t_j^*) \times \vec{r}_t(s_i^*, t_j^*)| \Delta s \Delta t$$

$$= \lim_{m\to\infty,n\to\infty} \sum_{i=1}^{m}\sum_{j=1}^{n} \vec{F} \cdot \frac{\vec{r}_s(s_i^*,t_j^*) \times \vec{r}_t(s_i^*,t_j^*)}{\left|\vec{r}_s(s_i^*,t_j^*) \times \vec{r}_t(s_i^*,t_j^*)\right|} \cdot \left|\vec{r}_s(s_i^*,t_j^*) \times \vec{r}_t(s_i^*,t_j^*)\right| \Delta s \Delta t$$

$$= \lim_{m\to\infty,n\to\infty} \sum_{i=1}^{m}\sum_{j=1}^{n} \vec{F}(s_i^*,t_j^*) \cdot \left(\vec{r}_s(s_i^*,t_j^*) \times \vec{r}_t(s_i^*,t_j^*)\right) \Delta s \Delta t = \iint_D \vec{F}(\vec{r}(s,t)) \cdot (\vec{r}_s \times \vec{r}_t)\, ds\, dt$$

　　藉由上述觀察, 求向量函數的曲面積分相當於求雙重積分, 特別的是雙重積分的被積分函數為

$$\vec{F}(\vec{r}(s,t)) \cdot (\vec{r}_s \times \vec{r}_t)$$

因此求向量函數曲面的積分相當於先求得被積分函數之後, 再求雙重積分; 底下針對曲面的積分轉換成雙重積分後, 有哪些不同類型作初步的說明

考慮曲面$S: z = g(x,y)$, 則 $\vec{n} = \dfrac{\vec{r}_x(x,y) \times \vec{r}_y(x,y)}{\left|\vec{r}_x(x,y) \times \vec{r}_y(x,y)\right|}$

因為

$$\frac{\partial \vec{r}}{\partial x} = (1,0,g_x(x,y)), \quad \frac{\partial \vec{r}}{\partial y} = \left(0,1,g_y(x,y)\right) \quad 且 \quad \frac{\partial \vec{r}}{\partial x} \times \frac{\partial \vec{r}}{\partial y} = (-g_x(x,y),-g_y(x,y),1)$$

所以

$$\vec{n} = \frac{\vec{r}_x(x,y) \times \vec{r}_y(x,y)}{\left|\vec{r}_x(x,y) \times \vec{r}_y(x,y)\right|} = \frac{1}{\sqrt{1 + \left(g_x(x,y)\right)^2 + \left(g_1(x,y)\right)^2}} \left(-g_x(x,y),-g_y(x,y),1\right)$$

$\because \dfrac{\vec{r}_x(x,y) \times \vec{r}_y(x,y)}{\left|\vec{r}_x(x,y) \times \vec{r}_y(x,y)\right|}$ 的 z 座標為正　$\therefore S$為朝上定向

曲面是 oriented upward 有各式各樣的樣貌, 底下列舉常見 oriented upward 的曲面

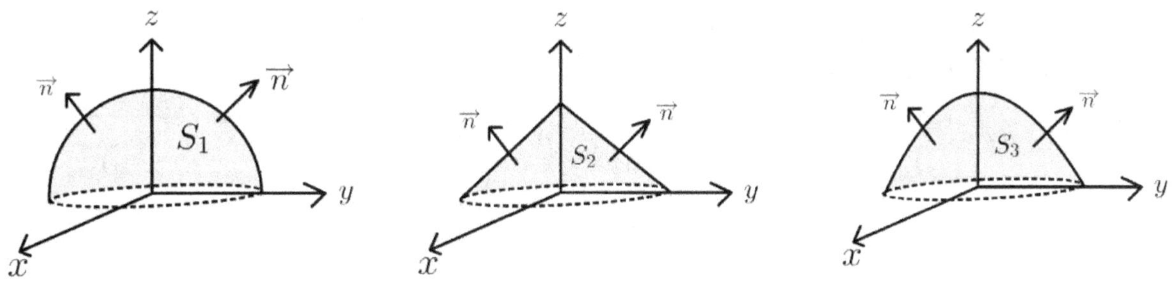

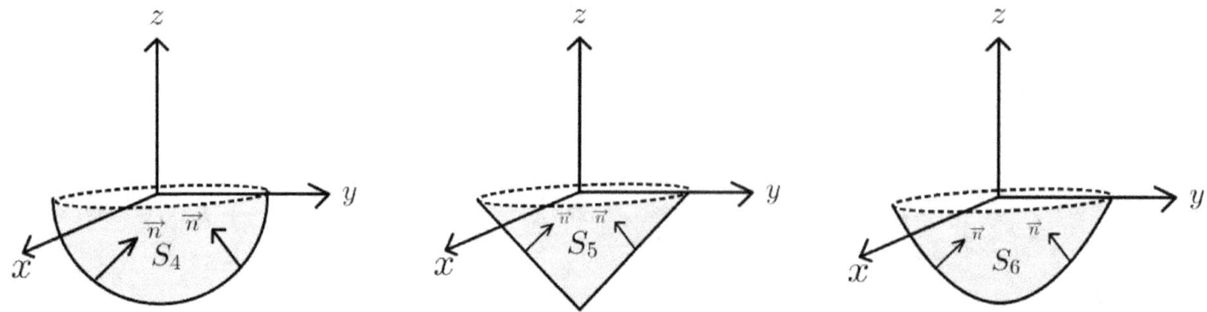

曲面是 oriented downward 有各式各樣的樣貌, 底下列舉常見 oriented downward 的曲面

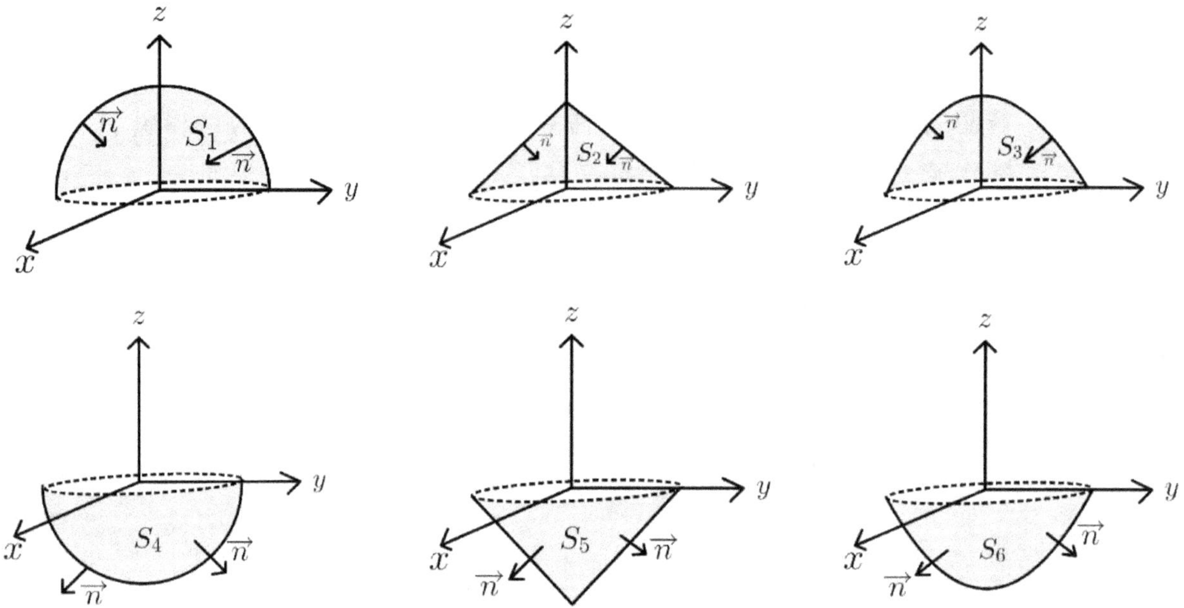

因此, 如果曲面$S: z = g(x,y)$為朝上定向, 定義域為 $a \leq x \leq b$ 且 $c \leq y \leq d$, 假設$\vec{F}(x,y,z)$ 為三維空間中的向量值函數, 令 $\vec{r}(x,y) = (x, y, g(x,y))$ 且 R為曲面S投影於xy平面上的封閉區域, 即

$$R = \{(x,y): a \leq x \leq b, c \leq y \leq d\}$$

則$\vec{F} \cdot \vec{n}$ 在 曲面S 上的曲面積分表示為:

$$\iint_S \vec{F} \cdot \vec{n} \, dA = \iint_R \vec{F}(\vec{r}(x,y)) \cdot \frac{\partial \vec{r}}{\partial x} \times \frac{\partial \vec{r}}{\partial y} dxdy = \iint_R \vec{F}(x,y,g(x,y)) \cdot \frac{\partial \vec{r}}{\partial x} \times \frac{\partial \vec{r}}{\partial y} dxdy$$

由於 $\frac{\partial \vec{r}}{\partial x} = (1, 0, g_x(x,y))$, $\frac{\partial \vec{r}}{\partial y} = (0, 1, g_y(x,y))$ 且 $\frac{\partial \vec{r}}{\partial x} \times \frac{\partial \vec{r}}{\partial y} = (-g_x(x,y), -g_y(x,y), 1)$

所以公式可改寫為:

$$\iint_S \vec{F} \cdot \vec{n}\, dA = \iint_R \vec{F}(x, y, g(x, y)) \cdot (-g_x(x, y), -g_y(x, y), 1)dxdy$$

因此, 如果S是朝下定向則

$$\iint_S \vec{F} \cdot \vec{n}\, dA = \iint_R \vec{F}(x, y, g(x, y)) \cdot (g_x(x, y), g_y(x, y), -1)dxdy$$

特別的是, 如果曲面S為$z = g(x, y)$, 投影至xy平面為$\{(x, y): x^2 + y^2 \leq a\}$, 藉由極座標表示

$$x = r\cos\theta, y = r\sin\theta$$

如果S是朝上定向則

$$\iint_S \vec{F} \cdot \vec{n}\, dA = \int_0^{2\pi} \int_0^a \vec{F}(x, y, g(x, y)) \cdot (-g_x(x, y), -g_y(x, y), 1)\big|_{x=r\cos\theta, y=r\sin\theta}\, drd\theta$$

如果S是朝下定向則

$$\iint_S \vec{F} \cdot \vec{n}\, dA = \int_0^{2\pi} \int_0^a \vec{F}(x, y, g(x, y)) \cdot (g_x(x, y), g_y(x, y), -1)\big|_{x=r\cos\theta, y=r\sin\theta}\, drd\theta$$

假設曲面為一球面$S: x^2 + y^2 + z^2 = r^2$, 給定三維向量函數$\vec{F}(x, y, z)$, 目標是計算通量$\iint_S \vec{F} \cdot \vec{n}\, dA$; 假設$\vec{r}(\theta, \varphi) = (r\cos\theta \sin\varphi, r\sin\theta \sin\varphi, r\cos\varphi)$ 則

$$\iint_S \vec{F} \cdot \vec{n}\, dA = \iint_R \vec{F}(\vec{r}(\theta, \varphi)) \cdot \frac{\partial \vec{r}}{\partial \varphi} \times \frac{\partial \vec{r}}{\partial \theta}\, d\theta d\varphi$$

兩者的外積為

$$\frac{\partial \vec{r}}{\partial \varphi} \times \frac{\partial \vec{r}}{\partial \theta} = (r^2 \cos\theta \sin^2\varphi, r^2 \sin\theta \sin^2\varphi, r^2 \sin\varphi \cos\varphi)$$

將此外積代入積分表達式中得到:

$$\iint_S \vec{F} \cdot \vec{n}\, dA = \iint_R \vec{F}(\vec{r}(\theta, \varphi)) \cdot \frac{\partial \vec{r}}{\partial \varphi} \times \frac{\partial \vec{r}}{\partial \theta}\, d\theta d\varphi$$

$$= \iint_R \vec{F}(r\cos\theta \sin\varphi, r\sin\theta \sin\varphi, r\cos\varphi) \cdot$$

$$(r^2 \cos\theta \sin^2\varphi, r^2 \sin\theta \sin^2\varphi, r^2 \sin\varphi \cos\varphi)d\theta d\varphi,$$

其中$R = \{(\theta, \varphi): 0 \leq \theta \leq 2\pi, 0 \leq \varphi \leq \pi\}$

上述給出了曲面在不同的情境之下計算向量函數曲面積分的公式, 與計算曲面通量相

關有兩個重要定理, Stokes' Theorem 以及 Gauss's Theorem; 當曲面為非封閉曲面時, Stokes' Theorem 是計算非封閉曲面的通量以及計算封閉空間曲線線積分的重要橋梁; 當曲面為封閉曲面時, Gauss's Theorem 是計算封閉曲面的通量以及計算純量函數三重積分的重要橋梁; 因此無論曲面是否封閉, 求曲面的通量是個重要的環節, 讀者務必孰悉各種題型

考試類型:

題型 1.

給定曲面S: $\vec{r}(s,t)$, $\forall a \leq s \leq b, c \leq t \leq d$, S是朝上定向, $\vec{F}(x,y,z)$為三維空間的向量函數, 求通過曲面S的通量 $\iint_S \vec{F} \cdot \vec{n}\, dA =?$

解題流程:

Step1.

令 $R = \{(s,t): a \leq s \leq b, c \leq t \leq d\}$則 $\iint_S \vec{F} \cdot \vec{n}\, dA = \iint_R \vec{F} \cdot \dfrac{\partial \vec{r}}{\partial s} \times \dfrac{\partial \vec{r}}{\partial t}\, dsdt$

Step2.

求 $\dfrac{\partial \vec{r}}{\partial s} \times \dfrac{\partial \vec{r}}{\partial t} =?$, $\iint_R \vec{F} \cdot \dfrac{\partial \vec{r}}{\partial s} \times \dfrac{\partial \vec{r}}{\partial t}\, dsdt =?$

如果S是朝下定向則求 $-\iint_R \vec{F} \cdot \dfrac{\partial \vec{r}}{\partial s} \times \dfrac{\partial \vec{r}}{\partial t}\, dsdt =?$

題型 2.

給定曲面S: $z = g(x,y)$, $\forall a \leq x \leq b, c \leq y \leq d$, S是朝上定向且$\vec{F}(x,y,z)$為三維空間的向量函數, 求通過曲面S的通量 $\iint_S \vec{F} \cdot \vec{n}\, dA =?$

解題流程:

Step1.

令 $\vec{r}(x,y) = (x,y,g(x,y))$且 $R = \{(x,y): a \leq x \leq b, c \leq y \leq d\}$ 則

$\iint_S \vec{F} \cdot \vec{n}\, dA = \iint_R \vec{F} \cdot \dfrac{\partial \vec{r}}{\partial x} \times \dfrac{\partial \vec{r}}{\partial y}\, dxdy = \iint_R \vec{F}(x,y,g(x,y)) \cdot \dfrac{\partial \vec{r}}{\partial x} \times \dfrac{\partial \vec{r}}{\partial y}\, dxdy$

Step2.

$\because \dfrac{\partial \vec{r}}{\partial x} = (1,0,g_x(x,y))$ 且 $\dfrac{\partial \vec{r}}{\partial y} = (0,1,g_y(x,y))$ $\therefore \dfrac{\partial \vec{r}}{\partial x} \times \dfrac{\partial \vec{r}}{\partial y} = (-g_x(x,y), -g_y(x,y), 1)$

Step3.

$$\therefore \iint_S \vec{F} \cdot \vec{n}\, dA = \iint_R \vec{F}(x,y,g(x,y)) \cdot (-g_x(x,y), -g_y(x,y), 1)\, dxdy$$

Step4.

藉由 Fubini's Theorem

$$\iint_R \vec{F}(x,y,g(x,y)) \cdot (-g_x(x,y), -g_y(x,y), 1)\, dxdy$$

$$= \int_a^b \int_c^d \vec{F}(x,y,g(x,y)) \cdot (-g_x(x,y), -g_y(x,y), 1)\, dxdy$$

如果S是朝下定向則

$$求 \iint_S \vec{F} \cdot \vec{n}\, dA = -\int_a^b \int_c^d \vec{F}(x,y,g(x,y)) \cdot (-g_x(x,y), -g_y(x,y), 1)\, dxdy$$

<u>範例說明:</u>

$$求 \iint_S \vec{F} \cdot \vec{n}\, dA = ?$$

(I)若$\vec{F}(x,y,z) = \left(6y^2, 0, 2x^2 + \sqrt{xy}\right)$,　曲面$S$是$x + y + z = 1$ 在第一卦限的朝上定向區域

令$\vec{r}(x,y,z) = (x, y, 1-x-y)$ 且 R為曲面S投影至xy平面的封閉區域

則 $R = \{(x,y): x + y \leq 1, x \geq 0, y \geq 0\}$ 且 $\iint_S \vec{F} \cdot \vec{n}\, dA = \iint_R \vec{F} \cdot \dfrac{\partial \vec{r}}{\partial x} \times \dfrac{\partial \vec{r}}{\partial y}\, dxdy$

$$\because \frac{\partial \vec{r}}{\partial x} = (1,0,-1) \text{ 且 } \frac{\partial \vec{r}}{\partial y} = (0,1,-1) \quad \therefore \frac{\partial \vec{r}}{\partial x} \times \frac{\partial \vec{r}}{\partial y} = (1,1,1)$$

$$\because \vec{F} \cdot \frac{\partial \vec{r}}{\partial x} \times \frac{\partial \vec{r}}{\partial y} = (6y^2, 0, 2x^2) \cdot \frac{\partial \vec{r}}{\partial x} \times \frac{\partial \vec{r}}{\partial y} = 2(x^2 + 3y^2), \ \ \forall (x,y,z) \in S$$

$$\therefore \iint_S \vec{F} \cdot \vec{n}\, dA = \iint_R \vec{F} \cdot \frac{\partial \vec{r}}{\partial x} \times \frac{\partial \vec{r}}{\partial y}\, dxdy = 2 \iint_R (x^2 + 3y^2)\, dxdy$$

$$= 2\int_0^1 \int_0^{1-y} x^2 + 3y^2\, dxdy = 2\int_0^1 \left(\frac{x^3}{3} + 3y^2 x\right)\Bigg|_{x=0}^{x=1-y} dy$$

$$= 2\int_0^1 \left(\frac{(1-y)^3}{3} + 3y^2(1-y)\right) dy = \frac{2}{3}$$

(II)若$\vec{F}(x,y,z) = (e^y, e^x + 6y, 12y)$,　曲面$S$是$x + y + z = 6$在第一卦限的朝上定向區域

令$\vec{r}(x,y,z) = (x, y, 6 - x - y)$且$R$為曲面$S$投影至$xy$平面的封閉區域

則$R = \{(x,y): x + y \leq 6, x \geq 0, y \geq 0\}$且$\displaystyle\iint_S \vec{F} \cdot \vec{n}\, dA = \iint_R \vec{F} \cdot \frac{\partial \vec{r}}{\partial x} \times \frac{\partial \vec{r}}{\partial y}\, dxdy$

$\because \dfrac{\partial \vec{r}}{\partial x} = (1,0,-1)$ 且 $\dfrac{\partial \vec{r}}{\partial y} = (0,1,-1)$　$\therefore \dfrac{\partial \vec{r}}{\partial x} \times \dfrac{\partial \vec{r}}{\partial y} = (1,1,1)$

$\because \vec{F} \cdot \dfrac{\partial \vec{r}}{\partial x} \times \dfrac{\partial \vec{r}}{\partial y} = e^y + e^x + 18y,\ \ \forall (x,y,z) \in S$

$\therefore \displaystyle\iint_S \vec{F} \cdot \vec{n}\, dA = \iint_R \vec{F} \cdot \frac{\partial \vec{r}}{\partial x} \times \frac{\partial \vec{r}}{\partial y}\, dxdy = \iint_R e^y + e^x + 18y\, dxdy$

$= \displaystyle\int_0^6 \int_0^{6-x} e^y + e^x + 18y\, dydx = 634 + 2e^6$

題型 3.

給定曲面$S: z = g(x,y)$,　S是朝上定向且投影至xy平面$= \{(x,y): x^2 + y^2 \leq a^2\}$,假設向

量場$\vec{F} = (f_1(x,y,z), f_2(x,y,z), f_3(x,y,z))$,　求$\displaystyle\iint_S \vec{F} \cdot \vec{n}\, dA = ?$

補充說明

曲面S通常為橢圓球、圓球、橢圓椎、圓錐、橢圓拋物面

解題流程:

Step1.

令$\vec{r}(x,y) = (x, y, g(x,y))$且$R = \{(x,y): x^2 + y^2 \leq a^2\}$

則$\displaystyle\iint_S \vec{F} \cdot \vec{n}\, dA = \iint_R \vec{F} \cdot \frac{\partial \vec{r}}{\partial x} \times \frac{\partial \vec{r}}{\partial y}\, dxdy$

Step2.

$\because \dfrac{\partial \vec{r}}{\partial x} = (1, 0, g_x(x,y)),\ \ \dfrac{\partial \vec{r}}{\partial y} = (0, 1, g_y(x,y))$　$\therefore \dfrac{\partial \vec{r}}{\partial x} \times \dfrac{\partial \vec{r}}{\partial y} = (-g_x(x,y), -g_y(x,y), 1)$

$\therefore \displaystyle\iint_S \vec{F} \cdot \vec{n}\, dA = \iint_R \vec{F} \cdot \frac{\partial \vec{r}}{\partial x} \times \frac{\partial \vec{r}}{\partial y}\, dxdy = \iint_R \vec{F} \cdot (-g_x(x,y), -g_y(x,y), 1)\, dxdy$

$$= \iint_R \left(-f_1 \cdot g_x(x,y) - f_2 \cdot g_y(x,y) + f_3\right)\big|_{z=g(x,y)} dxdy$$

Step3.

令$x = r\cos\theta\,, y = r\sin\theta$ 則$\{(x,y): x^2 + y^2 \le a^2\} = \{(r,\theta): 0 \le r \le a, 0 \le \theta \le 2\pi\}$

且 $dxdy = \left\|\begin{matrix} \dfrac{\partial x}{\partial r} & \dfrac{\partial x}{\partial \theta} \\[2mm] \dfrac{\partial y}{\partial r} & \dfrac{\partial y}{\partial \theta} \end{matrix}\right\| drd\theta = \left\|\begin{matrix} \cos\theta & -r\sin\theta \\ \sin\theta & r\cos\theta \end{matrix}\right\| drd\theta = rdrd\theta$

Step4.

$$\iint_R \left(-f_1 \cdot g_x(x,y) - f_2 \cdot g_y(x,y) + f_3\right)\big|_{z=g(x,y)} dxdy$$

$$= \int_0^{2\pi} \int_0^a -f_1(r\cos\theta\,, r\sin\theta\,, g(r\cos\theta\,, r\sin\theta)) \cdot g_x(r\cos\theta\,, r\sin\theta) \cdot r$$

$$-f_2(r\cos\theta\,, r\sin\theta\,, g(r\cos\theta\,, r\sin\theta)) \cdot g_y(r\cos\theta\,, r\sin\theta) \cdot r$$

$$+f_3(r\cos\theta\,, r\sin\theta\,, g(r\cos\theta\,, r\sin\theta)) \cdot rdrd\theta$$

如果S是朝下定向則

$$\iint_S \vec{F} \cdot \vec{n}\, dA$$

$$= -\int_0^{2\pi} \int_0^a -f_1(r\cos\theta\,, r\sin\theta\,, g(r\cos\theta\,, r\sin\theta)) \cdot g_x(r\cos\theta\,, r\sin\theta) \cdot r$$

$$-f_2(r\cos\theta\,, r\sin\theta\,, g(r\cos\theta\,, r\sin\theta)) \cdot g_y(r\cos\theta\,, r\sin\theta) \cdot r$$

$$+f_3(r\cos\theta\,, r\sin\theta\,, g(r\cos\theta\,, r\sin\theta)) \cdot rdrd\theta$$

<u>範例說明:</u>

求 $\displaystyle\iint_S \vec{F} \cdot \vec{n}\, dA = ?$

(I)若$\vec{F}(x,y,z) = (yz, -1, 1)$, 曲面 $S: z = \sqrt{x^2 + y^2}$, $\forall x^2 + y^2 \le a^2$, S是朝上定向

令$R = \{(x,y): x^2 + y^2 \le a^2\}$ 且 $x = r\cos\theta\,, y = r\sin\theta$ 則

$$\iint_S \vec{F} \cdot \vec{n}\, dA = \iint_R \vec{F} \cdot \frac{\partial \vec{r}}{\partial x} \times \frac{\partial \vec{r}}{\partial y} dxdy = \iint_{x^2+y^2 \le a^2} -xy + y(x^2 + y^2)^{-\frac{1}{2}} + 1\, dxdy$$

$$= \int_0^{2\pi} \int_0^a (-r^2 \cos\theta \sin\theta + \sin\theta + 1)\, rdrd\theta = \pi a^2$$

題型 4.

給定球面 $S: x^2 + y^2 + z^2 = r^2$, 假設 $\vec{F}(x,y,z)$為三維空間向量函數, 求 $\iint_S \vec{F} \cdot \vec{n}dA =?$

解題流程:

Step1.

令$\vec{r}(\theta,\varphi) = (r\cos\theta\sin\varphi, r\sin\theta\sin\varphi, r\cos\varphi)$ 且 $R = \{(\theta,\varphi): 0 \le \theta \le 2\pi, 0 \le \varphi \le \pi\}$

則 $\iint_S \vec{F} \cdot \vec{n}dA = \iint_R \vec{F}(r\cos\theta\sin\varphi, r\sin\theta\sin\varphi, r\cos\varphi) \cdot \dfrac{\partial\vec{r}}{\partial\varphi} \times \dfrac{\partial\vec{r}}{\partial\theta} d\theta d\varphi$

Step2.

$\because \dfrac{\partial\vec{r}}{\partial\theta} = (-r\sin\theta\sin\varphi, r\cos\theta\sin\varphi, 0)$ 且 $\dfrac{\partial\vec{r}}{\partial\varphi} = (r\cos\theta\cos\varphi, r\sin\theta\cos\varphi, -r\sin\varphi)$

$\therefore \dfrac{\partial\vec{r}}{\partial\varphi} \times \dfrac{\partial\vec{r}}{\partial\theta} = (r^2\cos\theta\sin^2\varphi, r^2\sin\theta\sin^2\varphi, r^2\sin\varphi\cos\varphi)$

Step3.

將 $\dfrac{\partial\vec{r}}{\partial\varphi} \times \dfrac{\partial\vec{r}}{\partial\theta} = (r^2\cos\theta\sin^2\varphi, r^2\sin\theta\sin^2\varphi, r^2\sin\varphi\cos\varphi)$

代入 $\iint_R \vec{F}(r\cos\theta\sin\varphi, r\sin\theta\sin\varphi, r\cos\varphi) \cdot \dfrac{\partial\vec{r}}{\partial\varphi} \times \dfrac{\partial\vec{r}}{\partial\theta} d\theta d\varphi$

$\therefore \iint_S \vec{F} \cdot \vec{n}\, dA = \iint_R \vec{F}(\vec{r}(\theta,\varphi)) \cdot \dfrac{\partial\vec{r}}{\partial\varphi} \times \dfrac{\partial\vec{r}}{\partial\theta} d\theta d\varphi$

$= \iint_R \vec{F}(r\cos\theta\sin\varphi, r\sin\theta\sin\varphi, r\cos\varphi)$

$\qquad\qquad \cdot (r^2\cos\theta\sin^2\varphi, r^2\sin\theta\sin^2\varphi, r^2\sin\varphi\cos\varphi)d\theta d\varphi$

<u>範例說明:</u>

求 $\iint_S \vec{F} \cdot \vec{n}dA =?$, 其中 $S: x^2 + y^2 + z^2 = r^2$

(I)若$\vec{F}(x,y,z) = (z,y,x)$, 令$R = \{(\theta,\varphi): 0 \le \theta \le 2\pi, 0 \le \varphi \le \pi\}$

則 $\iint_S \vec{F} \cdot \vec{n}\, dA = \iint_R (r\cos\varphi, r\sin\theta\sin\varphi, r\cos\theta\sin\varphi)$

$\qquad\qquad \cdot (r^2\cos\theta\sin^2\varphi, r^2\sin\theta\sin^2\varphi, r^2\sin\varphi\cos\varphi)d\theta d\varphi = \dfrac{4\pi r^3}{3}$

(II)若$\vec{F}(x,y,z) = (x,y,z)$, 令$R = \{(\theta,\varphi): 0 \le \theta \le 2\pi, 0 \le \varphi \le \pi\}$

則 $\displaystyle\iint_S \vec{F} \cdot \vec{n}\, dA = \iint_R (r\cos\theta\sin\varphi, r\sin\theta\sin\varphi, r\cos\varphi)$

$$\cdot (r^2\cos\theta\sin^2\varphi, r^2\sin\theta\sin^2\varphi, r^2\sin\varphi\cos\varphi)d\theta d\varphi = 4\pi r^3$$

範例 1.

假設 $\vec{F} = (y+2, 2+4x, xyz)$,求通過朝上定向曲面$S: y = x^2,\ 0 \le x \le 2, 0 \le z \le 2$

的通量 $\displaystyle\iint_S \vec{F} \cdot \vec{n}\, dA = ?$

【解】

$\because S$是朝上定向曲面

令 $\vec{r}(x,y,z) = (x, x^2, z)$ 且 R 為曲面S投影至xz平面的封閉區域

則 $R = \{(x,z): 0 \le x \le 2, 0 \le z \le 2\}$ 且 $\displaystyle\iint_S \vec{F} \cdot \vec{n}\, dA = \iint_R \vec{F} \cdot \frac{\partial \vec{r}}{\partial x} \times \frac{\partial \vec{r}}{\partial z}\, dx dz$

$\because \dfrac{\partial \vec{r}}{\partial x} = (1, 2x, 0)$ 且 $\dfrac{\partial \vec{r}}{\partial z} = (0,0,1)$ $\therefore \dfrac{\partial \vec{r}}{\partial x} \times \dfrac{\partial \vec{r}}{\partial z} = (2x, -1, 0)$

$\Rightarrow \vec{F} \cdot \dfrac{\partial \vec{r}}{\partial x} \times \dfrac{\partial \vec{r}}{\partial z} = (y+2, 2+4x, xyz) \cdot (2x, -1, 0) = 2xy + 4x - 2 - 4x = 2x^3 - 2,$

$\forall (x,y,z) \in S$

$\therefore \displaystyle\iint_S \vec{F} \cdot \vec{n}\, dA = \iint_R \vec{F} \cdot \frac{\partial \vec{r}}{\partial x} \times \frac{\partial \vec{r}}{\partial z}\, dx dz = \int_0^2 \int_0^2 2x^3 - 2\, dx dz = 8$

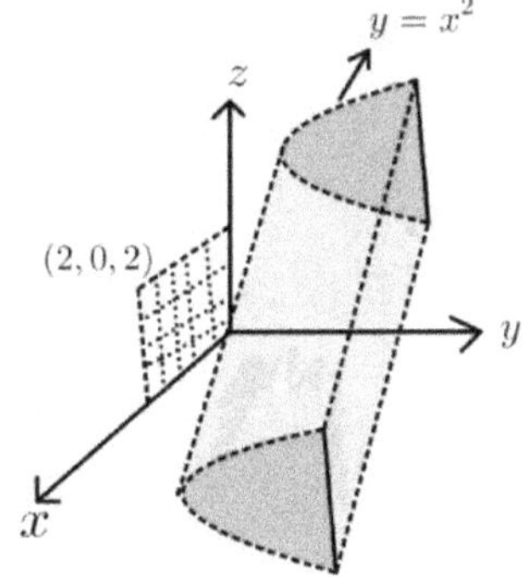

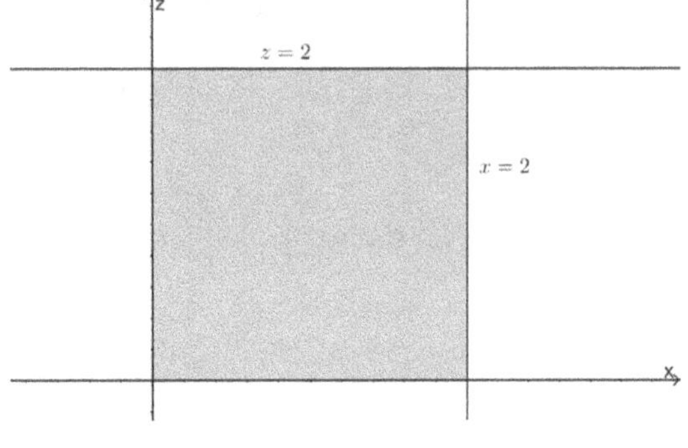

範例 2.

假設 $\vec{\mathbf{F}} = (yz, -1, 1)$, 求通過朝下定向曲面 $S: z = \sqrt{x^2 + y^2}$, $x^2 + y^2 \leq a^2$ 的通量

$$\iint_S \vec{F} \cdot \vec{n} \, dA = ?$$

【解】

$\because S$ 是朝下定向

令 $\vec{r}(x, y, z) = \left(x, y, (x^2 + y^2)^{\frac{1}{2}}\right)$ 且 R 為曲面 S 投影至 xy 平面的封閉區域

則 $R = \{(x, y): x^2 + y^2 \leq a^2\}$ 且 $\iint_S \vec{F} \cdot \vec{n} \, dA = -\iint_R \vec{F} \cdot \frac{\partial \vec{r}}{\partial x} \times \frac{\partial \vec{r}}{\partial y} \, dxdy$

$\because \dfrac{\partial \vec{r}}{\partial x} = \left(1, 0, x(x^2 + y^2)^{-\frac{1}{2}}\right)$ 且 $\dfrac{\partial \vec{r}}{\partial y} = \left(0, 1, y(x^2 + y^2)^{-\frac{1}{2}}\right)$

$\therefore \dfrac{\partial \vec{r}}{\partial x} \times \dfrac{\partial \vec{r}}{\partial y} = \left(-x(x^2 + y^2)^{-\frac{1}{2}}, -y(x^2 + y^2)^{-\frac{1}{2}}, 1\right)$

$\Rightarrow \vec{F} \cdot \dfrac{\partial \vec{r}}{\partial x} \times \dfrac{\partial \vec{r}}{\partial y} = (yz, -1, 1) \cdot \left(-x(x^2 + y^2)^{-\frac{1}{2}}, -y(x^2 + y^2)^{-\frac{1}{2}}, 1\right)$

$= -xy + y(x^2 + y^2)^{-\frac{1}{2}} + 1, \quad \forall (x, y, z) \in S$

$\therefore \iint_S \vec{F} \cdot \vec{n} \, dA = -\iint_R \vec{F} \cdot \dfrac{\partial \vec{r}}{\partial x} \times \dfrac{\partial \vec{r}}{\partial y} \, dxdy = \iint_{x^2 + y^2 \leq a^2} xy - y(x^2 + y^2)^{-\frac{1}{2}} - 1 \, dxdy$

令 $x = r\cos\theta$, $y = r\sin\theta$ 則 $\{(x, y): x^2 + y^2 \leq a^2\} = \{(r, \theta): 0 \leq r \leq a, 0 \leq \theta \leq 2\pi\}$

$\therefore \iint_{x^2 + y^2 \leq a^2} xy - y(x^2 + y^2)^{-\frac{1}{2}} - 1 \, dxdy = \int_0^{2\pi} \int_0^a (r^2 \cos\theta \sin\theta - \sin\theta - 1) \, r \, dr \, d\theta$

$= -\pi a^2$

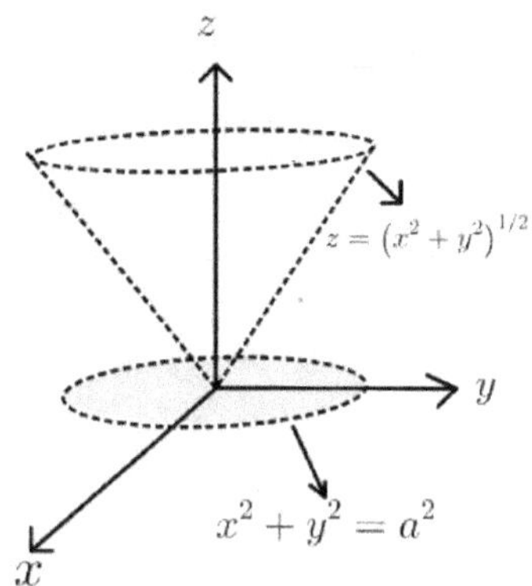

範例 3.

假設 $\vec{F} = \left(6y^2 - \sqrt{xy}, 0, 2x^2 + \sqrt{xy}\right)$, S是$x + y + z = 1$ 在第一卦限的區域, 求$\vec{F}$通

過朝上定向平面S上的通量 $\iint_S \vec{F} \cdot \vec{n}\, dA$ =?

【解】

$\because S$是朝上定向

令 $\vec{r}(x, y, z) = (x, y, 1 - x - y)$ 且 R 為所圍平面投影至xy平面的封閉區域

則 $R = \{(x, y): x + y \leq 1, x \geq 0, y \geq 0\}$ 且 $\displaystyle\iint_S \vec{F} \cdot \vec{n}\, dA = \iint_R \vec{F} \cdot \frac{\partial \vec{r}}{\partial x} \times \frac{\partial \vec{r}}{\partial y}\, dxdy$

$\because \dfrac{\partial \vec{r}}{\partial x} = (1, 0, -1)$ 且 $\dfrac{\partial \vec{r}}{\partial y} = (0, 1, -1)$ $\quad \therefore \dfrac{\partial \vec{r}}{\partial x} \times \dfrac{\partial \vec{r}}{\partial y} = (1, 1, 1)$

$\because \vec{F} \cdot \dfrac{\partial \vec{r}}{\partial x} \times \dfrac{\partial \vec{r}}{\partial y} = \left(6y^2 - \sqrt{xy}, 0, 2x^2 + \sqrt{xy}\right) \cdot \dfrac{\partial \vec{r}}{\partial x} \times \dfrac{\partial \vec{r}}{\partial y} = 2(x^2 + 3y^2), \quad \forall (x, y, z) \in S$

$\therefore \displaystyle\iint_S \vec{F} \cdot \vec{n}\, dA = \iint_R \vec{F} \cdot \frac{\partial \vec{r}}{\partial x} \times \frac{\partial \vec{r}}{\partial y}\, dxdy = 2\iint_R x^2 + 3y^2\, dxdy = 2\int_0^1 \int_0^{1-y} x^2 + 3y^2\, dxdy$

$\displaystyle = 2\int_0^1 \left(\frac{x^3}{3} + 3y^2 x\right)\Bigg|_{x=0}^{x=1-y} dy = 2\int_0^1 \frac{(1-y)^3}{3} + 3y^2(1-y)\, dy = \frac{2}{3}$

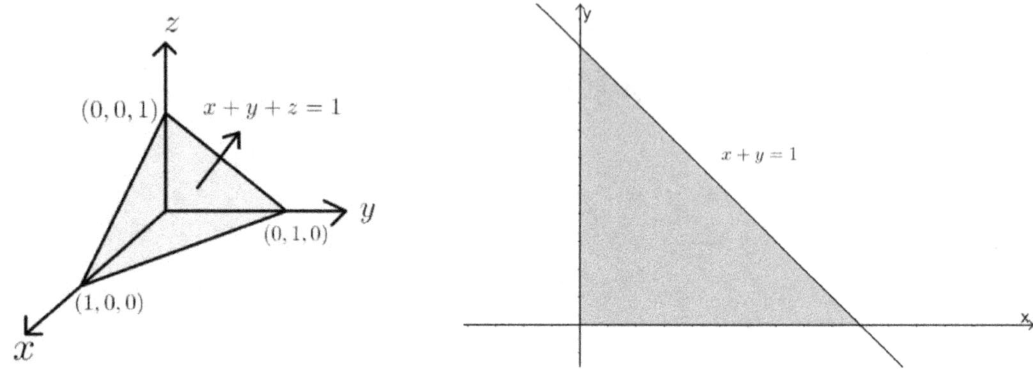

範例 4.

    Assume $\vec{\mathbf{F}} = (xy, yz, xz)$ and S is the part of the paraboloid $z = 4 - x^2 - y^2$ that lies above the square $0 \leq x \leq 1, 0 \leq y \leq 1$ with upward orientation. Find $\iint_S \vec{F} \cdot \vec{n}\, dA$.

【解】

$\because S$ 是朝上定向

令 $\vec{r}(x, y, z) = (x, y, 4 - x^2 - y^2)$ 且 $R = \{(x,y): 0 \leq x \leq 1, 0 \leq y \leq 1\}$

則 $\iint_S \vec{F} \cdot \vec{n}\, dA = \iint_R \vec{F} \cdot \dfrac{\partial \vec{r}}{\partial x} \times \dfrac{\partial \vec{r}}{\partial y}\, dxdy$

$\because \dfrac{\partial \vec{r}}{\partial x} = (1, 0, -2x)$ 且 $\dfrac{\partial \vec{r}}{\partial y} = (0, 1, -2y)$ $\therefore \dfrac{\partial \vec{r}}{\partial x} \times \dfrac{\partial \vec{r}}{\partial y} = (2x, 2y, 1)$

$\because \vec{F} \cdot \dfrac{\partial \vec{r}}{\partial x} \times \dfrac{\partial \vec{r}}{\partial y} = (xy, yz, xz) \cdot (2x, 2y, 1) = 2x^2 y + 2y^2 z + xz = z(2y^2 + x) + 2x^2 y$

$= (4 - x^2 - y^2)(2y^2 + x) + +2x^2 y = 8y^2 + 4x - 2x^2 y^2 - x^3 - 2y^4 - xy^2 + 2x^2 y,$

$\forall (x, y, z) \in S$

$\therefore \iint_S \vec{F} \cdot \vec{n}\, dA = \iint_R \vec{F} \cdot \dfrac{\partial \vec{r}}{\partial x} \times \dfrac{\partial \vec{r}}{\partial y}\, dxdy$

$= \displaystyle\int_0^1 \int_0^1 8y^2 + 4x - 2x^2 y^2 - x^3 - 2y^4 - xy^2 + 2x^2 y\, dydx = \int_0^1 \dfrac{34}{15} + \dfrac{11x}{3} + \dfrac{x^2}{3} - x^3 dx$

$= \dfrac{34}{15} + \dfrac{11}{6} + \dfrac{1}{9} - \dfrac{1}{4} = \dfrac{713}{180}$

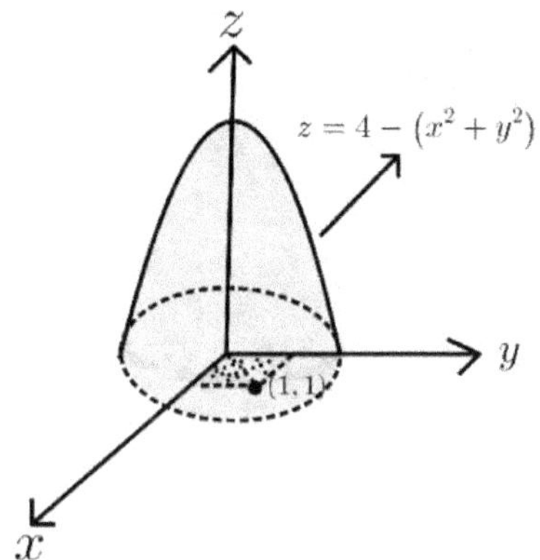

範例 5.

假設 $\vec{F} = (x, -z, y)$, 求通過曲面 $S: x^2 + y^2 + z^2 = r^2$ 於第一卦限朝內定向的通量

$$\iint_S \vec{F} \cdot \vec{n} \, dA = ?$$

【解】

$\because S$ 是朝內定向

令 $\vec{r}(\theta, \varphi) = (r\cos\theta\sin\varphi, r\sin\theta\sin\varphi, r\cos\varphi)$ 且 $R = \left\{ (\theta, \varphi) : 0 \leq \theta \leq \dfrac{\pi}{2}, 0 \leq \varphi \leq \dfrac{\pi}{2} \right\}$

則 $\displaystyle\oiint_S \vec{F} \cdot \vec{n} \, dA = -\iint_R \vec{F} \cdot \dfrac{\partial \vec{r}}{\partial \varphi} \times \dfrac{\partial \vec{r}}{\partial \theta} \, d\theta d\varphi$

$\because \dfrac{\partial \vec{r}}{\partial \theta} = (-r\sin\theta\sin\varphi, r\cos\theta\sin\varphi, 0)$ 且 $\dfrac{\partial \vec{r}}{\partial \varphi} = (r\cos\theta\cos\varphi, r\sin\theta\cos\varphi, -r\sin\varphi)$

$\therefore \dfrac{\partial \vec{r}}{\partial \varphi} \times \dfrac{\partial \vec{r}}{\partial \theta} = (r^2\cos\theta\sin^2\varphi, r^2\sin\theta\sin^2\varphi, r^2\sin\varphi\cos\varphi)$

$\therefore \vec{F} \cdot \dfrac{\partial \vec{r}}{\partial \varphi} \times \dfrac{\partial \vec{r}}{\partial \theta}$

$= (r\cos\theta\sin\varphi, -r\cos\varphi, r\sin\theta\sin\varphi) \cdot (r^2\cos\theta\sin^2\varphi, r^2\sin\theta\sin^2\varphi, r^2\sin\varphi\cos\varphi)$

$= r^3(\cos^2\theta\sin^3\varphi - \sin\theta\sin^2\varphi\cos\varphi + \sin\theta\sin^2\varphi\cos\varphi) = r^3\cos^2\theta\sin^3\varphi$

$\therefore \displaystyle\oiint_S \vec{F} \cdot \vec{n} \, dA = -r^3 \int_0^{\frac{\pi}{2}} \int_0^{\frac{\pi}{2}} \cos^2\theta\sin^3\varphi \, d\varphi d\theta = -r^3 \int_0^{\frac{\pi}{2}} \cos^2\theta \, d\theta \int_0^{\frac{\pi}{2}} \sin^3\varphi \, d\varphi$

$$= -r^3 \int_0^{\frac{\pi}{2}} \frac{1+\cos 2\theta}{2}\, d\theta \int_0^{\frac{\pi}{2}} \sin^3 \varphi\, d\varphi = -r^3 \cdot \frac{\pi}{4} \cdot \left(-\cos\varphi + \frac{\cos^3\varphi}{3}\right)\Big|_0^{\frac{\pi}{2}} = \frac{\pi r^3}{6}$$

範例 6.

Let $\vec{\mathbf{F}} = (0, y, -z)$. Assume S consists of the paraboloid $S_1\colon y = x^2 + z^2, 0 \le y \le 1$ and the disk $S_2\colon x^2 + z^2 \le 1, y = 1$ with outward orientation. Find $\oiint_S \vec{\mathbf{F}} \cdot \vec{n}\, dA =?$

【解】

令$S_1\colon y = x^2 + z^2, 0 \le y \le 1,\ \ S_2\colon x^2 + z^2 \le 1, y = 1$

$\because S_1$是朝y軸負向方向作定向

令$\vec{r}(x, y, z) = (x, x^2 + z^2, z)$　且R為S_1曲面投影至xz平面的封閉區域

則$R = \{(x, y)\colon x^2 + z^2 \le 1\}$ 且 $\displaystyle\iint_{S_1} \vec{F} \cdot \vec{n}\, dA = -\iint_R \vec{F} \cdot \frac{\partial \vec{r}}{\partial x} \times \frac{\partial \vec{r}}{\partial z}\, dxdz$

$\because \dfrac{\partial \vec{r}}{\partial x} = (1, 2x, 0)$ 且 $\dfrac{\partial \vec{r}}{\partial z} = (0, 2z, 1)$　$\therefore \dfrac{\partial \vec{r}}{\partial x} \times \dfrac{\partial \vec{r}}{\partial z} = (2x, -1, 2z)$

$\therefore \vec{F} \cdot \dfrac{\partial \vec{r}}{\partial x} \times \dfrac{\partial \vec{r}}{\partial z} = (0, y, -z) \cdot (2x, -1, 2z) = -y - 2z^2 = -x^2 - 3z^2,\ \ \forall (x, y, z) \in S_1$

$\therefore \displaystyle\iint_{S_1} \vec{F} \cdot \vec{n}\, dA = -\iint_R \vec{F} \cdot \frac{\partial \vec{r}}{\partial x} \times \frac{\partial \vec{r}}{\partial z}\, dxdz = \iint_{x^2+z^2\le 1} x^2 + 3z^2\, dxdz$

令$x = r\cos\theta, z = r\sin\theta$ 則 $\{(x, y)\colon x^2 + z^2 \le 1\} = \{(r, \theta)\colon 0 \le r \le 1, 0 \le \theta \le 2\pi\}$

且 $dxdz = \left\|\begin{vmatrix} \dfrac{\partial x}{\partial r} & \dfrac{\partial x}{\partial \theta} \\[2mm] \dfrac{\partial z}{\partial r} & \dfrac{\partial z}{\partial \theta} \end{vmatrix}\right\| drd\theta = \left\|\begin{vmatrix} \cos\theta & -r\sin\theta \\ \sin\theta & r\cos\theta \end{vmatrix}\right\| drd\theta = r\, drd\theta$

$\therefore \displaystyle\iint_{x^2+z^2\le 1} x^2 + 3z^2\, dxdz = \int_0^{2\pi} \int_0^1 r^3 \cos^2\theta + 3r^3 \sin^2\theta\, drd\theta$

$\displaystyle = \int_0^{2\pi} \frac{1}{4}\left(\frac{1+\cos\theta}{2}\right) + \frac{3}{4}\left(\frac{1-\cos\theta}{2}\right) d\theta = \pi$

令$\vec{s}(x, y, z) = (x, 1, z)$

$\because \dfrac{\partial \vec{s}}{\partial x} = (1, 0, 0)$ 且 $\dfrac{\partial \vec{s}}{\partial z} = (0, 0, 1)$　$\therefore \dfrac{\partial \vec{r}}{\partial x} \times \dfrac{\partial \vec{r}}{\partial z} = (0, -1, 0)$

$$\because \iint_{S_2} \vec{F} \cdot \vec{n}\,dA = \iint_{S_2} dA = \iint_{x^2+z^2 \leq 1} (0, y, -z) \cdot (0, -1, 0)\,dxdz = -\pi$$

$$\therefore \oiint_S \vec{F} \cdot \vec{n}\,dA = \iint_{S_1} \vec{F} \cdot \vec{n}\,dA + \iint_{S_2} \vec{F} \cdot \vec{n}\,dA = 0$$

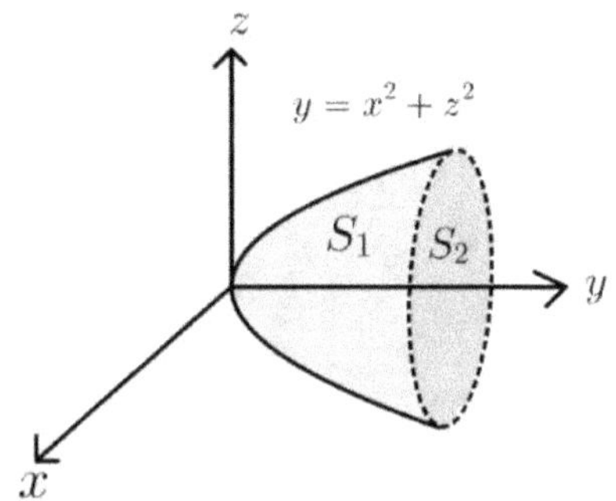

範例 7.

假設 $\vec{F} = (e^y, e^x + 6y, 12y)$, S 是 $x + y + z = 6$ 在第一卦限的區域, 求 $\vec{F}$ 通過朝上定向

平面 S 的通量 $\displaystyle\iint_S \vec{F} \cdot \vec{n}\,dA =?$

【解】

$\because S$ 是朝上定向

令 $\vec{r}(x, y, z) = (x, y, 6 - x - y)$ 且 R 為所圍平面投影至 xy 平面的封閉區域

則 $R = \{(x, y): x + y \leq 6, x \geq 0, y \geq 0\}$ 且 $\displaystyle\iint_S \vec{F} \cdot \vec{n}\,dA = \iint_R \vec{F} \cdot \frac{\partial \vec{r}}{\partial x} \times \frac{\partial \vec{r}}{\partial y}\,dxdy$

$\because \dfrac{\partial \vec{r}}{\partial x} = (1, 0, -1)$ 且 $\dfrac{\partial \vec{r}}{\partial y} = (0, 1, -1)$ $\quad \therefore \dfrac{\partial \vec{r}}{\partial x} \times \dfrac{\partial \vec{r}}{\partial y} = (1, 1, 1)$

$\therefore \vec{F} \cdot \dfrac{\partial \vec{r}}{\partial x} \times \dfrac{\partial \vec{r}}{\partial y} = (e^y, e^x + 6y, 12y) \cdot (1, 1, 1) = e^y + e^x + 18y, \quad \forall (x, y, z) \in S$

$\therefore \displaystyle\iint_S \vec{F} \cdot \vec{n}\,dA = \iint_R \vec{F} \cdot \frac{\partial \vec{r}}{\partial x} \times \frac{\partial \vec{r}}{\partial y}\,dxdy = \iint_R e^y + e^x + 18y\,dxdy$

$$= \int_0^6 \int_0^{6-x} e^y + e^x + 18y\,dydx = 634 + 2e^6$$

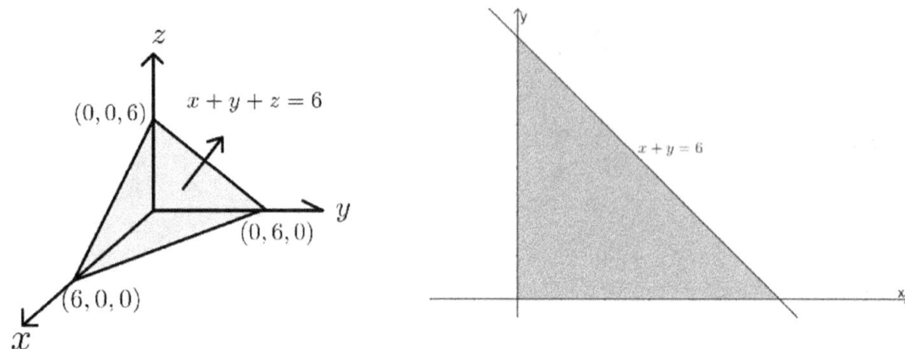

範例 8.

假設$\vec{\mathbf{F}} = (y, x, z)$, 曲面$S$為$z = 4 - x^2 - y^2$, $z = 0$ 所圍封閉曲面, 求通過曲面S

的通量, $\displaystyle\oiint_S \vec{F} \cdot \vec{n} dA = ?$

【解】

令 $S_1: z = 4 - x^2 - y^2, z \geq 0$

$\because S_1$是朝上定向

令 $\vec{r}(x, y, z) = (x, y, 4 - x^2 - y^2)$ 且 R 為曲面S_1投影至xy平面的封閉區域

則 $R = \{(x, y):\ x^2 + y^2 \leq 4\}$ 且 $\displaystyle\iint_{S_1} \vec{F} \cdot \vec{n}\, dA = \iint_R \vec{F} \cdot \frac{\partial \vec{r}}{\partial x} \times \frac{\partial \vec{r}}{\partial y}\, dxdy$

$\because \dfrac{\partial \vec{r}}{\partial x} = (1, 0, -2x)$ 且 $\dfrac{\partial \vec{r}}{\partial y} = (0, 1, -2y)$ $\quad \therefore \dfrac{\partial \vec{r}}{\partial x} \times \dfrac{\partial \vec{r}}{\partial y} = (2x, 2y, 1)$

$\therefore \vec{F} \cdot \dfrac{\partial \vec{r}}{\partial x} \times \dfrac{\partial \vec{r}}{\partial y} = (y, x, z) \cdot (2x, 2y, 1) = 4xy + z = 4xy + 4 - x^2 - y^2,\ \forall (x, y, z) \in S_1$

$\therefore \displaystyle\iint_{S_1} \vec{F} \cdot \vec{n}\, dA = \iint_{x^2+y^2\leq 4} 4xy + 4 - x^2 - y^2\, dxdy$

令 $x = r\cos\theta, y = r\sin\theta$ 則 $\{(x, y): x^2 + y^2 \leq 4\} = \{(r, \theta): 0 \leq r \leq 2, 0 \leq \theta \leq 2\pi\}$

$\therefore \displaystyle\iint_{x^2+y^2\leq 4} 4xy + 4 - x^2 - y^2\, dxdy = \int_0^{2\pi} \int_0^2 (4r^2 \cos\theta \sin\theta + 4 - r^2)\, rdrd\theta$

$$= 2\pi \left(2r^2 - \frac{r^4}{4} \right)\Bigg|_{r=0}^{r=2} = 8\pi$$

令 $S_2: z = 0, x^2 + y^2 \leq 4,$ S_2是朝下定向

令 $\vec{s}(x,y,z) = (x,y,0)$ 則 $\displaystyle\iint_{S_2} \vec{F} \cdot \vec{n}\, dA = -\iint_{S_2} \vec{F} \cdot \frac{\partial \vec{s}}{\partial x} \times \frac{\partial \vec{s}}{\partial y}\, dxdy$

$\because \dfrac{\partial \vec{s}}{\partial x} = (1,0,0)$ 且 $\dfrac{\partial \vec{s}}{\partial y} = (0,1,0)$ $\therefore \dfrac{\partial \vec{s}}{\partial x} \times \dfrac{\partial \vec{s}}{\partial y} = (0,0,1)$

$\therefore \displaystyle\iint_{S_2} \vec{F} \cdot \vec{n}\, dA = \iint_{S_2} 0\, dA = 0$ $\therefore \displaystyle\oiint_{S} \vec{F} \cdot \vec{n}\, dA = \iint_{S_1} \vec{F} \cdot \vec{n}\, dA + \iint_{S_2} \vec{F} \cdot \vec{n}\, dA = 8\pi$

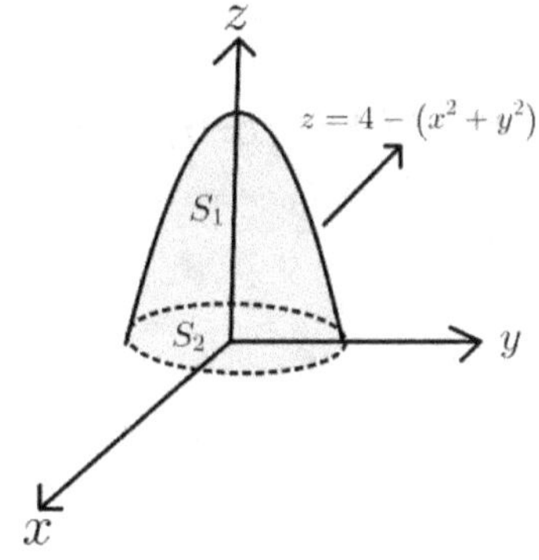

範例 9.

Let $\vec{F} = (x,y,z)$. Determine the flux across the triangle S: $(a,0,0), (0,a,0), (0,0,a)$, $a > 0$, with upward orientation.

【解】

$\because S$ 是朝上定向

令 $\vec{r}(x,y,z) = (x,y,a-x-y)$ 且 $R = \{(x,y): 0 \leq x \leq a, 0 \leq y \leq a - x\}$

則 $\displaystyle\iint_{S} \vec{F} \cdot \vec{n}\, dA = \iint_{R} \vec{F} \cdot \frac{\partial \vec{r}}{\partial x} \times \frac{\partial \vec{r}}{\partial y}\, dxdy$

$\because \dfrac{\partial \vec{r}}{\partial x} = (1,0,-1)$ 且 $\dfrac{\partial \vec{r}}{\partial y} = (0,1,-1)$ $\therefore \dfrac{\partial \vec{r}}{\partial x} \times \dfrac{\partial \vec{r}}{\partial y} = (1,1,1)$

$$\because \vec{F} \cdot \frac{\partial \vec{r}}{\partial x} \times \frac{\partial \vec{r}}{\partial y} = (x,y,z) \cdot (1,1,1) = x + y + z = x + y + a - x - y = a, \quad \forall (x,y,z) \in S$$

$$\iint_R \vec{F} \cdot \frac{\partial \vec{r}}{\partial x} \times \frac{\partial \vec{r}}{\partial y} \, dxdy = \int_0^a \int_0^{a-x} a \, dydx = a \int_0^a a - x \, dx = a\left(ax - \frac{x^2}{2}\right)\Big|_0^a = \frac{a^3}{2}$$

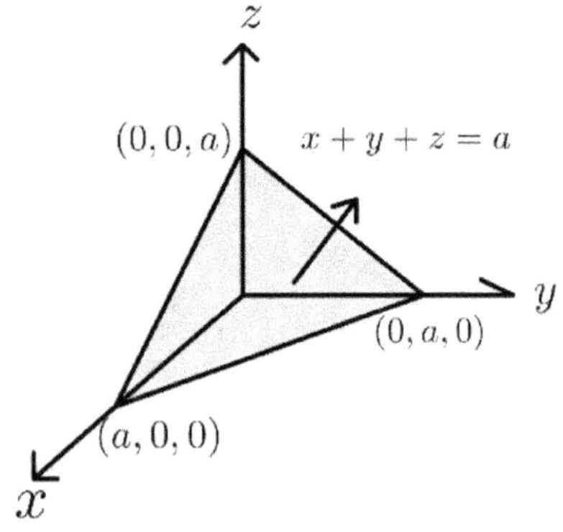

範例 10.

Let $\vec{F} = (x^2, -y^2, 0)$. Determine the flux across the triangle S: $(a,0,0)$, $(0,a,0)$, $(0,0,a)$, $a > 0$, with upward orientation.

【解】

$\because S$ 是朝上定向

令 $\vec{r}(x,y,z) = (x, y, a - x - y)$ 且 $R = \{(x,y):\ 0 \leq x \leq a, 0 \leq y \leq a - x\}$

則 $\displaystyle\iint_S \vec{F} \cdot \vec{n} \, dA = \iint_R \vec{F} \cdot \frac{\partial \vec{r}}{\partial x} \times \frac{\partial \vec{r}}{\partial y} \, dxdy$

$\because \dfrac{\partial \vec{r}}{\partial x} = (1,0,-1)$ 且 $\dfrac{\partial \vec{r}}{\partial y} = (0,1,-1)$ $\therefore \dfrac{\partial \vec{r}}{\partial x} \times \dfrac{\partial \vec{r}}{\partial y} = (1,1,1)$

$\because \vec{F} \cdot \dfrac{\partial \vec{r}}{\partial x} \times \dfrac{\partial \vec{r}}{\partial y} = (x^2, -y^2, 0) \cdot (1,1,1) = x^2 - y^2, \quad \forall (x,y,z) \in S$

$$\therefore \iint_R \vec{F} \cdot \frac{\partial \vec{r}}{\partial x} \times \frac{\partial \vec{r}}{\partial y} \, dxdy = \int_0^a \int_0^{a-x} x^2 - y^2 \, dydx = \int_0^a x^2(a - x) - \frac{(a-x)^3}{3} \, dx$$

$$= \int_0^a -\frac{a^3}{3} + a^2 x - \frac{2x^3}{3} \, dx = a^4\left(-\frac{1}{3} + \frac{1}{2} - \frac{1}{6}\right) = 0$$

範例 11.

假設 $\vec{\mathbf{F}} = (z, y, x)$, 求通過朝外定向曲面 $S: x^2 + y^2 + z^2 = r^2$ 的通量 $\displaystyle\oiint_S \vec{F} \cdot \vec{n}\,dA = ?$

【解】

$\because S$ 是朝外定向

令 $\vec{r}(\theta, \varphi) = (r\cos\theta\sin\varphi, r\sin\theta\sin\varphi, r\cos\varphi)$ 且 $R = \{(\theta, \varphi): 0 \le \theta \le 2\pi, 0 \le \varphi \le \pi\}$

則 $\displaystyle\oiint_S \vec{F} \cdot \vec{n}\,dA = \iint_R \vec{F} \cdot \frac{\partial\vec{r}}{\partial\varphi} \times \frac{\partial\vec{r}}{\partial\theta}\,d\theta\,d\varphi$

$\because \dfrac{\partial\vec{r}}{\partial\theta} = (-r\sin\theta\sin\varphi, r\cos\theta\sin\varphi, 0)$ 且 $\dfrac{\partial\vec{r}}{\partial\varphi} = (r\cos\theta\cos\varphi, r\sin\theta\cos\varphi, -r\sin\varphi)$

$\therefore \dfrac{\partial\vec{r}}{\partial\varphi} \times \dfrac{\partial\vec{r}}{\partial\theta} = (r^2\cos\theta\sin^2\varphi, r^2\sin\theta\sin^2\varphi, r^2\sin\varphi\cos\varphi)$

$\therefore \vec{F} \cdot \dfrac{\partial\vec{r}}{\partial\varphi} \times \dfrac{\partial\vec{r}}{\partial\theta}$

$= (r\cos\varphi, r\sin\theta\sin\varphi, r\cos\theta\sin\varphi) \cdot (r^2\cos\theta\sin^2\varphi, r^2\sin\theta\sin^2\varphi, r^2\sin\varphi\cos\varphi)$

$= r^3(2\cos\theta\sin^2\varphi\cos\varphi + \sin^3\varphi\sin^2\theta)$

$\therefore \displaystyle\oiint_S \vec{F} \cdot \vec{n}\,dA = \iint_R \vec{F} \cdot \frac{\partial\vec{r}}{\partial\varphi} \times \frac{\partial\vec{r}}{\partial\theta}\,d\theta\,d\varphi$

$= r^3 \displaystyle\int_0^{2\pi} \int_0^{\pi} 2\cos\theta\sin^2\varphi\cos\varphi + \sin^3\varphi\sin^2\theta\,d\varphi\,d\theta$

$\because \displaystyle\int_0^{\pi} \sin^2\varphi\cos\varphi\,d\varphi = \frac{\sin^3\varphi}{3}\Big|_0^{\pi} = 0 \quad \therefore \int_0^{2\pi} \int_0^{\pi} 2\cos\theta\sin^2\varphi\cos\varphi\,d\varphi\,d\theta = 0$

$\therefore \displaystyle\int_0^{2\pi} \int_0^{\pi} (2\cos\theta\sin^2\varphi\cos\varphi + \sin^3\varphi\sin^2\theta)\,d\varphi\,d\theta = \int_0^{2\pi} \int_0^{\pi} \sin^3\varphi\sin^2\theta\,d\varphi\,d\theta$

$= \displaystyle\int_0^{2\pi} \sin^2\theta\,d\theta \int_0^{\pi} \sin^3\varphi\,d\varphi = \int_0^{2\pi} \frac{1 - \cos 2\theta}{2}\,d\theta \int_0^{\pi} \sin\varphi\,(1 - \cos^2\varphi)\,d\varphi$

$= \pi \displaystyle\int_0^{\pi} \sin\varphi\,(1 - \cos^2\varphi)\,d\varphi$

$$\because \int_0^{\pi} \sin\varphi\,(1-\cos^2\varphi)\,d\varphi = -\cos\varphi\Big|_0^{\pi} + \frac{\cos^3\varphi}{3}\Big|_0^{\pi} = \frac{4}{3}$$

$$\therefore \oiint_S \vec{F}\cdot\vec{n}\,dA = r^3 \int_0^{2\pi}\int_0^{\pi}(2\cos\theta\sin^2\varphi\cos\varphi + \sin^3\varphi\sin^2\theta)\,d\varphi\,d\theta = \frac{4\pi r^3}{3}$$

範例 12.

假設 $\vec{F} = (-xze^y, xze^y, 2z)$，求通過朝上定向曲面 $S: x+y+z=1$ 於第一卦限的通量

$$\iint_S \vec{F}\cdot\vec{n}\,dA = ?$$

【解】

$\because S$ 是朝上定向

令 $\vec{r}(x,y,z) = (x, y, 1-x-y)$ 且 $R = \{(x,y):\ x+y \le 1, x \ge 0, y \ge 0\}$

則
$$\iint_S \vec{F}\cdot\vec{n}\,dA = \iint_R \vec{F}\cdot\frac{\partial\vec{r}}{\partial x}\times\frac{\partial\vec{r}}{\partial y}\,dxdy$$

$$\because \frac{\partial\vec{r}}{\partial x} = (1,0,-1) \text{ 且 } \frac{\partial\vec{r}}{\partial y} = (0,1,-1) \quad \therefore \frac{\partial\vec{r}}{\partial x}\times\frac{\partial\vec{r}}{\partial y} = (1,1,1)$$

$$\because \vec{F}\cdot\frac{\partial\vec{r}}{\partial x}\times\frac{\partial\vec{r}}{\partial y} = (-xze^y, xze^y, 2z)\cdot(1,1,1) = 2z = 2(1-x-y), \quad \forall(x,y,z)\in S$$

$$\therefore \iint_S \vec{F}\cdot\vec{n}\,dA = \iint_R \vec{F}\cdot\frac{\partial\vec{r}}{\partial x}\times\frac{\partial\vec{r}}{\partial y}\,dxdy = 2\iint_R 1-x-y\,dxdy$$

$$= 2\int_0^1\int_0^{1-x} 1-x-y\,dydx = 2\int_0^1 y - xy - \frac{y^2}{2}\Big|_{y=0}^{y=1-x}\,dx$$

$$= 2\int_0^1 (1-x) - x(1-x) - \frac{(1-x)^2}{2}\,dx = 2\int_0^1\left(\frac{x^2}{2} - x + \frac{1}{2}\right)dx = \frac{1}{3}$$

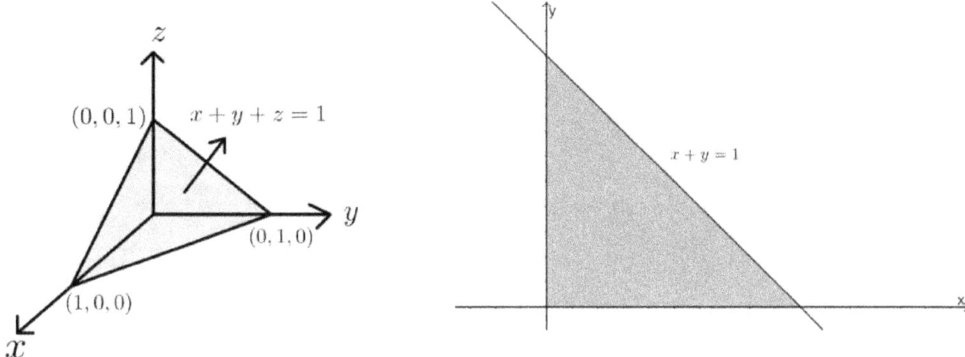

範例 13.

Let $\vec{\mathbf{F}} = \left(x, -y, \dfrac{3z}{2}\right)$. Determine the flux across $S: z = \dfrac{2}{3}\left(x^{\frac{3}{2}} + y^{\frac{3}{2}}\right)$ with $0 \le x \le 1$,

$0 \le y \le 1 - x$, with upward orientation

【解】

$\because S$ 是朝上定向

令 $\vec{r}(x, y, z) = \left(x, y, \dfrac{2}{3}\left(x^{\frac{3}{2}} + y^{\frac{3}{2}}\right)\right)$ 且 $R = \{(x, y): 0 \le x \le 1, 0 \le y \le 1 - x\}$

則 $\displaystyle\iint_S \vec{F} \cdot \vec{n}\, dA = \iint_R \vec{F} \cdot \dfrac{\partial \vec{r}}{\partial x} \times \dfrac{\partial \vec{r}}{\partial y}\, dxdy$

$\because \dfrac{\partial \vec{r}}{\partial x} = \left(1, 0, x^{\frac{1}{2}}\right)$ 且 $\dfrac{\partial \vec{r}}{\partial y} = \left(0, 1, y^{\frac{1}{2}}\right)$ $\quad \therefore \dfrac{\partial \vec{r}}{\partial x} \times \dfrac{\partial \vec{r}}{\partial y} = \left(-x^{\frac{1}{2}}, -y^{\frac{1}{2}}, 1\right)$

$\because \vec{F} \cdot \dfrac{\partial \vec{r}}{\partial x} \times \dfrac{\partial \vec{r}}{\partial y} = \left(x, -y, \dfrac{3z}{2}\right) \cdot \left(-x^{\frac{1}{2}}, -y^{\frac{1}{2}}, 1\right) = \left(x, -y, x^{\frac{3}{2}} + y^{\frac{3}{2}}\right) \cdot \left(-x^{\frac{1}{2}}, -y^{\frac{1}{2}}, 1\right) = 2y^{\frac{3}{2}},$

$\forall (x, y, z) \in S$

$\displaystyle\iint_R \vec{F} \cdot \dfrac{\partial \vec{r}}{\partial x} \times \dfrac{\partial \vec{r}}{\partial y}\, dxdy = \int_0^1 \int_0^{1-x} 2y^{\frac{3}{2}}\, dydx = \dfrac{4}{5}\int_0^1 (1-x)^{\frac{5}{2}}dx$

令 $1 - x = u$ 則 $\displaystyle\iint_S \vec{F} \cdot \vec{n}\, dA = \dfrac{4}{5}\int_0^1 (1-x)^{\frac{5}{2}}dx = -\dfrac{4}{5}\int_1^0 u^{\frac{5}{2}}\, du = \dfrac{8}{35}$

範例 14.

Let $\vec{F} = (0, y^2, 0)$. Determine the flux across $S: z = \dfrac{2}{3}\left(x^{\frac{3}{2}} + y^{\frac{3}{2}}\right)$ with $0 \leq x \leq 1$,

$0 \leq y \leq 1 - x$, with upward orientation

【解】

$\because S$ 是朝上定向

令 $\vec{r}(x, y, z) = \left(x, y, \dfrac{2}{3}\left(x^{\frac{3}{2}} + y^{\frac{3}{2}}\right)\right)$ 且 $R = \{(x, y): 0 \leq x \leq 1, 0 \leq y \leq 1 - x\}$

則 $\displaystyle\iint_S \vec{F} \cdot \vec{n}\, dA = \iint_R \vec{F} \cdot \dfrac{\partial \vec{r}}{\partial x} \times \dfrac{\partial \vec{r}}{\partial y}\, dxdy$

$\because \dfrac{\partial \vec{r}}{\partial x} = \left(1, 0, x^{\frac{1}{2}}\right)$ 且 $\dfrac{\partial \vec{r}}{\partial y} = \left(0, 1, y^{\frac{1}{2}}\right)$ $\therefore \dfrac{\partial \vec{r}}{\partial x} \times \dfrac{\partial \vec{r}}{\partial y} = \left(-x^{\frac{1}{2}}, -y^{\frac{1}{2}}, 1\right)$

$\because \vec{F} \cdot \dfrac{\partial \vec{r}}{\partial x} \times \dfrac{\partial \vec{r}}{\partial y} = (0, y^2, 0) \cdot \left(-x^{\frac{1}{2}}, -y^{\frac{1}{2}}, 1\right) = -y^{\frac{5}{2}},\ \ \forall (x, y, z) \in S$

$\displaystyle\iint_R \vec{F} \cdot \dfrac{\partial \vec{r}}{\partial x} \times \dfrac{\partial \vec{r}}{\partial y}\, dxdy = \int_0^1 \int_0^{1-x} -y^{\frac{5}{2}}\, dydx = -\dfrac{2}{7}\int_0^1 y^{\frac{7}{2}}\Big|_0^{1-x}\, dx = -\dfrac{2}{7}\int_0^1 (1-x)^{\frac{7}{2}}dx$

令 $1 - x = u$ 則 $\displaystyle\iint_S \vec{F} \cdot \vec{n}\, dA = -\dfrac{2}{7}\int_0^1 (1-x)^{\frac{7}{2}}dx = \dfrac{2}{7}\int_1^0 u^{\frac{7}{2}}\, du = -\dfrac{4}{63}$

範例 15.

假設 $\vec{F} = (x, y, z)$, 求通過朝外定向曲面 $S: x^2 + y^2 + z^2 = r^2$ 的通量 $\displaystyle\oiint_S \vec{F} \cdot \vec{n}\, dA =?$

【解】

$\because S$ 是朝外定向

令 $\vec{r}(r, \theta, \varphi) = (r\cos\theta \sin\varphi, r\sin\theta \sin\varphi, r\cos\varphi)$ 且 R 為球面 S 投影至 $\theta\varphi$ 平面的封閉區域

則 $R = \{(\theta, \varphi): 0 \leq \theta \leq 2\pi, 0 \leq \varphi \leq \pi\}$ 且 $\displaystyle\oiint_S \vec{F} \cdot \vec{n}\, dA = \iint_R \vec{F} \cdot \dfrac{\partial \vec{r}}{\partial \varphi} \times \dfrac{\partial \vec{r}}{\partial \theta}\, d\theta d\varphi$

$\because \dfrac{\partial \vec{r}}{\partial \theta} = (-r\sin\theta \sin\varphi, r\cos\theta \sin\varphi, 0)$ 且 $\dfrac{\partial \vec{r}}{\partial \varphi} = (r\cos\theta \cos\varphi, r\sin\theta \cos\varphi, -r\sin\varphi)$

$$\therefore \frac{\partial \vec{r}}{\partial \varphi} \times \frac{\partial \vec{r}}{\partial \theta} = (r^2 \cos \theta \sin^2 \varphi, r^2 \sin \theta \sin^2 \varphi, r^2 \sin \varphi \cos \varphi)$$

$$\therefore \vec{F} \cdot \frac{\partial \vec{r}}{\partial \varphi} \times \frac{\partial \vec{r}}{\partial \theta}$$

$$= (r \cos \theta \sin \varphi, r \sin \theta \sin \varphi, r\cos \varphi) \cdot (r^2 \cos \theta \sin^2 \varphi, r^2 \sin \theta \sin^2 \varphi, r^2 \sin \varphi \cos \varphi)$$

$$= r^3(\cos^2 \theta \sin^3 \varphi + \sin^3 \varphi \sin^2 \theta + \sin \varphi \cos^2 \varphi) = r^3(\sin^3 \varphi + \sin \varphi \cos^2 \varphi) = r^3 \sin \varphi$$

$$\therefore \oiint_S \vec{F} \cdot \vec{n}\, dA = \iint_R \vec{F} \cdot \frac{\partial \vec{r}}{\partial \varphi} \times \frac{\partial \vec{r}}{\partial \theta}\, d\theta d\varphi = r^3 \int_0^{2\pi} \int_0^{\pi} \sin \varphi\, d\varphi d\theta = r^3 \cdot 2\pi \cdot 2 = 4\pi r^3$$

範例 16.

$$求 \oiint_S \vec{\mathbf{F}} \cdot \vec{n}\, dA = ?, \quad \vec{\mathbf{F}} = (0, 4yz, 0), \quad S : x^2 + y^2 + z^2 = r^2$$

【解】

$\because S$ 是朝外定向

令 $\vec{r}(\theta, \varphi) = (r\cos \theta \sin \varphi, r\sin \theta \sin \varphi, r\cos \varphi)$ 且 $R = \{(\theta, \varphi) : 0 \le \theta \le 2\pi, 0 \le \varphi \le \pi\}$

則 $\oiint_S \vec{\mathbf{F}} \cdot \vec{n}\, dA = \iint_R \vec{F} \cdot \frac{\partial \vec{r}}{\partial \varphi} \times \frac{\partial \vec{r}}{\partial \theta}\, d\theta d\varphi$

$$\because \frac{\partial \vec{r}}{\partial \theta} = (-r\sin \theta \sin \varphi, r\cos \theta \sin \varphi, 0) \text{ 且 } \frac{\partial \vec{r}}{\partial \varphi} = (r\cos \theta \cos \varphi, r\sin \theta \cos \varphi, -r\sin \varphi)$$

$$\therefore \frac{\partial \vec{r}}{\partial \varphi} \times \frac{\partial \vec{r}}{\partial \theta} = (r^2 \cos \theta \sin^2 \varphi, r^2 \sin \theta \sin^2 \varphi, r^2 \sin \varphi \cos \varphi)$$

$$\therefore \vec{F} \cdot \frac{\partial \vec{r}}{\partial \varphi} \times \frac{\partial \vec{r}}{\partial \theta} = (0, 4r^2 \sin \theta \sin \varphi \cos \varphi, 0) \cdot (r^2 \cos \theta \sin^2 \varphi, r^2 \sin \theta \sin^2 \varphi, r^2 \sin \varphi \cos \varphi)$$

$$= 4r^4 \sin^3 \varphi \sin^2 \theta \cos \varphi$$

$$\therefore \oiint_S \vec{\mathbf{F}} \cdot \vec{n}\, dA = \int_0^{2\pi} \int_0^{\pi} 4r^4 \sin^3 \varphi \sin^2 \theta \cos \varphi\, d\varphi dr d\theta$$

$$\because \int_0^\pi \sin^3 \varphi \cos \varphi \, d\varphi = \left.\frac{\sin^4 \varphi}{4}\right|_0^\pi = 0 \qquad \therefore \oiint_S \vec{F} \cdot \vec{n} dA = 0$$

範例 17.

求 $\oiint_S \vec{F} \cdot \vec{n} dA = ?,\ \vec{F} = (x - y + z, 2x, 1),\ S = S_1 \cup S_1$ 為朝外定向曲面, 其中

$S_1: z = x^2 + y^2, z \le 1,\ S_2: x^2 + y^2 \le 1, z = 1$

【解】

$\because S_1$是朝下定向

令 $\vec{r}(x, y, z) = (x, y, x^2 + y^2)$ 且 R 為S_1曲面投影至xy平面的封閉區域

則$R = \{(x, y): x^2 + y^2 \le 1\}$ 且 $\displaystyle\iint_{S_1} \vec{F} \cdot \vec{n} dA = -\iint_R \vec{F} \cdot \frac{\partial \vec{r}}{\partial x} \times \frac{\partial \vec{r}}{\partial y} dxdy$

$\because \dfrac{\partial \vec{r}}{\partial x} = (1, 0, 2x)$ 且 $\dfrac{\partial \vec{r}}{\partial y} = (0, 1, 2y)$ $\therefore \dfrac{\partial \vec{r}}{\partial x} \times \dfrac{\partial \vec{r}}{\partial y} = (-2x, -2y, 1)$

$\therefore \vec{F} \cdot \dfrac{\partial \vec{r}}{\partial x} \times \dfrac{\partial \vec{r}}{\partial y} = (x - y + z, 2x, 1) \cdot (-2x, -2y, 1) = -2x(x - y + x^2 + y^2) - 4xy + 1,$

$\forall (x, y, z) \in S_1$

$\therefore \displaystyle\iint_{S_1} \vec{F} \cdot \vec{n} \, dA = -\iint_R \vec{F} \cdot \frac{\partial \vec{r}}{\partial x} \times \frac{\partial \vec{r}}{\partial y} dxdy = \iint_{x^2+y^2 \le 1} 2x^2 + 2xy + 2x(x^2 + y^2) - 1 dxdy$

令$x = r \cos\theta, y = r \sin\theta$ 則 $\{(x, y): x^2 + y^2 \le 1\} = \{(r, \theta): 0 \le r \le 1, 0 \le \theta \le 2\pi\}$

且 $dxdy = \left\|\begin{vmatrix} \dfrac{\partial x}{\partial r} & \dfrac{\partial x}{\partial \theta} \\ \dfrac{\partial y}{\partial r} & \dfrac{\partial y}{\partial \theta} \end{vmatrix}\right\| drd\theta = \left\|\begin{vmatrix} \cos\theta & -r\sin\theta \\ \sin\theta & r\cos\theta \end{vmatrix}\right\| drd\theta = rdrd\theta$

$\therefore \displaystyle\iint_{x^2+y^2 \le 1} 2x^2 + 2xy + 2x(x^2 + y^2) - 1 dxdy$

$= \displaystyle\int_0^{2\pi} \int_0^1 (2r^2 \cos^2\theta + 2r^2 \cos\theta \sin\theta + 2r^3 \cos\theta - 1) r drd\theta = -\frac{\pi}{2}$

$\because \displaystyle\iint_{S_2} \vec{F} \cdot \vec{n} dA = \iint_{S_2} dA = \pi \qquad \therefore \iint_{S_1} \vec{F} \cdot \vec{n} dA + \iint_{S_2} \vec{F} \cdot \vec{n} dA = \frac{\pi}{2}$

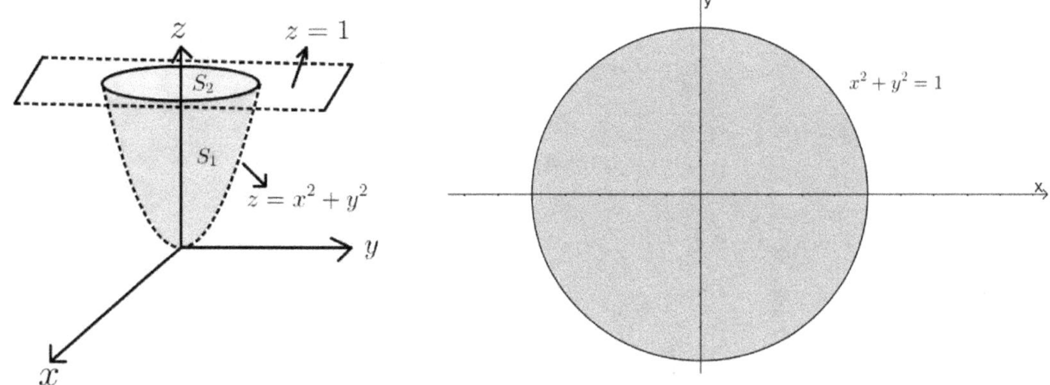

範例 18.

假設曲面 $S: \vec{r}(s,t) = (s+t, s-t, 1+2s+t), \ 0 \le s \le 2, 0 \le t \le 1$ 且

$\vec{\mathbf{F}} = (ze^{xy}, -3ze^{xy}, xy)$,求通過朝上定向曲面 S的通量 $\displaystyle\iint_S \vec{F} \cdot \vec{n} \, dA =$?

【解】

$\because S$ 朝上定向

令 $\vec{r}(s,t) = (s+t, s-t, 1+2s+t)$ 且 $R = \{(s,t): 0 \le s \le 2, 0 \le t \le 1\}$

則 $\displaystyle\iint_S \vec{F} \cdot \vec{n} \, dA = \iint_R \vec{F} \cdot \frac{\partial \vec{r}}{\partial s} \times \frac{\partial \vec{r}}{\partial t} \, dsdt$

$\because \dfrac{\partial \vec{r}}{\partial s} = (1,1,2)$ 且 $\dfrac{\partial \vec{r}}{\partial t} = (1,-1,1)$ $\therefore \dfrac{\partial \vec{r}}{\partial s} \times \dfrac{\partial \vec{r}}{\partial t} = (3,1,-2)$

$\because \vec{F} \cdot \dfrac{\partial \vec{r}}{\partial s} \times \dfrac{\partial \vec{r}}{\partial t} = (ze^{xy}, -3ze^{xy}, xy) \cdot (3,1,-2) = -2xy = -2(s^2 - t^2), \ \forall (x,y,z) \in S$

$\therefore \displaystyle\iint_S \vec{F} \cdot \vec{n} \, dA = \iint_R \vec{F} \cdot \frac{\partial \vec{r}}{\partial s} \times \frac{\partial \vec{r}}{\partial t} \, dsdt = -2 \iint_R s^2 - t^2 \, dsdt = -2 \int_0^2 \int_0^1 s^2 - t^2 \, dtds$

$= -2 \displaystyle\int_0^2 s^2 - \frac{1}{3} \, ds = -2 \left(\frac{s^3 - s}{3} \right) \Big|_0^2 = -4$

範例 19.

Let $\vec{F} = (x, 2y, 3z)$. Assume S is the cube with the vertices $(\pm 1, \pm 1, \pm 1)$ with outward orientation. Find $\oiint_S \vec{F} \cdot \vec{n} dA =?$

【解】

令 $S_1: x = 1$, $S_2: x = -1$, $S_3: y = 1$, $S_4: y = -1$, $S_5: z = 1$, $S_6: z = -1$,

則 $S = S_1 \cup S_2 \cup S_3 \cup S_4 \cup S_5 \cup S_6$

$As\ x = 1, \vec{n} = (1,0,0),\ \ \iint_{S_1} \vec{F} \cdot \vec{n}\, dA = \int_{-1}^{1} \int_{-1}^{1} x\, dydz = 4x = 4$

$As\ x = -1, \vec{n} = (-1,0,0),\ \ \iint_{S_2} \vec{F} \cdot \vec{n}\, dA = \int_{-1}^{1} \int_{-1}^{1} -x\, dydz = -4x = 4$

$As\ y = 1, \vec{n} = (0,1,0),\ \ \iint_{S_3} \vec{F} \cdot \vec{n}\, dA = \int_{-1}^{1} \int_{-1}^{1} 2y\, dxdz = 8y = 8$

$As\ y = -1, \vec{n} = (0,-1,0),\ \ \iint_{S_4} \vec{F} \cdot \vec{n}\, dA = \int_{-1}^{1} \int_{-1}^{1} -2y\, dxdz = -8y = 8$

$As\ z = 1, \vec{n} = (0,0,1),\ \ \iint_{S_5} \vec{F} \cdot \vec{n}\, dA = \int_{-1}^{1} \int_{-1}^{1} 3z\, dxdy = 12z = 12$

$As\ z = -1, \vec{n} = (0,0,-1),\ \ \iint_{S_6} \vec{F} \cdot \vec{n}\, dA = \int_{-1}^{1} \int_{-1}^{1} -3z\, dxdy = -12z = 12$

$\therefore \oiint_S \vec{F} \cdot \vec{n} dA = 48$

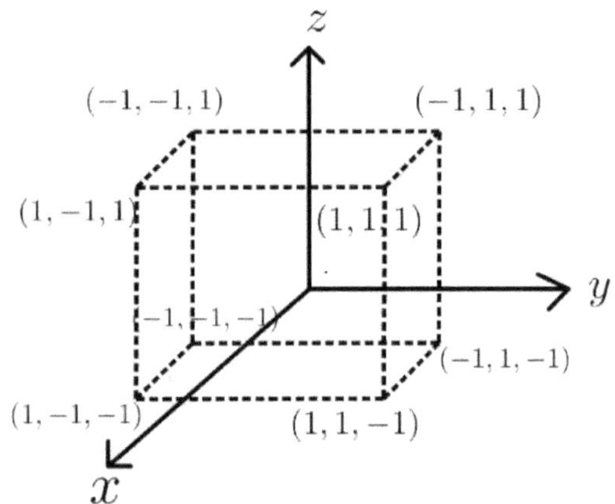

範例 20.

Let $\vec{F} = (x^2, y^2, z^2)$. Assume S is the boundary of the solid half-cylinder

$0 \le z \le \sqrt{1 - y^2}, 0 \le x \le 2$ with outward orientation. Find $\displaystyle\iint_S \vec{F} \cdot \vec{n}\, dA = ?$

【解】

令$S_1: z = \sqrt{1 - y^2}, 0 \le x \le 2, 0 \le y \le 1,\ S_2: y^2 + z^2 \le 1, x = 0,\ S_3: y^2 + z^2 \le 1, x = 2$

則 $S = S_1 \cup S_2 \cup S_3$

$\because S_1$ 是朝上定向

令 $\vec{r}(x, y, z) = \left(x, y, \sqrt{1 - y^2}\right)$ 且 $R = \{(x, y): 0 \le x \le 2, 0 \le y \le 1\}$

則 $\displaystyle\iint_{S_1} \vec{F} \cdot \vec{n}\, dA = \iint_R \vec{F} \cdot \frac{\partial \vec{r}}{\partial x} \times \frac{\partial \vec{r}}{\partial y}\, dxdy$

$\because \dfrac{\partial \vec{r}}{\partial x} = (1, 0, 0)$ 且 $\dfrac{\partial \vec{r}}{\partial y} = \left(0, 1, -y(1 - y^2)^{-\frac{1}{2}}\right)\ \ \therefore \dfrac{\partial \vec{r}}{\partial x} \times \dfrac{\partial \vec{r}}{\partial y} = \left(0, -y(1 - y^2)^{-\frac{1}{2}}, 1\right)$

$\because \vec{F} \cdot \dfrac{\partial \vec{r}}{\partial x} \times \dfrac{\partial \vec{r}}{\partial y} = (x^2, y^2, 1 - y^2) \cdot \left(0, -y(1 - y^2)^{-\frac{1}{2}}, 1\right) = -y^3(1 - y^2)^{-\frac{1}{2}} + 1 - y^2,$

$\forall (x, y, z) \in S_1$

令 $y = \sin\theta$ 則 $dy = \cos\theta\, d\theta$

$\displaystyle\iint_R \vec{F} \cdot \frac{\partial \vec{r}}{\partial x} \times \frac{\partial \vec{r}}{\partial y}\, dxdy = \int_0^2 \int_0^1 -y^3(1 - y^2)^{-\frac{1}{2}} + 1 - y^2\, dydx$

$\displaystyle = 2\int_0^1 -y^3(1 - y^2)^{-\frac{1}{2}} + 1 - y^2\, dy = 2\int_0^{\frac{\pi}{2}} -\sin^3\theta + \cos^3\theta\, d\theta$

$\displaystyle = 2 \cdot \left(\left(-\cos\theta + \frac{\cos^3\theta}{3}\right)\Big|_0^{\frac{\pi}{2}} + \left(\sin\theta + \frac{\sin^3\theta}{3}\right)\Big|_0^{\frac{\pi}{2}}\right) = \frac{8}{3}$

$\because \displaystyle\iint_{S_2} \vec{F} \cdot \vec{n}\, dA = \iint_{S_2} dA = 0$ 且 $\displaystyle\iint_{S_3} \vec{F} \cdot \vec{n}\, dA = \iint_{S_3} dA = 2\pi$

$\therefore \displaystyle\iint_S \vec{F} \cdot \vec{n}\, dA = \frac{8}{3} + 2\pi$

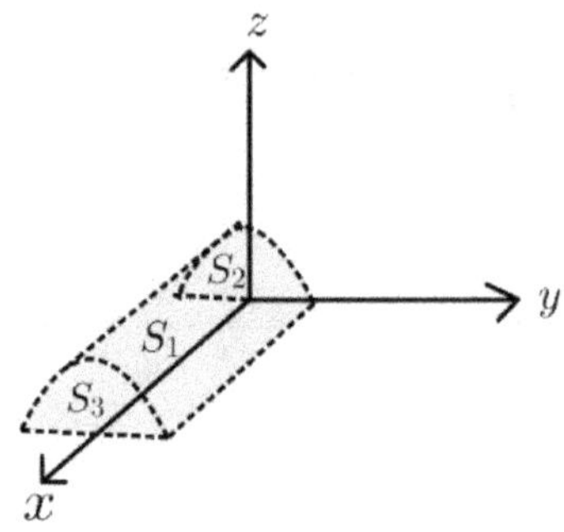

範例 21.

Let $\vec{\mathbf{F}} = (0, xz, -xy)$. Determine the flux across $S: z = xy$ with $0 \leq x \leq 1, 0 \leq y \leq 2$, with upward orientation.

【解】

$\because S$ 是朝上定向

令 $\vec{r}(x, y, z) = (x, y, xy)$ 且 $R = \{(x, y): 0 \leq x \leq 1, 0 \leq y \leq 2\}$

則 $\displaystyle\iint_S \vec{F} \cdot \vec{n}\, dA = \iint_R \vec{F} \cdot \frac{\partial \vec{r}}{\partial x} \times \frac{\partial \vec{r}}{\partial y}\, dxdy$

$\because \dfrac{\partial \vec{r}}{\partial x} = (1, 0, y)$ 且 $\dfrac{\partial \vec{r}}{\partial y} = (0, 1, x)$ $\therefore \dfrac{\partial \vec{r}}{\partial x} \times \dfrac{\partial \vec{r}}{\partial y} = (-y, -x, 1)$

$\because \vec{F} \cdot \dfrac{\partial \vec{r}}{\partial x} \times \dfrac{\partial \vec{r}}{\partial y} = (0, xz, -xy) \cdot (-y, -x, 1) = -x^2 z - xy = -x^3 y - xy,\ \ \forall (x, y, z) \in S$

$$\iint_R \vec{F} \cdot \frac{\partial \vec{r}}{\partial x} \times \frac{\partial \vec{r}}{\partial y}\, dxdy = \int_0^1 \int_0^2 -x^3 y - xy\, dydx = \int_0^a -2x^3 - 2x\, dx = \left(-\frac{x^4}{2} - x^2 \right)\Big|_0^1 = -\frac{3}{2}$$

範例 22.

Calculate the flux of $\vec{\mathbf{F}} = (x, y, z)$ out of the cylindrical surface with parameterization $S: \vec{r}(s, t) = (a \cos s, a \sin s, t), 0 \leq s \leq 2\pi, 0 \leq t \leq k$.

【解】

令 $\vec{r}(s, t) = (a\cos s, a \sin s, t)$ 且 $R = \{(s, t): 0 \leq s \leq 2\pi, 0 \leq t \leq k\}$

則 $\iint_S \vec{F} \cdot \vec{n} \, dA = \iint_R \vec{F} \cdot \dfrac{\partial \vec{r}}{\partial s} \times \dfrac{\partial \vec{r}}{\partial t} \, dsdt$

$\because \dfrac{\partial \vec{r}}{\partial s} = (-a\sin s, a\cos s, 0)$ 且 $\dfrac{\partial \vec{r}}{\partial t} = (0,0,1)$ $\quad \therefore \dfrac{\partial \vec{r}}{\partial s} \times \dfrac{\partial \vec{r}}{\partial t} = (a\cos s, a\sin s, 0)$

$\therefore \vec{F} \cdot \dfrac{\partial \vec{r}}{\partial s} \times \dfrac{\partial \vec{r}}{\partial t} = (a\cos s, a\sin s, t) \cdot (a\cos s, a\sin s, 0) = a^2, \ \ \forall (x,y,z) \in S$

$\iint_R \vec{F} \cdot \dfrac{\partial \vec{r}}{\partial s} \times \dfrac{\partial \vec{r}}{\partial t} \, dsdt = \int_0^{2\pi} \int_0^k a^2 \, dtds = 2\pi a^2 k$

範例 23.

$\quad \vec{F} = (y, z, x), \ \ S$ 是 $(a,0,0), (0,a,0), (0,0,a)$ 於第一象限所圍朝上定向平面,

$\quad$ 求 $\iint_S \vec{F} \cdot \vec{n} dA = ?$

【解】

$\because S$ 是朝上定向

令 $\vec{r}(x,y,z) = (x, y, a-x-y)$ 且 $R = \{(x,y): 0 \le x \le a, 0 \le y \le a-x\}$

則 $\iint_S \vec{F} \cdot \vec{n} dA = \iint_R \vec{F} \cdot \dfrac{\partial \vec{r}}{\partial x} \times \dfrac{\partial \vec{r}}{\partial y} \, dxdy$

$\because \dfrac{\partial \vec{r}}{\partial x} = (1, 0, -1)$ 且 $\dfrac{\partial \vec{r}}{\partial y} = (0, 1, -1)$ $\quad \therefore \dfrac{\partial \vec{r}}{\partial x} \times \dfrac{\partial \vec{r}}{\partial y} = (1,1,1)$

$\therefore \vec{F} \cdot \dfrac{\partial \vec{r}}{\partial x} \times \dfrac{\partial \vec{r}}{\partial y} = (y, z, x) \cdot (1,1,1) = x + y + z = x + y + a - x - y = a, \ \ \forall (x,y,z) \in S$

$\iint_R \vec{F} \cdot \dfrac{\partial \vec{r}}{\partial x} \times \dfrac{\partial \vec{r}}{\partial y} \, dxdy = \int_0^a \int_0^{a-x} a \, dydx = a \int_0^a a - x \, dx = a \left(ax - \dfrac{x^2}{2} \right) \Big|_0^a = \dfrac{a^3}{2}$

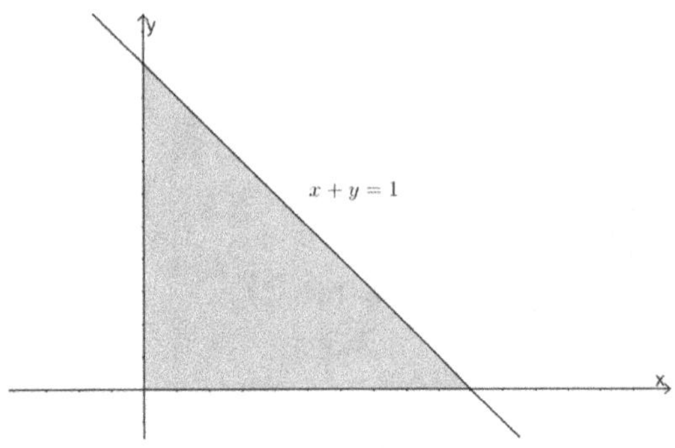

9.6 Stokes' Theorem

如之前所述, Green's Theorem 的旋度形式的表示為

$$\oint_C \vec{\mathrm{F}} \cdot d\vec{r} = \iint_R (\nabla \times \vec{\mathrm{F}}) \cdot \boldsymbol{k}\, dA$$

如果擴展至三維空間, 直觀的推論為

$$\oint_C \vec{\mathrm{F}} \cdot d\vec{r} = \iint_S (\nabla \times \vec{\mathrm{F}}) \cdot \vec{n}\, dA$$

其中S為空間中非封閉的曲面且C為S的邊界(空間中的封閉曲線)

　　Stokes' Theorem 不僅是微積分基本定理在更高維度的推廣, 同時也是 Green's Theorem 的高維推廣; Green's Theorem 是將平面區域的雙重積分與平面上二維封閉曲線之線積分做轉換, Stokes' Theorem 則是將三維空間封閉曲線的線積分與曲面S上之曲面積分做轉換; 假設非封閉曲面S的邊界為封閉空間曲線C, Stokes' Theorem 說明可以將$\vec{\mathrm{F}}$沿著封閉空間曲線C的線積分轉換為$\vec{\mathrm{F}}$旋度在非封閉曲面S上的曲面積分, 相反地, 也可藉由求$\vec{\mathrm{F}}$沿著封閉空間曲線C的線積分得到$\vec{\mathrm{F}}$旋度在非封閉曲面S的曲面積分(如下圖所示)

　　Stokes' Theorem 重要的成立條件為曲面S是非封閉曲面且其邊界是空間封閉曲線; 再者, 曲面S的定向與邊界曲線 C 是否為逆時針繞行的正向曲線有重要的關聯; 如果曲面S的定向已經給定則法向量的方向確定, 藉由右手法則,大拇指先指向法向量的方向, 其餘四根手指頭順勢彎曲的方向則為曲線 C 的繞行方向; 另一方面, 如果是給定封閉曲線 C 所繞行的方向, 也可藉由右手法則找出對應法向量的方向, 藉此判斷曲面為朝上定向或者是朝下定向(如下圖)

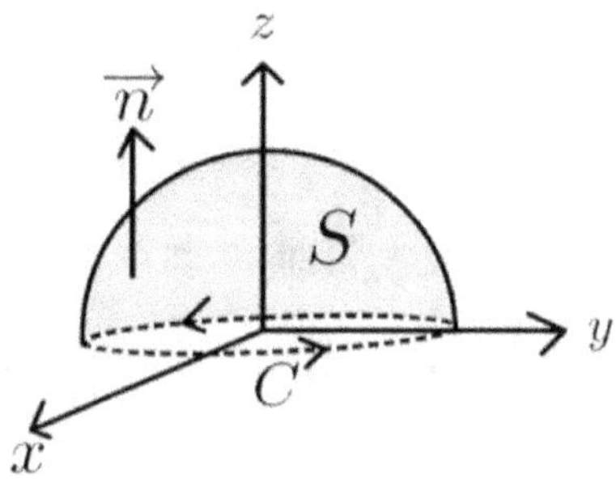

原本求通量的做法是投影到 xy 平面再求雙重積分, 而 Stokes' Theorem 是將問題轉成求三維空間封閉曲線的線積分, 反之, 求三維空間封閉曲線的線積分也可藉由 Stokes' Theorem 轉成求空間中非封閉曲面的通量問題(如下圖)

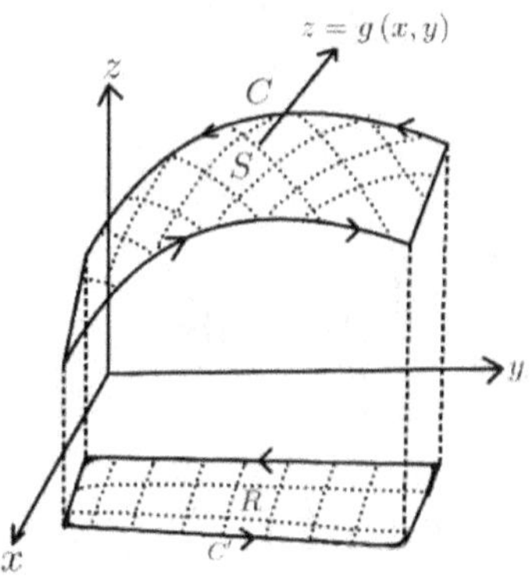

為了說明 Stokes' Theorem, 先回顧曲面積分的公式, 給定朝上定向曲面$S:\ z = g(x, y)$, $\forall\, a \le x \le b, c \le y \le d$, 假設 $\vec{F}(x, y, z)$ 為三維空間的向量函數, 則

$$\iint_S \vec{F} \cdot \vec{n}\, dA = \int_a^b \int_c^d \vec{F}(x, y, g(x, y))\, (-g_x(x, y), -g_y(x, y), 1)\, dx\, dy$$

如果 $\vec{F} = (F_1, F_2, F_3)$ 則 $\displaystyle\iint_S \vec{F} \cdot \vec{n}\, dA = \iint_D\ -F_1 \frac{\partial g}{\partial x} - F_2 \frac{\partial g}{\partial y} + F_3\ dA$

$$\because \operatorname{curl} \vec{F} = \nabla \times \vec{F} = \begin{Vmatrix} \boldsymbol{i} & \boldsymbol{j} & \boldsymbol{k} \\ \dfrac{\partial}{\partial x} & \dfrac{\partial}{\partial y} & \dfrac{\partial}{\partial z} \\ F_1 & F_2 & F_3 \end{Vmatrix} = \left(\frac{\partial F_3}{\partial y} - \frac{\partial F_2}{\partial z}\right)\boldsymbol{i} + \left(\frac{\partial F_1}{\partial z} - \frac{\partial F_3}{\partial x}\right)\boldsymbol{j} + \left(\frac{\partial F_2}{\partial x} - \frac{\partial F_1}{\partial y}\right)\boldsymbol{k}$$

若將上式的 $\vec{F}$ 用 $\operatorname{curl}\vec{F}$ 取代則

$$\iint_S (\nabla \times \vec{F}) \cdot \vec{n}\, dA = \iint_D\ -\left(\frac{\partial F_3}{\partial y} - \frac{\partial F_2}{\partial z}\right)\frac{\partial z}{\partial x} - \left(\frac{\partial F_1}{\partial z} - \frac{\partial F_3}{\partial x}\right)\frac{\partial z}{\partial y} + \left(\frac{\partial F_2}{\partial x} - \frac{\partial F_1}{\partial y}\right) dA$$

【定理】 Stokes' Theorem

假設

1. 空間曲面S是朝上定向的非封閉光滑曲面,邊界曲線C是簡單封閉且分段光滑的正向曲線
2. $\vec{F}$ 為一個向量場,各分量在一個包含S 的開集合上具有連續的偏導數則

$$\oint_C \vec{F} \cdot d\vec{r} = \iint_S (\nabla \times \vec{F}) \cdot \vec{n} dA$$

<u>Proof:</u>

假設曲面S: $z = g(x,y), (x,y) \in D$,R為曲面S投影於xy平面的平面區域, 其封閉邊界曲線為C', 藉由向量函數的曲面公式

$$\iint_S \vec{F} \cdot \vec{n}\, dA = \iint_R \vec{F}(x,y,g(x,y)) \cdot (-g_x(x,y), -g_y(x,y), 1)dxdy$$

將上述的$\vec{F}$替換為$\nabla \times \vec{F}$

$$\because \text{curl}\, \vec{F} = \nabla \times \vec{F} = \begin{Vmatrix} \boldsymbol{i} & \boldsymbol{j} & \boldsymbol{k} \\ \dfrac{\partial}{\partial x} & \dfrac{\partial}{\partial y} & \dfrac{\partial}{\partial z} \\ F_1 & F_2 & F_3 \end{Vmatrix} = \left(\frac{\partial F_3}{\partial y} - \frac{\partial F_2}{\partial z}\right)\boldsymbol{i} + \left(\frac{\partial F_1}{\partial z} - \frac{\partial F_3}{\partial x}\right)\boldsymbol{j} + \left(\frac{\partial F_2}{\partial x} - \frac{\partial F_1}{\partial y}\right)\boldsymbol{k}$$

$$\therefore \iint_S (\nabla \times \vec{F}) \cdot \vec{n} dA = \iint_R (\nabla \times \vec{F})(x,y,g(x,y)) \cdot (-g_x(x,y), -g_y(x,y), 1)dxdy$$

$$= \iint_R \left(\frac{\partial F_3}{\partial y} - \frac{\partial F_2}{\partial z}, \frac{\partial F_1}{\partial z} - \frac{\partial F_3}{\partial x}, \frac{\partial F_2}{\partial x} - \frac{\partial F_1}{\partial y}\right) \cdot (-g_x(x,y), -g_y(x,y), 1)dxdy$$

$$= \iint_R -\left(\frac{\partial F_3}{\partial y} - \frac{\partial F_2}{\partial z}\right)\frac{\partial z}{\partial x} - \left(\frac{\partial F_1}{\partial z} - \frac{\partial F_3}{\partial x}\right)\frac{\partial z}{\partial y} + \left(\frac{\partial F_2}{\partial x} - \frac{\partial F_1}{\partial y}\right)dA$$

其中 F_1, F_2, F_3 於 $(x,y,g(x,y))$ 取值

令曲線 C'的參數式: $x = x(t), y = y(t), \ a \le t \le b$ 則

曲線C: $x = x(t), y = y(t), z = g(x(t),y(t)), \ a \le t \le b$

By Chain Rule,

$$\oint_C \vec{F} \cdot d\vec{r} = \int_a^b F_1 \frac{dx}{dt} + F_2 \frac{dy}{dt} + F_3 \frac{dz}{dt}\, dt = \int_a^b F_1 \frac{dx}{dt} + F_2 \frac{dy}{dt} + F_3 \left(\frac{\partial z}{\partial x}\frac{dx}{dt} + \frac{\partial z}{\partial y}\frac{dy}{dt}\right) dt$$

$$= \int_a^b \frac{dx}{dt}\left(F_1 + F_3 \frac{\partial z}{\partial x}\right) + \frac{dy}{dt}\left(F_2 + F_3 \frac{\partial z}{\partial x}\right) dt = \int_{C'} \left(F_1 + F_3 \frac{\partial z}{\partial x}\right)dx + \left(F_2 + F_3 \frac{\partial z}{\partial x}\right) dy$$

By Green's Theorem

$$= \int_{C'} \left(F_1 + F_3 \frac{\partial z}{\partial x}\right)dx + \left(F_2 + F_3 \frac{\partial z}{\partial x}\right) dy = \iint_R \frac{\partial}{\partial x}\left(F_2 + F_3 \frac{\partial z}{\partial x}\right) - \frac{\partial}{\partial y}\left(F_1 + F_3 \frac{\partial z}{\partial x}\right)dA$$

$\because F_1, F_2, F_3$ are functions of x, y, and z and z is a function of x and y

Applying the Chain Rule to right-hand side integral, we have

$$\iint_R \frac{\partial}{\partial x}\left(F_2 + F_3 \frac{\partial z}{\partial x}\right) - \frac{\partial}{\partial y}\left(F_1 + F_3 \frac{\partial z}{\partial x}\right) dA$$

$$= \iint_R \left(\frac{\partial F_2}{\partial x} + \frac{\partial F_2}{\partial z}\frac{\partial z}{\partial x} + \frac{\partial F_3}{\partial x}\frac{\partial z}{\partial y} + \frac{\partial F_3}{\partial z}\frac{\partial z}{\partial x}\frac{\partial z}{\partial y} + F_3 \frac{\partial^2 z}{\partial x \partial y}\right)$$

$$- \left(\frac{\partial F_1}{\partial y} + \frac{\partial F_1}{\partial z}\frac{\partial z}{\partial y} + \frac{\partial F_3}{\partial y}\frac{\partial z}{\partial x} + \frac{\partial F_3}{\partial z}\frac{\partial z}{\partial y}\frac{\partial z}{\partial x} + F_3 \frac{\partial^2 z}{\partial y \partial x}\right) dA$$

$$= \iint_R -\left(\frac{\partial F_3}{\partial y} - \frac{\partial F_2}{\partial z}\right)\frac{\partial z}{\partial x} - \left(\frac{\partial F_1}{\partial z} - \frac{\partial F_3}{\partial x}\right)\frac{\partial z}{\partial y} + \left(\frac{\partial F_2}{\partial x} - \frac{\partial F_1}{\partial y}\right) dA = \iint_S (\nabla \times \vec{F}) \cdot \vec{n} dA$$

$$\therefore \oint_C \vec{F} \cdot d\vec{r} = \iint_S (\nabla \times \vec{F}) \cdot \vec{n} dA$$

Stokes' Theorem 有個值得討論的對應關係, 就是曲面的法向量與封閉曲線繞行方向的關係; 如果曲面S是朝上定向則封閉曲線C繞行方向為逆時針方向(正定向); 可以藉由右手法則, 大拇指指向曲面朝上的法向量, 其餘四根手指頭順勢彎曲的方向則為曲線的繞行方向, 因此, 如果曲面為朝上定向則封閉曲線C(四根手指頭順勢彎曲的方向)為逆時針方(正定向) 且

$$\oint_C \vec{F} \cdot d\vec{r} = \iint_S (\nabla \times \vec{F}) \cdot \vec{n} dA$$

如果曲面是朝下定向則封閉曲線 C'(四根手指頭順勢彎曲的方向)繞行方向為負定向且

$$\oint_C \vec{F} \cdot d\vec{r} = -\iint_S (\nabla \times \vec{F}) \cdot \vec{n} dA = -\oint_{C'} \vec{F} \cdot d\vec{r}$$

　　上述的對應關係必須清楚的理解, 否則計算出來的答案可能因為差個負號就錯了; 此外, 另一個重要值得討論的是不同曲面可能有相同的邊界, 藉由 Stokes' Theorem 可以推論這些不同曲面有相同邊界會有相同的通量, 為了讓讀者能更清楚掌握這些細微的規則以及 Stokes' Theorem 的應用情境, 底下利用圖示來說明; 假設 S_1, S_2, S_3 分別為上半球, 上半圓錐, 上半拋物曲面且這三者有共同邊界C, 藉由右手法則C所繞行的方向為逆時鐘方(正定向), 藉由 Stokes' Theorem

$$\oint_C \vec{F} \cdot d\vec{r} = \iint_{S_1} (\nabla \times \vec{F}) \cdot \vec{n} dA = \iint_{S_2} (\nabla \times \vec{F}) \cdot \vec{n} dA = \iint_{S_3} (\nabla \times \vec{F}) \cdot \vec{n} dA$$

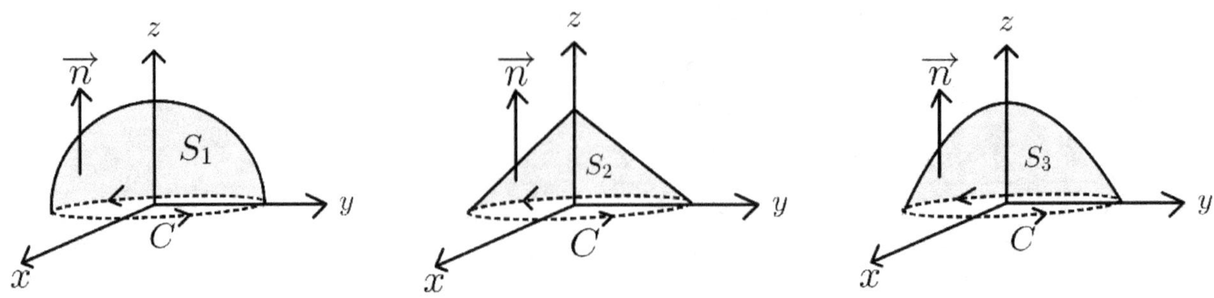

如下圖所示, 假設 S_4, S_5, S_6 分別為下半球, 下半圓錐, 下半拋物曲面且這三者有共同邊界 C', 藉由右手法則 C' 所繞行的方向為順時鐘方向 (負定向), 且 C 與 C' 兩者為相同曲線只是方向相反, 藉由 Stokes' Theorem

$$\oint_{C'} \vec{F} \cdot d\vec{r} = \iint_{S_4} (\nabla \times \vec{F}) \cdot \vec{n} dA = \iint_{S_5} (\nabla \times \vec{F}) \cdot \vec{n} dA = \iint_{S_6} (\nabla \times \vec{F}) \cdot \vec{n} dA = -\oint_{C} \vec{F} \cdot d\vec{r}$$

藉由上述觀察, 可以得到一個 Stokes' Theorem 直觀的推論, 一條空間封閉曲線可以引導出各式各樣的非封閉曲面, 然而這些曲面的通量值會一樣或者只是差個負號

Stokes' Theorem 的考試類型包含: 使用 Stokes' Theorem 說明線積分與積分路徑無關、使用 Stokes' Theorem 把封閉線積分轉成非封閉曲面的曲面積分、使用 Stokes' Theorem 把非封閉曲面的曲面積分轉成封閉線積分

9.6.1　$\nabla \times \vec{F} = 0$, 線積分與積分路徑無關

給定向量值函數 $\vec{F}$, 試證線積分 $\displaystyle\int_C \vec{F} \cdot d\vec{r}$ 與路徑無關

考試類型:

題型 1.

給定$(x_0, y_0, z_0), (x_1, y_1, z_1)$, 試證 $\int_{(x_0,y_0,z_0)}^{(x_1,y_1,z_1)} \vec{F} \cdot d\vec{r}$ 與路徑無關並求此積分

解題流程:

Step1.

令C_1、C_2為從(x_0, y_0, z_0)至(x_1, y_1, z_1)的任意兩條曲線

令C為C_1、C_2所圍成的逆時針封閉曲線且S為所圍封閉區域

Step2.

Claim: $\nabla \times \vec{\mathbf{F}} = 0$

藉由 Stokes' Theorem, $\oint_C \vec{F} \cdot d\vec{r} = \iint_S (\nabla \times \vec{\mathbf{F}}) \cdot \vec{n} dA = 0$

$\therefore \int_{C_1} \vec{F} \cdot d\vec{r} - \int_{C_2} \vec{F} \cdot d\vec{r} = 0 \Rightarrow \int_{C_1} \vec{F} \cdot d\vec{r} = \int_{C_2} \vec{F} \cdot d\vec{r} \quad \therefore \int_C \vec{F} \cdot d\vec{r}$ 與積分路徑無關

Step3.

$\because \int_C \vec{F} \cdot d\vec{r}$ 與積分路徑無關 $\quad \therefore \exists G(x, y, z)$ 使得 $\nabla G(x, y, z) = \vec{\mathbf{F}}(x, y, z)$

且 $\int_{(x_0,y_0,z_0)}^{(x_1,y_1,z_1)} \vec{F} \cdot d\vec{r} = \int_{(x_0,y_0,z_0)}^{(x_1,y_1,z_1)} \nabla G \cdot d\vec{r} = \int_{(x_0,y_0,z_0)}^{(x_1,y_1,z_1)} dG = G(x_1, y_1, z_1) - G(x_0, y_0, z_0)$

Step4.

$\because \nabla G(x, y, z) = \vec{\mathbf{F}}(x, y, z) = (f_1, f_2, f_3)$

$\therefore \begin{cases} \dfrac{\partial G}{\partial x} = f_1(x, y, z) \\[2mm] \dfrac{\partial G}{\partial y} = f_2(x, y, z) \\[2mm] \dfrac{\partial G}{\partial z} = f_3(x, y, z) \end{cases} \quad \therefore \begin{cases} G(x, y, z) = \int f_1(x, y, z)dx + c \\[2mm] G(x, y, z) = \int f_2(x, y, z)dy + c \\[2mm] G(x, y, z) = \int f_3(x, y, z)dz + c \end{cases}$

找出明確$G(x, y, z)$同時滿足上述三個等式接著計算$G(x_1, y_1, z_1) - G(x_0, y_0, z_0)$

<u>範例說明:</u>

給定$(x_0, y_0, z_0), (x_1, y_1, z_1)$, 試證 $\int_{(x_0,y_0,z_0)}^{(x_1,y_1,z_1)} \vec{F} \cdot d\vec{r}$ 與路徑無關

令C_1、C_2為從(x_0, y_0, z_0)至(x_1, y_1, z_1)的任意兩條曲線

令C為C_1、C_2所圍成的逆時針封閉曲線且 S 為所圍封閉區域

(I)若$\vec{\mathbf{F}} = (2xy - y^4 + 3, x^2 - 4xy^3, 0)$ 則 $\nabla \times \vec{\mathbf{F}} = (0,0,0)$

(II)若$\vec{\mathbf{F}} = (4x^3 y, x^4, 0)$ 則 $\nabla \times \vec{\mathbf{F}} = (0,0,0)$

(III)若$\vec{F} = (10x^4 - 2xy^3, -3x^2y^2, 0)$ 則 $\nabla \times \vec{F} = (0,0,0)$

(IV)若$\vec{F} = \left(yz^2, xz^2 + ze^{yz}, 2xyz + ye^{yz} + \dfrac{1}{1+z}\right)$ 則 $\nabla \times \vec{F} = (0,0,0)$

(V)若$\vec{F} = (2xyz, x^2z, x^2y)$ 則 $\nabla \times \vec{F} = (0,0,0)$

藉由 Stokes' Theorem, $\displaystyle\oint_C \vec{F} \cdot d\vec{r} = \iint_S (\nabla \times \vec{F}) \cdot \vec{n} dA = 0$

$\therefore \displaystyle\int_{C_1} \vec{F} \cdot d\vec{r} - \int_{C_2} \vec{F} \cdot d\vec{r} = 0 \Rightarrow \int_{C_1} \vec{F} \cdot d\vec{r} = \int_{C_2} \vec{F} \cdot d\vec{r} \quad \therefore \int_C \vec{F} \cdot d\vec{r}$ 與積分路徑無關

範例 1.

$$求 \oint_C (x^2y \cos x + 2xy \sin x - y^2e^x)dx + (x^2 \sin x - 2ye^x)dy =?, \quad C: x^{\frac{2}{3}} + y^{\frac{2}{3}} = a^{\frac{2}{3}}$$

為逆時針封閉曲線

【解】

令 $\vec{F} = (x^2y \cos x + 2xy \sin x - y^2e^x, x^2 \sin x - 2ye^x, 0)$

Claim: $\nabla \times \vec{F} = 0$

$$\nabla \times \vec{F} = \begin{vmatrix} \vec{i} & \vec{j} & \vec{k} \\ \dfrac{\partial}{\partial x} & \dfrac{\partial}{\partial y} & \dfrac{\partial}{\partial z} \\ x^2y \cos x + 2xy \sin x - y^2e^x & x^2 \sin x - 2ye^x & 0 \end{vmatrix}$$

$= (0, 0, 2x \sin x + x^2 \cos x - 2ye^x - (x^2 \cos x + 2x \sin x - 2ye^x)) = (0,0,0)$

$\because \vec{F}$的各分量一階偏導數存在且連續

藉由 Stokes' Theorem 則 $\displaystyle\oint_C \vec{F} \cdot d\vec{r} = \iint_S (\nabla \times \vec{F}) \cdot \vec{n} dA = 0$

範例 2.

$$試證 \int_{(0,0)}^{(3,1)} (2xy - y^4 + 3)dx + (x^2 - 4xy^3)dy$$ 與 $(0,0), (3,1)$ 的路徑無關並求此積分

【解】

令$C_1 、 C_2$為從$(0,0)$至$(3,1)$的任意兩條曲線

令C為$C_1 、 C_2$所圍成的逆時針封閉曲線且S為所圍封閉區域

令$\vec{F} = (2xy - y^4 + 3, x^2 - 4xy^3, 0)$

Claim: $\nabla \times \vec{F} = 0$

$$\nabla \times \vec{F} = \begin{vmatrix} \vec{i} & \vec{j} & \vec{k} \\ \dfrac{\partial}{\partial x} & \dfrac{\partial}{\partial y} & \dfrac{\partial}{\partial z} \\ 2xy - y^4 + 3 & x^2 - 4xy^3 & 0 \end{vmatrix} = \vec{i} \cdot 0 + \vec{j} \cdot 0 + \vec{k} \cdot 0 = (0,0,0)$$

$\because \vec{F}$ 的各分量一階偏導數存在且連續

藉由 Stokes' Theorem 則 $\displaystyle\oint_C \vec{F} \cdot d\vec{r} = \iint_S (\nabla \times \vec{F}) \cdot \vec{n} dA = 0$

$\therefore \displaystyle\int_{C_1} \vec{F} \cdot d\vec{r} - \int_{C_2} \vec{F} \cdot d\vec{r} = 0 \Rightarrow \int_{C_1} \vec{F} \cdot d\vec{r} = \int_{C_2} \vec{F} \cdot d\vec{r}$

$\therefore \displaystyle\int_{(0,0)}^{(3,1)} (2xy - y^4 + 3)dx + (x^2 - 4xy^3)dy$ 與積分路徑無關

$\therefore \exists G(x,y,z)$ 使得 $\nabla G(x,y,z) = \vec{F}$

且 $\displaystyle\int_{(0,0)}^{(3,1)} \vec{F} \cdot d\vec{r} = \int_{(0,0)}^{(3,1)} \nabla G \cdot d\vec{r} = \int_{(0,0)}^{(3,1)} dG = G(3,1) - G(0,0)$

$\because \begin{cases} \dfrac{\partial G}{\partial x} = 2xy - y^4 + 3 \\ \dfrac{\partial G}{\partial y} = x^2 - 4xy^3 \\ \dfrac{\partial G}{\partial z} = 0 \end{cases} \quad \therefore G(x,y,z) = x^2 y - xy^4 + 3x + c$

$\therefore \displaystyle\int_{(0,0)}^{(3,1)} (2xy - y^4 + 3)dx + (x^2 - 4xy^3)dy = x^2 y - xy^4 + 3x \Big|_{(0,0)}^{(3,1)} = 15$

範例 3.

$\qquad$ 試證 $\displaystyle\int_{(1,2)}^{(3,4)} (6xy^2 - y^3)dx + (6x^2 y - 3xy^2)dy$ 與其路徑無關並求此積分

【解】

令 C_1、C_2 為從 $(3,4)$ 至 $(1,2)$ 的任意兩條曲線

令 C 為 C_1、C_2 所圍成的逆時針封閉曲線且 S 為所圍封閉區域

令 $\vec{F} = (6xy^2 - y^3, 6x^2 y - 3xy^2, 0)$

Claim: $\nabla \times \vec{F} = 0$

$$\nabla \times \vec{F} = \begin{vmatrix} \vec{i} & \vec{j} & \vec{k} \\ \dfrac{\partial}{\partial x} & \dfrac{\partial}{\partial y} & \dfrac{\partial}{\partial z} \\ 6xy^2 - y^3 & 6x^2 y - 3xy^2 & 0 \end{vmatrix} = \left(0,0,12x - 3y^2 - (12xy - 3y^2)\right) = (0,0,0)$$

$\because \vec{F}$ 的各分量一階偏導數存在且連續

藉由 Stokes' Theorem 則 $\oint_C \vec{F} \cdot d\vec{r} = \iint_S (\nabla \times \vec{F}) \cdot \vec{n} dA = 0$

$\therefore \int_{C_1} \vec{F} \cdot d\vec{r} - \int_{C_2} \vec{F} \cdot d\vec{r} = 0 \Rightarrow \int_{C_1} \vec{F} \cdot d\vec{r} = \int_{C_2} \vec{F} \cdot d\vec{r}$

$\therefore \int_{(1,2)}^{(3,4)} (6xy^2 - y^3)dx + (6x^2y - 3xy^2)dy$ 與積分路徑無關

$\therefore \exists G(x,y,z)$ 使得 $\nabla G(x,y,z) = \vec{F}$

且 $\int_{(1,2)}^{(3,4)} \vec{F} \cdot d\vec{r} = \int_{(1,2)}^{(3,4)} \nabla G \cdot d\vec{r} = \int_{(1,2)}^{(3,4)} dG = G(3,4) - G(1,2)$

$\therefore \begin{cases} \dfrac{\partial G}{\partial x} = 6xy^2 - y^3 \\ \dfrac{\partial G}{\partial y} = 6x^2y - 3xy^2 \qquad \therefore G(x,y,z) = 3x^2y^2 - xy^3 + c \\ \quad \dfrac{\partial G}{\partial z} = 0 \end{cases}$

$\therefore \int_C \vec{F} \cdot d\vec{r} = 3x^2y^2 - xy^3 \big|_{(1,2)}^{(3,4)} = 236$

範例 4.

$\qquad$ 試證 $\int_{(0,0)}^{(a,b)} 4x^3y\,dx + x^4\,dy$ 與 $(0,0), (a,b)$ 的路徑無關並求此積分

【解】

令 C_1、C_2 為從 $(0,0)$ 至 (a,b) 的任意兩條曲線

令 C 為 C_1、C_2 所圍成的逆時針封閉曲線且 S 為所圍封閉區域

令 $\vec{F} = (4x^3y, x^4, 0)$

Claim: $\nabla \times \vec{F} = 0$

$\nabla \times \vec{F} = \begin{vmatrix} \vec{i} & \vec{j} & \vec{k} \\ \dfrac{\partial}{\partial x} & \dfrac{\partial}{\partial y} & \dfrac{\partial}{\partial z} \\ 4x^3y & x^4 & 0 \end{vmatrix} = (0, 0, 4x^3 - 4x^3) = (0,0,0)$

$\because \vec{F}$ 的各分量一階偏導數存在且連續

藉由 Stokes' Theorem 則 $\oint_C \vec{F} \cdot d\vec{r} = \iint_S (\nabla \times \vec{F}) \cdot \vec{n} dA = 0$

$$\therefore \int_{C_1} \vec{F}\cdot d\vec{r} - \int_{C_2} \vec{F}\cdot d\vec{r} = 0 \Rightarrow \int_{C_1} \vec{F}\cdot d\vec{r} = \int_{C_2} \vec{F}\cdot d\vec{r}$$

$$\therefore \int_{(0,0)}^{(a,b)} 4x^3 y\, dx + x^4 dy\, 與積分路徑無關$$

$\therefore \exists G(x,y,z)$ 使得 $\nabla G(x,y,z) = \vec{F}$

$$且 \int_{(0,0)}^{(a,b)} \vec{F}\cdot d\vec{r} = \int_{(0,0)}^{(a,b)} \nabla G\cdot d\vec{r} = \int_{(0,0)}^{(a,b)} dG = G(a,b) - G(0,0)$$

$$\therefore \begin{cases} \dfrac{\partial G}{\partial x} = 4x^3 y \\[2mm] \dfrac{\partial G}{\partial y} = x^4 \\[2mm] \dfrac{\partial G}{\partial z} = 0 \end{cases} \qquad \therefore G(x,y,z) = x^4 y + c$$

$$\therefore \int_{(0,0)}^{(a,b)} 4x^3 y\, dx + x^4 dy = x^4 y + c\Big|_{(0,0)}^{(a,b)} = a^4 b$$

範例 5.

$$求 \int_{(0,0)}^{(-2,-1)} (10x^4 - 2xy^3)dx - 3x^2 y^2 dy = ?, \quad 假設積分路徑為\ x^4 - 6xy^3 = 4y^2$$

【解】

令 C_1、C_2 為從 $(0,0)$ 至 $(-2,-1)$ 的任意兩條曲線

令 C 為 C_1、C_2 所圍成的逆時針封閉曲線且 S 為所圍封閉區域

令 $\vec{F} = (10x^4 - 2xy^3, -3x^2 y^2, 0)$

Claim: $\nabla\times\vec{F} = 0$

$$\nabla\times\vec{F} = \begin{vmatrix} \vec{i} & \vec{j} & \vec{k} \\[1mm] \dfrac{\partial}{\partial x} & \dfrac{\partial}{\partial y} & \dfrac{\partial}{\partial z} \\[1mm] 10x^4 - 2xy^3 & -3x^2 y^2 & 0 \end{vmatrix} = (0,0,-6xy^2 + 6xy^2) = (0,0,0)$$

$\because \vec{F}$ 的各分量一階偏導數存在且連續

藉由 Stokes' Theorem 則 $\displaystyle \oint_C \vec{F}\cdot d\vec{r} = \iint_S (\nabla\times\vec{F})\cdot\vec{n}\, dA = 0$

$$\therefore \int_{C_1} \vec{F}\cdot d\vec{r} - \int_{C_2} \vec{F}\cdot d\vec{r} = 0 \Rightarrow \int_{C_1} \vec{F}\cdot d\vec{r} = \int_{C_2} \vec{F}\cdot d\vec{r}$$

$$\therefore \int_{(0,0)}^{(-2,-1)} (10x^4 - 2xy^3)dx - 3x^2y^2dy \text{ 與積分路徑無關}$$

$$\therefore \exists G(x,y,z) \text{ 使得 } \nabla G(x,y,z) = \vec{F}$$

$$\text{且} \int_{(0,0)}^{(-2,-1)} \vec{F}\cdot d\vec{r} = \int_{(0,0)}^{(-2,-1)} \nabla G\cdot d\vec{r} = \int_{(0,0)}^{(-2,-1)} dG = G(-2,-1) - G(0,0)$$

$$\therefore \begin{cases} \dfrac{\partial G}{\partial x} = 10x^4 - 2xy^3 \\[2mm] \dfrac{\partial G}{\partial y} = -3x^2y^2 \qquad \therefore G(x,y,z) = 2x^5 - x^2y^3 + c \\[2mm] \dfrac{\partial G}{\partial z} = 0 \end{cases}$$

$$\therefore \int_{(0,0)}^{(-2,-1)} (10x^4 - 2xy^3)dx - 3x^2y^2dy = 2x^5 - x^2y^3\Big|_{(0,0)}^{(-2,-1)} = -60$$

範例 6.

$$\text{求} \int_{(0,0)}^{\left(\frac{\pi}{2},1\right)} (x^2 + 6xy - 2y^2)dx + (3x^2 - 4xy + 2y)dy =?, \quad \text{假設積分路徑為 } y = \sin x$$

【解】

令C_1、C_2為從$(0,0)$至$\left(\dfrac{\pi}{2},1\right)$的任意兩條曲線

令C為C_1、C_2所圍成的逆時針封閉曲線且S為所圍封閉區域

令$\vec{F} = (x^2 + 6xy - 2y^2, 3x^2 - 4xy + 2y, 0)$

Claim: $\nabla \times \vec{F} = 0$

$$\nabla \times \vec{F} = \begin{vmatrix} \vec{i} & \vec{j} & \vec{k} \\[2mm] \dfrac{\partial}{\partial x} & \dfrac{\partial}{\partial y} & \dfrac{\partial}{\partial z} \\[2mm] x^2 + 6xy - 2y^2 & 3x^2 - 4xy + 2y & 0 \end{vmatrix} = (0,0,6x - 4y - (6x - 4y)) = (0,0,0)$$

$\because \vec{F}$的各分量一階偏導數存在且連續

藉由 Stokes' Theorem 則 $\displaystyle\oint_C \vec{F}\cdot d\vec{r} = \iint_S (\nabla \times \vec{F})\cdot \vec{n}\,dA = 0$

$$\therefore \int_{C_1} \vec{F}\cdot d\vec{r} - \int_{C_2} \vec{F}\cdot d\vec{r} = 0 \Rightarrow \int_{C_1} \vec{F}\cdot d\vec{r} = \int_{C_2} \vec{F}\cdot d\vec{r}$$

$$\therefore \int_{(0,0)}^{\left(\frac{\pi}{2},1\right)} (x^2 + 6xy - 2y^2)dx + (3x^2 - 4xy + 2y)dy 與積分路徑無關$$

$$\therefore \exists G(x,y,z) 使得 \nabla G(x,y,z) = \vec{F}$$

$$且 \int_{(0,0)}^{\left(\frac{\pi}{2},1\right)} \vec{F} \cdot d\vec{r} = \int_{(0,0)}^{\left(\frac{\pi}{2},1\right)} \nabla G \cdot d\vec{r} = \int_{(0,0)}^{\left(\frac{\pi}{2},1\right)} dG = G\left(\frac{\pi}{2},1\right) - G(0,0)$$

$$\therefore \begin{cases} \dfrac{\partial G}{\partial x} = x^2 + 6xy - 2y^2 \\ \dfrac{\partial G}{\partial y} = 3x^2 - 4xy + 2y \\ \quad \dfrac{\partial G}{\partial z} = 0 \end{cases} \quad \therefore G(x,y,z) = 3x^2y - 2xy^2 + y^2 + \frac{x^3}{3} + c$$

$$\therefore \int_{(0,0)}^{\left(\frac{\pi}{2},1\right)} (x^2 + 6xy - 2y^2)dx + (3x^2 - 4xy + 2y)dy = 3x^2y - 2xy^2 + y^2 + \frac{x^3}{3}\bigg|_{(0,0)}^{\left(\frac{\pi}{2},1\right)}$$

$$= 3\left(\frac{\pi}{2}\right)^2 - 2\left(\frac{\pi}{2}\right) + 1 + \frac{\left(\frac{\pi}{2}\right)^3}{3}$$

範例 7.

$$求 \int_C \vec{F} \cdot d\vec{r} =?, \quad \vec{F} = (2xy + z^3, x^2, 3xz^2), \quad C 為 (1,-2,1) 至 (3,1,4) 的任意曲線$$

【解】

令 C_1、C_2 為從 $(1,-2,1)$ 至 $(3,1,4)$ 的任意兩條曲線

令 C 為 C_1、C_2 所圍成的逆時針封閉曲線且 S 為所圍封閉區域

Claim: $\nabla \times \vec{F} = 0$

$$\nabla \times \vec{F} = \begin{vmatrix} \vec{i} & \vec{j} & \vec{k} \\ \dfrac{\partial}{\partial x} & \dfrac{\partial}{\partial y} & \dfrac{\partial}{\partial z} \\ 2xy + z^3 & x^2 & 3xz^2 \end{vmatrix} = (0, 3z^2 - 3z^2, 2x - 2x) = (0,0,0)$$

$\because \vec{F}$ 的各分量一階偏導數存在且連續

藉由 Stokes' Theorem 則 $\displaystyle\oint_C \vec{F} \cdot d\vec{r} = \iint_S (\nabla \times \vec{F}) \cdot \vec{n} dA = 0$

$$\therefore \int_{C_1} \vec{F} \cdot d\vec{r} - \int_{C_2} \vec{F} \cdot d\vec{r} = 0 \Rightarrow \int_{C_1} \vec{F} \cdot d\vec{r} = \int_{C_2} \vec{F} \cdot d\vec{r} \quad \therefore \int_C \vec{F} \cdot d\vec{r} \text{ 與積分路徑無關}$$

$\therefore \exists G(x,y,z)$ 使得 $\nabla G(x,y,z) = \vec{F}$

且 $\int_{(1,-2,1)}^{(3,1,4)} \vec{F} \cdot d\vec{r} = \int_{(1,-2,1)}^{(3,1,4)} \nabla G \cdot d\vec{r} = \int_{(1,-2,1)}^{(3,1,4)} dG = G(3,1,4) - G(1,-2,1)$

$$\because \begin{cases} \dfrac{\partial G}{\partial x} = 2xy + z^3 \\[2mm] \dfrac{\partial G}{\partial y} = x^2 \\[2mm] \dfrac{\partial G}{\partial z} = 3xz^2 \end{cases} \qquad \therefore G(x,y,z) = x^2 y + xz^3 + c$$

$$\therefore \int_C \vec{F} \cdot d\vec{r} = x^2 y + xz^3 \Big|_{(1,-2,1)}^{(3,1,4)} = 202$$

範例 8.

$$\text{求} \int_C yz^2 dx + (xz^2 + ze^{yz})dy + \left(2xyz + ye^{yz} + \frac{1}{1+z}\right)dz \,,\, \text{其中曲線}$$
$$C = \{(t, t^2, t^3): 0 \le t \le 1\}$$

【解】

令 C_1、C_2 為從 $(0,0,0)$ 至 $(1,1,1)$ 的任意兩條曲線

令 C 為 C_1、C_2 所圍成的逆時針封閉曲線且 S 為所圍封閉區域

令 $\vec{F} = \left(yz^2, xz^2 + ze^{yz}, 2xyz + ye^{yz} + \dfrac{1}{1+z}\right)$

Claim: $\nabla \times \vec{F} = 0$

$$\nabla \times \vec{F} = \begin{vmatrix} \vec{i} & \vec{j} & \vec{k} \\[2mm] \dfrac{\partial}{\partial x} & \dfrac{\partial}{\partial y} & \dfrac{\partial}{\partial z} \\[3mm] yz^2 & xz^2 + ze^{yz} & 2xyz + ye^{yz} + \dfrac{1}{1+z} \end{vmatrix}$$

$$= (2xz + e^{yz} + zye^{yz} - (2xz + e^{yz} + yze^{yz}), 2yz - 2yz, z^2 - z^2) = (0,0,0)$$

$\because \vec{F}$ 的各分量一階偏導數存在且連續

藉由 Stokes' Theorem 則 $\displaystyle\oint_C \vec{F} \cdot d\vec{r} = \iint_S (\nabla \times \vec{F}) \cdot \vec{n} dA = 0$

$$\therefore \int_{C_1} \vec{F} \cdot d\vec{r} - \int_{C_2} \vec{F} \cdot d\vec{r} = 0 \Rightarrow \int_{C_1} \vec{F} \cdot d\vec{r} = \int_{C_2} \vec{F} \cdot d\vec{r}$$

$$\therefore \int_C yz^2 dx + (xz^2 + ze^{yz})dy + \left(2xyz + ye^{yz} + \frac{1}{1+z}\right) dz \ \text{與積分路徑無關}$$

$$\therefore \exists G(x,y,z) \ \text{使得} \ \nabla G(x,y,z) = \vec{F}$$

$$\text{且} \int_{(0,0,0)}^{(1,1,1)} \vec{F} \cdot d\vec{r} = \int_{(0,0,0)}^{(1,1,1)} \nabla G \cdot d\vec{r} = \int_{(0,0,0)}^{(1,1,1)} dG = G(1,1,1) - G(0,0,0)$$

$$\therefore \begin{cases} \dfrac{\partial G}{\partial x} = yz^2 \\[2mm] \dfrac{\partial G}{\partial y} = xz^2 + ze^{yz} \\[2mm] \dfrac{\partial G}{\partial z} = 2xyz + ye^{yz} + \dfrac{1}{1+z} \end{cases} \qquad \therefore G(x,y,z) = xyz^2 + e^{yz} + \ln(1+z) + c$$

$$\therefore \int_C yz^2 dx + (xz^2 + ze^{yz})dy + \left(2xyz + ye^{yz} + \frac{1}{1+z}\right) dz$$

$$= xyz^2 + e^{yz} + \ln(1+z)\Big|_{(0,0,0)}^{(1,1,1)} = e + \ln 2$$

範例 9.

$$\text{求} \int_C \vec{F} \cdot d\vec{r} = ?, \quad \vec{F} = (2xyz, x^2z, x^2y), \quad C\text{為}(0,0,0)\text{至}(1,1,1) \text{的任意曲線}$$

【解】

令C_1、C_2為從$(0,0,0)$至$(1,1,1)$的任意兩條曲線

令C為C_1、C_2所圍成的逆時針封閉曲線且S為所圍封閉區域

令$\vec{F} = (2xyz, x^2z, x^2y)$

Claim: $\nabla \times \vec{F} = 0$

$$\nabla \times \vec{F} = \begin{vmatrix} \vec{i} & \vec{j} & \vec{k} \\ \dfrac{\partial}{\partial x} & \dfrac{\partial}{\partial y} & \dfrac{\partial}{\partial z} \\ 2xyz & x^2z & x^2y \end{vmatrix} = (x^2 - x^2, 2xy - 2xy, 2xz - 2xz) = (0,0,0)$$

$\because \vec{F}$的各分量一階偏導數存在且連續

藉由 Stokes' Theorem 則 $\displaystyle\oint_C \vec{F} \cdot d\vec{r} = \iint_S (\nabla \times \vec{F}) \cdot \vec{n} dA = 0$

$$\therefore \int_{C_1} \vec{F}\cdot d\vec{r} - \int_{C_2} \vec{F}\cdot d\vec{r} = 0 \Rightarrow \int_{C_1} \vec{F}\cdot d\vec{r} = \int_{C_2} \vec{F}\cdot d\vec{r} \quad \therefore \int_{C} \vec{F}\cdot d\vec{r} \text{ 與積分路徑無關}$$

$$\therefore \exists G(x,y,z) \text{ 使得 } \nabla G(x,y,z) = \vec{F}$$

$$\text{且} \int_{(0,0,0)}^{(1,1,1)} \vec{F}\cdot d\vec{r} = \int_{(0,0,0)}^{(1,1,1)} \nabla G \cdot d\vec{r} = \int_{(0,0,0)}^{(1,1,1)} dG = G(1,1,1) - G(0,0,0)$$

$$\therefore \begin{cases} \dfrac{\partial G}{\partial x} = 2xyz \\[2mm] \dfrac{\partial G}{\partial y} = x^2 z \\[2mm] \dfrac{\partial G}{\partial z} = x^2 y \end{cases} \quad \therefore G(x,y,z) = x^2 yz + c \quad \therefore \int_{C} \vec{F}\cdot d\vec{r} = x^2 yz \Big|_{(0,0,0)}^{(1,1,1)} = 1$$

9.6.2 $\nabla\times\vec{F}\neq 0$,把封閉線積分轉成非封閉曲面積分

應用情境為如果線積分的被積分函數較為複雜而使用 Stokes' Theorem 轉成面積分之後,曲面積分的被積分函數較為乾淨

考試類型:

題型 1.

C 為空間中逆時針封閉曲線, 試證 $\displaystyle\oint_{C} \vec{F}\cdot d\vec{r}$ 只與 C 所圍面積有關,與 C 的位置形狀無關

解題流程:

Claim: $(\nabla\times\vec{F})\cdot\vec{n} = \text{constant}$

假設 $\vec{F} = (f_1, f_2, f_3)$, 令 C 所圍封閉區域為 R

藉由 Stokes' Theorem, $\displaystyle\oint_{C} \vec{F}\cdot d\vec{r} = \iint_{R} (\nabla\times\vec{F})\cdot\vec{n}\, dA$

其中 $\vec{n}$ 為單位法向量 且 $\nabla\times\vec{F} = \begin{vmatrix} \vec{i} & \vec{j} & \vec{k} \\[1mm] \dfrac{\partial}{\partial x} & \dfrac{\partial}{\partial y} & \dfrac{\partial}{\partial z} \\[1mm] f_1 & f_2 & f_3 \end{vmatrix}$

若 $(\nabla\times\vec{F})\cdot\vec{n} = c$ (c is constant) 則 $\displaystyle\oint_{C} \vec{F}\cdot d\vec{r} = \iint_{R} (\nabla\times\vec{F})\cdot\vec{n}\, dA = \iint_{R} c\, dA$

$$\therefore \oint_C \vec{F}\cdot d\vec{r} \text{ 只與}C\text{所圍面積有關, 與}C\text{的形狀與位置無關}$$

<u>範例說明:</u>

C為空間中逆時針封閉曲線, 試證$\oint_C \vec{F}\cdot d\vec{r}$ 只與C所圍面積有關,與C的形狀位置無關

令C所圍封閉區域為 R

藉由 Stokes' Theorem, $\quad \oint_C \vec{F}\cdot d\vec{r} = \iint_R (\nabla\times\vec{F})\cdot\vec{n}dA$

其中$\vec{n}$為單位法向量 且 $\nabla\times\vec{F} = \begin{vmatrix} \vec{i} & \vec{j} & \vec{k} \\ \dfrac{\partial}{\partial x} & \dfrac{\partial}{\partial y} & \dfrac{\partial}{\partial z} \\ f_1 & f_2 & f_3 \end{vmatrix}$

(I)若$\vec{F} = (3y,-5z,x)$且 C是$x+2y+2z=5$ 平面上任意逆時針封閉曲線

則 $(\nabla\times\vec{F})\cdot\vec{n} = (5,-1,-3)\cdot\left(\dfrac{1}{3},\dfrac{2}{3},\dfrac{2}{3}\right) = -1$

藉由 Stokes' Theorem,

$$\oint_C \vec{F}\cdot d\vec{r} = \iint_R (\nabla\times\vec{F})\cdot\vec{n}dA = \iint_R -1\,dA$$

$$\therefore \oint_C \vec{F}\cdot d\vec{r} \text{ 只與}C\text{所圍面積有關, 與}C\text{的形狀與位置無關}$$

(II)若$\vec{F} = (z,-2x,4y)$且 C是$x+y+z=2$ 平面上任意逆時針封閉曲線

則 $(\nabla\times\vec{F})\cdot\vec{n} = (4,1,-2)\cdot\left(\dfrac{1}{\sqrt{3}},\dfrac{1}{\sqrt{3}},\dfrac{1}{\sqrt{3}}\right) = \sqrt{3}$

藉由 Stokes' Theorem,

$$\oint_C \vec{F}\cdot d\vec{r} = \iint_R (\nabla\times\vec{F})\cdot\vec{n}dA = \iint_R \sqrt{3}\,dA$$

$$\therefore \oint_C \vec{F}\cdot d\vec{r} \text{ 只與}C\text{所圍面積有關, 與}C\text{的形狀與位置無關}$$

題型 2.

給定空間中非封閉朝上定向曲面$S: z = g(x,y), \forall\, a\leq x\leq b, c\leq y\leq d, C$為$S$的邊界

(逆時針封閉曲線)，$\vec{\mathbf{F}}$各分量的一階偏導數存在且連續，求 $\displaystyle\oint_C \vec{\mathbf{F}}\cdot d\vec{r} =?$

解題流程：

Step1.

藉由 Stokes' Theorem，$\displaystyle\oint_C \vec{\mathbf{F}}\cdot d\vec{r} = \iint_S (\nabla\times\vec{\mathbf{F}})\cdot\vec{n}dA$

Step2.

$\because S$為朝上定向

令 $\vec{r}(x,y) = \big(x,y,g(x,y)\big)$ 且 R 為曲面S投影至xy平面的封閉區域

則 $R = \{(x,y): a\leq x\leq b, c\leq y\leq d\}$且 $\displaystyle\iint_S (\nabla\times\vec{\mathbf{F}})\cdot\vec{n}\,dA = \iint_R (\nabla\times\vec{\mathbf{F}})\cdot\frac{\partial\vec{r}}{\partial x}\times\frac{\partial\vec{r}}{\partial y}dxdy$

Step3.

$\because \dfrac{\partial\vec{r}}{\partial x} = (1,0,g_x(x,y))$, $\dfrac{\partial\vec{r}}{\partial y} = \big(0,1,g_y(x,y)\big)$ $\therefore \dfrac{\partial\vec{r}}{\partial x}\times\dfrac{\partial\vec{r}}{\partial y} = (-g_x(x,y),-g_y(x,y),1)$

$\therefore \displaystyle\iint_R (\nabla\times\vec{\mathbf{F}})\cdot\frac{\partial\vec{r}}{\partial x}\times\frac{\partial\vec{r}}{\partial y}dxdy = \iint_R (\nabla\times\vec{\mathbf{F}})\cdot(-g_x(x,y),-g_y(x,y),1)dxdy$

Step4.

藉由 Fubini's Theorem

$\displaystyle\iint_R (\nabla\times\vec{\mathbf{F}})\cdot\big(-g_x(x,y),-g_y(x,y),1\big)dxdy$

$\displaystyle = \int_c^d\int_a^b (\nabla\times\vec{\mathbf{F}})\cdot\big(-g_x(x,y),-g_y(x,y),1\big)\,dxdy$

$\displaystyle = \int_c^d\int_a^b -f_1\cdot g_x(x,y) - f_2\cdot g_y(x,y) + f_3\,dxdy$

其中 $\nabla\times\vec{\mathbf{F}} = (f_1(x,y,g(x,y)), f_2(x,y,g(x,y)), f_3(x,y,g(x,y)))$

Step5.

求 $\displaystyle\int_c^d\int_a^b -f_1\cdot g_x(x,y) - f_2\cdot g_y(x,y) + f_3\,dxdy =?$

如果S是朝下定向

則 $\displaystyle\oint_C \vec{\mathbf{F}}\cdot d\vec{r} = \int_c^d\int_a^b f_1\cdot g_x(x,y) + f_2\cdot g_y(x,y) - f_3\,dxdy$

<u>範例說明：</u>

求 $\displaystyle\oint_C \vec{F}\cdot d\vec{r} =?$

(I)若 $\vec{F} = (z^2, y^2, x)$，C是$(a,0,0),(0,a,0),(0,0,a)$所圍逆時針封閉邊界

令 $\vec{r}(x,y) = (x, y, a-x-y)$ 則 $\dfrac{\partial \vec{r}}{\partial x} = (1,0,-1)$，$\dfrac{\partial \vec{r}}{\partial y} = (0,1,-1)$ $\therefore \dfrac{\partial \vec{r}}{\partial x} \times \dfrac{\partial \vec{r}}{\partial y} = (1,1,1)$

$\therefore \nabla \times \vec{F} = \begin{vmatrix} \vec{i} & \vec{j} & \vec{k} \\ \dfrac{\partial}{\partial x} & \dfrac{\partial}{\partial y} & \dfrac{\partial}{\partial z} \\ z^2 & y^2 & x \end{vmatrix} = (0, 2z-1, 0)$

藉由 Stokes' Theorem,

$$\oint_C \vec{F}\cdot d\vec{r} = \iint_S (\nabla \times \vec{F})\cdot \vec{n}\,dA = \iint_{0\leq x+y\leq a} (0, 2z-1, 0)\cdot(1,1,1)\,dxdy$$

$$= \iint_{0\leq x+y\leq a} 2z-1\,dxdy = \iint_{0\leq x+y\leq a} 2(a-x-y)-1\,dxdy = \frac{a^3}{3} - \frac{a^2}{2}$$

題型 3.

給定空間中非封閉朝上定向曲面$S: z = g(x,y)$，S投影至 xy 平面 $= \{(x,y): x^2 + y^2 \leq a^2\}$，

C為S的邊界$\bigl(逆時針封閉曲線\bigr)$，$\vec{F}$各分量的一階偏導數存在且連續，求 $\displaystyle\oint_C \vec{F}\cdot d\vec{r} =?$

解題流程:

Step1.

藉由 Stokes' Theorem, $\displaystyle\oint_C \vec{F}\cdot d\vec{r} = \iint_S (\nabla \times \vec{F})\cdot \vec{n}\,dA$

Step2.

$\because S$為朝上定向

令$\vec{r}(x,y) = \bigl(x, y, g(x,y)\bigr)$且 R 為曲面 S 投影至 xy 平面的封閉區域

則 $R = \{(x,y): x^2 + y^2 \leq a^2\}$且 $\displaystyle\iint_S (\nabla \times \vec{F})\cdot \vec{n}\,dA = \iint_R (\nabla \times \vec{F})\cdot \dfrac{\partial \vec{r}}{\partial x} \times \dfrac{\partial \vec{r}}{\partial y}\,dxdy$

Step3.

$\because \dfrac{\partial \vec{r}}{\partial x} = (1, 0, g_x(x,y))$，$\dfrac{\partial \vec{r}}{\partial y} = \bigl(0, 1, g_y(x,y)\bigr)$ $\therefore \dfrac{\partial \vec{r}}{\partial x} \times \dfrac{\partial \vec{r}}{\partial y} = (-g_x(x,y), -g_y(x,y), 1)$

$\therefore \displaystyle\iint_R (\nabla \times \vec{F})\cdot \dfrac{\partial \vec{r}}{\partial x} \times \dfrac{\partial \vec{r}}{\partial y}\,dxdy = \iint_R (\nabla \times \vec{F})\cdot (-g_x(x,y), -g_y(x,y), 1)\,dxdy$

$$= \iint_R -f_1 \cdot g_x(x,y) - f_2 \cdot g_y(x,y) + f_3 dxdy$$

其中 $\nabla \times \vec{F} = (f_1(x,y,g(x,y)), f_2(x,y,g(x,y)), f_3(x,y,g(x,y)))$

Step4.

令 $x = r\cos\theta, y = r\sin\theta$ 則 $\{(x,y): x^2 + y^2 \leq a^2\} = \{(r,\theta): 0 \leq r \leq a, 0 \leq \theta \leq 2\pi\}$

且 $dxdy = \left\| \begin{vmatrix} \dfrac{\partial x}{\partial r} & \dfrac{\partial x}{\partial \theta} \\ \dfrac{\partial y}{\partial r} & \dfrac{\partial y}{\partial \theta} \end{vmatrix} \right\| drd\theta = \left\| \begin{vmatrix} \cos\theta & -r\sin\theta \\ \sin\theta & r\cos\theta \end{vmatrix} \right\| drd\theta = rdrd\theta$

Step5.

$$\iint_R -f_1 \cdot g_x(x,y) - f_2 \cdot g_y(x,y) + f_3 dxdy$$

$$= \int_0^{2\pi} \int_0^a \left(-f_1 \cdot g_x(r\cos\theta, r\sin\theta) - f_2 \cdot g_y(r\cos\theta, r\sin\theta) + f_3\right) \cdot r \, drd\theta$$

如果 S 是朝下定向,

則 $\displaystyle\oint_C \vec{F} \cdot d\vec{r} = \int_0^{2\pi} \int_0^a \left(f_1 \cdot g_x(r\cos\theta, r\sin\theta) + f_2 \cdot g_y(r\cos\theta, r\sin\theta) - f_3\right) \cdot r \, drd\theta$

<u>範例說明:</u>

(I) $\vec{F} = (y^3, -x^3, 0)$ 且 $C: x^2 + y^2 = 4, \ z = 0$ 為逆時針封閉曲線, 求 $\displaystyle\oint_C \vec{F} \cdot d\vec{r} =?$

令 $S = \{(x,y,z): x^2 + y^2 \leq 4, z = 0\}$

$\because \vec{F}$ 各分量的一階偏導數存在且連續

藉由 Stokes' Theorem, $\displaystyle\oint_C \vec{F} \cdot d\vec{r} = \iint_S (\nabla \times \vec{F}) \cdot \vec{n} dA$

$$\iint_S (\nabla \times \vec{F}) \cdot \vec{n} dA = \iint_S (0,0,-3x^2 - 3y^2) \cdot (0,0,1) dxdy = -3 \iint_{x^2+y^2 \leq 4} x^2 + y^2 dxdy$$

$$= -24\pi$$

(II) $\vec{F} = (e^x y - y^3, e^x + x^3, 0)$ 且 $C: x^2 + y^2 = 6, z = 0$ 為逆時針封閉曲線, 求 $\displaystyle\oint_C \vec{F} \cdot d\vec{r} =?$

令 $S = \{(x,y,z): x^2 + y^2 \leq 6, z = 0\}$

$\because \vec{F}$ 各分量的一階偏導數存在且連續

藉由 Stokes' Theorem, $\displaystyle\oint_C \vec{F} \cdot d\vec{r} = \iint_S (\nabla \times \vec{F}) \cdot \vec{n} dA$

$$\iint_S (\nabla \times \vec{F}) \cdot \vec{n}\,dA = \iint_S (0,0,3x^2 + 3y^2) \cdot (0,0,1)\,dxdy = 3\iint_{x^2+y^2 \leq 36} x^2 + y^2\,dxdy$$
$$= 1944\pi$$

範例 1.

藉由 Stokes' Theorem 求 $\oint_C \vec{F} \cdot d\vec{r} = ?$,　$C: x^2 + y^2 = 4$,　$z = 1$,　$\vec{F} = (x, 2z - x, y^2)$,

C 為逆時針封閉曲線

【解】

令 $S = \{(x,y,z): x^2 + y^2 \leq 4, z = 1\}$ 為朝上定向,　$\because \vec{F}$ 的各分量一階偏導數存在且連續

藉由 Stokes' Theorem,　$\oint_C \vec{F} \cdot d\vec{r} = \iint_S (\nabla \times \vec{F}) \cdot \vec{n}\,dA$

$\because S$ 為朝上定向

令 $\vec{r}(x,y) = (x,y,1)$,　$R = \{(x,y): x^2 + y^2 \leq 4\}$ 則

$$\iint_S (\nabla \times \vec{F}) \cdot \vec{n}\,dA = \iint_R (\nabla \times \vec{F}) \cdot \frac{\partial \vec{r}}{\partial x} \times \frac{\partial \vec{r}}{\partial y}\,dxdy$$

$$\because \frac{\partial \vec{r}}{\partial x} = (1,0,0), \quad \frac{\partial \vec{r}}{\partial y} = (0,1,0) \quad \therefore \frac{\partial \vec{r}}{\partial x} \times \frac{\partial \vec{r}}{\partial y} = (0,0,1)$$

$$\because \nabla \times \vec{F} = \begin{vmatrix} \vec{i} & \vec{j} & \vec{k} \\ \dfrac{\partial}{\partial x} & \dfrac{\partial}{\partial y} & \dfrac{\partial}{\partial z} \\ x & 2z - x & y^2 \end{vmatrix} = (2y + 2, 0, -1)$$

$$\therefore \iint_R (\nabla \times \vec{F}) \cdot \frac{\partial \vec{r}}{\partial x} \times \frac{\partial \vec{r}}{\partial y}\,dxdy = \iint_R (2y + 2, 0, -1) \cdot (0,0,1)\,dxdy = -\iint_{x^2+y^2 \leq 4} dxdy$$
$$= -4\pi$$

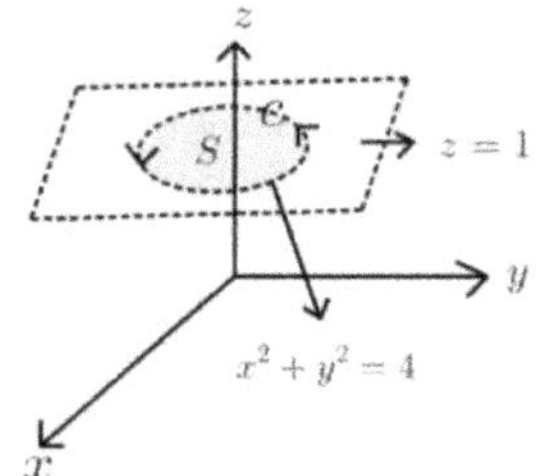

範例 2.

假設 C 是 $x + 2y + 2z = 5$ 平面上任意正向封閉曲線，試證 $\displaystyle\oint_C 3ydx - 5zdy + xdz$

只與C所圍面積有關 與C的形狀與位置無關

【解】

令C在平面$x + 2y + 2z = 5$ 所圍封閉區域為 R

令$\vec{\mathbf{F}} = (3y, -5z, x)$, $\because \vec{F}$的各分量一階偏導數存在且連續

藉由 Stokes' Theorem 則 $\displaystyle\oint_C 3ydx - 5zdy + xdz = \oint_C \vec{F} \cdot d\vec{r} = \iint_R (\nabla \times \vec{F}) \cdot \vec{n}dA$

令$\vec{n}$為$x + 2y + 2z = 5$ 單位法向量 則 $\vec{n} = \left(\dfrac{1}{3}, \dfrac{2}{3}, \dfrac{2}{3}\right)$

$$\because \nabla \times \vec{\mathbf{F}} = \begin{vmatrix} \vec{i} & \vec{j} & \vec{k} \\ \dfrac{\partial}{\partial x} & \dfrac{\partial}{\partial y} & \dfrac{\partial}{\partial z} \\ 3y & -5z & x \end{vmatrix} = (5, -1, -3)$$

$$\therefore \iint_R (\nabla \times \vec{\mathbf{F}}) \cdot \vec{n}dA = \iint_R (5, -1, -3) \cdot \left(\dfrac{1}{3}, \dfrac{2}{3}, \dfrac{2}{3}\right) dA = -\iint_R dA$$

$$\therefore \oint_C 3ydx - 5zdy + xdz = -\iint_R dA$$

$\therefore \displaystyle\oint_C 3ydx - 5zdy + xdz$ 只與C所圍面積有關 與C的形狀與位置無關

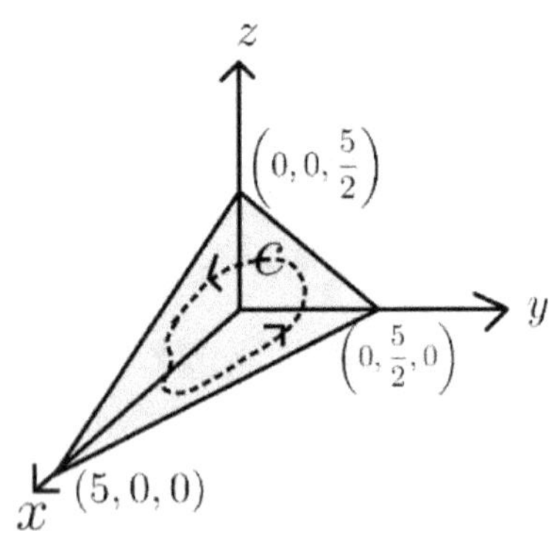

範例 3.

假設 $\vec{\mathbf{F}} = (-y^2, x, z^2)$, C為$y + z = 2, x^2 + y^2 = 1$ 交集的逆時針封閉曲線，

藉由 Stokes' Theorem 求 $\oint_C \vec{\mathbf{F}} \cdot d\vec{r} = ?$

【解】

令 $S = \{(x, y, z): y + z = 2, x^2 + y^2 \leq 1\}$ 為朝上定向

$\because \vec{F}$ 的各分量一階偏導數存在且連續

藉由 Stokes' Theorem $\oint_C \vec{\mathbf{F}} \cdot d\vec{r} = \iint_S (\nabla \times \vec{\mathbf{F}}) \cdot \vec{n} dA$

$\because S$ 為朝上定向

令 $\vec{r}(x, y) = (x, y, 2 - y)$ 且 $R = \{(x, y): x^2 + y^2 \leq 1\}$

則 $\iint_S (\nabla \times \vec{\mathbf{F}}) \cdot \vec{n} dA = \iint_R (\nabla \times \vec{\mathbf{F}}) \cdot \dfrac{\partial \vec{r}}{\partial x} \times \dfrac{\partial \vec{r}}{\partial y} dxdy$

$\because \dfrac{\partial \vec{r}}{\partial x} = (1, 0, 0), \quad \dfrac{\partial \vec{r}}{\partial y} = (0, 1, -1) \quad \therefore \dfrac{\partial \vec{r}}{\partial x} \times \dfrac{\partial \vec{r}}{\partial y} = (0, 1, 1)$

$\because \nabla \times \vec{\mathbf{F}} = \begin{vmatrix} \vec{i} & \vec{j} & \vec{k} \\ \dfrac{\partial}{\partial x} & \dfrac{\partial}{\partial y} & \dfrac{\partial}{\partial z} \\ -y^2 & x & z^2 \end{vmatrix} = (0, 0, 1 - 2y)$

$\therefore \iint_R (\nabla \times \vec{\mathbf{F}}) \cdot \dfrac{\partial \vec{r}}{\partial x} \times \dfrac{\partial \vec{r}}{\partial y} dxdy = \iint_R (0, 0, 1 - 2y) \cdot (0, 1, 1) dxdy = \iint_{x^2 + y^2 \leq 1} 1 - 2y dxdy$

令 $x = r\cos\theta$, $y = r\sin\theta$ 則 $\{(x, y): x^2 + y^2 \leq 1\} = \{(r, \theta): 0 \leq r \leq 1, 0 \leq \theta \leq 2\pi\}$

且 $dxdy = \left\| \begin{vmatrix} \dfrac{\partial x}{\partial r} & \dfrac{\partial x}{\partial \theta} \\ \dfrac{\partial y}{\partial r} & \dfrac{\partial y}{\partial \theta} \end{vmatrix} \right\| drd\theta = \left\| \begin{vmatrix} \cos\theta & -r\sin\theta \\ \sin\theta & r\cos\theta \end{vmatrix} \right\| drd\theta = rdrd\theta$

$\therefore \iint_{x^2 + y^2 \leq 1} 1 - 2y dxdy = \int_0^{2\pi} \int_0^1 (1 - 2r\sin\theta) r \, drd\theta = \int_0^{2\pi} \dfrac{1}{2} - \dfrac{2\sin\theta}{3} d\theta = \pi$

$\therefore \oint_C \vec{\mathbf{F}} \cdot d\vec{r} = \pi$

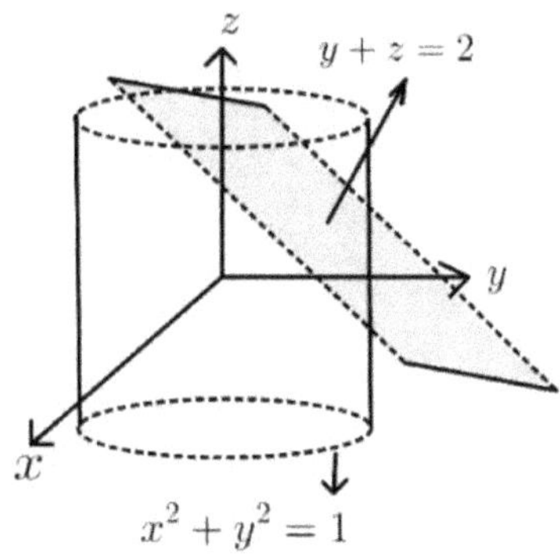

範例 4.

$$\vec{\mathbf{F}} = \left(-z, x, \frac{y^2 z}{2}\right),\ \ \text{假設曲線}C\text{為}z = a\ \text{與}\ z = \sqrt{x^2 + y^2}\text{的逆時針封閉交線, 求}$$

$$\oint_C \vec{\mathbf{F}} \cdot d\vec{r} = ?\ \ (1)\text{直接計算}\ (2)\text{使用 Stoke's Theorem}$$

【解】

(1)

令曲線 $C = \{(x, y, z): \sqrt{x^2 + y^2} = a, z = a\}$

令 $\vec{r}(\theta) = (a\cos\theta, a\sin\theta, a),\ \ 0 \leq \theta \leq 2\pi$ 則 $\vec{r}'(\theta) = (-a\sin\theta, a\cos\theta, 0)$

$$\oint_C \vec{\mathbf{F}} \cdot d\vec{r} = \int_0^{2\pi} \vec{\mathbf{F}}(\vec{r}(\theta)) \cdot \vec{r}'(\theta)\, d\theta = \int_0^{2\pi} \left(-a, a\cos\theta, \frac{a^3\sin^2\theta}{2}\right) \cdot (-a\sin\theta, a\cos\theta, 0)\, d\theta$$

$$= \int_0^{2\pi} a^2\sin\theta + a^2\cos^2\theta\, d\theta = \int_0^{2\pi} a^2\cos^2\theta\, d\theta = a^2 \int_0^{2\pi} \frac{1+\cos\theta}{2}\, d\theta = \pi a^2$$

(2)

$$\nabla \times \vec{\mathbf{F}} = \begin{Vmatrix} \boldsymbol{i} & \boldsymbol{j} & \boldsymbol{k} \\ \dfrac{\partial}{\partial x} & \dfrac{\partial}{\partial y} & \dfrac{\partial}{\partial z} \\ F_1 & F_2 & F_3 \end{Vmatrix} = \begin{Vmatrix} \boldsymbol{i} & \boldsymbol{j} & \boldsymbol{k} \\ \dfrac{\partial}{\partial x} & \dfrac{\partial}{\partial y} & \dfrac{\partial}{\partial z} \\ -z & x & \dfrac{y^2 z}{2} \end{Vmatrix} = (yz, -1, 1)$$

令曲面 S 為朝上定向: $z = \sqrt{x^2 + y^2},\ \ z \leq a$

藉由 Stokes' Theorem, $\displaystyle\oint_C \vec{\mathbf{F}} \cdot d\vec{r} = \iint_S (\nabla \times \vec{\mathbf{F}}) \cdot \vec{n}\, dA$

$\because S$ 為朝上定向

令 $\vec{r}(x,y,z) = \left(x, y, (x^2+y^2)^{\frac{1}{2}}\right)$ 且 R 為 S 曲面投影至 xy 平面的封閉區域

則 $R = \{(x,y): x^2+y^2 \leq a^2\}$ 且 $\iint_S (\nabla \times \vec{F}) \cdot \vec{n}\, dA = \iint_R (\nabla \times \vec{F}) \cdot \dfrac{\partial \vec{r}}{\partial x} \times \dfrac{\partial \vec{r}}{\partial y}\, dxdy$

$\because \dfrac{\partial \vec{r}}{\partial x} = \left(1, 0, x(x^2+y^2)^{-\frac{1}{2}}\right)$ 且 $\dfrac{\partial \vec{r}}{\partial y} = \left(0, 1, y(x^2+y^2)^{-\frac{1}{2}}\right)$

$\therefore \dfrac{\partial \vec{r}}{\partial x} \times \dfrac{\partial \vec{r}}{\partial y} = \left(-x(x^2+y^2)^{-\frac{1}{2}}, -y(x^2+y^2)^{-\frac{1}{2}}, 1\right)$

$\Rightarrow (\nabla \times \vec{F}) \cdot \dfrac{\partial \vec{r}}{\partial x} \times \dfrac{\partial \vec{r}}{\partial y} = (yz, -1, 1) \cdot \left(-x(x^2+y^2)^{-\frac{1}{2}}, -y(x^2+y^2)^{-\frac{1}{2}}, 1\right)$

$= -xy + y(x^2+y^2)^{-\frac{1}{2}} + 1, \quad \forall (x,y,z) \in S$

$\therefore \iint_S (\nabla \times \vec{F}) \cdot \vec{n}\, dA = \iint_R (\nabla \times \vec{F}) \cdot \dfrac{\partial \vec{r}}{\partial x} \times \dfrac{\partial \vec{r}}{\partial y}\, dxdy$

$= \iint_{x^2+y^2 \leq a^2} -xy + y(x^2+y^2)^{-\frac{1}{2}} + 1\, dxdy$

令 $x = r\cos\theta$, $y = r\sin\theta$ 則 $\{(x,y): x^2+y^2 \leq a^2\} = \{(r,\theta): 0 \leq r \leq a, 0 \leq \theta \leq 2\pi\}$

$\therefore \iint_{x^2+y^2 \leq a^2} -xy + y(x^2+y^2)^{-\frac{1}{2}} + 1\, dxdy = \int_0^{2\pi} \int_0^a (-r^2\cos\theta\sin\theta + \sin\theta + 1)\, r\,dr\,d\theta$

$= \pi a^2$

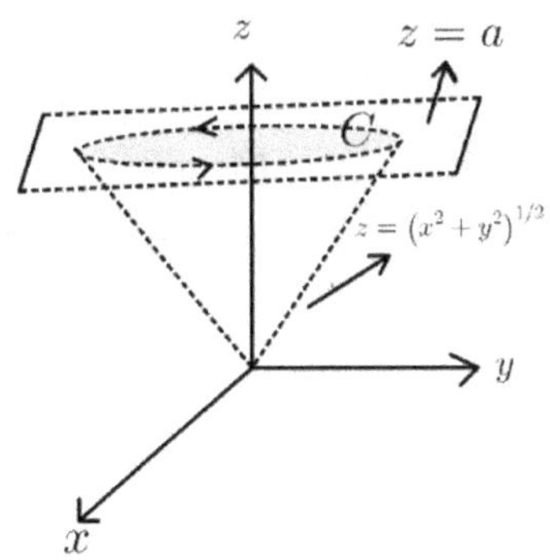

範例 5.

$\vec{F} = \left(0, \dfrac{2x^3}{3}, 2y^3\right)$，曲線 C 為 $(1,0,0), (0,1,0), (0,0,1)$ 所圍逆時針封閉曲線，求 $\oint_C \vec{F} \cdot d\vec{r}$

(1)直接計算　(2)使用 Stoke's Theorem

【解】

(1)

令 $C_1: (-t+1, t, 0)$,　$C_2: (0, -t+1, t)$,　$C_3: (t, 0, -t+1)$ 則 $C = C_1 \cup C_2 \cup C_3$

$$\therefore \oint_C \vec{F} \cdot d\vec{r} = \int_{C_1} \vec{F} \cdot d\vec{r} + \int_{C_2} \vec{F} \cdot d\vec{r} + \int_{C_3} \vec{F} \cdot d\vec{r}$$

$$\because \int_{C_1} \vec{F} \cdot d\vec{r} = \int_0^1 \frac{2(1-t)^3}{3} dt = -\int_1^0 \frac{2u^3}{3} du = \frac{1}{6}$$

$$\int_{C_2} \vec{F} \cdot d\vec{r} = \int_0^1 2(1-t)^3 dt = -\int_1^0 2u^3 du = \frac{1}{2} \quad 且 \quad \int_{C_3} \vec{F} \cdot d\vec{r} = 0$$

$$\therefore \oint_C \vec{F} \cdot d\vec{r} = \frac{2}{3}$$

(2)

$$\nabla \times \vec{F} = \begin{Vmatrix} \boldsymbol{i} & \boldsymbol{j} & \boldsymbol{k} \\ \frac{\partial}{\partial x} & \frac{\partial}{\partial y} & \frac{\partial}{\partial z} \\ F_1 & F_2 & F_3 \end{Vmatrix} = \begin{Vmatrix} \boldsymbol{i} & \boldsymbol{j} & \boldsymbol{k} \\ \frac{\partial}{\partial x} & \frac{\partial}{\partial y} & \frac{\partial}{\partial z} \\ 0 & \frac{2x^3}{3} & 2y^3 \end{Vmatrix} = (6y^2, 0, 2x^2)$$

令 S 為 $(1,0,0), (0,1,0), (0,0,1)$ 在第一象限所圍朝上定向平面

藉由 Stokes' Theorem, $\quad \oint_C \vec{F} \cdot d\vec{r} = \iint_S (\nabla \times \vec{F}) \cdot \vec{n} dA$

$\because S$ 為朝上定向平面

令 $\vec{r}(x, y, z) = (x, y, 1-x-y)$ 且 R 為 S 曲面投影至 xy 平面的封閉區域

則 $R = \{(x, y): x+y \leq 1, x \geq 0, y \geq 0\}$ 且 $\iint_S (\nabla \times \vec{F}) \cdot \vec{n} \, dA = \iint_R (\nabla \times \vec{F}) \cdot \frac{\partial \vec{r}}{\partial x} \times \frac{\partial \vec{r}}{\partial y} dxdy$

$$\because \frac{\partial \vec{r}}{\partial x} = (1, 0, -1) \quad 且 \quad \frac{\partial \vec{r}}{\partial y} = (0, 1, -1) \quad \therefore \frac{\partial \vec{r}}{\partial x} \times \frac{\partial \vec{r}}{\partial y} = (1, 1, 1)$$

$$\because (\nabla \times \vec{F}) \cdot \frac{\partial \vec{r}}{\partial x} \times \frac{\partial \vec{r}}{\partial y} = (6y^2, 0, 2x^2) \cdot \frac{\partial \vec{r}}{\partial x} \times \frac{\partial \vec{r}}{\partial y} = 2(x^2 + 3y^2), \quad \forall (x, y, z) \in S$$

$$\therefore \iint_S (\nabla \times \vec{F}) \cdot \vec{n} \, dA = \iint_R (\nabla \times \vec{F}) \cdot \frac{\partial \vec{r}}{\partial x} \times \frac{\partial \vec{r}}{\partial y} dxdy = 2 \iint_R x^2 + 3y^2 \, dxdy$$

$$= 2 \int_0^1 \int_0^{1-y} x^2 + 3y^2 \, dxdy = 2 \int_0^1 \left(\frac{x^3}{3} + 3y^2 x \right)\Bigg|_{x=0}^{x=1-y} dy = 2 \int_0^1 \frac{(1-y)^3}{3} + 3y^2(1-y) \, dy$$

$$= \frac{2}{3}$$

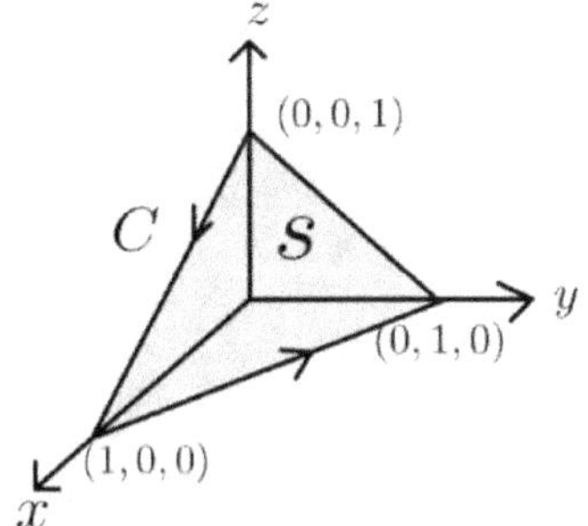

範例 6.

$\vec{\mathbf{F}} = (yz, 0,0)$,　C為逆時針封閉圓:$x^2 + z^2 = 1, y = 1$,　求$\oint_C \vec{\mathbf{F}} \cdot d\vec{r}$ =? (1)直接計算

(2)使用 Stoke's Theorem

【解】

(1)

令$C = \{(x,y,z): x^2 + z^2 = 1, y = 1\}$,令$\vec{r}(\theta) = (\cos\theta, 1, \sin\theta)$ 則 $\vec{r}'(\theta) = (-\sin\theta, 0, \cos\theta)$

$$\oint_C \vec{\mathbf{F}} \cdot d\vec{r} = \int_0^{2\pi} \vec{\mathbf{F}}(\vec{r}(\theta)) \cdot \vec{r}'(\theta)\, d\theta = \int_0^{2\pi} (\sin\theta, 0, 0) \cdot (-\sin\theta, 0, \cos\theta)\, d\theta$$

$$= -\int_0^{2\pi} \sin^2\theta\, d\theta = \int_0^{2\pi} \frac{1 - \cos\theta}{2}\, d\theta = -\pi$$

(2)

$$\nabla \times \vec{\mathbf{F}} = \begin{Vmatrix} \boldsymbol{i} & \boldsymbol{j} & \boldsymbol{k} \\ \dfrac{\partial}{\partial x} & \dfrac{\partial}{\partial y} & \dfrac{\partial}{\partial z} \\ F_1 & F_2 & F_3 \end{Vmatrix} = \begin{Vmatrix} \boldsymbol{i} & \boldsymbol{j} & \boldsymbol{k} \\ \dfrac{\partial}{\partial x} & \dfrac{\partial}{\partial y} & \dfrac{\partial}{\partial z} \\ yz & 0 & 0 \end{Vmatrix} = (0, y, -z)$$

令$S = \{(x,y,z): y = x^2 + z^2, 0 \leq y \leq 1\}$為朝$y$軸正向方向作定向

藉由 Stokes' Theorem,　$\oint_C \vec{\mathbf{F}} \cdot d\vec{r} = \iint_S (\nabla \times \vec{\mathbf{F}}) \cdot \vec{n}\, dA$

令$\vec{r}(x,y,z) = (x, x^2 + z^2, z)$　且R為S曲面投影至xz平面的封閉區域

則$R = \{(x,y): x^2 + z^2 \leq 1\}$ 且$\iint_S (\nabla \times \vec{\mathbf{F}}) \cdot \vec{n}\, dA = \iint_R (\nabla \times \vec{\mathbf{F}}) \cdot \dfrac{\partial \vec{r}}{\partial x} \times \dfrac{\partial \vec{r}}{\partial z}\, dxdz$

$\because \dfrac{\partial \vec{r}}{\partial x} = (1, 2x, 0)$ 且 $\dfrac{\partial \vec{r}}{\partial z} = (0, 2z, 1)$　$\therefore \dfrac{\partial \vec{r}}{\partial x} \times \dfrac{\partial \vec{r}}{\partial z} = (2x, -1, 2z)$

$\therefore \left(\nabla\times\vec{F}\right)\cdot\dfrac{\partial\vec{r}}{\partial x}\times\dfrac{\partial\vec{r}}{\partial z} = (0,y,-z)\cdot(2x,-1,2z) = -y-2z^2 = -x^2-3z^2, \quad \forall(x,y,z)\in S$

$\therefore \iint_S \left(\nabla\times\vec{F}\right)\cdot\vec{n}\,dA = \iint_R \left(\nabla\times\vec{F}\right)\cdot\dfrac{\partial\vec{r}}{\partial x}\times\dfrac{\partial\vec{r}}{\partial z}\,dxdz = \iint_{x^2+z^2\leq 1} -x^2-3z^2\,dxdz$

令 $x = r\cos\theta, z = r\sin\theta$ 則 $\{(x,y): x^2+z^2\leq 1\} = \{(r,\theta): 0\leq r\leq 1, 0\leq\theta\leq 2\pi\}$

且 $dxdz = \left\|\begin{vmatrix}\dfrac{\partial x}{\partial r} & \dfrac{\partial x}{\partial\theta}\\[2mm]\dfrac{\partial z}{\partial r} & \dfrac{\partial z}{\partial\theta}\end{vmatrix}\right\| drd\theta = \left\|\begin{matrix}\cos\theta & -r\sin\theta\\ \sin\theta & r\cos\theta\end{matrix}\right\| drd\theta = rdrd\theta$

$\therefore \iint_{x^2+z^2\leq 1} -x^2-3z^2\,dxdz = \int_0^{2\pi}\int_0^1 -r^3\cos^2\theta - 3r^3\sin^2\theta\,drd\theta$

$= \int_0^{2\pi} -\dfrac{1}{4}\left(\dfrac{1+\cos\theta}{2}\right) - \dfrac{3}{4}\left(\dfrac{1-\cos\theta}{2}\right)d\theta = -\pi$

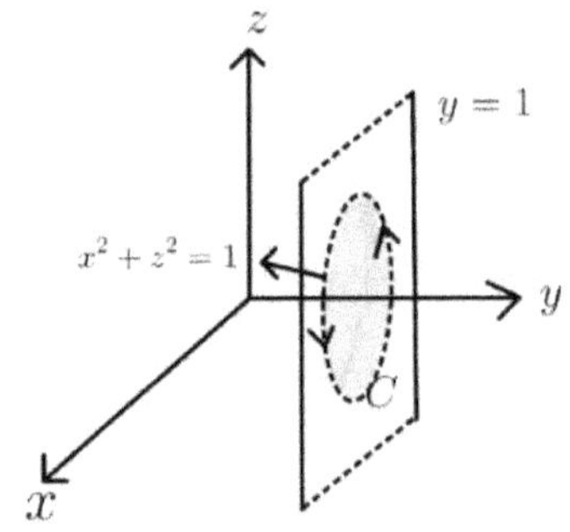

範例 7.

假設 C 是 $x+y+z = 2$ 平面上任意正向封閉曲線, 試證 $\displaystyle\oint_C zdx - 2xdy + 4ydz$ 只與 C 所圍

面積有關, 與 C 的形狀與位置無關

【解】

令 C 在平面 $x+y+z = 2$ 所圍封閉區域為 R

令 $\vec{F} = (z, -2x, 4y)$, $\because \vec{F}$ 的各分量一階偏導數存在且連續

藉由 Stokes' Theorem, $\displaystyle\oint_C zdx - 2xdy + 4ydz = \oint_C \vec{F}\cdot d\vec{r} = \iint_R \left(\nabla\times\vec{F}\right)\cdot\vec{n}\,dA$

令 $\vec{n}$ 為 $x+y+z = 2$ 單位法向量 則 $\vec{n} = \left(\dfrac{1}{\sqrt{3}}, \dfrac{1}{\sqrt{3}}, \dfrac{1}{\sqrt{3}}\right)$

$$\because \nabla \times \vec{F} = \begin{vmatrix} \vec{i} & \vec{j} & \vec{k} \\ \dfrac{\partial}{\partial x} & \dfrac{\partial}{\partial y} & \dfrac{\partial}{\partial z} \\ z & -2x & 4y \end{vmatrix} = (4,1,-2)$$

$$\therefore \iint_R (\nabla \times \vec{F}) \cdot \vec{n} dA = \iint_R (4,1,-2) \cdot \left(\frac{1}{\sqrt{3}}, \frac{1}{\sqrt{3}}, \frac{1}{\sqrt{3}} \right) dA = \frac{3}{\sqrt{3}} \iint_R dA$$

$$\therefore \oint_C z dx - 2x dy + 4y dz = \sqrt{3} \iint_R dA$$

$$\therefore \oint_C z dx - 2x dy + 4y dz \text{ 只與} C \text{所圍面積有關，與} C \text{的形狀與位置無關}$$

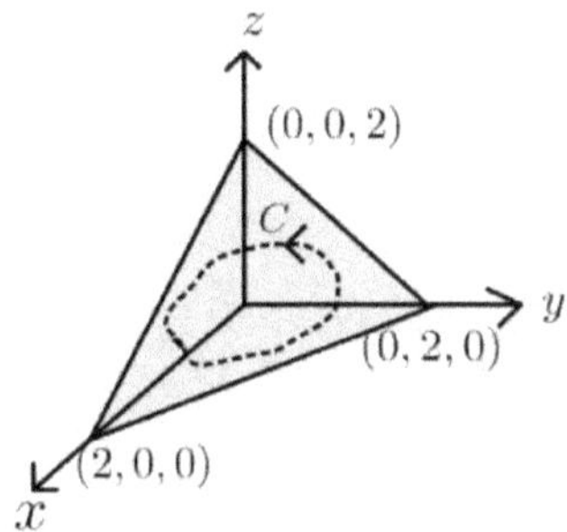

範例 8.

藉由 Stokes' Theorem 求 $\oint_C \vec{F} \cdot d\vec{r} = ?$，$\vec{F} = (z^2, y^2, x)$，$C$ 是 $(a,0,0), (0,a,0)$,

$(0,0,a)$ 所圍成的逆時針封閉曲線

【解】

令 $S = \{(x,y,z): x,y,z \geq 0, x+y+z = a\}$ 為朝上定向平面

$\because \vec{F}$ 的各分量一階偏導數存在且連續

藉由 Stokes' Theorem，$\oint_C z^2 dx + y^2 dy + x dz = \oint_C \vec{F} \cdot d\vec{r} = \iint_S (\nabla \times \vec{F}) \cdot \vec{n} dA$

$\because S$ 為朝上定向

令 $\vec{r}(x,y) = (x, y, a-x-y)$ 且 $R = \{(x,y): 0 \leq x+y \leq a\}$

則 $\iint_S (\nabla \times \vec{F}) \cdot \vec{n} dA = \iint_R (\nabla \times \vec{F}) \cdot \dfrac{\partial \vec{r}}{\partial x} \times \dfrac{\partial \vec{r}}{\partial y} dx dy$

$\because \dfrac{\partial \vec{r}}{\partial x} = (1,0,-1)$, $\dfrac{\partial \vec{r}}{\partial y} = (0,1,-1)$ $\quad \therefore \dfrac{\partial \vec{r}}{\partial x} \times \dfrac{\partial \vec{r}}{\partial y} = (1,1,1)$

$$\because \nabla\times\vec{F} = \begin{vmatrix} \vec{i} & \vec{j} & \vec{k} \\ \dfrac{\partial}{\partial x} & \dfrac{\partial}{\partial y} & \dfrac{\partial}{\partial z} \\ z^2 & y^2 & x \end{vmatrix} = (0, 2z-1, 0) = (0, 2(a-x-y)-1, 0), \ \forall(x,y,z)\in S$$

$$\therefore \iint_R (\nabla\times\vec{F})\cdot\frac{\partial\vec{r}}{\partial x}\times\frac{\partial\vec{r}}{\partial y}\,dxdy = \iint_{0\leq x+y\leq a} 2(a-x-y)-1\,dxdy$$

藉由 Fubini's Theorem

$$\iint_{0\leq x+y\leq a} 2(a-x-y)-1\,dxdy = \int_0^a \int_0^{a-y} (2a-1)-2x-2y\,dxdy$$

$$= \int_0^a a(a-1)-y(2a-1)+y^2\,dy = \frac{a^3}{3}-\frac{a^2}{2}$$

範例 9.

$$\vec{F} = \left(x^2z, 0, -\frac{y^3}{3}\right), C 為 (a,0,0), (0,a,0), (0,0,a) 所圍逆時針封閉曲線(a>0),$$

$$求 \oint_C \vec{F}\cdot d\vec{r} =? \ (1)直接計算 \ (2)使用 Stoke's Theorem$$

【解】

(1)

令 $C_1: (-at+a, at, 0), \ C_2: (0, -at+a, at), \ C_3: (at, 0, -at+a)$ 則 $C = C_1\cup C_2\cup C_3$

$$\therefore \oint_C \vec{F}\cdot d\vec{r} = \int_{C_1}\vec{F}\cdot d\vec{r} + \int_{C_2}\vec{F}\cdot d\vec{r} + \int_{C_3}\vec{F}\cdot d\vec{r}$$

$$\because \int_{C_1}\vec{F}\cdot d\vec{r} = -\int_0^1 \frac{(at)^3}{3}\,dt = 0$$

$$\int_{C_2}\vec{F}\cdot d\vec{r} = -a^3\int_0^1 \frac{(1-t)^3}{3}\,dt = -\frac{a^3}{12} \quad 且 \quad \int_{C_3}\vec{F}\cdot d\vec{r} = a^3\int_0^1 t^2(1-t)\,dt = \frac{a^3}{12}$$

$$\therefore \oint_C \vec{F}\cdot d\vec{r} = \int_{C_1}\vec{F}\cdot d\vec{r} + \int_{C_2}\vec{F}\cdot d\vec{r} + \int_{C_3}\vec{F}\cdot d\vec{r} = 0$$

(2)

$$\nabla\times\vec{F} = \begin{Vmatrix} i & j & k \\ \dfrac{\partial}{\partial x} & \dfrac{\partial}{\partial y} & \dfrac{\partial}{\partial z} \\ F_1 & F_2 & F_3 \end{Vmatrix} = \begin{Vmatrix} i & j & k \\ \dfrac{\partial}{\partial x} & \dfrac{\partial}{\partial y} & \dfrac{\partial}{\partial z} \\ x^2z & 0 & -\dfrac{y^3}{3} \end{Vmatrix} = (-y^2, x^2, 0)$$

令 S 為 $(a,0,0),(0,a,0),(0,0,a)$ 在第一象限所圍朝上定向平面

藉由 Stokes' Theorem, $\displaystyle\oint_C \vec{F} \cdot d\vec{r} = \iint_S (\nabla \times \vec{F}) \cdot \vec{n} dA$

$\because S$ 為朝上定向平面

令 $\vec{r}(x,y,z) = (x,y,a-x-y)$ 且 $R = \{(x,y): 0 \leq x \leq a, 0 \leq y \leq a-x\}$

則 $\displaystyle\iint_S (\nabla \times \vec{F}) \cdot \vec{n}\, dA = \iint_R (\nabla \times \vec{F}) \cdot \frac{\partial \vec{r}}{\partial x} \times \frac{\partial \vec{r}}{\partial y} dxdy$

$\because \dfrac{\partial \vec{r}}{\partial x} = (1,0,-1)$ 且 $\dfrac{\partial \vec{r}}{\partial y} = (0,1,-1)$ $\therefore \dfrac{\partial \vec{r}}{\partial x} \times \dfrac{\partial \vec{r}}{\partial y} = (1,1,1)$

$\because (\nabla \times \vec{F}) \cdot \dfrac{\partial \vec{r}}{\partial x} \times \dfrac{\partial \vec{r}}{\partial y} = (-y^2, x^2, 0) \cdot (1,1,1) = x^2 - y^2, \ \ \forall (x,y,z) \in S$

$\therefore \displaystyle\iint_R (\nabla \times \vec{F}) \cdot \frac{\partial \vec{r}}{\partial x} \times \frac{\partial \vec{r}}{\partial y} dxdy = \int_0^a \int_0^{a-x} x^2 - y^2\, dydx = \int_0^a x^2(a-x) - \frac{(a-x)^3}{3} dx$

$= \displaystyle\int_0^a -\frac{a^3}{3} + a^2 x - \frac{2x^3}{3} dx = a^4 \left(-\frac{1}{3} + \frac{1}{2} - \frac{1}{6} \right) = 0$

範例 10.

$\vec{F} = \left(0, -\dfrac{x^2 y}{2}, -\dfrac{x^2 z}{2} \right), \ \ S: z = xy, 0 \leq x \leq 1, 0 \leq y \leq 2$ 且 C 為曲面 S 的正向邊界

曲線, 使用 Stoke's Theorem 求 $\displaystyle\oint_C \vec{F} \cdot d\vec{r} = ?$

【解】

$$\nabla \times \vec{F} = \begin{Vmatrix} \vec{i} & \vec{j} & \vec{k} \\ \frac{\partial}{\partial x} & \frac{\partial}{\partial y} & \frac{\partial}{\partial z} \\ F_1 & F_2 & F_3 \end{Vmatrix} = \begin{Vmatrix} \vec{i} & \vec{j} & \vec{k} \\ \frac{\partial}{\partial x} & \frac{\partial}{\partial y} & \frac{\partial}{\partial z} \\ 0 & -\frac{x^2 y}{2} & -\frac{x^2 z}{2} \end{Vmatrix} = (0, xz, -xy)$$

藉由 Stokes' Theorem, $\displaystyle\oint_C \vec{F} \cdot d\vec{r} = \iint_S (\nabla \times \vec{F}) \cdot \vec{n} dA$

令 $\vec{r}(x,y,z) = (x,y,xy)$ 且 $R = \{(x,y): 0 \leq x \leq 1, 0 \leq y \leq 2\}$

則 $\displaystyle\iint_S (\nabla \times \vec{F}) \cdot \vec{n}\, dA = \iint_R (\nabla \times \vec{F}) \cdot \frac{\partial \vec{r}}{\partial x} \times \frac{\partial \vec{r}}{\partial y} dxdy$

$\because \dfrac{\partial \vec{r}}{\partial x} = (1,0,y)$ 且 $\dfrac{\partial \vec{r}}{\partial y} = (0,1,x)$ $\quad \therefore \dfrac{\partial \vec{r}}{\partial x} \times \dfrac{\partial \vec{r}}{\partial y} = (-y,-x,1)$

$\therefore (\nabla \times \vec{F}) \cdot \dfrac{\partial \vec{r}}{\partial x} \times \dfrac{\partial \vec{r}}{\partial y} = (0,xz,-xy) \cdot (-y,-x,1) = -x^2 z - xy = -x^3 y - xy, \quad \forall (x,y,z) \in S$

$\displaystyle\iint_R (\nabla \times \vec{F}) \cdot \frac{\partial \vec{r}}{\partial x} \times \frac{\partial \vec{r}}{\partial y} dxdy = \int_0^1 \int_0^2 -x^3 y - xy\, dydx = \int_0^a -2x^3 - 2x\, dx = \left(-\frac{x^4}{2} - x^2 \right)\Big|_0^1$

$= -\dfrac{3}{2}$

範例 11.

藉由 Stokes' Theorem 求 $\displaystyle\oint_C (e^x y - y^3)dx + (e^x + x^3)\, dy =?$,其中 C 半徑為 6 的

逆時針封閉圓:$x = 6\cos\theta, y = 6\sin\theta, 0 \leq \theta \leq 2\pi$

【解】

令 $S = \{(x,y,z): x^2 + y^2 \leq 36, z = 0\}$ 為朝上定向

令 $\vec{F} = (e^x y - y^3, e^x + x^3, 0)$,$\because \vec{F}$ 的各分量一階偏導數存在且連續

藉由 Stokes' Theorem,$\displaystyle\oint_C \vec{F} \cdot d\vec{r} = \iint_S (\nabla \times \vec{F}) \cdot \vec{n} dA$

$\because S$ 為朝上定向

令 $\vec{r}(x,y) = (x,y,0)$ 且 $R = \{(x,y): x^2 + y^2 \leq 36\}$

則 $\displaystyle\iint_S (\nabla \times \vec{F}) \cdot \vec{n} dA = \iint_R (\nabla \times \vec{F}) \cdot \frac{\partial \vec{r}}{\partial x} \times \frac{\partial \vec{r}}{\partial y} dxdy$

$\because \dfrac{\partial \vec{r}}{\partial x} = (1,0,0),\ \dfrac{\partial \vec{r}}{\partial y} = (0,1,0)$ $\quad \therefore \dfrac{\partial \vec{r}}{\partial x} \times \dfrac{\partial \vec{r}}{\partial y} = (0,0,1)$

$$\because \nabla \times \vec{F} = \begin{vmatrix} \vec{i} & \vec{j} & \vec{k} \\ \dfrac{\partial}{\partial x} & \dfrac{\partial}{\partial y} & \dfrac{\partial}{\partial z} \\ e^x y - y^3 & e^x + x^3 & 0 \end{vmatrix} = (0,0,3x^2 + 3y^2)$$

$$\therefore \iint_R (\nabla \times \vec{F}) \cdot \frac{\partial \vec{r}}{\partial x} \times \frac{\partial \vec{r}}{\partial y} dxdy = \iint_R (0,0,3x^2 + 3y^2) \cdot (0,0,1) dxdy$$

$$= 3 \iint_{x^2+y^2 \le 36} x^2 + y^2 dxdy$$

令 $x = r\cos\theta$, $y = r\sin\theta$ 則 $\{(x,y): x^2 + y^2 \le 36\} = \{(r,\theta): 0 \le r \le 6, 0 \le \theta \le 2\pi\}$

$$\text{且 } dxdy = \left\| \begin{vmatrix} \dfrac{\partial x}{\partial r} & \dfrac{\partial x}{\partial \theta} \\ \dfrac{\partial y}{\partial r} & \dfrac{\partial y}{\partial \theta} \end{vmatrix} \right\| drd\theta = \left\| \begin{vmatrix} \cos\theta & -r\sin\theta \\ \sin\theta & r\cos\theta \end{vmatrix} \right\| drd\theta = r\,drd\theta$$

$$\therefore 3 \iint_{x^2+y^2 \le 36} x^2 + y^2 dxdy = 3 \int_0^{2\pi} \int_0^6 r^3\, drd\theta = 1944\pi$$

範例 12.

藉由 Stokes' Theorem 求 $\displaystyle\oint_C y^3 dx - x^3\, dy = ?$，$C$ 半徑為 2 的逆時針封閉圓：

$x^2 + y^2 = 4$

【解】

令 $S = \{(x,y,z): x^2 + y^2 \le 4, z = 0\}$ 為朝上定向

令 $\vec{F} = (y^3, -x^3, 0)$，$\because \vec{F}$ 的各分量一階偏導數存在且連續

藉由 Stokes' Theorem，$\displaystyle\oint_C \vec{F} \cdot d\vec{r} = \iint_S (\nabla \times \vec{F}) \cdot \vec{n} dA$

$\because S$ 為朝上定向

令 $\vec{r}(x,y) = (x,y,0)$ 且 $R = \{(x,y): x^2 + y^2 \le 4\}$

則 $\displaystyle\iint_S (\nabla \times \vec{F}) \cdot \vec{n} dA = \iint_R (\nabla \times \vec{F}) \cdot \frac{\partial \vec{r}}{\partial x} \times \frac{\partial \vec{r}}{\partial y} dxdy$

$\because \dfrac{\partial \vec{r}}{\partial x} = (1,0,0)$, $\dfrac{\partial \vec{r}}{\partial y} = (0,1,0)$ $\therefore \dfrac{\partial \vec{r}}{\partial x} \times \dfrac{\partial \vec{r}}{\partial y} = (0,0,1)$

$$\because \nabla \times \vec{F} = \begin{vmatrix} \vec{i} & \vec{j} & \vec{k} \\ \dfrac{\partial}{\partial x} & \dfrac{\partial}{\partial y} & \dfrac{\partial}{\partial z} \\ y^3 & -x^3 & 0 \end{vmatrix} = (0,0,-3x^2-3y^2)$$

$$\therefore \iint_R (\nabla \times \vec{F}) \cdot \frac{\partial \vec{r}}{\partial x} \times \frac{\partial \vec{r}}{\partial y} dxdy = \iint_R (0,0,-3x^2-3y^2) \cdot (0,0,1) dxdy$$

$$= -3 \iint_{x^2+y^2 \leq 4} x^2 + y^2 dxdy$$

令 $x = r\cos\theta, y = r\sin\theta$ 則 $\{(x,y): x^2+y^2 \leq 4\} = \{(r,\theta): 0 \leq r \leq 2, 0 \leq \theta \leq 2\pi\}$

$$\text{且 } dxdy = \left\| \begin{vmatrix} \dfrac{\partial x}{\partial r} & \dfrac{\partial x}{\partial \theta} \\ \dfrac{\partial y}{\partial r} & \dfrac{\partial y}{\partial \theta} \end{vmatrix} \right\| drd\theta = \left\| \begin{vmatrix} \cos\theta & -r\sin\theta \\ \sin\theta & r\cos\theta \end{vmatrix} \right\| drd\theta = rdrd\theta$$

$$\therefore -3 \iint_{x^2+y^2 \leq 4} x^2+y^2 dxdy = -3 \int_0^{2\pi} \int_0^2 r^3 \, drd\theta = -24\pi$$

9.6.3 $\nabla \times \vec{F} \neq 0$,把非封閉曲面積分轉成封閉線積分

同理, 也可使用 Stokes' Theorem 把非封閉曲面積分的問題轉成封閉曲線積分的問題

考試類型:
題型 1.

使用 Stokes' Theorem 求 $\displaystyle\iint_S (\nabla \times \vec{F}) \cdot \vec{n} dA = ?$, 其中 S 為朝上定向非封閉的光滑曲面,

S 的邊界 $= \{(x,y,z): x^2+y^2 = a^2, z = c\}$, $\vec{F}$ 各分量的一階偏導數存在且連續

解題流程:
Step1.
令 $C = \{(x,y,z): x^2+y^2 = a^2, z = c\}$
Step2.
令 $x = a\cos\theta$, $y = a\sin\theta$ 則 $\vec{r}(\theta) = (a\cos\theta, a\sin\theta, c)$ $\therefore \vec{r}'(\theta) = (-a\sin\theta, a\cos\theta, 0)$
Step3.
藉由 Stokes' Theorem

$$\iint_S (\nabla \times \vec{\mathbf{F}}) \cdot \vec{n} \, dA = \oint_C \vec{\mathbf{F}} \cdot d\vec{r} = \int_0^{2\pi} \vec{\mathbf{F}}(\vec{r}(\theta)) \cdot \vec{r}'(\theta) d\theta$$

$$= \int_0^{2\pi} \left(f_1(a\cos\theta, a\sin\theta, c), f_2(a\cos\theta, a\sin\theta, c) \right) \cdot (-a\sin\theta, a\cos\theta) d\theta$$

其中 $\vec{\mathbf{F}} = \left(f_1(x,y,z), f_2(x,y,z), f_3(x,y,z) \right)$

Step4.

求 $\int_0^{2\pi} \left(f_1(a\cos\theta, a\sin\theta, c), f_2(a\cos\theta, a\sin\theta, c) \right) \cdot (-a\sin\theta, a\cos\theta) d\theta = ?$

如果 S 為朝下定向非封閉的光滑曲面則求

$$-\int_0^{2\pi} \left(f_1(a\cos\theta, a\sin\theta, c), f_2(a\cos\theta, a\sin\theta, c) \right) \cdot (-a\sin\theta, a\cos\theta) d\theta$$

<u>範例說明:</u>

(I) $\vec{\mathbf{F}} = (-y^3 \cos z, x^3 e^z, -e^z)$ 且 S 為朝上定向上半球球面: $x^2 + y^2 + (z-a)^2 = 2a^2, z > 0$

求 $\iint_S (\nabla \times \vec{\mathbf{F}}) \cdot \vec{n} \, dA = ?$

令 $C = \{(x,y,z): x^2 + y^2 = a^2, z = 0\}$

令 $x = a\cos\theta$, $y = a\sin\theta$ 則 $\vec{r}(\theta) = (a\cos\theta, a\sin\theta, 0)$ $\therefore \vec{r}'(\theta) = (-a\sin\theta, a\cos\theta, 0)$

藉由 Stokes' Theorem

$$\iint_S (\nabla \times \vec{\mathbf{F}}) \cdot \vec{n} \, dA = \oint_C \vec{\mathbf{F}} \cdot d\vec{r} = \int_0^{2\pi} \vec{\mathbf{F}}(\vec{r}(\theta)) \cdot \vec{r}'(\theta) d\theta$$

$$= \int_0^{2\pi} (-(a\sin\theta)^3, (a\cos\theta)^3, 1) \cdot (-a\sin\theta, a\cos\theta, 0) d\theta = \frac{3a^4\pi}{2}$$

(II) $\vec{\mathbf{F}} = (2x - y, 2y + z, xyz)$ 且 S 為朝上定向上半球球面: $\dfrac{x^2}{a^2} + \dfrac{y^2}{b^2} + \dfrac{z^2}{c^2} = 1, \ z > 0,$

求 $\iint_S (\nabla \times \vec{\mathbf{F}}) \cdot \vec{n} \, dA = ?$

令 $C = \{(x,y,z): \dfrac{x^2}{a^2} + \dfrac{y^2}{b^2} = 1, z = 0\}$

令 $x = a\cos\theta$, $y = b\sin\theta$ 則 $\vec{r}(\theta) = (a\cos\theta, b\sin\theta, 0)$ $\therefore \vec{r}'(\theta) = (-a\sin\theta, b\cos\theta, 0)$

藉由 Stokes' Theorem

$$\iint_S (\nabla \times \vec{\mathbf{F}}) \cdot \vec{n} \, dA = \oint_C \vec{\mathbf{F}} \cdot d\vec{r} = \int_0^{2\pi} \vec{\mathbf{F}}(\vec{r}(\theta)) \cdot \vec{r}'(\theta) d\theta$$

$$= \int_0^{2\pi} (2a\cos\theta - b\sin\theta, 2b\sin\theta, 0) \cdot (-a\sin\theta, b\cos\theta, 0) d\theta = ab\pi$$

題型 2.

使用 Stokes' Theorem 求 $\iint_S (\nabla \times \vec{\mathbf{F}}) \cdot \vec{n}\, dA =?$，$S$ 為朝上定向非封閉的光滑曲面，S 的封

閉邊界 C 為分段光滑曲線，即 $C = \bigcup_{i=1}^{n} C_i$ 且 $C_i : \vec{r}_i(t)$，$\vec{\mathbf{F}}$ 各分量的一階偏導數存在且連續

解題流程:

Step1.

藉由 Stokes' Theorem，$\iint_S (\nabla \times \vec{\mathbf{F}}) \cdot \vec{n}\, dA = \oint_C \vec{\mathbf{F}} \cdot d\vec{r} = \sum_{i=1}^{n} \int_{C_i} \vec{\mathbf{F}}(\vec{r}_i(t)) \cdot \vec{r}_i{}'(t)\, dt$

Step2.

求 $\displaystyle\sum_{i=1}^{n} \int_{C_i} \vec{\mathbf{F}}(\vec{r}_i(t)) \cdot \vec{r}_i{}'(t)\, dt$

範例 1.

求 $\iint_S (\nabla \times \vec{\mathbf{F}}) \cdot \vec{n}\, dA =?$，$S = \{(x,y,z): x^2 + y^2 \leq 1, z = 0\}$ 且 S 為朝上定向，

$\vec{\mathbf{F}} = (y^2, x^2, 0)$ (1)直接計算 (2)使用 Stoke's Theorem

【解】

(1)

$\because \nabla \times \vec{\mathbf{F}} = \begin{vmatrix} \vec{\imath} & \vec{\jmath} & \vec{k} \\ \dfrac{\partial}{\partial x} & \dfrac{\partial}{\partial y} & \dfrac{\partial}{\partial z} \\ y^2 & x^2 & 0 \end{vmatrix} = (0,0,2x - 2y)$

$\because S$ 為朝上定向

令 $\vec{r}(x,y) = (x,y,0)$，令 R 為曲面 S 投影至 xy 平面的封閉區域

則 $R = \{(x,y): x^2 + y^2 \leq 1\}$ 且 $\iint_S (\nabla \times \vec{\mathbf{F}}) \cdot \vec{n}\, dA = \iint_R (\nabla \times \vec{\mathbf{F}}) \cdot \dfrac{\partial \vec{r}}{\partial x} \times \dfrac{\partial \vec{r}}{\partial y}\, dx\, dy$

$$\because \frac{\partial \vec{r}}{\partial x} = (1,0,0), \quad \frac{\partial \vec{r}}{\partial y} = (0,1,0) \quad \therefore \frac{\partial \vec{r}}{\partial x} \times \frac{\partial \vec{r}}{\partial y} = (0,0,1)$$

$$\therefore \iint_S (\nabla \times \vec{\mathrm{F}}) \cdot \vec{n} \, dA = 2 \iint_{x^2 + y^2 \leq 1} x - y \, dx \, dy$$

令 $x = r\cos\theta$, $y = r\sin\theta$ 則 $2 \iint_{x^2 + y^2 \leq 1} x - y \, dx \, dy = 2 \int_0^{2\pi} \int_0^1 (r\cos\theta - r\sin\theta) r \, dr \, d\theta$

$$\because \int_0^{2\pi} \cos\theta - \sin\theta \, d\theta = 0 \quad \therefore \iint_S (\nabla \times \vec{\mathrm{F}}) \cdot \vec{n} \, dA = 2 \int_0^{2\pi} \int_0^1 (r\cos\theta - r\sin\theta) r \, dr \, d\theta = 0$$

(2)

令 C 為曲面 S 與 $z = 0$ 交集的逆時針封閉曲線則 $C = \{(x,y,z): x^2 + y^2 = 1, z = 0\}$

令 $\vec{r}(\theta) = (\cos\theta, \sin\theta, 0)$, $0 \leq \theta \leq 2\pi$ $\therefore \vec{r}'(\theta) = (-\sin\theta, \cos\theta, 0)$

$\because \vec{F}$ 的各分量一階偏導數存在且連續, 藉由 Stokes' Theorem

則 $\iint_S (\nabla \times \vec{\mathrm{F}}) \cdot \vec{n} \, dA = \oint_C \vec{\mathrm{F}} \cdot d\vec{r} = \int_0^{2\pi} \vec{\mathrm{F}}(\vec{r}(\theta)) \cdot \vec{r}'(\theta) \, d\theta$

$$= \int_0^{2\pi} (\sin^2, \cos^2, 0) \cdot (-\sin\theta, \cos\theta, 0) \, d\theta = \int_0^{2\pi} -\sin^3\theta + \cos^3\theta \, d\theta$$

$\because -\sin^3\theta + \cos^3\theta = (\cos\theta - \sin\theta)(\cos^2\theta + \sin\theta\cos\theta + \sin^2\theta)$

$= (\cos\theta - \sin\theta)(1 + \sin\theta\cos\theta) = (\cos\theta - \sin\theta) - \sin^2\theta\cos\theta + \sin\theta\cos^2\theta$

$$\therefore \int_0^{2\pi} -\sin^3\theta + \cos^3\theta \, d\theta = \int_0^{2\pi} (\cos\theta - \sin\theta) - \sin^2\theta\cos\theta + \sin\theta\cos^2\theta \, d\theta$$

$$= -\frac{\sin^3\theta}{3} + \frac{\cos^3\theta}{3} \Bigg|_0^{2\pi} = 0$$

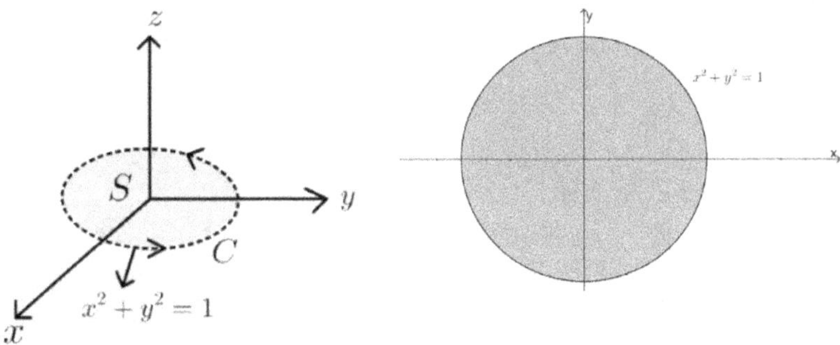

範例 2.

$\vec{\mathrm{F}} = (0, -xz, -xy)$, S 為非封閉朝 y 軸負向作定向的拋物面 $y = x^2 + z^2$, $0 \leq y \leq 1$,

求 $\displaystyle\iint_S (\nabla \times \vec{F}) \cdot \vec{n} dA =?$ (1)直接計算 (2) 使用 Stokes' Theorem

【解】

(1)

$\because \operatorname{curl} \vec{F} = \nabla \times \vec{F} = \begin{Vmatrix} \boldsymbol{i} & \boldsymbol{j} & \boldsymbol{k} \\ \dfrac{\partial}{\partial x} & \dfrac{\partial}{\partial y} & \dfrac{\partial}{\partial z} \\ 0 & -xz & -xy \end{Vmatrix} = (0, y, -z)$

$\because S$ 朝 y 軸負向作定向

令 $\vec{r}(x, y, z) = (x, x^2 + z^2, z)$ 且 R 為曲面 S 投影至 xz 平面的封閉區域

則 $R = \{(x, y): x^2 + z^2 \le 1\}$ 且 $\displaystyle\iint_S (\nabla \times \vec{F}) \cdot \vec{n}\, dA = -\iint_R (\nabla \times \vec{F}) \cdot \dfrac{\partial \vec{r}}{\partial x} \times \dfrac{\partial \vec{r}}{\partial z} dxdz$

$\because \dfrac{\partial \vec{r}}{\partial x} = (1, 2x, 0)$ 且 $\dfrac{\partial \vec{r}}{\partial y} = (0, 2z, 1)$ $\quad \therefore \dfrac{\partial \vec{r}}{\partial x} \times \dfrac{\partial \vec{r}}{\partial y} = (2x, -1, 2z)$

$\therefore (\nabla \times \vec{F}) \cdot \dfrac{\partial \vec{r}}{\partial x} \times \dfrac{\partial \vec{r}}{\partial z} = (0, y, -z) \cdot (2x, -1, 2z) = -y - 2z^2 = -x^2 - 3z^2, \ \forall (x, y, z) \in S$

$\therefore \displaystyle\iint_S (\nabla \times \vec{F}) \cdot \vec{n}\, dA = -\iint_R (\nabla \times \vec{F}) \cdot \dfrac{\partial \vec{r}}{\partial x} \times \dfrac{\partial \vec{r}}{\partial z} dxdz = \iint_{x^2 + z^2 \le 1} x^2 + 3z^2 dxdz$

令 $x = r\cos\theta, z = r\sin\theta$ 則 $\{(x, y): x^2 + z^2 \le 1\} = \{(r, \theta): 0 \le r \le 1, 0 \le \theta \le 2\pi\}$

且 $dxdz = \begin{Vmatrix} \dfrac{\partial x}{\partial r} & \dfrac{\partial x}{\partial \theta} \\ \dfrac{\partial z}{\partial r} & \dfrac{\partial z}{\partial \theta} \end{Vmatrix} drd\theta = \begin{Vmatrix} \cos\theta & -r\sin\theta \\ \sin\theta & r\cos\theta \end{Vmatrix} drd\theta = rdrd\theta$

$\therefore \displaystyle\iint_{x^2 + z^2 \le 1} x^2 + 3z^2 dxdz = \int_0^{2\pi} \int_0^1 r^3 \cos^2\theta + 3r^3 \sin^2\theta\, drd\theta$

$= \displaystyle\int_0^{2\pi} \dfrac{1}{4}\left(\dfrac{1 + \cos\theta}{2}\right) + \dfrac{3}{4}\left(\dfrac{1 - \cos\theta}{2}\right) d\theta = \pi$

(2)

令 $C: x^2 + z^2 = 1, \ y = 1$ 為逆時針封閉曲線

$\because S$ 朝 y 軸負向作定向且 $\vec{F}$ 的各分量一階偏導數存在且連續

藉由 Stokes' Theorem, $\displaystyle\iint_S (\nabla \times \vec{F}) \cdot \vec{n} dA = -\oint_C \vec{F} \cdot d\vec{r}$

令 $\vec{r}(t) = (\cos t, 1, \sin t)$ 則 $\vec{r}'(t) = (-\sin t, 0, \cos t)$

$$\therefore -\oint_C \vec{F}\cdot d\vec{r} = -\int_0^{2\pi} \vec{F}(\vec{r}(t))\cdot \vec{r}'(t)\, dt$$

$$= -\int_0^{2\pi} (0, -\cos t\sin t, -\cos t)\cdot(-\sin t, 0, \cos t)\, dt = \int_0^{2\pi} \cos^2 t\, dt = \pi$$

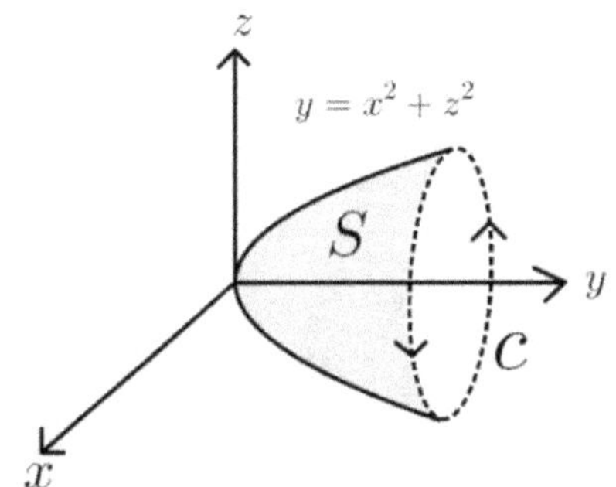

範例 3.

　　使用 Stokes' Theorem 求 $\iint_S (\nabla\times\vec{F})\cdot\vec{n}\, dA =?$,　$\vec{F} = (-y^3\cos z, x^3 e^z, -e^z)$,

　　$S: x^2 + y^2 + (z-a)^2 = 2a^2,\ z>0$　為朝上定向的上半球球面

【解】

令 C 為曲面 S 與 $z=0$ 交集的逆時針封閉曲線則 $C = \{(x,y,z): x^2+y^2 = a^2, z=0\}$

令 $x = a\cos\theta, y = a\sin\theta$ 則 $\vec{r}(\theta) = (a\cos\theta, a\sin\theta, 0)$　$\therefore \vec{r}'(\theta) = (-a\sin\theta, a\cos\theta, 0)$

$\because S$ 為朝上定向

$\because \vec{F}$ 的各分量一階偏導數存在且連續,　藉由 Stokes' Theorem

則 $\iint_S (\nabla\times\vec{F})\cdot\vec{n}\, dA = \oint_C \vec{F}\cdot d\vec{r} = \int_0^{2\pi} \vec{F}(\vec{r}(\theta))\cdot\vec{r}'(\theta)\, d\theta$

$$= \int_0^{2\pi} (-(a\sin\theta)^3, (a\cos\theta)^3, 1)\cdot(-a\sin\theta, a\cos\theta, 0)\, d\theta = a^4\int_0^{2\pi} \sin^4\theta + \cos^4\theta\, d\theta$$

$\because \sin^4\theta + \cos^4\theta = (\sin^2\theta + \cos^2\theta)^2 - 2\sin^2\theta\cos^2\theta = 1 - 2(\sin\theta\cos\theta)^2$

$$= 1 - 2\left(\frac{\sin 2\theta}{2}\right)^2 = 1 - \frac{\sin^2 2\theta}{2} = 1 - \frac{1-\cos 4\theta}{4} = \frac{3-\cos 4\theta}{4}$$

且 $\int_0^{2\pi} \sin^4\theta + \cos^4\theta\, d\theta = \int_0^{2\pi} \frac{3-\cos 4\theta}{4}\, d\theta = \frac{3\pi}{2}$

$$\therefore \iint_S (\nabla\times\vec{F})\cdot\vec{n}\, dA = \frac{3a^4\pi}{2}$$

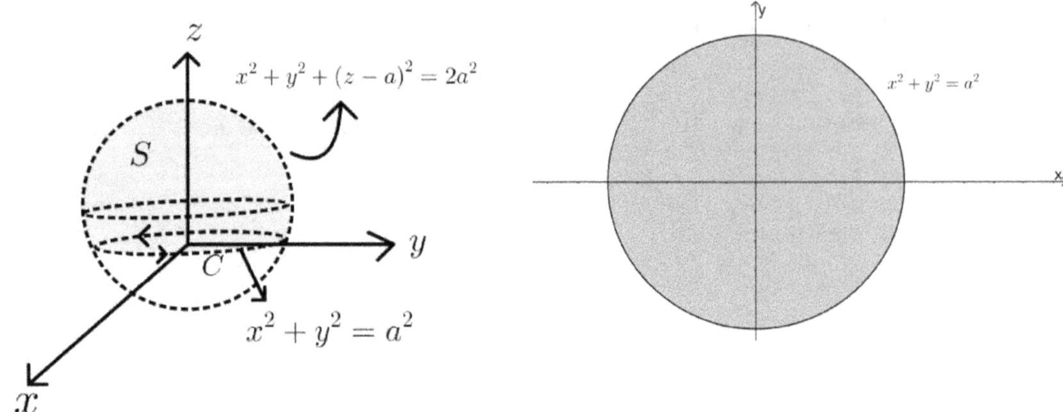

範例 4.

$\displaystyle \iint_S (\nabla \times \vec{F}) \cdot \vec{n}\, dA = ?, \quad S = \{(x, y, z): x^2 + y^2 \leq 4, z = 1\}$ 為朝上定向平面,

$\vec{F} = (x, 2z - x, y^2)$ (1)直接計算 (2)使用 Stoke's Theorem

【解】

(1)

$\because \nabla \times \vec{F} = \begin{vmatrix} \vec{i} & \vec{j} & \vec{k} \\ \dfrac{\partial}{\partial x} & \dfrac{\partial}{\partial y} & \dfrac{\partial}{\partial z} \\ x & 2z - x & y^2 \end{vmatrix} = (2y - 2, 0, -1)$

$\because S$ 為朝上定向

令 $\vec{r}(x, y) = (x, y, 1)$, 令 R 為曲面 S 投影至 xy 平面的封閉區域

則 $R = \{(x, y): x^2 + y^2 \leq 4\}$ 且 $\displaystyle \iint_S (\nabla \times \vec{F}) \cdot \vec{n}\, dA = \iint_R (\nabla \times \vec{F}) \cdot \dfrac{\partial \vec{r}}{\partial x} \times \dfrac{\partial \vec{r}}{\partial y}\, dx dy$

$\because \dfrac{\partial \vec{r}}{\partial x} = (1, 0, 0), \quad \dfrac{\partial \vec{r}}{\partial y} = (0, 1, 0) \quad \therefore \dfrac{\partial \vec{r}}{\partial x} \times \dfrac{\partial \vec{r}}{\partial y} = (0, 0, 1)$

$\displaystyle \iint_S (\nabla \times \vec{F}) \cdot \vec{n}\, dA = \iint_R (2y - 2, 0, -1) \cdot (0, 0, 1)\, dx dy = \iint_{x^2 + y^2 \leq 4} -1\, dA = -4\pi$

(2)

令 C 為逆時針封閉曲線 $= \{(x, y, z): x^2 + y^2 = 4, z = 1\}$

令$x = 2\cos\theta$, $y = 2\sin\theta$ 則 $\vec{r}(\theta) = (2\cos\theta, 2\sin\theta, 0)$ $\therefore \vec{r}'(\theta) = (-2\sin\theta, 2\cos\theta, 0)$

$\because \vec{F}$的各分量一階偏導數存在且連續, 藉由 Stokes' Theorem

則 $\displaystyle\iint_S (\nabla \times \vec{F}) \cdot \vec{n}\, dA = \oint_C \vec{F} \cdot d\vec{r} = \int_0^{2\pi} \vec{F}(\vec{r}(\theta)) \cdot \vec{r}'(\theta)\, d\theta$

$= \displaystyle\int_0^{2\pi} (2\cos\theta, 2 - 2\cos\theta, 4\sin^2\theta) \cdot (-2\sin\theta, 2\cos\theta, 0)\, d\theta$

$= \displaystyle\int_0^{2\pi} -4\sin\theta\cos\theta + 4\cos\theta - 4\cos^2\theta\, d\theta = \int_0^{2\pi} -4\cos^2\theta\, d\theta = -4\int_0^{2\pi} \frac{1 + \cos 2\theta}{2}\, d\theta$

$= -4\pi$

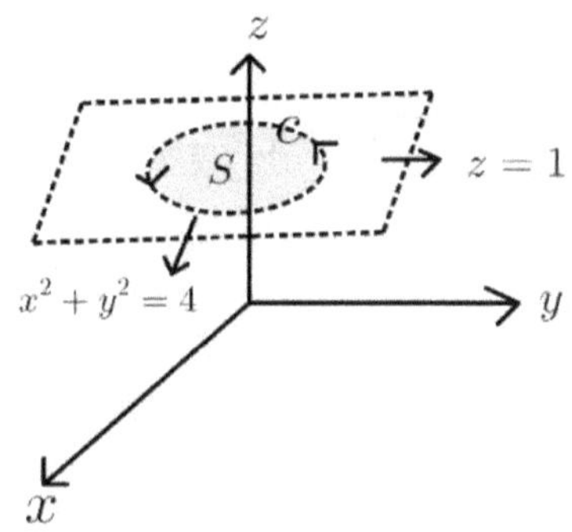

範例 5.

$\vec{F} = \left(0, \dfrac{2x^3}{3}, 2y^3\right)$, S為$x + y + z = 1$ 在第一卦限所圍朝上定向平面,

求 $\displaystyle\iint_S (\nabla \times \vec{F}) \cdot \vec{n}\, dA = ?$ (1)直接計算 (2) 使用 Stokes' Theorem

【解】

(1)

$\because \operatorname{curl} \vec{F} = \nabla \times \vec{F} = \begin{Vmatrix} \boldsymbol{i} & \boldsymbol{j} & \boldsymbol{k} \\ \dfrac{\partial}{\partial x} & \dfrac{\partial}{\partial y} & \dfrac{\partial}{\partial z} \\ 0 & \dfrac{2x^3}{3} & 2y^3 \end{Vmatrix} = (6y^2, 0, 2x^2)$

$\because S$ 為朝上定向

令 $\vec{r}(x, y, z) = (x, y, 1 - x - y)$ 且 R 為平面S投影至xy平面的封閉區域

則 $R = \{(x, y): x + y \leq 1, x \geq 0, y \geq 0\}$ 且 $\displaystyle\iint_S \left(\nabla \times \vec{\mathbf{F}}\right) \cdot \vec{n}\, dA = \iint_R \left(\nabla \times \vec{\mathbf{F}}\right) \cdot \frac{\partial \vec{r}}{\partial x} \times \frac{\partial \vec{r}}{\partial y}\, dxdy$

$\because \dfrac{\partial \vec{r}}{\partial x} = (1, 0, -1)$ 且 $\dfrac{\partial \vec{r}}{\partial y} = (0, 1, -1)$ $\quad \therefore \dfrac{\partial \vec{r}}{\partial x} \times \dfrac{\partial \vec{r}}{\partial y} = (1, 1, 1)$

$\because \left(\nabla \times \vec{\mathbf{F}}\right) \cdot \dfrac{\partial \vec{r}}{\partial x} \times \dfrac{\partial \vec{r}}{\partial y} = (6y^2, 0, 2x^2) \cdot \dfrac{\partial \vec{r}}{\partial x} \times \dfrac{\partial \vec{r}}{\partial y} = 2(x^2 + 3y^2), \quad \forall (x, y, z) \in S$

$\therefore \displaystyle\iint_S \left(\nabla \times \vec{\mathbf{F}}\right) \cdot \vec{n}\, dA = \iint_R \left(\nabla \times \vec{\mathbf{F}}\right) \cdot \frac{\partial \vec{r}}{\partial x} \times \frac{\partial \vec{r}}{\partial y}\, dxdy = 2 \iint_R x^2 + 3y^2\, dxdy$

$= 2\displaystyle\int_0^1 \int_0^{1-y} x^2 + 3y^2\, dxdy = 2\int_0^1 \left(\frac{x^3}{3} + 3y^2 x\right)\Bigg|_{x=0}^{x=1-y} dy = 2\int_0^1 \frac{(1-y)^3}{3} + 3y^2(1-y)\, dy$

$= \dfrac{2}{3}$

(2)

令 $C_1: \vec{r}_1(t) = (1-t, t, 0), \quad C_2: \vec{r}_2(t) = (0, 1-t, t), \quad C_3: \vec{r}_3(t) = (t, 0, 1-t), 0 \leq t \leq 1$

則 $\vec{r}_1'(t) = (-1, 1, 0), \quad \vec{r}_2'(t) = (0, -1, 1), \quad \vec{r}_3'(t) = (1, 0, -1)$ 且 $C = C_1 \cup C_2 \cup C_3$

藉由 Stokes' Theorem, $\displaystyle\iint_S \left(\nabla \times \vec{\mathbf{F}}\right) \cdot \vec{n}\, dA = \oint_C \vec{\mathbf{F}} \cdot d\vec{r}$

$\therefore \displaystyle\oint_C \vec{\mathbf{F}} \cdot d\vec{r} = \int_{C_1} \vec{\mathbf{F}}\left(\vec{r}_1(t)\right) \cdot \vec{r}_1'(t)\, dt + \int_{C_2} \vec{\mathbf{F}}\left(\vec{r}_2(t)\right) \cdot \vec{r}_2'(t)\, dt + \int_{C_3} \vec{\mathbf{F}}\left(\vec{r}_3(t)\right) \cdot \vec{r}_3'(t)\, dt$

$= \dfrac{2}{3}\displaystyle\int_0^1 (1-t)^3\, dt + 2\int_0^1 (1-t)^3\, dt = \dfrac{2}{3}$

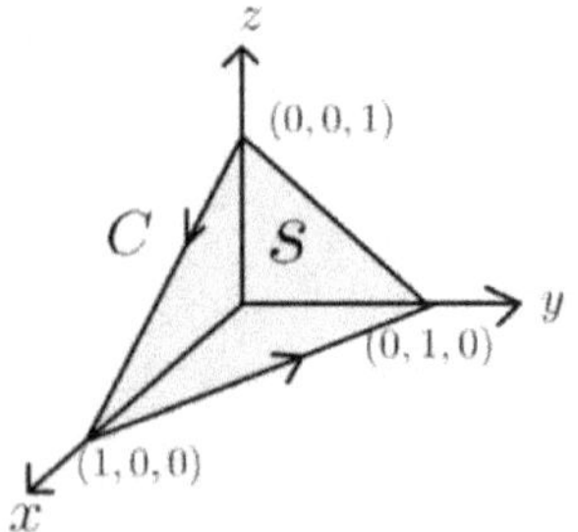

範例 6.

$$\vec{F} = \left(\frac{z^2}{2}, \frac{x^2}{2}, \frac{y^2}{2}\right), \quad S是(a,0,0),(0,a,0),(0,0,a)於第一卦限朝上定向的平面,$$

$$求 \iint_S (\nabla \times \vec{F}) \cdot \vec{n}\, dA =? \ (1)直接計算 \ (2) 使用 \text{Stokes' Theorem}$$

【解】

(1)

$$\text{curl}\, \vec{F} = \nabla \times \vec{F} = \left\|\begin{matrix} \boldsymbol{i} & \boldsymbol{j} & \boldsymbol{k} \\ \dfrac{\partial}{\partial x} & \dfrac{\partial}{\partial y} & \dfrac{\partial}{\partial z} \\ \dfrac{z^2}{2} & \dfrac{x^2}{2} & \dfrac{y^2}{2} \end{matrix}\right\| = (y, z, x)$$

$\because S$ 為朝上定向

令 $\vec{r}(x,y,z) = (x, y, a - x - y)$ 且 $R = \{(x,y): 0 \le x \le a, 0 \le y \le a - x\}$

則 $\displaystyle \iint_S (\nabla \times \vec{F}) \cdot \vec{n}\, dA = \iint_R (\nabla \times \vec{F}) \cdot \frac{\partial \vec{r}}{\partial x} \times \frac{\partial \vec{r}}{\partial y}\, dxdy$

$\because \dfrac{\partial \vec{r}}{\partial x} = (1, 0, -1)$ 且 $\dfrac{\partial \vec{r}}{\partial y} = (0, 1, -1)$ $\therefore \dfrac{\partial \vec{r}}{\partial x} \times \dfrac{\partial \vec{r}}{\partial y} = (1, 1, 1)$

$\because (\nabla \times \vec{F}) \cdot \dfrac{\partial \vec{r}}{\partial x} \times \dfrac{\partial \vec{r}}{\partial y} = (y, z, x) \cdot (1,1,1) = x + y + z = x + y + a - x - y = a, \ \forall (x,y,z) \in S$

$$\iint_R (\nabla \times \vec{F}) \cdot \frac{\partial \vec{r}}{\partial x} \times \frac{\partial \vec{r}}{\partial y}\, dxdy = \int_0^a \int_0^{a-x} a\, dydx = a \int_0^a a - x\, dx = a\left(ax - \frac{x^2}{2}\right)\Big|_0^a = \frac{a^3}{2}$$

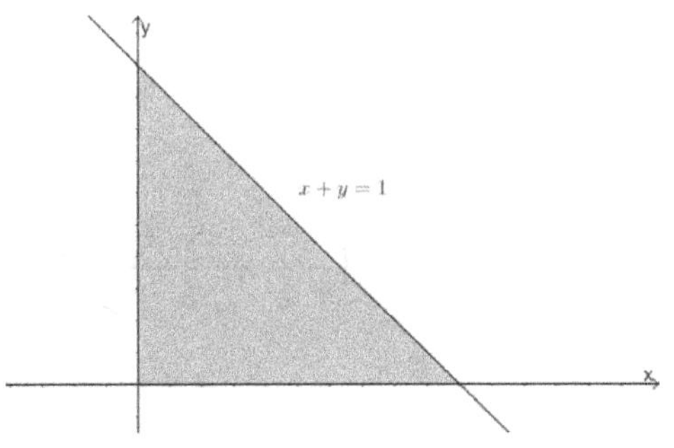

(2)

令 $C_1 : \vec{r}_1(t) = (a - at, at, 0), C_2 : \vec{r}_2(t) = (0, a - at, at), C_3 : \vec{r}_3(t) = (at, 0, a - at), 0 \le t \le 1$

則 $\vec{r}_1'(t) = (-a, a, 0), \ \vec{r}_2'(t) = (0, -a, a), \ \vec{r}_3'(t) = (a, 0, -a)$ 且 $C = C_1 \cup C_2 \cup C_3$

藉由 Stokes' Theorem, $\displaystyle\iint_S (\nabla \times \vec{\mathrm{F}}) \cdot \vec{n} dA = \oint_C \vec{\mathrm{F}} \cdot d\vec{r}$

$$\therefore \oint_C \vec{\mathrm{F}} \cdot d\vec{r} = \int_{C_1} \vec{\mathrm{F}}\left(\vec{r}_1(t)\right) \cdot \vec{r}_1'(t) dt + \int_{C_2} \vec{\mathrm{F}}\left(\vec{r}_2(t)\right) \cdot \vec{r}_2'(t) dt + \int_{C_3} \vec{\mathrm{F}}\left(\vec{r}_3(t)\right) \cdot \vec{r}_3'(t) dt$$

$$= \frac{a}{2} \int_0^1 (a - at)^3 \, dt \cdot 3 = \frac{a^3}{2}$$

範例 7.

使用 Stokes' Theorem 求 $\displaystyle\iint_S (\nabla \times \vec{\mathrm{F}}) \cdot \vec{n} dA = ?$, 其中 $\vec{\mathrm{F}} = (2x - y, 2y + z, xyz)$,

$S : \dfrac{x^2}{a^2} + \dfrac{y^2}{b^2} + \dfrac{z^2}{c^2} = 1, \ z > 0$ 為朝上定向的上半橢球球面

【解】

令 C 為曲面 S 與 $z = 0$ 交集的逆時針封閉曲線則 $C = \{(x, y, z) : \dfrac{x^2}{a^2} + \dfrac{y^2}{b^2} = 1, z = 0\}$

令 $x = a\cos\theta, y = b\sin\theta$ 則 $\vec{r}(\theta) = (a\cos\theta, b\sin\theta, 0) \ \therefore \vec{r}'(\theta) = (-a\sin\theta, b\cos\theta, 0)$

$\because S$ 為朝上定向

$\because \vec{F}$ 的各分量一階偏導數存在且連續, 藉由 Stokes' Theorem

則 $\displaystyle\iint_S (\nabla \times \vec{\mathrm{F}}) \cdot \vec{n} dA = \oint_C \vec{\mathrm{F}} \cdot d\vec{r} = \int_0^{2\pi} \vec{\mathrm{F}}(\vec{r}(\theta)) \cdot \vec{r}'(\theta) \, d\theta$

$$= \int_0^{2\pi} (2a\cos\theta - b\sin\theta, 2b\sin\theta, 0) \cdot (-a\sin\theta, b\cos\theta, 0) d\theta$$

$$= \int_0^{2\pi} -2a^2 \sin\theta \cos\theta + ab\sin^2\theta + 2b^2 \sin\theta \cos\theta \, d\theta$$

$$= \int_0^{2\pi} 2(b^2 - a^2) \sin\theta \cos\theta + ab\sin^2\theta \, d\theta = \int_0^{2\pi} (b^2 - a^2)\sin 2\theta + ab\left(\frac{1 - \cos 2\theta}{2}\right) d\theta$$

$$= ab\pi$$

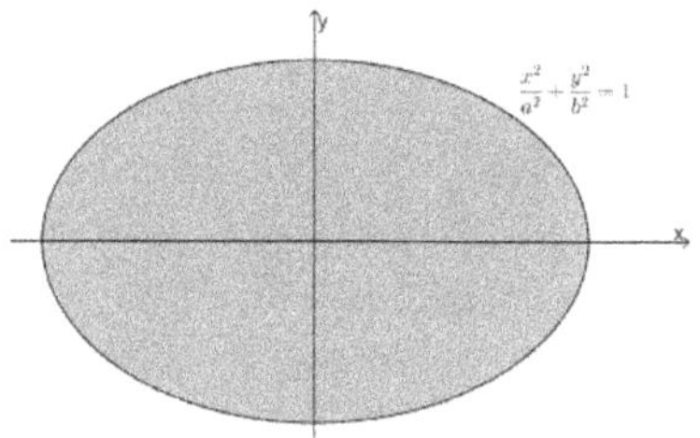

範例 8.

　　使用 Stokes' Theorem 求 $\iint_S (\nabla \times \vec{F}) \cdot dS =?$,　$\vec{F} = (xz, yz, xy)$,　S 為 $x^2 + y^2 + z^2 = 4$

在圓柱 $x^2 + y^2 = 1$ 內且 $z > 0$ 的朝上定向部分球面

【解】

令 C 為曲面 S 與 $x^2 + y^2 = 1$ 交集的逆時針封閉曲線則 $C = \{(x, y, z): x^2 + y^2 = 1, z = \sqrt{3}\}$

令 $x = \cos\theta, y = \sin\theta$ 則 $\vec{r}(\theta) = (\cos\theta, \sin\theta, \sqrt{3})$　$\therefore \vec{r}'(\theta) = (-\sin\theta, \cos\theta, 0)$

$\because S$ 為朝上定向

$\because \vec{F}$ 的各分量一階偏導數存在且連續，藉由 Stokes' Theorem

則 $\iint_S (\nabla \times \vec{F}) \cdot \vec{n} dA = \oint_C \vec{F} \cdot d\vec{r} = \int_0^{2\pi} \vec{F}(\vec{r}(\theta)) \cdot \vec{r}'(\theta)\, d\theta$

$= \int_0^{2\pi} (\sqrt{3}\cos\theta, \sqrt{3}\sin\theta, \sin\theta\cos\theta) \cdot (-\sin\theta, \cos\theta, 0) d\theta = \sqrt{3}\int_0^{2\pi} 0 d\theta = 0$

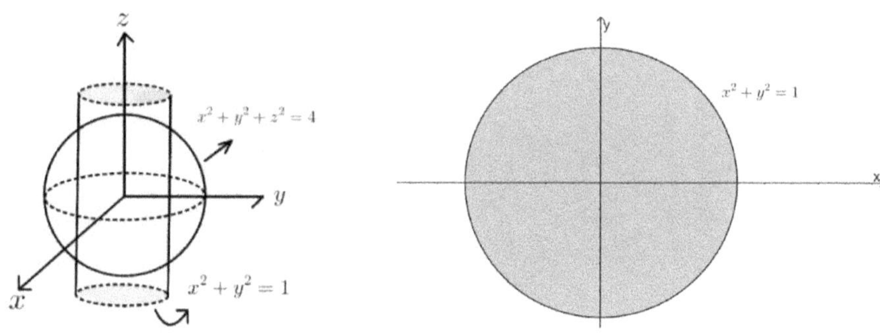

範例 9.

　　假設 $\vec{F} = (0, e^x + 16xy, e^y + 6y^2)$,　S 是 $x + y + z = 6$ 在第一卦限朝上定向的平面,

求 $\iint_S (\nabla \times \vec{F}) \cdot \vec{n} dA =?$ (1)直接計算 (2) 使用 Stokes' Theorem

【解】

(1)

$$\text{curl } \vec{F} = \nabla \times \vec{F} = \begin{Vmatrix} \boldsymbol{i} & \boldsymbol{j} & \boldsymbol{k} \\ \dfrac{\partial}{\partial x} & \dfrac{\partial}{\partial y} & \dfrac{\partial}{\partial z} \\ 0 & e^x + 16xy & e^y + 6y^2 \end{Vmatrix} = (e^y + 12y, 0, e^x + 6y)$$

$\because S$ 為朝上定向

令 $\vec{r}(x,y,z) = (x, y, 6 - x - y)$ 且 R 為 S 曲面投影至 xy 平面的封閉區域

則 $R = \{(x,y): x + y \leq 6, x \geq 0, y \geq 0\}$ 且 $\iint_S (\nabla \times \vec{F}) \cdot \vec{n} \, dA = \iint_R (\nabla \times \vec{F}) \cdot \dfrac{\partial \vec{r}}{\partial x} \times \dfrac{\partial \vec{r}}{\partial y} \, dxdy$

$\because \dfrac{\partial \vec{r}}{\partial x} = (1,0,-1)$ 且 $\dfrac{\partial \vec{r}}{\partial y} = (0,1,-1)$ $\therefore \dfrac{\partial \vec{r}}{\partial x} \times \dfrac{\partial \vec{r}}{\partial y} = (1,1,1)$

$\because (\nabla \times \vec{F}) \cdot \dfrac{\partial \vec{r}}{\partial x} \times \dfrac{\partial \vec{r}}{\partial y} = (e^y + 12y, 0, e^x + 6y) \cdot (1,1,1) = e^y + e^x + 18y, \quad \forall (x,y,z) \in S$

$\therefore \iint_S (\nabla \times \vec{F}) \cdot \vec{n} \, dA = \iint_R (\nabla \times \vec{F}) \cdot \dfrac{\partial \vec{r}}{\partial x} \times \dfrac{\partial \vec{r}}{\partial y} \, dxdy = \iint_R e^y + e^x + 18y \, dxdy$

$$= \int_0^6 \int_0^{6-x} e^y + e^x + 18y \, dydx = 634 + 2e^6$$

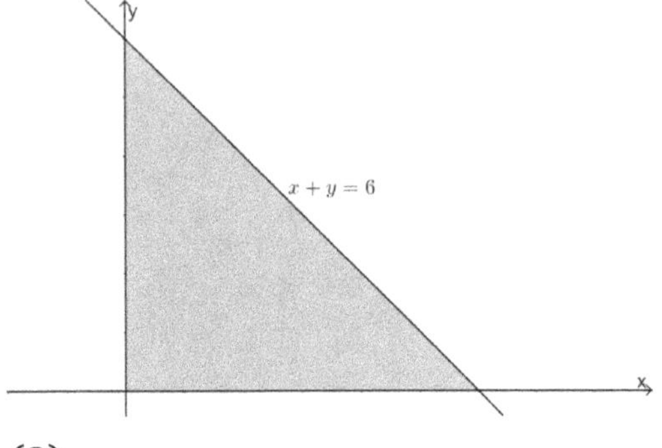

(2)

令 $C_1: \vec{r}_1(t) = (6 - 6t, 6t, 0)$, $C_2: \vec{r}_2(t) = (0, 6 - 6t, 6t)$, $C_3: \vec{r}_3(t) = (6t, 0, 6 - 6t)$

則 $\vec{r}_1'(t) = (-6,6,0)$, $\vec{r}_2'(t) = (0,-6,6)$, $\vec{r}_3'(t) = (6,0,-6)$ 且 $C = C_1 \cup C_2 \cup C_3$

藉由 Stokes' Theorem, $\iint_S (\nabla \times \vec{F}) \cdot \vec{n} \, dA = \oint_C \vec{F} \cdot d\vec{r}$

$$\therefore \oint_C \vec{F} \cdot d\vec{r} = \int_{C_1} \vec{F}\left(\vec{r}_1(t)\right) \cdot \vec{r}_1'(t)dt + \int_{C_2} \vec{F}\left(\vec{r}_2(t)\right) \cdot \vec{r}_2'(t)dt + \int_{C_3} \vec{F}\left(\vec{r}_3(t)\right) \cdot \vec{r}_3'(t)dt$$

$$\because \int_{C_1} \vec{F}\left(\vec{r}_1(t)\right) \cdot \vec{r}_1'(t)dt = 6\int_0^1 e^{6-6t} + 96t(6-6t)\, dt = e^6 - 1 + 576$$

$$\int_{C_2} \vec{F}\left(\vec{r}_2(t)\right) \cdot \vec{r}_2'(t)dt = -6\int_0^1 dt + 6\int_0^1 e^{6-6t} + 6(6-6t)^2\, dt = e^6 + 65$$

$$\int_{C_3} \vec{F}\left(\vec{r}_3(t)\right) \cdot \vec{r}_3'(t)dt = -6\int_0^1 dt = -6$$

$$\therefore \oint_C \vec{F} \cdot d\vec{r} = 634 + 2e^6$$

範例 10.

　　求 $\vec{F} = (2x - y, -yz^2, -zy^2)$ 的旋度在球面 $S: x^2 + y^2 + z^2 = 1$ 的上半表面上法線分量
的面積分 (1)直接計算　(2)使用 Stoke's Theorem

【解】

(1)

$$\because \nabla \times \vec{F} = \begin{vmatrix} \vec{i} & \vec{j} & \vec{k} \\ \dfrac{\partial}{\partial x} & \dfrac{\partial}{\partial y} & \dfrac{\partial}{\partial z} \\ 2x - y & -yz^2 & -zy^2 \end{vmatrix} = (-2zy - (-2yz), 0, 1) = (0,0,1)$$

$\because S$ 為朝上定向

$$令 \vec{r}(x, y) = \left(x, y, \sqrt{1 - (x^2 + y^2)}\right)$$

令 R 為球面投影至 xy 平面的封閉區域 則 $R = \{(x, y): x^2 + y^2 \leq 1\}$

$$且 \iint_S (\nabla \times \vec{F}) \cdot \vec{n}\, dA = \iint_R (\nabla \times \vec{F}) \cdot \frac{\partial \vec{r}}{\partial x} \times \frac{\partial \vec{r}}{\partial y}\, dxdy$$

$$\because \frac{\partial \vec{r}}{\partial x} = \left(1, 0, -x(1 - (x^2 + y^2))^{-\frac{1}{2}}\right), \quad \frac{\partial \vec{r}}{\partial y} = \left(0, 1, -y(1 - (x^2 + y^2))^{-\frac{1}{2}}\right),$$

$$\therefore \frac{\partial \vec{r}}{\partial x} \times \frac{\partial \vec{r}}{\partial y} = \left(x(1-(x^2+y^2))^{-\frac{1}{2}}, y(1-(x^2+y^2))^{-\frac{1}{2}}, 1 \right)$$

$$\therefore (\nabla \times \vec{F}) \cdot \frac{\partial \vec{r}}{\partial x} \times \frac{\partial \vec{r}}{\partial y} = (0,0,1) \cdot \left(x(1-(x^2+y^2))^{-\frac{1}{2}}, y(1-(x^2+y^2))^{-\frac{1}{2}}, 1 \right) = 1$$

$$\therefore \iint_S (\nabla \times \vec{F}) \cdot \vec{n} \, dA = \iint_R (\nabla \times \vec{F}) \cdot \frac{\partial \vec{r}}{\partial x} \times \frac{\partial \vec{r}}{\partial y} \, dxdy = \iint_R dxdy = \pi$$

(2)

令 C 為球面與 $z = 0$ 交集的逆時針封閉曲線則 $C = \{(x, y, z): x^2 + y^2 = 1, z = 0\}$

令 $x = \cos\theta$, $y = \sin\theta$ 則 $\vec{r}(\theta) = (\cos\theta, \sin\theta, 0)$ $\therefore \vec{r}'(\theta) = (-\sin\theta, \cos\theta, 0)$

$\because S$ 為朝上定向

$\because \vec{F}$ 的各分量一階偏導數存在且連續, 藉由 Stokes' Theorem

則 $$\iint_S (\nabla \times \vec{F}) \cdot \vec{n} \, dA = \oint_C \vec{F} \cdot d\vec{r} = \int_0^{2\pi} \vec{F}(\vec{r}(\theta)) \cdot \vec{r}'(\theta) \, d\theta$$

$$= \int_0^{2\pi} (2\cos\theta - \sin\theta, 0, 0) \cdot (-\sin\theta, \cos\theta, 0) d\theta = \int_0^{2\pi} -2\sin\theta\cos\theta + \sin^2\theta \, d\theta$$

$$= \int_0^{2\pi} -2\sin\theta\cos\theta + \frac{1 - \cos 2\theta}{2} \, d\theta = \pi$$

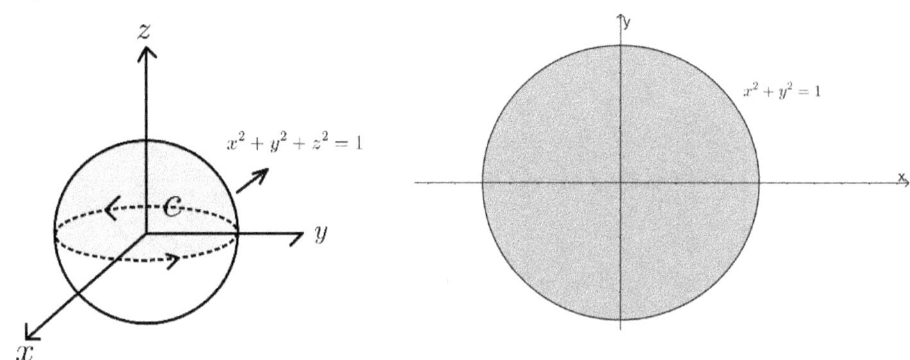

範例 11.

求 $\vec{F} = (2x - y, -yz^2, -zy^2)$ 的旋度在球面 $S: x^2 + y^2 + z^2 = 1$ 的下半表面上法線分量的面積分 (1)直接計算 (2)使用 Stoke's Theorem

【解】

(1)

$$\because \nabla \times \vec{\mathbf{F}} = \begin{vmatrix} \vec{i} & \vec{j} & \vec{k} \\ \dfrac{\partial}{\partial x} & \dfrac{\partial}{\partial y} & \dfrac{\partial}{\partial z} \\ 2x - y & -yz^2 & -zy^2 \end{vmatrix} = (-2zy - (-2yz), 0, 1) = (0,0,1)$$

$\because S$ 為朝下定向

令 $\vec{r}(x,y) = \left(x, y, -\sqrt{1 - (x^2 + y^2)} \right)$,　令 R 為球面投影至 xy 平面的封閉區域

則 $R = \{(x,y): x^2 + y^2 \leq 1\}$ 且 $\displaystyle\iint_S (\nabla \times \vec{\mathbf{F}}) \cdot \vec{n}\, dA = -\iint_R (\nabla \times \vec{\mathbf{F}}) \cdot \frac{\partial \vec{r}}{\partial x} \times \frac{\partial \vec{r}}{\partial y}\, dxdy$

$\because \dfrac{\partial \vec{r}}{\partial x} = \left(1, 0, x(1 - (x^2 + y^2))^{-\frac{1}{2}} \right),\;\; \dfrac{\partial \vec{r}}{\partial y} = \left(0, 1, y(1 - (x^2 + y^2))^{-\frac{1}{2}} \right)$

$\therefore \dfrac{\partial \vec{r}}{\partial x} \times \dfrac{\partial \vec{r}}{\partial y} = \left(-x\left(1 - (x^2 + y^2) \right)^{-\frac{1}{2}}, -y\left(1 - (x^2 + y^2) \right)^{-\frac{1}{2}}, 1 \right)$

$\therefore -(\nabla \times \vec{\mathbf{F}}) \cdot \dfrac{\partial \vec{r}}{\partial x} \times \dfrac{\partial \vec{r}}{\partial y} = -(0,0,1) \cdot \left(x\left(1 - (x^2 + y^2) \right)^{-\frac{1}{2}}, y\left(1 - (x^2 + y^2) \right)^{-\frac{1}{2}}, 1 \right) = -1$

$\therefore \displaystyle\iint_S (\nabla \times \vec{\mathbf{F}}) \cdot \vec{n}\, dA = -\iint_R (\nabla \times \vec{\mathbf{F}}) \cdot \frac{\partial \vec{r}}{\partial x} \times \frac{\partial \vec{r}}{\partial y}\, dxdy = -\iint_R dxdy = -\pi$

(2)

令 C 為球面與 $z = 0$ 交集的逆時針封閉曲線則 $C = \{(x,y,z): x^2 + y^2 = 1, z = 0\}$

令 $x = \cos\theta,\, y = \sin\theta$ 則 $\vec{r}(\theta) = (\cos\theta, \sin\theta, 0)$　$\therefore \vec{r}'(\theta) = (-\sin\theta, \cos\theta, 0)$

$\because S$ is oriented downward

$\because \vec{F}$ 的各分量一階偏導數存在且連續,　藉由 Stokes' Theorem

則 $\displaystyle\iint_S (\nabla \times \vec{\mathbf{F}}) \cdot \vec{n}\, dA = -\oint_C \vec{\mathbf{F}} \cdot d\vec{r} = -\int_0^{2\pi} \vec{\mathbf{F}}(\vec{r}(\theta)) \cdot \vec{r}'(\theta)\, d\theta$

$= -\displaystyle\int_0^{2\pi} (2\cos\theta - \sin\theta, 0, 0) \cdot (-\sin\theta, \cos\theta, 0)\, d\theta = -\int_0^{2\pi} -2\sin\theta\cos\theta + \sin^2\theta\, d\theta$

$= -\displaystyle\int_0^{2\pi} -2\sin\theta\cos\theta + \frac{1 - \cos 2\theta}{2}\, d\theta = -\pi$

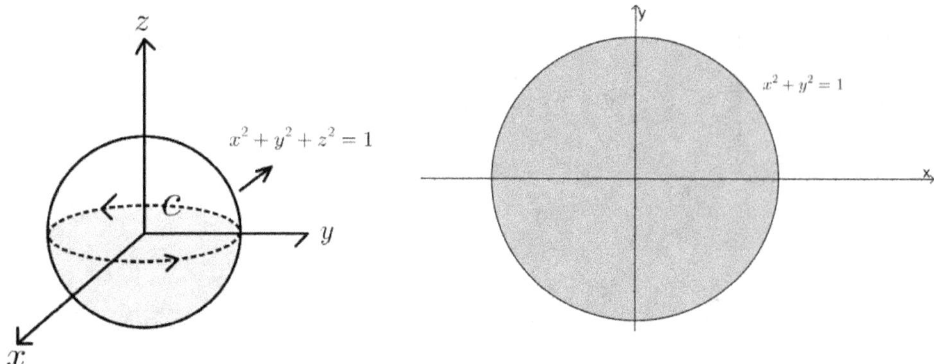

範例 12.

　　求 $\displaystyle\iint_S (\nabla \times \vec{F}) \cdot \vec{n}\, dA = ?$,　$S = \{(x, y, z): 4z = x^2 + y^2, z \leq 1\}$ 為朝下定向曲面,

　　$\vec{F} = (x, 2z - x, y^2)$　(1)直接計算　(2)使用 Stoke's Theorem

【解】

(1)

$$\because \nabla \times \vec{F} = \begin{vmatrix} \vec{\imath} & \vec{\jmath} & \vec{k} \\ \dfrac{\partial}{\partial x} & \dfrac{\partial}{\partial y} & \dfrac{\partial}{\partial z} \\ x & 2z - x & y^2 \end{vmatrix} = (2y - 2, 0, -1)$$

$\because S$ 為朝下定向

令 $\vec{r}(x, y) = \left(x, y, \dfrac{x^2 + y^2}{4}\right)$ 且 R 為曲面 S 投影至 xy 平面的封閉區域

則 $R = \{(x, y): x^2 + y^2 \leq 4\}$ 且 $\displaystyle\iint_S (\nabla \times \vec{F}) \cdot \vec{n}\, dA = -\iint_R (\nabla \times \vec{F}) \cdot \dfrac{\partial \vec{r}}{\partial x} \times \dfrac{\partial \vec{r}}{\partial y}\, dxdy$

$\because \dfrac{\partial \vec{r}}{\partial x} = \left(1, 0, \dfrac{x}{2}\right)$ 且 $\dfrac{\partial \vec{r}}{\partial y} = \left(0, 1, \dfrac{y}{2}\right)$　$\therefore \dfrac{\partial \vec{r}}{\partial x} \times \dfrac{\partial \vec{r}}{\partial y} = \left(-\dfrac{x}{2}, -\dfrac{y}{2}, 1\right)$

$\displaystyle\iint_S (\nabla \times \vec{F}) \cdot \vec{n}\, dA = -\iint_R (\nabla \times \vec{F}) \cdot \dfrac{\partial \vec{r}}{\partial x} \times \dfrac{\partial \vec{r}}{\partial y}\, dxdy$

$\displaystyle = -\iint_R (2y - 2, 0, -1) \cdot \left(-\dfrac{x}{2}, -\dfrac{y}{2}, 1\right) dxdy = \iint_{x^2 + y^2 \leq 4} xy - x + 1\, dxdy$

令 $x = r\cos\theta$, $y = r\sin\theta$ 則

$$\iint_{x^2+y^2 \leq 4} xy - x + 1\, dxdy = \int_0^{2\pi} \int_0^2 (r^2 \cos\theta \sin\theta - r\cos\theta + 1)\, r\, dr\, d\theta = 4\pi$$

(2)

令 $C = \{(x, y, z): x^2 + y^2 = 4, z = 1\}$ 為逆時針封閉曲線

令 $x = 2\cos\theta$, $y = 2\sin\theta$ 則 $\vec{r}(\theta) = (2\cos\theta, 2\sin\theta, 1)$ $\therefore \vec{r}'(\theta) = (-2\sin\theta, 2\cos\theta, 0)$

$\because S$ is oriented downward

$\because \vec{F}$ 的各分量一階偏導數存在且連續, 藉由 Stokes' Theorem

則 $$\iint_S (\nabla \times \vec{F}) \cdot \vec{n}\, dA = -\oint_C \vec{F} \cdot d\vec{r} = -\int_0^{2\pi} \vec{F}(\vec{r}(\theta)) \cdot \vec{r}'(\theta)\, d\theta$$

$$= -\int_0^{2\pi} (2\cos\theta, 2 - 2\cos\theta, 4\sin^2\theta) \cdot (-2\sin\theta, 2\cos\theta, 0)\, d\theta$$

$$= \int_0^{2\pi} 4\sin\theta\cos\theta - 4\cos\theta + 4\cos^2\theta\, d\theta = \int_0^{2\pi} 4\cos^2\theta\, d\theta = 4\int_0^{2\pi} \frac{1 + \cos 2\theta}{2}\, d\theta$$

$$= 4\pi$$

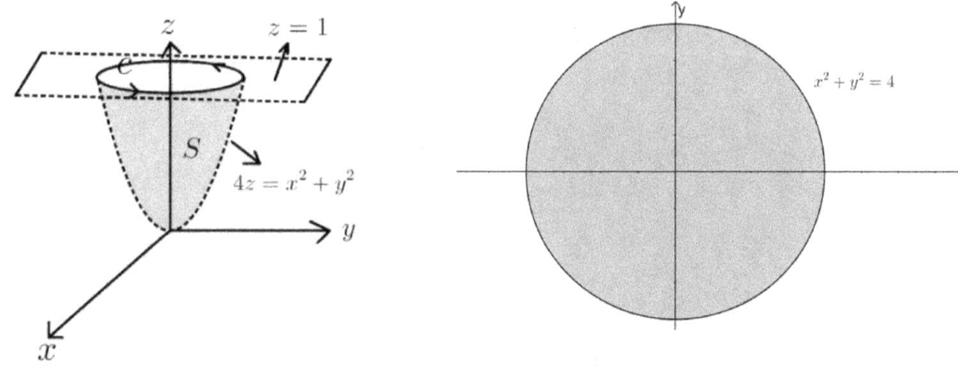

範例 13.

$$\vec{F} = \left(-z, x, \frac{y^2 z}{2}\right), \quad S: z = \sqrt{x^2 + y^2}, \quad z \leq a \text{ 為朝下定向曲面, 求} \iint_S (\nabla \times \vec{F}) \cdot \vec{n}\, dA = ?$$

(1)直接計算 (2) 使用 Stokes' Theorem

【解】

(1)

$$\because \text{curl } \vec{F} = \nabla \times \vec{F} = \begin{Vmatrix} \boldsymbol{i} & \boldsymbol{j} & \boldsymbol{k} \\ \dfrac{\partial}{\partial x} & \dfrac{\partial}{\partial y} & \dfrac{\partial}{\partial z} \\ -z & x & \dfrac{y^2 z}{2} \end{Vmatrix} = (yz, -1, 1)$$

$\because S$ 為朝下定向曲面

令 $\vec{r}(x, y, z) = \left(x, y, (x^2 + y^2)^{\frac{1}{2}} \right)$ 且 R 為 S 曲面投影至 xy 平面的封閉區域

則 $R = \{(x, y): x^2 + y^2 \le a^2\}$ 且 $\iint_S (\nabla \times \vec{F}) \cdot \vec{n}\, dA = -\iint_R (\nabla \times \vec{F}) \cdot \dfrac{\partial \vec{r}}{\partial x} \times \dfrac{\partial \vec{r}}{\partial y}\, dxdy$

$\because \dfrac{\partial \vec{r}}{\partial x} = \left(1, 0, x(x^2 + y^2)^{-\frac{1}{2}} \right)$ 且 $\dfrac{\partial \vec{r}}{\partial y} = \left(0, 1, y(x^2 + y^2)^{-\frac{1}{2}} \right)$

$\therefore \dfrac{\partial \vec{r}}{\partial x} \times \dfrac{\partial \vec{r}}{\partial y} = \left(-x(x^2 + y^2)^{-\frac{1}{2}}, -y(x^2 + y^2)^{-\frac{1}{2}}, 1 \right)$

$\Rightarrow (\nabla \times \vec{F}) \cdot \dfrac{\partial \vec{r}}{\partial x} \times \dfrac{\partial \vec{r}}{\partial y} = (yz, -1, 1) \cdot \left(-x(x^2 + y^2)^{-\frac{1}{2}}, -y(x^2 + y^2)^{-\frac{1}{2}}, 1 \right)$

$= -xy + y(x^2 + y^2)^{-\frac{1}{2}} + 1, \quad \forall (x, y, z) \in S$

$\therefore \iint_S (\nabla \times \vec{F}) \cdot \vec{n}\, dA = -\iint_R (\nabla \times \vec{F}) \cdot \dfrac{\partial \vec{r}}{\partial x} \times \dfrac{\partial \vec{r}}{\partial y}\, dxdy = \iint_R xy - y(x^2 + y^2)^{-\frac{1}{2}} - 1\, dxdy$

令 $x = r \cos\theta, y = r \sin\theta$ 則 $\{(x, y): x^2 + y^2 \le a^2\} = \{(r, \theta): 0 \le r \le a, 0 \le \theta \le 2\pi\}$

$\therefore \iint_R xy - y(x^2 + y^2)^{-\frac{1}{2}} - 1\, dxdy = \int_0^{2\pi} \int_0^a (r^2 \cos\theta \sin\theta - \sin\theta - 1)\, rdrd\theta = -\pi a^2$

(2)

令 $C: z = a, x^2 + y^2 = a^2$ 為逆時針封閉曲線

$\because S$ 為朝下定向且 $\vec{F}$ 的各分量一階偏導數存在且連續

藉由 Stokes' Theorem, $\displaystyle\iint_S (\nabla \times \vec{F}) \cdot \vec{n}\, dA = -\oint_C \vec{F} \cdot d\vec{r}$

令 $\vec{r}(t) = (a\cos t, a\sin t, a)$, $0 \le t \le 2\pi$ 則 $\vec{r}'(t) = (-a\sin t, a\cos t, 0)$

$$\therefore \oint_C \vec{F} \cdot d\vec{r} = -\int_0^{2\pi} \vec{F}\big(\vec{r}(t)\big) \cdot \vec{r}'(t)\, dt$$

$$= -\int_0^{2\pi} \left(-a, a\cos t, \frac{a^3 \sin^2 t}{2}\right) \cdot (-a\sin t, a\cos t, 0)\, dt = -\int_0^{2\pi} a^2 \sin t + a^2 \cos^2 t\, dt$$

$$= -2\pi \cdot \frac{a^2}{2} = -\pi a^2$$

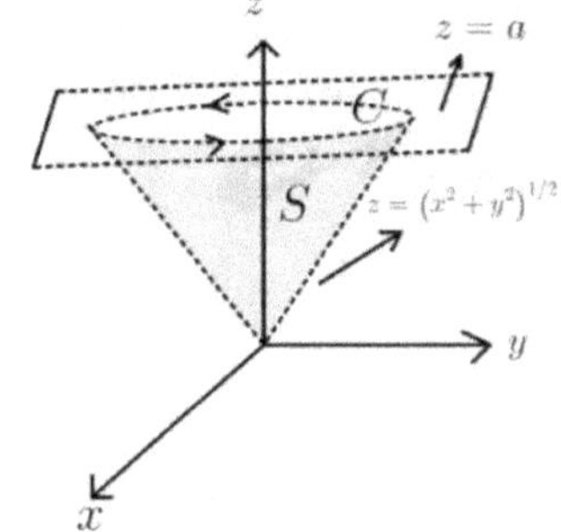

9.7 Gauss's Theorem

之前在說明 Green's Theorem 時有提到, Green's Theorem 的散度形式可改寫為

$$\oint_C \vec{F} \cdot \vec{n}\, ds = \iint_R \nabla \cdot \vec{F}(x, y)\, dA$$

其中 C 是平面區域 R 的正向(逆時針)邊界曲線, 將其擴展至三維空間的直觀猜測為

$$\oiint_S \vec{F} \cdot \vec{n}\, dA = \iiint_V \nabla \cdot \vec{F}(x, y, z)\, dV$$

其中 S 是封閉體積 V 的邊界表面

若 $\vec{F}$ 的一階偏導數存在且連續則上述等式成立且稱為 The Divergence Theorem(散度定理, 或 Gauss's Theorem), 值得注意的是 The Divergence Theorem、Stokes' Theorem 與 Green's Theorem 都是微積分基本定理的擴展, 此外, The Divergence Theorem 可以將向量場 $\vec{F}$ 穿越封閉曲面 S 的通量(曲面積分)轉換為 $\vec{F}$ 的散度在封閉體積 V 的三重積分, 例如, 假設一個封閉曲面由 S_1, S_2, S_3 組成(如下圖), 原本求通量的方法是求各自的通量再相加, 而藉由 The Divergence Theorem 則將問題轉成純量函數的體積分, 相反地, 也可藉由計算 $\vec{F}$ 在封閉曲面

S 的通量(曲面積分)求得 $\vec{F}$ 的散度在封閉體積 V 的三重積分

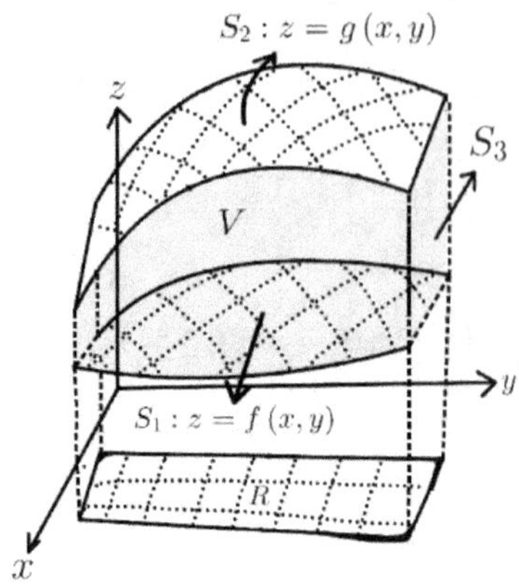

　　The Divergence Theorem 的應用情境是曲面為封閉曲面, 而 Stokes' Theorem 是非封閉曲面, 　Green's Theorem 是出現二維封閉曲線, 底下展示常見的封閉曲面

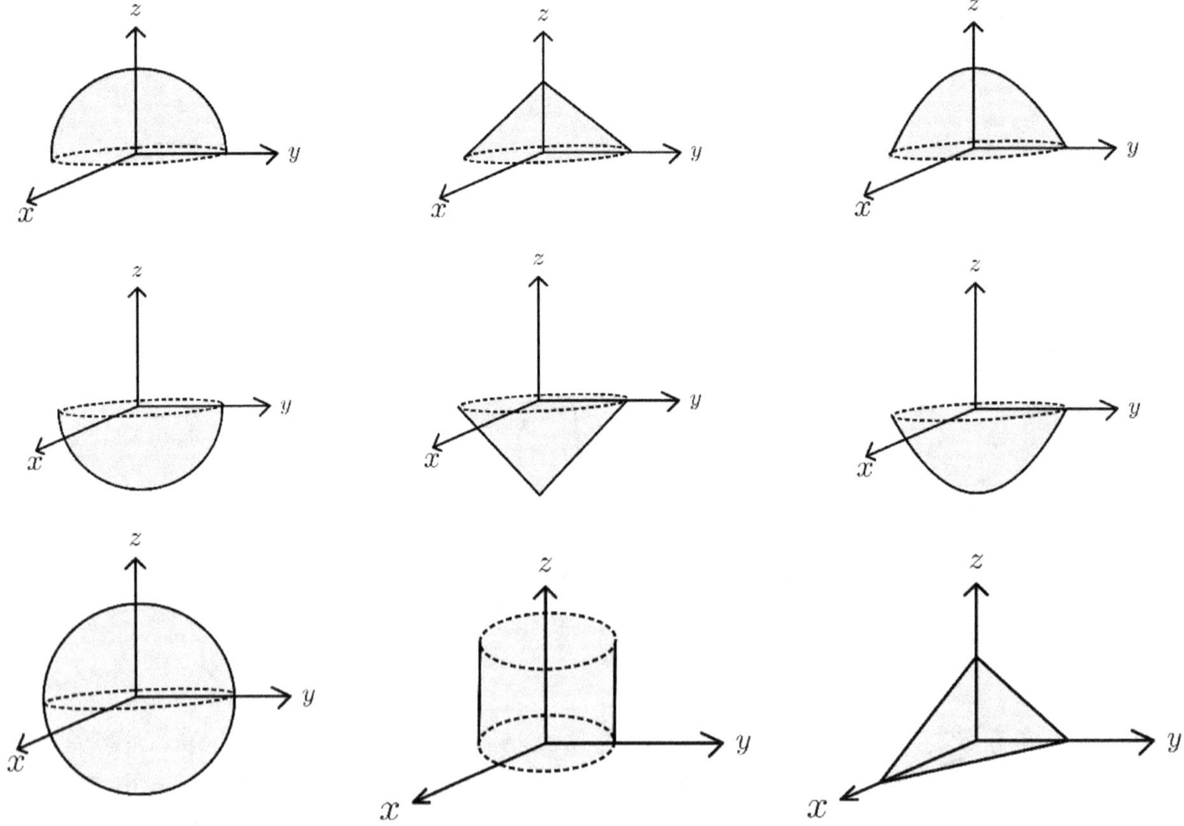

　　以直觀的角度而言, $\vec{F}$ 於封閉曲面的通量轉成三重積分後, 被積分函數為何應該是 $\vec{F}$ 散度的形式, 假設體積V切成無限多個小長方體, 取一個頂點為 (x,y,z) 且邊長為 $\Delta x,\ \Delta y,\ \Delta z$ 的小

長方體為例，通過這個小長方體的通量是通過六個面的通量之和，考慮與yz平面平行的邊，穿過底面的通量近似為

$$F_1(x, y, z)\Delta y \Delta z$$

穿過頂面的通量近似為

$$F_1(x + \Delta x, y, z)\Delta y \Delta z$$

頂面與底面通量的差異為

$$\big(F_1(x + \Delta x, y, z) - F_1(x, y, z)\big)\Delta y \Delta z$$

根據線性逼近

$$F_1(x + \Delta x, y, z) \approx F_1(x, y, z) + \frac{\partial F_1}{\partial x}\Delta x$$

頂面與底面通量的差異近似估計為

$$\big(F_1(x + \Delta x, y, z) - F_1(x, y, z)\big)\Delta y \Delta z = \left(F_1(x, y, z) + \frac{\partial F_1}{\partial x}\Delta x - F_1(x, y, z)\right)\Delta y \Delta z$$

$$= \frac{\partial F_1}{\partial x}\Delta x \Delta y \Delta z$$

同理，另外兩組的近似差異分別為

$$\frac{\partial F_2}{\partial y}\Delta x \Delta y \Delta z \quad 與 \quad \frac{\partial F_3}{\partial z}\Delta x \Delta y \Delta z$$

將這些加起來，我們得到

$$\left(\frac{\partial F_1}{\partial x} + \frac{\partial F_2}{\partial y} + \frac{\partial F_3}{\partial z}\right)\Delta x \Delta y \Delta z$$

因此，得到了$\vec{F}$散度的形式

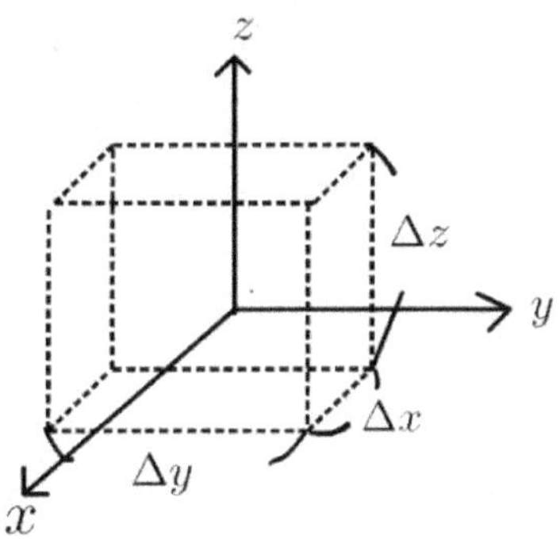

The Divergence Theorem 的考試類型包含把封閉面積分轉成能直接計算的體積分、把封閉面積分轉成的體積分再搭配座標轉換、把體積分轉成封閉的面積分

【定義】Divergence of $\vec{F}$

假設 $\vec{F}(x, y, z) = F_1\mathbf{i} + F_2\mathbf{j} + F_3\mathbf{k}$ 定義於 V 的一個連續向量場，則 $\vec{F}$ 的散度定義為

$$\nabla \cdot \vec{F} = \frac{\partial F_1}{\partial x} + \frac{\partial F_2}{\partial y} + \frac{\partial F_3}{\partial z}$$

【定義】Simple Solid Regions

A solid region V is said to be of

 (i) type I if $\exists$ continuous functions $f(x, y), g(x, y)$ such that

$\qquad$ $V = \{(x, y, z): (x, y) \in R, f(x, y) \leq z \leq g(x, y)\}$，$R$ 為 V 投影至 xy 平面的區域

(ii) type II if $\exists$ continuous functions $f(y, z), g(y, z)$ such that

$\qquad$ $V = \{(x, y, z): (y, z) \in R, f(y, z) \leq x \leq g(y, z)\}$，$R$ 為 V 投影至 yz 平面的區域

(ii) type III if $\exists$ continuous functions $f(x, z), g(x, z)$ such that

$\qquad$ $V = \{(x, y, z): (x, z) \in R, f(x, z) \leq y \leq g(x, z)\}$，$R$ 為 V 投影至 xz 平面的區域

(iv) simple solid region if it is concurrently of types I, II, and III.

以 simple solid region 為例, 圖形如下圖所示, 特別的是垂直於 xy 平面的平面 S_3 有時可能不存在

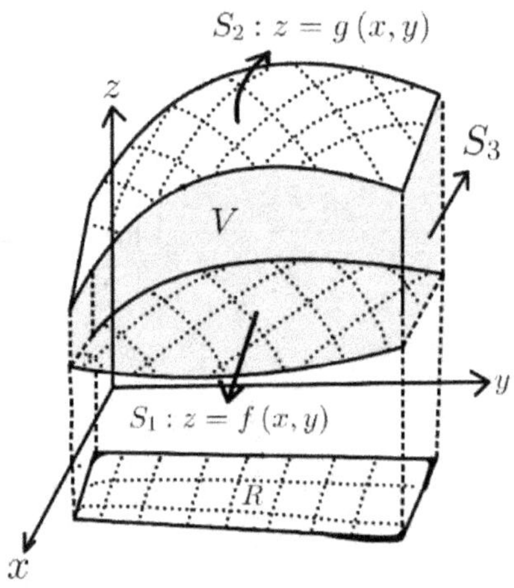

【定理】The Divergence Theorem

假設

1. S 為一具有朝外定向的封閉曲面, 所圍區域為 V 且 V 為 simple solid region

2. 向量場 $F(x, y, z) = F_1\mathbf{i} + F_2\mathbf{j} + F_3\mathbf{k}$ 的各分量函數在包含 V 的開集合上有連續的偏導數則

$$\oiint_S \vec{F} \cdot \vec{n}\, dA = \iiint_V \nabla \cdot \vec{F}\, dV$$

<u>Proof:</u>

$$\because \oiint_S \vec{F} \cdot \vec{n}\, dA = \iint_S F_1\mathbf{i} \cdot \vec{n}\, dA + \iint_S F_2\mathbf{j} \cdot \vec{n}\, dA + \iint_S F_3\mathbf{k} \cdot \vec{n}\, dA$$

且

$$\iiint_V \nabla \cdot \vec{F}\, dV = \iiint_V \frac{\partial F_1}{\partial x}\, dV + \iiint_V \frac{\partial F_2}{\partial y}\, dV + \iiint_V \frac{\partial F_3}{\partial z}\, dV$$

所以

$$\text{若} \begin{cases} \iint_S F_1\mathbf{i} \cdot \vec{n}\, dA = \iiint_V \frac{\partial F_1}{\partial x}\, dV \\[2mm] \iint_S F_2\mathbf{j} \cdot \vec{n}\, dA = \iiint_V \frac{\partial F_2}{\partial y}\, dV \\[2mm] \iint_S F_3\mathbf{k} \cdot \vec{n}\, dA = \iiint_V \frac{\partial F_3}{\partial z}\, dV \end{cases} \quad \text{則} \quad \oiint_S \vec{F} \cdot \vec{n}\, dA = \iiint_V \nabla \cdot \vec{F}\, dV$$

Claim: $\displaystyle \iint_S F_3\mathbf{k} \cdot \vec{n}\, dA = \iiint_V \frac{\partial F_3}{\partial z}\, dV$

令 V 為 solid region of type I 且包含垂直於 xy 平面的平面

令 R 為封閉曲面 S 投影至 xy 平面的封閉區域且曲面 S 為三塊曲面所組成 S_1, S_2 與 S_3, 其中

S_1 為下方曲面: $z = f(x, y)$, S_2 為上方曲面: $z = g(x, y)$, S_3 為垂直於 xy 平面的平面

且 $V = \{(x, y, z): (x, y) \in R, f(x, y) \le z \le g(x, y)\}$,

藉由微積分基本定理

$$\iiint_V \frac{\partial F_3}{\partial z}\, dV = \iint_R \int_{f(x,y)}^{g(x,y)} \frac{\partial F_3}{\partial z}\, dz\, dx\, dy = \iint_R F_3(x, y, g) - F_3(x, y, f)\, dx\, dy$$

另一方面

$$\iint_S F_3\mathbf{k} \cdot \vec{n}\, dA = \iint_{S_1} F_3\mathbf{k} \cdot \vec{n}\, dA + \iint_{S_2} F_3\mathbf{k} \cdot \vec{n}\, dA + \iint_{S_3} F_3\mathbf{k} \cdot \vec{n}\, dA$$

$$\because \iint_{S_2} F_3\mathbf{k} \cdot \vec{n}\, dA = \iint_R F_3(x, y, g)\, dx\, dy \ \text{ and } \ \iint_{S_1} F_3\mathbf{k} \cdot \vec{n}\, dA = -\iint_R F_3(x, y, f)\, dx\, dy$$

$\because \mathbf{k}$ 是垂直方向 且 S_3 的 $\vec{n}$ 是水平方向 $\quad \therefore \displaystyle \iint_{S_3} F_3\mathbf{k} \cdot \vec{n}\, dA = 0$

$$\therefore \iint_S F_3\mathbf{k} \cdot \vec{n}\, dA = \iint_R F_3(x, y, g)\, dx\, dy - \iint_R F_3(x, y, f)\, dx\, dy$$

$$= \iint_R F_3(x, y, g) - F_3(x, y, f)\, dx\, dy = \iiint_V \frac{\partial F_3}{\partial z}\, dV$$

$$\therefore \iint_S F_3\mathbf{k} \cdot \vec{n}\,dA = \iiint_V \frac{\partial F_3}{\partial z}\,dV.$$

$\therefore$ V 若為 simple solid region of type I 且沒有包含垂直於xy平面的平面, 僅由S_1, S_2組成, 則上述等式仍成立,

Claim: $\displaystyle\iint_S F_1\mathbf{i} \cdot \vec{n}\,dA = \iiint_V \frac{\partial F_1}{\partial x}\,dV$

令 V 為 solid region of type II

同理可證

$$\iint_S F_1\mathbf{i} \cdot \vec{n}\,dA = \iiint_V \frac{\partial F_1}{\partial x}\,dV$$

Claim: $\displaystyle\iint_S F_2\mathbf{j} \cdot \vec{n}\,dA = \iiint_V \frac{\partial F_2}{\partial y}\,dV$

令 V 為 solid region of type III

同理可證

$$\iint_S F_2\mathbf{j} \cdot \vec{n}\,dA = \iiint_V \frac{\partial F_2}{\partial y}\,dV$$

$$\Rightarrow \oiint_S \vec{\mathbf{F}} \cdot \vec{n}\,dA = \iiint_V \nabla \cdot \vec{\mathbf{F}}\,dV$$

9.7.1　把封閉曲面積分轉成能直接計算的體積分

使用 Gauss's Theorem 把封閉面積分轉成能直接計算的體積分

考試類型:

題型 1.

假設向量場$\vec{\mathbf{F}}$各分量的一階偏導數存在且連續且 $\nabla \cdot \vec{\mathbf{F}} = c$（常數）, $S: x^2 + y^2 + z^2 = r^2$,

則流出S的 flux(通量) $\displaystyle\oiint_S \vec{\mathbf{F}} \cdot \vec{n}\,dA = \frac{4c\pi r^3}{3}$

解題流程:

Step1.

$\because \vec{\mathbf{F}}$各分量的一階偏導數存在且連續, 藉由 Gauss's Theorem, $\displaystyle\oiint_S \vec{\mathbf{F}} \cdot \vec{n}\,dA = \iiint_V \nabla \cdot \vec{\mathbf{F}}\,dV$

Step2.

$$\because \nabla \cdot \vec{F} = c \quad \therefore \iiint_V \nabla \cdot \vec{F}\, dV = \iiint_{x^2+y^2+z^2 \leq r^2} c\, dxdydz = c \cdot \frac{4\pi}{3} \cdot r^3$$

範例說明:

(I)若 $\vec{F} = (x^2 y, 2y + z^2, 2z - 2xyz)$, $S: x^2 + y^2 + z^2 = r^2$ 為朝外定向, 求 $\oiint_S \vec{F} \cdot \vec{n}\, dA = ?$

$\because \vec{F}$各分量的一階偏導數存在且連續

藉由 Gauss's Theorem,

$$\oiint_S \vec{F} \cdot \vec{n}\, dA = \iiint_V \nabla \cdot \vec{F}\, dV = \iiint_{x^2+y^2+z^2 \leq r^2} 4\, dxdydz = 4 \cdot \frac{4\pi}{3} \cdot r^3 = \frac{16\pi r^3}{3}$$

(II)若 $\vec{F} = \left(x + y + \sin z^2, y + e^{x^2}, z + \ln(x^2 + y^2 + 1)\right)$, $S: x^2 + y^2 + z^2 = r^2$ 為朝外定向,

求 $\oiint_S \vec{F} \cdot \vec{n}\, dA = ?$

$\because \vec{F}$各分量的一階偏導數存在且連續

藉由 Gauss's Theorem,

$$\oiint_S \vec{F} \cdot \vec{n}\, dA = \iiint_V \nabla \cdot \vec{F}\, dV = \iiint_{x^2+y^2+z^2 \leq r^2} 3\, dxdydz = 3 \cdot \frac{4\pi}{3} \cdot r^3 = 4\pi r^3$$

題型 2.

假設$\vec{F}$各分量的一階偏導數存在且連續且 $\nabla \cdot \vec{F} = c$, $c \in \mathbb{R}$, $S: x^2 + y^2 = a^2, 0 \leq z \leq b$

為朝外定向封閉曲面, $a, b > 0$, 則 $\oiint_S \vec{F} \cdot \vec{n}\, dA = \pi a^2 bc$

解題流程:

Step1.

$\because \vec{F}$各分量的一階偏導數存在且連續

藉由 Gauss's Theorem, $\oiint_S \vec{F} \cdot \vec{n}\, dA = \iiint_V \nabla \cdot \vec{F}\, dV$

Step2.

$$\because \nabla \cdot \vec{F} = c \quad \therefore \iiint_V \nabla \cdot \vec{F}\, dV = \iiint_V c\, dxdydz = c \cdot \pi a^2 b$$

範例說明:

(I)若$\vec{F} = (x, e^x + y, 2z)$, $S: x^2 + y^2 = a^2$, $0 \leq z \leq b$, 求 $\oiint_S \vec{F} \cdot \vec{n} dA =?$

藉由 Gauss's Theorem,

則 $\oiint_S \vec{F} \cdot \vec{n} dA = \iiint_V \nabla \cdot \vec{F} \, dV = \iiint_V 4 \, dxdydz = 4\pi a^2 b$

範例 1.

$$\text{求} \oiint_{S_1} \vec{F} \cdot \vec{n} dA - \oiint_{S_2} \vec{F} \cdot \vec{n} dA =?, \quad \vec{F} = (x, 2y + z, z + x^2), \quad S_1: x^2 + y^2 + z^2 = 4,$$

$S_2: x^2 + y^2 + z^2 = 1$ 皆為朝外定向

【解】

令 $V = \{(x, y, z): 1 \leq x^2 + y^2 + z^2 \leq 4\}$

$\because \vec{F}$ 的各分量一階偏導數存在且連續

藉由 Gauss's Theorem 則 $\oiint_{S_1} \vec{F} \cdot \vec{n} dA - \oiint_{S_2} \vec{F} \cdot \vec{n} dA = \iiint_V \nabla \cdot \vec{F} \, dV$

$\because \nabla \cdot \vec{F} = 1 + 2 + 1 = 4$

$\therefore \iiint_V \nabla \cdot \vec{F} \, dV = \iiint_{1 \leq x^2 + y^2 + z^2 \leq 4} 4 \, dxdydz = 4\left(\frac{4\pi}{3} \cdot 2^3 - \frac{4\pi}{3} \cdot 1^3\right) = \frac{112\pi}{3}$

範例 2.

$$\text{求向量場} \vec{F} = (x^2 y, 2y + z^2, 2z - 2xyz) \text{流出} S \text{的 flux}(\text{通量}) =?, \quad S: x^2 + y^2 + z^2 = r^2$$

【解】

$\because \vec{F}$ 的各分量一階偏導數存在且連續

藉由 Gauss's Theorem 則 $\oiint_S \vec{F} \cdot \vec{n} dA = \iiint_V \nabla \cdot \vec{F} \, dV$, $V: x^2 + y^2 + z^2 \leq r^2$

$\because \nabla \cdot \vec{F} = 2xy + 2 + 2 - 2xy = 4$

$\therefore \iiint_V \nabla \cdot \vec{F} \, dV = \iiint_{x^2 + y^2 + z^2 \leq r^2} 4 \, dxdydz = 4 \cdot \frac{4\pi}{3} \cdot r^3 = \frac{16\pi r^3}{3}$

範例 3.

$$\text{求} \oiint_S \vec{F} \cdot \vec{n} dA =?, \quad \vec{F} = (x, y, z), \quad S: x^2 + y^2 + z^2 = 1 \text{ 為朝外定向}$$

【解】

$\because \vec{F}$ 的各分量一階偏導數存在且連續

藉由 Gauss's Theorem 則 $\oiint_S \vec{F} \cdot \vec{n} \, dA = \iiint_V \nabla \cdot \vec{F} \, dV, \quad V: x^2 + y^2 + z^2 \leq 1$

$\because \nabla \cdot \vec{F} = 1 + 1 + 1 = 3$

$\therefore \iiint_V \nabla \cdot \vec{F} \, dV = \iiint_{x^2+y^2+z^2 \leq 1} 3 \, dxdydz = 3\left(\frac{4\pi}{3} \cdot 1^3\right) = 4\pi$

範例 4.

　　　求向量場 $\vec{F} = \left(x + y + \sin z^2, \, y + e^{x^2}, \, z + \ln(x^2 + y^2 + 1)\right)$ 流出 S 的 flux(通量) =?,
$S: x^2 + y^2 + z^2 = r^2$

【解】

$\because \vec{F}$ 的各分量一階偏導數存在且連續

藉由 Gauss's Theorem 則 $\oiint_S \vec{F} \cdot \vec{n} \, dA = \iiint_V \nabla \cdot \vec{F} \, dV, \quad V: x^2 + y^2 + z^2 \leq r^2$

$\because \nabla \cdot \vec{F} = 1 + 1 + 1 = 3$

$\therefore \iiint_V \nabla \cdot \vec{F} \, dV = \iiint_{x^2+y^2+z^2 \leq r^2} 3 \, dxdydz = 3 \cdot \frac{4\pi}{3} \cdot r^3 = 4\pi r^3$

範例 5.

　　　求 $\oiint_S \vec{F} \cdot \vec{n} \, dA = ?, \quad \vec{F} = (2x + ye^z, \, e^x - ye^z, \, e^z + 3z - xy), \quad S: x^2 + y^2 + z^2 = 9$
　　　為朝外定向

【解】

$\because \vec{F}$ 的各分量一階偏導數存在且連續

藉由 Gauss's Theorem 則 $\oiint_S \vec{F} \cdot \vec{n} \, dA = \iiint_V \nabla \cdot \vec{F} \, dV, \quad V: x^2 + y^2 + z^2 \leq 9$

$\because \nabla \cdot \vec{F} = 2 - e^z + e^z + 3 = 5$

$\therefore \iiint_V \nabla \cdot \vec{F} \, dV = \iiint_{x^2+y^2+z^2 \leq 9} 5 \, dxdydz = 5\left(\frac{4\pi}{3} \cdot 3^3\right) = 180\pi$

範例 6.

$$\text{求} \oiint_S \vec{F} \cdot \vec{n}\, dA =?, \quad \vec{F} = (x, e^x + y, 2z), \quad S: x^2 + y^2 = a^2, \quad 0 \le z \le b \text{為朝外定向}$$

【解】

令 $V = \{(x, y, z): x^2 + y^2 \le a^2, 0 \le z \le b\}$

$\because \vec{F}$ 的各分量一階偏導數存在且連續

藉由 Gauss's Theorem 則 $\displaystyle\oiint_S \vec{F} \cdot \vec{n}\, dA = \iiint_V \nabla \cdot \vec{F}\, dV$

$\because \nabla \cdot \vec{F} = 1 + 1 + 2 = 4 \quad \therefore \displaystyle\iiint_V \nabla \cdot \vec{F}\, dV = \iiint_V 4\, dx\,dy\,dz = 4\pi a^2 b$

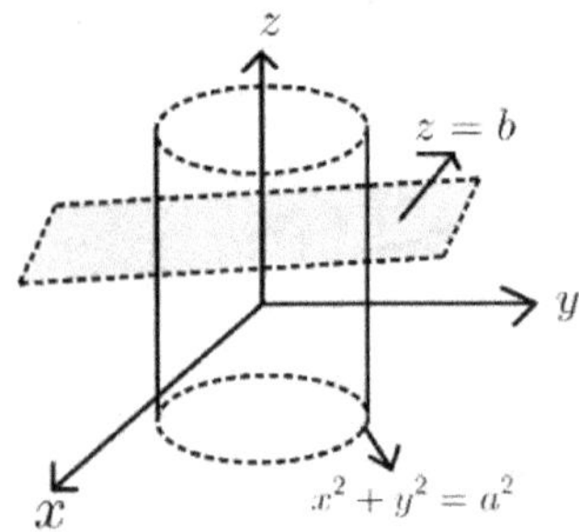

範例 7.

$$\text{求} \oiint_S (2x + 2y + z^2)\, dA =?, \quad S: x^2 + y^2 + z^2 = r^2 \text{ 為朝外定向}$$

【解】

令 $\vec{F} = (2, 2, z)$, $\quad \because \vec{F}$ 的各分量一階偏導數存在且連續

藉由 Gauss's Theorem 則 $\displaystyle\oiint_S \vec{F} \cdot \vec{n}\, dA = \iiint_V \nabla \cdot \vec{F}\, dV, \quad V: x^2 + y^2 + z^2 \le r^2$

$\because \nabla \cdot \vec{F} = 0 + 0 + 1 = 1 \quad \therefore \displaystyle\iiint_V \nabla \cdot \vec{F}\, dV = \iiint_V 1\, dx\,dy\,dz = \frac{4\pi}{3} \cdot r^3 = \frac{4\pi r^3}{3}$

範例 8.

Let $\vec{F} = (x, 2y, 3z)$. Assume S is the cube with the vertices $(\pm 1, \pm 1, \pm 1)$ with outward orientation. Find $\displaystyle\oiint_S \vec{F} \cdot \vec{n}\, dA$ by using Gauss's Theorem

【解】

令 $V = \{(x, y, z): -1 \le x \le 1, -1 \le y \le 1, -1 \le z \le 1\}$

$\because \vec{F}$ 的各分量一階偏導數存在且連續,

藉由 Gauss's Theorem 則 $\quad \oiint_S \vec{F}\cdot \vec{n}\,dA = \iiint_V \nabla\cdot\vec{F}\,dV$

$\because \nabla\cdot\vec{F} = 1+2+3 = 6 \quad \therefore \iiint_V \nabla\cdot\vec{F}\,dV = \iiint_V 6\,dxdydz = 6\cdot 2\cdot 2\cdot 2 = 48$

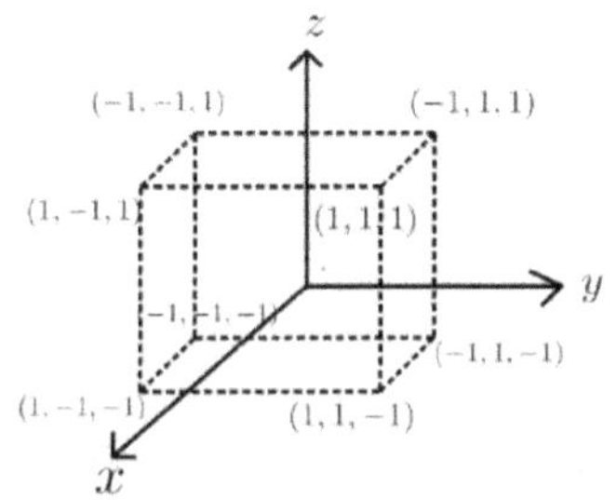

9.7.2　把封閉曲面積分轉成體積分

應用情境為封閉曲面積分的被積分向量值函數 $\vec{F}$ 本身較為複雜，其散度 $\nabla\cdot\vec{F}$ 較為乾淨

考試類型:
題型 1.
假設 $\vec{F}$ 的各分量一階偏導數存在且連續, $S: x^2 + y^2 + z^2 = r^2$, $r > 0$ 且 S 為朝外定向

求 $\oiint_S \vec{F}\cdot\vec{n}\,dA =?$

解題流程:
Step1.
$\because \vec{F}$ 的各分量一階偏導數存在且連續

藉由 Gauss's Theorem, $\quad \oiint_S \vec{F}\cdot\vec{n}\,dA = \iiint_V \nabla\cdot\vec{F}\,dV$

Step2.
$$\iiint_V \nabla\cdot\vec{F}\,dV = \iiint_{x^2+y^2+z^2\le r^2} f(x,y,z)\,dxdydz, \quad 其中 \nabla\cdot\vec{F} = f(x,y,z)$$

Step3.
令 $x = \rho\sin\varphi\cos\theta$, $y = \rho\sin\varphi\sin\theta$, $z = \rho\cos\varphi$ 則

$$dxdydz = \begin{Vmatrix} \dfrac{\partial x}{\partial \rho} & \dfrac{\partial x}{\partial \varphi} & \dfrac{\partial x}{\partial \theta} \\[2mm] \dfrac{\partial y}{\partial \rho} & \dfrac{\partial y}{\partial \varphi} & \dfrac{\partial y}{\partial \theta} \\[2mm] \dfrac{\partial z}{\partial \rho} & \dfrac{\partial z}{\partial \varphi} & \dfrac{\partial z}{\partial \theta} \end{Vmatrix} d\rho d\varphi d\theta$$

$$= \begin{Vmatrix} \sin\varphi\cos\theta & \rho\cos\varphi\cos\theta & -\rho\sin\varphi\sin\theta \\ \sin\varphi\sin\theta & \rho\cos\varphi\sin\theta & -\rho\sin\varphi\cos\theta \\ \cos\varphi & -\rho\sin\varphi & 0 \end{Vmatrix} d\rho d\varphi d\theta = \rho^2 \sin\varphi \, d\rho d\varphi d\theta$$

Step4.

$$\therefore \iiint_{x^2+y^2+z^2 \leq r^2} f(x,y,z)\, dxdydz$$

$$= \int_0^\pi \int_0^{2\pi} \int_0^r f(\rho\sin\varphi\cos\theta, \rho\sin\varphi\sin\theta, \rho\cos\varphi) \cdot \rho^2 \sin\varphi \, d\rho d\theta d\varphi$$

$$\text{求} \int_0^\pi \int_0^{2\pi} \int_0^r f(\rho\sin\varphi\cos\theta, \rho\sin\varphi\sin\theta, \rho\cos\varphi) \cdot \rho^2 \sin\varphi \, d\rho d\theta d\varphi = ?$$

<u>範例說明:</u>

(I) $\vec{F} = (2x + 3xy^2 + z, xy^2 + 3x^2y + e^z, z^3 - 2xyz)$, S 為朝外定向: $x^2 + y^2 + z^2 = r^2$

求 $\displaystyle\oiint_S \vec{F} \cdot \vec{n} dA$

$\because \vec{F}$ 的各分量一階偏導數存在且連續

藉由 Gauss's Theorem

$$\oiint_S \vec{F} \cdot \vec{n} dA = \iiint_V \nabla \cdot \vec{F} \, dV = \iiint_{x^2+y^2+z^2 \leq r^2} 2 + 3x^2 + 3y^2 + 3z^2 \, dxdydz$$

令 $x = \rho\sin\varphi\cos\theta$, $y = \rho\sin\varphi\sin\theta$, $z = \rho\cos\varphi$ 則 $dxdydz = \rho^2 \sin\varphi \, d\rho d\varphi d\theta$

$$\therefore \iiint_{x^2+y^2+z^2 \leq r^2} 2 + 3x^2 + 3y^2 + 3z^2 \, dxdydz = \frac{8\pi r^3}{3} + \int_0^\pi \int_0^{2\pi} \int_0^r 3\rho^2 \cdot \rho^2 \sin\varphi \, d\rho d\theta d\varphi$$

$$= \frac{8\pi r^3}{3} + \frac{12\pi r^5}{5}$$

(II) 若 $\vec{F} = (x^3 + z, y^3 + e^{-z}, z^3)$, $S: x^2 + y^2 + z^2 = a^2$ 且 S 為朝外定向, 求 $\displaystyle\oiint_S \vec{F} \cdot \vec{n} dA$

$\because \vec{F}$ 的各分量一階偏導數存在且連續

藉由 Gauss's Theorem

$$\oiint_S \vec{F} \cdot \vec{n}\, dA = \iiint_V \nabla \cdot \vec{F}\, dV = \iiint_{x^2+y^2+z^2 \leq a^2} 3x^2 + 3y^2 + 3z^2\, dxdydz$$

令 $x = \rho \sin\varphi \cos\theta$, $y = \rho \sin\varphi \sin\theta$, $z = \rho \cos\varphi$ 則 $dxdydz = \rho^2 \sin\varphi\, d\rho d\varphi d\theta$

$$\therefore \iiint_{x^2+y^2+z^2 \leq a^2} 3x^2 + 3y^2 + 3z^2\, dxdydz = 3\int_0^\pi \int_0^{2\pi} \int_0^a \rho^2 \cdot \rho^2 \sin\varphi\, d\rho d\theta d\varphi = \frac{12\pi a^5}{5}$$

題型 2.

假設向量場 $\vec{F}$ 的各分量一階偏導數存在且連續, S 為 $x^2 + y^2 = a^2$, $0 \leq z \leq b$ 所圍朝外

定向封閉曲面, 求 $\oiint_S \vec{F} \cdot \vec{n}\, dA =?$

解題流程:

Step1.

$\because \vec{F}$ 的各分量一階偏導數存在且連續

藉由 Gauss's Theorem, $\oiint_S \vec{F} \cdot \vec{n}\, dA = \iiint_V \nabla \cdot \vec{F}\, dV$

Step2.

$$\iiint_V \nabla \cdot \vec{F}\, dV = \iiint_V f(x,y)\, dxdydz = \iint_R \int_0^b f(x,y)\, dzdxdy = b \iint_R f(x,y)\, dxdy$$

其中 $\nabla \cdot \vec{F} = f(x,y)$, $R = \{(x,y): x^2 + y^2 \leq a^2\}$

Step3.

令 $x = r\cos\theta$, $y = r\sin\theta$ 則 $\{(x,y): x^2 + y^2 \leq a^2\} = \{(r,\theta): 0 \leq r \leq a, 0 \leq \theta \leq 2\pi\}$

且 $dxdy = \left\| \begin{matrix} \dfrac{\partial x}{\partial r} & \dfrac{\partial x}{\partial \theta} \\ \dfrac{\partial y}{\partial r} & \dfrac{\partial y}{\partial \theta} \end{matrix} \right\| drd\theta = \left\| \begin{matrix} \cos\theta & -r\sin\theta \\ \sin\theta & r\cos\theta \end{matrix} \right\| drd\theta = r\, drd\theta$

$$\therefore b \iint_R f(x,y)\, dxdy = b \int_0^{2\pi} \int_0^a f(r\cos\theta, r\sin\theta)r\, drd\theta$$

Step4.

求 $\displaystyle \int_0^{2\pi} \int_0^a f(r\cos\theta, r\sin\theta)r\, drd\theta =?$

範例說明:

(I)假設 $\vec{F} = (2x^3, x^2y, x^2z)$, $S: x^2 + y^2 = a^2$, $0 \le z \le b$, 求 $\oiint_S \vec{F} \cdot \vec{n}dA =?$

令 $R = \{(x,y): x^2 + y^2 \le a^2\}$ 且 $x = r\cos\theta, y = r\sin\theta$

則 $\{(x,y): x^2 + y^2 \le a^2\} = \{(r,\theta): 0 \le r \le a, 0 \le \theta \le 2\pi\}$

藉由 Gauss's Theorem

$$\oiint_S \vec{F} \cdot \vec{n}dA = \iiint_V \nabla \cdot \vec{F}\, dV = \iint_R \int_0^b 8x^2 dzdxdy = b\iint_{x^2+y^2 \le a^2} 8x^2 dxdy$$

$$= b\int_0^{2\pi} \int_0^a 8r^2 \cos^2\theta\, rdrd\theta = 2\pi a^4 b$$

題型 3.

假設 $\vec{F}$ 的各分量一階偏導數存在且連續, S 為曲面 $z = g(x,y)$ 與 $z = 0$ 所圍朝外定向封

閉曲面, 其中 $z = g(x,y)$ 投影至 xy 平面 $= \{(x,y): x^2 + y^2 \le a^2\}$, 求 $\oiint_S \vec{F} \cdot \vec{n}dA =?$

解題流程:

Step1.

令 $R = \{(x,y): x^2 + y^2 \le a^2\}$ 且 $x = r\cos\theta, y = r\sin\theta$

則 $\{(x,y): x^2 + y^2 \le a^2\} = \{(r,\theta): 0 \le r \le a, 0 \le \theta \le 2\pi\}$

Step2.

$\because \vec{F}$ 的各分量一階偏導數存在且連續

藉由 Gauss's Theorem

$$\oiint_S \vec{F} \cdot \vec{n}dA = \iiint_V \nabla \cdot \vec{F}\, dV = \iint_R \int_0^{g(x,y)} f(x,y,z)dzdxdy, \quad 其中 \nabla \cdot \vec{F} = f(x,y,z)$$

Step3.

$$\iint_R \int_0^{g(x,y)} f(x,y,z)dzdxdy = \iint_R h(x,y)\, dxdy = \int_0^{2\pi} \int_0^a h(r\cos\theta, r\sin\theta)rdrd\theta$$

其中 $h(x,y) = \int_0^{g(x,y)} f(x,y,z)dz$

求 $\int_0^{2\pi} \int_0^a h(r\cos\theta, r\sin\theta)rdrd\theta$

範例說明:

(I)若 $\vec{F} = (x^2, xy, z)$, S 為 $z = 4 - x^2 - y^2$ 與 xy 平面所圍封閉曲面, 求 $\oiint_S \vec{F} \cdot \vec{n}dA =?$

令 $R = \{(x, y): x^2 + y^2 \le 4\}$ 且 $x = r \cos\theta, y = r \sin\theta$

則 $\{(x, y): x^2 + y^2 \le 4\} = \{(r, \theta): 0 \le r \le 2, 0 \le \theta \le 2\pi\}$

藉由 Gauss's Theorem

$$\oiint_S \vec{F} \cdot \vec{n}\,dA = \iiint_V \nabla \cdot \vec{F}\,dV = \iint_R \int_0^{4-x^2-y^2} 3x + 1\,dzdxdy$$

$$= \iint_R (3x+1)(4-x^2-y^2)\,dxdy = \int_0^{2\pi}\int_0^2 (3\cos\theta + 1)(4-r^2)r\,drd\theta = 8\pi$$

題型 4.

假設向量場 $\vec{F}$ 的各分量一階偏導數存在且連續, 朝外定向封閉曲面 S 所圍體積為 V, 求

$$\oiint_S \vec{F} \cdot \vec{n}\,dA = ?, \quad 其中 \ V = \{(x,y,z): x_0 \le x \le x_1, y_0 \le y \le y_1, z_0 \le z \le z_1\},$$

解題流程:

藉由 Gauss's Theorem, $\quad \oiint_S \vec{F} \cdot \vec{n}\,dA = \iiint_V \nabla \cdot \vec{F}\,dV = \int_{x_0}^{x_1}\int_{y_0}^{y_1}\int_{z_0}^{z_1} f(x, y, z)\,dzdydx$

其中 $\nabla \cdot \vec{F} = f(x, y, z)$

<u>範例說明:</u>

求 $\oiint_S \vec{F} \cdot \vec{n}\,dA = ?$

(I) $\vec{F} = (xy + 3, y^2 + e^{zx}, \cos xy)$ 且 S 為 $z = 1 - x^2, \ y = 0, z = 0, \ y + z = 2$ 所圍封閉曲面

藉由 Gauss's Theorem, $\quad \oiint_S \vec{F} \cdot \vec{n}\,dA = \iiint_V \nabla \cdot \vec{F}\,dV = 3\int_{-1}^1\int_0^{1-x}\int_0^{2-z} y\,dydzdx = \dfrac{184}{35}$

(II) $\vec{F} = (e^x \sin y, e^x \cos y, yz^2 + xy)$ 且 S 為 $0 \le x \le 1, 0 \le y \le 1, 0 \le z \le 2$ 所圍封閉曲面

藉由 Gauss's Theorem, $\quad \oiint_S \vec{F} \cdot \vec{n}\,dA = \iiint_V \nabla \cdot \vec{F}\,dV = \int_0^1\int_0^1\int_0^2 2yz\,dzdydx = 2$

範例 1.

$\quad \vec{F} = (2x + x^3 + ye^z, e^x - ye^z + y^3, e^z + 3z - xy + z^3), \ S: x^2 + y^2 + z^2 = 4,$

$\quad\quad$ 藉由 Gauss's Theorem 求 $\oiint_S \vec{F} \cdot \vec{n}\,dA = ?,$

【解】

令 $V: x^2 + y^2 + z^2 \le 4$

$\because \vec{F}$ 的各分量一階偏導數存在且連續，藉由 Gauss's Theorem 則 $\oiint_S \vec{F} \cdot \vec{n}\, dA = \iiint_V \nabla \cdot \vec{F}\, dV$

$\because \nabla \cdot \vec{F} = 5 + 3x^2 + 3y^2 + 3z^2$ $\therefore \iiint_V \nabla \cdot \vec{F}\, dV = \iiint_{x^2+y^2+z^2\leq 4} 5 + 3x^2 + 3y^2 + 3z^2\, dxdydz$

令 $x = \rho \sin\varphi \cos\theta$，$y = \rho\sin\varphi\sin\theta$，$z = \rho\cos\varphi$ 則

$$dxdydz = \begin{vmatrix} \dfrac{\partial x}{\partial \rho} & \dfrac{\partial x}{\partial \varphi} & \dfrac{\partial x}{\partial \theta} \\ \dfrac{\partial y}{\partial \rho} & \dfrac{\partial y}{\partial \varphi} & \dfrac{\partial y}{\partial \theta} \\ \dfrac{\partial z}{\partial \rho} & \dfrac{\partial z}{\partial \varphi} & \dfrac{\partial z}{\partial \theta} \end{vmatrix} d\rho d\varphi d\theta$$

$$= \begin{vmatrix} \sin\varphi\cos\theta & \rho\cos\varphi\cos\theta & -\rho\sin\varphi\sin\theta \\ \sin\varphi\sin\theta & \rho\cos\varphi\sin\theta & -\rho\sin\varphi\cos\theta \\ \cos\varphi & -\rho\sin\varphi & 0 \end{vmatrix} d\rho d\varphi d\theta = \rho^2 \sin\varphi\, d\rho d\varphi d\theta$$

其中 $0 \leq \rho \leq 2,\ 0 \leq \varphi \leq \pi,\ 0 \leq \theta \leq 2\pi$

$\therefore \iiint_{x^2+y^2+z^2\leq 4} 5 + 3x^2 + 3y^2 + 3z^2\, dxdydz$

$= 5 \cdot \dfrac{4\pi}{3} \cdot 2^3 + \int_0^\pi \int_0^{2\pi} \int_0^3 3\rho^2 \cdot \rho^2 \sin\varphi\, d\rho d\theta d\varphi = \dfrac{160\pi}{3} + \dfrac{1152\pi}{5} = \dfrac{1952\pi}{15}$

範例 2.

　　藉由 Gauss's Theorem 求向量場 $\vec{F} = (2x + 3xy^2 + z, xy^2 + 3x^2y + e^z, z^3 - 2xyz)$
　　流出 S 的 flux(通量) $=$?，其中 $S : x^2 + y^2 + z^2 = r^2$

【解】

令 $V : x^2 + y^2 + z^2 \leq r^2$

$\because \vec{F}$ 的各分量一階偏導數存在且連續，藉由 Gauss Theorem 則 $\oiint_S \vec{F} \cdot \vec{n}\, dA = \iiint_V \nabla \cdot \vec{F}\, dV$

$\because \nabla \cdot \vec{F} = 2 + 3y^2 + 2xy + 3x^2 + 3z^2 - 2xy = 2 + 3x^2 + 3y^2 + 3z^2$

$\therefore \iiint_V \nabla \cdot \vec{F}\, dV = \iiint_{x^2+y^2+z^2\leq r^2} 2 + 3x^2 + 3y^2 + 3z^2\, dxdydz$

令 $x = \rho\sin\varphi\cos\theta$，$y = \rho\sin\varphi\sin\theta$，$z = \rho\cos\varphi$ 則

$$dxdydz = \begin{Vmatrix} \dfrac{\partial x}{\partial \rho} & \dfrac{\partial x}{\partial \varphi} & \dfrac{\partial x}{\partial \theta} \\[2mm] \dfrac{\partial y}{\partial \rho} & \dfrac{\partial y}{\partial \varphi} & \dfrac{\partial y}{\partial \theta} \\[2mm] \dfrac{\partial z}{\partial \rho} & \dfrac{\partial z}{\partial \varphi} & \dfrac{\partial z}{\partial \theta} \end{Vmatrix} d\rho d\varphi d\theta$$

$$= \begin{Vmatrix} \sin\varphi\cos\theta & \rho\cos\varphi\cos\theta & -\rho\sin\varphi\sin\theta \\ \sin\varphi\sin\theta & \rho\cos\varphi\sin\theta & -\rho\sin\varphi\cos\theta \\ \cos\varphi & -\rho\sin\varphi & 0 \end{Vmatrix} d\rho d\varphi d\theta = \rho^2\sin\varphi\, d\rho d\varphi d\theta$$

其中 $0 \le \rho \le r,\ 0 \le \varphi \le \pi,\ 0 \le \theta \le 2\pi$

$$\therefore \iiint_{x^2+y^2+z^2\le r^2} 2 + 3x^2 + 3y^2 + 3z^2\, dxdydz$$

$$= 2 \cdot \frac{4\pi \cdot r^3}{3} + \int_0^\pi \int_0^{2\pi} \int_0^r 3\rho^2 \cdot \rho^2 \sin\varphi\, d\rho d\theta d\varphi = \frac{8\pi r^3}{3} + \frac{12\pi r^5}{5}$$

範例 3.

求 $\oiint_S \vec{F} \cdot \vec{n}\, dA =?$, 其中 $\vec{F} = (x^2 y + x^3, 2y + z^2 + y^3, 4z - 2xyz + z^3)$,

$S: x^2 + y^2 + z^2 = 1$ 為朝外定向

【解】

令 $V: x^2 + y^2 + z^2 \le 1$

$\because \vec{F}$ 的各分量一階偏導數存在且連續, 藉由 Gauss Theorem 則 $\oiint_S \vec{F} \cdot \vec{n}\, dA = \iiint_V \nabla \cdot \vec{F}\, dV$

$\because \nabla \cdot \vec{F} = 6 + 3x^2 + 3y^2 + 3z^2 \therefore \iiint_V \nabla \cdot \vec{F}\, dV = \iiint_{x^2+y^2+z^2\le 1} 6 + 3x^2 + 3y^2 + 3z^2\, dxdydz$

令 $x = \rho\sin\varphi\cos\theta, y = \rho\sin\varphi\sin\theta, z = \rho\cos\varphi$ 則

$$dxdydz = \begin{Vmatrix} \dfrac{\partial x}{\partial \rho} & \dfrac{\partial x}{\partial \varphi} & \dfrac{\partial x}{\partial \theta} \\[2mm] \dfrac{\partial y}{\partial \rho} & \dfrac{\partial y}{\partial \varphi} & \dfrac{\partial y}{\partial \theta} \\[2mm] \dfrac{\partial z}{\partial \rho} & \dfrac{\partial z}{\partial \varphi} & \dfrac{\partial z}{\partial \theta} \end{Vmatrix} d\rho d\varphi d\theta$$

$$= \begin{Vmatrix} \sin\varphi\cos\theta & \rho\cos\varphi\cos\theta & -\rho\sin\varphi\sin\theta \\ \sin\varphi\sin\theta & \rho\cos\varphi\sin\theta & -\rho\sin\varphi\cos\theta \\ \cos\varphi & -\rho\sin\varphi & 0 \end{Vmatrix} d\rho d\varphi d\theta = \rho^2\sin\varphi\, d\rho d\varphi d\theta$$

其中 $0 \leq \rho \leq 1,\ 0 \leq \varphi \leq \pi,\ 0 \leq \theta \leq 2\pi$

$$\therefore \iiint_{x^2+y^2+z^2 \leq 1} 6 + 3x^2 + 3y^2 + 3z^2\, dxdydz = 6 \cdot \frac{4\pi}{3} + \int_0^\pi \int_0^{2\pi} \int_0^1 3\rho^2 \cdot \rho^2 \sin\varphi\, d\rho d\theta d\varphi$$

$$= 8\pi + \frac{12\pi}{5} = \frac{52\pi}{15}$$

範例 4.

　　　藉由 Gauss's Theorem 求 $\vec{F} = (0,4yz,0)$ 通過曲面 $S: x^2 + y^2 + z^2 = a^2$ 的通量，

$$\oiint_S \vec{F} \cdot \vec{n} dA = ?$$

【解】

令 $V: x^2 + y^2 + z^2 \leq a^2$

$\because \vec{F}$ 的各分量一階偏導數存在且連續，藉由 Gauss's Theorem 則 $\displaystyle\oiint_S \vec{F} \cdot \vec{n} dA = \iiint_V \nabla \cdot \vec{F}\, dV$

$\because \nabla \cdot \vec{F} = 4z \quad \therefore \displaystyle\iiint_V \nabla \cdot \vec{F}\, dV = \iiint_{x^2+y^2+z^2 \leq a^2} 4z\, dxdydz$

令 $x = \rho\sin\varphi\cos\theta,\ y = \rho\sin\varphi\sin\theta,\ z = \rho\cos\varphi$　則

$$dxdydz = \begin{Vmatrix} \dfrac{\partial x}{\partial \rho} & \dfrac{\partial x}{\partial \varphi} & \dfrac{\partial x}{\partial \theta} \\[2mm] \dfrac{\partial y}{\partial \rho} & \dfrac{\partial y}{\partial \varphi} & \dfrac{\partial y}{\partial \theta} \\[2mm] \dfrac{\partial z}{\partial \rho} & \dfrac{\partial z}{\partial \varphi} & \dfrac{\partial z}{\partial \theta} \end{Vmatrix} d\rho d\varphi d\theta$$

$$= \begin{Vmatrix} \sin\varphi\cos\theta & \rho\cos\varphi\cos\theta & -\rho\sin\varphi\sin\theta \\ \sin\varphi\sin\theta & \rho\cos\varphi\sin\theta & -\rho\sin\varphi\cos\theta \\ \cos\varphi & -\rho\sin\varphi & 0 \end{Vmatrix} d\rho d\varphi d\theta = \rho^2\sin\varphi\, d\rho d\varphi d\theta$$

其中 $0 \leq \rho \leq a,\ 0 \leq \varphi \leq \pi,\ 0 \leq \theta \leq 2\pi$

$$\therefore \iiint_{x^2+y^2+z^2 \leq a^2} 4z\, dxdydz = \int_0^\pi \int_0^{2\pi} \int_0^a 4\rho\cos\varphi \cdot \rho^2\sin\varphi\, d\rho d\theta d\varphi = 0$$

範例 5.

藉由 Gauss's Theorem 求 $\oiint_S \vec{F} \cdot \vec{n}\,dA =?,\ \vec{F} = (x - y + z, 2x, 1), S$ 為 $z = x^2 + y^2,$

$z = 1$ 所圍朝外定向封閉曲面

【解】

令 $S_1: z = x^2 + y^2, z < 1,$ 且 $S_2: x^2 + y^2 \leq 1, z = 1$ 則 $S = S_1 \cup S_2$

令 $V = \{(x, y, z): x^2 + y^2 \leq z, 0 \leq z \leq 1\}$

$\because \vec{F}$ 的各分量一階偏導數存在且連續，藉由 Gauss's Theorem 則 $\oiint_S \vec{F} \cdot \vec{n}\,dA = \iiint_V \nabla \cdot \vec{F}\,dV$

$\because \nabla \cdot \vec{F} = 1 \quad \therefore \iiint_V \nabla \cdot \vec{F}\,dV = \iiint_V 1\,dxdydz$

令 $R = \{(x, y): x^2 + y^2 \leq 1\}$

則 $\iiint_V 1\,dxdydz = \iint_R \int_0^{1-x^2-y^2} dzdxdy = \iint_R 1 - x^2 - y^2 dxdy$

令 $x = r\cos\theta, y = r\sin\theta$ 則 $\{(x, y): x^2 + y^2 \leq 1\} = \{(r, \theta): 0 \leq r \leq 1, 0 \leq \theta \leq 2\pi\}$

且 $dxdy = \left\|\begin{vmatrix} \dfrac{\partial x}{\partial r} & \dfrac{\partial x}{\partial \theta} \\ \dfrac{\partial y}{\partial r} & \dfrac{\partial y}{\partial \theta} \end{vmatrix}\right\| drd\theta = \left\|\begin{vmatrix} \cos\theta & -r\sin\theta \\ \sin\theta & r\cos\theta \end{vmatrix}\right\| drd\theta = rdrd\theta$

$\therefore \iint_R 1 - x^2 - y^2 dxdy = \int_0^{2\pi} \int_0^1 (1 - r^2)rdrd\theta = 2\pi \cdot \left(\dfrac{r^2}{2} - \dfrac{r^4}{4}\right)\Big|_0^1 = \dfrac{\pi}{2}$

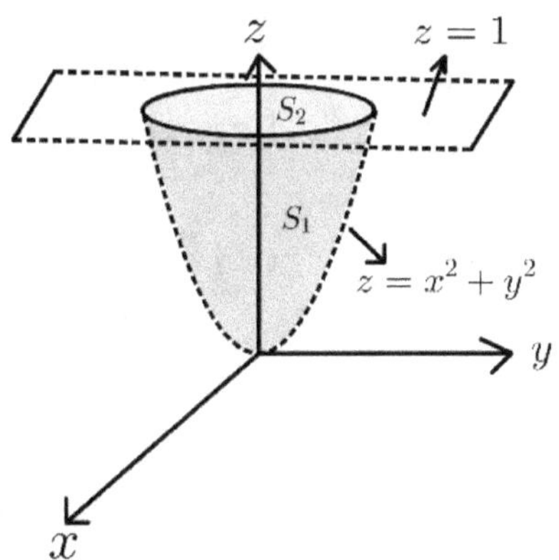

範例 6.

Let $\vec{F} = (x, 2y, 3z)$. Assume V is the volume of cube with the vertices $(\pm 1, \pm 1, \pm 1)$ and

S is the boundary of V. Find $\oiint_S \vec{F} \cdot \vec{n}\, dA$ by using Gauss's Theorem.

【解】

令 $V = \{(x, y, z): -1 \le x \le 1, -1 \le y \le 1, -1 \le z \le 1\}$

$\because \vec{F}$ 的各分量一階偏導數存在且連續，藉由 Gauss's Theorem 則 $\oiint_S \vec{F} \cdot \vec{n}\, dA = \iiint_V \nabla \cdot \vec{F}\, dV$

$\because \nabla \cdot \vec{F} = 6 \quad \therefore \iiint_V \nabla \cdot \vec{F}\, dV = \iiint_V 6\, dxdydz = 6 \cdot 2 \cdot 2 \cdot 2 = 48$

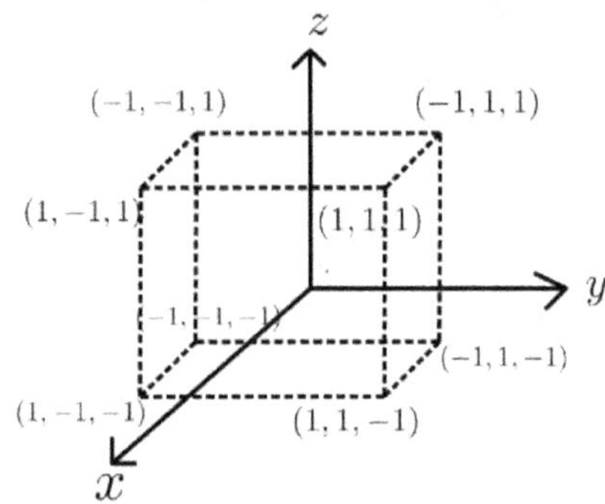

範例 7.

藉由 Gauss's Theorem 求 $\oiint_S \vec{F} \cdot \vec{n}\, dA = ?$，其中 $\vec{F} = (x^3 + z, y^3 + e^{-z}, z^3)$，

$S: x^2 + y^2 + z^2 = a^2$

【解】

令 $V: x^2 + y^2 + z^2 \le a^2$

$\because \vec{F}$ 的各分量一階偏導數存在且連續，藉由 Gauss's Theorem 則 $\oiint_S \vec{F} \cdot \vec{n}\, dA = \iiint_V \nabla \cdot \vec{F}\, dV$

$\because \nabla \cdot \vec{F} = 3x^2 + 3y^2 + 3z^2 \quad \therefore \iiint_V \nabla \cdot \vec{F}\, dV = \iiint_{x^2+y^2+z^2 \le a^2} 3x^2 + 3y^2 + 3z^2\, dxdydz$

令 $x = \rho \sin\varphi \cos\theta$, $y = \rho \sin\varphi \sin\theta$, $z = \rho \cos\varphi$ 則

$$dxdydz = \begin{vmatrix} \dfrac{\partial x}{\partial \rho} & \dfrac{\partial x}{\partial \varphi} & \dfrac{\partial x}{\partial \theta} \\[2mm] \dfrac{\partial y}{\partial \rho} & \dfrac{\partial y}{\partial \varphi} & \dfrac{\partial y}{\partial \theta} \\[2mm] \dfrac{\partial z}{\partial \rho} & \dfrac{\partial z}{\partial \varphi} & \dfrac{\partial z}{\partial \theta} \end{vmatrix} d\rho\, d\varphi\, d\theta$$

$$= \begin{Vmatrix} \sin\varphi\cos\theta & \rho\cos\varphi\cos\theta & -\rho\sin\varphi\sin\theta \\ \sin\varphi\sin\theta & \rho\cos\varphi\sin\theta & -\rho\sin\varphi\cos\theta \\ \cos\varphi & -\rho\sin\varphi & 0 \end{Vmatrix} d\rho d\varphi d\theta = \rho^2\sin\varphi\, d\rho d\varphi d\theta$$

其中 $0 \le \rho \le a, \ 0 \le \varphi \le \pi, \ 0 \le \theta \le 2\pi$

$$\therefore \iiint_{x^2+y^2+z^2 \le a^2} 3x^2+3y^2+3z^2 \, dxdydz = 3\int_0^\pi \int_0^{2\pi} \int_0^a \rho^2 \cdot \rho^2 \sin\varphi\, d\rho d\theta d\varphi = \frac{12\pi a^5}{5}$$

範例 8.

藉由 Gauss's Theorem 求 $\oiint_S \vec{F}\cdot\vec{n}\,dA = ?, \ \vec{F} = (xy+3, y^2+e^{zx}, \cos xy)$,

S 為 $z = 1-x^2, \ y = 0, \ z = 0, \ y+z = 2$ 所圍朝外定向封閉曲面

【解】

令 $V = \{(x,y,z): -1 \le x \le 1, 0 \le z \le 1-x, 0 \le y \le 2-z\}$

$\because \vec{F}$ 的各分量一階偏導數存在且連續, 藉由 Gauss's Theorem 則 $\oiint_S \vec{F}\cdot\vec{n}\,dA = \iiint_V \nabla\cdot\vec{F}\,dV$

$\because \nabla\cdot\vec{F} = y + 2y + 0 = 3y \quad \therefore \iiint_V \nabla\cdot\vec{F}\,dV = 3\int_{-1}^1 \int_0^{1-x} \int_0^{2-z} y\,dydzdx = \frac{184}{35}$

範例 9.

藉由 Gauss's Theorem 求 $\oiint_S \vec{F}\cdot\vec{n}\,dA = ?, \ \vec{F} = (2x^3, x^2y, x^2z), \ S$ 為 $x^2+y^2 = a^2$,

$z = 0, z = b$ 所圍封閉朝外定向曲面

【解】

令 $S_1: x^2+y^2 = a^2, \ 0 \le z \le b, S_2: x^2+y^2 \le a^2, \ z = 0, \ S_3: x^2+y^2 \le a^2, \ z = \mathrm{b}$

則 $S = S_1 \cup S_2 \cup S_3$

令 V 為 S 所圍體積則 $V = \{(x,y,z): x^2+y^2 \le a^2, 0 \le z \le \mathrm{b}\}$

$\because \vec{F}$ 的各分量一階偏導數存在且連續, 藉由 Gauss's Theorem 則 $\oiint_S \vec{F}\cdot\vec{n}\,dA = \iiint_V \nabla\cdot\vec{F}\,dV$

$\because \nabla\cdot\vec{F} = 6x^2 + x^2 + x^2 = 8x^2 \quad \therefore \iiint_V \nabla\cdot\vec{F}\,dV = \iiint_V 8x^2\,dxdydz$

令 $R = \{(x,y): x^2+y^2 \le a^2\}$

則 $\iiint_V 8x^2\,dxdydz = 8\iint_R \int_0^b x^2 dzdxdy = 8b\iint_{x^2+y^2\le a^2} x^2 dxdy$

令 $x = r\cos\theta$, $y = r\sin\theta$ 則 $\{(x,y): x^2 + y^2 \le a^2\} = \{(r,\theta): 0 \le r \le a, 0 \le \theta \le 2\pi\}$

且 $dxdy = \left\| \begin{vmatrix} \dfrac{\partial x}{\partial r} & \dfrac{\partial x}{\partial \theta} \\ \dfrac{\partial y}{\partial r} & \dfrac{\partial y}{\partial \theta} \end{vmatrix} \right\| drd\theta = \left\| \begin{vmatrix} \cos\theta & -r\sin\theta \\ \sin\theta & r\cos\theta \end{vmatrix} \right\| drd\theta = rdrd\theta$

$\therefore 8b \iint\limits_{x^2+y^2 \le a^2} x^2 dxdy = 8b \int_0^{2\pi} \int_0^a r^2 \cos^2\theta \, rdrd\theta = 8b \int_0^{2\pi} \cos^2\theta \, d\theta \int_0^a r^3 dr$

$\because \int_0^{2\pi} \cos^2\theta \, d\theta = \int_0^{2\pi} \dfrac{1 + \cos 2\theta}{2} d\theta = \pi$ 且 $\int_0^a r^3 dr = \dfrac{a^4}{4}$ $\quad \therefore \oiint_S \vec{F} \cdot \vec{n} dA = 2\pi a^4 b$

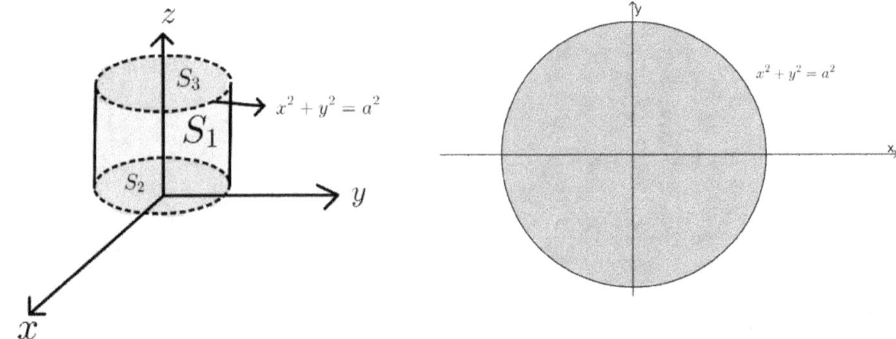

範例 10.

$\quad$ $\vec{F} = (xye^z, xy^2z^3, -ye^z)$, S 為座標平面與 $x = 3, y = 2, z = 1$ 所圍朝外定向封閉曲面,

$\quad$ 藉由 Gauss's Theorem 求 $\oiint_S \vec{F} \cdot \vec{n} dA$

【解】

令 V 為 S 所圍體積則 $V = \{(x,y,z): 0 \le x \le 3, 0 \le y \le 2, 0 \le z \le 1\}$

$\because \vec{F}$ 的各分量一階偏導數存在且連續, 藉由 Gauss's Theorem 則 $\oiint_S \vec{F} \cdot \vec{n} dA = \iiint_V \nabla \cdot \vec{F} \, dV$

$\iiint_V \nabla \cdot \vec{F} \, dV = \iiint_V ye^z + 2xyz^3 - ye^z \, dV = 2 \iiint_V xyz^3 \, dV = 2 \int_0^3 \int_0^2 \int_0^1 xyz^3 \, dzdydx$

$= 2 \cdot \dfrac{9}{2} \cdot \dfrac{4}{2} \cdot \dfrac{1}{4} = \dfrac{9}{2}$

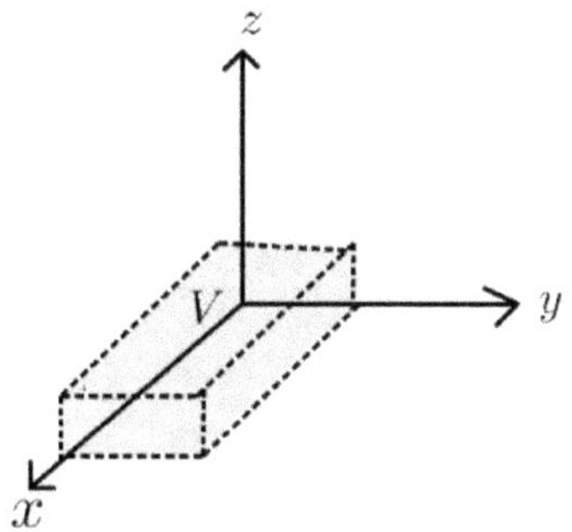

範例 11.

$\vec{F} = (3xy^2, xe^z, z^3)$, S 為 $y^2 + z^2 = 1$, $x = -1, x = 2$ 所圍封閉朝外定向曲面,

藉由 Gauss's Theorem 求 $\oiint_S \vec{F} \cdot \vec{n}\, dA$

【解】

令 V 為 S 所圍體積則 $V = \{(x, y, z): -1 \le x \le 2, \ y^2 + z^2 \le 1\}$

$\because \vec{F}$ 的各分量一階偏導數存在且連續, 藉由 Gauss's Theorem 則 $\oiint_S \vec{F} \cdot \vec{n}\, dA = \iiint_V \nabla \cdot \vec{F}\, dV$

$$\iiint_V \nabla \cdot \vec{F}\, dV = \iiint_V 3y^2 + 3z^2 \, dV = \iint_R \int_{-1}^{2} 3y^2 + 3z^2 dx\, dy\, dz = 9 \iint_R y^2 + z^2 \, dy\, dx$$

令 $y = r\cos\theta$, $z = r\sin\theta$ 則 $R = \{(y, z): y^2 + z^2 \le 1\} = \{(r, \theta): 0 \le r \le 1, 0 \le \theta \le 2\pi\}$

$$\therefore 9 \iint_R y^2 + z^2 \, dy\, dx = 9 \int_0^{2\pi} \int_0^1 r^3 \, dr\, d\theta = 9 \cdot 2\pi \cdot \frac{1}{4} = \frac{9\pi}{2}$$

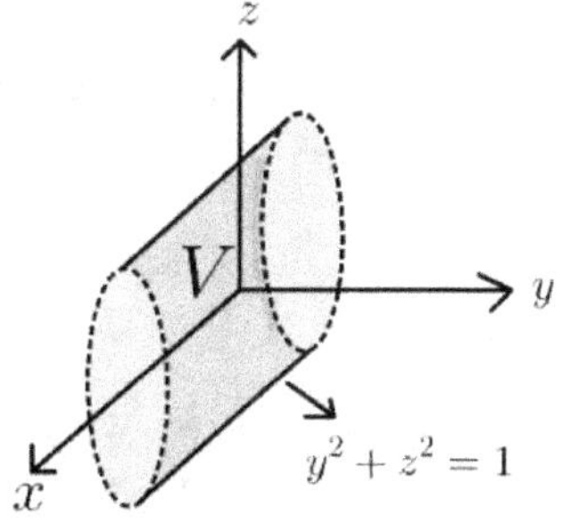

範例 12.

藉由 Gauss's Theorem 求 $\oiint_S x^4 + y^4 + z^4 \, dA = ?,\ S: x^2 + y^2 + z^2 = a^2$

【解】

$\because$ 球面的單位法向量 $\vec{n} = (x, y, z)$, 令 $\vec{F} = (x^3, y^3, z^3)$ 則 $\vec{F} \cdot \vec{n} = x^4 + y^4 + z^4$

令 $V: x^2 + y^2 + z^2 \le a^2$

$\because \vec{F}$ 的各分量一階偏導數存在且連續, 藉由 Gauss's Theorem 則 $\oiint_S \vec{F} \cdot \vec{n}\, dA = \iiint_V \nabla \cdot \vec{F}\, dV$

$\because \nabla \cdot \vec{F} = 3x^2 + 3y^2 + 3z^2$ $\therefore \iiint_V \nabla \cdot \vec{F}\, dV = \iiint_{x^2+y^2+z^2 \le a^2} 3x^2 + 3y^2 + 3z^2 \, dxdydz$

令 $x = \rho \sin\varphi \cos\theta\,, y = \rho \sin\varphi \sin\theta\,, z = \rho \cos\varphi$ 則

$$dxdydz = \begin{vmatrix} \dfrac{\partial x}{\partial \rho} & \dfrac{\partial x}{\partial \varphi} & \dfrac{\partial x}{\partial \theta} \\[2mm] \dfrac{\partial y}{\partial \rho} & \dfrac{\partial y}{\partial \varphi} & \dfrac{\partial y}{\partial \theta} \\[2mm] \dfrac{\partial z}{\partial \rho} & \dfrac{\partial z}{\partial \varphi} & \dfrac{\partial z}{\partial \theta} \end{vmatrix} d\rho d\varphi d\theta$$

$$= \begin{vmatrix} \sin\varphi \cos\theta & \rho\cos\varphi \cos\theta & -\rho\sin\varphi \sin\theta \\ \sin\varphi \sin\theta & \rho\cos\varphi \sin\theta & -\rho\sin\varphi \cos\theta \\ \cos\varphi & -\rho\sin\varphi & 0 \end{vmatrix} d\rho d\varphi d\theta = \rho^2 \sin\varphi\, d\rho d\varphi d\theta$$

其中 $0 \le \rho \le a, 0 \le \varphi \le \pi, 0 \le \theta \le 2\pi$

$\therefore \iiint_{x^2+y^2+z^2 \le a^2} 3x^2 + 3y^2 + 3z^2 \, dxdydz = 3 \int_0^\pi \int_0^{2\pi} \int_0^a \rho^2 \cdot \rho^2 \sin\varphi\, d\rho d\theta d\varphi = \dfrac{12\pi a^5}{5}$

範例 13.

藉由 Gauss's Theorem 求 $\oiint_S \vec{F} \cdot \vec{n}\, dA = ?,\ \vec{F} = (xy^2, yz^2, zx^2),\ S: x^2 + y^2 + z^2 = r^2$

【解】

令 $V: x^2 + y^2 + z^2 \le r^2$

$\because \vec{F}$ 的各分量一階偏導數存在且連續, 藉由 Gauss's Theorem 則 $\oiint_S \vec{F} \cdot \vec{n}\, dA = \iiint_V \nabla \cdot \vec{F}\, dV$

$\because \nabla \cdot \vec{F} = x^2 + y^2 + z^2$ $\therefore \iiint_V \nabla \cdot \vec{F}\, dV = \iiint_{x^2+y^2+z^2 \le r^2} x^2 + y^2 + z^2 \, dxdydz$

令 $x = \rho \sin\varphi \cos\theta\,, y = \rho \sin\varphi \sin\theta\,, z = \rho \cos\varphi$ 則

$$dxdydz = \begin{Vmatrix} \dfrac{\partial x}{\partial \rho} & \dfrac{\partial x}{\partial \varphi} & \dfrac{\partial x}{\partial \theta} \\[2mm] \dfrac{\partial y}{\partial \rho} & \dfrac{\partial y}{\partial \varphi} & \dfrac{\partial y}{\partial \theta} \\[2mm] \dfrac{\partial z}{\partial \rho} & \dfrac{\partial z}{\partial \varphi} & \dfrac{\partial z}{\partial \theta} \end{Vmatrix} d\rho d\varphi d\theta$$

$$= \begin{Vmatrix} \sin\varphi\cos\theta & \rho\cos\varphi\cos\theta & -\rho\sin\varphi\sin\theta \\ \sin\varphi\sin\theta & \rho\cos\varphi\sin\theta & -\rho\sin\varphi\cos\theta \\ \cos\varphi & -\rho\sin\varphi & 0 \end{Vmatrix} d\rho d\varphi d\theta = \rho^2\sin\varphi\, d\rho d\varphi d\theta$$

其中 $0 \le \rho \le r, 0 \le \varphi \le \pi, 0 \le \theta \le 2\pi$

$$\therefore \iiint_{x^2+y^2+z^2 \le r^2} x^2 + y^2 + z^2\, dxdydz = \int_0^\pi \int_0^{2\pi} \int_0^r \rho^2 \cdot \rho^2 \sin\varphi\, d\rho d\theta d\varphi = \frac{4\pi r^5}{5}$$

範例 14.

藉由 Gauss's Theorem 求 $\oiint_S \vec{F}\cdot\vec{n}dA =?$, $\vec{F} = (e^x\sin y, e^x\cos y, yz^2 + xy)$,

$S: 0 \le x \le 1,\ 0 \le y \le 1,\ 0 \le z \le 2$

【解】

令 $V = \{(x, y, z): 0 \le x \le 1,\ 0 \le y \le 1,\ 0 \le z \le 2\}$

$\because \vec{F}$的各分量一階偏導數存在且連續, 藉由 Gauss's Theorem 則 $\oiint_S \vec{F}\cdot\vec{n}dA = \iiint_V \nabla\cdot\vec{F}\, dV$

$\because \nabla\cdot\vec{F} = e^x\sin y - e^x\sin y + 2yz = 2yz$ $\therefore \iiint_V \nabla\cdot\vec{F}\, dV = \int_0^1 \int_0^1 \int_0^2 2yz\, dzdydx = 2$

範例 15.

$\vec{F} = (x^2z^3, 2xyz^3, xz^4)$, S是以 $(\pm1, \pm2, \pm3)$為頂點所形成長方體的表面, 藉由

Gauss's Theorem 求 $\oiint_S \vec{F}\cdot\vec{n}dA =?$,

【解】

令 V為 S所圍體積則 $V = \{(x, y, z): -1 \le x \le 1,\ -2 \le y \le 3,\ -3 \le z \le 3\}$

$\because \vec{F}$的各分量一階偏導數存在且連續, 藉由 Gauss's Theorem 則 $\oiint_S \vec{F}\cdot\vec{n}dA = \iiint_V \nabla\cdot\vec{F}\, dV$

$$\iiint_V \nabla \cdot \vec{F}\,dV = \iiint_V 2xz^3 + 2xz^3 + 4xz^3\,dV = 8\iiint_V xz^3\,dV = 8\int_{-1}^{1}\int_{-1}^{2}\int_{-3}^{3} xz^3\,dzdydx$$
$$= 0$$

範例 16.

$\vec{F} = (x^4, -x^3z^2, 4xy^2z)$，假設 S 是 $x^2 + y^2 = 1$，$z = x + 2$ 以及 $z = 0$ 所圍封閉

朝外定向曲面，藉由 Gauss's Theorem 求 $\oiint_S \vec{F}\cdot\vec{n}dA =?$

【解】

令 V 為 S 所圍體積則 $V = \{(x,y,z): x^2 + y^2 \le 1, 0 \le z \le x + 2\}$

$\because \vec{F}$ 的各分量一階偏導數存在且連續，藉由 Gauss's Theorem 則 $\oiint_S \vec{F}\cdot\vec{n}dA = \iiint_V \nabla \cdot \vec{F}\,dV$

$\therefore \iiint_V \nabla \cdot \vec{F}\,dV = \iiint_V 4x^3 + 4xy^2\,dV = \iint_R \int_0^{x+2} 4x^3 + 4xy^2\,dzdxdy$

$= 4\iint_R x(x^2 + y^2)(x + 2)\,dydx$

令 $x = r\cos\theta, y = r\sin\theta$ 則 $R = \{(x,y): x^2 + y^2 \le 1\} = \{(r,\theta): 0 \le r \le 1, 0 \le \theta \le 2\pi\}$

$\therefore 4\iint_R x(x^2 + y^2)(x + 2)\,dydx = 4\int_0^{2\pi}\int_0^1 r^5\cos^2\theta\,drd\theta = 4\cdot 2\pi\cdot\frac{1}{6}\cdot\frac{1}{2} = \frac{2\pi}{3}$

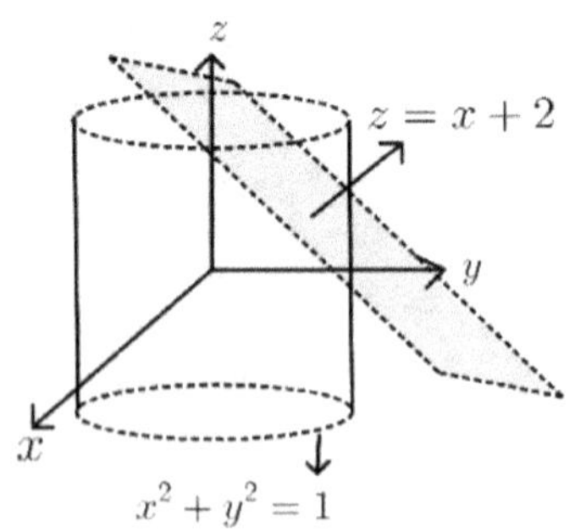

範例 17.

藉由 Gauss's Theorem 求向量場 $\vec{F} = (2x, xz, z^2)$ 流出 S 的 flux(通量) $=?$，S 為拋物面
$z = 9 - x^2 - y^2$ 與 xy 平面所圍區域

【解】

令V為S所圍體積則 $V = \{(x, y, z): x^2 + y^2 \leq 9, 0 \leq z \leq 9 - x^2 - y^2\}$

$\because \vec{F}$的各分量一階偏導數存在且連續，藉由 Gauss's Theorem 則 $\oiint_S \vec{F} \cdot \vec{n} dA = \iiint_V \nabla \cdot \vec{F} \, dV$

$\because \nabla \cdot \vec{F} = 2 + 0 + 2z = 2 + 2z \qquad \therefore \iiint_V \nabla \cdot \vec{F} \, dV = \iiint_V 2 + 2z \, dxdydz$

令$R = \{(x, y): x^2 + y^2 \leq 9\}$

則 $\iiint_V 2 + 2z \, dxdydz = \iint_R \int_0^{9-x^2-y^2} 2 + 2z dz dxdy = \iint_R 2z + z^2 |_0^{9-x^2-y^2} dxdy$

$= \iint_R 2(9 - x^2 - y^2) + (9 - x^2 - y^2)^2 \, dxdy$

令$x = r\cos\theta, y = r\sin\theta$ 則 $\{(x, y): x^2 + y^2 \leq 9\} = \{(r, \theta): 0 \leq r \leq 3, 0 \leq \theta \leq 2\pi\}$

且 $dxdy = \left\| \begin{vmatrix} \dfrac{\partial x}{\partial r} & \dfrac{\partial x}{\partial \theta} \\ \dfrac{\partial y}{\partial r} & \dfrac{\partial y}{\partial \theta} \end{vmatrix} \right\| drd\theta = \left\| \begin{matrix} \cos\theta & -r\sin\theta \\ \sin\theta & r\cos\theta \end{matrix} \right\| drd\theta = rdrd\theta$

$\therefore \iint_R 2(9 - x^2 - y^2) + (9 - x^2 - y^2)^2 \, dxdy = \int_0^{2\pi} d\theta \int_0^3 r^5 - 20r^3 + 99r dr = 2\pi \cdot 162$

$= 324\pi$

$\therefore \oiint_S \vec{F} \cdot \vec{n} dA = 324\pi$

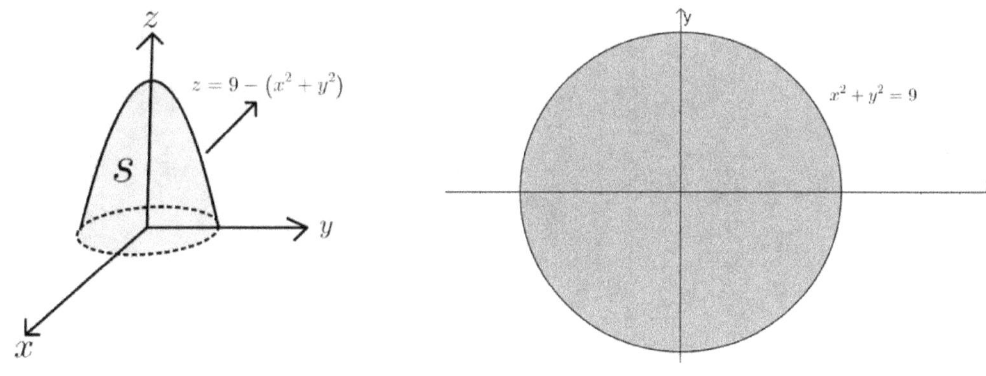

範例 18.

　　藉由 Gauss's Theorem 求向量場 $\vec{F} = (x^2, xy, z)$ 流出S的 flux(通量) =?，S為拋物面 $z = 4 - x^2 - y^2$ 與 xy平面所圍區域

【解】

令 V 為 S 所圍體積則 $V = \{(x, y, z): x^2 + y^2 \leq 4, 0 \leq z \leq 4 - x^2 - y^2\}$

藉由 Gauss's Theorem 則 $\oiint_S \vec{F} \cdot \vec{n}\, dA = \iiint_V \nabla \cdot \vec{F}\, dV$

$\because \nabla \cdot \vec{F} = 2x + x + 1 = 3x + 1 \quad \therefore \iiint_V \nabla \cdot \vec{F}\, dV = \iiint_V 3x + 1\, dxdydz$

令 $R = \{(x, y): x^2 + y^2 \leq 4\}$

則 $\iiint_V 3x + 1\, dxdydz = \iint_R \int_0^{4-x^2-y^2} 3x + 1\, dzdxdy = \iint_R (3x + 1)(4 - x^2 - y^2)\, dxdy$

令 $x = r\cos\theta, y = r\sin\theta$

則 $\{(x, y): x^2 + y^2 \leq 4\} = \{(r, \theta): 0 \leq r \leq 2, 0 \leq \theta \leq 2\pi\}$

且 $dxdy = \left\| \begin{matrix} \dfrac{\partial x}{\partial r} & \dfrac{\partial x}{\partial \theta} \\ \dfrac{\partial y}{\partial r} & \dfrac{\partial y}{\partial \theta} \end{matrix} \right\| drd\theta = \left\| \begin{matrix} \cos\theta & -r\sin\theta \\ \sin\theta & r\cos\theta \end{matrix} \right\| drd\theta = rdrd\theta$

$\therefore \iint_R (3x + 1)(4 - x^2 - y^2)\, dxdy = \int_0^{2\pi} \int_0^2 (3\cos\theta + 1)(4 - r^2)rdrd\theta$

$\because \int_0^{2\pi} \int_0^2 3\cos\theta\,(4 - r^2)rdrd\theta = 0$

$\therefore \int_0^{2\pi} \int_0^2 (3\cos\theta + 1)(4 - r^2)rdrd\theta = \int_0^{2\pi} \int_0^2 (4 - r^2)rdrd\theta = 8\pi$

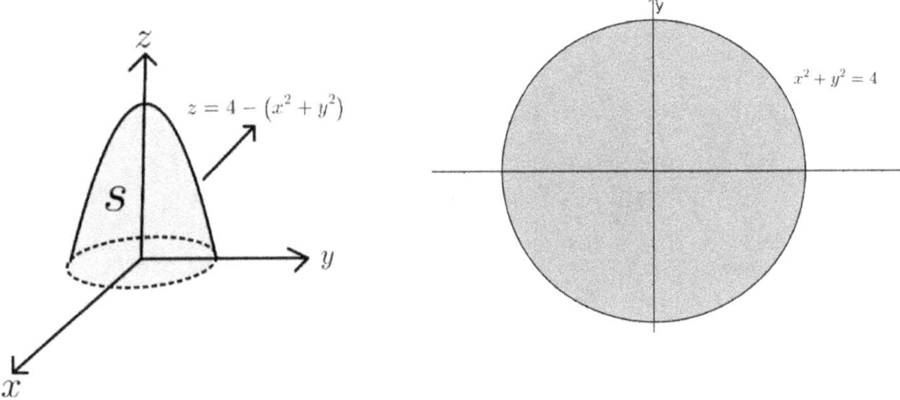

範例 19.

　　藉由 Gauss's Theorem 求 $\vec{F} = (y, x, z)$ 通過 $z = 4 - x^2 - y^2$, $z = 0$ 所圍封閉曲面朝外

定向的通量，$\oiint_S \vec{F} \cdot \vec{n} \, dA =?$

【解】

令 V 為 S 所圍體積則 $V = \{(x,y,z): x^2 + y^2 \le 4, 0 \le z \le 4 - x^2 - y^2\}$

$\because \vec{F}$ 的各分量一階偏導數存在且連續，藉由 Gauss's Theorem 則 $\oiint_S \vec{F} \cdot \vec{n} \, dA = \iiint_V \nabla \cdot \vec{F} \, dV$

$\because \nabla \cdot \vec{F} = 1 \quad \therefore \iiint_V \nabla \cdot \vec{F} \, dV = \iiint_V 1 \, dxdydz$

令 $R = \{(x,y): x^2 + y^2 \le 4\}$

則 $\iiint_V 1 \, dxdydz = \iint_R \int_0^{4-x^2-y^2} dzdxdy = \iint_R 4 - x^2 - y^2 dxdy$

令 $x = r\cos\theta, y = r\sin\theta$ 則 $\{(x,y): x^2 + y^2 \le 4\} = \{(r,\theta): 0 \le r \le 2, 0 \le \theta \le 2\pi\}$

且 $dxdy = \left\| \begin{vmatrix} \dfrac{\partial x}{\partial r} & \dfrac{\partial x}{\partial \theta} \\ \dfrac{\partial y}{\partial r} & \dfrac{\partial y}{\partial \theta} \end{vmatrix} \right\| drd\theta = \left\| \begin{matrix} \cos\theta & -r\sin\theta \\ \sin\theta & r\cos\theta \end{matrix} \right\| drd\theta = rdrd\theta$

$\therefore \iint_R 4 - x^2 - y^2 dxdy = \int_0^{2\pi} \int_0^2 (4 - r^2) r drd\theta = 2\pi \cdot 4 = 8\pi$

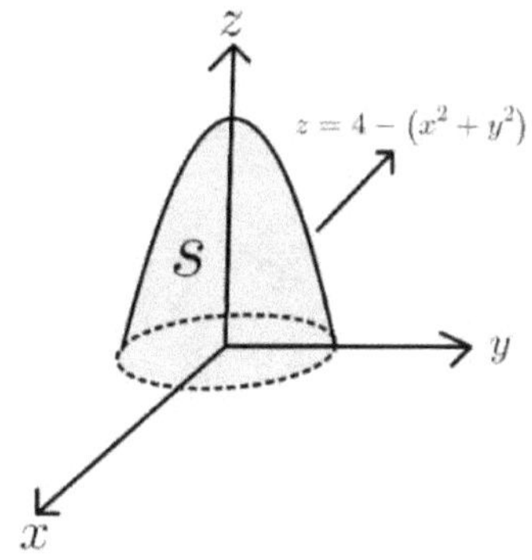

範例 20.

藉由 Gauss's Theorem 求 $\oiint_S \vec{F} \cdot \vec{n} \, dA =?$，$\vec{F} = (x + x^3, y + y^3, z + z^3)$，

$S: x^2 + y^2 + z^2 = r^2$

【解】

令 $V: x^2 + y^2 + z^2 \le r^2$

$\because \vec{F}$ 的各分量一階偏導數存在且連續，藉由 Gauss's Theorem 則 $\oiint_S \vec{F} \cdot \vec{n}\, dA = \iiint_V \nabla \cdot \vec{F}\, dV$

$\because \nabla \cdot \vec{F} = 3 + 3x^2 + 3y^2 + 3z^2$

$\therefore \iiint_V \nabla \cdot \vec{F}\, dV = \iiint_{x^2+y^2+z^2 \leq r^2} 3 + 3x^2 + 3y^2 + 3z^2 \, dxdydz$

令 $x = \rho \sin\varphi \cos\theta , y = \rho \sin\varphi \sin\theta , z = \rho \cos\varphi$ 則

$$dxdydz = \begin{vmatrix} \dfrac{\partial x}{\partial \rho} & \dfrac{\partial x}{\partial \varphi} & \dfrac{\partial x}{\partial \theta} \\[2mm] \dfrac{\partial y}{\partial \rho} & \dfrac{\partial y}{\partial \varphi} & \dfrac{\partial y}{\partial \theta} \\[2mm] \dfrac{\partial z}{\partial \rho} & \dfrac{\partial z}{\partial \varphi} & \dfrac{\partial z}{\partial \theta} \end{vmatrix} d\rho d\varphi d\theta$$

$$= \begin{vmatrix} \sin\varphi \cos\theta & \rho\cos\varphi \cos\theta & -\rho\sin\varphi \sin\theta \\ \sin\varphi \sin\theta & \rho\cos\varphi \sin\theta & -\rho\sin\varphi \cos\theta \\ \cos\varphi & -\rho\sin\varphi & 0 \end{vmatrix} d\rho d\varphi d\theta = \rho^2 \sin\varphi \, d\rho d\varphi d\theta$$

where $0 \leq \rho \leq r, 0 \leq \varphi \leq \pi, 0 \leq \theta \leq 2\pi$

$\therefore \iiint_{x^2+y^2+z^2 \leq r^2} 3 + 3x^2 + 3y^2 + 3z^2 \, dxdydz$

$= 3 \cdot \dfrac{4\pi \cdot r^3}{3} + \int_0^\pi \int_0^{2\pi} \int_0^r 3\rho^2 \cdot \rho^2 \sin\varphi \, d\rho d\theta d\varphi = 4\pi r^3 + \dfrac{12\pi r^5}{5}$

範例 21.

$\quad S: x^2 + y^2 + z^2 = 1, \ \vec{F} = (x + x^3 + y + \sin z^2 , y + y^3 + e^{x^2}, z + z^3 + \ln x^2 y^2),$

$\quad$ 藉由 Gauss's Theorem 求 $\oiint_S \vec{F} \cdot \vec{n}\, dA = ?$

【解】

令 $V: x^2 + y^2 + z^2 \leq 1$

$\because \vec{F}$ 的各分量一階偏導數存在且連續，藉由 Gauss's Theorem 則 $\oiint_S \vec{F} \cdot \vec{n}\, dA = \iiint_V \nabla \cdot \vec{F}\, dV$

$\because \nabla \cdot \vec{F} = 3 + 3x^2 + 3y^2 + 3z^2 \ \therefore \iiint_V \nabla \cdot \vec{F}\, dV = \iiint_{x^2+y^2+z^2 \leq 1} 3 + 3x^2 + 3y^2 + 3z^2 \, dxdydz$

令 $x = \rho \sin\varphi \cos\theta , y = \rho \sin\varphi \sin\theta , z = \rho \cos\varphi$ 則

$$dxdydz = \begin{Vmatrix} \dfrac{\partial x}{\partial \rho} & \dfrac{\partial x}{\partial \varphi} & \dfrac{\partial x}{\partial \theta} \\[4pt] \dfrac{\partial y}{\partial \rho} & \dfrac{\partial y}{\partial \varphi} & \dfrac{\partial y}{\partial \theta} \\[4pt] \dfrac{\partial z}{\partial \rho} & \dfrac{\partial z}{\partial \varphi} & \dfrac{\partial z}{\partial \theta} \end{Vmatrix} d\rho d\varphi d\theta$$

$$= \begin{Vmatrix} \sin\varphi\cos\theta & \rho\cos\varphi\cos\theta & -\rho\sin\varphi\sin\theta \\ \sin\varphi\sin\theta & \rho\cos\varphi\sin\theta & -\rho\sin\varphi\cos\theta \\ \cos\varphi & -\rho\sin\varphi & 0 \end{Vmatrix} d\rho d\varphi d\theta = \rho^2 \sin\varphi\, d\rho d\varphi d\theta$$

where $0 \le \rho \le 1, 0 \le \varphi \le \pi, 0 \le \theta \le 2\pi$

$$\iiint_{x^2+y^2+z^2 \le 1} 3 + 3x^2 + 3y^2 + 3z^2\, dxdydz = 3 \cdot \frac{4\pi}{3} + \int_0^\pi \int_0^{2\pi} \int_0^1 3\rho^2 \cdot \rho^2 \sin\varphi\, d\rho d\theta d\varphi$$

$$= 4\pi + \frac{12\pi}{5} = \frac{32\pi}{5}$$

範例 22.

  $\vec{F} = (x^2 \sin y, x\cos y, -xz\sin y)$, $S: x^2 + y^2 + z^2 = 8$, 藉由 Gauss's Theorem

  求 $\oiint_S \vec{F} \cdot \vec{n} dA$

【解】

令 V 為 S 所圍體積則 $V: x^2 + y^2 + z^2 \le 8$

$\because \vec{F}$ 的各分量一階偏導數存在且連續, 藉由 Gauss's Theorem 則 $\oiint_S \vec{F} \cdot \vec{n} dA = \iiint_V \nabla \cdot \vec{F}\, dV$

$$\iiint_V \nabla \cdot \vec{F}\, dV = \iiint_V 2x\sin y - x\sin y - x\sin y\, dV = 0$$

範例 23.

  $\vec{F} = (x^3 - 3y, 2yz + 1, xyz)$, 假設 S 為平面 $x = \pm 1, y = \pm 1, z = \pm 1$ 所圍朝外定向

  封閉曲面, 藉由 Gauss's Theorem 求 $\oiint_S \vec{F} \cdot \vec{n} dA =?$

【解】

令 V 為 S 所圍體積則 $V = \{(x, y, z): -1 \le x \le 1, -1 \le y \le 1, -1 \le z \le 1\}$

$\because \vec{F}$ 的各分量一階偏導數存在且連續，藉由 Gauss's Theorem 則 $\oiint_S \vec{F} \cdot \vec{n} dA = \iiint_V \nabla \cdot \vec{F} \, dV$

$$\iiint_V \nabla \cdot \vec{F} \, dV = \iiint_V 3x^2 + 2z + xy \, dV$$

$$= \int_{-1}^{1} \int_{-1}^{1} \int_{-1}^{1} 3x^2 \, dxdydz + \int_{-1}^{1} \int_{-1}^{1} \int_{-1}^{1} 2z \, dzdydx + \int_{-1}^{1} \int_{-1}^{1} \int_{-1}^{1} xy \, dxdydz$$

$$\because \int_{-1}^{1} \int_{-1}^{1} \int_{-1}^{1} 3x^2 \, dxdydz = 8, \quad \int_{-1}^{1} \int_{-1}^{1} \int_{-1}^{1} 2z \, dzdydx = 0, \quad \int_{-1}^{1} \int_{-1}^{1} \int_{-1}^{1} xy \, dxdydz = 0$$

$$\therefore \oiint_S \vec{F} \cdot \vec{n} dA = \iiint_V \nabla \cdot \vec{F} \, dV = \iiint_V 3x^2 + 2z + xy \, dV = 8$$

範例 24.

　　藉由 Gauss's Theorem 求 $\oiint_S \vec{F} \cdot \vec{n} dA = ?$，$\vec{F} = (x^4, -x^3 z^2, 4xy^2 z)$，$S$ 為 $x^2 + y^2 = 1$，

　　$z = x + 2$，$z = 0$ 所圍封閉朝外定向曲面

【解】

令 V 為 S 所圍體積則 $V = \{(x, y, z): x^2 + y^2 \le 1, 0 \le z \le x + 2\}$

$\because \vec{F}$ 的各分量一階偏導數存在且連續，藉由 Gauss's Theorem 則 $\oiint_S \vec{F} \cdot \vec{n} dA = \iiint_V \nabla \cdot \vec{F} \, dV$

$\because \nabla \cdot \vec{F} = 4x^3 + 0 + 4xy^2 = 4x(x^2 + y^2)$ $\therefore \iiint_V \nabla \cdot \vec{F} \, dV = \iiint_V 4x(x^2 + y^2) \, dxdydz$

令 $R = \{(x, y): x^2 + y^2 \le 1\}$

則 $\iiint_V 4x(x^2 + y^2) \, dxdydz = \iint_R \int_0^{x+2} 4x(x^2 + y^2) dzdxdy$

$$= \iint_R 4x(x^2 + y^2)(x + 2) dxdy$$

令 $x = r\cos\theta, y = r\sin\theta$ 則 $\{(x, y): x^2 + y^2 \le 1\} = \{(r, \theta): 0 \le r \le 1, 0 \le \theta \le 2\pi\}$

且 $dxdy = \left\| \begin{vmatrix} \dfrac{\partial x}{\partial r} & \dfrac{\partial x}{\partial \theta} \\ \dfrac{\partial y}{\partial r} & \dfrac{\partial y}{\partial \theta} \end{vmatrix} \right\| drd\theta = \left\| \begin{vmatrix} \cos\theta & -r\sin\theta \\ \sin\theta & r\cos\theta \end{vmatrix} \right\| drd\theta = r drd\theta$

$$\therefore \iint_R 4x(x^2 + y^2)(x + 2))dxdy = \int_0^{2\pi} \int_0^1 4r^3 \cos\theta \, (r\cos\theta + 2) r drd\theta$$

$$\because \int_0^{2\pi} \int_0^1 4r^3 \cos\theta \cdot 2r\,dr\,d\theta = 0$$

$$\therefore \int_0^{2\pi} \int_0^1 4r^3 \cos\theta\,(r\cos\theta + 2)\,r\,dr\,d\theta = \int_0^{2\pi} \int_0^1 4r^3 \cos\theta\,(r\cos\theta)\,r\,dr\,d\theta$$

$$= 4 \int_0^{2\pi} \int_0^1 r^5 \frac{1 + \cos 2\theta}{2}\,dr\,d\theta = 2 \int_0^{2\pi} \int_0^1 r^5\,dr\,d\theta = \frac{2\pi}{3}$$

$$\therefore \oiint_S \vec{F} \cdot \vec{n}\,dA = \frac{2\pi}{3}$$

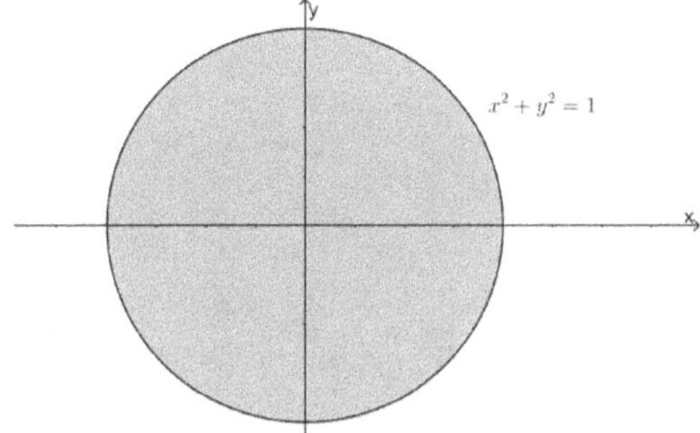

範例 25.

$$\vec{F} = (xz^2 + \sin z,\, x^2 y - z^3 + \cos x,\, 2xy + y^2 z),\quad S: x^2 + y^2 + z^2 = a^2,\, z \geq 0,$$

藉由 Gauss's Theorem 求 $\displaystyle\oiint_S \vec{F} \cdot \vec{n}\,dA = ?$

【解】

$\because$ 球面的單位法向量 $\vec{n} = (x, y, z),\quad$ 令 $\vec{F} = (xz^2 + \sin z,\, x^2 y - z^3 + \cos x,\, 2xy + y^2 z)$

令 $V: x^2 + y^2 + z^2 \leq a^2,\, z \geq 0$

$\because \vec{F}$ 的各分量一階偏導數存在且連續，藉由 Gauss's Theorem 則 $\displaystyle\oiint_S \vec{F} \cdot \vec{n}\,dA = \iiint_V \nabla \cdot \vec{F}\,dV$

$\because \nabla \cdot \vec{F} = x^2 + y^2 + z^2 \quad \therefore \iiint_V \nabla \cdot \vec{F}\,dV = \iiint_{x^2 + y^2 + z^2 \leq a^2} x^2 + y^2 + z^2\,dx\,dy\,dz$

令 $x = \rho \sin\varphi \cos\theta,\, y = \rho \sin\varphi \sin\theta,\, z = \rho \cos\varphi$ 則

$$dx\,dy\,dz = \left\| \begin{matrix} \dfrac{\partial x}{\partial \rho} & \dfrac{\partial x}{\partial \varphi} & \dfrac{\partial x}{\partial \theta} \\[2mm] \dfrac{\partial y}{\partial \rho} & \dfrac{\partial y}{\partial \varphi} & \dfrac{\partial y}{\partial \theta} \\[2mm] \dfrac{\partial z}{\partial \rho} & \dfrac{\partial z}{\partial \varphi} & \dfrac{\partial z}{\partial \theta} \end{matrix} \right\| d\rho\,d\varphi\,d\theta$$

$$= \left\| \begin{matrix} \sin\varphi\cos\theta & \rho\cos\varphi\cos\theta & -\rho\sin\varphi\sin\theta \\ \sin\varphi\sin\theta & \rho\cos\varphi\sin\theta & -\rho\sin\varphi\cos\theta \\ \cos\varphi & -\rho\sin\varphi & 0 \end{matrix} \right\| d\rho d\varphi d\theta = \rho^2 \sin\varphi\, d\rho d\varphi d\theta$$

其中 $0 \le \rho \le a, 0 \le \varphi \le \dfrac{\pi}{2}, 0 \le \theta \le 2\pi$

$$\therefore \iiint_{x^2+y^2+z^2 \le a^2} x^2 + y^2 + z^2 \, dxdydz = \int_0^{\frac{\pi}{2}} \int_0^{2\pi} \int_0^a \rho^2 \cdot \rho^2 \sin\varphi\, d\rho d\theta d\varphi = \frac{2\pi a^5}{5}$$

9.7.3　把體積分轉成封閉的曲面積分

考試類型:

題型 1.

假設向量場 $\vec{F}$ 的各分量一階偏導數存在且連續, $S: x^2 + y^2 + z^2 = r^2$, V 為 S 所圍體積,

藉由 Gauss's Theorem 求 $\iiint_V \nabla \cdot \vec{F}\, dV =?$

解題流程:

Step1.

藉由 Gauss's Theorem, $\quad \iiint_V \nabla \cdot \vec{F}\, dV = \oiint_S \vec{F} \cdot \vec{n} dA$

Step2.

令 $\vec{r}(\theta, \varphi) = (r\cos\theta\sin\varphi, r\sin\theta\sin\varphi, r\cos\varphi)$ 且 $R = \{(\theta, \varphi): 0 \le \theta \le 2\pi, 0 \le \varphi \le \pi\}$

則 $\oiint_S \vec{F} \cdot \vec{n} dA = \iint_R \vec{F} \cdot \dfrac{\partial \vec{r}}{\partial \varphi} \times \dfrac{\partial \vec{r}}{\partial \theta}\, d\theta d\varphi$

Step3.

$\because \dfrac{\partial \vec{r}}{\partial \theta} = (-r\sin\theta\sin\varphi, r\cos\theta\sin\varphi, 0) \quad$ 且 $\quad \dfrac{\partial \vec{r}}{\partial \varphi} = (r\cos\theta\cos\varphi, r\sin\theta\cos\varphi, -r\sin\varphi)$

$\therefore \dfrac{\partial \vec{r}}{\partial \varphi} \times \dfrac{\partial \vec{r}}{\partial \theta} = (r^2\cos\theta\sin^2\varphi, r^2\sin\theta\sin^2\varphi, r^2\sin\varphi\cos\varphi)$

Step4.

$$\oiint_S \vec{F} \cdot \vec{n} dA = \int_0^{2\pi} \int_0^{\pi} (f_1(x,y,z)r^2\cos\theta\sin^2\varphi + f_2(x,y,z)r^2\sin\theta\sin^2\varphi$$
$$+ f_3(x,y,z)r^2\sin\varphi\cos\varphi)|_{x=r\cos\theta\sin\varphi, y=r\sin\theta\sin\varphi, z=r\cos\varphi}\, d\varphi d\theta$$

其中 $\vec{F} = \left(f_1(x,y,z), f_2(x,y,z), f_3(x,y,z)\right)$

範例說明:

(I) 求 $\iiint_V \nabla \cdot \vec{F}\, dV =?$，其中 $\vec{F} = (0,4yz,0)$，$S: x^2 + y^2 + z^2 = r^2$，V 為 S 所圍體積

$\because \vec{F}$ 的各分量一階偏導數存在且連續

藉由 Gauss's Theorem 則 $\iiint_V \nabla \cdot \vec{F}\, dV = \oiint_S \vec{F} \cdot \vec{n}\, dA$

令 $\vec{r}(\theta,\varphi) = (r\cos\theta\sin\varphi, r\sin\theta\sin\varphi, r\cos\varphi)$ 且 $R = \{(\theta,\varphi): 0 \le \theta \le 2\pi, 0 \le \varphi \le \pi\}$

則 $\oiint_S \vec{F} \cdot \vec{n}\, dA = \iint_R \vec{F} \cdot \dfrac{\partial \vec{r}}{\partial \varphi} \times \dfrac{\partial \vec{r}}{\partial \theta}\, d\theta d\varphi$

$\because \dfrac{\partial \vec{r}}{\partial \theta} = (-r\sin\theta\sin\varphi, r\cos\theta\sin\varphi, 0)$ 且 $\dfrac{\partial \vec{r}}{\partial \varphi} = (r\cos\theta\cos\varphi, r\sin\theta\cos\varphi, -r\sin\varphi)$

$\therefore \dfrac{\partial \vec{r}}{\partial \varphi} \times \dfrac{\partial \vec{r}}{\partial \theta} = (r^2\cos\theta\sin^2\varphi, r^2\sin\theta\sin^2\varphi, r^2\sin\varphi\cos\varphi)$

$\vec{F} \cdot \dfrac{\partial \vec{r}}{\partial \varphi} \times \dfrac{\partial \vec{r}}{\partial \theta} = (0, 4r^2\sin\theta\sin\varphi\cos\varphi, 0) \cdot (r^2\cos\theta\sin^2\varphi, r^2\sin\theta\sin^2\varphi, r^2\sin\varphi\cos\varphi)$

$= 4r^4\sin^3\varphi\sin^2\theta\cos\varphi$

$\therefore \oiint_S \vec{F} \cdot \vec{n}\, dA = \int_0^{2\pi}\int_0^{\pi} 4r^4\sin^3\varphi\sin^2\theta\cos\varphi\, d\varphi d\theta = 0$

(II) 求 $\iiint_V \nabla \cdot \vec{F}\, dV =?$，其中 $\vec{F} = (x,y,z)$，$S: x^2 + y^2 + z^2 = r^2$，V 為 S 所圍體積

$\because \vec{F}$ 的各分量一階偏導數存在且連續

藉由 Gauss's Theorem 則 $\iiint_V \nabla \cdot \vec{F}\, dV = \oiint_S \vec{F} \cdot \vec{n}\, dA$

令 $\vec{r}(\theta,\varphi) = (r\cos\theta\sin\varphi, r\sin\theta\sin\varphi, r\cos\varphi)$ 且 $R = \{(\theta,\varphi): 0 \le \theta \le 2\pi, 0 \le \varphi \le \pi\}$

則 $\oiint_S \vec{F} \cdot \vec{n}\, dA = \iint_R \vec{F} \cdot \dfrac{\partial \vec{r}}{\partial \varphi} \times \dfrac{\partial \vec{r}}{\partial \theta}\, d\theta d\varphi$

$$\because \frac{\partial \vec{r}}{\partial \theta} = (-r\sin\theta\sin\varphi, r\cos\theta\sin\varphi, 0) \quad \text{且} \quad \frac{\partial \vec{r}}{\partial \varphi} = (r\cos\theta\cos\varphi, r\sin\theta\cos\varphi, -r\sin\varphi)$$

$$\therefore \frac{\partial \vec{r}}{\partial \varphi} \times \frac{\partial \vec{r}}{\partial \theta} = (r^2\cos\theta\sin^2\varphi, r^2\sin\theta\sin^2\varphi, r^2\sin\varphi\cos\varphi)$$

$$\vec{F} \cdot \frac{\partial \vec{r}}{\partial \varphi} \times \frac{\partial \vec{r}}{\partial \theta}$$

$$= (r\cos\theta\sin\varphi, r\sin\theta\sin\varphi, r\cos\varphi) \cdot (r^2\cos\theta\sin^2\varphi, r^2\sin\theta\sin^2\varphi, r^2\sin\varphi\cos\varphi)$$

$$= r^3(\cos^2\theta\sin^3\varphi + \sin^3\varphi\sin^2\theta + \sin\varphi\cos^2\varphi) = r^3\sin\varphi$$

$$\therefore \oiint_S \vec{F} \cdot \vec{n}\,dA = r^3 \int_0^{2\pi} \int_0^{\pi} \sin\varphi\, d\varphi d\theta = 4\pi r^3$$

題型 2.

假設向量場 $\vec{F}$ 的各分量一階偏導數存在且連續, S 為 $z = g(x,y), z = 0$ 所圍封閉朝外定向

空間曲面, 所圍體積為 V, S 投影至 xy 平面區域 $= \{(x,y): x^2 + y^2 \leq a^2\}$, 求 $\iiint_V \nabla \cdot \vec{F}\,dV$

補充說明:

曲面 S 通常為橢圓球、圓球、橢圓椎、圓錐、橢圓拋物面

解題流程:

Step1.

令 $S_1: z = g(x,y)$, $S_2: z = 0$ 且 $x^2 + y^2 \leq a^2$

藉由 Gauss's Theorem, $\iiint_V \nabla \cdot \vec{F}\,dV = \oiint_S \vec{F} \cdot \vec{n}\,dA = \iint_{S_1} \vec{F} \cdot \vec{n}\,dA + \iint_{S_2} \vec{F} \cdot \vec{n}\,dA$

Step2.

假設 S_1 為朝上定向

令 $\vec{r}(x,y) = (x, y, g(x,y))$ 且 R 為 S_1 投影至 xy 平面的封閉區域 $= \{(x,y): x^2 + y^2 \leq a^2\}$

則 $\iint_{S_1} \vec{F} \cdot \vec{n}\,dA = \iint_R \vec{F} \cdot \frac{\partial \vec{r}}{\partial x} \times \frac{\partial \vec{r}}{\partial y}\,dxdy$

Step3.

$$\because \frac{\partial \vec{r}}{\partial x} = (1, 0, g_x(x,y)) \quad \text{且} \quad \frac{\partial \vec{r}}{\partial y} = (0, 1, g_y(x,y)) \quad \therefore \frac{\partial \vec{r}}{\partial x} \times \frac{\partial \vec{r}}{\partial y} = (-g_x(x,y), -g_y(x,y), 1)$$

$$\iint_{S_1} \vec{F} \cdot \vec{n}\, dA = \iint_R \vec{F} \cdot \frac{\partial \vec{r}}{\partial x} \times \frac{\partial \vec{r}}{\partial y}\, dxdy = \iint_R \vec{F} \cdot (-g_x(x,y), -g_y(x,y), 1)\, dxdy$$

$$= \iint_R \left(-f_1 \cdot g_x(x,y) - f_2 \cdot g_y(x,y) + f_3 \right)\big|_{z=g(x,y)}\, dxdy$$

其中 $\vec{F} = (f_1, f_2, f_3)$

Step4.

令 $x = r\cos\theta$, $y = r\sin\theta$ 則 $\{(x,y): x^2 + y^2 \le a^2\} = \{(r,\theta): 0 \le r \le a, 0 \le \theta \le 2\pi\}$

且 $dxdy = \left\| \begin{vmatrix} \dfrac{\partial x}{\partial r} & \dfrac{\partial x}{\partial \theta} \\ \dfrac{\partial y}{\partial r} & \dfrac{\partial y}{\partial \theta} \end{vmatrix} \right\| drd\theta = \left\| \begin{vmatrix} \cos\theta & -r\sin\theta \\ \sin\theta & r\cos\theta \end{vmatrix} \right\| drd\theta = r\, drd\theta$

Step5.

$$\iint_R \left(-f_1 \cdot g_x(x,y) - f_2 \cdot g_y(x,y) + f_3 \right)\big|_{z=g(x,y)}\, dxdy$$

$$= \int_0^{2\pi} \int_0^a -f_1(r\cos\theta, r\sin\theta, g(r\cos\theta, r\sin\theta)) \cdot g_x(r\cos\theta, r\sin\theta) \cdot r$$

$$-f_2(r\cos\theta, r\sin\theta, g(r\cos\theta, r\sin\theta)) \cdot g_y(r\cos\theta, r\sin\theta) \cdot r$$

$$+f_3(r\cos\theta, r\sin\theta, g(r\cos\theta, r\sin\theta)) \cdot r\, drd\theta$$

Step6.

求 $\iint_{S_2} \vec{F} \cdot \vec{n}\, dA = ?$

<u>範例說明:</u>

(I)若 $\vec{F} = (y, x, z)$ 且 V 為 $z = 4 - x^2 - y^2$, $z = 0$ 所圍封閉體積, 藉由 Gauss's Theorem 求

$$\iiint_V \nabla \cdot \vec{F}\, dV = ?$$

令 $S_1 : z = 4 - x^2 - y^2$, $S_2 : z = 0$ 且 $x^2 + y^2 \le 4$

藉由 Gauss's Theorem, $\iiint_V \nabla \cdot \vec{F}\, dV = \iint_{S_1} \vec{F} \cdot \vec{n}\, dA + \iint_{S_2} \vec{F} \cdot \vec{n}\, dA$

$$\iint_{S_1} \vec{F} \cdot \vec{n}\, dA = \iint_{x^2+y^2 \le 4} 4xy + z\, dxdy = \iint_{x^2+y^2 \le 4} 4xy + 4 - x^2 - y^2\, dxdy$$

令 $x = r\cos\theta$, $y = r\sin\theta$

$$\iint_{x^2+y^2\leq4} 4xy + 4 - x^2 - y^2\, dxdy = \int_0^{2\pi}\int_0^2 (4r^2\cos\theta\sin\theta + 4 - r^2)\, rdrd\theta = 8\pi$$

$$\because \frac{\partial\vec{s}}{\partial x} = (1,0,0) \text{ 且 } \frac{\partial\vec{s}}{\partial y} = (0,1,0) \quad \therefore \frac{\partial\vec{s}}{\partial x}\times\frac{\partial\vec{s}}{\partial y} = (0,0,1) \quad \therefore \iint_{S_2} \vec{F}\cdot\vec{n}\, dA = \iint_{S_2} 0\, dA = 0$$

$$\therefore \iint_{S_1} \vec{F}\cdot\vec{n}\, dA + \iint_{S_2} \vec{F}\cdot\vec{n}\, dA = 8\pi$$

題型 3.

假設 $\vec{F}$ 的各分量一階偏導數存在且連續, S 由數個曲面組成的封閉曲面, $S = \bigcup_{j=1}^{n} S_j$,

$n \geq 2$, V 為 S 所圍封閉體積, 藉由 Gauss's Theorem 求 $\iiint_V \nabla\cdot\vec{F}\, dV =?$

補充說明:

例如體積 V 為一個長方體

解題流程:

Step1.

藉由 Gauss's Theorem, $\quad \iiint_V \nabla\cdot\vec{F}\, dV = \oiint_S \vec{F}\cdot\vec{n}dA = \sum_{j=1}^{n}\iint_{S_j} \vec{F}\cdot\vec{n}\, dA$

Step2.

如果 S_j 皆是平行座標平面的平面, 則可直接計算求 $\iint_{S_j} \vec{F}\cdot\vec{n}\, dA$

此外, 如果 S_j 為朝上定向曲面: $z = g(x,y)$, 定義域為 $a \leq x \leq b$ 且 $c \leq y \leq d$ 則
令 $\vec{r}(x,y) = \big(x,y,g(x,y)\big)$ 且 R 為曲面 S 投影於 xy 平面上的封閉區域, 即
$R = \{(x,y): a \leq x \leq b, c \leq y \leq d\}$ 則公式可改寫為:

$$\iint_{S_j} \vec{F}\cdot\vec{n}\, dA = \iint_R \vec{F}(x,y,g(x,y))\cdot(-g_x(x,y), -g_y(x,y), 1)dxdy$$

範例 1.

藉由 Gauss's Theorem 求 $\iiint_V \nabla \cdot \vec{F}\, dV =?$, $\vec{F} = (0, 4yz, 0)$, $V: x^2 + y^2 + z^2 \leq r^2$

【解】

令 $S: x^2 + y^2 + z^2 = r^2$，$\because \vec{F}$ 的各分量一階偏導數存在且連續

藉由 Gauss's Theorem 則 $\iiint_V \nabla \cdot \vec{F}\, dV = \oiint_S \vec{F} \cdot \vec{n}\, dA$

令 $\vec{r}(\theta, \varphi) = (r\cos\theta \sin\varphi, r\sin\theta \sin\varphi, r\cos\varphi)$

令 $R = \{(\theta, \varphi): 0 \leq \theta \leq 2\pi, 0 \leq \varphi \leq \pi\}$ 則 $\oiint_S \vec{F} \cdot \vec{n}\, dA = \iint_R \vec{F} \cdot \dfrac{\partial \vec{r}}{\partial \varphi} \times \dfrac{\partial \vec{r}}{\partial \theta}\, d\theta d\varphi$

$\because \dfrac{\partial \vec{r}}{\partial \theta} = (-r\sin\theta \sin\varphi, r\cos\theta \sin\varphi, 0)$ 且 $\dfrac{\partial \vec{r}}{\partial \varphi} = (r\cos\theta \cos\varphi, r\sin\theta \cos\varphi, -r\sin\varphi)$

$\therefore \dfrac{\partial \vec{r}}{\partial \varphi} \times \dfrac{\partial \vec{r}}{\partial \theta} = (r^2 \cos\theta \sin^2\varphi, r^2\sin\theta \sin^2\varphi, r^2\sin\varphi \cos\varphi)$

$\therefore \vec{F} \cdot \dfrac{\partial \vec{r}}{\partial \varphi} \times \dfrac{\partial \vec{r}}{\partial \theta} = (0, 4r^2\sin\theta \sin\varphi \cos\varphi, 0) \cdot (r^2\cos\theta \sin^2\varphi, r^2\sin\theta \sin^2\varphi, r^2\sin\varphi \cos\varphi)$

$= 4r^4 \sin^3\varphi \sin^2\theta \cos\varphi$

$\therefore \oiint_S \vec{F} \cdot \vec{n}\, dA = \int_0^{2\pi} \int_0^{\pi} 4r^4 \sin^3\varphi \sin^2\theta \cos\varphi\, d\varphi d\theta$

$\because \int_0^{\pi} \sin^3\varphi \cos\varphi\, d\varphi = \dfrac{\sin^4\varphi}{4}\Big|_0^{\pi} = 0 \qquad \therefore \oiint_S \vec{F} \cdot \vec{n}\, dA = 0$

範例 2.

Let $\vec{F} = (x, 2y, 3z)$. Assume V is the volume of cube with the vertices $(\pm 1, \pm 1, \pm 1)$.

Find $\iiint_V \nabla \cdot \vec{F}\, dV$ by using Gauss's Theorem.

【解】

令 $S_1: x = 1$, $S_2: x = -1$, $S_3: y = 1$, $S_4: y = -1$, $S_5: z = 1$, $S_6: z = -1$ 且 $S = \displaystyle\bigcup_{j=1}^{6} S_j$

$\because \vec{F}$ 的各分量一階偏導數存在且連續

藉由 Gauss's Theorem 則 $\iiint_V \nabla \cdot \vec{F}\, dV = \oiint_S \vec{F} \cdot \vec{n}\, dA$

$As\ x = 1, \vec{n} = (1,0,0),\quad \iint_{S_1} \vec{F} \cdot \vec{n}\, dA = \int_{-1}^{1} \int_{-1}^{1} x\, dy dz = 4x = 4$

$As\ x = -1, \vec{n} = (-1,0,0),\quad \iint_{S_2} \vec{F} \cdot \vec{n}\, dA = \int_{-1}^{1} \int_{-1}^{1} -x\, dy dz = -4x = 4$

$As\ y = 1, \vec{n} = (0,1,0),\quad \iint_{S_3} \vec{F} \cdot \vec{n}\, dA = \int_{-1}^{1} \int_{-1}^{1} 2y\, dx dz = 8y = 8$

$As\ y = -1, \vec{n} = (0,-1,0),\quad \iint_{S_4} \vec{F} \cdot \vec{n}\, dA = \int_{-1}^{1} \int_{-1}^{1} -2y\, dx dz = -8y = 8$

$As\ z = 1, \vec{n} = (0,0,1),\quad \iint_{S_5} \vec{F} \cdot \vec{n}\, dA = \int_{-1}^{1} \int_{-1}^{1} 3z\, dx dy = 12z = 12$

$As\ z = -1, \vec{n} = (0,0,-1),\quad \iint_{S_6} \vec{F} \cdot \vec{n}\, dA = \int_{-1}^{1} \int_{-1}^{1} -3z\, dx dy = -12z = 12$

$\therefore \oiint_S \vec{F} \cdot \vec{n}\, dA = 48$

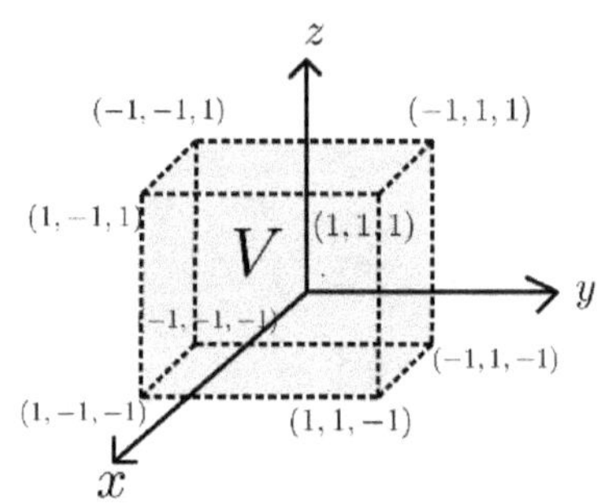

範例 3.

　　求 $\iiint_V \nabla \cdot \vec{F}\, dV =?,\ \ \vec{F} = (x, y, z),\ \ V: x^2 + y^2 + z^2 \le r^2$ (1)使用 Gauss's Theorem

　　(2) 直接計算

【解】

(1)

令 $S: x^2 + y^2 + z^2 = r^2$，$\because \vec{F}$ 的各分量一階偏導數存在且連續

藉由 Gauss's Theorem 則 $\iiint_V \nabla \cdot \vec{F}\, dV = \oiint_S \vec{F} \cdot \vec{n}\, dA$

令 $\vec{r}(r, \theta, \varphi) = (r\cos\theta\sin\varphi, r\sin\theta\sin\varphi, r\cos\varphi)$

令 $R = \{(\theta, \varphi): 0 \le \theta \le 2\pi, 0 \le \varphi \le \pi\}$ 則 $\oiint_S \vec{F} \cdot \vec{n}\, dA = \iint_R \vec{F} \cdot \frac{\partial \vec{r}}{\partial \varphi} \times \frac{\partial \vec{r}}{\partial \theta}\, d\theta\, d\varphi$

$\because \frac{\partial \vec{r}}{\partial \theta} = (-r\sin\theta\sin\varphi, r\cos\theta\sin\varphi, 0)$ 且 $\frac{\partial \vec{r}}{\partial \varphi} = (r\cos\theta\cos\varphi, r\sin\theta\cos\varphi, -r\sin\varphi)$

$\therefore \frac{\partial \vec{r}}{\partial \varphi} \times \frac{\partial \vec{r}}{\partial \theta} = (r^2\cos\theta\sin^2\varphi, r^2\sin\theta\sin^2\varphi, r^2\sin\varphi\cos\varphi)$

$\therefore \vec{F} \cdot \frac{\partial \vec{r}}{\partial \varphi} \times \frac{\partial \vec{r}}{\partial \theta}$

$= (r\cos\theta\sin\varphi, r\sin\theta\sin\varphi, r\cos\varphi) \cdot (r^2\cos\theta\sin^2\varphi, r^2\sin\theta\sin^2\varphi, r^2\sin\varphi\cos\varphi)$

$= r^3(\cos^2\theta\sin^3\varphi + \sin^3\varphi\sin^2\theta + \sin\varphi\cos^2\varphi) = r^3\sin\varphi$

$\therefore \oiint_S \vec{F} \cdot \vec{n}\, dA = \iint_R \vec{F} \cdot \frac{\partial \vec{r}}{\partial \varphi} \times \frac{\partial \vec{r}}{\partial \theta}\, d\theta\, d\varphi = r^3 \int_0^{2\pi} \int_0^{\pi} \sin\varphi\, d\varphi\, d\theta = 4\pi r^3$

$\therefore \iiint_V \nabla \cdot \vec{F}\, dV = \oiint_S \vec{F} \cdot \vec{n}\, dA = 4\pi r^3$

(2)

$\iiint_V \nabla \cdot \vec{F}\, dV = \iiint_{x^2+y^2+z^2 \le r^2} 3\, dx\, dy\, dz = 4\pi r^3$

範例 4.

$\quad \vec{F} = (yz, -1, 1),\ V$ 為 $z = \sqrt{x^2 + y^2}$ 與 $z = a$ 所圍體積, 藉由 Gauss's Theorem

$\quad$ 求 $\iiint_V \nabla \cdot \vec{F}\, dV = ?$

【解】

令 $S_1: z = \sqrt{x^2 + y^2},\ z \le a,\ S_2: z = a,\ x^2 + y^2 \le a^2$

$\because \vec{F}$ 的各分量一階偏導數存在且連續

藉由 Gauss's Theorem 則 $\iiint_V \nabla \cdot \vec{F}\, dV = \iint_{S_1} \vec{F} \cdot \vec{n}\, dA + \iint_{S_2} \vec{F} \cdot \vec{n}\, dA$

$\because S_1$ 為朝下定向

令 $\vec{r}(x, y, z) = \left(x, y, (x^2 + y^2)^{\frac{1}{2}}\right)$ 且 R 為曲面 S 投影至 xy 平面的封閉區域

則 $R = \{(x, y): x^2 + y^2 \le a^2\}$ 且 $\iint_{S_1} \vec{F} \cdot \vec{n}\, dA = -\iint_R \vec{F} \cdot \dfrac{\partial \vec{r}}{\partial x} \times \dfrac{\partial \vec{r}}{\partial y}\, dxdy$

$\because \dfrac{\partial \vec{r}}{\partial x} = \left(1, 0, x(x^2 + y^2)^{-\frac{1}{2}}\right)$ 且 $\dfrac{\partial \vec{r}}{\partial y} = \left(0, 1, y(x^2 + y^2)^{-\frac{1}{2}}\right)$

$\therefore \dfrac{\partial \vec{r}}{\partial x} \times \dfrac{\partial \vec{r}}{\partial y} = \left(-x(x^2 + y^2)^{-\frac{1}{2}}, -y(x^2 + y^2)^{-\frac{1}{2}}, 1\right)$

$\Rightarrow \vec{F} \cdot \dfrac{\partial \vec{r}}{\partial x} \times \dfrac{\partial \vec{r}}{\partial y} = (yz, -1, 1) \cdot \left(-x(x^2 + y^2)^{-\frac{1}{2}}, -y(x^2 + y^2)^{-\frac{1}{2}}, 1\right)$

$= -xy + y(x^2 + y^2)^{-\frac{1}{2}} + 1,\ \ \forall (x, y, z) \in S_1$

$\therefore \iint_{S_1} \vec{F} \cdot \vec{n}\, dA = -\iint_R \vec{F} \cdot \dfrac{\partial \vec{r}}{\partial x} \times \dfrac{\partial \vec{r}}{\partial y}\, dxdy = \iint_{x^2+y^2 \le a^2} xy - y(x^2 + y^2)^{-\frac{1}{2}} - 1\, dxdy$

令 $x = r\cos\theta,\ y = r\sin\theta$ 則 $\{(x, y): x^2 + y^2 \le a^2\} = \{(r, \theta): 0 \le r \le a, 0 \le \theta \le 2\pi\}$

$\therefore \iint_{x^2+y^2 \le a^2} xy - y(x^2 + y^2)^{-\frac{1}{2}} - 1\, dxdy = \int_0^{2\pi} \int_0^a (r^2 \cos\theta \sin\theta - \sin\theta - 1)\, rdrd\theta$

$= -\pi a^2$

令 $S_2: z = a, x^2 + y^2 \le a^2$

令 $\vec{s}(x, y, z) = (x, y, a)$ 則 $\iint_{S_2} \vec{F} \cdot \vec{n}\, dA = \iint_{S_2} \vec{F} \cdot \dfrac{\partial \vec{s}}{\partial x} \times \dfrac{\partial \vec{s}}{\partial y}\, dxdy$

$$\because \frac{\partial \vec{s}}{\partial x} = (1,0,0) \ \text{且} \ \frac{\partial \vec{s}}{\partial y} = (0,1,0) \quad \therefore \frac{\partial \vec{s}}{\partial x} \times \frac{\partial \vec{s}}{\partial y} = (0,0,1)$$

$$\therefore \iint_{S_2} \vec{F} \cdot \vec{n} \, dA = \iint_{S_2} 1 \, dA = \pi a^2 \quad \therefore \iint_S \vec{F} \cdot \vec{n} \, dA = 0$$

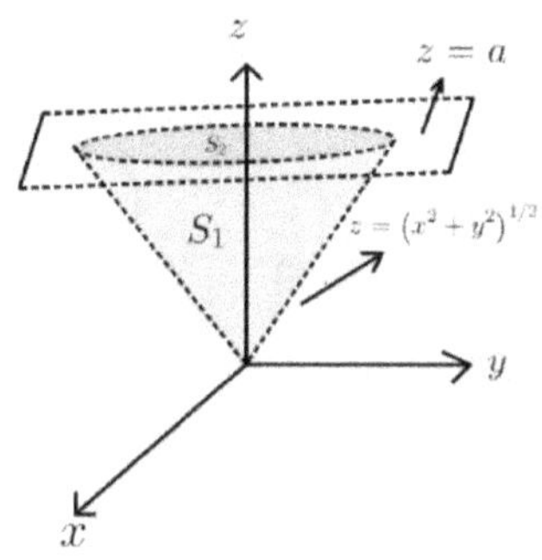

範例 5.

藉由 Gauss's Theorem 求 $\iiint_V \nabla \cdot \vec{F} \, dV =?$, $\vec{F} = (x - y + z, 2x, 1)$, V 為拋物面 $z = x^2 + y^2$, 與 $z = 1$ 所圍體積

【解】

令 $S_1: z = x^2 + y^2, \ z \leq 1, \ S_2: z = 1, \ x^2 + y^2 \leq 1$

$\because \vec{F}$ 的各分量一階偏導數存在且連續

藉由 Gauss's Theorem 則 $\iiint_V \nabla \cdot \vec{F} \, dV = \iint_{S_1} \vec{F} \cdot \vec{n} \, dA + \iint_{S_2} \vec{F} \cdot \vec{n} \, dA$

$\because S_1$ 為朝下定向

令 $\vec{r}(x,y,z) = (x, y, x^2 + y^2)$ 且 R 為 S_1 曲面投影至 xy 平面的封閉區域

則 $R = \{(x,y): x^2 + y^2 \leq 1\}$ 且 $\iint_{S_1} \vec{F} \cdot \vec{n} \, dA = - \iint_R \vec{F} \cdot \frac{\partial \vec{r}}{\partial x} \times \frac{\partial \vec{r}}{\partial y} \, dxdy$

$$\because \frac{\partial \vec{r}}{\partial x} = (1,0,2x) \ \text{且} \ \frac{\partial \vec{r}}{\partial y} = (0,1,2y) \quad \therefore \frac{\partial \vec{r}}{\partial x} \times \frac{\partial \vec{r}}{\partial y} = (-2x, -2y, 1)$$

$$\therefore -\vec{F} \cdot \frac{\partial \vec{r}}{\partial x} \times \frac{\partial \vec{r}}{\partial y} = (x - y + z, 2x, 1) \cdot (-2x, -2y, 1) = 2x^2 + 2xy + 2x(x^2 + y^2) - 1,$$

$$\forall (x, y, z) \in S_1$$

$$\therefore \iint_{S_1} \vec{F} \cdot \vec{n}\, dA = -\iint_R \vec{F} \cdot \frac{\partial \vec{r}}{\partial x} \times \frac{\partial \vec{r}}{\partial y}\, dxdy = \iint_{x^2 + y^2 \leq 1} 2x^2 + 2xy + 2x(x^2 + y^2) - 1\, dxdy$$

令 $x = r\cos\theta, y = r\sin\theta$ 則 $\{(x, y): x^2 + y^2 \leq 1\} = \{(r, \theta): 0 \leq r \leq 1, 0 \leq \theta \leq 2\pi\}$

$$\text{且 } dxdy = \left\| \begin{vmatrix} \dfrac{\partial x}{\partial r} & \dfrac{\partial x}{\partial \theta} \\ \dfrac{\partial y}{\partial r} & \dfrac{\partial y}{\partial \theta} \end{vmatrix} \right\| drd\theta = \left\| \begin{vmatrix} \cos\theta & -r\sin\theta \\ \sin\theta & r\cos\theta \end{vmatrix} \right\| drd\theta = rdrd\theta$$

$$\therefore \iint_{x^2 + y^2 \leq 1} 2x^2 + 2xy + 2x(x^2 + y^2) - 1\, dxdy$$

$$= \int_0^{2\pi} \int_0^1 (2r^2 \cos^2\theta + 2r^2 \cos\theta \sin\theta + 2r^3 \cos\theta - 1) r drd\theta = -\frac{\pi}{2}$$

$$\because \iint_{S_2} \vec{F} \cdot \vec{n} dA = \iint_{S_2} dA = \pi \quad \therefore \iiint_V \nabla \cdot \vec{F}\, dV = \iint_{S_1} \vec{F} \cdot \vec{n} dA + \iint_{S_2} \vec{F} \cdot \vec{n} dA = \frac{\pi}{2}$$

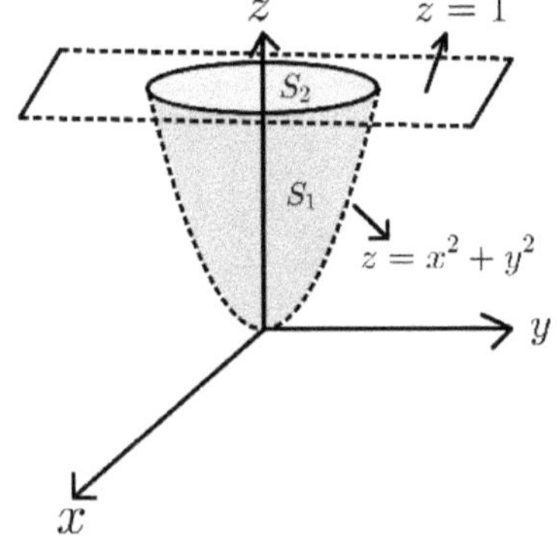

範例 6.

$$\text{求} \iiint_V \nabla \cdot \vec{F}\, dV, \vec{F} = (y, x, z), \text{ V 為 } z = 4 - x^2 - y^2, z \geq 0 \text{ 所圍封閉區域}$$

　　(1)使用 Gauss's Theorem　(2)直接計算

【解】

(1)

令 $S_1: z = 4 - x^2 - y^2, z \geq 0, \ S_2: x^2 + y^2 \leq 4, \ z = 0$

$\because \vec{F}$ 的各分量一階偏導數存在且連續

藉由 Gauss's Theorem 則 $\iiint_V \nabla \cdot \vec{F}\, dV = \iint_{S_1} \vec{F} \cdot \vec{n}\, dA + \iint_{S_2} \vec{F} \cdot \vec{n}\, dA$

令 $S_1 : z = 4 - x^2 - y^2$, 令 $\vec{r}(x,y,z) = (x, y, 4 - x^2 - y^2)$

$\because S_1$ 為朝上定向

令 R 為 S_1 曲面投影至 xy 平面的封閉區域

則 $R = \{(x,y) : x^2 + y^2 \le 4\}$ 且 $\iint_{S_1} \vec{F} \cdot \vec{n}\, dA = \iint_R \vec{F} \cdot \dfrac{\partial \vec{r}}{\partial x} \times \dfrac{\partial \vec{r}}{\partial y}\, dxdy$

$\because \dfrac{\partial \vec{r}}{\partial x} = (1, 0, -2x)$ 且 $\dfrac{\partial \vec{r}}{\partial y} = (0, 1, -2y)$ $\quad \therefore \dfrac{\partial \vec{r}}{\partial x} \times \dfrac{\partial \vec{r}}{\partial y} = (2x, 2y, 1)$

$\therefore \iint_{S_1} \vec{F} \cdot \vec{n}\, dA = \iint_{x^2 + y^2 \le 4} (4xy + z)\, dxdy = \iint_{x^2 + y^2 \le 4} 4xy + 4 - x^2 - y^2\, dxdy$

令 $x = r\cos\theta, y = r\sin\theta$ 則 $\{(x,y) : x^2 + y^2 \le 4\} = \{(r, \theta) : 0 \le r \le 2, 0 \le \theta \le 2\pi\}$

$\therefore \iint_{x^2 + y^2 \le 4} 4xy + 4 - x^2 - y^2\, dxdy$

$= \int_0^{2\pi} \int_0^2 (4r^2 \cos\theta \sin\theta + 4 - r^2)\, r\, dr\, d\theta = 2\pi \left(2r^2 - \dfrac{r^4}{4} \right) \Bigg|_{r=0}^{r=2} = 8\pi$

令 $S_2 : z = 0, x^2 + y^2 \le 4$, $\quad \because S_2$ 為朝下定向

令 $\vec{s}(x,y,z) = (x, y, 0)$ 則 $\iint_{S_2} \vec{F} \cdot \vec{n}\, dA = -\iint_{S_2} \vec{F} \cdot \dfrac{\partial \vec{s}}{\partial x} \times \dfrac{\partial \vec{s}}{\partial y}\, dxdy$

$\because \dfrac{\partial \vec{s}}{\partial x} = (1, 0, 0)$ 且 $\dfrac{\partial \vec{s}}{\partial y} = (0, 1, 0)$ $\quad \therefore \dfrac{\partial \vec{s}}{\partial x} \times \dfrac{\partial \vec{s}}{\partial y} = (0, 0, 1)$

$\therefore -\iint_{S_2} \vec{F} \cdot \dfrac{\partial \vec{s}}{\partial x} \times \dfrac{\partial \vec{s}}{\partial y}\, dxdy = \iint_{S_2} 0\, dA = 0$

$$\therefore \iiint_V \nabla \cdot \vec{F}\, dV = \iint_{S_1} \vec{F} \cdot \vec{n}\, dA + \iint_{S_2} \vec{F} \cdot \vec{n}\, dA = 8\pi$$

(2)

令 $R = \{(x, y):\ x^2 + y^2 \le 4\}$

則 $$\iiint_V \nabla \cdot \vec{F}\, dV = \iint_R \int_0^{4-(x^2+y^2)} dz\,dx\,dy = \iint_R 4 - (x^2 + y^2)\, dx\,dy$$

令 $x = r\cos\theta,\, y = r\sin\theta$ 則 $\{(x,y): x^2 + y^2 \le 4\} = \{(r,\theta): 0 \le r \le 2, 0 \le \theta \le 2\pi\}$

$$\therefore \iint_R 4 - (x^2 + y^2)\, dx\,dy = \int_0^{2\pi} \int_0^2 (4 - r^2)\, r\,dr\,d\theta = 2\pi \cdot \left.\frac{-(4 - r^2)^2}{4}\right|_0^2 = 8\pi$$

$$\therefore \iiint_V \nabla \cdot \vec{F}\, dV = 8\pi$$

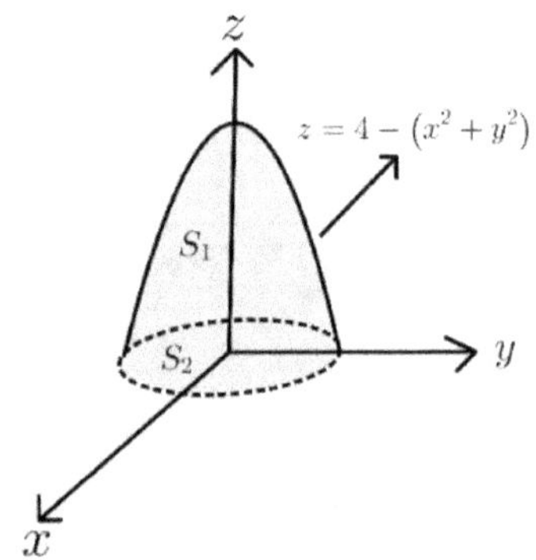

範例 7.

　　Let $\vec{F} = (x^3 - 3y, 2yz + 1, xyz)$. Assume V is the cube bounded by planes $x = \pm 1$, $y = \pm 1, z = \pm 1$. Find $\iiint_V \nabla \cdot \vec{F}\, dV$ by using Gauss's Theorem.

【解】

令 $S_1: x = 1$, $S_2: x = -1$, $S_3: y = 1$, $S_4: y = -1$, $S_5: z = 1$, $S_6: z = -1$ 且 $S = \bigcup_{i=1}^{6} S_i$

$\because \vec{F}$ 的各分量一階偏導數存在且連續

藉由 Gauss's Theorem 則 $\iiint_V \nabla \cdot \vec{F}\, dV = \oiint_S \vec{F} \cdot \vec{n}\, dA$

$As\ x = 1, \vec{n} = (1,0,0),\quad \iint_{S_1} \vec{F} \cdot \vec{n}\, dA = \int_{-1}^{1} \int_{-1}^{1} 1 - 3y\, dy dz = 4$

$As\ x = -1, \vec{n} = (-1,0,0),\quad \iint_{S_2} \vec{F} \cdot \vec{n}\, dA = -\int_{-1}^{1} \int_{-1}^{1} (-1 - 3y)\, dy dz = 4$

$As\ y = 1, \vec{n} = (0,1,0),\quad \iint_{S_3} \vec{F} \cdot \vec{n}\, dA = \int_{-1}^{1} \int_{-1}^{1} 2z + 1\, dx dz = 2$

$As\ y = -1, \vec{n} = (0,-1,0),\quad \iint_{S_4} \vec{F} \cdot \vec{n}\, dA = -\int_{-1}^{1} \int_{-1}^{1} -2z + 1\, dx dz = -2$

$As\ z = 1, \vec{n} = (0,0,1),\quad \iint_{S_5} \vec{F} \cdot \vec{n}\, dA = \int_{-1}^{1} \int_{-1}^{1} xy\, dx dy = 0$

$As\ z = -1, \vec{n} = (0,0,-1),\quad \iint_{S_6} \vec{F} \cdot \vec{n}\, dA = -\int_{-1}^{1} \int_{-1}^{1} xy\, dx dy = 0$

$\therefore \oiint_S \vec{F} \cdot \vec{n}\, dA = 8$

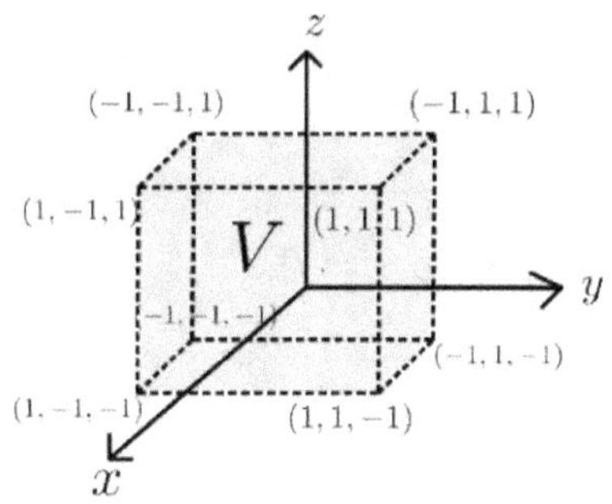

範例 8.

求 $\iiint_V \nabla \cdot \vec{F}\, dV = ?$, $\vec{F} = (z, y, x)$, $V: x^2 + y^2 + z^2 \le r^2$　(1)使用 Gauss's Theorem

(2) 直接計算

【解】

(1)

令 $S: x^2 + y^2 + z^2 = r^2$

$\because \vec{F}$ 的各分量一階偏導數存在且連續，藉由 Gauss's Theorem 則 $\iiint_V \nabla \cdot \vec{F}\, dV = \oiint_S \vec{F} \cdot \vec{n}\, dA$

令 $\vec{r}(r, \theta, \varphi) = (r\cos\theta \sin\varphi, r\sin\theta \sin\varphi, r\cos\varphi)$

且 $R = \{(\theta, \varphi): 0 \le \theta \le 2\pi, 0 \le \varphi \le \pi\}$ 則 $\oiint_S \vec{F} \cdot \vec{n}\, dA = \iint_R \vec{F} \cdot \dfrac{\partial \vec{r}}{\partial \varphi} \times \dfrac{\partial \vec{r}}{\partial \theta}\, d\theta d\varphi$

$\because \dfrac{\partial \vec{r}}{\partial \theta} = (-r\sin\theta \sin\varphi, r\cos\theta \sin\varphi, 0)$ 且 $\dfrac{\partial \vec{r}}{\partial \varphi} = (r\cos\theta \cos\varphi, r\sin\theta \cos\varphi, -r\sin\varphi)$

$\therefore \dfrac{\partial \vec{r}}{\partial \varphi} \times \dfrac{\partial \vec{r}}{\partial \theta} = (r^2 \cos\theta \sin^2\varphi, r^2\sin\theta \sin^2\varphi, r^2\sin\varphi \cos\varphi)$

$\therefore \vec{F} \cdot \dfrac{\partial \vec{r}}{\partial \varphi} \times \dfrac{\partial \vec{r}}{\partial \theta}$

$= (r\cos\varphi, r\sin\theta \sin\varphi, r\cos\theta \sin\varphi) \cdot (r^2\cos\theta \sin^2\varphi, r^2\sin\theta \sin^2\varphi, r^2\sin\varphi \cos\varphi)$

$= r^3(2\cos\theta \sin^2\varphi \cos\varphi + \sin^3\varphi \sin^2\theta)$

$\therefore \iint_R \vec{F} \cdot \dfrac{\partial \vec{r}}{\partial \varphi} \times \dfrac{\partial \vec{r}}{\partial \theta}\, d\theta d\varphi = r^3 \int_0^{2\pi} \int_0^{\pi} 2\cos\theta \sin^2\varphi \cos\varphi + \sin^3\varphi \sin^2\theta\, d\varphi d\theta$

$\because \int_0^{\pi} \sin^2\varphi \cos\varphi\, d\varphi = \left.\dfrac{\sin^3\varphi}{3}\right|_0^{\pi} = 0 \quad \therefore \int_0^{2\pi} \int_0^{\pi} 2\cos\theta \sin^2\varphi \cos\varphi\, d\varphi d\theta = 0$

$\therefore \int_0^{2\pi} \int_0^{\pi} (2\cos\theta \sin^2\varphi \cos\varphi + \sin^3\varphi \sin^2\theta) d\varphi d\theta = \int_0^{2\pi} \int_0^{\pi} \sin^3\varphi \sin^2\theta\, d\varphi d\theta$

$= \int_0^{2\pi} \sin^2\theta\, d\theta \int_0^{\pi} \sin^3\varphi\, d\varphi = \int_0^{2\pi} \left(\dfrac{1 - \cos 2\theta}{2}\right) d\theta \int_0^{\pi} \sin\varphi\, (1 - \cos^2\varphi) d\varphi$

$= \pi \int_0^{\pi} \sin\varphi\, (1 - \cos^2\varphi) d\varphi$

$\because \int_0^{\pi} \sin\varphi\, (1 - \cos^2\varphi) d\varphi = -\cos\varphi|_0^{\pi} + \left.\dfrac{\cos^3\varphi}{3}\right|_0^{\pi} = \dfrac{4}{3}$

$$\therefore \oiint_{S} \vec{F} \cdot \vec{n}\, dA = r^3 \int_{0}^{2\pi} \int_{0}^{\pi} (2\cos\theta \sin^2\varphi \cos\varphi + \sin^3\varphi \sin^2\theta)\, d\varphi\, d\theta = \frac{4\pi r^3}{3}$$

$$\therefore \iiint_{V} \nabla \cdot \vec{F}\, dV = \frac{4\pi r^3}{3}$$

(2)

$$\iiint_{V} \nabla \cdot \vec{F}\, dV = \iiint_{x^2+y^2+z^2 \le r^2} 1\, dx\,dy\,dz = \frac{4\pi r^3}{3}$$

範例 9.

$\vec{F} = (0, y, -z)$, 假設 V 為拋物面 $y = x^2 + z^2$ 與 $y = 1$ 所圍體積, 求 $\iiint_{V} \nabla \cdot \vec{F}\, dV$

　　(1)使用 Gauss's Theorem　(2) 直接計算

【解】

(1)

令 $S_1 : y = x^2 + z^2, 0 \le y \le 1$, $S_2 : x^2 + z^2 \le 1, y = 1$

$\because \vec{F}$ 的各分量一階偏導數存在且連續

藉由 Gauss's Theorem 則 $\iiint_{V} \nabla \cdot \vec{F}\, dV = \iint_{S_1} \vec{F} \cdot \vec{n}\, dA + \iint_{S_2} \vec{F} \cdot \vec{n}\, dA$

$\because S_1$ 為朝 y 軸負向方向作定向

令 $\vec{r}(x,y,z) = (x, x^2 + z^2, z)$　且 R 為 S_1 曲面投影至 xz 平面的封閉區域

則 $R = \{(x,y): x^2 + z^2 \le 1\}$ 且 $\iint_{S_1} \vec{F} \cdot \vec{n}\, dA = -\iint_{R} \vec{F} \cdot \dfrac{\partial \vec{r}}{\partial x} \times \dfrac{\partial \vec{r}}{\partial z}\, dx\,dz$

$\because \dfrac{\partial \vec{r}}{\partial x} = (1, 2x, 0)$ 且 $\dfrac{\partial \vec{r}}{\partial z} = (0, 2z, 1)$　$\therefore \dfrac{\partial \vec{r}}{\partial x} \times \dfrac{\partial \vec{r}}{\partial z} = (2x, -1, 2z)$

$\therefore \vec{F} \cdot \dfrac{\partial \vec{r}}{\partial x} \times \dfrac{\partial \vec{r}}{\partial z} = (0, y, -z) \cdot (2x, -1, 2z) = -y - 2z^2 = -x^2 - 3z^2, \ \forall (x,y,z) \in S_1$

$\therefore \iint_{S_1} \vec{F} \cdot \vec{n}\, dA = -\iint_{R} \vec{F} \cdot \dfrac{\partial \vec{r}}{\partial x} \times \dfrac{\partial \vec{r}}{\partial z}\, dx\,dz = \iint_{x^2+z^2 \le 1} x^2 + 3z^2\, dx\,dz$

令 $x = r\cos\theta, z = r\sin\theta$ 則 $\{(x,y): x^2 + z^2 \le 1\} = \{(r,\theta): 0 \le r \le 1, 0 \le \theta \le 2\pi\}$

$$\text{且 } dxdz = \left\| \begin{vmatrix} \dfrac{\partial x}{\partial r} & \dfrac{\partial x}{\partial \theta} \\ \dfrac{\partial z}{\partial r} & \dfrac{\partial z}{\partial \theta} \end{vmatrix} \right\| drd\theta = \left\| \begin{matrix} \cos\theta & -r\sin\theta \\ \sin\theta & r\cos\theta \end{matrix} \right\| drd\theta = rdrd\theta$$

$$\therefore \iint_{x^2+z^2\leq 1} x^2 + 3z^2 \, dxdz = \int_0^{2\pi}\int_0^1 r^3\cos^2\theta + 3r^3\sin^2\theta \, drd\theta$$

$$= \int_0^{2\pi} \frac{1}{4}\left(\frac{1+\cos\theta}{2}\right) + \frac{3}{4}\left(\frac{1-\cos\theta}{2}\right) d\theta = \pi$$

令 $\vec{s}(x,y,z) = (x,1,z)$

$$\because \frac{\partial \vec{s}}{\partial x} = (1,0,0) \text{ 且 } \frac{\partial \vec{s}}{\partial z} = (0,0,1) \quad \therefore \frac{\partial \vec{r}}{\partial x} \times \frac{\partial \vec{r}}{\partial z} = (0,-1,0)$$

$$\because \iint_{S_2} \vec{F}\cdot\vec{n}\,dA = \iint_{S_2} dA = \iint_{x^2+z^2\leq 1} (0,y,-z)\cdot(0,-1,0)dxdz = -\pi$$

$$\therefore \iint_{S_1} \vec{F}\cdot\vec{n}\,dA + \iint_{S_2} \vec{F}\cdot\vec{n}\,dA = 0$$

(2)

$$\oiint_S \vec{F}\cdot\vec{n}\,dA = \iiint_V \nabla\cdot\vec{F}\,dV = \iiint_V 0\,dV = 0$$

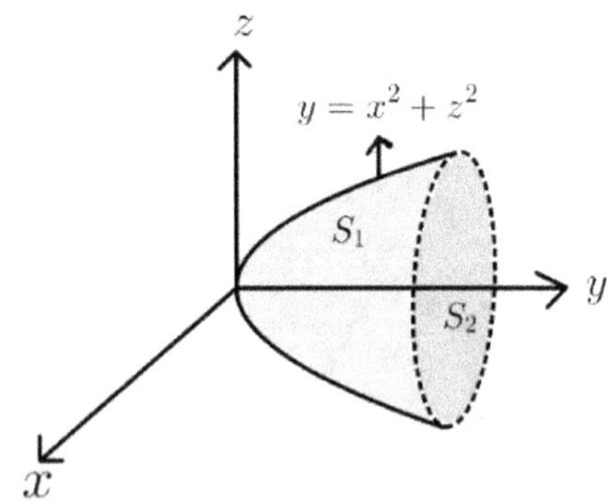

範例 10.

Let $\vec{F} = (x^2, y^2, z^2)$. Assume V is bounded by the solid half-cylinder $0 \leq z \leq \sqrt{1-y^2}$, and the two disk planes: $x = 0, x = 2$. Find $\iiint_V \nabla\cdot\vec{F}\,dV$ by using Gauss's Theorem.

【解】

令 $S_1: 0 \leq z \leq \sqrt{1-y^2}, 0 \leq x \leq 2$, S_2: $y^2 + z^2 \leq 1, x = 0$, S_3: $y^2 + z^2 \leq 1, x = 2$

且 $S = \displaystyle\bigcup_{i=1}^{3} S_i$

$\because \vec{F}$ 的各分量一階偏導數存在且連續

藉由 Gauss's Theorem 則 $\displaystyle\iiint_V \nabla \cdot \vec{F}\, dV = \sum_{j=1}^{3} \iint_{S_j} \vec{F} \cdot \vec{n}\, dA$

$\because S_1$ 為朝上定向

令 $\vec{r}(x,y,z) = \left(x, y, \sqrt{1-y^2}\right)$ 且 $R = \{(x,y): 0 \le x \le 2, 0 \le y \le 1\}$

則 $\displaystyle\iint_{S_1} \vec{F} \cdot \vec{n}\, dA = \iint_R \vec{F} \cdot \frac{\partial \vec{r}}{\partial x} \times \frac{\partial \vec{r}}{\partial y}\, dxdy$

$\because \dfrac{\partial \vec{r}}{\partial x} = (1,0,0)$ 且 $\dfrac{\partial \vec{r}}{\partial y} = \left(0, 1, -y(1-y^2)^{-\frac{1}{2}}\right)$ $\therefore \dfrac{\partial \vec{r}}{\partial x} \times \dfrac{\partial \vec{r}}{\partial y} = \left(0, -y(1-y^2)^{-\frac{1}{2}}, 1\right)$

$\because \vec{F} \cdot \dfrac{\partial \vec{r}}{\partial x} \times \dfrac{\partial \vec{r}}{\partial y} = (x^2, y^2, 1-y^2) \cdot \left(0, -y(1-y^2)^{-\frac{1}{2}}, 1\right) = -y^3(1-y^2)^{-\frac{1}{2}} + 1 - y^2,$

$\forall (x,y,z) \in S_1$

令 $y = \sin\theta$ 則 $dy = \cos\theta\, d\theta$

$\displaystyle\iint_R \vec{F} \cdot \frac{\partial \vec{r}}{\partial x} \times \frac{\partial \vec{r}}{\partial y}\, dxdy = \int_0^2 \int_0^1 -y^3(1-y^2)^{-\frac{1}{2}} + 1 - y^2\, dydx$

$\displaystyle = 2\int_0^1 -y^3(1-y^2)^{-\frac{1}{2}} + 1 - y^2\, dy = 2\int_0^{\frac{\pi}{2}} -\sin^3\theta + \cos^3\theta\, d\theta$

$\displaystyle = 2 \cdot \left(\left(-\cos\theta + \frac{\cos^3\theta}{3}\right)\Big|_0^{\frac{\pi}{2}} + \left(\sin\theta + \frac{\sin^3\theta}{3}\right)\Big|_0^{\frac{\pi}{2}} \right) = \frac{8}{3}$

$\displaystyle\iint_{S_2} \vec{F} \cdot \vec{n}\, dA = \iint_{S_2} dA = 0$ 且 $\displaystyle\iint_{S_3} \vec{F} \cdot \vec{n}\, dA = \iint_{S_3} dA = 2\pi$

$\displaystyle\iiint_V \nabla \cdot \vec{F}\, dV = \frac{8}{3} + 2\pi$

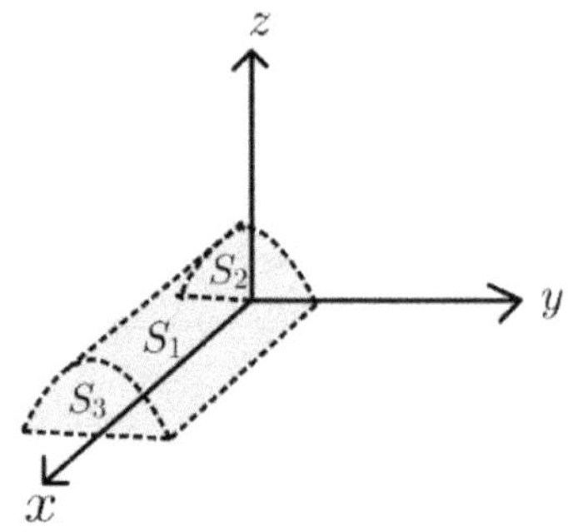

範例 11.

假設 $\vec{F} = (6y^2, 0, 2x^2)$, V是$x + y + z = 1$ 在第一卦限的所圍體積, 求 $\iiint_V \nabla \cdot \vec{F}\, dV$

(1)直接計算 (2)使用 Gauss's Theorem

【解】

(1)

$\because \nabla \cdot \vec{F} = 0$　$\therefore \iiint_V \nabla \cdot \vec{F}\, dV = 0$

(2)

令$S_1: x + y + z = 1, S_2: x = 0, S_3: y = 0, S_4: z = 0$ 且$S = \bigcup_{j=1}^{4} S_j$

$\because \vec{F}$的各分量一階偏導數存在且連續

藉由 Gauss's Theorem 則

$$\iiint_V \nabla \cdot \vec{F}\, dV = \sum_{j=1}^{4} \iint_{S_j} \vec{F} \cdot \vec{n}\, dA$$

$\because S_1$ 是朝上定向平面

令 $\vec{r}(x, y, z) = (x, y, 1 - x - y)$ 且 R 為 S_1 曲面投影至xy平面的封閉區域

則 $R = \{(x, y): x + y \leq 1, x \geq 0, y \geq 0\}$ 且 $\iint_{S_1} \vec{F} \cdot \vec{n}\, dA = \iint_R \vec{F} \cdot \dfrac{\partial \vec{r}}{\partial x} \times \dfrac{\partial \vec{r}}{\partial y}\, dxdy$

$\because \dfrac{\partial \vec{r}}{\partial x} = (1, 0, -1)$ 且 $\dfrac{\partial \vec{r}}{\partial y} = (0, 1, -1)$　$\therefore \dfrac{\partial \vec{r}}{\partial x} \times \dfrac{\partial \vec{r}}{\partial y} = (1, 1, 1)$

$$\because \vec{F} \cdot \frac{\partial \vec{r}}{\partial x} \times \frac{\partial \vec{r}}{\partial y} = (6y^2, 0, 2x^2) \cdot \frac{\partial \vec{r}}{\partial x} \times \frac{\partial \vec{r}}{\partial y} = 2(x^2 + 3y^2), \ \ \forall (x, y, z) \in S_1$$

$$\therefore \iint_{S_1} \vec{F} \cdot \vec{n} \, dA = \iint_R \vec{F} \cdot \frac{\partial \vec{r}}{\partial x} \times \frac{\partial \vec{r}}{\partial y} \, dxdy = 2 \iint_R x^2 + 3y^2 \, dxdy = 2 \int_0^1 \int_0^{1-y} x^2 + 3y^2 \, dxdy$$

$$= 2 \int_0^1 \left(\frac{x^3}{3} + 3y^2 x \right) \Big|_{x=0}^{x=1-y} \, dy = 2 \int_0^1 \frac{(1-y)^3}{3} + 3y^2(1-y) \, dy = \frac{2}{3}$$

As $x = 0, n = (-1, 0, 0)$,

$$\iint_{S_2} \vec{F} \cdot \vec{n} \, dA = - \int_0^1 \int_0^{1-z} 6y^2 \, dydz = -2 \int_0^1 (1-z)^3 \, dz = -\frac{1}{2}$$

As $y = 0, n = (0, 1, 0)$, $\quad \iint_{S_3} \vec{F} \cdot \vec{n} \, dA = 0$

As $z = 0, n = (0, 0, -1)$,

$$\iint_{S_4} \vec{F} \cdot \vec{n} \, dA = - \int_0^1 \int_0^{1-x} 2x^2 \, dydx = -\frac{1}{6}$$

$$\therefore \sum_{j=1}^4 \iint_{S_j} \vec{F} \cdot \vec{n} \, dA = 0$$

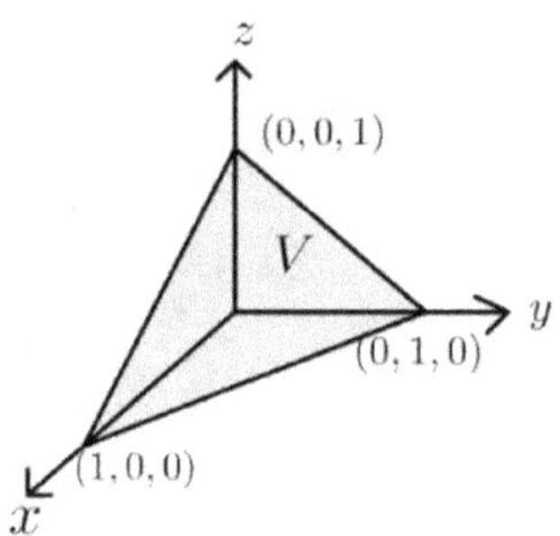

範例 12.

假設 $\vec{F} = (x, y, z)$, V 是 $(a, 0, 0), (0, a, 0), (0, 0, a)$ 與座標平面所圍體積, 求 $\iiint_V \nabla \cdot \vec{F} \, dV$

(1)直接計算 (2)使用 Gauss's Theorem

【解】

(1)

$$\iiint_V \nabla \cdot \vec{F}\, dV = \iiint_V 3\, dV = \frac{a^3}{2}$$

(2)

令 $S_1: x + y + z = a,\ S_2: x = 0,\ S_3: y = 0,\ S_4: z = 0$ 且 $S = \bigcup_{j=1}^{4} S_j$

$\because \vec{F}$ 的各分量一階偏導數存在且連續

藉由 Gauss's Theorem 則 $\displaystyle\iiint_V \nabla \cdot \vec{F}\, dV = \sum_{j=1}^{4} \iint_{S_j} \vec{F} \cdot \vec{n}\, dA$

$\because S_1$ 為朝上定向

令 $\vec{r}(x, y, z) = (x, y, a - x - y)$ 且 $R = \{(x, y): 0 \le x \le a, 0 \le y \le a - x\}$

則 $\displaystyle\iint_{S_1} \vec{F} \cdot \vec{n}\, dA = \iint_R \vec{F} \cdot \frac{\partial \vec{r}}{\partial x} \times \frac{\partial \vec{r}}{\partial y}\, dxdy$

$\because \dfrac{\partial \vec{r}}{\partial x} = (1, 0, -1)$ 且 $\dfrac{\partial \vec{r}}{\partial y} = (0, 1, -1)$ $\quad \therefore \dfrac{\partial \vec{r}}{\partial x} \times \dfrac{\partial \vec{r}}{\partial y} = (1, 1, 1)$

$\because \vec{F} \cdot \dfrac{\partial \vec{r}}{\partial x} \times \dfrac{\partial \vec{r}}{\partial y} = (x, y, z) \cdot (1, 1, 1) = x + y + z = x + y + a - x - y = a, \quad \forall (x, y, z) \in S_1$

$$\iint_R \vec{F} \cdot \frac{\partial \vec{r}}{\partial x} \times \frac{\partial \vec{r}}{\partial y}\, dxdy = \int_0^a \int_0^{a-x} a\, dydx = a \int_0^a a - x\, dx = a\left(ax - \frac{x^2}{2}\right)\Big|_0^a = \frac{a^3}{2}$$

As $x = 0, n = (-1, 0, 0),\ \displaystyle\iint_{S_2} \vec{F} \cdot \vec{n}\, dA = -\int_0^1 \int_0^{1-z} x\, dydz = 0$

As $y = 0, n = (0, 1, 0),\ \displaystyle\iint_{S_3} \vec{F} \cdot \vec{n}\, dA = -\int_0^1 \int_0^{1-z} y\, dxdz = 0$

As $z = 0, n = (0, 0, -1),\ \displaystyle\iint_{S_4} \vec{F} \cdot \vec{n}\, dA = -\int_0^1 \int_0^{1-x} z\, dxdy = 0$

$$\therefore \sum_{j=1}^{4} \iint_{S_j} \vec{F} \cdot \vec{n}\, dA = \frac{a^3}{2}$$

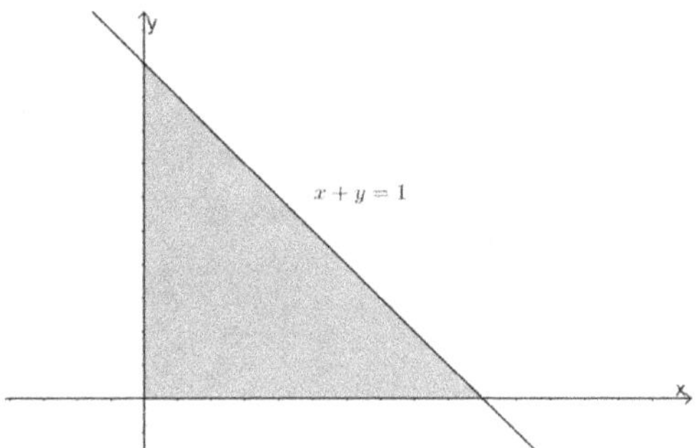

範例 13.

假設 $\vec{F} = (e^y, e^x + 6y, 12y)$，$V$ 是 $x + y + z = 6$ 在第一卦限所圍體積，求 $\iiint_V \nabla \cdot \vec{F}\, dV$

(1)直接計算 (2)使用 Gauss's Theorem

【解】

(1)

$$\iiint_V \nabla \cdot \vec{F}\, dV = \iiint_V 6\, dV = 6 \cdot \frac{1}{3} \cdot \frac{1}{2} \cdot 6 \cdot 6 \cdot 6 = 216$$

(2)

令 $S_1: x + y + z = 6, S_2: x = 0, S_3: y = 0, S_4: z = 0$ 且 $S = \bigcup_{j=1}^{4} S_j$

$\because \vec{F}$ 的各分量一階偏導數存在且連續

藉由 Gauss's Theorem 則 $\iiint_V \nabla \cdot \vec{F}\, dV = \sum_{j=1}^{4} \iint_{S_j} \vec{F} \cdot \vec{n}\, dA$

$\because S_1$ 為朝上定向

令 $\vec{r}(x, y, z) = (x, y, 6 - x - y)$ 且 R 為 S_1 曲面投影至 xy 平面的封閉區域

則 $R = \{(x, y): x + y \leq 6, x \geq 0, y \geq 0\}$ 且 $\iint_{S_1} \vec{F} \cdot \vec{n}\, dA = \iint_R \vec{F} \cdot \frac{\partial \vec{r}}{\partial x} \times \frac{\partial \vec{r}}{\partial y}\, dxdy$

$\because \dfrac{\partial \vec{r}}{\partial x} = (1, 0, -1)$ 且 $\dfrac{\partial \vec{r}}{\partial y} = (0, 1, -1)$ $\quad \therefore \dfrac{\partial \vec{r}}{\partial x} \times \dfrac{\partial \vec{r}}{\partial y} = (1, 1, 1)$

$$\because \vec{F} \cdot \frac{\partial \vec{r}}{\partial x} \times \frac{\partial \vec{r}}{\partial y} = (e^y, e^x + 6y, 12y) \cdot (1,1,1) = e^y + e^x + 18y, \quad \forall (x,y,z) \in S_1$$

$$\therefore \iint_{S_1} \vec{F} \cdot \vec{n}\, dA = \iint_R \vec{F} \cdot \frac{\partial \vec{r}}{\partial x} \times \frac{\partial \vec{r}}{\partial y}\, dxdy = \iint_R e^y + e^x + 18y\, dxdy$$

$$= \int_0^6 \int_0^{6-x} e^y + e^x + 18y\, dydx = 634 + 2e^6$$

As $x = 0, n = (-1,0,0)$,

$$\iint_{S_2} \vec{F} \cdot \vec{n}\, dA = -\int_0^6 \int_0^{6-z} e^y\, dydz = -\int_0^6 e^{6-z} - 1\, dz = 7 - e^6$$

As $y = 0, n = (0,-1,0)$,

$$\iint_{S_3} \vec{F} \cdot \vec{n}\, dA = -\int_0^6 \int_0^{6-z} e^x\, dxdz = -\int_0^6 e^{6-z} - 1\, dz = 7 - e^6$$

As $z = 0, n = (0,0,-1)$,

$$\iint_{S_4} \vec{F} \cdot \vec{n}\, dA = -\int_0^6 \int_0^{6-x} 12y\, dydx = -432$$

$$\therefore \sum_{j=1}^{4} \iint_{S_j} \vec{F} \cdot \vec{n}\, dA = 216$$

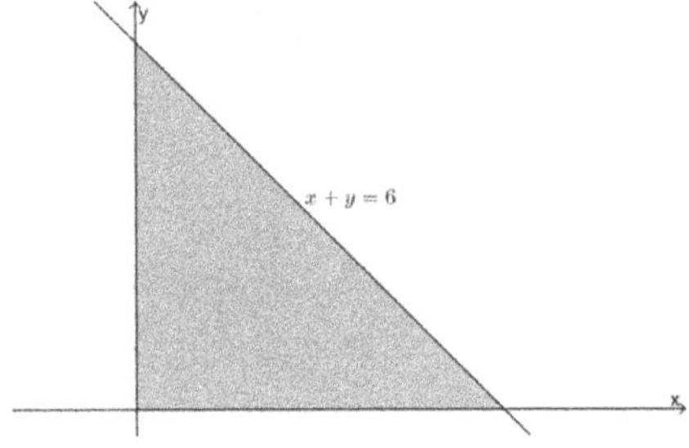

範例 14.

$$\vec{F} = (0, xz, -xy).$$ V 為 $z = xy, 0 \le x \le 1, 0 \le y \le 2$ 所圍體積, 求 $\iiint_V \nabla \cdot \vec{F}\, dV$

　　(1)直接計算 (2)使用 Gauss's Theorem

【解】

(1)

$$\because \nabla \cdot \vec{F} = 0 \quad \therefore \iiint_V \nabla \cdot \vec{F}\, dV = 0$$

(2)

令 $S_1: z = xy,\ S_2: x = 1,\ S_3: y = 2,\ S_4: z = 0$ 且 $S = \bigcup_{j=1}^{4} S_j$

$\because \vec{F}$ 的各分量一階偏導數存在且連續

藉由 Gauss's Theorem 則 $\displaystyle\iiint_V \nabla \cdot \vec{F}\, dV = \sum_{j=1}^{4} \iint_{S_j} \vec{F} \cdot \vec{n}\, dA$

$\because S_1$ 為朝上定向

令 $\vec{r}(x,y,z) = (x,y,xy)$ 且 $R = \{(x,y): 0 \le x \le 1, 0 \le y \le 2\}$

則 $\displaystyle\iint_{S_1} \vec{F} \cdot \vec{n}\, dA = \iint_R \vec{F} \cdot \frac{\partial \vec{r}}{\partial x} \times \frac{\partial \vec{r}}{\partial y}\, dxdy$

$\because \dfrac{\partial \vec{r}}{\partial x} = (1,0,y) \quad 且 \quad \dfrac{\partial \vec{r}}{\partial y} = (0,1,x) \quad \therefore \dfrac{\partial \vec{r}}{\partial x} \times \dfrac{\partial \vec{r}}{\partial y} = (-y,-x,1)$

$\because \vec{F} \cdot \dfrac{\partial \vec{r}}{\partial x} \times \dfrac{\partial \vec{r}}{\partial y} = (0,xz,-xy) \cdot (-y,-x,1) = -x^2 z - xy = -x^3 y - xy, \quad \forall (x,y,z) \in S_1$

$$\iint_R \vec{F} \cdot \frac{\partial \vec{r}}{\partial x} \times \frac{\partial \vec{r}}{\partial y}\, dxdy = \int_0^1 \int_0^2 -x^3 y - xy\, dydx = \int_0^a -2x^3 - 2x\, dx = \left. \left(-\frac{x^4}{2} - x^2 \right) \right|_0^1 = -\frac{3}{2}$$

As $x = 1, n = (1,0,0), \quad \displaystyle\iint_{S_2} \vec{F} \cdot \vec{n}\, dA = 0$

As $y = 2, n = (0,1,0), \quad \displaystyle\iint_{S_3} \vec{F} \cdot \vec{n}\, dA = \int_0^6 \int_0^{2x} xz\, dzdx = \frac{1}{2}$

As $z = 0, n = (0,0,-1), \quad \displaystyle\iint_{S_4} \vec{F} \cdot \vec{n}\, dA = \int_0^2 \int_0^1 xy\, dxdy = 1$

$$\therefore \iiint_V \nabla \cdot \vec{F}\, dV = \sum_{j=1}^{4} \iint_{S_j} \vec{F} \cdot \vec{n}\, dA = 0$$